Die Grundlehren der mathematischen Wissenschaften

in Einzeldarstellungen
mit besonderer Berücksichtigung
der Anwendungsgebiete

Band 142

Mathematische Hilfsmittel des Ingenieurs

Herausgegeben von

R. Sauer I. Szabó

Unter Mitwirkung von

H. Neuber · W. Nürnberg · K. Pöschl

E. Truckenbrodt · W. Zander

Teil IV

Verfaßt von

W. Hahn · V. Mammitzsch

D. Morgenstern · K. Pöschl · W. Zander

Mit 130 Abbildungen

Springer-Verlag Berlin Heidelberg New York 1970

Softcover reprint of the hardcover 1st edition 1970
Library of Congress Catalog Card Number 67-25285

ISBN-13: 978-3-642-95144-2 e-ISBN-13: 978-3-642-95143-5
DOI: 10.1007/978-3-642-95143-5

Vorwort der Herausgeber zum Gesamtwerk

Das auf vier Bände angelegte Werk „Mathematische Hilfsmittel des Ingenieurs" (MHI), von dem hier der vierte und letzte Teilband vorliegt, will den Ingenieur mit dem modernen Stand der Mathematik vertraut machen, soweit es sich um Theorien und Methoden handelt, die für das Ingenieurwesen von Bedeutung sind oder von Bedeutung zu werden versprechen. An mathematischen Vorkenntnissen wird lediglich der Stoff der mathematischen Kursvorlesungen vorausgesetzt, wie sie an den deutschen Technischen Hochschulen in den ersten drei oder vier Semestern gehalten werden.

Der rasche Fortschritt der Technik im Verein mit den Naturwissenschaften hat dazu geführt, daß für die Bearbeitung technischer Probleme immer umfassendere mathematische Hilfsmittel benötigt werden. Im Zuge dieser Entwicklung sind einerseits manche abstrakten mathematischen Disziplinen, die im Rahmen der sogenannten „reinen Mathematik" ohne irgendeinen Bezug auf Anwendung entstanden waren (wie z. B. die Boolesche Algebra), heutzutage ein wichtiges Werkzeug für den Ingenieur geworden. Andererseits haben praktische Bedürfnisse in Technik und Wirtschaft zum Ausbau neuer Zweige der Mathematik geführt (z. B. Optimierungsprobleme in der Unternehmensforschung). Viele Ingenieure benötigen daher in ihrer Praxis sowohl eine vertiefte Kenntnis der älteren klassischen mathematischen Disziplinen als auch Vertrautheit mit neu entstandenen Zweigen der Mathematik. Dieser Gesichtspunkt ist für die Stoffauswahl der MHI maßgebend gewesen. Natürlich ist die getroffene Auswahl letzten Endes subjektiv. Die Herausgeber hoffen jedoch, unterstützt durch die Redakteure und Autoren, nichts Wichtiges, für das ein breites Bedürfnis besteht, übersehen zu haben.

Die MHI sind mehr als eine Formelsammlung im üblichen Sinn. Sie bringen nämlich in jeder der behandelten Disziplinen nicht nur den erforderlichen Formelapparat, sondern dazu auch die grundlegenden Definitionen, Sätze und Methoden, und zwar in einer Darstellung, die der auf physikalisch-geometrische Anschaulichkeit gerichteten Denkweise des Ingenieurs Rechnung trägt. Das heißt: Die in den Definitionen eingeführten Begriffe werden, soweit dies möglich ist, anschaulich erläutert, und es wird stets versucht, dem Leser verständlich zu machen, aus welchem Grund die betreffenden Begriffe eingeführt werden. Bei den

Sätzen und Methoden wird dem Leser das Verständnis durch Beispiele und plausible Begründungen erleichtert. Beweise werden nur in solchen Fällen gebracht, in denen sie für das Verständnis eines Satzes oder einer Methode notwendig sind. Durch Hinweise auf Lehrbücher wird der Leser jedoch in den Stand gesetzt, von Fall zu Fall sich auch über die Beweise zu orientieren.

Der heutzutage weit verbreitete Einsatz von Rechenautomaten hat in der angewandten Mathematik insofern eine Wandlung gebracht, als neben „geschlossenen", d. h. formelmäßig gegebenen Lösungen auch Algorithmen zur numerischen Lösung mathematischer Probleme große Bedeutung erlangt haben. Diesem Umstand wird an vielen Stellen der MHI durch ausführliche Behandlung einschlägiger numerischer Verfahren Rechnung getragen. In diesem Zusammenhang ist besonders auf Teil II und vor allem auf Teil III hinzuweisen, in dem drei Abschnitte speziell der Numerik gewidmet sind. Ein angehängter Abschnitt des Teiles III beschäftigt sich außerdem mit der logischen Struktur der Rechenautomaten und mit grundsätzlichen Fragen der Programmierung.

Obwohl die MHI in erster Linie auf die Bedürfnisse der Ingenieure ausgerichtet sind, werden sie auch von Naturwissenschaftlern, insbesondere Physikern, sowie von Mathematikern mit Nutzen verwendet werden können. Und entsprechend dem Vordringen mathematischer Methoden in immer weitere Bereiche werden auch für Vertreter anderer Disziplinen manche Abschnitte des Werkes von Interesse sein, z. B. für Wirtschafts- und Betriebswissenschaftler der Abschnitt J über lineare und nichtlineare Optimierung in Teil III und in Teil IV der Abschnitt M über Wahrscheinlichkeitsrechnung und mathematische Statistik.

Im letzten Band findet man eine Zusammenstellung der grundlegenden Sätze und Formeln der theoretischen Ingenieurwissenschaften, insbesondere der Mechanik und der Elektrotechnik. Damit soll dem Benutzer für ein größeres Gebiet von „Normalproblemen" der entsprechende Vorrat an Ausgangsgleichungen mitgegeben und zum Teil eine zusätzliche Verknüpfung mit dem mathematischen Stoff hergestellt werden.

Die Vorbereitung eines so umfassenden Vorhabens bringt durch Terminfragen und die notwendige gegenseitige Abstimmung der einzelnen Beiträge naturgemäß erhebliche Schwierigkeiten mit sich. Den beiden Herausgebern ist es daher ein herzliches Bedürfnis, allen Autoren für ihre Mühe und Geduld zu danken, Herrn Professor Dr. Klaus Pöschl und Herrn Dipl.-Ing. Wolfgang Zander außerdem noch für die kritische Durchsicht und Koordinierung der Manuskripte und schließlich auch den zahlreichen Mitarbeitern der Autoren, die sich am Korrekturlesen beteiligt haben. Besonderer Dank gebührt dem Springer-Verlag, der den Plan, das vorliegende Werk herauszubringen, alsbald verständnisvoll aufgegriffen und seine Durchführung von Anfang an und über manche äußeren Hemmnisse hinweg tatkräftig gefördert hat, so daß nach den ersten drei Teilbänden nunmehr auch der vierte und letzte Teil des Werkes in der bekannten vorzüglichen Ausstattung erscheinen kann.

Das Gesamtwerk wird, auch bei Bejahung der ihm unterliegenden Konzeption durch den Leser, noch manche Wünsche offen lassen. Autoren wie Herausgeber sind schon jetzt für alle Anregungen dankbar, die aus dem Benutzerkreise an sie herangetragen werden. Selbstverständlich sind in diesem Wunsch auch Hinweise auf Fehler und Druckfehler eingeschlossen, die sich ja trotz der Mühe aller Beteiligten nie völlig vermeiden lassen.

München—Berlin,
im Frühjahr 1970 ROBERT SAUER ISTVÁN SZABÓ

Vorwort zu Teil IV

Mit dem hier vorliegenden Teil IV findet das Gesamtwerk seinen Abschluß. Teil IV ist in die Abschnitte L, M und N gegliedert und enthält eine Darstellung der Stabilitätstheorie von Systemen mit endlich vielen Freiheitsgraden, einen Abschnitt über Wahrscheinlichkeitstheorie und mathematische Statistik sowie eine Zusammenstellung von Formeln und Sätzen aus der Mechanik und aus der Elektrotechnik und ist somit verstärkt den Anwendungen mathematischer Hilfsmittel gewidmet. Den Abschluß bildet das Sachverzeichnis für Teil IV sowie das Gesamt-Sachverzeichnis für alle vier Teilbände. Nochmals sei darauf hingewiesen, daß die Abschnitte aller vier Teilbände für sich allein gelesen werden können. Durch Verweisungen und durch das Gesamt-Sachverzeichnis sind sie aber miteinander verknüpft.

Im Abschnitt L wird die Theorie der Bewegungsstabilität bei Systemen mit endlich vielen Freiheitsgraden von den linearen Systemen (algebraische, Ortskurven-, Wurzelortkriterien, Systeme mit Totzeit, Abtastung, zeitabhängigen, insbesondere periodischen Parametern) her entwickelt. Nichtlineare Systeme werden zunächst anhand der topologischen Stabilitätskriterien in der Phasenebene diskutiert und Systeme mit stückweise linearem Verhalten (z. B. Relaissysteme) behandelt. Das Ljapunov-Verfahren und erzwungene wie selbsterregte autonome Systeme werden untersucht. Schließlich wird auf Näherungsverfahren, insbesondere das der harmonischen Balance eingegangen.

Der Abschnitt M über Wahrscheinlichkeitsrechnung und Statistik führt zunächst in die Kombinatorik, die grundlegenden Definitionen sowie die Verteilungen von Zufallsgrößen und Maße ein. Die Stichproben-, Schätz-, Test-, Korrelations- und Regressionstheorie sowie Stichprobenverfahren folgen. Zum Schluß wird auf stochastische Prozesse und die Informationstheorie eingegangen.

Die Mechanik wird im Unterabschnitt N I von Prinzipien der Kontinuumstheorie her entwickelt, wobei die Grundlagen aus der Kinematik, der Dynamik, die Ausführungen über Erhaltungssätze (einschließlich derer der Thermomechanik) sowie über die Prinzipien bei der Aufstellung von Materialgleichungen ausführlich gehalten wurden. Diese Theorien werden an drei Gebieten exemplifiziert, und zwar an der Starrkörpermechanik (Punktsysteme, Kreisel), der Strömungsmechanik (ideale Flüssigkeiten und Gase, zähe Medien) sowie der Theorie elastischer Körper [nichtlineare und lineare (klassische) Theorie, Tragwerke].

Der Unterabschnitt N II bringt eine Übersicht über die theoretischen Methoden der Elektrotechnik. Dabei ist breiter Raum der Feldtheorie gewidmet, von deren Grundgleichungen ausgehend zunächst elektrische und magnetische stationäre Felder sowie harmonisch schwingende elektromagnetische Felder behandelt werden. Ausführungen über Medien ohne freie Ladungen und die Bewegung geladener Teilchen (Magnetohydrodynamik, Halbleiter) schließen diesen Teil ab. Im weiteren wird auf elektrisches Rauschen, Netzwerke und Übertragungssysteme (Topologie, Rauschen, Filterung) eingegangen. Zum Abschluß wird in die Signal- und Signalerkennungstheorie eingeführt.

Auch für den Teilband IV werden die Autoren und Herausgeber Hinweise auf Druckfehler und Unstimmigkeiten sowie Anregungen jeder Art dankbar begrüßen. Wiederum auch ist es den Herausgebern ein aufrichtiges Bedürfnis, allen, die am Zustandekommen des Bandes beteiligt waren, herzlich zu danken. In erster Linie gilt dieser Dank dem Springer-Verlag sowie den Autoren, die es trotz stärkster beruflicher Belastung ermöglichten, das Gesamtwerk nunmehr zum Abschluß zu bringen.

München—Berlin,
im Frühjahr 1970 ROBERT SAUER ISTVÁN SZABÓ

Inhaltsverzeichnis

I. Bewegungsstabilität bei Systemen mit endlich vielen Freiheitsgraden

Von Dr. phil. Wolfgang Hahn

o. Professor an der Technischen Hochschule in Graz

M. Wahrscheinlichkeitsrechnung und mathematische Statistik

Von Dr. rer. nat. Dietrich Morgenstern Ph. D.

o. Professor für Mathematische Statistik an der Universität Freiburg i. Br.

unter Mitarbeit von

Dr. rer. nat. Volker Mammitzsch

Privatdozent für Mathematik an der Universität München

N. Sätze und Formeln der Mechanik und Elektrotechnik

I. Mechanik

Von Dipl.-Ing. Wolfgang Zander
Technische Universität, Berlin

II. Elektrotechnik

Von Dr. rer. nat. Klaus Pöschl

apl. Professor an der Technischen Hochschule München

Inhalt der ersten drei Teilbände

Teil I

(Erschienen 1967)

Teil II

(Erschienen 1969)

Teil III

(Erschienen 1968)

L. Bewegungsstabilität bei Systemen mit endlich vielen Freiheitsgraden

Von **Wolfgang Hahn**, Graz

Die nachstehenden Literaturhinweise beziehen sich auf das Verzeichnis am Ende des Abschnitts. Dieses nennt einige grundlegende Lehrbücher und Monographien sowie eine Reihe von Aufsätzen mit bemerkenswerten Einzelergebnissen. Angesichts der sehr großen Zahl von einschlägigen Veröffentlichungen kann dabei von Vollständigkeit keine Rede sein.

Wenn im folgenden zu einem Satz oder Beweis eine Literaturangabe gemacht wird, so bedeutet das nicht notwendig, daß das betreffende Ergebnis von dem zitierten Autor stammt, sondern nur, daß es an der angeführten Stelle nachgelesen werden kann.

Bezeichnungen: $\mathrm{col}(x_1, \ldots, x_n)$ ist der Spaltenvektor mit den Komponenten $x_1, \ldots, x_n$. $\boldsymbol{A}^T$ bzw. $\boldsymbol{x}^T$ sind transponierte Größen; $\boldsymbol{x}^T$ ist also ein Zeilenvektor. ″:=″ ist ein Definitionszeichen: die links stehende Größe wird durch die Gleichung neu definiert.

I. Lineare zeitunabhängige Systeme[1]

§ 1. Grundbegriffe, Terminologie

Die meisten Geräte lassen sich als *Übertragungs*vorrichtungen auffassen, deren Aufgabe darin besteht, eine i. allg. zeitlich veränderliche *Eingangsgröße* $x_e(t)$, die skalar oder vektoriell sein kann, in eine Ausgangsgröße $x_a(t)$ zu verwandeln. Eingangsgröße und Ausgangsgröße können sowohl physikalisch wie auch mathematisch von völlig verschiedenartigem Charakter sein.

Beispiele. *Oszillograph:* Eingangsgröße sind Bestimmungsgrößen des elektrischen und magnetischen Feldes, Ausgangsgröße sind die Koordinaten des leuchtenden Punktes. *Voltmeter:* Eingang ist die elektrische Spannung, Ausgang die Winkelstellung des Zeigers.

Die zwischen Eingang und Ausgang bestehende Beziehung läßt sich durch eine symbolische Gleichung der Form

$$x_a = \mathfrak{R}\, x_e \tag{1.1}$$

[1] Gille u. a.; Kalman u. a.; Kaplan; Naslin; Pontrjagin; ferner Abschn. C. II, III, D.

schreiben, wobei $\mathfrak{R}$ einen das Übertragungsglied kennzeichnenden Operator bezeichnet. Oft benutzt man auch die Blockdarstellung (Abb. 1.1). Man kann mehrere Übertragungsglieder, die miteinander verbunden sind, zu einem *Übertragungssystem* zusammenfassen und dieses wieder als ein einzelnes Übertragungsglied behandeln. Im Blockschaltbild eines Regelkreises (Abb. 1.2) besteht der Regler aus mehreren Einzelgliedern; Regler und Reglerstrecke bilden zusammen den geschlossenen Kreis, der selbst wieder als ein einziges Übertragungsglied aufgefaßt werden kann.

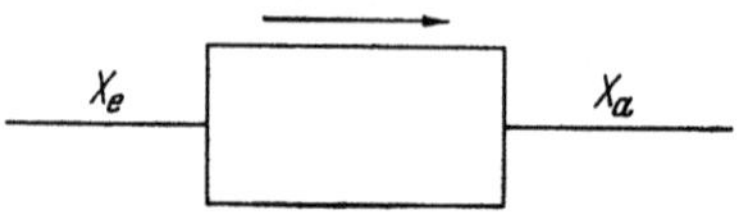

Abb. 1.1
Blockschaltbild eines Übertragungsgliedes

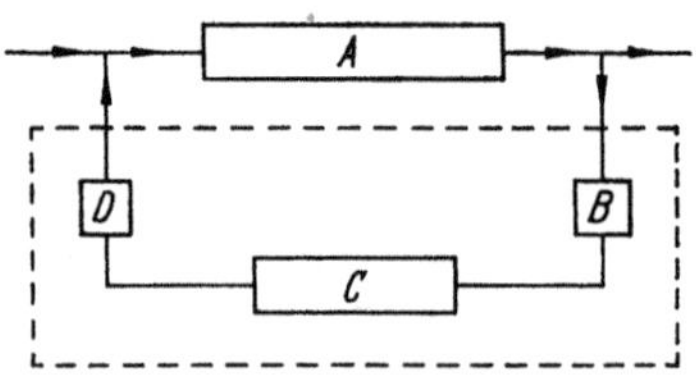

Abb. 1.2. Blockschaltbild eines Regelkreises, bestehend aus der Regelstrecke A und dem Regler mit Meßglied B, Stellmotor (Verstärker) C und Stellglied D

Im allgemeinen hängt die Ausgangsgröße x_a nicht nur von der Eingangsgröße x_e ab, sondern außerdem noch vom Zustand des physikalischen Systems bei Beginn der Beobachtung, der durch die *Anfangswerte* oder *-bedingungen* festgelegt ist. Bei manchen Übertragungsgliedern (bzw. -systemen) wird der Einfluß der Anfangsbedingungen mit zunehmender Zeit immer weniger spürbar, so daß die Ausgangsgröße einem nur vom Eingang abhängenden stationären Zustand zustrebt. Derartige Glieder sind für die Praxis besonders wichtig (vgl. § 2).

In der überwiegenden Mehrzahl der konkreten Systeme läßt sich die Eingangs-Ausgangs-Beziehung (1.1) in die Gestalt einer gewöhnlichen *Differentialgleichung* (im folgenden mit Dgl. abgekürzt)

$$f(x_a, \dot{x}_a, \ldots, x_a^{(n)}, t) = g(x_e, \dot{x}_e, \ldots, t) \tag{1.2}$$

bringen, wobei f und g bekannte Funktionen ihrer Argumente sind; x_a und x_e sind Funktionen von t. Die Gleichung bringt in ihrer rechten Seite zum Ausdruck, daß das Gerät nicht nur die Eingangsgröße $x_e(t)$ selbst, sondern auch ihre Ableitungen berücksichtigt. Bei bekanntem Eingang x_e ist die rechte Seite von (1.2) bekannt, und die Dgl. kann bei gegebenen Anfangswerten gelöst werden. Dabei sind gewisse Voraussetzungen über die beteiligten Funktionen zu machen, die die Lösbarkeit sichern.

Vielfach kann man die Gl. (1.2) nach der höchsten Ableitung auflösen, d. h. in die Gestalt

$$x_a^{(n)} = h(x_a, \dot{x}_a, \ldots, x_a^{(n-1)}, t) \tag{1.3}$$

überführen. Die Abhängigkeit von x_e ist dabei nicht besonders zum Ausdruck gebracht. Diese skalare Dgl. n-ter Ordnung läßt sich in ein

System von n Gleichungen erster Ordnung umschreiben. Setzt man

$$y_1 = x_a, \quad y_2 = \dot{x}_a, \ldots, \quad y_n = x_a^{(n-1)},$$

so ist

$$\dot{y}_1 = y_2, \quad \dot{y}_2 = y_3, \ldots, \dot{y}_{n-1} = y_n, \quad \dot{y}_n = h(y_1, \ldots, y_n, t).$$

Führt man die Vektoren

(1.4) $$\boldsymbol{y} := \operatorname{col}(y_1, \ldots, y_n), \quad \boldsymbol{h} := \operatorname{col}(y_2, y_3, \ldots, y_n, h)$$

ein, so läßt sich (1.3) als vektorielle Dgl.

(1.5) $$\dot{\boldsymbol{y}} = \boldsymbol{h}(\boldsymbol{y}, t)$$

schreiben. Die Theorie der vektoriellen Dgl. (1.5) enthält daher die Theorie der Dgl. (1.3) als Spezialfall.

Die hier verwandten Vektoren (1.4) usw. sind die Vektoren der Geometrie (gerichtete Strecken bzw. Elemente eines linearen Raumes) und von den Vektoren der Physik, die eine Transformationseigenschaft aufweisen, zu unterscheiden (vgl. dazu G II §§ 2, 10).

Manche Übertragungssysteme lassen sich *nicht* durch gewöhnliche Dgln. beschreiben. Wenn beispielsweise in einem Regelkreis die Laufzeit der Signale berücksichtigt werden muß, hängt der Ablauf des Prozesses nicht nur von den Werten der Zustandsgrößen in einem einzigen Zeitpunkt ab, etwa dem Anfangsaugenblick t_0, sondern von der Gesamtheit aller Werte in einem gewissen Zeitraum $t_0 - h \leqq t \leqq t_0$. Man spricht dann von Systemen mit *Totzeit* oder auch von Systemen mit *verteilten Parametern*. Ihre mathematische Beschreibung erfolgt durch Differential-Differenzengleichungen (vgl. § 7), gelegentlich auch durch partielle Dgln. oder noch allgemeinere Funktionalgleichungen.

Bei gewissen Regelsystemen (Abtastregelung) tritt an die Stelle von (1.2) eine *Differenzengleichung*. Sie stellt eine Beziehung zwischen den Werten der gesuchten Funktion x_a für die Argumente t, $t + h$, $t + 2h, \ldots, t + (n-1)h$, $t + nh$ dar. Die Zahl h, die *Spanne*, ist konstant. Meist wählt man den t-Maßstab so, daß die Spanne gleich eins wird. Die Differenzengleichung lautet dann

(1.6) $$f(x_a(t), x_a(t+1), \ldots, x_a(t+n)) = g(t).$$

Die Variable t durchläuft eine diskrete Folge $t = t_0, t_0 + 1, t_0 + 2, \ldots$ In (1.6) kann die rechte Seite natürlich noch von einer Eingangsgröße x_e abhängen.

Für die Praxis ist die explizite Gestalt der Funktion $x_a(t)$ bei einer speziellen Eingangsgröße, also die „Lösung" der Dgl. (1.2) bei bekannter rechter Seite, vielfach weniger von Interesse als die Kenntnis des allgemeinen Verhaltens der Lösungen, insbesondere für große Werte von t, unabhängig von der besonderen Eingangsgröße. Die Stabilitätstheorie hat daher Methoden entwickelt, die sich von den bekannten Lösungs-

und Diskussionsverfahren in der Theorie der Dgln. usw. etwas unterscheiden. Das gilt in erster Linie für die *linearen Gleichungen mit konstanten Koeffizienten.*

§ 2. Lineare Differential- und Differenzengleichungen mit konstanten Koeffizienten

Die Funktionalbeziehung (1.1) heißt *linear*, wenn das Überlagerungsprinzip gilt: der Summe zweier Eingangsgrößen entspricht die Summe der dazugehörigen Ausgangsgrößen

$$\mathfrak{R}(c_1 x_{e1} + c_2 x_{e2}) = c_1 \mathfrak{R} x_{e1} + c_2 \mathfrak{R} x_{e2}. \tag{2.1}$$

Vielfach sind lineare Beziehungen nur angenähert ein Bild der wirklichen Verhältnisse, da die meisten „linearen“ Gesetze der Physik (Hookesches Gesetz, Ohmsches Gesetz u. a.) nur in erster Näherung, d. h. für kleine Argumente, gelten. Man versucht aber, nach Möglichkeit lineare Beschreibungsmethoden zu verwenden, weil für lineare Funktionalgleichungen die mathematische Theorie am weitesten entwickelt ist.

Die Beziehung (1.2) sei eine lineare Dgl. mit reellen konstanten Koeffizienten und der linken Seite

$$f(D)\,x := a_0 x^{(n)} + a_1 x^{(n-1)} + \cdots + a_n x, \quad D := d/dt, \quad D^0 x := x. \tag{2.2}$$

Für die mathematische Behandlung von Gleichungen wie (2.2) spielt die Dimension der auftretenden Größe keine Rolle. Man kann die a_i und die $x^{(j)}$ als dimensionslos ansehen. Bei der physikalischen Interpretation der Gleichung oder der Lösungen muß man natürlich die Dimensionen beachten.

Die zu (2.2) gehörende homogene Dgl.

$$f(D)\,x = 0 \tag{2.3}$$

beschreibt das Verhalten des *ungestörten* physikalischen Systems, auf das keine äußere Kraft wirkt. Ihre allgemeine Lösung ist eine lineare Verbindung aus Termen der Gestalt

$$t^{k_{ij}} e^{\alpha_i t} \quad \text{bzw.} \quad (t - t_0)^{k_{ij}} e^{\alpha_i (t-t_0)} \tag{2.4}$$

mit konstanten Koeffizienten. Dabei sind die k_{ij} ganze Zahlen zwischen 0 und $n - 1$. Sie sind nur dann von Null verschieden, wenn α_i Mehrfachnullstelle ist. Die α_i sind die reellen oder komplexen Nullstellen des *charakteristischen Polynoms* $f(s)$ oder — was dasselbe besagt — die Pole der *Übertragungsfunktion* $F(s) = 1/f(s)$ des durch die Gleichung

$$f(D)\,x_a = x_e \tag{2.5}$$

beschriebenen Übertragungsgliedes (vgl. C. III, § 10).

Bekanntlich kann man die Übertragungsfunktion wie folgt definieren. Ist $x_e = A\, e^{i\omega t}$ eine periodische Eingangsgröße, so ist $x_a = A\, e^{i\omega t}/f(i\,\omega)$

der dazugehörende Ausgang. Bezeichnet man den Quotienten $x_a(t)/x_e(t) = 1/f(i\omega)$ mit $F(i\omega)$, so erhält man die Übertragungsfunktion $F(s) = 1/f(s)$ als Erweiterung der zunächst nur für rein imaginäre Argumente erklärten Größe $F(i\omega)$, des *komplexen Frequenz*gangs (vgl. § 4), auf beliebige komplexe Argumente s. Der Operator $\mathfrak{K}$ von (1.1) stellt in diesem Fall einfach die Multiplikation mit $F(i\omega)$ dar. Wenn es sich um Übertragungsglied mit integrierender Wirkung handelt, liefert auch die rechte Seite einen Beitrag zu den Polen der Übertragungsfunktion. Man hat dann (2.5) durch die allgemeinere Gleichung

$$(2.6)\qquad f(D)\,x_a = g(D)\,x_e \quad \left(= g_{-1}\int x_e\,dt + g_0\,x_e + g_1\,\dot{x}_e + \cdots\right)$$

ersetzt zu denken mit $g(s) := g_{-1}s^{-1} + g_0 + g_1 s + \cdots$, wobei der Term s^{-1} auf eine Integration hinweist.

Ein lineares Übertragungssystem zeigt *stabiles* Verhalten, wenn seine freien Schwingungen mit wachsender Zeit abklingen, d. h. wenn das ungestörte System aus *jeder* Anfangslage heraus periodisch oder aperiodisch der Ruhelage zustrebt. Man nennt die Ruhelage in diesem Fall *asymptotisch stabil* (vgl. § 9). Gleichbedeutend damit sind die folgenden zwei äquivalenten Aussagen:

(1) Die *Übergangsfunktion* [d. h. die Antwort auf den Einheitssprung $x_e = 0\,(t < 0)$, $x_e = 1\,(t > 0)$, vgl. C. III, § 10] strebt gegen einen konstanten Wert.

(2) Das System ist nicht resonanzfähig. Dabei heißt ein System *resonanzfähig*, wenn es durch eine geeignete äußere, und zwar *beschränkte* Eingangsgröße zu Schwingungen beliebig großer Amplitude, d. h. zu einer unbeschränkten Ausgangsgröße, angeregt werden kann. Wenn das ungestörte System in der Lage ist, ungedämpfte Schwingungen beschränkter Amplitude auszuführen, wobei die Maximalamplitude durch Wahl der Anfangswerte beliebig klein gehalten werden kann, so spricht man zuweilen auch von einem *grenzstabilen* System.

Wenn die Zustandsgrößen des ungestörten Systems bei beschränkten Anfangswerten zu beliebig großen Werten kommen können, spricht man von *instabilem* Verhalten.

Führt man analog zu (1.4) den Vektor

$$(2.7)\qquad \boldsymbol{x} := \operatorname{col}(x, \dot{x}, \ldots, x^{(n-1)})$$

und die Matrix

$$\boldsymbol{A} := \begin{pmatrix} 0 & 1 & 0 & \ldots & 0 & 0 \\ 0 & 0 & 1 & \ldots & 0 & 0 \\ \cdots & \cdots & \cdots & \cdots & \cdots & \cdots \\ 0 & 0 & 0 & \ldots & 1 & 0 \\ -\dfrac{a_n}{a_0} & -\dfrac{a_{n-1}}{a_0} & -\dfrac{a_{n-2}}{a_0} & \ldots & -\dfrac{a_2}{a_0} & -\dfrac{a_1}{a_0} \end{pmatrix}$$

ein, so geht — vgl. (1.5) — (2.3) in die vektorielle Gleichung

$$\dot{\boldsymbol{x}} = \boldsymbol{A}\,\boldsymbol{x} \tag{2.8}$$

über. Die allgemeine Lösung einer Dgl. der Form (2.8) ist eine lineare Verbindung aus n konstanten Vektoren, die mit Faktoren der Form (2.4) multipliziert sind. Das charakteristische Polynom, dessen Nullstellen die Zahlen α_i sind, ist dabei

$$f(s) = \det(\boldsymbol{A} - s\,\boldsymbol{E}). \tag{2.9}$$

Von den Nullstellen $\alpha_1, \ldots, \alpha_n$ des charakteristischen Polynoms (2.2) bzw. (2.9) mögen zur Abkürzung diejenigen mit negativem Realteil *stabil* heißen, die mit positivem Realteil *instabil*, die mit verschwindendem Realteil *grenzstabil*. Die entsprechende Bezeichnung wendet man sinngemäß bei den Polen der Übertragungsfunktion an.

Aus (2.4) folgt **Satz 2.1.** Dann und nur dann zeigt das Übertragungssystem stabiles Verhalten, wenn die Übertragungsfunktion nur stabile Pole aufweist. Das System zeigt instabiles Verhalten, wenn die Übertragungsfunktion mindestens einen instabilen Pol besitzt oder wenn mindestens ein mehrfacher grenzstabiler Pol auftritt. Sind außer stabilen Polen nur noch einfache grenzstabile Pole vorhanden, so ist das Übertragungssystem grenzstabil.

Zu rein imaginären Nullstellen des charakteristischen Polynoms (rein imaginären Polen der Übertragungsfunktion) der Gestalt $i\,\omega$ gehören *periodische* Lösungen der Dgl. mit der Periode $2\,\pi/\omega$.

Bemerkung. Ist $f(s)$ in der Form (2.9) gegeben, so bewirkt eine mehrfache grenzstabile Nullstelle nur dann instabiles Verhalten, wenn auch ein Elementarteiler höherer Ordnung auftritt. Das Auftreten mehrerer linearer Elementarteiler (vgl. A, § 2.9), die zur gleichen charakteristischen Wurzel gehören, ist aber ohne praktische Bedeutung, da das entsprechende System in zwei vollständig entkoppelte Teilsysteme zerfällt.

Die Beurteilung des Stabilitätsverhaltens ist durch den Satz 2.1 auf das rein algebraische Problem zurückgeführt, die Vorzeichen der Realteile der Wurzeln eines Polynoms zu bestimmen.

Manche Übertragungssysteme werden durch lineare Differenzengleichungen mit konstanten Koeffizienten

$$a_0\,x(t+n) + a_1\,x(t+n-1) + \cdots + a_{n-1}\,x(t+1) + a_n\,x(t) = z(t) \tag{2.10}$$

beschrieben (vgl. § 8), die man durch eine zu (1.4) analoge Transformation in die äquivalente Vektorgleichung

$$\boldsymbol{x}(t+1) = \boldsymbol{A}\,\boldsymbol{x}(t) + \boldsymbol{z}(t) \tag{2.11}$$

überführen kann. Ebenso wie bei linearen Dgln. spricht man von *stabilem* Verhalten des Übertragungssystems, wenn alle Lösungen der zu (2.10) bzw. (2.11) gehörenden homogenen Gleichung (mit $z(t) = 0$ bzw. $z(t) = 0$) mit wachsendem t gegen Null gehen, und von *grenzstabilem* Verhalten, wenn die Lösungen beschränkt sind und durch Wahl der Anfangswerte beliebig klein gehalten werden können.

Die allgemeine Lösung der homogenen Gleichung ist eine lineare Verbindung aus Termen

$$\binom{t}{l_{ij}} \varrho_i^t, \quad i = 1, 2, \ldots, n; \quad 0 \leqq j \leqq n - 1.$$

Die Koeffizienten sind Konstanten bzw. konstante Vektoren. Die Zahlen ϱ_i sind die Nullstellen des charakteristischen Polynoms

$$f(s) := a_0 s^n + \cdots + a_{n-1} s + a_n \quad \text{bzw.} \quad = \det(\boldsymbol{A} - s\,\boldsymbol{E}).$$

Die Zahlen l_{ij} sind ganze Zahlen zwischen 0 und $n - 1$ und nur dann von Null verschieden, wenn ϱ_i eine Mehrfachnullstelle ist. Aus der Darstellung der allgemeinen Lösung folgt

Satz 2.2. Das durch die Gln. (2.10) bzw. (2.11) beschriebene Übertragungssystem zeigt dann und nur dann stabiles Verhalten, wenn alle Nullstellen des charakteristischen Polynoms dem Absolutbetrage nach kleiner als eins sind. Es zeigt instabiles Verhalten, wenn mindestens eine Nullstelle des Betrages größer als eins oder mindestens eine Mehrfachnullstelle vom Betrage eins auftritt. Sind außer Nullstellen mit Beträgen kleiner als eins nur noch Einfachnullstellen vom Betrage eins vorhanden, so ist das System grenzstabil.

Die Bemerkung zu Satz 2.1 bzgl. Elementarteiler gilt sinngemäß.

§ 3. Algebraische Stabilitätskriterien

Wir betrachten im folgenden nur Polynome $f(s)$ (vgl. 2.2) mit reellen Koeffizienten und mit $a_0 > 0$.

Satz 3.1: Notwendig dafür, daß $f(s)$ nur stabile Nullstellen besitzt, ist die Bedingung

(3.1) $$a_1 > 0,\ a_2 > 0, \ldots, a_n > 0.$$

Im Fall $n = 2$ ist diese Bedingung auch hinreichend.

Satz 3.2 (Hurwitz): Man bilde die n-reihige quadratische Matrix

(3.2) $$\begin{pmatrix} a_1 & a_0 & 0 & \ldots 0 & 0 \\ a_3 & a_2 & a_1 & a_0 \ldots 0 & 0 \\ \cdots & \cdots & \cdots & \cdots & \cdots \\ & & & \ldots a_{n-1} & a_{n-2} \\ 0 & & & \ldots 0 & a_n \end{pmatrix}$$

und die Folge der Hauptunterdeterminanten

$$H_1 = a_1, \quad H_2 = a_1 a_2 - a_0 a_3, \ldots, H_n = a_n H_{n-1}.$$

Notwendig und hinreichend dafür, daß $f(s)$ nur stabile Nullstellen besitzt, ist neben (3.1) die Bedingung

$$H_1 > 0, \ldots, H_n > 0. \tag{3.3}$$

Ein Polynom mit nur stabilen Nullstellen ist ein *Hurwitz-Polynom.*

Bemerkungen. 1. Das Kriterium bleibt in derselben Form gültig, wenn man die Koeffizienten a_i von $f(s)$ in entgegengesetzter Reihenfolge numeriert.

2. Die $2n$ Ungleichungen (3.1) und (3.3) sind nicht völlig voneinander unabhängig. Es genügen n Ungleichungen, die jeweils entweder die H_k mit geradem oder mit ungeradem Index und entweder die a_j mit geradem oder mit ungeradem Index enthalten müssen (vgl. Cremer u. Effertz).

3. Ist $a_n = 0$, $H_k > 0$ für $k \neq n$, so hat $f(s)$ genau eine Nullstelle $\alpha = 0$.

4. Es gilt

$$H_{n-1} = (-1)^{\frac{n(n-1)}{2}} a_0^{n-1} \prod_{\mu<\nu} (\alpha_\mu + \alpha_\nu).$$

Ist $H_{n-1} = 0$, so besitzt $f(s)$ zwei entgegengesetzt gleiche Nullstellen α und $-\alpha$. Ist außerdem $H_k > 0 \, (k = 1, 2, \ldots, n-2)$, so treten genau zwei rein imaginäre (grenzstabile) Nullstellen $i\omega$ und $-i\omega$ auf. Dabei ist

$$\omega^2 = a_n H_{n-3}/H_{n-2}, \quad n \geqq 3. \tag{3.4}$$

5. Es sei $f(s)$ in der Form (2.9) gegeben. Man betrachte die Matrix

$$\boldsymbol{B} = \boldsymbol{E} + 2(\boldsymbol{A} - (\beta + 1)\,\boldsymbol{E})^{-1}.$$

Dann und nur dann liegen alle Nullstellen links von der Geraden $\operatorname{Re} s = \beta$ (d. h., es gilt $\operatorname{Re} \alpha < \beta$), wenn die Matrixfolge $\boldsymbol{B}^k$, $k = 1, 2, \ldots$, mit wachsendem k gegen die Nullmatrix strebt. Für $\beta = 0$ ergibt sich ein Stabilitätskriterium.

Dieses von Zubov (§ 24) mitgeteilte Kriterium ist dem Hurwitzschen gleichwertig, aber für numerische, insbesondere maschinelle Rechnungen bisweilen bequemer.

6. *Das Kriterium von Routh.* Man bilde das folgende Koeffizientenschema

	$c_{11} = a_0$	$c_{12} = a_2$	$c_{13} = a_4$	...
	$c_{21} = a_1$	$c_{22} = a_3$	$c_{23} = a_5$	...
$r_2 = \dfrac{c_{11}}{c_{21}}$	$c_{31} = c_{12} - r_2 c_{22}$	$c_{32} = c_{13} - r_2 c_{23}$	$c_{33} = c_{14} - r_2 c_{24}$	
$r_3 = \dfrac{c_{21}}{c_{31}}$	$c_{41} = c_{22} - r_3 c_{32}$	$c_{42} = c_{23} - r_3 c_{33}$	$c_{43} = c_{24} - r_3 c_{34}$	
.....	....	....	....	

Das Schema bricht mit der $(n+1)$-ten Zeile ab. Im *Normalfall* (alle *Routhzahlen* c_{i1}, $i=1,2,\ldots$, von Null verschieden) ist die *Bedingung* $c_{i1}>0$, $i=1,\ldots,n+1$, *notwendig und hinreichend für Stabilität.*

7. Ist $c_{j1}=0$, aber nicht alle $c_{jk}(k>1)$ gleich Null, so bilde man das Schema mit c_{j1} als Parameter. Wählt man für c_{j1} einen hinreichenden kleinen Zahlenwert, so ist dieser ohne Einfluß auf die Zahl der Zeichenwechsel.

Verschwinden alle c_{jk} einer Zeile, so bilde man mit den Zahlen der $c_{j-1,1}, c_{j-1,2},\ldots$ der vorhergehenden Zeile ein Hilfspolynom

$$h(s) := c_{j-1,1}\, s^{n-j+2} + c_{j-1,2}\, s^{n-j} + c_{j-1,3}\, s^{n-j-2} + \cdots$$

und nehme die Koeffizienten von $h(s)$ als Elemente der j-ten Zeile des Schemas. Dieser Fall tritt ein, wenn $f(s)$ zwei entgegengesetzt gleiche Nullstellen hat; diese sind dann auch Nullstellen des Hilfspolynoms.

8. Wie beim Hurwitz-Kriterium darf man die Koeffizienten in entgegengesetzter Reihenfolge numerieren.

Man darf alle Zahlen einer Zeile mit ein und derselben *positiven* Zahl multiplizieren, also z. B. Nenner wegschaffen.

9. Es ist im Normalfall $c_{i1}=H_{i-1}/H_{i-2}(i>2)$.

10. Setzt man $c_{01}=1$, so ist im Normalfall die Anzahl der Zeichenwechsel in der Folge der Routh-Zahlen $c_{01},\ldots,c_{n1}$ gleich der Anzahl der instabilen Nullstellen.

Die (mathematisch völlig gleichwertigen) Kriterien von Hurwitz und Routh gestatten es, die Stabilität eines Übertragungssystems mit *numerisch bekanntem charakteristischem* Polynom zu prüfen (allerdings bisweilen mit erheblichem Rechenaufwand). Vielfach sind aber die Koeffizienten des charakteristischen Polynoms nicht zahlenmäßig bekannt, sondern in Abhängigkeit von gewissen Parametern gegeben. In diesem Fall kann man die Hurwitzschen Ungleichungen (3.3) dazu benutzen, den *Stabilitätsbereich*, d. h. den Bereich, in dem die Parameter variieren dürfen, ohne die Stabilität zu gefährden, zu ermitteln oder wenigstens abzuschätzen.

Die Anwendung von Satz 2.2 erfordert es festzustellen, ob alle Nullstellen eines Polynoms $f(s)$ im Inneren des Einheitskreises liegen oder nicht. Durch die lineare Transformation (vgl. A. II, § 1)

$$s=\frac{w+1}{w-1}$$

wird das Innere des Einheitskreises der s-Ebene auf die Halbebene $\mathrm{Re}\,w<0$ abgebildet. Mithin hat $f(s)$ genau dann nur Nullstellen eines Betrages kleiner als eins, wenn der Zähler von $f\left(\frac{w+1}{w-1}\right)$ nur Nullstellen in der linken Halbebene hat. Die Eigenwerte der Matrix $\boldsymbol{A}$ liegen genau dann alle im Inneren des Einheitskreises, wenn die Matrizenfolge A^k, $k = 1, 2, \ldots$, mit wachsendem k gegen die Nullmatrix strebt (vgl. oben 5.).

§ 4. Die Ortskurvenkriterien. Das Wurzelortverfahren[1]

Es sei $f(s)$ das charakteristische Polynom eines Übertragungsgliedes mit reellen Koeffizienten. Setzt man $s = i\omega$, deutet die komplexe Zahl

$$f(i\omega) = U(\omega) + i\,V(\omega) \tag{4.1}$$

in der Gaußschen Zahlenebene und betrachtet ω als Variable, so beschreibt der Punkt (U, V) eine Kurve. Die Punkte $f(i\omega)$ und $f(-i\omega)$

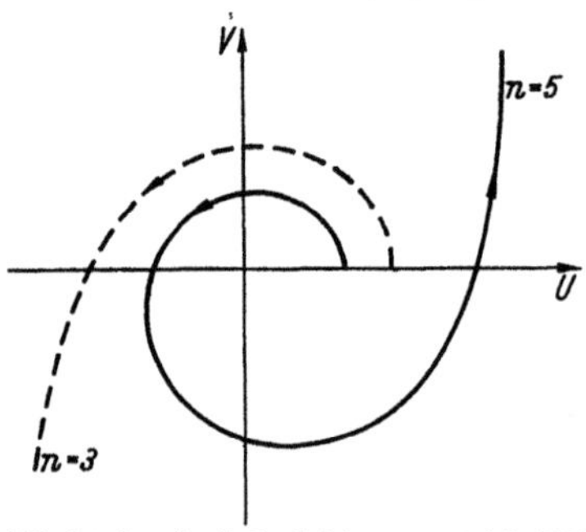

Abb. 4.1. Leonhardsche Ortskurven: stabile Fälle

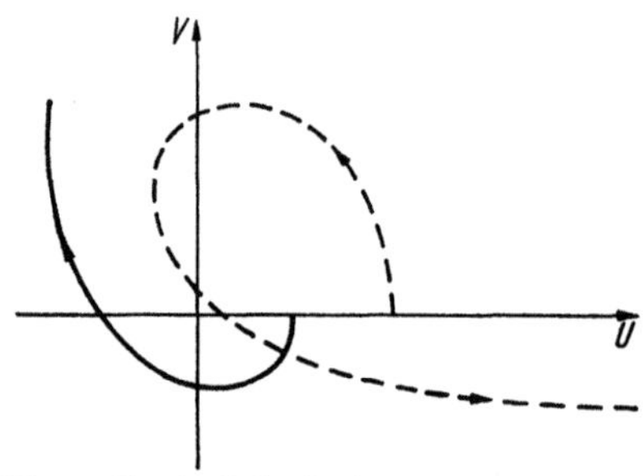

Abb. 4.2. Leonhardsche Ortskurven: instabile Fälle

liegen symmetrisch zur reellen Achse. Man betrachtet daher meist nur den Teil der Kurve, der zu $0 \leqq \omega < \infty$ gehört; er heißt die *Leonhardsche Ortskurve* (Abb. 4.1, 4.2).

In gleicher Weise entsteht die *Ortskurve des Frequenzgangs*, wenn man die komplexe Zahl $F(i\omega)$ (vgl. § 2) in der Gaußschen Ebene bei variablem ω deutet. Benutzt man Polarkoordinaten, schreibt man also

$$F(i\omega) = R(\omega)\, e^{i\varphi(\omega)}, \tag{4.2}$$

so erhält man den Betrag $|F(i\omega)| = R(\omega)$ und den Winkel $\varphi(\omega)$ als Funktionen von ω. Zeichnet man die graphischen Bilder in einer (ω, R)- bzw. (ω, φ)-Ebene, so bekommt man die Kurven des *Amplituden-* und des *Phasen*frequenzgangs. Oft zeichnet man diese Kurven im logarithmischen Maßstab mit $\ln\omega$ als Abszisse. Als Ordinate der Amplitudenfrequenzgangkurve nimmt man dann R in Dezibel, d. h. $20 \ln R$. Das hat den Vorteil, daß die zeichnerische Ermittlung der Frequenzgänge bei Reihenschaltung auf Streckenaddition zurückgeführt wird: es ist ja $20 \ln(R_1 R_2) = 20 \ln R_1 + 20 \ln R_2$. Bei der *Nichols-Ortskurve* erscheint φ

[1] Gille u. a.; § 7, 14; Kaplan, Kap. 7; Naslin; Solodownikow, Kap. 10; Truxal, ferner A. II, § 1, C. III, § 23.

als Abszisse, $20 \ln R$ als Ordinate (Abb. 4.8). Man pflegt $-\varphi$ aufzutragen, so daß die Kurven mit wachsendem ω i. a. nach links laufen.

Aus den Ortskurven lassen sich viele Eigenschaften des Übertragungssystems ablesen. Insbesondere gilt

Satz 4.1: Dann und nur dann hat $f(s)$ ausschließlich stabile Nullstellen, wenn die auf der positiven reellen Achse beginnende Leonhardsche Ortskurve mit wachsendem ω genau n Quadranten im mathematisch

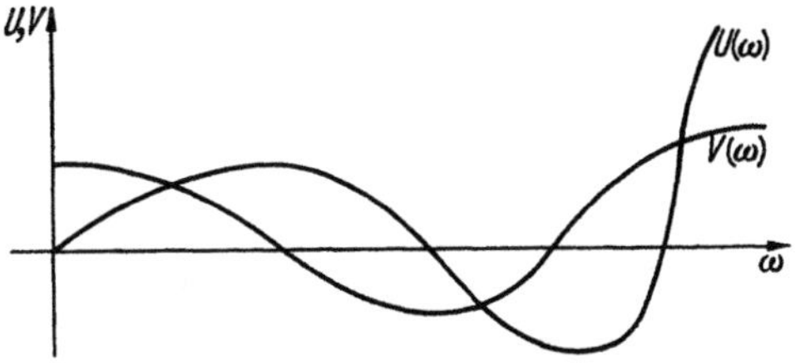

Abb. 4.3. Lagekriterium: stabiler Fall

positiven Sinn durchläuft. (Leonhard-Kriterium, vielfach, vor allem in der russischen Literatur, auch nach MICHAILOV benannt.)

Bemerkungen. 1. Gleichwertig mit der Bedingung des Satzes 4.1 sind die folgenden: a) Die Ortskurve des Frequenzgangs durchläuft, auf der positiven reellen Achse beginnend, genau n Quadranten im Uhrzeigersinn. b) Man setze $f(i\,\omega) = U^*(\omega^2) + i\,\omega\, V^*(\omega^2)$ und bezeichne die Nullstellen der Polynome $U^*(r)$ und $V^*(r)$ mit $r_1', r_2', \ldots$ bzw. $r_1'', r_2'', \ldots$ Jedem positiven r', r'' entsprechen je eine positive und negative Nullstelle von $U(\omega)$ bzw. $V(\omega)$. $V(\omega)$ hat außerdem noch die Nullstelle $\omega = 0$. Die Stabilitätsbedingung besagt: Die Nullstellen r', r'' müssen positiv und einfach sein und sich gegenseitig trennen (Abb. 4.3, 4.4, die Kurven sind für den Parameter ω gezeichnet)

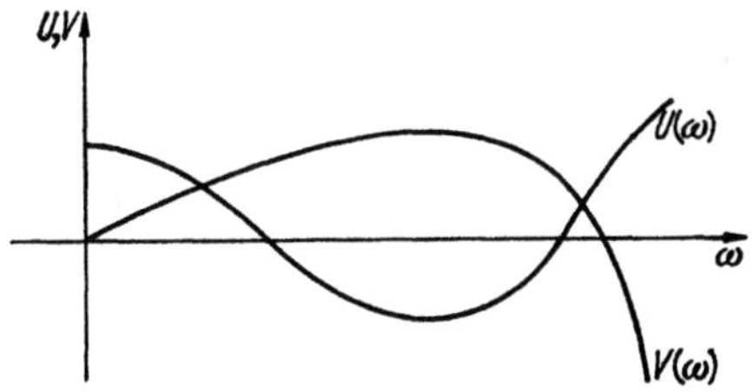

Abb. 4.4. Lagekriterium: instabiler Fall

$$0 < r_1' < r_1'' < r_2' < r_2'' < \cdots$$

(Lücken- und Lagekriterium).

2. Ein Punkt der Leonhardschen Ortskurve, in dem der Abstand $|f(i\,\omega)|$ vom Nullpunkt ein Minimum wird, entspricht einer *Resonanzstelle.* Zu der entsprechenden Frequenz gehört ein Maximum der Amplitude $R(\omega)$ und in der Nichols-Ebene ein Maximum der Ordinate.

3. Es genügt, die Leonhard-Kurve im Intervall $0 \leqq \omega \leqq 1 + q$ mit

$$q = 3\, a_0^{-1} \max(|a_1|, \ldots, |a_n|) \tag{4.3}$$

zu betrachten, da die Kurve für den Parameterwert $\omega = 1 + q$ bereits im „letzten" Quadranten sein muß. Ist $\gamma = \arg f(i\,q) - \arg f(0)$ und m die nächste bei $2\gamma/\pi$ liegende ganze Zahl und hat $f(s)$ keine rein imaginäre Nullstelle, so ist $(n - m)/2$ die Anzahl der instabilen Nullstellen (KAPLAN, § 7).

Das Nyquistsche Kriterium. Es sei $k\,F(s)$ die Übertragungsfunktion eines stabilen offenen Regelkreises, k sei ein Verstärkungsfaktor. Die Übertragungsfunktion des geschlossenen Kreises ist dann (vgl. C. III, § 22)

$$G(s) = \frac{k\,F(s)}{1 + k\,F(s)}\,. \tag{4.4}$$

Satz 4.2 (Nyquist-Kriterium): Wenn die Ortskurve von $k\,F(i\,\omega)$, im Sinne wachsender ω durchlaufen, den kritischen Punkt $u = -1$ links liegen läßt, so ist der geschlossene Regelkreis stabil (Abb. 4.5, 4.6).

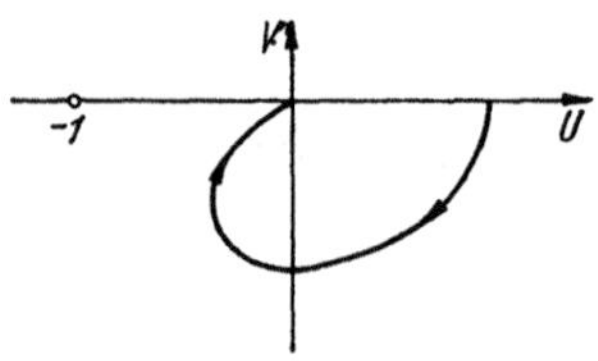

Abb. 4.5. Nyquist-Ortskurve: stabiler Fall

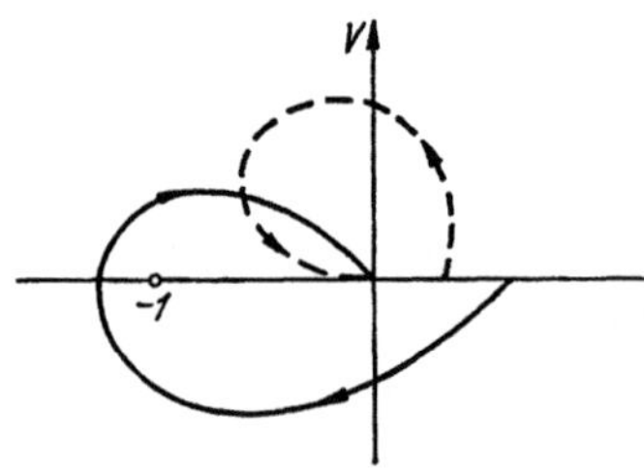

Abb. 4.6. Nyquist-Ortskurve: instabile Fälle

Aus (4.4) folgt $G(s) = \dfrac{k}{k + 1/F(s)}$. Zeichnet man die Ortskurve von $-\dfrac{1}{F(i\,\omega)}$ und trägt auf der reellen Achse den Wert k ab, so wird der Vektor PA gleich dem Nenner von $G(i\,\omega)$, also das Verhältnis $\dfrac{OA}{AP}$ gleich $|G(i\,\omega)|$ und Winkel OAP gleich $\arg G(i\,\omega)$ (Abb. 4.7).

Erweiterte Fassung des Kriteriums unter der Annahme, daß der offene Kreis instabil ist; $F(s)$ möge r Pole in der rechten Halbebene (aber keine Pole auf der imaginären Achse) besitzen. *Dann ist der geschlossene Kreis stabil, wenn die vollständige Ortskurve für $-\infty < \omega < +\infty$ den kritischen Punkt genau r-mal im positiven Sinne umfährt.*

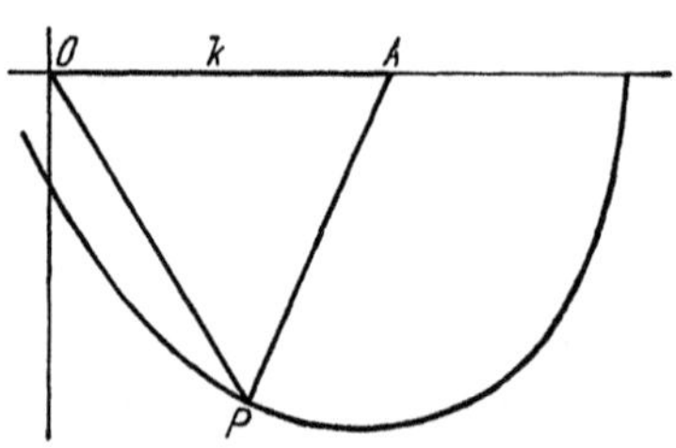

Abb. 4.7. Konstruktion von $\arg G(i\,\omega)$

Nennt man einen Übergang der Ortskurve von der oberen in die untere Halbebene positiv, in entgegengesetzter Richtung negativ, so kann man die Bedingung wie folgt formulieren: Die Differenz zwischen der Zahl der positiven und der negativen Übergänge durch den Abschnitt

$(-\infty, -1)$ der negativen reellen Achse muß gleich $r/2$ sein. Dabei spricht man von einem „halben" Übergang, wenn die Ortskurve für $\omega = 0$ auf dem Abschnitt $(-\infty, -1)$ beginnt.

In der Nichols-Ebene muß die im Sinne wachsender ω durchlaufene Nichols-Ortskurve (Abb. 4.8) den Punkt mit den Koordinaten $(-180°, 0)$ *rechts* liegen lassen.

Bemerkungen. 1. In der Literatur wird manchmal die „Schließung" des Regelkreises mit anderem Vorzeichen definiert. (4.4) hat dann im Nenner ein Minuszeichen, und der kritische Punkt liegt bei $(+1, 0)$.

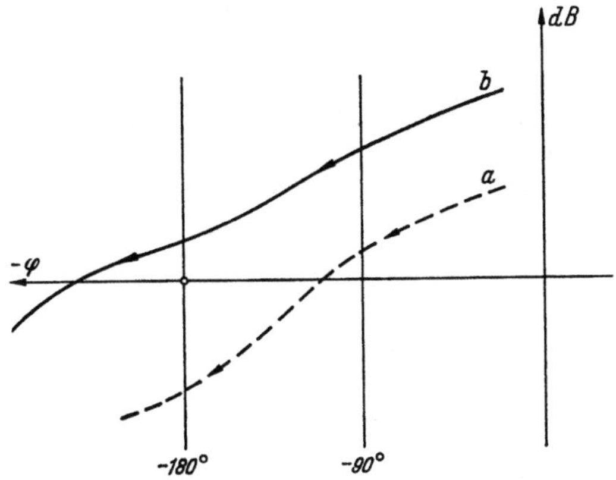

Abb. 4.8. Nichols-Ortskurven: *a* stabil, *b* instabil

2. Die Bedeutung des Nyquist-Kriteriums liegt daran, daß es mit der Ortskurve des *offenen* Kreises arbeitet, die experimentell viel leichter zugänglich ist als die des geschlossenen Kreises. Wegen der praktischen Handhabung der Ortskurvenkriterien, der Auswertung der Ortskurven usw. sei auf die Literatur verwiesen.

Das Wurzelortverfahren. Die Pole der Übertragungsfunktion (4.4) hängen bei festem $F(s)$ von dem Verstärkungsfaktor k ab: wenn k variiert, so wandern die Pole in der komplexen Ebene, und dementsprechend verändern sich die Stabilitätseigenschaften des geschlossenen Kreises. Man bezeichnet als *Stabilitätsreserve* im Stabilitätsfall das Minimum der absolut genommenen Realteile der Pole von $G(s)$; sie wird bei wachsendem k i. allg. kleiner und wird Null, wenn k gleich dem *kritischen* Verstärkungskoeffizienten wird. Über diese und andere wichtige Größen gibt der *Wurzelort* Aufschluß. Man erhält ihn wie folgt: Man läßt k variieren, $0 \leqq k < \infty$, zeichnet für jeden Wert k die Pole, verbindet die zusammengehörigen Polstellen durch Kurven und markiert die entsprechenden k-Werte. Die Gesamtheit der Kurven mit ihren k-Leitern bildet den Wurzelort. Schreibt man die Funktion $F(s)$ aus (4.4) als rationale Funktion in der Gestalt

$$F(s) = \frac{(s-\alpha_1)\ldots(s-\alpha_m)}{(s-\beta_1)\ldots(s-\beta_n)} = \frac{Z}{N},$$

so ist für eine Polstelle von $G(s)$ die Beziehung

$$k Z + N = 0$$

erfüllt, aus der man die zwei Gleichungen

$$k = \frac{|s-\beta_1|\ldots|s-\beta_n|}{|s-\alpha_1|\ldots|s-\alpha_m|}, \tag{4.5}$$

$$\arg(s-\alpha_1) + \cdots + \arg(s-\alpha_m) - \arg(s-\beta_1) - \cdots - \arg(s-\beta_n) \\ = \text{ungerades Vielfaches von } \pi \tag{4.6}$$

gewinnt. Die zweite Gleichung ist eine Bedingung für die Lage von s. Hat man einen Wert s ermittelt, der (4.6) befriedigt, so bestimmt man aus (4.5) den dazugehörenden Wert von k. Beispielsweise genügt für

$$F(s) = \frac{s+2}{s(s+4)(s+8)} \tag{4.7}$$

die Zahl $s = -6$ der Gl. (4.6) mit der rechten Seite π. Der entsprechende Wert des Verstärkungskoeffizienten ist

$$k = \frac{4}{2\cdot 2\cdot 6} = \frac{1}{6}.$$

Für die Lage der Kurven des Wurzelorts gelten einige einfache *Regeln*, die in vielen Fällen ausreichen, den Wurzelort zu skizzieren.

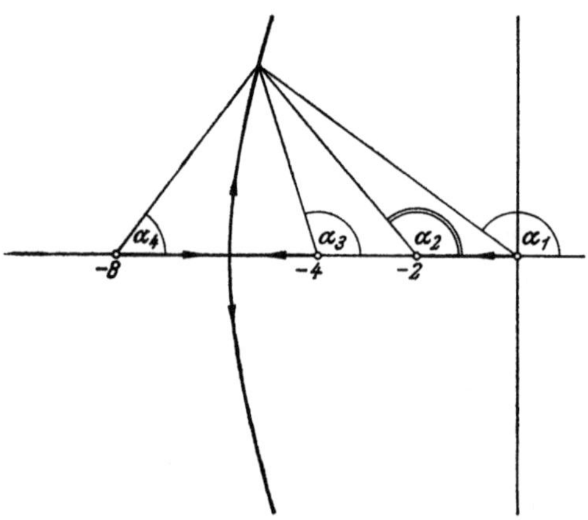

Abb. 4.9. Wurzelort zu (4.7)

a) Der Wurzelort liegt symmetrisch zur reellen Achse.

b) Der Wurzelort besteht aus n Zweigen; jeder Zweig beginnt für $k = 0$ in einem Pol von $F(s)$, d. h. in einem Punkt β_j.

c) Mit wachsendem k, $k \to \infty$, streben m Zweige gegen eine der Nullstellen α_i von $F(s)$; $n - m$ Zweige streben gegen den unendlich fernen Punkt. Der Wurzelort hat dementsprechend $n - m$ asymptotische Richtungen $\frac{2r+1}{n-m}\pi$, r ganz.

d) Schnitte mit der imaginären Achse entsprechen solchen Werten von k, für die das Nennerpolynom $kZ + N$ von (4.4) rein imaginäre Nullstellen hat. Man bestimmt diese k-Werte z. B. unter Benutzung von § 3, Bemerkung 4.

4. An Stellen der reellen Achse, wo die Ableitung $d(kZ + N)/ds$ verschwindet, verzweigen sich die Kurven des Wurzelorts. Dort ist also $k = -N/Z = -N'/Z'$. Die Bedingung $NZ' = N'Z$ ist notwendig für Verzweigungsstellen.

Beispielsweise genügen die Verzweigungsstellen des zu (4.7) gehörenden Wurzelorts der Gleichung $s(s+2)(s+6) + (s+4)(s+8) = 0$.

Weitere Einzelheiten der Konstruktion des Wurzelorts und seiner Auswertung finden sich bei GILLE u.a., § 14, TRUXAL.

§ 5. Die D-Zerlegung[1]

Die Koeffizienten a_i des Polynoms $f(s)$ mögen von zwei reellen Parametern α und β abhängen; wir schreiben dementsprechend $f(s, \alpha, \beta)$. (Im Spezialfall können α und β zwei der Koeffizienten a_j, a_k sein, während die übrigen a_i fest sind.) Jedem Wertepaar (α, β), das als Punkt in einer (α, β)-Ebene gedeutet werden kann, entspricht eine wohlbestimmte Anzahl $N(\alpha, \beta)$ stabiler Nullstellen des Polynoms $f(s, \alpha, \beta)$, wobei natürlich $0 \leqq N \leqq n$ ist. Die Gesamtheit aller Punkte (α, β) mit $N(\alpha, \beta) = n$ bildet den *Stabilitätsbereich* in der Parameterebene. Es seien $P_1 = (\alpha_1, \beta_1)$ und $P_2 = (\alpha_2, \beta_2)$ (Abb. 5.1) zwei Punkte mit $N(\alpha_1, \beta_1) \neq N(\alpha_2, \beta_2)$. Auf jeder stetigen Kurve, die diese Punkte verbindet, muß mindestens ein Punkt (α', β') derart liegen, daß $f(s, \alpha', \beta')$ grenzstabile Nullstellen hat; denn nur an solchen Punkten kann sich die Zahl N ändern. Die Gesamtheit aller derartiger Punkte (α', β') bildet die *Grenze der D-Zerlegung*. Sie besteht i. allg. aus einer Anzahl voneinander getrennter Kurven, die entweder geschlossen sind oder ins Unendliche laufen, und zerlegt die Parameterebene in einzelne Gebiete. Im Inneren eines

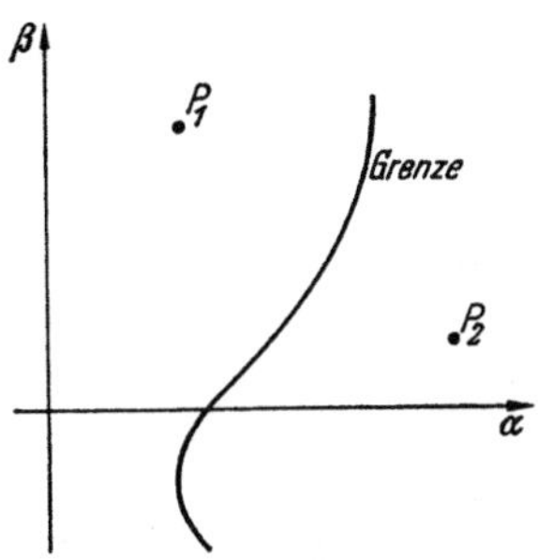

Abb. 5.1. D-Zerlegung

[1] SOLODOWNIKOW, § 11; ŠILJAK, Kap. I.

solchen Gebietes ist N konstant. Wir denken uns die Grenze gezeichnet und eine Seite der Grenze gestrichelt. Die Strichelung wird so angebracht, daß N beim Überschreiten der Grenze von der ungestrichelten Seite zur gestrichelten hin *zunimmt*. (Wenn N um mehr als 1 wächst, so erhält der entsprechende Abschnitt der Grenze entsprechend viele Strichelungen.)

Kennt man die Grenze mit Strichelung, so kann man N für jeden Punkt (α, β) finden, sofern der Wert $N(\alpha_0, \beta_0)$ für einen festen Ausgangspunkt (α_0, β_0) bekannt ist: man braucht nur (α, β) mit (α_0, β_0) zu verbinden und gemäß der Strichelung die Änderung von N an den Stellen zu bestimmen, an denen die Grenze überschritten wird. Im Falle *linearer* Parameterabhängigkeit läßt sich die Grenze verhältnismäßig leicht konstruieren und die Strichelungsvorschrift angeben. In diesem Fall ist

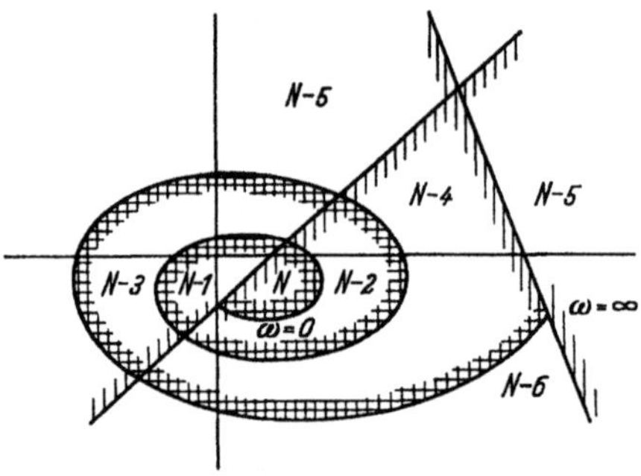

Abb. 5.2
D-Zerlegung mit Schraffur und singulären Geraden

$$(5.1)\qquad f(s, \alpha, \beta) = \alpha\, p(s) + \beta\, q(s) + r(s)$$

mit gewissen Polynomen p, q, r. Es sei noch

$$p(i\omega) =: p_1(\omega) + i\, p_2(\omega);$$

analog seien q_1, q_2, r_1, r_2 definiert. Die Grenze läßt sich durch die folgende Parameterdarstellung mit ω als Parameter kennzeichnen:

$$(5.2)\qquad \alpha = -\frac{d_1(\omega)}{d(\omega)}, \quad \beta = -\frac{d_2(\omega)}{d(\omega)}$$

$$\text{mit}\quad d_1 = r_1 q_2 - r_2 q_1, \quad d_2 = p_1 r_2 - p_2 r_1, \quad d = p_1 q_2 - p_2 q_1,$$

sofern nicht Zähler und Nenner gleichzeitig verschwinden. Entgegengesetzt gleichen Parameterwerten ω und $-\omega$ entspricht derselbe Punkt der Grenze. Einem Wert $\omega = \omega'$, für den $d(\omega') = d_1(\omega') = d_2(\omega') = 0$ ist, entspricht nicht ein einzelner Punkt, sondern eine sogenannte singuläre Gerade mit der Gleichung

$$(5.3)\qquad \alpha\, p_i(\omega') + \beta\, q_i(\omega') + r_i(\omega') = 0 \quad (i = 1 \text{ oder } 2).$$

Zu $\omega = 0$ und $\omega = \infty$ gehören stets singuläre Geraden, die u. U. ganz im Unendlichen liegen und dann für die *D*-Zerlegung ohne Bedeutung sind.

Der durch (5.2) gegebene Teil der Grenze wird in Punkten mit $d > 0$ links (im Sinne wachsender ω-Werte durchlaufen) gestrichelt, in Punkten mit $d < 0$ rechts. Für $-\infty < \omega < 0$ und $0 < \omega < +\infty$ wird einzeln gestrichelt, und zwar auf derselben Seite. Durch Punkte ω', an denen d verschwindet und das Vorzeichen wechselt, gehen stets singuläre Geraden (5.3). In der Nähe des Schnittpunkts sind die gestrichelten Seiten von Kurve und Gerade einander zugekehrt. Ist der Ausnahmewert ω' Null oder Unendlich, so wird die Gerade einfach gestrichelt, für endliches

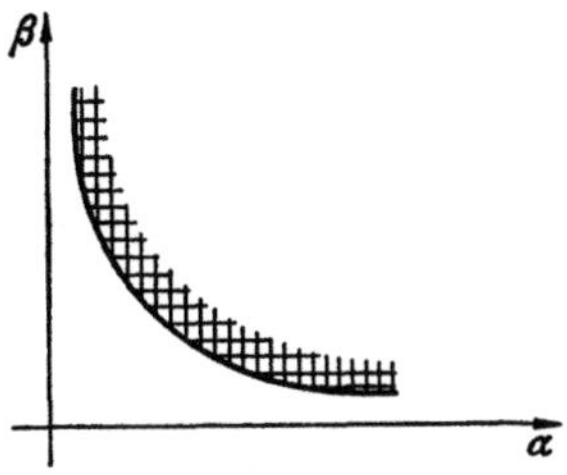

Abb. 5.3
D-Zerlegung für $s^3 + \alpha s^2 + \beta s + 1$ ($\beta = \alpha^{-1}$)
(nach SOLODOWNIKOW)

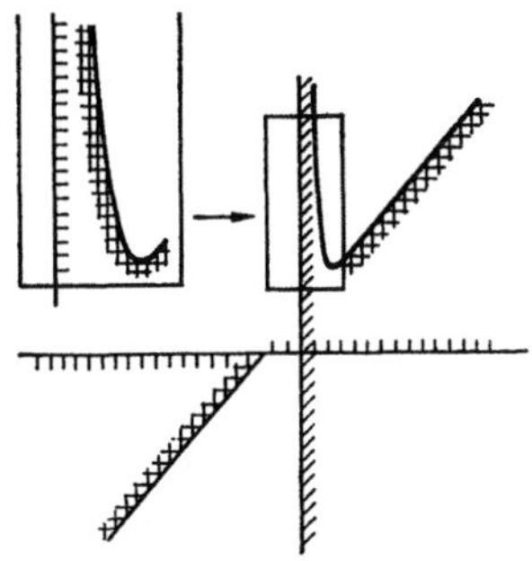

Abb. 5.4
D-Zerlegung für $(\alpha s + 1)(0{,}2 s^2 + 5 s + 1) + 25\beta$
(nach SOLODOWNIKOW)

$\omega' \neq 0$ doppelt. Ist ω' eine gerade Nullstelle von d, wo dieser Ausdruck also nicht das Zeichen wechselt, so braucht die entsprechende singuläre Gerade nicht berücksichtigt zu werden.

§ 6. Strukturelle Stabilität[1]

Bei der Behandlung eines charakteristischen Polynoms erster oder zweiter Ordnung

$$(6.1) \qquad a_0 s + a_1 \quad \text{bzw.} \quad a_0 s^2 + a_1 s + a_2$$

vom mathematischen Standpunkt aus (z. B. mittels des Hurwitz-Kriteriums) sind die Koeffizienten a_i reelle Parameter, die prinzipiell beliebiger endlicher Werte fähig sind. Bei realen Systemen spielen dagegen die Vorzeichen der Koeffizienten eine entscheidende Rolle: zwei Übertragungsglieder, mit den charakteristischen Polynomen $T s + 1$ und $T s - 1$ ($T > 0$) sind physikalisch grundsätzlich voneinander verschieden. In der Praxis treten vor allem die folgenden fünf Typen von Polynomen (6.1) auf:

$$(6.2) \qquad \text{a) } T s, \quad \text{b) } T s + 1, \quad \text{c) } T_1^2 s^2 + \xi T_2 s + 1, \quad \text{d) } T s - 1, \quad \text{e) } T^2 s^2 + 1;$$

darin sind die „Zeitkonstanten" T und der Faktor ξ positive Zahlen. Ein aus einer festen Zahl von Gliedern der Typen (6.2) zusammengesetztes

[1] SOLODOWNIKOW, § 11; GILLE u.a., § 15, 3.

Übertragungssystem (z. B. ein geschlossener Regelkreis) heißt *strukturell instabil*, wenn es bei beliebigen numerischen Werten der (stets positiven) Parameter T und ξ instabil ist; es heißt *strukturell stabil*, wenn es bei passenden Werten dieser Parameter stabil ist, oder, anders ausgedrückt, wenn im Raum der Parameter ein *Stabilitätsgebiet* existiert.

Beispiel: Das durch das Blockschaltbild der Abb. 6.1 gegebene System ist strukturell instabil; denn der Nenner der Übertragungsfunktion ist $1 + T_2 s (T_1 s - 1) = T_1 T_2 s^2 - T_2 s + 1$ mit negativem Koeffizienten von s.

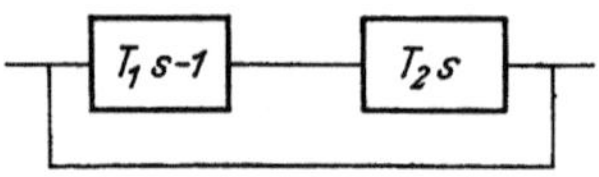

Abb. 6.1. Strukturell instabiler Kreis

(Bemerkung: Der Ausdruck „strukturell stabil" wird auch noch in ganz anderer Bedeutung bei nichtlinearen Systemen verwandt.)

Es gibt einige Kriterien für die strukturelle Stabilität *einschleifiger* Kreise. Der Kreis bestehe nur aus Gliedern der Typen (6.2).

Satz 6.1: Es sei n der Grad des charakteristischen Polynoms, a, d, e bzw. die Anzahlen der Übertragungsglieder der Typen a), d), e) von (6.2). Dann sind die Ungleichungen

$$a + d \leqq 1, \quad n > 4e$$

notwendig und hinreichend für strukturelle Stabilität.

Satz 6.2: Das charakteristische Polynom sei vom Typ $g(s) + h(s)$, wobei Grad $g = n$, Grad $h = m \leqq n$ ist. a, d, e seien bzw. die Anzahlen der den Typen von (6.2) entsprechenden Faktoren des Polynoms $g(s)$. Ferner sei $N = m + n$, $M = a + d + 2e$, $Q = \left[\frac{M}{2}\right]$. Notwendig und hinreichend für strukturelle Stabilität ist die Ungleichung

$$m \geqq a + d - 1$$

in Verbindung mit einer der folgenden Ungleichungen:

	$m = 0$	$m > 0$ gerade	$m > 0$ ungerade
M gerade	$N > 4Q$	$N > 4Q + 1$	$N > 4Q - 2$
M ungerade	$N > 4Q$	$N > 4Q$	$N > 4Q + 1$.

Im Spezialfall $m = 1$ lauten die Ungleichungen

$a + d \leqq 2$ und für	$a + d =$	0	1	2
	$n >$	$4e - 3$	$4e$	$4e + 1$.

§ 7. Systeme mit Totzeit und verteilten Parametern

Ein lineares Übertragungssystem mit *Totzeit* wird im einfachsten Fall durch eine Differential-Differenzengleichung

$$f_1(D)\, x_a(t) + f_2(D)\, x_a(t - \tau) = g_1(D)\, x_e(t) + g_2(D)\, x_e(t - \tau) \tag{7.1}$$

beschrieben. Die Übertragungsfunktion hat die Form (vgl. C. III, § 4, § 10)

$$F(s) = \frac{g_1(s) + g_2(s)\,e^{-s\tau}}{f_1(s) + f_2(s)\,e^{-s\tau}} \tag{7.2}$$

ist also keine rationale Funktion, sondern ein Quotient aus „Exponentialpolynomen" und hat dementsprechend unendlich viele Pole. Man kann (7.2) theoretisch als gewöhnliches Übertragungssystem mit „reinen Totzeitgliedern" interpretieren; diese sind durch die Gleichung

$$x_a(t) = x_e(t-\tau)$$

und die Übertragungsfunktion $e^{-s\tau}$ charakterisiert. Übertragungsglieder, die durch partielle Differentialgleichungen beschrieben werden (z. B. Regelkreise, in denen die Signale durch Druckwellen in flüssigkeitsgefüllten Rohren übertragen werden), besitzen i. allg. auch Übertragungsfunktionen der Form (7.2).

Wir beschränken uns auf den Fall

$$n = \operatorname{Grad} f_1 > \operatorname{Grad} g_1 \geqq \operatorname{Grad} g_2 \quad \text{und} \quad \operatorname{Grad} f_1 > \operatorname{Grad} f_2. \tag{7.3}$$

In diesem Fall ist wie bei Systemen ohne Totzeit *notwendig und hinreichend für Stabilität, daß die sämtlichen Pole der Übertragungsfunktion in der linken Halbebene liegen.*

Die algebraischen Stabilitätskriterien (§ 3) lassen sich nicht übertragen.

Ist f_2 konstant, so daß der Nenner von (7.2) auf die Form

$$\varphi(s) = f(s) + e^{-s\tau}$$

gebracht werden kann, so läßt sich das Leonhardsche Ortskurvenkriterium unverändert anwenden. Man erhält die Ortskurve von $\varphi(s)$ durch einfache geometrische Addition der Vektoren $f(i\omega)$ und $e^{-i\omega\tau}$; die Endpunkte der Vektoren $e^{-i\omega\tau}$ liegen auf dem Kreis mit dem Radius 1 um den Nullpunkt.

Das Nyquistsche Kriterium bleibt für Systeme mit Totzeit unverändert gültig.

Bei der Stabilitätsanalyse kann man die Totzeit als Parameter betrachten. Es kann sein, daß ein instabiles System durch Einführung eines Totzeiteffekts stabil wird. Häufiger ist der umgekehrte Fall. Die *kritische Totzeit*, bei der das System in den instabilen Zustand übergeht, läßt sich vielfach graphisch ermitteln. Bezüglich allgemeinerer Systeme (mehrere Totzeiten, Verletzung der Bedingung (7.3) u. a.) vgl. z. B. BELLMAN u. COOKE.

Bemerkung. Der scheinbar naheliegende Gedanke, in (7.1) und den entsprechenden Gleichungen der Glieder $x(t-\tau)$ durch die Anfangsglieder ihrer Taylor-Entwicklung $x(t) - \tau\dot{x}'(t) + \cdots$ zu ersetzen bzw.

für die Exponentialfunktion $e^{-\tau s}$ ein Näherungspolynom einzuführen, ist oft irreführend, da das so gewonnene Ersatzsystem keineswegs dasselbe Stabilitätsverhalten wie das ursprüngliche zu zeigen braucht.

§ 8. Abtastsysteme (Impulssysteme)[1]

Das charakteristische Übertragungsglied eines *Abtastsystems* (Impulssystems) ist ein Impulselement, das die Eingangsgröße $y(t)$ in eine Treppenfunktion, d. h. eine Folge von rechteckigen Impulsen verwandelt, deren Höhe oder Dauer dem Wert der Eingangsgröße in den diskreten *Abtastzeitpunkten* $t = T, 2T, \ldots, nT, \ldots$ proportional ist. Bezeichnet man den Wert, den eine Zeitfunktion $y(t)$ im Zeitpunkt $t = nT$ annimmt, mit $y[n]$, ferner mit $\bar{t} = t/T$ die bezogene Zeit, mit $u(t)$ die Ausgangsgröße des Impulselements und mit k, c und $\gamma < 1$ gewisse, durch das System gegebene Konstanten, so gilt

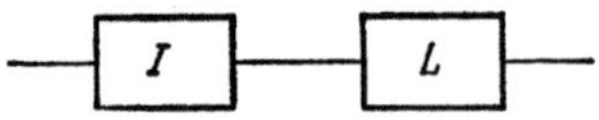

Abb. 8.1. Impulssystem (offen)
I Impulsglied, *L* Linearteil

$$(8.1)\qquad u(t) = \begin{cases} k\,y[n] & n \leqq \bar{t} < n + \gamma \\ 0 & n + \gamma \leqq \bar{t} < n + 1 \end{cases}$$

für amplitudenmodulierte Abtastsysteme und

$$(8.2)\qquad u(t) = \begin{cases} k \operatorname{sgn} y[n] & n \leqq \bar{t} < n + \gamma \\ 0 & n + \gamma \leqq \bar{t} < n + 1 \end{cases}$$

für breitenmodulierte Abtastsysteme. Hier ist $\gamma = c|y[n]| < 1$. Es sei (Abb. 8.1) I das Impulselement, L ein lineares Übertragungsglied mit der Übertragungsfunktion $F(s)$ und der Impulsübertragungsfunktion [der Originalfunktion zur Bildfunktion $F(s)$] $p(t)$. Wenn man den Kreis schließt, so entsteht ein Übertragungssystem, das durch eine Differenzengleichung beschrieben wird: die Größen $x_a(t)$ bzw. $x_a[n]$ ergeben sich durch Auflösung einer Differenzengleichung mit i. allg. nicht konstanten Koeffizienten. Sie ist bei Amplitudenmodulation linear, bei Breitenmodulation nichtlinear.

Unter der Annahme, daß die in (8.1) und (8.2) erscheinende Zahl γ sehr klein ist, kann man eine Stabilitätsanalyse durchführen, ohne die Theorie der Differenzengleichungen heranzuziehen. In diesem Fall kann nämlich die Ausgangsgröße des Impulselements als ein „Stoß" angesehen werden. Einem im Zeitpunkt $\bar{t} = n$ auf das lineare Element einwirkenden Eingangsstoß x_e entspricht die Ausgangsgröße

$$\begin{matrix} x_e\,p(\bar{t} - n) & \bar{t} \geqq n, \\ 0 & \bar{t} < n. \end{matrix}$$

[1] Solodownikow, § 21; Tschauner, Zypkin [*1*, *4*], Gille u. a., § 18, ferner C. VI.

Wirkt die diskrete Impulsfolge (8.1) ein, so ergibt sich die Ausgangsgröße

$$x_a(\bar{t}) = k \sum_{m=1}^{n} y[m]\, p(\bar{t} - m), \quad n \leqq \bar{t} < n + 1. \tag{8.3}$$

Man unterwirft diese Gleichung der diskreten Laplace-Transformation, die der Funktion $y[n]$ die Bildfunktion

$$y^*(q) = \sum_{n=0}^{\infty} e^{-qn} y[n]$$

zuordnet, und erhält im Bildraum die Beziehung

$$x_a^*(q) = W^*(q)\, y^*(q), \tag{8.4}$$

durch die die Übertragungsfunktion des offenen impulsgesteuerten Systems definiert wird. (An Stelle der diskreten Laplace-Transformation wird auch die Z-Transformation verwandt; vgl. TSCHAUNER und C. VI.) Die Übertragungsfunktion $W^*(q)$ läßt sich mittels der Parameter des linearen Elements und des Impulselements wie folgt darstellen. Es sei $F\left(\frac{q}{T}\right)$ in der Form $\frac{R(q)}{P(q)} = W(q)$ geschrieben mit Polynomen R und P. Es seien $q_1, \ldots, q_r$ die als einfach vorausgesetzten Pole von $W(q)$. Dann ist die Übertragungsfunktion des impulsgesteuerten Gliedes

$$W^*(q) = \hat{k} \sum_{\nu=1}^{r} c_\nu \frac{e^{q_\nu}}{e^q - e^{q_\nu}}, \tag{8.5}$$

und zwar ist

$$\hat{k} = k\gamma, \quad c_\nu = \frac{R(q_\nu)}{P'(q_\nu)} \frac{1 - e^{q_\nu \gamma}}{\gamma q_\nu} \quad (q_\nu \neq 0), \qquad c_\nu = \frac{R(0)}{P'(0)} \quad (q_\nu = 0)$$

bei Amplitudenmodulation und

$$\hat{k} = k c, \quad c_\nu = \frac{R(q_\nu)}{P'(q_\nu)}$$

bei Breitenmodulation.

Eine weitere Darstellung ist

$$W^*(q) = \hat{k} g_1 + \hat{k} \sum_{m=-\infty}^{m=+\infty} W(q + 2\pi m i) \frac{1 - e^{-(q + 2\pi i m)\gamma}}{(q + 2\pi m i)\gamma}, \tag{8.6}$$
$$g_1 := \tfrac{1}{2} \lim_{q \to \infty} W(q)$$

im ersten Fall und

$$W^*(q) = \hat{k} g_2 + \hat{k} \sum_{m=-\infty}^{m=+\infty} W(q + 2\pi m i), \quad g_2 := \tfrac{1}{2} \lim_{q \to \infty} q\, W(q) \tag{8.7}$$

im zweiten Fall.

Mit der Übertragungsfunktion $W^*(q)$ kann man ähnlich wie bei stetigen Systemen arbeiten. Insbesondere ist die Übertragungsfunktion des geschlossenen Kreises gleich

$$K^*(q) = \frac{W^*(q)}{1 + W^*(q)}. \tag{8.8}$$

Setzt man $q = i\,x\,(= i\,\omega\,T)$, so entstehen ebenso wie im § 4 die Frequenzgänge; der Parameter x variiert zwischen $-\pi$ und $+\pi$. Analog erklärt man die Ortskurve. Es gibt Verfahren zur angenäherten Konstruktion der Ortskurve von $W^*(i\,x)$ auf Grund der Ortskurve von $W(i\,\omega)$.

Ein Impulssystem ist genau dann stabil, wenn die Pole der Übertragungsfunktion ausschließlich negative Realteile besitzen. Der Nenner der Übertragungsfunktion ist ein Exponentialpolynom der Gestalt

$$G^*(q) = a_0\,e^{rq} + a_1\,e^{(r-1)q} + \cdots + a_{r-1}\,e^{q} + a_r. \tag{8.9}$$

Mit der Zahl q ist auch jede Zahl $q + 2m\,\pi\,i$ (m ganz) Nullstelle von (8.8). Es genügt daher, die Pole in dem linken Halbstreifen $-\pi \leqq \operatorname{Im} q < \pi$; $\operatorname{Re} q < 0$ abzuzählen.

Zur Stabilitätsdiskussion dient das Analogon zum Leonhardschen Ortskurvenkriterium: $G^*(q)$ hat nur „stabile" Nullstellen, wenn die Ortskurve

$$G^*(i\,x) = U^*(x) + i\,V^*(x) \qquad (0 \leqq x \leqq \pi)$$

auf der positiven reellen Achse beginnt und mit wachsendem x genau $2r$ Quadranten im positiven Sinne durchläuft.

Ebenso wie im stetigen Fall ermöglicht es das Nyquist-Kriterium, das Verhalten des geschlossenen Kreises zu beurteilen: Der geschlossene Kreis ist stabil, wenn der lineare Teil des offenen Kreises für sich stabil ist und wenn die Ortskurve des Frequenzgangs des offenen Kreises, also die Ortskurve zu

$$W^*(i\,x) = u^*(x) + i\,v^*(x), \tag{8.10}$$

den Punkt $(-1, 0)$ links liegen läßt. Besitzt W r Pole mit positivem Realteil, so muß die Kurve (8.10) den Punkt $(-1, 0)$ $r/2$-mal in positivem Sinne umkreisen.

II. Lineare zeitabhängige Parameter[1]

§ 9. Allgemeine lineare Systeme; der Begriff der Stabilität nach Ljapunov

Wir betrachten jetzt lineare Differentialgleichungen mit zeitabhängigen Parametern der Form

$$a_0(t)\,x^{(n)} + \cdots + a_n(t)\,x = 0 \text{ bzw. } = z(t) \tag{9.1}$$

oder vektoriell

$$\dot{\mathfrak{x}} - A(t)\,\mathfrak{x} = 0 \text{ bzw. } = \mathfrak{z}(t). \tag{9.2}$$

[1] DI, § 4; Cesari, § 3; Pontrjagin, Kap. 3; Kaplan, Kap. 8.

Die Koeffizienten $a_i(t)$ und die Elemente $a_{ij}(t)$ der Matrix $\boldsymbol{A}(t)$ seien stetige beschränkte Funktionen der Zeit t. Gleichungen dieses Typs, besonders im Fall *periodischer* Koeffizienten, sind für die Theorie der schwingenden Systeme von besonderer Bedeutung.

In der modernen Theorie der automatischen Regelungen schreibt man die Bewegungsgleichungen meist in der Form

$$\dot{\boldsymbol{x}} = \boldsymbol{A}(t)\,\boldsymbol{x} + \boldsymbol{B}(t)\,\boldsymbol{u}, \qquad \boldsymbol{y} = \boldsymbol{C}(t)\,\boldsymbol{x} + \boldsymbol{D}(t)\,\boldsymbol{u}.$$

Darin bezeichnet $\boldsymbol{x}$ den Zustand des Systems, $\boldsymbol{u}$ den „Steuerungsvektor", der den äußeren Eingriff kennzeichnet, $\boldsymbol{y}$ die beobachtbare Ausgangsgröße. Die Unterscheidung zwischen $\boldsymbol{x}$ und $\boldsymbol{y}$ trägt dem Umstand Rechnung, daß der Zustand des Systems i. allg. nicht unmittelbar beobachtet werden kann. Die Matrizen $\boldsymbol{A}, \ldots, \boldsymbol{D}$ sind als bekannt anzusehen. Das wichtigste „Kontrollproblem" besteht darin, den Steuervektor $\boldsymbol{u}(t)$ so zu wählen, daß das System gewisse vorgeschriebene Eigenschaften hat, z. B. in möglichst kurzer Zeit von einem Anfangszustand $\boldsymbol{x}_0$ in einen Endzustand $\boldsymbol{x}_1$ übergeht. Vorher muß die Frage geklärt werden, ob überhaupt jedes $\boldsymbol{x}_0$ in ein vorgegebenes $\boldsymbol{x}_1$ überführt werden kann und ob andererseits eine Beobachtung im Zeitpunkt t_1 gestattet, eindeutig den Zustand $\boldsymbol{x}(t)$ für $t \leqq t_1$ zu ermitteln. Die hier nur angedeuteten Begriffe „vollständig beobachtbar", „vollständig steuerbar" und „optimale Regelung" haben in letzter Zeit Anlaß zu einer ausgedehnten Theorie gegeben, die sich noch im Ausbau befindet. Von der Praxis her wurde die Entwicklung dadurch bedingt, daß man es in wachsendem Umfang mit hochkomplizierten Mehrfachregelungen (gleichzeitige Regelung mehrerer Regelgrößen) zu tun hat, die in sehr kurzen Zeitspannen durchzuführen sind (Raumfahrt). Eine (mathematisch etwas anspruchsvolle) Darstellung der modernen Theorie sowie zahlreiche Literaturangaben findet sich bei R. E. KALMAN u. a. Vgl. auch N II.

Es sei zunächst an einige Formeln erinnert, die im folgenden benötigt werden.

Es seien $\boldsymbol{x}_1, \ldots, \boldsymbol{x}_n$ n linear unabhängige Vektorlösungen der homogenen Gl. (9.2) zu einer Matrix $\boldsymbol{X}(t)$ zusammengefaßt. Es ist dann

$$\dot{\boldsymbol{X}}(t) = \boldsymbol{A}(t)\,\boldsymbol{X}(t).$$

Wir betrachten dasjenige Fundamentalsystem, dessen Matrix im Zeitpunkt $t = t_0$ gleich der Einheitsmatrix $\boldsymbol{E}$ ist; diese *Fundamentalmatrix* sei mit $\boldsymbol{K}(t, t_0)$ bezeichnet. Es gilt also $\boldsymbol{K}(t_0, t_0) = \boldsymbol{E}$, ferner

$$\boldsymbol{K}(t, t_0) = \boldsymbol{K}(t, 0)\,\boldsymbol{K}(0, t_0).$$

Diejenige Vektorlösung der homogenen Gl. (9.2), die im Zeitpunkt t_0 den Anfangswert $\boldsymbol{x}_0$ annimmt, sei mit $\boldsymbol{p}(t, \boldsymbol{x}_0, t_0)$ bezeichnet:

$$\boldsymbol{p}(t_0, \boldsymbol{x}_0, t_0) = \boldsymbol{x}_0. \tag{9.3}$$

Es ist

$$\boldsymbol{p}(t, \boldsymbol{x}_0, t_0) = \boldsymbol{K}(t, t_0)\,\boldsymbol{x}_0, \tag{9.4}$$

und das allgemeine Fundamentalsystem der homogenen Gleichung (9.2) hat die Gestalt

$$\boldsymbol{X}(t) = \boldsymbol{K}(t, t_0)\,\boldsymbol{C} \tag{9.5}$$

mit konstantem $\boldsymbol{C}$, $\det \boldsymbol{C} \neq 0$.

Neben den homogenen Gln. (9.1) und (9.2) betrachten wir die *adjungierten Gleichungen* (vgl. E.I, § 1)

(9.6) $$(-1)^n \left(a_0(t)\, y\right)^{(n)} + (-1)^{n-1} \left(a_1(t)\, y\right)^{(n-1)} + \cdots + a_n(t)\, y = 0$$

bzw.

(9.7) $$\dot{\boldsymbol{y}} = -\boldsymbol{A}^{\mathrm{T}} \boldsymbol{y},$$

wobei $\boldsymbol{A}^{\mathrm{T}}$ die zu $\boldsymbol{A}$ transponierte Matrix bedeutet. Die zu (9.7) gehörende Fundamentalmatrix $\boldsymbol{K}^*(t, t_0)$ geht aus $\boldsymbol{K}(t, t_0)$ durch Transposition und Vertauschung der Argumente hervor:

(9.8) $$\boldsymbol{K}^*(t, t_0) = \boldsymbol{K}(t_0, t)^{\mathrm{T}}.$$

Sind $\boldsymbol{X}(t)$ und $\boldsymbol{Y}(t)$ zwei beliebige Fundamentalsysteme von (9.2) bzw. (9.7), so ist das Matrizenprodukt $\boldsymbol{X}^{\mathrm{T}} \boldsymbol{Y}$ konstant. Ist $\boldsymbol{A}$ eine konstante Matrix, so ist $\boldsymbol{K}(t, t_0) = e^{\boldsymbol{A}(t-t_0)}$.

Die allgemeine Lösung der inhomogenen Gl. (9.2) läßt sich mittels der Fundamentalmatrix in geschlossener Form darstellen:

(9.9) $$\boldsymbol{x}(t) = \boldsymbol{K}(t, t_0) \left(\boldsymbol{x}_0 + \int_{t_0}^{t} \boldsymbol{K}(t_0, u)\, \boldsymbol{z}(u)\, du \right).$$

Das homogene Gleichungssystem (9.2) läßt die Ruhelage $\boldsymbol{x} = 0$ als spezielle Lösung zu; sie wird auch die *triviale Lösung* genannt. Wenn das durch (9.2) beschriebene *physikalische* System in dem im § 2 erklärten Sinne stabil ist, streben alle Lösungen von (9.2) der Ruhelage zu; bei einem grenzstabilen System bleiben die Lösungen bei passenden Anfangswerten in beliebiger Nähe der Ruhelage. Das Stabilitätsverhalten des physikalischen Systems läßt sich also als eine Eigenschaft der trivialen Lösung auffassen. Dem entsprechen die *folgenden Definitionen der Stabilität der Ruhelage nach Ljapunov*. Diese Definitionen sind nicht auf die lineare Gl. (9.2) beschränkt, sondern gelten für jede Differentialgleichung

(9.10) $$\dot{\boldsymbol{x}} = \boldsymbol{f}(\boldsymbol{x}, t) \qquad (\boldsymbol{f}(0, t) = 0),$$

die die triviale Lösung zuläßt.

Definition (9.1): Die Ruhelage heißt *stabil*, wenn sich zu jedem $\varepsilon > 0$ ein $\delta > 0$ derart finden läßt, daß

(9.11) $$|\boldsymbol{p}(t, \boldsymbol{x}_0, t_0)| < \varepsilon \qquad (t > t_0)$$

gilt, sofern nur

$$|\boldsymbol{x}_0| < \delta$$

ist ($\boldsymbol{p}(t, \boldsymbol{x}_0, t_0)$ ist durch (9.3) definiert, und $|\boldsymbol{x}|$ ist die Größe $\sqrt{x_1^2 + \cdots + x_n^2}$).

Das heißt also: die Lösungen mit hinreichend kleinen Anfangswerten sind beschränkt, und die Maximalauslenkung kann durch passende Wahl der Anfangswerte beliebig klein gehalten werden.

Definition (9.2): Ist die Ruhelage stabil und gilt zusätzlich

$$\lim \boldsymbol{p}(t, \boldsymbol{x}_0, t_0) = 0 \qquad (t \to \infty) \tag{9.12}$$

für alle hinreichend kleinen Anfangswerte $|\boldsymbol{x}_0| < \gamma$, so ist die Ruhelage *asymptotisch stabil*; gilt (9.12) für *alle* Anfangswerte, so spricht man von *asymptotischer Stabilität im ganzen.*

Bei linearen Gleichungen ist der Zusatz „für hinreichend kleine Anfangswerte" überflüssig, da (9.12), wenn überhaupt, wegen (9.4) für beliebige Anfangswerte gilt.

Ist die Ruhelage nicht stabil, so heißt sie *instabil.*

Schreibt man (9.6) als System, so kann man die Definitionen sofort übertragen. Die zu (9.11) und (9.12) entsprechenden Aussagen beziehen sich dann auf die Variable x und ihre Ableitungen bis zur Ordnung $n - 1$ einschließlich.

Es sei bemerkt, daß sich die Bezeichnungen zum Stabilitätsverhalten eines physikalischen Systems und zur Stabilität der Ruhelage nicht ganz genau decken: dem stabilen Verhalten entspricht eine asymptotisch stabile Ruhelage.

Gelegentlich kann der folgende Satz für die Stabilitätsdiskussion herangezogen werden (Kaplan, S. 500).

Satz 9.1: Es seien $m(t)$ und $M(t)$ der kleinste und der größte Eigenwert der symmetrischen Matrix $\frac{1}{2}(\boldsymbol{A} + \boldsymbol{A}^{\mathrm{T}})$. Dann gilt

$$|\boldsymbol{x}_0| \exp\left(\int_{t_0}^{t} m(u)\, du\right) \leqq |\boldsymbol{p}(t, \boldsymbol{x}_0, t_0)| \leqq |\boldsymbol{x}_0| \exp\left(\int_{t_0}^{t} M(u)\, du\right). \tag{9.13}$$

Daraus folgt:

$$\lim_{t\to\infty} \int_{t_0}^{t} m(u)\, du = -\infty \text{ ist } \textit{notwendig} \text{ für asymptotische Stabilität,}$$

$$\lim_{t\to\infty} \int_{t_0}^{t} M(u)\, du = -\infty \text{ ist } \textit{hinreichend} \text{ für asymptotische Stabilität.}$$

§ 10. Periodische Koeffizienten[1]

Es sei $\dot{\boldsymbol{x}} = \boldsymbol{A}(t)\,\boldsymbol{x}$ und $\boldsymbol{A}(t) = \boldsymbol{A}(t + T)$ für alle t. Dann gilt

a) Das allgemeine Fundamentalsystem (9.5) erfährt beim Übergang von t zu $t + T$ eine lineare Substitution

$$\boldsymbol{X}(t + T) = \boldsymbol{X}(t)\,\boldsymbol{S}, \tag{10.1}$$

wobei $\boldsymbol{S}$ eine von $\boldsymbol{X}$ abhängende konstante Matrix ist.

b) Das charakteristische Polynom von $\boldsymbol{S}$, also der Ausdruck

$$f(\lambda) = \det(\lambda\,\boldsymbol{E} - \boldsymbol{S}),$$

[1] D.I, § 8.

hängt nicht von dem speziellen Fundamentalsystem $\boldsymbol{X}$, sondern nur von der Gleichung, d. h. von $\boldsymbol{A}$ ab. Die Nullstellen dieses Polynoms $\lambda_1, \ldots, \lambda_n$ heißen die *charakteristischen Faktoren* der Differentialgleichung (9.2), ihre durch die Periode geteilten Logarithmen

$$\varrho_\varkappa = \frac{1}{T} \ln \lambda_\varkappa \tag{10.2}$$

sind die *charakteristischen Exponenten*. (Sie sind bis auf ganzzahlige Vielfache von $2\pi i$ bestimmt.) Für $\boldsymbol{S}$ kann man in der Definition von $f(\lambda)$ die spezielle Matrix $\boldsymbol{K}(T, 0)$ wählen

c) Es ist

$$\det \boldsymbol{S} = \exp\left(\int_0^T (a_{11}(u) + \cdots + a_{nn}(u))\, du\right); \tag{10.3}$$

diese Zahl ist gleich dem Produkt der charakteristischen Faktoren.

d) Zu jedem charakteristischen Faktor $\lambda_\varkappa$ gehört eine Lösung $\boldsymbol{x}_\varkappa$ der homogenen Gleichung mit der Eigenschaft

$$\boldsymbol{x}_\varkappa(t+T) = \lambda_\varkappa\, \boldsymbol{x}_\varkappa(t), \tag{10.4}$$

sie ist von der Form $e^{\varrho_\varkappa t}\, \boldsymbol{q}(t)$ (bzw. $e^{\varrho_\varkappa (t-t_0)}\, \boldsymbol{q}(t)$) mit periodischem $\boldsymbol{q}(t)$.

Sind alle $\lambda_\varkappa$ voneinander verschieden, so bilden diese Lösungen ein Fundamentalsystem. Treten einzelne λ_i mehrfach auf, so sind zum Aufbau des Fundamentalsystems i. allg. noch Funktionen der Gestalt

$$t\, e^{\varrho_i t}\, \boldsymbol{q}_1(t),\; t^2 e^{\varrho_i t}\, \boldsymbol{q}_2(t), \ldots \qquad (\boldsymbol{q}_i(t) \text{ periodisch}) \tag{10.5}$$

notwendig (Satz von FLOQUET).

e) Jedes System $\dot{\boldsymbol{x}} = \boldsymbol{A}(t)\, \boldsymbol{x}$ mit periodischen Koeffizienten kann durch eine nichtsinguläre Substitution $\boldsymbol{x} = \boldsymbol{P}\, \boldsymbol{z}$ mit periodischer Matrix $\boldsymbol{P}(t)$ in ein System $\dot{\boldsymbol{z}} = \boldsymbol{B}\, \boldsymbol{z}$ mit *konstanten* Koeffizienten überführt werden; es ist dann $\boldsymbol{B} = \boldsymbol{P}^{-1} \boldsymbol{A}\, \boldsymbol{P} - \boldsymbol{P}^{-1} \dot{\boldsymbol{P}}$ konstant (sog. Reduzibilitätssatz von LJAPUNOV).

f) Die charakteristischen Faktoren $\mu_1, \ldots, \mu_n$ des adjungierten Systems (9.7) sind im Fall periodischer Koeffizienten gleich den reziproken Werten der $\lambda_\varkappa$, $\mu_\varkappa = \frac{1}{\lambda_\varkappa}$, und jeder Faktor $\mu_\varkappa$ tritt in der gleichen Vielfachheit auf wie der reziproke Faktor $\lambda_\varkappa$. Die beiden gemäß d) gebildeten Fundamentalsysteme enthalten entsprechende Ausnahmefunktionen (10.5).

g) Aus der Form des Fundamentalsystems folgt:

Satz 10.1: Die Ruhelage einer linearen Gleichung $\dot{\boldsymbol{x}} = \boldsymbol{A}(t)\, \boldsymbol{x}$ mit periodischen Koeffizienten ist genau dann asymptotisch stabil, wenn alle charakteristischen Faktoren dem Betrage nach kleiner als eins sind bzw. wenn alle charakteristischen Exponenten (10.2) negative Realteile haben. Die Ruhelage ist instabil, wenn entweder mindestens ein charakteristischer Faktor mit einem Betrage größer als eins auftritt oder wenn zu einem mehrfachen Faktor vom Betrage eins eine Lösung der Form (10.5) gehört.

Die Gleichung besitzt periodische Lösungen der Periode kT, wenn ein charakteristischer Faktor eine k-te Einheitswurzel ist, $\lambda^k = 1$. Insbesondere gehören zu $\lambda = 1$ *periodische* Lösungen der Periode T und zu $\lambda = -1$ *antiperiodische* Lösungen der Periode $2T$.

h) Zueinander adjungierte Gleichungen haben die gleiche Anzahl gleichartiger periodischer Lösungen.

i) Es sei $H(t; x_1, \ldots x_n, y_1, \ldots, y_n)$ eine quadratische Form in den Variablen $x_1, \ldots, y_n$ mit in t periodischen Koeffizienten und mit dieser das „kanonische" Differentialgleichungssystem der Ordnung $2n$

$$(10.6) \qquad \dot{x}_i = \frac{\partial H}{\partial y_i}, \quad \dot{y}_i = -\frac{\partial H}{\partial x_i} \qquad (i = 1, \ldots, n)$$

gebildet. Sein charakteristisches Polynom ist *reziprok*, d. h., mit λ ist auch λ^{-1} Wurzel. Die charakteristischen Faktoren treten also in Paaren λ, λ^{-1} auf, zu denen gleichartige Gruppen von Lösungen (10.5) gehören. Faktoren $\lambda = \pm 1$ treten stets in gerader Anzahl auf (MALKIN [2] Kap. III, § 8).

Durch die Sätze in g) ist das Stabilitätsproblem bei linearen Gleichungen mit periodischen Koeffizienten ebenso wie bei konstanten Koeffizienten auf die Untersuchung der Wurzeln einer bestimmten algebraischen Gleichung zurückgeführt. Während man diese aber im Fall konstanter Koeffizienten sofort aufstellen kann, ist ihre Bestimmung im periodischen Fall eine schwierige Aufgabe, deren Erledigung bereits bei den einfachsten Systemen der Ordnung zwei nicht allgemein möglich ist. Die Sätze in d) und g) haben daher in erster Linie theoretische Bedeutung. Das gleiche gilt für den Reduzibilitätssatz in e); die praktische Bestimmung der Substitutionsmatrix ist im wesentlichen der Auflösung des gegebenen Systems äquivalent.

§ 11. Resonanz bei periodischer und fastperiodischer Zwangskraft[1]

Wir betrachten die Gleichung

$$(11.1) \qquad \dot{\mathbf{x}} = \mathbf{A}\,\mathbf{x} + \mathbf{z}(t),$$

wobei $\mathbf{z}(t)$ mit T periodisch und $\mathbf{A}$ entweder konstant oder ebenfalls mit T periodisch sei. Die Lösung $\mathbf{x}(t)$ soll periodisch sein, $\mathbf{x}(t + T) = \mathbf{x}(t)$. Mit Hilfe der Darstellung (9.9), in der man hier $t_0 = 0$ setzen kann, erhält man folgendes Ergebnis.

---

[1] HAHN [2], Kap. XI; MALKIN [2], Kap. V; ZUBOV, § 14.

a) Wenn die zu (11.1) gehörende homogene Gleichung *keine* mit T periodischen Lösungen besitzt, so existiert genau eine mit T periodische Lösung von (11.1). (Die Bedingung ist sicher erfüllt, wenn die Ruhelage der homogenen Gleichung asymptotisch stabil ist.) Sie läßt sich in der Gestalt

$$\varphi(t) = \boldsymbol{K}(t, 0)\left(\boldsymbol{K}(0, T) - \boldsymbol{E}\right)^{-1} \int_0^T \boldsymbol{K}(0, u)\, \boldsymbol{z}(u)\, du + \int_0^t \boldsymbol{K}(t, u)\, \boldsymbol{z}(u)\, du \tag{11.2}$$

explizit aufschreiben.

b) Wenn die homogene Gleichung periodische Lösungen der Periode T hat und der Vektor

$$\int_0^T \boldsymbol{K}(0, u)\, \boldsymbol{z}(u)\, du$$

mindestens eine von Null verschiedene Komponente hat, sind alle Lösungen von (11.1) unbeschränkt; insbesondere existiert *keine* periodische Lösung. Es handelt sich dann um den *Resonanzfall* (vgl. § 2). Die Bedingung kann man auch so formulieren: Das adjungierte System (9.7) besitzt mindestens einen mit T periodischen Lösungsvektor $\boldsymbol{y}$, für den

$$\int_0^T \boldsymbol{y}^{\mathrm{T}}(u)\, \boldsymbol{z}(u)\, du \neq 0 \tag{11.3}$$

ist.

c) Besitzt das adjungierte System $r \leqq n$ linear unabhängige mit T periodische Lösungen $\boldsymbol{y}_1, \ldots, \boldsymbol{y}_r$, die die *Lösbarkeitsbedingungen*

$$\int_0^T \boldsymbol{y}_i^{\mathrm{T}}(u)\, \boldsymbol{z}(u)\, du = 0, \qquad i = 1, \ldots, r, \tag{11.4}$$

befriedigen, so hat (11.1) eine r-parametrige Familie von periodischen Lösungen.

Wir betrachten sodann die Gl. (11.1) unter der Annahme, daß $\boldsymbol{z}(t)$ *fastperiodisch* ist. Es gilt:

d) Es sei $\boldsymbol{A}$ konstant und habe keine Eigenwerte mit verschwindendem Realteil (d. h., das homogene System hat überhaupt keine periodischen Lösungen). Dann existiert genau eine fastperiodische Lösung $\boldsymbol{x}$, und es gilt die Abschätzung

$$|\boldsymbol{x}| < a \cdot \sup |\boldsymbol{z}(t)| \qquad (-\infty < t < +\infty), \tag{11.5}$$

wobei a nur von der Matrix $\boldsymbol{A}$ abhängt.

e) Es sei $\boldsymbol{A}$ mit T periodisch und habe keine charakteristischen Faktoren vom Betrage eins; die Komponenten von $\boldsymbol{z}(t)$ seien *endliche* Summen der Gestalt

(11.6) $$\exp(i\varkappa_j t)\, p_j(t), \qquad p_j(t) = p_j(t+T)$$

(d. h., es treten nur endlich viele Frequenzen auf). Die adjungierte Gl. (9.7) besitze genau r linear unabhängige fastperiodische Lösungen $y_1, \ldots, y_r$ [d. h. r rein imaginäre charakteristische Exponenten; ist (10.2) rein imaginär, aber zu $2\pi i$ inkommensurabel, so ist die entsprechende Lösung (10.4) fastperiodisch]. Dann ist das Bestehen der Relationen

(11.7) $$\lim_{t\to\infty} \frac{1}{t} \int_0^t y_j^{\mathrm{T}}(u)\, z(u)\, du = 0 \qquad (j = 1, \ldots, r)$$

notwendig und hinreichend für die Existenz einer fastperiodischen Lösung von (11.1).

Wenn die Bedingungen (11.7) nicht erfüllt sind, liegt wie im reinperiodischen Fall *Resonanz* vor, d. h., die Lösungen von (11.1) sind nicht beschränkt. Ist $z(t)$ fastperiodisch mit unendlich vielen Frequenzen, so kann Resonanz auch dann auftreten, wenn (11.7) erfüllt ist (Malkin [2], Kap. V, § 10).

§ 12. Die Hillsche Gleichung[1]

Die Gleichung

(12.1) $$a(t)\,\ddot{\xi} + b(t)\,\dot{\xi} + c(t)\,\xi = 0 \qquad (a(t) \neq 0)$$

mit den mit T periodischen Koeffizienten kann durch die Substitution

(12.2) $$\xi = x \exp\left(-\frac{1}{2}\int_0^t \frac{b(u)}{a(u)}\, du\right)$$

in die Form

(12.3) $$\ddot{x} + p(t)\, x = 0$$

übergeführt werden. Dabei ist

(12.4) $$p = \frac{c}{a} - \left(\frac{b}{2a}\right)^2 - \frac{1}{2}\frac{d}{dt}\left(\frac{b}{a}\right)$$

wieder mit T periodisch. Die Gl. (12.3) wird die *Hillsche Gleichung* genannt; oft wird $p(t)$ als gerade Funktion vorausgesetzt. Das der Gl. (12.3) entsprechende System zweiter Ordnung ist

(12.5) $$\dot{x}_1 = x_2; \qquad \dot{x}_2 = -p(t)\, x_1$$

mit der Matrix

$$A(t) = \begin{pmatrix} 0 & 1 \\ -p & 0 \end{pmatrix}.$$

[1] Malkin [1], § 59ff.; Zubov, § 19.

Die im § 9 mit $\boldsymbol{K}(t, 0)$ bezeichnete Fundamentalmatrix wird aus den beiden durch

$$g(0) = 1, \quad \dot{g}(0) = 0, \quad h(0) = 0, \quad \dot{h}(0) = 1 \tag{12.6}$$

definierten Lösungen von (12.3) gebildet. Das charakteristische Polynom der Matrix

$$\boldsymbol{K}(T, 0) = \begin{pmatrix} g(T) & h(T) \\ \dot{g}(T) & \dot{h}(T) \end{pmatrix} \tag{12.7}$$

hat wegen $\det \boldsymbol{K}(T, 0) = 1$ [vgl. (10.3)] die Gestalt

$$f(\lambda) = \lambda^2 - 2q\,\lambda + 1 \tag{12.8}$$

mit

$$2q = g(T) + \dot{h}(T). \tag{12.9}$$

Ist $p(t)$ gerade, so sind $g(t)$ und $\dot{h}(t)$ gerade, $\dot{g}(t)$ und $h(t)$ ungerade, und es gilt $g(T) = \dot{h}(T)$. Die beiden charakteristischen Faktoren sind also

$$\lambda = q \pm \sqrt{q^2 - 1}, \tag{12.10}$$

und aus § 10 g) ergibt sich:

Satz 12.1: Ist $q^2 > 1$, so ist die Ruhelage von (12.3) instabil, ist $q^2 < 1$, so ist sie stabil, aber nicht asymptotisch. Ist $q^2 = 1$, so ist $\lambda = +1$ oder $\lambda = -1$ Doppelwurzel. Es tritt dann mindestens eine periodische bzw. antiperiodische Lösung auf, und die Ruhelage ist stabil oder instabil, je nachdem die zweite Lösung periodisch bzw. antiperiodisch ist oder einen Faktor t enthält [vgl. (10.5)].

In speziellen Fällen lassen sich folgende Kriterien anwenden:

Ist $p(t) \leqq 0$, so ist $q^2 > 1$, die Ruhelage also instabil.

Ist $p(t) \geqq 0$ und $T \int_0^T p(u)\,du \leqq 1$, so ist $q^2 < 1$ und die Ruhelage stabil.

Ist $T \int_0^T |p(u)|\,du \leqq 4$ und $\int_0^T p(u)\,du \geqq 0$, so ist die Ruhelage stabil.

Zu (12.3) gehört die inhomogene Gleichung

$$\ddot{x} + p(t)\,x = z(t). \tag{12.11}$$

Besitzt (12.3) eine mit T periodische Lösung $\varphi(t)$ und ist $z(t)$ mit T periodisch, so hat (12.11) genau dann eine periodische Lösung, wenn

$$\int_0^T \varphi(u)\,z(u)\,du = 0 \tag{12.12}$$

ist; existieren zwei periodische Lösungen φ_1, φ_2, so muß (12.12) für sie beide erfüllt sein. Ist $z(t)$ fastperiodisch, so ist (12.12) durch die zu (11.7) analoge Limesbedingung zu ersetzen.

In den meisten Problemen der Praxis hängt die Funktion $p(t)$ von einem oder von mehreren Parametern ab. Man interessiert sich für diejenigen Werte der Parameter, die Stabilität der Ruhelage bewirken, für die also $q^2 < 1$ ist. Da im Fall $q^2 > 1$ Instabilität vorliegt (man spricht dann auch von *parametrischer Resonanz*), kommt es darauf an, diejenigen Parameterwerte zu ermitteln, für die $q^2 = 1$ ist; sie entsprechen der *Stabilitätsgrenze* im Parameterraum.

Im Fall $q^2 = 1$ ist mindestens eine periodische oder antiperiodische Lösung vorhanden. Man kann daher die Stabilitätsgrenze bestimmen, indem man die periodischen bzw. antiperiodischen Lösungen aufsucht. Da es nicht möglich ist, (12.3) in geschlossener Form allgemein aufzulösen, ist man auf *Näherungsverfahren* zur Bestimmung der periodischen Lösungen angewiesen.

a) Die Gleichung sei von der Form

$$\ddot{x} + \mu\, p(t)\, x = 0. \tag{12.13}$$

μ ist ein Parameter, der i. allg. auf kleine Werte beschränkt bleibt. Man versucht, die Lösungen (12.6) und damit die durch (12.9) definierte Größe q als Potenzreihe in μ darzustellen und dann $\mu = 1$ zu setzen. Ansatz:

$$g(t) = \sum_{j=0}^{\infty} \mu^j g_j(t), \qquad h(t) = \sum_{j=0}^{\infty} \mu^j h_j(t).$$

Durch Einsetzen in (12.13) und Koeffizientenvergleich ergibt sich unter Beachtung der Anfangsbedingungen (12.6)

$$\ddot{g}_0(t) \equiv 0, \quad g_0(0) = 1, \quad \dot{g}_0(0) = 0,$$
$$\ddot{h}_0(t) \equiv 0, \quad h_0(0) = 0, \quad \dot{h}_0(0) = 1,$$

daraus $g_0(t) = 1$, $h_0(t) = t$; ferner

$$\begin{aligned} \ddot{g}_j(t) &= p(t)\, g_{j-1}(t), \quad & g_j(0) = \dot{g}_j(0) = 0 \quad (j = 1, 2, \ldots), \\ \ddot{h}_j(t) &= p(t)\, h_{j-1}(t), \quad & h_j(0) = \dot{h}_j(0) = 0 \quad (j = 1, 2, \ldots). \end{aligned} \tag{12.14}$$

Aus diesen Gleichungen kann man die Funktionen $g_j(t)$ und $h_j(t)$ nacheinander berechnen. Schließlich wird nach (12.9)

$$q = 1 + \tfrac{1}{2} \sum_{j=1}^{\infty} \big(g_j(T) + \dot{h}_j(T)\big). \tag{12.15}$$

Bzgl. der strengen Begründung dieses Verfahrens vgl. z. B. MALKIN [*1*], § 59.

b) Wir schreiben (12.11) in der Form

$$\ddot{x} + \big(p_1(t) + \varrho\big)\, x = 0, \tag{12.16}$$

wobei jetzt ϱ der Parameter ist. Die Zahl q hängt von ϱ ab, und man kann bei festem ϱ den Wert $q(\varrho)$ gemäß a) bestimmen.

Zu den Wurzeln der Gleichungen

$$q(\varrho) = 1 \quad \text{bzw.} \quad q(\varrho') = -1 \tag{12.17}$$

gehören periodische bzw. antiperiodische Lösungen. Bezeichnet man die Wurzeln der Gln. (12.17) mit $\varrho_0 \leqq \varrho_1 \leqq \varrho_2 \ldots$ bzw. $\varrho_1' \leqq \varrho_2' \leqq \varrho_3' \ldots$, so gilt

$$\begin{aligned} -\infty < \varrho_0 \leqq \varrho_1' \leqq \varrho_2' < \varrho_1 \leqq \varrho_2 < \cdots \\ < \varrho_{2i-1} \leqq \varrho_{2i} < \varrho_{2i+1}' \leqq \varrho_{2i+2}' < \cdots. \end{aligned} \tag{12.18}$$

Die Intervalle

$$\varrho < \varrho_0, \quad \varrho_{2i-1} < \varrho < \varrho_{2i}, \quad \varrho_{2i+1}' < \varrho < \varrho_{2i+2}'$$

sind *Intervalle der Instabilität.* Fällt der Wert $\varrho = 0$ in ein Intervall der Instabilität, so hat (12.3) unbeschränkte Lösungen.

Die periodischen bzw. antiperiodischen Lösungen genügen den Bedingungen

$$\begin{aligned} x(0) - x(T) = 0; \quad \dot{x}(0) - \dot{x}(T) = 0 \\ x(0) + x(T) = 0; \quad \dot{x}(0) + \dot{x}(T) = 0. \end{aligned} \tag{12.19} \quad \text{bzw.}$$

Man kann daher die Bestimmung der periodischen Lösungen von (12.16) als parameterabhängiges Randwertproblem für den Differentialoperator

$$\left(\frac{d^2}{dt^2} + p_1(t)\right) x = -\varrho\, x$$

mit den Randbedingungen (12.19) auffassen (vgl. E. I, § 2).

Die periodischen Lösungen sind die Lösungen der Integralgleichung

$$x(t) + \varrho \int_0^T G(t, u)\, x(u)\, du = 0. \tag{12.20}$$

$G(t, u)$ ist die Greensche Funktion des Randwertproblems.

Besitzt (12.16) für $\varrho = 0$ periodische Lösungen, so muß man mit der verallgemeinerten Greenschen Funktion arbeiten.

c) Man kann das Randwertproblem mit dem Variationsproblem

$$I = \int_0^T \left(\dot{x}(t)^2 - p(t)\, x(t)^2\right) dt = \text{Minimum} \tag{12.21}$$

bei den Bedingungen (12.19) in Beziehungen setzen und gewinnt damit einen weiteren Ansatz zur Berechnung der periodischen Lösungen. Man erhält die erste Eigenfunktion x_1 bei der Nebenbedingung

$$\int_0^T x_1(t)^2\, dt = 1;$$

die zweite Eigenfunktion x_2 genügt den Nebenbedingungen

$$\int_0^T x_2(t)^2\, dt = 1, \qquad \int_0^T x_1(t)\, x_2(t)\, dt = 0$$

usw. Die einzelnen Minima selbst sind gleich den Eigenwerten. Daher wird die Lösung durch einen *Ritzansatz* nahegelegt. Es sei $z_1(t), \ldots z_k(t)$ ein System linear unabhängiger Funktionen, die etwa die erste Gleichungsgruppe (12.19) erfüllen. Man setze

$$x = \sum_{r=1}^{k} \alpha_{kr} z_r$$

und bestimme die α_{kr} so, daß das mit x gebildete Integral [vgl. (12.16)]

$$I_\varrho = \int_0^T \left(\dot{x}^2 - (p_1 + \varrho)\, x^2\right) dt$$

zum Minimum wird. Durch Nullsetzen der partiellen Ableitungen erhält man k homogene lineare Gleichungen für die α_{kr}. Nullsetzen der Determinante gibt eine Gleichung k-ten Grades für ϱ, deren (stets reelle) Wurzeln als Näherung für die k ersten Eigenwerte benutzt werden können. Die α_{kr} können durch eine zusätzliche Normierungsbedingung, etwa $\sum \alpha_{kr} = 1$, festgelegt werden. (Wegen der Konvergenz des Verfahrens mit wachsendem k vgl. ZUBOV, § 19.)

d) Oft führt die Praxis auf *zweiparametrige* Probleme. Es sei

$$\ddot{x} + \mu^2\left(1 + \varrho\, \varphi(t)\right) x = 0 \tag{12.22}$$

vorgelegt unter der Annahme, daß die Periode $T = \pi$ ist und daß $\varphi(t)$ den Mittelwert Null hat,

$$\int_0^\pi \varphi(t)\, dt = 0.$$

Die linken Seiten der Gln. (12.17) hängen jetzt von μ und ϱ ab. Faßt man beide Gleichungen zu $q(\mu, \varrho)^2 = 1$ zusammen, so bestimmen die dieser Gleichung genügenden Wertepaare μ, ϱ in der (μ, ϱ)-Ebene eine Kurve, die die Stabilitätsbereiche und die Instabilitätsbereiche voneinander trennt. Längs dieser Kurve kann μ als (i. allg. mehrdeutige) Funktion von ϱ angesehen werden. Für $\varrho = 0$ sind die Eigenfunktionen, d. h. die Lösungen von (12.22), bekannt: es sind die Funktionen $\cos \mu t$ bzw. $\sin \mu t$ mit ganzzahligem $\mu = n$, die bei geradem n periodisch, bei ungeradem n antiperiodisch sind. Nach (12.9) ist daher

$$q(2m, 0) = 1, \quad q(2m + 1, 0) = -1. \tag{12.23}$$

Man geht von einer periodischen Lösung aus und löst das Stabilitätsproblem durch einen *Störungsansatz*. Man setzt

$$x = x_0 + \varrho\, x_1 + \varrho^2 x_2 + \cdots \tag{12.24}$$

mit noch zu ermittelnden periodischen Koeffizienten x_i und

$$\mu^2 = n^2 + \gamma_1 \varrho + \gamma_2 \varrho^2 + \cdots \tag{12.25}$$

mit konstanten Koeffizienten γ_i. Man betrachtet also den zu ϱ gehörenden Parameterwert μ und die zu ϱ gehörende Lösung x als Störungen der zu $\varrho = 0$ gehörenden Größen n bzw. x.

Einsetzen und Koeffizientenvergleich führt zu einem Gleichungssystem

$$\left\{\begin{array}{l} \ddot{x}_0 + n^2 x_0 = 0, \\ \ddot{x}_1 + n^2 x_1 = -(n^2 \varphi + \gamma_1) x_0, \\ \dots\dots\dots\dots\dots\dots \\ \ddot{x}_r + n^2 x_r = F(x_0, \dots, x_{r-1}), \\ \dots\dots\dots\dots\dots\dots \end{array}\right. \tag{12.26}$$

Die rechte Seite der Gleichung für x_r ist eine wohlbestimmte Funktion von $x_0, \dots, x_{r-1}$ mit periodischen Koeffizienten. Man kann dabei entweder die Werte $x_r(0)$ oder die Werte $\dot{x}_r(0)$ willkürlich vorgeben [je nachdem $x(0) \neq 0$ oder $\dot{x}(0) \neq 0$], sofern nur die Konvergenz von (12.24) gesichert ist.

Die allgemeine Lösung der ersten Gl. (12.26) ist

$$x_0 = a_0 \cos n\,t + b_0 \sin n\,t$$

mit den zunächst unbestimmten Koeffizienten a_0 und b_0. Für die zweite Gleichung könnte der Resonanzfall vorliegen; sie hat nur dann periodische Lösungen, wenn — vgl. (12.12) —

$$\int_0^{\pi} (n^2 \varphi + \gamma_1)\, x_0 \cos n\,t\, dt = 0,$$

$$\int_0^{\pi} (n^2 \varphi + \gamma_1)\, x_0 \sin n\,t\, dt = 0$$

ist. Diese Bedingungen führen auf zwei Beziehungen der Form

$$(\alpha + 2\gamma_1)\, a_0 + \beta\, b_0 = 0; \qquad \beta\, a_0 + (2\gamma_1 - \alpha)\, b_0 = 0, \tag{12.27}$$

wobei α und β zwei durch $\varphi(t)$ bestimmte Konstanten sind. (12.27) hat nur dann nichttrivale Lösungen a_0, b_0, wenn die Determinante

$$(2\gamma_1 + \alpha)(2\gamma_1 - \alpha) - \beta^2 = 0 \tag{12.28}$$

ist. Das ist eine Bedingungsgleichung für γ_1, die i. allg. zwei verschiedene Lösungen hat und damit Anlaß zu zwei verschiedenen Reihen (12.25) gibt. Hat man γ_1 gefunden, so kann man eine der beiden Konstanten a_0 oder b_0 noch willkürlich wählen; die andere ist dann fest bestimmt. (Zur Willkürlichkeit der einen Konstanten vgl. auch die Bemerkung in § 29.) Was die Funktion $x_1(t)$ anlangt, so liegt für ihre Bestimmungsgleichung der Fall c) von § 11 vor. Man erhält die Lösung in der Form

$$x_1(t) = a_1 \cos n\,t + b_1 \sin n\,t + \psi(t);$$

$\psi(t)$ ist eine periodische Funktion, und von den noch unbestimmten Konstanten a_1, b_1 kann eine willkürlich gewählt werden. In ähnlicher Weise gestattet die Bedingung (12.12), auf die Gleichung für x_2 angewandt, die Zahl γ_2 und die zweite der unbestimmten Konstanten zu berechnen, und zwar eindeutig. So kann man schrittweise die Reihen (12.24) und (12.25) ermitteln. Wegen der Konvergenz des Verfahrens sowie etwaiger Ausnahmefälle [Doppelwurzel von (12.28) usw.] (vgl. MALKIN [1], § 61 ff.; STOKER — Appendix).

Die spezielle Gleichung

$$\ddot{x} + (a - 2q\cos 2t)\, x = 0$$

heißt *Mathieusche Dgl.* (vgl. B, § 9).

III. Nichtlineare Systeme in der Phasenebene[1]

§ 13. Das System $\dot{x} = f(x, y)$, $\dot{y} = g(x, y)$

a) Wir betrachten das System

$$\dot{x} = f(x, y), \quad \dot{y} = g(x, y). \tag{13.1}$$

Dabei seien die rechten Seiten innerhalb eines einfach zusammenhängenden Gebietes G der (x, y)-Ebene stetig und einmal stetig differenzierbar; G kann auch die ganze Ebene sein. Ein Punkt $P_0 = (x_0, y_0)$ heißt *singulär*, wenn gleichzeitig

$$f(x_0, y_0) = 0, \quad g(x_0, y_0) = 0 \tag{13.2}$$

ist. Zu jedem nichtsingulären Wertepaar (x_0, y_0) besitzt (13.1) genau eine Lösung

$$x = x(t, x_0, y_0), \quad y = y(t, x_0, y_0) \tag{13.3}$$

derart, daß $x(t_0) = x_0$, $y(t_0) = y_0$ ist. Für singuläre Wertepaare ist die Eindeutigkeit i. allg. verletzt. Wir fassen die Lösungen (13.3) als Komponenten eines Vektors

$$\mathfrak{p}(t, x_0, y_0) \quad \text{oder} \quad \mathfrak{p}(t, \mathfrak{p}_0) \tag{13.4}$$

auf und deuten sie als Parameterdarstellung einer Kurve, der *Phasenkurve* (oder auch *Phasentrajektorie*) mit t als Parameter.

Die Bezeichnung *Phasenebene* wurde ursprünglich nur dann verwandt, wenn die Koordinaten durch die Beziehung $y = \dot{x}$ verbunden waren, wird jetzt aber auch im allgemeinen Fall benutzt.

---

[1] Zu Kap. III: LEFSCHETZ [1], Kap. IX; PONTRJAGIN, § 15; STOKER, REISSIG u. a., [1], [2], Kap. II; ANDRONOV u. a., Kap. II—VI; MINORSKY, Kap. I ff.

Sieht man den Anfangsvektor p_0 als variabel an, so erklärt (13.4) eine Kurvenschar.

Beispielsweise bilden die Phasenkurven des Systems

$$\dot{x} = a\,x + b\,y, \quad \dot{y} = c\,x - a\,y \qquad (a^2 + b\,c < 0)$$

eine Schar konzentrischer Ellipsen (Abb. 13.1), deren Achsen i. allg. nicht mit den Koordinatenachsen zusammenfallen. In manchen Fällen empfiehlt es sich, die Lösungen (13.3) in einem dreidimensionalen Raum zu deuten, wobei die dritte Achse die t-Achse ist. Die Phasenkurven sind die Projektionen dieser räumlichen Kurven auf die (x, y)-Ebene. Da die Gln. (13.1) *autonom* sind, d. h. die unabhängige Variable t nicht explizit enthalten, tritt der Anfangsaugenblick t_0 in der Lösung (13.3) nur in der Verbindung $t - t_0$ auf, und man kann durch eine Verschiebung der Zeitachse stets $t_0 = 0$ erreichen. Wir nehmen daher an, daß die Phasenkurve im Augenblick $t = 0$ durch den Anfangspunkt p_0 läuft.

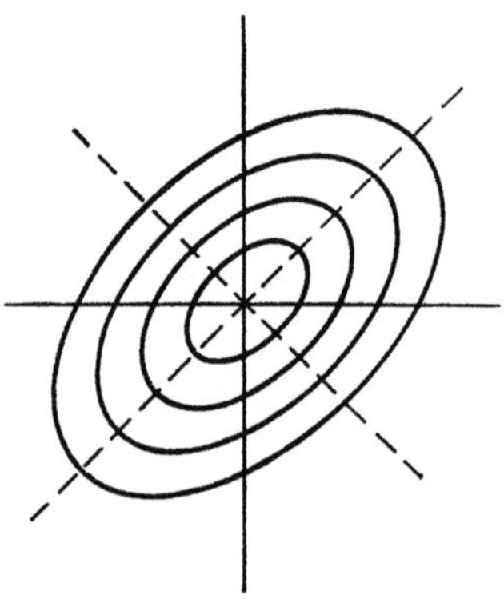

Abb. 13.1. Schar geschlossener Phasenkurven, die einer Familie periodischer Lösungen entspricht

Das System (13.1) ist einer i. allg. nichtlinearen Dgl.

$$\ddot{x} = h(x, \dot{x}) \tag{13.5}$$

äquivalent, die sich durch Differentiation und Elimination von y und $\dot{y}$ ergibt. Sie kann in üblicher Weise physikalisch interpretiert werden. Die Umformung von (13.5) in ein System ist meist auf mehrfache Art möglich. Beispielsweise kann man die Gleichung

$$\ddot{x} + \dot{x}\,f(x) + g(x) = 0 \tag{13.6}$$

in das System

$$\dot{x} = y, \quad \dot{y} = -g(x) - f(x)\,y \tag{13.7}$$

oder in

$$\dot{x} = -\int^{x} f(u)\,du + y, \quad \dot{y} = -g(x) \tag{13.8}$$

umschreiben.

An Stelle von (13.1) kann man auch die Gleichung

$$\frac{dy}{dx} = \frac{g(x, y)}{f(x, y)} \tag{13.9}$$

betrachten, die für alle nichtsingulären Punkte erklärt ist. Einem singulären Punkt entspricht eine konstante Lösung von (13.1), also physikalisch eine stabile oder instabile *Gleichgewichtslage*. Sind zwei nichtsinguläre Punkte durch eine Phasenkurve verbunden, so ist diese Verbindung die einzig mögliche. Bei singulären Punkten braucht dies nicht der Fall zu sein. Wenn zwei verschiedene Phasenkurven zwei singuläre Punkte verbinden, so bilden sie ein *Phasenzweieck*; analog erklären wir das Phasen-n-Eck (Phasenpolygon), das durch n singuläre Punkte und ihre Verbindungslinien gebildet wird. Einer geschlossenen Phasenkurve, auf der kein singulärer Punkt liegt, entspricht eine *periodische* Lösung (Abb. 13.1).

Ein Phasenpolygon ist zwar auch geschlossen, repräsentiert aber *keine* periodische Lösung. Man beachte, daß die Zahl der Polygonecken gleich Eins sein kann: die Phasenkurve geht vom singulären Punkt aus und kehrt in ihn zurück, ohne eine periodische Lösung darzustellen (vgl. Abb. 14.6).

Wir betrachten die Phasenkurve (13.3) bzw. (13.4). Es kann sein, daß sie mit wachsendem t dem Rand von G beliebig nahekommt oder, wenn die Gleichung in der ganzen Ebene erklärt ist, daß sie im Laufe der Zeit aus jedem endlichen Bereich herausläuft. Diese Fälle seien ausgeschlossen, d. h., wir nehmen an, daß die Kurve für alle $t \geqq 0$ ganz im Inneren eines endlichen Gebietes G bleibt. Dann bestehen nach einem Satz von Bendixson nur folgende Möglichkeiten:

a) $\boldsymbol{p}(t)$ ist konstant,

b) $\boldsymbol{p}(t)$ strebt gegen einen singulären Punkt,

c) $\boldsymbol{p}(t)$ bildet eine geschlossene Phasenkurve,

d) $\boldsymbol{p}(t)$ nähert sich beliebig einer geschlossenen Phasenkurve oder einem Phasenpolygon.

Physikalische Interpretation: Jede nichtperiodische Bewegung eines Freiheitsgrades strebt entweder gegen eine Gleichgewichtslage oder gegen einen stationären periodischen Zustand.

b) Es sei $\boldsymbol{p}(t, \bar{\boldsymbol{p}}_0)$ eine feste Lösung von (13.1), $\boldsymbol{p}(t, \boldsymbol{p}_0)$ eine beliebige andere Lösung.

Definition 13.1: Die Lösung $\boldsymbol{p}(t, \bar{\boldsymbol{p}}_0)$ heißt stabil (im Sinne von Ljapunov), wenn sich zu jedem $\varepsilon > 0$ ein $\delta > 0$ derart angeben läßt, daß

$$|\boldsymbol{p}(t, \bar{\boldsymbol{p}}_0) - \boldsymbol{p}(t, \boldsymbol{p}_0)| < \varepsilon \qquad (t \geqq 0), \tag{13.10}$$

sofern nur

$$|\boldsymbol{p}(0, \bar{\boldsymbol{p}}_0) - \boldsymbol{p}(0, \boldsymbol{p}_0)| < \delta \quad \text{ist.}$$

Ist außerdem noch

$$\lim(\boldsymbol{p}(t, \bar{\boldsymbol{p}}_0) - \boldsymbol{p}(t, \boldsymbol{p}_0)) = 0 \qquad (t \to \infty), \tag{13.11}$$

so heißt die Bewegung $\boldsymbol{p}(t, \boldsymbol{p}_0)$ *asymptotisch stabil* (nach Ljapunov). Diese Definition umfaßt die in § 9 gegebene Definition der Stabilität einer Gleichgewichtslage, da ja $\boldsymbol{p}(t, \bar{\boldsymbol{p}}_0) \equiv \bar{\boldsymbol{p}}_0$ ist, wenn $\bar{\boldsymbol{p}}_0$ singulär ist.

Man nennt die Lösung $\boldsymbol{p}(t, \bar{\boldsymbol{p}}_0)$ auch die *ungestörte* Lösung bzw. Bewegung und sieht die Nachbarlösung $\boldsymbol{p}(t, \boldsymbol{p}_0)$ als „gestört" an. Für viele praktische Zwecke ist der Begriff der Stabilität nach Ljapunov zu anspruchsvoll, da er nicht nur fordert, daß die Kurve $p(t, p_0)$ in beliebiger Nähe von $p(t, \bar{p}_0)$ liegt, sondern auch daß zu gleichen t-Werten gehörende Punkte nahe beieinander liegen. Entsprechendes gilt für den Begriff der asymptotischen Stabilität nach LJAPUNOV. Verzichtet man auf den an zweiter Stelle genannten Teil der geometrischen Interpretation, so kommt man zum Begriff der *orbitalen Stabilität.*

Definition 13.2: Die Phasenkurve $\bar{p} = p(t, \bar{p}_0)$ heißt *orbital stabil,* wenn es zu jedem $\varepsilon > 0$ ein $\delta > 0$ mit folgender Eigenschaft gibt:

Jede Lösungskurve $p = p(t, p_0)$, die sich für $t = 0$ in einer δ-Umgebung der Phasenkurve $\bar{p}$ befindet, verbleibt für $t > 0$ in einer ε-Umgebung dieser Kurve. Wenn sich jede aus einer gewissen Umgebung von $\bar{p}$ kommende Phasenkurve p mit wachsendem t beliebig der Kurve $\bar{p}$ nähert, so heißt $\bar{p}$ *orbital-asymptotisch stabil* (Abb. 13.2).

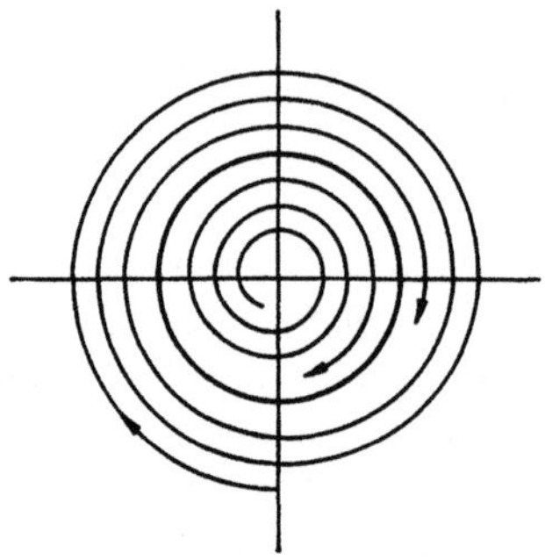

Abb. 13.2. Orbital asymptotisch stabiler Grenzzyklus

Bei einer Gleichgewichtslage ist die Unterscheidung zwischen orbital stabil und stabil nach LJAPUNOV gegenstandslos.

Beispiel. Das Phasenbild (Abb. 13.3) der Pendelgleichung

$$\ddot{x} + a^2 \sin x = 0 \tag{13.12}$$

in der Nähe des singulären Nullpunkts sowie in der Nähe von $x = 2k\pi$, k ganz, besteht aus geschlossenen Kurven. Der Nullpunkt ist stabil nach

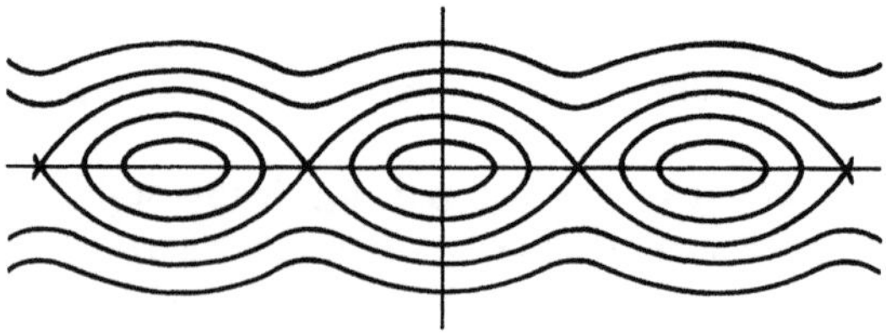

Abb. 13.3. Phasenbild der Pendelgleichung

LJAPUNOV; die singulären Punkte $x = \pm\pi, \pm 3\pi, \ldots$ sind instabil. Jede der geschlossenen Kurven ist orbital stabil, aber instabil im Sinne von LJAPUNOV, da verschiedene Kurven mit verschiedenen Umlaufzeiten durchlaufen werden und nach hinreichend vielen Umläufen beliebig große Phasendifferenzen auftreten.

Die Phasenkurve einer isolierten periodischen Lösung heißt *Grenzzyklus.* Bisweilen verwendet man diesen Ausdruck nur für eine (orbital-asymptotisch) stabile Kurve, da instabile periodische Lösungen physikalisch nicht realisierbar sind.

Es kommt vor, daß eine geschlossene Kurve nur bei Annäherung von innen oder von außen her stabil ist; man spricht dann von *einseitiger* Stabilität.

Bemerkung: Im folgenden werden die Begriffe „stabil" und „asymptotisch stabil" bei Lösungen immer im Sinne von LJAPUNOV verwandt.

c) Es sei p_0 ein asymptotisch stabiler singulärer Punkt. Alle nichtsingulären Punkte p mit der Eigenschaft, daß die von ihnen ausgehenden Kurven mit wachsendem t gegen p_0 streben, bilden den *Einzugsbereich* von p_0. Analog definiert man den Einzugsbereich einer orbital-asymptotisch stabilen geschlossenen Phasenkurve.

Satz 13.1: Die Begrenzung des Einzugsbereichs ist eine geschlossene Phasenkurve oder ein Phasenpolygon.

Linien, die Bereiche unterschiedlichen Stabilitätsverhaltens gegeneinander abgrenzen, heißen auch *Separatrizen.* Sie werden stets durch Phasenkurven oder -polygone gebildet.

Wenn der Einzugsbereich des Nullpunkts die ganze Ebene umfaßt, spricht man von *asymptotischer Stabilität im ganzen* (vgl. Def. 9.2). Es kann vorkommen, daß der Einzugsbereich des Nullpunkts nicht endlich ist, ohne daß er die ganze Ebene umfaßt.

Satz 13.2: Im Inneren einer geschlossenen Trajektorie liegt mindestens ein singulärer Punkt.

Satz 13.3: Wird ein Ringgebiet von zwei geschlossenen Trajektorien begrenzt, zwischen denen weder geschlossene Phasenkurven noch singuläre Punkte liegen, so ist eine der Begrenzungskurven, vom Ringinneren her betrachtet, orbital asymptotisch stabil, die andere orbital instabil. (Kürzere, aber nicht ganz vollständige Fassung: Stabile und instabile Grenzzyklen wechseln ab.)

In der Abb. 13.3 treten nicht-geschlossene Phasenkurven auf; sie entsprechen Kreisbewegungen, die das stärker angestoßene Pendel um den Drehpunkt beschreibt. Denkt man sich aus der Phasenebene einen Vertikalstreifen der Breite 2π herausgeschnitten und zu einem *Phasenzylinder* zusammengebogen, so wird die genannte Kreisbewegung durch eine Phasenkurve dargestellt, die auf dem Zylinder geschlossen ist und dann auch als „periodisch" angesehen werden kann (ANDRONOV u. a., Kap. VIII; KAUDERER).

§ 14. Klassifikation der singulären Punkte[1]

a) Das System (13.1) sei linear:

(14.1) $$\dot{x} = a x + b y, \quad \dot{y} = c x + d y.$$

[1] ANDRONOV u. a., Kap. V; LEFSCHETZ [*1*], Kap. IX; PONTRJAGIN, § 16; STOKER, Kap. III, 4; MINORSKY, Kap. I.

Zur Abkürzung sei $s := -(a + d), \quad r := a\,d - b\,c.$

Die Lösung kann explizit mit Hilfe der charakteristischen Exponenten (§ 2) α_1 und α_2 aufgeschrieben werden. Eliminiert man die Variable t,

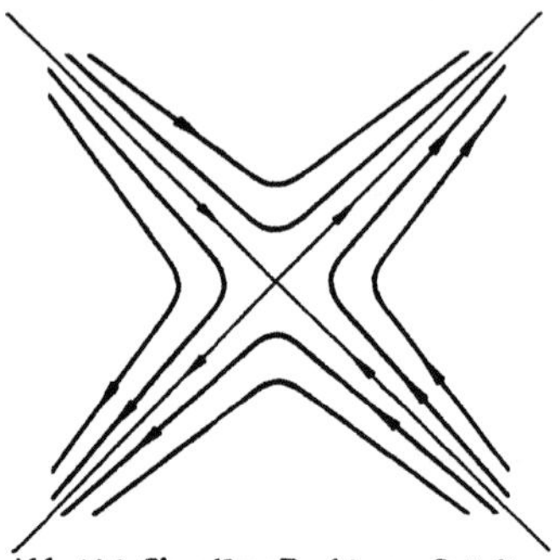

Abb. 14.1. Singulärer Punkt vom Satteltyp

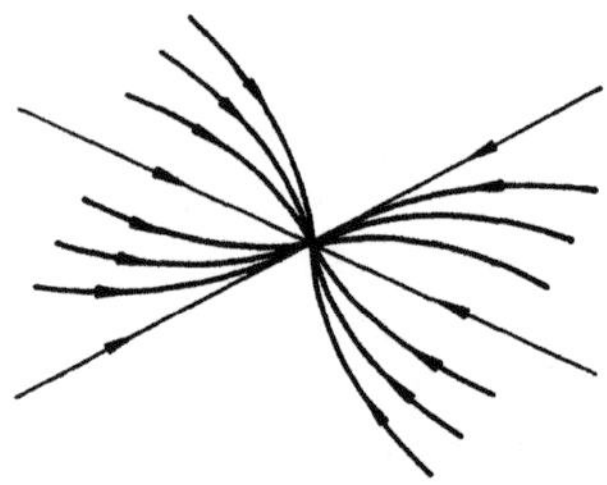

Abb. 14.2. Singulärer Punkt vom Knotentyp (stabil)

so ergeben sich die Gleichungen der Phasenkurven, für die man im einzelnen folgende Möglichkeiten erhält.

1. $r < 0$, d. h. α_1 und α_2 reell und von verschiedenem Vorzeichen. Schar hyperbelartiger Kurven einschließlich zweier Asymptoten. Der Nullpunkt ist ein *Sattelpunkt* und stets instabil (Abb. 14.1).

2. $r > 0$, $s^2 > 4r$, d. h. α_1 und α_2 reell von gleichem Zeichen. Schar parabelartiger Kurven, die zwei Geraden enthält. Der Nullpunkt ist

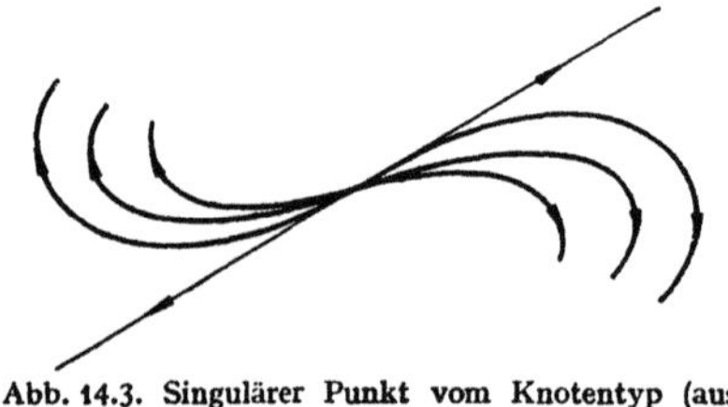

Abb. 14.3. Singulärer Punkt vom Knotentyp (ausgeartet, instabil)

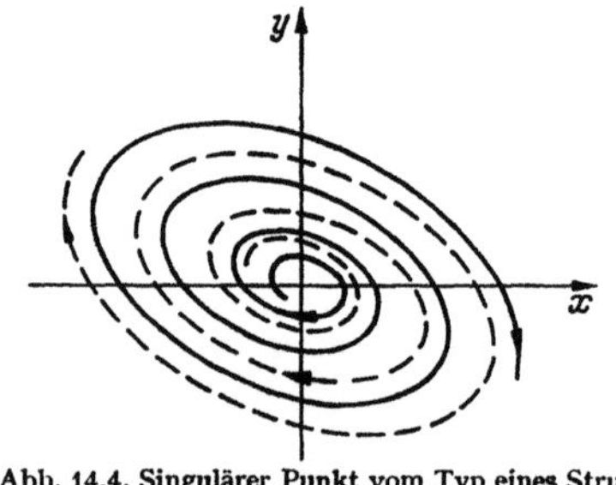

Abb. 14.4. Singulärer Punkt vom Typ eines Strudelpunkts (Fokus) (instabil)

ein *Knoten*, und zwar stabil oder instabil, je nachdem $s > 0\,(\alpha_i < 0)$ oder $s < 0\,(\alpha_i > 0)$ ist (Abb. 14.2).

Sonderfall: $r > 0$, $s^2 = 4r\,(\alpha_1 = \alpha_2$ reell). Die Schar der parabelartigen Kurven enthält dann nur eine Gerade (Abb. 14.3), oder ($b = c = 0$) es handelt sich um eine Schar von Geraden durch den Nullpunkt.

3. $r > 0$, $0 < s^2 < 4r\,(\alpha_1$ und α_2 konjugiert komplex, nicht rein imaginär). Der Nullpunkt ist ein *Strudelpunkt* (Fokus); die Phasenkurven verlaufen spiralig. Je nachdem $\mathrm{Re}\,\alpha < 0$ oder $\mathrm{Re}\,\alpha > 0$, ist der Nullpunkt asymptotisch stabil oder instabil (Abb. 14.4).

4. $r > 0$, $s = 0$ ($\alpha_1 = \bar{\alpha}_2$ rein imaginär). Schar konzentrischer Ellipsen. Der Nullpunkt ist ein *Wirbelpunkt* (Zentrum), und zwar einfach stabil (Abb. 13.1).

5. Im Fall $r = 0$ liegt überhaupt kein singulärer Punkt vor; die Phasenkurven bilden eine Schar paralleler Geraden.

Die Abb. 14.5 zeigt die Verteilung der Stabilitätsgebiete in der (r, s)-Ebene. Die Punkte auf der positiven r-Achse sind Wirbelpunkte. Die Abbildung läßt erkennen, in welcher Weise sich das Phasenbild ändern kann, wenn die Parameter variieren: ein instabiler Strudelpunkt kann z. B. nur dann in einen stabilen übergehen, wenn er zwischendurch ein Wirbelpunkt gewesen ist usw. In konkreten Fällen hängen die Zahlen r und s von den technisch interessierenden Parametern ab. Die Stabilitätskarte Abb. 14.5 ist dann entsprechend umzuzeichnen.

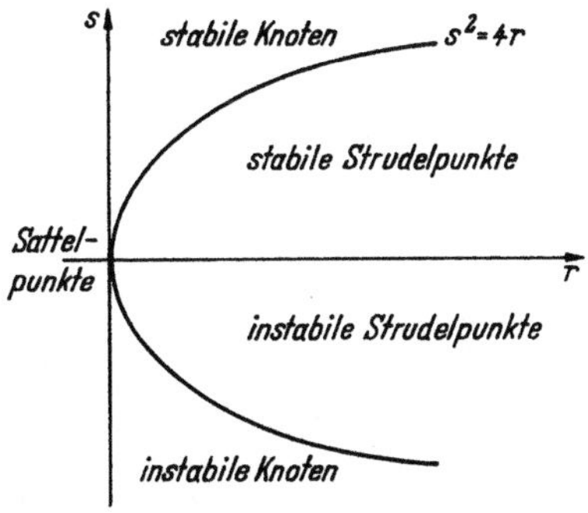

Abb. 14.5. Stabilitätsgebiete in der (r, s)-Ebene

b) Das System (13.1) habe die Gestalt

$$\begin{aligned} \dot{x} &= a x + b y + f_1(x, y), \\ \dot{y} &= c x + d y + g_1(x, y), \end{aligned} \tag{14.2}$$

wobei $a d - b c = r \neq 0$ ist und die Funktionen f_1, g_1 Taylor-Entwicklungen besitzen, die mit Gliedern von mindestens zweiter Ordnung beginnen. Das Verhalten der Phasenkurven in der Nähe des Nullpunkts, d. h., der Charakter des singulären Punktes $(0, 0)$, wird weitgehend durch das Verhalten des verkürzten Gleichungssystems (14.1) bestimmt. Es gilt

Satz 14.1: Liegt für (14.1) einer der Fälle 1 bis 3 vor, so hat der Nullpunkt für (14.2) den gleichen Charakter wie für (14.1). Liegt für (14.1) der Fall 4 vor, so hängt das Verhalten der Phasenkurven von (14.2) von den Gliedern höherer Ordnung ab, und zwar sind Spiralen oder geschlossene Kurven möglich, aber keine hyperbelartigen Scharen (vgl. § 21).

Man nennt (14.1) das *System der ersten Näherung* zu (14.2). Bezüglich der Stabilität des Nullpunkts gilt:

Satz 14.2: Ist die Ruhelage des Systems der ersten Näherung asymptotisch stabil oder instabil, so gilt das gleiche für die Ruhelage des vollständigen Systems; liegt für (14.1) der Fall 4 vor, so kann man über die Stabilität von (14.2) ohne Kenntnis der Glieder höherer Ordnung keine Aussagen machen. (Die einfache Stabilität ist „empfindlich"; sie kann bei beliebig kleinen Abänderungen in asymptotische Stabilität, aber auch in Instabilität übergehen.

Ist in (14.2) $r = 0$ oder sind überhaupt keine linearen Glieder vorhanden, so können neben den genannten Typen der Phasenbilder noch weitere auftreten. Die Zahl der Sektoren kann größer als vier sein, und außer den „Hyperbelsektoren" (Fall 1) und den Knotensektoren (Fall 2) sind noch „elliptische Sektoren" möglich, in denen Phaseneinecke (§ 13) auftreten (Abb. 14.6).

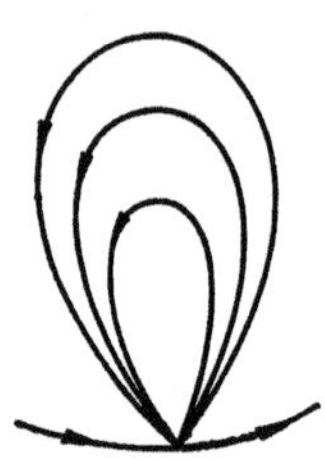

Abb. 14.6. Schar von Phaseneinecken

Für das spezielle System

$$\dot{x} = y + a x^3 + b x^2 y + c x y^2 + d y^3,$$
$$\dot{y} = \alpha x^3 + \beta x^2 y + \gamma x y^2 + \delta y^3,$$

das wegen der kubischen Glieder zur angenäherten Beschreibung vieler konkreter Systeme dienen kann, gilt: Ist $\alpha \geqq 0$, so ist der Nullpunkt vom Sattel- oder Knotentyp. Ist $\alpha < 0$, $3a + \beta = 0$ und gilt gleichzeitig $2a(b+\gamma) + \alpha(c + 3\delta) = 0$ sowie $(b+\gamma)(2a^3 - a\alpha\beta - \alpha^2\delta) = 0$, so liegt ein Wirbelpunkt vor. Ist $\alpha < 0$, ohne daß alle drei Zusatzgleichungen gleichzeitig gelten, so handelt es sich um einen Strudelpunkt (Andreev).

Zur Stabilitätsdiskussion ist bisweilen der folgende Satz von Vinograd nützlich. Man bilde mit den Funktionen f und g aus (13.1) die Größen

$$h(x, y) = \frac{\partial f}{\partial x}\frac{\partial g}{\partial y} - \frac{\partial f}{\partial y}\frac{\partial g}{\partial x}, \qquad k(x, y) = \frac{\partial f}{\partial x} + \frac{\partial g}{\partial y}.$$

Es sei $h(0, 0) = 0$. Ist in einer *Umgebung* des Nullpunkts, diesen ausgenommen, $h(x, y) > 0$, $k(x, y) < 0$, so ist dieser stabil. Ist in einer Umgebung dagegen $h(x, y) > 0$ und $k(x, y) > 0$ oder ist $h(x, y) < 0$, so ist der Nullpunkt instabil.

Beispiel: $\ddot{\varphi} + 3BR\varphi^2\dot{\varphi} + \frac{B}{C}\varphi^3 = 0$, wobei $B, C, R > 0$. φ kann als der magnetische Kraftfluß gedeutet werden, $i = B\varphi^3$ ist der Strom. Benutzt man die Umformung (13.8), so lassen sich die beiden Sätze anwenden; es zeigt sich, daß ein stabiler Strudelpunkt vorliegt und somit φ oszillierend gegen Null geht. Die Umformung nach (13.7) führt hier nicht zum Ziel.

c) *Der Index eines singulären Punktes* (Lefschetz [*1*]). Durch (13.1) oder (13.9) wird in der Phasenebene ein Vektorfeld definiert. Man betrachte eine geschlossene doppelpunktfreie Kurve K, die nur durch nichtsinguläre Punkte läuft und höchstens einen singulären Punkt P_0 umschließt. K braucht keine Phasenkurve zu sein. Die Richtung der Vektoren des Feldes ändert sich bei einem Umlauf längs K in positiver Richtung um ein ganzzahliges Vielfaches $j \cdot 2\pi$ von 2π. Die Zahl j

heißt der *Index* des Punktes P_0, und zwar ist

$$j = \frac{1}{2\pi} \oint_K \frac{f\,dy - g\,dx}{f^2 + g^2}. \tag{14.3}$$

Der Index des Nullpunkts für (14.1) ist im Fall 1 gleich -1, in den übrigen Fällen gleich $+1$. Der Index eines nichtsingulären Punktes ist stets gleich Null. Der Nullpunkt von (14.2) und der Nullpunkt der Gleichung der ersten Näherung haben denselben Index.

Der Index einer geschlossenen Kurve wird ebenfalls durch die Änderung der Richtung eines umlaufenden Vektors definiert. Das Integral in (14.3) ist dabei über die Kurve zu erstrecken. Es gilt:

Der Index einer geschlossenen positiv orientierten Kurve ist stets gleich $+1$.

Es folgt als Ergänzung zu dem Satz 13.2: Liegen im Inneren einer geschlossenen Kurve singuläre Punkte der Typen 1 bis 4 und keine anderen, so können sie nicht alle Sattelpunkte sein.

d) Die vollständige Diskussion der singulären Punkte von (14.2) bzw. (13.1) erfordert auch das Studium der unendlich fernen Elemente der Phasenebene. Man führt dazu durch $x = x_1/x_3$, $y = x_2/x_3$ homogene Koordinaten ein und führt die mit (13.1) äquivalente Gleichung $f(x, y)\,dy - g(x, y)\,dx$ in die Gestalt

$$h_1(x_1, x_2, x_3)\,dx_1 + h_2(x_1, x_2, x_3)\,dx_2 + h_3(x_1, x_2, x_3)\,dx_3 = 0 \tag{14.4}$$

über. Aus dieser Gleichung erhält man die im Endlichen liegenden singulären Punkte, wenn man $x_3 = 1$, $dx_3 = 0$ setzt. Die singulären Gebilde im Unendlichen genügen der Gleichung $h_3(x_1, x_2, x_3) = 0$ und befriedigen außerdem die Gleichungen $h_1(x_1, x_2, x_3) = 0$, $h_2(x_1, x_2, x_3) = 0$.

Beispiele.

a) $$\dot{x} = -x + y^2, \quad \dot{y} = -y + x^2;$$

$$h_1 = x_3(x_2 x_3 - x_1^2), \qquad h_2 = x_3(x_2^2 - x_1 x_3), \qquad h_3 = x_1^3 - x_2^3.$$

Die gemeinsamen Lösungen sind die drei „Punkte" (0, 0, 1), (1, 1, 1) und (1, 1, 0), also die Punkte (0, 0) und (1, 1) im Endlichen und der uneigentliche Punkt (1, 1, 0).

b) $$\dot{x} = y, \quad \dot{y} = -x + a\,y\left(\frac{1}{1+x^2} - b\right),$$

$$h_1 = x_1 x_3 - a\,x_2 x_3\left(x_3^2/(x_1^2 + x_3^2) - b\right), \qquad h_2 = x_2 x_3,$$

$$h_3 = -(x_1^2 + x_2^2) + a\,x_1 x_2\left(x_3^2/(x_1^2 + x_3^2) - b\right).$$

Im Endlichen ist der Nullpunkt (0, 0, 1) singulär. Ist $|a\,b| \geqq 2$, so sind die Punkte mit $x_3 = 0$ singulär, deren zwei ersten Koordinaten die Gleichung $x_1^2 + x_2^2 + a\,b\,x_1 x_2 = 0$ erfüllen. Ist $|a\,b| < 2$, so liegt auf der unendlich fernen Geraden $x_3 = 0$ kein singulärer Punkt; diese ist aber Trajektorie, sozusagen ein unendlich ferner Grenzzyklus. (Eine technische Interpretation des Beispiels durch ein System, in dem elektrische und mechanische Schwingungen auftreten, bei OBMORŠEV.)

Zur Gl. (14.4) vgl. LEFSCHETZ [*1*], Kap. IX; ANDRONOV u. a., Kap. VI, § 4.

§ 15. Periodische Lösungen[1]

Wenn die Lösung (13.4) periodisch mit der Periode T sein soll, so muß für alle t das Gleichungssystem

$$p_i(t+T, x_0, y_0) = p_i(t, x_0, y_0) \qquad (i = 1, 2) \tag{15.1}$$

erfüllt sein. Daraus ergibt sich für $t = 0$

$$p_1(T, x_0, y_0) - x_0 = 0; \quad p_2(T, x_0, y_0) - y_0 = 0, \tag{15.2}$$

d. h. ein System von Bestimmungsgleichungen für die unbekannte Periode T und die unbekannten Anfangswerte x_0, y_0. Da (13.1) autonom ist, kann man sich den Zeitmaßstab so verschoben denken, daß einer der Werte einen festen Wert annimmt, daß also z. B. $y_0 = 0$ ist. Man wählt dabei als Anfangsaugenblick den Zeitpunkt, in dem die gesuchte geschlossene Phasenkurve die x-Achse schneidet. Es sind dann die Gleichungen

$$p_1(T, x_0, 0) - x_0 = 0; \quad p_2(T, x_0, 0) = 0 \tag{15.3}$$

nach T und x_0 aufzulösen. Wenn die Funktionaldeterminante

$$\left(\frac{\partial p_1}{\partial x_0} - 1\right)\frac{\partial p_2}{\partial T} - \frac{\partial p_2}{\partial x_0}\frac{\partial p_1}{\partial T} \tag{15.4}$$

dieses Systems nach Einsetzen der Werte für T, x_0, $y_0 = 0$ von Null verschieden ist, sind T und x_0 durch (15.3) eindeutig bestimmt: man findet eine *isolierte periodische Lösung* mit wohlbestimmtem Anfangswert $(x_0, 0)$. Ist dagegen (15.4) gleich Null, so existiert eine *Familie von periodischen Lösungen*, und *die Periode T hängt i. allg. vom Anfangswert x_0 ab.*

Da die explizite Gestalt der Funktionen (15.3) meistens nicht angegeben werden kann, ist die soeben durchgeführte Überlegung zur *praktischen* Ermittlung der periodischen Lösungen nur in Ausnahmefällen anwendbar.

Die durch (13.4) definierte Phasenkurve laufe um den Nullpunkt, sei aber nicht geschlossen. Wir betrachten den Strahl durch den Nullpunkt und den Punkt $P_0 = (x_0, y_0)$ (Abb. 15.1), und zwar in der Parameterdarstellung

$$P(\tau) = (\tau x_0, \tau y_0), \quad 0 \leqq \tau < \infty, \quad \text{mit} \quad P(1) = P_0. \tag{15.5}$$

[1] Vgl. hierzu § 20 und § 29.

Es sei $P_1 = P(\tau^*)$ derjenige Punkt, in dem die Phasenkurve den Strahl schneidet, wenn sie genau einen Umlauf um den Nullpunkt ausgeführt hat; er ist durch P_0 und die Funktionen (13.4) bestimmt. Führt man die gleiche Konstruktion mit der Schar von Phasenkurven aus, die man erhält, wenn der Anfangspunkt P_0 auf dem Strahl (15.5) variiert — man arbeitet dann nicht mit dem Parameterwert $\tau_0 = 1$, sondern mit einem variablen τ_0 — so variiert auch P_1 und damit der Parameterwert τ^*. Es ergibt sich eine eindeutige Beziehung

(15.6) $$\tau^* = \varphi(\tau_0).$$

Sie kennzeichnet die durch die Phasenkurven vermittelte *Abbildung* des Strahles (15.5) auf sich. Einer geschlossenen Phasenkurve entspricht ein

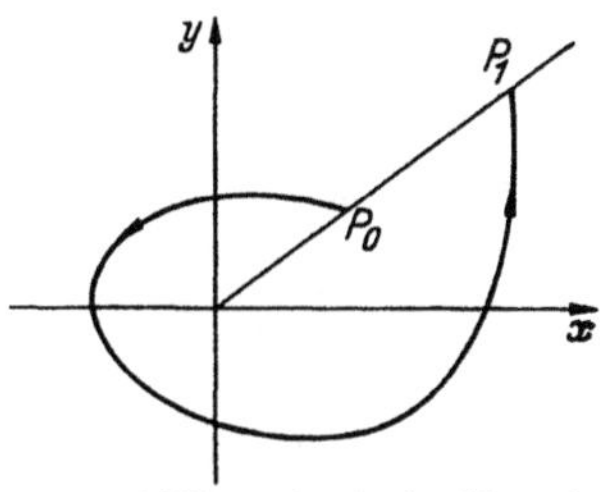

Abb. 15.1. Abbildung durch eine Phasenkurve

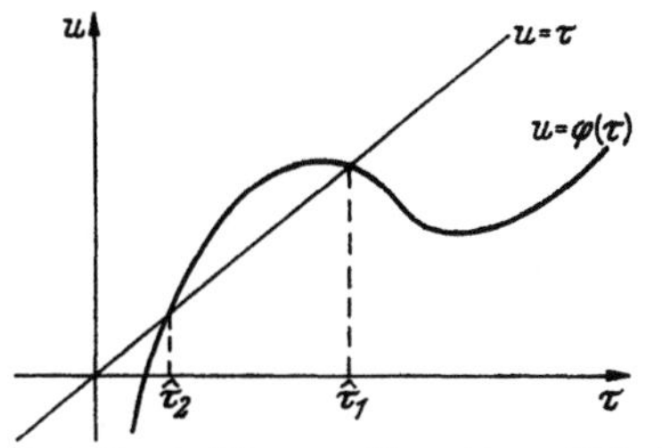

Abb. 15.2. Konstruktion von Fixpunkten mittels der Abbildungsfunktion

Fixpunkt der Abbildung, d. h. ein Parameterwert $\bar{\tau}$, der die Gleichung

(15.7) $$\bar{\tau} = \varphi(\bar{\tau})$$

befriedigt. Man findet ihn graphisch, indem man die Gerade $u = \tau$ und die Kurve $u = \varphi(\tau)$ in der (τ, u)-Ebene zeichnet und zum Schnitt bringt (Abb. 15.2). Damit ist eine Beziehung zwischen den periodischen Lösungen und den Fixpunkten gewisser Abbildungen aufgezeigt. Sie kann für die praktische Konstruktion benutzt werden, wenn die Funktion (15.6) bekannt ist. Wichtiger ist dieser Zusammenhang aber zur Aufstellung von Bedingungen für die *Existenz* periodischer Lösungen; denn wenn auch (15.6) nicht explizit bekannt ist, so ist es doch oft möglich, soviel über die Abbildung auszusagen, daß man einen der sogenannten *Fixpunktsätze* (vgl. E. VIII) anwenden kann.

Es kann vorkommen, daß (15.7) für ein ganzes Intervall von τ-Werten erfüllt ist; dann ist eine *Familie* periodischer Lösungen vorhanden.

Die Abbildung 15.6 braucht natürlich nur ein endliches Teilstück des Strahles zu umfassen. Es leuchtet ferner ein, daß man an Stelle des Strahles (15.5) auch ein stetiges Kurvenstück durch P_0 benutzen kann. Man nennt das Verfahren auch die *Methode der Schnitte.*

Wenn die Gln. (13.1) von einem Parameter μ abhängen,

$$\dot{x} = f(x, y, \mu), \quad \dot{y} = g(x, y, \mu), \tag{15.8}$$

so gilt das gleiche für die Abbildungsfunktion $\varphi = \varphi(\tau, \mu)$, und bei der graphischen Lösung von (15.7) hat man es mit einer Schar von Kurven $u = \varphi(\tau, \mu)$ zu tun (Abb. 15.3). Es bestimme der Parameterwert $\tau = \tilde{\tau}$ den Schnittpunkt mit der zu $\mu = \tilde{\mu}$ gehörenden Kurve, und es sei die partielle Ableitung $\partial\varphi/\partial\tau$ an der Stelle $(\tilde{\tau}, \tilde{\mu})$ ungleich eins. Dann ist die Gerade $u = \tau$ im Schnittpunkt keine Tangente an $u = \varphi(\tau, \mu)$, und es

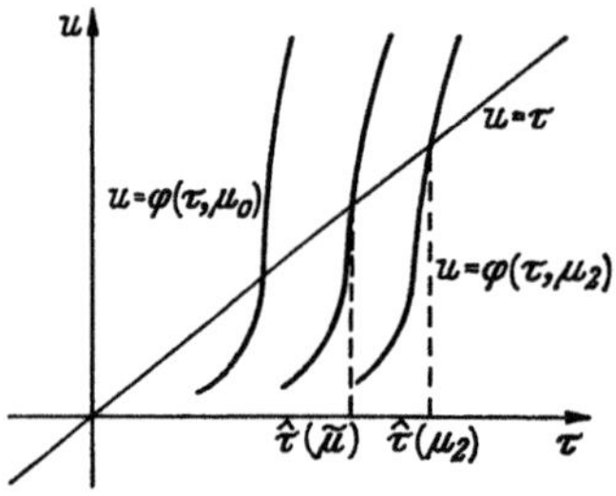

Abb. 15.3. Parameterabhängige Abbildungsfunktion

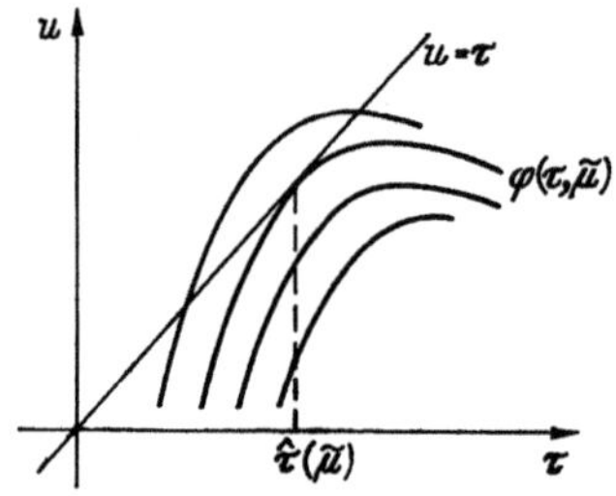

Abb. 15.4. Verzweigungswert

existieren auch für die zu dieser Kurve benachbarten Kurven Schnittpunkte. Daher hat das System (15.8) innerhalb eines gewissen Parameterintervalls $\tilde{\mu} - \eta < \mu < \tilde{\mu} + \eta$ eine periodische Lösung. Ist dagegen $\varphi_\tau(\tilde{\tau}, \tilde{\mu}) = 1$ und ist $(\tilde{\tau}, \tilde{\mu})$ kein Wendepunkt, so liegen die Verhältnisse der Abb. 15.4 vor: bei Variation von μ auf *einer* Seite von $\tilde{\mu}$ existiert keine periodische Lösung, während bei Variation von μ auf der anderen Seite von $\tilde{\mu}$ zwei periodische Lösungen vorhanden sind. Man bezeichnet $\tilde{\mu}$ als *Verzweigungswert* und spricht von *hartem Einsetzen* der Schwingungen, falls die periodischen Lösungen stabil sind (Pontrjagin, § 28).

Führt man in (13.1) bzw. (15.8) Polarkoordinaten

$$\begin{aligned} x &= r\cos\Theta, & \dot{x} &= \dot{r}\cos\Theta - r\dot{\Theta}\sin\Theta, \\ y &= r\sin\Theta, & \dot{y} &= \dot{r}\sin\Theta + r\dot{\Theta}\cos\Theta \end{aligned} \tag{15.9}$$

ein, so entsteht ein äquivalentes Gleichungssystem

$$\dot{r} = R(r, \Theta, \mu), \quad \dot{\Theta} = \Theta(r, \Theta, \mu), \tag{15.10}$$

das in manchen Fällen leichter zu diskutieren ist. Die rechten Seiten sind in Θ periodisch mit der Periode 2π. Wenn die erste Gleichung von Θ unabhängig ist,

$$\dot{r} = R(r, \mu), \tag{15.11}$$

so entspricht bei festem μ einer reellen konstanten Lösung r_0 von (15.11), für die dann also $R(r_0, \mu) = 0$ gilt, eine *periodische* Lösung von (15.8), deren Phasenkurve ein Kreis mit dem Radius r_0 ist. In der (μ, r)-Ebene definiert die Gleichung

$$R(r, \mu) = 0 \tag{15.12}$$

eine Kurve (Abb. 15.5). Diejenigen μ-Werte, die zu Kurvenpunkten mit senkrechter Tangente (die nicht zugleich Wendepunkte sind) oder zu Doppelpunkten gehören, sind Verzweigungswerte. Dort ist $\frac{\partial R}{\partial r} = 0$.

Über das Auftreten von periodischen Lösungen gibt es zahlreiche Einzelsätze.

Satz 15.1: Der für die Gln. (13.1) gebildete Ausdruck $\partial f/\partial x + \partial g/\partial y$ sei in einem einfach zusammenhängenden Bereich B der Ebene

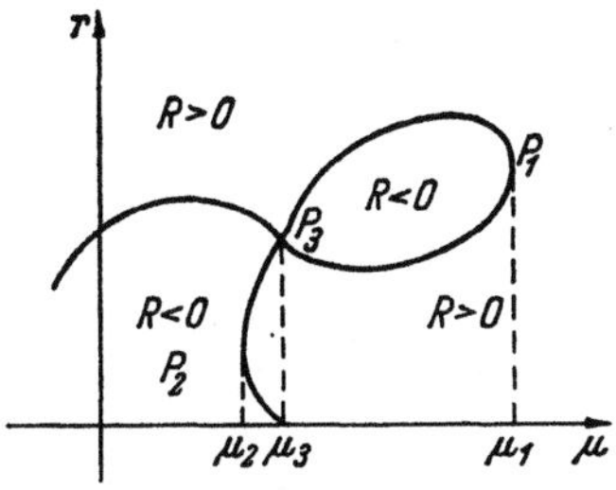

Abb. 15.5. Stabilitätsgebiete in der (μ, r)-Ebene mit Verzweigungspunkten

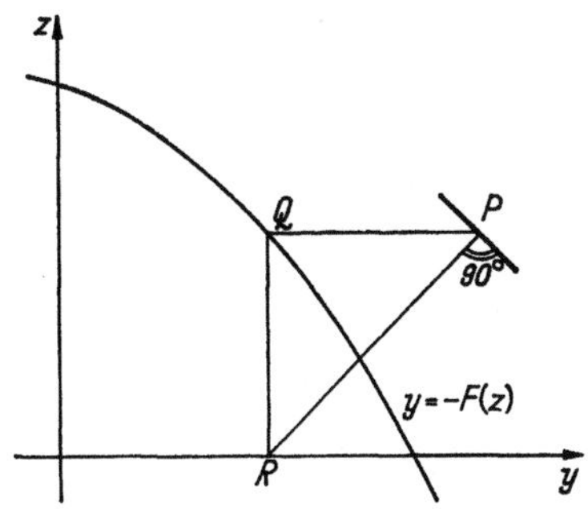

Abb. 15.6. Konstruktion der Phasenkurven von (15.14)

nicht identisch Null und stets von einem Vorzeichen. Dann kann in B keine geschlossene Phasenkurve existieren.

Auf die *Gleichung von Liénard* [vgl. (13.6)]

$$\ddot{x} + \dot{x} f(x) + g(x) = 0 \tag{15.13}$$

bezieht sich

Satz 15.2: Es sei zur Abkürzung

$$F(x) = \int_0^x f(y)\, dy, \qquad G(x) = \int_0^x g(y)\, dy,$$

und es sei

a) $f(x)$ gerade, $F(x) < 0$ für $0 < x < a$, $g(x)$ ungerade, $x g(x) > 0$ für $x \neq 0$,

b) $F(x) \to \infty$ für $|x| \to \infty$, $G(x) \to \infty$ für $x \to \infty$,

c) $F(x)$ habe eine einzige positive Nullstelle $x = a$ und wachse monoton für $x > a$. Dann hat (15.13) genau eine nicht konstante orbital asymptotisch stabile periodische Lösung. (Cesari, § 8).

Ein Spezialfall von (15.13) ist die *Gleichung von van der Pol*, vgl. § 33.

Im Spezialfall $g(x) = x$ ist (15.13) mit den Gleichungen

$$\ddot{y} + F(\dot{y}) + y = 0, \qquad x = \dot{y} \tag{15.14}$$

äquivalent. Für die erste Gleichung existiert ein einfaches Verfahren zur Konstruktion der Phasenkurven. Man zeichne in der (y, z)-Ebene die Kurve $y = -F(z)$. Zur Bestimmung der Tangente an die Phasenkurve im Punkt $P(y_0, z_0)$ zeichne man die Gerade $z = z_0$ bis zum Schnittpunkt $Q = (F(z_0), z_0)$ mit der Kurve, sodann das Lot von Q auf die y-Achse mit dem Fußpunkt R. Dann ist die Tangente senkrecht zu PR (Abb. 15.6), vgl. STOKER, S. 31; KAUDERER.

Für die allgemeinere Gleichung

(15.15) $$\ddot{x} + f(x, \dot{x})\,\dot{x} + g(x) = 0$$

gilt

Satz 15.3. Es gebe positive Konstanten a, m, M so, daß

(15.16) $$\begin{aligned} &f(x, y) > m \quad \text{für} \quad |x| \geqq a \quad \text{und} \quad |y| \geqq a, \\ &f(x, y) \geqq -M \quad \text{für alle } x, y, \end{aligned}$$

(15.17) $$|g(x)| \to \infty \quad \text{und} \quad \frac{g(x)}{G(x)} \to 0 \quad \text{für} \quad |x| \to \infty;$$

Ferner sei $f(0, 0) < 0$, $x\,g(x) > 0$ $(x \neq 0)$. Dann existiert mindestens eine (nichtkonstante) periodische Lösung.

Weitere Ergebnisse finden sich bei CESARI, § 9; REISSIG u. a. [*1*], Kap. IV, 5.

§ 16. Konservative Systeme eines Freiheitsgrades

Besitzt das System (13.1) die spezielle Gestalt

(16.1) $$\dot{x} = y, \quad \dot{y} = F(x) \qquad (F(0) = 0)$$

bzw. hat Gl. (13.5) die Form

(16.2) $$\ddot{x} = F(x),$$

so lassen sich die allgemeinen Überlegungen etwas weiter führen.

Multipliziert man (16.2) mit $\dot{x}$ und integriert, so erhält man die Gleichungen der Phasentrajektorien in der Gestalt

(16.3) $$\tfrac{1}{2}\dot{x}^2 + G(x) = \text{const}$$

mit

(16.4) $$G(x) := -\int_0^x F(u)\,du.$$

Gl. (16.3) ist bekanntlich dem Energiesatz äquivalent. Die Kurven (16.3) sind symmetrisch zur x-Achse; Spiralen können daher nicht auftreten.

Neben dem Nullpunkt sind alle reellen Nullstellen der Gl.

$$F(x) = 0 \tag{16.5}$$

Werte, die singulären Punkten auf der x-Achse, also Gleichgewichtslagen des Systems entsprechen. Die Matrix des linearen Teils von (16.1) hat die charakteristische Gleichung

$$\lambda^2 - F'(0) = 0.$$

Dabei ist vorausgesetzt, daß $F'(0)$ existiert.

Der Nullpunkt ist also im Fall $F'(0) > 0$ ein Sattelpunkt. Ist $F'(0) < 0$, so liegt ein kritischer Fall[1] vor, und der Satz von der Stabilität nach der ersten Näherung (Satz 14.1) kann nicht angewandt werden. Da aber Spiralen ausgeschlossen sind und der singuläre Punkt kein Sattelpunkt sein kann (der Index — vgl. § 14 — ist $+1$), so muß er ein Wirbelpunkt sein. Ist $F'(0) = 0$, so handelt es sich um einen singulären Punkt höherer Ordnung. Es gilt dann: Es sei die erste für $x = 0$ nicht verschwindende Ableitung von $F(x)$ von der Ordnung k, so daß $F^{(k)}(0) = c_k \neq 0$ ist. Ist nun $k = 2r$ gerade, so ist die Ruhelage instabil. Ist $k = 2r + 1$ ungerade und $c_{2r+1} > 0$, so ist die Ruhelage ebenfalls instabil. Ist $c_{2r+1} < 0$, so liegt ein Wirbelpunkt vor; es existieren also periodische Bewegungen (vgl. auch § 31). Die Funktion (16.4) ist in diesem Fall positiv definit (vgl. Def. 19.1); die Kurvenschar enthält geschlossene Kurven.

Es sei $F'(0) < 0$, also $(0, 0)$ ein Wirbelpunkt, und $x_0, \dot{x}_0$ seien die Anfangswerte einer periodischen Bewegung. Nach (16.3) ist dann

$$\tfrac{1}{2}\dot{x}^2 + G(x) = h_0; \qquad t = \frac{1}{\sqrt{2}} \int_0^x \frac{du}{\sqrt{h_0 - G(u)}} \tag{16.6}$$

mit

$$h_0 := \tfrac{1}{2}\dot{x}_0^2 + G(x_0).$$

Die Schnittpunkte der Kurve mit der x-Achse sind durch die beiden Wurzeln a_1 und a_2 von

$$G(a) = h_0 \qquad (a_2 < 0 < a_1) \tag{16.7}$$

bestimmt, und die Schwingungsdauer ist gleich dem uneigentlichen Integral

$$T = \sqrt{2} \int_{a_2}^{a_1} \frac{du}{\sqrt{h_0 - G(u)}}.$$

Die Funktion $F(x)$ heißt in der Nähe von $x = 0$ *unterlinear* bzw. *überlinear*, je nachdem $-F(x)/x$ mit wachsendem $|x|$ monoton abnimmt oder monoton zunimmt. Im ersten Fall nimmt T mit wachsender Amplitudenweite $a_1 + |a_2|$ zu, im zweiten Fall nimmt T ab (unter- bzw. überlineare

[1] Vgl. § 21.

Schwingung). Die durch $F(x) = -\sin x$ beschriebene Pendelschwingung ist beispielsweise unterlinear.

Wenn die rechte Seite von (16.2) noch von einem Parameter ϱ abhängt, so sind die singulären Punkte durch $F(x, \varrho) = 0$ bestimmt, und man kann sie als Punkte einer (ϱ, x)-Ebene deuten, ähnlich wie im Anschluß an (15.12) erläutert. Liegt ein Punkt (ϱ, x) der Kurve $F(x, \varrho) = 0$ *oberhalb* des Gebietes $F(x, \varrho) > 0$, so entspricht ihm ein *stabiles* Gleichgewicht, da dann bei festem ϱ die Ableitung $\partial F/\partial x < 0$ ist. Parameterwerte, bei denen die Kurventangente parallel zur x-Achse verläuft, ohne Wendetangente zu sein, oder Parameterwerte, denen Doppelpunkte entsprechen, sind Verzweigungswerte (vgl. Abb. 15.6).

Weitere Beispiele bei KAUDERER, Nr. 40; ANDRONOV u. a., Kap. II, § 3.

§ 17. Gleichungen mit stückweise linearen rechten Seiten[1]

Wir nennen die in einem endlichen oder unendlichen Intervall $\alpha < x < \beta$ definierte skalare Funktion $f(x)$ *stückweise linear*, wenn (α, β) so in Teilintervalle (α_i, α_{i+1}) zerlegt werden kann, daß jeweils

$$(17.1) \qquad f(x) = a_i + b_i x \qquad (\alpha_i < x < \alpha_{i+1})$$

ist, wobei die a_i, b_i gewisse Konstanten bezeichnen. Die Definition von $f(x)$ an den Intervallenden sei durch eine Stetigkeitsforderung oder sonst irgendwie gegeben. Das graphische Bild einer stückweise linearen Funktion besteht aus *Geradenstücken*. Es kann sein, daß x von einem veränderlichen Parameter t abhängt und daß $f(x)$ für wachsende x anders erklärt ist als für fallende x, so daß man eigentlich $f = f(x, \dot{x})$ zu schreiben hat. Dem graphischen Bild nach sind solche Funktionen nicht eindeutig bzgl. x; sie sind aber eindeutig als Funktionen von x und $\dot{x}$ [vgl. unten (17.6)].

Analog erklärt man den Begriff „stückweise linear" für Funktionen $f(\mathfrak{x}) = f(x_1, \ldots, x_n)$ von mehreren Variablen: der Definitionsbereich ist in Teilbereiche B_i zerlegt (die i. allg. durch Geraden, Ebenen oder Hyperebenen begrenzt sind), und innerhalb von B_i gilt

$$(17.2) \qquad f(\mathfrak{x}) = a_{i0} + a_{i1} x_1 + \cdots + a_{in} x_n .$$

Ein System von Differentialgleichungen

$$(17.3) \qquad \dot{\mathfrak{x}} = \mathfrak{f}(\mathfrak{x})$$

heißt *stückweise linear*, wenn die Komponenten der rechten Seite stückweise linear sind. Die Gln. (17.3) sind dabei durch Vorschriften über das

[1] Vgl. hierzu FLÜGGE-LOTZ.

Verhalten der Lösungen auf den Begrenzungsflächen der Teilbereiche B_i zu ergänzen.

Wichtige einfache Spezialfälle stückweise linearer Funktionen sind (Abb. 17.1 bis 17.4)

$$f(x) = a \operatorname{sgn} x \quad (f(x) = -a \quad (x < 0), \quad f(x) = +a \quad (x > 0)), \tag{17.4}$$

$$\begin{aligned} &f(x) = a \quad (x < \alpha), \quad f(x) = b \quad (x > \beta), \\ &f(x) = \frac{b-a}{\beta-\alpha}(x-\beta) + b \qquad (\alpha < x < \beta), \end{aligned} \tag{17.5}$$

$$\begin{aligned} f(x, \dot{x}) &= a \quad (x < \alpha \text{ und } \alpha < x < \beta, \dot{x} > 0), \\ f(x, \dot{x}) &= b \quad (x > \beta \text{ und } \alpha < x < \beta, \dot{x} < 0), \end{aligned} \tag{17.6}$$

$$\begin{aligned} f(x) &= a \operatorname{sgn} x \qquad (|x| > \alpha), \\ f(x) &= 0 \qquad (-\alpha < x < +\alpha). \end{aligned} \tag{17.7}$$

Die Funktion (17.4) tritt als Eingang-Ausgang-Relation bei Übertragungsgliedern mit trockener Reibung sowie bei Gliedern vom Relaistyp auf. (17.5) kennzeichnet Übertragungsglieder mit Ausschlagbeschränkung, (17.7) solche mit *Totzone*. (17.6) weist auf einen *Hysterese-Effekt* hin.

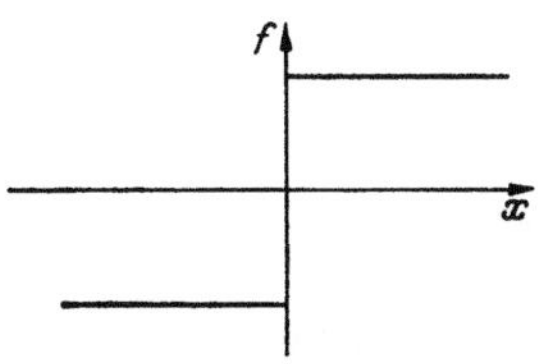

Abb. 17.1. Relaiskennlinie ($f = a \operatorname{sgn} x$)

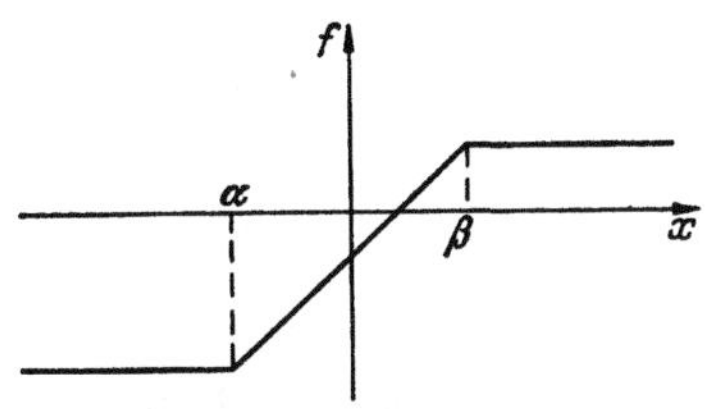

Abb. 17.2. Gebrochen-lineare Kennlinie

Zur Behandlung eines stückweise linearen Systems (17.3) ermittelt man die allgemeine Lösung in den Intervallen bzw. Bereichen B_i nach den für lineare Gleichungen mit konstanten Koeffizienten geltenden

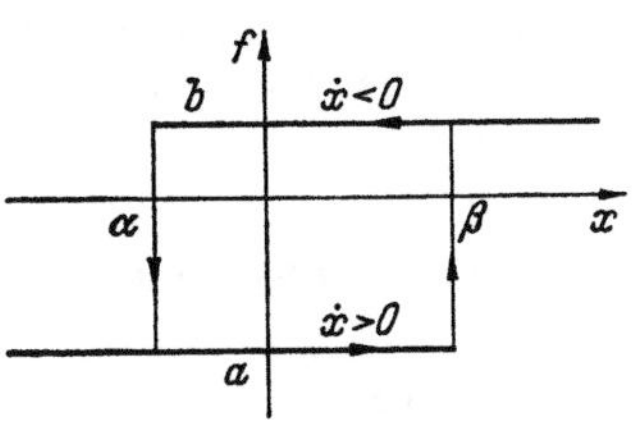

Abb. 17.3. Hystereseschleife

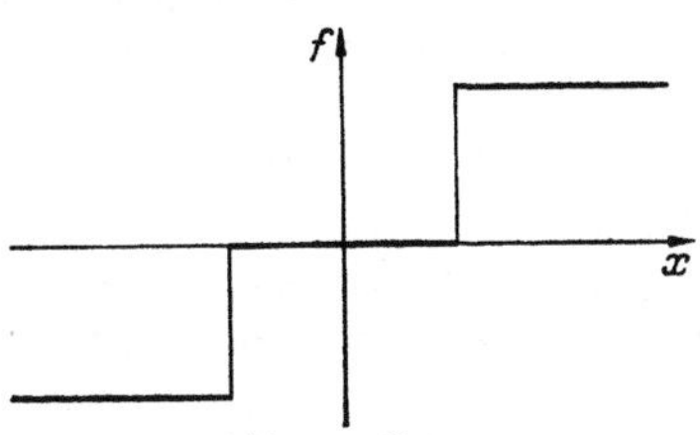

Abb. 17.4. Totzone

Verfahren. Man bestimmt sodann den Zeitpunkt t_i, in dem die Lösungskurve den Bereich verläßt, und setzt sie in den anstoßenden Bereich fort, wobei die Endwerte $x(t_i)$ der Lösung in B_i als Anfangswerte der Lösung im Nachbarbereich zu nehmen sind, sofern an die Lösung bei der

Überschreitung einer Bereichsgrenze keine anderen Forderungen als Stetigkeit gestellt werden. Man muß aber beachten, daß auf den Begrenzungsflächen i. allg. die Existenz- und Eindeutigkeitsbedingungen verletzt sind, so daß dort singuläre Punkte und sogar singuläre Bereiche liegen können.

Beispiele. 1. Übertragungsglied mit trockener Reibung (Coulombscher Dämpfung). Die Gleichung

(17.8) $$\ddot{x} + x + f(\dot{x}) = 0 \quad (\dot{x} \neq 0,\ f \text{ vom Typ } (17.4))$$

wird in die zwei Einzelgleichungen

$$\ddot{x} + x + a = 0 \quad \text{und} \quad \ddot{x} + x - a = 0$$

aufgespalten, deren Phasenkurven die Kreisscharen

(17.9) $$S_+ : \dot{x}^2 + \left(x + \frac{a}{2}\right)^2 = \text{const}; \qquad S_- : \dot{x}^2 + \left(x - \frac{a}{2}\right)^2 = \text{const}$$

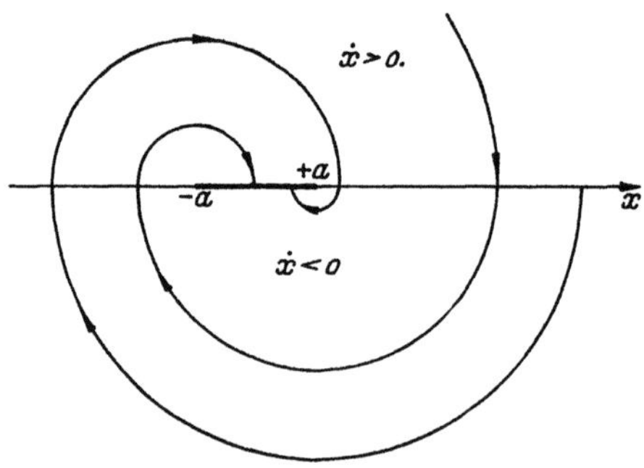

Abb. 17.5. Phasenkurven der Gl. (17.8) (trockene Reibung)

bilden (Abb. 17.5). Die Phasenkurve zu (17.8) ist oberhalb der x-Achse, d. h. für $\dot{x} > 0$, ein Halbkreis aus S_+, unterhalb der x-Achse ein Halbkreis aus S_-. Da die im Intervall $-a < x < +a$ aneinanderstoßenden Kurven der beiden Scharen in entgegengesetztem Sinn durchlaufen werden, ist längs dieses Intervalls ein Übergang von S_+ zu S_- oder umgekehrt nicht möglich: die Punkte dieses Intervalls sind mögliche Endpunkte der Bewegung, und zwar könnte in naheliegender Erweiterung der Definition das ganze Intervall asymptotisch stabil genannt werden. Dementsprechend ist (17.8) durch die Zusatzbestimmung

(17.10) $$\dot{x} = 0 \quad (-a \leqq x \leqq a)$$

zu ergänzen. Die x-Werte, an denen der Übergang von einer Schar zu der anderen erfolgt, genügen den Gleichungen

$$x^2 + a\,x = \text{const} \quad \text{bzw.} \quad x^2 - a\,x = \text{const}.$$

Man ermittelt sie graphisch, indem man die Kurve $y = x^2$ nacheinander mit passenden Vertretern der Geradenscharen $y = \pm a\,x + \text{const}$ zum Schnitt bringt (Abb. 17.6).

2. Konservatives System mit zwei verschiedenen Kraftfunktionen. Die beschreibende Gleichung

(17.11) $$\ddot{x} = F_1(x) \quad (\dot{x} > 0), \qquad \ddot{x} = F_2(x) \quad (\dot{x} < 0)$$

gehört i. allg. nicht zu den stückweise linearen Gleichungen. Da aber die Phasenkurven der Einzelgleichungen nach § 16 konstruiert werden können, läßt sich das Verfahren von Beispiel 1 anwenden. Man erhält möglicherweise mehrere singuläre

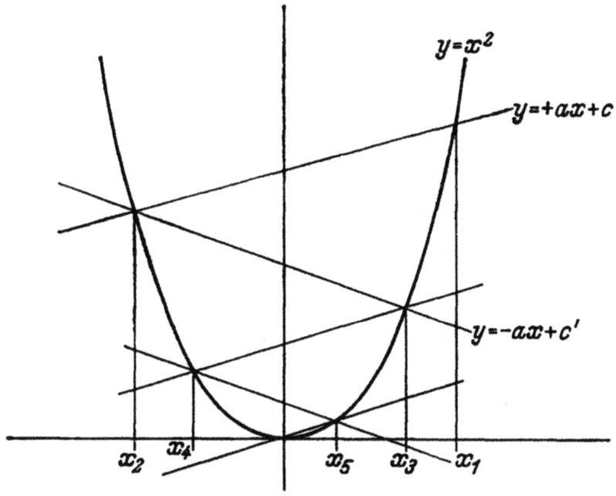

Abb. 17.6. Konstruktion der Übergangswerte im Beispiel 17.1

Intervalle, die zwischen den singulären Punkten der Einzelgleichungen liegen und aus stabilen oder instabilen Gleichgewichtsstellen bestehen können.

3. **Regelkreis mit trockener Reibung und Unempfindlichkeitszone im Regler.** Es sei

$$\begin{aligned} \dot{x} &= a_{11} x + a_{12} y, \\ \dot{y} &= a_{21} x + a_{22} y + \alpha \operatorname{sgn} \dot{y} \quad (\dot{y} \neq 0,\ a_{21} \neq 0), \\ \dot{y} &= 0 \quad \text{für} \quad |a_{21} x + a_{22} y| < \alpha. \end{aligned} \tag{17.12}$$

Die Phasenebene (Abb. 17.7) wird durch die zwei Geraden

$$a_{21} x + a_{22} y = \pm \alpha$$

in drei Bereiche zerlegt. Im Inneren des Streifens ist y konstant, d. h., die Phasenkurven verlaufen horizontal. In den Halbebenen hat man das Phasenbild eines linearen Systems mit den singulären Punkten (x_s, y_s), die durch die Gleichungen $\dot{x}_s = \dot{y}_s = 0$, also durch

$$a_{11} x_s + a_{12} y_s = 0;$$
$$a_{21} x_s + a_{22} y_s \pm \alpha = 0$$

definiert sind. Oberhalb des Streifens gilt das eine Vorzeichen, unterhalb das andere. Wenn eine Phasenkurve im Punkt (x_1, y_1) in den Streifen eintritt, so verläßt sie ihn im Punkt $(x_1 \pm 2\alpha/a_{21}, y_1)$, dessen Koordinaten als Anfangswerte für den nächsten Abschnitt zu wählen sind. Es seien (x_2, y_2) die Koordinaten des Punktes, in dem die Kurve erneut in den Streifen läuft. Die Bedingung dafür, daß sich die Kurve schließt, also eine periodische Lösung repräsentiert, ist wegen der Symmetrie die Beziehung

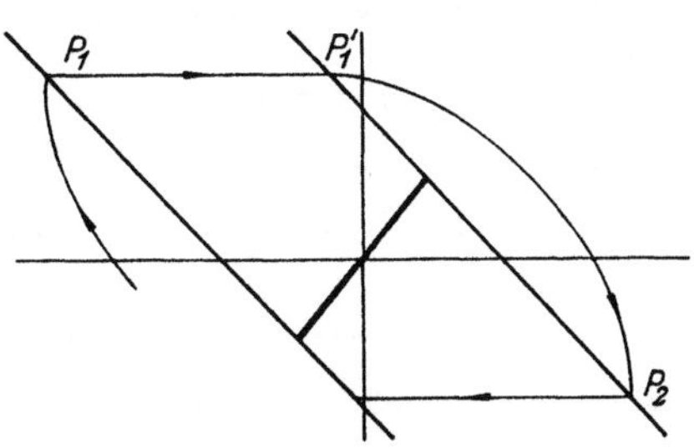

Abb. 17.7. Phasenkurve zu (17.12)

$$x_1 = -x_2; \quad y_1 = -y_2. \tag{17.13}$$

Da man x_2 und y_2 als Funktionen der Anfangswerte x_1 und y_1 kennt, ist (17.13) ein System von Bestimmungsgleichungen für die Anfangswerte der periodischen Lösung, sofern diese auf einer der Begrenzungsgeraden liegen. Die periodische Lösung ist stabil, wenn für eine im Inneren der geschlossenen Kurve beginnende Phasenkurve die Ungleichung $x_1^2 + y_1^2 < x_2^2 + y_2^2$

gilt. Verfolgt man die Phasenkurve über einen vollen Umlauf um den Nullpunkt, so kann man leicht die Abbildungsfunktion (15.6) angeben, die die Abbildung beispielsweise der Begrenzungsgeraden auf sich beschreibt. Die Gl. (17.13) entspricht der Fixpunktbedingung.

Die Gleichgewichtslagen befinden sich auf der Strecke, die durch den Streifen aus der Geraden $a_{11}x + a_{12}y = 0$ herausgeschnitten wird. Es kann sein, daß das durch (17.12) beschriebene konkrete System im Fall $\alpha > 0$ stabiles Verhalten zeigt, obwohl es bei $\alpha = 0$ instabil ist (*stabilisierende Wirkung einer Nichtlinearität*).

4. Übertragungsglied mit quadratischer Dämpfung (*Turbulenzdämpfung*). Die Phasenkurven des Gleichungssystems

(17.14) $$\ddot{x} + a\,\dot{x}^2 \operatorname{sgn}\dot{x} = F(x) \quad (\dot{x} \neq 0,\ a > 0)$$

haben die Gleichungen $$e^{2a\beta x}\,\dot{x}^2 + G_\beta(x) = \text{const},$$

wobei $\beta = \operatorname{sgn}\dot{x}$ und
$$G_\beta(x) := -2\int_0^x e^{2a\beta u}\,F(u)\,du.$$

Wie im Beispiel 1 werden die Phasenkurven längs der x-Achse zusammengesetzt. Der Nullpunkt ist der einzige singuläre Punkt. Bei der Konstruktion der „Umschaltpunkte" kann man ähnlich wie im Beispiel 1 die Kurven $y = G_+(x)$ und $y = G_-(x)$ abwechselnd mit Vertretern der Parallelenschar $y = \text{const}$ zum Schnitt bringen (KAUDERER, S. 282).

§ 18. Relaissysteme[1]

Relaiselemente mit einer Charakteristik vom Typ (17.4), (17.7) oder auch (17.6) sind häufig auftretende Bauelemente von Regelkreisen.

Beispiel: $$\ddot{x} + x + a \operatorname{sgn}\dot{x} = 0.$$

Die Phasenkurven werden wie im Beispiel 1, § 17 aus Kreisen um $(+a, 0)$ bzw. $(-a, 0)$ gebildet, die Zusammensetzung erfolgt aber längs der $\dot{x}$-Achse. Jede Kurve besteht aus zwei symmetrisch zur $\dot{x}$-Achse gelegenen Kreisbögen und ist geschlossen. Das Beispiel zeigt, daß in Relaissystemen periodische Lösungen, also *Eigenschwingungen*, auftreten können.

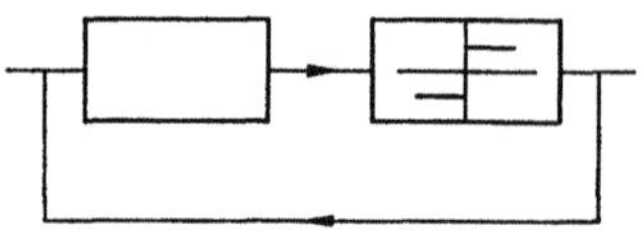

Abb. 18.1
Regelkreis mit Linearteil und Relaisglied

Oft besteht das System aus einem linearen Teil und einem Relaiselement (Abb. 18.1). Der Linearteil habe die rationale Übertragungsfunktion $F(s)$, m und $n > m$ seien die Grade des Zählers bzw. des Nenners. Die Entwicklung von $F(s)$ nach Potenzen von s^{-1} sei
$$F(s) = d_0 s^{m-n} + d_1 s^{m-n-1} + \cdots.$$
Dann gilt folgendes Stabilitätskriterium:

[1] Vgl. insbesondere ZYPKIN [2]; ferner LUR'E, Kap. III; SOLODOWNIKOW, § 35ff.

Satz 18.1: Die Gleichgewichtslage ist dann und nur dann asymptotisch stabil, wenn 1. $F(s)$ nur Nullstellen mit negativen Realteilen besitzt, 2. die Ungleichung $n - m \leqq 2$ gilt, 3. im Fall $n - m = 1$ die Ungleichung $d_0 > 0$, im Fall $n - m = 2$ die Ungleichungen $d_0 > 0$, $d_1 < 0$ erfüllt sind.

Zum Studium von Eigenschwingungen und erzwungenen Schwingungen in Relaissystemen benutzt man die *Frequenzcharakteristik* des Relaissystems: Ist $F(i\omega) = u(\omega) + i\,v(\omega)$ der komplexe Frequenzgang des Linearteils und ist a sgn x die Ausgangsgröße des Relaiselements beim Eingang x [vgl. (17.4)], so definiert

$$J(\omega) = \frac{4a}{\pi}\left(\sum_1^\infty u((2m-1)\,\omega) + i\sum_1^\infty \frac{v((2m-1)\,\omega)}{2m-1}\right)$$

die Frequenzcharakteristik.

Mit ihrer Hilfe lassen sich z. B. die Eigenfrequenzen ω_0 bestimmen. Für diese ist $\operatorname{Re} J(\omega_0) < 0$, $\operatorname{Im} J(\omega_0) = 0$. Bei einem Relais mit symmetrischer Hystereseschleife [(17.6) mit $\alpha = -\beta$, $a = -b$] lautet die zweite Bedingung $\operatorname{Im} J(\omega_0) = -\beta$. Wegen anderer analytischer Darstellungen von $J(\omega)$ vgl. ZYPKIN [2], §§ 22, 23.

Bei manchen Relaissystemen kann man die periodischen Lösungen nach der im § 17 beschriebenen „Anstückelungsmethode" bestimmen. Vorher hat man dazu i. allg. eine Variablentransformation vorzunehmen,

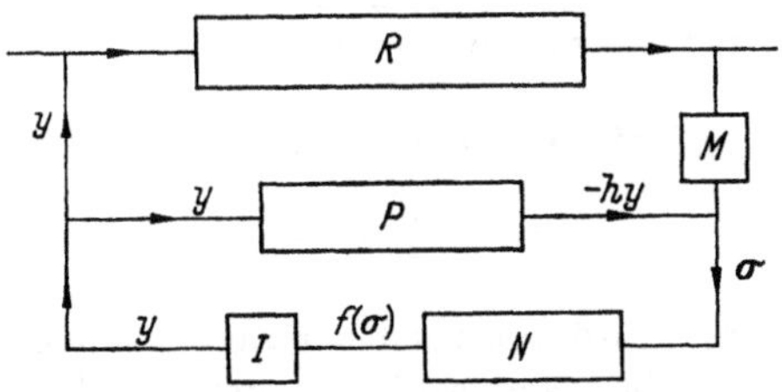

Abb. 18.2. Blockschaltbild zu Gl. (18.1)

die das System in eine auch für andere Zwecke bequeme *kanonische* Gestalt bringt. Der Regelkreis bestehe aus der Regelstrecke R, dem Meßglied M, das auch Ableitungen der Regelgröße berücksichtigt, und dem nichtlinearen Element N, das, soweit die Transformation in Betracht kommt, nicht notwendig vom Relaistyp zu sein braucht. Ferner sei I ein integral wirkendes und P ein proportional wirkendes Element (vgl. Abb. 18.2). Die Bewegungsgleichungen, in Vektorform geschrieben, haben die Gestalt

$$(18.1) \qquad \dot{\boldsymbol{x}} = \boldsymbol{A}\,\boldsymbol{x} + \boldsymbol{p}\,y, \quad \dot{y} = f(\sigma), \quad \sigma = \boldsymbol{b}^{\mathrm{T}}\boldsymbol{x} - h\,y \quad (h > 0).$$

Der Einfachheit halber sei vorausgesetzt, daß $\boldsymbol{A}$ einfache, reelle und von Null verschiedene Eigenwerte $\alpha_1, \ldots, \alpha_n$ besitzt und daß $\boldsymbol{p}$ zu keinem Eigenvektor von $\boldsymbol{A}$ orthogonal ist. Man kann dann einen Vektor $\boldsymbol{q}$ und eine Matrix $\boldsymbol{B}$ so bestimmen, daß

$$\boldsymbol{A}\,\boldsymbol{q} + \boldsymbol{p} = 0, \qquad \boldsymbol{B}^{-1}\boldsymbol{A}\,\boldsymbol{B} = \operatorname{diag}(\alpha_1, \ldots, \alpha_n), \qquad \boldsymbol{B}^{-1}\,\boldsymbol{q} = -\boldsymbol{n},$$

wobei $\boldsymbol{n}$ der Spaltenvektor mit den Komponenten $1, \ldots, 1$ ist. Setzt man

$$\boldsymbol{x} = \boldsymbol{B}\,\boldsymbol{z} + y\,\boldsymbol{q}, \qquad \boldsymbol{b}^T\boldsymbol{A}\,\boldsymbol{B} = \boldsymbol{r}^{\mathrm{T}},$$

so geht (18.1) in

$$(18.2) \qquad \dot{z}_i = \alpha_i\,z_i + f(\sigma) \quad (i = 1, 2, \ldots, n), \qquad \dot{\sigma} = \sum_{i=1}^{n} r_i\,z_i - h\,f(\sigma)$$

über. Man kann diese *kanonische* Transformation physikalisch interpretieren: Bezeichnet man mit $F(s)$ die Übertragungsfunktion des

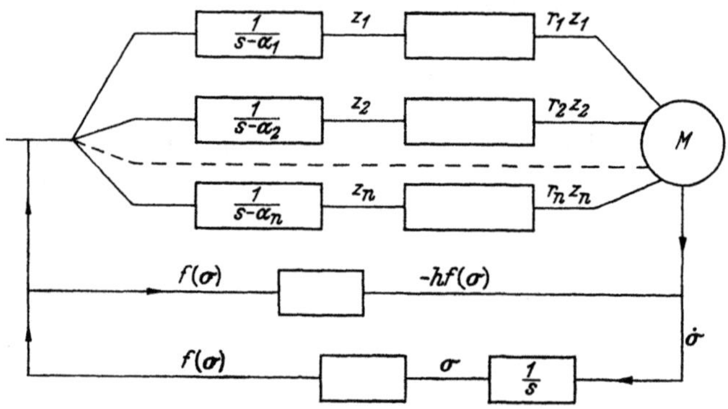

Abb. 18.3. Blockschaltbild zur kanonischen Transformation

Linearteils und zerlegt sie in Partialbrüche

$$F(s) = \sum_{i=1}^{n} \frac{r_i}{s - \alpha_i},$$

so kann man diesen Ausdruck als Übertragungsfunktion eines Systems parallelgeschalteter Übertragungsglieder erster Ordnung auffassen (vgl. Abb. 18.3).

Es sei jetzt $f(\sigma)$ vom Relaistyp: $f(\sigma) = a \operatorname{sgn}\sigma$. Die Beobachtung beginne im Zeitpunkt $t_0 = 0$, der so gewählt sei, daß

$$\sigma(t_0) = 0, \qquad \dot{\sigma}(t_0) > 0,$$

so daß das Relais gerade umschaltet. Nach (18.2) ist dann

$$(18.3) \qquad \dot{z}_i = \alpha_i\,z_i + a, \qquad \dot{\sigma} = r_1\,z_1 + \cdots + r_n\,z_n - h\,a.$$

Man berechnet daraus z_i als Funktion der Zeit t und des Anfangswertes z_{i0} und setzt diese Werte in die Gleichung für $\dot{\sigma}$ ein. Es ergibt sich

$$(18.4) \qquad z_i(t) = \left(z_{i0} + \frac{a}{\alpha_i}\right) e^{\alpha_i t} - \frac{a}{\alpha_i} \qquad (i = 1, 2, \ldots, n),$$

$$(18.5) \quad \sigma(t) = \sum_{k=1}^{n} \frac{r_k}{\alpha_k}\left(z_{k0} + \frac{a}{\alpha_k}\right)(e^{\alpha_k t} - 1) - a\,t\left(h + \sum_{k=1}^{n} \frac{r_k}{\alpha_k}\right).$$

Der nächste Umschaltpunkt des Relais ist durch die Gleichung $\sigma(t_1) = 0$ definiert. Soll die Bewegung periodisch verlaufen, so muß der Zeitabschnitt $t_1 - t_0 = \tau$ gleich der halben Periode sein, und es muß wegen der Symmetrie

$$(18.6) \qquad z_i(t_1) = -z_i(t_0) = -z_{i0} \qquad (i = 1, 2, \ldots, n)$$

gelten. Man findet daraus

$$z_{i0} = \frac{a}{\alpha_i} \frac{1 - e^{\alpha_i \tau}}{1 + e^{\alpha_i \tau}}$$

und durch Einsetzen dieser Werte in (18.5) eine Bestimmungsgleichung für die Halbperiode τ, nämlich

$$(18.7) \qquad \sum_{i=1}^{n} \frac{r_i}{\alpha_i^2} \frac{e^{\alpha_i \tau} - 1}{e^{\alpha_i \tau} + 1} - \frac{\tau}{2}\left(h + \sum_{i=1}^{n} \frac{r_i}{\alpha_i}\right) = 0 .$$

Das Relaissystem besitzt eine periodische Lösung, wenn (18.7) eine positive reelle Wurzel besitzt und wenn für diese die Umschaltbedingung $\dot{\sigma}(\tau) > 0$ erfüllt ist. Allerdings ist diese periodische Lösung nur dann physikalisch realisierbar, wenn sie orbital stabil (Def. 13.2) ist. Um das zu prüfen, geht man von den Anfangswerten $\bar{z}_{i0}$ der periodischen Lösung zu variierten Anfangswerten $z_{i0} = \bar{z}_{i0} + \delta z_{i0}$ über, ersetzt τ durch $\tau + \delta\tau$ und betrachtet die Werte z_{i1} der Variablen beim ersten Umschaltpunkt, die sich von den entsprechenden Werten (18.4) der periodischen Lösung um gewisse Beträge δz_{i1} unterscheiden werden. In gleicher Weise erhält man nach dem ersten Halbumlauf ein Wertsystem δz_{i2} usw. Die periodische Lösung ist sicher orbital stabil, wenn die Werte δz_{ik} bei wachsendem k beschränkt bleiben und mit δz_{i0} beliebig klein gemacht werden können; sie ist orbital asymptotisch stabil, wenn δz_{ik} mit wachsendem k gegen Null geht. Man beschränkt sich bei der Berechnung auf die erste Näherung, d. h., man bildet von den durch (18.4) und (18.5) definierten Größen die totalen Differentiale bezüglich der variierten Größen z_{i0} und τ. Es folgt

$$\delta z_{i1} = e^{\alpha_i \tau}\, \delta z_{i0} + \alpha_i \left(\bar{z}_{i0} + \frac{a}{\alpha_i}\right) e^{\alpha_i \tau}\, \delta\tau \qquad (i = 1, 2, \ldots, n),$$

$$\delta\sigma(t)\big|_{t=t_1} = 0 = \sum_{k=1}^{n} \frac{r_k}{\alpha_k} (e^{\alpha_k \tau} - 1)\, \delta z_{k0} + \delta\tau \left(\sum_k r_k \bar{z}_{k0} - a\left(h + \sum_k \frac{r_k}{\alpha_k}\right)\right)$$

Man eliminiert $\delta\tau$ und erhält Gleichungen

$$(18.8) \qquad \delta z_{i1} = \sum_{k=1}^{n} c_{ik}\, \delta z_{k0} \qquad (i = 1, 2, \ldots, n),$$

die man als ein System linearer *Differenzengleichungen* deuten kann. Die Stabilitätsprüfung ist damit auf die Untersuchung der Eigenwerte der Matrix (c_{ik}) zurückgeführt: die periodische Lösung ist orbital asymptotisch stabil, wenn diese Eigenwerte alle dem Betrage nach kleiner als eins sind. Über nichtasymptotisch orbitale Stabilität kann man durch Betrachtung der ersten Näherung allein nichts aussagen.

Es sei noch erwähnt, daß auf Grund eines allgemeinen Satzes periodische Lösungen autonomer Gleichungen niemals asymptotisch stabil im Sinne von LJAPUNOV sein können, sondern, wenn überhaupt, orbital asymptotisch stabil sind (vgl. z. B. HAHN [2], § 81).

IV. Die direkte Methode von Ljapunov[1]

§ 19. Grundbegriffe

Bei der Anwendung des Kriteriums von Hurwitz (§ 3) diskutiert man das Stabilitätsverhalten einer linearen Differentialgleichung, ohne die Lösung explizit aufzustellen, nur mit Hilfe der Koeffizienten, und zwar betrachtet man die Vorzeichen gewisser wohlbestimmter Ausdrücke, der Hurwitzschen Determinanten. Bei der *direkten Methode von Ljapunov* untersucht man die Stabilität der trivialen Lösung (§ 9) einer nichtlinearen Gleichung, ohne die allgemeine Lösung explizit zu kennen, nur mit Hilfe der Differentialgleichung, und zwar spielen auch hier die Vorzeichen gewisser Ausdrücke eine entscheidende Rolle. Für diese Ausdrücke gibt es aber, anders als im linearen Fall, keine explizite Konstruktionsvorschrift, sondern nur einige allgemeine Regeln, die jeweils den Gegebenheiten des besonderen Falls anzupassen sind, sofern sich die Methode überhaupt anwenden läßt. Der Grundgedanke sei durch die folgenden *Beispiele* erläutert.

1. Neben dem System

$$\begin{aligned} \dot{x} &= \alpha x - y + k x(x^2 + y^2), \\ \dot{y} &= x - \alpha y + k y(x^2 + y^2), \qquad \alpha^2 < 1, \end{aligned} \tag{19.1}$$

betrachte man die skalare Funktion

$$v(x, y) = x^2 - 2\alpha x y + y^2 \tag{19.2}$$

und die Ellipsenschar $v =$ konst. Setzt man in (19.2) für x und y die Komponenten $x(t)$ und $y(t)$ einer Lösung von (19.1) ein, so wird v eine Funktion $v(t)$ von t, deren totale Ableitung nach t,

$$\dot{v} = \frac{\partial v(x, y)}{\partial x}\dot{x} + \frac{\partial v(x, v)}{\partial y}\dot{y} \tag{19.3}$$

mit Rücksicht auf (19.1) die Gestalt

$$\dot{v} = 2k(x^2 + y^2)(x^2 + y^2 - 2\alpha x y) \tag{19.4}$$

[1] HAHN [1, 2]; MALKIN [1], Kap. II; LASALLE u. LEFSCHETZ; KALMAN u. BERTRAM; REKASIUS u. GIBSON.

annimmt. Im Fall $k < 0$ ist $\dot{v} < 0$. Das bedeutet geometrisch, daß die Phasenkurven, im Sinne wachsender t durchlaufen, die Kurven der Ellipsenschar $v =$ konst. von außen nach innen durchsetzen. Da sich die Ellipsen mit abnehmender Konstanten auf den Nullpunkt zusammenziehen, ist es plausibel zu folgern, daß alle Phasenkurven dem Nullpunkt zustreben, daß die Ruhelage also asymptotisch stabil ist. Im Fall $k > 0$ streben die Phasenkurven vom Nullpunkt fort, woraus man Instabilität der Ruhelage folgern kann (vgl. Abb. 19.1).

2.

(19.5) $\dot{x} = -\alpha y + x(x^2 + y^2 - 1), \quad \dot{y} = \beta x + y(x^2 + y^2 - 1), \quad \alpha > 0, \beta > 0.$

Es sei

(19.6) $$v = \beta x^2 + \alpha y^2,$$

woraus

$$\dot{v} = 2\beta x \dot{x} + 2\alpha y \dot{y} = 2(\beta x^2 + \alpha y^2)(x^2 + y^2 - 1)$$

folgt. Innerhalb des Kreises

(19.7) $$x^2 + y^2 = 1$$

ist die Ableitung $\dot{v} < 0$, und man schließt wie im Beispiel 1, daß die Ruhelage asymptotisch stabil ist. Dagegen ist außerhalb des Kreises (19.7) $\dot{v}$ positiv, so daß sich

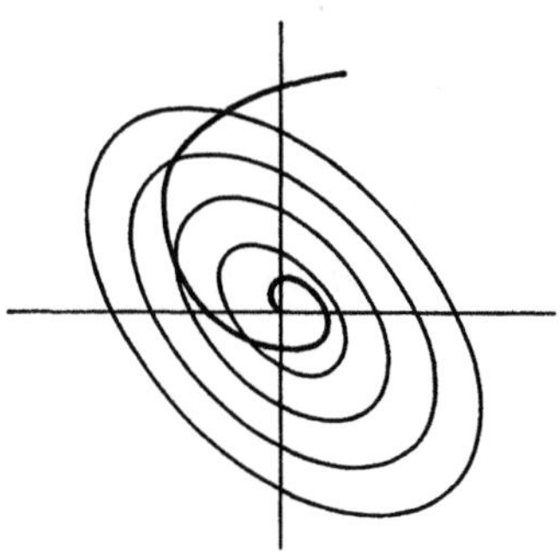

Abb. 19.1. Kurvenschar $v =$ konst. und Phasenkurve

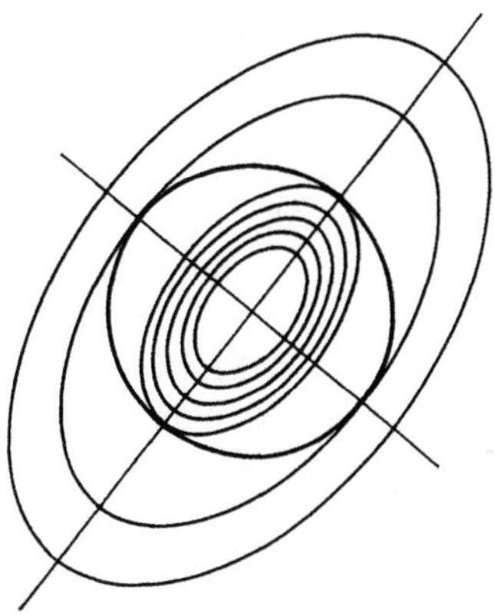

Abb. 19.2. Kurvenschar zu Beispiel 19.2

für große Werte von x und y die Phasenkurven vom Nullpunkt entfernen. Die Sätze des § 13 lassen die Existenz eines instabilen Grenzzyklus erkennen, der die Gebiete verschiedenen Stabilitätsverhaltens voneinander trennt. Man erhält mit Sicherheit Phasenkurven, die zum Nullpunkt streben, wenn man den Anfangspunkt *im Inneren* der größten Ellipse der Schar $v =$ konst. wählt, die noch ganz im Kreis (19.7) liegt. Von Anfangspunkten *außerhalb* der kleinsten Ellipse der Schar, die den Kreis (19.7) umfaßt, gehen sicher nach außen strebende Phasenkurven aus. Die beiden Ellipsen, zwischen denen die Grenze des Einzugsbereichs (§ 13) verläuft, haben die Gleichungen $\beta x^2 + \alpha y^2 = \beta$ bzw. $\beta x^2 + \alpha y^2 = \alpha$ (vgl. Abb. 19.2).

Man kann die an diesen Beispielen plausibel gemachten Überlegungen leicht streng begründen. Haupthilfsmittel ist die sogenannte *Ljapunovsche Funktion* v, die als ein Maß für die Entfernung des Phasenpunktes vom Nullpunkt, also als eine Art Abstand angesehen werden kann. Ist $y = \dot{x}$, so läßt sich eine Funktion vom Typ (19.6) auch als verallgemeinerte Energiefunktion deuten. Wenn $\dot{v} < 0$ ist, nimmt die Energie beständig ab, und die Bewegung kommt zum Erliegen. Die Schlußweise läßt sich natürlich auch auf Vektorgleichungen

$$\dot{\boldsymbol{x}} = \boldsymbol{f}(\boldsymbol{x}), \quad \boldsymbol{f}(0) = 0 \tag{19.8}$$

im n-dimensionalen Raum übertragen.

Von den im folgenden benutzten Funktionen $v(\boldsymbol{x}) = v(x_1, \ldots, x_n)$ wird vorausgesetzt, daß sie in einer gewissen Umgebung $|\boldsymbol{x}| \leqq h$ des Nullpunktes definiert und stetig sind und daß sie dort stetige partielle Ableitungen erster Ordnung haben. Ferner sei $v(0) = 0$.

Definition 19.1: Die Funktion $v(\boldsymbol{x})$ heißt *positiv* (negativ) *definit*, wenn in einer gewissen Umgebung $|\boldsymbol{x}| \leqq h_1 \leqq h$ des Nullpunktes $v(\boldsymbol{x}) > 0$ $\left(v(\boldsymbol{x}) < 0\right)$ für $\boldsymbol{x} \neq 0$ ist.

Ist $v(\boldsymbol{x})$ positiv definit, so stellt die Gleichung $v(\boldsymbol{x}) = c$ für hinreichend kleine $c > 0$ eine geschlossene Kurve bzw. (Hyper-) Fläche um den Nullpunkt dar, und zwei Flächen $v(\boldsymbol{x}) = c_1$ und $v(\boldsymbol{x}) = c_2$ haben keine gemeinsamen Punkte. Die Eigenschaft „positiv definit" bezieht sich auf eine Umgebung des Nullpunktes. Die Funktion $v = x^2 + y^2 - x^4 - y^4$ ist positiv definit, obwohl sie für große x, y negativ wird.

Definition 19.2: Eine Funktion $v(\boldsymbol{x})$ heißt *indefinit*, wenn sie in jeder Umgebung des Nullpunktes positive und negative Werte annehmen kann.

Definition 19.3: Eine Funktion $v(\boldsymbol{x})$ heißt *radial unbeschränkt*, wenn sie mit $|\boldsymbol{x}| \to \infty$ über alle Grenzen wächst.

Unter der *Ableitung von $v(\boldsymbol{x})$ für die Gleichung (19.8)* verstehen wir den Ausdruck

$$\dot{v} = \frac{\partial v}{\partial x_1} f_1 + \cdots + \frac{\partial v}{\partial x_n} f_n = (\operatorname{grad} v, \boldsymbol{f}). \tag{19.9}$$

Diese Ableitung ist also wieder eine Funktion von $x_1, \ldots, x_n$.

§ 20. Die Hauptsätze der direkten Methode für autonome Gleichungen

Satz 20.1: Läßt sich eine positiv definite Funktion $v(\boldsymbol{x})$ derart finden, daß ihre für (19.8) gebildete Ableitung (19.9) nicht positiv ist oder identisch verschwindet, so ist die Ruhelage von (19.8) stabil.

Satz 20.2: Läßt sich eine positiv definite Funktion $v(\boldsymbol{x})$ derart finden, daß ihre für (19.8) gebildete Ableitung (19.9) negativ definit ist, so ist die Ruhelage asymptotisch stabil. Gilt die Voraussetzung für alle endlichen $\boldsymbol{x}$ und ist $v(\boldsymbol{x})$ radial unbeschränkt, so ist die Ruhelage asymptotisch stabil im ganzen.

Satz 20.3: Läßt sich eine positiv definite oder indefinite Funktion $v(\boldsymbol{x})$ derart finden, daß ihre für (19.8) gebildete Ableitung (19.9) positiv definit ist, so ist die Ruhelage instabil.

Die vorstehenden Sätze sind die „Hauptsätze von Ljapunov". Satz 20.3 ist in folgendem von Četaev aufgestellten Satz enthalten.

Satz 20.4: Es sei eine Funktion $v(\boldsymbol{x})$ mit folgenden Eigenschaften vorhanden: 1. In beliebiger Nähe des Nullpunktes gibt es Punkte $\boldsymbol{x}$ mit $v(\boldsymbol{x}) < 0$; sie bilden das „Gebiet $v < 0$", das von den (Hyper-) Flächen $v = 0$ und $|\boldsymbol{x}| = h$, $h > 0$, begrenzt wird. 2. Im Gebiet $v < 0$ ist die für (19.8) gebildete Ableitung (19.9) negativ. Dann ist die Ruhelage instabil.

Bemerkungen. 1. Die Bedingungen der Sätze sind *hinreichend.* Die Frage der Notwendigkeit wird hier nicht erörtert; sie ist für die Anwendung von geringerem Interesse.

2. An Stelle einer Funktion $v(\boldsymbol{x})$ kann man auch $-v(\boldsymbol{x})$ benutzen, wenn man die Vorzeichenaussagen entsprechend abändert.

3. Es sei $v(\boldsymbol{x})$ für $0 < |\boldsymbol{x}| < h$ positiv und $\dot{v}$ für $0 < |\boldsymbol{x}| < h_1 < h_2 < < h$ positiv, für $h_2 < |\boldsymbol{x}| < h$ negativ. Dann kann man schließen (vgl. § 19, Beispiel 2), daß alle Phasenkurven dem „Ringgebiet" $h_1 < |\boldsymbol{x}| < h_2$ zustreben. Im Fall $n = 2$ folgt dann aus dem Satz von Bendixson (§ 13) die Existenz einer periodischen Lösung im Ringgebiet. Auf dieser Überlegung beruht der

Satz 20.5: Es sei

$$\dot{x} = f_1(x, y), \quad \dot{y} = f_2(x, y), \quad f_i(0, 0) = 0, \tag{20.1}$$

für $x^2 + y^2 = r^2 < h$ definiert. Der Ausdruck $x f_1 + y f_2$, also die Ableitung von $v = x^2 + y^2$ für (20.1), sei für $r = r_1$ positiv, für $r = r_2 > r_1$ negativ. Im Ringgebiet $r_1 < r < r_2$ sei kein singulärer Punkt von (20.1) gelegen. Dann existiert dort ein stabiler Grenzzyklus.

4. Es sei $v(\boldsymbol{x})$ positiv definit, $\dot{v} \leqq 0$, so daß nach Satz 20.1 die Stabilität der Ruhelage gesichert ist. Es sei bekannt, daß in dem durch $v = 0$ definierten Gebiet keine positive Halbtrajektorie in ihrer Gesamtheit, d. h. für $0 < t < +\infty$ enthalten ist. Dann ist die Ruhelage asymptotisch stabil.

5. Zur *Anwendung* der Hauptsätze muß man eine geeignete Funktion $v(\boldsymbol{x})$ kennen. Sie muß so beschaffen sein, daß man die Frage, ob v und $\dot{v}$ definit sind oder nicht, entscheiden kann. Für solche Funktionen gibt es zwar kein allgemeines Konstruktionsverfahren, doch lassen sich für eine ziemlich große Anzahl von praktisch wichtigen nichtlinearen Gleichungssystemen Regeln angeben, mit deren Hilfe man eine Ljapunovsche Funktion ermitteln kann. Man geht dabei mit Vorliebe von quadratischen Formen aus, da sich deren Definitheitsverhalten leicht erkennen läßt. Mit

Hilfe der direkten Methode lassen sich hauptsächlich folgende Fragestellungen angreifen:

a) Diskussion der Stabilität der Ruhelage eines gegebenen Systems. Will man die Stabilität einer von der Ruhelage verschiedenen Lösung $\bar{\boldsymbol{x}}$ untersuchen, so muß man erst durch eine Variablentransformation $\boldsymbol{y} = \boldsymbol{x} - \bar{\boldsymbol{x}}$ die sogenannte *Differentialgleichung der gestörten Bewegung* herstellen und von dieser die Ruhelage betrachten. Die Dgl. der gestörten Bewegung ist allerdings i. allg. nichtautonom — vgl. § 28.

b) Abschätzung des Stabilitätsbereichs der Anfangswerte bzw. des Einzugsbereichs. Vgl. § 19, Beispiel 2.

c) Abschätzung des Stabilitätsbereichs der Parameter. Die durch die Hauptsätze an $\dot{v}$ gestellten Forderungen sind vielfach nur für gewisse Konstellationen der im System auftretenden Parameter erfüllt. Die Bedingung „$\dot{v}$ negativ definit" liefert Ungleichungen für die Parameter und gestattet, im Raum der Parameter einen Stabilitätsbereich abzuschätzen. (Im Beispiel 1, § 19, ist die Ungleichung $k < 0$ eine solche Parameterbedingung.)

d) Bedingungen für die nichtlinearen Funktionen lassen sich bisweilen durch ähnliche Überlegungen wie in c) gewinnen. Vgl. dazu das Beispiel in § 21.

§ 21. Gestörte lineare Systeme

Viele Differentialgleichungssysteme der Praxis sind von der Form

$$\dot{\boldsymbol{x}} = \boldsymbol{A}\,\boldsymbol{x} + \boldsymbol{g}(\boldsymbol{x}), \tag{21.1}$$

worin $\boldsymbol{A}$ eine Matrix mit konstanten Koeffizienten und $\boldsymbol{g}(\boldsymbol{x})$ einen Vektor bezeichnet, für dessen i. allg. nichtlineare Komponenten gewisse Abschätzungen bestehen. Um zu Stabilitätsbedingungen zu gelangen, konstruiert man zunächst für den linearen Hauptteil

$$\dot{\boldsymbol{x}} = \boldsymbol{A}\,\boldsymbol{x} \tag{21.2}$$

von (21.1) eine Ljapunovsche Funktion in Gestalt einer quadratischen Form

$$v_0 = \boldsymbol{x}^{\mathrm{T}}\,\boldsymbol{B}\,\boldsymbol{x} \qquad (\boldsymbol{B}^T = \boldsymbol{B}) \tag{21.3}$$

und versucht, diese so zu modifizieren, daß sie auch für das vollständige System eine Ljapunovsche Funktion darstellt. Zur Bestimmung von $\boldsymbol{B}$ gibt man eine beliebige positiv definite symmetrische Matrix $\boldsymbol{C}$ vor und setzt

$$\boldsymbol{A}^T\,\boldsymbol{B} + \boldsymbol{B}\,\boldsymbol{A} = -\boldsymbol{C}. \tag{21.4}$$

Diese Matrizengleichung entspricht einem System von $n(n+1)/2$ Gleichungen für die Elemente b_{ik} von $\boldsymbol{B}$, und es gilt der

Satz 21.1: Dann und nur dann, wenn alle Eigenwerte von $\boldsymbol{A}$ negative Realteile haben, hat (21.4) genau eine positiv definite Matrix $\boldsymbol{B}$ als Lösung.

Die Funktion (21.3) ist dann positiv definit, und ihre für (21.2) gebildete Ableitung

$$\dot{v}_0 = -\boldsymbol{x}^T \boldsymbol{C} \boldsymbol{x} = \sum_{i,k} \frac{\partial v_0}{\partial x_i} a_{ik} x_k \tag{21.5}$$

ist negativ definit.

Im Fall $n = 2$ lauten die expliziten Formeln für die Elemente von $\boldsymbol{B}$

$$\begin{cases} b_{11} = -\dfrac{1}{2qr}\left(c_{11}(r + a_{22}^2) - 2c_{12}\, a_{21}\, a_{22} + c_{22}\, a_{21}^2\right), \\ b_{12} = \dfrac{1}{2qr}\left(c_{11}\, a_{12}\, a_{22} - 2c_{12}\, a_{11}\, a_{22} + c_{22}\, a_{11}\, a_{21}\right), \\ b_{22} = -\dfrac{1}{2qr}\left(c_{11}\, a_{12}^2 - 2c_{12}\, a_{11}\, a_{12} + c_{22}(r + a_{11}^2)\right), \end{cases} \tag{21.6}$$

wobei $q = a_{11} + a_{22}$, $r = a_{11}\, a_{22} - a_{12}\, a_{21}$.

Man setzt nun $v = v_0 + v_z$ mit noch zu bestimmenden v_z und bildet die Ableitung dieser Funktion für das System (21.1):

$$\dot{v} = \sum_i \frac{\partial v_0}{\partial x_i} \dot{x}_i + \sum_i \frac{\partial v_z}{\partial x_i} \dot{x}_i$$

$$= \sum_{i,k} \frac{\partial v_0}{\partial x_i} a_{ik} x_k + \sum_i \frac{\partial v_0}{\partial x_i} g_i + \sum_{i,k} \frac{\partial v_z}{\partial x_i} a_{ik} x_k + \sum_i \frac{\partial v_z}{\partial x_i} g_i,$$

also

$$\dot{v} = -\boldsymbol{x}^T \boldsymbol{C} \boldsymbol{x} + 2 \sum_{i,k} b_{ik}\, g_i\, x_k + \sum_{i,k} \frac{\partial v_z}{\partial x_i} a_{ik} x_k + \sum_i \frac{\partial v_z}{\partial x_i} g_i. \tag{21.7}$$

Man verfügt über das Zusatzglied v_z derart, daß $v = v_0 + v_z$ positiv definit wird und daß (21.7) negativ definit ist, so daß Satz 20.2 auf (21.1) angewandt werden kann. Man erhält dadurch Stabilitätsaussagen und im Fall parameterabhängiger Komponenten g_i Ungleichungen für die Parameter.

Wenn die Komponenten $g_i(\boldsymbol{x})$ von $\boldsymbol{g}(\boldsymbol{x})$ Taylor-Entwicklungen zulassen, die mit Gliedern von mindestens zweiter Ordnung beginnen [oder allgemeiner, wenn $\boldsymbol{g}(\boldsymbol{x}) = o(|\boldsymbol{x}|)$ ist], kann man $v_z = 0$ wählen. In (21.7) überwiegt für kleine $|\boldsymbol{x}|$ das negative Zeichen des ersten Terms, und es folgt das Prinzip von der *Stabilität nach der ersten Näherung*, auch Prinzip der kleinen Schwingungen genannt (vgl. § 14):

Satz 21.2: Hat das Gleichungssystem der ersten Näherung von (21.1) eine asymptotisch stabile Ruhelage (d. h., haben alle Eigenwerte der Matrix $\boldsymbol{A}$ negative Realteile, § 14), so gilt das gleiche für das vollständige System. Hat wenigstens ein Eigenwert der Matrix einen positiven Realteil, so ist die Ruhelage des vollständigen Systems instabil.

Ist die Ruhelage des Systems der ersten Näherung einfach, also nicht asymptotisch, stabil, so wird die Stabilität des vollständigen Systems erst durch die Glieder höherer Ordnung entschieden (sog. *kritischer Fall*).

Die Forderung $\boldsymbol{g}(\boldsymbol{x}) = o(|\boldsymbol{x}|)$ ist in der Praxis oft nicht erfüllt. Es ist aber in vielen Fällen möglich, die Komponenten von $\boldsymbol{g}(\boldsymbol{x})$ durch lineare Ungleichungen abzuschätzen, und dann läßt sich das Konstruktionsverfahren modifizieren.

Beispiel.

$$\begin{aligned} \dot{x} &= a_{11}x + a_{12}y + f(x, y), \\ \dot{y} &= a_{21}x + a_{22}y. \end{aligned} \tag{21.8}$$

Der lineare Hauptteil ($f = 0$) sei für sich stabil, und es sei die Fläche $z = f(x, y)$ von zwei Ebenen eingeschlossen, die sich in der (x, y)-Ebene schneiden. Es besteht also eine Ungleichung

$$g_1'' x + g_2'' y < f(x, y) < g_1' x + g_2' y, \tag{21.9}$$

wenn die rechte Seite positiv ist; ist sie negativ, so gelten die entgegengesetzten Zeichen. Man soll feststellen, ob (21.9) die *asymptotische Stabilität im ganzen* sichert.

Man bestimmt dazu v_0 nach (21.3) und (21.6), und zwar wählt man speziell $c_{12} = 0$. Sodann ersetzt man (21.8) durch ein lineares Hilfssystem mit der Matrix $\boldsymbol{H} = \boldsymbol{A} + \boldsymbol{G}$. Das Zusatzglied $\boldsymbol{G}$ hat hier nur eine von Null verschiedene Zeile g_{11}, g_{12}, da (21.8) nur in der ersten Gleichung Nichtlinearitäten aufweist. Die Zahlen g_{1i} werden so gewählt, daß die Matrix

$$\boldsymbol{H}^T \boldsymbol{B} + \boldsymbol{B}\boldsymbol{H} = \boldsymbol{A}^T \boldsymbol{B} + \boldsymbol{B}\boldsymbol{A} + \boldsymbol{G}^T \boldsymbol{B} + \boldsymbol{B}\boldsymbol{G} = -\boldsymbol{C} + \boldsymbol{G}^T \boldsymbol{B} + \boldsymbol{B}\boldsymbol{G} \tag{21.10}$$

negativ definit ist. Dazu müssen die Sylvesterschen Ungleichungen (vgl. Abschnitt F)

$$-c_{11} + 2g_{11}b_{11} < 0, \tag{21.11}$$

$$c_{11}c_{22} - 2(c_{22}g_{11}b_{11} + c_{11}g_{12}b_{12}) - (g_{11}b_{12} - g_{12}b_{11})^2 > 0 \tag{21.12}$$

erfüllt sein. In der (g_{11}, g_{12})-Ebene stellt (21.11) eine Halbebene, (21.12) das Innere einer Parabel dar; das gemeinsame Gebiet enthält die „zulässigen" Wertepaare (g_{11}, g_{12}). In diesem Gebiet (das im vorliegenden Beispiel mit dem Parabelinneren identisch ist, da die Parabel ganz in der Halbebene liegt) müssen die Konstantenpaare (g_1', g_2') und (g_1'', g_2'') gelegen sein.

Das zur Abschätzung der Hilfsgrößen dienende Gebiet hängt von der Matrix $\boldsymbol{C}$ in (21.4) ab. Die Wahl $\boldsymbol{C} = \boldsymbol{E}$ vereinfacht zwar die Rechnung, liefert aber keineswegs immer die günstigste Abschätzung.

Enthält das Ausgangssystem mehr als eine nichtlineare Komponente, so treten Ungleichungen von höherem als dem zweiten Grade auf.

Ist die Ungleichung (21.9) nur für kleine Argumente, etwa für

$$|x| \leqq \bar{x} \qquad |y| \leqq \bar{y} \leqq \bar{x} \tag{21.13}$$

gesichert, so ist Stabilität im ganzen nicht zu erwarten. Man sucht jetzt die größte der Ellipsen

$$v_0 = b_{11}x^2 + 2b_{12}xy + b_{22}y^2 = \text{konst.},$$

die ganz im Inneren des Rechtecks (21.13) liegt, also eine der Seiten $x = \bar{x}$ bzw. $y = \bar{y}$ als Tangenten hat. Diese Ellipse gehört sicher zum Einzugsbereich des Nullpunktes. Gilt (21.9) erst *außerhalb* eines Rechtecks, so kann man über das Stabilitätsverhalten des Nullpunktes nichts aussagen; man weiß aber, daß sich die Phasenkurven für große t-Werte im Inneren des Rechtecks befinden müssen: es existiert ein *Endbereich*, dem alle Phasenkurven zustreben. Hängt die nichtlineare Funktion f in (21.8) von nur einem Argument ab, so kennzeichnet (21.9) einen Winkelraum in der (x, y)-Ebene, innerhalb dessen die Kurve $y = f(x)$ liegen muß, und die Konstruktion liefert eine Abschätzung für die Winkelöffnung.

§ 22. Die Stabilitätsgrenze

Die Nichtlinearität $\boldsymbol{g}(\boldsymbol{x})$ in (21.1) lasse Taylor-Entwicklungen zu, die mit Gliedern von mindestens zweiten Grade beginnen, und (21.2) sei das System der ersten Näherung. Die Elemente von $\boldsymbol{A}$ mögen von gewissen Parametern abhängen. Welche Größen als veränderliche Parameter anzusehen sind, hängt jeweils von der konkreten Fragestellung ab. Der Stabilitätsbereich (vgl. § 3) wird durch die Hurwitzschen Ungleichungen (3.3) definiert; die Matrix (3.2) ist aus den Koeffizienten des charakteristischen Polynoms von $\boldsymbol{A}$ zu bilden. Seine Grenze, die *Stabilitätsgrenze*, ist durch die Gleichungen

$$(22.1) \qquad H_n = a_n H_{n-1} = 0, \qquad H_{n-1} = 0$$

bestimmt, deren erste das Auftreten einer charakteristischen Wurzel Null anzeigt, während die zweite auf die Existenz zweier rein imaginärer Wurzeln schließen läßt (§ 3). Wenn die Parameter auf der Stabilitätsgrenze liegen, kann man Satz 21.2 *nicht* anwenden, da dann ein kritischer Fall vorliegt.

Liegt der das System charakterisierende Punkt im Parameterraum außerhalb der Stabilitätsgrenze, so ist die Ruhelage gewiß instabil. Das nichtlineare System wird beim Überschreiten der Grenze aus der asymptotischen Stabilität in die Instabilität übergeführt. Das physikalische Verhalten hängt aber wesentlich davon ab, ob dem überschrittenen Grenzpunkt eine asymptotisch stabile oder eine instabile Ruhelage entspricht. Im ersten Fall führt das physikalische System nach der Überschreitung beschränkte Schwingungen aus, deren Amplitude von dem Ausmaß der Überschreitung abhängt. Wird die Parameteränderung rückgängig gemacht, so geht das System in den ursprünglichen asymptotisch stabilen Zustand über, sofern die Änderung nicht zu groß war. Im zweiten Fall der Grenzüberschreitung läßt sich dagegen der ursprüngliche Zustand nicht wiederherstellen: das instabil gewordene System strebt einer neuen

Gleichgewichtslage zu, oder es treten unbeschränkte Bewegungen auf. Man spricht im ersten Fall von einem *ungefährlichen*, im zweiten Fall von einem *gefährlichen Abschnitt* der Stabilitätsgrenze. Die Unterscheidung beruht auf Kriterien über die Stabilität in einem kritischen Fall (vgl. § 31).

Die Verhältnisse beim Überschreiten eines ungefährlichen Abschnitts lassen sich durch § 20, Bemerkung 3, interpretieren. Auf der Grenze ist die Ruhelage asymptotisch stabil, und man kann eine Ljapunovsche Funktion v konstruieren. Behält man diese Funktion nach einer (hinreichend kleinen) Grenzüberschreitung bei, so ändert sich das Vorzeichen von $\dot{v}$ zunächst nur für kleine Argumente $\boldsymbol{x}$; für größere $\boldsymbol{x}$ bleibt $\dot{v}$ negativ. Die Phasenkurven streben dem Inneren eines durch eine der Kurven bzw. Flächen $v =$ konst. begrenzten Gebietes zu.

Beispiel. Für (19.1) ist der Punkt $\alpha = 0$ auf der α-Achse Grenzpunkt. Diese „Grenze" ist im Fall $k < 0$ ungefährlich. Wählt man nämlich $v = x^2 + y^2$, so ist

$$\dot{v} = k(x^2 + y^2)^2 + \alpha(x^2 + y^2) = (x^2 + y^2)\left(\alpha + k(x^2 + y^2)\right)$$

für $\alpha = 0$ negativ definit und für $\alpha > 0$ zwar positiv definit, aber außerhalb einer gewissen Umgebung des Nullpunktes negativ.

§ 23. Die Differentialgleichung von Zubov[1]

Für die genaue Bestimmung des Einzugsbereichs läßt sich bisweilen der folgende Satz von Zubov verwenden.

Satz 23.1: Es sei

$$\dot{\boldsymbol{x}} = \boldsymbol{f}(\boldsymbol{x}), \quad \boldsymbol{f}(0) = 0.$$

Die positiv definite Funktion $v(\boldsymbol{x})$ sei in einem gewissen Bereich B definiert, und es sei

$$0 < v(\boldsymbol{x}) < 1, \quad (\boldsymbol{x} \neq 0, \ \boldsymbol{x} \in B). \tag{23.1}$$

Ferner sei $\lim v(\boldsymbol{x}) = 1$, wenn sich $\boldsymbol{x}$ dem Rand von B nähert. [Ist B der ganze Raum, so ist $\lim v(\boldsymbol{x}) = 1$ für $|\boldsymbol{x}| \to \infty$ zu fordern.] Es sei $\varphi(\boldsymbol{x})$ eine für alle $\boldsymbol{x}$ definierte Funktion mit $\varphi(0) = 0$, $\varphi(\boldsymbol{x}) > 0$, $\boldsymbol{x} \neq 0$. Schließlich sei

$$\frac{\partial v}{\partial x_1} f_1 + \cdots + \frac{\partial v}{\partial x_n} f_n = -\varphi(\boldsymbol{x})\left(1 - v(\boldsymbol{x})\right). \tag{23.2}$$

Dann ist B der genaue Einzugsbereich.

Der Einzugsbereich kann also bei bekanntem $v(\boldsymbol{x})$ durch die Ungleichung (23.1) definiert werden; wenn $\boldsymbol{x}$ gegen die Grenze von B strebt, geht $v(\boldsymbol{x})$ gegen Eins.

[1] Zubov, § 5; Margolis u. Vogt.

Die Funktion $\varphi(\boldsymbol{x})$ ist weitgehend willkürlich. Man wählt sie so, daß die partielle Differentialgleichung (23.2) möglichst bequem nach v aufgelöst werden kann.

Beispiel 1. Es sei

$$\dot{x} = \alpha x - y + x(u - \beta), \quad \dot{y} = x - \alpha y + y(u - \beta)$$

mit $u := x^2 - 2\alpha x y + y^2$, $\alpha^2 < 1$. Bildet man (23.2) mit $\varphi = 2\beta w$, so erhält man die Gleichung

$$v_x(-\tfrac{1}{2}u_y + x(u - \beta)) + v_y(\tfrac{1}{2}u_x + y(u - \beta)) = 2\beta u(v - 1),$$

die die Lösung

$$v = \frac{1}{\beta}\,\omega$$

besitzt. Nach Satz 23.1 ist daher der Bereich

$$v < 1, \quad \text{d. h.} \quad x^2 - 2\alpha x y + y^2 < \beta$$

der genaue Einzugsbereich. Seine Begrenzungslinie ist Phasenkurve (vgl. § 13)

Beispiel 2.

$$\dot{x} = -x + 2x^2 y, \quad \dot{y} = -y.$$

Wählt man $\varphi = x^2 + y^2$, so erhält man als Lösung von (23.2)

$$v = 1 - \exp\left(-\frac{y^2}{2} - \frac{x^2}{2(1 - x y)}\right).$$

Aus der Bedingung $\lim v = 1$ folgt hier $x y = 1$ als Gleichung für die Grenze.

Es sei wieder (21.1) vorgelegt; $\boldsymbol{B}$, $\boldsymbol{C}$ und v_0 sollen die in § 21 erklärte Bedeutung haben. Es bezeichne M die durch

$$\dot{v}_0 = -\boldsymbol{x}^{\mathrm{T}} \boldsymbol{C} \boldsymbol{x} + 2 \sum_{i,k} b_{ik} g_i x_k = 0$$

definierte Punktmenge, und α_2, β_2 seien die untere bzw. obere Grenze von v_0 für $\boldsymbol{x} \in M$. Es gilt

Satz 23.2: Die Grenze des Einzugsbereichs liegt ganz in dem Bereich

$$\alpha_2 < v_0(\boldsymbol{x}) < \beta_2. \tag{23.3}$$

Ist $\beta_2 = \infty$, so liegt asymptotische Stabilität im ganzen vor.

Man bilde nun die Gl. (23.2) mit $\varphi = \boldsymbol{x}^T \boldsymbol{C} \boldsymbol{x}$ und schreibe die Lösung in der Form

$$v = v_0 + v_3 + v_4 + \cdots,$$

wobei v_j $(j > 2)$ eine Form der Ordnung j bezeichnet. Erklärt man die Zahl α_3 als untere Grenze von $(v_0 + v_3)$ auf der durch $\frac{d}{dt}(v_0 + v_3) = 0$ definierten Punktmenge (die Ableitung wird wieder für (21.1) gebildet) und analog β_3 als obere Grenze, so ist der Bereich

$$\alpha_3 < v_0(\boldsymbol{x}) + v_3(\boldsymbol{x}) < \beta_3$$

ein Teilbereich von (23.3) und schließt ebenfalls die Grenze des Einzugsbereichs ein. Man kann auf diese Weise fortfahren und eine Folge von ineinander geschachtelten Bereichen zur Bestimmung der Grenze gewinnen. Die entstehende Reihe gestattet natürlich auch, die Ljapunovsche Funktion zu approximieren. Das vom theoretischen Standpunkt aus sehr elegante Verfahren hat allerdings den Nachteil, daß die Reihe in vielen Fällen sehr schlecht konvergiert.

§ 24. Ljapunovsche Funktionen für stark nichtlineare Systeme

a) *Systeme mit definiten ersten Integralen.* Das System

$$\dot{\boldsymbol{x}} = \boldsymbol{f}(\boldsymbol{x}) \qquad (\boldsymbol{f}(0) = 0) \tag{24.1}$$

möge die ersten Integrale $h_1(\boldsymbol{x}), h_2(\boldsymbol{x}), \ldots$ besitzen, deren für (24.1) gebildete Ableitung definitionsgemäß identisch verschwindet. (Ein „erstes Integral" nimmt einen konstanten, d. h. von t unabhängigen Wert an, wenn für $\boldsymbol{x}$ eine Lösung $\boldsymbol{x}(t)$ der Dgl. eingesetzt wird.) Erste Integrale werden vielfach durch den Energiesatz und den Impulssatz geliefert. Ist ein erstes Integral $h(\boldsymbol{x})$ definit, so kann man sofort Satz 20.1 anwenden. Beispielsweise ist die linke Seite von (16.3) ein erstes Integral von (16.2), das im Fall $G''(0) = -F'(0) > 0$ definit ist; die Ruhelage ist dann stabil. Für ein *kanonisches System*

$$\dot{x}_i = \frac{\partial H(\boldsymbol{x}, \boldsymbol{y})}{\partial y_i}, \quad \dot{y}_i = -\frac{\partial H(\boldsymbol{x}, \boldsymbol{y})}{\partial x_i} \qquad (i = 1, 2, \ldots, n) \tag{24.2}$$

ist $H(\boldsymbol{x}, \boldsymbol{y})$ ein erstes Integral.

Satz 24.1: Es sei

$$\dot{\boldsymbol{x}} = \boldsymbol{A}\,\boldsymbol{x} + \boldsymbol{g}(\boldsymbol{x}), \tag{24.3}$$

wobei die Reihenentwicklungen der Komponenten von $\boldsymbol{g}$ mit Gliedern von mindestens zweiter Ordnung beginnen, und es existiere ein erstes Integral der Gestalt

$$h(\boldsymbol{x}) = \boldsymbol{x}^{\mathrm{T}} \boldsymbol{B}\,\boldsymbol{x} + k(\boldsymbol{x}) \tag{24.4}$$

mit positiv definitem konstantem $\boldsymbol{B}$. Die Entwicklung von $k(\boldsymbol{x})$ soll mit Gliedern von mindestens dritter Ordnung in den Komponenten von $\boldsymbol{x}$ beginnen. Dann ist die Ruhelage von (24.3) stabil. Die Eigenwerte von $\boldsymbol{B}$ nennt man auch die Stabilitätskoeffizienten von Poincaré.

Bisweilen ist es möglich, ein definites erstes Integral aus mehreren, im einzelnen nicht definiten ersten Integralen zu konstruieren. Wenn beispielsweise h_1 und h_2 von der Gestalt (24.4) sind, so kann man $h = h_1 + \lambda h_2$ setzen und die Konstante λ so zu wählen suchen, daß die Matrix $\boldsymbol{B} = \boldsymbol{B}_1 + \lambda \boldsymbol{B}_2$ positiv definit wird. Das gibt Bedingungen für λ in Form von Ungleichungen, die mindestens eine reelle Lösung haben müssen, und man erhält Bedingungen für die Parameter des Gleichungssystems und daraus physikalisch deutbare Stabilitätsbedingungen. Das

Verfahren wird in der Theorie der Kreiselstabilisierung mit Erfolg verwandt (vgl. die Literaturangaben bei HAHN [1], § 7).

b) *Ein Satz von Krasovskij*. Es sei

$$\boldsymbol{J} = (\partial f_i/\partial x_k)$$

die Funktionalmatrix des Gleichungssystems (24.1). Es sei eine reelle symmetrische Matrix $\boldsymbol{B}$ mit konstanten Koeffizienten derart bekannt, daß die (von $\boldsymbol{x}$ abhängigen) Eigenwerte der symmetrischen Matrix

$$\boldsymbol{K} = \tfrac{1}{2}(\boldsymbol{J}^{\mathrm{T}}\boldsymbol{B} + \boldsymbol{B}\boldsymbol{J})$$

unterhalb einer festen negativen Schranke $-\delta$ liegen, wenn $\boldsymbol{x}$ in einem gewissen Bereich bleibt der den Nullpunkt im Inneren enthält. Dann ist die Ruhelage von (24.1) asymptotisch stabil. Ist der Bereich der ganze Raum, so liegt asymptotische Stabilität im ganzen vor.

Der Satz folgt leicht aus Satz (20.2), wenn man die Ljapunovsche Funktion $v = \boldsymbol{f}^{\mathrm{T}}\boldsymbol{B}\boldsymbol{f}$ benutzt. Besonders bequem ist der Fall, daß man $\boldsymbol{B} = \boldsymbol{E}$ und somit $v = |\boldsymbol{f}|^2$ wählen kann (HAHN [1], § 11, [2], § 30).

c) Wenn die Komponenten des Vektors $\boldsymbol{f}(\boldsymbol{x})$ in (24.1) *Polynome* sind, so kann man oft (in naheliegender Erweiterung des Verfahrens von § 21) eine Ljapunovsche Funktion in der Gestalt

$$v = \boldsymbol{x}^{\mathrm{T}}\boldsymbol{B}(\boldsymbol{x})\,\boldsymbol{x} \tag{24.5}$$

finden; $\boldsymbol{B}(\boldsymbol{x})$ ist eine noch zu bestimmende symmetrische Matrix, deren Elemente von $\boldsymbol{x}$ abhängen. Man setzt diese Elemente als Polynome mit unbekannten Koeffizienten an, bildet die Ableitung $\dot{v}$ von (24.5) für (24.1) und sucht zunächst zu erreichen, daß $\dot{v} < 0$ entweder für alle $\boldsymbol{x} \neq 0$ gilt oder daß wenigstens in einer Umgebung des Nullpunkts $\dot{v} < 0$ ist (diese Umgebung muß dann allerdings durch eine *geschlossene* Fläche $\dot{v} = 0$ begrenzt sein, damit man die Überlegung von § 20, Bemerkung 3, sinngemäß übertragen kann). Schließlich prüft man die Bedingung „v positiv definit". An Stelle von (24.5) kann man auch mit der in b) erwähnten Funktion $v = \boldsymbol{f}^{\mathrm{T}}\boldsymbol{B}\boldsymbol{f}$ arbeiten (vgl. SZEGÖ [1]).

d) In der *Methode des variablen Gradienten* beginnt man mit dem Ansatz

$$v(\boldsymbol{x}) = \int_{P_0}^{P_1} (\operatorname{grad} v)_1\, dx_1 + \int_{P_1}^{P_2} (\operatorname{grad} v)_2\, dx_2 + \cdots + \int_{P_{n-1}}^{P_n} (\operatorname{grad} v)_n\, dx_n, \tag{24.6}$$

der durch (19.9) nahegelegt wird. Es bezeichnet $(\operatorname{grad} v)_i$ die i-te Komponente von $\operatorname{grad} \boldsymbol{v}$, und es ist $P_0 = (0, 0, \ldots, 0)$, $P_i = (x_1, \ldots, x_i, 0, \ldots 0)$. Die Integrabilitätsbedingung

$$\frac{\partial(\operatorname{grad} v)_i}{\partial x_k} = \frac{\partial(\operatorname{grad} v)_k}{\partial x_i} \tag{24.7}$$

muß erfüllt sein. Setzt man

$$\operatorname{grad} v = \boldsymbol{A}(\boldsymbol{x})\,\boldsymbol{x},$$

so wird formal

$$\dot{v} = \boldsymbol{x}^{\mathrm{T}} \boldsymbol{A}^{\mathrm{T}}(\boldsymbol{x})\,\dot{\boldsymbol{x}} = \boldsymbol{x}^{\mathrm{T}} \boldsymbol{A}^{\mathrm{T}}(\boldsymbol{x})\boldsymbol{f}(\boldsymbol{x}). \tag{24.8}$$

Man sucht nun die Elemente der Matrix $A(\boldsymbol{x})$ in möglichst einfacher Weise so zu wählen, daß a) der Ausdruck (24.8) negativ definit wird und b) die Bedingung (24.7) erfüllt ist. Dann kann man v nach (24.6) berechnen und muß nun noch prüfen, ob die so gewonnene Funktion definit ist (SCHULTZ; SCHULTZ u. GIBSON; HAHN [2], § 30).

Beispiel. Man betrachte

$$\dot{x} = y, \quad \dot{y} = -y - x^3.$$

Gl. (24.8) lautet hier

$$\dot{v} = x\,y(a_{11} - a_{21} - 2x^2) + y^2(a_{12} - 2) - a_{21}\,x^4.$$

Es ist $a_{22} = 2$ gesetzt. Durch die Wahl

$$a_{11} - a_{21} = 2x^2, \quad a_{12} = 1, \quad a_{21} > 0$$

sichert man die Bedingung „$\dot{v}$ negativ definit". Wegen (24.7) muß $a_{21} = 1$ sein, so daß grad v die Komponenten $2x^3 + x + y$, $x + 2y$ hat. Aus (24.6) ergibt sich dann

$$v = \tfrac{1}{2}(x^4 + x^2 + 2x\,y + 2y^2),$$

also eine positiv definite Funktion.

e) *Regelkreise mit einer einzigen Nichtlinearität.* Es handelt sich um Systeme, deren Gleichung von Typ (18.1) ist; die nichtlineare Funktion genügt der Bedingung

$$\sigma f(\sigma) > 0 \quad (\sigma \neq 0), \quad f(0) = 0, \tag{24.9}$$

und es sei $\int_0^\infty f(\sigma)\,d\sigma$ divergent.

Man führt das System mittels der in § 18 betrachteten Transformation in die „kanonische" Gestalt (18.2) über, für die man eine Ljapunovsche Funktion i. allg. einfacher konstruieren kann. Dabei interessiert vor allem die Antwort auf die folgende Frage (sog. *Problem von Lur'e*): Welchen Bedingungen müssen die Parameter des *Reglers* — also die Komponenten des Vektors $\boldsymbol{b}$ in (18.1) — genügen, damit die asymptotische Stabilität im ganzen für den geschlossenen Kreis gesichert ist, und zwar bei *beliebiger Gestalt der Nichtlinearität*, von der nur (24.9) verlangt wird? Man spricht dann auch von ***absoluter Stabilität*** des Regelkreises. Es gibt mehrere Lösungen des Problems.

1. (LASALLE u. LEFSCHETZ, Kap. III.) Es sei der Linearteil $\dot{\boldsymbol{x}} = \boldsymbol{A}\,\boldsymbol{x}$ asymptotisch stabil. Es seien $\boldsymbol{B}$ und $\boldsymbol{C}$ die in (21.4) auftretenden zu $\boldsymbol{A}$ gehörenden Matrizen. Dann sind die Ungleichungen

$$h > (\boldsymbol{B}\,\boldsymbol{p} + \tfrac{1}{2}\boldsymbol{b})^{\mathrm{T}}\,\boldsymbol{C}^{-1}(\boldsymbol{B}\,\boldsymbol{p} + \tfrac{1}{2}\boldsymbol{b}), \quad h \neq -\boldsymbol{b}^{\mathrm{T}}\,\boldsymbol{A}^{-1}\,\boldsymbol{p} \tag{24.10}$$

hinreichend für absolute Stabilität.

2. (Lur'e, Kap. II; Hahn [1], § 14, [2], § 31; Lefschetz [2]; vgl. auch Letov, wo sich weitere Modifikationen finden). Das System sei auf die kanonische Gestalt (18.2) gebracht, die sich auch bei komplexen Eigenwerten von A erreichen läßt. Es seien m Eigenwerte reell, die übrigen paarweise konjugiert komplex mit negativen Realteilen, wobei

$$(24.11) \qquad \alpha_1, \ldots, \alpha_m \text{ reell}, \quad \alpha_{m+1} = \bar{\alpha}_{m+2}, \ldots, \alpha_{n-1} = \bar{\alpha}_n .$$

Man bilde die quadratischen Gleichungen

$$(24.12) \qquad r_i + 2\sqrt{h}\, g_i - 2 g_i \sum_{j=1}^{n} \frac{g_j}{\alpha_i + \alpha_j} = 0 \qquad (i = 1, 2, \ldots, n)$$

für die Unbekannten $g_1, \ldots, g_n$. Wenn sich diese Gleichungen so auflösen lassen, daß analog zu (24.11)

$$g_1, \ldots, g_m \text{ reell}, \quad g_{m+1} = \bar{g}_{m+2}, \ldots, g_{n-1} = \bar{g}_n$$

ist, dann ist das System absolut stabil.

Durch (24.10) wie auch durch die Bedingung des zweiten Satzes wird natürlich ein Stabilitätsbereich im Raum der Parameter abgegrenzt. Man kann die Bedingungen auch mittels der ursprünglichen Koeffizienten ausdrücken, ohne erst die Eigenwerte α_i auszurechnen.

Die Auswertung der Bedingungen wird schon für $n = 3$ ziemlich kompliziert.

3. (Verfahren von V.-M. Popov, vgl. Ajzerman u. Gantmacher, Lefschetz [2]; Hahn [2], § 32; Šiljak.) Das Regelsystem sei durch die Gleichungen

$$(24.13) \qquad \dot{\boldsymbol{x}} = \boldsymbol{A}\,\boldsymbol{x} + \boldsymbol{p}\, f(\sigma), \quad \sigma = \boldsymbol{b}^T \boldsymbol{x}$$

beschrieben. $\boldsymbol{A}$ sei stabil, $f(\sigma)$ genüge einer Winkelraumbedingung

$$(24.14) \qquad f(0) = 0, \quad 0 < \sigma f(\sigma) < \sigma^2 \gamma, \quad \sigma \neq 0 .$$

Ist $f(\sigma) = k\,\sigma$ linear, so entsteht ein lineares Gleichungssystem mit der Matrix $\boldsymbol{A} + k\,\boldsymbol{p}\,\boldsymbol{b}^T$, deren charakteristisches Polynom von der Gestalt $P(s) + k\,Q(s)$ ist. P und Q sind gewisse Polynome. Betrachtet man

$$k\,F(s) = k\,\frac{Q(s)}{P(s)}$$

als Übertragungsfunktion eines aufgeschnittenen Regelkreises, so ist $P(s) + k\,Q(s)$ der Nenner der Übertragungsfunktion des geschlossenen Kreises — vgl. (4.4). Nach dem Nyquist-Kriterium ist der geschlossene Kreis stabil, wenn 1. der offene Kreis stabil ist und 2. die Ortskurve von $k\,F(i\,\omega)$ den Punkt $(-1, 0)$ nicht umfaßt. Die erste Bedingung ist hier erfüllt, da $P(s)$ nur stabile Nullstellen hat. Fordert man, daß die Ortskurvenbedingung für alle k, $0 \leqq k \leqq \gamma$, erfüllt sein soll, so darf die Ortskurve von $F(i\,\omega)$ den Abschnitt $\left(-\infty, -\frac{1}{\gamma}\right)$ nicht schneiden; denn andernfalls existiert ein Wert $\omega = \omega_1$ derart, daß $\operatorname{Re} F(i\,\omega_1) < -\gamma$, $\operatorname{Im} F(i\,\omega_1) = 0$ ist, und dann schneidet die Ortskurve von $k\,F(i\,\omega)$ den Abschnitt zwischen $-\infty$ und -1, wenn $k = |1/\operatorname{Re} F(i\,\omega_1)|$ ist. An Stelle der Ortskurve von $F(i\,\omega)$ kann man auch die verzerrte Ortskurve mit

$$u(\omega) = \operatorname{Re} F(i\,\omega), \quad v(\omega) = \omega \operatorname{Im} F(i\,\omega) \tag{24.15}$$

betrachten, die ebenfalls den Abschnitt zwischen $-\infty$ und $-\frac{1}{\gamma}$ nicht schneiden darf. Diese Forderung ist erfüllt, wenn es durch den Punkt $\left(-\frac{1}{\gamma}, 0\right)$ eine Gerade gibt, die mit der Ortskurve (24.15) keinen Punkt gemeinsam hat, oder, was dasselbe besagt, wenn es eine Zahl $\beta > 0$ derart gibt, daß

$$\operatorname{Re}(1 + i\,\omega\,\beta) \frac{Q(i\,\omega)}{P(i\,\omega)} + \frac{1}{\gamma} > 0, \qquad 0 < \omega < \infty, \tag{24.16}$$

ist. Aus dieser Ungleichung folgt nämlich

$$\operatorname{Re} F(i\,\omega) - \beta\,\omega \operatorname{Im} F(i\,\omega) + \frac{1}{\gamma} > 0$$

bzw. $u - \beta\,v + \frac{1}{\gamma} > 0$. Die Ortskurve (24.15) liegt ganz auf einer Seite einer gewissen Geraden durch $\left(-\frac{1}{\gamma}, 0\right)$.

Diese für den linearen Fall gültige Überlegung bleibt auch bei nichtlinearem $f(\sigma)$ richtig. Wenn es eine Zahl $\beta > 0$ gibt, die (24.16) befriedigt, dann ist der durch (24.13) beschriebene Regelkreis absolut stabil für Nichtlinearitäten, die (24.14) erfüllen. Die Popovsche Bedingung gestattet es also, einen Regelkreis mit gegebenem Linearteil auf absolute Stabilität zu prüfen. Man zeichnet die Ortskurve von $F(i\,\omega)$ und stellt fest, ob sich eine „Popovsche Gerade" ziehen läßt. Für $\gamma = \infty$ geht (24.14) in die Bedingung (24.9) über. Der Satz bleibt auch für das Gleichungssystem (18.1) richtig, wenn man die Winkelraumbedingung durch

$$0 < \varepsilon \leqq \sigma\,f(\sigma) < \sigma^2\,\gamma$$

mit beliebig kleinem ε ersetzt.

Wegen weiterer Einzelheiten (Auftreten kritischer Eigenwerte von $\boldsymbol{A}$, Zusammenhang des Popovschen Kriteriums mit der direkten Methode u. a.) — vgl. die Literatur.

f) *Einige Stabilitätskriterien* (Hahn [*1*], § 13). Es sei

$$\dot{x} = x\,f(x) + b\,y, \qquad \dot{y} = c\,x + y\,g(y).$$

Hinreichend für asymptotische Stabilität im ganzen sind die Ungleichungen

$$f(x) + g(y) < 0, \qquad f(x)\,g(y) - b\,c > 0$$

für beliebige x, y.

Es sei

$$\dot{x} = a\,x + y\,g(y), \qquad \dot{y} = x\,f(x) + d\,y.$$

Hinreichend für asymptotische Stabilität im ganzen ist

$$\text{im Fall } a < 0,\ d < 0\colon\ f(x) \leqq 0, \quad g(y) \geqq 0,$$

$$\text{im Fall } a\,d < 0\colon\ a + d < 0, \quad a\,d - f(x)\,g(y) > 0.$$

Wenn f und g konstant sind, ergeben sich die Hurwitzschen Ungleichungen.

g) Wie bereits bemerkt, liefert das Verfahren von Zubov (vgl. § 23) ebenfalls eine Ljapunovsche Funktion $v(\boldsymbol{x})$.

§ 25. Nichtautonome Gleichungen[1]

Die Hauptsätze der direkten Methode lassen sich auf nichtautonome Differentialgleichungen

$$(25.1) \qquad \dot{\boldsymbol{x}} = \boldsymbol{f}(\boldsymbol{x}, t), \quad \boldsymbol{f}(0, t) = 0 \qquad (t \geqq t_0 \geqq 0)$$

übertragen. Die dabei zu verwendenden Ljapunovschen Funktionen $v(\boldsymbol{x}, t)$ hängen i. allg. explizit von t ab, so daß ihre für (25.1) gebildete Ableitung nicht mehr durch (19.9), sondern durch

$$(25.2) \qquad \dot{v} = \sum_{i=1}^{n} \frac{\partial v}{\partial x_i} \dot{x}_i + \frac{\partial v}{\partial t} = \sum_{i=1}^{n} \frac{\partial v}{\partial x_i} f_i(\boldsymbol{x}, t) + \frac{\partial v}{\partial t}$$

erklärt werden muß. Eine Funktion $v(\boldsymbol{x}, t)$ heißt *positiv definit*, wenn sie sich durch eine von t unabhängige positiv definite Funktion $v_1(\boldsymbol{x})$ nach *unten* abschätzen läßt:

$$(25.3) \qquad v(\boldsymbol{x}, t) \geqq v_1(\boldsymbol{x}) \qquad (|\boldsymbol{x}| < h,\ t \geqq t_0 \geqq 0).$$

Eine Funktion $v(\boldsymbol{x}, t)$ heißt *dekreszent* (andere Bezeichnung: $v(\boldsymbol{x}, t)$ läßt eine unendlich kleine obere Schranke zu), wenn eine Abschätzung mittels einer positiv definiten Funktion $v_2(\boldsymbol{x})$ nach *oben* möglich ist:

$$(25.4) \qquad v(\boldsymbol{x}, t) \leqq v_2(\boldsymbol{x}) \qquad (|\boldsymbol{x}| < h_1,\ t \geqq t_0 \geqq 0).$$

Mittels dieser Begriffe lassen sich die Hauptsätze des § 20 für nichtautonome Gleichungen wie folgt formulieren.

Satz 20.1 bleibt ungeändert.

Bei den Sätzen 20.2 und 20.3 ist die zusätzliche Voraussetzung „$v(\boldsymbol{x}, t)$ ist dekreszent" zu fordern. Für asymptotische Stabilität im ganzen ist zu verlangen, daß die in (25.3) auftretende Vergleichsfunktion $v_1(\boldsymbol{x})$ radial unbeschränkt ist.

Bei Satz 20.4 ist zusätzlich vorauszusetzen: Im Gebiet $v < 0$ (das jetzt im $(\boldsymbol{x},t)$-Raum zu betrachten ist) ist $v(\boldsymbol{x}, t)$ nach unten beschränkt,

---

[1] Hahn [*1*], §§ 4, 5, 9; [*2*], Kap. V; Szegö [*2*]; Malkin [*1*], § 45ff.

und v genügt im Gebiet $\boldsymbol{v} < 0$ einer Differentialungleichung

$$\dot{v} \leqq -k(v), \tag{25.5}$$

wobei $k(r)$ eine für $0 < r < h$ positive, monoton wachsende stetige Funktion mit $k(0) = 0$ bezeichnet.

Auch im nichtautonomen Fall sind diese Bedingungen nur *hinreichend*. Die Hauptbedeutung der Sätze liegt darin, daß man Aussagen über eine *gestörte* Gleichung

$$\dot{\boldsymbol{x}} = \boldsymbol{f}(\boldsymbol{x}, t) + \boldsymbol{g}(\boldsymbol{x}, t) \tag{25.6}$$

gewinnen kann, wenn gewisse Eigenschaften der ungestörten Gl. (25.1) bekannt sind. Dazu gehört vor allem die exponentielle Stabilität.

Definition 25.1: Die Ruhelage der Gl. (25.1) heißt *exponentiell stabil,* wenn für die allgemeine Lösung $\boldsymbol{p}(t, \boldsymbol{x}_0, t_0)$ [vgl. (9.3)] eine Abschätzung

$$|\boldsymbol{p}(t, \boldsymbol{x}_0, t_0)| < a \exp(-b(t - t_0)), \tag{25.7}$$
$$|\boldsymbol{x}_0| < h, \quad t \geqq t_0 \geqq 0, \quad a > 0, \quad b > 0,$$

möglich ist.

Exponentielle Stabilität bedingt natürlich asymptotische Stabilität. Im Fall konstanter oder periodischer Koeffizienten gilt bei linearen Systemen auch die umgekehrte Aussage, vgl. (2.4) und (10.5). Es sei bemerkt, daß (25.7) mehr besagt als exponentielles Abklingen aller Lösungen, da im Exponenten die Differenz $t - t_0$ auftritt.

Satz 25.1: Notwendig und hinreichend für exponentielle Stabilität ist die Existenz einer Ljapunovschen Funktion $v(\boldsymbol{x}, t)$ derart, daß die in (25.3), (25.4) und (25.5) eingeführten Vergleichsfunktionen $v_i(\boldsymbol{x})$ $(i = 1, 2, 3)$ die Gestalt konst. $|\boldsymbol{x}|^2$ haben, d. h. daß Ungleichungen

$$c_1 |\boldsymbol{x}|^2 \leqq v(\boldsymbol{x}, t) \leqq c_2 |\boldsymbol{x}|^2, \quad \dot{v} \leqq -c_3 |\boldsymbol{x}|^2 \tag{25.8}$$

bestehen.

Dieser Satz macht es möglich, die Betrachtungen des § 21, insbesondere die auf (21.7) gestützte Überlegung, auf die gestörte Gl. (25.6) zu übertragen. Im speziellen gilt

Satz 25.2: Für Gleichungssysteme mit exponentiell stabiler Ruhelage gilt das Prinzip von der Stabilität nach der ersten Näherung, d. h. ist (25.1) ein lineares System

$$\dot{\boldsymbol{x}} = \boldsymbol{A}(t)\, \boldsymbol{x}$$

mit exponentiell stabiler Ruhelage und ist $\boldsymbol{g}(\boldsymbol{x}, t) = o(|\boldsymbol{x}|^2)$ *gleichmäßig* bezüglich $t \geqq t_0$, so ist auch die Ruhelage des gestörten Systems (25.6) exponentiell stabil.

In vielen praktischen Fällen ist das Störglied $\boldsymbol{g}(\boldsymbol{x}, t)$ nicht genau bekannt. Oft genug ist nicht einmal die Gleichung $\boldsymbol{g}(0, t) \equiv 0$ gesichert, und dann hat es keinen Sinn zu sagen, daß (25.6) die Gleichgewichtslage $\boldsymbol{x} = 0$ besitzt. Man kann jedoch unter gewissen Voraussetzungen über das ungestörte System (25.1) und die Störgröße $\boldsymbol{g}(\boldsymbol{x}, t)$ wenigstens aussagen, daß die Lösung bei kleinen Anfangswerten „klein" bleibt. Dazu dient

Definition 25.2: Die Ruhelage von (25.1) heißt *total stabil* (andere Bezeichnung: stabil bei beständig wirkenden Störungen), wenn sich zu jedem $\varepsilon > 0$ zwei positive Zahlen $\delta_1(\varepsilon)$ und $\delta_2(\varepsilon)$ derart angeben lassen, daß für die allgemeine Lösung $\boldsymbol{p}(t, \boldsymbol{x}_0, t_0)$ von (25.6) die Abschätzung

$$|\boldsymbol{p}(t, \boldsymbol{x}_0, t_0)| < \varepsilon$$

gilt, sofern $|\boldsymbol{x}_0| < \delta_1$ und im Bereich $|\boldsymbol{x}| < \varepsilon$

$$|\boldsymbol{g}(\boldsymbol{x}, t)| < \delta_2$$

ist.

Satz 25.3: Es seien für (25.1) die Voraussetzungen des Hauptsatzes über asymptotische Stabilität (Satz 20.2 mit der oben angegebenen Ergänzung) erfüllt. Die Ljapunovsche Funktion $v(\boldsymbol{x}, t)$ besitze beschränkte partielle Ableitungen erster Ordnung,

$$\left|\frac{\partial v}{\partial x_i}\right| < M \qquad (i = 1, 2, \ldots, n; \ |\boldsymbol{x}| < h, \ t \geqq t_0 \geqq 0).$$

Dann ist die Ruhelage von (25.1) total stabil.

Zusatz: Ist die Ruhelage exponentiell stabil, so ist sie auch total stabil.

Die Stabilitätsbetrachtungen der vorstehenden Paragraphen lassen sich in modifizierter Form auf allgemeinere Gleichungstypen anwenden. Bezüglich allgemeiner Schwingungsgleichungen vgl. CESARI, § 8, 9; REISSIG u. a. [*1*], Kap. IV, V; bzgl. Differenzen- oder Differential-Differenzengleichungen vgl. KALMAN u. BERTRAM sowie HAHN [*1*], Kap. VII, [*2*], §§ 43 u. 44; MINORSKY, Kap. XXI.

V. Erzwungene Schwingungen

Vorbemerkung: Die periodischen Funktionen dieses Kapitels haben, falls nicht ausdrücklich etwas anderes gesagt wird, die Periode 2π.

§ 26. Gestörte lineare Systeme eines Freiheitsgrades[1]

Die Gleichung

(26.1) $$\ddot{x} + k^2 x + f(t) = 0$$

mit

(26.2) $$f(t) = \tfrac{1}{2} a_0 + \sum_{r=1}^{\infty} (a_r \cos r t + b_r \sin r t)$$

[1] MALKIN [*1*], § 64 ff.; MALKIN [*2*], Kap. I; ZUBOV, Kap. IV; MINORSKY, Kap. IX; HALE, § 5 ff.; ROSEAU.

hat im Nichtresonanzfall ($k \neq$ ganze Zahl) nach §§ 11 u. 12 genau eine periodische Lösung, nämlich

$$\varphi(t) = -\frac{a_0}{2k^2} - \sum_{r=1}^{\infty} \frac{a_r \cos r\,t + b_r \sin r\,t}{k^2 - r^2}. \tag{26.3}$$

Im Resonanzfall ($k = n$ ganz) muß $f(t)$ die Lösbarkeitsbedingungen (12.12) erfüllen, die hier die Gestalt

$$\int_0^{2\pi} f(t) \cos n\,t\,dt = 0, \qquad \int_0^{2\pi} f(t) \sin n\,t\,dt = 0 \tag{26.4}$$

annehmen. Die Gleichung läßt dann eine von zwei Parametern a und b abhängige Schar periodischer Lösungen

$$\chi(t) = \psi(t) + a \cos n\,t + b \sin n\,t \tag{26.5}$$

zu; dabei ist

$$\psi(t) := -\frac{a_0}{2n^2} - \sum_{\substack{r=1 \\ r \neq n}}^{\infty} \frac{a_r \cos r\,t + b_r \sin r\,t}{n^2 - r^2}. \tag{26.6}$$

Es sei nun eine periodische Lösung der nichtlinearen Gleichung

$$\ddot{x} + k^2 x + f(t) = \mu\, g(t, x, \dot{x}, \mu) \tag{26.7}$$

zu bestimmen. Die rechte Seite ist in t periodisch und läßt für kleine Werte des Parameters μ eine Potenzreihenentwicklung zu:

$$g(t, x, \dot{x}, \mu) = g(t, x, \dot{x}, 0) + \mu\, g_\mu(t, x, \dot{x}, 0) + \cdots. \tag{26.8}$$

Man bestimmt die gesuchte Lösung als Potenzreihe in μ, deren von μ freies Glied eine periodische Lösung von (26.1) ist. Im Nichtresonanzfall ist das die eindeutig bestimmte Funktion (26.3). Im Resonanzfall ergibt es sich erst im Verlauf der Rechnung, welche spezielle Lösung der Schar (26.5) als Grenzfall einer periodischen Lösung von (26.7) für $\mu = 0$ angesehen werden kann.

a) *Nichtresonanzfall, $k \neq$ ganze Zahl.* Der Ansatz für die gesuchte Lösung $\varphi(t, \mu)$ von (26.7) ist

$$\varphi(t, \mu) = \varphi(t) + \mu\, x_1(t) + \mu^2 x_2(t) + \cdots. \tag{26.9}$$

$\varphi(t)$ ist die Funktion (26.3). Die Funktionen $x_i(t)$ müssen periodisch sein. Setzt man (26.9) in (26.7) ein, entwickelt beiderseits nach Potenzen des Parameters μ und setzt die Koeffizienten gleicher Potenzen von μ gleich, so folgt ein System von Differentialgleichungen

$$\left\{\begin{aligned} &\ddot{x}_1 + k^2 x_1 = g(t, \varphi, \dot{\varphi}, 0) \\ &\ddot{x}_2 + k^2 x_2 = g_\mu(t, \varphi, \dot{\varphi}, 0) + x_1\, g_x(t, \varphi, \dot{\varphi}, 0) \\ &\qquad\qquad\qquad + \dot{x}_1\, g_{\dot{x}}(t, \varphi, \dot{\varphi}, 0) \\ &\ldots\ldots\ldots\ldots\ldots\ldots\ldots\ldots \end{aligned}\right. \tag{26.10}$$

Die rechte Seite der ersten Gleichung ist nach den Voraussetzungen über g und φ periodisch. Mithin gibt es genau eine periodische Lösung x_1, die sich nach der Formel (26.3) mit $-g(t, \varphi, \dot{\varphi}, 0)$ an Stelle von $f(t)$ berechnen läßt. Mit dieser Funktion x_1 wird die rechte Seite der zweiten Gleichung eine bekannte periodische Funktion von t, und man kann x_2 bestimmen. Auf diese Weise lassen sich die Koeffizienten $x_i(t)$, $i = 1, 2, \ldots$, nacheinander berechnen.

Nach einem Satz von POINCARÉ konvergiert die Reihe (26.9) für hinreichend kleine Werte des Parameters. Bei der praktischen Bestimmung der Funktion (26.9) genügt es oft, nur die ersten zwei Glieder zu berechnen.

b) *Resonanzfall*, $k = n$ *ganz*. Die Besonderheiten dieses Falles zeigen sich bereits, wenn k „nahezu" ganz, d. h. wenn die Differenz $k^2 - n^2$ von der Größenordnung von μ ist. Dementsprechend brauchen auch die Bedingungen (26.4) nur „nahezu" erfüllt zu sein, d. h., die Reihe (26.2) kann die Terme $a_n \cos n t$ und $b_n \sin n t$ enthalten, wenn a_n und b_n von der Größenordnung μ sind. Wir denken uns alle diese „kleinen" Glieder mit dem Term $\mu g(t, x, \dot{x}, \mu)$ vereinigt, so daß die Gleichung die Form

$$\ddot{x} + n^2 x + f(t) = \mu g(t, x, \dot{x}, \mu) \tag{26.11}$$

annimmt; $f(t)$ genügt dabei den Bedingungen (26.4).

Man geht wieder mit einem Potenzreihenansatz (26.9) in diese Gleichung, nimmt aber als nulltes, von μ freies Glied die Funktion (26.5) mit noch unbestimmten Integrationskonstanten a und b. Die erste Gleichung des zu (26.10) analogen Systems lautet

$$\ddot{x}_1 + n^2 x_1 = g(t, \chi(t), \dot{\chi}(t), 0). \tag{26.12}$$

Wenn sie eine periodische Lösung haben soll, müssen die Lösbarkeitsbedingungen (26.4), d. h. die Gleichungen

$$\begin{aligned} &\int_0^{2\pi} g(t, \chi(t), \dot{\chi}(t), 0) \cos n t \, dt = 0, \\ &\int_0^{2\pi} g(t, \chi(t), \dot{\chi}(t), 0) \sin n t \, dt = 0 \end{aligned} \tag{26.13}$$

erfüllt sein, deren linke Seiten Funktionen $h_1(a, b)$, $h_2(a, b)$ der in (26.5) auftretenden unbestimmten Parameter a und b sind. Man kann also (26.13) in der Form

$$h_1(a, b) = 0, \qquad h_2(a, b) = 0 \tag{26.14}$$

schreiben und als System von Bestimmungsgleichungen für a und b auffassen. Seine Auflösung legt diese Parameter und damit die nullte Näherung $\chi_0(t)$, also das von μ freie Glied der Reihe fest. Die periodische Lösung von (26.12) mit $\chi = \chi_0$ ist aber nicht eindeutig bestimmt, sondern hängt wieder von zwei Parametern a_1, b_1 ab. Um diese festzulegen, bildet man die Gleichung für x_2, deren rechte, von a_1 und b_1 abhängende Seite zwei Lösbarkeitsbedingungen vom Typ (26.4) genügen muß; aus diesen gewinnt man zwei Bestimmungsgleichungen für a_1 und b_1. Auf diesem Wege fortschreitend erhält man nacheinander die Koeffizienten $x_i(t)$ der Reihenentwicklung, und die Integralbedingungen, die die Existenz einer periodischen Lösung der i-ten Gleichung sichern, liefern zugleich Bestimmungsgleichungen für die Parameter der $(i-1)$-ten Funktion. Wie im Fall a) konvergiert die Entwicklung für hinreichend kleine Parameterwerte [vgl. das Beispiel (28.11)].

Das angegebene Verfahren läßt sich nur durchführen, wenn die Gln. (26.14) *reelle* Lösungen derart besitzen, daß die Funktionaldeterminante

$$\frac{\partial(h_1, h_2)}{\partial(a, b)} \tag{26.15}$$

für diese Lösungen nicht verschwindet. Wenn (26.14) überhaupt keine reellen Lösungen hat, so existiert keine periodische Lösung. Verschwindet (26.15), ohne identisch zu verschwinden, so versagt das Verfahren. Ist (26.15) identisch Null, so hat die Gl. (26.12) bei beliebiger Wahl von a und b eine Schar periodischer Lösungen. Man kann dann das Konstruktionsverfahren wie angegeben durchführen, erhält aber die Bestimmungsgleichungen für die Parameter des i-ten Koeffizienten $x_i(t)$ erst aus den Integralbedingungen für die $(i+2)$-te oder eine spätere Differentialgleichung.

c) Wenn die nichtlineare Funktion $g(t, x, \dot{x}, \mu)$ keine Potenzreihenentwicklung (26.8) zuläßt, konstruiert man die Lösung mittels schrittweiser Näherung. Man geht wie oben von (26.3) bzw. (26.5) als nullter Näherung aus und berechnet die weiteren Näherungen aus den Gleichungen

$$\ddot{x}_{i+1} + k^2 x_{i+1} + f(t) = \mu\, g(t, x_i, \dot{x}_i, \mu), \qquad i = 0, 1, 2, \ldots, \tag{26.16}$$

mit der Randbedingung

$$x_{i+1} \text{ periodisch.}$$

Im Nichtresonanzfall läßt das Randwertproblem jeweils nur eine einzige Lösung zu. Im Resonanzfall hat man es mit Lösungsscharen zu tun, deren unbestimmte Parameter durch die Lösbarkeitsbedingungen für die nächstfolgende Gleichung festgelegt werden. Die Folge $x_i(t)$ konvergiert bei hinreichend kleinem μ gegen die gesuchte periodische Lösung von (26.7).

d) *Subharmonische Schwingungen.* Während bei linearen Systemen die erzwungene Schwingung stets die Frequenz der Erregerschwingung hat, können in nichtlinearen Systemen *subharmonische* Schwingungen auftreten, deren Frequenz ein ganzzahliger Bruchteil der Erregerfrequenz ist. Man spricht auch von ***Resonanz höherer Ordnung***. Die rechnerische Behandlung dieser Erscheinung geht ähnlich vonstatten wie im einfachen Resonanzfall.

Die Zahl k^2 in (26.7) möge sich von der reziproken Quadratzahl n^{-2} nur um einen Ausdruck der Größenordnung μ unterscheiden, $k^2 = n^{-2} + o(\mu)$. Formt man die Gleichung wie in b) um, so entsteht analog zu (26.11)

(26.17) $$\ddot{x} + n^{-2} x + f(t) = \mu\, g(t, x, \dot{x}, \mu);$$

man hat jetzt aber Lösungen der Periode $2n\pi$ zu suchen. An die Stelle der oben benutzten Näherung (26.5) tritt eine Funktion der Gestalt

$$\psi_1(t) + a \cos\frac{t}{n} + b \sin\frac{t}{n},$$

die die Periode $2n\pi$ hat. In den Lösbarkeitsbedingungen (26.13) ist dementsprechend $\cos n\,t$ und $\sin n\,t$ durch $\cos\frac{t}{n}$ bzw. $\sin\frac{t}{n}$ zu ersetzen. Die weiteren Überlegungen verlaufen wie oben (vgl. hierzu auch § 34).

e) Die skizzierten Verfahren setzen voraus, daß sich das nichtlineare System „wenig" von einem linearen unterscheidet, was durch das Auftreten des Parameters μ zum Ausdruck kommt (sog. *quasilineare* Systeme). Für stark nichtlineare Systeme sind bisher wenig allgemeine Ergebnisse bekannt. Für die Gl. (15.15) mit periodischer Erregerfunktion $e(t)$

(26.18) $$\ddot{x} + f(x, \dot{x})\, \dot{x} + g(x) = e(t)$$

gilt: Es seien die Ungleichungen (15.16) und (15.17) erfüllt; ferner sei $x\,g(x) > 0$ für $x \geqq a$. Dann hat (26.18) mindestens eine nichtkonstante periodische Lösung (CESARI, 8.7, 9.4, 9.5; REISSIG u. a. [*1*], Kap. V).

§ 27. Systeme höherer Ordnung[1]

Die Verfahren des § 26 lassen sich grundsätzlich auf Gleichungssysteme beliebiger Ordnung anwenden. Die Durchführung wird allerdings mit wachsender Ordnungszahl sehr rasch kompliziert. Ob man bei der Rechnung die Gleichung als skalare Gleichung oder als Vektorgleichung erster Ordnung (d. h. als System) behandelt, hängt vom jeweiligen Fall ab. Zur Gewinnung theoretischer Einsichten ist die Vektorschreibweise meist vorteilhafter; zur rechnerischen Behandlung einer Einzelgleichung empfiehlt sich öfter die skalare Schreibweise [vgl. Beispiel (28.11)].

[1] CESARI, § 8; MALKIN [*2*], Kap. III; HALE, Kap. II; ZUBOV, Kap. III; MINORSKY, Kap. XI.

In dem System

$$\dot{\boldsymbol{x}} = \boldsymbol{A}\,\boldsymbol{x} + \boldsymbol{f}(t) + \mu\,\boldsymbol{g}(t, \boldsymbol{x}, \mu) \tag{27.1}$$

sei die Matrix $\boldsymbol{A}$ konstant oder periodisch, $\boldsymbol{f}$ und $\boldsymbol{g}$ seien in t periodisch. Für die Komponenten von $\boldsymbol{g}$ mögen Entwicklungen der Gestalt (26.8) existieren. Im Nichtresonanzfall ($\boldsymbol{A}$ hat keinen Eigenwert $2n\pi i$ mit ganzzahligem n bzw. kein charakteristischer Exponent von $\boldsymbol{A}(t)$ ist von der Form $2n\pi i$) hat das System für $\mu = 0$ einen wohlbestimmten Lösungsvektor, den man als nulltes Glied einer zu (26.9) analogen Potenzreihenentwicklung benutzt. Die Koeffizienten sind dabei Vektoren, und der Koeffizientenvergleich liefert eine Folge von Differentialgleichungssystemen erster Ordnung. Bei der Auflösung benutzt man die für autonome Systeme spezialisierte Formel (9.9) bzw. Formel (12.2); im periodischen Fall muß man sich auch auf die im § 10 angegebenen Methoden stützen. Im Resonanzfall (§ 11) enthält die nullte Näherung gewisse zunächst noch unbestimmte Parameter. Ihre Festlegung erfolgt wie für $n = 2$ mittels der Integralbedingungen (11.4), die die Existenz periodischer Lösungen der jeweils betrachteten Gleichungen sichern.

An Stelle des Potenzreihensatzes kann man auch die in § 26c skizzierte schrittweise Näherung anwenden.

Wie schon in § 12 erwähnt, kann die Bestimmung einer periodischen Lösung als ein *Randwertproblem* aufgefaßt und folgendermaßen auf eine Integralgleichung zurückgeführt werden. Es sei $\boldsymbol{K}(t, t_0)$ die in § 9 eingeführte Fundamentalmatrix zur Gleichung $\dot{\boldsymbol{x}} = \boldsymbol{A}\,\boldsymbol{x}$. Die Greensche Matrix des Randwertproblems

$$\dot{\boldsymbol{x}} = \boldsymbol{A}\,\boldsymbol{x}, \quad \boldsymbol{x} \text{ periodisch} \tag{27.2}$$

ist die Matrix

$$\boldsymbol{G}(t, u) = \begin{cases} \boldsymbol{K}(t, u) + \boldsymbol{K}(t, 0)\left(\boldsymbol{E} - \boldsymbol{K}(2\pi, 0)\right)^{-1}\boldsymbol{K}(2\pi, u), & u < t, \\ \boldsymbol{K}(t, 0)\left(\boldsymbol{E} - \boldsymbol{K}(2\pi, 0)\right)^{-1}\boldsymbol{K}(2\pi, u), & t < u. \end{cases} \tag{27.3}$$

Die Lösung der verkürzten Gleichung ($\mu = 0$)

$$\dot{\boldsymbol{x}} = \boldsymbol{A}\,\boldsymbol{x} + \boldsymbol{f}(t)$$

ist im Nichtresonanzfall

$$\boldsymbol{z}(t) = \int_0^{2\pi} \boldsymbol{G}(t, u)\,\boldsymbol{f}(u)\,du;$$

dementsprechend genügt die periodische Lösung von (27.1) der zu (12.20) analogen nichtlinearen Integralgleichung

$$\boldsymbol{x}(t) = \boldsymbol{z}(t) + \mu \int_0^{2\pi} \boldsymbol{G}(t, u)\,\boldsymbol{g}(u, \boldsymbol{x}(u), \mu)\,du.$$

Die rechte Seite sei mit $\boldsymbol{z}(t) + \mu\, \boldsymbol{r}(t, \boldsymbol{x})$ abgekürzt. Man bildet nun die Approximationsfolge

$$(27.4)\qquad \begin{cases} \boldsymbol{x}_0 = \boldsymbol{z}, \\ \boldsymbol{x}_1 = \boldsymbol{z} + \mu\, \boldsymbol{r}(t, \boldsymbol{x}_0), \\ \dots\dots\dots\dots \\ \boldsymbol{x}_{i+1} = \boldsymbol{z} + \mu\, \boldsymbol{r}(t, \boldsymbol{x}_i), \end{cases}$$

die bei hinreichend kleinem μ gegen die gewünschte periodische Lösung konvergiert. Die Folge (27.4) ist der Folge (26.16) äquivalent und kann in diese übergeführt werden, indem man die Integralbeziehungen in Differentialbeziehungen umschreibt. Im Resonanzfall muß man (27.3) durch eine verallgemeinerte Greensche Funktion (E. I, § 2) ersetzen (ZUBOV, § 21).

Man kann auch für eine *fastperiodische* Lösung von (27.1) eine Integralgleichung aufstellen. Die Funktionen f und g seien fastperiodisch, und kein Eigenwert bzw. kein charakteristischer Exponent λ von $\boldsymbol{A}$ habe verschwindenden Realteil. (Durch diese Forderung wird der Resonanzfall ausgeschlossen.) Es sei

$$\mathrm{Re}\lambda_i < 0, \quad i = 1, 2, \dots, k; \qquad \mathrm{Re}\lambda_i > 0, \quad i = k+1, \dots, n.$$

Führt man die beiden n-reihigen Matrizen

$$\boldsymbol{M}_1 = \begin{pmatrix} \boldsymbol{E}_k & 0 \\ 0 & 0 \end{pmatrix}, \qquad \boldsymbol{M}_2 = \begin{pmatrix} 0 & 0 \\ 0 & -\boldsymbol{E}_{n-k} \end{pmatrix}$$

ein, so kann man die Greensche Matrix des Problems in der Gestalt

$$\tilde{\boldsymbol{G}}(t, u) = \begin{cases} \boldsymbol{K}(t, 0)\, \boldsymbol{M}_1\, \boldsymbol{K}(0, u), & u < t, \\ \boldsymbol{K}(t, 0)\, \boldsymbol{M}_2\, \boldsymbol{K}(0, u), & t < u \end{cases}$$

schreiben. Die fastperiodische Lösung des verkürzten Systems ist

$$\tilde{\boldsymbol{z}}(t) = \int_{-\infty}^{+\infty} \tilde{\boldsymbol{G}}(t, u) \boldsymbol{f}(u)\, du,$$

und die Integralgleichung für die fastperiodische Lösung von (27.1) lautet

$$\boldsymbol{x}(t) = \tilde{\boldsymbol{z}}(t) + \mu \int_{-\infty}^{+\infty} \tilde{\boldsymbol{G}}(t, u)\, \boldsymbol{g}(u, \boldsymbol{x}(u), \mu)\, du.$$

(MALKIN [2], Kap. IV; HALE, Kap. III; ZUBOV, § 21.)

Wenn die Matrix $\boldsymbol{A}$ in (27.1) p Eigenwerte Null besitzt, während die übrigen Eigenwerte negative Realteile haben, kann man ohne Beschränkung der Allgemeinheit annehmen, daß $\boldsymbol{A}$ von der Form

$$\boldsymbol{C} = \begin{pmatrix} 0 & 0 \\ 0 & \boldsymbol{B}_{n-p} \end{pmatrix}$$

ist, worin $\boldsymbol{B}_{n-p}$ eine quadratische Matrix der Ordnung $n-p$ bezeichnet, deren sämtliche Eigenwerte negative Realteile haben. Neben dem System

$$\dot{\boldsymbol{x}} = \boldsymbol{C}\,\boldsymbol{x} + \mu\,\boldsymbol{g}(t, \boldsymbol{x}, \mu) \tag{27.5}$$

wird das Hilfssystem

$$\dot{\boldsymbol{y}} = \boldsymbol{C}\,\boldsymbol{y} + \mu\,\boldsymbol{g}(t, \boldsymbol{y}, \mu) - \mu\,\mathfrak{P}\,\boldsymbol{g}(t, \boldsymbol{y}, \mu) \tag{27.6}$$

betrachtet. Der mit $\mathfrak{P}$ bezeichnete „Projektionsoperator" ordnet einem Vektor $\boldsymbol{h} := \operatorname{col}(h_1(t), \ldots, h_p(t), h_{p+1}(t), \ldots, h_n(t))$ den Vektor

$$\mathfrak{P}\,\boldsymbol{h} := \operatorname{col}\left(\frac{1}{2\pi}\int_0^{2\pi} h_1(t)\,dt, \ldots, \frac{1}{2\pi}\int_0^{2\pi} h_p(t)\,dt,\ 0, \ldots, 0\right)$$

zu. Das zu (27.6) gehörende „verkürzte" System $\dot{\boldsymbol{y}} = \boldsymbol{C}\,\boldsymbol{y}$ hat eine p-parametrige Schar periodischer Lösungen, nämlich den konstanten Vektor $\boldsymbol{a}$ mit den p willkürlichen ersten Komponenten $a_1, \ldots, a_p$ und mit $a_{p+1} = \cdots = a_n = 0$. Man kann nun für hinreichend kleine Werte $\mu \leqq \mu_0$ des Parameters und zu jedem hinreichend kleinen $|\boldsymbol{a}| \leqq \beta$ eine wohlbestimmte periodische Lösung $\boldsymbol{y}(t, \mu, \boldsymbol{a})$ von (27.6) derart konstruieren, daß

$$\boldsymbol{y}(t, \mu, \boldsymbol{a}) \to \boldsymbol{a} \qquad (\mu \to 0)$$

strebt. Man gewinnt sie durch sukzessive Approximation gemäß

$$\begin{aligned}
{}_0\boldsymbol{y} &= \boldsymbol{a},\\
{}_i\boldsymbol{y} &= \boldsymbol{a} + \mu \int e^{\boldsymbol{C}(t-u)}\,\boldsymbol{g}(u, {}_{i-1}\boldsymbol{y}(u), \mu)\,du\\
&\quad - \mu \int e^{\boldsymbol{C}(t-u)}\,\mathfrak{P}\,\boldsymbol{g}(u, {}_{i-1}\boldsymbol{y}(u), \mu)\,du, \qquad i = 1, 2, \ldots.
\end{aligned}$$

Für diese Lösung des Hilfssystems gilt

Satz 27.1: Wenn sich das Gleichungssystem

$$\mathfrak{P}\,\boldsymbol{g}(t, \boldsymbol{y}(t, \mu, \boldsymbol{a}(\mu)), \mu) \equiv 0 \tag{27.7}$$

durch einen stetigen Funktionenvektor $\boldsymbol{a}(\mu)$ mit $|\boldsymbol{a}(\mu)| < \beta$ und für hinreichend kleine $\mu \leqq \mu_1 \leqq \mu_0$ auflösen läßt, dann ist $\boldsymbol{y}(t, \mu, \boldsymbol{a}(\mu))$ für $0 \leqq \mu \leqq \mu_1$ eine periodische Lösung von (27.5).

Die Integrationen der sukzessiven Approximation sind so auszuführen, daß jeweils periodische Funktionen entstehen. Die Grenzen können daher von den beteiligten Funktionen abhängen.

In vielen einfachen Fällen läßt sich das Gleichungssystem (27.7) sofort auflösen (Hale, §§ 6, 7; Hahn [2], § 77).

§ 28. Die Stabilität erzwungener Schwingungen

Zur Diskussion der Stabilität einer speziellen Lösung $\boldsymbol{x} = \boldsymbol{\varphi}(t)$ der Gleichung

$$\dot{\boldsymbol{x}} = \boldsymbol{f}(\boldsymbol{x}, t) \tag{28.1}$$

stellt man mittels der Substitution $\boldsymbol{x} = \boldsymbol{y} + \boldsymbol{\varphi}$ die *Differentialgleichung der gestörten Bewegung* (vgl. § 20)

$$\dot{\boldsymbol{y}} = \boldsymbol{f}(\boldsymbol{y} + \boldsymbol{\varphi}(t), t) - \dot{\boldsymbol{\varphi}}(t) \tag{28.2}$$

auf und untersucht die Stabilität ihrer Ruhelage. Meist benutzt man dazu das Prinzip von der Stabilität nach der ersten Näherung (§§ 21, 25): man konstruiert zu (28.2) die Gleichung der ersten Näherung

$$\dot{\boldsymbol{y}} = \boldsymbol{A}(t)\, \boldsymbol{y} \tag{28.3}$$

mit

$$\boldsymbol{A}(t) := \left(\frac{\partial f_i}{\partial x_k} \bigg|_{\boldsymbol{x} = \boldsymbol{\varphi}} \right), \tag{28.4}$$

die auch als *Gleichung in den Variationen* bezeichnet wird. Aus Satz 25.2 folgt: Ist die Ruhelage von (28.3) exponentiell stabil, so ist die Lösung $\boldsymbol{\varphi}(t)$ von (28.1) asymptotisch stabil.

Ist (28.1) autonom oder periodisch und handelt es sich um eine periodische Lösung $\boldsymbol{\varphi}(t)$, so wird die Gleichung in den Variationen periodisch, und die Stabilitätsdiskussion erfordert die Untersuchung der charakteristischen Exponenten. Das im § 12 für $n = 2$ beschriebene Verfahren läßt sich dabei auch für $n > 2$ heranziehen; die Rechnungen sind aber, besonders wenn Resonanz vorliegt, i. allg. recht kompliziert. Für eine quasilineare Gleichung der Gestalt (27.1) mit konstantem $\boldsymbol{A}$ und periodischen $\boldsymbol{f}$, $\boldsymbol{g}$ existiert das folgende *Näherungsverfahren* zur Bestimmung der charakteristischen Exponenten α_i der Gleichung in den Variationen, die (unter der Annahme, daß die Funktionen g_i differenzierbar sind), die Gestalt

$$\dot{\boldsymbol{y}} = (\boldsymbol{A} + \mu\, \boldsymbol{G}(t))\, \boldsymbol{y}, \quad \boldsymbol{G}(t) = \left(\frac{\partial g_i}{\partial x_k} \bigg|_{\boldsymbol{x} = 0} \right) \tag{28.5}$$

hat. Es seien $\lambda_1, \ldots, \lambda_n$ die Eigenwerte von $\boldsymbol{A}$, jeder seiner Vielfachheit entsprechend, gezählt. Da die α_i für $\mu = 0$ in die λ_i übergehen, kann man

$$\alpha_i = \lambda_i + \mu\, a_i(\mu) \tag{28.6}$$

schreiben. Es sei λ^* ein spezieller Eigenwert von $\boldsymbol{A}$, $\alpha^* = \lambda^* + \mu\, a^*$ der entsprechende charakteristische Exponent zu $\boldsymbol{A} + \mu\, \boldsymbol{G}(t)$. Gl. (28.5) hat mindestens eine Lösung der Form $\exp(\alpha^* t) \cdot \boldsymbol{\chi}(t)$ mit periodischem $\boldsymbol{\chi}(t)$. Führt man die Substitution $\boldsymbol{y} = \exp(\alpha^* t)\, \boldsymbol{z}$ durch, so entsteht die Hilfsgleichung

$$\dot{\boldsymbol{z}} = (\boldsymbol{A} + \mu\, \boldsymbol{G} - (\lambda^* + \mu\, a^*)\, \boldsymbol{E})\, \boldsymbol{z}, \tag{28.7}$$

die einen charakteristischen Exponenten Null und (mindestens) eine periodische Lösung hat. Man konstruiert diese Lösung durch sukzessive Approximation, beschränkt sich dabei aber auf die ersten beiden Schritte. Als nullte Näherung wählt man eine periodische Lösung $\boldsymbol{\varphi}$ der Gleichung

$$\dot{\boldsymbol{z}} = (\boldsymbol{A} - \lambda^* \boldsymbol{E})\, \boldsymbol{z}. \tag{28.8}$$

Die erste Näherung ist durch

$$\dot{z}_1 = (A - \lambda^* E)\, z_1 + \mu(G - a^* E)\, z_0$$

bestimmt.

Ist λ^* Mehrfacheigenwert oder befinden sich unter den Differenzen $\lambda^* - \lambda_j$ ganzzahlige Vielfache von i, so hat (28.8) eine Schar periodischer Lösungen, für die

$$\varphi^{(1)}, \ldots, \varphi^{(m)}$$

eine Basis sei. Die Vektoren $\varphi^{(j)}$ seien zu einer Matrix $\Phi(t)$ zusammengefaßt. Die Matrix $\Psi(t)$ sei aus einer entsprechenden Basis periodischer Lösungen der adjungierten Gleichung

$$\dot{w} = -(A - \lambda^* E)^T w$$

gebildet. Man konstruiere dann die m-reihigen quadratischen Matrizen

$$(28.9) \qquad R := \int_0^{2\pi} \Psi^T(t)\, \Phi(t)\, dt, \qquad S := \int_0^{2\pi} \Psi^T(t)\, G(t)\, \Phi(t)\, dt$$

und bestimme die Wurzeln $\varrho_1, \ldots, \varrho_m$ der algebraischen Gleichung

$$(28.10) \qquad \det(S - \varrho R) = 0.$$

Die Zahlen

$$\lambda^* + \varrho_j \qquad (j = 1, 2, \ldots, m)$$

sind Näherungswerte für diejenigen charakteristischen Exponenten α^*, *die mit* $\mu = 0$ *in* λ^* *übergehen* (MALKIN [2], Kap. III, § 11).

Beispiel. Es sei

$$(28.11) \qquad \ddot{x} + \dot{x} = \mu(-f(x) - b\,\dot{x} - \ddot{x} + a\,b \cos t - a \sin t).$$

(a und b sind Konstanten, $f(x)$ ist eine ungerade Funktion. Die Gleichung beschreibt ein Folgesystem. — Vgl. MALKIN a. a. O.). Es sei

$$\varphi(t) = K \cos t + L \sin t + M$$

eine periodische Lösung der verkürzten Gleichung $\ddot{x} + \dot{x} = 0$. Sie gibt das nullte Glied der Potenzreihe in μ für die Lösung. Zur Bestimmung der Konstanten K, L, M verfährt man, da Resonanz ($n = 1$) vorliegt, nach § 26, Fall b. Die Gleichung für den Koeffizienten x_1 von μ lautet [vgl. (26.10)]

$$(28.12) \qquad \ddot{x}_1 + \dot{x}_1 = -f(\varphi) + (K - b\,L + a\,b) \cos t + (b\,K + L - a) \sin t.$$

Die Bedingungen dafür, daß diese Gleichung eine periodische Lösung hat, sind

$$-\frac{1}{\pi} \int_0^{2\pi} f(\varphi) \cos t\, dt - b\,L + K + a\,b = 0,$$

$$-\frac{1}{\pi} \int_0^{2\pi} f(\varphi) \sin t\, dt + b\,K + L - a = 0$$

und

$$\int_0^{2\pi} f(\varphi)\, dt = 0,$$

da in der Fourier-Entwicklung der rechten Seite von (28.12) kein konstantes Glied auftreten darf. Da $f(x)$ ungerade ist, führt die dritte Bedingung auf $M = 0$. Die beiden andern Bedingungen legen K und L fest.

Mit den Bezeichnungen von (28.5) und (28.9) ist

$$\boldsymbol{A} = \begin{pmatrix} 0 & 1 & 0 \\ 0 & 0 & 1 \\ 0 & -1 & 0 \end{pmatrix}, \qquad \boldsymbol{G}(t) = \begin{pmatrix} 0 & 0 & 0 \\ 0 & 0 & 0 \\ -f'(\varphi) & -b & -1 \end{pmatrix},$$

$\lambda^* = 0$, $m = 3$, ferner

$$\boldsymbol{\Phi} = \begin{pmatrix} 1 & \sin t & \cos t \\ 0 & \cos t & -\sin t \\ 0 & -\sin t & -\cos t \end{pmatrix}, \quad \boldsymbol{\Psi} = \begin{pmatrix} 1 & 0 & 0 \\ 0 & \sin t & \cos t \\ 1 & \cos t & -\sin t \end{pmatrix},$$

$$\boldsymbol{R} = 2\pi \begin{pmatrix} 1 & 0 & 0 \\ 0 & 0 & -1 \\ 0 & 1 & 0 \end{pmatrix}, \qquad \boldsymbol{S} = \begin{pmatrix} -s & 0 & 0 \\ 0 & -\pi b - p & \pi - r \\ 0 & q - \pi & p - b\pi \end{pmatrix}.$$

Die Integrale von 0 bis 2π über $f'(\varphi(t))$, $f'(\varphi(t)) \sin t \cos t$, $f'(\varphi(t)) \sin^2 t$ und $f'(\varphi(t)) \cos^2 t$ sind bzw. mit s, p, q, r bezeichnet. Die Integrale über $f'(\varphi(t)) \sin t$ und $f'(\varphi(t)) \cos t$ sind Null, da $f(x)$ ungerade ist. Gl. (28.10) hat die Gestalt

$$(s + \varrho)\,(b^2 \pi^2 - p^2 - (q - \pi - \varrho)\,(-r + \pi + \varrho)) = 0.$$

Man kann leicht Bedingungen dafür angeben, daß diese Gleichung nur stabile Wurzeln hat, d. h. daß die Ruhelage von (28.11) asymptotisch stabil ist.

VI. Selbsterregte Schwingungen autonomer Systeme

§ 29. Konstruktion periodischer Lösungen[1]

Es sei

$$\dot{\boldsymbol{x}} = \boldsymbol{f}(\boldsymbol{x}) \tag{29.1}$$

eine autonome Gleichung mit der allgemeinen Lösung $\boldsymbol{p}(t - t_0, \boldsymbol{x}_0)$. Für die Anfangswerte $\boldsymbol{x}_0$ einer periodischen Lösung mit der Periode T muß [vgl. (15.2)] die Gleichung

$$\boldsymbol{p}(T, \overline{\boldsymbol{x}}_0) - \overline{\boldsymbol{x}}_0 = 0 \tag{29.2}$$

gelten. Ist die periodische Lösung $\boldsymbol{p}(t - t_0, \overline{\boldsymbol{x}}_0)$ orbital asymptotisch stabil, so entspricht ihr eine *selbsterregte Schwingung* des physikalischen Systems. Durch die n skalaren Gln. (29.2) sind die $n + 1$ Unbekannten T und $\overline{x}_{01}, \ldots, \overline{x}_{0n}$ nur bis auf einen Parameter bestimmt. Man kann aber wegen der Autonomie von (29.1) den t-Anfangspunkt t_0 verschieben, ohne die Gleichung zu ändern, und da mit $\boldsymbol{\varphi}(t)$ auch $\boldsymbol{\varphi}(t + t_1)$ periodisch ist, kann man durch passende Wahl der Verschiebung t_1 erreichen, daß eine Komponente von $\overline{\boldsymbol{x}}_0$, etwa $\overline{x}_{0n}$, einen festen Wert annimmt (vgl. dazu

[1] CESARI, § 8.2; MALKIN [*1*], § 62; MALKIN [*2*], Kap. I, III; MINORSKY, Kap. X.

§ 15) oder daß sonst eine für die Rechnung bequeme Vereinfachung eintritt. Die periodische Lösung hängt also nur von $n-1$ wesentlichen Parametern ab.

Beispiel. Das Gleichungssystem

$$\dot{x} = x(1 - x^2 - y^2) - y, \quad \dot{y} = x + y(1 - x^2 - y^2) \tag{29.3}$$

läßt sich elementar integrieren. Die allgemeine Lösung, in Polarkoordinaten [vgl. (15.10)] geschrieben, ist

$$r = \frac{r_0}{\sqrt{r_0^2 + |r_0^2 - 1|e^{-2t}}},$$

$$\Theta = t + \Theta_0.$$

Die periodische Lösung ist $x = \cos(t + \Theta_0)$, $y = \sin(t + \Theta_0)$. Die Periode T ist gleich 2π. Selbstverständlich entspricht allen, durch verschiedene Werte von Θ_0, $0 \leqq \Theta_0 < 2\pi$, bestimmten periodischen Lösungen dieselbe Trajektorie, nämlich der Einheitskreis.

Wenn (29.2) ein reelles Lösungssystem $\bar{x}_{01}, \ldots, \bar{x}_{0n}$, T mit $T > 0$ besitzt, treten periodische Lösungen von (29.1) auf. Man denke sich $\bar{x}_{0n}$ festgehalten, so daß die linke Seite von (29.2) eine Funktion der n Variablen $\bar{x}_{01}, \ldots, \bar{x}_{0,n-1}$, T wird, und bilde die Funktionaldeterminante nach diesen Variablen. Ist diese für das der periodischen Lösung von (29.1) entsprechende Lösungssystem von (29.2) von Null verschieden, so handelt es sich um eine *isolierte* periodische Bewegung. Jede Bewegung mit abgeänderten Anfangswerten ist dann nicht mehr periodisch. Ist die Funktionaldeterminante identisch Null, so existiert eine *Schar* periodischer Bewegungen, die je nach dem Rang der Funktionaldeterminante von einem oder von mehreren Parametern abhängt (Wirbelpunkt für $n = 2$, vgl. § 16). Im allgemeinen hängt dann auch die Periode T von diesen Parametern ab: die einzelnen Bewegungen einer Schar periodischer Bewegungen eines autonomen Systems haben *verschiedene* Perioden.

Es sei die rechte Seite von (29.1) von einem Parameter μ abhängig,

$$\dot{\mathfrak{x}} = \mathfrak{f}(\mathfrak{x}, \mu), \tag{29.4}$$

und zwar lasse sie für hinreichend kleine Werte von μ eine Potenzreihenentwicklung

$$\mathfrak{f}(\mathfrak{x}, \mu) = {}_0\mathfrak{f}(\mathfrak{x}) + \mu\, {}_1\mathfrak{f}(\mathfrak{x}) + \mu^2\, {}_2\mathfrak{f}(\mathfrak{x}) + \cdots \tag{29.5}$$

zu. Die verkürzte Gleichung $\dot{\mathfrak{x}} = \mathfrak{f}(\mathfrak{x}, 0) = {}_0\mathfrak{f}(\mathfrak{x})$ besitze eine isolierte periodische Lösung $\varphi(t)$ der Periode T. *Dann hat auch* (29.4) *für hinreichend kleine* μ *eine periodische Lösung* $\varphi(t, \mu)$, deren Periode $T(\mu)$ aber von μ abhängt, *die für* $\mu = 0$ *in* $\varphi(t)$ *übergeht.* Zur *Konstruktion* dieser Lösung denkt man sich die Periode $T(\mu)$ nach Potenzen von μ entwickelt,

$$T(\mu) = T(0)\,(1 + \alpha_1 \mu + \alpha_2 \mu^2 + \cdots),$$

und führt durch eine Substitution

(29.6) $$t = \tau(1 + \alpha_1 \mu + \alpha_2 \mu^2 + \cdots)$$

eine neue unabhängige Variable τ ein. Man erreicht dadurch, daß die Periodenlänge, auf der τ-Achse gemessen, von μ unabhängig wird. Die Gl. (29.4) geht dabei in

(29.7) $$\mathfrak{x}' = \mathfrak{f}(\mathfrak{x}, \mu)\,(1 + \alpha_1 \mu + \alpha_2 \mu^2 + \cdots)$$

über; der Strich bezeichnet die Ableitung nach τ. Zur Bestimmung der periodischen Lösung geht man mit dem zu (29.5) analogen Ansatz

(29.8) $$\mathfrak{x}(\tau) = {}_0\mathfrak{x}(\tau) + \mu\, {}_1\mathfrak{x}(\tau) + \cdots,\quad {}_i\mathfrak{x} \text{ periodisch},\quad {}_0\mathfrak{x}(\tau) = \varphi(\tau)$$

in (29.7), entwickelt

$$\mathfrak{f}(\mathfrak{x}(\tau), \mu) = \mathfrak{f}({}_0\mathfrak{x}(\tau) + \mu\, {}_1\mathfrak{x}(\tau) + \cdots, \mu)$$

nach Potenzen von μ und vergleicht beiderseits die Koeffizienten. Es entsteht eine Folge von Systemen inhomogener Differentialgleichungen

(29.9) $$\begin{aligned} {}_0\mathfrak{x}'(\tau) &= \mathfrak{f}({}_0\mathfrak{x}(\tau), 0) = {}_0\mathfrak{f}({}_0\mathfrak{x}(\tau)),\\ {}_1\mathfrak{x}'(\tau) &= \left(\frac{\partial_0 f_i}{\partial x_k}\bigg|_{\mathfrak{x} = {}_0\mathfrak{x}}\right) {}_1\mathfrak{x} + {}_1\mathfrak{f}({}_0\mathfrak{x}) + \alpha_1\, {}_0\mathfrak{f}({}_0\mathfrak{x}) + \cdots.\\ &\cdots\cdots\cdots\cdots \end{aligned}$$

Die i-te, $i \geqq 1$, Gleichung ist in den Komponenten von ${}_i\mathfrak{x}$ linear, und ihre Koeffizienten sowie die absoluten Glieder hängen von den bereits ermittelten Größen ${}_0\mathfrak{x}, \ldots, {}_{i-1}\mathfrak{x}$ ab. Da ${}_i\mathfrak{x}$ periodisch sein soll, müssen die absoluten Glieder in der i-ten Gleichung die Lösbarkeitsbedingungen erfüllen. Außerdem hat man durch die oben erwähnte Festlegung einer Komponente der gesuchten Lösung jeweils eine Anfangsbedingung. Das sind $n + 1$ Bedingungen; sie dienen zur Festlegung der bei der Bestimmung von ${}_{i-1}\mathfrak{x}$ willkürlich gebliebenen Konstanten sowie der Konstanten α_i.

Nach Abschluß der Rechnung muß man von τ wieder zu t übergehen, d. h. die Substitution (29.6) rückgängig machen.

Das Verfahren, dessen wesentlicher Kunstgriff die Substitution (29.6) ist, wird gelegentlich als Verfahren von LINDSTEDT bezeichnet.

Im Fall $n = 2$ kann man die Parameterabhängigkeit auch noch in anderer Weise berücksichtigen. Man führt in (29.1) Polarkoordinaten ein und betrachtet an Stelle des Systems 2. Ordnung (15.10) die äquivalente Differentialgleichung erster Ordnung für $r = r(\Theta)$, die die Gestalt

(29.10) $$\frac{dr}{d\Theta} = g(r, \Theta)$$

hat. Der Ansatz für die periodische Lösung ist

(29.11) $$\begin{aligned} r(\Theta) &= r_0\, u_1(\Theta) + r_0^2\, u_2(\Theta) + \cdots\\ u_1(0) &= 1, \quad u_2(0) = u_3(0) = \cdots = 0, \end{aligned}$$

die Koeffizienten $u_i(\Theta)$ sind mit 2π periodisch. Man setzt (29.11) in (29.10) ein, vergleicht beiderseits die Koeffizienten gleicher Potenzen von r_0 und erhält ein System von Differentialgleichungen erster Ordnung für die Größen $u_i(\Theta)$. Die Bedingung für den Anfangswert r_0 lautet $r(2\pi) = r(0) = r_0$; sie entspricht der Gl. (15.3). Vgl. dazu Beispiel 4, § 30.

§ 30. Beispiele für die Bestimmung der periodischen Lösung

Beispiel 1. Gestörtes konservatives System eines Freiheitsgrades. Es sei

$$\begin{aligned} \dot{x} &= a\,x - b\,y + p(x, y), \\ \dot{y} &= b\,x + a\,y + q(x, y). \end{aligned} \tag{30.1}$$

Die Funktionen p und q seien bzgl. x und y mindestens von zweiter Ordnung, und die rechten Seiten, insbesondere die Größen a und b, mögen analytisch von einem reellen Parameter $\varkappa$ abhängen; dabei sei $a(\varkappa_0) = 0$, $b(\varkappa_0) > 0$. Führt man $\mu = \varkappa - \varkappa_0$ als neuen Parameter ein und beachtet, daß

$$a(\varkappa) = a(\varkappa_0 + \mu) = 0 + \mu\, a'(\varkappa_0 + \vartheta\,\mu), \qquad b(\varkappa) = b(\varkappa_0) + \mu\, b'(\varkappa_0 + \vartheta\,\mu),$$
$$0 < \vartheta < 1,$$

ist, so entsteht ein System

$$\dot{x} = -b(\varkappa_0)\,y + \mu\big(a'(\varkappa_0 + \vartheta\,\mu)\,x - b'(\varkappa_0 + \vartheta\,\mu)\,y\big) + p(x, y),$$
$$\dot{y} = b(\varkappa_0)\,x + \mu\big(b'(\varkappa_0 + \vartheta\,\mu)\,x + a'(\varkappa_0 + \vartheta\,\mu)\,y\big) + q(x, y),$$

und dieses ist äquivalent einem gestörten konservativen System eines Freiheitsgrades der Gestalt

$$\ddot{x} + k^2 x = \mu\, f(x, \dot{x}, \mu) \qquad (k = b(\varkappa_0)). \tag{30.2}$$

Bei der Anwendung des Verfahrens von § 29 behält man am besten die skalare Schreibweise bei und nimmt die Konstante k in die Substitution (29.6) mit hinein, so daß

$$t = \frac{\tau}{k}(1 + \alpha_1\mu + \cdots)$$

ist und

$$x'' + x(1 + \alpha_1\mu + \cdots)^2 = \frac{\mu}{k^2} f\big(x, k(1 + \alpha_1\mu + \cdots)^{-1} x', \mu\big)\,(1 + \alpha_1\mu + \cdots)^2$$

entsteht. Wie in (29.8) setzt man

$$x(\tau) = x_0(\tau) + \mu\, x_1(\tau) + \cdots$$

und schreibt die Anfangsbedingung $x'(0) = 0$ (vgl. § 29) vor; das bedeutet

$$x_i'(0) = 0 \qquad (i = 0, 1, 2, \ldots).$$

Für die nullte Näherung erhält man

$$x_0'' + x_0 = 0$$

und wegen der Anfangsbedingung entfällt das Sinusglied, so daß

$$x_0 = a_0 \cos\tau$$

mit noch zu bestimmendem a_0. Für die erste Näherung erhält man

$$x_1'' + x_1 = -2\alpha_1 a_0 \cos\tau + k^{-2} f(a_0\cos\tau, -k\,a_0 \sin\tau, 0). \tag{30.3}$$

Die Lösbarkeitsbedingungen lauten [vgl. (12.12), (26.4)]

$$-2\alpha_1 a_0 + \pi^{-1} k^{-2} \int_0^{2\pi} f(a_0 \cos\tau, -k\, a_0 \sin\tau, 0) \cos\tau\, d\tau = 0,$$

$$\int_0^{2\pi} f(a_0 \cos\tau, -k\, a_0 \sin\tau, 0) \sin\tau\, d\tau = 0.$$

Sie liefern zwei Gleichungen zur Bestimmung von a_0 und α_1. Man findet

$$x_1(\tau) = \varphi_1(\tau) + a_1 \cos\tau + b_1 \sin\tau.$$

$\varphi_1(\tau)$ ist die wohlbestimmte periodische Lösung von (30.3), deren Existenz durch die Lösbarkeitsbedingungen gesichert ist; a_1 und b_1 sind zunächst noch unbestimmt. Zur Festlegung dieser Konstanten sowie des Koeffizienten α_2 dient die Gleichung

$$x_1'(0) = \varphi'(0) + b_1 = 0$$

in Verbindung mit den beiden Lösbarkeitsbedingungen, die zu der Gleichung für x_2 gehören.

Beispiel 2. Gestörtes lineares System höherer Ordnung im Resonanzfall. Das zu

(30.4) $$\dot{\boldsymbol{x}} = \boldsymbol{A}\,\boldsymbol{x} + \mu \boldsymbol{f}(\boldsymbol{x}, \mu) \quad (\boldsymbol{A} \text{ konstant})$$

gehörende verkürzte System

$$\dot{\boldsymbol{x}} = \boldsymbol{A}\,\boldsymbol{x}$$

habe eine m-parametrige Schar von periodischen Lösungen der Periode T,

(30.5) $${}_0\boldsymbol{x}(t) = c_1^0\, \boldsymbol{\varphi}_1(t) + \cdots + c_m^0\, \boldsymbol{\varphi}_m(t).$$

Durch eine geeignete Verschiebung der t-Achse läßt sich einer dieser Parameter beseitigen. Da nämlich die $\boldsymbol{\varphi}_j$ eine Basis der periodischen Lösungen bilden, müssen lineare Darstellungen

$$\boldsymbol{\varphi}_i(t+h) = \sum_{j=1}^{m} r_{ij}\, \boldsymbol{\varphi}_j(t) \qquad (i = 1, 2, \ldots, m)$$

mit von h abhängigen Konstanten r_{ij} existieren; dementsprechend ist

$${}_0\boldsymbol{x}(t+h) = \sum_{i=1}^{m} c_i^0\, \boldsymbol{\varphi}_i(t+h) = \sum_{i=1}^{m} \sum_{j=1}^{m} c_i^0\, r_{ij}\, \boldsymbol{\varphi}_j(t).$$

Wählt man h so, daß

$$\sum_{i=1}^{m} c_i^0\, r_{im} = 0$$

wird, so verschwindet in der Darstellung von ${}_0\boldsymbol{x}(t+h)$ durch die $\boldsymbol{\varphi}_i$ der letzte Term identisch.

Man sucht nun ähnlich wie im Beispiel 1 eine von μ abhängende periodische Lösung von (30.4), die mit $\mu = 0$ in ${}_0\boldsymbol{x}$ übergeht. Durch die Substitution (29.6) entsteht die Gleichung

$$\boldsymbol{x}' = \boldsymbol{A}\,\boldsymbol{x} + \mu(1 + \alpha_1 \mu + \cdots) \boldsymbol{f}(\boldsymbol{x}, \mu) + \mu(\alpha_1 + \alpha_2 \mu + \cdots)\, \boldsymbol{A}\,\boldsymbol{x},$$

und der Potenzreihenansatz (29.8), worin die nullte Näherung durch (30.5) mit $c_m^0 = 0$ gegeben ist, führt auf ein Gleichungssystem

$${}_0\boldsymbol{x}' = \boldsymbol{A}\,{}_0\boldsymbol{x},$$
$${}_1\boldsymbol{x}' = \boldsymbol{A}\,{}_1\boldsymbol{x} + \alpha_1 \boldsymbol{A}\,{}_0\boldsymbol{x} + \boldsymbol{f}({}_0\boldsymbol{x}, 0),$$
$$\cdots\cdots\cdots$$

Da die zur zweiten Gleichung gehörende homogene Gleichung eine m-parametrige Schar periodischer Lösungen hat, müssen (vgl. § 11c) m Lösbarkeitsbedingungen erfüllt sein. Sie dienen zur Bestimmung der Parameter $c_1^0, \ldots, c_{m-1}^0$ und des Koeffizienten α_1 in (29.6). Die weiteren Schritte verlaufen analog.

Beispiel 3. Gestörtes lineares System zweiter Ordnung in der Umgebung eines Wirbelpunktes (MALKIN [*1*], § 38). Es sei

$$\begin{aligned} \dot{x} &= -k\,y + f(x, y), \\ \dot{y} &= k\,x + g(x, y). \end{aligned} \tag{30.6}$$

Die Reihenentwicklung von f und g sollen mit Gliedern von mindestens zweiter Ordnung beginnen. Das verkürzte System $\dot{x} = -k\,y$, $\dot{y} = k\,x$ besitzt eine Familie periodischer Lösungen mit folgender Eigenschaft: man kann als Parameter die x-Komponente $x_0 = c$ des Anfangswertes (x_0, y_0) wählen derart, daß zu jedem Wert $c > 0$ eine periodische Lösung und zu $c = 0$ die triviale Lösung gehört. Zur Bestimmung der periodischen Lösungen von (30.6) wendet man das Lindstedtsche (§ 29) Verfahren an, und zwar identifiziert man den „kleinen Parameter" μ mit dem Anfangswert c (der also in der Ausgangsgleichung nicht auftritt). Als nullte Näherung wählt man die triviale Lösung; für die erste Näherung ergibt sich die verkürzte Gleichung. Die Anfangsbedingung

$$x(0) = c, \quad y(0) = 0$$

liefert wegen (29.8)

$$\begin{aligned} {}_1x(0) &= 1, \quad {}_2x(0) = {}_3x(0) = \cdots = 0, \\ {}_1y(0) &= {}_2y(0) = \cdots = 0. \end{aligned} \tag{30.7}$$

Im einzelnen verläuft die Rechnung wie folgt: Wie im Beispiel 1 führt man τ ein und erhält (mit c an Stelle von μ)

$$x' = (-y + k^{-1} f)\,(1 + \alpha_1 c + \cdots); \qquad y' = (x + k^{-1} g)\,(1 + \alpha_1 c + \cdots).$$

Der Ansatz (29.8) lautet jetzt

$$x(\tau) = c\,{}_1x(\tau) + c^2\,{}_2x(\tau) + \cdots; \qquad y(\tau) = c\,{}_1y(\tau) + c^2\,{}_2y(\tau) + \cdots.$$

${}_ix(\tau)$ und ${}_iy(\tau)$ sind periodisch in τ mit der Periode 2π. Für die erste Näherung folgt

$${}_1x' = -{}_1y; \qquad {}_1y' = {}_1x$$

und wegen (30.7)

$${}_1x = \cos\tau; \qquad {}_1y = \sin\tau.$$

Die Gleichungen für die zweite Näherung lauten

$$\begin{aligned} {}_2x' &= -{}_2y - \alpha_1 \sin\tau + k^{-1} f_2(\cos\tau, \sin\tau), \\ {}_2y' &= {}_2x + \alpha_1 \cos\tau + k^{-1} g_2(\cos\tau, \sin\tau). \end{aligned}$$

Darin bezeichnen f_2 und g_2 die Glieder zweiter Ordnung in den Entwicklungen von f und g. Die Lösbarkeitsbedingungen lassen sich auf die Gestalt

$$2\pi\,k\,\alpha_1 + \int_0^{2\pi} (-f_2 \sin\tau + g_2 \cos\tau)\,d\tau = 0,$$

$$\int_0^{2\pi} (f_2 \cos\tau + g_2 \sin\tau)\,d\tau = 0$$

bringen. f_2 und g_2 sind, wie angegeben, Polynome zweiten Grades in $\cos\tau$ und $\sin\tau$. Die Integranden sind also bzgl. $\sin\tau$ und $\cos\tau$ ungerade, so daß die Integrale verschwinden. Es folgt $\alpha_1 = 0$. Da beide Bedingungen erfüllt sind, erhält man

$$\begin{aligned} {}_2x &= \text{period. Funktion} + a_2 \cos\tau + b_2 \sin\tau, \\ {}_2y &= \text{period. Funktion} + a_2 \sin\tau + b_2 \cos\tau. \end{aligned}$$

Aus den Anfangsbedingungen ${}_2x(0) = {}_2y(0)$ ergeben sich die Konstanten. Nach dem i-ten Schritt hat man zwei Gleichungen

$$
\begin{aligned}
{}_ix' &= -{}_iy - \alpha_{i-1}\sin\tau + p_i,\\
{}_iy' &= {}_ix + \alpha_{i-1}\cos\tau + q_i
\end{aligned}
$$

zu lösen; p_i und q_i sind durch die vorhergehenden Näherungen ${}_1x, {}_1y, \ldots, {}_{i-1}y$ eindeutig bestimmt. Die Lösbarkeitsbedingungen lauten

$$
(30.8)\qquad
\begin{aligned}
2\pi\,\alpha_{i-1} + \int_0^{2\pi} (-p_i\sin\tau + q_i\cos\tau)\,d\tau &= 0,\\
\int_0^{2\pi} (p_i\cos\tau + q_i\sin\tau)\,d\tau &= 0.
\end{aligned}
$$

Wenn die zweite Gleichung für irgendein i *nicht* erfüllt ist, existiert keine periodische Lösung, und der Anfangspunkt ist *kein* Wirbelpunkt. Die Entscheidung, ob wirklich ein Wirbelpunkt vorliegt, kann also auf diesem Wege nicht erbracht werden, da sie unendlich viele Rechenschritte erfordert. Man kann aber im Fall des Abbrechens des Verfahrens aus dem Vorzeichen des Integrals das Stabilitätsproblem lösen. Es gilt folgende

Regel. Es sei die zweite Bedingung (30.8) beim r-ten Schritt erstmalig nicht erfüllt. Ist dann die Zahl

$$
(30.9)\qquad g := \frac{1}{2\pi}\int_0^{2\pi} (p_r\cos\tau + q_r\sin\tau)\,d\tau
$$

positiv, so ist der Nullpunkt ein instabiler Strudelpunkt, ist g negativ, so ist er ein asymptotisch stabiler Strudelpunkt. Die Zahl r ist immer gerade.

Das Verfahren läßt sich auch anwenden, wenn die zu (30.6) gehörende „verkürzte" Gleichung nichtlinear ist, sofern sie nur für hinreichend kleine Werte x_0 eine Familie periodischer Lösungen mit den obengenannten Eigenschaften besitzt.

Beispiel 4. Behandlung des Systems zweiter Ordnung mit Hilfe von Polarkoordinaten. Das System (30.1), dessen rechte Seite von dem Parameter $\varkappa$ abhängt, läßt sich [vgl. (29.10)] in die Form

$$
r'(\Theta) = \frac{dr}{d\Theta} = g(r, \Theta, \varkappa)
$$

bringen. Unter den angenommenen Voraussetzungen läßt sich die rechte Seite für hinreichend kleine Werte von $|\varkappa_0 - \varkappa|$ in eine nach Potenzen von r fortschreitende Reihe

$$
r' = r\,R_1(\Theta, \varkappa) + r^2 R_2(\Theta, \varkappa) + \cdots
$$

entwickeln. Die Koeffizienten $R_i(\Theta, \varkappa)$ sind bezüglich Θ periodisch. Der erste Koeffizient

$$
R_1 = \frac{a(\varkappa)}{b(\varkappa)}
$$

ist von Θ unabhängig. Wie im § 29 findet man für die Koeffizienten $u_i(\Theta, \varkappa)$ der Potenzreihe

$$
r = r_0\,u_1(\Theta, \varkappa) + r_0^2\,u_2(\Theta, \varkappa) + \cdots
$$

Differentialgleichungen mit einfachen Anfangsbedingungen. Insbesondere ist

$$u_1'(\Theta, \varkappa) = u_1(\Theta, \varkappa)\, R_1, \qquad u_1(0, \varkappa) = 1,$$

$$u_1(\Theta, \varkappa) = \exp\left(\frac{a(\varkappa)}{b(\varkappa)}\,\Theta\right),$$

$$u_2' = u_2 R_1 + u_1^2 R_2, \qquad u_2(0, \varkappa) = 0,$$

$$\cdots\cdots\cdots\cdots\cdots\cdots\cdots$$

Die Bedingung $r(2\pi) = r(0) = r_0$ nimmt die Form

$$(30.10) \qquad R(r_0, \varkappa) = 0 \quad \text{mit} \quad R(r, \varkappa) := \exp\left(\frac{2\pi\, a(\varkappa)}{b(\varkappa)}\right) - 1 + \sum_{j=2}^{\infty} u_j(2\pi, \varkappa)\, r^{j-1}$$

an und ist (abgesehen von der geänderten Parameterbezeichnung) genau vom Typ der Gl. (15.12). Daher lassen sich die geometrischen Betrachtungen, die die Stabilität betreffen (vgl. Abb. 15.5), ohne weiteres übertragen. Der trivialen Lösung $r_0 = 0$ entspricht der Parameterwert $\tilde{\varkappa}$, für den $R(0, \tilde{\varkappa}) = 0$ ist bzw. der Schnittpunkt der Kurve mit der $\varkappa$-Achse. Da $\left.\frac{\partial R}{\partial r}\right|_{r=0} = 0$, gehört $\tilde{\varkappa}$ zu den Verzweigungswerten (vgl. § 15). Ist $a'(\tilde{\varkappa}) \neq 0$, so gilt folgende *Stabilitätsregel.* Man bilde mit Hilfe der Gleichung $R(r_0, \varkappa) = 0$ die zweite Ableitung $d^2\varkappa/dr_0^2$ an der Stelle $\varkappa = \tilde{\varkappa}$. Sie sei mit g bezeichnet, und zwar ist

$$(30.11) \qquad g = -2u_3(2\pi, \tilde{\varkappa})\,\frac{b(\tilde{\varkappa})}{a'(\tilde{\varkappa})}.$$

Je nachdem g positiv oder negativ ist, ist $\tilde{\varkappa}$ ein Minimum oder ein Maximum (vgl. Abb. 30.1, 30.2). Da nach Voraussetzung über (30.1) $b(\tilde{\varkappa}) > 0$ ist, sind folgende

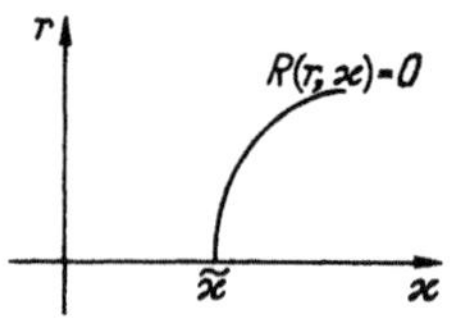

Abb. 30.1. Zu Beispiel 30.4: $g > 0$, $\tilde{\varkappa}$ Minimum

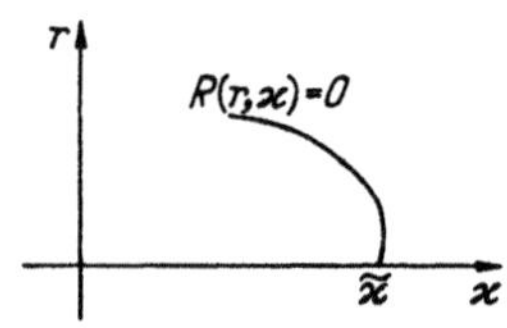

Abb. 30.2. Zu Beispiel 30.4: $g > 0$, $\tilde{\varkappa}$ Maximum

vier Fälle zu unterscheiden: 1. $a'(\tilde{\varkappa}) > 0$, $g > 0$. Der Nullpunkt ist ein Strudelpunkt, und zwar für $\varkappa < \tilde{\varkappa}$ stabil, für $\varkappa > \tilde{\varkappa}$ instabil. Für $\varkappa \geqq \tilde{\varkappa}$ existieren stabile Grenzzyklen. 2. $a'(\tilde{\varkappa}) > 0$, $g < 0$. Verhalten des Nullpunktes wie bei 1. Für $\varkappa \leqq \tilde{\varkappa}$ existiert ein instabiler Grenzzyklus. 3. $a'(\tilde{\varkappa}) < 0$, $g > 0$. Wie 1, aber „stabil" und „instabil" vertauscht. 4. $a'(\tilde{\varkappa}) < 0$, $g < 0$. Wie 2., aber stabil und instabil vertauscht (Andronov u. a., Kap. VI, § 2, Minorsky, Kap. VII).

§ 31. Die Stabilität der selbsterregten Schwingungen;[1] die kritischen Fälle

A. Es sei $\varphi(t)$ eine periodische Lösung von (29.1). Die dazu gehörende Gleichung in den Variationen [vgl. (28.3)]

$$(31.1) \qquad \dot{y} = A(t)\, y$$

[1] Hahn [2], § 81; Malkin [1], § 36ff; Malkin [2], Kap. III; Zubov, § 13.

ist periodisch; die Verhältnisse liegen aber in einem wesentlichen Punkt anders als bei erzwungenen Schwingungen. Da nämlich mit $\boldsymbol{\varphi}(t)$ auch $\boldsymbol{\varphi}(t+h)$ bei beliebigem h eine periodische Lösung von (29.1) ist, gilt

$$\dot{\boldsymbol{\varphi}}(t+h) = \boldsymbol{f}(\boldsymbol{\varphi}(t+h))$$

identisch in h. Differenziert man nach h und setzt anschließend $h = 0$, so folgt

$$\ddot{\boldsymbol{\varphi}}(t) = \boldsymbol{A}(t)\,\dot{\boldsymbol{\varphi}}(t).$$

Die periodische Funktion $\dot{\boldsymbol{\varphi}}$ ist also Lösung der Gleichung in den Variationen, und diese hat infolgedessen mindestens einen charakteristischen Exponenten Null. Da somit ein kritischer Fall vorliegt, kann der Satz von der Stabilität nach der ersten Näherung nicht angewandt werden. Tatsächlich kann eine *periodische Lösung eines autonomen Systems niemals asymptotisch stabil im Sinne von Ljapunov sein.* Die Differenz der beiden Lösungen $\boldsymbol{\varphi}(t)$ und $\boldsymbol{\varphi}(t+h)$ [es sind das verschiedene Lösungen, obwohl ihnen dieselbe Trajektorie entspricht, vgl. die Bemerkung zu (29.3)] strebt ja nicht gegen Null. Es gilt aber der nach Andronov und Witt benannte

Satz 31.1: Die periodische Lösung eines autonomen Systems ist orbital asymptotisch stabil und zugleich stabil im Sinne von Ljapunov, wenn die Gleichung in den Variationen $n-1$ charakteristische Exponenten mit negativem Realteil bzw. $n-1$ charakteristische Faktoren mit einem Absolutbetrag kleiner als Eins besitzt.

Im Fall $n = 2$ kann man dem Kriterium (nach Poincaré) eine einfachere Gestalt geben. Es sei $x(t)$, $y(t)$ eine isolierte periodische Lösung von $\dot{x} = f(x, y)$, $\dot{y} = g(x, y)$ und C der entsprechende Zyklus in der Phasenebene. Man betrachte das Kurvenintegral

$$\gamma = \int\limits_C (f_x + g_y)\,dt,$$

erstreckt über die Kurve C im Sinne wachsender t. Je nachdem $\gamma < 0$ oder $\gamma > 0$ ist, ist die Lösung orbital asymptotisch stabil oder instabil (Stoker, Appendix 5).

Ist die Gleichung in Polarkoordinaten gegeben [vgl. (15.10), § 29, Beispiel 4] und ist die Gleichung für $\dot{r}$ von Θ unabhängig, $\dot{r} = R(r)$, so ist der durch $R(r_0) = 0$ definierte Grenzzyklus stabil oder instabil, je nachdem $R'(r_0)$ negativ oder positiv ist. Hängt die Funktion R noch von einem Parameter ab, so gilt die Stabilitätsregel vom Ende des § 16: diejenigen Stücke der Kurve $R(r, \varkappa) = 0$, die oberhalb des Gebietes $R(r, \varkappa) > 0$ liegen, gehören zu stabilen Bewegungen, da bei Durchgang durch ein solches Stück im Sinn wachsender r die Funktion R abnimmt (Andronov u. a., Kap. IX).

Beispiel. Es sei

$$\dot{r} = -r(r^2 - a\,r + \varkappa).$$

Die R-Kurve besteht aus einem Parabelbogen und der $\varkappa$-Achse. Der positiven $\varkappa$-Achse entsprechen stabile Ruhelagen, der oberen Halbparabel stabile Grenzzyklen, dem Stück OS (Abb. 31.1) *instabile* Grenzzyklen. Wenn $\varkappa$ von negativen Werten zunehmend den Wert $\tilde{\varkappa} = a^2/4$ erreicht, verschwindet der Grenzzyklus plötzlich; nimmt $\varkappa$ von positiven Werten her ab, so geht die stabile Ruhelage bei $\varkappa = 0$ sprunghaft in den Grenzzyklus über. Der Sprung findet beim Hinlauf (zunehmender Parameter) an einer anderen Stelle statt als beim Rücklauf [*Hysterese-Effekt*, vgl. (17.6)]. Vgl. auch § 30, Beispiel 4 (MINORSKY, Kap. XV).

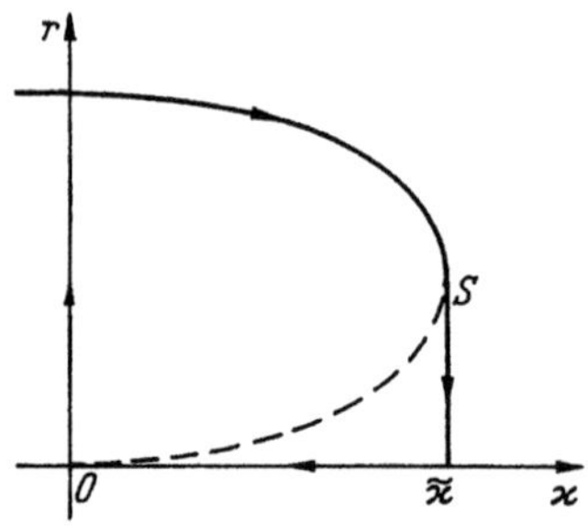

Abb. 31.1
Hystereseeffekt, bewirkt durch sprunghaftes Auftreten von Grenzzyklen

Bemerkung. In manchen Fällen empfiehlt es sich, nicht zu Polarkoordinaten überzugehen, sondern die Transformation

$$x = r\,\mathrm{Cs}\,\Phi, \qquad y = -r^2\,\mathrm{Sn}\,\Phi$$

durchzuführen, wobei

$$(\mathrm{Sn}\,\Phi)' = \mathrm{Cs}^3\,\Phi, \qquad (\mathrm{Cs}\,\Phi)' = -\mathrm{Sn}\,\Phi, \qquad \mathrm{Cs}^4\,\Phi + 2\,\mathrm{Sn}^2\,\Phi = 1$$

(ANDREEV).

B. Bei einer in der Form

$$\dot{\boldsymbol{x}} = \boldsymbol{A}\,\boldsymbol{x} + \boldsymbol{g}(\boldsymbol{x}) \tag{31.2}$$

(g analytisch und mit Gliedern zweiter Ordnung beginnend) geschriebenen autonomen Gleichung liegt ein *kritischer* Fall genau dann vor, wenn die Matrix $\boldsymbol{A}$ zwar nur Eigenwerte mit nichtpositiven Realteilen hat, wenn unter diesen aber Eigenwerte mit Realteil Null wirklich vorkommen. Es gibt Verfahren, die die Lösung des Stabilitätsproblems in einem kritischen Fall nach endlich vielen Schritten gestatten und die nur die Gleichungen, nicht die expliziten Lösungen benutzen. Wegen der Einzelheiten der Rechnung vgl. MALKIN [*1*], § 90ff. In den einfachsten Fällen läßt sich das Ergebnis in *Regeln* fassen.

1. Die Gleichung sei skalar und von der Form

$$\dot{x} = g_k\,x^k + g_{k+1}\,x^{k+1} + \cdots, \; k \geqq 2. \tag{31.3}$$

Die Ruhelage ist instabil, wenn k gerade oder wenn k ungerade und $g_k > 0$ ist. Sie ist asymptotisch stabil, wenn k ungerade und $g_k < 0$ ist.

2. Es sei $n \geqq 2$ und ein einziger Eigenwert von $\boldsymbol{A}$ kritisch (also gleich Null). Man transformiere zunächst $\boldsymbol{A}$ so, daß die erste Zeile nur Nullen enthält, und denke sich die Gl. (31.2) mit leichter Änderung der Bezeichnung und Heraushebung der „kritischen“ Variablen x_0

in der Form

$$(31.4)\qquad \begin{aligned} \dot{x}_0 &= g_{0k}\, x_0^k + g_{0,\,k+1}\, x_0^{k+1} + \cdots + f_0(x_0, x_1, \ldots, x_n), \\ \dot{x}_i &= b_i\, x_0 + \sum_{k=1}^{n} a_{ik}\, x_k + g_{i,\,k_i}\, x_0^{k_i} + \cdots + f_i(x_0, x_1, \ldots, x_n) \\ &\qquad\qquad (i = 1, 2, \ldots, n) \end{aligned}$$

aufgeschrieben; dabei sei $f_i(x_0, 0, \ldots, 0) = 0$, $(i = 0, 1, \ldots, n)$.

a) Sind in (31.4) die Zahlen b_i $(i = 1, 2, \ldots, n)$ gleich Null und ist $k_i \geqq k$, so gilt die Regel von 1. mit g_{0k} an Stelle von g_k.

b) Sind die speziellen Voraussetzungen von a) nicht erfüllt, so realisiere man sie durch die folgende *nichtlineare* Variablentransformation: Man löse das Gleichungssystem

$$(31.5)\qquad b_i\, x_0 + \sum_{k=1}^{n} a_{ik}\, x_k + g_{i,\,k_i}\, x_0^{k_i} + \cdots + f_i(x_0, \ldots, x_n) = 0 \qquad (i = 1, 2, \ldots, n),$$

nach $x_1, \ldots, x_n$ auf, so daß man $x_i = u_i(x_0)$ als Funktion von x_0 erhält, und setze diese Funktionen in der rechten Seite der ersten Gleichung von (31.4) ein. Es entsteht die Gleichung

$$(31.6)\qquad \dot{x}_0 = g_{0k}\, x_0^k + \cdots + f_0\big(x_0, u_1(x_0), \ldots, u_n(x_0)\big).$$

Wenn die rechte Seite von (31.6) identisch verschwindet, so ist die Ruhelage von (31.4) nicht-asymptotisch stabil und gehört in diesem *singulären* Fall zu einer Schar von konstanten Lösungen $x_0 =$ konst., $x_i = u_i(x_0)$ (vgl. § 30, Beispiel 3). Wenn die rechte Seite von (31.6) nicht verschwindet, so zeigt ihre Ruhelage das gleiche Stabilitätsverhalten wie die Ruhelage von (31.4). Man hat also wieder die Regel von 1. anzuwenden, natürlich unter Berücksichtigung etwaiger Glieder k-ter Ordnung von f_0. Es leuchtet ein, daß man von den Potenzreihen, die die Funktionen $u_i(x_0)$ darstellen, nur endlich viele Glieder zu berechnen braucht.

Zuweilen läßt sich die Funktionalmatrix

$$\boldsymbol{J}(\boldsymbol{x}) = \boldsymbol{A} + \left(\frac{\partial g_i}{\partial x_k}\right)$$

der rechten Seite von (31.2) benutzen.

$\boldsymbol{A}$ habe den einfachen Eigenwert Null. Hat $\boldsymbol{J}(\boldsymbol{x})$ für $\boldsymbol{x} \neq 0$ in einer gewissen Umgebung des Nullpunktes nur Eigenwerte mit negativen Realteilen, so ist die Ruhelage von (31.2) asymptotisch stabil. Hat $\boldsymbol{J}(\boldsymbol{x})$ in jeder Umgebung des Nullpunktes für mindestens ein $\boldsymbol{x} \neq 0$ wenigstens einen Eigenwert mit positivem Realteil, so ist die Ruhelage instabil (Hahn [1], § 30).

3. Es sei $n = 2$; die beiden Eigenwerte von $\boldsymbol{A}$ seien konjugiert imaginär. Man benutzt hier das Verfahren von § 30, Beispiel 3 und 4. Wegen eines weiteren Verfahrens vgl. Malkin [1], § 36ff.

4. Spezialfall eines kritischen Falls höherer Ordnung für $n = 2$. Es sei

$$\dot{x} = p(x, y) + f(x, y, t), \quad \dot{y} = q(x, y) + g(x, y, t); \tag{31.7}$$

p und q seien homogene Funktionen von der Ordnung $k > 1$, und f sowie g seien $o[(x^2 + y^2)^{k/2}]$. Das verkürzte System ($f = g = 0$) sei in Polarkoordinaten dem System

$$\dot{r} = r^k P(\Theta), \quad \dot{\Theta} = r^{k-1} Q(\Theta)$$

äquivalent. a) $Q(\Theta)$ habe keine reellen Nullstellen und sei beständig positiv. Dann ist die Ruhelage von (31.7) asymptotisch stabil oder instabil, je nachdem die Zahl

$$\gamma = \int_0^{2\pi} \frac{P(\Theta)}{Q(\Theta)} d\Theta$$

negativ oder positiv ist. (Ist $\gamma = 0$, so hat das verkürzte System einen Wirbelpunkt.) b) $Q(\Theta)$ habe die reellen Nullstellen Θ_i. Ist $P(\Theta_i) < 0$ für alle i, so ist die Ruhelage von (31.7) asymptotisch stabil; ist $P(\Theta_i) > 0$ für wenigstens ein i, so ist sie instabil (Hahn [2], § 19).

Auf die Lösung des Stabilitätsproblems in kritischen Fällen beruht die rechnerische Ermittlung der gefährlichen und ungefährlichen Abschnitte der Stabilitätsgrenze (vgl. § 22).

VII. Die harmonische Linearisierung und verwandte Näherungsmethoden[1]

§ 32. Die Beschreibungsfunktion

Die Gl. (1.1) gibt die Eingangs-Ausgangsbeziehung für ein beliebiges lineares oder nichtlineares Übertragungslied an. Wählt man $x_e(t) = A \sin\omega t$, so wird die Ausgangsgröße $x_a(t) = \mathfrak{R}(A \sin\omega t)$ bei einem physikalisch realisierbaren Glied einem stationären Endzustand zustreben, der eine Reihendarstellung der Form

$$\mathfrak{R}(A \sin\omega t) = B \sin(\omega t + \varphi) + B_2 \sin(2\omega t + \varphi_2) + \cdots \tag{32.1}$$

zuläßt. Dabei ist

$$B \cos\varphi = \frac{\omega}{\pi} \int_0^{\frac{2\pi}{\omega}} \mathfrak{R}(A \sin\omega t) \sin\omega t \, dt,$$
$$B \sin\varphi = \frac{\omega}{\pi} \int_0^{\frac{2\pi}{\omega}} \mathfrak{R}(A \sin\omega t) \cos\omega t \, dt. \tag{32.2}$$

[1] Vgl. vor allem die lehrbuchartigen Darstellungen bei Siljak und bei Popow u. Paltow. Dort findet sich auch ein sehr reichhaltiges Literaturverzeichnis.

Die Amplituden B_i und die Phasenverschiebungen φ_i der einzelnen Glieder sind i. allg. Funktionen der Eingangsamplitude A und der Eingangsfrequenz ω. Unter der Annahme, daß nach Einsetzen von (32.1) in (32.2) *nur das erste Glied der rechten Seite einen nennenswerten Beitrag liefert* (vgl. § 35), kennzeichnet der Quotient $\frac{B}{A} e^{i\varphi}$ die durch das Übertragungsglied verursachte Amplitudenverzerrung und Phasenverschiebung in gleicher Weise, wie es der komplexe Frequenzgang im linearen Fall tut. Man nennt diesen Ausdruck die *Beschreibungsfunktion* oder den *äquivalenten Verstärkungskoeffizienten*. Manche Autoren benutzen die Bezeichnung „Beschreibungsfunktion" nur dann, wenn der in Rede stehende Ausdruck nur von A und nicht von ω abhängt. Das ist beispielsweise der Fall, wenn der Operator $\mathfrak{K}(A \sin\omega t)$ gleich $f(A \sin\omega t)$ ist, wobei $f(x)$ eine Funktion *eines* Arguments bezeichnet. Man verwendet oft die Abkürzungen

$$(32.3) \qquad \begin{aligned} K_s(f) &:= \frac{1}{A\pi} \int_0^{2\pi} f(A \sin u) \sin u \, du, \qquad (\omega t = u) \\ K_c(f) &:= \frac{1}{A\omega\pi} \int_0^{2\pi} f(A \sin u) \cos u \, du, \end{aligned}$$

die andeuten sollen, daß die Funktion $f(x)$ in eine Funktion der Amplitude A „transformiert" wird. (Eine Tabelle mit K-Transformierten gebräuchlicher Funktionen $f(x)$ bei MAGNUS [1] und ŠILJAK.) Die Beschreibungsfunktion ist dann

$$(32.4) \qquad \frac{1}{A\pi} \int_0^{2\pi} f(A \sin u) \, e^{iu} \, du = K_s(f) + i\,\omega\, K_c(f).$$

Die Beschreibungsfunktion läßt sich im allgemeinen Fall analog zu (4.1) und (4.2) graphisch veranschaulichen, aber durch eine Kurven*schar*. Jedem Wert von A entspricht eine einzelne Kurve. Ist die Beschreibungsfunktion von der Frequenz ω unabhängig, so kommt man mit einer einzigen Kurve aus, wenn man die Amplitude A als Kurvenparameter einführt. Man kann mit Hilfe dieser Kurve den Einfluß der *Amplitude* in ähnlicher Weise studieren, wie es die Ortskurve des Frequenzgangs für die *Frequenz* ermöglicht.

Für jede gerade Funktion mit $f(x) = f(-x)$ ist $K_s(f) = 0$. Für jede eindeutige Funktion $f(x)$ ist $K_c(f) = 0$, da der Integrand in der Form $f(A \sin u) \, d(\sin u)$ geschrieben werden kann. Dagegen ist $K_c(f)$ z. B. für Funktionen von Hysteresetyp [vgl. (17.6)] i. allg. von Null verschieden.

Für eine *ungerade* Funktion kann man die Näherungsformeln

$$K_s(f) = \frac{2}{3A}\left(f(A) + f\left(\frac{A}{2}\right)\right),$$

$$K_s(f) = \frac{1}{3A}\left(f(A) + f\left(\frac{A}{2}\right) + \sqrt{3}\, f\left(\frac{A}{2}\sqrt{3}\right)\right)$$

benutzen. Die erste ist für Polynome bis zum Grade fünf, die zweite für Polynome bis zum Grade elf exakt (ZYPKIN [3]). Wegen weiterer Näherungsformeln für Polynome $f(x, \dot{x})$ vgl. SCHOLZ.

Wenn der Operator $\mathfrak{K}(x_e)$ durch eine Differentialgleichung definiert ist, verfährt man wie im einfachsten Fall. Es sei etwa

$$f_1(D)\, x_a + f_2(D)\, h(x_a, \dot{x}_a) = x_e. \tag{32.5}$$

Dabei steht D für d/dt [vgl. (2.2)], f_1 und f_2 sind Polynome, und h bezeichnet eine nichtlineare Funktion ihrer Argumente. Man setzt $x_e = A \sin\omega t$, $x_a = B \sin(\omega t + \varphi)$, entwickelt den Ausdruck auf der linken Seite in eine nach Vielfachen von ωt fortschreitende Fourier-Reihe und vergleicht beiderseits die Koeffizienten von $\sin\omega t$ und $\cos\omega t$. Die entstehenden zwei Gleichungen dienen zur Bestimmung von B und φ als Funktionen von A und ω. In den Gleichungen treten die Größen

$$q := \frac{1}{\pi}\int_0^{2\pi} h(B \sin(\omega t + \varphi),\, B\omega \cos(\omega t + \varphi)) \sin\omega t\, d(\omega t), \tag{32.6}$$

$$q' := \frac{1}{\pi}\int_0^{2\pi} h(B \sin(\omega t + \varphi).\, B\omega \cos(\omega t + \varphi)) \cos\omega t\, d(\omega t) \tag{32.7}$$

auf. Die Rechnung besteht also eigentlich darin, daß man die Nichtlinearität $h(x, \dot{x})$ durch $q\, x + q'\, \dot{x}$ ersetzt.

Inwieweit die Vernachlässigung der höheren Harmonischen berechtigt ist, muß von Fall zu Fall geklärt werden. Bei Gleichungen vom Typ (32.5) ist (mindestens) zu fordern, daß der Grad von f_2 kleiner als der von f_1 ist, daß

$$\left|\frac{f_2(k\, i\, \omega)}{f_1(k\, i\, \omega)}\right| \ll \frac{f_2(i\,\omega)}{f_1(i\,\omega)} \qquad (k = 2, 3, \ldots) \tag{32.8}$$

ist und daß f_1 keine instabilen Nullstellen hat (POPOW u. PALTOW, § 2.2).

Beispiel. Die linke Seite von (32.5) sei

$$\ddot{x} + g(\dot{x}) + h(x). \tag{32.9}$$

Man formt die Integrale nach dem Muster der Identitäten

$$\int_0^{2\pi} f(B \sin(u + v)) \sin u\, du = B\, K_s(f) \cos v - B\, \omega\, K_c(f) \sin v,$$

$$\int_0^{2\pi} f(B \cos(u + v)) \sin u\, du = B\, \omega\, K_c(f) \cos v - B\, K_s(f) \sin v$$

um. Es ergibt sich

$$\cot\varphi = \frac{P}{Q}, \qquad \frac{A}{B} = R\cos\varphi + S\sin\varphi,$$

wobei zur Abkürzung

$$P := \omega^2(1 + K_c(g)) - K_s(h), \qquad Q := \omega(K_s(g) + K_c(h))$$

$$R := -\omega^2(1 - K_c(g)) + K_s(h), \qquad S := \omega(K_s(g) - K_s(h))$$

gesetzt ist. Bei der Bildung der Transformierten von g steht im Integranden $g(\omega B \sin u)$. Sind die Funktionen g und h eindeutig, so sind die K_c-Transformierten gleich Null.

Die *Duffingsche Gleichung*

$$\ddot{x} + \alpha x + \beta x^3 = A \sin\omega t \qquad (\alpha > 0) \tag{32.10}$$

ist ein Spezialfall von (32.9). Hier ist $g = 0$, $Q = S = 0$, $\varphi = 0$ oder π, ferner

$$\alpha B + \tfrac{3}{4}\beta B^3 - \omega^2 B = A \tag{32.11}$$

die Bedingungsgleichung für das Auftreten von periodischen Lösungen. Zeichnet man für verschiedene A die entsprechenden *Resonanzkurven*

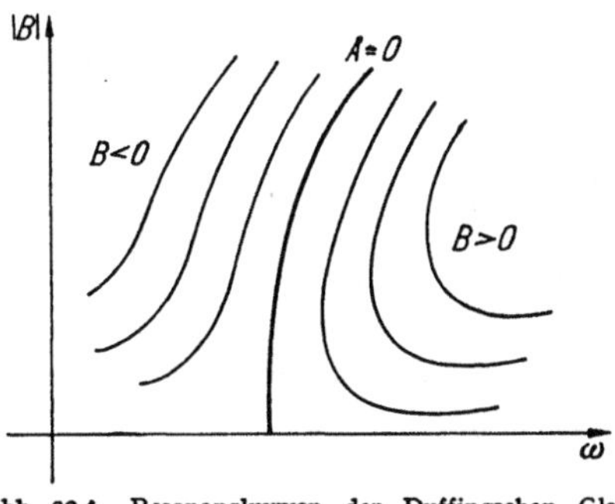

Abb. 32.1. Resonanzkurven der Duffingschen Gleichung (32.10) bei harter Federung ($\beta > 0$)

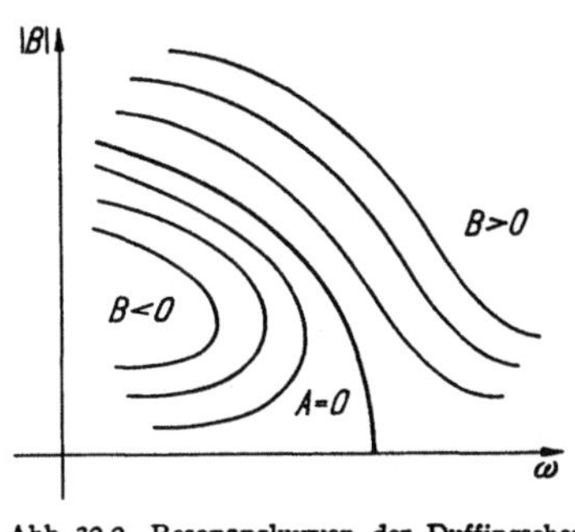

Abb. 32.2. Resonanzkurven der Duffingschen Gleichung (32.10) bei weicher Federung ($\beta < 0$)

in einer ω-B-Ebene (es ist üblich, den Betrag $|B|$ als Ordinate zu nehmen), so erkennt man das unterschiedliche Verhalten für $\beta > 0$ und $\beta < 0$ („harte" bzw. „weiche" Feder). Den negativen Amplituden entspricht eine Schwingung mit Gegenphase $\varphi = \pi$. Für gewisse Frequenzen hat (32.11) drei reelle Wurzeln; zu der mittleren gehört jeweils eine instabile periodische Lösung (vgl. hierzu § 33). Diejenigen Werte von ω, zu denen eine vertikale Tangente gehört ($d\omega/dB = 0$), entsprechen den in § 15 erklärten Verzweigungswerten.

Wegen der einfachen Gestalt der Duffingschen Gleichung kann man die Bedingungsgleichung (32.11) einfacher direkt als auf dem Umweg über die allgemeinen Formeln gewinnen. Auf dem direkten Wege läßt sich auch die Frage nach subharmonischen Schwingungen (§ 26d) angreifen. Setzt man in (32.10)

$$x = B \sin\omega t + B_1 \sin\frac{\omega}{3} t \tag{32.12}$$

und beachtet die Entwicklungen

$$\sin^3\frac{\omega}{3} t = \frac{3}{4}\sin\frac{\omega}{3} t - \frac{1}{4}\sin\omega t,$$

$$\sin^2\frac{\omega}{3} t \sin\omega t = -\frac{1}{4}\sin\frac{\omega}{3} t + \frac{1}{2}\sin\omega t + \cdots$$

usw., so ergibt sich durch Vergleich der Koeffizienten von $\sin\omega/3\, t$ und $\sin\omega t$ ein System von zwei Bestimmungsgleichungen für B und B_1,

$$(\alpha - \omega^2) B + \frac{\beta}{4}(-B_1^3 + 6B_1^2 B + 3B^3) = A,$$

$$\left(\alpha - \frac{\omega^2}{9}\right) B_1 + \frac{3}{4}\beta(B_1^3 - B_1^2 B + 2B_1 B^2) = 0.$$

Aus der zweiten Gleichung folgt

$$\omega^2 = 9\alpha + \frac{27}{4}\beta\left(\left(B_1 + \frac{B}{2}\right)^2 + \frac{7}{4}B^2\right).$$

Die rechte Seite hat für $B_1 = -B/2$ ein Extremum. Daraus folgt, daß die Bedingungen

$$\omega^2 > 9\left(\alpha + \frac{21}{16}\beta B^2\right) \quad \text{für} \quad \beta > 0,$$

$$\omega^2 < 9\left(\alpha - \frac{21}{16}|\beta| B^2\right) \quad \text{für} \quad \beta < 0$$

für das Auftreten von subharmonischen Schwingungen der Frequenz $\omega/3$ *notwendig* sind (STOKER, Kap. IV, 2,7).

§ 33. Die harmonische Linearisation (harmonische Balance)

Bei der Erklärung der Beschreibungsfunktion gem. § 32 liegt die Vorstellung zugrunde, daß auf das Übertragungsglied ein sinusförmiger Eingang einwirkt. Man betrachtet dann die Amplitude der ersten Harmonischen des Ausgangs. Beim Verfahren der harmonischen Linearisation geht man von einem geschlossenen Kreis aus, nimmt an, daß in diesem eine Selbstschwingung (periodische Lösung) mit überwiegender erster Harmonischer besteht, und fragt nach einem linearen System, das diese Schwingung als Eigenschwingung besitzt. Beispielsweise denkt man sich im System (32.5) die Nichtlinearität $h(x, \dot{x})$ durch $q\,x + q'\,\dot{x}$ ersetzt und wählt die Koeffizienten q und q' so, daß die Gleichung

$$f_1(D)\,x + f_2(D)\,(q\,x + q'\,\dot{x}) = 0$$

eine periodische Lösung der Gestalt $B \sin \omega t$ hat. Die Auswertung dieser Bedingung liefert Gleichungen zur Bestimmung von B und ω, von Amplitude und Frequenz der Selbstschwingung. Rechnerisch kommt man zuletzt auch wieder auf den Ersatz der Nichtlinearität durch die Beschreibungsfunktion. Es ist aber zweckmäßig, die Überlegung wie folgt zu führen (MAGNUS [2]).

Das Gleichungssystem

$$\dot{\boldsymbol{x}} = \boldsymbol{A}\,\boldsymbol{x} + \boldsymbol{g}(\boldsymbol{x}) \tag{33.1}$$

möge eine periodische Lösung $\hat{\boldsymbol{x}}$ mit den Komponenten

$$\hat{x}_i = k_i \sin(\omega t + \varphi_i), \qquad i = 1, 2, \ldots, n, \tag{33.2}$$

besitzen. Das *lineare* System

$$\dot{\boldsymbol{y}} = \boldsymbol{B}\,\boldsymbol{y} + \boldsymbol{B}^*\,\dot{\boldsymbol{y}} \quad \text{bzw.} \quad \dot{\boldsymbol{y}} = (\boldsymbol{E} - \boldsymbol{B}^*)^{-1}\,\boldsymbol{B}\,\boldsymbol{y} \tag{33.3}$$

sei so beschaffen, daß es die Funktionen (33.2) als *exakte* Lösungen besitzt. Man findet ein derartiges *Ersatz*system, das keineswegs eindeutig bestimmt ist, folgendermaßen. Man bildet mit Hilfe der nichtlinearen Komponenten $g_i(\boldsymbol{x}) = g_i(x_1, \ldots, x_n)$ und der Funktionen (33.2) die Zahlen

$$\begin{aligned} c_i &= \frac{\omega}{\pi} \int_0^{\frac{2\pi}{\omega}} g_i(\hat{\boldsymbol{x}}) \sin \omega t \, dt, \\ c_i^* &= \frac{\omega}{\pi} \int_0^{\frac{2\pi}{\omega}} g_i(\hat{\boldsymbol{x}}) \cos \omega t \, dt \end{aligned} \tag{33.4}$$

und setzt

$$\begin{aligned} b_{i1} &= a_{i1} + \frac{1}{k_1} c_i, \quad & b_{ij} &= a_{ij} \quad & (i = 1, 2, \ldots, n;\ j = 2, \ldots, n), \\ b_{i1}^* &= \frac{1}{k_1 \omega} c_i^*, \quad & b_{ij} &= 0 \quad & (i = 1, 2, \ldots, n;\ j = 2, \ldots n). \end{aligned} \tag{33.5}$$

Die Ersatzkoeffizienten b_{ij}, b_{ij}^* sind Funktionen der Amplituden $k_1, \ldots, k_n$ und der Phasen $\varphi_1, \ldots, \varphi_n$. Man kann ohne Beschränkung der Allgemeinheit $\varphi_1 = 0$ und damit $k_1 > 0$ annehmen. Hängen die Funktionen g_i jeweils nur von einem Argument ab oder lassen sie sich als Summe derartiger Funktionen darstellen,

$$g_i(x_1, \ldots, x_n) = \sum_{j=1}^{n} g_{ij}(x_j), \qquad i = 1, 2, \ldots, n,$$

so empfiehlt sich eine Modifikation des Ansatzes: man denkt sich die periodische Funktion $g_{ij}(\hat{x}_j)$ in eine nach Vielfachen von $\omega t + \varphi_j$ fortschreitende Fourier-Reihe entwickelt und gelangt dann zu den Ersatzkoeffizienten

(33.6) $$b_{ij} = a_{ij} + K_s(g_{ij}), \quad b_{ij}^* = K_c(g_{ij}), \quad i, j = 1, \ldots, n.$$

Bei eindeutigen Funktionen $g_{ij}(x_j)$ sind die Ersatzkoeffizienten b_{ij}^* gleich Null (§ 32).

Zur Berechnung der vorerst noch unbekannten Größen ω, k_i, φ_i beachtet man, daß das lineare Ersatzsystem (33.3) die periodische Lösung (33.2) der Frequenz ω besitzen soll. Dazu muß die $(n-1)$-te Hurwitz-Determinante der charakteristischen Gleichung der Matrix $(\boldsymbol{E} - \boldsymbol{B}^*)^{-1}\boldsymbol{B}$ verschwinden (vgl. § 3). Bezeichnet man diese Matrix mit $\boldsymbol{Q} = (q_{ij})$ und die Hurwitz-Determinanten mit H_i, so ist

(33.7) $$H_{n-1} = 0$$

und nach (3.4)

(33.8) $$\omega^2 = \det \boldsymbol{Q} \frac{H_{n-3}}{H_{n-2}}.$$

Die Rechnung wird etwas übersichtlicher, wenn man im Komplexen arbeitet und annimmt, daß die periodische Lösung die komplexen Komponenten $\alpha_1 e^{i\omega t}$, $\alpha_2 e^{i\omega t}, \ldots, \alpha_n e^{i\omega t}$ hat. Durch Wahl der Phase kann man erreichen, daß $\alpha_1 = k_1$ reell ist. Einsetzen in (33.3) führt auf das lineare Gleichungssystem

(33.9) $$i\,\omega\,\alpha_r = \sum_{s=1}^{n} q_{rs}\,\alpha_s \qquad (r = 1, 2, \ldots, n).$$

Man bestimmt daraus die komplexen Zahlen $\alpha_r/\alpha_1 = \alpha_r/k_1$ $(r = 2, \ldots, n)$ als Funktionen von ω, setzt die Werte in (33.7) und (33.8) ein und erhält zwei Gleichungen für k_1 und ω. Wenn sich bei deren Auflösung keine reellen Werte ergeben, existiert keine periodische Lösung der gewünschten Art. Andernfalls betrachtet man die gefundenen Werte als Näherungen für Amplitude und Frequenz der gesuchten Selbstschwingung. Wegen der Beziehung

(33.10) $$\det(\boldsymbol{Q} - \lambda\boldsymbol{E}) = \det(\boldsymbol{E} - \boldsymbol{B}^*)^{-1}\det(\boldsymbol{B} + \lambda\boldsymbol{B}^* - \lambda\boldsymbol{E})$$

braucht man die Matrix $\boldsymbol{Q}$ nicht zu berechnen, sondern kann mit den Koeffizienten b_{ij}, b_{ij}^* direkt arbeiten. Vielfach ergeben sich noch Vereinfachungen dadurch, daß man spezielle Eigenschaften der zu behandelnden Gleichungen benutzt (vgl. die Beispiele).

Für die Frequenz ω gilt nach (33.10) mit $K(\lambda) := \det(\boldsymbol{B} + \lambda\boldsymbol{B}^* - \lambda\boldsymbol{E})$

(33.11) $$K(i\,\omega) = \operatorname{Re}K(i\,\omega) + i\operatorname{Im}K(i\,\omega) = 0.$$

Da die Koeffizienten von K als Funktionen der ersten Amplitude k_1 angesehen werden können (vgl. oben), erhält man durch Aufspaltung von (33.11) in Real- und Imaginärteil zwei Bestimmungsgleichungen für ω und k_1, die natürlich mit den im Anschluß an (33.9) genannten Gleichungen äquivalent sind.

Der gefundene Wert für ω ist nur eine Näherungsgröße und unterscheidet sich von dem wahren Wert um einen gewissen Fehler $\delta\omega$. Durch den Ansatz

$$K(i\,\omega + i\,\delta\omega) \approx K(i\,\omega) + i\,\delta\omega\,K'(i\,\omega) = 0$$

gelangt man zu der Gleichung

$$\delta\omega = i\,\frac{K(\lambda)}{K'(\lambda)}\bigg|_{\lambda = i\omega}.$$

Durch Nullsetzen des Imaginärteils der rechts stehenden komplexen Zahl erhält man eine korrigierte Amplituden-Frequenzbeziehung.

Das Verfahren läßt sich sinngemäß bei der angenäherten Berechnung *erzwungener* Schwingungen anwenden. Es sei etwa

$$\dot{\boldsymbol{x}} = \boldsymbol{A}\,\boldsymbol{x} + \boldsymbol{g}(\boldsymbol{x}) + \boldsymbol{p}\,e^{i\omega t}, \tag{33.12}$$

wobei $\boldsymbol{p}$ einen Vektor mit komplexen Koeffizienten bezeichnet. Das lineare Ersatzsystem ist jetzt inhomogen,

$$\dot{\boldsymbol{y}} = \boldsymbol{B}\,\boldsymbol{y} + \boldsymbol{B}^*\,\dot{\boldsymbol{y}} + \boldsymbol{p}\,e^{i\omega t}, \tag{33.13}$$

und an Stelle von (33.9) erhält man für die komplexen Amplituden α_r ein inhomogenes Gleichungssystem, das sich vektoriell in der Form

$$i\,\omega\,\boldsymbol{\alpha} = \boldsymbol{B}\,\boldsymbol{\alpha} + i\,\omega\,\boldsymbol{B}^*\,\boldsymbol{\alpha} + \boldsymbol{p}$$

schreiben läßt. Da ω bekannt ist, lassen sich die Komponenten des Vektors $\boldsymbol{\alpha}$ berechnen, sofern nicht die Determinante des Gleichungssystems verschwindet. In einem solchen Fall liegt Resonanz vor, und man kann das Verfahren, das ja auf die erste Näherung beschränkt ist, nicht anwenden.

Zur *Stabilitätsprüfung* muß man für die periodische Lösung die zu (33.1) gehörende Gleichung in den Variationen (§§ 28, 31) bilden. Da aber (33.2) nur eine Näherungslösung darstellt, ist die entstandene lineare Gleichung mit periodischen Koeffizienten selbst wieder nur eine Näherung für die „richtige" Gleichung in den Variationen, ein Umstand, der in der Literatur oft nicht beachtet wird. Die Stabilitätsaussage ist also prinzipiell mit einer größeren Unsicherheit behaftet als die Aussage über die periodische Lösung selbst (vgl. § 35). Vielfach genügt die folgende *Regel.* Man bezeichne die aus (33.11) folgenden Gleichungen mit $K_1(k, \omega) = 0$, $K_2(k, \omega) = 0$ und bilde die Funktionaldeterminante

$$\frac{\partial K_1}{\partial k}\,\frac{\partial K_2}{\partial \omega} - \frac{\partial K_1}{\partial \omega}\,\frac{\partial K_2}{\partial k}. \tag{33.14}$$

Die periodische Lösung ist orbital asymptotisch stabil, wenn (33.14) für die Bestimmungsstücke k_1 und ω der Lösung positiv ist. Hat man nur eine einzige Gleichung der Form $F(k, \omega) = 0$, so muß die Ungleichung

$$\frac{\partial F}{\partial k}\,\frac{\partial F}{\partial \omega} < 0$$

bestehen.

Von Magnus [*1*] ist ein graphisches Verfahren angegeben worden, das häufig zu befriedigenden Aussagen über die Stabilität führt.[1] Man konstruiert dazu im Raum der Koeffizienten b_{ij}, b_{ij}^* von (33.3) die durch (33.7) bestimmte Stabilitätsgrenze. Da man sich nur für Schwingungen interessiert, bleibt die erste der Gln. (22.1) unberücksichtigt. Bei der Konstruktion beschränkt man sich auf diejenigen der Ersatzkoeffizienten, die als Parameter auftreten und deren Einfluß auf die Stabilität von Bedeutung ist. Diese Koeffizienten werden mittels (33.5) bzw. (33.6) als Funktionen der Amplituden $k_1, \ldots, k_n$ dargestellt. Die Elimination von $k_2, \ldots, k_n$ unter Verwendung von (33.9) liefert die Koeffizienten als Funktionen von ω und k_1. Hält man nun noch $\omega = \omega_1$ fest, so sind sie Funktionen *eines* reellen Parameters k_1. Nunmehr deutet man diese Funktionen $b_{ij}(k_1)$, $b_{ij}^*(k_1)$ als Koordinaten einer Kurve, der A-Kurve, wie sie bei Magnus genannt wird, wo die Amplitude k_1 mit dem Buchstaben A bezeichnet ist. Die Kurve, mit k als Kurvenparameter, läuft durch den zu $\omega = \omega_1$ gehörenden Punkt der Stabilitätsgrenze. Ihr Verhalten in der Nähe der Grenze gibt Aufschluß darüber, wie sich Veränderungen der Amplitude k auswirken. Wichtig ist vor allem das Vorzeichen der Ableitung H'_{n-1} von H_{n-1} nach k.

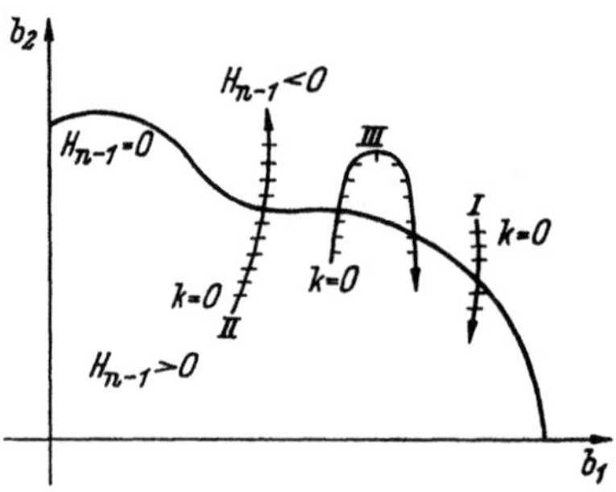

Abb. 33.1
Stabilitätsgrenze im (b_1, b_2)-Raum und A-Kurven

Regeln (Abb. 33.1): Die zu $\omega = \omega_1$ gehörende selbsterregte Schwingung ist orbital asymptotisch stabil oder instabil, je nachdem H'_{n-1} auf der Stabilitätsgrenze (d. h. für $H_{n-1} = 0$) positiv oder negativ ist. Im ersten Fall läuft die A-Kurve in den Stabilitätsraum, d. h., bei zunehmender Amplitude „wird die Stabilität besser" (Kurve *I* und *II*).

2. Ist (in hinreichender Nähe der Grenze) die Ableitung H'_{n-1} für $k = 0$ positiv (negativ), so ist der entsprechende Abschnitt der Grenze gefährlich (ungefährlich), vgl. § 22. Die Amplituden haben dann „die Tendenz zu wachsen (zu fallen)".

3. Ist H_{n-1} für $0 \leqq k < \alpha$ negativ, für $k = \alpha$ Null, so können Selbstschwingungen weich erregt werden (Kurve *I*); ist H_{n-1} für $0 \leqq k < \alpha_1$ und für $k > \alpha_2$ positiv, für $\alpha_1 < k < \alpha_1$ negativ, so ist harte Erregung

[1] Vgl. dazu auch Šiljak, Kap. IVff.

möglich (vgl. § 15 und § 32, Beispiel, Kurve III). Wegen weiterer Regeln vgl. MAGNUS [1].

Beispiele. 1. Für die *Gleichung von Van der Pol*

(33.15) $$\ddot{x} - (a - b\,x^2)\,\dot{x} + m^2\,x = 0$$

bzw. für das gleichwertige System

$$\dot{x}_1 = x_2, \quad \dot{x}_2 = -m^2\,x_1 + a\,x_2 - b\,x_1^2\,x_2$$

findet man ein lineares Ersatzsystem mit der Matrix

$$\begin{pmatrix} 0 & 1 \\ -m^2 & a - b\,\dfrac{k^2}{4} \end{pmatrix}.$$

Dabei ist wegen $\dot{x}_1 = x_2$ hier $\varphi_1 = \varphi_2 - \dfrac{\pi}{2}$ und $k_2 = \omega\,k_1 = \omega\,k$. Die Bedingung für die Existenz einer periodischen Lösung ist

$$a - b\,\frac{k^2}{4} = 0.$$

Mithin existiert eine selbsterregte Schwingung mit der Amplitude $k = 2\sqrt{a/b}$ und der (angenäherten) Frequenz m. Als „variable" Koeffizienten im Raum der b_{ij} sind hier nur b_{21} und b_{22}, d. h. m^2 und a/b zu betrachten. Die Stabilitätsgrenze ist die b_{21}-Achse, die A-Kurve eine Gerade parallel zur b_{22}-Achse. Es existiert nur ein Schnittpunkt. Die Selbstschwingungen sind stabil; weiche Erregung ist möglich.

Ist eine Zwangskraft $p\sin\omega\,t$ vorhanden, so hat (33.15) die rechte Seite $p\sin\omega\,t$. Die linearisierte Gleichung ist dann

$$\ddot{y} - \left(a - \frac{b\,k^2}{4}\right)\dot{y} + m^2\,y = p\sin\omega\,t.$$

Der Lösungsansatz ist $y = A\sin(\omega\,t + \varphi)$ und führt auf die Gleichungen

$$k\,(m^2 - \omega^2)\cos\varphi + k\left(a - \frac{b\,k^2}{4}\right)\omega\sin\varphi = p,$$

$$k\,(m^2 - \omega^2)\sin\varphi - k\left(a - \frac{b\,k^2}{4}\right)\omega\cos\varphi = 0$$

bzw.

$$\operatorname{tg}\varphi = \frac{a - b\,k^2/4}{m^2 - \omega^2}\,\omega, \quad (m^2 - \omega^2)^2 + \left(a - \frac{b\,k^2}{4}\right)^2\omega^2 = \left(\frac{p}{k}\right)^2$$

(vgl. die Stabilitätsdiskussion in § 34).

2. Synchronisierung bei zwei gekoppelten Gleichungen vom Van der Polschen Typ

(33.16) $$\begin{aligned} \ddot{x}_1 + m_1^2\,x_1 &= (a_1 - b_1\,x_1^2)\,\dot{x}_1 + q_1\,\ddot{x}_2, \\ \ddot{x}_2 + m_2^2\,x_2 &= (a_2 - b_2\,x_2^2)\,\dot{x}_2 + q_2\,\ddot{x}_1, \quad m_1^2 \neq m_2^2. \end{aligned}$$

Man setzt $x_1 = k\sin\omega\,t$, $x_2 = k\,\alpha\sin(\omega\,t + \varphi)$ und erhält das Gleichungssystem

$$\omega^2 - m_1^2 = \alpha\,q_1\,\omega^2\cos\varphi, \quad \left(a_1 - b_1\,\frac{k^2}{4}\right)\omega = \alpha\,q_1\,\omega^2\sin\varphi,$$

$$\alpha\,(\omega^2 - m_2^2)\cos\varphi - \alpha\left(a_2 - b_2\,\frac{k^2}{4}\,\alpha^2\right)\omega\sin\varphi = q_2\,\omega^2,$$

$$(\omega^2 - m_2^2)\sin\varphi + \left(a_2 - b_2\,\frac{k^2}{4}\,\alpha^2\right)\omega\cos\varphi = 0.$$

Der Fall $\cos\varphi = 0$ (gegenphasige periodische Lösungen) ist wegen $m_1^2 \neq m_2^2$ nicht möglich; $\sin\varphi = 0$ (gleichphasige Lösungen) kann nur bei speziellen Parameterwerten auftreten. Zur Untersuchung des allgemeinen Falles führt man zweckmäßig die Quotienten $(\omega^2 - m_1^2)/\omega^2 = \varrho$, $(\omega^2 - m_2^2)/\omega^2 = -\sigma$ ein und diskutiert die durch Elimination von φ entstehende Beziehung zwischen ω^2 und k in der (ϱ, σ)-Ebene. Es zeigt sich, daß eine reelle Lösung der Gleichungen nur möglich ist, wenn der Bruch ϱ/σ außerhalb eines gewissen durch die Parameter bestimmten Intervalls liegt. Das Intervall der möglichen Stabilisierungsfrequenzen hat also eine Lücke (Sagirow).

3. Regelsystem mit einem einzigen stark nichtlinearen Übertragungsglied. Das System sei durch (18.1) beschrieben,

$$\dot{x}_i = \sum_{k=1}^{n} a_{ik} x_k + c_i f(\sigma), \quad \sigma = \sum_{k=1}^{n} \beta_k x_k \quad (i = 1, 2, \ldots, n). \tag{33.17}$$

Man ersetzt die Nichtlinearität $f(\sigma)$ durch die „äquivalente lineare Funktion"

$$h\,\sigma + h^*\,\dot{\sigma} = \sum_{k=1}^{n} (h\,\beta_k x_k + h^*\,\beta_k \dot{x}_k)$$

und erhält nach kurzer Rechnung das Ersatzsystem

$$\sum_{k=1}^{n} (\delta_{ik} - c_i h^* \beta_k)\,\dot{y}_k = \sum_{k=1}^{n} (a_{ik} + c_i h \beta_k)\,y_k \quad (i = 1, 2, \ldots, n)$$

oder abgekürzt $\boldsymbol{P}\,\dot{\boldsymbol{y}} = \boldsymbol{Q}\,\boldsymbol{y}$. Für die Frequenz der gesuchten periodischen Lösung muß

$$\det(i\,\omega\,\boldsymbol{P} - \boldsymbol{Q}) = 0$$

gelten; daraus ergeben sich durch Zerlegung in Real- und Imaginärteil zwei Gleichungen zwischen ω, h und h^*. Wenn das System die periodische Lösung realisiert, muß auch σ periodisch sein,

$$\sigma = S \sin(\omega\,t + \varphi),$$

und die Transformationsgleichungen

$$h = K_s(f), \quad h^* = K_c(f)$$

liefern h und h^* als Funktionen von S. Man kommt so auf insgesamt zwei Beziehungen zur Bestimmung von ω und S. Im Spezialfall

$$\ddot{x} + a\,\dot{x} + b\,x = -c\,z, \quad \dot{z} = f(\sigma) = f_0 \operatorname{sgn}\sigma,$$
$$\sigma = \beta_1 x + \beta_2 \dot{x} - r\,z,$$

ist das linearisierte Gleichungssystem (mit geänderter Variablenbezeichnung)

$$\dot{y}_1 = y_2; \quad \dot{y}_2 = -b\,y_1 - a\,y_2 - c\,y_3,$$
$$\dot{y}_3 = h\,\beta_1 y_1 + h\,\beta_2 y_2 - h\,r\,y_3,$$

und zwar ist hier

$$h = K_s(f) = 4 f_0/S, \quad h^* = K_c(f) = 0.$$

Stellt man die charakteristische Gleichung auf, setzt $\lambda = i\,\omega$ und zerlegt in Real- und Imaginärteil, so folgt

$$-\omega^2 + a\,h\,r + b + c\,h\,\beta_2 = 0,$$
$$-\omega^2 (h\,r + a) + h\,b\,r + c\,h\,\beta_1 = 0.$$

Die durch Elimination von S bzw. h folgende Gleichung für ω^2 muß eine positive Wurzel haben. Das gibt Bedingungen für die Parameter. Ist ω_1 die Wurzel, so wird

$$S = \frac{4 f_0}{\omega_1^2 - b}\,(a\,r + c\,\beta_2).$$

Der Ausdruck H_{n-1} ist gleich $(a\,h\,r + b + c\,h\,\beta_2)\,(h\,r + a) - b\,h\,r - c\,h\,\beta_1$. Da

$$\frac{dH_{n-1}}{dS} = -\frac{4f_0}{S^2}\frac{dH_{n-1}}{dh}$$

ist, ist die Stabilitätsbedingung $dH_{n-1}/dh < 0$.

§ 34. Die Methode der Mittelbildung

Es sei

$$\dot{\boldsymbol{x}} = \boldsymbol{f}(\boldsymbol{x}, t) \tag{34.1}$$

und $\boldsymbol{f}(\boldsymbol{x}, t)$ in t mit der Periode $T = \frac{2\pi}{\omega}$ periodisch. Zur Ermittlung stationärer Lösungen mit der gleichen Periode wählt man als Lösungsansatz

$$\boldsymbol{x} = \boldsymbol{a}(t)\sin\omega t + \boldsymbol{b}(t)\cos\omega t, \tag{34.2}$$

d. h., man betrachtet die Amplituden als zeitabhängig. Von den $2n$ Komponenten der Vektoren $\boldsymbol{a}(t)$ und $\boldsymbol{b}(t)$ sind n überzählig, so daß man noch n Zusatzbedingungen aufstellen kann. Man fordert, daß

$$\dot{\boldsymbol{x}} = \dot{\boldsymbol{a}}(t)\sin\omega t + \dot{\boldsymbol{b}}(t)\cos\omega t \tag{34.3}$$

sein soll. Ein Vergleich mit der Ableitung von (34.2) führt auf die Beziehung

$$\boldsymbol{a}(t)\cos\omega t - \boldsymbol{b}(t)\sin\omega t = 0,$$

aus der sich durch Differenzieren

$$\dot{\boldsymbol{a}}\cos\omega t - \dot{\boldsymbol{b}}\sin\omega t = \omega(\boldsymbol{a}\sin\omega t + \boldsymbol{b}\cos\omega t)$$

ergibt. Aus (34.1) und (34.3) folgt

$$\dot{\boldsymbol{a}}\sin\omega t + \dot{\boldsymbol{b}}\cos\omega t = \boldsymbol{f}(\boldsymbol{a}\sin\omega t + \boldsymbol{b}\cos\omega t, t)$$

und aus den zwei letzten Gleichungen ein System von Differentialgleichungen für die Amplitudenvektoren $\boldsymbol{a}(t)$, $\boldsymbol{b}(t)$, nämlich

$$\dot{\boldsymbol{a}} = \boldsymbol{f}(\boldsymbol{a}\sin\omega t + \boldsymbol{b}\cos\omega t, t)\sin\omega t + \omega(\boldsymbol{a}\sin\omega t + \boldsymbol{b}\cos\omega t)\cos\omega t,$$

$$\dot{\boldsymbol{b}} = \boldsymbol{f}(\boldsymbol{a}\sin\omega t + \boldsymbol{b}\cos\omega t, t)\cos\omega t - \omega(\boldsymbol{a}\sin\omega t + \boldsymbol{b}\cos\omega t)\sin\omega t.$$

Die rechten Seiten dieser Gleichungen sind in t periodisch. Man integriert die Gleichungen über die Periode T, und zwar unter der Annahme, daß sich $\boldsymbol{a}(t)$ und $\boldsymbol{b}(t)$ langsam verändern, so daß es zulässig ist, diese Größen durch ihre konstanten Mittelwerte

$$\bar{\boldsymbol{a}} = \frac{1}{T}\int_0^T \boldsymbol{a}(t)\,dt, \quad \bar{\boldsymbol{b}} = \frac{1}{T}\int_0^T \boldsymbol{b}(t)\,dt$$

und die Ableitungen durch die Mittelwerte Null zu ersetzen. Zur Berechnung der Mittelwerte erhält man das Gleichungssystem

$$(34.4)\qquad \begin{aligned} &\frac{1}{T}\int_0^T \boldsymbol{f}(\bar{\boldsymbol{a}}\sin\omega t+\bar{\boldsymbol{b}}\cos\omega t,t)\sin\omega t\,dt+\frac{\bar{\boldsymbol{b}}\,\omega}{T}\int_0^T\cos^2\omega t\,dt=0,\\ &\frac{1}{T}\int_0^T \boldsymbol{f}(\bar{\boldsymbol{a}}\sin\omega t+\bar{\boldsymbol{b}}\cos\omega t,t)\cos\omega t\,dt-\frac{\bar{\boldsymbol{a}}\,\omega}{T}\int_0^T\sin^2\omega t\,dt=0.\end{aligned}$$

Es stimmt mit dem Gleichungssystem überein, das man aus (34.1) durch harmonische Linearisierung nach § 33 erhält, wird aber in anderer Weise interpretiert. Man betrachtet die linken Seiten als Funktionen der gemittelten Vektoren $\bar{\boldsymbol{a}}$, $\bar{\boldsymbol{b}}$ und bildet mit diesen Funktionen $\boldsymbol{g}(\bar{\boldsymbol{a}},\bar{\boldsymbol{b}})$ und $\boldsymbol{h}(\bar{\boldsymbol{a}},\bar{\boldsymbol{b}})$ die *autonomen* Differentialgleichungen

$$(34.5)\qquad \dot{\boldsymbol{p}}=\boldsymbol{g}(\boldsymbol{p},\boldsymbol{q}),\qquad \dot{\boldsymbol{q}}=\boldsymbol{h}(\boldsymbol{p},\boldsymbol{q})$$

für die Hilfsvariablen $\boldsymbol{p}$, $\boldsymbol{q}$. Einer konstanten Lösung $\boldsymbol{p}=\boldsymbol{p}_0$, $\boldsymbol{q}=\boldsymbol{q}_0$ des Hilfssystems (34.5) entsprechen die Amplitudenvektoren $\bar{\boldsymbol{a}}=\boldsymbol{p}_0$, $\bar{\boldsymbol{b}}=\boldsymbol{q}_0$ einer periodischen Lösung von (34.1), deren Stabilitätsverhalten mit dem Stabilitätsverhalten der singulären Lösung bzw. Gleichgewichtslage $\boldsymbol{p}_0$, $\boldsymbol{q}_0$ von (34.5) übereinstimmt. Im Fall $n=2$ besteht (34.5) aus zwei skalaren Gleichungen und gehört zu dem im § 13 untersuchten Typ.

An Stelle der Amplitudenvariation, die dem Ansatz (34.2) zugrunde liegt, kann man auch eine Amplituden-Phasen-Variation vornehmen. Für die skalare Gleichung

$$(34.6)\qquad \ddot{x}+\omega^2 x=f(x,\dot{x},t)$$

gestaltet sich die Rechnung, die als Methode von VAN DER POL bekannt ist, wie folgt. Man setzt

$$(34.7)\qquad x=r\sin u$$

mit $r=r(t)$ und $u=\omega\big(t+\Theta(t)\big)$ und fordert zusätzlich, daß

$$(34.8)\qquad \dot{x}=r\,\omega\cos u$$

ist, was auf die Gleichung

$$\dot{r}\sin u+\omega\, r\,\dot{\Theta}\cos u=0$$

führt. Gleichung (34.6) liefert eine zweite Beziehung zwischen $\dot{r}$ und $\dot{\Theta}$, und man erhält daraus das System

$$\dot{r}=\frac{1}{\omega}f(r\sin u,\omega r\cos u,t)\cos u,$$

$$\dot{\Theta}=-\frac{1}{r\,\omega^2}f(r\sin u,\omega r\cos u,t)\sin u.$$

Man mittelt nun wieder über die Periode $T = \frac{2\pi}{\omega}$ und betrachtet dabei r und Θ als konstant. Ist die rechte Seite von (34.6) von t unabhängig, so fällt die Variable Θ bei der Integration heraus, und das analog zu (34.5) entstehende Hilfssystem hat die Gestalt

(34.9) $$\dot{r} = P(r), \quad \dot{\Theta} = Q(r).$$

Die Variablen sind wieder mit r und Θ bezeichnet; ferner ist

(34.10) $$P(r) := \frac{1}{2\pi} \int_0^{\frac{2\pi}{\omega}} f(r \sin u, \omega r \cos u) \cos u \, dt,$$
$$Q(r) := \frac{-1}{r\omega \cdot 2\pi} \int_0^{\frac{2\pi}{\omega}} f(r \sin u, r\omega \cos u) \sin u \, dt.$$

Ist die rechte Seite von (34.6) in t fastperiodisch, so mittelt man über das Intervall $(0, \infty)$, bildet also

(34.11) $$\lim_{T \to \infty} \frac{1}{T} \int_0^T f(r \sin u, \omega r \cos u, t) \cos u \, dt$$

und den andern Mittelwert entsprechend.

Einer Nullstelle $r = r_0$ von $P(r)$ entspricht ein Lösungssystem

$$r = r_0, \quad \Theta = Q(r_0)\, t + \Theta_0$$

von (34.9) und eine periodische Lösung

$$x = r_0 \sin(\omega t + \omega Q(r_0)\, t + \omega \Theta_0)$$

von (34.6). Sie ist stabil, wenn $P'(r_0) < 0$ ist, und instabil im Fall $P'(r_0) > 0$. Dabei ist hier

$$P'(r_0) = \frac{\omega}{2\pi} \int_0^{\frac{2\pi}{\omega}} f_{\dot{x}}(r_0 \sin u, \omega r_0 \cos u)\, dt$$

(Andronov u. a., Kap. IX; Hale [*1*, *2*]; Roseau.)

Beispiel 1. Modifizierte Van-der-Polsche Gleichung. Es sei

(34.12) $$\ddot{x} + \omega^2 x = \mu(\alpha + \beta x^2 - \gamma x^4)\, \dot{x}, \qquad \gamma > 0, \ \mu > 0.$$

Der „kleine Parameter" μ bringt zum Ausdruck, daß das Verfahren nur bei kleinen Abweichungen vom Linearen streng begründet werden kann. Man findet hier nach (34.10)

$$P(r) = \frac{\mu r}{2}\left(\alpha + \frac{\beta}{4} r^2 - \frac{\gamma}{8} r^4\right), \quad Q(r) = 0.$$

Für die stationäre Amplitude $r_0 = 0$ ist $P'(r_0) = \frac{\mu\alpha}{2}$. Der Nullpunkt ist also stabil oder instabil, je nachdem $\alpha < 0$ oder $\alpha > 0$ ist.

Ist $\beta > 0$ und $\alpha < 0$, so hat die Gleichung $P(r) = 0$ noch zwei weitere positive Wurzeln, von denen die mit der größeren Amplitude zu einer stabilen Eigenschwingung Anlaß gibt. Ist $\beta > 0$ und $\alpha > 0$, so existiert nur eine positive Wurzel, zu der eine stabile Schwingung gehört; das gleiche gilt im Fall $\beta < 0$. Deutet man bei festem $\beta > 0$ und γ die Gleichung $r^{-1} P(r) = 0$ in einer (α, r^2)-Ebene, so ist das Bild eine nach rechts offene Parabel mit dem Scheitelpunkt $\alpha_0 = -\frac{\beta^2}{8\gamma} < 0$, $r_0^2 = \frac{\beta}{\gamma} > 0$. Zu dem oberen Parabelast gehören stabile Selbstschwingungen. Wenn α wachsend den Wert $\alpha = 0$ überschreitet, tritt die stabile Schwingung mit der Amplitude $\sqrt{2\beta/\gamma}$ sprungartig auf (hartes Einsetzen, vgl. § 31); variiert α von α_0 zu positiven Werten und wieder zurück, so tritt ein Hysterese-Effekt auf (vgl. Abb. 31.1). (Andronov u. a. Kap. IX).

Beispiel 2. Van-der-Polsche Gleichung mit periodischer bzw. fastperiodischer Erregung. Es sei

$$\ddot{x} + \omega^2 x = \mu(\alpha - \beta x^2)\dot{x} + p \sin\omega_1 t + q \sin\omega_2 t, \tag{34.13}$$

$\omega \neq \omega_1$, $\omega \neq \omega_2$. Es empfiehlt sich, den Ansatz (34.7) etwas zu modifizieren. Man führt die Lösung

$$\gamma(t) = \frac{p}{\omega^2 - \omega_1^2} \sin\omega_1 t + \frac{q}{\omega^2 - \omega_2^2} \sin\omega_2 t$$

ein, die die Gl. (34.13) mit $\mu = 0$ befriedigt, und setzt

$$x = r \sin u + \gamma(t), \qquad u = \omega(t + \Theta).$$

Man muß hier nach (34.11) mitteln und erhält nach einiger Rechnung die Gl. (34.9) in der Form

$$\dot{r} = \mu \frac{r}{2}\left(\alpha - \beta g(\omega, \omega_1, \omega_2) - \frac{\beta}{4} r^2\right), \qquad \dot{\Theta} = 0.$$

Dabei ist

$$g(\omega, \omega_1, \omega_2) = \frac{p^2}{2(\omega^2 - \omega_1^2)^2} + \frac{q^2}{2(\omega^2 - \omega_2^2)^2}.$$

Die Gleichung $P(r) = 0$ hat die Lösung $r_0 = 0$, die für $\alpha < g$ stabil, für $\alpha > g$ instabil ist. Ihr entspricht eine Lösung

$$p_1 \sin\omega_1 t + q_1 \sin\omega_2 t \tag{34.14}$$

von (34.13). Ist $\beta g < \alpha$, so existiert noch eine stabile Lösung

$$r_1 = 2\sqrt{\frac{\alpha}{\beta} - g}.$$

Ihr entspricht eine Lösung von (34.13) der Form

$$r_1 \sin\omega t + p_2 \sin\omega_1 t + q_2 \sin\omega_2 t. \tag{34.15}$$

Die genannten Lösungen sind natürlich nur bis auf Terme der Größenordnung μ genau, d. h., die Lösung, von der (34.14) die erste Näherung ist, enthält die Grundfrequenz nur in Gliedern von der Ordnung μ (sog. *Frequenzmitnahme*). Der Ausdruck g, von dem die Stabilität abhängt, kann aus zwei verschiedenen Ursachen „groß" werden, dadurch, daß die Amplituden p und q der Erregung groß sind oder dadurch, daß die Erregerfrequenzen in der Nähe der „freien Frequenz" liegen (HALE [2]). Zur Stabilitätsdiskussion vgl. auch MINORSKY, Kap. XIVff.; SOLODOVNIKOW, § 33, 34.

§ 35. Die Tragweite der Näherungsmethoden

Bei den in den Kapitein III, V und VI besprochenen Näherungsverfahren (Entwicklung nach Potenzen eines kleinen Parameters, sukzessive Approximation u. a.) handelt es sich um konvergente Prozesse. Es ist also, wenn auch oft mit hohem Rechenaufwand, möglich, das gewünschte Resultat mit beliebig vorgeschriebener Genauigkeit zu berechnen. Die Methoden sind somit mathematisch gesichert. Ihr Anwendungsbereich ist allerdings dadurch erheblich eingeschränkt, daß starke Voraussetzungen über die Differentialgleichungen benötigt werden und daß, was wesentlicher ist, die Gleichungen nicht zu sehr von linearen Gleichungen verschieden sein dürfen. Dabei wird die Abweichung vom Linearen meist durch einen kleinen Parameter gemessen. Bei den im Kap. VII erörterten Methoden liegen die Dinge anders: man kommt ohne großen Rechenaufwand zu Ergebnissen, die für sehr allgemeine Klassen von Differentialgleichungen gelten, erkauft dies allerdings in vielen Fällen durch den Verzicht auf strenge mathematische Begründung. Nach dem derzeitigen Stand der Forschung kann nur die Mittelbildung (§ 34) bei quasilinearen Gleichungen als gesichert angesehen werden (vgl. z. B. Satz 34.1). Für solche Gleichungen gibt es konvergente Verfahren zur Bestimmung der periodischen Lösungen, für die die Überlegungen des § 34 nur der erste Schritt sind (vgl. CESARI, § 8, HALE [*1*]). Bei einer „beliebigen" Gleichung dagegen ist die Mittelbildung oder die harmonische Linearisierung nicht begründet: es ist *nicht* möglich, *allgemeingültige* Fehlerabschätzungen zu geben und damit allgemein die Frage zu beantworten, ob und in welchem Umfang die gewonnenen Resultate brauchbar sind.

Trotz dieser Unsicherheit in der theoretischen Begründung sind die Verfahren für die Praxis von höchstem Wert, und wie die Erfahrung zeigt, liefern sie in sehr vielen Fällen auch bei „stark nichtlinearen" Systemen brauchbare Resultate. Man sollte aber stets mit Vorsicht vorgehen und die Ergebnisse nach Möglichkeit noch auf anderen Wegen kontrollieren.

Oft werden die physikalischen Überlegungen, auf denen die Näherungsverfahren beruhen, Kontrollmöglichkeiten geben. Beispielsweise wird die Beschreibungsfunktion dann zu guten Näherungen führen, wenn das beschriebene Übertragungsglied als „Tiefpaß" wirkt, d. h. wenn im Ausgang die hohen Frequenzen wenig zur Geltung kommen [vgl. (32.8)]. Es ist aber bisher nicht gelungen, eine allgemeine mathematische Kennzeichnung dieses physikalischen Sachverhaltes zu geben (vgl. POPOW u. PALTOW, Kap. II).

Beschreibungsfunktion, harmonische Linearisierung und Mittelbildung (Methode der langsam variierenden Parameter) führen für die erste Näherung zu übereinstimmenden Formeln (vgl. MAGNUS [2]).

Wegen weiterer Näherungsansätze (Energiemittelung, Fehlermittelung, stroboskopische Methode) vgl. MAGNUS [2], MINORSKY.

Literatur

(Die mit einem Stern versehenen Titel sind Zeitschriftenaufsätze)

AJZERMAN, A. M., u. F. R. GANTMACHER: Die absolute Stabilität von Regelsystemen. München 1965.

*ANDREEV, A. F.: Lösung des Problems des Zentrums und des Fokus in einem Fall. Priklad. Mat. Mech. **17**, 333—338 (1953) (Russisch).

ANDRONOV, A. A., A. A. WITT und S. E. KHAIKIN: Theorie der Schwingungen. Berlin 1965. (Theory of oscillations, Princeton 1964).

BELLMAN, R., u. K. L. COOKE: Differential-difference equations. New York 1963.

CESARI, L.: Asymptotic behavior and stability problems in ordinary differential equations. Heidelberg 1963 (Ergebn. Math. Grenzgeb. 16).

CREMER, H., u. F. H. EFFERTZ: Über die algebraischen Kriterien für die Stabilität von Regelsystemen. Math. Ann. **137**, 328—350 (1959).

FLÜGGE-LOTZ, I.: Discontinous automatic control. Princeton 1953.

GILLE, J. C., M. PÉLEGRIN u. P. DECAULNE: Lehrgang der Regelungstechnik, Bd. I. München 1960.

HAHN, W. [1]: Theorie und Anwendung der direkten Methode von LJAPUNOV. Heidelberg 1959 (Ergebn. Math. Grenzgeb. 22).

HAHN, W. [2]: Stability of motion. Berlin/Heidelberg/New York 1967.

*HALE, J. K. [1]: On the method of averaging. Trans. Group Circuit Theory CT-7, Nr. 4, 517—519 (1960).

HALE, J. K. [2]: Oscillations in nonlinear systems. New York 1963.

KALMAN, R. E., P. L. FALB u. M. A. ARBIB: Topics in mathematical system theory. New York 1969.

*KALMAN, R. E., u. J. E. BERTRAM: Control system analysis and design via the „second method" of Lyapunov. Trans. ASME (J. basic. Engin.) **1960**, 371—400.

KAPLAN, W.: Operational methods for linear systems. Reading, Mass. 1962.

KAUDERER, H.: Nichtlineare Mechanik. Heidelberg 1958.

LASALLE, J., u. S. LEFSCHETZ: Stability by Liapunov's direct method. New York 1961.

LEFSCHETZ, S. [1]: Differential equations. Geometric theory. New York 1962.

LEFSCHETZ, S. [2]: Stability of nonlinear control systems. New York 1965.

LETOV, A. M.: Stability in nonlinear control systems. Princeton 1961.

LUR'E, A. I.: Einige nichtlineare Probleme aus der Theorie der selbsttätigen Regelung. Berlin 1957.

MAGNUS, K. [1]: Über ein Verfahren zur Untersuchung nichtlinearer Schwingungs- und Regelungsvorgänge. VDI-Forsch.-Heft 451 (1955).

*MAGNUS, K. [2]: Über den Zusammenhang verschiedener Näherungsverfahren zur Berechnung nichtlinearer Schwingungen. Z. angew. Math. Mech. **37**, 471 bis 485 (1957).

MALKIN, J. G. [1]: Theorie der Stabilität einer Bewegung. München 1959.

MALKIN, J. G. [2]: Some problems of the theory of nonlinear oscillations. US Atomic Comm. 1959.

*MARGOLIS, S. G., u. W. G. VOGT: Control engineering applications of V. I. Zubov's construction procedure for Lyapunov functions. IEEE Trans. AC-8, 104—113 (1963).

MINORSKY, N.: Nonlinear oscillations. Princeton 1962.

NASLIN, P.: Dynamik linearer und nichtlinearer Systeme. München 1968.

*OBMORŠEV, A. N.: Untersuchung von Phasentrajektorien im Unendlichen. Prikl. Mat. Mech. **14**, 383—390 (1950).

PONTRJAGIN, L. S.: Ordinary differential equations. London 1962.

POPOW, E. P., u. I. P. PALTOW: Näherungsmethoden zur Untersuchung nichtlinearer Regelungssysteme. Leipzig 1963.

REISSIG, R., G. SANSONE u. R. CONTI [*1*]: Qualitative Theorie nichtlinearer Differentialgleichungen. Rom 1963.

REISSIG, R., G. SANSONE u. R. CONTI [*2*]: Nichtlineare Differentialgleichungen höherer Ordnung. Rom 1969.

*REKASIUS, Z. V., u. J. E. GIBSON: Stability analysis of nonlinear control systems by the second method of Liapunov. IRE Trans. AC 7 3—15, 1962.

ROSEAU, M.: Vibrations non linéaires et théorie de la stabilité. Berlin/Heidelberg/New York 1966.

*SAGIROW, P.: Über ein Synchronisierungsproblem von Minorsky. Z. angew. Math. Mech. **42**, 414—415 (1962).

*SCHOLZ, H.: Beiträge zum Krylov-Bogoljubovschen Näherungsverfahren für nichtlineare gewöhnliche Differentialgleichungen. Mitt. math. Labor Wien **4**, 216—229 (1957).

SCHULTZ, D. G.: The generation of Liapunov functions. Adv. Control Syst. II, 1—64 (1965).

*SCHULTZ, D. G., u. J. E. GIBSON: The variable gradient method for generating Liapunov functions. IEEE Trans. **81**, 203—209 (1962).

ŠILJAK, D.: Nonlinear systems. New York 1969.

SOLODOWNIKOW, W. W.: Grundlagen der selbsttätigen Regelung, I, II. München 1959.

STOKER, J. J.: Nonlinear vibrations in mechanical and electrical systems. New York 1950.

*SZEGÖ, G. P. [*1*]: A contribution to Liapunov's second method: nonlinear autonomous systems. Trans. ASME (J. basic. Engin.) **84**, 571—578 (1964).

*SZEGÖ, G. P. [*2*]: Methods for constructing Liapunov functions for linear nonstationary systems. J. Electronics Control **13**, 69—88 (1962).

TRUXAL, J. G.: Automatic feedback control system synthesis. London 1955.

TSCHAUNER, J.: Einführung in die Theorie der Abtastsysteme. München 1960.

*VINOGRAD, R. E.: Eine Bemerkung zum kritischen Fall der Stabilität eines singulären Punktes in der Ebene. Doklady Akad. Nauk SSSR **101**, 209—212 (1955) (Russisch).

ZUBOV, V. I.: Schwingungen in nichtlinearen und gesteuerten Systemen. Leningrad 1962 (Russisch).

ZYPKIN, JA. S. [*1*]: Differenzengleichungen der Impuls- und Regeltechnik. Berlin 1956.

ZYPKIN, JA. S. [*2*]: Theorie der Relaissysteme der automatischen Regelung. München 1958.

*ZYPKIN, JA. S. [*3*]: Über den Zusammenhang zwischen der Kennlinie eines nichtlinearen Gliedes und seiner Beschreibungsfunktion. Regelungstechnik **6**, 285—287 (1958).

ZYPKIN, JA. S. [*4*]: Theorie der linearen Impulssysteme. München 1967.

M. Wahrscheinlichkeitsrechnung und mathematische Statistik

Von **Dietrich Morgenstern**, Freiburg,
unter Mitarbeit von **Volker Mammitzsch**, München

§ 1. Allgemeines über Wahrscheinlichkeitstheorie und mathematische Statistik

Um einen in der Natur auftretenden Vorgang systematisch erfassen, um Vorhersagen über seinen Ablauf machen und um seinen Ablauf beeinflussen zu können, werden Theorien aufgestellt. Dabei ist es vielfach zweckmäßig, die Wahrscheinlichkeitstheorie und die darauf aufbauende mathematische Statistik zu benutzen, insbesondere dann, wenn Beschreibungsversuche mit Hilfe deterministischer Modelle fehlschlagen oder aber für die Auswertung zu kompliziert sind. Auf diese Weise hat man bereits beachtliche wirtschaftliche und erkenntnistheoretische Erfolge erzielt.

1.1 Wahrscheinlichkeitstheorie

Gegenstand wahrscheinlichkeitstheoretischer Betrachtung sind *Zufallsexperimente,* d. h. Vorgänge, deren Verlauf und Ergebnis als nicht durch ihre Ausgangssituation festgelegt betrachtet werden, sondern als vom Zufall mitbestimmt.

Beispiele von Zufallsexperimenten:

1. Mit einem Würfel wird zehnmal gewürfelt.
2. 5 Schweine werden ein Jahr lang gemästet und dann ihr Gewicht festgestellt.
3. Von den 10000 Einwohnern einer Kleinstadt werden 100 als „repräsentativ" durch Ziehung von 100 Karten aus der gut gemischten Einwohnerkartei ausgewählt und ihr Geschlecht, ihr Autobesitz und ihre Rauchgewohnheit ermittelt.

Allen diesen Experimenten ist gemeinsam, daß sich kein bestimmter Ausgang vorhersagen läßt; es kommt vielmehr eine ganze Reihe möglicher Ergebnisse in Betracht. Dagegen kann man bei Zufallsexperimenten vor deren Durchführung vielfach intuitiv jedem einzelnen möglichen Ergebnis einen numerischen Wert, die sog. *intuitive Wahr-*

scheinlichkeit zuschreiben als Maß dafür, wie stark man mit dem Eintreten dieses bestimmten Ergebnisses bei der Durchführung des Experimentes rechnet.

Die Wahrscheinlichkeitstheorie entwickelt nun ein mathematisches Modell für dieses intuitive Vorgehen und bedient sich dabei folgender Begriffsbildungen, die später noch präzisiert werden:

Die möglichen Ergebnisse eines Zufallsexperimentes werden *Elementarereignisse* genannt und zur Menge Ω aller Elementarereignisse zusammengefaßt. So ist im Beispiel 1 Ω gleich der Menge aller Folgen der Länge 10 aus den Ziffern 1 bis 6, während im Beispiel 2 Ω die Menge aller Fünftupel $(x_1, \ldots, x_5)$ von positiven reellen Zahlen ist.

Teilmengen von Ω werden als *Ereignisse* bezeichnet. Beispiele hierfür sind etwa bei 1 alle Folgen, die mit „1,2" beginnen, oder alle Folgen, die ohne „6" gebildet werden; bei 2 alle Fünftupel mit $x_1 < x_2 < x_3$; bei 3 alle diejenigen Kombinationen, die nur aus rauchenden autobesitzenden Frauen bestehen.

Jedem Elementarereignis wird eine nichtnegative reelle Zahl als Wahrscheinlichkeit zugeordnet. Durch Summation über die Wahrscheinlichkeiten aller zu einem Ereignis gehörigen Elementarereignisse ergibt sich daraus die Wahrscheinlichkeit dieses Ereignisses. Man erhält auf diese Weise eine *Wahrscheinlichkeitsbelegung*, d. h. eine Vorschrift, die jedem Ereignis eine Wahrscheinlichkeit zuordnet. In manchen Fällen [beispielsweise in 2] ist man aus mathematischen Gründen gezwungen, statt von den Wahrscheinlichkeiten der Elementarereignisse von einer Wahrscheinlichkeitsbelegung auf einem System von Ereignissen auszugehen, das dann noch gewissen Axiomen genügen muß.

Setzt sich ein vorgelegtes Experiment aus mehreren Teilexperimenten zusammen, die miteinander in keinem erkennbaren Zusammenhang stehen, so postuliert man die *stochastische Unabhängigkeit* der Ereignisse der Teilexperimente, worunter folgendes zu verstehen ist:

Die Wahrscheinlichkeit für das gleichzeitige Auftreten von Ereignissen, die zu verschiedenen Teilexperimenten gehören, ist gleich dem Produkt der Wahrscheinlichkeiten der einzelnen Ereignisse. Im Beispiel 1 läßt sich, wenn jedesmal gut geschüttelt wird, keine Abhängigkeit der Resultate eines einzelnen Würfelwurfes von den Resultaten der vorausgehenden oder nachfolgenden Würfe konstatieren. Es ist deshalb die stochastische Unabhängigkeit der Einzelexperimente zu fordern. Das bedeutet beispielsweise: Die Wahrscheinlichkeit, bei zehnmaligem Werfen im ersten Wurf eine „1" und beim zweiten Wurf eine „6" zu erhalten, ist gleich der Wahrscheinlichkeit, beim ersten Wurf eine „1" zu werfen, multipliziert mit der Wahrscheinlichkeit, beim zweiten Wurf eine „6" zu erzielen.

Eine reellwertige Funktion auf der Menge der Elementarereignisse heißt eine *zufällige Variable.* Beispiele hierfür sind in 1 die Anzahl der Würfe mit „6", in 2 das Gesamtgewicht der Schweine, in 3 das Verhältnis der Anzahl der Raucherinnen zu der Anzahl der Nichtraucherinnen. Für eine zufällige Variable X wird mit Hilfe der Wahrscheinlichkeitsbelegung ein „Erwartungswert" $E(X)$ definiert, der im Spezialfall einer Funktion, die für die Elementarereignisse aus einem Ereignis A den Wert 1 und sonst den Wert 0 annimmt, mit der Wahrscheinlichkeit von A übereinstimmt.

Es ist noch anzugeben, wie die Begriffe des eben skizzierten mathematischen Modells zu interpretieren sind.

1.1.1 Häufigkeitsinterpretation

„Die Wahrscheinlichkeit von A hat den Wert p" bedeutet, daß bei vielen Experimenten, die durch dasselbe mathematische Modell beschrieben und unabhängig voneinander durchgeführt werden, die relative Häufigkeit derjenigen Experimente, bei denen das eingetretene Ergebnis zu A gehört, dicht bei p liegt.

„Der Erwartungswert $E(X)$ einer zufälligen Variablen ist gleich m" bedeutet, daß bei vielen unabhängig durchgeführten gleichartigen Experimenten das arithmetische Mittel der aus den jeweils eingetretenen Ergebnissen berechneten Funktionswerte dicht bei m liegt.

1.1.2 Vernünftige Wette

Es ist gerecht, auf den Gewinn X, der sich aus einem Zufallsexperiment bestimmt, den Einsatz $m = E(X)$ zu machen. Wird speziell beim Eintreten eines bestimmten Ereignisses A der Gewinn 1 und andernfalls nichts ausgezahlt, so ist der gerechte Spieleinsatz gleich der Wahrscheinlichkeit des Ereignisses A.

1.1.3 Deutung von Ergebnissen der Theorie

Ereignisse mit einer Wahrscheinlichkeit, die dicht bei 1 liegt, können als glaubwürdig angesehen werden, solche mit einer Wahrscheinlichkeit sehr nahe bei 0 als unglaubwürdig. [Hieraus folgt die Häufigkeitsinterpretationsregel (1.1.1) nach dem Gesetz der großen Zahlen.] Daneben ist oft folgende Deutung vorteilhaft: Aus einer Urne mit gut gemischten Losen wird eine einzelne Ziehung gemacht; auf den Losen sind die Ergebnisse, Zugehörigkeit zu einem speziellen Ereignis, Wert einer zufälligen Variablen oder ähnliches vermerkt.

1.2 Mathematische Statistik

Das durch die Wahrscheinlichkeitstheorie gelieferte mathematische Modell eines Vorgangs ist nicht notwendig eindeutig festgelegt. Es kann beispielsweise noch unbekannte Parameter oder Funktionen enthalten oder es können überhaupt mehrere verschiedene Wahrscheinlichkeitsbelegungen in Betracht kommen. Damit entsteht die Aufgabe, diese Parameter oder Funktionen zu bestimmen, zu „schätzen", bzw. die in irgendeiner Hinsicht optimale Wahrscheinlichkeitsbelegung auszuwählen. Die Methoden zur Lösung dieser Aufgaben liefert die mathematische Statistik.

1.2.1 Einfache Beispiele statistischer Fragestellungen

1. Eine Maschine produziert Geräte, die mit der Wahrscheinlichkeit p fehlerhaft sind ($0 \leqq p \leqq 1$); die Funktionsfähigkeit verschiedener Geräte wird als unabhängig angesehen. Welchen Wert hat p? Hier wird eine Parameterschätzung verlangt.

2. Von den n Angestellten einer Fabrik werden k zufällig ausgewählt und ihre Rauchgewohnheit festgestellt (Erhebung einer Stichprobe). Wieviel Raucher gibt es unter den n Angestellten? Die einfache Theorie liefert für die Anzahl der Raucher in der Stichprobe eine noch von der Angestellten-Raucher-Anzahl abhängige Wahrscheinlichkeitsverteilung — die hypergeometrische; dieser Parameter ist zu schätzen.

3. Für die Vererbung eines bestimmten körperlichen Merkmals, etwa der Blütenfarbe einer Blumenart, kommen zwei Erbgänge in Betracht. Der eine liefere für das Auftreten von „Rot" in der ersten Nachkommengeneration verschiedenfarbiger Eltern die Wahrscheinlichkeit 1/4, der andere den Wert 3/4. Man soll auf Grund einer Beobachtungsreihe zwischen beiden Theorien entscheiden (Alternativproblem).

4. Es soll festgestellt werden, ob eine fabrikneue Roulettmaschine einwandfrei arbeitet, d. h. ob die Wahrscheinlichkeit des Auftretens der Zahlen von 0 bis 36 jeweils gleich 1/37 ist. Verlangt wird also ein Verfahren, die Hypothese (oft als „Nullhypothese" bezeichnet), daß alle Zahlen gleich wahrscheinlich sind, zu prüfen, ohne daß — wie im Beispiel 3 — Gegenhypothesen spezifiziert sind. Die Frage läßt sich daher auch so formulieren: Sind die Beobachtungen, die man bei der Untersuchung des Roulettes macht, mit der Nullhypothese verträglich oder weichen sie „signifikant" davon ab?

1.2.2 Antwortmöglichkeiten der mathematischen Statistik

Nachdem bereits durch die Einführung des Zufalls in Form der Wahrscheinlichkeit eine Unsicherheit eingeführt worden ist, können auch die Antworten der mathematischen Statistik (i. allg.) nicht mit völliger Sicherheit gegeben werden. Es muß stets mit einer gewissen Irrtumsmöglichkeit gerechnet werden. Das sieht in den unter 1.2.1 formulierten Fragestellungen im einzelnen folgendermaßen aus:

1. Der gesuchte unbekannte Parameter p liegt mit einer Wahrscheinlichkeit α zwischen $p_1(X)$ und $p_2(X)$, wobei die p_i Funktionen der

Beobachtungswerte X sind $(i = 1, 2)$. α wird *Konfidenzwahrscheinlichkeit* oder *statistische Sicherheit*, das Intervall (p_1, p_2) *Konfidenzintervall* genannt. Das ganze Verfahren heißt *Konfidenzverfahren*. Nach der Häufigkeitsinterpretation bedeutet die Benutzung eines solchen Verfahrens: Der Statistiker, der viele Schätzprobleme mit diesem Verfahren behandelt, behält in $100\alpha\%$ der Fälle recht (d. h., sooft liegt der Parameter wirklich in dem angegebenen Intervall).

2. Als „Schätzwert" für die Anzahl der Raucher wird hier lediglich ein wieder von der Beobachtung X abhängiger Wert $\hat{p}(X)$ angegeben. Manchmal ist es darüber hinaus möglich, eine Genauigkeitsaussage in Form einer Konfidenzaussage zu machen, d. h. eine ebenfalls von X abhängige Größe $\hat{\sigma}(X) > 0$ und einen von der Konfidenzwahrscheinlichkeit α abhängigen Wert $t_\alpha > 0$ zu finden, derart, daß die wahre Anzahl der Raucher näherungsweise mit der Wahrscheinlichkeit α im Intervall $(\hat{p}(X) - t_\alpha\,\hat{\sigma}(X),\ \hat{p}(X) + t_\alpha\,\hat{\sigma}(X))$ liegt.

3. Beim Alternativproblem, wo nur zwei Hypothesen, die Nullhypothese $\mathfrak{H}_1$ und die Gegenhypothese $\mathfrak{H}_2$ in Betracht kommen, besteht das statistische Verfahren in der Angabe einer Funktion $d(X)$ der Beobachtungswerte X, wobei $d(X) = i$ bedeutet, daß man die Hypothese $\mathfrak{H}_i$ annehmen soll $(i = 1, 2)$. Es gibt dann zwei Fehlerwahrscheinlichkeiten, nämlich $\mathfrak{H}_2$ zu wählen, obwohl $\mathfrak{H}_1$ richtig ist (Fehler erster Art) oder sich für $\mathfrak{H}_1$ zu entscheiden, obgleich $\mathfrak{H}_2$ zutrifft (Fehler zweiter Art). Die Güte des Verfahrens, des *Entscheidungsverfahrens*, kann durch diese beiden Fehlerwahrscheinlichkeiten gemessen werden.

4. Im Fall der Hypothesenprüfung ohne spezifizierte Gegenhypothese kann man nur eine Fehlerwahrscheinlichkeit angeben, nämlich die bei Gültigkeit der Hypothese bestimmte Wahrscheinlichkeit β, die Hypothese trotz ihrer Richtigkeit zu verwerfen (Fehler erster Art). Das Komplement $1 - \beta$ nennt man die *Signifikanzschranke* dieses *Signifikanztestes*. Man beachte, daß mit Hilfe eines Signifikanztestes nur entschieden werden kann, ob eine Hypothese zu verwerfen oder nicht zu verwerfen ist, nicht aber, ob sie anzunehmen ist. Für das spezielle Problem der Prüfung eines Roulettes heißt dies, daß man entweder konstatieren kann: *Das Roulett ist nicht einwandfrei* oder: *Es gibt keinen Anhaltspunkt für die Vermutung, das Roulett sei fehlerhaft.*

Fragen und Antworten der mathematischen Statistik können auch das Experiment (oder Teile davon) selbst einschließen, indem z. B. Regeln aufzustellen sind, die die Anzahl der Teilexperimente im Laufe des Versuches erst bestimmen (sog. *Sequentialverfahren*).

1.2.3 Höhere Gesichtspunkte der mathematischen Statistik

Nach dem bisher Gesagten sind die statistischen Verfahren noch nicht eindeutig festgelegt. Insbesondere geht noch nicht daraus hervor, wann ein solches Verfahren einem anderen vorzuziehen ist. Aus diesem Grund werden weitere Gesichtspunkte zur Wahl optimaler Verfahren herangezogen, von denen nachstehend einige kurz wiedergegeben seien: *Dabei wird eine Verlust- oder Schadensfunktion verwendet:*

Ist p der wahre Parameterwert und schätzt man p durch den Schätzwert $\hat{p}$, so erleidet man einen Verlust, der durch eine reelle Zahl

$$s(p, \hat{p}) \tag{1.2.1}$$

gemessen werde. Da bei jedem Schätzverfahren $\hat{p}$ eine Funktion $\hat{p}(X)$ der Beobachtungswerte X ist, ist $s(p, \hat{p}(X))$ für jedes p eine zufällige Variable. Man kann also mit Hilfe der zum Parameter p gehörigen Wahrscheinlichkeitsbelegung den Erwartungswert

$$r(p) = E(s(p, \hat{p}(X))) \tag{1.2.2}$$

bilden, der *Risikofunktion* heißt.

a) Bayes-Verfahren. Hat man noch für die Parameterwerte p eine (a-priori-) Wahrscheinlichkeitsbelegung $\varphi(p)$, d. h. eine reelle Funktion, die angibt, wie stark man vor dem Experiment auf die Richtigkeit des Wertes p vertraut, so bestimmt man das sog. *Bayessche Risiko*

$$r_\varphi = \int r(p)\, \varphi(p)\, dp. \tag{1.2.3}$$

Diejenige Schätzfunktion $\hat{p}(X)$, die diese Größe minimiert, zeichnet ein bestimmtes Schätzverfahren aus. Im Spezialfall $s(p, \hat{p}) = (p - \hat{p})^2$ ist dies die sog. *Bayessche Schätzung.*

b) Minimax-Verfahren. Ist keine a-priori-Belegung gegeben, so bietet sich als Gesichtspunkt an, analog das Maximum des Risikos für alle möglichen a-priori-Belegungen φ zu betrachten

$$r = \max_{\varphi} \int r(p)\, \varphi(p)\, dp. \tag{1.2.4}$$

Dasjenige Schätzverfahren, dessen zugehörige Schätzfunktion $\hat{p}(X)$ dieses Maximum minimiert, nennt man Minimax-Verfahren.

In der allgemeinen Theorie werden auch Zwischenstufen zwischen a) und b) betrachtet. Bei den Problemen, aus endlich vielen (insbesondere zwei) Möglichkeiten eine Auswahl zu treffen, kann man dieselben Gesichtspunkte benutzen. Oft sind aber durch Gesetze oder ähnliches die Fehlerwahrscheinlichkeiten vorgeschrieben.

§ 2. Kombinatorik

In den einfachsten Fällen läßt sich die Wahrscheinlichkeit eines Ereignisses durch kombinatorische Überlegungen aus bekannten Wahrscheinlichkeiten einfacherer Ereignisse berechnen (vgl. auch § 4). Die Kombinatorik ihrerseits untersucht die Möglichkeiten, eine gegebene

Menge M von nicht notwendig verschiedenartigen Dingen (Elementen) in bestimmter Weise anzuordnen. Dabei ist stets anzugeben, wann zwei solche Anordnungen als verschieden angesehen werden sollen.

2.1 r-Kombinationen

r-Kombinationen sind die Auswahlen von Teilmengen von M zu je r Elementen — ohne Rücksicht auf die Anordnung der Dinge in diesen Teilmengen.

1. Besteht M aus n Dingen, die sämtlich verschiedenartig sind, so erhält man die *r-Kombinationen ohne Wiederholungen*, deren Anzahl sich zu

(2.1.1) $$C(n, r) = C_r^n = \binom{n}{r} = \frac{(n)_r}{r!} = \frac{n!}{r!\,(n-r)!}$$

ergibt.

Aufgabe. Wieviel Verteilungsmöglichkeiten der Karten beim Skatspiel mit 3 bestimmten Personen gibt es?

Lösung. Für Spieler 1 sind aus den 32 Spielkarten 10 auszuwählen, was $\binom{32}{10}$ Möglichkeiten ergibt. Von den restlichen 22 Karten erhält Spieler 2 wiederum 10 Karten $\left(\binom{22}{10}\text{ Möglichkeiten}\right)$ und von den übrigbleibenden 12 Karten Spieler 3 gleichfalls 10 Karten $\left(\binom{12}{10}\text{ Möglichkeiten}\right)$. Der Rest bleibt als Skat zurück. Das ergibt insgesamt $\binom{32}{10}\binom{22}{10}\binom{12}{10} = \frac{32!\quad 22!\quad 12!}{10!\,22!\,10!\,12!\,10!\,2!} \approx 2{,}75 \cdot 10^{15}$ Möglichkeiten.

2. Enthält M genau n verschiedenartige Elemente und jede Art in unbeschränkter Anzahl, so ergibt sich die Anzahl der *r-Kombinationen mit Wiederholungen* zu

(2.1.2) $$C^*(n, r) = \binom{n+r-1}{r}.$$

Aufgabe. In einer Ebene seien n verschiedene Punkte vorgegeben. Wieviel verschiedene (auch entartete) Strecken lassen sich zeichnen, deren Enden mit diesen Punkten zusammenfallen?

Lösung. Man erhält alle diese Strecken, indem man jeweils 2 (nicht notwendig verschiedene) Punkte auswählt und miteinander verbindet, also $\binom{n+1}{2}$ Strecken.

3. Verlangt man in 2. zusätzlich, daß das Element der ν-ten Art bei den Auswahlen nur in den Anzahlen $\alpha_1(\nu), \alpha_2(\nu), \ldots$ vorkommen darf, so berechnet sich die Anzahl dieser Kombinationen mit Hilfe der *Methode der erzeugenden Funktionen:*

Man bildet die Potenzreihen

(2.1.3) $$f_\nu(t) = \sum_i t^{\alpha_i(\nu)}$$

und entwickelt das Produkt der $f_\nu(t)$ in eine Potenzreihe in t gemäß

(2.1.4) $$f(t) = \prod_\nu f_\nu(t) = \sum_r C(r)\, t^r.$$

Ihr Koeffizient $C(r)$ ist gerade die gesuchte Anzahl. $f(t)$ heißt die *erzeugende Funktion* der $C(r)$.

Beispiel. Man erhält die r-Kombinationen ohne Wiederholungen durch die Vorschrift, daß jedes der n verschiedenen Elemente entweder überhaupt nicht oder genau einmal in den Auswahlen zu r Stück erscheint, d. h. $\alpha_1(\nu) = 0$ und $\alpha_2(\nu) = 1$ und $\nu = 1, \ldots, n$. Daraus folgt

(2.1.5) $$f_\nu(t) = t^0 + t^1 = 1 + t$$

und

(2.1.6) $$f(t) = \prod_{\nu=1}^{n} (1 + t) = (1 + t)^n = \sum_{r=0}^{n} \binom{n}{r} t^r,$$

also $C(n, r) = \binom{n}{r}$, wie in 1. angegeben.

2.2 r-Permutationen

Unter r-Permutationen (frühere Bezeichnung: Variationen zur r-ten Klasse) versteht man die Auswahlen von geordneten Teilmengen von M zu je r Elementen. Man kann sich etwa vorstellen, daß r Elemente aus M auf r von 1 bis r numerierte Plätze zu verteilen sind.

1. Besteht M aus n verschiedenartigen Dingen, wo jede Art genau einmal vorkommt, so ist die Anzahl der *r-Permutationen ohne Wiederholungen* gleich

(2.2.1) $$P(n, r) = (n)_r = n(n-1)\ldots(n-(r-1)).$$

2. Liegen genau n verschiedenartige Elemente, davon jede Art in unbeschränkter Anzahl in M, so erhält man die Anzahl der *r-Permutationen mit Wiederholungen* zu

(2.2.2) $$P^*(n, r) = n^r.$$

Beispielsweise gibt es $9^3 = 729$ dreistellige Zahlen mit den Ziffern 1 bis 9, davon $9 \cdot 8 \cdot 7 = 504$, bei denen alle drei Ziffern verschieden sind (vgl. 1.).

3. Darf das Element der ν-ten Art nur in den Anzahlen $\alpha_1(\nu)$, $\alpha_2(\nu), \ldots$ vorkommen, so benutzt man wieder die

Methode der erzeugenden Funktionen:

Man setzt

(2.2.3) $$g_\nu(t) = \sum_i \frac{1}{\alpha_i(\nu)!}\, t^{\alpha_i(\nu)}$$

und bildet die erzeugende Funktion

(2.2.4) $$g(t) = \prod_\nu g_\nu(t).$$

$g(t)$ wird in eine Potenzreihe entwickelt gemäß

$$g(t) = \sum_r \frac{P(r)}{r!} t^r, \tag{2.2.5}$$

und $P(r)$ ist die gesuchte Anzahl.

Spezialfälle.

a) Es sei $r = r_1 + r_2 + \cdots + r_n$, und die n verschiedenartigen Dinge sollen in den Anzahlen r_1 bzw. r_2 bzw. ... bzw. r_n vorkommen, also $\alpha_1(\nu) = r_\nu$ $(\nu = 1, \ldots, n)$. Dann ist $g_\nu(t) = \frac{t^{r_\nu}}{r_\nu!}$ und $g(t) = \prod_{\nu=1}^{n} \frac{t^{r_\nu}}{r_\nu!} = \frac{r!}{r_1! \ldots r_n!} \frac{t^r}{r!}$, und es gibt $P = \frac{r!}{r_1! \ldots r_n!}$ Möglichkeiten. P heißt „Polynomialkoeffizient".

b) Soll jede Art mindestens einmal in der Auswahl vorkommen, so erhält man für die Anzahl P' der möglichen Auswahlen

$$P' = \frac{d^r}{dt^r}(e^t - 1)^n \Big|_{t=0} = \Delta^n(\nu^r)\Big|_{\nu=0} = n!\, S(r, n). \tag{2.2.6}$$

Dabei sind die „Stirlingschen Zahlen zweiter Art" $S(r, n)$ durch die Entwicklung

$$t^r = \sum_{\nu=0}^{r} S(r, \nu)\, (t)_\nu \tag{2.2.7}$$

definiert und genügen der Rekursionsformel

$$S(r+1, \nu) = S(r, \nu - 1) + \nu\, S(r, \nu) \tag{2.2.8}$$

mit $S(r, 1) = S(1, 1) = 1$.

2.3 Besetzungsprobleme

Eine Menge von Dingen soll auf mehrere Zellen verteilt werden, wobei die Anzahl der Dinge in den einzelnen Zellen beliebig sein kann und die Anordnung der Zellen bzw. der Elemente in den einzelnen Zellen unberücksichtigt bleibt. Gesucht ist die Anzahl A der verschiedenen Verteilungsmöglichkeiten, wenn es sich um gleich- oder verschiedenartige Dinge bzw. Zellen handelt.

1. n gleiche Dinge auf N gleiche Zellen:

$$A = \sum_{k=1}^{N} p_k(n), \tag{2.3.1}$$

wenn die Anzahl der Besetzungen mit genau k besetzten Zellen mit $p_k(n)$ bezeichnet wird. Dabei ist $p_k(n)$ mit der Anzahl der k-Partitionen von n (d. h. der Darstellungen der Zahl $n = \sum_{i=1}^{k} \nu_i$ mit $\nu_1 \geqslant \nu_2 \geqslant \ldots \geqslant \nu_k \neq 0$) identisch.

Als erzeugende Funktion für $p(n) = \sum_{k=1}^{n} p_k(n)$ ergibt sich

$$\sum_n p(n)\, t^n = \left[\prod_{\mu=1}^{\infty} (1 - t^\mu)\right]^{-1}. \tag{2.3.2}$$

2. n gleiche Dinge auf N verschiedene Zellen:

Dieses Problem ist äquivalent dem Problem der n-Kombinationen mit Wiederholungen (vgl. § 2.1) von N verschiedenen Elementen. Es ist mithin

$$A = \binom{N+n-1}{n}. \tag{2.3.3}$$

Die Anzahl der Besetzungen mit genau k besetzten Zellen ist $\binom{N}{k}\binom{n-1}{k-1}$.

3. n verschiedene Dinge auf N gleiche Zellen:

$$A = \sum_{\nu=1}^{N} S(n, \nu). \tag{2.3.4}$$

Die Anzahl der Besetzungen mit genau k besetzten Zellen ist $S(n, k)$. (Zur Definition von $S(n, k)$ siehe 2.2.6.)

4. n verschiedene Dinge auf N verschiedene Zellen:

Die Besetzungen entsprechen den n-Permutationen mit Wiederholungen von N verschiedenen Dingen [vgl. (2.2.2)], also ist

$$A = N^n.$$

Die Anzahl der Besetzungen mit genau k besetzten Zellen beträgt $(N)_k\, S(n, k)$.

2.4 Ein spezielles Anordnungsproblem

Von n in einer Reihe geordneten Plätzen soll eine beliebige Zahl nicht benachbarter Plätze besetzt werden.

Bezeichnet man die Anzahl der Besetzungen mit f_n (Fibonacci-Zahl; oft auch andere Numerierung), so findet man

$$(f_0 = 1),\ f_1 = 2,\ f_2 = 3,\ f_3 = 5,\ f_4 = 8,\ f_5 = 13, \ldots; \tag{2.4.1}$$

f_n genügt der Rekursionsformel

$$f_{n+2} = f_n + f_{n+1} \tag{2.4.2}$$

und berechnet sich allgemein zu

$$f_n = \left(\frac{1}{2} + \frac{3}{2\sqrt{5}}\right)\left(\frac{1+\sqrt{5}}{2}\right)^n + \left(\frac{1}{2} - \frac{3}{2\sqrt{5}}\right)\left(\frac{1-\sqrt{5}}{2}\right)^n \tag{2.4.3}$$

$$= \frac{1}{\sqrt{5}}\left[\left(\frac{1+\sqrt{5}}{2}\right)^{n+2} - \left(\frac{1-\sqrt{5}}{2}\right)^{n+2}\right].$$

§ 3. Grundlegende Definitionen

In diesem Kapitel werden die grundlegenden Begriffe der Wahrscheinlichkeitstheorie entsprechend dem Vorgehen von A. N. KOLMOGOROFF axiomatisch eingeführt [*24*].

3.1 Das Ereignisfeld

Die *Elementarereignisse* ξ, d. h. die möglichen Ergebnisse eines Zufallsexperimentes, werden zusammengefaßt zur „*Grundmenge*" Ω.

Es ist nun nicht so sehr von Interesse zu wissen, welches spezielle Ergebnis ξ bei Ausführung eines Experimentes eintritt, sondern vielmehr, ob das eintretende Ergebnis ξ eine bestimmte Eigenschaft α besitzt. α definiert eine Teilmenge A von Ω, nämlich die Menge aller ξ aus Ω mit der Eigenschaft α. Umgekehrt läßt sich jeder Teilmenge A von Ω eine Eigenschaft α zuordnen, nämlich die Eigenschaft „ξ liegt in A" (in Zeichen: $\xi \in A$). Daher ist es völlig gleichwertig, ob man die Eigenschaften der Ergebnisse oder die Teilmengen von Ω betrachtet. Dementsprechend nennt man die Menge A auch „Eigenschaft α" oder kürzer „α" oder sagt „α tritt ein" oder „es gilt α". Es bestehen folgende Zusammenhänge zwischen der mengentheoretischen Sprache (links) und der logischen (rechts):

$AB = A \cap B$ (Durchschnitt von A und B)	$\alpha \wedge \beta$ (α und β)
$A \cup B$ (Vereinigung von A und B)	$\alpha \vee \beta$ (α oder β)
$A \subset B$ (A ist Teilmenge von B)	$\alpha \rightarrow \beta$ (aus α folgt β)
$\complement A$ (Komplement von A bezüglich Ω) (manchmal auch $\bar{A}$ bezeichnet).	$\bar{\alpha}$ (nicht α, Negation von α)
$\emptyset$ (leere Menge)	„nie"
Ω (Grundmenge)	„immer".

Als mathematisches Modell eines Experimentes führt man das Ereignisfeld ein:

Ein *Ereignisfeld* $(\Omega, \mathfrak{A})$ besteht aus einer (Grund-) Menge Ω und einem System $\mathfrak{A}$ von Teilmengen von Ω mit folgenden Eigenschaften:

(3.1.1) $$\Omega \in \mathfrak{A}$$

(3.1.2) $$\text{mit } A \in \mathfrak{A} \text{ gilt auch } \complement A \in \mathfrak{A},$$

(3.1.3) $$\text{bei } A_\nu \in \mathfrak{A} \; (\nu = 1, 2, \ldots) \text{ ist auch } \bigcup_{\nu=1}^{\infty} A_\nu \in \mathfrak{A}.$$

Die zu $\mathfrak{A}$ gehörigen Teilmengen (d. h. die Elemente von $\mathfrak{A}$) heißen „*Ereignisse*". In der Maßtheorie heißt ein Mengensystem mit den Eigenschaften (3.1.1) bis (3.1.3) ein „σ-Ring" über Ω.

Einfachstes Beispiel eines Ereignisfeldes ist das sog. *elementare Ereignisfeld:* Hier besteht Ω aus endlich oder abzählbar vielen Ereignissen, und $\mathfrak{A}$ ist das System aller Teilmengen von Ω.

3.2 Die Wahrscheinlichkeitsbelegung

Für jedes Ereignis A eines Ereignisfeldes $(\Omega, \mathfrak{A})$ ist eine reelle Zahl $P(A)$ definiert, genannt die „Wahrscheinlichkeit, daß A (bzw. α) eintritt" oder kurz die „Wahrscheinlichkeit für A (bzw. α)". Diese genügt folgenden Bedingungen:

(3.2.1) $$P(A) \geqq 0,$$

(3.2.2) $$P(\Omega) = 1,$$

(3.2.3) für disjunkte* $A_\nu \in \mathfrak{A}$ $(\nu = 1, 2, \ldots)$ gilt $P\left(\bigcup_{\nu=1}^{\infty} A_\nu\right) = \sum_{\nu=1}^{\infty} P(A_\nu)$.

P ist demnach eine Vorschrift, die jedem A aus $\mathfrak{A}$ eine reelle Zahl zuordnet, d. h. P ist eine reellwertige Funktion mit dem Definitionsbereich $\mathfrak{A}$. Als solche wird sie *Wahrscheinlichkeitsbelegung* oder *Wahrscheinlichkeitsmaß*, manchmal auch kurz *Wahrscheinlichkeit* genannt.

Im Fall des elementaren Wahrscheinlichkeitsfeldes wird jedes solche P bestimmt durch ein System von Zahlen $p_i = P(\xi_i) \geqq 0$ mit $\sum p_i = 1$. Die Wahrscheinlichkeit eines beliebigen Ereignisses $A \in \mathfrak{A}$ ergibt sich daraus wegen (3.2.3) zu

(3.2.4) $$P(A) = \sum_{\xi_i \in A} p_i.$$

3.3 Unter-Ereignisfelder

Ein Ereignisfeld $(\Omega, \mathfrak{B})$ heißt *Unter-Ereignisfeld* zum Ereignisfeld $(\Omega, \mathfrak{A})$, wenn das System $\mathfrak{B}$ von Teilmengen von Ω im System $\mathfrak{A}$ enthalten ist. Vielfach wird ein Unter-Ereignisfeld $(\Omega, \mathfrak{B})$ von einem System $\{B_\tau\}$ von vorgegebenen Mengen $B_\tau \in \mathfrak{A}$ erzeugt. Darunter versteht man, daß $\mathfrak{B}$ der kleinste σ-Ring über Ω ist, welcher alle vorgegebenen Ereignisse B_τ enthält.

Beispielsweise wird der zum elementaren Ereignisfeld gehörige σ-Ring $\mathfrak{A}$ erzeugt vom System der Mengen $\{\xi_i\}$ $(\xi_i \in \Omega)$, d. h. von denjenigen Mengen, die genau ein Ergebnis aus Ω enthalten.

3.4 Unabhängigkeit von Unter-Ereignisfeldern

Zwei Unter-Ereignisfelder $(\Omega, \mathfrak{B}_1)$ und $(\Omega, \mathfrak{B}_2)$ zum Ereignisfeld $(\Omega, \mathfrak{A})$ mit der Wahrscheinlichkeitsbelegung P nennt man *unabhängig*, wenn für jedes B_1 aus $\mathfrak{B}_1$ und B_2 aus $\mathfrak{B}_2$ die Wahrscheinlichkeit des Durchschnittes $B_1 B_2$ gleich dem Produkt der Wahrscheinlichkeiten von B_1 und B_2 ist, d. h.

(3.4.1) $$P(B_1 B_2) = P(B_1)\, P(B_2) \quad \text{für alle } B_1 \in \mathfrak{B}_1,\ B_2 \in \mathfrak{B}_2.$$

---

*) d. h. falls $A_\nu A_\mu = \emptyset$ für $\nu \neq \mu$.

Diese Bezeichnungsweise wird in 3.8 noch erläutert werden. Eine beliebige Familie $\{(\Omega, \mathfrak{B}_\tau)\}$ von Unter-Ereignisfeldern bezeichnet man als unabhängig, wenn für jede endliche Auswahl $B_{\tau_1} \in \mathfrak{B}_{\tau_1}, B_{\tau_2} \in \mathfrak{B}_{\tau_2}, \ldots, B_{\tau_N} \in \mathfrak{B}_{\tau_N}$ mit lauter verschiedenen Indizes $\tau_1, \ldots, \tau_N$ gilt

$$P(B_{\tau_1} \ldots B_{\tau_N}) = \prod_{\nu=1}^{N} P(B_{\tau_\nu}). \tag{3.4.2}$$

Um Mißverständnissen vorzubeugen, sei ausdrücklich darauf hingewiesen, daß die Unabhängigkeit nicht allein von den Unter-Ereignisfeldern, sondern auch von der Wahrscheinlichkeitsbelegung P abhängt. Zum Nachweis der Unabhängigkeit ist es nicht immer nötig, alle angegebenen Beziehungen zu überprüfen. So genügt es, wenn die Familie aus N Unter-Ereignisfeldern $(\Omega, \mathfrak{B}_\tau)$ $(\tau = 1, \ldots, N)$ besteht und jedes $\mathfrak{B}_\tau$ von n_τ disjunkten Ereignissen B_j^τ $(j = 1, \ldots, n_\tau)$ mit $\bigcup_{j=1}^{n_\tau} B_j^\tau = \Omega$ erzeugt wird, nur $\prod_{\tau=1}^{N} n_\tau - 1 - \sum_{\tau=1}^{N} (n_\tau - 1)$ unabhängige Relationen zu verifizieren.

3.5 Zufällige Größen

Auf Ω definierte reellwertige Funktionen $X(\xi)$ heißen *zufällige Größen* oder *zufällige Variable* zum Ereignisfeld $(\Omega, \mathfrak{A})$, wenn für alle reellen Zahlen h die Menge

$$A_h = \{\xi \in \Omega \mid X(\xi) < h\} \tag{3.5.1}$$

in $\mathfrak{A}$ liegt, d. h. wenn A_h ein Ereignis ist. Man nennt eine solche Funktion $X(\xi)$ auch *$\mathfrak{A}$-meßbar*.

Die Ereignisse A_h (h reell) erzeugen einen σ-Ring $\mathfrak{A}_X \subset \mathfrak{A}$, den *von X erzeugten σ-Ring*.

Ist $g(x)$ eine stückweise stetige (allgemeiner: Bairesche) reelle Funktion auf der reellen Achse, so ist $g(X)$ wieder eine Zufallsgröße. Der von $g(X)$ erzeugte σ-Ring $\mathfrak{A}_{g(X)}$ ist Unterring von $\mathfrak{A}_X$. Zufällige Größen X_τ heißen *unabhängig*, wenn die von ihnen erzeugten σ-Ringe $\mathfrak{A}_{X_\tau}$ unabhängig sind. Eine zufällige Größe X, die nur abzählbar (d. h. endlich oder abzählbar-unendlich) viele verschiedene Werte x_i $(i = 1, 2 \ldots)$ annimmt, heißt *elementare* zufällige Größe oder *diskrete* Zufallsvariable. Insbesondere ist jede Zufallsvariable zu einem elementaren Ereignisfeld diskret. Der zugehörige σ-Ring $\mathfrak{A}_X$ wird dann von den Ereignissen $\{X = x_i\}$ $(i = 1, 2, \ldots)$ durch Zusammenfassen erzeugt, d. h. jedes Ereignis aus $\mathfrak{A}_X$ ist die endliche oder abzählbare Vereinigung von Ereignissen $\{X = x_i\}$.

Zufällige Größen, die nur die Werte 0 und 1 annehmen, heißen *Indikatorgrößen*. Sie stehen in eineindeutigem Zusammenhang mit den Ereignissen, in denen sie den Wert 1 annehmen, also mit der Menge

$A = \{\xi \in \Omega \mid X(\xi) = 1\}$. Man schreibt deshalb

(3.5.2) $$X = I_A = \begin{cases} 0 & \text{für } \xi \notin A \\ 1 & \text{für } \xi \in A \end{cases}.$$

Es gilt:

$$\begin{aligned} A &= B && \text{ist äquivalent mit} && I_A = I_B, \\ A &\subset B && \text{ist äquivalent mit} && I_A \leqq I_B, \\ A &= \Omega && \text{ist äquivalent mit} && I_A \equiv 1, \\ A &= \emptyset && \text{ist äquivalent mit} && I_A \equiv 0, \\ AB &= \emptyset && \text{ist äquivalent mit} && I_A I_B \equiv 0, \\ A &= \bigcup_i A_i && \text{ist äquivalent mit} && I_A = \sup_i I_{A_i}, \\ A &= \bigcap_i A_i && \text{ist äquivalent mit} && I_A = \inf_i I_{A_i}. \end{aligned}$$

Für abzählbar viele A_i gilt:

$$A = \{\xi \mid \xi \text{ in unendlich vielen } A_i\}$$
$$\text{ist äquivalent mit } I_A = \lim_i \sup I_{A_i},$$

$$A = \{\xi \mid \xi \text{ in allen bis auf endlich viele } A_i\}$$
$$\text{ist äquivalent mit } I_A = \lim_i \inf I_{A_i},$$

$$A = \bigcap_i A_i \text{ ist äquivalent mit } I_A = \prod_i I_{A_i},$$

und, wenn zusätzlich die A_i disjunkt sind,

$$A = \bigcup_i A_i \text{ ist äquivalent mit } I_A = \sum_i I_{A_i}.$$

3.6 Die Verteilungsfunktion

Jede Zufallsvariable X erzeugt eine Funktion

(3.6.1) $$F(h) = F_X(h) = P(X < h),$$

welche die (*kumulative*) *Verteilungsfunktion* von X heißt.

Unmittelbar aus der Definition ergibt sich $F(-\infty) = 0$ und $F(+\infty) = 1$. Ferner ist $F(h)$ monoton-wachsend und links-stetig (vgl. Abb. 3.6.1).

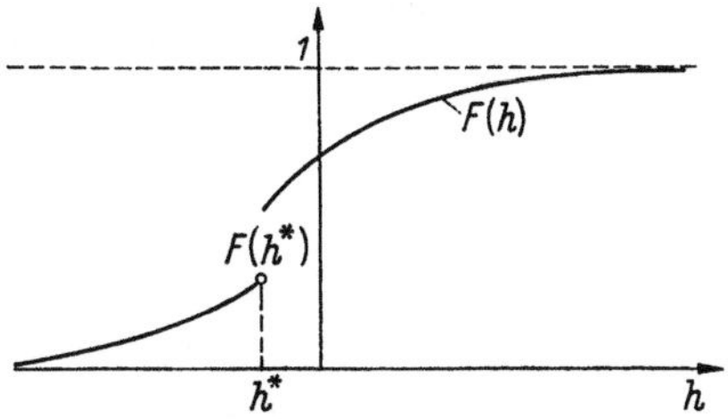

Abb. 3.6.1. Verteilungsfunktion mit Unstetigkeitsstelle bei h^*

Entsprechend definiert man als *gemeinsame Verteilungsfunktion* der Größen $X_1, \ldots, X_n$ die Funktion

(3.6.2) $$F(h_1, \ldots, h_n) = F_{X_1,\ldots,X_n}(h_1, \ldots, h_n) = P(X_1 < h_1, \ldots, X_n < h_n).$$

Im Spezialfall einer elementaren zufälligen Größe X mit dem Wertebereich $\{\xi_i : i = 1, 2, \ldots\}$ wird die Verteilungsfunktion von X durch die Gesamtheit der Zahlen $p_i = P(X = \xi_i)$ bestimmt nach der Formel

$$F_X(h) = \sum_{\xi_i < h} p_i. \tag{3.6.3}$$

$F_X(h)$ ist eine Sprungfunktion mit Sprüngen bei ξ_i $(i = 1, 2, \ldots)$ (vgl. Abb. 3.6.2). Analog ergibt sich für die gemeinsame Verteilungsfunktion

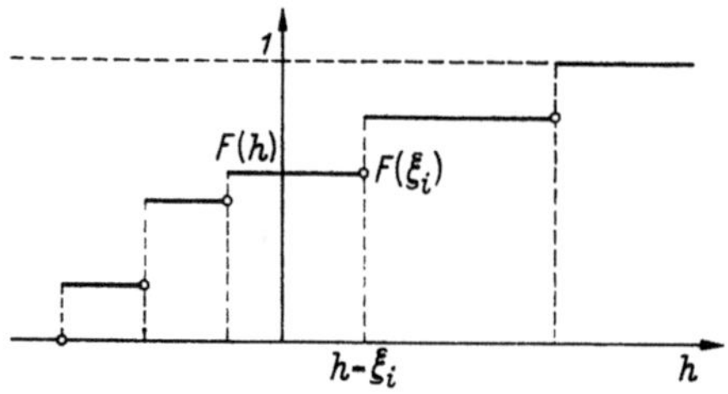

Abb. 3.6.2. Verteilungsfunktion einer elementaren Zufallsgröße

zweier elementarer zufälliger Größen X und Y mit den Wertebereichen $\{\xi_i : i = 1, 2, \ldots\}$ bzw. $\{\eta_j : j = 1, 2, \ldots\}$ und den Wahrscheinlichkeiten $p_{ij} = P(X = \xi_i, Y = \eta_j)$ die Formel

$$F_{X,Y}(h, k) = \sum_{\xi_i < h,\, \eta_j < k} p_{ij}. \tag{3.6.4}$$

Man summiert also über die Wahrscheinlichkeiten aller Ereignisse $\{X = \xi_i, Y = \eta_j\}$, bei denen ξ_i kleiner als h und η_j kleiner als k ausfällt.

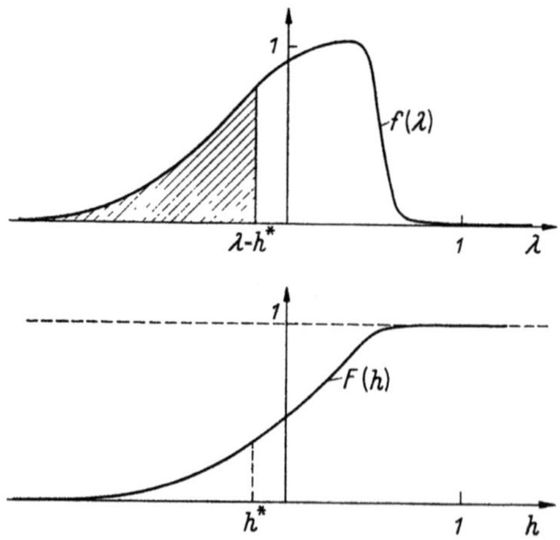

Abb. 3.6.3. Verteilungsdichte $f(\lambda)$ und zugehörige Verteilungsfunktion $F(h)$
Die schraffierte Fläche ist gleich der Verteilungsfunktion an der Stelle h^*

Ein weiterer wichtiger Sonderfall liegt vor, wenn sich die Verteilungsfunktion $F_X(h)$ (dann absolut stetig genannt) in der Form

(3.6.5) $$F_X(h) = \int_{-\infty}^{h} f(\lambda)\, d\lambda$$

darstellen läßt. Man nennt dann die Funktion $f(\lambda) = f_X(\lambda)$ die *Verteilungsdichte* von X. Entsprechend heißt im Fall

(3.6.6) $$F_{X_1,\ldots,X_n}(h_1,\ldots,h_n) = \int_{-\infty}^{h_1} \ldots \int_{-\infty}^{h_n} f(\lambda_1,\ldots,\lambda_n)\, d\lambda_1 \ldots d\lambda_n$$

die Funktion $f(\lambda_1,\ldots,\lambda_n) = f_{X_1,\ldots,X_n}(\lambda_1,\ldots,\lambda_n)$ die *gemeinsame Verteilungsdichte* der Zufallsgrößen $X_1,\ldots,X_n$.

Wenn man von der gemeinsamen Verteilungsfunktion $F = F_{X_1,\ldots,X_n}$ der Größen $X_1,\ldots,X_n$ ausgeht, bezeichnet man die (gemeinsame) Verteilungsfunktion eines Teiles der betreffenden Zufallsgrößen, etwa der Größen $X_{i_1},\ldots,X_{i_s}$, als die *marginale Verteilungsfunktion.*

Es gilt dabei

(3.6.6a) $$F_{X_{i_1},\ldots,X_{i_s}}(h_{i_1},\ldots,h_{i_s}) = F(\infty,\ldots,\infty,h_{i_1},\ldots,h_{i_s},\infty,\ldots,\infty).$$

Im Fall einer gemeinsamen Verteilungsdichte $f = f_{X_1,\ldots,X_n}$ erhält man die *Marginaldichte* nach der Vorschrift

(3.6.7) $$f_{X_{i_1},\ldots,X_{i_s}}(\lambda_{i_1},\ldots,\lambda_{i_s}) = \int_{-\infty}^{+\infty} \ldots \int_{-\infty}^{+\infty} f(\lambda_1,\ldots,\lambda_n) \prod_{\nu \neq i_1,\ldots,i_s} d\lambda_\nu .$$

Zwei Zufallsgrößen X und Y sind genau dann unabhängig, wenn ihre gemeinsame Verteilungsfunktion $F_{X,Y}$ das Produkt der marginalen Verteilungsfunktionen F_X und F_Y ist, d. h. wenn

(3.6.8) $$F_{X,Y}(h,k) = F_X(h)\, F_Y(k)$$

gilt. Die Unabhängigkeit von X und Y läßt sich auch durch

(3.6.8a) $$E\big(f(X)\, g(Y)\big) = E\big(f(X)\big)\, E\big(g(Y)\big)$$

für alle Funktionen f und g charakterisieren[1]. Aus der Unabhängigkeit von X und Y folgt immer die von $f(X)$ und $g(Y)$. Analog ist die Unabhängigkeit der Zufallsvariablen $X_1,\ldots,X_n$ damit äquivalent, daß für beliebige Indizes $i_1,\ldots,i_s$ $(s \leqq n)$

(3.6.9) $$F_{X_{i_1},\ldots,X_{i_s}}(h_{i_1},\ldots,h_{i_s}) = F_{X_{i_1}}(h_{i_1}) \ldots F_{X_{i_s}}(h_{i_s})$$

bzw. bei einer gemeinsamen Verteilungsdichte

(3.6.10) $$f_{X_{i_1},\ldots,X_{i_s}}(\lambda_{i_1},\ldots,\lambda_{i_s}) = f_{X_{i_1}}(\lambda_{i_1}) \ldots f_{X_{i_s}}(\lambda_{i_s})$$

gilt.

---

[1] Zur Definition von E vgl. 3.7.

3.7 Der Erwartungswert

Der *Erwartungswert* $E(X)$ einer zufälligen Größe X wird definiert durch

$$E(X) = \int_{-\infty}^{+\infty} \lambda \, dF(\lambda) = \int_{0}^{\infty} (1 - F(\lambda))\, d\lambda - \int_{-\infty}^{0} F(\lambda)\, d\lambda, \tag{3.7.1}$$

falls dieses Integral überhaupt existiert. Hat X eine Verteilungsdichte $f(\lambda)$, so gilt

$$E(X) = \int_{-\infty}^{+\infty} \lambda f(\lambda)\, d\lambda. \tag{3.7.2}$$

Ist die Zufallsgröße $X = g(Y_1, \ldots, Y_n)$ eine Funktion von anderen Zufallsgrößen $Y_1, \ldots, Y_n$, die die gemeinsame Dichte $f = f_{Y_1, \ldots, Y_n}$ besitzen, so ergibt sich

$$E(X) = \int_{-\infty}^{+\infty} \cdots \int_{-\infty}^{+\infty} g(\eta_1, \ldots, \eta_n)\, f(\eta_1, \ldots, \eta_n)\, d\eta_1 \ldots d\eta_n. \tag{3.7.3}$$

Im Fall des elementaren Ereignisfeldes mit den Elementarereignissen ξ_i gilt

$$E(X) = \sum_i X(\xi_i)\, P(\xi_i). \tag{3.7.4}$$

$E(X)$ ist also das „gewogene Mittel" der Funktionswerte $X(\xi_i)$ mit den „Gewichten" $P(\xi_i)$.

Rechenregeln für den Erwartungswert.

(3.7.5) Sind X_i Zufallsvariable und a_i reelle Zahlen $(i = 1, \ldots, n)$, so ist

$$E\left(\sum_{i=1}^{n} a_i X_i\right) = \sum_{i=1}^{n} a_i E(X_i).$$

(3.7.6) Aus $X \geqq Y$ folgt $E(X) \geqq E(Y)$.

(3.7.7) Falls c eine Konstante ist, gilt

$$E(c) = c.$$

(3.7.8) Für Indikatorgrößen I_A hat man $E(I_A) = P(A)$.

(3.7.9) Sind X und Y unabhängig, so ist

$$E(XY) = E(X)\, E(Y).$$

(3.7.10) Erfüllen zwei Zufallsgrößen X und Y zum Ereignisfeld $(\Omega, \mathfrak{A})$ für jedes A aus $\mathfrak{A}$ die Bedingung

$$E(X I_A) = E(Y I_A),$$

so sind X und Y *P-fast* gleich, d. h., die Menge aller $\xi \in \Omega$, in denen X und Y übereinstimmen, besitzt die Wahrscheinlichkeit 1, oder kurz $P(X = Y) = 1$ bzw. $P(X \neq Y) = 0$.

Statt $E(X I_A)$ schreibt man auch $E(X, A)$.

3.8 Bedingte Wahrscheinlichkeiten und Erwartungswerte

Sind A und B zwei Ereignisse eines Ereignisfeldes $(\Omega, \mathfrak{A})$, dann bezeichnet $P(A \mid B)$ die Wahrscheinlichkeit, daß A eintritt, wenn bereits B eingetreten ist. Betrachtet man etwa das Experiment eines Würfelwurfes und bedeutet A = „gerade Augenzahl" und B = „Augenzahl größer als 2", so verstehen wir unter $P(A \mid B)$ die Wahrscheinlichkeit, daß eine gerade Augenzahl geworfen wird, wenn schon bekannt ist, daß die geworfene Augenzahl größer als 2 ist. An Stelle von $P(A \mid B)$ schreibt man auch $P_B(A)$. Für eine Bedingung B mit $P(B) > 0$ ergibt sich die *bedingte Wahrscheinlichkeit* zu

(3.8.1) $$P(A \mid B) = \frac{P(AB)}{P(B)}.$$

$P(A \mid B)$ genügt bei festgehaltenem B den Axiomen (3.2.1) bis (3.2.3). Analog zu 3.6 und 3.7 definiert man die *bedingte Verteilungsfunktion* einer Zufallsgröße X durch

(3.8.2) $$F_X(h \mid B) = P(X < h \mid B)$$

sowie, im Falle ihrer Existenz, die *bedingte Dichte* $f_X(\lambda \mid B)$ vermöge der Beziehung

(3.8.3) $$F_X(h \mid B) = \int_{-\infty}^{h} f_X(\lambda \mid B)\, d\lambda$$

und schließlich den *bedingten Erwartungswert*

(3.8.4) $$E(X \mid B) = E_B(X) = \int_{-\infty}^{+\infty} \lambda\, dF_X(\lambda \mid B) = \frac{1}{P(B)} E(X I_B).$$

Betrachtet man eine zufällige Größe Z, die auf B den Wert $E_B(X)$ und auf $\bar{B}$ den Wert $E_{\bar{B}}(X)$ annimmt, d. h. $Z = I_B E_B(X) + I_{\bar{B}} E_{\bar{B}}(X)$, so gilt

(3.8.5) $$E(Z, A) = E(X, A),$$

wenn $A = \emptyset$, $A = B$, $A = \bar{B}$ oder $A = \Omega$ genommen wird. Dabei ist Z eine zufällige Größe zu dem Unter-Ereignisfeld $(\Omega, \mathfrak{B})$, wo $\mathfrak{B} = \{\emptyset, B, \bar{B}, \Omega\}$ der von B erzeugte σ-Ring ist.

Diese Beziehung ist der Ausgangspunkt für die Definition des bedingten Erwartungswertes einer Zufallsgröße X zum Ereignisfeld $(\Omega, \mathfrak{A})$ bezüglich eines Unter-Ereignisfeldes $(\Omega, \mathfrak{B})$ von $(\Omega, \mathfrak{A})$:

Eine Zufallsvariable Z zum Unter-Ereignisfeld $(\Omega, \mathfrak{B})$ heißt der *bedingte Erwartungswert von X bezüglich* $\mathfrak{B}$, geschrieben $E(X \mid \mathfrak{B})$ oder $E_{\mathfrak{B}}(X)$, wenn

(3.8.6) $$E(Z, B) = E(X, B) \quad \text{für alle } B \in \mathfrak{B} \text{ gilt.}$$

Damit ist $Z = E(X \mid \mathfrak{B})$ P-fast eindeutig bestimmt.

Spezialfälle. Sei $\Omega = A_1 \cup A_2 \cup \ldots \cup A_m$ mit disjunkten A_i und $\Omega = B_1 \cup B_2 \cup \cdots \cup B_n$ mit disjunkten B_j, so lassen sich die bedingten Wahrscheinlichkeiten $P(B_j \mid A_i)$ aus den bedingten Wahrscheinlichkeiten $P(A_i \mid B_j)$ berechnen mit Hilfe der *Bayesschen Formel*

(3.8.7) $$P(B_j \mid A_i) = \frac{P(A_i \mid B_j)\, P(B_j)}{\sum\limits_{k=1}^{n} P(A_i \mid B_k)\, P(B_k)}.$$

Die von den A_i bzw. B_j erzeugten σ-Ringe sind genau dann unabhängig, wenn eine der folgenden Bedingungen erfüllt ist:

(3.8.8) $$P(A_i \mid B_j) \text{ hängt nicht ab von } j,$$

(3.8.9) $$P(B_j \mid A_i) \text{ hängt nicht ab von } i,$$

(3.8.10) $$P(A_i B_j) = P(A_i)\, P(B_j).$$

Die Beziehungen (3.8.8) und (3.8.9) rechtfertigen den in 3.4 eingeführten Begriff der Unabhängigkeit zwischen zwei Ereignisfeldern $(\Omega, \mathfrak{A})$ und $(\Omega, \mathfrak{B})$. Die bedingte Wahrscheinlichkeit des Ereignisses A aus $\mathfrak{A}$ hängt nämlich nicht von Bedingungen B aus $\mathfrak{B}$ ab, und umgekehrt ist die bedingte Wahrscheinlichkeit von B aus $\mathfrak{B}$ nicht abhängig von der Bedingung A aus $\mathfrak{A}$.

3.9 Durch zufällige Größen gegebene Bedingungen

Sind X und Y Zufallsvariable zu $(\Omega, \mathfrak{A})$, so definiert man den bedingten Erwartungswert von X unter der Bedingung Y durch

(3.9.1) $$E(X \mid Y) = E(X \mid \mathfrak{A}_Y),$$

d. h. als den bedingten Erwartungswert von X bezüglich des von Y erzeugten σ-Ringes $\mathfrak{A}_Y \subset \mathfrak{A}$. Es zeigt sich, daß $E(X \mid Y)$ gleich einer Funktion $g(Y)$ von Y ist, die durch die Gültigkeit von $E\big(E(X \mid Y)\, h(Y)\big) = E\big(X\, h(Y)\big)$ für alle Funktionen h charakterisiert werden kann.

Besitzen X, Y die gemeinsame Dichte $f(\xi, \eta)$, so gilt bei hinreichender Regularität von f

(3.9.2) $$E(X \mid Y) = \frac{\int \xi f(\xi, Y)\, d\xi}{\int f(\xi, Y)\, d\xi} = \int \xi f_X(\xi \mid Y)\, d\xi$$

mit der *bedingten Verteilungsdichte*

$$(3.9.3) \qquad f_X(h \mid Y) = \frac{f(h, Y)}{\int f(\xi, Y)\, d\xi}.$$

$E(X \mid Y)$ ist eine Zufallsgröße, die auf dem Ereignis $\{Y = \eta\}$ bei beliebigem reellem η konstant ist. Setzt man

$$(3.9.4) \qquad f_X(h \mid \eta) = \frac{f(h, \eta)}{\int f(\xi, \eta)\, d\xi},$$

so erhält man

$$(3.9.5) \qquad E(X \mid Y) = \int \xi f_X(\xi \mid \eta)\, d\xi \quad \text{auf} \quad \{Y = \eta\}.$$

X und Y sind unabhängig, wenn $f_X(h \mid \eta)$ nicht von η abhängt.

In Verallgemeinerung zu $E(X \mid Y)$ schreibt man bei mehreren Zufallsgrößen $Y_1, \ldots, Y_n$

$$(3.9.6) \qquad E(X \mid Y_1, \ldots, Y_n) = E(X \mid \mathfrak{A}_{Y_1, \ldots, Y_n}),$$

wobei $\mathfrak{A}_{Y_1, \ldots, Y_n}$ der von den Ereignissen $A_h^i = \{\xi \in \Omega \mid Y_i(\xi) < h\}$ (h reell; $i = 1, \ldots, n$) erzeugte Unter-Ring ist.

§ 4. Kombination von Ereignissen

4.1 Die Poincaré-Sylvesterschen Formeln

In diesem Abschnitt werden Formeln angegeben, wie sich die Wahrscheinlichkeit von Ereignissen berechnen läßt, die aus vorgegebenen Ereignissen A_i ($i = 1, \ldots, n$) gebildet werden. Dazu führt man folgende Abkürzungen ein:

$$\begin{aligned} p_i &= P(A_i) & q_i &= P(A_i) \\ p_{ij} &= P(A_i \cap A_j) & q_{ij} &= P(A_i \cup A_j) \\ p_{ijk} &= P(A_i \cap A_j \cap A_k) & q_{ijk} &= P(A_i \cup A_j \cup A_k) \quad \text{usw.} \end{aligned}$$

und bildet die Summen

$$\begin{aligned} s_1 &= \sum_i p_i & t_1 &= \sum_i q_i \\ s_2 &= \sum_{i<j} p_{ij} & t_2 &= \sum_{i<j} q_{ij} \\ s_3 &= \sum_{i<j<k} p_{ijk} & t_3 &= \sum_{i<j<k} q_{ijk} \quad \text{usw.} \end{aligned}$$

Poincaré-Sylvestersche Formeln des Ein- und Ausschließens:

P (mindestens eines der A_i tritt ein)

$$= \sum_{l=1}^{n} (-1)^{l-1} s_l = s_1 - s_2 + s_3 - \cdots,$$

P (mindestens m der A_i treten ein)

$$= \sum_{l=0}^{n-m} \binom{m-1+l}{m-1} (-1)^l s_{m+l}$$

$$= s_m - \binom{m}{m-1} s_{m+1} + \binom{m+1}{m-1} s_{m+2} - \cdots \quad \text{für} \quad 1 \leqq m \leqq n,$$

P (genau m der A_i treten ein)

$$= \sum_{l=0}^{n-m} \binom{m+l}{m} (-1)^l s_{m+l}$$

$$= s_m - \binom{m+1}{m} s_{m+1} + \binom{m+2}{m} s_{m+2} - \cdots \quad \text{für} \quad 1 \leqq m \leqq n.$$

Diese Reihen liefern abwechselnd zu große und zu kleine Partialsummen (Bonferronische Ungleichungen).

Als duale Gegenstücke erhält man die Formeln:

$$P \text{ (genau } m \text{ der } A_i \text{ treten ein)} = \sum_{l=0}^{m} (-1)^{l-1} \binom{n-m+l}{l} t_{n-m+l},$$

$$P \text{ (mindestens } m \text{ der } A_i \text{ treten ein)} = \sum_{l=n-m+1}^{n} (-1)^{m+n-l+1} \binom{l-1}{n-m} t_l,$$

für $1 \leqq m \leqq n$, insbesondere

P (alle A_i treten ein) $= t_1 - t_2 + t_3 - \cdots$

Die Ereignisse {mindestens m der A_i} und {genau m der A_i} lassen sich mit Hilfe der mengentheoretischen Operationen von 3.1 aus den A_i berechnen. Beispielsweise ist {mindestens eines der A_i} $= \bigcup_{i=1}^{n} A_i$. Als Spezialfall erhält man für zwei Ereignisse A, B die Beziehung

$$P(A \cup B) = P(A) + P(B) - P(AB).$$

Sie wird manchmal *verallgemeinerter Additionssatz* genannt im Gegensatz zum *Additionssatz*

$$P(A \cup B) = P(A) + P(B) \quad \text{für disjunkte } A, B.$$

Nützlich ist die *Regel von der Ausnahmewahrscheinlichkeit:* Aus $P(A_i) \geqq$ $\geqq 1 - \varepsilon_i$ folgt $P(\bigcap A_i) \geqq 1 - \sum \varepsilon_i$.

4.2 Borel-Cantellisches Lemma

Ist eine Folge von Ereignissen A_i $(i = 1, 2, \ldots)$ eines Ereignisfeldes $(\Omega, \mathfrak{A})$ gegeben, so gehört das Ereignis $\limsup A_i = \{\xi \in \Omega \mid \xi$ in unendlich vielen der $A_i\}$ wieder zu $\mathfrak{A}$. Für die Wahrscheinlichkeit von A gilt das

Borel-Cantellische Lemma.

1. Teil (Cantelli): Wenn $\sum_{i=1}^{\infty} P(A_i) < \infty$, dann ist

$$P(\limsup A_i) = P(\text{unendlich viele } A_i \text{ treten ein}) = 0.$$

2. Teil (Borel-Rényi): Wenn $\sum_{i=1}^{\infty} P(A_i)$ divergiert und die A_i paarweise unabhängig sind, ist

$$P(\limsup A_i) = P(\text{unendlich viele der } A_i \text{ treten ein}) = 1.$$

Dieses Lemma ist ein sog. *Null-Eins-Gesetz.*

§ 5. Allgemeines über Verteilungen von Zufallsgrößen

Bei einer Vielzahl von Zufallsexperimenten ist es nicht so sehr von Wichtigkeit zu wissen, wie das eintretende Ergebnis im einzelnen aussieht, sondern man interessiert sich lediglich dafür, welchen Wert eine bestimmte Meßgröße annimmt. Beispielsweise kommt es bei Materialprüfungen mit der Zerreißmaschine vor allem darauf an, bei welcher Belastung ein bestimmter Stab reißt, während die Verformung des Stabes, die Gestalt der Bruchkante u. ä. von untergeordneter Bedeutung sind.

In dem wahrscheinlichkeitstheoretischen Modell eines Experiments, das im § 3 entwickelt wurde, entspricht die Zufallsvariable der (physikalischen) Meßgröße (vgl. 3.5). Ihre wahrscheinlichkeitstheoretisch interessanten Eigenschaften werden durch die zugehörige Verteilungsfunktion (vgl. 3.7) beschrieben.

5.1 Das Rechnen mit zufälligen Größen

Transformation einer Zufallsgröße durch eine Funktion. Ist $a(\xi)$ eine stückweise stetige reelle Funktion mit der reellen Achse R^1_ξ als Definitionsgebiet und dem Wertebereich $W \subset R^1_\eta$, dann läßt sich aus einer zufälligen Größe X eine neue Zufallsvariable $Y = a(X)$ bilden. X wird also mit Hilfe von $a(\xi)$ in Y transformiert. Genügt die Funktion $a(\xi)$ noch zusätzlichen Bedingungen, so kann man die zu Y gehörige Verteilungsfunktion $G(\eta)$ bzw. Verteilungsdichte $g(\eta)$ aus der zu X gehörigen Verteilungsfunktion $F(\xi)$ bzw. Verteilungsdichte $f(\xi)$ bestimmen.

(5.1.1) Ist $W = R^1_\eta$ und die Funktion $a(\xi)$ streng monoton steigend, so existiert die Umkehrfunktion $a^{-1}(\eta)$ und es ist

$$G(\eta) = F\big(a^{-1}(\eta)\big).$$

(5.1.2) Ist zusätzlich $a(\xi)$ überall differenzierbar (eventuell mit Ausnahme von endlich vielen Punkten) mit $a'(\xi) \neq 0$, so erhält man

$$g(\eta) = f\big(a^{-1}(\eta)\big)\frac{1}{|a'(a^{-1}(\eta))|}.$$

(5.1.3) Ist W eine echte Teilmenge von R^1_η, so gilt mit den übrigen Voraussetzungen von (5.1.1) und (5.1.2)

$$g(\eta) = \begin{cases} 0 & \text{für } \eta \notin W, \\ f(a^{-1}(\eta)) \dfrac{1}{|a'(a^{-1}(\eta))|} & \text{für } \eta \in W. \end{cases}$$

Beispiele.

1. *Lineare Transformation:* $a(\xi) = c\,\xi + b \quad (c > 0)$. Hierbei ist $a'(\xi) \equiv c > 0$ und $a^{-1}(\eta) = \left(\frac{\eta - b}{c}\right)$. Daher ergibt sich

$$g(\eta) = \frac{1}{c} f\left(\frac{\eta - b}{c}\right) \quad \text{für alle} \quad -\infty < \eta < +\infty. \tag{5.1.4}$$

2. *Wahrscheinlichkeitstransformation:* $a(\xi) = F(\xi)$. Der Wertebereich von $a(\xi)$ ist das Intervall $[0, 1]$, die Ableitung $a'(\xi) = f(\xi)$, falls die Dichte $f(\xi)$ existiert. Daraus folgt

$$g(\eta) = \begin{cases} 0 & \text{für } -\infty < \eta < 0, \\ \dfrac{f(F^{-1}(\eta))}{f(F^{-1}(\eta))} = 1 & \text{für } 0 \leqq \eta \leqq 1, \\ 0 & \text{für } 1 < \eta < +\infty. \end{cases} \tag{5.1.5}$$

$g(\eta)$ hängt von der Dichte f nicht ab. Man kann darüber hinaus zeigen, daß die Formel richtig bleibt, wenn keine Dichte f existiert, sondern lediglich eine stetige Verteilungsfunktion F vorliegt.

Ähnlich dem eben beschriebenen Verfahren, aus einer gegebenen Zufallsvariablen eine neue Zufallsvariable zu gewinnen, kann man auch vorgehen, wenn mehrere Zufallsgrößen $X_1, \ldots, X_n$ gegeben sind. Ist nämlich $a(x_1, \ldots, x_n)$ eine reelle Funktion der Variablen $x_1, \ldots, x_n$ und ist a stetig (allgemein: Bairesch), so ist $X = a(X_1, \ldots, X_n)$ wiederum eine Zufallsgröße.

Im folgenden werden zwei Zufallsvariable X, Y mit der gemeinsamen Dichte $h(\xi, \eta)$ und den Marginaldichten $f(\xi)$ bzw. $g(\eta)$ sowie den Verteilungsfunktionen $F(\xi)$ bzw. $G(\eta)$ betrachtet.

Summe. $S = X + Y$. Es gilt

$$f_S(k) = \int_{-\infty}^{+\infty} f(k - \eta \mid \eta)\, g(\eta)\, d\eta = \int_{-\infty}^{+\infty} h(k - \eta, \eta)\, d\eta. \tag{5.1.6}$$

Falls X und Y unabhängig sind, vereinfacht sich diese Formel zu

$$f_S(k) = \int_{-\infty}^{+\infty} f(k - \eta)\, g(\eta)\, d\eta = \int_{-\infty}^{+\infty} f(\eta)\, g(k - \eta)\, d\eta. \tag{5.1.7}$$

Als Verteilungsfunktion ergibt sich bei Unabhängigkeit

$$F_S(h) = \int_{-\infty}^{+\infty} F(h - \eta)\, g(\eta)\, d\eta = \int_{-\infty}^{+\infty} G(h - \xi)\, f(\xi)\, d\xi. \tag{5.1.8}$$

Produkt. $T = X\,Y$. Es ist

(5.1.9) $$f_T(k) = \int_{-\infty}^{+\infty} h\left(\frac{k}{\eta}, \eta\right) \frac{1}{|\eta|}\, d\eta;$$

bei Unabhängigkeit von X und Y erhält man

(5.1.10) $$f_T(k) = \int_{-\infty}^{+\infty} f\left(\frac{k}{\eta}\right) g(\eta) \left(\frac{1}{|\eta|}\right) d\eta.$$

Die Verteilungsfunktion ergibt sich bei Unabhängigkeit zu

(5.1.11) $$F_T(h) = \int_0^{\infty} F\left(\frac{h}{\eta}\right) g(\eta)\, d\eta + \int_{-\infty}^{0} \left(1 - F\left(\frac{h}{\eta}\right)\right) g(\eta)\, d\eta.$$

Quotient. $Q = \frac{X}{Y}$. Man erhält

(5.1.12) $$f_Q(k) = \int_{-\infty}^{+\infty} h(k\,\eta, \eta)\, |\eta|\, d\eta$$

und bei unabhängigen X, Y

(5.1.13) $$f_Q(k) = \int_{-\infty}^{+\infty} f(k\,\eta)\, g(\eta)\, |\eta|\, d\eta.$$

Verteilungsfunktion bei Unabhängigkeit:

(5.1.14) $$F_Q(h) = \int_0^{\infty} F(h\,\eta)\, g(\eta)\, d\eta + \int_{-\infty}^{0} (1 - F(h\,\eta))\, g(\eta)\, d\eta.$$

5.2 Fourier-Transformation

Der Verteilungsfunktion $F(\eta)$ einer Zufallsgröße X wird eine komplexwertige Funktion $\varphi(t)$ $(-\infty < t < +\infty)$ zugeordnet durch die Vorschrift

(5.2.1) $$\varphi(t) = E(\exp(i\,t\,X)) = \int_{-\infty}^{+\infty} e^{it\eta}\, dF(\eta).$$

Falls X eine Dichte besitzt, ist

(5.2.2) $$\varphi(t) = \int_{-\infty}^{+\infty} e^{it\eta} f(\eta)\, d\eta.$$

$\varphi(t)$ heißt *Fourier-Transformierte* von $F(\eta)$ oder auch *charakteristische Funktion* von X und existiert für alle Verteilungen. Zwei Verteilungsfunktionen sind genau dann gleich, wenn die zugehörigen Fouriertransformierten übereinstimmen. Es besteht also eine eineindeutige Beziehung zwischen der Verteilungsfunktion und der charakteristischen

Funktion (Name!). Die charakteristische Funktion der Zufallsvariablen X kann man auch genauer mit $\varphi_X(t)$ bezeichnen.

Bei gegebenem $\varphi(t)$ berechnet sich die zugehörige Verteilungsfunktion nach der

Umkehrformel (P. Lévy)

(5.2.3) $$F(a) - F(b) = \lim_{\omega \to \infty} \frac{1}{2\pi} \int_{-\omega}^{+\omega} \frac{e^{-ita} - e^{-itb}}{it} \varphi(t)\, dt,$$

sofern $F(\eta)$ an den Stellen a und b stetig ist. Existiert eine Dichte f zur Verteilungsfunktion F, so kann man vielfach die bequemere Formel

(5.2.4) $$f(\lambda) = \frac{1}{2\pi} \int_{-\infty}^{+\infty} e^{-it\lambda} \varphi(t)\, dt$$

benutzen.

Für charakteristische Funktionen gelten folgende

Rechenregeln. Ist c eine reelle Konstante, so ist

(5.2.5) $$\varphi_{X+c}(t) = e^{itc} \varphi_X(t)$$

und

(5.2.6) $$\varphi_{cX}(t) = \varphi_X(ct).$$

Sind X und Y unabhängige Zufallsgrößen, so ergibt sich für ihre Summe die charakteristische Funktion

(5.2.7) $$\varphi_{X+Y}(t) = \varphi_X(t)\, \varphi_Y(t).$$

Diese Beziehung ist wesentlich einfacher als diejenige zur Berechnung der Verteilungsdichte f_{X+Y} (s. 5.1.7. u. 8.) und noch dazu auch für den Fall gültig, daß X und Y keine gemeinsame Dichte besitzen.

Für eine Summe $S = \sum_{i=1}^{N} X_i$ mit zufälliger Summandenzahl N und identisch verteilten Zufallsgrößen X_i $(i = 1, 2, 3, \ldots)$ erhält man bei Unabhängigkeit von $N, X_1, X_2, X_3, \ldots$ die charakteristische Funktion

(5.2.8) $$\varphi_S(t) = p_N(\varphi_X(t)),$$

wobei $\varphi_X(t)$ die charakteristische Funktion von $X_1, X_2, X_3, \ldots$ und $p_N(t)$ die erzeugende Funktion von N (s. 5.3.17) bedeutet.

5.3 Momente und momentenerzeugende Funktion

Momente. In der Statistik ist es häufig zweckmäßig, den ungefähren Verlauf einer Verteilungsfunktion mit Hilfe einer oder mehrerer Kenngrößen zu beschreiben. Diesem Zweck dienen die Momente einer Zufallsvariablen.

Der Erwartungswert der ν-ten Potenz einer Zufallsgröße X

(5.3.1) $$m_\nu = E(X^\nu) \qquad (\nu = 0, 1, 2, \ldots)$$

heißt „ν-tes Moment" oder „Moment der Ordnung ν" von X. Diese Momente brauchen nicht immer zu existieren, doch kann man zeigen, daß mit dem Moment der Ordnung ν_0 auch alle Momente m_ν mit kleinerer Ordnung als ν_0 existieren. Es ist stets $m_0 = 1$ und $m_1 = E(X)$, statt m_1 wird häufig $m_1 = m = E$ geschrieben.

Als *reduzierte oder zentrale Momente* ν-ter Ordnung bezeichnet man die Größen

(5.3.2) $$m'_\nu = E\big((X - m)^\nu\big) \qquad (\nu = 0, 1, 2, \ldots),$$

falls m_ν existiert. Dabei ist $m'_0 = m_0 = 1$ und $m'_1 = 0$. Für das zentrale Moment m'_2 führt man eine besondere Bezeichnung ein. Man schreibt

(5.3.3) $$m'_2 = \sigma^2$$

und nennt σ^2 die *Varianz*. m und σ^2 sind die wichtigsten Kenngrößen einer Zufallsvariablen.

Momentenerzeugende Funktion. Mit der Fourier-Transformierten $\varphi(t)$ eng zusammen hängt die *momentenerzeugende Funktion*

(5.3.4) $$m(t) = m_X(t) = E\big(\exp(t\,X)\big) = \varphi_X\left(\frac{t}{i}\right),$$

die jedoch im Gegensatz zu φ_X nicht immer existiert. Analog zur Fourier-Transformierten gelten die Regeln

(5.3.5) $$m_{aX+b}(t) = e^{bt}\, m_X(a\,t) \quad (a, b \text{ Konstante});$$

(5.3.6) bei unabhängigen Zufallsgrößen X, Y ist

$$m_{X+Y}(t) = m_X(t)\, m_Y(t).$$

Läßt sich $m(t)$ in eine Potenzreihe in t entwickeln, so errechnet sich $m(t)$ aus den Momenten m_ν $(\nu = 0, 1, \ldots)$ durch die Formel

(5.3.7) $$m(t) = \sum_{\nu=0}^{\infty} \frac{m_\nu}{\nu!}\, t^\nu.$$

Daraus folgt unmittelbar die Beziehung

(5.3.8) $$m_n = \frac{d^n}{d t^n}\, m_X(t)\big|_{t=0}.$$

Kumulantenerzeugende Funktion. Nimmt man den natürlichen Logarithmus der Funktion $m_X(t)$, so erhält man die *kumulantenerzeugende Funktion* von X:

(5.3.9) $$k(t) = k_X(t) = \log m_X(t).$$

Aus den Rechenregeln für $m(t)$ folgen unmittelbar:

(5.3.10) $$k_{aX+b}(t) = bt + k_X(a\,t);$$

(5.3.11) $$k_{X+Y}(t) = k_X(t) + k_Y(t), \quad \text{falls } X, Y \text{ unabhängig.}$$

Durch die Reihenentwicklung von $k(t)$ (falls vorhanden) werden die *Kumulanten* k_ν, auch *Semiinvarianten* genannt, definiert:

(5.3.12) $$k(t) = \sum_{\nu=1}^{\infty} \frac{k_\nu}{\nu!} t^\nu .$$

Will man angeben, zu welcher Zufallsgröße X die Kumulanten k_ν gehören, so schreibt man $k_\nu(X)$. Sie gehorchen den Transformationsregeln:

(5.3.13) $$\begin{aligned} &k_\nu(a X + b) = a^\nu k_\nu(X) \quad \text{für} \quad \nu > 1 \quad (a, b \text{ Konstante});\\ &k_\nu(X + Y) = k_\nu(X) + k_\nu(Y), \quad \text{falls } X,\ Y \text{ unabhängig.} \end{aligned}$$

Insbesondere folgt daraus, daß sich bei Addition einer Konstanten zu X die Kumulanten k_ν mit $\nu > 1$ nicht ändern (Semiinvariante!). Bei Addition zweier unabhängiger Zufallsvariablen werden die zugehörigen Kumulanten addiert (kumuliert).

Umrechnungsformeln für Kumulanten und Momente.

(5.3.14) $$\begin{aligned} k_1 &= m_1\\ k_2 &= m_2 - m_1^2 \qquad (= \sigma^2)\\ k_3 &= m_3 - 3 m_2 m_1 + 2 m_1^3\\ k_4 &= m_4 - 4 m_3 m_1 - 3 m_2^2 + 12 m_2 m_1^2 - 6 m_1^4\\ &\ldots\ldots\ldots\ldots\ldots\ldots \end{aligned}$$

(5.3.15) $$\begin{aligned} m_2 &= k_2 + k_1^2\\ m_3 &= k_3 + 3 k_2 k_1 + k_1^3\\ m_4 &= k_4 + 4 k_3 k_1 + 3 k_2^2 + 6 k_2 k_1^2 + k_1^4\\ &\ldots\ldots\ldots\ldots\ldots\ldots \end{aligned}$$

Faktoriell-momentenerzeugende Funktion. Ersetzt man in der momentenerzeugenden Funktion $m(t)$ das Argument t durch $\log z$, wo z eine positive reelle Variable bedeutet, so erhält man die *faktoriell-momentenerzeugende Funktion*

(5.3.16) $$p(z) = p_X(z) = E(z^X) = m(\log z).$$

In der elementaren Wahrscheinlichkeitstheorie wird $p(z)$ meist kurz *erzeugende Funktion* genannt. Falls die zugehörige Zufallsgröße nur ganzzahlige nicht-negative Werte annimmt, ist

(5.3.17) $$p(z) = \sum_{\nu=0}^{\infty} p_\nu z^\nu,$$

wobei $p_\nu = P(X = \nu)$ bedeutet. Diese Potenzreihe konvergiert für alle z mit $|z| \leqq 1$.

Man setzt nun

(5.3.18) $$\omega(t) = p(t + 1)$$

und entwickelt (falls möglich) $\omega(t)$ in eine Potenzreihe

$$(5.3.19) \qquad \omega(t) = \sum_{\nu=0}^{\infty} b_\nu t^\nu = \sum_{\nu=0}^{\infty} \frac{m_{[\nu]}}{\nu!} t^\nu.$$

Die Koeffizienten $m_{[\nu]}$ heißen *faktorielle Momente*, die b_ν *binomische Momente*.

Dabei gilt

$$(5.3.20) \qquad m_{[\nu]} = E((X)_\nu) = E(X(X-1)\dots(X-\nu+1)) = \frac{d^\nu \omega(t)}{dt^\nu}\bigg|_{t=0} = \frac{d^\nu p(z)}{dz^\nu}\bigg|_{z=1}$$

und

$$(5.3.21) \qquad b_\nu = E\left(\binom{X}{\nu}\right) = E\left(\frac{X(X-1)\dots(X-\nu+1)}{1\cdot 2\dots\nu}\right).$$

Mit Hilfe von $p(z)$ bzw. $\omega(t)$ lassen sich die gewöhnlichen und die zentralen Momente unschwer errechnen.

Beispiel.

$$(5.3.22) \qquad \begin{aligned} m &= p'(1) \\ \sigma^2 &= p''(1) + p'(1) - p'(1)^2. \end{aligned}$$

Im Spezialfall ganzzahliger zufälliger Größen $X \geqq 0$ berechnen sich die Wahrscheinlichkeiten p_ν nach der Formel

$$(5.3.23) \qquad p_\nu = \sum_{k \geqq \nu} b_k \binom{k}{\nu} (-1)^{k-\nu}.$$

Diese Formel enthält die Poincaré-Sylvestersche Formel (4.1): Definiert man nämlich zu den gegebenen Ereignissen A_i ($i = 1, \dots, n$) die Indikatorgrößen $I_i = I_{A_i}$ und deren Summe $X = \sum_{i=1}^{n} I_i$, so ist offensichtlich das Ereignis {genau ν der A_i treten ein} gleich dem Ereignis $\{X = \nu\}$, also $p_\nu = P(X = \nu) = P$ (genau ν der A_i treten ein).

Für eine Summe $S = \sum_{i=1}^{N} X_i$ mit zufälliger Summandenzahl N und identisch verteilten Zufallsgrößen X_i ($i = 1, 2, 3, \dots$) erhält man bei Unabhängigkeit der $N, X_1, X_2, X_3, \dots$ die erzeugende Funktion

$$(5.3.24) \qquad p_S(t) = p_N(p_X(t)),$$

wobei $p_X(t)$ die erzeugende Funktion von $X_1, X_2, X_3, \dots$ bedeutet. Als erzeugende Funktion der ganzzahligen nicht-negativen Zufallsgrößen $X_1, \dots, X_s$ wird die Funktion

$$(5.3.25) \qquad p(t_1, \dots, t_s) = \sum_{\nu_1, \dots, \nu_s} P(X_1 = \nu_1, \dots, X_s = \nu_s)\, t_1^{\nu_1} \dots t_s^{\nu_s}$$

bezeichnet. Die erzeugende Funktion eines Teiles der X_i entsteht aus $p(t_1, \dots, t_s)$, indem man die t_i mit komplementären Indizes durch 1 ersetzt. Durch partielle Differentiation und Einsetzen $t_i = 1$ für $i = 1, \ldots, s$ erhält man die Erwartungswerte der Produkte der entsprechenden Zufallsgrößen, z. B.

(5.3.26) $$E(X_1 X_2) = \frac{\partial^2}{\partial t_1 \partial t_2} p(t_1, \ldots, t_s)$$

an der Stelle $t_i = 1$ $(i = 1, \ldots, s)$.

5.4 Weitere Kenngrößen von Verteilungen

Die (gewöhnliche oder quadratische) Varianz σ^2 einer Zufallsgröße X wurde bereits im vorigen Abschnitt eingeführt als zentrales Moment zweiter Ordnung

(5.4.1) $$\sigma^2 = \sigma^2(X) = \mathrm{Var}(X) = E\big((X - E(X))^2\big).$$

Sie ist das Minimum der Momente $E\big((X-a)^2\big)$, d. h. es ist $\sigma^2 \leqq E\big((X-a)^2\big)$ für jede reelle Zahl a. Die Varianz verschwindet genau dann, wenn die Zufallsgröße (P-fast) konstant ist.

Rechenregeln für die Varianz:

(5.4.2) $\sigma^2(aX + b) = a^2 \sigma^2(X)$, falls a, b Konstante sind.

(5.4.3) Für paarweise unabhängige Zufallsvariable X_i $(i = 1, \ldots, n)$ gilt

$$\sigma^2\left(\sum_{i=1}^{n} X_i\right) = \sum_{i=1}^{n} \sigma^2(X_i);$$

allgemein hat man

$$\sigma^2\left(\sum_{i=1}^{n} X_i\right) = \sum_{i=1}^{n} \sigma^2(X_i) + 2\sum_{i<j} \mathrm{Kov}(X_i, X_j)$$

mit der durch

$$\mathrm{Kov}(X, Y) = E\big((X - E(X))(Y - E(Y))\big)$$

definierten *Kovarianz* von X und Y (vgl. 6.1).

(5.4.4) $\sigma^2 = E\big((X - E(X))^2\big) = E(X^2) - \big(E(X)\big)^2$ (*Verschiebungssatz*).

Die positive Wurzel σ der Varianz heißt *mittlere quadratische Abweichung* oder *Standardabweichung*. Gemäß (5.4.2) gelten die Formeln

(5.4.5) $$\sigma(aX) = |a|\, \sigma(X)$$

und

(5.4.5 a) $$\sigma(X + b) = \sigma(X)$$

für beliebige Konstante a, b. σ ist also insbesondere invariant gegen eine Verschiebung, d. h. Addition einer Konstanten zu X.

Nützlich ist die Näherungsformel (*„Fehlerfortpflanzungsgesetz“*): für $Y = g(X)$ mit $E(X) = h$, $\mathrm{Var}(X) = \sigma^2$, $|X - h| \ll 1$ gilt

(5.4.6) $$\mathrm{Var}(Y) \approx [g'(h)]^2 \sigma^2.$$

Der *Median* oder Zentralwert M einer Zufallsgröße mit der stetigen Verteilungsfunktion $F(h)$ ist definiert durch die Gleichung

$$F(M) = \tfrac{1}{2} \tag{5.4.7}$$

(vgl. Abb. 5.4.1 und 5.4.2). Erfüllen mehrere Werte diese Bedingung, so ist jeder ein Median. Im Fall einer beliebigen Verteilungsfunktion

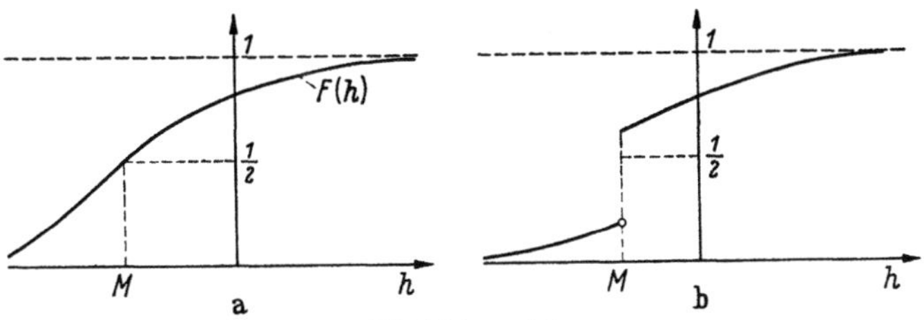

Abb. 5.4.1 a und b
Median M einer a) stetigen, b) unstetigen Verteilungsfunktion

wird M Medianwert genannt, wenn

$$F(M+0) = P(X \leqq M) \geqq \tfrac{1}{2} \quad \text{und} \quad F(M) = P(X < M) \leqq \tfrac{1}{2} \tag{5.4.8}$$

gilt (vgl. Abb. 5.4.1).

Unter der *linearen Streuung* L versteht man die Größe

$$L = \operatorname*{Min}_{a} E(|X - a|). \tag{5.4.9}$$

Dieses Minimum wird für a = *Median* von X angenommen. Wie für σ gilt auch für L

$$L(aX) = |a|\, L(X) \tag{5.4.10}$$

und

$$L(X + b) = L(X). \tag{5.4.11}$$

Die *relative Varianz*

$$V^2 = \frac{\sigma^2}{m^2} \tag{5.4.12}$$

bzw. der *Variationskoeffizient*

$$V = \frac{\sigma}{m} \tag{5.4.13}$$

sind nicht mehr verschiebungsinvariant. Wird dagegen X mit einer positiven Zahl multipliziert, so ändern sich V und V^2 nicht. Dieselben Eigenschaften besitzen der *Exzeß* ε, definiert durch

$$\varepsilon = \frac{m_4}{\sigma^4} - 3, \tag{5.4.14}$$

und die *Schiefe* γ_1, die durch

$$\gamma_1 = \frac{m_3}{\sigma^3} \tag{5.4.15}$$

festgelegt ist.

Mode (Modus) oder *dichtesten Wert* nennt man bei einer Verteilungsdichte $f(\lambda)$ diejenige Zahl D, die der Ungleichung

(5.4.16) $$f(D) \geqq f(\lambda) \quad \text{für alle reellen } \lambda$$

genügt (insbesondere bei eingipfeligen Verteilungen; vgl. Abb. 5.4.2).

Das *Gini-Mittel* Δ einer Verteilung ist der Erwartungswert

(5.4.17) $$\Delta = E(|X - Y|),$$

wobei X und Y zwei unabhängige Zufallsgrößen mit der Verteilungsfunktion $F(h)$ sind. Es ist eine einfache geometrische Darstellung möglich.

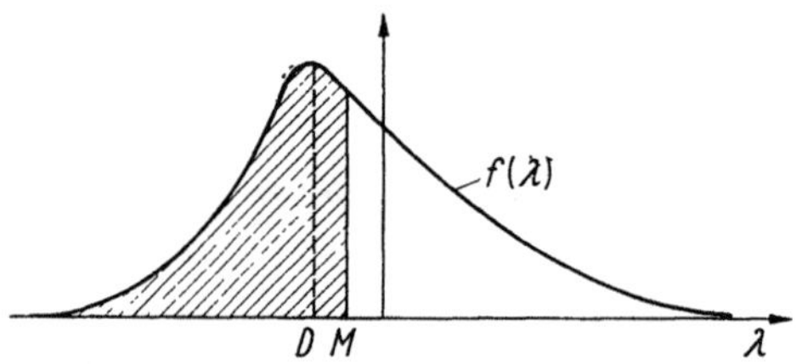

Abb. 5.4.2. Median M und Mode D einer Verteilungsdichte (schraffierte Fläche $= \frac{1}{2}$)

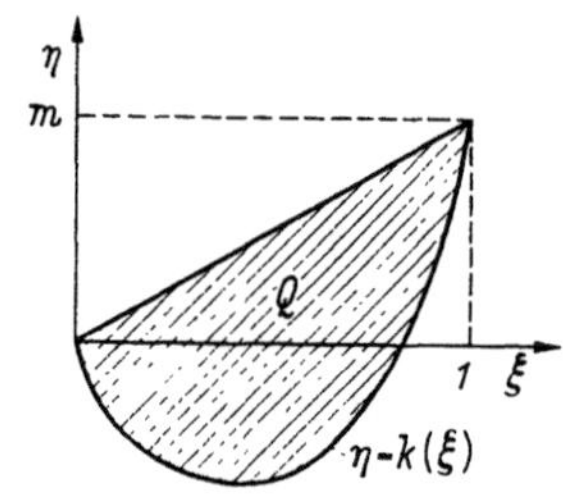

Abb. 5.4.3. Konzentrationskurve $k(\xi)$

Man zeichne die Konzentrationskurve $k(\xi)$, gegeben durch die Parameterdarstellung $(\xi(\tau), \eta(\tau))$ mit

(5.4.18) $$\xi(\tau) = F(\tau) = \int_{-\infty}^{\tau} f(\lambda)\, d\lambda,$$

(5.4.19) $$\eta(\tau) = \tau F(\tau) - \int_{-\infty}^{\tau} F(\lambda)\, d\lambda = \int_{-\infty}^{\tau} \lambda f(\lambda)\, d\lambda.$$

Bei Sprungstellen von F sind Strecken mit Anstieg gleich Argument einzufügen.

Dann ist Δ gleich dem vierfachen Flächeninhalt der von der Konzentrationskurve und ihrer Sehne vom Nullpunkt zum Endpunkt $(1, m)$ eingeschlossenen Fläche Q (s. Abb. 5.4.3).

§ 6. Abhängigkeitsmaße für zwei zufällige Größen

Zwei Merkmale (Meßgrößen) eines Experimentes können auf verschiedene Weise voneinander abhängig sein. Einmal gibt es *deterministische Abhängigkeiten* — mathematisch als funktionale Abhängigkeiten ausgedrückt —, die durch viele physikalische Gesetze beschrieben werden. Hierher gehört z. B. das Fallgesetz $s = \frac{1}{2} g t^2$, wo die Fallhöhe s als Funktion der Fallzeit t erscheint. Daneben gibt es stochastische Abhängigkeiten, wie durch folgende Beispiele erläutert wird:

a) Auf sonnige Tage mit sinkendem Barometerstand folgt meist Regenwetter.

b) Mathematisch begabte Menschen sind meist musikalisch.

c) Würfelt man mit einem echten Würfel 10mal, so ist die Anzahl der Würfe mit ungerader Augenzahl meistens größer als die Anzahl der geworfenen Sechsen.

Derartige Abhängigkeiten werden (wenn man überhaupt von Wahrscheinlichkeiten sprechen kann) als *stochastische Abhängigkeiten* bezeichnet und durch verschiedene Maßzahlen gekennzeichnet. Solche Abhängigkeiten deuten oft auf einen kausalen Zusammenhang hin — häufig über eine gemeinsame Ursache — und bieten nicht selten eine nützliche Beschreibungsweise, jedoch keine Erklärung.

6.1 Kovarianz und Korrelationskoeffizient

Die *Kovarianz* (manchmal auch „Mitstreuung" genannt) bringt die gleichgerichteten Abweichungen zweier Zufallsgrößen X, Y in Zusammenhang

$$\text{(6.1.1)} \qquad \operatorname{Kov}(X, Y) = E\big((X - E(X))\,(Y - E(Y))\big) = E(XY) - E(X)\,E(Y).$$

Statt $\operatorname{Kov}(X, Y)$ schreibt man oft auch $C(X, Y)$.

Speziell ist $\operatorname{Kov}(X, X) = \operatorname{Var}(X) = \sigma^2(X)$ (vgl. 5.4). Durch Normierung der Kovarianz zu einer Größe, die unabhängig von Maßstabsänderungen auf der X- und Y-Achse ist, erhält man den *Korrelationskoeffizienten*

$$\text{(6.1.2)} \qquad \varrho(X, Y) = \frac{\operatorname{Kov}(X, Y)}{\sqrt{\operatorname{Var}(X)\operatorname{Var}(Y)}}.$$

Dabei ist stets $|\varrho| \leqq 1$ und $\varrho = \pm 1$ nur, wenn mit $P = 1$ eine lineare Beziehung $aX + bY = c$ mit a oder $b \neq 0$ gilt. Zwei Zufallsgrößen X, Y mit $\varrho(X, Y) = 0$ nennt man *unkorreliert*; insbesondere sind unabhängige Größen unkorreliert (nicht umgekehrt!).

6.2 Korrelationsverhältnis

Als *Korrelationsverhältnis von* Y *bezüglich* X bezeichnet man den Ausdruck

$$\text{(6.2.1)} \qquad \Theta_X(Y) = \sqrt{\frac{\operatorname{Var}(E(Y \mid X))}{\operatorname{Var}(Y)}}.$$

Es ist immer $0 \leqq \Theta_X(Y) \leqq 1$ und $\Theta_X(Y) = 1$ nur, wenn eine Beziehung $Y = f(X)$ gilt. Das Korrelationsverhältnis unabhängiger Zufallsgrößen ist Null. $\Theta_X(Y) = 0$ bedeutet $E(Y \mid X) = E(Y)$.

$\Theta_X(Y)$ berechnet sich auch nach der Formel

(6.2.2) $$\Theta_X(Y) = \sup_f \varrho(f(X), Y),$$

wobei f alle rellen (Baireschen) Funktionen durchläuft.

Bemerkung. Man kann das Korrelationsverhältnis auch definieren, wenn X durch ein System von Größen $X_1, \ldots, X_n$ ersetzt wird, indem man $f(\xi)$ gegen eine reelle Funktion $f(\xi_1, \ldots, \xi_n)$ austauscht.

6.3 Maximalkorrelation

Das Supremum, genommen über alle reellen (Baireschen) Funktionen f und g,

(6.3.1) $$\varrho_1 = \sup_{f,g} \varrho(f(X), g(Y))$$

wird *Maximalkorrelationskoeffizient* genannt. Dabei gilt $0 \leqq \varrho_1 \leqq 1$ und $\varrho_1 = 1$ nur, wenn eine Beziehung $f(X) + g(Y) = c$ mit $f \not\equiv 0$ oder $g \not\equiv 0$ erfüllt ist. $\varrho_1 = 0$ ist gleichbedeutend mit der Unabhängigkeit von X und Y. Analog zu § 6.2 läßt sich diese Maßzahl auch für Systeme $X_1, \ldots, X_n$ und $Y_1, \ldots, Y_m$ definieren.

Weiter führt man *höhere Korrelationskoeffizienten* ein:

Wird das Supremum für $f = f_1$ und $g = g_1$ angenommen, dann setzt man

(6.3.2) $$\varrho_2 = \sup_{f,g} \varrho(f(X), g(Y)),$$

wobei jetzt aber nur solche f und g zugelassen werden, die der Bedingung $\varrho(f(X), f_1(X)) = 0$, $\varrho(g(Y), g_1(Y)) = 0$ genügen.

Allgemein definiert man rekursiv

(6.3.3) $$\varrho_\nu = \sup_{f,g} \varrho(f(X), g(Y)),$$

wobei f, g die Bedingungen $\varrho(f(X), f_\mu(X)) = 0$, $\varrho(g(Y), g_\mu(Y)) = 0$ für $\mu = 1, \ldots, \nu - 1$ erfüllen müssen.

Automatisch gilt dann auch

(6.3.4) $$\varrho(f_\nu(X), g_\mu(Y)) = 0 \quad \text{für} \quad \nu \neq \mu.$$

Bemerkung. Fordert man in dieser Definition zusätzlich die Linearität von f und g, so erhält man in $f_\nu(X)$, $g_\mu(Y)$ die *kanonischen Variablen.*

6.4 Quadratmittelkontingenz

Das Doppelintegral

(6.4.1) $$\varphi^2 = \int\limits_{-\infty}^{+\infty}\!\!\int \left(\frac{\partial^2 H(\xi, \eta)}{\partial F(\xi)\, \partial G(\eta)} - 1\right)^2 dF(\xi)\, dG(\eta)$$

wird *Quadratmittelkontingenz* der Zufallsgrößen X und Y mit der gemeinsamen Verteilungsfunktion $H(\xi, \eta)$ und den marginalen Verteilungsfunktionen $F(\xi)$ und $G(\eta)$ genannt[1].

Im diskreten Fall, d. h. wenn X lediglich die Werte x_i und Y die Werte y_j annimmt, erhält man

$$\varphi^2 = \sum_{i,j} \frac{[P(X = x_i, Y = y_j) - P(X = x_i)\, P(Y = y_j)]^2}{P(X = x_i)\, P(Y = y_j)}. \tag{6.4.2}$$

Besitzen X und Y die gemeinsame Dichte $h(\xi, \eta)$ mit den Marginaldichten $f(\xi)$ und $g(\eta)$, so ergibt sich

$$\varphi^2 = \iint_{-\infty}^{+\infty} [h(\xi, \eta)]^2/[f(\xi)\, g(\eta)]\, d\xi\, d\eta - 1. \tag{6.4.3}$$

Es besteht ein einfacher Zusammenhang mit den Maximalkorrelationskoeffizienten:

$$\varphi^2 = \sum_{\nu=1}^{\infty} \varrho_\nu^2. \tag{6.4.4}$$

Man hat somit die Abschätzung

$$\varphi^2 \geqq \varrho_1. \tag{6.4.5}$$

Als *Pearsonscher Koeffizient* wird der Ausdruck

$$c^2 = \frac{\varphi^2}{1 + \varphi^2} \tag{6.4.6}$$

bezeichnet, wofür $c^2 \leqq 1$ gilt.

6.5 Informationsabstand

Unter dem *Informationsabstand* zweier Zufallsgrößen X, Y mit der gemeinsamen Verteilungsdichte $h(\xi, \eta)$ und den Marginaldichten $f(\xi)$, $g(\eta)$ versteht man die Größe

$$R = \iint h(\xi, \eta) \log[h(\xi, \eta)/f(\xi)\, g(\eta)]\, d\xi\, d\eta. \tag{6.5.1}$$

Es ist stets $R \geqq 0$ und $R = 0$ genau dann, wenn X und Y unabhängig sind.

Als *Linfootscher Abstand*[2] wird

$$L = \sqrt{1 - \exp(-2R)} \tag{6.5.2}$$

bezeichnet. Dabei ist $0 \leqq L \leqq 1$ und $L = 0$ genau dann, wenn unabhängige Größen X, Y vorliegen.

---

[1] Die reelle Funktion $h(\xi, \eta) = \dfrac{\partial^2 H(\xi, \eta)}{\partial F(\xi)\, \partial G(\eta)}$ ist folgendermaßen (implizit) definiert: Es gilt

$$\iint_{A\,B} h(\xi, \eta)\, dF(\xi)\, dG(\eta) = \iint_{A\,B} dH(\xi, \eta)$$

für beliebige Intervalle A und B der reellen Zahlengeraden.

[2] LINFOOT, E. H.: Inf. and Control. **1**, 85—89 (1959).

§ 7. Ungleichungen und Grenzwertsätze

7.1 Die Ungleichung von Tschebyscheff und verwandte Ungleichungen

In diesem Abschnitt werden Formeln angegeben, die es erlauben, die Wahrscheinlichkeit, daß eine bestimmte Zufallsgröße X Werte innerhalb gewisser Schranken annimmt, mit Hilfe ihrer Momente abzuschätzen. Diese Formeln geben auch Auskunft, inwieweit die Verteilung einer Zufallsgröße durch die Momente, insbesondere durch die Varianz beschrieben werden kann.

Ungleichung von Tschebyscheff. *Für X mit dem Erwartungswert $E(X) = m$ und der Varianz $\sigma^2 = \mathrm{Var}(X)$ gilt*

$$P(|X - m| \geqq \varepsilon) \leqq \frac{\sigma^2}{\varepsilon^2}. \tag{7.1.1}$$

Eine Verallgemeinerung dieses Satzes ist die

Ungleichung von Kolmogoroff. *Seien X_ν $(\nu = 1, \ldots, n)$ unabhängig mit*

$$\begin{cases} m_\nu = E(X_\nu), \\ \sigma_\nu^2 = \mathrm{Var}(X_\nu), \\ s_n^2 = \mathrm{Var}\left(\sum\limits_{\nu=1}^{n}(X_\nu - m_\nu)\right) = \sum\limits_{\nu=1}^{n} \sigma_\nu^2, \end{cases} \tag{7.1.2}$$

dann ist

$$P\left(\left|\sum_{\nu=1}^{k}(X_\nu - m_\nu)\right| < \varepsilon \quad \text{für alle} \quad k = 1, \ldots, n\right) \geqq 1 - \frac{s_n^2}{\varepsilon^2} \tag{7.1.3}$$

bzw.

$$P\left(\operatorname*{Max}_{1 \leqq k \leqq n}\left|\sum_{\nu=1}^{k}(X_\nu - m_\nu)\right| \geqq \varepsilon\right) \leqq \frac{s_n^2}{\varepsilon^2}. \tag{7.1.4}$$

Die Ungleichung bleibt richtig, wenn man an Stelle der Unabhängigkeit die schwächere Bedingung $E(X_k \mid X_1, \ldots, X_{k-1}) = m_k$ verlangt. Der Fall $n = 1$ liefert gerade die Tschebyscheffsche Ungleichung.

Will man nicht die Absolutbeträge, sondern nur einseitige Abweichungen abschätzen, so erhält man mit denselben Bezeichnungen wie oben bei positivem ε die Abschätzungen

$$P(X - m \geqq \varepsilon) \leqq \frac{\sigma^2}{\sigma^2 + \varepsilon^2} \quad \text{(Cantelli)} \tag{7.1.5}$$

und

$$P\left(\operatorname*{Max}_{1 \leqq k \leqq n} \sum_{\nu=1}^{k}(X_\nu - m_\nu) \geqq \varepsilon\right) \leqq \frac{s_n^2}{s_n^2 + \varepsilon^2} \tag{7.1.6}$$

bzw.

$$(7.1.7)\qquad P\left(\sum_{\nu=1}^{k}(X_\nu - m_\nu) < \varepsilon \quad \text{für alle} \quad k = 1, \ldots, n\right) \geqq \frac{\varepsilon^2}{s_n^2 + \varepsilon^2}$$

(A. W. MARSHALL).

Ähnlich lautet der

Satz von Dubins-Savage. *Seien* X_ν $(\nu = 1, 2, \ldots)$ *unabhängige Zufallsgrößen mit* $E(X_\nu) = 0$ *und* $\operatorname{Var}(X_\nu) = \sigma_\nu^2$ *sowie* $a > 0$, $b > 0$, *dann ist*

$$(7.1.8)\qquad P\left(\sum_{\nu=1}^{k} X_\nu < a\left(\sum_{\nu=1}^{k}\sigma_\nu^2\right) + b \quad \text{für alle } k\right) \geqq \frac{a\,b}{1 + a\,b}$$

bzw.

$$(7.1.9)\qquad P\left(\left|\sum_{\nu=1}^{k} X_\nu\right| < a\left(\sum_{\nu=1}^{k}\sigma_\nu^2\right) + b \quad \text{für alle } k\right) \geqq \frac{a\,b - 1}{a\,b + 1}\,.$$

Auch hier lassen sich die Voraussetzungen abschwächen. Der Satz bleibt nämlich richtig, wenn man an Stelle der Unabhängigkeit nur $E(X_\nu \mid X_1, \ldots, X_{\nu-1}) = 0$ und $E(X_\nu^2 \mid X_1, \ldots, X_{\nu-1}) = \sigma_\nu^2$ für alle ν voraussetzt.

7.2 Das Gesetz der großen Zahlen

Als Anwendung der Ungleichung von TSCHEBYSCHEFF soll das (schwache) Gesetz der großen Zahlen bewiesen werden, das die Häufigkeitsinterpretation (s. 1.1.1) der Wahrscheinlichkeit rechtfertigt.

Ein Experiment werde n-mal unabhängig wiederholt und dabei beobachtet, ob ein festes Ereignis E eintritt oder nicht. Die Wahrscheinlichkeit für das Eintreten von E bei jedem einzelnen Experiment werde mit $P(E) = P_0$ bezeichnet.

Sei nun I_ν die Indikatorfunktion des Ereignisses, daß bei der ν-ten Wiederholung E eintritt, dann berechnet sich der Erwartungswert

$$(7.2.1)\qquad E(I_\nu) = P(E) = P_0$$

und die Varianz wegen $I_\nu^2 = I_\nu$ zu

$$(7.2.2)\qquad \begin{aligned}\operatorname{Var}(I_\nu) &= E(I_\nu^2) - (E(I_\nu))^2 = E(I_\nu) - (E(I_\nu))^2 \\ &= P_0 - P_0^2 = P_0(1 - P_0)\,.\end{aligned}$$

Die Summe $S_n = \sum_{\nu=1}^{n} I_\nu$ gibt an, wie oft E im Gesamtexperiment eingetreten ist, die Zufallsgröße $H_n = \frac{1}{n} S_n$ ist also die relative Häufigkeit von E. Dabei hat man

$$(7.2.3)\qquad E(H_n) = \frac{1}{n}\sum_{\nu=1}^{n} E(I_\nu) = P_0$$

und

$$(7.2.4)\qquad \operatorname{Var}(H_n) = \frac{1}{n^2}\sum_{\nu=1}^{n}\operatorname{Var}(I_\nu) = \frac{1}{n} P_0(1 - P_0)\,.$$

Die Tschebyscheffsche Ungleichung liefert daher für jedes $\varepsilon > 0$:

(7.2.5) $$P(|H_n - P_0| \geqq \varepsilon) \leqq \frac{P_0(1 - P_0)}{n\,\varepsilon^2}.$$

Für $n \to \infty$ erhält man daraus das

Gesetz der großen Zahlen.

(7.2.6) $$\lim_{n\to\infty} P(|H_n - P_0| > \varepsilon) = 0 \quad \textit{für alle} \quad \varepsilon > 0.$$

Das bedeutet: Bei unabhängigen Wiederholungen eines Versuchs ist die Wahrscheinlichkeit, daß sich die relative Häufigkeit eines Ereignisses E von der Wahrscheinlichkeit von E um mehr als einen fest vorgegebenen Wert $\varepsilon > 0$ unterscheidet, beliebig klein, wenn nur die Anzahl der Wiederholungen genügend groß ist.

Allgemeiner gilt bei unabhängigen Zufallsgrößen X_ν mit derselben Verteilung, deren Erwartungswert $E(X_\nu) = m$ existiert

(7.2.7) $$\lim_{n\to\infty} P\left(\left|\frac{1}{n}\sum_{\nu=1}^{n} X_\nu - m\right| > \varepsilon\right) = 0 \quad \text{für alle} \quad \varepsilon > 0.$$

7.3 Der Zentrale Grenzwertsatz

Von anderer Art als das Gesetz der großen Zahlen ist der

Zentrale Grenzwertsatz. *Sind X_ν unabhängige Zufallsgrößen mit $0 < a < \mathrm{Var}(X_\nu) < b$ und $E(|X_\nu|^3) < c$ für alle $\nu = 1, 2, \ldots$, so gilt für die Summe $S_n = \sum_{\nu=1}^{n} X_\nu$*

(7.3.1) $$\lim_{n\to\infty} P\left(\frac{S_n - E(S_n)}{\sqrt{\mathrm{Var}(S_n)}} < h\right) = \Phi(h) \equiv \int_{-\infty}^{h} \frac{1}{\sqrt{2\pi}} e^{-\frac{\xi^2}{2}} d\xi$$

bei beliebiger Wahl des reellen Wertes h.

Dieser Satz besagt, daß die Verteilungsfunktionen $F_n(h)$ der normierten Summen $S'_n = \frac{S_n - E(S_n)}{\sqrt{\mathrm{Var}(S_n)}}$, die den Erwartungswert 0 und die Varianz 1 besitzen, punktweise gegen eine bestimmte Verteilungsfunktion $\Phi(h)$, die Normalverteilung (vgl. 8.12), konvergieren.

Die hier angegebenen Bedingungen sind nicht notwendig. Besitzen nämlich die unabhängigen Summanden X_ν dieselbe Verteilungsfunktion mit $m = E(X_\nu)$ und $0 < \mathrm{Var}(X_\nu) = \sigma^2 < \infty$, so folgt (auch wenn $E(|X_\nu|^3)$ nicht existiert)

(7.3.2) $$\lim_{n\to\infty} P\left(\frac{S_n - E(S_n)}{\sqrt{\mathrm{Var}(S_n)}} < h\right) = \Phi(h).$$

Wegen $E(S_n) = n\,m$ und $\mathrm{Var}(S_n) = n\,\sigma^2$ ist das für hinreichend großes n gleichbedeutend mit

$$(7.3.3) \qquad P\left(\frac{S_n - n\,m}{\sqrt{n}\,\sigma} < h\right) \approx \int_{-\infty}^{h} \frac{1}{\sqrt{2\pi}} e^{-\frac{\xi^2}{2}}\, d\xi$$

bzw. bei Ersetzen von h durch $\dfrac{h - n\,m}{\sqrt{n}\,\sigma}$ und Substitution der Integrationsvariablen ξ durch $\eta = \sqrt{n}\,\sigma\,\xi + n\,m$

$$(7.3.4) \qquad P(S_n < k) \approx \int_{-\infty}^{k} \frac{1}{\sqrt{2\pi n}\,\sigma} \exp\left\{-\frac{(\eta - n\,m)^2}{2n\,\sigma^2}\right\} d\eta\,.$$

Dies legt die Vermutung nahe, daß sich die Wahrscheinlichkeitsdichte von S_n durch den Integranden auf der rechten Seite approximieren läßt. Allerdings ist das nur unter gewissen Zusatzvoraussetzungen richtig.

Satz. *Für unabhängige ganzzahlige Summanden* X_ν *mit derselben Verteilung* $P(X_\nu = \mu) = p_\mu$ $(\sum p_\mu = 1)$, *mit Erwartungswert* $E(X_\nu) = m$ *und Varianz* $\mathrm{Var}(X_\nu) = \sigma^2 > 0$ *gilt, wenn die Zahlen* μ *mit* $p_\mu \neq 0$ *keinen gemeinsamen Teiler haben,*

$$(7.3.5) \qquad \sqrt{n}\left\{P(S_n = k) - \frac{1}{\sigma\sqrt{2\pi n}} \exp\left(-\frac{(k - n\,m)^2}{2n\,\sigma^2}\right)\right\} \to 0 \ \textit{für}\ n \to \infty$$

gleichmäßig für alle k.

§ 8. Spezielle Verteilungen

8.1 Binomialverteilung

Erzeugung. Vorgelegt sei eine Bernoulli-Kette, worunter wir n Zerlegungen der Grundmenge Ω in jeweils 2 Ereignissen $A^{(\nu)}$ und $\complement A^{(\nu)}$ verstehen mit unabhängigen $A^{(\nu)}$ und $P(A^{(\nu)}) = p$ $(\nu = 1, \ldots, n)$. Für jedes $\xi \in \Omega$ stelle man die Anzahl N derjenigen $A^{(\nu)}$ fest, für welche $\xi \in A^{(\nu)}$ gilt. Mit Hilfe der Indikatorfunktionen $I_{A^{(\nu)}}$ von $A^{(\nu)}$ läßt sich dabei schreiben:

$$(8.1.1) \qquad N = \sum_\nu I_{A^{(\nu)}}\,.$$

Zur Veranschaulichung denke man an die unabhängige Wiederholung eines Experimentes, wobei jeweils beobachtet wird, ob ein bestimmtes Ereignis E dieses Experimentes eintritt. Die Elemente von $A^{(\nu)}$ sind dann gerade diejenigen Ergebnisse des Gesamtexperiments, für welche beim ν-ten Versuch das Ergebnis E eingetreten ist, während N die Häufigkeit des Eintretens von E darstellt (vgl. 7.2).

N besitzt eine *Binomialverteilung* (binomische Verteilung) mit den Parametern n und p:

(8.1.2) $$p_\nu = P(N = \nu) = \binom{n}{\nu} p^\nu (1-p)^{n-\nu} \qquad (\nu = 0, \ldots, n).$$

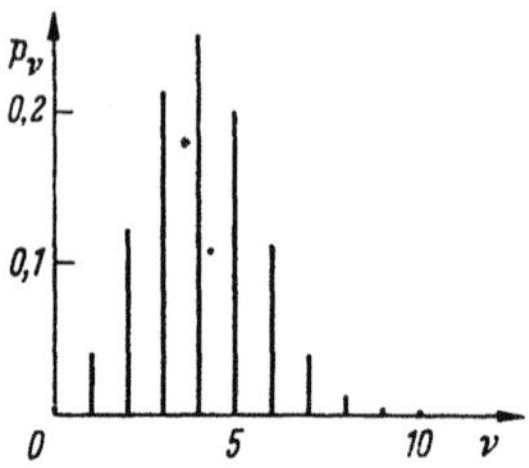

Abb. 8.1.1. Stabdiagramm zur Binomialverteilung $p = 0{,}4$, $n = 10$, $\lambda = n p = 4$

Für die Werte $p = 0{,}4$ und $n = 10$ sind die p_ν im Stabdiagramm Abb. 8.1.1 aufgetragen. Als Erwartungswert E und Varianz σ^2 ergibt sich

(8.1.3) $$E = n p \quad \text{und} \quad \sigma^2 = n p (1 - p).$$

Die erzeugende Funktion einer Binomialverteilung ist

(8.1.4) $$p(t) = (1 - p + p\,t)^n.$$

Die Wahrscheinlichkeit $P(N \geqq \mu)$ läßt sich für ganzes $\mu \geqq 1$ mit Hilfe der B-Funktion darstellen:

(8.1.5) $$P(N \geqq \mu) = \sum_{\nu=\mu}^{n} \binom{n}{\nu} p^\nu (1-p)^{n-\nu} = \int_0^p \frac{t^{\mu-1}(1-t)^{n-\mu}}{B(\mu, n+1-\mu)}\,dt.$$

Dabei ist der Nenner erklärt als Beta-Funktion

(8.1.6) $$B(\alpha, \beta) = \int_0^1 \xi^{\alpha-1}(1-\xi)^{\beta-1}\,d\xi.$$

Für großes n kann man die binomische Verteilung auf verschiedene Weise approximieren, je nachdem, ob auch $n p$ und $n(1-p)$ sehr groß werden oder nicht.

1. Streben $n p$ und $n(1-p)$ gegen Unendlich, so ist

(8.1.7) $$p_\nu = \binom{n}{\nu} p^\nu (1-p)^{n-\nu} \approx \frac{1}{\sqrt{2\pi\, n p (1-p)}} \exp\left(-\frac{(\nu - n p)^2}{2 n p (1-p)}\right).$$

Diese Näherung ist eine asymptotische Gleichheit, d. h., der Quotient beider Seiten konvergiert gegen 1; sie gilt aber gleichmäßig für alle ν mit $|\nu - n p| < C \operatorname{Max}(\sqrt{n p}, \sqrt{n(1-p)})$. Für die zugehörige Verteilungsfunktion $F(\mu) = \sum_{\nu<\mu} p_\nu$ ergibt sich dabei die Abschätzung

(8.1.8) $$\left|\sum_{\nu=0}^{\mu} \binom{n}{\nu} p^\nu (1-p)^{n-\nu} - \Phi\left(\frac{\mu - n p}{\sqrt{n p (1-p)}}\right)\right| \leqq \frac{8}{\sqrt{n p (1-p)}}.$$

Zur Definition von $\Phi(h)$ s. 8.12.

Beispiel. Die Häufigkeit H, bei n-maligem unabhängigem Werfen einer Münze „Kopf" zu erhalten, ist wegen $p = \frac{1}{2}$ und $n p \to \infty$ $(1-p)\,n \to \infty$ asymptotisch verteilt gemäß

(8.1.9) $$F_H(h) \approx \Phi\left(\frac{h - n/2}{\sqrt{n}/2}\right)$$

bzw., für nicht zu kleine h,

(8.1.10) $$P(H = h) \sim \frac{1}{\sqrt{n\,\pi/2}} \exp\left(-\frac{(h - n/2)^2}{n/2}\right).$$

2. Bei kleinem p (d. h. also, wenn die Häufigkeit des Auftretens eines Ereignisses E mit kleiner Wahrscheinlichkeit p bei unabhängigen Wiederholungen eines Versuches beobachtet wird) ist eine andere Approximation für die p_ν zweckmäßiger. Es gilt nämlich das sog. „Gesetz der seltenen Ereignisse"

(8.1.11) $$p_\nu \approx \lim_{\substack{n\to\infty \\ np\to\lambda}} \binom{n}{\nu} p^\nu (1-p)^{n-\nu} = \frac{\lambda^\nu}{\nu!} e^{-\lambda}.$$

Diese Verteilung $P(X = \nu) = \frac{\lambda^\nu}{\nu!} e^{-\lambda}$ $(\nu = 0, 1, 2, \ldots)$ mit dem Parameter $\lambda > 0$ heißt *Poisson-Verteilung* (vgl. Abb. 8.1.1 und 8.5.1).

Beispiel. Die Wahrscheinlichkeit p dafür, daß ein einzelnes Atom innerhalb einer gewissen Zeiteinheit ein α-Teilchen aussendet, ist i. allg. sehr klein. Da jedoch eine makroskopische Menge dieser Substanz aus sehr vielen Atomen besteht, die unabhängig voneinander α-Teilchen emittieren, genügt die Anzahl der in der Zeiteinheit ausgesandten α-Teilchen einer Poisson-Verteilung.

8.2 Polynomialverteilung

Die Polynomialverteilung ist eine Verallgemeinerung der Binomialverteilung.

Erzeugung. Betrachtet wird eine Bernoulli-Kette, wobei die Grundmenge Ω n-mal in s disjunkte Ereignisse zerlegt wird gemäß $\Omega = \sum_{i=1}^{s} A_i^{(\nu)}$ $(\nu = 1, \ldots, n)$. Dabei seien zu verschiedenen Unterteilungen gehörige Ergebnisse unabhängig und es gelte $P(A_i^{(\nu)}) = p_i$ mit $\sum p_i = 1$. Die gemeinsame Verteilungsfunktion der Häufigkeiten $N_i = \sum_{\nu=1}^{n} I_{A_i^{(\nu)}}$ (Auftreten des i-ten Ergebnisses) ist die *Polynomialverteilung* (polynomische Verteilung):

(8.2.1) $$p_{\nu_1,\ldots,\nu_s} = P(N_1 = \nu_1, \ldots, N_s = \nu_s) = \frac{n!}{\nu_1! \ldots \nu_s!} p_1^{\nu_1} \ldots p_s^{\nu_s}$$

für ganze $\nu_i \geqq 0$ mit $\sum_{i=1}^{s} \nu_i = n$.

Der Fall $s = 2$ führt auf die Binomialverteilung zurück.

Beispiel. Die Häufigkeiten der Augenzahlen 1 bis 6 bei n-maligem Werfen eines Würfels genügt einer Polynomialverteilung mit $s = 6$ und $p_1 = \cdots = p_6 = \frac{1}{6}$.

Die einzelnen N_i sind natürlich binomisch verteilt, so daß $E(N_i) = np_i$ und $\operatorname{Var}(N_i) = n p_i (1 - p_i)$ gilt. Die Kovarianz zweier verschiedener

N_i, N_j berechnet sich zu

(8.2.2) $$\mathrm{Kov}(N_i, N_j) = -n p_i p_j \qquad (i \neq j).$$

Als erzeugende Funktion ergibt sich

(8.2.3) $$p(t_1, \ldots, t_s) = \left(\sum_{i=1}^{s} p_i t_i\right)^n.$$

In Analogie zur Binomialverteilung hat man hier für $m < s$ und $\sum_{i=1}^{m} \mu_i \leqq n$ die Integraldarstellung

(8.2.4) $$\sum{}^{*} \frac{n!}{\nu_1! \ldots \nu_s!} p_1^{\nu_1} \ldots p_s^{\nu_s}$$
$$= \int_0^{p_1} \ldots \int_0^{p_m} \frac{t_1^{\mu_1 - 1} \ldots t_m^{\mu_m - 1} \left(1 - \sum_{i=1}^{m} t_i\right)^{n - \Sigma \mu_i}}{\mathrm{B}(\mu_1, \ldots, \mu_m, n + 1 - \Sigma \mu_i)} \, dt_1 \ldots dt_m.$$

Dabei erstreckt sich die Summation $\sum^*$ über alle $(\nu_1, \ldots, \nu_s)$ mit $\sum_{i=1}^{s} \nu_i = n$ und $\nu_1 \geqq \mu_1, \ldots \nu_m, \geqq \mu_m$, und es wird $\mathrm{B}(a_1, \ldots, a_r) = \frac{\Gamma(a_1) \ldots \Gamma(a_r)}{\Gamma(a_1 + \cdots + a_r)}$ gesetzt. Für große n können die $p_{\nu_1}, \ldots, {}_{\nu_s}$ näherungsweise nach folgender Formel ermittel werden:

(8.2.5) $$p_{\nu_1, \ldots, \nu_s} \approx \frac{1}{\sqrt{(2\pi n)^{s-1} \prod_{i=1}^{s} p_i}} \exp\left(-\frac{1}{2} \sum_{i=1}^{s} \frac{(\nu_i - n p_i)^2}{p_i}\right)$$

bei $|\nu_i - n p_i| < C \sqrt{n p_i}$ und $n_i p \to \infty$ für alle $i = 1 \ldots, s \left(\sum_{i=1}^{s} \nu_i = n\right)$.

8.3 Pascal-Verteilung

Erzeugung. Zählt man bei der unendlich oftmaligen unabhängigen Wiederholung eines Experimentes mit dem möglichen Ergebnis E, wie oft es vergeblich wiederholt wird, bevor E zum k-ten Male erscheint, so ist diese Anzahl N eine Zufallsgröße, die einer *Pascal-Verteilung* (*negativ-binomische Verteilung*) mit den Parametern $p = P(E)$ und k genügt. Nimmt man an, daß bei Durchführung eines jeden Einzelexperimentes eine Zeiteinheit vergeht, so läßt sich N auch als Wartezeit bis zum k-ten Treffer deuten.

Es ist

(8.3.1) $$p_\nu = P(N = \nu) = \binom{k + \nu - 1}{\nu} p^k (1 - p)^\nu$$
$$= (-1)^\nu \binom{-k}{\nu} p^k (1 - p)^\nu \qquad (\nu = 0, 1, \ldots)$$

mit $$E(N) = \frac{k(1 - p)}{p}$$

und $$\mathrm{Var}(N) = \frac{k(1 - p)}{p^2}.$$

Als erzeugende Funktion ergibt sich $p(t) = \left(\frac{p}{1-(1-p)\,t}\right)^k$. Mit Hilfe der B-Funktion (vgl. 8.1) erhält man die Integraldarstellung

$$(8.3.2)\qquad F_N(\mu) = P(N \leqq \mu - 1) = \sum_{\nu=0}^{\mu-1} \binom{k+\nu-1}{\nu} p^k (1-p)^\nu = \int_0^{\frac{p}{1-p}} \frac{x^{k-1}}{B(\mu, k)\,(1+x)^{k+\mu}}\,dx.$$

Analog zur Binomialverteilung hat man zwei Möglichkeiten, p_ν für große k anzunähern:

1. Bei festem p und $k \to \infty$ gilt

$$(8.3.3)\qquad p_\nu = \binom{k+\nu-1}{\nu} p^k (1-p)^\nu \approx \approx \frac{1}{\sqrt{2\pi k (1-p)/p^2}} \exp\left(-\frac{1}{2}\,\frac{(\nu - k(1-p)/p)^2}{k(1-p)/p^2}\right)$$

für alle ν mit $|\nu - k(1-p)/p| \leqq C\sqrt{k}$.

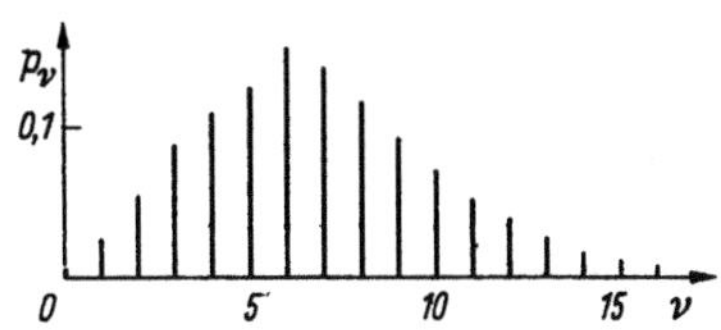

Abb. 8.3.1. Stabdiagramm zur Pascal-Verteilung $p = 0{,}6$, $k = 10$, $\lambda = k(1-p) = 4$

2. Liegt p sehr nahe bei 1, so ist die Approximation durch eine Poisson-Verteilung vorzuziehen. Genauer gilt

$$(8.3.4)\qquad p_\nu \approx \lim_{\substack{k\to\infty \\ k(1-p)\to\infty}} \binom{k+\nu-1}{\nu} p^k (1-p)^\nu = \frac{\lambda^\nu}{\nu!} e^{-\lambda}.$$

(vgl. Abb. 8.3.1 und 8.5.1)

Im Spezialfall $k = 1$ wird die Pascal-Verteilung zur *geometrischen Verteilung*

$$(8.3.5)\qquad p_\nu = P(N = \nu) = p(1-p)^\nu \qquad \text{(geometrische Reihe)}.$$

Additionssatz. *Die Summe von unabhängigen Zufallsgrößen X_i, die einer Pascal-Verteilung mit den Parametern p und k_i genügen, besitzt eine Pascal-Verteilung mit den Parametern p und $k = \sum k_i$.*

8.4 Poly-Pascal-Verteilung

Erzeugung. Wird in Verallgemeinerung der Erzeugung einer Pascal-Verteilung ein Experiment mit den möglichen disjunkten Ereignissen E_1,

$\ldots, E_{s+1}$, wobei $p_i = P(E_i)$ und $\sum_{i=1}^{s+1} p_i = 1$ gilt, unendlich oft unabhängig wiederholt, so ist die gemeinsame Verteilung der Häufigkeiten N_i des Eintretens von E_i ($i = 1, \ldots, s$) vor dem k-ten Auftreten von E_{s+1} eine *Poly-Pascal-Verteilung* (negativ-polynomische Verteilung).

Als Beispiel sei das wiederholte Werfen eines Würfels angeführt ($s = 5$), wobei nach der Wahrscheinlichkeit gefragt wird, daß die Augenzahl „1" ν_1-mal, die Augenzahl „2" ν_2-mal ... und die Augenzahl „5" ν_5-mal vorkommen, ehe zum k-ten Male eine „6" geworfen wird.

Man erhält für die Wahrscheinlichkeiten

$$(8.4.1)\qquad \begin{aligned} p_{\nu_1,\ldots,\nu_s} &= P(N_1 = \nu_1, \ldots, N_s = \nu_s) \\ &= \frac{(k+\nu-1)!}{(k-1)!\,\nu_1!\ldots\nu_s!}\, p_{s+1}^k p_1^{\nu_1}\ldots p_s^{\nu_s} \qquad \left(\nu = \sum_{i=1}^{s} \nu_i\right) \end{aligned}$$

und für die Momente

$$(8.4.2)\qquad \left\{ \begin{aligned} E(N_i) &= \frac{k\,p_i}{p_{s+1}}, \\ \operatorname{Var}(N_i) &= \frac{k\,p_i}{p_{s+1}^2}(p_i + p_{s+1}), \\ \operatorname{Kov}(N_i, N_j) &= \frac{k\,p_i p_j}{p_{s+1}^2} \qquad (i \neq j). \end{aligned} \right.$$

Die erzeugende Funktion ist

$$(8.4.3)\qquad p(t_1, \ldots, t_s) = \frac{p_{s+1}^k}{\left(1 - \sum_{i=1}^{s} p_i t_i\right)^k}.$$

8.5 Poisson-Verteilung

Eine Zufallsgröße N besitzt eine *Poisson-Verteilung* mit dem reellen Parameter $\lambda > 0$, wenn $p_\nu = P(N = \nu) = \frac{\lambda^\nu}{\nu!} e^{-\lambda}$ für alle $\nu = 0, 1, \ldots$ gilt.

Eine Möglichkeit, eine Poisson-Verteilung zu erzeugen, wurde bereits in 8.1 behandelt (Gesetz seltener Ereignisse). Eine Verallgemeinerung davon hat v. Mises angegeben:

Sei $N = \sum_{i=1}^{n} I_{A_i}$ die Häufigkeit der A_i in den unabhängigen Zerlegungen[1] $\Omega = A_i + \complement A_i$ mit $P(A_i) = p_i$ für $i = 1, \ldots, n$. Dann ergibt der Grenzübergang $n \to \infty$, sofern $\sum_{i=1}^{n} p_i \to \lambda$ und $\max_{i=1,\ldots,n} p_i \to 0$, die Beziehung

$$(8.5.1)\qquad P(N = \nu) \to \frac{\lambda^\nu}{\nu!} e^{-\lambda} \qquad (\nu = 0, 1, 2, \ldots).$$

[1] Vgl. S. 157.

Als *Beispiel* kann man wieder den radioaktiven Zerfall betrachten [vgl. (8.1.11)], wobei die strahlende Substanz aus sehr vielen, aber nicht notwendig gleichartigen Atomen besteht. Ist man sicher, daß die Wahrscheinlichkeit p_i für die Emission eines α-Teilchens pro Zeiteinheit durch die i-te Atomsorte für alle i „gleichmäßig" klein gegen 1 und die Summe der p_i klein gegen die Anzahl der Atome ist, so genügt die Anzahl der insgesamt pro Zeiteinheit ausgesandten Teilchen einer Poisson-Verteilung.

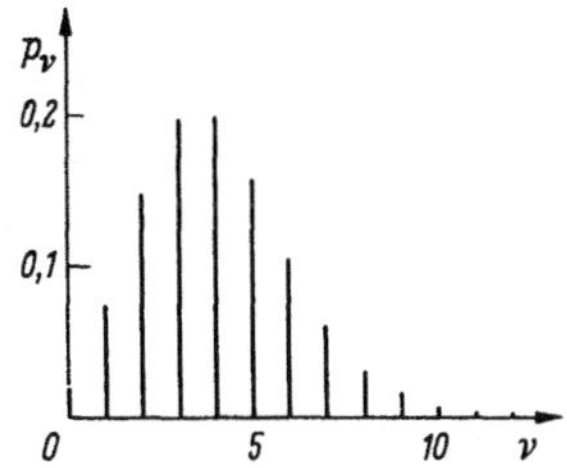

Abb. 8.5.1. Stabdiagramm zur Poisson-Verteilung $\lambda = 4$

Eine Poisson-verteilte Zufallsgröße N besitzt den Erwartungswert $E = \lambda$ und die Varianz $\sigma^2 = \lambda$. Die erzeugende Funktion ist

$$(8.5.2) \qquad p(t) = \exp(\lambda(t-1)).$$

Die Wahrscheinlichkeit $P(N \geqq \mu)$ läßt sich für $\mu \geqq 1$ schreiben als

$$(8.5.3) \qquad \sum_{\nu=\mu}^{\infty} e^{-\lambda} \frac{\lambda^\nu}{\nu!} = \int_0^\lambda \frac{\xi^{\mu-1} e^{-\xi}}{(\mu-1)!} d\xi.$$

Für p_ν gilt asymptotisch

$$(8.5.4) \qquad e^{-\lambda} \frac{\lambda^\nu}{\nu!} \approx \frac{1}{\sqrt{2\pi\lambda}} \exp\left(-\frac{(\nu-\lambda)^2}{2\lambda}\right)$$

bei $\lambda \to \infty$ und $|\nu - \lambda| \leqq C\sqrt{\lambda}$.

Für die Poisson-Verteilung hat man den

Additionssatz. *Sind die unabhängigen zufälligen Größen N_i poissonverteilt mit den Parametern λ_i $(i = 1, \ldots, r)$, so genügt ihre Summe $N = N_i + \cdots + N_r$ einer Poisson-Verteilung mit dem Parameter $\lambda = \lambda_1 + \cdots + \lambda_r$.*

8.6 Hypergeometrische Verteilung

Erzeugung. Aus einer Urne mit r roten und s schwarzen Kugeln $(r + s = n)$ werden k Kugeln zufällig entnommen. Dann hat die Anzahl N der roten unter den entnommenen Kugeln eine *hypergeometrische Verteilung*

$$(8.6.1) \qquad p_\nu = P(N = \nu) = \frac{\binom{r}{\nu}\binom{s}{k-\nu}}{\binom{n}{k}} = \frac{\binom{k}{\nu}\binom{n-k}{r-\nu}}{\binom{n}{k}} \qquad (\nu = 0, \ldots, r)$$

mit

$$E = \frac{rk}{n}$$

und

$$\sigma^2 = \frac{rks}{n^2}\left(1 - \frac{k-1}{n-1}\right).$$

Approximation.

(8.6.2) Für $n \to \infty$ und $\frac{r}{n} \to p$ geht die hypergeometrische Verteilung in eine Binomialverteilung mit den Parametern k und p über.

(8.6.3) Für $n \to \infty$ und $\frac{k}{n} \to p$ erhält man gleichfalls eine Binomialverteilung, die jedoch die Parameter r und p besitzt.

(8.6.4) Läßt man r und k gegen ∞ streben in der Weise, daß $\frac{r\,k}{n} \to \lambda$ konvergiert, so ergibt sich eine Poisson-Verteilung mit dem Parameter λ.

8.7 Poly-hypergeometrische Verteilung

Erzeugung. Ändert man die in 8.6 betrachtete Versuchsanordnung dahingehend ab, daß die Urne statt 2 jetzt s verschiedene Kugelsorten, und zwar r_i Stück der i-ten Sorte $\left(i = 1, \ldots, s;\ \sum_{i=1}^{s} r_i = n\right)$ enthält, so ist die gemeinsame Verteilung der Anzahlen N_i der Kugeln der i-ten Sorte unter den k zufällig gezogenen eine poly-hypergeometrische Verteilung:

$$(8.7.1) \qquad p_{\nu_1, \ldots, \nu_s} = P(N_1 = \nu_1, \ldots, N_s = \nu_s) = \frac{\binom{r_1}{\nu_1} \cdots \binom{r_s}{\nu_s}}{\binom{n}{k}},$$

wenn $0 \leqq \nu_i \leqq r_i$ $(i = 1, \ldots, s)$ und $\sum_{i=1}^{s} \nu_i = k$.

Es gilt $E(N_i) = \frac{r_i k}{n}$

$$(8.7.2) \qquad \operatorname{Var}(N_i) = \frac{k\, r_i (n - r_i)}{n^2} \left(1 - \frac{k-1}{n-1}\right),$$

$$(8.7.3) \qquad \operatorname{Kov}(N_i, N_j) = -\frac{k\, r_i r_j}{n^2} \left(1 - \frac{k-1}{n-1}\right) \quad (i \neq j).$$

8.8 Pólya-Verteilung

1. Erzeugung durch das Pólyasche Urnenmodell. Aus einer Urne mit anfänglich α roten und β schwarzen Kugeln wird jeweils eine Kugel zufällig gezogen und anschließend zusammen mit einer weiteren Kugel derselben Farbe in die Urne zurückgelegt. Sei die Anzahl der roten Kugeln nach der n-ten derartigen Ziehung gleich $\alpha + N$, so genügt die Zufallsgröße N einer Pólya-Verteilung mit den Parametern n, α, β.

2. Erzeugung durch Binomialverteilung. Es wird zunächst eine Zufallsgröße X mit der Dichte

$$(8.8.1) \qquad f_X(\xi) = \begin{cases} \frac{1}{\mathrm{B}(\alpha, \beta)}\, \xi^{\alpha-1} (1-\xi)^{\beta-1} & \text{für } 0 \leqq \xi \leqq 1 \\ 0 & \text{sonst} \end{cases} \quad \begin{matrix}\text{(B-Verteilung,} \\ \text{vgl. § 8.19)}\end{matrix}$$

beobachtet. Nimmt X den Wert x an, so wird weiter ein Experiment mit einem Ereignis E der Wahrscheinlichkeit $P(E) = x$ n-mal unabhängig durchgeführt (Bernoulli-Kette) und die Häufigkeit N des Eintretens von E festgestellt. Die Zufallsgröße N besitzt dann im Gesamtexperiment, das aus der Beobachtung von X und Realisierung der Bernoulli-Kette besteht, eine Pólya-Verteilung mit den Parametern n, α, β.

Es ist

$$(8.8.2)\qquad p_\nu = P(N = \nu) = \binom{n}{\nu} \frac{\mathrm{B}(\alpha + \nu, \beta + n - \nu)}{\mathrm{B}(\alpha, \beta)}$$

$$= \binom{n}{\nu} \frac{\Gamma(\alpha + \beta)}{\Gamma(\alpha)\,\Gamma(\beta)} \frac{\Gamma(\alpha + \nu)\,\Gamma(\beta + n - \nu)}{\Gamma(\alpha + \beta + n)}$$

$(\nu = 0, \ldots, n)$ und

$$(8.8.3)\qquad E = \frac{n\,\alpha}{\alpha + \beta},$$

$$(8.8.4)\qquad \sigma^2 = \frac{n\,\alpha\,\beta(n + \alpha + \beta)}{(\alpha + \beta)^2\,(\alpha + \beta + 1)}.$$

Diese Verteilung ist identisch mit der Überschreitungswahrscheinlichkeit (vgl. 8.9); von den hier verwendeten Bezeichnungen entsprechen einander:

Pólya-Verteilung:	n	α	β	ν
Überschreitungen:	m	r	$n + 1 - r$	ν

8.9 Überschreitungswahrscheinlichkeiten

Beobachtet werden die Zufallsgrößen $X_1, \ldots, X_n$ und $Y_1, \ldots, Y_m$. Dabei sei die Wahrscheinlichkeit, daß zwei dieser $m + n$ zufälligen Größen denselben Wert annehmen, gleich Null, so daß dieser Fall praktisch nicht vorkommt. Die erhaltenen Werte der X und Y werden nun der Größe nach in einer Reihe angeordnet. Alle diese Anordnungsmöglichkeiten seien gleich wahrscheinlich. Dann besitzt die Anzahl N der Y, die kleiner als das r — kleinste X sind (d. h. also die Anzahl derjenigen Y, die von mindestens $n - r + 1$ Stück der X an Größe übertroffen werden[1]) eine Verteilung gemäß

$$(8.9.1)\qquad p_\nu = P(N = \nu) = \binom{r + \nu - 1}{\nu}\binom{n + m - r - \nu}{n - r}\Big/\binom{m + n}{n},\qquad (\nu = 0, \ldots, m);$$

dabei ist

$$E = \frac{m\,r}{n + 1}$$

und

$$\sigma^2 = \frac{m\,r(m + n + 1)\,(n + 1 - r)}{(n + 1)^2\,(n + 2)}.$$

[1] Fußnote S. 160.

Die genannten Bedingungen sind erfüllt, wenn $X_1, \ldots, X_n, Y_1, \ldots, Y_m$ unabhängig und identisch verteilt sind mit einer stetigen Verteilungsfunktion.

8.10 Überschreitungswartezeiten

Es seien die Zufallsgrößen $X_1, \ldots, X_n$ und $Y_1, Y_2, \ldots$ (unendlich viele) gegeben, wobei jeweils die endlich vielen $X_1, \ldots, X_n$ und $Y_1, \ldots Y_m$ den Bedingungen von 8.9 genügen. Der Einfachheit halber werde vorausgesetzt, daß alle X und Y unabhängig sind und dieselbe stetige Verteilungsfunktion besitzen. Gesucht wird die Anzahl N^* derjenigen Y, die notwendig sind, um k-mal das r-kleinste X zu unterschreiten.[1] Nimmt man an, daß zur Beobachtung der Y jeweils eine Zeiteinheit gebraucht wird, so kann man auch sagen: N^* gibt an, wie lange man nach Beobachtung der $X_1, \ldots, X_n$ noch warten muß, bis genau k der Y eintreffen, die kleiner als das r-kleinste X sind. Man findet für die Zufallsgröße N^* die Verteilung

$$(8.10.1)\quad p_\nu^* = P(N^* = \nu) = \frac{k\binom{k+r-1}{k}\binom{n-r-k+\nu}{n-r}}{\nu\binom{n+\nu}{n}} \qquad (\nu = k, k+1, \ldots);$$

dabei ist $E = \dfrac{n\,k}{r-1}$, falls $r > 1$,

und $$\sigma^2 = \frac{n\,k\,[k(r-1)^2 - (r-1)^2 + k(n-r)]}{(r-1)^2\,(r-2)},$$

falls $r > 2$. Für $r = 1$ bzw. $r = 2$ existiert der Erwartungswert bzw. die Varianz nicht.

8.11 Gumbelsche Wiederkehrperiode

Unter denselben Voraussetzungen wie in 8.10 wird gefragt, wie lange man im Mittel warten muß, bis erstmalig ein Y kleiner als $X_{(r)}$, d. h. das r-kleinste der $X_1, \ldots, X_n$ ausfällt, wenn man bereits weiß, welchen Wert $X_{(r)}$ angenommen hat. Die mittlere Wartezeit T_r heißt *Wiederkehrperiode*. Sie hängt noch von $X_{(r)}$ ab und ist somit eine zufällige Größe. Mit Hilfe des in 3.8 eingeführten Begriffs des bedingten Erwartungswertes und der Bezeichnungen von 8.10 kann man definieren

$$(8.11.1)\qquad T_r = E(N^* \mid X_{(r)}).$$

---

[1] Dasselbe gilt für die Anzahl der Y, die unterhalb des r_1-kleinsten X oder oberhalb des $n + 1 - r_2$-kleinsten sind, wenn $r_1 + r_2 = r$ ist.

Es gilt $T_r = \frac{1}{F(X_{(r)})}$, wobei F die zu den X bzw. Y gehörige Verteilungsfunktion ist.

T_r besitzt die Verteilungsdichte

$$(8.11.2) \qquad h_r(\xi) = \begin{cases} \binom{n}{r} r\, \xi^{-r-1} \left(1 - \frac{1}{\xi}\right)^{n-r} & \text{für} \quad \xi \geqq 1, \\ 0 & \text{für} \quad \xi < 1 \end{cases}$$

mit den Momenten

$$(8.11.3) \quad E(T_r^l) = \frac{n!\,(r-l-1)!}{(n-l)!\,(r-1)!} \qquad (r > 1 \quad \text{und} \quad l < r-1),$$

speziell

$$E = \frac{n}{r-1} \qquad (r > 1),$$

und der Varianz

$$\sigma^2 = \frac{n(n-r+1)}{(r-1)^2\,(r-2)} \qquad (r > 2).$$

Aus der Dichte $h_r(\xi)$ berechnet man die (kumulative) Verteilungsfunktion im Fall $r = 1$

$$(8.11.4) \qquad H_1(\xi) = \begin{cases} \left(1 - \frac{1}{\xi}\right)^n & \text{für} \quad \xi \geqq 1, \\ 0 & \text{für} \quad \xi < 1; \end{cases}$$

im Fall $r = n$

$$(8.11.5) \qquad H_n(\xi) = \begin{cases} 1 - \left(\frac{1}{\xi}\right)^n & \text{für} \quad \xi \geqq 1, \\ 0 & \text{für} \quad \xi < 1. \end{cases}$$

8.12 Die eindimensionale Normalverteilung

Die *Normalverteilung* — auch nach GAUSS, LAPLACE oder DE MOIVRE benannt — wird definiert durch die Wahrscheinlichkeitsdichte

$$(8.12.1) \qquad f(\xi) = \frac{1}{\sqrt{2\pi}\,\sigma} \exp\left(-\frac{(\xi - m)^2}{2\sigma^2}\right).$$

Ihre Bedeutung für die Anwendung resultiert aus dem Zentralen Grenzwertsatz (vgl. 7.3), welcher aussagt, daß unter gewissen nicht sehr einschränkenden Bedingungen die Summe aus sehr vielen unabhängigen Zufallsgrößen näherungsweise eine Normalverteilung besitzt.

Beispiel. Bei einer Landvermessung wird eine bestimmte Strecke in vielen kleinen Abschnitten ausgemessen. Bei jedem Teilstück tritt ein gewisser zufälliger Meßfehler (Ablesefehler usw.) auf. Der Gesamtfehler darf dann als normalverteilt angesehen werden.

Ist die Zufallsgröße X normalverteilt, so gilt

$$(8.12.2) \qquad \begin{aligned} E(X) &= m, \\ \operatorname{Var}(X) &= \sigma^2, \end{aligned}$$

was die Bezeichnung der Parameter m und σ rechtfertigt.

Eine Normalverteilung ist also durch den Erwartungswert und die Streuung festgelegt. Als entartet normalverteilt ($\sigma^2 = 0$) betrachtet man die Konstante m.

Bildet man zu einer normalverteilten Größe X mit $E(X) = m$ und $\sigma(X) = \sigma$ die neue Zufallsgröße $Y = \frac{X - m}{\sigma}$, so ist die zu Y gehörige Verteilungsdichte

(8.12.3) $$h(\xi) = \frac{1}{\sqrt{2\pi}} \exp(-\xi^2/2).$$

Im folgenden werden nur Zufallsgrößen mit dieser (0, 1)-normierten Gauß-Verteilung betrachtet. Man erhält dann die Verteilungsfunktion

(8.12.4) $$\Phi(\xi) = \frac{1}{\sqrt{2\pi}} \int_0^{\xi} e^{-\eta^2/2}\, d\eta$$

und weiter

(8.12.5) $$\Phi'(\xi) = h(\xi).$$

Φ heißt (Gaußsches) Fehlerintegral oder auch Krampsche Funktion. Wegen der Symmetrie der Verteilungsdichte sind die Momente ungerader

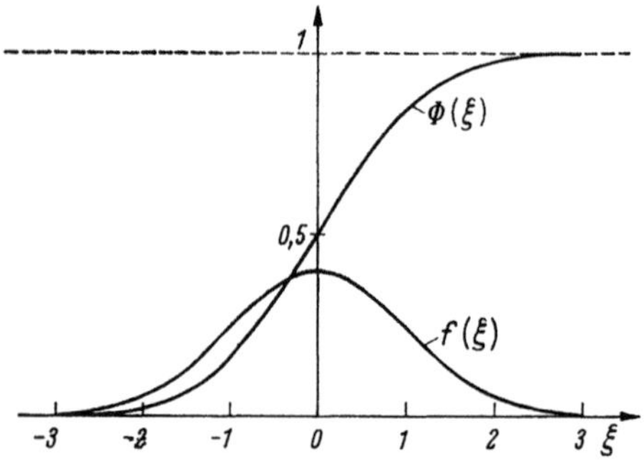

Abb. 8.12.1. Dichte $f(\xi)$ und Verteilungsfunktion $\Phi(\xi)$ der Normalverteilung

Ordnung gleich Null. Für geradzahlige Ordnungen erhält man

(8.12.6) $$E(X^{2\nu}) = 1 \cdot 3 \ldots (2\nu - 1) = \frac{(2\nu)!}{2^\nu \nu!},$$

für die absoluten Momente ungerader Ordnung

(8.12.7) $$E(|X|^{2\nu+1}) = \sqrt{\frac{2}{\pi}} \cdot 2 \cdot 4 \ldots (2\nu) \qquad \left(\sqrt{\frac{2}{\pi}} = 0{,}79788\ldots\right),$$

insgesamt also

(8.12.8) $$E(|X|^\nu) = \frac{2^{\nu/2}}{\sqrt{\pi}} \Gamma\left(\frac{\nu+1}{2}\right), \qquad \nu = 1, 2, \ldots$$

Die Fourier-Transformierte berechnet sich zu

$$\varphi(t) = \exp\left(-\frac{t^2}{2}\right). \tag{8.12.9}$$

Numerische Berechnung von $\Phi(\xi)$. Für kleine Werte von $|\xi|$ kann Φ durch Integration der Potenzreihe von $e^{-\xi^2/2}$ leicht gewonnen werden.

Für große ξ bildet man zweckmäßig

$$1 - \Phi(\xi) = \Phi'(\xi)\, K(\xi). \tag{8.12.10}$$

$K(\xi)$ heißt Millsches Verhältnis und läßt folgende asymptotische Entwicklung zu

$$\begin{aligned} K(\xi) = {} & \frac{1}{\xi} - \frac{1}{\xi^3} + \frac{1\cdot 3}{\xi^5} - \frac{1\cdot 3\cdot 5}{\xi^7} + \\ & + \cdots + (-1)^\nu \frac{1\cdot 3 \ldots (2\nu-1)}{\xi^{2\nu+1}} - \\ & - (-1)^\nu \cdot 1\cdot 3 \ldots (2\nu+1) \int_\xi^\infty \frac{e^{-\eta^2/2}}{\eta^{2\nu+2}}\, d\eta\, e^{\xi^2/2}. \end{aligned} \tag{8.12.11}$$

Eine andere Möglichkeit zur Berechnung von $K(\xi)$ gibt der Kettenbruch von LAPLACE ($\xi > 0$):

$$K(\xi) = \cfrac{1}{\xi + \cfrac{1}{\xi + \cfrac{2}{\xi + \cfrac{3}{\xi + \cfrac{4}{\xi + \cfrac{5}{\ddots}}}}}} \tag{8.12.12}$$

Die Näherungsbrüche sind abwechselnd zu groß und zu klein, z. B.

$$\frac{\xi}{\xi^2+1} < K(\xi) < \frac{\xi^2+2}{\xi^3+3\xi}. \tag{8.12.13}$$

Brauchbare Näherungslösungen liefert bei großen ξ die Abschätzung von KOMATU

$$\frac{2}{\xi + \sqrt{\xi^2+4}} < K(\xi) < \frac{2}{\xi + \sqrt{\xi^2+2}}, \tag{8.12.14}$$

die übrigens für alle $\xi > 0$ richtig ist.

Für die Normalverteilung gilt der

Additionssatz: *Sind die unabhängigen Zufallsgrößen X_i ($i = 1, \ldots, s$) mit $E(X_i) = m_i$ und $\mathrm{Var}(X_i) = \sigma_i^2$ normalverteilt, so genügt $X = \sum_{i=1}^{s} X_i$ einer Normalverteilung mit den Parametern $m = \sum m_i$ und $\sigma^2 = \sum \sigma_i^2$.*

8.13 Die mehrdimensionale Normalverteilung

Definition. *Die Zufallsgrößen* $X_1, \ldots, X_s$ *sind gemeinsam normalverteilt, wenn alle Linearkombinationen* $\sum_{j=1}^{s} c_j X_j$ *mit beliebigen* $c_1, \ldots, c_s$ *entweder (P-fast) konstant oder normalverteilt sind gemäß 8.12.*

Eine solche Verteilung wird festgelegt durch die Erwartungswerte

(8.13.1) $$m_j = E(X_j) \qquad j = 1, \ldots, s$$

und die Kovarianzen (bzw. Varianzen!)

(8.13.2) $$\sigma_{jk} = \operatorname{Kov}(X_j, X_k) \qquad j, k = 1, \ldots, s.$$

Die σ_{jk} werden zusammengefaßt zur Matrix $\mathfrak{S} = (\sigma_{jk})$, der sog. *Kovarianzmatrix.* Im regulären Fall, d. h. wenn $\operatorname{Det}\mathfrak{S} \neq 0$ ist, existiert die inverse Matrix $\mathfrak{S}^{-1} = (\sigma^{ih})$, und die $X_1, \ldots, X_s$ haben eine gemeinsame Verteilungsdichte

(8.13.3) $$f(\xi_1, \ldots, \xi_s) = \left(\frac{1}{\sqrt{2\pi}}\right)^s \sqrt{\operatorname{Det}((\sigma^{jk}))}\, \exp\left(-\frac{1}{2} \sum_{j,k=1}^{s} \sigma^{jk}(\xi_j - m_j)(\xi_k - m_k)\right).$$

Die Fourier-Transformierte ist im regulären wie nicht-regulären Fall gleich

(8.13.4) $$\varphi(t_1, \ldots, t_s) = \exp\left(i \sum_{j=1}^{s} t_j m_j\right) \exp\left(-\frac{1}{2} \sum_{j,k=1}^{s} \sigma_{jk} t_j t_k\right).$$

Im folgenden werde die *zweidimensionale Normalverteilung* näher betrachtet:

Mit $\sigma_1^2 = \operatorname{Var}(X)$, $\sigma_2^2 = \operatorname{Var}(Y)$ und $\varrho = \varrho(X, Y) = \dfrac{\operatorname{Kov}(X, Y)}{\sigma_1 \cdot \sigma_2}$ sowie $E(X) = E(Y) = 0$ findet man

(8.13.5) $$\operatorname{Det}\mathfrak{S} = \begin{vmatrix} \sigma_1^2 & \varrho\,\sigma_1\sigma_2 \\ \varrho\,\sigma_1\sigma_2 & \sigma_2^2 \end{vmatrix} = \sigma_1^2\sigma_2^2(1 - \varrho^2),$$

also $\operatorname{Det}\mathfrak{S} \neq 0$ für $|\varrho| < 1$. In diesem Fall existiert die gemeinsame Dichte von X und Y

(8.13.6) $$f(\xi, \eta) = \frac{1}{2\pi\,\sigma_1\sigma_2\sqrt{1 - \varrho^2}} \exp\left[-\frac{1}{2(1 - \varrho^2)}\left\{\frac{\xi^2}{\sigma_1^2} - \frac{2\varrho\,\xi\,\eta}{\sigma_1\sigma_2} + \frac{\eta^2}{\sigma_2^2}\right\}\right].$$

Zur Berechnung der (kumulativen) Verteilungsfunktion $F(\xi, \eta)$ für $\sigma_1 = \sigma_2 = 1$ entwickelt man nach Potenzen von ϱ (Mehlersche Entwicklung):

(8.13.7) $$F(\xi, \eta) = \sum_{\nu=0}^{\infty} \varrho^\nu \tau_\nu(\xi)\, \tau_\nu(\eta).$$

Dabei sind die *tetrachorischen Funktionen* $\tau_\nu(\lambda)$ definiert durch

$$\tau_\nu(\lambda) = \frac{H_\nu(\lambda)}{\sqrt{\nu!}}\,\Phi'(\lambda), \tag{8.13.8}$$

wobei die Hermiteschen Polynome $H_\nu(\lambda)$ durch die Gleichung

$$\Phi'(\lambda)\,H_\nu(\lambda) = \Phi^{(\nu)}(\lambda) \tag{8.13.9}$$

gegeben sind[1].

8.14 Γ-Verteilung

Die *Γ-Verteilung* (s. auch χ^2-Verteilung) wird definiert durch die Dichte

$$f(\xi) = \begin{cases} \dfrac{\beta^\alpha}{\Gamma(\alpha)}\,\xi^{\alpha-1}\,e^{-\beta\xi} & \text{für } \xi \geqq 0, \\ 0 & \text{für } \xi < 0 \end{cases} \tag{8.14.1}$$

mit den Parametern $\alpha > 0$, $\beta > 0$. Es ist

$$E = \frac{\alpha}{\beta}, \qquad \sigma^2 = \frac{\alpha}{\beta^2}. \tag{8.14.2}$$

Die Fourier-Transformierte hat die Gestalt

$$\varphi(t) = \frac{1}{\left(1 - \dfrac{i\,t}{\beta}\right)^\alpha}. \tag{8.14.3}$$

Damit erhält man ohne Schwierigkeiten den

Additionssatz. *Die Summe unabhängiger Γ-verteilter Größe X_i mit den Parametern α_i und β hat eine Γ-Verteilung mit den Parametern $\sum \alpha_i$ und β.*

Den Zusammenhang mit der B-Verteilung (vgl. 8.19) stellt folgender Satz her:

Satz. *Sind die unabhängigen Größen X_i Γ-verteilt mit den Parametern α_i und β $(i = 1, 2)$, so besitzt $Y = \dfrac{X_1}{X_1 + X_2}$ eine B-Verteilung mit den Parametern (α_1, α_2).*

Der Spezialfall $\alpha = 1$ führt zur *Exponentialverteilung*, deren Dichte

$$f(\xi) = \begin{cases} \beta\,e^{-\beta\xi} & \text{für } \xi \geqq 0, \\ 0 & \text{für } \xi < 0 \end{cases} \tag{8.14.4}$$

nur noch den Parameter $\beta > 0$ besitzt.

---

[1] $\Phi^{(\nu)}$ bezeichne die ν-fache Ableitung von Φ.

Mit der Exponentialverteilung hängt eng zusammen die *Weibull-Verteilung*, die festgelegt wird durch die Dichte

(8.14.5) $$f(\xi) = \begin{cases} \left(\frac{a}{b}\right) \xi^{a-1} \exp\left(-\frac{\xi^a}{b}\right) & \text{für} \quad \xi \geqq 0, \\ 0 & \text{für} \quad \xi < 0 \end{cases}$$

mit den Parametern $a > 0$, $b > 0$. Bildet man nämlich mit Hilfe einer exponentialverteilten Zufallsgröße X ($\beta = 1$) die neue Größe $Y = X^a/\mathrm{b}$, so ist Y nach WEIBULL verteilt. Dies geht unmittelbar aus (5.1.2) hervor.

8.15 χ^2-Verteilung

Erzeugung. Sind X_j $(j = 1, \ldots, s)$ unabhängige (0, 1)-normierte Zufallsgrößen mit Normalverteilung, so besitzt

(8.15.1) $Z = \sum_{j=1}^{s} X_j^2$ eine χ^2-*Verteilung* (Helmert-Pearson-Verteilung)

mit s *Freiheitsgraden*. Man sagt auch, Z ist ein χ^2 *mit* s *Freiheitsgraden*.

Z besitzt die Dichte

(8.15.2) $$f_s(\xi) = \begin{cases} \frac{1}{2^{s/2}\Gamma\left(\frac{s}{2}\right)} \xi^{s/2-1} e^{-\xi/2} & \text{für} \quad \xi > 0, \\ 0 & \text{für} \quad \xi \leqq 0, \end{cases}$$

durch die man allgemein die χ^2-Verteilung mit dem Parameter (Freiheitsgrad) $s > 0$ definiert (s. Abb. 8.15.1). Man erhält den Erwartungswert

$$E = s$$

und die Varianz

$$\sigma^2 = 2s$$

sowie die Fourier-Transformierte

(8.15.3) $$\varphi(t) = (1 - 2i\,t)^{-s/2}.$$

Für geradzahlige Freiheitsgrade $s = 2r$ läßt sich die Verteilungsfunktion $F_s(\xi)$ entwickeln gemäß

(8.15.4) $$F_s(\xi) = \sum_{\nu=r}^{\infty} e^{-\xi/2} \frac{(\xi/2)^\nu}{\nu!}.$$

Vergleicht man diesen Ausdruck mit der Wahrscheinlichkeit $P(U \geqq r)$ einer Poisson-verteilten Zufallsgröße U mit dem Parameter $\lambda = \xi/2$ (s. 8.5), so findet man

(8.15.5) $$F_{2r}(\xi) = P(U \geqq r).$$

Die χ^2-Verteilung genügt dem einfachen

Additionssatz. *Die Summe unabhängiger χ^2-verteilter Größen X_i mit jeweils s_i Freiheitsgraden ist wieder χ^2-verteilt; dabei addieren sich die Freiheitsgrade.*

Ein χ^2 läßt sich auch aus abhängigen normalverteilten Größen gewinnen.

Satz. *Haben die Zufallsgrößen $X_1, \ldots, X_s$ eine s-dimensionale Normalverteilung mit $E(X_i) = 0$ und $\sigma_{\mu\nu} = E(X_\mu X_\nu)$ und verschwindet die Determinante der Kovarianzmatrix $\mathfrak{S} = (\sigma_{\mu\nu})$ nicht, so besitzt $\sum_{\mu,\nu=1}^{s} \sigma^{\mu\nu} X_\mu X_\nu$ eine χ^2-Verteilung mit s Freiheitsgraden, wenn $\sigma^{\mu\nu}$ die Komponenten der zu $\mathfrak{S}$ inversen Matrix $\mathfrak{S}^{-1}$ bedeuten.*

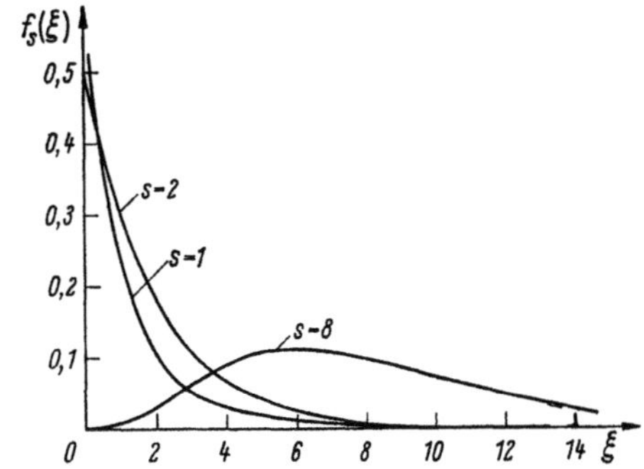

Abb. 8.15.1
Dichten der χ^2-Verteilung mit 1,2 und 8 Freiheitsgraden

8.16 Nichtzentrale χ^2-Verteilung

Erzeugung. Bildet man die Zufallsgröße

$$Z = \sum_{j=1}^{s} (X_j - \delta_j)^2 \tag{8.16.1}$$

aus s unabhängigen $(0, 1)$-normalverteilten X_j, so hängt die Verteilungsfunktion von Z nur von s und der Quadratsumme $\delta^2 = \sum_{j=1}^{s} \delta_j^2$ ab. Man nennt diese Verteilung eine *nichtzentrale χ^2-Verteilung* mit s Freiheitsgraden und dem *Nichtzentralitätsparameter* $\delta^2 \geqq 0$. Im Falle $\delta = 0$ hat man die gewöhnliche χ^2-Verteilung mit s Freiheitsgraden. Die Dichte von Z läßt sich mit Hilfe der Dichten f_ν der gewöhnlichen χ^2-Verteilung angeben:

$$f_{s,\delta}(\xi) = \exp\left(-\frac{\delta^2}{2}\right) \sum_{\nu=0}^{\infty} \frac{\left(\frac{\delta^2}{2}\right)^\nu}{\nu!} f_{2\nu+s}(\xi). \tag{8.16.2}$$

Für Erwartungswert und Varianz erhält man

$$\begin{aligned} E &= s + \delta^2 \\ \sigma^2 &= 2s + 4\delta^2. \end{aligned} \tag{8.16.3}$$

Wenn s gerade ist, gilt für die Verteilungsfunktion $F(\xi)$ folgende Darstellung (N. L. Johnson):

Sind U und V unabhängige Poisson-Größen mit den Parametern $\xi/2$ bzw. $\delta^2/2$, so ist

$$F(\xi) = P\left(U \geqq V + \frac{s}{2}\right). \tag{8.16.4}$$

8.17 *t*-Verteilung

Erzeugung. Eine *t-Verteilung* (*Student-Verteilung*, genannt nach dem Pseudonym von W. S. GOSSET) mit s Freiheitsgraden wird erzeugt durch die Zufallsgröße

$$T = \frac{X}{\sqrt{\frac{1}{s}\sum_{j=1}^{s} Y_j^2}}, \tag{8.17.1}$$

wobei X und Y_j $(j = 1, \ldots, s)$ unabhängige $(0, 1)$-normalverteilte Größen sind.

T besitzt die Dichte

$$f_s(\xi) = \frac{1}{B\left(\frac{1}{2}, \frac{s}{2}\right)} \frac{1}{\sqrt{s}} \left(1 + \frac{\xi^2}{s}\right)^{-(s+1)/2} \tag{8.17.2}$$

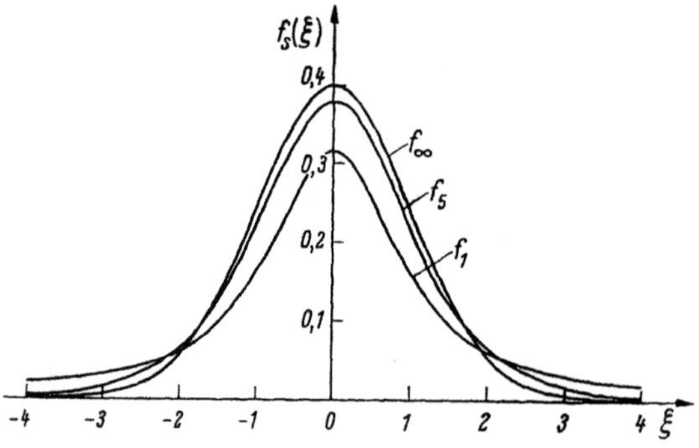

Abb. 8.17.1. Dichten der Student- und Normalverteilung

und die Momente, falls $r < \frac{s}{2}$ ist:

$$m_{2r} = s^2 \frac{\Gamma\left(r + \frac{1}{2}\right) \Gamma\left(\frac{s}{2} - r\right)}{\Gamma\left(\frac{1}{2}\right) \Gamma\left(\frac{s}{2}\right)} \tag{8.17.3}$$

bzw.

$$m_{2r+1} = 0.$$

Insbesondere ist

$$E = 0 \qquad (s > 1)$$

und

$$\sigma^2 = \frac{s}{s-2} \qquad (s > 2).$$

Für große Werte von s kann die t-Verteilung durch die Normalverteilung angenähert werden (s. Abb. 8.17.1).

Im Falle $s = 1$ hat man die *Cauchy-Verteilung* mit der Dichte

$$f_1(\xi) = \frac{1}{\pi(1 + \xi^2)} \tag{8.17.4}$$

und der Fourier-Transformierten

$$\varphi(t) = e^{-|t|}. \tag{8.17.5}$$

Der Erwartungswert existiert nicht. Der Zusammenhang der Cauchy-Verteilung mit der Gleichverteilung wird in 8.19 (B-Verteilung) behandelt.

8.18 F-Verteilung

1. Die *nicht-reduzierte F-Verteilung* mit Freiheitsgraden r, s $\Big($Fisher- oder Snedecor-Verteilung, manchmal auch B-Verteilung zweiter Art mit den Parametern $\alpha = \frac{r}{2}$, $\beta = \frac{s}{2}$ genannt$\Big)$ ist gegeben durch die Verteilung der Zufallsgröße

$$R^* = \frac{\sum_{i=1}^{r} X_i^2}{\sum_{j=1}^{s} Y_j^2}, \tag{8.18.1}$$

wobei die X_i und Y_j unabhängige $(0, 1)$-normalverteilte Größen sind, oder, was auf dasselbe hinausläuft, als Verteilung des Quotienten zweier unabhängiger χ^2-verteilter Größen mit r bzw. s Freiheitsgraden. Die zugehörige Dichte ist

$$f^*_{r,s}(\xi) = \begin{cases} \dfrac{1}{B\left(\frac{r}{2}, \frac{s}{2}\right)} \dfrac{\xi^{\frac{r}{2}-1}}{(1+\xi)^{\frac{r+s}{2}}} & \text{für } \xi \geqq 0, \\ 0 & \text{für } \xi < 0. \end{cases} \tag{8.18.2}$$

Für $s > 2$ existiert der Erwartungswert

$$E(R^*) = \frac{r}{s-2} \tag{8.18.3}$$

und für $s > 4$ auch die Varianz

$$\operatorname{Var}(R^*) = \frac{2r(s+r-2)}{(s-2)^2(s-4)}. \tag{8.18.4}$$

2. Als *reduzierte F-Verteilung* oder F-Verteilung schlechthin mit den Freiheitsgraden r, s wird die Verteilung der Zufallsgröße

$$R = \frac{\frac{1}{r}\sum_{i=1}^{r} X_i^2}{\frac{1}{s}\sum_{j=1}^{s} Y_j^2} = \frac{s}{r} R^* \tag{8.18.5}$$

bezeichnet, wobei X_i, Y_j wie in 1. unabhängige $(0, 1)$-normalverteilte Größen bedeuten. Als Dichte erhält man

$$f_{r,s}(\xi) = \begin{cases} \dfrac{r^{\frac{r}{2}} s^{\frac{s}{2}}}{B\left(\frac{r}{2}, \frac{s}{2}\right)} \dfrac{\xi^{\frac{r}{2}-1}}{(s+r\xi)^{\frac{r+s}{2}}} & \text{für } \xi \geqq 0, \\ 0 & \text{für } \xi < 0. \end{cases} \tag{8.18.6}$$

Es ist

(8.18.7) $$E(R) = \frac{s}{s-2} \quad (s > 2),$$

(8.18.8) $$\operatorname{Var}(R) = \frac{2s^2(s+r-2)}{r(s-2)^2(s-4)} \quad (s > 4).$$

8.19 *B*-Verteilung

Eine *B-Verteilung* mit den Parametern $\alpha = \frac{r}{2}$, $\beta = \frac{s}{2}$ wird erzeugt durch die Zufallsgröße

(8.19.1) $$S^* = \frac{R^*}{1+R^*},$$

wobei die Größe R^* einer nichtreduzierten F-Verteilung mit den Freiheitsgraden r, s genügt. S^* hat die Dichte

(8.19.2) $$g_{\alpha,\beta}(\xi) = \begin{cases} \frac{1}{\mathrm{B}(\alpha,\beta)} \xi^{\alpha-1}(1-\xi)^{\beta-1} & \text{für } 0 < \xi < 1, \\ 0 & \text{sonst,} \end{cases}$$

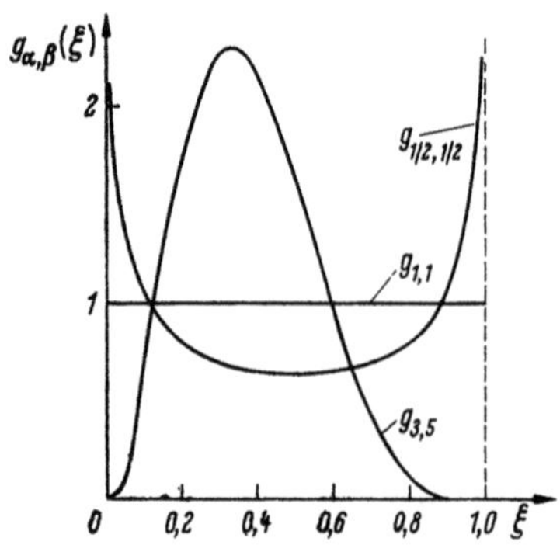

Abb. 8.19.1
Dichten der *B*-Verteilung und Gleichverteilung

(vgl. Abb. 8.19.1), den Erwartungswert

(8.19.3) $$E = \frac{\alpha}{\alpha+\beta},$$

und die Varianz

(8.19.4) $$\sigma^2 = \frac{\alpha\beta}{(\alpha+\beta)^2(\alpha+\beta+1)}.$$

Allgemein definiert man die B-Verteilung für beliebige reelle Parameter α, β durch die angegebene Dichte.

Die Verteilungsfunktion $F_{\alpha,\beta}(p)$ $(0 \leqq p \leqq 1)$ läßt sich mit Hilfe der Binomial- oder Pascal-Verteilung bestimmen. Es gilt nämlich für ganzzahlige α und β

(8.19.5) $$F_{\alpha,\beta}(p) = P(S^* \leqq p) = P\left(R^* \leqq \frac{p}{1-p}\right)$$
$$= \sum_{\nu=\alpha}^{\alpha+\beta-1} \binom{\alpha+\beta-1}{\nu} p^\nu (1-p)^{\alpha+\beta-1-\nu} = \sum_{\nu=0}^{\beta-1} \binom{\alpha+\nu-1}{\nu} p^\alpha (1-p)^\nu.$$

Für die B-Verteilung gilt der bemerkenswerte

Multiplikationssatz. *Das Produkt zweier unabhängiger Größen, die eine B-Verteilung mit den Parametern α, β bzw. $\alpha+\beta$, γ besitzen, hat eine B-Verteilung mit den Parametern α, $\beta+\gamma$.*

Der Spezialfall $\alpha = \beta = 1$ einer B-Verteilung heißt *Gleichverteilung* (Rechteckverteilung) im Intervall $(0, 1)$. Die zugehörige Dichte ist

(8.19.6) $$g(\xi) = \begin{cases} 1 & \text{für} \quad 0 < x < 1, \\ 0 & \text{sonst.} \end{cases}$$ (s. Abb. 8.19.1)

Beispiel einer Gleichverteilung (Idealisiertes Roulette). Eine um eine vertikale Achse drehbare Nadel wird in Drehung versetzt. Nachdem sie wieder zur Ruhe gekommen ist, wird festgestellt, welchen Winkel W sie mit einer fest vorgegebenen Richtung bildet. Da keine Richtung vor einer anderen ausgezeichnet ist, ist $W = 2\pi X$ das Vielfache einer in $(0, 1)$ gleichverteilten Zufallsgröße X. Der Tangens Y des Ausschlagwinkels ist Cauchy-verteilt (vgl. 8.17).

8.20 Nichtzentrale F-Verteilung

Die *nichtreduzierte nichtzentrale F-Verteilung* wird erzeugt durch die Zufallsgröße

(8.20.1) $$R^* = \frac{\sum_{i=1}^{r} (X_i - \delta_i)^2}{\sum_{j=1}^{s} Y_j^2}$$

mit unabhängigen $(0, 1)$-normalverteilten Größen X_i, Y_j.

Üblicherweise wird aber R^* noch reduziert gemäß

(8.20.2) $$R = \frac{s}{r} R^* = \frac{\frac{1}{r} \sum_{i=1}^{r} (X_i - \delta_i)^2}{\frac{1}{s} \sum_{j=1}^{s} Y_j^2}$$

und die zu R gehörige Verteilung als reduzierte nichtzentrale F-Verteilung oder auch einfach *nichtzentrale F-Verteilung* bezeichnet.

In beiden Fällen hängt die Verteilung nicht von den einzelnen δ_i, sondern lediglich von der Quadratsumme $\delta^2 = \sum_{i=1}^{r} \delta_i^2$, dem *Nichtzentralitätsparameter* δ^2, ab.

Es ist

(8.20.2a) $$E(R^*) = \frac{r + \delta^2}{s - 2}$$

und

(8.20.2b) $$E(R^{*2}) = \frac{3[(r + \delta^2)^2 + 2r + 4\delta^2]}{(s - 2)(s - 4)}.$$

Die Verteilungsdichte von R^* läßt sich entwickeln nach den Dichten der entsprechenden gewöhnlichen (zentralen) F-Verteilung $f^*_{r+2\nu, s}(\xi)$

gemäß

(8.20.3) $$f^*_{r,s,\delta}(\xi) = e^{-\frac{\delta^2}{2}} \sum_{\nu=0}^{\infty} \frac{\left(\frac{\delta^2}{2}\right)^\nu}{\nu!} f^*_{r+2\nu,s}(\xi).$$

Die entsprechende Beziehung ohne * gilt ebenso für R.

Mittels einer nach PASCAL verteilten Zufallsgröße M $\left(\text{Parameter } p = \frac{\xi}{\xi+1},\ k = \frac{s}{2}\right)$ und einer Poisson-verteilten Zufallsgröße N $\left(\text{Parameter } \lambda = \frac{\delta^2}{2}\right)$ kann die Verteilungsfunktion der nicht-reduzierten nichtzentralen F-Verteilung bei geradzahligem r und s dargestellt werden in der Form

(8.20.4) $$F^*_{r,s,\delta}(\xi) = P\left(M < N + \frac{r+s}{2}\right).$$

8.21 Wishart-Verteilung
(für 2 Dimensionen)

Erzeugung: Die Zufallsgrößen X_i, Y_i seien für jedes $i = 1, \ldots, n$ $(n > 1)$ gemeinsam normalverteilt mit $E(X_i) = E(Y_i) = 0$, $E(X_i^2) = E(Y_i^2) = 1$, $E(X_i Y_i) = \varrho < 1$ und für verschiedene i unabhängig. Dann ist die gemeinsame Verteilung der drei Zufallsgrößen

(8.21.1) $$U = \sum_{i=1}^n X_i^2, \quad V = \sum_{i=1}^n X_i Y_i, \quad W = \sum_{i=1}^n Y_i^2$$

eine *Wishart-Verteilung* mit der Dichte

(8.21.2) $f(u, v, w)$

$$= \begin{cases} \dfrac{(u w - v^2)^{(n-3)/2}}{\pi^{1/2}\, 2^n (1-\varrho^2)^{n/2}\, \Gamma\left(\frac{n}{2}\right) \Gamma\left(\frac{n-1}{2}\right)} \exp\left(-\dfrac{1}{2(1-\varrho^2)}(u - 2\varrho v + w)\right) & \text{für } u w - v^2 \geqq 0,\ u > 0,\ w > 0, \\ 0 & \text{sonst} \end{cases}$$

und der Fourier-Transformierten

(8.21.3) $\varphi(t_1, t_2, t_3)$

$$= (1-\varrho^2)^{-n/2} \left[\left(\frac{1}{1-\varrho^2} - 2 i t_1\right)\left(\frac{1}{1-\varrho^2} - 2 i t_3\right) - \left(\frac{-\varrho}{1-\varrho^2} - i t_2\right)^2\right]^{-n/2}$$

Im allgemeinen Fall ist $\varphi(t_{11}, \ldots, t_{ss}) = \left(\dfrac{\operatorname{Det}(\sigma^{jk})}{\operatorname{Det}(\sigma^{jk} - (1+\delta_{jk})\, i\, t_{jk})}\right)^{n/2}$, wo t_{jk} $(j \leqq k)$ die zu $\sum_\nu X_\nu^{(j)} X_\nu^{(k)}$ gehörige Variable ist.

8.22 Weitere Verteilungen

In diesem Abschnitt werden einige weitere Verteilungen angegeben, ohne stets auf ihre Erzeugung einzugehen.

8.22.1 Die logarithmische Normalverteilung (Gibrat-Verteilung) ist die Verteilung der zufälligen Größe $Y = \exp(X)$, wobei X einer Normalverteilung mit $E(X) = m$ und $\operatorname{Var}(X) = \sigma^2$ genügt. Die zugehörige Dichte ist

$$f(\xi) = \begin{cases} \dfrac{1}{\xi\,\sigma\sqrt{2\pi}} \exp\left(-\dfrac{(\log\xi - m)^2}{2\sigma^2}\right) & \text{für} \quad \xi > 0, \\ 0 & \text{für} \quad \xi \leqq 0, \end{cases}$$

die Momente sind

$$E(Y^r) = \exp\left(\frac{r^2\sigma^2}{2} + r\,m\right).$$

8.22.2 Die Exponentialverteilung ist ein Spezialfall der Γ-Verteilung. Sie besitzt die Dichte

$$f(\xi) = \begin{cases} a\exp(-a\,\xi) & \text{für} \quad \xi \geqq 0, \\ 0 & \text{sonst} \end{cases} \qquad (a > 0),$$

bzw. die (kumulative) Verteilungsfunktion

$$F(\xi) = \begin{cases} 1 - \exp(-a\,\xi) & \text{für} \quad \xi \geqq 0, \\ 0 & \text{sonst} \end{cases} \qquad (a > 0),$$

sowie den Erwartungswert $E = \dfrac{1}{a}$

und die Varianz $\sigma^2 = \dfrac{1}{a^2}$.

Die zugehörige Fourier-Transformierte ist

$$\varphi(t) = \frac{1}{1 - \dfrac{i\,t}{a}}.$$

8.22.3 Die logistische Verteilung wird definiert durch die Verteilungsfunktion

$$F(\xi) = \frac{1}{1 + e^{-\xi}}$$

bzw. durch die Dichte

$$f(\xi) = \frac{e^{-\xi}}{(1 + e^{-\xi})^2} = F(\xi)\,\bigl(1 - F(\xi)\bigr).$$

Man bemerkt die Symmetrie $f(\xi) = f(-\xi)$.

Es ist $E = 0$

und $\sigma^2 = \dfrac{\pi^2}{3}$.

Als Fourier-Transformierte erhält man

$$\varphi(t) = \Gamma(1 + i\,t)\,\Gamma(1 - i\,t).$$

8.22.4 Die Extremwertverteilung (Fisher-Tippett) hat die Verteilungsfunktion

$$F(\xi) = \exp(-\exp(-\xi))$$

bzw. die Dichte

$$f(\xi) = e^{-\xi}\exp(-\exp(-\xi)).$$

Hier ist $E = C = 0{,}57721566\ldots$ (Euler-Mascheronische Konstante)

und $$\sigma^2 = \frac{\pi^2}{6} = 1{,}64493\ldots, \qquad [\sigma = 1{,}28225\ldots].$$

8.22.5 Die Extremwertverteilung zweiten Typus besitzt die Verteilungsfunktion

$$F(\xi) = \begin{cases} \exp\left(-\left(\frac{v}{\xi}\right)^k\right) & \text{für} \quad \xi > 0 \\ 0 & \text{für} \quad \xi \leqq 0 \end{cases} \qquad (k > 0,\ v > 0)$$

und die Momente $E(X^r) = v^r\,\Gamma\left(1 - \frac{k}{r}\right)$ für $r < k$.

8.22.6 Zur Laplaceschen Verteilung gehört die Dichte

$$f(\xi) = \frac{1}{2a}\exp\left(-\frac{|\xi|}{a}\right) \qquad (a > 0)$$

und die Fourier-Transformierte

$$\varphi(t) = \frac{1}{1 + a^2 t^2}.$$

Für die Momente gilt $E(|X|^r) = a^r\,\Gamma(r+1)$.

§ 9. Die geordnete Stichprobe

Im folgenden werden stets Zufallsgrößen $X_1, \ldots, X_n$ betrachtet, die unabhängig sind und dieselbe Verteilung besitzen. Die Werte X_i $(i = 1, \ldots, n)$ werden der Größe nach angeordnet:

$$X_{\nu_1} \leqq X_{\nu_2} \leqq \cdots \leqq X_{\nu_n}$$

[$(\nu_1, \ldots, \nu_n)$ ist eine Permutation der Zahlen $(1, \ldots, n)$.]

Diese neuen Zufallsgrößen $X_{(i)}^{(n)}$ mit den Werten $X_{(i)}^{(n)} = X_{\nu_i}$ — oft kurz mit $X_{(i)}$ bezeichnet — bilden die „*geordnete Stichprobe*"; die einzelne Größe $X_{(i)}$ wird i-te *Ranggröße* genannt.

Für alle statistischen Probleme, bei denen die genannten Voraussetzungen der Unabhängigkeit und der identischen Verteilung gegeben sind und die Reihenfolge der Beobachtungen (= Numerierung) keine Rolle spielt, genügt es, die geordnete Stichprobe $X_{(1)}, \ldots, X_{(n)}$ zu betrachten.

9.1 Darstellungen der geordneten Stichprobe

Die Verteilungen der Ranggrößen $X_{(i)}$ ist natürlich von der Verteilung der ursprünglichen Größen X_i abhängig. In diesem Paragraphen wird für verschiedene Verteilungen der X_i die Verteilung der geordneten Stichprobe und daraus abgeleiteter Größen angegeben.

1. Haben $X_1, \ldots, X_n$ eine Exponentialverteilung mit der Dichte $f(\xi) = e^{-\xi}$ $(\xi > 0)$, so gibt es unabhängige Zufallsgrößen $W_1, \ldots, W_n$, die einer ebensolchen Exponentialverteilung genügen und die Darstellung

$$(9.1.1) \qquad \begin{cases} X_{(1)} = \dfrac{W_1}{n} \\ X_{(2)} = \dfrac{W_1}{n} + \dfrac{W_2}{n-1} \\ \vdots \\ X_{(k)} = \dfrac{W_1}{n} + \cdots + \dfrac{W_k}{n-(k-1)} \\ \cdots\cdots\cdots\cdots\cdots\cdots\cdots \end{cases}$$

erlauben.

Umkehrformeln:

$$(9.1.2) \qquad W_k = (n-k+1)\,(X_{(k)} - X_{(k-1)}), \qquad (k = 1, \ldots, n),$$

wobei $X_{(0)} = 0$ gesetzt wird.

Mit Hilfe der in 5.1 angegebenen Rechenregeln lassen sich daraus die Verteilungen der einzelnen $X_{(i)}$ finden $(i = 1, \ldots, n)$.

2. Wenn $X_1, \ldots, X_n$ im Intervall $(0, 1)$ gleichverteilt sind, dann existieren unabhängige Größen $W_1, \ldots, W_{n+1}$, die einer Exponentialverteilung mit der Dichte $f(\xi) = e^{-\xi}$ $(\xi > 0)$ genügen und die Darstellung

$$(9.1.3) \qquad X_{(k)} = \frac{\sum_{\nu=1}^{k} W_\nu}{\sum_{\nu=1}^{n+1} W_\nu} \qquad (k = 1, \ldots, n)$$

zulassen.

3. Haben die $X_1, \ldots, X_n$ im Intervall $(0, 1)$ eine Gleichverteilung, so läßt sich die gemeinsame Verteilung der Größen

$$(9.1.4) \qquad \begin{cases} U_1 = X_{(r_1)} \\ U_2 = X_{(r_2)} - X_{(r_1)} \\ \cdots\cdots\cdots\cdots\cdots \\ U_s = X_{(r_s)} - X_{(r_{s-1})} \end{cases}$$

bei ganzzahligen r_j mit $1 \leqq r_1 < r_2 < \cdots < r_s \leqq n$ durch die *Dirichlet-Verteilung* beschreiben, d. h. durch die gemeinsame Verteilungsdichte

(9.1.5) $f(u_1, \ldots, u_s)$

$$= \begin{cases} \dfrac{\Gamma(n+1)}{\Gamma(r_1)\,\Gamma(r_2 - r_1)\ldots\Gamma(r_s - r_{s-1})\,\Gamma(n+1-r_s)} \prod_{\nu=1}^{s} u_\nu^{r_\nu - r_{\nu-1}} \left(1 - \sum_{\nu=1}^{s} u_\nu\right)^{n-r_s} \\ \qquad\qquad \text{für} \quad u_\nu \geqq 0 \quad \text{und} \quad \sum_{\nu=1}^{s} u_\nu \leqq 1 \quad (r_0 = 0), \\ 0 \qquad\qquad \text{sonst.} \end{cases}$$

Die Größen U_ν geben an, um wieviel der $r_{\nu-1}$-kleinste Wert einer Stichprobe vom r_ν — kleinsten überschritten wird. Besonders hervorzuheben ist der Fall $r_{\nu-1} = 1$, $r_\nu = n$: Die Größe U_ν mißt dann den Abstand zwischen dem größten und dem kleinsten Wert einer Stichprobe und wird *Spannweite* genannt.

4. Unter denselben Voraussetzungen wie in 3. (so daß also die X_i nur Werte zwischen 0 und 1 annehmen) ergibt sich für die Extremwerte der Abstandsgrößen

$$(9.1.6) \qquad \begin{cases} T_1 \quad = X_{(1)} \\ T_2 \quad = X_{(2)} - X_{(1)} \\ \ldots\ldots\ldots\ldots \\ T_n \quad = X_{(n)} - X_{(n-1)} \\ T_{n+1} = 1 - X_{(n)} \end{cases}$$

folgender Grenzwertsatz:

$$(9.1.7) \qquad \lim_{n\to\infty} P\left(\operatorname*{Max}_{i=1,\ldots,n+1} T_i < \frac{\log(n+1)+a}{n+1},\right.$$
$$\left.\operatorname*{Min}_{i=1,\ldots,n+1} T_i > \frac{b}{(n+1)^2}\right) = e^{-b}\, e^{-e^{-a}}.$$

Die gemeinsame Verteilung der T_i $(i = 1, \ldots, n)$ erhält man als Spezialfall von 9.1.5 als konstante Dichte im Bereich $0 \leqq \xi_i$, $\sum \xi_i \leqq 1$.

9.2 Die empirische Verteilungsfunktion und ihre asymptotischen Eigenschaften

Die *empirische Verteilungsfunktion* (= Stichprobenverteilungsfunktion) von n unabhängigen Größen X_i mit der Verteilungsfunktion $F(\xi)$ wird definiert durch

$$(9.2.1) \qquad F_n^*(\xi) = \frac{1}{n} \sum_{\nu=1}^{n} I_{\{X_\nu < \xi\}}.$$

Sie ist demnach gleich der relativen Häufigkeit der X_i, die kleiner als ξ ausfallen, und im Gegensatz zur eigentlichen Verteilungsfunktion $F(\xi)$ vom Zufall abhängig, also eine *zufällige Funktion.*

Etwas anschaulicher ist folgende Deutung (vgl. Abb. 9.2.1):

Für jede Realisierung der $X_1, \ldots, X_n$ (d. h. für jedes Meßergebnis) definiert man eine diskrete Zufallsvariable so, daß jedem „Punkt" X_i die Wahrscheinlichkeit $\frac{1}{n}$ zukommt. Die zugehörige Verteilungsfunktion ergibt sich dann gerade als (vgl. 3.6)

$$\frac{1}{n}\,(\text{Anzahl der } X_i \text{ mit } X_i < \xi) = F_n^*(\xi)\,.$$

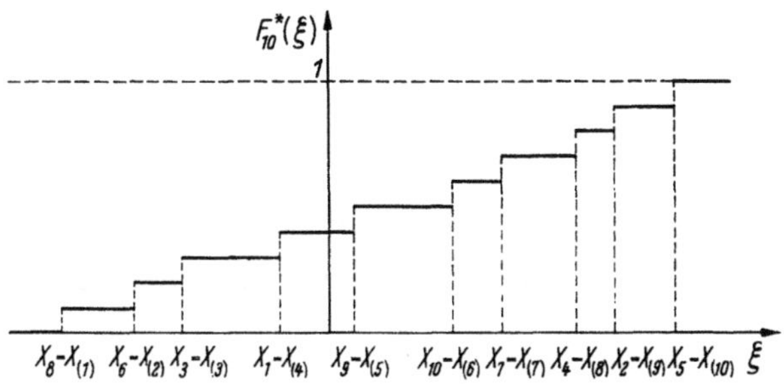

Abb. 9.2.1. Zur Definition der empirischen Verteilungsfunktion

Entsprechend der letzten Deutung führt man in Analogie zur Bildung des Erwartungswertes bzw. der Varianz für diskrete Größen die *Stichprobenmomente* ein, die selbst wieder Zufallsgrößen sind:
erstes Stichprobenmoment (= Stichprobenmittel)

$$m^* = \sum_{\nu=1}^{n} X_\nu \frac{1}{n} = \bar{X}, \tag{9.2.2}$$

Stichprobenvarianz

$$\sigma^{2*} = \sum_{\nu=1}^{n} (X_\nu - \bar{X})^2 \frac{1}{n}\,. \tag{9.2.3}$$

Existieren Erwartungswert E und Varianz σ^2 der Verteilung F, so erhält man als Erwartungswerte

$$\begin{aligned} E(\bar{X}) &= E, \\ E(\sigma^{2*}) &= \frac{n-1}{n}\,\sigma^2. \end{aligned} \tag{9.2.4}$$

Ist die Verteilungsfunktion $F(\xi)$ *stetig*, so wird mit wachsendem n die Verteilungsfunktion $F(\xi)$ immer besser durch die empirische Verteilungsfunktion $F_n^*(\xi)$ approximiert. Im einzelnen wird diese Konvergenz durch folgende Sätze beschrieben:

Satz *von Glivenko und Cantelli*

$$P\Big(\lim_{n\to\infty} \sup_{\xi} |F_n^*(\xi) - F(\xi)| = 0\Big) = 1\,. \tag{9.2.5}$$

Dieser Satz besagt, daß mit Wahrscheinlichkeit 1 nicht nur an jeder Stelle ξ Konvergenz von $F_n^*(\xi)$ gegen die Verteilungsfunktion $F(\xi)$ stattfindet, sondern daß diese Konvergenz *gleichmäßig* auf der ganzen reellen Achse ist.

Satz *von Kolmogoroff*

$$(9.2.6) \qquad \lim_{n\to\infty} P\left(\sup_{\xi} \sqrt{n}\,|F_n^*(\xi) - F(\xi)| < \lambda\right) = K(\lambda) \quad \textit{für alle} \quad \lambda > 0.$$

Dabei ist $K(\lambda)$ *definiert durch*

$$K(\lambda) = 1 - 2\sum_{\nu=1}^{\infty} (-1)^{\nu-1} e^{-2\nu^2\lambda^2} = \frac{\sqrt{2\pi}}{\lambda} \sum_{\nu=1}^{\infty} e^{-(2\nu-1)^2 \frac{\pi^2}{8\lambda^2}}.$$

Der Satz von Kolmogoroff gibt also an, daß $|F_n^* - F|$ ungefähr wie $\frac{\text{const}}{\sqrt{n}}$ gegen Null strebt. $K(\lambda)$ ist dabei (wenn man für $\lambda \leqq 0$ noch $K(\lambda) = 0$ setzt) eine Verteilungsfunktion mit dem Erwartungswert $\sqrt{\frac{\pi}{2}}\log 2$.

Statt die empirische Verteilungsfunktion $F_n^*(\xi)$ mit der Verteilungsfunktion $F(\xi)$ der einzelnen Größen $X_1, \ldots, X_n$ zu vergleichen, kann man auch die maximale Abweichung der empirischen Verteilungsfunktion $F_n^*(\xi) = \frac{1}{n}\sum_{\nu=1}^{n} I_{\{X_\nu < \xi\}}$ von der empirischen Verteilungsfunktion $G_m^*(\xi) = \frac{1}{m}\sum_{\mu=1}^{m} I_{\{Y_\mu < \xi\}}$ weiterer Größen $Y_1, \ldots, Y_m$ betrachten. Sind $X_1, \ldots, X_n, Y_1, \ldots, Y_m$ unabhängig und haben sie dieselbe stetige Verteilungsfunktion, so gilt der

Satz *von Smirnoff*

$$(9.2.7) \qquad \lim_{\substack{n\to\infty\\ m\to\infty}} P\left(\sup_{\xi} \sqrt{\frac{n\,m}{n+m}}\,|F_n^*(\xi) - G_m^*(\xi)| < \lambda\right) = K(\lambda) \quad \textit{für alle } \lambda > 0.$$

9.3 Quantile und Stichprobenquantile

α-Quantile einer Zufallsgröße X mit der (kumulativen) Verteilungsfunktion $F(\xi)$ heißen die Werte ξ_α mit $F(\xi_\alpha) = \alpha$ $(0 < \alpha < 1)$. Speziell ist ein $\frac{1}{2}$-Quantil ein Median (vgl. 5.4.7). Analog zur Definition des Medians braucht es keine Zahl ξ_α mit $F(\xi_\alpha) = \alpha$ zu geben. Man setzt deshalb allgemeiner fest

Definition: Ist $F(\xi_\alpha + 0) = P(X \leqq \xi_\alpha) \geqq \alpha$ und $F(\xi_\alpha) = P(X < \xi_\alpha) \leqq \leqq \alpha$, so heißt ξ_α ein α-Quantil $(0 < \alpha < 1)$.

Diese Festsetzung überträgt man auf die empirische Verteilungsfunktion und nennt die Quantile der empirischen Verteilungsfunktion *empirische* oder *Stichprobenquantile*. Da die empirische Verteilungsfunktion eine zufällige Funktion ist, sind die Stichprobenquantile zufällige Größen. Sie können — von Mehrdeutigkeiten abgesehen — auf einfache Weise aus der geordneten Stichprobe ermittelt werden nach der Regel

$$\alpha\text{-Stichprobenquantil} = X^{(n)}_{([\alpha n])},$$

wobei $[\alpha n]$ die kleinste ganze Zahl $\geqq \alpha n$ bedeute.

Es gelten folgende Konvergenzsätze:

(9.3.1) Ist die Verteilungsfunktion $F(\xi)$ der einzelnen Größen $X_1, \ldots, X_n$ stetig, dann verhalten sich die Größen

$$Y = n\,F(X^{(n)}_{(r)}) \quad \text{und} \quad Z = n\left(1 - F(X^{(n)}_{(n-s+1)})\right)$$

bei $n \to \infty$ asymptotisch wie Größen mit der gemeinsamen Dichte

$$\frac{y^{r-1}}{\Gamma(r)}\, e^{-y}\, \frac{z^{s-1}}{\Gamma(s)}\, e^{-z}.$$

Die Größen Y und Z sind demnach asymptotisch unabhängig.

Bemerkung. Um die Bedeutung von Y zu verstehen, beachte man, daß das Ereignis $\{Y \leqq \eta\}$, d. h. also das Ereignis $\left\{F(X^{(n)}_{(r)}) \leqq \frac{\eta}{n}\right\}$, übereinstimmt mit dem Ereignis

$$\left\{\left(\frac{r}{n}\right)\text{-Stichprobenquantil} \leqq \left(\frac{\eta}{n}\right)\text{-Quantil}\right\}.$$

Entsprechend läßt sich die Zufallsgröße Z interpretieren.

(9.3.2) Hat die Verteilung der einzelnen Größen $X_1, \ldots, X_n$ eine Dichte $f(\xi)$, die an den Stellen ξ_α und ξ_β eines α- bzw. β-Quantils stetig und positiv ist, so haben $X^{(n)}_{([\alpha n])}$ und $X^{(n)}_{([\beta n])}$ (bei festem α und β) eine asymptotische Normalverteilung mit

$$E(X^{(n)}_{([\alpha n])}) \approx \xi_\alpha, \qquad E(X^{(n)}_{([\beta n])}) \approx \xi_\beta,$$

$$\operatorname{Var}(X^{(n)}_{([\alpha n])}) \approx \frac{\alpha(1-\alpha)}{n(f(\xi_\alpha))^2}, \qquad \operatorname{Var}(X^{(n)}_{([\beta n])}) \approx \frac{\beta(1-\beta)}{n(f(\xi_\beta))^2}$$

und (bei $\alpha < \beta$)

$$\operatorname{Kov}(X^{(n)}_{([\alpha n])}, X^{(n)}_{([\beta n])}) \approx \frac{\alpha(1-\beta)}{n\,f(\xi_\alpha)\,f(\xi_\beta)}.$$

9.4 Gruppierte Beobachtungsgrößen

Bei vielen statistischen Erhebungen, etwa bei der Feststellung des durchschnittlichen Volkseinkommens, werden nicht die tatsächlichen Beobachtungswerte X_i angegeben, sondern man teilt die zu erwartenden Beobachtungswerte in Gruppen mit gleicher Schwankungsbreite auf und nimmt als Beobachtungswert Y_i den jeweiligen Mittelwert. So fragt man etwa bei dem genannten Beispiel nicht nach dem genauen Monatseinkommen jeder Testperson, sondern ob ihr Einkommen zwischen 0 DM und 200 DM, 200 DM und 400 DM usw. liegt und setzt als Meßergebnis das betreffende Gruppenmittel[1] 100 DM, 300 DM usw. an. Wahrscheinlichkeitstheoretisch bedeutet dies, daß die Beobachtungswerte X_i auf den nächstgelegenen Punkt Y_i eines äquidistanten Rasters der Breite h (also der Punktmenge $a + \nu h, \nu =$ ganz) verschoben werden.

Dafür hat man folgende Näherungsformeln (Sheppards Korrektur): für die Momente:

(9.4.1)
$$\begin{cases} m_1(X) \approx m_1(Y), \\ m_2(X) \approx m_2(Y) - \frac{h^2}{12}, \\ m_3(X) \approx m_3(Y) - \frac{1}{4} m_1(Y)\, h^2, \\ m_4(X) \approx m_4(Y) - \frac{1}{2} m_2(Y)\, h^2 + \frac{7}{240} h^4 \\ \dots\dots\dots\dots\dots\dots \end{cases}$$

für die Kumulanten:

(9.4.2)
$$K_\nu(X) \approx K_\nu(Y) - \frac{B_\nu}{\nu} h^\nu,$$

wobei die *Bernoullischen Zahlen* B_ν durch die Entwicklung

(9.4.3)
$$\frac{\xi e^\xi}{e^\xi - 1} = \sum_{\nu=0}^{\infty} \frac{B_\nu}{\nu!} \xi^\nu$$

definiert sind. Es ist $B_{2\nu+1} = 0$ für $\nu \geqq 1$.

§ 10. Schätztheorie

10.1 Schätzfunktion und Konfidenzbereich

Die Schätztheorie behandelt wahrscheinlichkeitstheoretische Modelle, bei denen man von vornherein eine bestimmte Klasse von Verteilungen angeben kann, die überhaupt nur für die Zufallsgröße in Frage kommen. Innerhalb dieser Klasse ist nun die wahre Verteilung mit Hilfe der Beobachtungswerte $x_1, \dots, x_n$ zu finden.

Wahrscheinlichkeitstheoretisch besagt dies folgendes:

Auf einem Ereignisfeld sind Zufallsgrößen X_ν $(\nu = 1, \dots, n)$ gegeben, deren gemeinsame Verteilungsfunktion

(10.1.1)
$$F_n(\xi_1, \dots, \xi_n; p_1, \dots, p_s; q_1, \dots, q_r)$$

noch von den Parametern p_i, q_j abhängt. Die Schätztheorie beschäftigt sich nun mit den Verfahren, einige dieser Parameter, etwa die p_i, durch Schätzwerte $\hat{p}_i(x_1, \dots, x_n)$ $(i = 1, \dots, s)$ in Abhängigkeit von

[1] Was nicht mit dem Erwartungswert innerhalb dieser Gruppe zusammenfallen muß!

den künftigen Beobachtungswerten $x_1, \ldots, x_n$ der Zufallsgrößen $X_1, \ldots, X_n$ möglichst genau zu bestimmen. $\hat{p}_i(x_1, \ldots, x_n)$ aufgefaßt als Funktion der reellen Argumente $x_n, \ldots, x_n$ heißt *Schätzfunktion.*

Eine weitere Möglichkeit, die Parameter $p_1, \ldots, p_s$ festzulegen, besteht darin, aus den Beobachtungsgrößen $X_1, \ldots, X_n$ einen Parameterbereich $B(X_1, \ldots, X_n)$ zu bestimmen, in welchem der Vektor $(p_1, \ldots, p_s)$ vermutet wird (*Bereichsschätzung*). B heißt *Konfidenzbereich* (Mutungsbereich). Von Wichtigkeit ist $P\big((p_1, \ldots, p_s) \in B\big)$, die (i. allg. von den Parametern p abhängige) Wahrscheinlichkeit, daß $(p_1, \ldots, p_s)$ in B liegt, und deren kleinster Wert

$$\beta = \operatorname*{Min}_{p_1, \ldots, p_s} P\big((p_1, \ldots, p_s) \in B\big). \tag{10.1.2}$$

β heißt *Konfidenzwahrscheinlichkeit* und gibt an, mit welcher Wahrscheinlichkeit man auf jeden Fall damit rechnen darf, den Parametervektor $(p_1, \ldots, p_s)$ in B zu finden.

Außer im § 12 über lineare Modelle wird hier nur der besondere Fall behandelt, in dem die X_i unabhängige zufällige Größen mit derselben Verteilung sind, die entweder eine Dichte besitzt oder eine diskrete Verteilung ist. Dann hat die gemeinsame Dichte (bzw. die Wahrscheinlichkeit im diskreten Fall) der Beobachtungsgrößen die Gestalt

$$f_n(\xi_1, \ldots, \xi_n) = \prod_{\nu=1}^{n} f(\xi_\nu; p_1, \ldots, p_s; q_1, \ldots, q_r),$$

wobei f eine bekannte Funktion seiner $s + r + 1$ Argumente ist.

10.2 Bemerkung über erschöpfende Abbildungen

In gewissen Fällen ist es nicht nötig, zur Behandlung statistischer Probleme die Beobachtungsgrößen $X_1, \ldots, X_n$ selbst zu verwenden. Es genügt, die durch eine Abbildung mittels einer reellen Funktion φ oder eines Funktionensystems $\varphi_1, \ldots, \varphi_m$ aus den Zufallsgrößen $X_1, \ldots, X_n$ hervorgehenden Zufallsgrößen

$$\begin{aligned} Y_1 &= \varphi_1(X_1, \ldots, X_n), \\ &\ldots\ldots\ldots\ldots\ldots \\ Y_m &= \varphi_m(X_1, \ldots, X_n) \end{aligned}$$

zu betrachten, wenn folgende zwei Bedingungen erfüllt sind:

(10.2.1) Die zu schätzenden Parameter $p = (p_1, \ldots, p_s)$ kommen nicht in den Funktionen $\varphi_1, \ldots, \varphi_m$ vor.

(10.2.2) Sind $f(x_1, \ldots, x_n; p)$ bzw. $g(y_1, \ldots, y_m; p)$ die gemeinsamen Wahrscheinlichkeitsdichten (oder — im diskreten Fall — Wahrscheinlichkeiten) der $X_1, \ldots, X_n$ bzw. $Y_1, \ldots, Y_m$, so gilt

$$\frac{g(y_1, \ldots, y_m; \tilde{p})}{g(y_1, \ldots, y_m; p)} = \frac{f(x_1, \ldots, x_n; \tilde{p})}{f(x_1, \ldots, x_n; p)}$$

für jedes Paar von Parameterwerten (Parametervektoren) p, $\tilde{p}$.

Der Sinn der Bedingung (10.2.1) ist ohne weiteres verständlich: Die Umrechnung der Beobachtungswerte $x_1, \ldots, x_n$ in die neuen Werte $y_1, \ldots, y_m$ muß ohne die unbekannten Parameter, die ja erst geschätzt werden sollen, möglich sein.

Eine solche Abbildung φ wird „*erschöpfende Abbildung*" oder „*suffizient*" bezüglich der zu schätzenden Parameter $p = (p_1, \ldots, p_s)$ genannt. Die Motivierung dieser Bedingung führt hier zu weit.

Beispiele erschöpfender Abbildungen:

1. Bernoulli-Schema: Unabhängige Einzelexperimente ($\nu = 1, \ldots, n$) ergeben jeweils eines der Ergebnisse $A_i^{(\nu)}$ ($i = 1, \ldots, s$), wobei $P(A_i^{(\nu)}) = p_i \geqq 0$, $\sum_{i=1}^{s} p_i = 1$ (vgl. 8.2). Die Abbildung von den Zufallsgrößen $I_{A_i^{(\nu)}}$ ($\nu = 1, \ldots, n$) auf die Anzahlen $N_i = \sum_{\nu=1}^{n} I_{A_i^{(\nu)}}$ ist bezüglich der Parameter p_i ($i = 1, \ldots, s$) erschöpfend.

2. Gegeben seien die unabhängigen Größen N_i ($i = 1, \ldots, n$) mit der (einheitlichen) Poisson-Verteilung zum Parameter λ. Dann ist die Abbildung von $N_1, \ldots, N_n$ auf $N = \sum_{i=1}^{n} N_i$ erschöpfend bezüglich λ.

3. Gegeben seien unabhängige Größen $X_1, \ldots, X_n$ mit einer (m, σ)-Normalverteilung:

a) Bei bekanntem σ ist die Abbildung von $X_1, \ldots, X_n$ auf $\bar{X} = \frac{1}{n} \sum_{\nu=1}^{n} X_\nu$ bezüglich m erschöpfend.

b) Die Abbildung der $X_1, \ldots, X_n$ auf das Paar $\bar{X}$, $Y = \sum_{\nu=1}^{n} (X_\nu - \bar{X})^2$ ist bezüglich des Parametervektors (m, σ^2) erschöpfend.

10.3 Allgemeine Schranken durch die Informationsungleichung von Cramér und Rao

In diesem Abschnitt wird angenommen, daß in f keine Parameter q vorkommen, die nicht geschätzt werden.

Setzt man in die Schätzfunktionen $\hat{p}_i(x_1, \ldots, x_n)$ an Stelle der Argumente die Zufallsgrößen $X_1, \ldots, X_n$ selbst ein, so erhält man neue Zufallsgrößen $\hat{p}_i(X_1, \ldots, X_n)$ ($i = 1, \ldots, s$). Ein wichtiger Spezialfall liegt vor, wenn der Erwartungswert $E(\hat{p}_i(X_1, \ldots, X_n))$ gleich dem zu schätzenden Parameter p_i ist; $\hat{p}_i(x_1, \ldots, x_n)$ heißt dann *erwartungstreu*. Die zugehörigen Kovarianzen (bzw. Varianzen) bestimmen sich dabei gemäß

$$\sigma_{ij} = E\big((\hat{p}_i(X) - p_i)(\hat{p}_j(X) - p_j)\big) \qquad (i, j = 1, \ldots, s). \tag{10.3.1}$$

Die σ_{ij} faßt man zur sog. Kovarianzmatrix $\mathfrak{S} = (\sigma_{ij})$ zusammen; die inverse Matrix sei $\mathfrak{S}^{-1} = \mathfrak{T} = (\tau_{ij})$. Dann definiert man die Matrix $\mathfrak{V}$ mit den Komponenten

$$(10.3.2) \qquad v_{ij} = E\left(\frac{\partial \log f(X,p)}{\partial p_i}\,\frac{\partial \log f(X,p)}{\partial p_j}\right) \qquad (i,j=1,\ldots,s)$$

sowie die inverse Matrix $\mathfrak{V}^{-1} = \mathfrak{W} = (w_{ij})$. Hierbei stehen X und p als Abkürzungen für $X_1, \ldots, X_n$ bzw. $p_1, \ldots, p_s$.

Diese Matrizen genügen der sog.

Informationsungleichung *von Cramér und Rao. Für beliebige reelle Zahlen* α_i $(i = 1, \ldots, s)$ *gilt:*

$$(10.3.3) \qquad \textit{aus} \quad n\sum_{i,j} v_{ij}\,\alpha_i\,\alpha_j \leqq C \quad \textit{folgt} \quad \sum_{i,j} \tau_{ij}\,\alpha_i\,\alpha_j \leqq C;$$

$$(10.3.4) \qquad \textit{aus} \quad \sum_{i,j} \sigma_{ij}\,\alpha_i\,\alpha_j \leqq C \quad \textit{folgt} \quad \frac{1}{n}\sum_{i,j} w_{ij}\,\alpha_i\,\alpha_j \leqq C.$$

Im Falle eines einzigen unbekannten Parameters p lautet diese Ungleichung ohne die einschränkende Voraussetzung der Erwartungstreue

$$(10.3.5) \qquad \operatorname{Var}(\hat{p}(X)) \geqq \frac{\left[\frac{\partial}{\partial p} E(\hat{p}(X))\right]^2}{n\int\left(\frac{\partial \log f(\xi,p)}{\partial p}\right)^2 f(\xi,p)\,d\xi}.$$

Diese Varianz kann bei erwartungstreuen Schätzfunktionen als Maß dafür benutzt werden, wie sehr die Schätzung $\hat{p}$ von dem wahren Wert p abweicht (vgl. 5.4). Die Ungleichung von Cramér und Rao gibt eine untere Schranke für diese Abweichung an.

Im Fall mehrerer Parameter $p_1, \ldots, p_s$ nimmt man als Maß für die Abweichung die *verallgemeinerte Varianz* $\operatorname{Det}\mathfrak{S}$. Bis auf einen von der Dimension s abhängigen Faktor ist das gerade das Volumen des Ellipsoids

$$(10.3.6) \qquad \sum_{i,j} \tau_{ij}\,\alpha_i\,\alpha_j \leqq 1.$$

Das Produkt

$$(10.3.7) \qquad \varepsilon = \frac{1}{n^s \operatorname{Det}\mathfrak{S}\operatorname{Det}\mathfrak{V}}$$

wird als *Effizienz* bezeichnet. Es liefert stets einen Wert $\leqq 1$, der üblicherweise in Prozent angegeben wird.

10.4 Die allgemeine Maximum-Likelihood-Methode

Die *Maximum-Likelihood-Methode* liefert eine spezielle Schätzfunktion, die *Maximum-Likelihood-Schätzfunktion*, nach der

Vorschrift: Für jedes feste $\xi = (\xi_1, \ldots, \xi_n)$ werden die $\hat{p}_i(\xi)$ so gewählt, daß die gemeinsame Verteilungsdichte $\prod_{\nu=1}^{n} f(\xi_\nu; p_1, \ldots, p_s)$ ihr Maximum, den „wahrscheinlichsten (plausibelsten) Wert", an der Stelle $p_i = \hat{p}_i(\xi)$ annimmt.

Unter gewissen Voraussetzungen (vgl. die umfangreicheren Darstellungen) besitzt die so gefundene Schätzfunktion folgende *asymptotischen Eigenschaften:*

1. Die Wahrscheinlichkeit, daß sich alle $\hat{p}_i(X_1, \ldots, X_n)$ vom wahren Parameter p_i um höchstens $\varepsilon > 0$ unterscheiden, strebt mit wachsender Anzahl n der Beobachtungen gegen 1, also:

$$P(|\hat{p}_i(X_1, \ldots, X_n) - p_i| < \varepsilon \quad \text{für} \quad i = 1, \ldots, s) \to 1 \quad \text{bei} \quad n \to \infty$$

für beliebiges $\varepsilon > 0$.

Diese Eigenschaft bezeichnet man als „*Konsistenz*".

2. Für $n \to \infty$ strebt die Effizienz gegen Eins.

3. Für $n \to \infty$ konvergiert die gemeinsame Verteilung der Zufallsgrößen

$$\sqrt{n}(\hat{p}_1(X_1, \ldots, X_n) - p_1), \ldots, \sqrt{n}(\hat{p}_s(X_1, \ldots, X_n) - p_s)$$

gegen eine s-dimensionale Normalverteilung mit den Erwartungswerten Null und der Kovarianzmatrix $\mathfrak{W}$.

Beispiel. Es sollen der Erwartungswert $m = p_1$ und die Varianz $\sigma^2 = p_2$ einer normalverteilten Beobachtungsgröße geschätzt werden. Nach der Vorschrift der Maximum-Likelihood-Methode hat man das Maximum von

$$(10.4.1) \quad \prod_{\nu=1}^{n} \frac{1}{\sqrt{2\pi}\,\sigma} e^{-\frac{(\xi_\nu - m)}{2\sigma^2}} = (2\pi p_2)^{-\frac{n}{2}} \exp\left\{-\frac{1}{2p_2} \sum_{\nu=1}^{n} (\xi_\nu - p_1)^2\right\}$$

bei festen ξ_ν zu bestimmen.

Durch Differentiation nach p_1 bzw. p_2 und Nullsetzen erhält man die Gleichungen

$$(10.4.2) \quad -\sum_{\nu=1}^{n} (\xi_\nu - p_1) = 0, \quad \text{also} \quad p_1 = \frac{1}{n} \sum_{\nu=1}^{n} \xi_\nu = \bar{\xi};$$

$$(10.4.3) \quad -\frac{n}{2}\frac{1}{p_2} + \frac{1}{2p_2^2} \sum_{\nu=1}^{n} (\xi_\nu - \bar{\xi})^2 = 0, \quad \text{also} \quad p_2 = \frac{1}{n} \sum_{\nu=1}^{n} (\xi_\nu - \bar{\xi})^2.$$

Das liefert die Schätzungen

$$(10.4.4) \quad \begin{aligned} \hat{p}_1(X_1, \ldots, X_n) &= \bar{X} \quad \text{(Stichprobenerwartungswert)}, \\ \hat{p}_2(X_1, \ldots, X_n) &= \frac{1}{n} \sum_{\nu=1}^{n} (X_\nu - \bar{X})^2 \quad \text{(Stichprobenvarianz)} \end{aligned}$$

§ 11. Testtheorie

11.1 Definition des Signifikanztests

Die Testtheorie beschäftigt sich damit, Methoden (Tests) anzugeben, nach denen man von vornherein festgelegte Hypothesen bezüglich der Wahrscheinlichkeitsverteilung gewisser Meßgrößen an Hand von Beobachtungen prüfen kann. Dieses Problem ist folgendermaßen in die Sprache der Wahrscheinlichkeitstheorie zu übersetzen.

Gegeben seien n Zufallsgrößen $X_1, \ldots, X_n$, deren gemeinsame Verteilung F_n zu einer Klasse $\mathfrak{F}$ von Verteilungen, den „zulässigen Verteilungen", gehöre. Diese Klasse wird festgelegt durch das Wissen, das der Statistiker vor Beginn des Experimentes (der Messung) von den zu beobachtenden Zufallsgrößen hat. Weiter sei eine bestimmte Teilmenge $\mathfrak{F}_0$ von $\mathfrak{F}$ vorgelegt, die sog. „Nullhypothese". Ein Verfahren zur Entscheidung, ob F_n zu $\mathfrak{F}_0$ gehört oder nicht, sieht so aus:

Man betrachtet eine bestimmte von $X_1, \ldots, X_n$ abhängige Zufallsgröße T_n, die *Testgröße*, und einen Bereich B der reellen Zahlengeraden (*kritischer Bereich, Verwerfungsbereich*). Nimmt T_n bei der Beobachtung einen Wert aus B an, so ist die Hypothese „F_n liegt in $\mathfrak{F}_0$" zu verwerfen (bezweifeln); andernfalls werden keine Einwände erhoben. Dieses Verfahren bezeichnet man als *Signifikanztest.*

Bei einem Signifikanztest betrachtet man nur *Fehler erster Art,* d. h. Fehler, die durch fälschliches Verwerfen der Nullhypothese entstehen. Die zugehörige Fehlerwahrscheinlichkeit bestimmt sich zu

$$P(T_n \text{ in } B \mid F_n), \tag{11.1.1}$$

d. h. als Wahrscheinlichkeit, T_n in B zu erhalten, wenn F_n die wahre Verteilung ist und in $\mathfrak{F}_0$ liegt.

Da man das wahre F_n nicht kennt, muß man mit dem maximalen Fehler rechnen, d. h.

$$\alpha = \sup_{F_n \in \mathfrak{F}_0} P(T_n \in B \mid F_n) \tag{11.1.2}$$

betrachten. Dieser Wert heißt *Sicherheitswahrscheinlichkeit* oder *Signifikanzschranke.* Für Beispiele wird auf 11.3 verwiesen. In vielen praktisch wichtigen Fällen ist $\mathfrak{F}$ eine durch die Parameter $p_1, \ldots, p_r, q_1, \ldots, q_s$ beschriebene Schar von Verteilungen, während $\mathfrak{F}_0$ einem Teil der Parameter, etwa $p_1, \ldots, p_s$ spezielle Werte vorschreibt (ohne Beschränkung der Allgemeinheit darf $p_i = 0$ gewählt werden). Die Hypothese $\mathfrak{F}_0$ kann auch durch Gleichungen für alle Parameter angegeben werden. Die zugehörigen Tests heißen dann *parametrische Tests.*

Bemerkung: Manchmal ist es vorteilhaft, an Stelle der gegebenen Zufallsgrößen $X_1, \ldots, X_n$ neue daraus abgeleitete Größen $Y_1, \ldots, Y_n$ zu benutzen; genaueres darüber findet sich in 10.2.

11.2 Die allgemeine Methode des Maximum-Likelihood-Quotienten

Bei dieser Methode wird als Testgröße $T_n = \mu_n(X_1, \ldots, X_n)$ benutzt, wobei

(11.2.1) $$\mu_n(\xi_1, \ldots, \xi_n) = -2\log\lambda_n(\xi_1, \ldots, \xi_n)$$

mit

(11.2.2) $$\lambda_n = \frac{\operatorname*{Max}_{q} f_n(\xi_1, \ldots, \xi_n; 0, \ldots, 0; q_1, \ldots, q_r)}{\operatorname*{Max}_{p,q} f_n(\xi_1, \ldots, \xi_n; p_1, \ldots, p_s; q_1, \ldots, q_r)}.$$

f_n bezeichnet dabei die Dichte oder — im diskreten Fall — die Wahrscheinlichkeit.

Die *Testvorschrift* besagt:

Ist $T_n > K$ (*kritische Größe*), so wird die Nullhypothese verworfen (bezweifelt); wenn $T_n \leqq K$ ist, werden keine Bedenken erhoben. In dem besonderen Fall unabhängiger Größen $X_1, \ldots, X_n$ mit derselben Verteilung, d. h.

(11.2.3) $$f_n(\xi_1, \ldots, \xi_n; p_1, \ldots, p_s; q_1, \ldots, q_r) = \prod_{\nu=1}^{n} f(\xi_\nu; p_1, \ldots, p_s; q_1, \ldots, q_r),$$

gilt (unter geeigneten Regularitätsvoraussetzungen):

1. Wenn die Nullhypothese (d. h. $F_n \in \mathfrak{F}_0$) stimmt, hat (bei $n \to \infty$) T_n asymptotisch eine χ^2-Verteilung mit s Freiheitsgraden. Das erlaubt die (näherungsweise) Festlegung von K in der Weise, daß die Fehlerwahrscheinlichkeit für Fehler erster Art einen vorgegebenen Wert α nicht übersteigt.

2. T_n hat (bei $n \to \infty$), wenn $p_i = \frac{a_i}{\sqrt{n}}$ ist (a_i konstant) und die q's fest bleiben, asymptotisch eine nichtzentrale χ^2-Verteilung.

11.3 Spezielle Testverfahren für die Polynomialverteilung

Die in diesem Abschnitt behandelten Verfahren sind keine Spezialfälle des Likelihood-Quotienten-Tests; sie sind aber (für große n) damit asymptotisch äquivalent. Für die praktische Rechnung bieten sie einige Vorteile.

11.3.1 Der χ^2-Test

Es wird angenommen, die Größen $N_1, \ldots, N_s$ haben eine Polynomialverteilung mit den Parametern n (bekannt) und $p_1, \ldots, p_s$ (unbekannt), $\sum_{i=1}^{s} p_i = 1$. Die Familie $\mathfrak{F}$ der zulässigen Verteilungen ist also die Klasse aller Polynomialverteilungen mit festem n, aber beliebigen $p_1, \ldots, p_s \geqq 0$, wobei $\sum_{i=1}^{s} p_i = 1$.

a) Zu prüfen sei die Hypothese: $p_i = p_i^{(0)}$ $(i = 1, \ldots, s)$, wobei die $p_i^{(0)}$ bekannte Werte sind. Das ist äquivalent mit der Formulierung: Die Hypothese $\mathfrak{F}_0$ besteht aus genau einer Verteilung (einfache Hypothese) mit den Parametern $p_i = p_i^{(0)}$. Dann nimmt man als Testgröße

$$(11.3.1) \qquad T = \sum_{i=1}^{s} \frac{(N_i - n\,p_i^{(0)})^2}{n\,p_i^{(0)}} \equiv \sum_{i=1}^{s} \frac{N_i^2}{n\,p_i^{(0)}} - n$$

und als kritischen Bereich

$$(11.3.2) \qquad T \geqq t_\alpha .$$

t_α hängt von der vorgegebenen Sicherheitswahrscheinlichkeit α ab. Bei großem n hat T näherungsweise eine χ^2-Verteilung mit $s - 1$ Freiheitsgraden, sofern die Hypothese gültig ist. t_α bestimmt sich dann aus der Gleichung

$$(11.3.3) \qquad \int_{t_\alpha}^{\infty} f_{\chi^2_{s-1}}(\xi)\, d\xi = \alpha .$$

b) Unter denselben Voraussetzungen soll die Hypothese: $p_i = p_i^{(0)}$ geprüft werden, wobei über die $p_i^{(0)}$ nur bekannt sei, daß die Gleichungen

$$p_i^{(0)} = h_i(q_1, \ldots, q_r)$$

mit beliebigen (reellen) Parametern $q_1, \ldots, q_r$ gelten, wobei natürlich $\sum h_i \equiv 1$ ist. Setzt man $h_i \equiv \mathrm{const}$, so entsteht gerade der Fall a). Demnach ist $\mathfrak{F}_0$ gleich der Klasse aller Polynomialverteilungen mit festem n und Parametern p_i, die den genannten Gleichungen genügen (zusammengesetzte Hypothese).

Dann nimmt man dieselbe Testgröße wie in a), die zunächst noch von den $q_1, \ldots, q_r$ abhängt und minimiert über alle $q_1, \ldots, q_r$; also

$$(11.3.4) \qquad T = \min_{q_1, \ldots, q_r} \sum_{i=1}^{s} \frac{(N_i - n\,h_i(q_1, \ldots, q_r))^2}{n\,h_i(q_1, \ldots, q_r)} .$$

Das läuft darauf hinaus, die Gleichungen

$$(11.3.5) \qquad \sum_{i=1}^{s} \left[\left(\frac{N_i}{h_i} \right)^2 \frac{\partial h_i}{\partial q_\nu} - \lambda \frac{\partial h_i}{\partial q_\nu} \right] = 0 \qquad (\nu = 1, \ldots, r)$$

nach $q_1, \ldots, q_r$ aufzulösen (λ = unbekannter Faktor).

Ist die Hypothese richtig, so hat T asymptotisch eine χ^2-Verteilung mit $s - 1 - r$ Freiheitsgraden.

Beispiel. Vorgelegt ist ein Würfel, von dem man die Wahrscheinlichkeit p_i des Auftretens der Augenzahlen i nicht kennt. Es soll n-mal geworfen und aus den Anzahlen N_i $(i = 1, \ldots, 6)$ auf die Wahrscheinlichkeiten p_i der Augenzahlen geschlossen werden. Mithin liegt eine Polynomialverteilung mit bekanntem n und den unbekannten Wahrscheinlichkeiten $p_1, \ldots, p_6$ vor.

a) Will man die Hypothese $p_1 = \cdots = p_6 = \frac{1}{6}$, d. h. daß der Würfel einwandfrei ist, prüfen, so bildet man

$$T = \sum_{i=1}^{6} \frac{(N_i - n/6)^2}{n/6} = \frac{n}{6} \sum_{i=1}^{6} \left(\frac{6N_i}{n} - 1\right)^2. \tag{11.3.6}$$

Bei großem n kann man annehmen, daß T eine χ^2-Verteilung mit $6 - 1 = 5$ Freiheitsgraden besitzt (Dichte $= f_{\chi_5^2}$), so daß sich t_α aus der Beziehung

$$\alpha = \int_{t_\alpha}^{\infty} f_{\chi_5^2}(\xi)\, d\xi \tag{11.3.7}$$

bestimmt. Für die üblichen α-Werte (5%; 2%; 1%) und Freiheitsgrade $s \leqq 30$ liegt t_α tabelliert vor (hier: 11,070; 13,388; 15,086). Die Testvorschrift heißt: Erhält man $T \geqq 11{,}070$ (13,388; 15,086), so ist die Hypothese mit einer Irrtumswahrscheinlichkeit von 5% (2%, 1%) zu verwerfen. Andernfalls sind keine Einwände zu erheben.

b) Will man dagegen nur prüfen, ob die Wahrscheinlichkeiten der ungeraden Augenzahlen untereinander gleich und die Wahrscheinlichkeiten der geraden untereinander gleich sind, so setzt man etwa

$$\begin{aligned} p_1 &= p_3 = p_5 = q_1, \\ p_2 &= p_4 = p_6 = q_2. \end{aligned} \tag{11.3.8}$$

Damit findet man das Gleichungssystem

$$\left\{\begin{aligned} \frac{1}{q_1^2}(N_1^2 + N_3^2 + N_5^2) - 3\lambda &= 0, \\ \frac{1}{q_2^2}(N_2^2 + N_4^2 + N_6^2) - 3\lambda &= 0, \\ 3(q_1 + q_2) &= 1. \end{aligned}\right. \tag{11.3.9}$$

Führt man die Abkürzungen

$$\begin{aligned} N_1^2 + N_3^2 + N_5^2 &= U^2, \\ N_2^2 + N_4^2 + N_6^2 &= G^2 \qquad (U, G > 0) \end{aligned}$$

ein, so ergibt sich die Lösung

$$\begin{aligned} q_1 &= \frac{1}{3}\,\frac{U}{U+G}, \\ q_2 &= \frac{1}{3}\,\frac{G}{U+G}. \end{aligned} \tag{11.3.10}$$

Daraus folgt für die Testgröße

$$\begin{aligned} T &= \frac{N_1^2 + N_3^2 + N_5^2}{n\,q_1} + \frac{N_2^2 + N_4^2 + N_6^2}{n\,q_2} - n \\ &= \frac{3}{n}(U + G)^2 - n \\ &= \frac{3}{n}\left(\sqrt{N_1^2 + N_3^2 + N_5^2} + \sqrt{N_2^2 + N_4^2 + N_6^2}\right)^2 - n. \end{aligned} \tag{11.3.11}$$

Bei großem n darf für T eine χ^2-Verteilung mit $6 - 2 = 4$ Freiheitsgraden angenommen werden. Das weitere Vorgehen ist völlig analog zu a). Für t_α bei $\alpha = 5\%$ (2%, 1%) entnimmt man der Tabelle den Wert 9,488 (11,668; 13,277).

11.3.2 Kontingenztafel
($r \times s$-Tafel)

Es wird angenommen, daß die N_{ij} ($i = 1, \ldots, r$; $j = 1, \ldots, s$) eine Polynomialverteilung mit den Parametern n (bekannt), p_{ij} (unbekannt) haben, wobei $\sum_{i,j} p_{ij} = 1$. Geprüft werden soll die

Hypothese: $p_{ij} = p_i q_j$ mit unbekannten Werten p_i, q_j.

Lösung: Man definiert

$$N_{i\cdot} = \sum_j N_{ij},$$

$$N_{\cdot j} = \sum_i N_{ij}$$

und bildet die Testgröße

$$T = \sum_{i,j} \frac{\left(N_{ij} - \frac{N_{i\cdot} N_{\cdot j}}{n}\right)^2}{\frac{N_{i\cdot} N_{\cdot j}}{n}} \equiv n\left(\sum_{i,j} \frac{N_{ij}^2}{N_{i\cdot} N_{\cdot j}} - 1\right). \tag{11.3.12}$$

$i \backslash j$	1	2	...	s	
1	N_{11}	N_{12}	...	N_{1s}	$N_{1\cdot}$
2	N_{21}	N_{22}	...	N_{2s}	$N_{2\cdot}$
⋮	...	...	...	...	...
r	N_{r1}	N_{r2}	...	N_{rs}	$N_{r\cdot}$
	$N_{\cdot 1}$	$N_{\cdot 2}$	...	$N_{\cdot s}$	n

Bei großem n ist T, die Gültigkeit der Hypothese vorausgesetzt, asymptotisch χ^2-verteilt mit $(r-1)(s-1)$ Freiheitsgraden. Für die Anwendung ist es zweckmäßig, die N_{ij} wie obenstehend in eine *Kontingenztafel* einzutragen. Bei $p_{ik} = p_i q_k + \frac{a_{ik}}{\sqrt{n}}$ entsteht bei $n \to \infty$ eine nichtzentrale χ^2-Verteilung mit $\delta^2 = \sum_{ik} \frac{\left(a_{ik} - p_i \sum_j a_{jk} - q_k \sum_l a_{il}\right)^2}{p_i q_k}$.

Spezialfälle: a) *Vierfeldertafel:* Ist $r = s = 2$, so hat die Kontingenztafel vier Felder, und die Testgröße T läßt sich einfach angeben als

$$T = \frac{n(N_{11} N_{22} - N_{12} N_{21})^2}{N_{1\cdot} N_{2\cdot} N_{\cdot 1} N_{\cdot 2}}. \tag{11.3.13}$$

Bei nicht sehr großem n wird die *Yatessche Korrektur* empfohlen:

$$(11.3.14) \qquad T = \frac{n\left(|N_{11}N_{22} - N_{12}N_{21}| - \frac{n}{2}\right)^2}{N_{1.}\,N_{2.}\,N_{.1}\,N_{.2}}.$$

b) Etwas allgemeiner ist die $2 \times s$-*Tafel.* Mit den Bezeichnungen

$$N_{1j} = n_j, \quad N_{2j} = n'_j;$$
$$N_{1.} = n^*, \quad N_{2.} = n'^*; \quad N_{.j} \equiv n_j + n'_j = m_j;$$
$$p_j = \frac{n_j}{m_j}, \quad \bar{p} = \frac{n^*}{n^* + n'^*} \equiv \frac{n^*}{n}$$

läßt sich die Testgröße so schreiben:

$$(11.3.15) \quad T = \frac{1}{\bar{p}(1-\bar{p})} \sum_j \frac{(n_j - \bar{p}\, m_j)^2}{m_j} \equiv \frac{1}{\bar{p}(1-\bar{p})} \sum_j m_j (p_j - \bar{p})^2$$
$$\equiv \frac{1}{\bar{p}(1-\bar{p})} \left[\sum_j n_j\, p_j - n^* \bar{p}\right].$$

11.4 Alternativtest

11.4.1 Allgemeines

Wenn nur zwei wahrscheinlichkeitstheoretische Modelle in Betracht kommen, zwischen denen auf Grund der Ergebnisse eines Experimentes gewählt werden muß, liegt das „*Alternativproblem*" vor. Man bezeichnet üblicherweise eine der Möglichkeiten als Hypothese (*Nullhypothese*) und die andere als *Gegenhypothese.* Besteht das Experiment in der Beobachtung von Zufallsgrößen $X_1, \ldots, X_n$ mit gemeinsamer Dichte $f(\xi_1, \ldots, \xi_n)$, so ist eine theoretisch befriedigende und übersichtliche Behandlung möglich, die auch für andere Aufgabenstellungen aufschlußreich ist.

Es seien daher zwei Funktionen $f_0(\xi_1, \ldots, \xi_n)$ und $f_1(\xi_1, \ldots, \xi_n)$ gegeben, die als Dichte $f(\xi_1, \ldots, \xi_n)$ in Frage kommen. Dann bildet man die Testgröße

$$(11.4.1) \qquad T = \frac{f_0(X_1, \ldots, X_n)}{f_1(X_1, \ldots, X_n)}$$

und entscheidet nach der Regel:

Ist $T < k$, so nimmt man die Hypothese „f_1" an.

Ist $T > k$, so nimmt man die Hypothese „f_0" an.

Ist $T = k$, so nimmt man mit Wahrscheinlichkeit ψ $(0 \leqq \psi \leqq 1)$ die Hypothese „f_0" und mit Wahrscheinlichkeit $1 - \psi$ die Hypothese „f_1" an.

Dabei ist k eine feste reelle Zahl.

Wenn keine Dichte, sondern diskrete Wahrscheinlichkeiten $p_i(\xi_1, \ldots, \xi_n)$ $(i = 0, 1)$ vorliegen, so bildet man

$$(11.4.2) \qquad T = \frac{p_0(X_1, \ldots, X_n)}{p_1(X_1, \ldots, X_n)}$$

und verfährt entsprechend.

Bei diesem noch von k und ψ abhängigen Test treten zwei Irrtumswahrscheinlichkeiten auf, nämlich

α_0 = Wahrscheinlichkeit, daß Gegenhypothese f_1 angenommen wird, obwohl f_0 richtig ist (= *Irrtumswahrscheinlichkeit* 1. *Art*),

α_1 = Wahrscheinlichkeit, daß Nullhypothese f_0 angenommen wird, obwohl f_1 richtig ist (= *Irrtumswahrscheinlichkeit* 2. *Art*).

Der Test hat diesbezüglich die folgende Optimalitätseigenschaft: Durch keinen Test können die beiden Fehlerwahrscheinlichkeiten α_0 und α_1 *gleichzeitig* verkleinert werden.

11.4.2 Unabhängige Beobachtungen mit derselben Verteilung

Im Spezialfall unabhängiger identisch verteilter Größen $X_1, \ldots, X_n$, etwa wenn das Experiment aus der n-fachen unabhängigen Beobachtung derselben Meßgröße besteht, gilt

$$(11.4.3) \qquad f_i(\xi_1, \ldots, \xi_n) = \prod_{\nu=1}^{n} f_i(\xi_\nu) \qquad (i = 0, 1).$$

Unter diesen Umständen läßt sich die Anzahl n der Beobachtungen X, die notwendig sind, um bestimmte vorgegebene Fehlerwahrscheinlichkeiten α_0, α_1 einhalten zu können, abschätzen durch

$$(11.4.4) \qquad n \geqq \frac{\alpha_0 \log \dfrac{\alpha_0}{1 - \alpha_1} + (1 - \alpha_0) \log \dfrac{1 - \alpha_0}{\alpha_1}}{\displaystyle\int f_0(\xi) \log \frac{f_0(\xi)}{f_1(\xi)}\, d\xi}$$

bzw. durch eine entsprechende Ungleichung, bei der lediglich die Indizes 0 und 1 vertauscht sind. Hält man die Grenze k des kritischen Bereichs fest und läßt n gegen ∞ gehen, so streben die Fehlerwahrscheinlichkeiten $\alpha_0^{(n)}$ und $\alpha_1^{(n)}$ gegen Null. Diese Eigenschaft des Testes heißt *Konsistenz*.

11.4.3 Zusammengesetzte Hypothesen für das Alternativproblem

Der Fall, daß Nullhypothese und Gegenhypothese die Wahrscheinlichkeitsdichte noch nicht festlegen, läßt sich unter dem Gesichtspunkt der Maxima der jeweiligen Fehlerwahrscheinlichkeiten auf das gewöhnliche Alternativproblem zurückführen:

Nullhypothese: Für die Dichte f kommt eine der Dichten $f_0^{(i)}$ $(i = 1, \ldots, r)$ in Betracht.

Gegenhypothese: Für die Dichte f kommt eine der Dichten $f_1^{(j)}$ $(j = 1, \ldots, s)$ in Betracht.

Bewertung der Teste durch

$$\alpha_0 = \max_{1 \leqq i \leqq r} P_{f_0^{(i)}} \text{ (Nullhypothese abgelehnt)},$$

$$\alpha_1 = \max_{1 \leqq j \leqq s} P_{f_1^{(j)}} \text{ (Nullhypothese angenommen)}.$$

Der beste Test, d. h. derjenige, der bei vorgeschriebenem α_0 den Wert von α_1 minimiert, ergibt sich so: Man betrachtet die nach der oben dargestellten Theorie besten Teste für die Alternativen

$$\text{Nullhypothese} \quad f = \sum_{i=1}^{r} \gamma_i f_0^{(i)} \qquad (\gamma_i \geqq 0, \quad \sum \gamma_i = 1),$$

$$\text{Gegenhypothese} \quad f = \sum_{j=1}^{s} \beta_j f_1^{(j)} \qquad (\beta_j \geqq 0, \quad \sum \beta_j = 1)$$

und bestimmt die Koeffizienten γ_i und β_j so, daß bei vorgeschriebenem α_0 der Wert von α_1 am kleinsten wird („ungünstigste Verteilungen"). Dieser Test leistet das Verlangte; im Fall von unendlich vielen Möglichkeiten bei Hypothese und Gegenhypothese gilt Analoges. Leider läßt sich dies Verfahren deshalb oft nicht anwenden, weil Hypothese und Gegenhypothese „lückenlos aneinanderschließen", wie z. B. bei der Frage, ob der Erwartungswert m einer normalverteilten Beobachtungsgröße $\geqq 0$ oder < 0 ist.

11.4.4 Sequentialverfahren für das Alternativproblem

In den bisher behandelten Verfahren war die Anzahl n der Beobachtungen von vornherein fest gegeben, d. h. vor der Durchführung des Experimentes bekannt. Oft ist es aber vorteilhaft, die Anzahl der Beobachtungen erst im Laufe des Verfahrens festzulegen. Die Beobachtungen der Experimente können dann nur nacheinander durchgeführt werden; daher spricht man von *Sequentialverfahren*.

Beim Alternativproblem gibt es, wenn die Fehlerwahrscheinlichkeiten für die Fehler erster und zweiter Art vorgeschrieben sind, Verfahren, die den Erwartungswert der Anzahl der (unabhängigen) Beobachtungen gleichzeitig für beide Hypothesen möglichst klein machen, nämlich die sog. *Waldschen Sequentialverfahren*. Diese schreiben folgendes vor:

Bei fest gewählten Konstanten $0 < A < B$ beobachtet man zunächst X_1. Wenn $\frac{f_0(X_1)}{f_1(X_1)} < A$ ist, nimmt man die Hypothese „f_1" an; wenn dieser Quotient $> B$ ist, nimmt man die Hypothese „f_0" an. Ist dagegen $A \leqq \frac{f_0(X_1)}{f_1(X_1)} \leqq B$, so wird das Experiment wiederholt.

Dabei wird allgemein nach j Beobachtungen $X_1, \ldots, X_j$

$$\text{bei } \prod_{\nu=1}^{j} \frac{f_0(X_\nu)}{f_1(X_\nu)} < A \text{ für „}f_1\text{“ entschieden,}$$

$$\text{bei } \prod_{\nu=1}^{j} \frac{f_0(X_\nu)}{f_1(X_\nu)} > B \text{ für „}f_0\text{“ entschieden,}$$

$$\text{bei } A \leqq \prod_{\nu=1}^{j} \frac{f_0(X_\nu)}{f_1(X_\nu)} \leqq B \text{ wird } X_{j+1} \text{ beobachtet.}$$

Mit Wahrscheinlichkeit 1 bricht dieses Verfahren nach endlich vielen Schritten ab. Für die Erwartungswerte der Anzahl N der Beobachtungen (unter der Gültigkeit von „f_0“ bzw. „f_1“), die ja vom Zufall abhängt, hat man folgende Schranken, die zugleich brauchbare Näherungen sind:

$$E_0(N) \geqq \frac{\alpha_0 \log \dfrac{\alpha_0}{1-\alpha_1} + (1-\alpha_0)\log \dfrac{1-\alpha_0}{\alpha_1}}{\int f_0(\xi) \log \dfrac{f_0(\xi)}{f_1(\xi)}\, d\xi} \tag{11.4.5}$$

bzw.

$$E_1(N) \geqq \frac{(1-\alpha_1) \log \dfrac{1-\alpha_1}{\alpha_0} + \alpha_1 \log \dfrac{\alpha_1}{1-\alpha_0}}{\int f_1(\xi) \log \dfrac{f_1(\xi)}{f_0(\xi)}\, d\xi}. \tag{11.4.6}$$

Zur Bestimmung der Konstanten A und B aus den Fehlerwahrscheinlichkeiten α_0 und α_1 dienen die Näherungsformeln:

$$A \approx \frac{\alpha_0}{1-\alpha_1}, \qquad B \approx \frac{1-\alpha_0}{\alpha_1}. \tag{11.4.7}$$

Wie beim gewöhnlichen Alternativtest kann mit diesem Verfahren oft auch zwischen zusammengesetzten Hypothesen (d. h. Hypothesen, die aus mehr als einer Verteilung bestehen) entschieden werden.

Beispiel. Durch Werfen einer Münze soll geklärt werden, ob die Wahrscheinlichkeit p für „Kopf“ kleiner als ein vorgegebener Wert p_0 oder größer als ein anderer vorgegebener Wert p_1 ist ($p_0 < p_1$). Es werden also Zufallsgrößen X_ν mit $P(X_\nu = 1) = p$, $P(X_\nu = 0) = 1 - p$ beobachtet, und man fragt, ob $p \leqq p_0$ oder $p \geqq p_1$ zutrifft. Durch Umformen (Logarithmieren) der allgemeinen Regel erhält man die Vorschrift:

Man beobachtet so lange $X_1, \ldots, X_\nu$, bis der **Punkt** (x, y) mit den Koordinaten $x = \nu$, $y = \sum_{i=1}^{\nu} X_i$ zum ersten Mal außerhalb des von den

Geraden

(11.4.8) $$g_1:\quad y = \frac{-\log A + x \log \dfrac{1-p_0}{1-p_1}}{\log \dfrac{p_1(1-p_0)}{p_0(1-p_1)}}$$

und

(11.4.9) $$g_2:\quad y = \frac{-\log B + x \log \dfrac{1-p_0}{1-p_1}}{\log \dfrac{p_1(1-p_0)}{p_0(1-p_1)}}$$

begrenzten Parallelstreifens fällt. Liegt (x, y) oberhalb des Streifens, entscheidet man für $p \geqq p_1$, andernfalls (wenn unterhalb) für $p \leqq p_0$ (vgl.

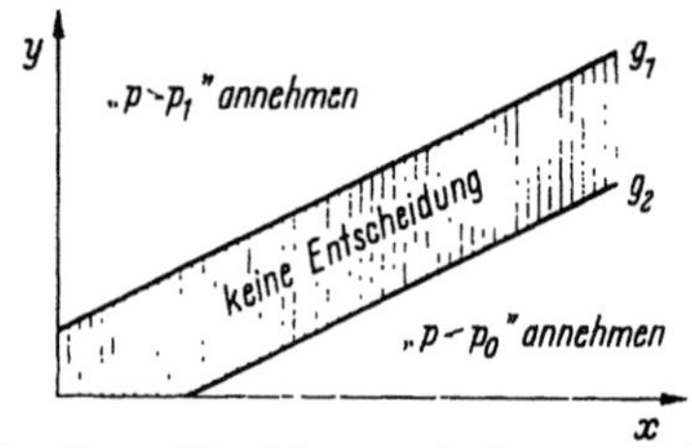

Abb. 11.4.1. Zum Sequentialverfahren zur Prüfung „$p \leqq p_0$" oder „$p \geqq p_1$" ($\alpha_0 = \alpha_1 = 5\%$; $p_0 = 0{,}4$, $p_1 = 0{,}6$)

Abb. 11.4.1). Die Anzahl der Beobachtungen kann (im Mittel) im Vergleich zum Test mit fester Beobachtungszahl und gleichen Fehlerwahrscheinlichkeiten bis auf etwa 1/4 gesenkt werden.

§ 12. Lineare Modelle (Varianzanalyse)

Ein großer Teil der praktisch vorkommenden statistischen Aufgaben (vgl. die Beispiele weiter unten) gehört zur Klasse der linearen Modelle. Hier werden folgende lineare Modelle zugelassen:

Die Beobachtungsgrößen $X_1, \ldots, X_n$ genügen den linearen Gleichungen

(12.1) $$X_\nu = c_{\nu 0} + \sum_{i=1}^{s} c_{\nu i} p_i + Z_\nu \qquad (\nu = 1, \ldots, n).$$

Dabei sind $c_{\nu 0}, c_{\nu 1}, \ldots, c_{\nu s}$ $(\nu = 1, \ldots, n)$ bekannte Konstanten und die daraus gebildeten Vektoren $(c_{1i}, c_{2i}, \ldots, c_{ni})$ werden als linear unabhängig angenommen. Z_ν sind unabhängige normalverteilte Zufallsgrößen mit Erwartungswert Null und unbekannter, für alle Z_ν aber gleicher Varianz σ^2. (Einige hier nicht eingeschlossene Theorien beschäftigen sich mit allgemeineren Voraussetzungen bezüglich der Verteilungen der Z_ν.) Die $p_1, \ldots, p_s$ sind unbekannt und sollen mit Hilfe der Beobachtungen $X_1, \ldots, X_n$ geschätzt werden, oder es sollen gewisse Hypothesen über die p_i getestet werden.

Die wohl häufigste praktische Aufgabenstellung, die auf ein lineares Modell hinausläuft, ist folgende:

Es sollen gewisse technische oder physikalische Größen p_i $(i = 1, \ldots, s)$ bestimmt werden, die jedoch nicht selbst, sondern nur in den (linearen) Kombinationen $x_\nu = c_{\nu 0} + \sum_{i=1}^{s} c_{\nu i} p_i$ mit bekannten Koeffizienten $c_{\nu i}$ $(i = 0, \ldots, s, \nu = 1, \ldots, n)$ der Messung zugänglich sind. Könnte man die x_ν fehlerfrei ermitteln, so ließen sich die p_i nach den Methoden der Algebra ohne weiteres berechnen. Nimmt man jedoch an, daß bei den Messungen additive zufällige Beobachtungsfehler Z_ν auftreten, so führt dies zu dem oben angegebenen Modell, und die Bestimmung der p_i aus den (nunmehr zufälligen) Beobachtungen X_ν wird ein statistisches Problem.

Obgleich die Voraussetzungen der Schätz- und Testtheorie — nämlich unabhängige X_ν mit **derselben** Verteilung — nicht vorliegen, führt die allgemeine Methode (Maximum-Likelihood-Schätzung bzw. Likelihood-Quotiententest) zu den — in präzisierbarem Sinne — besten Verfahren, die im folgenden zunächst allgemein, dann für spezielle Beispielklassen dargestellt werden.

12.1 Allgemeine Testtheorie linearer Modelle

Aufgabe. Zu prüfen ist die Hypothese: Es bestehen die linear unabhängigen Beziehungen

$$\sum_{i=1}^{s} a_{\mu i} p_i = r_\mu \qquad (\mu = 1, \ldots, r) \tag{12.1.1}$$

mit bekannten $a_{\mu i}$ und r_μ.

Lösung. Man bestimmt die Hilfsgrößen

$$Q_0 = \operatorname*{Min}_{p_1, \ldots, p_s} \sum_{\nu=1}^{n} \left(X_\nu - c_{\nu 0} - \sum_{i=1}^{s} c_{\nu i} p_i\right)^2 \tag{12.1.2}$$

und

$$Q_1 = \operatorname*{Min}_{(*)} \sum_{\nu=1}^{n} \left(X_\nu - c_{\nu 0} - \sum_{i=1}^{s} c_{\nu i} p_i\right)^2. \tag{12.1.3}$$

Dabei bedeutet $\operatorname*{Min}_{(*)}$, daß die Quadratsumme zu minimieren ist bezüglich aller p_i, die den Nebenbedingungen $\sum_{i=1}^{s} a_{\mu i} p_i = r_\mu$ $(\mu = 1, \ldots, r)$ genügen. Weiter setzt man

$$Q_H = Q_1 - Q_0,$$

$$l = n - s$$

und bildet die *Testgröße*

(12.1.4) $$T = \frac{\frac{1}{r} Q_{II}}{\frac{1}{l} Q_0}$$

T besitzt folgende Eigenschaften:

1. Bei Gültigkeit der Hypothese hat die Testgröße T eine F-Verteilung mit r, l Freiheitsgraden.

2. In jedem Fall hat T eine nichtzentrale F-Verteilung mit r, l Freiheitsgraden und dem Nichtzentralitätsparameter

(12.1.5) $$\delta^2 = \frac{1}{\sigma^2} \operatorname{Min} \sum_{\nu=1}^{n} \left(\sum_{i=1}^{s} c_{\nu i} (p_i - q_i) \right)^2 ,$$

wobei über alle q_i mit $\sum_{i=1}^{s} a_{\mu i} q_i = r_\mu$ $(\mu = 1, \ldots, r)$ minimiert wird und p_i die wahren Werte sind (in Übereinstimmung mit 1. verschwindet δ, wenn die p_i diesen Nebenbedingungen genügen!).

Als ***kritischen Bereich*** wählt man

$$T \geqq k .$$

Gemäß 1. errechnet sich die zugehörige Fehlerwahrscheinlichkeit α für Fehler erster Art zu

(12.1.6) $$\alpha = 1 - F_{r,l}(k),$$

wobei $F_{r,l}$ die Verteilungsfunktion zur F-Verteilung mit r, l Freiheitsgraden bedeutet.

12.2 Allgemeine Schätztheorie linearer Modelle

Die *Maximum-Likelihood-Schätzung* schreibt im Falle der Normalverteilung vor: Man bestimme die Schätzwerte $\hat{p}_i$ so, daß die gemeinsame Wahrscheinlichkeitsdichte

(12.2.1) $$f_{x_1,\ldots,x_n}(\xi_1, \ldots, \xi_n; p_1, \ldots, p_s)$$
$$= (\sqrt{2\pi}\,\sigma)^{-n} \prod_{\nu=1}^{n} \exp\left\{ \frac{-1}{2\sigma^2} \left(\xi_\nu - c_{\nu 0} - \sum_{i=1}^{s} c_{\nu i} p_i \right)^2 \right\}$$

an der Stelle $\xi_\nu = X_\nu$ für $\hat{p}_i$ maximal bezüglich der p_i ist. Dieses Verfahren ist äquivalent mit der

Methode der kleinsten Quadrate:

Diese sieht vor, die Schätzwerte $\hat{p}_i$ so zu wählen, daß die Quadratsumme $\sum_{\nu=1}^{n} \left(X_\nu - c_{\nu 0} - \sum_{i=1}^{s} c_{\nu i} p_i \right)^2$ für $p_i = \hat{p}_i$ ihr Minimum annimmt.

Die gemeinsame Verteilung der $\hat{p}_1, \ldots, \hat{p}_n$ ist eine s-dimensionale Normalverteilung mit den wahren $p_1, \ldots, p_n$ als Erwartungswerten und den Kovarianzen

(12.2.2) $$\mathrm{Kov}(\hat{p}_i, \hat{p}_j) = \sigma^2 C^{ij}.$$

Die Matrix (C^{ij}) ist die inverse Matrix von (C_{ij}), deren Komponenten sich zu

(12.2.3) $$C_{ij} = \sum_{\nu=1}^{n} c_{\nu i} c_{\nu j}$$

errechnen. Die verallgemeinerte Varianz ist

(12.2.4) $$\mathrm{Det}\big(\mathrm{Kov}(\hat{p}_i, \hat{p}_j)\big) = \sigma^{2s} \frac{1}{\mathrm{Det}\big((C_{ij})\big)}$$

Außer den p_i kann natürlich auch der Parameter σ^2 geschätzt werden. Man erhält dafür eine erwartungstreue Schätzung durch

(12.2.5) $$\widehat{\sigma^2} = \frac{1}{l} Q_0,$$

wobei Q_0 wie in 12.1 definiert ist.

Aus den $\hat{p}_i$ ergeben sich optimale Schätzungen für $r_\mu = \sum_{i=1}^{s} a_{\mu i} p_i$ durch die Festsetzung

(12.2.6) $$\hat{r}_\mu = \sum_{i=1}^{s} a_{\mu i} \hat{p}_i.$$

Für die r_μ (und insbesondere für die eigentlich interessierenden Parameter p_i) lassen sich Konfidenzbereiche angeben:

Q_H (zur Definition vgl. 12.1) kann nämlich als positiv-definite quadratische Form in $\hat{r}_\mu - r_\mu$ geschrieben werden; die Forderung

(12.2.7) $$\frac{\frac{1}{r} Q_H}{\frac{1}{l} Q_0} \leqq h$$

legt dann eine Menge von Vektoren $(\hat{r}_1 - r_1, \ldots, \hat{r}_s - r_s)$ fest, und die Beziehung

(12.2.8) $$P\left(\frac{\frac{1}{r} Q_H}{\frac{1}{l} Q_0} \leqq h\right) = F_{r,l}(h)$$

gilt für alle diese Werte r_μ. $F_{r,l}$ gibt somit die Konfidenzwahrscheinlichkeit an.

12.3 Konfidenztheorie linearer Modelle

Zu den Gleichungen

(12.3.1) $$X_\nu = c_{\nu 0} + \sum_{i=1}^{s} c_{\nu i} p_i + Z_\nu \qquad (\nu = 1, \ldots, n)$$

mit unabhängigen normalverteilten Z_ν, wo $E(Z_\nu) = 0$, $\mathrm{Var}(Z_\nu) = \sigma^2$, kommen noch die Gleichungen

$$(12.3.2) \qquad Y_\mu = b_{\mu 0} + \sum_{i=1}^{s} b_{\mu i} p_i + V_\mu \qquad (\mu = 1, \ldots, m)$$

mit weiteren unabhängigen normalverteilten V_μ, wo $E(V_\mu) = 0$, $\mathrm{Var}(V_\mu) = \sigma^2$ ist, und gestellt wird die

Aufgabe. Aus den Beobachtungen $X_1, \ldots, X_n$ sind Konfidenzbereiche für $Y_1, \ldots, Y_m$ zu bestimmen.

Lösung. 1. Methode:

a) Man schätzt die p_i gemäß 12.2 durch $\hat{p}_i$ und erhält durch die Größen

$$(12.3.3) \qquad b_{\mu 0} + \sum_{i=1}^{s} b_{\mu i} \hat{p}_i \qquad (\mu = 1, \ldots, m)$$

erwartungstreue Schätzungen für Y_μ. Diese Schätzgrößen sind gemeinsam normalverteilt; ihre Kovarianzmatrix kann aus den $b_{\mu i}$, $c_{\mu i}$ bis auf einen Faktor σ^2 berechnet werden. Daraus folgt, daß auch die Größen

$$(12.3.4) \qquad Y_\mu - b_{\mu 0} - \sum_{i=1}^{s} b_{\mu i} \hat{p}_i \qquad (\mu = 1, \ldots, m)$$

gemeinsam normalverteilt sind mit einer bis auf einen Faktor σ^2 berechenbaren Kovarianzmatrix $\sigma^2 (C^*_{\lambda\mu})$ und verschwindenden Erwartungswerten.

b) σ^2 läßt sich mit Hilfe von $\hat{\sigma}^2$ gemäß 12.2 schätzen.

c) Bildet man noch mit dem Koeffizienten $C^{*\lambda\mu}$ der inversen Matrix von $(C^*_{\lambda\mu})$ die Größe

$$(12.3.5) \quad Q(Y_1, \ldots, Y_m) = \frac{1/m}{\hat{\sigma}^2} \sum_{\lambda=1}^{m} \sum_{\mu=1}^{m} C^{*\lambda\mu} \left(Y_\mu - b_{\mu 0} - \sum_{i=1}^{s} b_{\mu i} \hat{p}_i\right)\left(Y_\lambda - b_{\lambda 0} - \sum_{i=1}^{s} b_{\lambda i} \hat{p}_i\right),$$

so beschreibt

$$Q < h$$

einen Konfidenzbereich für $Y_1, \ldots, Y_m$; die zugehörige Konfidenzwahrscheinlichkeit kann mittels der F-Verteilung (Freiheitsgrade m, l) bestimmt werden.

Diese 1. Methode ist besonders dann geeignet, wenn nur ein Y vorkommt, d. h. $m = 1$ ist.

2. Methode (MÜNZNER 1966):

a) Man bestimmt bezüglich $p_1, \ldots, p_s$ das Minimum von

$$(12.3.6) \qquad \sum_{\nu=1}^{n} \left(X_\nu - c_{\nu 0} - \sum_{i=1}^{s} c_{\nu i} p_i\right)^2.$$

Der Minimalwert sei $Q_0 = Q_0(X_1, \ldots, X_n)$; er wird für $p_i = \hat{p}_i$ angenommen.

b) Man bestimmt das Minimum bezüglich p_i von

$$(12.3.7)\qquad \sum_{\nu=1}^{n}\left(X_\nu - c_{\nu 0} - \sum_{i=1}^{s} c_{\nu i}\, p_i\right)^2 + \sum_{\mu=1}^{m}\left(Y_\mu - b_{\mu 0} - \sum_{i=1}^{s} b_{\mu i}\, p_i\right)^2;$$

der Minimalwert sei $Q_1 = Q_1(X_1, \ldots, X_n; Y_1, \ldots, Y_m)$.

c) Man setzt $Q_H = Q_1 - Q_0$ und findet:

Q_H ist eine positiv-definite quadratische Form in $X_1, \ldots, X_n$; $Y_1, \ldots, Y_m$, die sich auch als quadratische Form in $Y_\mu - b_{\mu 0} - \sum_{i=1}^{s} b_{\mu i}\, p_i$ schreiben läßt.

d) Schließlich bildet man noch den Quotienten

$$(12.3.8)\qquad \frac{\frac{1}{m} Q_H}{\frac{1}{n-s} Q_0}.$$

Dieser hat eine F-Verteilung mit Freiheitsgraden m, $n - s$ und ergibt genau wie bei der 1. Methode eine Konfidenzaussage für $Y_1, \ldots, Y_m$.

12.4 Beispiele für lineare Modelle*

12.4.1 Gemeinsamer Erwartungswert normalverteilter Größen

Es ist zu prüfen, ob der Erwartungswert einer Gruppe von unabhängigen Zufallsgrößen X_ν [normal- (m, σ^2)- verteilt] gleich einem festen Wert m_0 ist.

Modellgleichungen:

$$(12.4.1)\qquad X_\nu = m + Z_\nu \qquad (\nu = 1, \ldots, n),\ m \text{ unbekannt};$$

zu testen ist die Hypothese: $m = m_0$ bei gegebenem m_0.

Lösung: Man benutzt die Testgröße

$$(12.4.2)\qquad T = \frac{|\bar{X} - m_0|}{\sqrt{\frac{1}{n}\widehat{\sigma^2}}}$$

mit dem Stichprobenmittel $\bar{X} = \hat{m} = \frac{1}{n}\sum_{\nu=1}^{n} X_\nu$

und der empirischen Varianz $\widehat{\sigma^2} = \frac{1}{n-1}\sum_{\nu=1}^{n}(X_\nu - \bar{X})^2$.

Dazu wählt man den kritischen Bereich

$$T \geqq t.$$

Bei gegebener Irrtumswahrscheinlichkeit α bestimmt sich t aus der Gleichung

$$(12.4.3)\qquad 2\big(1 - F_{n-1}(t)\big) = \alpha.$$

---

*) Weitere Beispiele in 12.6—12.8.

$F_{n-1}(t)$ ist hierin die Verteilungsfunktion einer t-Verteilung mit $n-1$ Freiheitsgraden.

Das Intervall $\left(\bar{X} - h\sqrt{\frac{1}{n}\widehat{\sigma^2}} < m < \bar{X} + h\sqrt{\frac{1}{n}\widehat{\sigma^2}}\right)$ ist ein Konfidenzbereich für m. Die zugehörige Konfidenzwahrscheinlichkeit β ist wieder mit Hilfe der t-Verteilung zu berechnen:

$$\beta = 2F_{n-1}(h) - 1. \tag{12.4.4}$$

12.4.2 Erwartungswerte zweier Gruppen normalverteilter Größen

Vorgelegt sind zwei Gruppen unabhängiger normalverteilter Größen X_ν und Y_μ mit gleicher, aber unbekannter Varianz und Erwartungswerten a bzw. b; zu prüfen ist, ob ihre Erwartungswerte übereinstimmen.

Modellgleichungen:

$$X_\nu = a + Z'_\nu \quad (\nu = 1, \ldots, n), \tag{12.4.5}$$

$$Y_\mu = b + Z''_\mu \quad (\mu = 1, \ldots, m); \quad a, b \text{ unbekannt.} \tag{12.4.6}$$

Hypothese: $a = b$.

Lösung: Man nimmt als Testgröße

$$T = |\bar{X} - \bar{Y}| \sqrt{\frac{n\,m}{n+m}}\,\frac{1}{\sqrt{\widehat{\sigma^2}}}, \tag{12.4.7}$$

wobei

$$\bar{X} = \frac{1}{n}\sum_{\nu=1}^{n} X_\nu = \hat{a}; \qquad \bar{Y} = \frac{1}{m}\sum_{\mu=1}^{m} Y_\mu = \hat{b} \tag{12.4.8}$$

und

$$\widehat{\sigma^2} = \frac{1}{n+m-2}\left(\sum_{\nu=1}^{n}(X_\nu - \bar{X})^2 + \sum_{\mu=1}^{m}(Y_\mu - \bar{Y})^2\right) \tag{12.4.9}$$

gesetzt wird, dazu den kritischen Bereich

$$T \geqq t.$$

t hängt mit der Irrtumswahrscheinlichkeit α zusammen durch die Gleichung

$$\alpha = 2\left(1 - F_{m+n-2}(t)\right), \tag{12.4.10}$$

worin F_{m+n-2} die Verteilungsfunktion der t-Verteilung mit $m+n-2$ Freiheitsgraden bedeutet.

Einen Konfidenzbereich für die *Abweichung* $a - b$ mit zugehöriger Konfidenzwahrscheinlichkeit ist ohne weiteres aus der Beziehung

$$P\left(|a - b - (\bar{X} - \bar{Y})| < \sqrt{\widehat{\sigma^2}\frac{m+n}{m\,n}}\,h\right) = 2F_{m+n-2}(h) - 1 \tag{12.4.11}$$

zu entnehmen.

12.4.3 Ein-Faktor-Analysis
(einfache Streuungsanalyse)

Eine normalverteilte Zufallsgröße X wird unter verschiedenen Bedingungen ($\nu = 1, \ldots, k$) ein oder mehrmals (n_ν-mal) beobachtet; die Meßwerte unter denselben Bedingungen werden zu einer Klasse zusammengefaßt. Die einzelnen Beobachtungen seien unabhängig, die Varianz σ^2 sei stets die gleiche. Zu prüfen ist die Frage, ob die Bedingungen die Meßergebnisse beeinflussen; genauer: ob der Erwartungswert der Größe X von der jeweiligen Klasse abhängt.

Modellgleichungen:

(12.4.12) $$X_{\nu\mu} = a_\nu + Z_{\nu\mu} \quad (\nu = 1, \ldots, k;\ \mu = 1, \ldots, n_\nu), \quad a_\nu \text{ unbekannt.}$$

Hypothese:

(12.4.13) $$a_\nu = a; \quad a \text{ unbekannt.}$$

Lösung: Die Gesamtzahl der Beobachtungen ist

(12.4.14) $$n = \sum_{\nu=1}^{k} n_\nu .$$

Nun definiert man Hilfsgrößen. Sei

(12.4.15) $$Q_0 = \sum_{\nu,\mu} (X_{\nu\mu} - \bar{X}_{\nu\cdot})^2$$ die *Streuung innerhalb der Klassen*

mit $$\bar{X}_{\nu\cdot} = \frac{1}{n_\nu} \sum_{\mu=1}^{n_\nu} X_{\nu\mu} = \hat{a}_\nu$$ dem *Klassenmittel,*

(12.4.16) $$Q_H = \sum_{\nu=1}^{k} n_\nu (\bar{X}_{\nu\cdot} - \bar{X}_{\cdot\cdot})^2$$ die *Streuung zwischen den Klassen*

mit $$\bar{X}_{\cdot\cdot} = \frac{1}{n} \sum_{\nu\mu} X_{\nu\mu} = \hat{a}$$ dem *Gesamtmittel.*

Man bildet daraus die Testgröße

(12.4.17) $$T = \frac{\frac{1}{k-1} Q_H}{\frac{1}{n-k} Q_0}$$

Kritischer Bereich ist $T \geqq t$ mit der Irrtumswahrscheinlichkeit (für Fehler erster Art) $1 - F_{k-1,n-k}(t) = \alpha$. ($F_{k-1,n-k}$ = F-Verteilung mit $k-1, n-k$ Freiheitsgraden.) Zur Kontrolle kann man die „Gesamtstreuung“

(12.4.18) $$Q_1 = \sum_{\nu,\mu} (X_{\nu\mu} - \bar{X}_{\cdot\cdot})^2$$

ausrechnen, die der Gleichung

$$Q_1 = Q_H + Q_0 \tag{12.4.19}$$

genügen muß.

Ist die Hypothese „$a_\nu = a$ ($\nu = 1, \ldots, n$)" richtig, dann hat T eine F-Verteilung mit $k - 1, n - k$ Freiheitsgraden (das wurde bereits zur Berechnung der Irrtumswahrscheinlichkeit für Fehler 1. Art verwendet). Gilt dagegen die Hypothese nicht, so besitzt T eine nichtzentrale F-Verteilung mit denselben Freiheitsgraden und dem Nichtzentralitätsparameter

$$\delta^2 = \frac{1}{\sigma^2} \sum_{\nu=1}^{k} n_\nu (a_\nu - \bar{a})^2, \tag{12.4.20}$$

wobei

$$\bar{a} = \frac{1}{n} \sum_\nu n_\nu a_\nu .$$

Ein Konfidenzbereich für die Abweichungen $a_\nu - a_\mu$ nebst zugehöriger Konfidenzwahrscheinlichkeit wird gegeben durch die Beziehung

$$P\left(\frac{\frac{1}{k-1} \sum_{\nu=1}^{k} n_\nu (a_\nu - \bar{a} - \bar{X}_{\nu .} + \bar{X}_{..})^2}{\frac{1}{n-k} \sum_{\nu,\mu} (X_{\nu\mu} - \bar{X}_{\nu .})^2} < h \right) = F_{k-1, n-k}(h). \tag{12.4.21}$$

$a_\nu - \bar{a}$ läßt sich nämlich aus den Differenzen $a_\nu - a_\mu$ nach der Formel

$$n(a_\nu - \bar{a}) = \sum_{\mu=1}^{k} n_\mu (a_\nu - a_\mu) \tag{12.4.22}$$

berechnen, so daß durch die in Klammern stehende Ungleichung für jede Beobachtung der $X_1, \ldots, X_n$ ein Bereich für die Differenzen $a_\nu - a_\mu$ ($\nu, \mu = 1, \ldots, k$) beschrieben wird.

Bemerkung: Im Fall $k = 2$ erhält man den im vorangehenden Abschnitt angegebenen Test zum Vergleich zweier Gruppen normalverteilter Größen.

12.4.4 Zwei-Faktor-Analysis
(doppelte Streuungsanalyse)

Die Problemstellung von 12.4.3 läßt sich in folgender Weise verallgemeinern: An Stelle einer einzigen Gruppe von Bedingungen sind jetzt zwei Gruppen von Bedingungen ($\nu = 1, \ldots, r$, $\mu = 1, \ldots, s$) vorgegeben; jede Beobachtung von X geschieht unter je einer Bedingung aus jeder der beiden Gruppen. Die Beobachtungen unter gleichen Bedingungen werden wieder zu Klassen zusammengefaßt; in jeder Klasse werden gleich viele Messungen vorgenommen. Zur Veranschaulichung denke man etwa an die Messung des Verschleißes von Autoreifen bei verschiedenen chemischen Zusammensetzungen und Profilen der Reifen.

Gefragt wird nun, ob eine der beiden Gruppen von Bedingungen oder beide zusammen Einfluß auf die Beobachtungen haben bzw. ob eine Wechselwirkung zwischen den Bedingungen besteht.

1. *Modellgleichungen im Fall einer Beobachtung je Indexpaar* (ν, μ)

$$X_{\nu\mu} = m + a_\nu + b_\mu + Z_{\nu\mu} \qquad (\nu = 1, \ldots, r;\ \mu = 1, \ldots, s) \tag{12.4.23}$$

mit den Normierungen $\sum a_\nu = \sum b_\mu = 0$ (nötig, um a_ν, b_μ eindeutig festzulegen); m, a_ν, b_μ sind unbekannt.

Hypothese (A): $a_\nu = 0$ $(\nu = 1, \ldots, r)$.

Das bedeutet: „Die Bedingungen der ersten Gruppe haben keinen Einfluß".

Lösung: Es werden die Hilfsgrößen

$$Q_0 = \sum_{\nu\mu} (X_{\nu\mu} - \bar{X}_{\nu\cdot} - \bar{X}_{\cdot\mu} + \bar{X}_{\cdot\cdot})^2 \tag{12.4.24}$$

und

$$Q_H = s \sum_{\nu} (\bar{X}_{\nu\cdot} - \bar{X}_{\cdot\cdot})^2 \tag{12.4.25}$$

eingeführt, wobei

$$\bar{X}_{\nu\cdot} = \frac{1}{s} \sum_{\mu} X_{\nu\mu}; \quad \bar{X}_{\cdot\mu} = \frac{1}{r} \sum_{\nu} X_{\nu\mu}; \quad \bar{X}_{\cdot\cdot} = \frac{1}{r\,s} \sum_{\nu,\mu} X_{\nu\mu}$$

gesetzt wird. Damit definiert man die Testgröße

$$T = \frac{\frac{1}{r-1} Q_H}{\frac{1}{(r-1)(s-1)} Q_0}, \tag{12.4.26}$$

welche eine F-Verteilung mit den Freiheitsgraden $(r-1)$, $(r-1)(s-1)$ besitzt, falls die Hypothese (A) richtig ist. Andernfalls genügt T einer nichtzentralen F-Verteilung mit dem Nichtzentralitätsparameter

$$\delta^2 = \frac{1}{\sigma^2} s \sum_{\nu} a_\nu^2 . \tag{12.4.27}$$

Zur Kontrolle dient die Gleichung

$$Q_1 = Q_0 + Q_H$$

mit $Q_1 = \sum_{\nu,\mu} (X_{\nu\mu} - \bar{X}_{\cdot\cdot})^2$.

Hypothese (B): $b_\mu = 0$ $(\mu = 1, \ldots, s)$ wird analog behandelt (Bedingungen der zweiten Gruppe haben keinen Einfluß).

Hypothese (AB): $a_\nu = 0$ $(\nu = 1, \ldots, r)$ und $b_\mu = 0$ $(\mu = 1, \ldots, s)$. Das heißt: Weder die erste noch die zweite Gruppe der Bedingungen beeinflußt das Ergebnis.

Lösung: Man setzt Q_0 wie oben und

$$Q_H = s \sum_{\nu} (\bar{X}_{\nu\cdot} - \bar{X}_{\cdot\cdot})^2 + r \sum_{\mu} (\bar{X}_{\cdot\mu} - \bar{X}_{\cdot\cdot})^2, \tag{12.4.28}$$

sowie als Testgröße

(12.4.29) $$T = \frac{\frac{1}{r+s-2} Q_H}{\frac{1}{(r-1)(s-1)} Q_0}.$$

T genügt einer F-Verteilung mit Freiheitsgraden $(r+s-2)$, $(r-1)(s-1)$. Gilt die Hypothese (AB) nicht, so besitzt T den Nichtzentralitätsparameter

(12.4.30) $$\delta^2 = \frac{1}{\sigma^2} \left\{ s \sum_\nu a_\nu^2 + r \sum_\mu b_\mu^2 \right\}.$$

Eine Kontrolle ist möglich wie oben mit der Größe $Q_1 = \sum_{\nu,\mu} (X_{\nu\mu} - \bar{X}_{..})^2$.

2. *Modellgleichungen im Fall von t Beobachtungen je Indexpaar* (ν, μ):

(12.4.31) $$X_{\nu\mu\lambda} = m + a_\nu + b_\mu + c_{\nu\mu} + Z_{\nu\mu\lambda}$$
$$(\nu = 1, \ldots, r;\ \mu = 1, \ldots, s;\ \lambda = 1, \ldots, t)$$

mit

$$\sum a_\nu = \sum b_\mu = 0; \quad \sum_\nu c_{\nu\mu} = \sum_\mu c_{\nu\mu} = 0 \quad \text{für alle } \mu \text{ bzw. } \nu.$$

Hypothese (C): $c_{\nu\mu} = 0$ für alle ν, μ.

Das entspricht der Annahme: Zwischen Bedingungen verschiedener Gruppen besteht keine Wechselwirkung.

Lösung: Zu bilden sind die Hilfsgrößen

(12.4.32) $$Q_0 = \sum_{\nu,\mu,\lambda} (X_{\nu\mu\lambda} - \bar{X}_{\nu\mu.})^2,$$

(12.4.33) $$Q_H = t \sum_{\nu,\mu} (\bar{X}_{\nu\mu.} - \bar{X}_{\nu..} - \bar{X}_{.\mu.} + \bar{X}_{...})^2$$

mit

$$\bar{X}_{\nu\mu.} = \frac{1}{t} \sum_\lambda X_{\nu\mu\lambda};$$

$$\bar{X}_{\nu..} = \frac{1}{s} \sum_\mu \bar{X}_{\nu\mu.}; \quad \bar{X}_{.\mu.} = \frac{1}{r} \sum_\nu \bar{X}_{\nu\mu.};$$

$$\bar{X}_{...} = \frac{1}{r\,s\,t} \sum_{\nu,\mu,\lambda} X_{\nu\mu\lambda}$$

und damit die Testgröße

(12.4.34) $$T = \frac{\frac{1}{(r-1)(s-1)} Q_H}{\frac{1}{r\,s(t-1)} Q_0}.$$

T hat eine F-Verteilung mit Freiheitsgraden $(r-1)(s-1)$, $r\,s(t-1)$; falls die Hypothese (C) nicht stimmt, hat es eine nichtzentrale F-Verteilung mit dem Nichtzentralitätsparameter

(12.4.35) $$\delta^2 = \frac{t}{\sigma^2} \sum_{\nu,\mu} c_{\nu\mu}^2.$$

Zur Rechenkontrolle benutzt man die Beziehung

$$Q_0 + Q_H = Q_1 = \sum_{\nu, \mu, \lambda} (X_{\nu\mu\lambda} - \bar{X}_{\nu..} - \bar{X}_{.\mu.} + \bar{X}_{...})^2.$$

Wenn $c_{\nu\mu} = 0$ gilt, lassen sich die Hypothesen „$a_\nu = 0\ (\nu = 1, \ldots, r)$" oder „$b_\mu = 0\ (\mu = 1, \ldots, s)$" oder „$a_\nu = 0,\ b_\mu = 0\ (\nu = 1, \ldots, r;\ \mu = 1, \ldots, s)$" prüfen, indem man zu den neuen Größen $X^*_{\nu\mu} = \sum_\lambda X_{\nu\mu\lambda}$ übergeht und auf diese die Methoden von 1. anwendet.

12.4.5 Ein lineares Modell mit zwei Merkmalen

In diesem Abschnitt wird die Aufgabe von 12.4.1 auf den Fall ausgedehnt, daß statt einer einzigen zwei gemeinsam verteilte Größen X, Y mehrfach unabhängig beobachtet werden. Dabei ist zu prüfen, ob die Erwartungswerte dieser beiden Größen die gegebenen Werte a_0, b_0 annehmen oder nicht.

Modellgleichungen:

$$\{X_\nu, Y_\nu\} \text{ sind für } \nu = 1, \ldots, n \text{ unabhängige Paare;}$$

die Verteilung jedes Paares ist eine Normalverteilung mit unbekannter Kovarianzmatrix $\begin{pmatrix} \sigma_{XX} & \sigma_{XY} \\ \sigma_{XY} & \sigma_{YY} \end{pmatrix}$ und unbekannten Erwartungswerten $E(X_\nu) = a$, $E(Y_\nu) = b$.

Hypothese: $a = a_0$, $b = b_0$ bei gegebenen a_0, b_0.

Lösung: Hotellings T^2-Test.

Man schätzt zunächst die Varianzen und Kovarianzen σ_{XX}, σ_{YY} und σ_{XY} nach der Maximum-Likelihood-Methode durch

$$\hat{\sigma}_{XX} = \frac{1}{n} \sum_{\nu=1}^{n} (X_\nu - \bar{X})^2 \quad \text{mit} \quad \bar{X} = \frac{1}{n} \sum_{\nu=1}^{n} X_\nu; \tag{12.4.36}$$

$$\hat{\sigma}_{YY} = \frac{1}{n} \sum_{\nu=1}^{n} (Y_\nu - \bar{Y})^2 \quad \text{mit} \quad \bar{Y} = \frac{1}{n} \sum_{\nu=1}^{n} Y_\nu; \tag{12.4.37}$$

$$\hat{\sigma}_{XY} = \frac{1}{n} \sum_{\nu=1}^{n} (X_\nu - \bar{X})(Y_\nu - \bar{Y}).\text{ [1]} \tag{12.4.38}$$

Diese Schätzgrößen faßt man zusammen zur

$$\text{Matrix} \begin{pmatrix} \hat{\sigma}_{XX} & \hat{\sigma}_{XY} \\ \hat{\sigma}_{XY} & \hat{\sigma}_{YY} \end{pmatrix} \text{ mit der inversen Matrix} \begin{pmatrix} \hat{\sigma}^{11} & \hat{\sigma}^{12} \\ \hat{\sigma}^{12} & \hat{\sigma}^{22} \end{pmatrix}$$

und berechnet daraus die Testgröße

$$A = \hat{\sigma}^{11}(\bar{X} - a_0)^2 + 2\hat{\sigma}^{12}(\bar{X} - a_0)(\bar{Y} - b_0) + \hat{\sigma}^{22}(\bar{Y} - b_0)^2. \tag{12.4.39}$$

---

[1] Diese Schätzungen sind nicht erwartungstreu; will man erwartungstreue Schätzungen erhalten, so ersetze man den Faktor $\frac{1}{n}$ durch $\frac{1}{n-1}$.

Bei Gültigkeit der Hypothese hat A eine nicht-reduzierte F-Verteilung mit den Freiheitsgraden $r = 2$, $s = n - 2$ (d. h. eine B-Verteilung zweiter Art mit Parametern $\alpha = 1$, $\beta = (n - 2)/2$).

Bemerkung: Als *Hotellingsche Testgröße* bezeichnet man

$$T^2 = (n - 1)\,A\,. \tag{12.4.40}$$

Im allgemeinen Fall von q Dimensionen (statt 2) gilt alles entsprechend mit Freiheitsgraden $r = q$, $s = n - q$.

Strenggenommen geht dieser Test etwas über den durch 12.1—12.3 abgesteckten Rahmen hinaus.

12.5 Einiges über Versuchsplanung

12.5.1 Fragestellung und Nutzen der Versuchsplanung

Zur Versuchsplanung im weiteren Sinne gehören alle Überlegungen und Verfahren, die sich damit befassen, ein Experiment vor seiner Durchführung in bezug auf Größe und Art nach den Gesichtspunkten von Rentabilität und Zweck festzulegen; insbesondere gehört dazu die Festlegung der Anzahl von Experimenten (d. h. die Festlegung des Umfanges der Stichprobe). Im engeren Sinne versteht man unter Versuchsplanung eine Art von Fragestellung, die an einem Beispiel erläutert werden soll:

Eine Maschine, von der mehrere Typen ($i = 1, \ldots, r$) vorhanden seien, erzeuge aus Rohmaterial verschiedener Qualität ($j = 1, \ldots, s$) bestimmte Werkstücke, deren Güte durch die Modellgleichung

$$X_{ijk} = a_i + b_j + Z_{ijk} \tag{12.5.1}$$

beschrieben werde. Hierin bedeute a_i den Einfluß der Qualität der Maschine i und b_j den der Qualität des Rohstoffs j; die übrigen Einflüsse (z. B. Bedienungspersonal, Witterungsumstände) mögen sich als unabhängige Zufallsgrößen Z_{ijk} kennzeichnen lassen, wobei der Index k die Wiederholungen angebe und die Zahlen $1, \ldots, n_{ij}$ durchlaufe.

Einerseits macht nun die rechnerische Auswertung derartiger Experimente (für Testprobleme s. 12.1, für Schätzprobleme s. 12.2) bei beliebigen n_{ij} Schwierigkeiten, andererseits gibt es oft äußere Gründe, die die Wahl der n_{ij} einschränken (z. B. Personal- oder Platzmangel, beschränkte Rohstoffmengen $\left(\sum_i n_{ij} \leqq n_j\right)$, beschränkte Liefermöglichkeiten für gewisse Maschinentypen $\left(\sum_j n_{ij} \leqq m_i\right)$. Damit entsteht die Frage, wie die Experimente in ihrer Kombination von Rohstoff und Maschine ausgewählt werden sollen.

Abstrakt läßt sich dies so formulieren: In der dreidimensionalen Matrix mit Reihenindizes i, j, k sollen die Zellen markiert werden, die zu Gleichungen 12.5.1 gehören, welche ihrerseits den tatsächlich durchzuführenden Experimenten entsprechen; dabei soll die Zahl der markierten Zellen in gewissen Spalten oder Reihen beschränkt sein. Aufgaben dieser Art bilden den Gegenstand der *statistischen Versuchsplanung* oder „design of experiments". Aus dem umfangreichen Gebiet werden hier nur die sog. *lateinischen Quadrate* behandelt.

12.5.2 Lateinische Quadrate

Gegeben sind die *Modellgleichungen*

$$(12.5.2)\qquad X_{\nu\mu\lambda} = m + a_\nu + b_\mu + c_\lambda + Z_{\nu\mu\lambda} \quad (\nu, \mu, \lambda = 1, \ldots, n;\ n \geqq 3)$$

mit den Unbekannten m, a_ν, b_μ, c_λ, die gemäß

$$\sum a_\nu = \sum b_\mu = \sum c_\lambda = 0$$

normiert sind. Zu jedem Indexpaar ν, μ gibt es jedoch nur einen Wert $\lambda = \lambda(\nu, \mu)$, für den die Beobachtung möglich ist; dabei sollen für jedes feste ν_0 die $\lambda(\nu_0, \mu)$-Werte ($\mu = 1, \ldots, n$) sämtlich verschieden sein, desgleichen die $\lambda(\nu, \mu_0)$-Werte ($\nu = 1, \ldots, n$) bei festem μ_0.[1]

Trägt man in ein n-reihiges Quadrat in jedes Feld (ν = Zeilenindex, μ = Spaltenindex) den betreffenden λ-Wert ein, so kommt also in jeder Zeile und in jeder Spalte jede der Zahlen $1, \ldots, n$ genau einmal vor

Beispiel ($n = 5$).

1	2	3	4	5
2	5	4	3	1
3	1	2	5	4
4	3	5	1	2
5	4	1	2	3

Zu prüfen ist die *Hypothese* (A): $a_\nu = 0$ ($\nu = 1, \ldots, n$).

Lösung: Mittels der Hilfsgrößen

$$(12.5.3)\qquad Q_0 = \sum_{\nu,\mu} (X_{\nu\mu\lambda} - \bar{X}_{\nu\cdot} - \bar{X}_{\cdot\mu} - \bar{X}_{(\lambda)} + 2\bar{X}_{\cdot\cdot})^2,$$

wobei $\bar{X}_{\nu\cdot} = \frac{1}{n} \sum_\mu X_{\nu\mu\lambda}$, $\quad \bar{X}_{\cdot\mu} = \frac{1}{n} \sum_\nu X_{\nu\mu\lambda}$,

$$\bar{X}_{(\lambda)} = \frac{1}{n} \sum_{\lambda(\nu,\mu)=\lambda} X_{\nu\mu\lambda}, \qquad \bar{X}_{\cdot\cdot} = \frac{1}{n^2} \sum_{\nu,\mu} X_{\nu\mu\lambda},$$

und $\quad Q_A = n \sum_\nu (\bar{X}_{\nu\cdot} - \bar{X}_{\cdot\cdot})^2$

[1] Das Schema, das man in einem Würfel anschreiben könnte, ist bezüglich der 3 Indizes völlig gleichartig!

definiert man die Testgröße

$$(12.5.4)\qquad T = \frac{\frac{1}{n-1} Q_A}{\frac{1}{(n-1)(n-2)} Q_0}.$$

Bei Gültigkeit der Hypothese hat T eine F-Verteilung mit $n-1$, $(n-1)(n-2)$ Freiheitsgraden; im allgemeinen Fall hat T eine nichtzentrale F-Verteilung mit dem Nichtzentralitätsparameter

$$(12.5.5)\qquad \delta^2 = \frac{1}{\sigma^2} \sum_\nu a_\nu^2.$$

Hypothese (B): $b_\mu = 0$ $(\mu = 1, \ldots, n)$ und

Hypothese (C): $c_\lambda = 0$ $(\lambda = 1, \ldots, n)$ werden entsprechend behandelt. Dabei benutzt man statt Q_A die quadratischen Formen

$$Q_B = \sum_\mu (\bar{X}_{\cdot\mu} - \bar{X}_{\cdot\cdot})^2 \quad \text{bzw.} \quad Q_C = \sum_\lambda (\bar{X}_{(\lambda)} - \bar{X}_{\cdot\cdot})^2.$$

Die *Hypothese* (ABC): $a_\nu = 0$, $b_\lambda = 0$, $c_\lambda = 0$ (für alle Indexwerte) prüft man mit Hilfe der Testgröße

$$(12.5.6)\qquad T = \frac{\frac{1}{3(n-1)} (Q_A + Q_B + Q_C)}{\frac{1}{(n-1)(n-2)} Q_0},$$

deren Verteilung eine F-Verteilung mit den Freiheitsgraden $3(n-1)$, $(n-1)(n-2)$ darstellt, sofern die Hypothese richtig ist.

12.6 Einfache Regression*

Ist eine Meßgröße X eine lineare Funktion einer anderen, fehlerfrei meßbaren Größe t (einfache Regression), treten aber bei der Messung von X $(0, \sigma^2)$-normalverteilte Fehler auf, so fragt man sich, wie die den linearen Zusammenhang beschreibenden Koeffizienten a (Wert von X für $t = 0$) und b (Steigungskoeffizient) zu schätzen bzw. Hypothesen über diese Koeffizienten zu prüfen sind.

Modellgleichungen:

$$(12.6.1)\qquad X_\nu = a + b\,t_\nu + Z_\nu \qquad (\nu = 1, \ldots, n)$$

bei unbekannten a und b, aber bekanntem t_ν.

Als *Schätzwerte* ergeben sich

$$(12.6.2)\qquad \hat{b} = \frac{\hat{\sigma}_{Xt}}{\hat{\sigma}_t^2} \quad \text{und} \quad \hat{a} = \bar{X} - \hat{b}\,\bar{t}$$

*) Das ist ein weiteres Beispiel zu § 12.2.

mit den Abkürzungen

$$\bar{X} = \frac{1}{n} \sum_{\nu=1}^{n} X_\nu, \qquad \bar{t} = \frac{1}{n} \sum_{\nu=1}^{n} t_\nu;$$

$$\hat{\sigma}_t^2 = \frac{1}{n} \sum_{\nu=1}^{n} (t_\nu - \bar{t})^2, \quad \hat{\sigma}_{Xt} = \frac{1}{n} \sum_{\nu=1}^{n} (X_\nu - \bar{X})(t_\nu - \bar{t}).$$

Man beachte, daß $\bar{X}$ und $\hat{\sigma}_{Xt}$ vom Zufall abhängen, während $\bar{t}$ und $\hat{\sigma}_t^2$ Konstanten sind!

Zur Prüfung der

Hypothese (B): $b = 0$

führt man die Hilfsgrößen

(12.6.3) $$Q_0 = n \frac{\hat{\sigma}_X^2 \hat{\sigma}_t^2 - (\hat{\sigma}_{Xt})^2}{\hat{\sigma}_t^2}$$

mit $$\hat{\sigma}_X^2 = \frac{1}{n} \sum_{\nu=1}^{n} (X_\nu - \bar{X})^2 \quad \text{und}$$

(12.6.4) $$Q_B = n \frac{(\hat{\sigma}_{Xt})^2}{\hat{\sigma}_t^2}$$

ein und konstruiert daraus die Testgröße

(12.6.5) $$T = \frac{Q_B}{\frac{1}{n-2} Q_0}.$$

T besitzt eine F-Verteilung mit 1, $(n-2)$ Freiheitsgraden.

Um die

Hypothese (A): $a = 0$

zu prüfen, definiert man die Hilfsgrößen

(12.6.6) $$Q_1 = \sum_\nu X_\nu^2 - \frac{\left(\sum_\nu X_\nu t_\nu\right)^2}{\sum_\nu t_\nu^2}$$

und $$Q_A = Q_1 - Q_0.$$

Die Testgröße

(12.6.7) $$T = \frac{Q_A}{\frac{1}{n-2} Q_0}$$

hat gleichfalls eine F-Verteilung mit 1, $(n-2)$ Freiheitsgraden. Will man die

Hypothese (AB): $a = 0$ und $b = 0$

testen, verwendet man die weitere Hilfsgröße

(12.6.8) $$Q_{AB} = \sum_\nu X_\nu^2 - Q_0$$

und bildet die Testgröße

(12.6.9) $$T = \frac{\frac{1}{2} Q_{AB}}{\frac{1}{n-2} Q_0},$$

welche eine F-Verteilung mit 2, $(n-2)$ Freiheitsgraden besitzt.

Konfidenzbereichsschätzungen für a oder, allgemeiner, für $a + b\,t$ mit einem festen, bekannten t, lassen sich nach der allgemeinen Theorie leicht angeben:

(12.6.10) $$P\left(|\hat{a} + \hat{b}\,t - (a + b\,t)| \leqq \sqrt{\frac{h}{n}\left(1 + \frac{(t-\bar{t})^2}{\sigma_t^2}\right)\frac{Q_0}{n-2}}\right) = F(h)$$

(dabei ist F die Verteilungsfunktion einer $(1, n-2)$-F-Verteilung).

Die Endpunkte dieser Konfidenzbereiche liegen bei veränderlichem t auf den beiden Ästen einer Hyperbel. Will man eine gleichzeitige Konfidenzaussage für alle t haben, so erhält man nach einer Überlegung von Hoel aus einem zweidimensionalen Konfidenzbereich für beide Parameter a und b die Aussage

(12.6.11)

$$P\left(|\hat{a} + \hat{b}t - (a + b\,t)| \leqq \sqrt{\frac{2h}{n}\left(1 + \frac{(t-\bar{t})^2}{\sigma_t^2}\right)\frac{Q_0}{n-2}} \quad \text{für alle } t\right) \geqq F(h)$$

(dabei ist F die Verteilungsfunktion einer $(2, n-2)$-F-Verteilung).

Die Endpunkte dieser Konfidenzbereiche liegen bei variablem t auf den Ästen einer Hyperbel, die — bei gleicher Konfidenzwahrscheinlichkeit — die Hyperbel von (12.6.10) einschließen („Simultankonfidenzgürtel"). Will man nur eine Konfidenzaussage für den Schnittpunkt der Geraden $y = a + b\,t$ mit einem gegebenen Wert y_0, so kann man aber (Satz von E. C. Fieller) die Schnittpunkte des engeren Konfidenzgürtels (12.6.10) mit dieser Geraden verwenden!

12.7 Polynomialregression

Eine Verallgemeinerung des einfachen Regressionsproblems liegt vor, wenn die Beobachtungsgröße X nicht linear von t abhängt, sondern ein Polynom in t ist (*Polynomialregression*) und bei der Messung von X Meßfehler Z vorkommen.

Modellgleichungen:

(12.7.1) $$X_\nu = \sum_{k=0}^{l} b_k t_\nu^k + Z_\nu \qquad (\nu = 1, \ldots, n);$$

$b_0, b_1, \ldots, b_l$ sind unbekannt.

Die Schätzwerte $\hat{b}_0, \hat{b}_1, \ldots, \hat{b}_l$ ergeben sich durch Auflösung der Gleichungen

(12.7.2) $$\sum_{\nu=1}^{n}\left(\sum_{k=0}^{l} \hat{b}_k t_\nu^k - X_\nu\right) t_\nu^j = 0 \qquad (j = 0, \ldots, l).$$

Eine äquivalente Lösungsmethode, die die Rechnung einfacher macht, geht folgendermaßen vor:

Man bestimmt *Orthogonalpolynome* $P_k(t)$ $(k = 0, \ldots, l)$ (bezüglich der benutzten Punkte $t_1, \ldots, t_n$), d. h. Polynome, die der Beziehung

$$\sum_{\nu=1}^{n} P_k(t_\nu)\, P_j(t_\nu) = \delta_{kj} \qquad (k, j = 0, \ldots, l) \tag{12.7.3}$$

genügen. Hierin ist δ_{kj} das *Kronecker-Symbol*, welches für $k = j$ den Wert 1 annimmt und für $k \neq j$ verschwindet. Man entwickelt die Modellgleichung nach P_k gemäß

$$X_\nu = \sum_{k=0}^{l} b_k^*\, P_k(t_\nu) + Z_\nu \tag{12.7.4}$$

und findet als Schätzwerte für die neuen Koeffizienten b_k^*:

$$\hat{b}_k^* = \sum_{\nu=1}^{n} X_\nu\, P_k(t_\nu)\,. \tag{12.7.5}$$

12.8 Vergleich von Regressionen (Kovarianzanalyse)

Bei mehreren einfachen Regressionen kann man danach fragen, ob die entsprechenden Koeffizienten übereinstimmen.

Modellgleichungen:

$$X_{\nu\mu} = a_\mu + b_\mu\, t_{\nu\mu} + Z_{\nu\mu} \tag{12.8.1}$$

$$(\nu = 1, \ldots, n_\mu; \mu = 1, \ldots, m;\ n_\mu > 2)$$

mit unbekannten a_μ, b_μ aber bekannten $t_{\nu\mu}$.

Hypothese: $b_1 = \cdots = b_m$.

Lösung: Für jedes μ $(\mu = 1, \ldots, m)$ erhält man nach den Regeln von 12.6 die Größen

$$\hat{\sigma}_t^{2(\mu)}, \quad \hat{\sigma}_{Xt}^{(\mu)};$$

$$Q_0^{(\mu)}, \quad Q_B^{(\mu)}.$$

Damit definiert man die Hilfsgrößen

$$Q_0 = \sum_{\mu=1}^{m} Q_0^{(\mu)}, \tag{12.8.2}$$

$$Q_B = \sum_{\mu=1}^{m} Q_B^{(\mu)} - \frac{\left[\sum_{\mu=1}^{m} n_\mu\, \hat{\sigma}_{Xt}^{(\mu)2}\right]^2}{\sum_{\mu=1}^{m} n_\mu\, \hat{\sigma}_t^{2(\mu)}}, \tag{12.8.3}$$

setzt

$$n = \sum_{\mu=1}^{m} n_\mu$$

und bildet schließlich die Testgröße

$$T = \frac{\frac{1}{m} Q_B}{\frac{1}{n-2m} Q_0} \tag{12.8.4}$$

T besitzt eine F-Verteilung mit Freiheitsgraden $m,\ n-2m$.

12.9 Ein Modell zweiter Art

Zum Abschluß dieses Paragraphen soll ein Modell behandelt werden, welches nicht mehr als Spezialisierung des allgemeinen Falls 12.1 bis 12.3 aufgefaßt werden kann, das aber manchmal statt des Modells der Ein-Faktor-Analysis (s. 12.4.3) in Betracht kommt.

Modellgleichungen:

$$X_{\nu\mu} = a + Y_\nu + Z_{\nu\mu} \quad (\nu = 1, \ldots, k,\ \mu = 1, \ldots, m). \tag{12.9.1}$$

a ist eine unbekannte Konstante, die Y_ν sind unabhängige Zufallsgrößen mit $(0, \tau^2)$-Normalverteilung (und, wie bisher, die $Z_{\nu\mu}$ unabhängige $(0, \sigma^2)$-normalverteilte Größen).

Zu prüfen ist die

Hypothese: $\tau = 0$.

Lösung: Man nimmt die Testgröße T von Gl. (12.4.17). Bei Gültigkeit der Hypothese verhält sich T wie dort angegeben. Ist dagegen die Hypothese nicht richtig, so gilt

$$P(T \leqq h) = F_{k-1,\,k(m-1)}\left(h\left(1 + \frac{m\,\tau^2}{\sigma^2}\right)^{-1}\right) \tag{12.9.2}$$

mit einer gewöhnlichen F-Verteilung.

Bemerkung: Derartige einfache Beziehungen gelten nur in gewissen, ziemlich seltenen Ausnahmefällen.

§ 13. Korrelationstheorie und Regressionstheorie

Allgemein befaßt sich die Korrelationstheorie damit, Zusammenhänge zwischen Zufallsgrößen darzustellen. Die Regressionstheorie behandelt die Aufgabe, eine oder auch mehrere Zufallsgrößen durch Kombinationen anderer Zufallsgrößen „möglichst gut" zu approximieren. Hier soll vor allem die Approximation durch Linearkombinationen behandelt werden. Dieser Fall ist z. B. dann von Wichtigkeit, wenn die interessierende Größe der Beobachtung nicht oder nur sehr schwer zugänglich ist, jedoch näherungsweise als Linearkombination anderer, besser meßbarer Größen betrachtet werden kann.

Mathematisch gesehen handelt es sich darum, ein Korrelationsmaß (vgl. § 6) einzuführen und diejenigen Linearkombinationen (= Regressionen) zu bestimmen, die dieses Korrelationsmaß möglichst groß machen. Weiter stellt sich dem Statistiker die Aufgabe, die Korrelationen und Regressionen aus Beobachtungsserien zu schätzen.

Dieses Schätzproblem läßt sich sehr einfach lösen: Man ersetzt in den entsprechenden Formeln alle auftretenden Varianzen bzw. Kovarianzen durch die zugehörigen Stichproben-Varianzen bzw. -Kovarianzen, d. h.

$$\sigma_X^2 \approx \frac{1}{n} \sum_{\nu=1}^{n} (X_\nu - \bar{X})^2; \qquad \sigma_{XY} \approx \frac{1}{n} \sum_{\nu=1}^{n} (X_\nu - \bar{X})(Y_\nu - \bar{Y}),$$

oder durch die erwartungstreuen empirischen Varianzen-Kovarianzen

$$\sigma_X^2 \approx \frac{1}{n-1} \sum_{\nu=1}^{n} (X_\nu - \bar{X})^2; \qquad \sigma_{XY} \approx \frac{1}{n-1} \sum_{\nu=1}^{n} (X_\nu - \bar{X})(Y_\nu - \bar{Y}).$$

13.1 Grundlegende Definitionen

Als Maß für die Abweichung zwischen zwei Zufallsgrößen X und Y wird die Varianz ihrer Differenz $\mathrm{Var}(X - Y)$ genommen; es ist daher Aufgabe der Regressionstheorie, den Ausdruck $\mathrm{Var}\left(Y - \sum_{\nu=1}^{n} \beta_\nu^* X_\nu\right)$ bei gegebenen $Y, X_1, \ldots, X_n$ durch passende Wahl der β_ν^* möglichst klein zu machen.

Der Minimalwert

$$(13.1.1) \qquad \sigma^2(Y; X_1, \ldots, X_n) = \underset{\beta_1^*, \ldots, \beta_n^*}{\mathrm{Min}} \mathrm{Var}\left(Y - \sum_{\nu=1}^{n} \beta_\nu^* X_\nu\right)$$

heißt *Residualstreuung* (oder *bereinigte Varianz*); er wird angenommen für

$$(13.1.2) \qquad \beta_\nu^* = \beta(Y, X_\nu; X_1, \ldots, X_{\nu-1}, X_{\nu+1}, \ldots, X_n) = \beta_\nu,$$

welche *Regressionskoeffizienten* heißen.

Die Residualstreuung hängt mit dem *Maximal-Korrelationskoeffizienten* $R^2(Y, X_1, \ldots, X_n)$ [1], der auch *multipler Korrelationskoeffizient*

---

[1] Anders als in 6.3 ist hier der Maximal-Korrelationskoeffizient definiert durch

$$R^2 = \sup_{f,g} \varrho(f(Y), g(X_1, \ldots, X_n)),$$

wobei nur *lineare* Funktionen f und g zugelassen sind.

genannt wird, zusammen gemäß der Formel

$$(13.1.3) \qquad 1 - \frac{\sigma^2(Y; X_1, \ldots, X_n)}{\sigma^2(Y)} = R^2(Y; X_1, \ldots, X_n).$$

Entsprechend der Definition der bereinigten Varianz versteht man unter der *bereinigten* oder *partiellen Kovarianz* $\sigma(Y, Z; X_1, \ldots, X_n)$ von Y und Z den Ausdruck

$$(13.1.4) \qquad \sigma(Y, Z; X_1, \ldots, X_n) = \mathrm{Kov}\left(Y - \sum_{\nu=1}^{n} \beta_\nu X_\nu,\ Z - \sum_{\nu=1}^{n} \gamma_\nu X_\nu\right),$$

wobei die Regressionskoeffizienten β_ν (bezüglich Y) und γ_ν (bezüglich Z) zu benutzen sind. Analog zur Bildung des gewöhnlichen Korrelationskoeffizienten definiert man den *bereinigten Korrelationskoeffizienten*

$$(13.1.5) \qquad \varrho(Y, Z; X_1, \ldots, X_n) = \frac{\sigma(Y, Z; X_1, \ldots, X_n)}{\sigma(Y; X_1, \ldots, X_n)\, \sigma(Z; X_1, \ldots, X_n)}.$$

13.2 Berechnungsformeln

Alle in 13.1 eingeführten Größen lassen sich berechnen mit Hilfe der gewöhnlichen Varianzen und Korrelationskoeffizienten, die aus den Zufallsgrößen $Y, Z, X_1, \ldots, X_n$ gebildet werden können.

Die entsprechenden Formeln werden hier ohne weitere Begründung angegeben. Es ist zweckmäßig, dazu folgende Abkürzungen zu verwenden:

$$(13.2.1) \qquad \begin{cases} \sigma = \mathrm{Var}(Y), & \tau = \mathrm{Var}(Z), & \varrho = \mathrm{Kov}(Y, Z); \\ \sigma_{ik} = \mathrm{Kov}(X_i, X_k), & \sigma_i = \mathrm{Kov}(Y, X_i), & \tau_i = \mathrm{Kov}(Z, X_i); \\ r_{ik} = \mathrm{Korr}(X_i, X_k), & r_i = \mathrm{Korr}(Y, X_i), & t_i = \mathrm{Korr}(Z, X_i), \\ v = \mathrm{Korr}(Y, Z). \end{cases}$$

Regressionskoeffizienten:

$$(13.2.2) \qquad \beta(Y, X_\nu; X_1, \ldots, X_{\nu-1}, X_{\nu+1}, \ldots, X_n)$$

$$= \frac{\begin{vmatrix} \sigma_{11} \cdots \sigma_{1,\nu-1} & \sigma_1 & \sigma_{1,\nu+1} \cdots \sigma_{1n} \\ \vdots \quad\quad \vdots & \vdots & \vdots \\ \sigma_{n1} \cdots \sigma_{n,\nu-1} & \sigma_n & \sigma_{n,\nu+1} \cdots \sigma_{nn} \end{vmatrix}}{\mathrm{Det}(\sigma_{ik})}.$$

Zum Beispiel gilt für $n = 2$

$$(13.2.3) \qquad \beta_1 = \beta(Y, X_1; X_2) = \frac{\sigma_1 \sigma_{22} - \sigma_2 \sigma_{12}}{\sigma_{11} \sigma_{22} - \sigma_{12}^2},$$

$$(13.2.4) \qquad \beta_2 = \beta(Y, X_2; X_1) = \frac{\sigma_2 \sigma_{11} - \sigma_1 \sigma_{12}}{\sigma_{11} \sigma_{22} - \sigma_{12}^2}.$$

Residualstreuung:

$$(13.2.5)\qquad \sigma^2(Y; X_1, \ldots, X_n) = \frac{\begin{vmatrix} \sigma & \sigma_1 & \ldots & \sigma_n \\ \sigma_1 & \sigma_{11} & \ldots & \sigma_{1n} \\ \vdots & \vdots & & \vdots \\ \sigma_n & \sigma_{n1} & \ldots & \sigma_{nn} \end{vmatrix}}{\operatorname{Det}(\sigma_{ik})}$$

$$= \sigma \frac{\begin{vmatrix} 1 & r_1 & \ldots & r_n \\ r_1 & r_{11} & \ldots & r_{1n} \\ \vdots & \vdots & & \\ r_n & r_{n1} & \ldots & r_{nn} \end{vmatrix}}{\begin{vmatrix} r_{11} & r_{12} & \ldots & r_{1n} \\ r_{21} & r_{22} & \ldots & r_{2n} \\ \vdots & & & \\ r_{n1} & r_{n2} & \ldots & r_{nn} \end{vmatrix}},$$

$$= \operatorname{Var}(Y)\left(1 - \varrho^2(Y, X_1)\right)\left(1 - \varrho^2(Y, X_2; X_1)\right) \ldots$$
$$\ldots \left(1 - \varrho^2(Y, X_n; X_1, \ldots, X_{n-1})\right).$$

Multipler Korrelationskoeffizient:

$$(13.2.6)\qquad R^2(Y; X_1, \ldots, X_n)$$

$$= \frac{-1}{\sigma} \frac{\begin{vmatrix} 0 & \sigma_1 & \ldots & \sigma_n \\ \sigma_1 & \sigma_{11} & \ldots & \sigma_{1n} \\ \vdots & \vdots & & \vdots \\ \sigma_n & \sigma_{n1} & \ldots & \sigma_{nn} \end{vmatrix}}{\operatorname{Det}(\sigma_{ik})} = - \frac{\begin{vmatrix} 0 & r_1 & \ldots & r_n \\ r_1 & r_{11} & \ldots & r_{1n} \\ \vdots & \vdots & & \vdots \\ r_n & r_{n1} & \ldots & r_{nn} \end{vmatrix}}{\operatorname{Det}(r_{ik})}.$$

Bereinigte Kovarianz:

$$(13.2.7)\qquad \sigma(Y, Z; X_1, \ldots, X_n) = \frac{\begin{vmatrix} \varrho & \tau_1 & \ldots & \tau_n \\ \sigma_1 & \sigma_{11} & \ldots & \sigma_{1n} \\ \vdots & \vdots & & \vdots \\ \sigma_n & \sigma_{n1} & \ldots & \sigma_{nn} \end{vmatrix}}{\operatorname{Det}(\sigma_{ik})}$$

$$= \sqrt{\sigma\tau} \frac{\begin{vmatrix} v & t_1 & \ldots & t_n \\ r_1 & r_{11} & \ldots & r_{1n} \\ \vdots & \vdots & & \vdots \\ r_n & r_{n1} & \ldots & r_{nn} \end{vmatrix}}{\operatorname{Det}(r_{ik})}.$$

Bereinigter (oder partieller) Korrelationskoeffizient:

$$(13.2.8)\qquad \varrho(Y, Z; X_1, \ldots, X_n) = \frac{\begin{vmatrix} v & t_1 & \ldots & t_n \\ r_1 & r_{11} & \ldots & r_{1n} \\ \vdots & \vdots & & \vdots \\ r_n & r_{n1} & \ldots & r_{nn} \end{vmatrix}}{\sqrt{\begin{vmatrix} 1 & r_1 & \ldots & r_n \\ r_1 & r_{11} & \ldots & r_{1n} \\ \vdots & \vdots & & \vdots \\ r_n & r_{n1} & \ldots & r_{nn} \end{vmatrix} \begin{vmatrix} 1 & t_1 & \ldots & t_n \\ t_1 & r_{11} & \ldots & r_{1n} \\ \vdots & \vdots & & \vdots \\ t_n & r_{n1} & \ldots & r_{nn} \end{vmatrix}}}.$$

Beispielsweise ist für $n = 1$:

(13.2.9) $$\varrho(Y, Z; X) = \frac{\varrho(Y, Z) - \varrho(X, Y)\,\varrho(X, Z)}{\sqrt{(1 - \varrho(X, Y)^2)\,(1 - \varrho(X, Z)^2)}}.$$

Zwischen den bereinigten Varianzen und dem bereinigten Korrelationskoeffizienten einerseits und den Regressionskoeffizienten andererseits besteht folgender Zusammenhang:

(13.2.10) $$\beta(Y, Z; X_1, \ldots, X_n) = \varrho(Y, Z; X_1, \ldots, X_n)\,\frac{\sigma(Y; X_1, \ldots, X_n)}{\sigma(Z; X_1, \ldots, X_n)}.$$

13.3 Kanonische Korrelationen und Maximalkorrelationen

Um den Zusammenhang zwischen zwei Serien von Zufallsgrößen $X_1, \ldots, X_m$ und $Y_1, \ldots, Y_n$ einfach und möglichst gut darzustellen, verwendet man Linearkombinationen, die folgendermaßen definiert sind:

1. Man bestimmt diejenigen Linearkombinationen $U_1 = \sum_\mu a_\mu^* X_\mu$ und $V_1 = \sum_\nu b_\nu^* Y_\nu$, deren Korrelationskoeffizient möglichst groß ist, d. h.

(13.3.1) $$\varrho_1 = \operatorname*{Max}_{\substack{a_1, \ldots, a_m \\ b_1, \ldots, b_n}} \operatorname{Korr}\left(\sum_{\mu=1}^{m} a_\mu X_\mu,\ \sum_{\nu=1}^{n} b_\nu Y_\nu\right) = \operatorname{Korr}(U_1, V_1).$$

U_1 und V_1 bilden das *erste kanonische Paar*. Der Maximalwert ϱ_1 ist der *Maximalkorrelationskoeffizient*, der im Fall $n = 1$ mit dem multiplen Korrelationskoeffizienten übereinstimmt.

2. Die höheren kanonischen Paare und die höheren Korrelationskoeffizienten werden nun induktiv definiert:

(13.3.2) $$\varrho_2 = \operatorname{Max} \operatorname{Korr}\left(\sum_{\mu=1}^{m} a_\mu X_\mu,\ \sum_{\nu=1}^{n} b_\nu Y_\nu\right) = \operatorname{Korr}(U_2, V_2),$$

wobei das Maximum über alle Linearkombinationen zu erstrecken ist, für welche $\varrho(\sum a_\mu X_\mu, U_1) = \varrho(\sum b_\nu Y_\nu, V_1) = 0$ gilt. Auf gleiche Weise konstruiert man U_3, V_3 und ϱ_3, bis man schließlich zu U_l, V_l und ϱ_l mit $l = \operatorname{Min}(m, n)$ gelangt.

Die ϱ_ν können erhalten werden durch die Eigenwertgleichungen

(13.3.3) $$\operatorname{Det}(\varrho_\nu R - S T^{-1} S^*) = 0$$

bzw.

(13.3.4) $$\operatorname{Det}(\varrho_\nu T - S^* R^{-1} S) = 0,$$

wobei R, S und T Matrizen sind mit den Komponenten

$$R_{\mu\nu} = \operatorname{Kov}(X_\mu, X_\nu), \quad S_{\mu\nu} = \operatorname{Kov}(X_\mu, Y_\nu), \quad T_{\mu\nu} = \operatorname{Kov}(Y_\mu, Y_\nu).$$

Zwischen den kanonischen Größen U_ν, V_μ bestehen automatisch folgende Korrelationsbeziehungen:

$$\varrho(U_\nu, V_\mu) = 0 \quad \text{für alle } \nu \neq \mu \qquad (\nu = 1, \ldots, l;\ \mu = 1, \ldots, l). \tag{13.3.5}$$

Bemerkung: Eine theoretisch wichtige Verallgemeinerung entsteht, wenn man die in den Definitionsgleichungen vorkommenden Linearkombinationen durch beliebige Funktionen $f(X_1, \ldots, X_m)$, $g(Y_1, \ldots, Y_n)$ ersetzt. Das so gewonnene ϱ_1 wird der Gebeleinsche Maximal-Korrelationskoeffizient genannt, jedoch werden die Maxima i. allg. nicht angenommen.

13.4 Hauptkomponenten und Faktoranalyse

Für manche Überlegungen und Beschreibungen, z. B. die anschließend erwähnte Faktoranalyse, sind die Eigenwerte $\lambda_1 \geqq \lambda_2 \geqq \cdots \geqq \lambda_s \geqq 0$ der Varianz-Kovarianz-Matrix (bzw. Matrix der zweiten Momente $E(X_i X_j)$) $\operatorname{Kov}(X_i, X_j)$ wichtig; sie entstehen durch Maximierung von $\operatorname{Var}\left(\sum_{i=1}^{s} a_i X_i\right)$ unter der Nebenbedingung $\sum_i a_i^2 = 1$. Die diesem Maximum entsprechende Linearkombination $H_1 = \sum_i a_i^{(1)} X_i$ nennt man erste Hauptkomponente (Hotelling); die weiteren Hauptkomponenten H_r ergeben sich, ebenso wie die weiteren Eigenwerte λ_r durch die gleiche Maximumsaufgabe mit den weiteren Nebenbedingungen

$$\operatorname{Kov}\left(\sum a_i X_i, H_j\right) = 0 \qquad (j = 1, \ldots, r-1).$$

Die Faktoranalyse stellt (u. a.) zur Beschreibung von abhängigen s-dimensionalen Beobachtungen $X_\nu^{(i)}$ $(\nu = 1, \ldots, n;\ i = 1, \ldots, s)$ folgendes Modell auf:

$$X_\nu^{(i)} = \sum_{r=1}^{R} a_r^{(i)} f_\nu^{(i)} + Z_\nu^{(i)}. \tag{13.4.1}$$

Dabei sind $a_r^{(i)}$ die Faktorwirkungen $\left(\text{auf } \sum_i a_r^{(i)2} = 1 \text{ normiert}\right)$, $f_\nu^{(i)}$ die Faktorladungen und $Z_\nu^{(i)}$ unabhängige $(0, \sigma^2)$-normalverteilte Zufallsgrößen. Die Maximum-Likelihood-Methode führt dazu, die $a_r^{(i)}$ durch Eigenvektoren $\hat{a}_r^{(i)}$ (wie die Hauptkomponenten) der Matrix mit den Elementen $\sum_\nu X_\nu^{(i)} X_\nu^{(j)}$ zu schätzen (die r größten Eigenwerte) und die $f_\nu^{(i)}$ durch

$$f_\nu^{(r)} = \sum \hat{a}_r^{(i)} X_\nu^{(i)} \tag{13.4.2}$$

zu berechnen. Im Falle, daß in den Gleichungen 13.4.1 noch zusätzliche Konstanten b_i zugelassen werden, bestimmen sich diese als arithmetisches Mittel $\bar{X}^{(i)} = \frac{1}{n} \sum_\nu X_\nu^{(i)}$ der $X_\nu^{(i)}$ und man muß die Eigenwerte der empirischen Varianz-Kovarianz-Matrix

(13.4.3) $$\sum_{\nu=1}^{n} (X_\nu^{(i)} - \bar{X}^{(i)}) (X_\nu^{(j)} - \bar{X}^{(j)})$$

verwenden.

Bemerkung: In der Faktoranalyse werden noch andere Modellgleichungen betrachtet. [siehe *19a*, *41a*].

§ 14. Stichprobenverfahren

Aufgabe der Stichprobenverfahren ist es, Aussagen über Totalwerte, d. h. über die Summen von Einzelwerten von Dingen (= Individuen) einer vorgelegten Gesamtheit durch Untersuchung (Befragung, Prüfung, Messung) einer davon herausgegriffenen Teilgesamtheit (= Stichprobe) zu erhalten. Es liegt auf der Hand, daß man solche Rückschlüsse von einem Teil auf das Ganze nie mit absoluter Sicherheit durchführen kann. Um wenigstens Wahrscheinlichkeitsaussagen für die Genauigkeit zu ermöglichen, wird die Teilgesamtheit durch Verfahren (Stichprobenerhebungsverfahren) ausgewählt, die nach einem bestimmten Schema (Stichprobenplan) den Zufall in Form anerkannter Zufallsmechanismen benutzen.

Solche Zufallsmechanismen sind etwa das Würfeln oder das Ziehen von Losen aus einer Urne oder die Benutzung von Zufallszahlen, die vorschreiben, welche Nummern der zuvor numerierten Individuen der Gesamtheit herausgegriffen werden sollen (Zufallszahlen kann man entweder aus Tabellen entnehmen oder selbst durch Würfeln oder mittels komplizierter physikalischer Geräte, z. B. elektronischer Rechenmaschinen, erzeugen).

14.1 Anteilschätzungen

Die einfachsten Stichprobenverfahren sind die Anteilschätzungen (qualitativer oder homograder Fall), bei denen es darauf ankommt, den Umfang (= Anzahl der Individuen) gewisser, durch besondere Eigenschaften ihrer Individuen ausgezeichneter Teilgesamtheiten zu ermitteln.

14.1.1 Einfache Stichprobe

Beispiel. Unter den Einwohnern einer Stadt sollen diejenigen gezählt werden, die täglich im eigenen Wagen zu ihrem Arbeitsplatz fahren. Eine Befragung sämtlicher Einwohner ist zu teuer, deshalb werden aus der gut gemischten Einwohnerkartei aufs Geratewohl eine Anzahl von Karten gezogen und die so gefundenen Personen befragt.

Man überlegt sich sofort, daß die Anzahl $N^{(a)}$ der mit einem bestimmten Merkmal (im Beispiel: Fahren im eigenen Auto) behafteten unter den N Individuen der Gesamtheit als Totalwert aufgefaßt werden kann, indem man jedem Individuum mit dem interessierenden Merkmal den Wert 1 und allen anderen den Wert 0 zuordnet. Die Summe dieser Werte (= Totalwert) liefert dann gerade die Anzahl der Merkmalsträger.

Aus der Gesamtheit aller Individuen wird eine Stichprobe vom Umfang n entnommen (ohne Zurücklegen), darunter $n^{(a)}$ Individuen, die das Merkmal aufweisen. Die *Schätzung* von $N^{(a)}$ geschieht durch sog. *Hochrechnen* nach der Formel

$$\widehat{N^{(a)}} = \frac{n^{(a)}}{n} N; \tag{14.1.1}$$

d. h., man setzt das Verhältnis „Anzahl aller Merkmalsträger : Anzahl aller Individuen" gleich dem in der Stichprobe gefundenen Verhältnis an. Diese Schätzung ist erwartungstreu; ihre Varianz kann durch

$$\sigma^2(\widehat{N^{(a)}}) \approx \frac{N^2}{n} \frac{n^{(a)}}{n}\left(1 - \frac{n^{(a)}}{n}\right) \tag{14.1.2}$$

näherungsweise berechnet werden $\left(\text{man erhält einen etwas besseren Wert, wenn man noch mit dem Faktor } \frac{N-n}{N-1} \text{ multipliziert}\right)$.

14.1.2 Geschichtete Stichprobe

Besteht die Gesamtheit der Individuen aus l Schichten (d. h. disjunkten Teilgesamtheiten) vom bekannten Umfang $N_i \left(\sum_{i=1}^{l} N_i = N\right)$ aber unbekannter Anzahl der Merkmalsträger $N_i^{(a)} \left(\sum_{i=1}^{l} N_i^{(a)} = N^{(a)}\right)$, so kann die Stichprobenerhebung auch für jede Schicht einzeln durchgeführt werden. (Im Beispiel der Verkehrszählung kommen als Schichten etwa die Bewohner verschiedener Stadtteile in Betracht.) Die Einzelstichprobe habe jeweils den Umfang n_i $\left(i = 1, \ldots, l;\ \sum_i n_i = n\right)$ und enthalte $n_i^{(a)}$ $\left(\sum_i n_i^{(a)} = n^{(a)}\right)$ Merkmalsträger.

Durch Hochrechnen erhält man für $N^{(a)}$ die erwartungstreue Schätzung

$$\widehat{N^{(a)}} = \sum_{i=1}^{l} \frac{n_i^{(a)}}{n_i} N_i. \tag{14.1.3}$$

Die Varianz von $\widehat{N^{(a)}}$ läßt sich approximieren durch

$$\sigma^2(\widehat{N^{(a)}}) \approx \sum_{i=1}^{l} \frac{N_i^2}{n_i} \frac{n_i^{(a)}}{n}\left(1 - \frac{n_i^{(a)}}{n}\right) \approx \sum_{i=1}^{l} \frac{N_i^2}{n_i} \sigma_i^2 \tag{14.1.4}$$

mit

$$\sigma_i^2 = \frac{N_i^{(a)}}{N_i}\left(1 - \frac{N_i^{(a)}}{N_i}\right).$$

$\left(\text{Auch hier wird der Wert etwas besser, wenn man jeden einzelnen Summanden mit dem Faktor } \frac{N_i - n_i}{N_i - 1} \text{ multipliziert.}\right)$

14.1.3 Optimale Schichtauswahlen

Ein Stichprobenverfahren ist um so besser, je kleiner die Varianz von $N^{(a)}$ ist. Um diesen Wert möglichst klein zu machen, hat der Statistiker nur die Möglichkeit, die Umfänge n_i der den einzelnen Schichten zu entnehmenden Stichproben innerhalb gewisser Schranken geeignet zu wählen.

1. Ist die Gesamtzahl $n = \sum_{i=1}^{l} n_i$ der in den Einzelstichproben zu untersuchenden Individuen vorgegeben, so wird zweckmäßig

$$(14.1.5)\qquad n_i \approx n \frac{N_i \sigma_i}{\sum_{j=1}^{l} N_j \sigma_j} \qquad \text{(Neyman-Tschuprow)}$$

genommen. Dabei ist σ_i die Standardabweichung innerhalb der i-ten Schicht, die etwa aus früheren Erhebungen bekannt ist ($i = 1, \ldots, l$). Als Minimalwert der (Gesamt-) Streuung erhält man

$$(14.1.6)\qquad \sigma^2(\widehat{N^{(a)}}) \approx \frac{1}{n}\left(\sum_{i=1}^{l} N_i \sigma_i\right)^2.$$

Im Vergleich dazu liefert eine dem Umfang der Schichten proportionale Stichprobenerhebung d. h. $n_i = n \frac{N_i}{N}$, eine Streuung

$$(14.1.7)\qquad \sigma^2(\widehat{N^{(a)}}) \approx \frac{N}{n} \sum_{i=1}^{l} N_i \sigma_i^2.$$

2. Kostet die Prüfung eines Individuums der i-ten Schicht einen Betrag g_i und steht für die Stichprobenerhebung insgesamt ein Betrag G zur Verfügung, so hat man die Nebenbedingung $G \geqq \sum_{i=1}^{l} g_i n_i$ ($g_1, \ldots, g_l$ und G bekannt).

σ^2 wird minimiert, wenn

$$(14.1.8)\qquad n_i \approx n \frac{\frac{N_i \sigma_i}{\sqrt{g_i}}}{\sum_{j=1}^{l} N_j \sigma_j \sqrt{g_j}} \qquad \text{(Yates-Zacopanay)}$$

gewählt wird, und hat dann den Wert

$$(14.1.9)\qquad \sigma^2(\widehat{N^{(a)}}) \approx \frac{1}{n}\left(\sum_{i=1}^{l} \frac{N_i \sigma_i}{\sqrt{g_i}}\right)^2.$$

Bemerkung: Sind die Kosten $g_i = 1$ und $G = n$, so ist das Verfahren 2. mit dem Verfahren 1. identisch.

14.2 Heterograder oder quantitativer Fall

Interessiert man sich im Beispiel des vorhergehenden Paragraphen nicht dafür, *ob*, sondern *wieviel Kilometer* die Einwohner einer Stadt insgesamt täglich mit dem eigenen Kraftwagen zur Arbeitsstelle fahren, so führt dies auf eine *heterograde* (oder *quantitative*) Fragestellung.

Allgemein handelt es sich um folgenden Sachverhalt: Jedem Element (Index ν) einer Gesamtheit von N Elementen ist ein Wert X_ν (im Beispiel: die im eigenen Auto zum Arbeitsplatz gefahrene Kilometerzahl) zugeordnet ($\nu = 1, \ldots, n$), und durch Erhebung einer Stichprobe ist der Totalwert

(14.2.1) $$X = \sum_{\nu=1}^{N} X_\nu = N\bar{X}$$

zu schätzen. Die (i. allg. unbekannte) Varianz der Werte X_ν ist

(14.2.2) $$\sigma_X^2 = \frac{1}{N-1}\sum_{\nu=1}^{N}(X_\nu - \bar{X})^2.$$

1. *Einfache Stichprobe.*

Man zieht „rein zufällig" ohne Zurücklegen (Genaueres s. 14.1) n Elemente aus der Gesamtheit und bezeichnet die zugehörigen X_ν-Werte mit $x_1, \ldots, x_n$. Ferner definiert man

das *Stichprobenmittel* $$\bar{x} = \frac{1}{n}\sum_{i=1}^{n} x_i$$

und die *empirische Varianz* $$s_x^2 = \frac{1}{n-1}\sum_{i=1}^{n}(x_i - \bar{x})^2.$$

Durch Hochrechnen erhält man die erwartungstreue Schätzung

(14.2.3) $$\hat{X} = N\bar{x}$$

mit der Varianz

(14.2.4) $$\sigma^2(\hat{X}) \approx \frac{N^2}{n} s_x^2.$$

$\Big($Dieser Wert kann durch Multiplikation mit $\frac{N-n}{N}$ etwas verbessert werden.$\Big)$

2. *Geschichtete Stichprobe.*

Ist die zu prüfende Gesamtheit geschichtet, so schreibt man für alle Größen, die sich auf die i-te Schicht beziehen, den oberen Index i ($i = 1, \ldots, l$). Damit ist

(14.2.5) $$\left\{\begin{aligned} N &= \sum_{i=1}^{l} N^{(i)},\\ X &= \sum_{i=1}^{l} X^{(i)},\\ n &= \sum_{i=1}^{l} n^{(i)}. \end{aligned}\right.$$

Hochrechnen liefert als Schätzung für X

(14.2.6) $$\hat{X} = \sum_{i=1}^{l} N^{(i)} \bar{x}^{(i)}$$

mit der Streuung

(14.2.7) $$\sigma^2(\hat{X}) = \sum_{i=1}^{l} \frac{N^{(i)2}}{n^{(i)}} s_x^{(i)2};$$

$\left(\text{besser: jeden Summanden noch mit dem Faktor } \frac{N^{(i)} - n^{(i)}}{N^{(i)}} \text{ versehen}\right)$. Die Varianz $\sigma^2(\hat{X})$ läßt sich im heterograden Fall auf verschiedene Arten verkleinern:

Wie in 14.1.2 kann man die Aufteilung der Stichprobe auf die verschiedenen Schichten optimal wählen. Bei gegebenen Kosten G und g_i gelten dann für die Anzahlen n_i der in jeder Schicht zu prüfenden Individuen dieselben Formeln wie im homograden Fall.

Eine weitere Möglichkeit besteht darin, die Schichten, die bisher als fest angesehen wurden, nach der Größe der Merkmalswerte festzulegen (NEYMAN-TSCHUPROW und DALENIUS). Man teilt also die Werte X_ν mit Hilfe der (noch zu bestimmenden) reellen Zahlen $-\infty = \xi_{0,1} < < \xi_{1,2} < \cdots < \xi_{l-1,l} < \xi_{l,l+1} = \infty$ so auf, daß zur i-ten Schicht alle Werte X_ν mit $\xi_{i-1,i} \leqq X_\nu < \xi_{i,i+1}$ gehören. Zur i-ten Schicht möge der Mittelwert μ_i und die Varianz σ_i^2 gehören.

Wird die Verteilung der Stichprobe auf die Schichten proportional zum Umfang der Schichten gewählt, so ist $\sigma^2(\hat{X})$ minimal, wenn

(14.2.8) $$\xi_{i,i+1} = \tfrac{1}{2}(\mu_i + \mu_{i+1}) \qquad (i = 1, \ldots, l-1)$$

genommen wird.

Verteilt man die Stichprobe bei gegebenem $n = \sum_{i=1}^{l} n_i$ gemäß 14.1.3 (NEYMAN-TSCHUPROW), dann ist die Schichtbildung optimal, wenn die $\xi_{i,i+1}$ gemäß

(14.2.9) $$\frac{(\xi_{i,i+1} - \mu_i)^2 + \sigma_i^2}{\sigma_i} = \frac{(\xi_{i,i+1} - \mu_{i+1})^2 + \sigma_{i+1}^2}{\sigma_{i+1}} \qquad (i = 1, \ldots, l-1)$$

bestimmt werden [Daleniussche Formel; zur graphischen Bestimmung s. STANGE: Unternehmensforschung **4** (1960) 156; **5** (1961) 15].

Diese Betrachtungen sind insoweit rein theoretischer Natur, als man zur Berechnung des Mittels μ_i und der Varianz σ_i^2 in jeder Schicht ja die X_ν-Werte bereits kennen muß. In der Praxis hilft man sich dadurch, daß man ein mit den X_ν stark korreliertes Merkmal (z. B. die Ergebnisse einer zeitlich zurückliegenden Erhebung) benutzt und nach diesem die Aufteilung der Elemente in Schichten in der beschriebenen Weise durchführt.

3. *Zweistufige Stichprobe.*

Die N Elemente der Grundgesamtheit seien in M disjunkte Klassen (= Elemente erster Stufe) mit jeweils N_i Elementen ($i = 1, \ldots, M$) aufgeteilt. Zur Veranschaulichung kann man etwa an eine Ladung von nicht notwendig gleich großen Kisten denken, welche jeweils mit Gegenständen unterschiedlichen Wertes X_{ij} ($j = 1, \ldots, N_i$) gefüllt sind.

Ein zweistufiges Stichprobenverfahren wählt nun in der ersten Stufe aus den M Klassen rein zufällig m Klassen aus (ohne Einschränkung seien das die mit den Nummern $1, \ldots, m$) und aus diesen jeweils n_i Elemente, etwa mit den Werten $X_{i1}, \ldots, X_{in_i}$ ($i = 1, \ldots, m$). Für das angegebene Beispiel bedeutet dieses Vorgehen: Man öffne m Kisten und entnehme der i-ten Kiste n_i Gegenstände zur Feststellung des Wertes. Die Varianz der Klassenmittel $\bar{X}_i = \frac{1}{N_i} \sum_j X_{ij}$ sei σ^2, die Varianz der X_{ij} innerhalb der i-ten Klasse sei τ^2 (im Beispiel $\bar{X}_i$ = mittlerer Wert eines Gegenstandes der i-ten Kiste, also σ^2 = Streuung des Mittelwertes der Kisten; τ^2 = Streuung der Werte in jeder Kiste). Dann ist eine erwartungstreue Schätzung für den Totalwert X (= Wert der Ladung):

$$\hat{X} = N \frac{1}{\sum_{i=1}^{m} n_i} \sum_{i=1}^{m} \sum_{j=1}^{n_i} X_{ij}. \tag{14.2.10}$$

Die kleinste Varianz erhält man, wenn $n_i = n$ gesetzt wird (d. h., wenn aus jeder Kiste gleich viele Gegenstände geprüft werden), ihr Wert ist

$$\sigma_X^2 = N^2 \left(\frac{1}{m} \sigma^2 + \frac{1}{M} \tau^2\right). \tag{14.2.11}$$

Aus der Kostenfunktion ergeben sich schließlich nach den Formeln der geschichteten Stichprobe die optimalen Werte von n und m.

Bemerkung: Ist bei allen Stichprobenelementen der ersten Stufe $N_i = n_i$ (im Beispiel: werden aus jeder geöffneten Kiste alle Gegenstände überprüft), so spricht man von *Klumpenstichproben.*

4. *Regressionsschätzungen.*

Für jedes Element seien zwei Merkmale X_i, Y_i gegeben, für die ein Zusammenhang $X_i \approx a\, Y_i + b$ angesetzt werden darf (a, b unbekannt). Aus der bekannten Summe $\sum_{i=1}^{N} Y_i$ soll auf die Summe $\sum_{i=1}^{N} X_i$ geschlossen werden, wenn durch eine Stichprobe, die auch geschichtet oder mehrstufig sein kann, einige zugeordnete Werte X, Y bekannt sind.

Zur Lösung dieser Aufgabe vergleiche man das unter 12.6 Gesagte. Der Spezialfall, daß $b \equiv 0$ gesetzt wird, heißt *Quotientenschätzung.*

Abschließend sei darauf hingewiesen, daß die allgemeine Theorie der Stichprobenverfahren neben dem homograden und heterograden Fall auch kompliziertere Fälle behandelt, in denen etwa mehrere Werte gleichzeitig bestimmt werden sollen, wobei auch qualitativer und quantitativer Fall gemischt auftreten können. Darüber hinaus gibt es noch andersartige als die hier dargestellten Stichprobenpläne.

§ 15. Stochastische Prozesse

Die bisher vorgezeigten wahrscheinlichkeitstheoretischen Modelle, im wesentlichen unabhängige zufällige Variable, reichen nicht immer aus, alle für die Praxis interessanten Eigenschaften eines realen Experiments zu beschreiben. Dazu ein

Beispiel. Vorgelegt sei ein physikalisches System, dessen Gesamtenergie zu jedem Zeitpunkt t nach einer von t abhängigen Wahrscheinlichkeitsverteilung P_t gewisse Zustände ξ annehmen kann; gefragt wird nach dem zeitlichen Verlauf der Gesamtenergie bzw. ihrer Wahrscheinlichkeitsverteilung. Mathematisch gesehen hat man also hier ein System X_t von Zufallsgrößen, nämlich die Energie im Zeitpunkt t vor sich (im angegebenen Beispiel handelt es sich um kontinuierlich viele Größen).

Ganz allgemein nennt man ein System X_t von Zufallsgrößen, deren Parameter t eine beliebige Menge T durchläuft, einen *stochastischen Prozeß*[1].

In diesem Kapitel werden aber nur stochastische Prozesse behandelt, deren Indexmenge T abzählbar oder ein (endliches oder unendliches) Intervall der reellen Achse ist.

15.1 Markoffsche Ketten mit ganzzahligem Parameter

Eine *Markoffsche Kette* mit *ganzzahligem* Parameter ist ein stochastischer Prozeß, der aus den Zufallsgrößen $X_1, X_2, \ldots$ besteht, die lediglich abzählbar viele Werte (= *Zustände*) annehmen und der Bedingung

$$(15.1.1) \qquad P(X_{n+1} = \xi_{n+1} | X_1 = \xi_1, \ldots, X_n = \xi_n) = P(X_{n+1} = \xi_{n+1} | X_n = \xi_n)$$

genügen. Daraus folgt unmittelbar die allgemeine Beziehung

$$(15.1.2) \qquad P(X_{n+m} = \xi_{n+m}, \ldots, X_{n+1} = \xi_{n+1} \mid X_1 = \xi_1, \ldots, X_n = \xi_n) = P(X_{n+m} = \xi_{n+m}, \ldots, X_{n+1} = \xi_{n+1} \mid X_n = \xi_n).$$

[1] Darunter fallen natürlich auch die einzelne Zufallsgröße und Systeme endlich vieler Zufallsgrößen (Zufallsvektoren), die von manchen Autoren nicht als stochastische Prozesse angesprochen werden. Gleiches gilt für die eventuell normierten Teilsummen einer Folge von unabhängigen Zufallsgrößen (z. B. beim Gesetz der großen Zahlen und dem Zentralen Grenzwertsatz).

Deutet man (was bei den meisten Anwendungsbeispielen tatsächlich der Fall ist) den Index n als Zeit, so kann man auch sagen:

Die Zukunft einer Markoffschen Kette hängt nicht von der Vergangenheit, sondern nur davon ab, welchen Zustand der Prozeß gegenwärtig erreicht hat.

Eine weitere Folgerung

$$(15.1.3)\quad \begin{aligned} P(X_{n+m} &= \xi_{n+m}, \ldots, X_{n+1} = \xi_{n+1};\\ X_1 &= \xi_1, \ldots, X_{n-1} = \xi_{n-1} \mid X_n = \xi_n)\\ &= P(X_{n+m} = \xi_{n+m}, \ldots, X_{n+1} = \xi_{n+1} \mid X_n = \xi_n) \times\\ &\times P(X_1 = \xi_1, \ldots, X_{n-1} = \xi_{n-1} \mid X_n = \xi_n)\end{aligned}$$

läßt sich so interpretieren:

Bei fixierter Gegenwart sind Vergangenheit und Zukunft unabhängig. Die bedingten Wahrscheinlichkeiten $P(X_{n+1} = \xi_{n+1} \mid X_n = \xi_n)$ heißen *Übergangswahrscheinlichkeiten*, da sie angeben, mit welcher Wahrscheinlichkeit ein Prozeß, der sich zum Zeitpunkt n im Zustand ξ_n befindet, im nächsten Zeitpunkt in den Zustand ξ_{n+1} übergehen wird $(n = 1, 2, \ldots)$.

Besonders wichtig ist der Fall, daß diese Übergangswahrscheinlichkeiten *stationär*, d. h. unabhängig von n sind:

$$(15.1.4)\qquad P(X_{n+1} = \xi \mid X_n = \eta) = p(\xi, \eta).$$

15.1.1 Ganzzahlige Markoffsche Ketten mit stationären Übergangswahrscheinlichkeiten

Es wird jetzt vorausgesetzt, daß die Zustände, d. h. die Werte der X_n, ganze Zahlen sind (das bedeutet für die folgenden Überlegungen keine Einschränkung der Allgemeinheit) und die Übergangswahrscheinlichkeiten stationär sind. Dann ist die Markoffsche Kette festgelegt durch

a) die Anfangsverteilung $p_i = P(X_1 = i) \quad (i = 1, 2, \ldots)$,

b) die Übergangswahrscheinlichkeit $p_{ij} = P(X_{n+1} = j \mid X_n = i)$.

Daraus bestimmen sich die höheren Übergangswahrscheinlichkeiten $p_{ij}^{(m)}$, d. h. die Wahrscheinlichkeiten, aus dem Zustand i nach m Schritten in den Zustand j zu gelangen, nach der Formel

$$(15.1.5)\quad p_{ij}^{(m)} = P(X_{n+m} = j \mid X_n = i) = \sum_k p_{ik}^{(h)}\, p_{kj}^{(m-h)} \qquad (0 \leqq h \leqq m)$$

mit

$$p_{ij}^{(1)} = p_{ij} \quad \text{und} \quad p_{ij}^{(0)} = \delta_{ij} \left(= \begin{cases} 1 & \text{für } i = j \\ 0 & \text{für } i \neq j \end{cases} \right).$$

Dieses Bildungsgesetz läßt sich vorteilhaft in Matrizenschreibweise angeben.

Faßt man die $p_{ij}^{(m)}$ zu einer (unendlichen) Matrix $\Pi^{(m)} = (p_{ij}^{(m)})$ zusammen, so gilt mit $\Pi^{(1)} = \Pi$:

(15.1.6) $\quad \Pi^{(m)} = \Pi^{(h)}\,\Pi^{(m-h)} = \Pi^m$ (Matrizenmultiplikation).

Ferner lassen sich die Erst-Eintrittswahrscheinlichkeiten (bei $i = j$: Erst-Wiederkehrwahrscheinlichkeit)

(15.1.7) $\quad f_{ij}^{(m)} = P(X_{n+m} = j;\, X_{n+h} \neq j \text{ für } h = 1, \ldots, m-1 \mid X_n = i)$

[= Wahrscheinlichkeit, daß ausgehend vom Zustand i nach m Schritten der Zustand j zum ersten Mal erreicht wird]
und die Wahrscheinlichkeiten für Jemals-Eintritt (bei $i = j$: Jemals-Wiederkehr-Wahrscheinlichkeit)

(15.1.8) $$q_{ij} = P(X_{n+h} = j \text{ für irgendein } h = 1, 2, \ldots \mid X_n = i) = \sum_{m=1}^{\infty} f_{ij}^{(m)}$$

[= Wahrscheinlichkeit, daß der Prozeß aus dem Zustand i überhaupt in den Zustand j gelangt]
mit Hilfe der p_{ij} ausdrücken.

So findet man $$f_{ij}^{(1)} = p_{ij}$$

und $$f_{ij}^{(2)} = \sum_{\substack{k=1\\k \neq j}}^{\infty} p_{ik}\, p_{kj}.$$

Die Menge der Zustände einer Markoffschen Kette läßt sich in *Klassen* zerlegen. Zwei Zustände i, j gehören zur selben Klasse, wenn $q_{ij} > 0$ und $q_{ji} > 0$ ist, wenn also positive Wahrscheinlichkeit für den Übergang von i nach j wie von j nach i besteht. Die Markoff-Kette selbst heißt *irreduzibel,* wenn es nur eine Klasse gibt.

Einteilung der Zustände:

Der Zustand i heißt *rekurrent,* wenn $q_{ii} = 1$ ist (d. h., wenn dieser Zustand einmal eingetreten ist, so tritt er mit Wahrscheinlichkeit 1 wieder ein).

Kriterium für Rekurrenz: $\sum_m p_{ii}^{(m)} = \infty$.

Je nach dem Verhalten der *mittleren Wartezeit* $\tau_i = \sum_m m\, f_{ii}^{(m)}$ auf die Wiederkehr des Zustandes i unterteilt man in

a) *positive Zustände:* definiert durch $\tau_i = \sum_m m\, f_{ii}^{(m)} < \infty$,
Kriterium: $p_{ii}^{(m)}$ konvergiert nicht gegen 0 bei $m \to \infty$,

b) *Null-Zustände,* definiert durch $\tau_i = \sum_m m\, f_{ii}^{(m)} = \infty$,
Kriterium: $p_{ii}^{(m)} \to 0$ bei $m \to \infty$.

Der Zustand i heißt *transient, nicht-rekurrent* oder *vorübergehend*, wenn $q_{ii} < 1$ ist.

Kriterium für Transienz: $\sum\limits_m p_{ii}^{(m)} < \infty$.

Je nach dem Verhalten der Wiederkehr-Wahrscheinlichkeit wird weiter unterteilt in

a) *Nie-Wiederkehr-Zustände,* falls $q_{ii} = 0$,

Kriterium: $p_{ii}^{(m)} = 0$ für alle m.

b) *Wiederkehr-Zustände,* wenn $q_{ii} > 0$.

Kriterium: $p_{ii}^{(m)}$ verschwindet nicht für alle m.

Bezüglich dieser Einteilung besitzen alle Zustände einer Klasse dieselbe Eigenschaft.

Für positiv-rekurrente Zustände gilt der

Satz: Es sei i positiv rekurrent und d die Periode[1]. Dann strebt $p_{ii}^{(hd)} \to \frac{d}{\tau_{ii}}$, falls $h \to \infty$. Für $d = 1$, d. h. im nichtperiodischen Fall, gilt insbesondere: Der Limes der Wiederkehr-Wahrscheinlichkeiten nach m Schritten eines positiv-rekurrenten Zustandes ist gleich der zugehörigen reziproken mittleren Wartezeit.

15.1.2 Grenzwertsätze für Zustandsfunktionen

Für das Weitere wird vorausgesetzt, daß die Markoff-Kette X_n irreduzibel ist und einen positiv-rekurrenten Zustand besitzt. Daraus folgt unmittelbar, daß alle Zustände der Kette positiv-rekurrent sind.

Transformiert man die X_n mit Hilfe einer festen Funktion $f(\xi)$ in die neuen Zufallsgrößen

$$Y_n = f(X_n) \qquad (n = 1, 2, \ldots),$$

so bilden die Y_n i. allg. keine neue Markoff-Kette. Es gelten aber für die Summen

$$S_n = \sum_{\nu=1}^{n} Y_\nu \qquad (n = 1, 2, \ldots)$$

einige wichtige asymptotische Beziehungen.

15.1.2.1 Gesetz der großen Zahlen:

(15.1.9) $$\lim_{n\to\infty} P\left\{\left|\frac{1}{n} S_n - \mu\right| > \varepsilon\right\} = 0$$

mit

$$\mu = \sum_j f(j) \frac{1}{d_j \tau_j},$$

wobei τ_j die mittlere Wartezeit und d_j die Periode des Zustandes j bedeuten.

[1] Ist d die kleinste ganze Zahl mit der Eigenschaft $p_{ii}^{(m)} = 0$ für alle nicht durch d teilbaren m, so heißt d „Periode" des Zustandes i.

15.1.2.2 Zentraler Grenzwertsatz. *Unter zusätzlichen Voraussetzungen bezüglich der Verteilung der Wiederkehrzeiten und bezüglich der Funktion $f(\xi)$ ist S_n asymptotisch normalverteilt, d. h.*

$$\lim_{n\to\infty} P\left(\frac{S_n - n\,\mu}{\sqrt{B\,n}} < h\right) = \Phi(h) \tag{15.1.10}$$

bei geeigneter Konstante B.

Für das *asymptotische Verhalten der Extreme* gilt unter weiteren Regularitätsvoraussetzungen:

$$\lim_{n\to\infty} P\left(\operatorname*{Max}_{0\leqq\nu\leqq n} S_\nu - \nu\,\mu \leqq h\sqrt{B\,n}\right) = 2\,\Phi(h) \qquad (h > 0) \tag{15.1.11}$$

und

$$\lim_{n\to\infty} P\left(\operatorname*{Max}_{0\leqq\nu\leqq n} |S_\nu - \nu\,\mu| \leqq h\sqrt{B\,n}\right) = \frac{4}{\pi}\sum_{m=0}^{\infty}\frac{(-1)^m}{2m+1}\exp\left(-\frac{(2m+1)^2\,\pi^2}{8h^2}\right) \qquad (h > 0). \tag{15.1.12}$$

Bemerkung: Nimmt man $f(\xi_0) = 1$ und $f(\xi) = 0$ für $\xi \neq \xi_0$, so gibt S_n an, wie häufig der Prozeß den Zustand ξ_0 bis zur ,,Zeit" n annimmt. Natürlich kann auch $f(\xi) \equiv \xi$ gewählt werden, so daß $S_n = \sum_{\nu=1}^{n} X_\nu$ wird.

15.1.3 Verzweigungsprozesse

Die Verzweigungs- oder Vermehrungsprozesse sind Beispiele ganzzahliger Markoff-Ketten mit stationären Übergangswahrscheinlichkeiten.

Definition: Vorgelegt ist eine diskrete Verteilung

$$p_\nu \quad \left(\nu = 0, 1, \ldots; \sum_{\nu=0}^{\infty} p_\nu = 1\right), \tag{15.1.13}$$

die die Wahrscheinlichkeit für die Anzahl der Nachkommen eines Individuums angibt (Vermehrungsverteilung). X_n ($n = 0, 1, \ldots$) mißt die Anzahl der Gesamtbevölkerung in der n-ten Generation. Die Vermehrung erfolge nach dem Schema:

$X_0 \equiv 1$,

$P(X_1 = \nu) = p_\nu$,

$P(X_{n+1} = \xi \mid X_n = \eta)$ = Wert der Verteilung der Summe von η unabhängigen nach (15.1.13) verteilten Größen an der Stelle ξ.

Das bedeutet: Beginnend mit einem Individuum in der nullten Generation vermehren sich die Individuen jeder Generation unabhängig voneinander gemäß der Verteilung (15.1.13) (Galton-Watson-Prozeß).

Für die *erzeugenden Funktionen* $f_n(t)$ der Verteilung von X_n hat man die Rekursionsformeln (vgl. 5.3.17)

$$(15.1.14)\qquad \begin{aligned} f_1(t) &= \sum_{\nu=0}^{\infty} p_\nu t^\nu = f(t), \\ f_{n+1}(t) &= f(f_n(t)) = f_n(f(t)). \end{aligned}$$

Setzt man noch

$$(15.1.15)\qquad \begin{aligned} m &= E(X_1) = f'(1) \quad \text{und} \\ \sigma^2 &= \operatorname{Var}(X_1) = f''(1) + f'(1) - (f'(1))^2, \end{aligned}$$

so ist

$$E(X_n) = m^n \quad \text{und}$$

$$(15.1.16)\qquad \operatorname{Var}(X_n) = \begin{cases} n\,\sigma^2, & \text{falls} \quad m = 1, \\ \dfrac{\sigma^2 m^n(m^n - 1)}{m^2 - m}, & \text{falls} \quad m \neq 1. \end{cases}$$

Die *Aussterbewahrscheinlichkeit* q berechnet sich zu

$$(15.1.17)\qquad \begin{aligned} q &= P(X_n \to 0 \quad \text{für} \quad n \to \infty) \\ &= \lim_{n\to\infty} f_n(0) = \begin{cases} 1, & \text{wenn} \quad m \leqq 1, \\ s & \text{sonst.} \end{cases} \end{aligned}$$

Dabei bedeutet s die einzige positive Lösung der Gleichung $s = f(s)$. Für festes k strebt immer $P(X_n = k) \to 0$ bei $n \to \infty$, und es ist

$$P(X_n \to \infty \text{ bei } n \to \infty) = 1 - q.$$

Ein Verzweigungsprozeß kann also (mit Wahrscheinlichkeit 1) nur „aussterben" oder „explodieren".

Im Fall $m > 1$ strebt die *reduzierte Anzahl*

$$(15.1.18)\qquad W_n = \frac{X_n}{m^n}$$

mit Wahrscheinlichkeit 1 gegen eine zufällige Größe W (Satz von HAWKINS und ULAM). Dabei ist

$$(15.1.19)\qquad E(W) = 1 \quad \text{und} \quad \operatorname{Var}(W) = \frac{\sigma^2}{m^2 - m},$$

und die momentenerzeugende Funktion genügt der Gleichung

$$(15.1.20)\qquad \varphi(s) \equiv E(e^{sW}) = f\left(\varphi\left(\frac{s}{m}\right)\right).$$

Im Fall $m < 1$ gilt der Satz von YAGLOM

$$(15.1.21)\qquad \lim_{n\to\infty} P(X_n = j \mid X_n \neq 0) = b_j,$$

wo die erzeugende Funktion $b(s) = \sum_{j=1}^{\infty} b_j s^j$ durch die Gleichung

$$(15.1.22)\qquad b(f(s)) = m\, b(s) + 1 - m \qquad (|s| < 1)$$

bestimmt ist.

Für $m = 1$ schließlich hat man, falls $f'''(1)$ existiert, die asymptotischen Sätze:

$$\left.\begin{aligned} P(X_n > 0) &\approx \frac{2}{n\, f''(1)} \\ E(X_n \mid X_n \neq 0) &\approx \frac{n\, f''(1)}{2} \end{aligned}\right\} \text{(Kolmogoroff)} \tag{15.1.23}$$

und

$$P\left(\frac{2X_n}{n\, f''(1)} > h \mid X_n \neq 0\right) \to e^{-h} \quad \text{für} \quad h > 0 \tag{15.1.24}$$

(Fisher-Yaglom).

15.2 Markoffsche Ketten mit kontinuierlichem Parameter

Ein stochastischer Prozeß X_t, dessen Parameter t die positiven reellen Zahlen einschließlich der Null (manchmal auch alle reellen Zahlen) durchläuft, aber insgesamt nur abzählbar viele verschiedene Werte annehmen kann, heißt eine *Markoffsche Kette mit kontinuierlichem Parameter*, wenn neben gewissen (hier nicht im einzelnen auszuführenden) Meßbarkeitsbedingungen folgende Beziehung erfüllt ist:

Es gilt für beliebige Zeitpunkte $t_1 < t_2 < \cdots t_n < t_{n+1}$

$$\begin{aligned} P(X_{t_{n+1}} = \xi \mid X_{t_1} = \xi_1, \ldots, X_{t_n} = \xi_n) \\ = P(X_{t_{n+1}} = \xi \mid X_{t_n} = \xi_n). \end{aligned} \tag{15.2.1}$$

Die Interpretation ist dieselbe wie im diskreten Fall (vgl. 15.1).

Ist darüber hinaus die Übergangswahrscheinlichkeit

$$P(X_{s+t} = j \mid X_s = i) = p_{ij}(t) \tag{15.2.2}$$

nicht vom Ausgangszeitpunkt s, sondern nur von der Zeitdifferenz t abhängig, so spricht man wieder von *stationären* Übergangswahrscheinlichkeiten. Diese legen dann zusammen mit der Anfangsverteilung $p_i = P(X_0 = i)$ die Markoffsche Kette fest. Im folgenden wird nur der stationäre Fall betrachtet.

15.2.1 Beziehungen zwischen den Übergangswahrscheinlichkeiten

Da der Prozeß nach der Zeit t mit Sicherheit aus dem Zustand i in irgendeinen Zustand j gelangt, gilt

$$\sum_j p_{ij}(t) \equiv 1. \tag{15.2.3}$$

Aus der Tatsache, daß beim Fortschreiten um die Zeit $s + t$ der Prozeß nach der Zeit t irgendeinen Zustand k passieren muß, folgt die *Kolmogoroff-Chapmansche Gleichung*

$$\sum_k p_{ik}(t)\, p_{kj}(s) = p_{ij}(s + t) \tag{15.2.4}$$

Läßt man die Zeit zwischen den Übergängen gegen 0 streben, so erhält man schließlich

(15.2.5) $$\lim_{t\to 0} p_{ij}(t) = \delta_{ij} = p_{ij}(0).$$

Als *Differenzierbarkeitseigenschaften* hat man:

a) $p_{ij}(t)$ ist stetig und für $t > 0$ auch differenzierbar.

b) $q_{ij} = p'_{ij}(0) = \lim_{t\to 0} \frac{p_{ij}(t)}{t}$ existiert für $i \neq j$.

c) $q_{ii} = \lim_{t\to 0} \frac{p_{ii}(t) - 1}{t} = p'_{ii}(0)$ existiert, kann jedoch den Wert $-\infty$ annehmen. Da $p_{ii}(t)$ als bedingte Wahrscheinlichkeit höchstens 1 werden kann, ist q_{ii} niemals positiv. Aus diesem Grunde setzt man $-q_{ii} = q_i$.

Die q_{ij} heißen *Intensitäten* des Prozesses und erfüllen die Ungleichung

(15.2.6) $$\sum_j q_{ij} \leqq 0.$$

Gibt es nur endlich viele Zustände, so steht stets das Gleichheitszeichen; denn es ist $\sum_j p_{ij}(t) \equiv 1$ und folglich

(15.2.7) $$0 = \frac{d}{dt} \sum_j p_{ij}(t)\Big|_{t=0} = \sum_j \frac{d}{dt} p_{ij}(t)\Big|_{t=0} = \sum_j q_{ij}.$$

Dagegen kann diese Summe bei abzählbar vielen Zuständen echt kleiner als Null werden, auch dann, wenn q_{ii} einen endlichen Wert hat.

Im Fall $\sum_j q_{ij} = 0$ nennt man die Kette *konservativ*; Ketten mit endlich vielen Zuständen sind also stets konservativ.

Für $s > 0$, $t > 0$ gelten i. a. die Differentialgleichungen:

(15.2.8) $$p'_{ij}(s+t) = \sum_k p_{ik}(s)\, p'_{kj}(t)$$ (Vorwärts-Differentialgleichung)

(15.2.9) $$p'_{ij}(s+t) = \sum_k p'_{ik}(s)\, p_{kj}(t)$$ (Rückwärts-Differentialgleichung).

Allgemein gilt für $s = 0$ und für beliebiges $t \geqq 0$

(15.2.10) $$p'_{ij}(t) \geqq \sum_k p_{ik}(t)\, q_{kj} \quad \text{und} \quad p'_{ij}(t) \geqq \sum_k q_{ik}\, p_{kj}(t).$$

15.2.2 Einteilung der Zustände

Als Maß dafür, „wie lange" eine Markoffsche Kette mit kontinuierlichem Zeitparameter im Zustand i insgesamt verweilt, benutzt man das (Lebesguesche) Maß der Menge aller Punkte t der reellen Achse, für welche $X_t = i$ gilt. Diese Gesamtverweildauer T_i ist wiederum eine Zufallsgröße. Damit definiert man:

1. Ein Zustand i heißt ***rekurrent***, falls $P(T_i = \infty \mid X_0 = i) = 1$.

Kriterium: $\int_0^\infty p_{ii}(t)\, dt = \infty$.

2. Ein Zustand i heißt *transient*, wenn $P(T_i = \infty \mid X_0 = i) = 0$.

Kriterium: $\int\limits_0^\infty p_{ii}(t)\, dt < \infty$.

15.2.3 Asymptotisches Verhalten der Übergangswahrscheinlichkeiten

Die Grenzwerte

$$\lim_{t\to\infty} p_{ij}(t) = \pi_{ij} > 0$$

existieren immer. Dabei gilt für alle t

$$\pi_{ij} = \sum_k \pi_{ik}\, p_{kj}(t) = \sum_k p_{ik}(t)\, \pi_{kj} = \sum_k \pi_{ik}\, \pi_{kj}.$$

15.2.4 Vollständige Beschreibung einer Markoff-Kette

In der Praxis kennt man i. allg. die Verteilung der Zufallsgrößen X_t eines stochastischen Prozesses nicht, wohl aber kann man manchmal Aussagen über den Anfangs- und Endzustand nach einer gewissen Zeit sowie über die Gesamtverweilzeit in den einzelnen Zuständen und über die Zahl der Sprünge von einem Zustand in einen anderen machen. Es ist deshalb nützlich zu wissen, wann diese Größen eine Markoff-Kette festlegen. Die Betrachtungen dieses Unterabschnittes beziehen sich auf den konservativen Fall (z. B. auf Ketten mit endlich vielen Zuständen). Die Zeit, die die Kette ununterbrochen im Zustand i verweilt, nachdem dieser Zustand i einmal erreicht ist, hängt vom Zufall ab und besitzt eine (bedingte) Wahrscheinlichkeitsdichte

$$q_i \exp(-q_i t).$$

Nach Ablauf dieser Zeit springt der Prozeß mit einer Wahrscheinlichkeit $\frac{q_{ij}}{q_i}$ in einen anderen Zustand j.

Eine erschöpfende Beschreibung[1] des Prozesses für ein Zeitintervall $0 \leqq t \leqq t_0 \leqq \infty$ wird durch die Verteilung der folgenden Größen geleistet:

a) Anfangs- und Endzustand,

b) Totalverweilzeit in den einzelnen Zuständen,

c) Anzahl der Sprünge von i nach j für alle möglichen Zustände i und j.

15.3 Brown-Wienerscher Prozeß

Zwei wichtige Typen stochastischer Prozesse mit kontinuierlichen Werten und kontinuierlichem Parameter sind die Gaußschen Prozesse und die Markoffschen Prozesse. Die *Markoffschen Prozesse* werden analog

[1] Im Sinne von § 10.2.

den Markoffschen Ketten definiert (s. 15.1 und 15.2):

$$(15.3.1) \qquad P(X_{t_{n+1}} < \xi \mid X_{t_1} = \xi_1, X_{t_2} = \xi_2, \ldots, X_{t_n} = \xi_n)$$
$$= P(X_{t_{n+1}} < \xi \mid X_{t_n} = \xi_n) \quad \text{für} \quad t_1 < \cdots < t_n < t_{n+1}.$$

Unter einem *Gaußschen Prozeß* versteht man einen Prozeß $X(t)$[1], bei dem je endlich viele $X(t_1), X(t_2), \ldots, X(t_s)$ gemeinsam normal-verteilt sind ($t_1 < t_2 < \cdots < t_s$). Als Beispiel eines Markoffschen Prozesses mit kontinuierlichem Parameter und kontinuierlichen Werten wird der *Brown-Wienersche Prozeß* behandelt. Dieser Prozeß ist dadurch definiert, daß er

a) Gaußsch mit $E(X(t)) = 0$ und der *Kovarianzfunktion*

$$\text{Kov}(X(s), X(t)) = \text{Min}(s, t)$$

für $s \geqq 0$, $t \geqq 0$ ist; sowie

b) gewisse Regularitätseigenschaften besitzt, die insbesondere beinhalten, daß $X(t)$ mit Wahrscheinlichkeit 1 stetig von t abhängt.

Er kann als mathematisches Modell der sog. *Brownschen Bewegung* aufgefaßt werden. Kleine Partikel, die man in eine Flüssigkeit bringt, führen unter dem Einfluß der auftreffenden Molekeln eine mikroskopisch wahrnehmbare Zitterbewegung aus. Denkt man sich ein Koordinatenkreuz in das Gesichtsfeld des Mikroskops gebracht und trägt darin die Koordinaten eines Teilchens ein, so gehorcht z. B. die Abszisse (Ordinate) dieses Teilchens (näherungsweise) den Gesetzen des Brown-Wiener-Prozesses.

15.3.1 Eigenschaften

a) *Überschreitungswahrscheinlichkeiten:* $X(t)$ überschreitet im Zeitintervall $[0, \tau]$ einen festen Wert h mit einer Wahrscheinlichkeit

$$(15.3.2) \qquad P\Big(\max_{0 \leqq t \leqq \tau} X(t) \geqq h\Big) = 2\left(1 - \Phi\left(\frac{h}{\sqrt{\tau}}\right)\right) \qquad (h \geqq 0).$$

Insbesondere besagt dies, daß der Prozeß mit Wahrscheinlichkeit 1 in jedem Intervall den Wert 0 überschreitet.

Die Wahrscheinlichkeit, daß der Prozeß $X(t)$ die Gerade $\xi = a + bt$ überschreitet, berechnet sich zu

$$(15.3.3) \qquad P\Big(\max_t [X(t) - a - bt] > 0\Big) = e^{-ab} \qquad (a > 0, b > 0).$$

b) *Wartezeiten:* Bezeichnet T_a den Zeitpunkt, an welchem $X(t)$ zum erstenmal den Wert $a > 0$ annimmt, so gilt für die Verteilung von T_a

$$(15.3.4) \qquad P(T_a < h) = 2\left(1 - \Phi\left(\frac{a}{\sqrt{h}}\right)\right).$$

---

[1] Statt X_t wird jetzt zweckmäßig $X(t)$ geschrieben.

Bedeutet T_a^* den Zeitpunkt, an dem erstmalig $X(t) = \pm a$ eintrifft, so hat man

$$(15.3.5) \qquad P(T_a^* < h) = 1 - \frac{4}{\pi} \sum_{\nu=0}^{\infty} \frac{(-1)^{\nu+1}}{2\nu+1} \exp\left(-\frac{\pi^2 (2\nu+1)^2 h}{a^2}\right)$$

mit einem Erwartungswert

$$E(T_a^*) = a^2.$$

15.3.2 Darstellungen

Definiert man im Intervall $0 \leqq t \leqq 1$ den neuen stochastischen Prozeß

$$(15.3.6) \qquad Z(t) = X(t) - t\,X(1),$$

so ist dieser Gaußsch mit $E(Z(t)) = 0$ und der *Kovarianzfunktion*

$$(15.3.7) \qquad \operatorname{Kov}(Z(s), Z(t)) = \begin{cases} s(1-t) & \text{für } s \leqq t, \\ t(1-s) & \text{für } t \leqq s. \end{cases}$$

Aus $Z(t)$ entsteht ein gewöhnlicher Brown-Wiener-Prozeß durch

$$(15.3.8) \qquad X^*(t) = (1+t)\, Z\left(\frac{t}{1+t}\right) \qquad (0 \leqq t)$$

oder durch

$$(15.3.9) \qquad X^{**}(t) = Z(t) + t\, Z_0,$$

wo Z_0 eine von allen $Z(t)$ unabhängige $(0, 1)$-Normalverteilung besitzt. Mit Hilfe der unabhängigen $(0, 1)$-normalverteilten Größen U_ν, V_ν läßt sich $Z(t)$ auch in der Gestalt

$$(15.3.10) \qquad Z(t) = \sum_{\nu=1}^{\infty} \frac{1}{\pi\sqrt{2}} \left\{\frac{\cos 2\pi\nu t - 1}{\nu} U_\nu + \frac{\sin 2\pi\nu t}{\nu} V_\nu\right\}$$

schreiben.

Die Wahrscheinlichkeit, daß $Z(t)$ dem Betrag nach kleiner als a bleibt, bestimmt sich zu

$$(15.3.11) \qquad P\left(\operatorname*{Max}_{0 \leqq t \leqq 1} |Z(t)| < a\right) = \sum_{\nu=-\infty}^{+\infty} (-1)^\nu \exp(-2a^2\nu^2)$$

$$= \sqrt{2\pi}\, \frac{1}{a} \sum_{\nu=1}^{\infty} \exp\left(-\frac{(2\nu-1)^2 \pi^2}{8a^2}\right).$$

Allgemein erhält man für die Wahrscheinlichkeit, daß $Z(t)$ ganz zwischen der unteren Schranke $-\eta$ und der oberen Schranke ξ verläuft,

$$(15.3.12) \qquad P(-\eta \leqq Z(t) \leqq \xi \ \text{ für } \ 0 \leqq t \leqq 1)$$

$$= \sum_{\nu=-\infty}^{+\infty} \exp(-2\nu^2(\xi+\eta)^2) - \sum_{\nu=1}^{\infty} \exp(-2(\nu\xi + (\nu-1)\eta)^2) -$$

$$- \sum_{\nu=1}^{\infty} \exp(-2((\nu-1)\xi + \nu\eta)^2).$$

15.3.3 Arcus-Sinus-Gesetze

Das (Lebesguesche) Maß der Menge aller t-Werte mit $Z(t) > 0$, d. h. die Gesamtverweilzeit im positiven Z-Bereich ist eine im Intervall $[0, 1]$ gleich-verteilte Zufallsgröße

$$P(\text{Maß}[t \mid Z(t) > 0] < \tau) = \tau \qquad (0 \leqq \tau \leqq 1).$$

Bildet man die analoge Größe für den Brown-Wiener-Prozeß $X(t)$, wobei man sich natürlich auf ein endliches Intervall $0 \leqq t \leqq T$ beschränken muß, um endliche Werte zu erhalten, so findet man

$$P(\text{Maß}[t \mid X(t) > 0 \text{ und } 0 \leqq t \leqq T] < \tau) = \frac{2}{\pi} \arcsin \sqrt{\frac{\tau}{T}}.$$

15.4 Stationäre Prozesse mit ganzzahligem Index

Unter einem solchen Prozeß versteht man eine Folge von (komplex- oder reellwertigen) Zufallsgrößen X_ν mit ganzzahligem Index, der alle ganzen Zahlen oder auch nur die nichtnegativen durchläuft, und für die als Ausdruck der Stationarität gilt, daß die Verteilungsfunktionen (für alle h)

(15.4.1) $$F_h(a_0, a_1, \ldots, a_h) = P(X_\nu < a_0, X_{\nu+1} < a_1, \ldots, X_{\nu+h} < a_h)$$

nicht von ν abhängen; diese Prozesse beschreiben damit Vorgänge, bei denen ein zeitlicher Ursprungspunkt nicht erkennbar ist in einer Art „eingeschwungenem Zustand".

Ist X_ν nur für $\nu \geqq 0$ gegeben und stationär, so besagt der *Erweiterungssatz:* Es gibt auch $X_\nu (\nu < 0)$, so daß der erweiterte Prozeß stationär ist.

Ergodensatz: *Für jeden stationären Prozeß mit* $E(|X_1|) < \infty$ *gilt, daß*

(15.4.2) $$P\left(\lim_{n\to\infty} \frac{1}{n} \sum_{\nu=1}^{n} X_\nu \text{ existiert}\right) = 1.$$

Dabei sind genauere Aussagen über den Grenzwert nur unter weiteren Voraussetzungen möglich!

Erzeugung eines stationären Prozesses X_ν erfolgt mit einer eineindeutigen maßtreuen Abbildung τ eines Wahrscheinlichkeitsraumes $(\Omega, \mathfrak{A}, P)$, d. h. $P(\tau(A)) = P(A)$ für alle $A \in \mathfrak{A}$, aus einer zufälligen Variablen durch

(15.4.3) $$X_\nu(\omega) = X(\tau^\nu(\omega))$$

(τ^ν die durch ν-malige Iteration entstandene Abbildung, τ^{-1} die inverse Abbildung). Jeder stationäre Prozeß kann so gewonnen werden! Als zu dem Prozeß gehörige Abbildung bezeichnet man die in dem kleinsten Maßraum mögliche Erzeugung.

Ergodizität. Eine Abbildung τ heißt ergodisch, wenn die einzigen invarianten Mengen C, erklärt durch $\tau(C) = C$, die Wahrscheinlichkeit 1 oder 0 haben (für Wahrscheinlichkeitsräume ist *ergodisch* identisch mit *metrisch-transitiv*). Ein Prozeß heißt ergodisch, wenn die zugehörige Abbildung ergodisch ist; anschaulich bedeutet das, daß fast jeder beobachtete Ablauf repräsentativ oder typisch ist.

Im Falle der Ergodizität ist der im Ergodensatz auftretende Limes gleich einer Konstanten $(=E(X))$, und man kann alle Erwartungswerte in ähnlicher Weise durch zeitliche Mittelwerte ersetzen, z. B. wenn $E(|X_1|^2) < \infty$, dann

$$P\left(E(X_1 X_2) = \lim_{n\to\infty} \frac{1}{n} \sum_{\nu=1}^{n} X_\nu X_{\nu+1}\right) = 1. \tag{15.4.4}$$

Bemerkung: Die Abbildung τ heißt *mischend*, wenn für je zwei Mengen A, B gilt

$$\lim_{n\to\infty} P(\tau^n(A)\, B) = P(A)\, P(B). \tag{15.4.5}$$

Wenn τ mischend ist, ist es auch ergodisch.

Theoretisch besonders entwickelt ist die *Theorie zweiter Ordnung*, die sich — im Falle $E(X) = 0$ — nur mit der Kovarianz ($\bar{X}$ = konj.-komplexer Wert)

$$r_\nu = E(X_{\nu+h}\, \bar{X}_h) \tag{15.4.6}$$

(wegen der Stationarität unabhängig von h) beschäftigt; im Falle eines *Gauß-Prozesses*, definiert dadurch, daß alle Verteilungsfunktionen F_h Normalverteilungen sind, beschreiben die Kovarianzen den ganzen Prozeß vollständig.

Die r_ν bilden eine Folge mit $r_\nu = \bar{r}_{-\nu}$ und $\sum_{\nu\mu} r_{\nu-\mu}\, \xi_\nu\, \bar{\xi}_\mu \geqq 0$ für alle ξ_ν-Folgen (positiv-definite Folge). Für sie gilt folgender *Darstellungssatz* von Khintchine-Herglotz: Es gibt eine monoton-wachsende Funktion (im wesentlichen eindeutig bestimmt), die *Spektralfunktion* $F(\xi)$, mit der gilt:

$$r_\nu = \int_{-1/2}^{1/2} \exp(2\pi i \nu \xi)\, dF(\xi) \tag{15.4.7}$$

$$\left(\text{mit anderer Normierung} = \int_{-\pi}^{+\pi} \exp(i \nu \eta)\, dG(\eta)\right).$$

Im Falle eines absolut stetigen F gilt entsprechend

$$r_\nu = \int_{-1/2}^{1/2} \exp(2\pi i \nu \xi)\, f(\xi)\, d\xi \tag{15.4.8}$$

mit der „*Spektraldichte*“ $f(\xi) = F'(\xi) \geqq 0$. Wenn die X_ν reell sind, ist $f(\xi)$ eine gerade Funktion, und man kann bei geeigneter Normierung von $F(0)$ schreiben

(15.4.9) $$r_\nu = 2\int_0^{1/2} \cos(2\pi\nu\xi)\, dF(\xi).$$

Bei Gauß-Prozessen gelten für die Ergodizität folgende Kriterien:

X_ν ist ergodisch, wenn und nur wenn F stetig ist.

X_ν ist ergodisch, wenn und nur wenn $\frac{1}{n}\sum_{\nu=1}^{n}|r_\nu|^2 \to 0$ für $n \to \infty$.

Bemerkung: Für die Konvergenz der arithmetischen Mittel des Ergodensatzes gegen eine Konstante genügt schon, daß F bei 0 stetig ist bzw. $\frac{1}{n}\sum_{\nu=1}^{n} r_\nu \to 0$; für die Mischungseigenschaft genügt die Bedingung $r_\nu \to 0$.

Darstellung durch gleitende Mittel. Der gegebene Prozeß X_ν mit der Spektralfunktion $F(\xi)$ läßt sich dann und nur dann als *gleitendes Mittel*

(15.4.10) $$X_\nu = \sum_{m=-\infty}^{+\infty} g_{\nu-m} Y_m$$

mit unkorrelierten (im Falle der Gauß-Prozesse: unabhängigen normalverteilten) Y_m darstellen, wenn die Spektralfunktion absolut stetig ist; dann kann gesetzt werden

(15.4.11) $$F'(\xi) = \left|\sum_\nu g_\nu \exp(2\pi i\nu\xi)\right|^2.$$

Lineare Operationen bei stationären Prozessen. Dem Übergang von dem X-Prozeß mit Spektralfunktion F zu

(15.4.12) $$X_n^* = \sum_m c_{n-m} X_m$$

ntspricht

(15.4.13) $$r_\nu^* = \int_{-1/2}^{1/2} \exp(2\pi i\nu\xi)\,|c(\xi)|^2\, dF(\xi)$$

(15.4.14) $$c(\xi) = \sum c_\nu \exp(2\pi i\nu\xi).$$

Vorhersagetheorie von Kolmogoroff und Wiener. Das Ziel ist, eine solche Transformation

(15.4.15) $$X_n^* = \sum_{m=0}^{\infty} b_m X_{n-m}$$

zu finden, daß die Abweichung zwischen X_{n+1} und der *Vorhersage* X_n^* in dem Sinne recht klein wird, daß $E(|X_{n+1} - X_n^*|^2)$ minimiert wird. Je nach dem Wert dieser Abweichung für die beste Vorhersage gibt es folgende Unterteilung der Prozesse:

(15.4.16) $\sigma_1^2 = \inf_{b_0, b_1 \ldots} E(|X_{n+1} - X_n^*|^2) \begin{cases} = 0 & \text{deterministischer Prozeß,} \\ > 0 & \text{regulärer, nicht-deterministischer Prozeß.} \end{cases}$

Ein notwendiges und hinreichendes Kriterium für Regularität ist, daß die Ableitung $F'(\xi)$ da wo sie existiert (das muß nicht überall sein!), positiv ist und daß das Integral

(15.4.17) $$\int_{-1/2}^{1/2} \log F'(\xi)\, d\xi > -\infty$$ ist.

Es ist dann eine Darstellung

(15.4.18) $$F'(\xi) = \left| \sum_{\nu=0}^{\infty} b_\nu \exp(-2\pi i \nu \xi) \right|^2 \quad \text{mit} \quad \sum_\nu |b_\nu|^2 < \infty$$

und $\sum_{\nu=0}^{\infty} b_\nu z^\nu \neq 0$ in $|z| < 1$ möglich und über die Beziehungen

(15.4.19) $$\tfrac{1}{2} \log F'(\xi) = \sum_{-\infty}^{\infty} a_\nu \exp(2\pi i \nu \xi) \quad \text{(Fourier-Reihe)}$$

ergibt sich die optimale Vorhersage aus

(15.4.20) $$\exp\left(a_0 + 2 \sum_{\nu=1}^{\infty} a_\nu z^\nu\right) = \sum_{\nu=0}^{\infty} \bar{b}_\nu z^\nu \quad \text{(Potenzreihenentwicklung in } |z| < 1).$$

Außerdem gilt

$$\sigma_1^2 = \exp\left(\int_{-1/2}^{1/2} \log F'(\xi)\, d\xi \right).$$

15.5 Stationäre Prozesse mit reell-kontinuierlichem Index

Familien von zufälligen Variablen X_t ($t \leqq 0$ bzw. $t \gtreqless 0$ reell) bilden einen stationären Prozeß, wenn

(15.5.1) $$P(X_{t_1+h} < a_1, \ldots, X_{t_n+h} < a_n)$$ für alle $n, t_1, \ldots, t_n, a_1, \ldots, a_n$

unabhängig von h ist.

Bemerkung: Für eine mathematische Theorie benötigt man auch die Separabilitätsbedingungen: Bis auf eine feste P-Null-Menge soll für jedes offene Intervall I

(15.5.2) $$\sup_{t \in I} X_t = \sup_{t \in I,\, t \text{ rational}} X_t$$

und entsprechendes für inf gelten.

Es gilt der

Erweiterungssatz: *Jeder stationäre Prozeß X_t ($t \geqq 0$) läßt sich zu einem stationären Prozeß in $t \gtreqless 0$ erweitern.*

Ergodensatz. *Für jeden stationären Prozeß mit* $E(|X_0|) < \infty$ *gilt*

$$(15.5.3)\qquad P\left(\lim_{T\to\infty}\frac{1}{T}\int_0^T X_t\,dt \text{ existiert}\right) = 1\,.$$

Aussagen über den Grenzwert sind nur unter weiteren Bedingungen möglich.

Erzeugung eines stationären Prozesses aus einer Gruppe von eineindeutigen maßtreuen Abbildungen τ_s eines Wahrscheinlichkeitsraumes und einer zufälligen Variablen X:

$$\tau_0 = \text{Identität},\quad \tau_{s+t} = \tau_s\,\tau_t\,.\quad \tau_{-s} = \text{Inverse von } \tau_s\,.$$

$$(15.5.4)\qquad P(\tau_s(A)) = P(A) \quad \text{für alle } A\in\mathfrak{A} \quad \text{(Maßtreue)},$$

$$X_t(\omega) = X(\tau_t(\omega))\,.$$

Jeder stationäre Prozeß läßt sich so erzeugen. Als zu dem Prozeß gehörige Abbildungsschar bezeichnet man die mit dem kleinsten Wahrscheinlichkeitsraum $(\Omega,\mathfrak{A},P)$.

Ergodizität. Die Schar τ_h heißt ergodisch, wenn aus $\tau_s(C) = C$ (bis auf Nullmengen) für alle s folgt daß $P(C) = 0$ oder $= 1$ ist. Ein stationärer Prozeß heißt ergodisch, wenn die zugehörige Abbildungsschar ergodisch ist. Anschaulich bedeutet ergodisch, daß fast jeder beobachtete Ablauf repräsentativ oder typisch ist. Im Falle der Ergodizität ist

$$(15.5.5)\qquad P\left(\lim_{T\to\infty}\frac{1}{T}\int_0^T X_t\,dt = E(X_0)\right) = 1\,,$$

und man kann ähnlich alle Erwartungswerte durch die entsprechenden Zeitmittel erhalten.

Theoretisch besonders untersucht ist die Theorie zweiter Ordnung, die — im Falle $E(X_t) = 0$ — nur mit der Kovarianzfunktion

$$(15.5.6)\qquad R(h) = E\left(X(t+h)\,\overline{X(t)}\right)$$

(wegen der Stationarität unabhängig von t) benutzt; im Falle eines Gauß-Prozesses, definiert dadurch, daß die gemeinsamen Verteilungen von $X_{t_1},\ldots,X_{t_n}$ (für alle n, alle $t_1,\ldots,t_n$) Normalverteilungen sind, bestimmt die Kovarianz den ganzen Prozeß.

Die Kovarianzfunktion $R(h)$ ist eine positiv-definite Funktion, d. h. für beliebige Funktionen $\xi(t)$ gilt

$$(15.5.7)\qquad \iint R(t-s)\,\xi(t)\,\overline{\xi(s)}\,dt\,ds \geqq 0\,.$$

Für derartige Funktionen gibt es den

Darstellungssatz von BOCHNER. *Es gibt eine monoton-wachsende (im wesentlichen eindeutig bestimmte) Funktion, die Spektralfunktion, so daß*

$$R(t) = \int_{-\infty}^{\infty} \exp(2\pi i t \xi)\, dF(\xi) \tag{15.5.8}$$

$$\left(\text{in anderer Normierung } = \int_{-\infty}^{\infty} \exp(i t \eta)\, dG(\eta)\right).$$

Im Falle einer absolut-stetigen Spektralfunktion ist also

$$R(t) = \int_{-\infty}^{\infty} \exp(2\pi i t \xi)\, f(\xi)\, d\xi \tag{15.5.9}$$

mit der *Spektraldichte* $f(\xi) = F'(\xi) \geqq 0$.

Wenn X_t ein reeller Prozeß ist, ist $f(\xi)$ eine gerade Funktion, und mit geeigneter Normierung von $F(0)$ kann man auch schreiben:

$$R(t) = 2\int_{0}^{\infty} \cos(2\pi \xi t)\, dF(\xi). \tag{15.5.10}$$

Bei Gauß-Prozessen gelten für die Ergodizität die Bedingungen:

X_t ist ergodisch, wenn und nur wenn $F(\xi)$ stetig ist,

X_t ist ergodisch, wenn und nur wenn $\frac{1}{T}\int_0^T |R(t)|^2\, dt \to 0$.

Bemerkung: Für die Konvergenz der Integralmittel im Ergodensatz gegen eine Konstante genügt es, daß $F(\xi)$ bei $\xi = 0$ stetig ist bzw. daß $\frac{1}{T}\int_0^\infty R(t)\, dt \to 0$.

Lineare Operationen bei stationären Prozessen. Dem Übergang von X_t mit der Spektralfunktion F zu

$$X_t^* = \int_{-\infty}^{\infty} c(t-s)\, X_s\, ds \tag{15.5.11}$$

entspricht

$$R^*(h) = \int_{-\infty}^{\infty} \exp(2\pi i h \xi)\, |C(\xi)|^2\, dF(\xi) \tag{15.5.12}$$

mit

$$C(\xi) = \int_{-\infty}^{\infty} \exp(2\pi i t \xi)\, c(t)\, dt. \tag{15.5.13}$$

Das Vorhersageproblem, die Approximation von X_{t+h} möglichst gut durch einseitige Integralmittel $\int_{-\infty}^{0} X_t\, dG(t)$ läßt sich durch verschiedene mathematische Methoden behandeln, z. B. (s. das Buch von DOOB) durch Zurückführung auf das Vorhersageproblem im diskreten Fall.

Ergodensatz. *Für jeden stationären Prozeß mit* $E(|X_0|) < \infty$ *gilt*

(15.5.3) $$P\left(\lim_{T\to\infty} \frac{1}{T}\int_0^T X_t\, dt \text{ existiert}\right) = 1.$$

Aussagen über den Grenzwert sind nur unter weiteren Bedingungen möglich.

Erzeugung eines stationären Prozesses aus einer Gruppe von eineindeutigen maßtreuen Abbildungen τ_s eines Wahrscheinlichkeitsraumes und einer zufälligen Variablen X:

$$\tau_0 = \text{Identität}, \quad \tau_{s+t} = \tau_s \tau_t. \quad \tau_{-s} = \text{Inverse von } \tau_s.$$

(15.5.4) $$P(\tau_s(A)) = P(A) \quad \text{für alle } A \in \mathfrak{A} \quad \text{(Maßtreue)},$$

$$X_t(\omega) = X(\tau_t(\omega)).$$

Jeder stationäre Prozeß läßt sich so erzeugen. Als zu dem Prozeß gehörige Abbildungsschar bezeichnet man die mit dem kleinsten Wahrscheinlichkeitsraum $(\Omega, \mathfrak{A}, P)$.

Ergodizität. Die Schar τ_h heißt ergodisch, wenn aus $\tau_s(C) = C$ (bis auf Nullmengen) für alle s folgt daß $P(C) = 0$ oder $= 1$ ist. Ein stationärer Prozeß heißt ergodisch, wenn die zugehörige Abbildungsschar ergodisch ist. Anschaulich bedeutet ergodisch, daß fast jeder beobachtete Ablauf repräsentativ oder typisch ist. Im Falle der Ergodizität ist

(15.5.5) $$P\left(\lim_{T\to\infty} \frac{1}{T}\int_0^T X_t\, dt = E(X_0)\right) = 1,$$

und man kann ähnlich alle Erwartungswerte durch die entsprechenden Zeitmittel erhalten.

Theoretisch besonders untersucht ist die Theorie zweiter Ordnung, die — im Falle $E(X_t) = 0$ — nur mit der Kovarianzfunktion

(15.5.6) $$R(h) = E\left(X(t+h)\,\overline{X(t)}\right)$$

(wegen der Stationarität unabhängig von t) benutzt; im Falle eines Gauß-Prozesses, definiert dadurch, daß die gemeinsamen Verteilungen von $X_{t_1}, \ldots, X_{t_n}$ (für alle n, alle $t_1, \ldots, t_n$) Normalverteilungen sind, bestimmt die Kovarianz den ganzen Prozeß.

Die Kovarianzfunktion $R(h)$ ist eine positiv-definite Funktion, d. h. für beliebige Funktionen $\xi(t)$ gilt

(15.5.7) $$\iint R(t-s)\, \xi(t)\, \overline{\xi(s)}\, dt\, ds \geqq 0.$$

Informationsspeichern zu $N^* = N\,N = 100$ Nachrichten genügt $n^* = 7$ (da $2^7 = 128 \geqq 100$ ist), so daß der Aufwand pro Nachricht durch $\frac{n^*}{2} = 3{,}5$ gemessen wird.

Durch weiteres Zusammenfassen nähert man sich dem elementaren Informationsmaß ${}^a\log N$; für $a = 2$ versieht man diese Größe mit dem Zusatz „bit".

16.1.2 Kanal mit Störungen

Der Übertragungskanal habe die Eigenschaft, bei n-maliger Benutzung höchstens einmal einen Fehler zu machen. Es entstehen dann aus je einer der a^n Eingangsdaten also $1 + n(a-1)$ mögliche Ausgänge (nämlich der ungestört übertragene Eingang und je einer, wenn eine der benutzten Elementarübertragungen fehlerhaft ist). Die Anzahl der bei irgendeinem Verfahren mit Sicherheit fehlerfrei zu übertragenden Nachrichten ist demnach

$$N \leqq \frac{a^n}{1 + n(a-1)}\,. \tag{16.1.1}$$

Es entsteht die Aufgabe, ein Verfahren (einen „Code") anzugeben, welches durch Benutzung geeigneter Eingangsfolgen ein möglichst großes N (= Anzahl der fehlerfrei übertragbaren Nachrichten) zuläßt.

Für $a = 2$ (allgemeiner für $a = p^\nu$, p = Primzahl) gelingt es, für $n = \frac{a^m - 1}{a - 1}$ durch Aufstellung der *Hamming-Codes* sogar, in der Ungleichung (16.1.1) das Gleichheitszeichen zu erreichen.

Beispiel.

Hamming-Code für $a = 2$, $m = 3$, $n = 7$, $N = 16$. Vgl. nebenstehendes Schema.

1					1	1
	1			1		1
		1		1	1	
			1	1	1	1
1	1			1	1	
1		1		1		1
1			1	1		
	1		1		1	
		1	1			1
	1	1			1	1
1	1	1				
1	1		1			1
1		1	1		1	
	1	1	1	1		
1	1	1	1	1	1	1

In jeder der 16 Zeilen stehen nacheinander die zu sendenden Zeichen („1" bzw. „Nicht-1") für die 16 Nachrichten: Wird höchstens eine dieser Stellen geändert (zulässiger Übertragungsfehler), so ist eindeutige Identifikation möglich, da sich je zwei Zeilen an mindestens 3 Stellen unterscheiden („Hamming-Abstand" = 3).

Andere zugelassene Fehler oder andere Werte von a und n führen auf schwierige, z. T. ungelöste Probleme bei der Aufstellung von optimalen Code-Tabellen.

16.2 Stochastische Theorie

Für die Bearbeitung von sehr häufig sich wiederholenden Nachrichtenproblemen ist die Annahme sinnvoll, daß die Nachrichten aus einem Nachrichtenvorrat $(1 \ldots N)$ mit Wahrscheinlichkeiten $p_i > 0$, $\sum_{i=1}^{N} p_i = 1$ versehen sind.

Beispiel. Die Buchstaben in der deutschen Sprache: $p(\text{e}) = 0{,}167$, $p(\text{n}) = 0{,}099$, $p(\text{i}) = 0{,}078$, $p(\text{s}) = 0{,}068$, $p(\text{t}) = 0{,}067$ usw.

Für die hier dargestellte Theorie wird die (das Ergebnis noch verbessernde) stochastische Abhängigkeit aufeinanderfolgender Buchstaben (auf c folgt meistens h oder k, auf q immer u usw.) nicht berücksichtigt.

16.2.1 Kanal ohne Störungen

Der Kanal erlaube (wie in 16.1.1) die Möglichkeit bei jeweiliger Benutzung eines von a (ganze Zahl > 1) Zeichen fehlerlos zu übertragen; die Anzahl der Kanalbenutzungen für jede Nachricht (= Anzahl der Elementarzeichen aus dem Alphabet $1 \ldots a$) wird aber jetzt nicht festgehalten, sondern jeweils geeignet $(= n_i)$ gewählt. Um die eindeutige Identifizierbarkeit der N Nachrichten sicherzustellen, muß eine Ablesbarkeitsbedingung für die Code-Wörter gelten: Um bei den aufeinanderfolgenden Übertragungen von vielen Nachrichten desselben Nachrichtenvorrats (etwa viele Buchstaben, um Texte zu übermitteln) jeweils das Ende eines Code-Wortes feststellen zu können, darf kein Code-Wort gleich dem Anfang eines anderen sein. Man kann die Code-Wörter dann in einem *Ablesebaum* anordnen, bei dem man mit dem Finger von links nach rechts so entlanggleitet, wie es bei jedem Kanalzeichen gefordert wird, bis man an die Ablesegrenze kommt.

Beispiel.

Code-Tabelle:	Nachrichten	Code-Wörter c_i $(a = 2)$	
	1	1	$(n_1 = 1)$
	2	0 1	$(n_2 = 2)$
	3	0 0 1	$(n_3 = 3)$
	$N = 4$	0 0 0	$(n_4 = 3)$

Ablesebaum

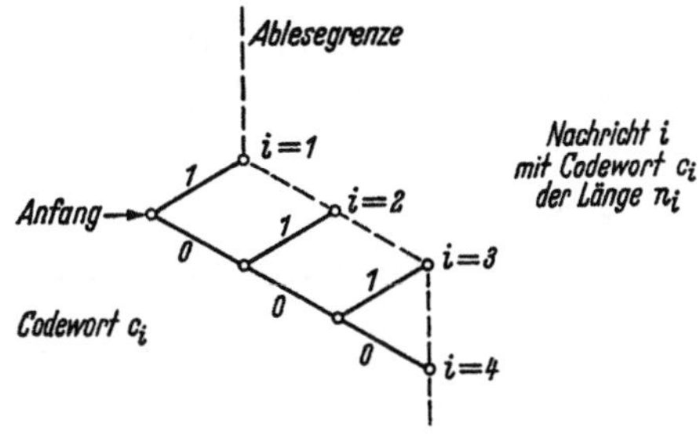

Beispielhafte Nachrichtenfolge 1 4 3 1 2 wird codiert zu

1 0 0 0 0 0 1 1 0 1

und ist (etwa mittels des Ablesebaumes) leicht decodierbar.

Eine mathematische (notwendige und hinreichende) Bedingung für Möglichkeit einer der Ablesbarkeitsbedingung genügenden Code-Tabelle ist

$$\sum_{i=1}^{N} a^{-n_i} \leqq 1 . \tag{16.2.1}$$

Um den Erwartungswert der Länge der Code-Wörter $E\,(\text{Länge}) = \sum_{i=1}^{N} p_i\, n_i$ zu minimieren, müßte möglichst $n_i \approx {}^a\!\log \frac{1}{p_i}$ sein.

Es gilt immer $E\,(\text{Länge}) \geqq \sum_{i=1}^{N} p_i\, {}^a\!\log \frac{1}{p_i} = H_a(p_1, \ldots, p_N)$, und man kann stets $E\,(\text{Länge}) < H_a + 1$ erreichen.

Durch Zusammenfassen von mehreren (unabhängigen) Nachrichtenübertragungsaufgaben kann man sich (ähnlich wie in 16.1.1) dem Wert H beliebig nähern. Man bezeichnet dieses Maß für die Schwierigkeit der Nachrichtenübertragung als allgemeines Informationsmaß (oder *Entropie*) und schreibt bei $a = 2$ wieder „bit", bei $a = e$ (Basis der natürlichen Logarithmen) $= 2{,}71828\ldots$ „nit" und bei $a = 10$ „dit".

Für die Buchstaben im Deutschen errechnet sich $H_2 = 4, \ldots$ (genauer Wert bei MEYER-EPPLER [*28*]).

Es gelten die Umrechnungen

$$H_a = {}^a\!\log b\; H_b . \tag{16.2.2}$$

Es gibt Verallgemeinerungen dieses Problems, bei denen die Übertragung der Elementarzeichen des Kanals verschiedenen Aufwand (etwa verschiedene Zeit) benötigt.

16.2.2 Kanal mit Störungen

Als wichtigster Fall der Theorie wird angenommen, daß die verschiedenen Kanalbenützungen keinerlei Beeinflussung zeigen und daß die Fehlermöglichkeiten durch Übertragungswahrscheinlichkeiten $p_{\nu\mu} \geqq 0$ $\left(\sum_{\mu} p_{\nu\mu} = 1\right)$ beschrieben werden mit folgender Bedeutung: Wenn das Code-Zeichen ν $(= 1 \ldots a)$ vom Sender eingegeben wird, entsteht beim Empfänger das Code-Zeichen μ $(= 1 \ldots a)$ mit der Wahrscheinlichkeit $p_{\nu\mu}$.

Beispiel.

(„Binärer symmetrischer Kanal") $a = 2$,

$$(p_{\nu\mu}) = \begin{pmatrix} 1-p & p \\ p & 1-p \end{pmatrix} \quad \text{mit} \quad p < \tfrac{1}{2}.$$

Der bei derartigen Übertragungen nötige Minimalaufwand an Code-Zeichen bestimmt sich nach folgendem

(16.2.3) **Hauptsatz.** *Bei beliebig vorgeschriebener Fehlerwahrscheinlichkeit für das Erkennen einer Nachricht (d. h. bei gegebenen $p_{\nu\mu}$) läßt sich durch geeignete Codierung und Zusammenfassen von vielen gleichartigen Nachrichtenübertragungsaufgaben der mittlere Bedarf an Code-Zeichen pro Nachricht beliebig nahe an den Wert (Theoretische Kapazität des Kanals)*

$$C = \operatorname*{Max}_{X\text{-Verteilung}} \big(I(X, Y)\big)$$

bringen.

Dabei bedeutet X, Y ein Paar diskreter zufälliger Variabler, deren gemeinsame Verteilung durch $P(X = \nu) = p_\nu$, $P(Y = \mu \mid X = \nu) = p_{\nu\mu}$ beschrieben wird; und

$$(16.2.4)\quad I(X, Y) = H(X) + H(Y) - H(X, Y)$$
$$= \sum_\nu p_\nu \log \frac{1}{p_\nu} + \sum_\mu q_\mu \log \frac{1}{q_\mu} - \sum_{\mu\nu} q_{\nu\mu} \log \frac{1}{q_{\nu\mu}}$$

mit $q_\nu = P(Y = \nu)$; $q_{\nu\mu} = P(X = \nu, Y = \mu)$; über die X-Verteilung, d. h. die p_ν- ($\geqq 0$) Werte ($\sum p_\nu = 1$) wird maximiert.

Beispiel. Für den binären symmetrischen Kanal gilt

$$C = 1 + p \log p + (1 - p) \log (1 - p).$$

Die Theorie beschäftigt sich mit Verfahren für die Aufstellung von Codes, der Abhängigkeit der Fehlerwahrscheinlichkeit von der zugelassenen mittleren Zahl a von Elementarzeichen und betrachtet auch komplizierte Kanaleigenschaften.

Wenn Eingangs- und Ausgangswerte des Kanals kontinuierliche Größen X, Y statt ν, μ z. B. Stromstärken oder -spannungen, mechanische oder kinematische Größen sind, ist das Ergebnis ähnlich:

$$(16.2.5)\quad I(X, Y) = H(Y) - H(Y/X)$$
$$= \int \eta(y) \log \frac{1}{\eta(y)}\, dy - \int \xi(x) \left(\int p(y \mid x) \log \frac{1}{p(y \mid x)}\, dy \right) dx,$$

wobei $p(y \mid x)$ die Verteilungsdichte des Kanalausgangs bei gesendetem Zeichen x ist und $\eta(y) = \int p(y \mid x)\, \xi(x)\, dx$ die Verteilungsdichte des Ausgangs ist.

Über die Eingangsverteilungsdichte $\xi(x)$ wird wieder maximiert.

Die Erfassung von Nachrichten, die sich kontinuierlich in der Zeit ändern, erfolgt (wie beim Kino) durch Beschränkung auf Werte in diskreten Zeitabständen (technisch erklärt als Begrenzung des Spektrums in der Fourier-Zerlegung).

Literatur

[1] ANDERSEN, T. W.: An introduction to multivariate statistical analysis. New York: Wiley 1958.

[2] BARTLETT, M. S.: An introduction to stochastic processes with special reference to methods and applications. Cambridge: Univ. Press 1956.

[3] BAUER, H.: Wahrscheinlichkeitstheorie und Grundzüge der Maßtheorie. Berlin: de Gruyter 1968.

[4] BARLOW, R. E., and F. PROSCHAN: Mathematical theory of reliability. New York: Wiley 1965.

[5] BHARUCHA-REID, A.T.: Elements of the theory of Markov-processes and their applications. New York: McGraw Hill 1960.

[6] CHUNG, K. L.: Markov chains with stationary transition probabilities. Berlin/Göttingen/Heidelberg: Springer 1960.

[7] COX, D. R.: Erneuerungstheorie (Übers. aus dem Engl. von E. HENZE). München, Wien: Oldenbourg 1965.

[8] DOOB, J. L.: Stochastic processes. London, New York: Wiley 1953.

[9] FANO, ROBERT M.: Informationsübertragung. (Übers. aus dem Engl.) München, Wien: Oldenbourg 1966.

[10] FEDERER, W. T.: Experimental design, theory and applications. McMillan 1963.

[11] FELLER, W.: An introduction to probability theory and its applications. I., II. New York: Wiley 1966.

[12] FEY, P.: Informationstheorie. Berlin: Akademie-Verlag 1963.

[13] FISZ, M.: Wahrscheinlichkeitsrechnung und mathematische Statistik. Berlin: VEB Verlag d. Wiss. 1965.

[14] GNEDENKO, B. W.: Lehrbuch der Wahrscheinlichkeitsrechnung. Berlin: Akademie-Verlag 1968.

[15] GNEDENKO, BELJAEW, SOLOWJEW: Mathematische Methoden der Zuverlässigkeitstheorie. I, II. (Übers. aus dem Russ.) 1965 und 1968.

[16] GRAF, U., H.-J. HENNING u. K. STANGE: Formeln und Tabellen der mathematischen Statistik. Berlin/Heidelberg/New York: Springer 1966.

[17] GRENANDER, U., and M. ROSENBLATT: Statistical analysis of stationary time series. Stockholm: Almquist & Wiksell New York: Wiley 1966.

[18] GUMBEL, E. J.: Statistics of Extremes. New York: Columbia Univ. Press 1960.

[19] HAMMERSLEY, J. M., and D. C. HANDSCOMB: Monte Carlo methods. London: Methuen 1964.

[19a] HARMAN, H. H.: Modern factor analysis. Univ. Chicago Press 1967.

[20] HARRIS, T. E.: The theory of branching processes. Berlin/Göttingen/Heidelberg: Springer 1963.

[21] HEINHOLD, J., K.-W. GAEDE: Ingenieur-Statistik. München, Wien: Oldenbourg 1964.

[22] JAGLOM, A. M., u. J. M. JAGLOM: Wahrscheinlichkeit und Information. Berlin: VEB Verlag d. Wiss. 1965.

[23] KENDALL, M. G., & A. STUART: The advanced theory of statistics. I, II, III. London: Griffin 1963—1966.

[24] KOLMOGOROFF, A. N.: Grundlagen der Wahrscheinlichkeitsrechnung. Berlin: 1933.

[25] KREYSZIG, E.: Statistische Methoden und ihre Anwendungen. Göttingen: Vandenhoeck & Ruprecht 1965.

[26] KRICKEBERG, K.: Wahrscheinlichkeitstheorie. Stuttgart: Teubner 1963.

[27] LINDER, A.: Statistische Methoden für Naturwissenschaftler, Mediziner, Ingenieure. Basel: Birkhäuser 1960.
[28] MEYER-EPPLER, W.: Grundlagen und Anwendungen der Informationstheorie. Berlin/Göttingen/Heidelberg: Springer 1969.
[29] MORGENSTERN, D.: Einführung in die Wahrscheinlichkeitsrechnung und mathematische Statistik. Berlin/Heidelberg/New York: Springer 1968.
[30] PETERS, J.: Einführung in die allgemeine Informationstheorie. Berlin/Heidelberg/New York: Springer 1967.
[31] PETERSON, W. W.: Error-correcting codes. MIT, Wiley 1961. Dtsch. Übersetzung bei Oldenbourg; München, 1967.
[32] RAO, C. R.: Linear statistical inference and its applications. New York: Wiley 1965.
[33] RÉNYI, A.: Wahrscheinlichkeitsrechnung. Berlin: VEB Verlag d. Wiss. 1966.
[34] RICHTER, H.: Wahrscheinlichkeitstheorie. Berlin/Göttingen/Heidelberg: Springer 1966.
[35] ROZANOW, YU. A.: Stationary Random Processes. San Francisco: Holden Day 1967.
[36] RIORDAN, J.: An introduction to combinatorial analysis. New York: Wiley 1958.
[37] SCHEFFÉ, H.: The analysis of variance. New York: Wiley 1961.
[38] SCHMETTERER, L.: Einführung in die mathematische Statistik. Wien: Springer 1966.
[39] SMIRNOW, N. W., u. J. W. DUNIN-BARKOWSKI: Mathematische Statistik in der Technik. Berlin: VEB Verlag d. Wiss. 1963.
[40] Stichproben in der amtlichen Statistik. Herausg. Statist. Bundesamt. Stuttgart-Mainz: Kohlhammer 1960.
[41] TAKÁCS, L.: Introduction to the theory of queues. New York: Univ. Press 1962.
[41a] ÜBERLA, K.: Faktorenanalyse. Berlin/Heidelberg/New York: Springer 1968.
[42] UHLMANN, W.: Statistische Qualitätskontrolle. Stuttgart: Teubner 1966.
[43] VAN DER WAERDEN, B. L.: Mathematische Statistik. Berlin/Heidelberg/New York: Springer 1965.
[44] WALSH, J. E.: Handbook of non-parametric statistics. I, II, III. New York: van Nostrand 1962—1968.
[45] WETHERILL, G. B.: Sequential methods in statistics. Methuen and Wiley 1966.
[46] WITTING, H.: Mathematische Statistik. Stuttgart: Teubner 1966.

N. Sätze und Formeln der Mechanik und Elektrotechnik

I. Mechanik

Von **Wolfgang Zander**, Berlin[1]

Grundlagen

§ 1. Allgemeine Kontinuumstheorie

1.1 Grundelemente

Es ist Aufgabe der Mechanik, die *Bewegungen* von *Körpern* unter dem Einfluß von *Kräften* zu untersuchen.

Unter einem *Körper* $\mathcal{K}$ im Sinne der Kontinuumstheorie versteht man eine dreidimensionale glatte Mannigfaltigkeit, dessen Elemente X genannt werden sollen. Jedem Körper $\mathcal{K}$ sei ein nicht-negatives skalares Maß, seine Masse m zugeordnet. Der Begriff *Kontinuum* setzt voraus, daß

(1.1.0) (**Axiom:**) *jeder Teil* $\mathcal{T}_k$ *von* $\mathcal{K}$ *selbst wieder einen Körper bildet,* der ein eigenes Massenmaß $m(\mathcal{T}_k)$ hat und daß die Elemente X des Körpers umkehrbar eindeutig und stetig auf Zahlentripel (X^1, X^2, X^3) reeller Zahlen

$$X^A = X^A(X), \quad X = X(X^A), \quad A = 1, 2, 3 \tag{1.1.1}$$

abbildbar sind. Dabei durchlaufen die X^A den Bereich gewisser abgeschlossener Intervalle.

Die X^A stellen laut Definition materielle Koordinaten des Teilchens X dar. Sie sind begriffsmäßig von den Ortskoordinaten zu trennen, die das Teilchen zu irgendeinem passend gewählten Zeitpunkt gerade physikalisch einnimmt. Auch sollte klar zwischen dem abstrakten Begriff des Körpers und seinen der Erfahrung zugänglichen von der Zeit abhängigen Konfigurationen (s. unten) im dreidimensionalen euklidischen Raum unterschieden werden, ähnlich wie man den Begriff Masse von den mit ihr verknüpften Erscheinungen etwa dem Gewicht abstrahiert.

---

[1] Der Verfasser dankt an dieser Stelle herzlich Herrn Prof. Dr.-Ing. R. Trostel für viele Diskussionen und insbesondere für die Hilfe bei Abfassung der Abschnitte 1.4.5 und 4.2.

Der betrachtete Körper $\mathcal{K}$ nimmt im realen dreidimensionalen als euklidisch vorausgesetzten Raum eine im allgemeinen von der Zeit t

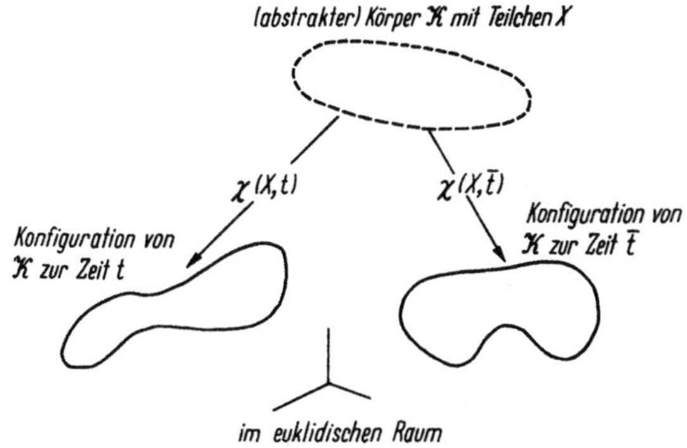

Abb. 1.1.2. **Körper und Konfiguration**

abhängige *Gestalt* bzw. *Konfiguration* an, was durch eine eindeutige Abbildung $\boldsymbol{\chi}$ bzw. ihrer Inversen $\overset{-1}{\boldsymbol{\chi}}$

(1.1.3) $$\boldsymbol{x} = \boldsymbol{\chi}(X, t), \quad X = \overset{-1}{\boldsymbol{\chi}}(\boldsymbol{x}, t)$$

beschrieben wird. Die Änderung der Konfiguration mit der Zeit, d. h. die Angabe des Platzes $\boldsymbol{x}$ eines jeden zum Körper $\mathcal{K}$ gehörigen Teilchens X zu jedem Zeitpunkt t, sprechen wir als *Bewegung* des Körpers an.

Dem Begriff des Kontinuums entsprechend, ist es möglich, zu jeder Konfiguration eine auf das Volumen im euklidischen Raum bezogene *Dichte* ϱ anzugeben, die die *Masse* m des Körpers $\mathcal{K}$ bzw. seiner Teile $\mathcal{T}_k$ definiert:

(1.1.4) $$m(\mathcal{T}_k) = \int_{\chi(\mathcal{T}_k)} \varrho_\chi \, dv = \int_{\mathcal{T}_k} \varrho \, dv .$$

Dabei deutet der Index $\boldsymbol{\chi}$ an ϱ auf die Abhängigkeit der Dichte $\boldsymbol{\chi}$ von der Konfiguration $\boldsymbol{\chi}$ hin, während rechts der gleiche Sachverhalt etwas legerer notiert wurde, ohne Anlaß zu Mißverständnissen zu geben.

Das dritte Grundelement der Mechanik neben Körpern und Bewegungen sind *Kräfte*. Dieser Begriff beschreibt die Wirkung der ‚Außenwelt' auf den sich bewegenden Körper und die gegenseitige Wirkung der Körperteile untereinander. Während die klassische Mechanik nur den Begriff der volumenhaft verteilten Volumen- bzw. Massenkraft $\boldsymbol{k}$ und der flächenhaft verteilten (Kontakt-) Kraft, der Spannung mit dem

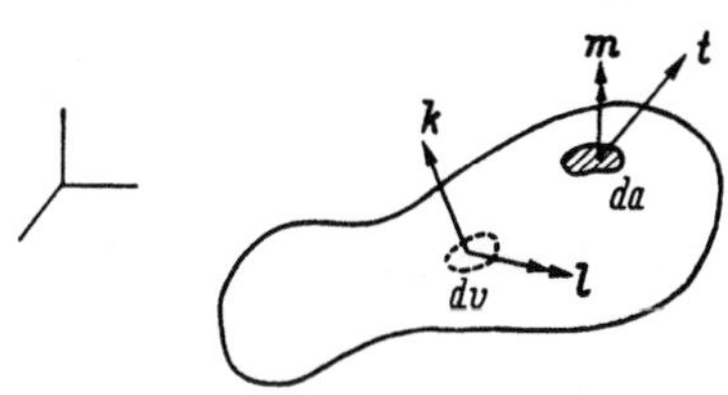

Abb. 1.1.5. Volumen- und flächenspezifische Belastungen

Spannungsvektor $\boldsymbol{t}$ kennt, treten in die Grundgesetze der verallgemeinerten Theorie beispielsweise auch Begriffe wie volumenhaft verteilte Momente $\boldsymbol{l}$ bzw. flächenhaft verteilte Momente, sog. Momentenspannungen mit dem Momentenspannungsvektor $\boldsymbol{m}$ ein. Die Wirkung dieser Kräfte auf den betrachteten Körper faßt man zu Resultierenden zusammen:

$$\mathfrak{K}(\mathscr{K}) = \int\limits_{\partial\mathscr{V}(\mathscr{K})} \boldsymbol{k}\,\varrho\,dv + \int\limits_{\partial\mathscr{V}(\mathscr{K})} \boldsymbol{t}\,do, \tag{1.1.6}$$

$$\mathfrak{M}(\mathscr{K}, \boldsymbol{x}_0) = \int\limits_{\mathscr{V}(\mathscr{K})} [(\boldsymbol{x}-\boldsymbol{x}_0)\times\boldsymbol{k}+\boldsymbol{l}]\,\varrho\,dv + \int\limits_{\mathscr{V}(\mathscr{K})} [(\boldsymbol{x}-\boldsymbol{x}_0)\times\boldsymbol{t}+\boldsymbol{m}]\,do. \tag{1.1.7}$$

Die Integrale sind dabei über das vom Körper $\mathscr{K}$ eingenommene Volumen $\mathscr{V}$ bzw. seine Oberfläche $\partial\mathscr{V}$ in der jeweiligen Konfiguration $\boldsymbol{\chi}$ zu erstrecken. Das resultierende Moment $\mathfrak{M}$ ist, wie man sieht, Funktion des gewählten Bezugspunktes $\boldsymbol{x}_0$. Bezüglich eines anderen Punktes $\boldsymbol{x}_1$ gilt

$$\mathfrak{M}(\mathscr{K}, \boldsymbol{x}_1) = \mathfrak{M}(\mathscr{K}, \boldsymbol{x}_0) + (\boldsymbol{x}_0 - \boldsymbol{x}_1)\times\mathfrak{K}(\mathscr{K}). \tag{1.1.8}$$

Die Einführung von Kräfteklassen außerhalb der klassischen geschieht hier, um an späterer Stelle anhand der Tragwerkstheorien exemplarisch einige Begriffe der sog. polaren Medien demonstrieren zu können. Schon aus räumlichen Gründen bleiben ansonsten die Ausführungen meist auf die klassischen Fragestellungen nichtpolarer Medien beschränkt.

Wie erwähnt, ist die Verknüpfung von Kräften mit der erzeugten Bewegung eines Körpers die eigentliche Aufgabe der Mechanik. Dazu dienen u. a. allgemein als gültig angesehene *Bilanzgesetze*, deren bekannteste und nur Begriffe der (klassischen) Mechanik enthaltende drei folgenden Formen als Axiome dieses Wissenschaftszweiges postuliert werden können. Bezeichnet $\boldsymbol{v}$ die Geschwindigkeit eines Teilchens, so ist $\varrho\,\boldsymbol{v}$ der volumenspezifische Impuls, definiert $\varrho\,\boldsymbol{s}$ einen entsprechenden (in der klassischen Theorie nicht enthaltenen) Zusatzdrehimpuls, so fordern formelmäßig ausgedrückt das *Prinzip der Massenbilanz*

$$\frac{d}{dt}\int\limits_{\mathscr{K}} \varrho\,dv = 0, \tag{1.1.9}$$

das *Prinzip der Impulsbilanz*

$$\frac{d}{dt}\int\limits_{\mathscr{K}} \varrho\,\boldsymbol{v}\,dv = \mathfrak{K}(\mathscr{K}), \tag{1.1.10}$$

das *Prinzip der Drehimpulsbilanz* bezüglich festem $\boldsymbol{x}_0$

$$\frac{d}{dt}\int\limits_{\mathscr{K}} [(\boldsymbol{x}-\boldsymbol{x}_0)\times\varrho\,\boldsymbol{v}+\varrho\,\boldsymbol{s}]\,dv = \mathfrak{M}(\mathscr{K}, \boldsymbol{x}_0). \tag{1.1.11}$$

Weitere Einzelheiten entnehme man 1.4.2. Der Hinweis auf mechanische Größen schließt nicht aus, daß zur vollständigen Beschreibung der Kräfte oder der Körpermaterialien noch Erscheinungen aus weiteren Gebieten der Physik wie der Thermodynamik oder der Elektromagnetodynamik herangezogen werden müssen.

In den nächsten drei Ziffern werden die Beziehungen formuliert; die allen Körpern gemeinsam sind, während die daran anschließende Ziffer die Gleichungen gibt, die die *spezifischen Materialeigenschaften* des Körpers beinhalten. Es folgen dann einige Ergänzungen, die weitere Formulierungen der kinetischen Grundgleichungen der Mechanik zusammenstellen.

1.2 Kinematik

1.2.1 Ortsvektoren, Geschwindigkeit, Beschleunigung

In der *Kinematik* als Teilgebiet der Mechanik beschäftigt man sich mit der Untersuchung allein der Geometrie des Bewegungsablaufs von Körpern, ohne daß dessen Ursachen betrachtet werden.

Da der Ortsvektor $\boldsymbol{x}$ nach (1.1.3) die Lage des betrachteten Teilchens X im euklidischen Raum beschreibt, lassen sich, genügende Differenzierbarkeit vorausgesetzt, die *Lage* $\boldsymbol{x}$, die *Geschwindigkeit* $\boldsymbol{v}$ und die *Beschleunigung* $\boldsymbol{a}$ in einfacher Weise angeben:

$$(1.2.1)\qquad \begin{cases} \boldsymbol{x} = \boldsymbol{\chi}(X, t), \\ \boldsymbol{v} = \dot{\boldsymbol{x}} = \dfrac{d}{dt}\boldsymbol{\chi}(X, t), \\ \boldsymbol{a} = \dot{\boldsymbol{v}} = \ddot{\boldsymbol{x}} = \dfrac{d^2}{dt^2}\boldsymbol{\chi}(X, t). \end{cases}$$

Hier wie im folgenden sollen Punkte wie übergesetzte geklammerte Zahlen *materielle zeitliche Ableitungen* bedeuten; wenn also Ψ eine beliebige Größe ist, so gilt

$$(1.2.2)\qquad \dot{\Psi} = \frac{d}{dt}(\Psi)_{X\,\text{fest}}, \qquad \overset{(n)}{\Psi} = \frac{d}{dt}\left(\overset{(n-1)}{\Psi}\right)_{X\,\text{fest}}.$$

Der Zusammenhang $(1.2.1)_1$ definiert für festes X eine einparametrige Vektorfunktion, also eine Kurve, die *Bahn des Teilchens* genannt wird. In bezug auf das natürliche Basissystem der Kurve, das aus dem Tangentenvektor $\boldsymbol{t}$, dem Normalenvektor $\boldsymbol{n}$ und dem Binormalenvektor $\boldsymbol{b} = \boldsymbol{t} \times \boldsymbol{n}$ gebildet wird, s. Abb. 1.2.3, ist die

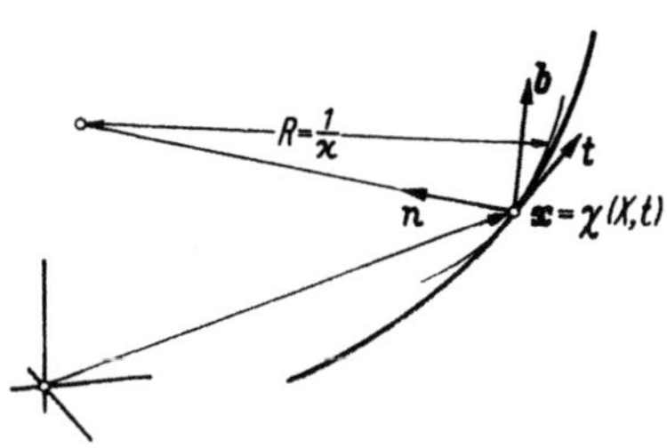

Abb. 1.2.3. Zur Kinetik auf Bahnkurven

folgende Aufteilung der Geschwindigkeit $\boldsymbol{v}$ bzw. Beschleunigung $\boldsymbol{a}$ in Komponenten üblich:

$$\begin{aligned} &\boldsymbol{v} = \dot{\boldsymbol{x}} \qquad = v\,\boldsymbol{t}, \\ &\boldsymbol{a} = \dot{\boldsymbol{v}} = \ddot{\boldsymbol{x}} = \dot{v}\,\boldsymbol{t} + v\,\dot{\boldsymbol{t}} = \dot{v}\,\boldsymbol{t} + \varkappa\,v^2\,\boldsymbol{n} = a_t\,\boldsymbol{t} + a_n\,\boldsymbol{n}. \end{aligned} \tag{1.2.4}$$

Dabei sind $\varkappa = 1/R$ die Krümmung der Bahn bzw. R der entsprechende Radius, v der Geschwindigkeitsbetrag und $a_t = \dot{v}$ bzw. $a_n = \varkappa\,v^2 = v^2/R$ die *Tangential-* bzw. *Zentripetal- oder Normalbeschleunigung.*

Die euklidische Einbettung des Körpers bzw. seiner Bewegung impliziert zwar, daß das geometrische Bezugssystem kartesisch gewählt werden kann, jedoch ist die Wahl eines solchen Bezugssystems nicht eindeutig. Auch kommt es offensichtlich auf eine Translation des Ursprungs der Zeit nicht an. Die oben angegebenen Größen Ort $\boldsymbol{x}$, Geschwindigkeit $\dot{\boldsymbol{x}}$ und Beschleunigung $\ddot{\boldsymbol{x}}$ und entsprechende höhere materielle zeitliche Ableitungen sind bisher *relativ* zu einem solchen Bezugssystem definiert worden. Ein zweites, gestrichen bezeichnetes (kartesisches) Bezugssystem stehe zum ersten in folgender Beziehung:

$$\boldsymbol{z}' = \boldsymbol{c}(t) + \boldsymbol{Q}(t)\,\boldsymbol{z}, \qquad t' = t - a. \tag{1.2.5}$$

Hierin sind $\boldsymbol{z}'$ bzw. $\boldsymbol{z}$ entsprechende Ortsvektoren des jeweiligen Raumes, $\boldsymbol{c}(t)$ eine zeitabhängige Translation des geometrischen Ursprungs, $\boldsymbol{Q}(t)$ ein zeitabhängiger orthogonaler Tensor, der die Drehung (manchmal auch eine Spiegelung) des ursprünglichen Bezugssystems in das neue (gestrichene) System leistet, und a die Translation des Zeitursprungs.

Zwei Bewegungen, die in zwei verschiedenen Bezugssystemen beobachtet wurden, sind nun genau dann gleich, wenn — im Falle des Körpers für jedes Teilchen — die Bahnen nach (1.2.5) in der Beziehung

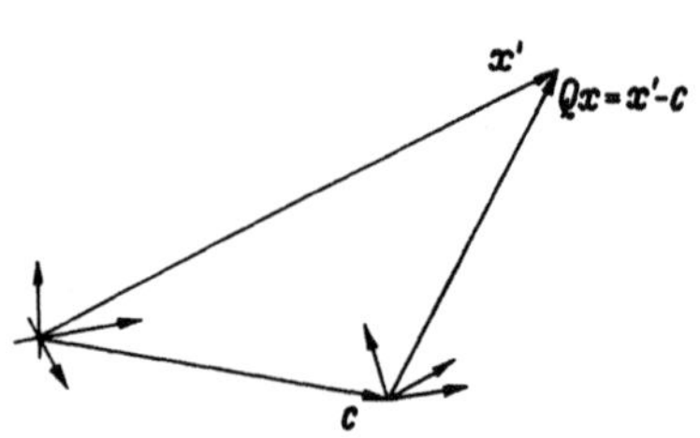

Abb. 1.2.7. Zum Wechsel der Bezugssysteme

$$\boldsymbol{\chi}'(X, t') = \boldsymbol{c}(t) + \boldsymbol{Q}(t)\,\boldsymbol{\chi}(X, t), \qquad t' = t - a$$

stehen. Schreiben wir dafür kürzer

$$\boldsymbol{x}' = \boldsymbol{c} + \boldsymbol{Q}\,\boldsymbol{x}, \qquad \boldsymbol{x} = \boldsymbol{Q}^{\mathrm{T}}(\boldsymbol{x}' - \boldsymbol{c}), \tag{1.2.6}$$

so impliziert diese Relation auf Grund von

$$\begin{aligned} &\boldsymbol{Q}\boldsymbol{Q}^{\mathrm{T}} = \boldsymbol{1}, \quad (\boldsymbol{Q}\boldsymbol{Q}^{\mathrm{T}})^{\cdot} = \dot{\boldsymbol{Q}}\boldsymbol{Q}^{\mathrm{T}} + \dot{\boldsymbol{Q}}\boldsymbol{Q}^{\mathrm{T}} = \boldsymbol{Q}\dot{\boldsymbol{Q}}^{\mathrm{T}} + (\dot{\boldsymbol{Q}}\boldsymbol{Q}^{\mathrm{T}})^{\mathrm{T}} = 0, \\ &\boldsymbol{\Omega} = \dot{\boldsymbol{Q}}\,\boldsymbol{Q}^{\mathrm{T}} = -\boldsymbol{\Omega}^{\mathrm{T}}, \quad \dot{\boldsymbol{Q}} = \boldsymbol{\Omega}\,\boldsymbol{Q}. \end{aligned} \tag{1.2.8}$$

die folgenden Beziehungen zwischen den relativen Geschwindigkeiten und Beschleunigungen in den jeweiligen Bezugssystemen:

$$(1.2.9)\quad \begin{cases} (\boldsymbol{x}')^{\cdot} = \dot{\boldsymbol{c}} + \dot{\boldsymbol{Q}}\boldsymbol{x} + \boldsymbol{Q}\dot{\boldsymbol{x}} = \dot{\boldsymbol{c}} + \boldsymbol{\Omega}\boldsymbol{Q}\boldsymbol{x} + \boldsymbol{Q}\dot{\boldsymbol{x}} = \boldsymbol{c} + \boldsymbol{\Omega}(\boldsymbol{x}' - \boldsymbol{c}) + (\dot{\boldsymbol{x}})', \\ \dot{\boldsymbol{x}} = \boldsymbol{Q}^{\mathrm{T}}[(\boldsymbol{x}')^{\cdot} - \dot{\boldsymbol{c}}] - \boldsymbol{Q}^{\mathrm{T}}\boldsymbol{\Omega}(\boldsymbol{x}' - \boldsymbol{c}), \\ (\boldsymbol{x}')^{\cdot\cdot} = \ddot{\boldsymbol{c}} + (\dot{\boldsymbol{\Omega}} + \boldsymbol{\Omega}^2)\boldsymbol{Q}\boldsymbol{x} + 2\boldsymbol{\Omega}\boldsymbol{Q}\dot{\boldsymbol{x}} + \boldsymbol{Q}\ddot{\boldsymbol{x}} \\ \qquad = \ddot{\boldsymbol{c}} + (\dot{\boldsymbol{\Omega}} - \boldsymbol{\Omega}^2)(\boldsymbol{x}' - \boldsymbol{c}) + 2\boldsymbol{\Omega}(\boldsymbol{x}' - \boldsymbol{c})^{\cdot} + (\ddot{\boldsymbol{x}})'. \end{cases}$$

Der Tensor $\boldsymbol{\Omega}$ faßt dabei die Drehgeschwindigkeit des ungestrichenen Systems in bezug auf das gestrichene System, auf das auch die übrigen Größen bezogen werden, wie

$$\boldsymbol{Q}\boldsymbol{x} = \boldsymbol{x}' - \boldsymbol{c}, \qquad \boldsymbol{Q}\dot{\boldsymbol{x}} = (\dot{\boldsymbol{x}})', \qquad \boldsymbol{Q}\ddot{\boldsymbol{x}} = (\ddot{\boldsymbol{x}})'$$

andeuten.

Bestehen zwischen jeweils zwei Skalaren, Vektoren und Tensoren (zweiter Stufe) in zwei beliebigen Bezugssystemen die folgenden Beziehungen

$$(1.2.10)\quad \begin{cases} s' = s & \text{für Skalare,} \\ \boldsymbol{v}' = \boldsymbol{Q}\boldsymbol{v} & \text{für Vektoren,} \\ \boldsymbol{T}' = \boldsymbol{Q}\boldsymbol{T}\boldsymbol{Q}^{\mathrm{T}} & \text{für Tensoren (zweiter Stufe),} \end{cases}$$

so nennt man diese Größen *invariant* oder *unabhängig vom Bezugssystem*. Ein invarianter Tensor vermittelt, das sei hier erwähnt, eine lineare Transformation oder Abbildung eines invarianten Vektors, etwa $\boldsymbol{v}$, auf einen zweiten, etwa $\boldsymbol{w}$: $\boldsymbol{w} = \boldsymbol{T}\boldsymbol{v}$. Die Forderung, daß dann $\boldsymbol{w}' = \boldsymbol{T}'\boldsymbol{v}'$ neben $\boldsymbol{v}' = \boldsymbol{Q}\boldsymbol{v}$ und $\boldsymbol{w}' = \boldsymbol{Q}\boldsymbol{w}$ gelten muß, begründet die Eigenschaft $(1.2.10)_3$. Aus den Definitionen (1.2.10) liest man ab, daß die oben betrachteten Größen (1.2.1) Lage $\boldsymbol{x}$, Geschwindigkeit $\dot{\boldsymbol{x}}$, Beschleunigung $\ddot{\boldsymbol{x}}$ wegen (1.2.6) und (1.2.9) gerade nicht invarianten Charakter haben, weswegen sie relativ genannt werden.

1.2.2 Bezugskonfiguration. Deformationsgradient

Der Körper $\mathscr{K}$ ist nicht als abstrakte Mannigfaltigkeit seiner Elemente X, sondern nur in der realen Konfiguration während der Bewegung im physikalischen Raum E_3 der Beobachtung zugänglich. Infolgedessen lassen sich Änderungen seines Zustandes nur durch Vergleich mit einem *Bezugszustand* beurteilen. Eine solche (speziell gewählte) *Bezugskonfiguration* sei eindeutig durch

$$(1.2.11)\qquad \boldsymbol{X} = \boldsymbol{\varkappa}(X) \quad \text{bzw. allgemeiner} \quad \boldsymbol{X} = \boldsymbol{\varkappa}(X, t)$$

beschrieben, wobei $\boldsymbol{X}$ der entsprechende Ortsvektor und gegebenenfalls der Parameter t ein passend gewählter Zeitpunkt sind. Mit Hilfe der Inversen der Beziehungen (1.2.11)

(1.2.12) $$X = \overset{-1}{\varkappa}(\boldsymbol{X}) \quad \text{bzw.} \quad X = \overset{-1}{\varkappa}(\boldsymbol{X}, t)$$

ist es möglich, statt der abstrakten Koordinate X in die Beziehungen die physikalische Ortskoordinate $\boldsymbol{X}$ als unabhängige Variable einzuführen. Für die Bewegung des Körpers mit Bezug auf eine Referenzkonfiguration erhalten wir beispielsweise aus (1.1.3):

(1.2.13) $$\boldsymbol{x} = \boldsymbol{\chi}\left(\overset{-1}{\varkappa}(\boldsymbol{X}), t\right) = \boldsymbol{\chi}_{\varkappa}(\boldsymbol{X}, t) = \boldsymbol{\chi}(\boldsymbol{X}, t),$$

wobei der Index $\varkappa$ die Abhängigkeit der speziellen funktionellen Form des $\boldsymbol{\chi}$ von $\varkappa$ explizit andeutet.

In der oben skizzierten Weise ist es möglich, jede hier interessierende funktionelle Beziehung f für eine Größe Ψ in Abhängigkeit von passend gewählten Unabhängigen auszudrücken: Ein Relation der Form

(1.2.14) $$\Psi = \bar{f}(X, t)$$

nennt man *materiell* bzw. *substantiell* oder auf *substantieller Betrachtungsweise* fußend, da sie vollkommen solchen Beziehungen $f(X_i, t)$ der analytischen Dynamik mit diskreten Punktmassen X_i, $i = 1, 2, 3 \ldots$ entspricht. Der naturgemäßen funktionellen Beschreibungsschwierigkeiten wegen wird sie außer bei eindimensionalen Problemen und zur Formulierung allgemeiner Zusammenhänge in der Kontinuumsmechanik nicht angewandt. Ein einfachstes Beispiel mit einer solchen allgemeinen Aussage ist (1.2.1). Allerdings ist es üblich, die Attribute materiell bzw. substantiell für Formen

(1.2.15) $$\Psi = \hat{f}(\boldsymbol{X}, t) = f\left(\overset{-1}{\varkappa}(\boldsymbol{X}), t\right) = \check{f}(\boldsymbol{\chi}_{\varkappa}(\boldsymbol{X}, t), t)$$

zu verwenden, obschon es sich präziserweise um eine *Betrachtungsweise mit Bezug auf eine spezielle Referenzkonfiguration*[1] handelt, in die dann in vielfältigerweise „materielle" Koordinaten X^A einzuführen sind. Es ist augenscheinlich, daß zu einer Forderung wie „X fest" etwa in (1.2.2) die Forderung „$\boldsymbol{X}$ fest" vollkommen äquivalent ist. Natürlich müssen, global gesprochen, Eigenschaften und Zustandsänderungen des betrachteten Körpers von der Wahl der speziellen Bezugskonfiguration unabhängig sein. Auch ist es ohne Bedeutung, ob die Bezugskonfiguration bei der Bewegung des Körpers wirklich eingenommen wird.

Ist neben dem Parameter t wie in

(1.2.16) $$\Psi = \check{f}(\boldsymbol{x}, t) = f\left(\overset{-1}{\boldsymbol{\chi}}(\boldsymbol{x}, t), t\right) = \hat{f}\left(\overset{-1}{\boldsymbol{\chi}}_{\varkappa}(\boldsymbol{x}, t), t\right)$$

die unabhängige Variable jedoch $\boldsymbol{x}$, so spricht man von *räumlicher Betrachtungsweise*[2]. Während referentielle Beschreibungen funktionell von der Bezugskonfigu-

[1] An dieser Stelle spricht man in der Hydromechanik oft von Lagrangeschen Koordinaten, die durch die Bezugskonfiguration für $t = t_0$ (Anfangszustand) festgelegt werden.

[2] Das klassische Beispiel sind die Eulerschen Koordinaten in der Feldtheorie der Hydromechanik.

ration $\varkappa$ abhängig sind und damit vielfältige Formen annehmen können, ist der wie (1.2.16) mit räumlichen Koordinaten $\boldsymbol{x}$ ausgedrückte Zusammenhang immer nur in *einer* Weise formulierbar. Obwohl diese Eigenschaft für die Kinematik nicht zu unterschätzende Vorteile bietet, kommt man in der Mechanik nicht ohne Gebrauch der materiellen, ersatzweise der Beschreibungsweise mit Bezug auf eine Referenzkonfiguration aus. Dies liegt darin begründet, daß die Grundgesetze der Dynamik für materielle Körper und nicht direkt für den vom Körper gerade eingenommenen geometrischen Raum zu formulieren sind. Eine Illustration dieser Begriffe anhand des Zusammenhanges zwischen verschiedenen Differentialausdrücken findet sich unten im Anschluß an (1.2.27).

Eine allgemeinere Wahl einer Bezugskonfiguration als die oben getroffene drücken $(1.2.11)_2$ bzw. $(1.2.12)_2$ aus; hier hängt diese zusätzlich vom Zeitparameter τ ab. Den auf einer solchen Bezugskonfiguration fußenden funktionellen Zusammenhang

$$\Psi = \bar{f}(\boldsymbol{X}, \tau, t) = \bar{f}(\boldsymbol{X}(\tau), \tau, t) \tag{1.2.17}$$

nennt man Abhängigkeit in *relativer Beschreibungsweise.* Unter allen Möglichkeiten hat praktische Bedeutung bisher nur der Bezug auf die *momentane Konfiguration* erreicht. Sind

$$\boldsymbol{\xi} = \boldsymbol{\chi}(X, \tau), \qquad \boldsymbol{x} = \boldsymbol{\chi}(X, t)$$

Konfigurationen von $\mathfrak{K}$ zu den Zeiten τ bzw. t, so gibt

$$\boldsymbol{\xi} = \boldsymbol{\chi}_{(t)}(\boldsymbol{x}, \tau) = \boldsymbol{\chi}\left(\overset{-1}{\boldsymbol{\chi}}(\boldsymbol{x}, t), \tau\right), \tag{1.2.18}$$

die *relative Deformationsfunktion*[1] $\boldsymbol{\chi}_{(t)}$, zum Zeitpunkt τ die Lage $\boldsymbol{\xi}$ eines Teilchens X an, das zum Zeitpunt t den Platz $\boldsymbol{x}$ einnahm. Dabei soll der Index (t) explizit auf die Zeitabhängigkeit der Bezugskonfiguration hinweisen, und die allgemeinen Bewegungsvariablen heißen $\boldsymbol{\xi}$ und τ anstelle von $\boldsymbol{x}$ und t. Illustrierend werden diese Begriffe im Anschluß (1.2.28) noch einmal aufgegriffen. Ihre Bedeutung zeigt sich später insbesondere im Zusammenhang mit Fragen der Formulierung von Deformationsgeschwindigkeitsmaßen und anderen bezugsinvarianten Definitionen von Zeitableitungen, s. 1.2.6.

Der Gradient der Abbildung (1.2.13)

$$\boldsymbol{F} = \boldsymbol{F}_{\varkappa}(\boldsymbol{X}, t) = \nabla \boldsymbol{\chi}_{\varkappa}(\boldsymbol{X}, t) \tag{1.2.19}$$

wird *Deformationsgradient*[1] in bezug auf die Referenzkonfiguration $\varkappa$ genannt. Falls X^A und x^a passende, im allgemeinen krummlinige Koordinatensysteme in der Bezugs- bzw. momentanen Konfiguration sind, gilt, wenn man für die Koordinatenform von (1.2.13)

$$x^a = \chi^a_{\varkappa}(X^1, X^2, X^3, t) = \chi^a_{\varkappa}(X^M, t) \tag{1.2.20}$$

[1] In diesem Gebrauch des Wortes Deformation sind, wie man unten sieht, auch Starrkörperbewegungen enthalten. Präziser aber unanschaulicher wären die Begriffe Abbildungsfunktion bzw. Abbildungsgradient.

schreibt, für die Koordinaten von $\boldsymbol{F}$:

$$F^a{}_A = x^a{}_{,A} = \frac{\partial}{\partial X^A} \chi^a_\varkappa (X^J, t). \tag{1.2.21}$$

Hier wie im folgenden weist das Komma auf entsprechende kovariante Ableitungen hin (s. auch G II, § 13).

Ist $\boldsymbol{\varkappa}$ eine gewählte Bezugskonfiguration und $\bar{\boldsymbol{\varkappa}}$ eine andere

$$\boldsymbol{X} = \boldsymbol{\varkappa}(X), \quad \bar{\boldsymbol{X}} = \bar{\boldsymbol{\varkappa}}(X), \tag{1.2.22}$$

so läßt sich eindeutig zwischen beiden die Beziehung

$$\bar{\boldsymbol{X}} = \bar{\boldsymbol{\varkappa}}\left(\overset{-1}{\boldsymbol{\varkappa}}(\boldsymbol{X})\right) = \boldsymbol{\lambda}(\boldsymbol{X}) \tag{1.2.23}$$

herstellen. Deuten wir symbolisch die Beziehungen zwischen den Abbildungen durch $\overset{-1}{\boldsymbol{\varkappa}} = \overset{-1}{\bar{\boldsymbol{\varkappa}}} \circ \boldsymbol{\lambda}$ an, so besteht zwischen den Deformationsgradienten in bezug auf die einzelnen Bezugskonfigurationen die folgende Relation

$$\begin{aligned} &\boldsymbol{F}_\varkappa = \boldsymbol{F}_{\bar\varkappa} \boldsymbol{P}, && \boldsymbol{P} = \nabla \boldsymbol{\lambda}, \\ &F^a_A = F^a_{\bar K} P^{\bar K}_A, && P^{\bar K}_A = \bar{X}^{\bar K}_{,A} = \frac{\partial}{\partial X^A} \lambda^{\bar K}(X^J). \end{aligned} \tag{1.2.24}$$

Während oben der Gebrauch der Schreibweisen $\dot{\Psi}$ in (1.2.2) und $\nabla \Psi$ in (1.2.19) mit (1.2.21) als partielle Zeitableitung bei X fest (materielle Zeitableitung) bzw. Gradient zur Bezugskonfiguration angewandt auf Ψ festgelegt wurden:[1]

$$\begin{aligned} \dot{\Psi} &= \frac{\partial}{\partial t} (\Psi)_{X\,\text{fest}} = \frac{\partial}{\partial t} (\Psi)_{\boldsymbol{X}\,\text{fest}}, \\ \nabla \Psi &= \nabla \Psi(\boldsymbol{X}, t) = \left(\frac{\partial}{\partial X^K} \Psi\right) \otimes \boldsymbol{G}^K, \end{aligned} \tag{1.2.25}$$

können analoge Ausdrücke unter Benutzung der momentanen Konfiguration gebildet werden. Mit entsprechenden Symbolen

$$\begin{aligned} \partial_t \Psi &= \frac{\partial}{\partial t} (\Psi)_{\boldsymbol{x}\,\text{fest}}, \\ \operatorname{grad} \Psi &= \operatorname{grad} \Psi(\boldsymbol{x}, t) = \left(\frac{\partial}{\partial x^l} \Psi\right) \otimes \boldsymbol{g}^l. \end{aligned} \tag{1.2.26}$$

---

[1] Die in $(1.2.26)_2$ und $(1.2.25)_2$ gegebenen Definitionen der Operationen grad bzw. ∇ mit Hilfe entsprechender durch $\otimes$ angedeuteter dyadischer Multiplikationen der Basen $\boldsymbol{g}^k$ bzw. $\boldsymbol{G}^K$ *von rechts* schließen sich dem Gebrauch bei Truesdell und Noll an in dem Bestreben, symbolische Notation und Indexnotation in analoger Struktur niederschreiben zu können. Vergleichende Anmerkungen zu dieser und anderen Definitionen s. Marris.

Es ist dann eine Folge der Kettenregel der Differentialrechnung, wenn man die Beziehungen

$$\begin{aligned} \dot{\Psi} &= \partial_t \Psi + (\operatorname{grad} \Psi)\, \dot{\boldsymbol{x}}, & \dot{T}\!::: &= \partial_t T\!::: + T\!:::_{,a}\, \dot{x}^a, \\ \nabla \Psi &= \operatorname{grad} \Psi\, \boldsymbol{F}, & T\!:::_{,A} &= T\!:::_{,a} F^a_A = T\!:::_{,a}\, x^a_{,A} \end{aligned} \tag{1.2.27}$$

aufstellt. Dabei seien die Koordinaten von Ψ bezüglich irgendeines Basissystems durch $T:::$ notiert.

Ein einfaches Beispiel zur Anwendung von $(1.2.27)_1$ ist die Berechnung des materiellen Beschleunigungsfeldes $\boldsymbol{a} = \ddot{\boldsymbol{x}}$ aus dem Geschwindigkeitsfeld $\boldsymbol{v} = \dot{\boldsymbol{x}} = \boldsymbol{v}(\boldsymbol{x}, t)$ in Abhängigkeit von räumlichen Koordinaten. Nach dieser Beziehung gilt

$$\begin{aligned} \boldsymbol{a} &= \ddot{\boldsymbol{x}}(\boldsymbol{x}, t) = \partial_t \boldsymbol{v}(\boldsymbol{x}, t) + (\operatorname{grad} \boldsymbol{v}(\boldsymbol{x}, t))\, \boldsymbol{v}(\boldsymbol{x}, t), \\ a^k &= \ddot{x}^k(x^p, t) = \partial_t v^k + v^k_{,m} v^m. \end{aligned} \tag{1.2.28}$$

Eine Anwendung von $(1.2.27)_2$ findet sich bei der Berechnung des Deformationsgradienten in bezug auf eine Referenzkonfiguration $\boldsymbol{X} = \varkappa(X)$ aus der Abb. (1.2.18). Es gilt nach Einsetzen von $X = \overset{-1}{\varkappa}(\boldsymbol{X})$ in $\xi = \chi(X, \tau)$ und $\boldsymbol{x} = \chi(X, t)$

$$\begin{aligned} \nabla \xi(\boldsymbol{X}, \tau) &= \operatorname{grad} \chi_{(t)}(\boldsymbol{x}, \tau)\, \nabla \boldsymbol{x}(\boldsymbol{X}, t), \\ \chi^{\alpha}_{\varkappa, K} &= \chi^{\alpha}_{(t),l}(x^p, t)\, \chi^{l}_{\cdot K}(X^M, t), \end{aligned} \tag{1.2.29$_{1,2}$}$$

bzw. mit augenscheinlichen Abkürzungen

$$\boldsymbol{F}(\tau) = \boldsymbol{F}_{(t)}(\tau)\, \boldsymbol{F}(t). \tag{1.2.29$_3$}$$

Für den relativen Deformationsgradienten $\boldsymbol{F}_{(t)}(\tau) = \operatorname{grad} \chi_{(t)}(\boldsymbol{x}, \tau)$ ist speziell

$$\boldsymbol{F}_{(t)}(t) = \boldsymbol{1} \tag{1.2.30}$$

für $\tau = t$.

1.2.3 Basen. Euklidische Versetzer. Verschiebungsvektor

Sind in den Konfigurationen des Körpers $\mathscr{K}$ im euklidischen Raum (i. allg. krummlinige) Koordinatenlinien X^K bzw. x^k gewählt, so lassen sich aus deren Verknüpfungen mit den Ortskoordinaten $\boldsymbol{X}$ bzw. $\boldsymbol{x}$

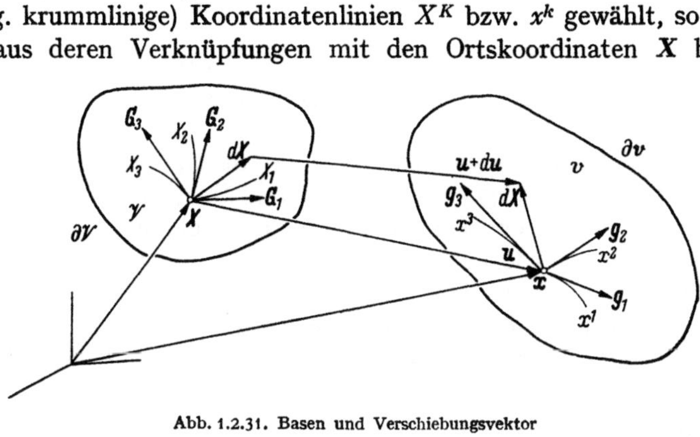

Abb. 1.2.31. Basen und Verschiebungsvektor

entsprechende Basen angeben. Für die kovariante Form dieser Basen gilt nämlich:

$$(1.2.32) \qquad \boldsymbol{G}_K = \frac{\partial}{\partial X^K} \boldsymbol{X}, \qquad \boldsymbol{g}_k = \frac{\partial}{\partial x^k} \boldsymbol{x}.$$

Zu jedem dieser Basensysteme gehört, solange keine Entartung vorliegt, ein reziprokes System $\boldsymbol{G}^L$ bzw. $\boldsymbol{g}^l$, dessen Vektoren kontravariante Eigenschaften in bezug auf die Indexvariable haben und das aus Gleichungssystemen

$$(1.2.33) \qquad \boldsymbol{G}^{K\mathrm{T}} \boldsymbol{G}_L = \delta^K_L, \qquad \boldsymbol{g}^{k\mathrm{T}} \boldsymbol{g}_l = \delta^k_l$$

berechenbar ist.

Mit den Basen verknüpft sind Metriken (s. auch G II, § 8), deren kovariante Formen aus den Basen wie

$$(1.2.34) \qquad g_{KL} = \boldsymbol{G}^{\mathrm{T}}_K \boldsymbol{G}_L, \qquad g_{kl} = \boldsymbol{g}^{\mathrm{T}}_k \boldsymbol{g}_l$$

zu ermitteln sind, während man die kontravarianten Komponenten aus

$$(1.2.35) \qquad g^{KL} = \boldsymbol{G}^{K\mathrm{T}} \boldsymbol{G}^L, \qquad g^{kl} = \boldsymbol{g}^{k\mathrm{T}} \boldsymbol{g}^l$$

erhält. Mit ihrer Hilfe lassen sich in bekannter Weise die Quadrate der Bogendifferentiale aus den Koordinatendifferentialen angeben:

$$(1.2.36) \qquad (dS)^2 = g_{KL}\, dX^K\, dX^L, \qquad (ds)^2 = g_{kl}\, dx^k\, dx^l.$$

Zwischen den kovarianten und kontravarianten Maßtensoren bestehen die Relationen

$$(1.2.37) \qquad g^{KM} g_{ML} = \delta^K_L, \qquad g^{km} g_{ml} = \delta^k_l,$$

während die Basen über die entsprechenden Maßtensoren wie

$$(1.2.38) \qquad \begin{aligned} \boldsymbol{G}^K &= g^{KM} \boldsymbol{G}_M, \qquad & \boldsymbol{g}^k &= g^{km} \boldsymbol{g}_m, \\ \boldsymbol{G}_L &= g_{LN} \boldsymbol{G}^N, \qquad & \boldsymbol{g}_l &= g_{ln} \boldsymbol{g}^n \end{aligned}$$

verknüpft sind.

Der euklidische Raum erlaubt es, Vektoren und Tensoren nicht nur in ihren Änderungen in der näheren Umgebung eines Punktes zu verfolgen, wie es im riemannschen Raum allein möglich ist, sondern solche Größen an jeden beliebigen Punkt des euklidischen Raumes zu verschieben und dort direkt zu vergleichen. Für die Kontinuumsmechanik speziell interessant sind Vergleiche zwischen Tensoren in einer Konfiguration mit denen in einer zweiten, bei denen die Tensoren identischen materiellen Punkten X zugeordnet sind. Es seien, siehe Abb. 1.2.31, der entsprechende Ortsvektor der einen Konfiguration $\boldsymbol{x}$

mit Basen $\boldsymbol{g}_k$ bzw. $\boldsymbol{g}^l$, der der zweiten (Bezugs-) Konfiguration $\boldsymbol{X}$ mit Basen $\boldsymbol{G}_K$ bzw. $\boldsymbol{G}^L$. Dann existieren zwischen den Basen der einen Konfiguration und denen der zweiten Zusammenhänge der Form

$$\begin{aligned} \boldsymbol{g}^k &= g^k_K\,\boldsymbol{G}^K = g^{kK}\,\boldsymbol{G}_K, & \boldsymbol{G}^K &= g^K_l\,\boldsymbol{g}^l = g^{Kl}\,\boldsymbol{g}_l, \\ \boldsymbol{g}_k &= g_{kL}\,\boldsymbol{G}^L = g^L_k\,\boldsymbol{G}_L, & \boldsymbol{G}_K &= g_{Kl}\,\boldsymbol{g}^l = g^l_K\,\boldsymbol{g}_l. \end{aligned} \tag{1.2.39}$$

Dabei bestehen für die *euklidische Versetzer* genannten Größen g^l_K, g_{Kl} usw. die Beziehungen

$$\begin{aligned} g^k_K &= \boldsymbol{g}^{k\,\mathrm{T}}\,\boldsymbol{G}_K, & g^{kL} &= g^{Lk} = \boldsymbol{g}^{k\,\mathrm{T}}\,\boldsymbol{G}^L, \\ g^K_k &= \boldsymbol{G}^{K\,\mathrm{T}}\,\boldsymbol{g}_K, & g_{kL} &= g_{Lk} = \boldsymbol{g}^{\mathrm{T}}_k\,\boldsymbol{G}_L. \end{aligned} \tag{1.2.40}$$

Die Versetzer haben den durch die Stellung ihrer Indizes angedeuteten Varianzcharakter (s. auch G II, § 2) in bezug auf das jeweils durch die Art der Indexvariablen (Klein- bzw. Großbuchstaben) angezeigte Koordinatensystem x^k bzw. X^K. Sie stellen *Doppelvektorfelder* (allgemeiner *Doppeltensorfelder*) dar, da als ihr Argument sowohl die Variablen x^k wie auch X^L auftreten; sie hängen also von zwei Punkten ab. Für eingehendere Ausführungen wird auf ERICKSEN Ch. III verwiesen.

Faßt man beispielsweise für einen Vektor $\boldsymbol{u}$ die folgenden Darstellungsmöglichkeiten am Orte $\boldsymbol{x}$ bzw. am Orte $\boldsymbol{X}$ mit Hilfe entsprechender Basen ins Auge

$$\boldsymbol{u} = u^k\,\boldsymbol{g}_k = u_l\,\boldsymbol{g}^l = u^K\,\boldsymbol{G}_K = u_L\,\boldsymbol{G}^L, \tag{1.2.41}$$

so sind dessen Komponenten wie

$$u^k = g^{kl}\,u_l = g^k_L\,u^L = g^{kM}\,u_M, \quad u_L = g_{LP}\,u^P = g_{Lm}\,u^m = g^n_L\,u_n \tag{1.2.42}$$

usw. verknüpft. Analoge Beziehungen für Komponenten von Tensoren höherer Stufe sind augenscheinlich.

Statt einer Verknüpfung der Konfigurationen über die Deformationsfunktion $\boldsymbol{x} = \boldsymbol{\chi}_{\varkappa}(\boldsymbol{X}, t)$ wie in (1.2.13) führt man des öfteren in der Kontinuumsmechanik den *Verschiebungsvektor*

$$\boldsymbol{u} = \boldsymbol{x} - \boldsymbol{X} \tag{1.2.43}$$

relativ zur Bezugskonfiguration ein. Je nachdem, ob man nun die funktionelle Abhängigkeit in der Form $\boldsymbol{u} = \boldsymbol{u}(\boldsymbol{X}, t)$ bzw. $\boldsymbol{u} = \boldsymbol{u}(\boldsymbol{x}, t)$ betrachtet, was unter Benutzung von $\overset{-1}{\boldsymbol{\chi}}_{\varkappa}$ bzw. $\boldsymbol{\chi}_{\varkappa}$ immer möglich ist, lassen sich über

$$\begin{aligned} \nabla\boldsymbol{u} &= \nabla\boldsymbol{x} - \nabla\boldsymbol{X} &&= \boldsymbol{F} - \boldsymbol{1}, \\ \operatorname{grad}\boldsymbol{u} &= \operatorname{grad}\boldsymbol{x} - \operatorname{grad}\boldsymbol{X} &&= \boldsymbol{1} - \boldsymbol{f} = \boldsymbol{1} - \overset{-1}{\boldsymbol{F}} \end{aligned}$$

die folgenden Zusammenhänge zwischen den *Verschiebungsvektorgradienten* und den Deformationsgradienten herstellen:

$$(1.2.44)\qquad \begin{aligned} \boldsymbol{F} &= \underset{-1}{\mathbf{1}} + \nabla \boldsymbol{u}, & F^k_L &= x^k_{,L} = g^k_M(\delta^M_L + u^M{}_{,L}),\\ \boldsymbol{f} &= \overset{-1}{\boldsymbol{F}} = \mathbf{1} - \operatorname{grad} \boldsymbol{u}, & f^L_m = \overset{-1}{F}{}^L_m &= X^L_{,m} = g^L_P(\delta^P_m - u^P{}_{,m}). \end{aligned}$$

Dabei gelte $u^K = u^K(X^P, t)$ und $u^l = u^l(x^q, t)$. Die Verschiebungsvektorgradienten stehen in einer etwa aus $\boldsymbol{F}\overset{-1}{\boldsymbol{F}} = \mathbf{1}$ ableitbaren komplexen Relation

$$(1.2.45)\qquad \nabla \boldsymbol{u} = \operatorname{grad} \boldsymbol{u}\,(\mathbf{1} + \nabla \boldsymbol{u}), \qquad u^K_{,L} = g^K_p\, g^q_M\,(\delta^M_L + u^M_{,L})\, u^p_{,q}$$

der Form (1.2.27).

In Fortsetzung zu den obigen Anmerkungen zu dem Begriff Doppeltensorfelder sollte man hier explizit betonen, daß exakterweise die Komponenten u^K bzw. u^k von $\boldsymbol{u}$ schon wegen (1.2.43) tensorielle Doppelfelder bilden, und zwar einfach (d. h. vektoriell) kontravariant in der durch Index angegebenen Variablen und skalar in bezug auf die zweite. Dies ist wesentlich für die Bildung der angegebenen Ableitung, die als *totale kovariante Ableitung* zu bilden ist. Als solche definiert man, falls man durch „:" entsprechende *partielle kovariante Ableitungen* andeutet,

$$(1.2.46)_1\qquad T{:}{:}{:}_{,K} = T{:}{:}{:}_{:K} + T{:}{:}{:}_{:m}\, x^m_{,K}$$

und in gleicher Weise bei Vertauschen der Variablen X^K und x^k. Diese Definition enthält

$$(1.2.46)_2\qquad T{:}{:}{:}_{,K} \equiv T{:}{:}{:}_{,l}\, x^l_{,K}, \qquad T{:}{:}{:}_{,k} \equiv T{:}{:}{:}_{,L}\, X^L_{,k}.$$

Das Problem totaler kovarianter Ableitungen wurde im Zusammenhang mit (1.2.44) dadurch umgangen, daß man eine vorherige passende Substitution in den Unabhängigen der Vektorkoordinaten u^K bzw. u^k implizierte. Exemplarisch seien noch die Beziehungen

$$(1.2.47)\qquad \begin{aligned} &g_{RS:K} = 0, \quad g_{RS:k} = 0, \quad g_{RS,K} = 0, \quad g_{RS,k} = 0,\\ &g^k_{L:M} = 0, \quad g^k_{L:m} = 0, \quad g^k_{L,M} = 0, \quad g^k_{L,m} = 0 \end{aligned}$$

und weitere analoge für die Maßtensoren und euklidischen Versetzer, und

$$(1.2.48)\qquad T{:}{:}{:}_{k:L} = g^M_k\, T{:}{:}{:}_{M:L}, \qquad T{:}{:}{:}_{k,L} = g^M_k\, T{:}{:}{:}_{M,K},$$

aber *i. allg.*

$$(1.2.49)\qquad T{:}{:}{:}_{,K} \neq T{:}{:}{:}_{:m}\, g^m_K, \qquad T{:}{:}{:}_{,K} \neq T{:}{:}{:}_{,m}\, g^m_K$$

und weitere analoge für kovariante Ableitungen notiert. Während für die Koordinaten von $\boldsymbol{u}$ selbstverständlich (1.2.42) etwa in der Form $u^K = g^K_m u^m$ gilt, auf die dann (1.2.48) anzuwenden wäre, trifft entsprechend (1.2.49) $u^k_{,M}$ gleich $u^k_{,m}\, g^m_M$ nicht zu, was schon (1.2.27) ausweist. Die Koordinaten der Gradienten $u^K_{,L}$ und $u^k_{,l}$ sind also nicht Koordinaten des gleichen Doppeltensorfeldes, wie auch (1.2.45) zu entnehmen ist.

1.2.4 Verzerrungstensoren und Verzerrungsmaße

Der in (1.2.19) eingeführte Deformationsgradient $\boldsymbol{F}$ der Verformung $\boldsymbol{x} = \chi_{\varkappa}(\boldsymbol{X}, t)$ bezüglich der Bezugskonfiguration $\varkappa$ vermittelt eine lokale, lineare Abbildung einer durch beliebiges $d\boldsymbol{X}$ charakterisierten

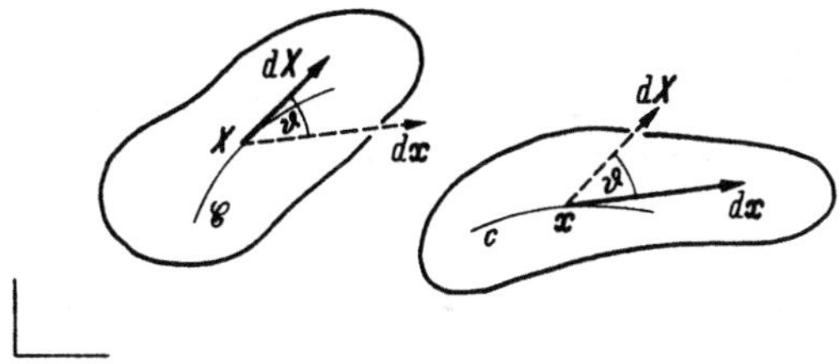

Abb. 1.2.50. Abbildung von Linienelementen

Umgebung $\mathscr{U}$ von $\boldsymbol{X}$ auf eine entsprechende $\mathscr{U}(\boldsymbol{x})$ durch $d\boldsymbol{x}$ gekennzeichnete von $\boldsymbol{x}$ wie folgt:

$$(1.2.51)\qquad \begin{aligned} d\boldsymbol{x} &= \boldsymbol{F}\,d\boldsymbol{X}, \quad dx^a = F^a{}_K\,dX^K = x^a_{,K}\,dX^K,\\ d\boldsymbol{X} &= \overset{-1}{\boldsymbol{F}}\,d\boldsymbol{x}, \quad dX^A = \overset{-1}{F}{}^A{}_l\,dx^l = X^A{}_{,l}\,dx^l, \end{aligned}$$

s. Abb. 1.2.50.

Damit diese Abbildung eineindeutig, d. h. nicht entartet und umkehrbar ist, ist notwendig, daß die Determinante dieses Gradienten

$$(1.2.52)\qquad J = \det \boldsymbol{F}_{\varkappa}, \quad \text{allgemeiner} \quad J_{(t)}(\tau) = \det \boldsymbol{F}_{(t)}(\tau)$$

nicht verschwindet und wegen $J_{(t)}(t) = 1$ sogar nur positive Werte

$$(1.2.52)_1\qquad 0 < J < \infty$$

annimmt. Die Aussage $(1.2.52)_1$ ist eine quantitative Fassung des $(1.2.52)_2$ **Axioms über die Permanenz der Materie,** *das* für die Kontinuumsmechanik grundlegend ist und *voraussetzt, daß kein Teil des Körpers von endlichem positivem Volumen in eines vom Volumen Null oder unendlich verformt wird.*

Da die *Volumenelemente* in der momentanen und der entsprechenden Referenzkonfiguration im Verhältnis

$$(1.2.53)\qquad dv = J\,dV = J\,dv_{\varkappa}, \quad dv(\tau) = J_{(t)}(\tau)\,dv(t)$$

stehen, folgt für die Transformation der Massendichte

$$(1.2.54)\qquad \varrho J = \varrho(t)\,J(t) = \varrho_{\varkappa}, \quad \varrho(\tau) = J_{(t)}(\tau)\,\varrho(t),$$

wenn man die Forderung nach Massenerhaltung erhebt (s. 1.4.2). Schließlich läßt sich nachweisen, daß normal gerichtete *Flächenelemente*

$\boldsymbol{da}$ in der momentanen Konfiguration mit denen der Bezugskonfiguration $\boldsymbol{dA}$ wie

$$(1.2.55)\qquad \boldsymbol{da} = J\,\overset{-1}{\boldsymbol{F}^{\mathrm{T}}}\,\boldsymbol{dA}, \qquad \begin{cases} da^{pq} = x^p_{,K}\, x^q_{,L}\, dA^{KL}, \\ da_k = J\, X^M_{,k}\, dA_M \end{cases}$$

verknüpft sind. Dabei stellen beispielsweise die da_k die kovarianten Komponenten des (relativen) Flächenelementenvektors dar, während die da^{pq} die Komponenten des zugeordneten Bivektors bedeuten, s. auch G II (6.19).

Für die weitere Diskussion der Deformation ist es bequem, einen (1.2.56) **Satz** ***über die polare Zerlegung von linearen umkehrbaren Abbildungen*** zu verwenden: *Jede solche Abbildung* $\boldsymbol{F}$ *besitzt zwei eindeutige multiplikative Zerlegungen*

$$(1.2.57)\qquad \boldsymbol{F} = \boldsymbol{R}\,\boldsymbol{U} = \boldsymbol{V}\,\boldsymbol{R},$$

in denen $\boldsymbol{R}$ *orthogonal und* $\boldsymbol{U}$ *und* $\boldsymbol{V}$ *symmetrisch und positiv definit sind.*

Ist $\boldsymbol{F}$ hier speziell der Deformationsgradient, so spricht man $\boldsymbol{R}$ als *Drehtensor* und $\boldsymbol{U}$ bzw. $\boldsymbol{V}$ als *rechten* bzw. *linken Streckungstensor* der Verformung an. Im ebenen Falle läßt sich die durch (1.2.57) ver-

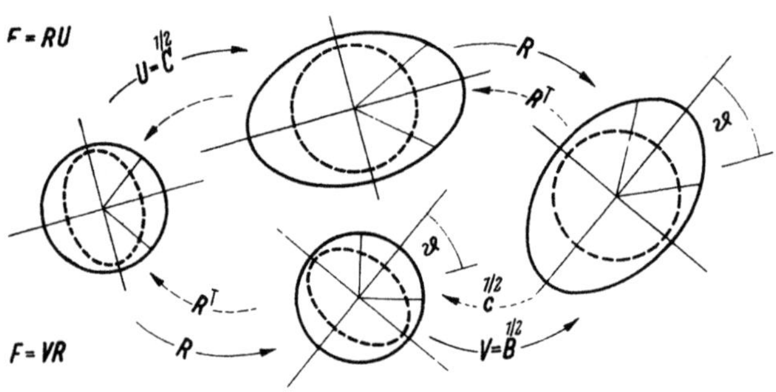

Abb. 1.2.58. Zerlegungen der Abbildung $\boldsymbol{F}$

mittelte Komposition der Abbildung (1.2.51) wie in Abb. 1.2.58 skizzieren. Zwischen den einzelnen Anteilen bestehen die Beziehungen

$$(1.2.59)\qquad \begin{aligned} \boldsymbol{U} &= \boldsymbol{R}^{\mathrm{T}}\,\boldsymbol{V}\,\boldsymbol{R}, & \boldsymbol{U}^2 &= \boldsymbol{F}^{\mathrm{T}}\,\boldsymbol{F} = \boldsymbol{R}^{\mathrm{T}}\,\boldsymbol{V}^2\,\boldsymbol{R}, \\ \boldsymbol{V} &= \boldsymbol{R}\,\boldsymbol{U}\,\boldsymbol{R}^{\mathrm{T}}, & \boldsymbol{V}^2 &= \boldsymbol{F}\,\boldsymbol{F}^{\mathrm{T}} = \boldsymbol{R}\,\boldsymbol{U}^2\,\boldsymbol{R}^{\mathrm{T}}. \end{aligned}$$

Man nennt die Quadrate

$$(1.2.60)\qquad \begin{aligned} \boldsymbol{C} &= \boldsymbol{U}^2 = \boldsymbol{F}^{\mathrm{T}}\,\boldsymbol{F} = \boldsymbol{R}^{\mathrm{T}}\,\boldsymbol{B}\,\boldsymbol{R}, & C_{KL} &= g_{pq}\, x^p_{,K}\, x^q_{,L}, \\ \boldsymbol{B} &= \boldsymbol{V}^2 = \boldsymbol{F}\,\boldsymbol{F}^{\mathrm{T}} = \boldsymbol{R}\,\boldsymbol{C}\,\boldsymbol{R}^{\mathrm{T}}, & B^{kl} &= g^{AB}\, x^k_{,A}\, x^l_{,B} \end{aligned}$$

von $\boldsymbol{U}$ und $\boldsymbol{V}$ *Cauchy-Green-Tensoren* der Verformung, und zwar $\boldsymbol{C}$ den rechten und $\boldsymbol{B}$ den linken Cauchy-Green-Tensor.

Die Bedeutung von zunächst $\boldsymbol{C}$ ist augenscheinlich, wenn man sich die mit $\boldsymbol{C}$ verknüpfte quadratische Form

$$(1.2.61) \qquad \begin{aligned}(d s)^2 &= d\boldsymbol{x}^{\mathrm{T}} d\boldsymbol{x} = d\boldsymbol{X}^{\mathrm{T}} \boldsymbol{F}^{\mathrm{T}} \boldsymbol{F} d\boldsymbol{X} = d\boldsymbol{X}^{\mathrm{T}} \boldsymbol{C} d\boldsymbol{X} \\ &= g_{kl}\, dx^k\, dx^l = g_{kl}\, x^k_{,K}\, x^l_{,L}\, dX^K dX^L = C_{KL}\, dX^K dX^L\end{aligned}$$

vor Augen führt, bei deren Interpretation noch

$$(1.2.62) \qquad \begin{aligned}(d S)^2 &= d\boldsymbol{X}^{\mathrm{T}} d\boldsymbol{X} = d\boldsymbol{x}^{\mathrm{T}} \overset{-1}{\boldsymbol{F}}{}^{\mathrm{T}} \overset{-1}{\boldsymbol{F}} d\boldsymbol{x} = d\boldsymbol{x}^{\mathrm{T}} \boldsymbol{c}\, d\boldsymbol{x} \\ &= g_{KL}\, dX^K dX^L = g_{KL}\, X^K_{,k}\, X^L_{,k}\, dx^k\, dx^l = c_{kl}\, dx^k\, dx^l\end{aligned}$$

zu berücksichtigen ist. Bei der Kenntnis von $\boldsymbol{C}$ sind also Bogenlängen ds in der betrachteten Konfiguration aus Bogenlängen dS von Kurvendifferentialen $d\boldsymbol{X}$ berechenbar. Das Ergebnis ist von der Richtung von $d\boldsymbol{X}$ abhängig, die durch den Einheitsvektor $\boldsymbol{N}$ gekennzeichnet ist. Schreiben wir also

$$(1.2.63) \qquad \begin{aligned}\boldsymbol{N} &= \frac{d\boldsymbol{X}}{dS}, \quad N^A = \frac{dX^A}{\sqrt{g_{KL}\, dX^K dX^L}}, \\ \boldsymbol{n} &= \frac{d\boldsymbol{n}}{ds}, \quad n^a = \frac{dx^a}{\sqrt{g_{kl}\, dx^k dx^l}},\end{aligned}$$

so nennt man meist

$$(1.2.64) \qquad \lambda(\boldsymbol{N}) = \frac{ds}{dS} = \sqrt{\frac{g_{pp}\, dx^p\, dx^q}{g_{KL}\, dX^K dX^L}} = \sqrt{C_{AB}\, N^A N^B} \quad \text{mit} \quad 0 < \lambda < \infty$$

Streckung des Elementes der Bezugsrichtung $\boldsymbol{N}$ relativ zur Bezugskonfiguration und

$$(1.2.65) \qquad \delta(\boldsymbol{N}) = \lambda(\boldsymbol{N}) - 1 \quad \text{mit} \quad -1 < \delta < \infty$$

die entsprechende *Dehnung*. Weiter definiert man in diesem Zusammenhang noch eine *Elongation* in Richtung von $d\boldsymbol{X}$ bzw. $\boldsymbol{N}$ genannte Größe

$$(1.2.66)_{1,2} \qquad \begin{aligned}\varepsilon(\boldsymbol{N}) &= \frac{d\boldsymbol{x}^{\mathrm{T}} d\boldsymbol{X}}{(dS)^2} - 1 = \lambda(\boldsymbol{N})\, \boldsymbol{N}^{\mathrm{T}} \boldsymbol{n} - 1 = \boldsymbol{N}^{\mathrm{T}} \boldsymbol{F} \boldsymbol{N} - 1 \\ &= \frac{g_{pQ}\, dx^p\, dX^Q}{\sqrt{g_{KL}\, dX^K dX^L}} - 1 = g_{pQ}\, x^p_{,P}\, N^P N^Q - 1\end{aligned}$$

mit

$$(1.2.66)_3 \qquad -\big(2 + \delta(\boldsymbol{N})\big) \leqq \varepsilon(\boldsymbol{N}) \leqq \delta(\boldsymbol{N}).$$

Einführende Bemerkungen zur geometrischen Interpretation der quadratischen Form

$$(1.2.67) \qquad \lambda^2 = C_{AB}\, N^A N^B$$

schlage man etwa bei G II, § 11 und § 25 nach, wo man im letztgenannten Paragraphen auch andere Ausführungen zur linearisierten Theorie solcher Verformungen findet. Das (1.2.67) entsprechende *Streckungsellipsoid* ist in Abb. 1.2.58 angedeutet, wie auch das aus $\boldsymbol{c}$ gebildete inverse $\lambda^{-2} = c_{kl}\, n^k\, n^l$.

Neben den oben angegebenen Maßen für Längungen von Bogenelementen spielen bei der Beurteilung der mit der Deformation eines Körpers einhergehenden Verzerrungen die *Änderung des Winkels* Θ zwischen zwei beliebigen Richtungen $\boldsymbol{N}_{(1)}$ und $\boldsymbol{N}_{(2)}$ in den Winkel θ eine Rolle. Der Definition des Skalarproduktes entsprechend gilt für zwei solche Richtungen

(1.2.68) $$\cos\bigl(\theta(\boldsymbol{N}_{(1)}, \boldsymbol{N}_{(2)})\bigr) = \frac{\boldsymbol{N}_{(1)}^{\mathrm{T}}\, \boldsymbol{C}\, \boldsymbol{N}_{(2)}}{\lambda(\boldsymbol{N}_{(1)})\, \lambda(\boldsymbol{N}_{(2)})} = \frac{C_{KL}\, N_{(1)}^K\, N_{(2)}^L}{\sqrt{C_{PQ}\, N_{(1)}^P\, N_{(1)}^Q}\sqrt{C_{RS}\, N_{(2)}^R\, N_{(2)}^S}},$$

deren Bezugswinkel $\Theta(\boldsymbol{N}_{(1)}, \boldsymbol{N}_{(2)})$

(1.2.69) $$\cos\bigl(\Theta(\boldsymbol{N}_{(1)}, \boldsymbol{N}_{(2)})\bigr) = \boldsymbol{N}_{(1)}^{\mathrm{T}}\, \boldsymbol{N}_{(2)} = g_{KL}\, N_{(1)}^K\, N_{(2)}^L$$

zu entnehmen ist. Etwas übersichtlicher werden die Verhältnisse, wenn man in der Bezugskonfiguration nur orthogonale Richtungen: $\Theta(\boldsymbol{N}_{(1)}, \boldsymbol{N}_{(2)}) = \pi/2$, $\boldsymbol{N}_{(1)}^{\mathrm{T}}\, \boldsymbol{N}_{(2)} = 0$ betrachtet. Nennt man den Differenzwinkel

(1.2.70) $$\gamma(\boldsymbol{N}_{(1)}, \boldsymbol{N}_{(2)}) = \Theta(\boldsymbol{N}_{(1)}, \boldsymbol{N}_{(2)}) - \theta(\boldsymbol{N}_{(1)}, \boldsymbol{N}_{(2)})$$

Scherung, so gilt für orthogonale Bezugsrichtungen nach (1.2.68) speziell

(1.2.71) $$\sin\bigl(\gamma(\boldsymbol{N}_{(1)}, \boldsymbol{N}_{(2)})\bigr) = \frac{C_{KL}\, N_{(1)}^K\, N_{(2)}^L}{\sqrt{C_{PQ}\, N_{(1)}^P\, N_{(1)}^Q}\sqrt{C_{RS}\, N_{(2)}^R\, N_{(2)}^S}}, \quad \Theta = \frac{\pi}{2}.$$

Wie üblich nennt man die drei Extremalwerte $\lambda_{\mathfrak{a}}$, $\mathfrak{a} = 1, 2, 3$, der quadratischen Form (1.2.67) *Hauptstreckungen*. Die ihnen zugeordneten Richtungen $\boldsymbol{N}_{\mathfrak{a}}$ sind orthogonal und zeichnen sich dadurch aus, daß sie auch nach der Deformation orthogonal sind $\boldsymbol{n}_{\mathfrak{a}}^{\mathrm{T}}\, \boldsymbol{n}_{\mathfrak{a}} = 0$, d. h., daß zwischen diesen *Hauptstreckungsrichtungen* keine Scherung auftritt. Die Transformation zwischen Hauptrichtungen wird also, wie in der Abb. 1.2.58 skizziert, allein durch die in (1.2.57) eingeführte orthogonale Abbildung $\boldsymbol{R}$ vermittelt:

$$\boldsymbol{n}_{\mathfrak{a}} = \boldsymbol{R}\, \boldsymbol{N}_{\mathfrak{a}}.$$

Für das weitere ist es günstig, an dieser Stelle auf Folgerungen aus dem

(1.2.72) *Cayley-Hamiltonschen Satz* F(2.8.6) hinzuschreiben. Ist $\boldsymbol{A}$ Tensor zweiter Stufe (eine Matrix) der Dimension n, so gilt die Identität

$$\sum_{\varkappa=0}^{n} (-1)^{\varkappa}\, a_{\varkappa}\, \boldsymbol{A}^{\varkappa} = 0, \qquad \boldsymbol{A}^0 = 1$$

zwischen den (Matrix-) Tensorprodukten. Die Invarianten $a_\varkappa = a_\varkappa(\boldsymbol{A})$ sind bis auf einen gemeinsamen Faktor die Koeffizienten des charakteristischen Polynoms des Tensors (der Matrix) $\boldsymbol{A}$:

$$\varphi(\lambda) = \det(\boldsymbol{A} - \lambda \mathbf{1}) = 0.$$

Um den Anschluß an übliche Schreibweisen zu bekommen, geben wir die Formeln für Dimensionen $n = 3$ bzw. $n = 2$ speziell an:

$$(1.2.73) \qquad \begin{aligned} 0 &= \boldsymbol{A}^3 - \mathrm{I}_1 \boldsymbol{A}^2 + \mathrm{I}_2 \boldsymbol{A} - \mathrm{I}\ \mathbf{1} \\ &= \boldsymbol{A}^3 - \mathrm{I}\,\boldsymbol{A}^2 + \mathrm{II}\,\boldsymbol{A} - \mathrm{III}\,\mathbf{1} \end{aligned}$$

bzw.

$$(1.2.74) \qquad 0 = \boldsymbol{A}^2 - \mathrm{I}_1 \boldsymbol{A} + \mathrm{I}_2 \mathbf{1} = \boldsymbol{A}^2 - \mathrm{I}\,\boldsymbol{A} + \mathrm{II}\,\mathbf{1}.$$

Die hier auftretenden Invarianten $\mathrm{I}_i = \mathrm{I}_i(\boldsymbol{A})$ bzw. $\mathrm{I}(\boldsymbol{A})$, $\mathrm{II}(\boldsymbol{A})$, $\mathrm{III}(\boldsymbol{A})$ lassen sich mit anderen Invarianten $I_i(\boldsymbol{A})$ (Momenten) verknüpfen, die man mittels Spurbildung aus Potenzen von $\boldsymbol{A}$ bildet:

$$(1.2.75) \quad \begin{cases} I_1 = \mathrm{tr}\boldsymbol{A} = \mathrm{I}_1, & \mathrm{I}_1 = I_1, \\ I_2 = \mathrm{tr}\boldsymbol{A}^2 = \mathrm{I}_1^2 - 2\mathrm{I}_2, & \mathrm{I}_2 = \frac{1}{2}(I_1^2 - I_2), \\ I_3 = \mathrm{tr}\boldsymbol{A}^3 = \mathrm{I}_1^3 - 3\mathrm{I}_1\mathrm{I}_2 + 3\mathrm{I}_3, & \mathrm{I}_3 = \frac{1}{6}(I_1^3 - 3I_1I_2 + 2I_3). \end{cases}$$

Die Operation der *Spurbildung* wird dabei durch tr(...) bezeichnet. Sie ist für Matrizen als Summe der Hauptdiagonalglieder und entsprechend für Tensoren $\boldsymbol{T}$ durch seine Verjüngung[1]

$$\mathrm{tr}\,\boldsymbol{T} = T^{\bullet}_{\bullet}$$

definiert. Die Invariante $\mathrm{I}_n(\boldsymbol{A})$ ist die Determinante von $\boldsymbol{A}$:

$$(1.2.76) \qquad \mathrm{I}_n(\boldsymbol{A}) = \det \boldsymbol{A}.$$

Konzentrieren wir uns auf den Fall $n = 3$, in sonstigen Fällen gilt alles entsprechend, so entnimmt man (1.2.73), daß man *alle* Potenzen $\boldsymbol{A}^\varkappa$ von $\boldsymbol{A}$ mittels der Potenzen

$$(1.2.77) \qquad \mathbf{1}, \quad \boldsymbol{A}, \quad \boldsymbol{A}^2$$

und den skalaren Invarianten

$$(1.2.78) \qquad \mathrm{tr}\boldsymbol{A}, \quad \mathrm{tr}\boldsymbol{A}^2, \quad \mathrm{tr}\boldsymbol{A}^3$$

ausdrücken kann. Speziell die skalaren Invarianten von $\boldsymbol{A}^\varkappa$ lassen sich in Formen überführen, die die skalaren Invarianten (1.2.78), also I_1, I_2, I_3 allein enthalten.

[1] Siehe G II § 5.

Für *symmetrische* Tensoren führen wir hier den Begriff *isotrope Tensorfunktionen* des symmetrischen Arguments $\boldsymbol{A}$ ein, wenn für diese unter orthogonalen Transformationen $\boldsymbol{Q}$ eine der Beziehungen

$$(1.2.79)\qquad \begin{cases} s(\boldsymbol{Q}\,\boldsymbol{A}\,\boldsymbol{Q}^{\mathrm{T}}) = s(\boldsymbol{A}), \\ \boldsymbol{v}(\boldsymbol{Q}\,\boldsymbol{A}\boldsymbol{Q}^{\mathrm{T}}) = \boldsymbol{Q}\,\boldsymbol{v}(\boldsymbol{A}), \\ \boldsymbol{S}(\boldsymbol{Q}\,\boldsymbol{A}\,\boldsymbol{Q}^{\mathrm{T}}) = \boldsymbol{Q}\,\boldsymbol{S}(\boldsymbol{A})\,\boldsymbol{Q}^{\mathrm{T}} \end{cases}$$

gilt, je nachdem ob es sich um eine skalarwertige: s, um eine vektorwertige: $\boldsymbol{v}$ oder um eine symmetrische tensorwertige: $\boldsymbol{S}$ Funktion handelt. Der Begriff *isotrope Vektorfunktion* des Arguments $\boldsymbol{a}$ schließt sich hier zwanglos an:

$$(1.2.80)\qquad \begin{cases} s(\boldsymbol{Q}\,\boldsymbol{a}) = s(\boldsymbol{a}), \\ \boldsymbol{v}(\boldsymbol{Q}\,\boldsymbol{a}) = \boldsymbol{Q}\,\boldsymbol{v}(\boldsymbol{a}), \\ \boldsymbol{S}(\boldsymbol{Q}\,\boldsymbol{a}) = \boldsymbol{Q}\,\boldsymbol{S}(\boldsymbol{a})\,\boldsymbol{Q}^{\mathrm{T}}. \end{cases}$$

Die Verallgemeinerung auf mehrere Argumente $\boldsymbol{A}_i$ bzw./und $\boldsymbol{a}_j$ ist augenscheinlich.

Während der Tensor $\boldsymbol{C}$ nach dem obenstehenden ein Maß am Orte $\boldsymbol{X}$ für die Verzerrung mit den aus den Hauptstreckungen berechenbaren Invarianten

$$(1.2.81)\qquad \mathrm{I}_c = \lambda_1^2 + \lambda_2^2 + \lambda_3^2, \quad \mathrm{II}_c = \lambda_1^2\lambda_2^2 + \lambda_2^2\lambda_3^2 + \lambda_3^2\lambda_1^2, \quad \mathrm{III}_c = \lambda_1^2\lambda_2^2\lambda_3^2$$

liefert, leistet der in (1.2.62) eingeführte Tensor $\boldsymbol{c}$ das gleiche am Orte $\boldsymbol{x}$. In Analogie zu (1.2.64) führen wir hier nur

$$(1.2.82)\qquad \lambda(\boldsymbol{n}) = \frac{ds}{dS} = \frac{1}{\sqrt{c_{kl}\,n^k\,n^l}} \quad \text{mit} \quad 0 < \lambda < \infty$$

für die Streckung in momentaner Richtung $\boldsymbol{n}$ relativ zur Bezugskonfiguration auf. Der linke Cauchy-Green-Tensor $\boldsymbol{B}$ aus (1.2.60) steht zu $\boldsymbol{c}$ in der Relation[1]

$$(1.2.83)\qquad \boldsymbol{B} = \boldsymbol{R}\,\boldsymbol{C}\,\boldsymbol{R}^{\mathrm{T}} = \overset{-1}{\boldsymbol{c}}.$$

Für entsprechende Invariante gilt

$$(1.2.84)\qquad \begin{cases} \mathrm{I}_C = \mathrm{I}_B = \dfrac{\mathrm{II}_c}{\mathrm{III}_c}, \quad \mathrm{II}_C = \mathrm{II}_B = \dfrac{\mathrm{I}_c}{\mathrm{III}}, \\[2ex] \mathrm{III}_C = \mathrm{III}_B = \dfrac{1}{\mathrm{III}_c} = J^2, \\[2ex] \mathrm{I}_c = \dfrac{\mathrm{II}_C}{\mathrm{III}_C} = \dfrac{1}{\lambda_1^2} + \dfrac{1}{\lambda_2^2} + \dfrac{1}{\lambda_3^2}, \quad \mathrm{II}_c = \dfrac{\mathrm{I}_C}{\mathrm{III}_C} = \dfrac{1}{\lambda_1^2\lambda_2^2} + \dfrac{1}{\lambda_2^2\lambda_3^2} + \dfrac{1}{\lambda_3^2\lambda_1^2}, \\[2ex] \mathrm{III}_c = \dfrac{1}{\mathrm{III}_C} = \dfrac{1}{\lambda_1^2\lambda_2^2\lambda_3^2} = J^{-2}. \end{cases}$$

---

[1] $\boldsymbol{B} = \overset{-1}{\boldsymbol{c}}$ wird auch Fingerscher Deformationstensor genannt.

Wie schon in (1.2.29) lassen sich auch bei $\boldsymbol{U}$, $\boldsymbol{V}$, $\boldsymbol{C}$ und $\boldsymbol{B}$ entsprechende relative Tensoren definieren. Übernimmt man die Bezeichnungsweise aus (1.2.29):

$$\boldsymbol{F}_{(t)}(\tau) = \boldsymbol{R}_{(t)}(\tau)\, \boldsymbol{U}_{(t)}(\tau) = \boldsymbol{V}_{(t)}(\tau)\, \boldsymbol{R}_{(t)}(\tau), \tag{1.2.85}$$

so gilt etwa

$$\begin{aligned} &\boldsymbol{R}_{(t)}(t) = \boldsymbol{U}_{(t)}(t) = \boldsymbol{V}_{(t)}(t) = \boldsymbol{B}_{(t)}(t) = \boldsymbol{C}_{(t)}(t) = \mathbf{1}, \\ &\boldsymbol{C}(\tau) = \boldsymbol{F}^{\mathrm{T}}(t)\, \boldsymbol{C}_{(t)}(\tau)\, \boldsymbol{F}(t), \qquad \boldsymbol{B}(\tau) = \boldsymbol{F}_{(t)}(\tau)\, \boldsymbol{B}_{(t)}(\tau)\, \boldsymbol{F}^{\mathrm{T}}_{(t)}(\tau). \end{aligned} \tag{1.2.85a}$$

Eine Körperbewegung nennt man *starr* bzw. *lokal starr*, wenn (notwendig und hinreichend)

$$\boldsymbol{C} = \boldsymbol{c} = \mathbf{1} \tag{1.2.86}$$

für den gesamten Körper bzw. für einzelne Punkte gilt. Die zugeordneten Invarianten haben die Werte

$$\mathrm{I} = \mathrm{II} = 3, \quad \mathrm{III} = 1. \tag{1.2.87}$$

Neben $\boldsymbol{C}$ und $\boldsymbol{c} = \boldsymbol{B}^{-1}$ finden sich in der Literatur eine größere Reihe anderer Verzerrungstensoren. Während die Eigenwerte von $\boldsymbol{C}$ und $\boldsymbol{B}$ gerade λ_i^2 sind, sind die von

$$\boldsymbol{U} = \overset{1/2}{\boldsymbol{C}} \quad \text{bzw.} \quad \boldsymbol{V} = \overset{1/2}{\boldsymbol{B}}$$

die Hauptstreckungen λ_i selbst. Der Zusammenhang zwischen $\boldsymbol{U}$ bzw. $\boldsymbol{V}$ und $\boldsymbol{F}$ ist zwar im Prinzip bekannt und sogar entsprechend den Ausführungen im Anschluß an (1.2.72) über $\boldsymbol{C}$ etwa in der Form

$$\boldsymbol{U} = \zeta_0 \cdot \mathbf{1} + \zeta_1 \boldsymbol{C} + \zeta_2 \boldsymbol{C}^2, \qquad \zeta_i = \zeta_i(\mathrm{I}_C, \mathrm{II}_C, \mathrm{III}_C), \tag{1.2.88}$$

d. h. aber in nicht rationaler Form konstruierbar, jedoch führt ein solcher Zusammenhang in praktischen Rechnungen zu unnötiger Komplexität, zumal die direkte Benutzung von $\boldsymbol{C}$ das gleiche leistet. Außer für allgemeine Überlegungen wird man also auf $\boldsymbol{U}$ und $\boldsymbol{V}$ meist verzichten.

Weitere bekannte *Deformationstensoren* sind die *von Green/St. Venant* bzw. *von Almansi/Hamel*

$$2\boldsymbol{E} = \boldsymbol{C} - 1 \quad \text{bzw.} \quad 2\boldsymbol{e} = \mathbf{1} - \boldsymbol{c}, \tag{1.2.89}$$

deren Invariante zu denen von $\boldsymbol{C}$ bzw. $\boldsymbol{c}$ beispielsweise in folgenden Abhängigkeiten stehen:

$$\left\{\begin{aligned} &\mathrm{I}_E = \tfrac{1}{2}(\mathrm{I}_C - 3), && \mathrm{I}_e = \tfrac{1}{2}(3 - \mathrm{I}_c), \\ &\mathrm{II}_E = \tfrac{1}{4}(\mathrm{II}_C - 2\mathrm{I}_C + 3), && \mathrm{II}_e = \tfrac{1}{4}(3 - 2\mathrm{I}_c + \mathrm{II}_c), \\ &\mathrm{III}_E = \tfrac{1}{8}(\mathrm{III}_C - \mathrm{II}_C + \mathrm{I}_C - 1). && \mathrm{III}_e = \tfrac{1}{8}(1 - \mathrm{I}_c + \mathrm{II}_c - \mathrm{III}_c), \\ &\mathrm{I}_C = 2\mathrm{I}_E + 3, && \mathrm{I}_c = 3 - 2\mathrm{I}_e, \\ &\mathrm{II}_C = 4\mathrm{II}_E + 4\mathrm{I}_E + 3, && \mathrm{II}_c = 3 - 4\mathrm{I}_e + 4\mathrm{II}_e, \\ &\mathrm{III}_C = 8\mathrm{III}_E + 4\mathrm{II}_E + 2\mathrm{I}_E + 1, && \mathrm{III}_c = 1 - 2\mathrm{I}_e + 4\mathrm{II}_e - 8\mathrm{III}_e. \end{aligned}\right. \tag{1.2.89a}$$

Bezeichnet man die Hauptwerte von $\boldsymbol{U}, \boldsymbol{C}, \boldsymbol{E}, \boldsymbol{c}, \boldsymbol{e}$ mit $\lambda_\alpha, C_\alpha, E_\alpha, c_\alpha, e_\alpha$, die λ_α wegen $\delta = \lambda - 1$ zugeordnete Hauptdehnung mit δ_α, so lassen sich noch folgende Beziehungen für die Hauptwerte festhalten:

(1.2.89b)
$$\begin{aligned} 2E_\alpha &= C_\alpha - 1 = \lambda_\alpha^2 - 1 = (1+\delta_\alpha)^2 - 1 = 2\delta_\alpha(1+\tfrac{1}{2}\delta_\alpha),\\ 2e_\alpha &= 1 - c_\alpha = 1 - \lambda_\alpha^{-2} = 1 - (1+\delta_\alpha)^{-2} = 2E_\alpha(1+\delta_\alpha)^{-2}. \end{aligned}$$

Der Starrheitsbedingung (1.2.86) entspricht

(1.2.90)
$$\boldsymbol{E} = \boldsymbol{e} = 0.$$

Spaltet man den Verschiebungsgradienten $\nabla \boldsymbol{u}$ in seinen symmetrischen und seinen antisymmetrischen Anteil $\tilde{\boldsymbol{E}}$ bzw. $\tilde{\boldsymbol{R}}$ mit den kovarianten Koordinatendarstellungen

(1.2.91)
$$\tilde{E}_{KL} = \tilde{E}_{LK} = u_{(K,L)}, \qquad \tilde{R}_{KL} = -\tilde{R}_{LK} = u_{[K,L]}$$

auf, so läßt sich wegen (1.2.44) und (1.2.51)

$$d\boldsymbol{x} = (\mathbf{1} + \tilde{\boldsymbol{E}} + \tilde{\boldsymbol{R}})\, d\boldsymbol{X}$$

aus $\tilde{\boldsymbol{E}}$ die Elongation (1.2.66) in Richtung $\boldsymbol{N}$ direkt angeben:

(1.2.92)
$$\varepsilon(\boldsymbol{N}) = \boldsymbol{N}^T \tilde{\boldsymbol{E}} \boldsymbol{N} = \tilde{E}_{KL} N^K N^L.$$

Man nennt $\tilde{\boldsymbol{E}}$ den *Loveschen Elongationstensor*. Während zu $\tilde{\boldsymbol{R}}$, dem *Tensor der mittleren Drehung*, in 1.2.5 noch etwas gesagt wird, geben wir hier den Zusammenhang zwischen $\boldsymbol{E}$, $\tilde{\boldsymbol{E}}$ und $\tilde{\boldsymbol{R}}$ an:

(1.2.93)
$$\boldsymbol{E} = \tilde{\boldsymbol{E}} + \tfrac{1}{2}(\tilde{\boldsymbol{E}}^2 + \tilde{\boldsymbol{E}}\tilde{\boldsymbol{R}} - \tilde{\boldsymbol{R}}\tilde{\boldsymbol{E}} - \tilde{\boldsymbol{R}}^2).$$

Analoge Beziehungen lassen sich zwischen $\boldsymbol{e}$ und aus grad $\boldsymbol{u}$ entsprechend definierten Größen $\tilde{\boldsymbol{e}}$ und $\tilde{\boldsymbol{r}}$ herstellen. Man sieht aus (1.2.93), daß $\tilde{\boldsymbol{E}} = 0$ keineswegs eine Starrkörperdeformation $\boldsymbol{E} = 0$ bedeuten muß.

Von einigen Autoren, insbesondere der Rheologie, werden transzendente Verformungsmaße wie

(1.2.94)
$$\begin{aligned} \boldsymbol{H} &= \tfrac{1}{2}\log \boldsymbol{C} = \tfrac{1}{2}\log(\mathbf{1} + 2\boldsymbol{E}),\\ \boldsymbol{h} &= -\tfrac{1}{2}\log \boldsymbol{c} = -\tfrac{1}{2}\log(\mathbf{1} - 2\boldsymbol{e}) \end{aligned}$$

eingeführt, deren Definitionen zwar wegen der positiven Definitheit von $\boldsymbol{C}$ bzw. $\boldsymbol{c}$ auch formal sinnvoll sind, jedoch wegen ihrer schwierigen Handhabung außer in eindimensionalen Fällen keine Bedeutung erlangt haben.

Weitere Verzerrungsmaße, etwa der Form $(\mathbf{1} - \boldsymbol{c}^k)/2k$, $k \neq 0$, wurden vorgeschlagen[1], jedoch ist nach den Darlegungen im Anschluß

[1] Detaillierte Ausführungen finden sich bei TRUESDELL/TOUPIN, Sect. 33.

an (1.2.72) klar, daß folgender

(1.2.95) **Satz** gilt: *Jede eindeutige isotrope Tensorfunktion 2. Ordnung von* $\boldsymbol{C}$ *ist ein Verzerrungsmaß in* $\boldsymbol{X}$, *eine entsprechende Funktion von* $\boldsymbol{c}$ *ein Verzerrungsmaß in* $\boldsymbol{x}$.

1.2.5 Drehung. Verträglichkeitsbedingungen

Wie bekannt gibt der Inhalt des Satzes (1.2.57) über die multiplikative Zerlegung von $\boldsymbol{F}$ Anlaß zu der Aussage: *Die Deformation in der Umgebung eines jeden Punktes ist aus einer Translation, einer Drehung und Streckung i. allg. nichtlinear zusammengesetzt.* Präziser gesprochen handelt es sich bei der durch den Drehtensor $\boldsymbol{R}$ beschriebenen Drehung um die Drehung der Streckungshauptachsen, bei der durch $\boldsymbol{U} = \boldsymbol{C}^{1/2}$ beschriebenen Streckung um die längs dieser Hauptachsen. Die Drehung von Elementen nämlich, die nicht mit den Streckungshauptachsen zusammenfallen, lassen sich nicht allein aus $\boldsymbol{R}$ angeben. So errechnet sich beispielsweise der Drehwinkel ϑ eines durch den Einheitsvektor $\boldsymbol{N} = d\boldsymbol{X}/dS$ gekennzeichneten Elementes wegen $\boldsymbol{n} = \boldsymbol{F}\,\boldsymbol{N}/\lambda(\boldsymbol{N})$ zu

$$\text{(1.2.96)}\qquad \cos\vartheta = \frac{1}{\lambda(\boldsymbol{N})}\,\boldsymbol{N}^{\mathrm{T}}\boldsymbol{F}\,\boldsymbol{N} = \frac{1}{\lambda(\boldsymbol{N})}\,\boldsymbol{N}^{\mathrm{T}}\boldsymbol{R}\,\boldsymbol{U}\,\boldsymbol{N} = \frac{x^k_{,P}\,g_{kQ}\,N^P N^Q}{\sqrt{C_{AB}\,N^A N^B}},$$

wobei zwischen Streckung, Dehnung, Elongation (s. 1.2.4) und Drehwinkel die folgenden Beziehungen bestehen

$$\text{(1.2.97)}\qquad \varepsilon = \lambda\cos\vartheta - 1 = \delta\cos\vartheta - 2\sin^2(\tfrac{1}{2}\vartheta).$$

Der Tensor $\tilde{\boldsymbol{R}}$ hingegen gibt ein Maß für die *mittlere Drehung* im Sinne NOVOSHILOV's, und zwar ist beispielsweise in kartesischen Koordinaten XYZ der Winkel τ_X in

$$\text{(1.2.98)}\qquad \tan\tau_X = \frac{1}{2\pi}\int\limits_0^{2\pi}\tan\vartheta_X(\Phi)\,d\Phi = -\frac{\tilde{R}_{YZ}}{\sqrt{(1+\tilde{E}_{YY})\,(1+\tilde{E}_{ZZ}) - \tilde{E}^2_{YZ}}}$$

für die durch den Anfangswinkel Φ gekennzeichneten Elemente der YZ-Ebene eine mittlere Drehung um die Flächennormale X. Sie wird auf die angegebene Weise aus der Projektion ϑ_X des entsprechenden Drehwinkels ϑ in die YZ-Ebene ausgerechnet. Eine invariante Formulierung von (1.2.97) ist zwar möglich, jedoch bilden die τ_X, τ_Y, τ_Z natürlich keinen Vektor.

Kennt man dagegen von der durch den Tensor $\boldsymbol{R}$ vermittelten Drehung die Achse $\boldsymbol{A}^{\mathrm{T}} = (A^K)$, $|\boldsymbol{A}| = 1$, so läßt sich $\boldsymbol{R}$ in seinen gemischt varianten Koordinaten wie

$$\text{(1.2.99)}\qquad R^K{}_L = \cos\vartheta\,\delta^K_L + (1-\cos\vartheta)\,A^K A_L - \sin\vartheta\,g^{KP}\,\varepsilon_{PLQ}\,A^Q$$

angeben, wobei ϑ den Drehwinkel bedeutet. Mit $\boldsymbol{R} = \boldsymbol{R}(A, \vartheta)$ gilt für die inverse Drehung offensichtlich

$$\boldsymbol{R}^{-1} = \boldsymbol{R}(A, -\vartheta). \tag{1.2.100}$$

Deformationen mit

$$\boldsymbol{R} = \boldsymbol{1}, \quad \text{also} \quad \vartheta = 0, \tag{1.2.101}$$

spricht man als *reine Dehnung* an.

Betrachtet man Beziehungen der Form (1.2.60)

$$\boldsymbol{B} = \overset{-1}{\boldsymbol{c}} = \boldsymbol{R}\,\boldsymbol{C}\,\boldsymbol{R}^{\mathrm{T}},$$

so sieht man aus der Übereinstimmung der Hauptachsen von $\boldsymbol{C}$ mit $\boldsymbol{C}^k$ und $\boldsymbol{B}$ mit $\boldsymbol{B}^k$ leicht ein, daß für die k-ten Potenzen solcher Größen die Relation

$$\boldsymbol{B}^k = \left(\overset{-1}{\boldsymbol{c}}\right)^k = \boldsymbol{R}\,\boldsymbol{C}^k\,\boldsymbol{R}^{\mathrm{T}} \tag{1.2.102}$$

besteht. Auf den Begriff isotrope Tensorfunktionen (1.2.79) sei hier nur verwiesen.

Da nach (1.2.57)ff. für $\boldsymbol{R} = \boldsymbol{F}\overset{-1}{\boldsymbol{U}} = \boldsymbol{F}\overset{-1/2}{\boldsymbol{C}}$ gilt, ist bei $\nabla \boldsymbol{u} = \tilde{\boldsymbol{E}} + \tilde{\boldsymbol{R}} = \boldsymbol{R}\overset{1/2}{\boldsymbol{C}} - \boldsymbol{1}$ wie in (1.2.91) aus

$$\begin{aligned} \tilde{\boldsymbol{E}} &= \tfrac{1}{2}\left(\boldsymbol{R}\overset{1/2}{\boldsymbol{C}} + \overset{1/2}{\boldsymbol{C}}\boldsymbol{R}^{\mathrm{T}}\right) - \boldsymbol{1}, \\ \tilde{\boldsymbol{R}} &= \left(\boldsymbol{R}\overset{1/2}{\boldsymbol{C}} - \overset{1/2}{\boldsymbol{C}}\boldsymbol{R}^{\mathrm{T}}\right), \qquad \boldsymbol{R} = (\boldsymbol{1} + \tilde{\boldsymbol{E}} + \tilde{\boldsymbol{R}})\overset{-1/2}{\boldsymbol{C}} \end{aligned} \tag{1.2.103}$$

ersichtlich, daß zwar $\boldsymbol{R} = \boldsymbol{1} \Rightarrow \tilde{\boldsymbol{R}} = 0$ nach sich zieht, jedoch umgekehrt $\tilde{\boldsymbol{R}} = 0$ zwar notwendig, aber nicht hinreichend für reine Dehnung ist.

Da dem schiefsymmetrischen Tensor $\tilde{\boldsymbol{R}}$ im dreidimensionalen Raum (umkehrbar) der *axiale Vektor*[1]

$$\tilde{\boldsymbol{R}}_* = \operatorname{Curl} \boldsymbol{u} = -\tilde{\boldsymbol{R}}_\times, \qquad \tilde{R}^K_\times = \tfrac{1}{2}\varepsilon^{KPQ}\tilde{R}_{PQ} = \tfrac{1}{2}\varepsilon^{KPQ}u_{[P,Q]} \tag{1.2.104}$$

zugeordnet ist, entsprechen Verformungsbereiche mit

$$\tilde{\boldsymbol{R}} = 0 \Leftrightarrow \operatorname{Curl} \boldsymbol{u} = 0 \tag{1.2.105$_1$}$$

[1] Die Zuordnung eines axialen Vektors $\boldsymbol{T}_\times$ zu einem zweistufigen Tensor $\boldsymbol{T}$ ist unter Einschluß eines Faktors $\frac{1}{2}$ symbolisch über das Kreuzprodukt der Basen zu definieren:

$$\boldsymbol{T} = T_{pq}\,\boldsymbol{g}^p \otimes \boldsymbol{g}^q \Rightarrow \boldsymbol{t} = \boldsymbol{T}_\times = \tfrac{1}{2} T_{pq}\,\boldsymbol{g}^p \times \boldsymbol{g}^q \;\left(= \tfrac{1}{2} T_{pq}\,\varepsilon^{pqr}\,\boldsymbol{g}_r\right).$$

Ähnlich wie die Symbole ∇ und grad soll hier die Schreibweise Curl auf die Differentiationsvariable X^K, sowie curl entsprechend auf x^k hindeuten.

rotorfreien Bewegungen, deren Verschiebungsvektor $\boldsymbol{u}$ aus einem Potential U ableitbar sein muß:

$$(1.2.105)_2 \qquad \boldsymbol{u}^{\mathrm{T}} = \operatorname{grad} U, \quad u_K = U_{,K}.$$

Nur in Ausnahmefällen sind bei Aufgaben der Kontinuumsmechanik die Verformungsfunktionen $\boldsymbol{\chi}_{\varkappa}$ respektive die Verschiebungen $\boldsymbol{u}$ vorgegeben, wie es etwa bei der Bestimmung von Materialeigenschaften durch Versuche mit einfachen Verformungen geschieht. In diesen Fällen ist es eine einfache Aufgabe, die entsprechenden Verzerrungs- und Drehtensoren, z. B. $\boldsymbol{C}$ und $\boldsymbol{R}$ zu berechnen. Im allgemeinen stellt sich nach Hinzuziehung weiterer Betrachtungen von Belastung, Bewegungsgrößen und Materialeigenschaften eines Körpers schließlich die Aufgabe, aus Verzerrungsgrößen wie $\boldsymbol{C}$ den Deformationsgradienten $\boldsymbol{F}$ und dann die Verformung $\boldsymbol{x} = \boldsymbol{\chi}_{\varkappa}(\boldsymbol{X}, t)$ selbst zu berechnen.

Demnach ist ein überbestimmtes System von 6 partiellen Differentialgleichungen

$$(1.2.106) \qquad g_{kl}\, x^k{}_{,A}\, x^l{}_{B} = C_{AB}(X^1, X^2, X^3, t)$$

bezüglich der drei Unbekannten x^1, x^2, x^3 zu integrieren, was nur dadurch zu sichern ist, daß die 6 Funktionen C_{AB} zusätzliche *Verträglichkeitsbedingungen* befriedigen. Nun bildet $\boldsymbol{C}$ entsprechend (1.2.61) aber eine Metrik des verformten Körpers in seiner momentanen Konfiguration bezüglich der Koordinatenlinien X^A. Da der Körper in seinen Konfigurationen stets im euklidischen Raum eingebettet ist, sichert das Verschwinden des mittels der Metrik C_{KL} gebildeten Riemann-Tensors $R_{PQRS}(\boldsymbol{C})$ gerade die Integrierbarkeit von (1.2.106). Die Definition von R_{PQRS} entnehme man G II, § 21. Entsprechendes gilt für $\boldsymbol{c}$ mit Koordinatenlinien x^a. Die auch *Integrabilitäts-* oder *Kompabilitätsbedingungen* genannten Forderungen lassen sich also wie

$$(1.2.107) \qquad R_{PQRS}(\boldsymbol{C}) = 0, \quad R_{pqrs}(\boldsymbol{c}) = 0$$

fassen. Andere Versionen, z. B. aus E_{KL} und kovarianten Ableitungen bezüglich der Metrik g_{PQ} gebildete, sind ableitbar.

Für den Elongationstensor $\tilde{\boldsymbol{E}}$ tellt sich das Problem etwas anders. Hier ist das im Verschiebungsvektor $\boldsymbol{u}$ lineare Differentialgleichungssystem

$$(1.2.108) \qquad \tilde{E}_{KM} = u_{(K,M)}$$

zu lösen. Unter der Voraussetzung (1.2.107) läßt sich hier [s. a. (4.2.44)]

$$(1.2.109) \qquad \begin{aligned} Q_{KLMN}(\tilde{\boldsymbol{E}}) &= \delta^{RS}_{KL}\, \delta^{TU}_{MN}\, \tilde{E}_{RT:SU} \\ &= \tilde{E}_{KM:LN} + \tilde{E}_{LN:KM} - \tilde{E}_{LM:KN} - \tilde{E}_{KN:LM} = 0 \end{aligned}$$

als Integrabilitätsbedingung von (1.2.108) herleiten. Ist ${}_0\boldsymbol{u}$ eine Lösung von (1.2.108), so stellt

(1.2.110) $$\boldsymbol{u} = {}_0\boldsymbol{u} + \boldsymbol{P}\,\tilde{\boldsymbol{R}}^* + \boldsymbol{A}^*$$

die allgemeinste Lösung von (1.2.108) dar, worin $\boldsymbol{P}$ jeder Vektor mit der Eigenschaft $P^M_{,S} = \delta^M_S$, $\tilde{\boldsymbol{R}}^*$ jeder schiefsymmetrische Tensor mit $\tilde{R}^*_{MN,S} = 0$ und $\boldsymbol{A}^*$ jeder Vektor mit $A_{N,S} = 0$ ist. Aus dem Elongationstensor allein ist $\boldsymbol{u}$ also nur bis auf eine Starrkörperbewegung bestimmbar (s. auch 2.1).

1.2.6 Verformungsgeschwindigkeiten

Die materielle Zeitableitung des Verformungsgradienten $\boldsymbol{F}$ bezüglich der Konfiguration $\boldsymbol{\varkappa}$ ist zwar berechenbar,

(1.2.111) $$\dot{\boldsymbol{F}} = \dot{\boldsymbol{R}}\,\boldsymbol{U} + \boldsymbol{R}\,\dot{\boldsymbol{U}},$$

doch ist es für viele Aufgaben praktischer, mit Bezügen zur momentanen Konfiguration zu arbeiten, da ohne die Verformungsfunktion selbst zu kennen, die Geschwindigkeitsfelder $\boldsymbol{v}$ nur in der Form

$$\boldsymbol{v} = \boldsymbol{v}(\boldsymbol{x}, t), \qquad v^k = \dot{x}^k(x^l, t)$$

angebbar sind. Wir benutzen dazu die relative Darstellung von $\boldsymbol{F}$ nach $(1.2.29)_3$ und erhalten über

$$\dot{\boldsymbol{F}}(t) = \left[\frac{\partial}{\partial\tau}\boldsymbol{F}(\tau)\right]_{\tau=t} = \left[\frac{\partial}{\partial\tau}\boldsymbol{F}_{(t)}(\tau)\right]_{\tau=t}\boldsymbol{F}(t) = \dot{\boldsymbol{F}}_{(t)}(t)\,\boldsymbol{F}(t) = \boldsymbol{L}(t)\,\boldsymbol{F}(t)$$

eine Größe

(1.2.112) $$\boldsymbol{L}(\boldsymbol{x}, t) = \dot{\boldsymbol{F}}_{(t)}(t) = \dot{\boldsymbol{F}}(t)\,\overset{-1}{\boldsymbol{F}}(t) = \operatorname{grad}\dot{\boldsymbol{x}}, \qquad L_{kl} = \dot{x}_{k,l},$$

die sich als *räumlicher Geschwindigkeitsgradient* herausstellt. Auf dieselbe Weise lassen sich räumliche Gradienten höherer zeitlicher Ableitungen definieren

$(1.2.113)_1$ $$\boldsymbol{L}_{\mathfrak{n}}(\boldsymbol{x}, t) = \overset{(\mathfrak{n})}{\boldsymbol{F}}_{(t)}(t) = \left[\frac{\partial}{\partial\tau}\overset{(\mathfrak{n}-1)}{\boldsymbol{F}}_{(t)}(\tau)\right]_{\tau=t} = \operatorname{grad}\overset{(\mathfrak{n})}{\boldsymbol{x}}, \quad \mathfrak{n} = 2, 3, \ldots,$$

die $\mathfrak{n}$-*te Beschleunigungsgradienten*, für $\mathfrak{n} = 2$ einfach Beschleunigungsgradient genannt werden sollen. Die abschließenden Definitionen

$(1.2.113)_2$ $$\boldsymbol{L}_0 = \boldsymbol{1}, \qquad \boldsymbol{L}_1 = \boldsymbol{L}$$

liegen nahe.

Bezeichnet man entsprechend der polaren Zerlegung (1.2.57) bzw. (1.2.85)

(1.2.114) $$\boldsymbol{F}_{(t)}(\tau) = \boldsymbol{R}_{(t)}(\tau)\,\boldsymbol{U}_{(t)}(\tau)$$

die zeitlichen materiellen Ableitungen des relativen rechten Streckungstensors $\boldsymbol{U}_{(t)}(\tau)$ bzw. des relativen Drehtensors $\boldsymbol{R}_{(t)}(\tau)$ für $\tau = t$ mit

(1.2.115)
$$\boldsymbol{D}_n = \overset{(n)}{\boldsymbol{U}}_{(t)}(t), \quad \boldsymbol{W}_n = \overset{(n)}{\boldsymbol{R}}_{(t)}(t), \\ \boldsymbol{D}_0 = \boldsymbol{W}_0 = \boldsymbol{1}, \quad \boldsymbol{D}_I = \boldsymbol{D}, \quad \boldsymbol{W}_I = \boldsymbol{W},$$

so soll $\boldsymbol{D}_n$ *n-ter Streckungsgeschwindigkeitstensor* und $\boldsymbol{W}_n$ *n-ter Drehgeschwindigkeitstensor* (*Spintensor*) genannt werden. Mit Hilfe von (1.2.112) und (1.2.114) ist zunächst

(1.2.116)$_1$
$$\boldsymbol{L} = \boldsymbol{D} + \boldsymbol{W}, \quad \boldsymbol{D} = \tfrac{1}{2}(\boldsymbol{L} + \boldsymbol{L}^{\mathrm{T}}), \quad \boldsymbol{W} = \tfrac{1}{2}(\boldsymbol{L} - \boldsymbol{L}^{\mathrm{T}})$$

festzuhalten, was aber auch unter Beachtung von (1.2.111) durch Größen mit fester Bezugskonfiguration ausdrückbar ist:

(1.2.116)$_{2,3}$
$$\begin{cases} \boldsymbol{L} = \dot{\boldsymbol{R}}\,\boldsymbol{R}^{\mathrm{T}} + \boldsymbol{R}\,\dot{\boldsymbol{U}}\,\overset{-1}{\boldsymbol{U}}\,\boldsymbol{R}^{\mathrm{T}}, \\ \boldsymbol{D} = \tfrac{1}{2}\boldsymbol{R}(\dot{\boldsymbol{U}}\,\overset{-1}{\boldsymbol{U}} + \overset{-1}{\boldsymbol{U}}\,\dot{\boldsymbol{U}})\,\boldsymbol{R}^{\mathrm{T}}, \\ \boldsymbol{W} = \dot{\boldsymbol{R}}\,\boldsymbol{R}^{\mathrm{T}} + \tfrac{1}{2}\boldsymbol{R}(\dot{\boldsymbol{U}}\,\overset{-1}{\boldsymbol{U}} - \overset{-1}{\boldsymbol{U}}\,\dot{\boldsymbol{U}})\,\boldsymbol{R}^{\mathrm{T}}. \end{cases}$$

Weiter definiert man aus dem relativen rechten Cauchy-Green-Tensor $\boldsymbol{C}_{(t)}(\tau)$ die *n-ten Rivlin-Ericksen-Tensoren*:

(1.2.117)
$$\boldsymbol{A}_n(t) = \overset{(n)}{\boldsymbol{C}}_{(t)}(t).$$

Aus materieller zeitlicher Ableitung von Ausdrücken wie (1.2.114) und $\boldsymbol{C}_{(t)}(\tau) = [\boldsymbol{U}_{(t)}(\tau)]^2 = \boldsymbol{F}^{\mathrm{T}}_{(t)}(\tau)\,\boldsymbol{F}_{(t)}(\tau)$ für $\tau = t$ ist es leicht, zu polynomalen Ausdrücken 2. Grades zu kommen, von denen wir hier nur die jeweils ersten beiden[1] notieren wollen:

(1.2.118)
$$\boldsymbol{D} = \tfrac{1}{2}\boldsymbol{A}_1 = \tfrac{1}{2}(\boldsymbol{L} + \boldsymbol{L}^{\mathrm{T}}), \quad \boldsymbol{W} = -\boldsymbol{W}^{\mathrm{T}} = \boldsymbol{L} - \boldsymbol{D} = \tfrac{1}{2}(\boldsymbol{L} - \boldsymbol{L}^{\mathrm{T}});$$

(1.2.118a)
$$\begin{cases} \boldsymbol{A}_2 = \boldsymbol{L}_2 + \boldsymbol{L}_2^{\mathrm{T}} + 2\,\boldsymbol{L}^{\mathrm{T}}\boldsymbol{L}, \\ \boldsymbol{D}_2 = \tfrac{1}{2}(\boldsymbol{A}_2 - \tfrac{1}{2}\boldsymbol{A}_1^2) = \tfrac{1}{2}(\boldsymbol{L}_2 + \boldsymbol{L}_2^{\mathrm{T}}) - \tfrac{1}{4}(\boldsymbol{L} + \boldsymbol{L}^{\mathrm{T}})^2 + \boldsymbol{L}^{\mathrm{T}}\boldsymbol{L}, \\ \boldsymbol{W}_2 = \boldsymbol{L}_2 - \boldsymbol{D}_2 - 2\,\boldsymbol{W}\boldsymbol{D} = \tfrac{1}{2}(\boldsymbol{L}_2 - \boldsymbol{L}_2^{\mathrm{T}}) - (\boldsymbol{L} + \boldsymbol{L}^{\mathrm{T}})^2 + (\boldsymbol{L}^{\mathrm{T}})^2. \end{cases}$$

Die Streckgeschwindigkeitstensoren $\boldsymbol{D}_n$ bzw. die Rivlin-Ericksen-Tensoren $\boldsymbol{A}_n$ sind wie die Verzerrungstensoren von 1.2.4 bezugssysteminvariant im Sinne von (1.2.10), dies gilt jedoch nicht für die Drehgeschwindigkeiten $\boldsymbol{W}_n$. Aus (1.2.6) und (1.2.9) folgen nämlich wegen

[1] Die allgemeineren Fälle entnehme man TRUESDELL/NOLL, Sect. 25.

$\mathrm{grad}_{\boldsymbol{x}}\, \boldsymbol{x}' = \boldsymbol{Q}(t)$ beispielsweise die Transformationsbeziehungen:

$$(1.2.119)\quad \begin{cases} \boldsymbol{L}' = \dot{\boldsymbol{Q}}\,\boldsymbol{Q}^{\mathrm{T}} + \boldsymbol{Q}\,\boldsymbol{L}\,\boldsymbol{Q}^{\mathrm{T}} = \boldsymbol{\Omega} + \boldsymbol{Q}\,\boldsymbol{L}\,\boldsymbol{Q}^{\mathrm{T}}, \\ \boldsymbol{D}' = \boldsymbol{Q}\,\boldsymbol{D}\,\boldsymbol{Q}^{\mathrm{T}}, \\ \boldsymbol{W}' = \dot{\boldsymbol{Q}}\,\boldsymbol{Q}^{\mathrm{T}} + \boldsymbol{Q}\,\boldsymbol{W}\,\boldsymbol{Q}^{\mathrm{T}} = \boldsymbol{\Omega} + \boldsymbol{Q}\,\boldsymbol{W}\,\boldsymbol{Q}^{\mathrm{T}} = \boldsymbol{Q}(\boldsymbol{W} - \bar{\boldsymbol{\Omega}})\,\boldsymbol{Q}^{\mathrm{T}}, \\ \dot{\boldsymbol{Q}} = \boldsymbol{L}'\,\boldsymbol{Q} - \boldsymbol{Q}\,\boldsymbol{L} = \boldsymbol{W}'\,\boldsymbol{Q} - \boldsymbol{Q}\,\boldsymbol{W}, \end{cases}$$

worin $\bar{\boldsymbol{\Omega}} = -\boldsymbol{Q}^{\mathrm{T}}\,\boldsymbol{\Omega}\,\boldsymbol{Q}$ den Tensor der Drehgeschwindigkeit des gestrichenen Systems relativ zum ungestrichenen Bezugssystem bedeutet.

1.2.7 Näherungen

In den vorstehenden Ausführungen zur Kinematik verformter Körper waren alle Ergebnisse exakt, die „Größenordnung" der Deformation spielte keine Rolle. Die die Verformung kennzeichnenden Maße waren i. allg. nichtlinear, beispielsweise im Verschiebungsvektor $\boldsymbol{u}$. Die klassischen Theorien machen jedoch von der Voraussetzung „kleiner Verformungen" bzw. „kleiner Drehungen" wesentlichen Gebrauch, um über entsprechende Linearisierungen bzw. eine Störungsrechnung zu einfacheren Lösungswegen zu kommen. Oft ist dabei nur sehr implizit niedergelegt, nach welchen Kriterien die Kleinheit eines Ausdrucks beurteilt bzw. über seine Vernachlässigbarkeit entschieden werden kann.

Da wir es an dieser Stelle neben Skalaren mit Vektoren und Tensoren zu tun haben, ist für letztere die Frage nach geeigneten Normen zu entscheiden. Wir verweisen hier auf Ausführungen in F. 2.10. Geeignete Normen in unserem Zusammenhang sind der Betrag des Vektors, der größte Hauptwert symmetrischer Tensoren und etwa die Schur-Norm $\|\boldsymbol{T}\| = \sqrt{\mathrm{tr}(\boldsymbol{T}\,\boldsymbol{T}^{\mathrm{T}})} = \sqrt{T^{ij}\,T_{ij}}$ für allgemeinere Fälle. Wichtig bei letzteren ist ihr submultiplikativer Charakter [s. F (2.10.13)], der Abschätzungen der Form $\|\boldsymbol{S}\,\boldsymbol{T}\| \leqq \|\boldsymbol{S}\|\,\|\boldsymbol{T}\|$ sichert. Zur Beurteilung funktioneller Zusammenhänge wird, wie üblich auf entsprechende Potenzreihenentwicklungen zurückgegriffen.

Im Sinne der obigen Ausführungen kommt man zu folgenden Begriffen und Beziehungen, zu deren Bezeichnungsweisen auf 1.2.4 und explizit auf (1.2.89b) und (1.2.97) pauschal verwiesen wird. Wir beschränken uns dabei meist auf die Angabe der Terme nullten und ersten Grades in der entsprechenden kleinen Größe.

(1.2.120) **Kleine Hauptdehnungen.** (Kleine Dehnungen und Scherungen.)

$$|\delta_a| \leqq \delta, \qquad \delta \text{ klein} \Rightarrow E_a \approx e_a \approx \delta_a .$$

Dann sind auch die Dehnung in jeder Richtung sowie alle Scherungen klein. Weiter gilt nach Def. (1.2.89) und unter Beachtung von (1.2.102) für in $\boldsymbol{E}$ lineare Entwicklungen

$$\overset{1/2}{\boldsymbol{C}} = \boldsymbol{U} \approx \boldsymbol{1} + \boldsymbol{E}, \quad \overset{-1/2}{\boldsymbol{C}} \approx \boldsymbol{1} - \boldsymbol{E},$$
$$\boldsymbol{R} \approx (\boldsymbol{1} + \nabla \boldsymbol{u})(\boldsymbol{1} - \boldsymbol{E}) = \boldsymbol{1} + \tilde{\boldsymbol{E}} + \tilde{\boldsymbol{R}} - \boldsymbol{E} - (\tilde{\boldsymbol{E}} + \tilde{\boldsymbol{R}})\,\boldsymbol{E},$$
$$\tilde{\boldsymbol{E}} \approx \tfrac{1}{2}(\boldsymbol{R} + \boldsymbol{R}^{\mathrm{T}} + \boldsymbol{R}\,\boldsymbol{E} + \boldsymbol{E}\,\boldsymbol{R}^{\mathrm{T}}) - \boldsymbol{1},$$
$$\tilde{\boldsymbol{R}} \approx \tfrac{1}{2}(\boldsymbol{R} - \boldsymbol{R}^{\mathrm{T}} + \boldsymbol{R}\,\boldsymbol{E} - \boldsymbol{E}\,\boldsymbol{R}^{\mathrm{T}}),$$

bzw. daraus für die Entwicklungen von in $\boldsymbol{E}$ nullter Ordnung (für Starrkörper $\boldsymbol{E} = 0$ exakt, also Gleichungen)

$$\boldsymbol{R} \approx \boldsymbol{1} + \nabla \boldsymbol{u} = \boldsymbol{1} + \tilde{\boldsymbol{E}} + \tilde{\boldsymbol{R}}, \qquad \overset{-1}{\boldsymbol{R}} \approx \boldsymbol{1} - \nabla \boldsymbol{u},$$
$$\tilde{\boldsymbol{E}} \approx \tfrac{1}{2}(\boldsymbol{R} + \boldsymbol{R}^{\mathrm{T}}) - \boldsymbol{1}, \qquad \tilde{\boldsymbol{R}} \approx \tfrac{1}{2}(\boldsymbol{R} - \boldsymbol{R}^{\mathrm{T}}).$$

(1.2.121) **Kleine Drehungen.**

ϑ klein für jedes Element $\Rightarrow$

$$\varepsilon = \delta - \tfrac{1}{2}(1 + \delta)\,\vartheta^2 + 0(\vartheta^4),$$

nach Def. (1.2.98) auch die τ_X, τ_Y, τ_Z klein, also z. B.

$$\tau_X \approx -\frac{\tilde{R}_{YZ}}{\sqrt{(1 + \tilde{E}_{YY})(1 + \tilde{E}_{ZZ}) - \tilde{E}^2_{YZ}}}\,; \quad \tilde{\boldsymbol{R}} \to 0 \quad \text{für} \quad \vartheta \to 0,$$

jedoch Größenordnung von $\tilde{\boldsymbol{R}}$ nicht angebbar;

$$\boldsymbol{R}\colon \; R^K_L \approx \delta^K_L - g^{KP}\,\varepsilon_{PLQ}\,A^Q\,\vartheta, \qquad R_{[KL]} = -\varepsilon_{KLQ}\,A^Q\,\vartheta,$$

woraus Vektorcharakter kleiner Drehungen ersichtlich, da dann

$$\boldsymbol{R} = \boldsymbol{R}(\boldsymbol{A}_2, \vartheta_2)\,\boldsymbol{R}(\boldsymbol{A}_1, \vartheta_1),$$
$$R^K_L = R^K_{2P}\,R^P_{1L} \approx \delta^K_L - g^{KP}\varepsilon_{PLQ}(A^Q_1\,\vartheta_1 + A^Q_2\,\vartheta_2).$$

Drehung also durch den axialen Vektor $\boldsymbol{R}_\times$ vollständig gekennzeichnet:

$$R^K_\times \approx A^K\,\vartheta.$$

(1.2.122) **Kleine Verzerrungen und kleine Drehungen.**

δ klein *und* ϑ klein,

Kombination der Fälle (1.2.120) und (1.2.121);

$$\varepsilon = \delta - \tfrac{1}{2}\vartheta^2 + 0(\delta\,\vartheta^2),$$

also auch die ε klein $\Rightarrow$

$$\tau_X \approx -\tilde{R}_{YZ}, \quad \text{usw.}$$

mittlere Drehung also durch den kleinen Vektor

$$\boldsymbol{\tau} \approx \tilde{\boldsymbol{R}}_* = -\tilde{\boldsymbol{R}}_\times = \operatorname{Curl} \boldsymbol{u}$$

gegeben, s. auch (1.2.104). Mit $\overset{1/2}{\boldsymbol{C}} \approx \mathbf{1} + \boldsymbol{E}$ nach (1.2.93) und (1.2.103)

$$\boldsymbol{E} \approx \tilde{\boldsymbol{E}} + \tfrac{1}{2}(\tilde{\boldsymbol{E}}\,\tilde{\boldsymbol{R}} - \tilde{\boldsymbol{R}}\,\tilde{\boldsymbol{E}} - \tilde{\boldsymbol{R}}^2),$$

$$\boldsymbol{R} \approx \mathbf{1} + \tilde{\boldsymbol{R}} - \tfrac{1}{2}(\tilde{\boldsymbol{E}}\,\tilde{\boldsymbol{R}} + \tilde{\boldsymbol{R}}\,\tilde{\boldsymbol{E}} + \tilde{\boldsymbol{R}}^2),$$

$$\tfrac{1}{2}(\boldsymbol{R} - \boldsymbol{R}^{\mathrm{T}}) \approx \tilde{\boldsymbol{R}} - \tfrac{1}{2}(\tilde{\boldsymbol{E}}\,\tilde{\boldsymbol{R}} + \tilde{\boldsymbol{R}}\,\tilde{\boldsymbol{E}})$$

entsprechend obiger Abschätzung für ε. Wenn auch $\boldsymbol{R}_\times$ und $\tilde{\boldsymbol{R}}_\times$ kleine Vektoren sind, so gilt doch $\boldsymbol{R}_\times \not\approx \tilde{\boldsymbol{R}}_\times$, solange nicht die Größenordnungen von δ und ϑ direkt verglichen werden können.

(1.2.123) **Kleine Verschiebungsgradienten.**

Liegt der Fall (1.2.122) vor, so ist wegen $\tilde{\boldsymbol{E}}$ und $\tilde{\boldsymbol{R}}$ als jeweils „kleiner Größe" auch der Verschiebungsgradient

(1.2.124) $$\boldsymbol{H} = \nabla \boldsymbol{u} = \boldsymbol{F} - \mathbf{1}$$

klein von nicht offensichtlicher Größenordnung. Nimmt man dagegen von vornherein für diese Kleinheit die der Größenordnung der (Schur-) Norm

(1.2.125) $$\alpha = \|\boldsymbol{H}\| = \sqrt{u_{R,S}\, u^{R,S}}$$

an, so gelten alle Ergebnisse aus (1.2.120) bis (1.2.122) und es lassen sich insbesondere die Entwicklungen in (1.2.122) durch Verzicht auf Glieder höherer Ordnung in α noch kürzer fassen. Speziell

$$\varepsilon = \delta + 0(\alpha^2)$$

und damit

(1.2.126) $$\boldsymbol{E} \approx \tilde{\boldsymbol{E}}, \qquad \boldsymbol{e} \approx \tilde{\boldsymbol{e}},$$
$$\boldsymbol{R} \approx \mathbf{1} + \tilde{\boldsymbol{R}}, \qquad \boldsymbol{r} \approx \mathbf{1} + \tilde{\boldsymbol{r}}.$$

Somit ist eine Verformung mit kleinen Gradienten

(1.2.127) $$\nabla \boldsymbol{u} = \tilde{\boldsymbol{E}} + \tilde{\boldsymbol{R}}$$

(in eine Translation und) *additiv in eine reine Verzerrung* $\tilde{\boldsymbol{E}}$ *und eine mittlere Drehung* $\tilde{\boldsymbol{R}}$ *aufspaltbar.* Der Tensor $\tilde{\boldsymbol{E}}$ wird deshalb neben Elongationstensor auch der *Tensor der infinitesimalen Verzerrungen,* unpräziser infinitesimaler Verzerrungstensor genannt. Man entnimmt (1.2.121) und (1.2.122) für den Drehwinkel und die Drehachse

(1.2.128) $$\vartheta = |\boldsymbol{R}_\times| = |\tilde{\boldsymbol{R}}_*|, \qquad \boldsymbol{R}\tilde{\boldsymbol{R}}_* \approx \tilde{\boldsymbol{R}}_*,$$

wonach die Drehachse mit der der mittleren Drehung identisch wird.

Wie (1.2.45) zu entnehmen, gilt für kleine Verformungsgradienten

(1.2.129) $$u^K_{,L} \approx g^K_p\, g^q_L\, u^p_{,q};$$

hier sind also $u_{K,L}$ und $u_{k,l}$ Komponenten des gleichen Tensors jeweils an der Stelle $\boldsymbol{X}$ bzw. $\boldsymbol{x}$: $\nabla \boldsymbol{u} \approx \operatorname{grad} \boldsymbol{u}$. Dasselbe gilt für $\boldsymbol{E}$ und $\boldsymbol{e}$, $\boldsymbol{R}$ und $\boldsymbol{r}$, $\tilde{\boldsymbol{R}}$ und $\tilde{\boldsymbol{r}}$. In gemeinsamen kartesischen XYZ- bzw. xyz-Koordinaten sind sogar die Koordinaten der einander entsprechenden Tensorgrößen gleich. Entsprechende Ausdrücke lassen sich zum Teil G II § 25 entnehmen. Das Ergebnis (1.2.129) ist ein Beispiel für die besonderen Eigenschaften der Gradientenbildung unter der Voraussetzung kleiner Deformationsgradienten. Während exakterweise entsprechend (1.2.45)

$$\frac{\partial}{\partial X^K}\Psi = \left(\frac{\partial}{\partial x^l}\Psi\right) x^l_{,K} = \left(\frac{\partial}{\partial x^l}\Psi\right) g^l_M\,(\delta^M_K + u^M_{,K}),$$

$$T\!:::_{,K} = T\!:::_{,l}\, x^l_{,K} = T\!:::_{,l}\, g^l_M\,(\delta^K_M + u^M_{,K}),$$

gilt hier in Widerspruch zu (1.2.49)

(1.2.130) $$\frac{\partial}{\partial X^K}\Psi \approx \frac{\partial}{\partial x^l}\Psi\, g^l_K, \qquad T\!:::_{,K} \approx T\!:::_{,l}\, g^l_K.$$

Die Gradienten einer Tensorgröße stellen in $\boldsymbol{X}$ wie in $\boldsymbol{x}$ den gleichen Tensorgradienten dar.

Die wichtigste Folge der additiven Zerlegung (1.2.127) ist indes der

(1.2.131) **Satz:** *Verformungen mit kleinen Verschiebungsgradienten sind superponierbar*, d. h., es gilt für zwei Verformungen

$$\boldsymbol{H} \approx \boldsymbol{H}_2 + \boldsymbol{H}_1, \qquad \boldsymbol{E} \approx \tilde{\boldsymbol{E}} \approx \boldsymbol{E}_2 + \boldsymbol{E}_1, \qquad \boldsymbol{R} - 1 \approx \tilde{\boldsymbol{R}} \approx \tilde{\boldsymbol{R}}_2 + \tilde{\boldsymbol{R}}_1.$$

In diesem Zusammenhang mag der Begriff *kleine Verschiebungen* $\boldsymbol{u}$ erwähnt werden. Wenn L eine kennzeichnende geometrische Länge des Problems ist, so ist präziser formuliert meist gemeint, daß der Vektor $\boldsymbol{u}/L$ ein kleiner Vektor ist. Fruchtbar wird eine solche Festlegung allerdings erst, wenn man *zusätzlich* fordert, daß *auch die Ableitung einer kleinen Größe wiederum kleine Größen* gibt, was nicht selbstverständlich ist. Im Hinblick auf die obigen Ergebnisse ist an dieser Stelle wichtig, diese Forderung an den Deformationsgradienten von $\boldsymbol{u}$ zu stellen, womit erst für kleine Verschiebungen die Vereinfachungen von (1.2.123) gesichert sind. Entsprechende Vorbehalte sind gegenüber den Gliedern ${}_k\boldsymbol{u}$ einer formalen *Störparameterentwicklung* etwa des Verschiebungsvektors $\boldsymbol{u}$ in

$$\boldsymbol{u} = \sum_{k=0}^{\infty} \beta^{k}\, {}_{k}\boldsymbol{u} \tag{1.2.132}$$

mit dem Störparameter β anzumelden. Die auf diese Weise erreichbaren Klassen von Lösungen sind nicht sehr allgemein.

Da über die Art der Bezugskonfiguration $\varkappa$ nichts vorausgesetzt wurde, bereitet es keine Mühe, entsprechende Formeln für den Fall auszuarbeiten, daß *einer endlichen ersten Verformung eine infinitesimale zweite Verformung überlagert* ist. Den Zwischenzustand nach der ersten Verformung verwenden wir als durch den Parameter t gekennzeichneten relativen Bezugszustand, während wir den Endzustand durch den Parameter τ kennzeichnen. Die zweite Verformung sei infinitesimal im Sinne kleiner Verformungsgradienten bezüglich der relativen Bezugskonfiguration mit den Koordinaten X^K am Orte $\mathbf{X}$ und der Metrik g_{KL}.

Dann gilt auf Grund von (1.2.29), (1.2.57) und (1.2.85) mit offensichtlicher Bezeichnungsweise und mit den Ergebnissen von (1.2.123) etwa

$$\left\{\begin{aligned}
\boldsymbol{C}(\tau) &= \boldsymbol{1} + 2\boldsymbol{E}(\tau) = \boldsymbol{F}^{\mathrm{T}}(t)\, \boldsymbol{C}_{(t)}(\tau)\, \boldsymbol{F}(t)\\
&= \boldsymbol{F}^{\mathrm{T}}(t)\,[\boldsymbol{1} + 2\boldsymbol{E}_{(t)}(\tau)]\,\boldsymbol{F}(t) = \boldsymbol{C}(t) + 2\boldsymbol{F}^{\mathrm{T}}(t)\,\boldsymbol{E}_{(t)}(\tau)\,\boldsymbol{F}(t)\\
&\approx \boldsymbol{F}^{\mathrm{T}}(t)\,[\boldsymbol{1} + 2\tilde{\boldsymbol{E}}_{(t)}(\tau)]\,\boldsymbol{F}(t),\\
\boldsymbol{E}(\tau) &\approx \boldsymbol{E}(t) + \boldsymbol{F}^{\mathrm{T}}(t)\,\tilde{\boldsymbol{E}}_{(t)}(\tau)\,\boldsymbol{F}(t),\\
&\qquad E_{KL}(\tau) \approx E_{KL}(t) + \tilde{E}_{\mathsf{PQ}}\, X^{\mathsf{P}}_{,K}\, X^{\mathsf{Q}}_{,L},\\
\overset{-1}{\boldsymbol{U}}(\tau) &= \overset{1/2}{\boldsymbol{C}}(\tau) \approx \overset{1/2}{\boldsymbol{C}}(t)\,[\boldsymbol{1} - \boldsymbol{R}^{\mathrm{T}}(t)\,\tilde{\boldsymbol{E}}_{(t)}(\tau)\,\boldsymbol{R}(t)],\\
\boldsymbol{R}(\tau) &= \boldsymbol{F}(\tau)\,\overset{-1}{\boldsymbol{U}}(\tau) = [\boldsymbol{1} + \tilde{\boldsymbol{E}}_{(t)}(\tau) + \tilde{\boldsymbol{R}}_{(t)}(\tau)]\,\boldsymbol{F}(t)\,\overset{-1}{\boldsymbol{U}}(\tau)\\
&\approx [\boldsymbol{1} + \tilde{\boldsymbol{R}}_{(t)}(\tau)]\,\boldsymbol{R}(t),\\
&\qquad R_{KL}(\tau) \approx g^{\mathsf{S}}_{K}\, g^{\mathsf{T}}_{M}\,[g_{\mathsf{ST}} + \tilde{R}_{\mathsf{ST}}]\,\tilde{R}^{M}_{L}\;(t),\\
\boldsymbol{H}_{(t)}(\tau) &= \nabla_{\mathbf{X}}\boldsymbol{u} = \tilde{\boldsymbol{E}}_{(t)}(\tau) + \tilde{\boldsymbol{R}}_{(t)}(\tau),\\
&\qquad \tilde{E}_{\mathsf{KL}} = u_{(\mathsf{K},\mathsf{L})}, \quad \tilde{R}_{\mathsf{KL}} = u_{[\mathsf{K},\mathsf{L}]}.
\end{aligned}\right. \tag{1.2.133}$$

Macht man sich klar, daß die Verformung eines Körpers in eine Folge von infinitesimalen Schritten aufgelöst werden kann, sei es eine quasistatische Deformation aus einer entsprechenden Folge von Lastschritten, sei es in einem kinematischen Problem in Abhängigkeit von Zeitschritten, so bieten Beziehungen wie (1.2.133) die Möglichkeit, solche Aufgaben prinzipiell wie ein Anfangswertproblem numerisch mit passend gewählten Schrittweiten anzupacken. Führen wir nämlich für die entsprechenden Ausdrücke eine lineare Entwicklung nach dem Parameter $\tau - t = dt$ durch, wobei t und τ die Zeit oder auch einen anderen kennzeichnenden (Belastungs-) Parameter bedeutet, so folgen

$$(1.2.134)\quad \begin{cases} \boldsymbol{F}(t+dt) \approx \boldsymbol{F}(t) + \left[\dfrac{\partial}{\partial\tau}\boldsymbol{F}(\tau)\right]_{\tau=1} dt \\ \qquad\qquad = [\boldsymbol{1} + (\boldsymbol{D}(t) + \boldsymbol{W}(t))dt]\,\boldsymbol{F}(t), \\ \boldsymbol{C}(t+dt) \approx \boldsymbol{C}(t) + 2\boldsymbol{F}^{\mathrm{T}}(t)\,\boldsymbol{D}(t)\,\boldsymbol{F}(t)\,dt, \\ \boldsymbol{R}(t+dt) \approx \boldsymbol{R}(t) + \boldsymbol{W}(t)\,\boldsymbol{R}(t)\,dt = [\boldsymbol{1} + \boldsymbol{W}(t)\,dt]\,\boldsymbol{R}(t) \end{cases}$$

usw., mit entsprechenden Bezeichnungen aus 1.2.6. Kleine Größen im Sinne von $\tilde{\boldsymbol{E}}_{(t)}(\tau)$ und $\tilde{\boldsymbol{R}}_{(t)}(\tau)$ sind hier $\boldsymbol{D}(t)\,dt$ und $\boldsymbol{W}(t)\,dt$, deren Kleinheit über die Schrittweite dt beeinflußbar ist. Die Aufgabe stellt sich also ähnlich der der Berechnung von Bahnkurven mit gegebenen Anfangswerten aus Geschwindigkeitsfeldern $\boldsymbol{v} = \boldsymbol{v}(\boldsymbol{x}, t)$:

$$\boldsymbol{x}(t+dt) \approx \boldsymbol{x}(t) + \boldsymbol{v}(\boldsymbol{x}, t)\,dt,$$

wenn auch auf die größere Komplexität der Beziehungen (1.2.133) bzw. (1.2.134) nicht vergessen werden soll. Es gelten prinzipiell alle Vorbehalte, die man bei der numerischen Integration von Anfangswertproblemen machen muß, s. u. a. D. Von einer solchen Methode ist aber bisher auch in statischen Fällen wegen des numerischen Aufwandes kein Gebrauch gemacht worden, obschon man ein solches konstruktives Verfahren bei nichtlinearen Problemen allein für anwendbar halten muß.

1.3 Kräfte

1.3.1 Allgemeines

Die Dynamik bezieht neben der Verformung des Körpers in die Betrachtungen als zusätzliches Element die *Kräfte*, allgemeiner gesagt die *Belastungen* ein und beschäftigt sich mit ihren Wirkungen. Wie vorne erwähnt, faßt man unter den letztgenannten Begriffen *im Sinne der Mechanik* alle die Größen zusammen, die explizit auf den rechten Seiten $\mathfrak{K}$ und $\mathfrak{M}$ der dynamischen Grundgesetze (1.1.10) und (1.1.11) für Körper $\mathscr{K}$ bzw. Teilkörper $\mathscr{T}(\mathscr{K})$ auftauchen, die also die Bewegung χ des Körpers $\mathscr{K}$ direkt beeinflussen. Für unsere Zwecke genügt es, Kräfte als durch ihre Kraftgesetze definierte Größen aufzufassen, wobei es zunächst unerheblich ist, ob diese Gesetze auf rein mechanischen Effekten (etwa Gravitation, Kinematik der Körperverformungen) beruhen oder unter Hinzuziehung anderer physikalischer Theorien (etwa des Elektromagnetismus) aufgebaut sind. Die Einteilung der Belastungen in die Klassen: *äußere* und *innere Kräfte*, *volumenhaft verteilte* und *flächenhaft verteilte* beruht auf Anschauung. Als Beispiel (s. auch Abb. 1.1.5) für volumenhaft verteilte (massenspezifische) Kräfte $\boldsymbol{k}$ (*Volumenkräfte*) mit

$$d\mathfrak{K} = \boldsymbol{k}\,\varrho\,dv, \quad d\mathfrak{M} = \boldsymbol{l}\,\varrho\,dv \tag{1.3.1}$$

mögen im Falle äußerer Belastungen der Einfluß des Schwerefeldes oder eines elektrostatischen Feldes dienen, im Falle innerer Kräfte die gegenseitig zwischen den Körperelementen wirkenden Anziehungskräfte aus dem allgemeinen Gravitationsgesetz. Flächenspezifische Belastungen (*Spannungen*) werden in den Formen

$$d\mathfrak{K} = \boldsymbol{t}\,da, \quad d\mathfrak{M} = \boldsymbol{m}\,da \tag{1.3.2}$$

angesetzt, und als Beispiel für flächenhaft verteilte äußere Kräfte (Kontaktkräfte, Spannungen) $\boldsymbol{t}$ sei der hydrostatische Druck auf einen eingetauchten Körper genannt. Die Ansätze in (1.3.1) bzw. (1.3.2) für die (in der klassischen Theorie nicht enthaltenen) volumenhaftverteilte Momente (*Volumenmomente*) $\boldsymbol{l}$ und flächenhaftverteilte Momente (*Momentenspannungen*) $\boldsymbol{m}$ sind analog zu $\boldsymbol{k}$ bzw. $\boldsymbol{t}$. Es steht im Einklang mit der impliziten Definition der inneren Kräfte, wenn man sie sich aus Kräftewirkungen zwischen jeweils Körperelementenpaaren $\{X_1, X_2\}$ aufgebaut denkt und an sie die Forderung

$$d\mathfrak{K}(X_1, X_2) = -d\mathfrak{K}(X_2, X_1), \quad d\mathfrak{M}(X_1, X_2) = -d\mathfrak{M}(X_2, X_1) \tag{1.3.3}$$

stellt, die als *Prinzip von Aktion und Reaktion* bzw. Newtons ‚lex tertia' bekannt ist.

Aus den genannten Größen lassen sich Resultierende definieren, und zwar die *resultierende Kraft*

$$\mathfrak{K}(\mathscr{K}) := \int\limits_{v+\partial v} d\mathfrak{K} = \int\limits_{\partial v} \boldsymbol{t}\,da + \int\limits_{v} \varrho\,\boldsymbol{k}\,dv \tag{1.3.4}$$

und das *resultierende Drehmoment* bezüglich eines Punktes $\boldsymbol{x}_0$

$$\mathfrak{M}(\mathscr{K}, \boldsymbol{x}_0) := \int\limits_{v+\partial v} d\mathfrak{M} = \int\limits_{\partial v} [(\boldsymbol{x} - \boldsymbol{x}_0) \times \boldsymbol{t} + \boldsymbol{m}]\,da + \int\limits_{v} [(\boldsymbol{x} - \boldsymbol{x}_0) \times \boldsymbol{k} + \boldsymbol{l}]\,\varrho\,dv \tag{1.3.5}$$

für jede Konfiguration $\boldsymbol{x} = \boldsymbol{\chi}(X, t)$ des Körpers $\mathscr{K}$ im euklidischen Raum, wie schon in (1.1.6) und (1.1.7) angegeben. Ein Wechsel des Bezugspunktes $\boldsymbol{x}_1$ in $\boldsymbol{x}_2$ bedeutet für $\mathfrak{M}$

$$\mathfrak{M}(\mathscr{K}, \boldsymbol{x}_2) = \mathfrak{M}(\mathscr{K}, \boldsymbol{x}_1) + (\boldsymbol{x}_1 - \boldsymbol{x}_2) \times \mathfrak{K}(\mathscr{K}). \tag{1.3.6}$$

Eine Folge von (1.3.3) ist, daß die inneren Kräfte in die Werte der Resultierenden $\mathfrak{K}$ und $\mathfrak{M}$ nicht eingehen. Fordert man, daß im Sinne des Axioms (1.1.0) auch für jeden Teilkörper $\mathcal{T}(\mathcal{K})$ die Definitionen (1.3.4) und (1.3.5) entsprechend gelten sollen, so erscheint in den entsprechenden Größen

$$(1.3.7)\qquad \mathfrak{K}(\mathcal{T}(\mathcal{K})) = \int\limits_{v(\mathcal{T})+\partial v(\mathcal{T})} d\mathfrak{K}, \qquad \mathfrak{M}(\mathcal{T}(\mathcal{K}), \boldsymbol{x}_0) = \int\limits_{v(\mathcal{T})+\partial v(\mathcal{T})} d\mathfrak{M}$$

die Wirkung eines Teils der (bisher) inneren Belastungen; diese wurden, wie man sagt, durch die Anwendung des *Eulerschen Schnittprinzips* zu äußeren Belastungen gemacht. Der freigeschnittene Teil der bisher inneren Kräfte entspricht dabei genau der Wirkung des Restkörpers $\mathcal{K}\setminus\mathcal{T}(\mathcal{K})$ auf den betrachteten Teilkörper $\mathcal{T}(\mathcal{K})$. Insbesondere werden dabei (der Anschauung nach) Spannungen $\boldsymbol{t}$ und $\boldsymbol{m}$ frei, die die Kontaktbelastungen auf der gemeinsamen Begrenzungsfläche von $\mathcal{T}(\mathcal{K})$ und $\mathcal{K}\setminus\mathcal{T}(\mathcal{K})$ darstellen.

Allgemeine Kraftgesetze haben also, ohne die phänomenologische Ursache zu betonen, die Form

$$(1.3.8)\qquad \begin{aligned} \boldsymbol{k} &= \boldsymbol{k}(\boldsymbol{x}, t, \mathcal{T}, \mathcal{K}), & \boldsymbol{l} &= \boldsymbol{l}(\boldsymbol{x}, t, \mathcal{T}, \mathcal{K}),\\ \boldsymbol{t} &= \boldsymbol{t}(\boldsymbol{x}, t, \mathcal{T}, \mathcal{K}), & \boldsymbol{m} &= \boldsymbol{l}(\boldsymbol{x}, t, \mathcal{T}, \mathcal{K}). \end{aligned}$$

Für unsere Zwecke reicht es aber, sich bei den Volumenbelastungen allein auf *äußere*

$$(1.3.9)\qquad \boldsymbol{k} = \boldsymbol{k}(\boldsymbol{x}, t), \qquad \boldsymbol{l} = \boldsymbol{l}(\boldsymbol{x}, t)$$

zu beschränken, bei denen etwa

$$(1.3.10)\qquad \boldsymbol{k} = \boldsymbol{g} = \text{konst.}$$

dem *homogenen Schwerefeld* und

$$(1.3.11)\qquad \boldsymbol{k} = \boldsymbol{k}(\boldsymbol{x}, t) = -\operatorname{grad} v, \qquad k_i = k_i(x^j, t) = v_{,i}$$

sog. *konservativen Kraftfeldern*, die aus einem Potential v ableitbar sind, entspricht.

Bevor wir den Rest dieser Ziffer allein den Spannungen widmen, weisen wir noch darauf hin, daß die definierten Kräfte und Momente bezugssysteminvariant im Sinne von (1.2.10) sein sollen und, wie erwähnt, alle Volumenkräfte von vornherein vorgegeben sind.

Weiter bedeutet es für die Festlegung globaler Zusammenhänge keine Schwierigkeit, Einzelkräfte und Einzelmomente in die Definitionen aufzunehmen. Dazu reicht es in (1.3.4) und (1.3.5) die Integrationen über $d\mathfrak{K}$ und $d\mathfrak{M}$ im Stieltjesschen Sinne durchzuführen und rechts die entsprechenden Terme $\sum\limits_{a} \mathfrak{K}_a$ bzw. $\sum\limits_{a} \mathfrak{M}_a$ zu ergänzen.

1.3.2 Spannungen

Bei den Spannungen beschränkt man sich weitgehend statt der in (1.3.8) gegebenen allgemeineren Abhängigkeiten auf *einfache* Flächenlasten. Bei diesen äußert sich die Abhängigkeit von $\mathcal{T}$ so, daß alle zur Zeit t den (Rand-) Punkt $\boldsymbol{x}$ enthaltenden Teilkörper $\mathcal{T}(\mathcal{K})$ mit gemeinsamer Tangentialfläche in $\boldsymbol{x}$, die auf derselben Seite dieser Fläche liegen, einen gemeinsamen Spannungswert

$$(1.3.12) \qquad \boldsymbol{t} = \boldsymbol{t}_{(\boldsymbol{n})} = \boldsymbol{t}(\boldsymbol{x}, t, \boldsymbol{n}), \qquad \boldsymbol{m} = \boldsymbol{m}_{(\boldsymbol{n})} = \boldsymbol{m}(\boldsymbol{x}, t, \boldsymbol{n})$$

haben. Dabei ist $\boldsymbol{n}$ die von $\mathfrak{v}(\mathcal{T})$ nach außen gerichtete Flächennormale im Punkte $\boldsymbol{x}$. Entsprechend (1.3.7) und den oben getroffenen Einschränkungen gilt

$$(1.3.13) \qquad \boldsymbol{t}_{(-\boldsymbol{n})} = -\boldsymbol{t}_{(\boldsymbol{n})}, \qquad \boldsymbol{m}_{(-\boldsymbol{n})} = -\boldsymbol{m}_{(\boldsymbol{n})},$$

und aus einer Betrachtung der Größenordnung von Volumen- und Oberflächenanteilen in den auf eine kleine Umgebung $\mathcal{U}(\boldsymbol{x})$ eines beliebigen Punktes $\boldsymbol{x} \in \mathfrak{v}(\mathcal{K})$ angewandten Bilanzsätzen (1.1.10) und (1.1.11) mit Hilfe der Mittelwertsätze schließt man auf die Existenz von Spannungstensoren $\boldsymbol{T}$ und $\boldsymbol{M}$, die die Spannungsvektoren

$$(1.3.14) \qquad \begin{aligned} \boldsymbol{t}_{(\boldsymbol{n})} &= \boldsymbol{T}\boldsymbol{n}, & t^k_{(\boldsymbol{n})} &= T^{kl} n_l, \\ \boldsymbol{m}_{(\boldsymbol{n})} &= \boldsymbol{M}\boldsymbol{n}, & m^k_{(\boldsymbol{n})} &= M^{kl} n_l \end{aligned}$$

linear homogen durch den Normalenvektor $\boldsymbol{n}$ ausdrücken. Man beachte, daß diese Tensoren durch die Spannungsvektoren für drei voneinander unabhängige Richtungen eindeutig festgelegt sind. Dabei gibt in T^{kl} bzw. M^{kl} jeweils der zweite Index die freigeschnittene Fläche $x^l = \text{konst.}$ und der erste Index die Komponente (entsprechender Varianz) des Spannungsvektors an[1]. Im Fall kartesischer Koordinaten xyz gibt also T_{yz} die Spannung in y-Richtung auf der Fläche $z = \text{konst.}$ mit Normale in z-Richtung. Den Spannungsanteil $\boldsymbol{t}_n = (\boldsymbol{n}^T \boldsymbol{t})\boldsymbol{n}$ nennt man *Normalspannung* in Richtung $\boldsymbol{n}$, den dazu senkrechten $\boldsymbol{t}_t = \boldsymbol{t} - (\boldsymbol{n}^T \boldsymbol{t})\boldsymbol{n}$ *Schubspannung*.

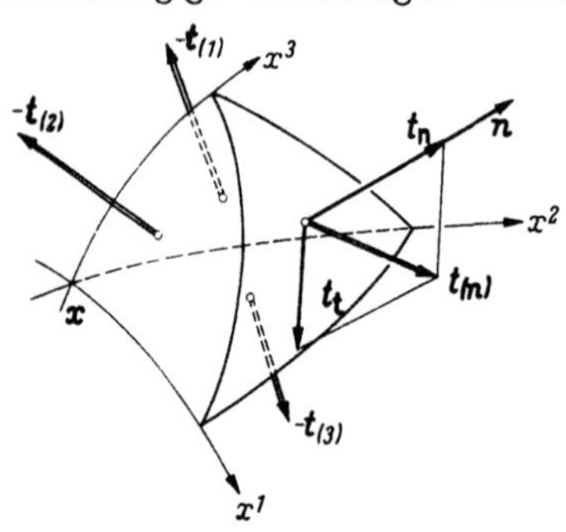

Abb. 1.3.15. Festlegung des Spannungstensors durch Spannungsvektoren

---

[1] Diese Festlegung erfolgt, im Gegensatz zum Üblichen, aus Bequemlichkeitsgründen, wie auch im Falle der Fußnote auf S. 256.

Die Definitionen (1.3.14) gelten selbstverständlich auch für die Ränder $\partial v(\mathcal{K})$. Dort müssen die in (1.3.4) und (1.3.5) auftretenden äußeren Spannungswerte $\boldsymbol{t}$ und $\boldsymbol{m}$ gerade die Randwerte der durch die Tensoren $\boldsymbol{T}$ und $\boldsymbol{M}$ vermittelten Felder darstellen. Treten im Bereich $v(\mathcal{K})$ Unstetigkeitsflächen auf, so lassen sich entsprechende Randwerte auf beiden Seiten der Unstetigkeitsfläche angeben.

Den in (1.3.14) auftretenden Tensor $\boldsymbol{T}$ nennt man den *Cauchyschen Spannungstensor*. Er gibt, wie auch $\boldsymbol{M}$ bzw. wie T^{kl} und M^{kl} den entsprechenden Spannungsvektor am Orte $\boldsymbol{x}$ mit Hilfe der dortigen Flächennormale $\boldsymbol{n}$. In vielen Problemen ist $\boldsymbol{n}$ aber zunächst nicht bekannt, sondern höchstens das zugeordnete $\boldsymbol{N}$ aus der Bezugskonfiguration. Schreibt man $\boldsymbol{t}\,da = \boldsymbol{T}\,d\boldsymbol{a} = \boldsymbol{T}_{\mathsf{P}}\,d\boldsymbol{A}$, benutzt (1.2.55), so spricht man

$$(1.3.16)\qquad \boldsymbol{T}_{\mathsf{P}} = \boldsymbol{T}_{\varkappa} := J\,\boldsymbol{T}\,\overset{-1}{\boldsymbol{F}}{}^{\mathrm{T}}, \qquad T_{\mathsf{P}}^{kL} = T_{\varkappa}^{kL} := J\,T^{km}\,X^{L}_{,m}$$

als *1. Piola-Kirchhoffschen Spannungstensor* mit dem Spannungsvektor

$$(1.3.17)\qquad \boldsymbol{t}_{\mathsf{P}} = \boldsymbol{T}_{\mathsf{P}}\,\boldsymbol{N}, \qquad t_{\mathsf{P}}^{k} = T_{\mathsf{P}}^{kL}\,N_L;$$

und

$$(1.3.18)\qquad \tilde{\boldsymbol{T}} := \overset{-1}{\boldsymbol{F}}\,\boldsymbol{T}_{\mathsf{P}} = J\,\overset{-1}{\boldsymbol{F}}\,\boldsymbol{T}\,\overset{-1}{\boldsymbol{F}}{}^{\mathrm{T}}, \qquad \tilde{T}^{KL} := T_{\mathsf{P}}^{mL}\,X^{K}_{,m} = J\,T^{mn}\,X^{K}_{,m}\,X^{L}_{,n}$$

als *2. Piola-Kirchhoffschen Spannungstensor* an. Weiter definiert

$$(1.3.19)\qquad \bar{\boldsymbol{T}} = \boldsymbol{F}^{\mathrm{T}}\,\boldsymbol{T}\,\boldsymbol{F} = J^{-1}\,\boldsymbol{C}\,\tilde{\boldsymbol{T}}\,\boldsymbol{C}, \qquad \bar{T}_{KL} = T_{mn}\,x^{m}_{,K}\,x^{n}_{,L}$$

den *mitgeschleppten Spannungstensor*. Während der 1. Piola-K.-Spannungstensor die Spannung $\boldsymbol{t}_{\mathsf{P}}$ in $\boldsymbol{x}$ bezogen auf die Flächeneinheit in $\boldsymbol{X}$ liefert („Pseudospannung"), den Spannungsvektor $\boldsymbol{t}_{\mathsf{P}}$ also wie $\boldsymbol{t}$ mit den Basen $\boldsymbol{g}_k$ aufbaut, und $\boldsymbol{T}_{\mathsf{P}} = \boldsymbol{T}_{\mathsf{P}}(\boldsymbol{x}, \boldsymbol{X})$ somit ein Doppeltensorfeld ist, ist eine Interpretation der restlichen Spannungstensoren schwierig. Der 2. Piola-K.-Spannungstensor $\tilde{\boldsymbol{T}}$ zeigt die gleichen Symmetrieeigenschaften wie der Cauchysche $\boldsymbol{T}$; die Komponenten $\bar{T}_{KL}$ von $\bar{\boldsymbol{T}}$ fallen zu jedem Zeitpunkt t mit den Komponenten des Spannungstensors in dem sich deformierenden materiellen Koordinatensystem zusammen. Während der Spannungstensor $\boldsymbol{T}$ in jedem Falle eine eindeutig bestimmte Größe ist, hängen die übrigen von der Wahl der Bezugskonfiguration $\varkappa$ ab, und zwar nicht nur von der entsprechenden die Verzerrung beschreibenden Metrik, sondern auch von der entsprechenden Drehung $\boldsymbol{R}$.

1.3.3 Spannungsgeschwindigkeiten

Im Hinblick auf die Beurteilung der zeitlichen Änderung der Spannungen in einem Teilchen kommt man mit der materiellen Zeitableitung

(1.2.27) der Komponenten von $\boldsymbol{T}$

(1.3.20) $$\dot{T}^{kl} = \frac{d}{dt} T^{kl} = \frac{\partial}{\partial t} T^{kl} + T^{kl}_{,s} \dot{x}^s$$

nicht aus. In dieser stecken nämlich Anteile, die allein Folge der Drehung des bewegten Teilchens sind, und somit nicht verschwinden, wenn die weitere Verformung lokal starr erfolgt. Letztere bedeutet aber in bezug auf die spannungsmäßige Beanspruchung des Teilchens keine Änderung. Zur Formulierung von Materialgesetzen (s. 1.5) ist die materielle Zeitableitung des Spannungstensors also unbrauchbar. Im Sinne der Def. (1.2.10) ist überdies der Tensor $\dot{\boldsymbol{T}}$ nicht unabhängig vom Bezugssystem. Bildet man nämlich $(\boldsymbol{T}')^{\cdot}$ aus $\boldsymbol{T}' = \boldsymbol{Q}\,\boldsymbol{T}\,\boldsymbol{Q}^{\mathrm{T}}$ und benutzt $\dot{\boldsymbol{Q}} = \boldsymbol{W}'\,\boldsymbol{Q} - \boldsymbol{Q}\,\boldsymbol{W}$ nach (1.2.119) zur Elimination von $\dot{\boldsymbol{Q}}$

(1.3.21) $$\begin{aligned}(\boldsymbol{T}')^{\cdot} &= \boldsymbol{Q}\,\dot{\boldsymbol{T}}\,\boldsymbol{Q}^{\mathrm{T}} + \dot{\boldsymbol{Q}}\,\boldsymbol{T}\,\boldsymbol{Q}^{\mathrm{T}} + \boldsymbol{Q}\,\dot{\boldsymbol{T}}\,\boldsymbol{Q}^{\mathrm{T}} = \boldsymbol{Q}\,\dot{\boldsymbol{T}}\,\boldsymbol{Q}^{\mathrm{T}} + \\ &+ \boldsymbol{W}'\,\boldsymbol{Q}\,\boldsymbol{T}\,\boldsymbol{Q}^{\mathrm{T}} - \boldsymbol{Q}\,\boldsymbol{W}\,\boldsymbol{T}\,\boldsymbol{Q}^{\mathrm{T}} + \boldsymbol{Q}\,\boldsymbol{T}\,\boldsymbol{Q}^{\mathrm{T}}\,\boldsymbol{W}'^{\mathrm{T}} - \\ &- \boldsymbol{Q}\,\boldsymbol{T}\,\boldsymbol{W}^{\mathrm{T}}\,\boldsymbol{Q}^{\mathrm{T}},\end{aligned}$$

so sieht man, daß nicht $\dot{\boldsymbol{T}}$, sondern wegen

(1.3.22) $$(\boldsymbol{T}')^{\cdot} - \boldsymbol{W}'\,\boldsymbol{T}' - \boldsymbol{T}'\,\boldsymbol{W}'^{\mathrm{T}} = \boldsymbol{Q}(\dot{\boldsymbol{T}} - \boldsymbol{W}\,\boldsymbol{T} - \boldsymbol{T}\,\boldsymbol{W}^{\mathrm{T}})\,\boldsymbol{Q}^{\mathrm{T}}$$

die Größe $\dot{\boldsymbol{T}} - \boldsymbol{W}\,\boldsymbol{T} - \boldsymbol{T}\,\boldsymbol{W}^{\mathrm{T}}$ den geforderten invarianten Charakter hat.

Definiert man jetzt mit Hilfe der relativen Teilchendrehung $\boldsymbol{R}_{(t)}(\tau)$ die $\mathfrak{k}$-te *mitgedrehte Spannungsgeschwindigkeit* durch

(1.3.23) $$\mathring{\boldsymbol{T}}_{\mathfrak{k}}(t) := \left[\frac{d}{d\tau^{\mathfrak{k}}}\left(\boldsymbol{R}^{\mathrm{T}}_{(t)}(\tau)\;\boldsymbol{T}(\tau)\;\boldsymbol{R}_{(t)}(\tau)\right)\right]_{\tau=t}, \quad \mathfrak{k} = 1, 2, \ldots,$$

so hat deren erste

(1.3.24) $$\begin{aligned}\mathring{\boldsymbol{T}}(t) &= \left[\frac{d}{d\tau}\left(\boldsymbol{R}^{\mathrm{T}}_{(t)}(\tau)\;\boldsymbol{T}(\tau)\,\boldsymbol{R}_{(t)}(\tau)\right)\right]_{\tau=t} = \dot{\boldsymbol{T}} - \boldsymbol{W}\,\boldsymbol{T} + \boldsymbol{T}\,\boldsymbol{W},\\ \mathring{T}^{kl} &= \dot{T}^{kl} - W^k{}_m\,T^{ml} + T^{km}\,W_m{}^l\end{aligned}$$

gerade die in (1.3.22) implizierte Form, und alle $\mathring{\boldsymbol{T}}_{\mathfrak{k}}$ sind invariant im Sinne von (1.2.10). Auch die $\mathfrak{k}$-te *mitgeschleppte Spannungsgeschwindigkeit*

(1.3.25) $$\overset{\triangle}{\boldsymbol{T}}_{\mathfrak{k}}(t) := \left[\frac{d^{\mathfrak{k}}}{d\tau^{\mathfrak{k}}}\left(\boldsymbol{F}^{\mathrm{T}}_{(t)}(\tau)\;\boldsymbol{T}(\tau)\;\boldsymbol{F}_{(t)}(\tau)\right)\right]_{\tau=t}$$

genügt der Forderung (1.2.10). Die erste mittgeschleppte Spannungsgeschwindigkeit

(1.3.26) $$\begin{aligned}\overset{\triangle}{\boldsymbol{T}}(t) &= \mathring{\boldsymbol{T}} + \boldsymbol{L}^{\mathrm{T}}\,\boldsymbol{T} + \boldsymbol{T}\boldsymbol{L} = \mathring{\boldsymbol{T}} + \boldsymbol{D}\,\boldsymbol{T} + \boldsymbol{T}\boldsymbol{D},\\ \overset{\triangle}{T}^{kl} &= \dot{T}^{kl} + T^{ml}\,\dot{x}^{,k}_{m} + T^{km}\,\dot{x}^{,l}_{m}\end{aligned}$$

unterscheidet sich von der mitgedrehten Spannungsgeschwindigkeit nur durch Terme $\boldsymbol{D}\,\boldsymbol{T} + \boldsymbol{T}\boldsymbol{D}$, die für sich invariant im Sinne von (1.2.10) sind.

Die Aufgabe, eine invariante Spannungsgeschwindigkeit zu definieren, ist also nicht eindeutig lösbar, weshalb es viele von verschiedenen Autoren gepflegte derartige Spannungsgeschwindigkeiten gibt. Im Hinblick auf die Formulierung von Materialeigenschaften sind aber die Unterschiede prinzipiell bedeutungslos, wie in 1.5 gezeigt wird.

1.4 Bilanzsätze, insbesondere die der Dynamik

1.4.1 Allgemeines

Eine Beziehung der Form

$$\frac{d}{dt}\int_{\mathfrak{v}} \varrho\,\Psi\,dv = \int_{\partial\mathfrak{v}} \boldsymbol{\alpha}^{\mathrm{T}}\langle\Psi\rangle\,d\boldsymbol{a} + \int_{\mathfrak{v}} \varrho\,\beta\,\langle\Psi\rangle\,dv \tag{1.4.1}$$

wird *Bilanzgleichung* zwischen der Größe Ψ, ihrer spezifischen Erzeugung $\beta\langle\Psi\rangle$ im Bereich $\mathfrak{v}$ und ihrem spezifischen Abfluß $\boldsymbol{\alpha}\langle\Psi\rangle$ über die Bereichsgrenzen $\partial\mathfrak{v}$ genannt. Ist Ψ eine Tensorgröße n-ter Stufe, so gilt das gleiche für β, während $\boldsymbol{\alpha}$ eine Tensorgröße $(n+1)$-ter Stufe ist. Ist $\mathfrak{v} = \mathfrak{v}(\mathscr{K}, t)$ das vom Körper $\mathscr{K}$ jeweils eingenommene Volumen, so handelt es sich um eine materielle Bilanzgleichung.

Sind Ψ und $\boldsymbol{\alpha}$ sowie das Geschwindigkeitsfeld $\dot{\boldsymbol{x}}$ der Verformung $\boldsymbol{x} = \boldsymbol{\chi}_{\varkappa}(\boldsymbol{X}, t)$ genügend stetig, so liefert eine Transformation des linken Integrals auf Variable $\boldsymbol{X}$ eines Bezugszustandes $\varkappa$ die Möglichkeit, Integration und materielle Differentiation zu vertauschen. Man erhält über

$$\frac{d}{dt}\int_{\mathfrak{v}(t)} \varrho\,\Psi\,dv = \int_{\mathscr{V}} \frac{d}{dt}(\varrho\,\Psi\,J)\,dV = \int_{\mathfrak{v}} \frac{d}{dt}(\varrho\,\Psi\,J)\,J^{-1}\,dv \tag{1.4.2}$$

wegen

$$\dot{J}J^{-1} = \mathrm{I}_{\boldsymbol{D}} = \operatorname{div}\dot{\boldsymbol{x}} = \dot{x}^{k}{}_{,k} = \operatorname{div}\boldsymbol{v} = v^{k}{}_{,k} \tag{1.4.3}$$

anstelle von (1.4.1)

$$\begin{aligned} \int_{\mathfrak{v}} [\varrho\,\dot{\Psi} + (\dot{\varrho} + \varrho\,\mathrm{I}_{\boldsymbol{D}})\,\Psi]\,dv &= \int_{\partial\mathfrak{v}} \boldsymbol{\alpha}^{\mathrm{T}}\langle\Psi\rangle\,d\boldsymbol{a} + \int_{\mathfrak{v}} \varrho\,\beta\,\langle\Psi\rangle\,dv \\ &= \int_{\mathfrak{v}} [\operatorname{div}\boldsymbol{\alpha}\,\langle\Psi\rangle + \varrho\,\beta\,\langle\Psi\rangle]\,dv. \end{aligned} \tag{1.4.4}$$

Ist die Forderung (1.4.1) eine Forderung auch an jeden beliebigen Teil $\mathscr{T}(\mathscr{K})$, so ist (1.4.1) bzw. (1.4.4) nur erfüllt, wenn für alle Elemente

$X \in \mathscr{K}$, oder an jeder Stelle $\boldsymbol{x} \in v(\mathscr{K}, t)$ die Beziehung

$$\varrho\,\dot{\Psi} + (\dot{\varrho} + \varrho\, \mathrm{I}_{\boldsymbol{D}})\,\Psi = \operatorname{div} \boldsymbol{\alpha}\,\langle\Psi\rangle + \varrho\,\beta\,\langle\Psi\rangle \tag{1.4.5}$$

eingehalten wird. Die Bilanzgleichung (1.4.1) nennt man *global*, die entsprechende (1.4.5) *lokal*.

Betrachtet man statt eines materiellen Volumens v, dessen Ränder ∂v sich mit der materiellen Geschwindigkeit $\boldsymbol{v} = \dot{\boldsymbol{x}}$ bewegen, ein anderes $v_{(\boldsymbol{w})}$ das zum Zeitpunkt $\tau = t$ mit v identisch ist, dessen Ränder sich aber mit der Geschwindigkeit $\boldsymbol{w}$, identisch zerlegt in

$$\boldsymbol{w} = \dot{\boldsymbol{x}} + (\boldsymbol{w} - \dot{\boldsymbol{x}}), \qquad w^k = \dot{x}^k + (w^k - \dot{x}^k), \tag{1.4.6}$$

bewegen, so läßt sich eine „materielle" Ableitung bezüglich $v_{(\boldsymbol{w})}$ mit fiktiven Teilchengeschwindigkeiten $\boldsymbol{w}$ in analoger Weise durchführen:

$$\begin{aligned} \frac{d_{\boldsymbol{w}}}{dt} \int_{v} \varrho\,\Psi\,dv &= \frac{d}{dt} \int_{v(\boldsymbol{w})} \varrho\,\Psi\,dv = \int_{v} \left[\frac{\partial}{\partial t}(\varrho\,\Psi) + (\varrho\,\Psi w^s)_{,s}\right] dv \\ &= \int_{v} \left[\frac{\partial}{\partial t}(\varrho\,\Psi) + (\varrho\,\Psi\,\dot{x}^s)_{,s}\right] dv + \int_{\partial v} [\varrho\,\Psi\,(w^s - \dot{x}^s)\,da_s \\ &= \frac{d}{dt} \int_{v} \varrho\,\dot{\Psi}\,dv + \int_{\partial v} \varrho\,\Psi\,(\boldsymbol{w} - \dot{\boldsymbol{x}})^{\mathrm{T}}\,d\boldsymbol{a}. \end{aligned} \tag{1.4.7}$$

Dabei entstand die zweite Zeile unter Ausnutzung der Identität (1.4.6) und des Gaußschen Satzes. Das erste Integral dieses Ergebnisses ist aber, wie schon darunter notiert, gerade wieder die materielle Zeitableitung (1.4.2)

$$\begin{aligned} \frac{d}{dt} \int_{v} \varrho\,\Psi\,dv &= \int_{v} \frac{d}{dt}(\varrho\,\Psi\,J)\,J^{-1}\,dv \\ &= \int_{v} \left[\frac{\partial}{\partial t}(\varrho\,\Psi) + (\varrho\,\Psi\,\dot{x}^s)_{,s}\right] dv \end{aligned} \tag{1.4.8}$$

des Integrals über das Volumen v, während der zweite Term in (1.4.7) unten den Fluß von $\varrho\,\Psi$ mit der Relativgeschwindigkeit $\boldsymbol{w} - \dot{\boldsymbol{x}}$ über $\partial v_{(\boldsymbol{w})} = \partial v$ für $\tau = t$ ergibt.

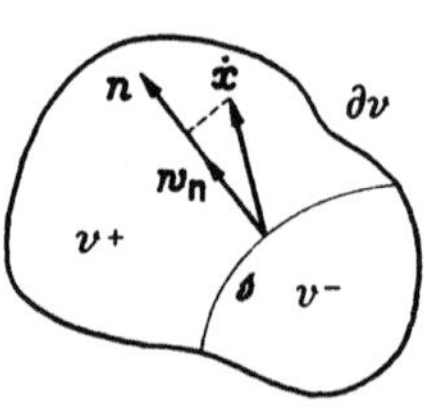

Abb. 1.4.9. Bereich mit teilender Unstetigkeitsfläche

Schließt man Unstetigkeiten in die Betrachtung ein, so sollen hier nur solche auf Flächen s innerhalb v interessieren. Man zerlegt v in zwei durch die Singularitätenfläche s getrennte Teilbereiche v^+ und v^-, s. Abb. 1.4.9, und es bewege sich s mit der Normalgeschwindigkeit w_{n}, wobei die Normale $\boldsymbol{n}$ von v^- nach v^+ gerichtet sein soll.

Dann bedeutet es eine konsequente Anwendung von (1.4.7) auf (1.4.1) mit $\mathscr{v} + \partial\mathscr{v} = \mathscr{v}^+ + \mathscr{v}^- + \partial\mathscr{v} + \mathscr{s}$, wenn man zu

$$(1.4.10)\quad \frac{d}{dt}\int\limits_{\mathscr{v}} \varrho\,\Psi\,dv = \int\limits_{\mathscr{v}\setminus\mathscr{s}} \left[\frac{\partial}{\partial t}(\varrho\,\Psi) + (\varrho\,\Psi\,\dot{x}^s)_{,s}\right] dv + \\ + \int\limits_{\mathscr{s}} [\varrho\,\Psi\,(\dot{x}_{\mathsf{n}} - w_{\mathsf{n}})]\,da \\ = \int\limits_{\mathscr{v}\setminus\mathscr{s}} [\varrho\,\dot{\Psi} + (\dot{\varrho} + \varrho\,\mathrm{I}_{\boldsymbol{D}})\,\Psi]\,dv + \\ + \int\limits_{\mathscr{s}} [\varrho\,\Psi\,(\dot{x}_{\mathsf{n}} - w_{\mathsf{n}})]\,da \\ = \int\limits_{\mathscr{v}\setminus\mathscr{s}} [\operatorname{div}\boldsymbol{\alpha}\,\langle\Psi\rangle + \varrho\,\beta\,\langle\Psi\rangle]\,dv + \int\limits_{\mathscr{s}} [\alpha_{\mathsf{n}}\,\langle\Psi\rangle]\,da$$

kommt. Hier bezeichnet $[\Psi]$ den *Sprung* des Arguments Ψ beim Durchgang von $\mathscr{v}^-$ nach $\mathscr{v}^+$

$$(1.4.11)\qquad [\Psi] := \Psi^+ - \Psi^-$$

in Richtung der Normalen $\boldsymbol{n}$, und die Indizes n sollen die entsprechende Projektion in Richtung der Normalen bedeuten, beispielsweise $\dot{x}_{\mathsf{n}} = \boldsymbol{n}^{\mathrm{T}}\dot{\boldsymbol{x}} = n^k\,\dot{x}_k$; $\alpha_{\mathsf{n}} = \boldsymbol{\alpha}\,\boldsymbol{n}$. Da die Integranden der Integrale über $\mathscr{v}\setminus\mathscr{s}$ (d. h. über $\mathscr{v}$ mit Anschluß von $\mathscr{s}$) voraussetzungsgemäß genügend stetig sind, führt eine globale Bilanzforderung wie (1.4.10) für jeden $\mathscr{T}(\mathscr{K})$ zusätzlich zu (1.4.5) an jeder Stelle $\boldsymbol{x} \in (\mathscr{v}\setminus\mathscr{s})$ auf eine lokale Bilanzgleichung

$$(1.4.12)\qquad [\varrho\,\Psi\,(\dot{x}_{\mathsf{n}} - w_{\mathsf{n}})] - [\alpha_{\mathsf{n}}] = 0$$

an allen Orten $\boldsymbol{x} \in \mathscr{s}(\mathscr{K})$ der Unstetigkeitsfläche $\mathscr{s}$.

Abgesehen von Bilanzforderungen wie (1.4.12) unterliegen Sprünge in den Ableitungen einer Größe Ψ *Verträglichkeitsbedingungen*, die Ausdruck kinematischer Beziehungen zwischen der Geometrie der sich bewegenden Unstetigkeitsfläche $\mathscr{s}$

$$f(t, \boldsymbol{x}) = f(t, x^k) = 0$$

$$\frac{\partial f}{\partial t} + f_{,l}\,w^l = 0$$

mit der Normalgeschwindigkeit

$$(4.1.12\,\mathrm{a})\qquad w_{\mathsf{n}} = n_l\,w^l = -\frac{\dfrac{\partial f}{\partial t}}{\sqrt{f_{,p}\,f^{,p}}},\qquad n_i = \frac{f_{,i}}{\sqrt{f_{,p}\,f^{,p}}},$$

und der Änderung der Sprunggrößen auf der Fläche und über der Zeit ist. Eine eingehende Darstellung dieses Gegenstandes findet sich bei TRUESDELL/TOUPIN, Sects. 173—191. An dieser Stelle mag es genügen folgendes auszuführen:

Die Fläche σ sei parametrisiert

$$\boldsymbol{x} = \boldsymbol{x}(t, \xi), \quad x^i = x^i(t, \xi^\alpha), \quad \alpha = 1, 2.$$

Ihre Tangentialvektoren seien $x^i_{,\alpha}$, ihre Metrik $a_{\alpha\beta}$. Dann ist auf Grund eines *Lemmas von Hadamard* für den Sprung einer räumlich erklärten Größe $\Psi = \Psi(t, \boldsymbol{x})$

(1.4.12b)
$$[\partial_k \Psi] = [n^l \partial_l \Psi]\, n_k + g_{kl}\, x^l_{,\sigma}\, a^{\sigma\tau}\, \partial_\tau [\Psi],$$
$$[\Psi_{,k}] = [n^l \Psi_{,l}]\, n_k + g_{kl}\, x^l_{,\sigma}\, a^{\sigma\tau} [\Psi]_{,\tau}.$$

Dies drückt allein aus, daß der Sprung des Gradienten von Ψ gleich dem Sprung

$$B := [n^l \partial_l \Psi] = \left[\frac{\partial \Psi}{\partial n}\right]$$

der Normalableitung $\partial \Psi / \partial n$ plus der Tangentialableitung des Sprunges $A := [\Psi]$ längs der Fläche σ ist. Dabei sind entsprechend (1.2.46) totale kovariante Ableitungen der Flächentensoren A, B usw. zu bilden, die ja Doppeltensorfelder darstellen. Die obigen Beziehungen

(1.4.12c) $$A_k := [\Psi_{,k}] = B\, n_k + g_{kl}\, x^l_{,\sigma}\, a^{\sigma\tau} A_{,\tau}, \qquad B = A_k\, n^k$$

können iteriert werden, um Relationen für höhere Ableitungen zu gewinnen. Die Beziehungen werden jedoch schnell kompliziert, außer wenn die Größe Ψ selbst stetig ist, $A = [\Psi]$ also verschwindet.

Im letzteren Falle besteht aber folgende homogene Bindung zwischen den Differentialen dt und dx^i auf Grund von $f \equiv 0$ und $A \equiv 0$

$$df = 0 = \frac{\partial f}{\partial t}\, dt + f_{,k}\, dx^k,$$

$$dA = 0 = \left[\frac{\partial \Psi}{\partial t}\right] dt + [\Psi_{,k}]\, dx^k.$$

Das bedeutet nach (1.4.12a) und (1.4.12c), daß hier Relationen

(1.4.12d) $$[\Psi_{,k}] = B\, n_k, \quad \left[\frac{\partial \Psi}{\partial t}\right] = -\, w_n B \quad \text{bei} \quad [\Psi] = 0$$

gelten müssen.

In analoger Weise lassen sich Verträglichkeitsbedingungen für materielle Tensoren bestimmen. Wir geben nur die entsprechenden Beziehungen für Beschleunigungswellen, d. h. für Unstetigkeitsflächen 2. Ordnung in bezug auf die Verformung $\boldsymbol{x} = \boldsymbol{x}(t, \boldsymbol{X})$ an. Ist

$$F = F(t, \boldsymbol{x}) = F(t, X^A) = 0$$

die Gleichung der Unstetigkeitsfläche $\mathscr{S}$ in $\mathscr{V}$, d. h. in der Bezugskonfiguration, so besteht zwischen der Fortpflanzungsgeschwindigkeit U_N der Unstetigkeit in $\mathscr{V}$ und der momentanen Fortpflanzungsgeschwindigkeit $U = w_n - \dot{x}_n$ in v die Beziehung

$$\frac{U}{U_N} = \frac{\sqrt{F_{,M} F^{,M}}}{\sqrt{f_{,p} f^{,p}}}.$$

Mit Amplituden $\bar{a}^k$ bzw. a^k nach

(1.4.12e) $$\bar{a}^k := \left(\frac{U}{U_N}\right)^2 a^k := [N^A N^B \partial_B \dot{x}^k_{,A}] = [N^A N^B \partial_A \dot{x}^k_{,B}]$$

gilt bei $[x^k] = [\dot{x}^k] = [x^k_{,A}] = 0$

$$(1.4.12\text{f})\quad \begin{cases} [x^k_{,AB}] = \bar{a}^k N_A N_B = a^k n_p n_q x^p_{,A} x^q_{,B} \\ [\dot{x}^k_{,A}] = -U_{\mathrm{N}} \bar{a}^k N_A = -U a^k n_p x^p_{,A}, \qquad [\dot{x}^k_{,m}] = -U a^k n_m, \\ [\ddot{x}^k] = U^2_{\mathrm{N}} \bar{a}^k = U^2 a^k, \end{cases}$$

wobei N_A die Einheitsflächennormale auf $\mathscr{S}$ wie n_i die auf $\mathfrak{s}$ ist.

Es sei noch bemerkt, daß von den in (1.4.1) eingeführten Größen Ψ, $\boldsymbol{\alpha}\langle\Psi\rangle$, $\beta\langle\Psi\rangle$ jeweils eine durch die beiden anderen definiert wird, die Aussage in dieser allgemeinen Form jedenfalls tautologisch ist. Außerdem ist es in Bereichen von $\mathfrak{v}$ außerhalb von Unstetigkeitsflächen nach (1.4.5) möglich, die Flächen- bzw. Volumenquellenverteilungen $\boldsymbol{\alpha}\langle\Psi\rangle$ und $\beta\langle\Psi\rangle$ beliebig durch andere Verteilungen $\boldsymbol{\alpha}^*\langle\Psi\rangle$ und $b^*\langle\Psi\rangle$ zu ersetzen, solange nur

$$(1.4.13)\qquad \operatorname{div} \boldsymbol{\alpha}\langle\Psi\rangle + \varrho\,\beta\langle\Psi\rangle = \operatorname{div} \boldsymbol{\alpha}^*\langle\beta\rangle + \varrho\,\beta^*\langle\beta\rangle$$

erhalten bleibt. Man spricht dies als *Äquivalenz von Flächen- und Quellenverteilungen* im Sinne des Bilanzsatzes für die betreffende Größe Ψ an.

Die Anwendung des obigen Formelapparates auf die zu Prinzipien erhobenen Bilanzsätze der Mechanik und ihrer Erweiterungen ist der Rest dieser Ziffer gewidmet.

1.4.2 Massenerhaltung

(1.4.14) Das **Prinzip der Massenerhaltung** *verlangt, daß die Masse $m(\mathscr{K})$ eines Körpers während jeder Bewegung unverändert, d. h. invariant bleibt.*

Im Sinne der Kontinuumstheorie existiert dann eine volumenspezifische Dichte ϱ, die erlaubt, die Masse $m(\mathscr{K})$ in der Form

$$(1.4.15)\qquad m(\mathscr{K}) = \int\limits_{\mathscr{K}} dm = \int\limits_{\mathfrak{v}} \varrho_\chi\, dv = \int\limits_{\mathfrak{v}} \varrho\, dv = \int\limits_{\mathscr{V}} \varrho_\varkappa\, dv$$

auszurechnen. Der Forderung (1.4.14) ist es äquivalent, wenn man *das Verschwinden der materiellen Zeitableitung von $m(\mathscr{K})$ verlangt.*

$$(1.4.16)\qquad \frac{d}{dt} m(\mathscr{K}) = \frac{d}{dt} \int\limits_{\mathfrak{v}} \varrho\, dv \overset{!}{=} 0.$$

Im Sinne unseres Bilanzsatzes (1.4.10) ist $\Psi = 1$ und für den Abfluß $\boldsymbol{\alpha}\langle\varrho\rangle$ und die spezifische Erzeugung $\beta\langle\varrho\rangle$ von ϱ ist $\boldsymbol{\alpha} = \beta \equiv 0$ zu setzen. Damit erreichen wir die *globale Massenbilanzgleichung*

$$(1.4.17)\qquad \frac{d}{dt} m(\mathscr{K}) = \frac{d}{dt} \int\limits_{\mathfrak{v}} \varrho\, dv = \int\limits_{\mathfrak{v}\setminus\mathfrak{s}} [\dot{\varrho} + \varrho\, \mathrm{I}_D]\, dv + \int\limits_{\mathfrak{s}} [\varrho(\dot{x}_{\mathrm{n}} - w_{\mathrm{n}})]\, da$$

und, wenn wir entsprechend (1.1.0) die Forderung (1.4.14) bzw. (1.4.16) auch für *jeden* Teilkörper $\mathcal{T}(\mathcal{X})$ stellen, die *lokalen Massenbilanzgleichungen*

(1.4.18) $$\dot{\varrho} + \varrho\, \mathrm{I}_D = \dot{\varrho} + \varrho\, \mathrm{div}\dot{\boldsymbol{x}} = \partial_t \varrho + (\varrho\, \dot{x}^s)_{,s} = \partial_t \varrho + \mathrm{div}(\varrho\, \dot{\boldsymbol{x}}) = 0$$

$$\text{für} \quad \boldsymbol{x} \in (\mathscr{v} \setminus \mathscr{s}),$$

(1.4.19) $$[\varrho(\dot{x}_n - w_n)] \overset{!}{=} 0 \quad \text{für} \quad \boldsymbol{x} \in \mathscr{s}.$$

Wegen (1.2.53) ist zu (1.4.18) nach (1.4.15) das Transformationsgesetz (1.2.54)

(1.4.20) $$\varrho\, J = \varrho(\boldsymbol{x}, t)\, J(\boldsymbol{x}, t) = \varrho(\boldsymbol{X}, t)\, J(\boldsymbol{X}, t) = \varrho_{\varkappa}(\boldsymbol{X}), \quad \boldsymbol{x} \in (\mathscr{v} \setminus \mathscr{s})$$

gleichwertig. Faßt man hier als Argumente allein $\boldsymbol{X}$ und t ins Auge, so spricht man (1.4.20) als *referentielle* (*materielle*) *Form* des lokalen Massenerhaltungssatzes an, während man (1.4.18) seine *räumlichen Formen* nennt.

Folgende Sonderfälle seien erwähnt:

(1.4.21) *stationäre Bewegung:* $\partial_t \varrho = 0 \Rightarrow \mathrm{div}(\varrho\, \dot{\boldsymbol{x}}) = (\varrho\, \dot{x}^s)_{,s} = 0,$

(1.4.22) *isochore Bewegung:* $\varrho = \text{konst.} \Rightarrow \mathrm{div}\, \dot{\boldsymbol{x}} = \dot{x}^s_{,s} = \mathrm{I}_D = D^s_s = 0.$

Im ersteren Falle ist der Massenstrom $\varrho\, \dot{\boldsymbol{x}}$, im zweiten das Geschwindigkeitsfeld $\dot{\boldsymbol{x}}$ selber *quellenfrei.*

Auf (1.4.18) beruht auch die Identität:

(1.4.23) $$\varrho\, \ddot{\boldsymbol{x}} = \frac{d}{dt}(\varrho\, \dot{\boldsymbol{x}}) + \mathrm{div}(\varrho\, \dot{\boldsymbol{x}} \otimes \dot{\boldsymbol{x}}), \quad \varrho\, \ddot{x}^k = \frac{d}{dt}(\varrho\, \dot{x}^k) + (\varrho\, \dot{x}^k\, \dot{x}^m)_{,m}.$$

Die Beziehung (1.4.19) an singulären Flächen $\mathscr{s}$ nennt man die *Bedingung von Stokes/Christoffel.* Führen wir die *lokalen* (*relativen*) *Fortpflanzungsgeschwindigkeiten* U^+ und U^- der Unstetigkeitsfläche gegenüber den Teilchen jeweils in $\mathscr{v}^+$ bzw. $\mathscr{v}^-$ in Richtung $\boldsymbol{n}$

(1.4.24) $$U^+ = w_n - \dot{x}^+_n, \quad U^- = w_n - \dot{x}^+_n, \quad [U] = -[\dot{x}_n]$$

ein, so schreibt man anstelle von (1.4.19) auch

(1.4.25) $$[\varrho\, U] = 0 \Rightarrow \varrho^+\, U^+ = \varrho^-\, U^- = (\varrho\, U)^{\pm}.$$

Demzufolge sind Stoßfronten erster Ordnung: $[\dot{x}_n] \not\equiv 0$ bei isochorer Bewegung unmöglich, und beim Durchgang durch eine Wirbelschicht: $[\dot{\boldsymbol{x}}] \not\equiv 0$, jedoch $[\dot{x}_n] \equiv 0$, ändert sich die Dichte nicht.

Unter der Voraussetzung der Massenerhaltung, also bei Gültigkeit von (1.4.17), (1.4.18) und (1.4.19) bzw. (1.4.25), lassen sich die Bilanzgleichungen (1.4.10), (1.4.5), (1.4.12) in einfachere Formen überführen, und zwar in die *globale Bilanzforderung* an Körper $\mathscr{K}$ und Teilkörper $\mathscr{T}(\mathscr{K})$

$$(1.4.26)\quad \frac{d}{dt}\int_{v} \varrho\,\Psi\,dv = \int_{v\setminus s} \varrho\,\dot{\Psi}\,dv - \int_{s} (\varrho\,U)^{\pm}\,[\Psi]\,da$$

$$= \int_{v\setminus s} [\operatorname{div}\boldsymbol{\alpha}\,\langle\Psi\rangle + \varrho\,\beta\,\langle\Psi\rangle]\,dv + \int_{s} [\alpha_{n}\langle\Psi\rangle]\,da$$

und die *lokalen Bilanzforderungen*

$$(1.4.27)\quad \varrho\,\dot{\Psi} = \varrho\,\frac{d}{dt}\,\Psi = \operatorname{div}\boldsymbol{\alpha}\,\langle\Psi\rangle + \varrho\,\beta\langle\Psi\rangle \quad \text{in} \quad \boldsymbol{x}\in(v\setminus s)\,(\mathscr{K}),$$

$$(1.4.28)\quad (\varrho\,U)^{\pm}\,[\Psi] + [\alpha_{n}\langle\Psi\rangle] = 0 \quad \text{in} \quad \boldsymbol{x}\in s(\mathscr{K})$$

in Orten mit stetigem Verhalten der betrachteten Größen bzw. auf Unstetigkeitsflächen.

Die obigen Ausführungen beziehen sich auf einfache Körper. Prinzipiell ist es möglich, nicht reagierende *Gemische* in der gleichen Weise zu behandeln, wenn man postuliert, daß Teilchen $X_{\mathfrak{a}}$ der Gemischkörperkomponenten $\mathscr{K}_{\mathfrak{a}}$ sich gleichzeitig am gleichen Ort $\boldsymbol{x}$ aufhalten können. Die obigen Überlegungen zur Massenerhaltung sind dann separat für jeden Komponentenkörper durchführbar. Ähnliches kann in diesem Falle auch in bezug auf die weiteren Bilanzsätze (s. unten) gesagt werden. Die Verhältnisse ändern sich aber entschieden, wenn die Komponenten $\mathscr{K}_{\mathfrak{a}}$ miteinander chemisch reagieren. Während dafür die Massenbilanzen noch anschreibbar sind, bereitet die Ausarbeitung entsprechender dynamischer Bilanzsätze im Sinne von 1.4.3 begriffliche Schwierigkeiten, da diese an materielle Körper gebunden sind, die Komponenten $\mathscr{K}_{\mathfrak{a}}$ aber Massenquellen aufweisen. Der Leser wird für Weiteres auf Truesdell/Toupin, Sects. 158, 159, 215, 143, 295; Truesdell/Noll, Sect. 130; sowie sporadisch auf Zeitschriftenquellen Bowen; Dunwoody/Müller; Eringen/Ingram; Green/Naghdi [1], [2], [3]; Kelly; Müller verwiesen, um einige zu nennen.

1.4.3 Bilanzsätze der Dynamik

Die *Dynamik* wird üblicherweise in die *Statik*, als Lehre vom Gleichgewichtszustand von Körpern unter dem Einfluß von Kräften in Ruhe $\dot{\boldsymbol{x}} \equiv 0$ und in die *Kinetik* als Lehre des Zusammenhangs zwischen den Bewegungen $\dot{\boldsymbol{x}} \not\equiv 0$ der Körper und ihren Belastungen unterteilt. An dieser Stelle ist eine solche Differenzierung unwesentlich; die Statik wird nicht als Gebiet mit eigener Axiomatik betrachtet, sondern ihre Gesetze werden durch Spezialisierung kinetischer Beziehungen erreicht.

Wir definieren mit Hilfe der Gesamtmasse $m(\mathscr{K})$ des Körpers nach (1.4.15)

$$m(\mathscr{K}) = \int_{\mathscr{K}} dm(\mathscr{K}) = \int_{v} \varrho\,dv$$

den *Schwerpunkt* $\boldsymbol{x}_{\odot}$ (oder *Massenmittelpunkt*) dieses Körpers

$$(1.4.29)\quad \boldsymbol{x}_{\odot} = \boldsymbol{x}_{\odot}(\mathscr{K}) := \frac{1}{m(\mathscr{K})}\int_{v} \boldsymbol{x}\,\varrho\,dv.$$

Weiter definieren wir als *Impuls* des Körpers

(1.4.30) $$\mathfrak{J} = \mathfrak{J}(\mathscr{K}) := \int_v \varrho\, \dot{\boldsymbol{x}}\, dv,$$

als *Drehimpuls* des Körpers bezüglich des Punktes $\boldsymbol{x}_0$

(1.4.31) $$\mathfrak{D} = \mathfrak{D}(\mathscr{K}, \boldsymbol{x}_0) := \int_v [(\boldsymbol{x} - \boldsymbol{x}_0) \times \varrho\, \dot{\boldsymbol{x}} + \varrho\, \boldsymbol{s}]\, dv$$

und als *kinetische Energie* des Körpers

(1.4.32) $$\begin{aligned} K = K(\mathscr{K}) &:= \tfrac{1}{2} \int_v \varrho\, \dot{\boldsymbol{x}}^2\, dv - \int_v \varrho\, \boldsymbol{W}_\times^{\mathrm{T}}\, \boldsymbol{s}\, dv \\ &= \tfrac{1}{2} \int_v \varrho\, \dot{x}^k \dot{x}_k\, dv + \varepsilon_{pqr} \int_v \varrho\, \dot{x}^{[q,p]}\, s^r\, dv. \end{aligned}$$

Dabei ist in die Definition des Drehimpulses der innere Freiheitsgrade des Körpers widerspiegelnde *spezifische Zusatzdrall* $\boldsymbol{s}$ der Teilchen eingeschlossen, bezüglich der Energiedefinitionen aber wird von der Aufspaltung

(1.4.33) $$\dot{\boldsymbol{\varphi}} = -\tfrac{1}{2} \boldsymbol{W}_\times + \dot{\boldsymbol{\psi}} = \tfrac{1}{2} \operatorname{curl} \dot{\boldsymbol{x}} + \dot{\psi}, \qquad \dot{\varphi}_i = \tfrac{1}{2} \varepsilon_{ijk}\, \dot{x}^{[k,j]} + \dot{\psi}_i$$

der Drehgeschwindigkeit in einem Anteil $-\boldsymbol{W}_\times = \operatorname{curl} \dot{\boldsymbol{x}}$ aus dem Verschiebungsfeld und einer Zusatzdrehgeschwindigkeit $\dot{\boldsymbol{\psi}}$ Gebrauch gemacht und der allein auf letztere zurückzuführende Anteil $\tfrac{1}{2} \int \varrho\, \dot{\boldsymbol{\psi}}^{\mathrm{T}} \boldsymbol{s}\, dv$ der inneren Energie $E = E(\mathscr{K}, t)$ zugerechnet. Es erscheint also in der Definition der kinetischen Energie K nicht.

Die Definitionen (1.4.29) bis (1.4.32) sind nicht invariant im Sinne von (1.2.10). Während das für den Schwerpunkt nicht bedeutend ist, zumal alle auf ihn bezogenen Differenzvektoren

$$\boldsymbol{x}' - \boldsymbol{x}'_\odot = \boldsymbol{Q}(\boldsymbol{x} - \boldsymbol{x}_\odot)$$

diese Eigenschaft haben, ergibt eine Nachrechnung von Impuls, Drall (bezüglich des Schwerpunkts) und ihrer zeitlichen Änderungen mit Hilfe von (1.2.6) und (1.2.9)

(1.4.34) $$\left\{ \begin{aligned} &\mathfrak{J}' = [\dot{c} + \boldsymbol{\Omega}\, \boldsymbol{Q}\, \boldsymbol{x}_\odot]\, m + \boldsymbol{Q}\, \mathfrak{J}, \\ &\mathfrak{D}'_\odot = \boldsymbol{\Theta}'_\odot\, \boldsymbol{\Omega}_* + \boldsymbol{Q}\, \mathfrak{D}_\odot, \qquad \mathfrak{D}_0 = (\boldsymbol{x}_\odot - \boldsymbol{x}_0) \times \mathfrak{J} + \mathfrak{D}_\odot, \\ &(\mathfrak{J}')^{\cdot} = [\dot{c} + (\dot{\boldsymbol{\Omega}} + \boldsymbol{\Omega}^2)\, \boldsymbol{Q}\, \boldsymbol{x}_\odot]\, m + 2 \boldsymbol{\Omega}\, \boldsymbol{Q}\, \mathfrak{J} + \boldsymbol{Q}\, \dot{\mathfrak{J}}, \\ &(\mathfrak{D}'_\odot)^{\cdot} = (\boldsymbol{\Theta}'_\odot\, \boldsymbol{\Omega}_*)^{\cdot} + \boldsymbol{\Omega}\, \boldsymbol{Q}\, \mathfrak{D}_\odot + \boldsymbol{Q}\, \dot{\mathfrak{D}}_\odot \end{aligned} \right.$$

wobei $\boldsymbol{\Omega}_*$ den aus $\boldsymbol{\Omega}$ ermittelbaren Drehgeschwindigkeitsvektor des ungestrichenen gegenüber dem gestrichenen System

(1.4.35) $$\boldsymbol{\Omega}_* = -\boldsymbol{\Omega}_\times, \qquad \Omega_{*i} = \tfrac{1}{2} \varepsilon_{ijk}\, \Omega^{kj}$$

und $\boldsymbol{\Theta}'_{\odot}$ den *Trägheitstensor* des Körpers $\mathscr{K}$ bezüglich des Schwerpunktes im gestrichenen System nach der Formel

$$(1.4.36)\quad \boldsymbol{\Theta}'_{\odot} = \boldsymbol{\Theta}'_{\odot}(\mathscr{K}) = \int_{v} \varrho [(\boldsymbol{x}' - \boldsymbol{x}'_{\odot})^{\mathrm{T}} (\boldsymbol{x}' - \boldsymbol{x}'_{\odot}) \mathbf{1} - (\boldsymbol{x}' - \boldsymbol{x}'_{\odot}) \otimes (\boldsymbol{x} - \boldsymbol{x}'_{\odot})^{\mathrm{T}}]\, d\dot{v}$$

bedeuten (s. auch 2.3.). Für letzteren gilt die Transformationsbeziehung

$$(1.4.37)\qquad \boldsymbol{\Theta}'_{\odot} = \boldsymbol{Q}\, \boldsymbol{\Theta}_{\odot}\, \boldsymbol{Q}^{\mathrm{T}},$$

wobei $\boldsymbol{\Theta}_{\odot}$ wie (1.4.36) zu errechnen ist, wenn alle gestrichenen Größen durch ungestrichene ersetzt werden. Die Impulsänderung $\dot{\mathfrak{J}}$ ist nun entsprechend $(1.4.34)_3$ nur dann im Sinne von (1.2.10) invariant, wenn bei beliebigem m und $\mathfrak{J}$

$$(1.4.38)\qquad \ddot{c} = 0, \quad \boldsymbol{\Omega} = 0 \quad \text{bzw.} \quad \boldsymbol{\Omega}_* = 0$$

ist. Unter diesen Bedingungen ist auch die Dralländerung $\dot{\mathfrak{D}}_{\odot}$ bzw. $\dot{\mathfrak{D}}_0$ invariant im selben Sinne. Bezugssysteme, für die (1.4.38) gilt, die sich also gegeneinander nur mit konstanter Geschwindigkeit translatorisch bewegen, bilden eine Klasse von *Galilei-Bezugssystemen*. Zu ihnen gehört insbesondere die Klasse der *Inertialsysteme*, in denen die folgenden Bilanzgesetze (1.4.42) und (1.4.49) die gezeigte Form annehmen.

Während unter Galilei-Transformation neben $\dot{\mathfrak{J}}$ und $\dot{\mathfrak{D}}$ auch $\dot{\mathfrak{D}}_{\odot}$ Galilei-invariant ist, $\mathfrak{J}$ selber jedoch nicht, hat auch die kinetische Energie K nicht diese Eigenschaft. Unter Benutzung von (1.2.9) und (1.2.119)

$$\boldsymbol{W}' = \boldsymbol{\Omega} + \boldsymbol{Q}\,\boldsymbol{W}\,\boldsymbol{Q}^{\mathrm{T}} \Rightarrow \boldsymbol{W}'_{\times} = \boldsymbol{\Omega}_{\times} + \boldsymbol{Q}\,\boldsymbol{W}_{\times} = -\boldsymbol{\Omega}_* + \boldsymbol{Q}\,\boldsymbol{W}_{\times}$$

errechnet man nämlich für die kinetische Energie nach (1.4.32)

$$\begin{aligned}(1.4.39)\quad K' &= [\tfrac{1}{2}\dot{\boldsymbol{c}}^{\mathrm{T}}\dot{\boldsymbol{c}} + \dot{\boldsymbol{c}}^{\mathrm{T}}\boldsymbol{\Omega}\,\boldsymbol{Q}\,\boldsymbol{x}_{\odot}]\,m + \dot{\boldsymbol{c}}^{\mathrm{T}}\boldsymbol{Q}\,\mathfrak{J} - \boldsymbol{\Omega}^{\mathrm{T}}_{\times}\boldsymbol{Q}\,[\boldsymbol{x}_{\odot}\times\mathfrak{J} + \mathfrak{D}_{\odot}] + \\ &+ \tfrac{1}{2}\boldsymbol{\Omega}^{\mathrm{T}}_{\times}[\boldsymbol{\Theta}'_{\odot} + ((\boldsymbol{x}'_{\odot} - \boldsymbol{c})^{\mathrm{T}}(\boldsymbol{x}'_{\odot} - \boldsymbol{c})\,\mathbf{1} - (\boldsymbol{x}'_{\odot} - \boldsymbol{c})\otimes(\boldsymbol{x}'_{\odot} - \boldsymbol{c})^{\mathrm{T}})\,m]\,\boldsymbol{\Omega}_{\times} + \\ &+ K = [\tfrac{1}{2}\dot{\boldsymbol{c}}^{\mathrm{T}}\dot{\boldsymbol{c}} + \dot{\boldsymbol{c}}(\boldsymbol{\Omega}_*\times\boldsymbol{Q}\,\boldsymbol{x}_{\odot})]\,m + \dot{\boldsymbol{c}}^{\mathrm{T}}\boldsymbol{Q}^{\mathrm{T}}_*\mathfrak{J} + \boldsymbol{\Omega}^{\mathrm{T}}_*\boldsymbol{Q}[\boldsymbol{x}_{\odot}\times\mathfrak{J} + \mathfrak{D}_{\odot}] + \\ &+ \tfrac{1}{2}\boldsymbol{\Omega}^{\mathrm{T}}_*[\boldsymbol{\Theta}'_{\odot} + ((\boldsymbol{x}'_{\odot} - \boldsymbol{c})^{\mathrm{T}}(\boldsymbol{x}_{\odot} - \boldsymbol{c})\cdot\mathbf{1} - (\boldsymbol{x}'_{\odot} - \boldsymbol{c})\otimes(\boldsymbol{x}'_{\odot} - \boldsymbol{c}^{\mathrm{T}})m]\,\boldsymbol{\Omega}_* + K,\end{aligned}$$

was sich bei einer Galilei-Transformation (1.4.38) zu

$$(1.4.40)\qquad K' = \tfrac{1}{2}\dot{\boldsymbol{c}}^{\mathrm{T}}\boldsymbol{c}\,m + \dot{\boldsymbol{c}}^{\mathrm{T}}\boldsymbol{Q}\,\mathfrak{J} + K$$

vereinfacht. Die Größe

$$(1.4.41)\quad \boldsymbol{\Theta}'_{(c)} = \boldsymbol{\Theta}'(\mathscr{K}, \boldsymbol{c}) = \boldsymbol{\Theta}'_{\odot} + [(\boldsymbol{x}'_{\odot} - \boldsymbol{c}^{\mathrm{T}})(\boldsymbol{x}'_{\odot} - \boldsymbol{c})\cdot\mathbf{1} - (\boldsymbol{x}'_{\odot} - \boldsymbol{c})\otimes(\boldsymbol{x}'_{\odot} - \boldsymbol{c})^{\mathrm{T}}]\,m$$

spricht man als Trägheitstensor des Körpers bezüglich des Punktes $\boldsymbol{c}$ im gestrichenen System an.

Alle allgemeinen Aussagen der Dynamik lassen sich auf die Grundlage zweier Prinzipien stellen, die Aussagen über die Bilanz des Impulses $\mathfrak{J}$ und des Drehimpulses $\mathfrak{D}$ in Inertialsystemen treffen. Wir geben sie im Nachfolgenden in (1.4.42) und (1.4.49) an.

(1.4.42) Das **Prinzip der Bilanz des Impulses** lautet: *Für jeden Körper $\mathscr{K}$ ist die zeitliche Ableitung des Impulses $\mathfrak{J}(\mathscr{K})$ gleich der Resultierenden $\mathfrak{R}(\mathscr{K})$ der an ihm angreifenden Kräfte.* Mit den Beziehungen aus (1.3.4), (1.3.14) und (1.4.30) also:

$$\frac{d}{dt}\mathfrak{J}(\mathscr{K}) \overset{!}{=} \mathfrak{R}(\mathscr{K}) \quad \text{für alle } \mathscr{K} \text{ und } \mathscr{T}(\mathscr{K}),$$

(1.4.43)
$$\frac{d}{dt}\int_{\boldsymbol{v}} \varrho\, \dot{\boldsymbol{x}}\, dv \overset{!}{=} \int_{\partial \boldsymbol{v}} \boldsymbol{T}\, d\boldsymbol{a} + \int_{\boldsymbol{v}} \varrho\, \boldsymbol{k}\, dv.$$

Aus der Definition (1.4.30) folgt für Körper mit Massenerhaltung unter Benutzung von (1.4.29) und (1.4.26) der

Satz, *daß der Impuls eines Körpers gleich dem Produkt aus Gesamtmasse und der Geschwindigkeit des Schwerpunktes ist:*

(1.4.44)
$$\mathfrak{J}(\mathscr{K}) = m\, \dot{\boldsymbol{x}}_{\odot}.$$

Eine weitere direkte Folge hiervon und von (1.4.42) ist der

(1.4.45) **Schwerpunktsatz.** *Die Beschleunigung des Schwerpunkts eines Körpers ist der Resultierenden der äußeren Kräfte und der reziproken Masse des Körpers proportional:*

$$m\, \ddot{\boldsymbol{x}}_{\odot} = \mathfrak{R}.$$

In dieser globalen Form spielen die Ausdehnung des Körpers sowie die Verteilung der äußeren Kräfte $d\,\mathfrak{R}$ keine Rolle; er ist also auch auf sog. Massenpunkte wie auch bei Kraftverteilungen mit Einzelkräften $\mathfrak{R}_a$ anwendbar.

Schöpfen wir für Körper mit Massenerhaltung (1.4.43) nach einer Umwandlung (1.4.26) im Sinne von (1.1.0) aus, so erreichen wir wie in (1.4.27) und (1.4.28) die lokalen Impulsbilanzsätze

(1.4.46)
$$\left.\begin{aligned} \varrho\, \ddot{\boldsymbol{x}} &= \varrho\left(\partial_t \dot{\boldsymbol{x}} + (\operatorname{grad} \dot{\boldsymbol{x}})\, \dot{\boldsymbol{x}}\right) = \operatorname{div} \boldsymbol{T} + \varrho\, \boldsymbol{k}, \\ \varrho \ddot{x}^k &= \varrho\left(\frac{\partial \dot{x}^k}{\partial t} + \dot{x}^k_{,l}\, \dot{x}^l\right) = T^{kl}{}_{,l} + \varrho\, k^k \end{aligned}\right\} \text{ in } \boldsymbol{x} \in (\boldsymbol{v} \setminus \boldsymbol{s})\,(\mathscr{K}),$$

(1.4.47)
$$(\varrho\, U)^{\pm}\, [\dot{\boldsymbol{x}}] + [\boldsymbol{T}\, \boldsymbol{n}] = 0; \qquad (\varrho\, U)^{\pm}\, [\dot{x}^k] + [T^{kl}\, n_l] = 0$$
$$\text{in } \boldsymbol{x} \in \boldsymbol{s}(\mathscr{K}).$$

Die Beziehung (1.4.46) nennt man *erstes Cauchysches Bewegungsgesetz.* Da $\boldsymbol{T}\,\boldsymbol{n} = \boldsymbol{t}_{(\boldsymbol{n})}$ den Spannungsvektor darstellt, ergibt eine Aufspaltung von (1.4.47) in Normal- und Tangentialanteile

(1.4.48)
$$(\varrho\, U)^{\pm}\, [\dot{x}_{\mathrm{n}}] + [t_{\mathrm{n\,n}}] = 0; \qquad (\varrho\, U)^{\pm}\, [\dot{\boldsymbol{x}}_{\mathrm{t}}] + [\boldsymbol{t}_{(\boldsymbol{n})\mathrm{t}}] = 0,$$

daß an materiellen Unstetigkeitsflächen $U^{\pm} = 0$ der Spannungsvektor $\boldsymbol{t}_{(\boldsymbol{n})}$ stetig ist, daß die Normalspannung stetig ist, solange keine Stoßfronten 1. Ordnung $[\dot{x}_n] \neq 0$ vorliegen und daß an nichtmateriellen Wirbelschichten $[\dot{\boldsymbol{x}}_t] \neq 0$ Sprünge in den Schubspannungen $\boldsymbol{t}_{(\boldsymbol{n})t}$ auftreten. Umgekehrt ist, falls der Spannungszustand hydrostatisch ist: $\boldsymbol{T} = -p \cdot \mathbf{1}$ eine eventuelle Wirbelschicht materiell oder die Tangentialkomponenten $\dot{\boldsymbol{x}}_t$ der Geschwindigkeit sind auf $\mathfrak{s}$ überhaupt stetig: $[\dot{\boldsymbol{x}}_t] = 0$. Für die Richtung der Normalen auf der Unstetigkeitsfläche gilt dann $(\varrho\, U)^{\pm}\, [\dot{x}_n] = [p]$.

(1.4.49) **Das Prinzip der Bilanz des Drehimpulses** fordert: *Für jeden Körper* $\mathscr{K}$ *ist die zeitliche Ableitung des Drehimpulses* $\mathfrak{D}(\mathscr{K}, \boldsymbol{x}_0)$ *gleich der Resultierenden* $\mathfrak{M}(\mathscr{K}, \boldsymbol{x}_0)$ *der an* $\mathscr{K}$ *angreifenden Momente bezüglich des gleichen festen Bezugspunktes* $\boldsymbol{x}_0$. Mit den Bezeichnungen von (1.3.5), (1.3.14) und (1.4.31)

$$\frac{d}{dt}\mathfrak{D}(\mathscr{K}, \boldsymbol{x}_0) \overset{!}{=} \mathfrak{M}(\mathscr{K}, \boldsymbol{x}_0) \quad \text{für alle } \mathscr{K} \text{ und } \mathscr{T}(\mathscr{K}),$$

$$(1.4.50) \qquad \frac{d}{dt}\int\limits_{\mathfrak{v}} \varrho\,[(\boldsymbol{x} - \boldsymbol{x}_0) \times \dot{\boldsymbol{x}} + \boldsymbol{s}]\, dv \overset{!}{=} \int\limits_{\partial \mathfrak{v}} [(\boldsymbol{x} - \boldsymbol{x}_0) \times \boldsymbol{T} + \boldsymbol{M}]\, d\boldsymbol{a} + \\ + \int\limits_{\mathfrak{v}} \varrho\, [(\boldsymbol{x} - \boldsymbol{x}_0) \times \boldsymbol{k} + \boldsymbol{l}]\, dv.$$

Da nach Def. (1.4.31) und (1.4.30) mit (1.4.44)

$$(1.4.51) \qquad \mathfrak{D}(\mathscr{K}, \boldsymbol{x}_0) = \int\limits_{\mathfrak{v}} (\boldsymbol{x}_\odot - \boldsymbol{x}_0) \times (\varrho\, \dot{\boldsymbol{x}})\, dv + \int\limits_{\mathfrak{v}} [(\boldsymbol{x} - \boldsymbol{x}_\odot) \times (\varrho\, \dot{\boldsymbol{x}}) + \\ + \varrho\, \boldsymbol{s}]\, dv = (\boldsymbol{x}_\odot - \boldsymbol{x}_0) \times \mathfrak{J}(\mathscr{K}) + \mathfrak{D}(\mathscr{K}, \boldsymbol{x}_\odot) \\ = (\boldsymbol{x}_\odot - \boldsymbol{x}_0) \times m\, \dot{\boldsymbol{x}}_\odot + \mathfrak{D}(\mathscr{K}, \boldsymbol{x}_\odot)$$

und somit unter Beachtung von (1.3.6) für materielle Körper

$$\frac{d}{dt}\mathfrak{D}(\mathscr{K}, \boldsymbol{x}_0) = (\boldsymbol{x}_\odot - \boldsymbol{x}_0) \times \frac{d}{dt}\mathfrak{J}(\mathscr{K}) + \frac{d}{dt}\mathfrak{D}(\mathscr{K}, \boldsymbol{x}_\odot) \\ = (\boldsymbol{x}_\odot - \boldsymbol{x}_0) \times \mathfrak{K}(\mathscr{K}) + \mathfrak{M}(\mathscr{K}, \boldsymbol{x}_\odot)$$

geschrieben werden kann, ist *unter der Voraussetzung von* (1.4.42) bzw. (1.4.43) ein **Corollar** von (1.4.49)

$$(1.4.52) \qquad \frac{d}{dt}\mathfrak{D}(\mathscr{K}, \boldsymbol{x}_\odot) \overset{!}{=} \mathfrak{M}(\mathscr{K}, \boldsymbol{x}_\odot),$$

worin für Drall und resultierendes Moment als Bezugspunkt der i. allg. bewegte Schwerpunkt genommen wird. Die (1.4.50) analoge Form ist formal einfach mittels Ersetzen von $\boldsymbol{x}_0$ durch $\boldsymbol{x}_\odot$ herzustellen.

Für andere bewegte Bezugspunkte, etwa $\boldsymbol{x}_I$, gilt dieser Satz nicht, es sei denn, daß stets $(\dot{\boldsymbol{x}}_I - \dot{\boldsymbol{x}}_\odot) \times \dot{\boldsymbol{x}}_\odot = \dot{\boldsymbol{x}}_I \times \dot{\boldsymbol{x}}_\odot = 0$ ist, d. h. wenigstens $\dot{\boldsymbol{x}}_I \parallel \dot{\boldsymbol{x}}_\odot$ bei $\dot{\boldsymbol{x}}_I \neq 0$ ist.

Gehen wir wieder wie bei der Ableitung der lokalen Bilanzgleichungen (1.4.46) und (1.4.47) vor, so erhalten wir unter Voraussetzung dieser Impulsbeziehungen aus (1.4.50) als *lokale Bilanz der Drehimpulse*

$$\left.\begin{aligned} \varrho\,\dot{\boldsymbol{s}} &= -2\,\boldsymbol{T}_\times + \operatorname{div}\boldsymbol{M} + \varrho\,\boldsymbol{l}, \\ \varrho\,\dot{s}^k &= \varepsilon^{kpq}\,T_{[qp]} + M^{kl}{}_{,l} + \varrho\,l^k \end{aligned}\right\} \text{ in } \quad \boldsymbol{x} \in (v\setminus s)\,(\mathcal{K}), \tag{1.4.53}$$

$$(\varrho\,U)^{\pm}\,[\boldsymbol{s}] + [\boldsymbol{M}\,\boldsymbol{n}] = 0, \quad (\varrho\,U)^{\pm}\,[s^k] + [M^{kl}\,n_l] = 0 \qquad \text{in} \quad \boldsymbol{x} \in s(\mathcal{K}). \tag{1.4.54}$$

Die Beziehung (1.4.53) ist eine Aussage über den schiefsymmetrischen Anteil von $\boldsymbol{T}$. Nach $(1.4.53)_2$ ist nämlich

$$T_{[kl]} = -\varrho\,\dot{s}^r\,\varepsilon_{rkl} + \varepsilon_{rkl}\,M^{rs}{}_{,s} + \varrho\,\varepsilon_{rkl}\,l^r, \tag{1.4.55}$$

und wenn man dieses in $(1.4.46)_2$ einsetzt, so erhält man

$$\begin{aligned} &\varrho\,\ddot{x}^k + \varepsilon^{klr}(\varrho\,\dot{s}_r)_{,l} = T^{(kl)}{}_{,l} + \varrho\,k^k + \varepsilon^{klr}\,M_r{}^s{}_{,s} + \varepsilon^{klr}(\varrho\,l_r)_{,l}, \\ &\varrho\,\ddot{\boldsymbol{x}} + \operatorname{curl}(\varrho\,\dot{\boldsymbol{s}}) \\ &\quad = \operatorname{div}\tfrac{1}{2}(\boldsymbol{T} + \boldsymbol{T}^{\mathrm{T}}) + \varrho\,\boldsymbol{k} + \operatorname{curl}\operatorname{div}\boldsymbol{M} + \operatorname{curl}(\varrho\,\boldsymbol{l}). \end{aligned} \tag{1.4.56}$$

Was Unstetigkeiten anbetrifft, so ist nach (1.4.54) an materiellen Flächen $U = 0$ oder an Flächen ohne Sprung im spezifischen Zusatzdrall $[\boldsymbol{s}]$ auch der Momentenspannungsvektor $\boldsymbol{m}_{(\boldsymbol{n})} = \boldsymbol{M}\,\boldsymbol{n}$ stetig.

Für klassische Körper, in denen weder ein Zusatzdrall $\boldsymbol{s}$ noch Momentenspannungen $\boldsymbol{M}$ noch Massenmomente $\boldsymbol{l}$ existieren, ist der Inhalt von (1.4.53) $\boldsymbol{T}_\times = 0$ bzw. $\varepsilon_{ipq}\,T^{pq} = 0$, was unter dem Namen *zweites Cauchysches Bewegungsgesetz* meist in den Formen

$$\boldsymbol{T} = \boldsymbol{T}^{\mathrm{T}}, \qquad T^{[pq]} = 0 \tag{1.4.57}$$

notiert wird. Der Spannungstensor klassischer Körper ist demnach stets symmetrisch.

An diese Symmetrieeigenschaft schließen sich, in ähnlicher Weise wie bei der Diskussion der Verzerrungstensoren, Begriffe wie *Hauptspannungsachsen*, *Hauptnormalspannungen* und *Hauptschubspannungen* an. Um diese Größen zu errechnen, diskutiert man bei gegebenem $\boldsymbol{T}$ ausgehend von (1.3.14) die Normalspannung

$$t_{\mathrm{nn}} = \boldsymbol{n}^{\mathrm{T}}\,\boldsymbol{t}_{(\boldsymbol{n})} = \boldsymbol{n}^{\mathrm{T}}\,\boldsymbol{T}\,\boldsymbol{n} = T^{ij}\,n_i\,n_j$$

als Funktion von $\boldsymbol{n}$ unter der Nebenbedingung $\boldsymbol{n}^{\mathrm{T}}\,\boldsymbol{n} = 1$ bzw. $g^{ij}\,n_i\,n_j - 1 = 0$. Dabei erreicht man die Eigenwert- und Eigenvektoraufgabe

$$(T^{ij} - \sigma\,g^{ij})\,n_j = 0,$$

aus deren charakteristischen Gleichung $\det(T^i{}_j - \sigma\,\delta^i_j) = 0$ man die Hauptnormalspannungen $\sigma_\mathfrak{a}$, $\mathfrak{a} = 1, 2, 3$ erhält. Die Spannungshauptachsen haben die Richtung der $\sigma_\mathfrak{a}$ jeweils zugeordneten Eigenvektoren $n_{\mathfrak{a}j}$. Die diesen zugeordneten Flächenelemente sind schubspannungsfrei. O. B. d. A. sei $\sigma_1 \geqq \sigma_2 \geqq \sigma_3$ angenommen. Die *maximalste* in dem betrachteten Teilchen auftretende *Schubspannung* ist dann $|t_{\mathfrak{n}\,\mathfrak{t}_{\max}}| = (\sigma_1 - \sigma_3)/2$ bei zugeordneter Normalspannung $t_{\mathfrak{n}\,\mathfrak{n}} = (\sigma_1 + \sigma_3)/2$ auf Flächenelementen mit Richtung der Winkelhalbierenden zwischen den Hauptrichtungen $\boldsymbol{n}_1$ und $\boldsymbol{n}_3$. Für eine eingehendere Diskussion einschließlich der sog. Mohrschen Spannungskreise sei etwa auf LEIPHOLZ [1] verwiesen.

Für viele Zwecke ist es interessant, die Bewegungsgesetze (1.4.46) und (1.4.57) statt mit $\boldsymbol{T}$ mit den Piola-Kirchhoffschen Spannungstensoren $\boldsymbol{T}_\mathsf{P}$ und $\tilde{\boldsymbol{T}}$ entsprechend (1.3.16) bzw. (1.3.18) zu formulieren. Für diese lauten die *Cauchyschen Bewegungsgesetze bei Verknüpfung mit einer Bezugskonfiguration* $\varkappa$ mit entsprechendem Dichtefeld $\varrho_\varkappa$

$$(1.4.58)\quad \begin{cases} \varrho_\varkappa\,\ddot{\boldsymbol{x}} = \operatorname{Div}\boldsymbol{T}_\mathsf{P} + \varrho_\varkappa\,\boldsymbol{k}, & \varrho_\varkappa\,\ddot{x}^k = T_{\mathsf{P},M}^{k\,M} + \varrho_\varkappa k^k, \\ \boldsymbol{T}_\mathsf{P}\,\boldsymbol{F}^\mathrm{T} = \boldsymbol{F}\,\boldsymbol{T}_\mathsf{P}^\mathrm{T} \text{ bzw. } \boldsymbol{T}_\mathsf{P}^\mathrm{T} = \overset{-1}{\boldsymbol{F}}\,\boldsymbol{T}_\mathsf{P}\,\boldsymbol{F}^\mathrm{T}; & T_\mathsf{P}^{k\,M}\,x^l_{,M} = T_\mathsf{P}^{l\,M}\,x^k_{,M}, \\ \varrho_\varkappa\,\boldsymbol{x} = \operatorname{Div}(\boldsymbol{F}\,\tilde{\boldsymbol{T}}) + \varrho_\varkappa\,\boldsymbol{k}, & \varrho_\varkappa\,\ddot{x}^k = (\tilde{T}^{k\,M}\,x^k_{,K})_{,M} + \varrho_\varkappa\,k^k, \\ \tilde{\boldsymbol{T}} = \tilde{\boldsymbol{T}}^\mathrm{T}, & \tilde{T}^{KL} = \tilde{T}^{LK}. \end{cases}$$

Man beachte, daß $T_\mathsf{P}^{k\,M} = T_\mathsf{P}^{k\,M}(X^L)$ ein Doppelvektorfeld ist, die entsprechende kovariante Ableitung in der ersten Zeile von (1.4.58) also als totale kovariante Ableitung durchzuführen ist [s. (1.2.46) ff.].

1.4.4 Bilanzsätze der Thermodynamik

Bei der Umsetzung der Energien in Körpern, die sich nicht im Gleichgewicht befinden, müssen i. allg. auch Wärmeeffekte berücksichtigt werden, zumal die Umwandlung von beispielsweise mechanischer potentieller Energie bzw. der Formänderungsenergie elastischer Körper in kinetische Energie und umgekehrt nur in Idealfällen „verlustlos" vor sich geht. Ohne zu allgemein zu werden, führen wir folgendes aus:

Wir bezeichnen mit $\mathsf{L}(\mathscr{K})$ die gesamte *Leistung* mechanischer äußerer Lasten am Körper $\mathscr{K}$

$$(1.4.59)\quad \begin{aligned} \mathsf{L} = \mathsf{L}(\mathscr{K}) :&= \int_{\partial v} (\dot{\boldsymbol{x}}^\mathrm{T}\,\boldsymbol{t}_{(\boldsymbol{n})} + \dot{\boldsymbol{\varphi}}^\mathrm{T}\,\boldsymbol{m}_{(\boldsymbol{n})})\,da + \int_v \varrho\,(\boldsymbol{x}^\mathrm{T}\,\boldsymbol{k} + \dot{\boldsymbol{\varphi}}^\mathrm{T}\,\boldsymbol{l})\,dv \\ &= \int_{\partial v} (\dot{\boldsymbol{x}}^\mathrm{T}\,\boldsymbol{T} + \dot{\boldsymbol{\varphi}}^\mathrm{T}\boldsymbol{M})\,d\boldsymbol{a} + \int_v \varrho(\dot{\boldsymbol{x}}^\mathrm{T}\,\boldsymbol{k} + \dot{\boldsymbol{\varphi}}^\mathrm{T}\,\boldsymbol{l})\,dv, \end{aligned}$$

setzen die Existenz einer massenspezifischen *inneren Energie* $\varepsilon = \varepsilon(X, t)$ mit

$$(1.4.60)\quad \mathsf{E} = \mathsf{E}(\mathscr{K}) := \int_v \varrho\,\varepsilon\,dv$$

voraus und führen die *nichtmechanische Leistung*

$$(1.4.61)\quad \mathsf{Q} = \mathsf{Q}(\mathscr{K}) := \int_{\partial v} h\,da + \int_v \varrho\,q\,dv = \int_{\partial v} \boldsymbol{h}\,d\boldsymbol{a} + \int_v \varrho\,q\,dv$$

wie angegeben auf einen flächenspezifischen *Energiestrom* h über die Bereichsflächen ∂v mit dem (*Verlust-*) *Flußvektor*[1] und eine massenspezifische *Leistungsabsorption* $q = q(X, t)$ zurück. Der Energiefluß h ist hier statt in der allgemeinen Form $h(\boldsymbol{x}, t, \mathcal{T}, \mathcal{K})$ in Parallele zu den Ausführungen im Anfang von 1.3.2 als *einfache* Größe

$$h = h_{(\boldsymbol{n})} = h(\boldsymbol{x}, t, \boldsymbol{n}), \qquad h_{(-\boldsymbol{n})} = -h_{(\boldsymbol{n})}$$

mit der Folge $h = (\boldsymbol{h}(\boldsymbol{x}, t))^{\mathrm{T}} \boldsymbol{n}$ angesetzt worden. Beispiele für q und $\boldsymbol{h}$ aus dem Bereich der Thermodynamik sind die Absorption thermischer Strahlung bzw. der Kältestrom (Wärmeverluststrom) der Wärmeleitung.

Man fordert nun unter Einbeziehung der kinetischen Energie K nach dem

(1.4.62) **Prinzip der Energiebilanz**

$$\frac{d}{dt}(\mathsf{K} + \mathsf{E}) \overset{!}{=} \mathsf{L} + \mathsf{Q},$$

daß *die zeitliche Änderung der kinetischen und inneren Energie eines Körpers gleich der gesamten mechanischen Leistung der äußeren Lasten plus der nichtmechanischen Leistung ist* (*erstes Gesetz der Thermodynamik*). Statt (1.4.61) schreibt man auch

$$\dot{\mathsf{E}} = \mathsf{L} - \dot{\mathsf{K}} + \mathsf{Q} \tag{1.4.62a}$$

und spricht die Differenz $\dot{\mathsf{A}}_{(i)}\ \mathsf{L} - \dot{\mathsf{K}}$ aus augenscheinlichen Gründen als *innere mechanische Leistung* an. Mit (1.4.32) erreichen wir, wenn wir alle Definitionen (1.4.59) bis (1.4.61) beachten, die detaillierte Form der *globalen Energiebilanz*

$$\begin{aligned}\frac{d}{dt}\int_{v} \varrho\, \varepsilon\, dv = \int_{\partial v} (\dot{\boldsymbol{x}}^{\mathrm{T}} \boldsymbol{T} + \dot{\boldsymbol{\varphi}}^{\mathrm{T}} \boldsymbol{M})\, d\boldsymbol{a} + \int_{v} \varrho (\dot{\boldsymbol{x}}^{\mathrm{T}} \boldsymbol{k} + \dot{\boldsymbol{\varphi}}\, \boldsymbol{l})\, dv - \\ - \frac{d}{dt}\int_{v} \varrho \left[\frac{1}{2}\, \dot{\boldsymbol{x}}^{\mathrm{T}} \dot{\boldsymbol{x}} - \boldsymbol{W}_{\times}^{\mathrm{T}} \boldsymbol{s}\right] dv + \int_{\partial v} \boldsymbol{h}^{\mathrm{T}} d\boldsymbol{a} + \int_{v} \varrho\, q\, dv.\end{aligned} \tag{1.4.63}$$

Bei der Umformung dieser Beziehung benutzt man zuerst (1.4.33) für $\dot{\boldsymbol{\varphi}}$ sowie (1.4.26) und wenn man dann noch die Gültigkeit der Impuls- und Drehimpulsänderungssätze (1.4.46) und (1.4.47) bzw. (1.4.53) und (1.4.54) voraussetzt, so kommt man zu folgenden *lokalen Bilanz-*

[1] Ist $\boldsymbol{n}$ auf ∂v die nach außen gerichtete Normale von v, so berechnet sich der Energiezufluß h (Energieeinstrom) in den Körper $\mathcal{K}$ über seine Berandung ∂v aus einem Vektor $\bar{\boldsymbol{h}}$ des Energiezuflusses wie $h = \bar{\boldsymbol{h}}^{\mathrm{T}}(-\boldsymbol{n})$. Dabei gilt $h > 0$ solange $\bar{\boldsymbol{h}}$ in das Innere von $v(\mathcal{K})$ gerichtet ist. Setzt man $\boldsymbol{h} := -\bar{\boldsymbol{h}}^{T}$, so soll $\boldsymbol{h}$ als Vektor des Energieverluststromes bezeichnet werden, für den dann $h = \boldsymbol{h}^{T} \boldsymbol{n}$ gilt.

forderungen an die Energien

$$(1.4.64)\quad \begin{cases} \varrho\,\dot\varepsilon = \operatorname{div}\boldsymbol{h} + \varrho\, q + \operatorname{tr}(\boldsymbol{D}\,\boldsymbol{T}) + \\ \qquad + \varrho\,\boldsymbol{W}_\times^{\mathrm T}\,\boldsymbol{s} - \operatorname{tr}\big((\operatorname{grad}\boldsymbol{W}_\times)^{\mathrm T}\boldsymbol{M}\big) + \operatorname{div}(\dot{\boldsymbol{\psi}}^{\mathrm T}\boldsymbol{M}) + \varrho\,\dot{\boldsymbol{\psi}}^{\mathrm T}\boldsymbol{l}, \\ \varrho\,\dot\varepsilon = h^k_{,k} + \varrho\, q + D_{kl}\,T^{lk} + \\ \qquad + \tfrac12\varepsilon_{pqr}(\dot x^{[p,q]})^{\cdot}\, s^r - \tfrac12\varepsilon_{pqr}\,\dot x^{[pq]}{}_{,s}\,M^{rs} + (\dot\psi_r\,M^{rs})_{,s} + \\ \qquad + \varrho\,\dot\psi_r\, l^r, \quad \text{in } \boldsymbol{x}\in v\setminus s(\mathscr{K}), \end{cases}$$

$$(1.4.65)\quad \begin{cases} (\varrho\, U)^{\pm}\,[\varepsilon + \tfrac12\dot{\boldsymbol{x}}^{\mathrm T}\dot{\boldsymbol{x}} + (\operatorname{curl}\dot{\boldsymbol{x}})^{\mathrm T}\boldsymbol{s}] + [h_n + \dot{\boldsymbol{x}}^{\mathrm T}\boldsymbol{t}_{(n)} + \\ \qquad\qquad + (\operatorname{curl}\dot{\boldsymbol{x}} + \dot{\boldsymbol{\psi}})^{\mathrm T}\boldsymbol{m}_{(n)}] = 0, \\ (\varrho\, U)^{\pm}\,[\varepsilon + \tfrac12\dot x_k\,\dot x^k + \tfrac12\varepsilon_{pqr}\,\dot x^{[r,q]}\,s^r] + [h^k + \dot x_l\,T^{lk} + \\ \qquad + \tfrac12\varepsilon_{pql}\,\dot x^{[q,p]}\,M^{lk} + \dot\psi_l\,M^{lk}]\,n_k = 0 \text{ in } \boldsymbol{x}\in s(\mathscr{K}). \end{cases}$$

Im Falle *klassischer*, d. h. nichtpolarer *Körper* ist wieder $\boldsymbol{s} = 0$, $\boldsymbol{M} = 0$, $\boldsymbol{l} = 0$ und damit vereinfachen sich die obigen Ergebnisse zu

$$(1.4.66)\quad \varrho\,\dot\varepsilon = \operatorname{tr}(\boldsymbol{D}\boldsymbol{T}) + \operatorname{div}\boldsymbol{h} + \varrho\, q = D_{kl}\,T^{lk} + h^k_{,k} + \varrho\, q, \quad \text{in } \boldsymbol{x}\in v\setminus s(\mathscr{K});$$

$$(1.4.67)\quad \begin{aligned} (\varrho\, U)^{\pm}\,[\varepsilon + \tfrac12\dot{\boldsymbol{x}}^{\mathrm T}\dot{\boldsymbol{x}}] + [\dot{\boldsymbol{x}}^{\mathrm T}\,\boldsymbol{T} + \boldsymbol{h}]^{\mathrm T}\boldsymbol{n} &= 0, \\ (\varrho\, U)^{\pm}\,[\varepsilon + \tfrac12\dot x_k\,\dot x^k] + [\dot x_k\,T^{kl} + h^l]\,n_l &= 0, \\ \text{in } \boldsymbol{x}\in s(\mathscr{K}). \end{aligned}$$

Hier ist die (volumenspezifische) innere mechanische Leistung allein durch $\operatorname{tr}(\boldsymbol{D}\boldsymbol{T}) = \operatorname{tr}\big(\tfrac12(\boldsymbol{T}+\boldsymbol{T}^{\mathrm T})\,\boldsymbol{D}\big)$, d. h. durch die Leistung des symmetrischen Spannungstensorteils an den Komponenten des Verformungsgeschwindigkeitstensors gegeben. Man kann den Spannungstensor $\boldsymbol{T}$ in

$$(1.4.68)\quad \boldsymbol{T} = {}_{\mathsf E}\boldsymbol{T} + {}_{\mathsf D}\boldsymbol{T}$$

aufteilen, wobei der erste (hyper-) *elastisch* genannte Teil ${}_{\mathsf E}\boldsymbol{T}$ aus einer *Verformungsenergiefunktion* $\sigma = \sigma(\boldsymbol{F}) = \sigma(x^k_{,A})$ ableitbar ist

$$(1.4.69)\quad \begin{aligned} {}_{\mathsf E}\boldsymbol{T}_{\varkappa} &= \varrho_{\varkappa}\,\partial_{\boldsymbol{F}}\sigma(\boldsymbol{F}), & {}_{\mathsf E}T_{\varkappa\,k}{}^{A} &= \varrho_{\varkappa}\frac{\partial\sigma}{\partial x^k_{,A}}, \\ {}_{\mathsf E}\boldsymbol{T} &= \varrho\,\partial_{\boldsymbol{F}}\sigma(\boldsymbol{F})\,\boldsymbol{F}^{\mathrm T}, & {}_{\mathsf E}T_k{}^{l} &= \varrho\frac{\partial\sigma}{\partial x^k_{,M}}\,x^l_{,M}. \end{aligned}$$

Hierin ist $\boldsymbol{T}_{\varkappa} = \boldsymbol{T}_{\mathsf P}$ der 1. Piola-Kirchhoffsche Spannungstensor nach (1.3.16) und $\varrho_{\varkappa}$ die Dichte in der entsprechenden Bezugskonfiguration, für die nach (1.2.54) $\varrho\, J = \varrho_{\varkappa}$ gilt. Die auf ${}_{\mathsf E}\boldsymbol{T}$ entfallende innere mechanische Leistung ist aber unter Einrechnung der Eigenschaft ${}_{\mathsf{E}}T^{kl} = {}_{\mathsf{E}}T^{lk}$

(1.4.70) $$\operatorname{tr}({}_{\mathsf{E}}\boldsymbol{T}\boldsymbol{D}) = \varrho \frac{\partial \sigma}{\partial x^k_{,M}} x^l_{,M} \dot{x}^k_{,l} = \varrho \frac{\partial \sigma}{\partial x^k_{,M}} \overline{x^k_{,M}}^{\boldsymbol{\cdot}} = \varrho\, \partial_{\boldsymbol{F}} \sigma(\boldsymbol{F})\, \dot{\boldsymbol{F}}^{\mathrm{T}} = \varrho \dot{\sigma},$$

so daß man (1.4.66) auch wie

(1.4.71) $$\varrho(\dot{\varepsilon} - \dot{\sigma}) = \operatorname{tr}({}_{\mathsf{D}}\boldsymbol{T}\boldsymbol{D}) + \operatorname{div} \boldsymbol{h} + \varrho q$$

schreiben kann. Den Restspannungsanteil ${}_{\mathsf{D}}\boldsymbol{T}$ nennt man *dissipative Spannung*, der Term $\operatorname{tr}({}_{\mathsf{D}}\boldsymbol{T}\boldsymbol{D})$ stellt die volumenspezifische *innere dissipative mechanische Leistung* dar. Den Ausdruck

(1.4.72) $$S = S(\mathscr{K}) = \int_v \varrho\, \sigma(\boldsymbol{F})\, dv$$

nennt man die gesamte *Formänderungsenergie* (Verformungsenergie) des Körpers. Man entnimmt noch (1.4.71), daß i. allg. nur im Falle leistungsloser dissipativer Spannungen ${}_{\mathsf{D}}\boldsymbol{T}$, quellenfreiem Energiefluß $\boldsymbol{h}$ und verschwindender Energieerzeugung q der nichtmechanischen Effekte eine direkte Beziehung zwischen innerer Energie ε und Formänderungsenergie σ besteht: $\dot{\varepsilon} = \dot{\sigma}$. Beide Größen unterscheiden sich in diesem Falle nur durch eine teilchenanhängige zeitlich konstante Größe: $\varepsilon = \sigma + f(\boldsymbol{X})$. Weitere Ausführungen zu S bzw. σ finden sich unter 4.1.

Bezüglich der Energieverhältnisse auf Unstetigkeitsflächen s nach (1.4.67) sei noch bemerkt, daß für Flächen, die weder Stoßfront sind ($[\dot{x}_{\mathsf{n}}] = 0$) noch Wirbelflächen darstellen ($[\dot{\boldsymbol{x}}_{\mathsf{t}}] = 0$), auch der Energiefluß über diese Fläche stetig ist.

(1.4.73) $$[h_{\mathsf{n}}] = [\boldsymbol{h}^{\mathrm{T}} \boldsymbol{n}] = 0.$$

Im weiteren wollen wir bezüglich nichtmechanischer Effekte soweit nötig allein auf thermische Vorgänge eingehen. In der Bilanzgleichung (1.4.60) stellen dann, wie zum Teil schon erwähnt, Q die *thermische Leistung* (der Außenwelt an $\mathscr{K}$), $\boldsymbol{h}$ den Kältestrom bzw. $q = q(X, t)$ die Wärmeabsorption aus äußeren Feldern dar. Wärmeprozesse beschreibt man zusätzlich mit Hilfe der *Temperatur* $\theta = \theta(X, t)$ eines jeden Teilchens $X \in \mathscr{K}$ unter der Beschränkung

(1.4.74) $$\theta > 0$$

und verwendet den Begriff *Entropie* H. Diese soll für einen Körper $\mathscr{K}$ aus einer massenspezifischen *Entropiedichte* $\eta = \eta(X, t)$ wie

(1.4.75) $$H = H(\mathscr{K}) := \int_v \varrho\, \eta\, dv$$

ermittelbar sein. Über die Entropie definiert man[1] eine ihr entsprechende *Entropieerzeugung*

(1.4.76) $$\Gamma = \Gamma(\mathscr{K}) = \int\limits_{v} \varrho\,\gamma\,dv := \dot{\mathsf{H}} - \int\limits_{\partial v} \frac{\boldsymbol{h}^{\mathrm{T}}}{\theta}\,dv - \int\limits_{v} \varrho\,\frac{q}{\theta}\,dv$$

und fordert über letztere das

(1.4.77) **Axiom.** *Die Entropieerzeugung $\Gamma(\mathscr{K})$ ist für alle thermodynamischen Prozesse eines jeden Körpers nicht negativ (zweites Gesetz der Thermodynamik)*:

$$\Gamma(\mathscr{K}) \geqq 0\,.$$

Eine Umformung dieser Ungleichung im Sinne von (1.4.26) und eine Forderung dieser auch für jeden Teilkörper $\mathscr{T}(\mathscr{K})$ entsprechend (1.1.0) bringt die *lokalen Entropieerzeugungsgleichungen*

(1.4.78) $$\begin{aligned}\gamma &:= \dot{\eta} - \frac{1}{\varrho}\operatorname{div}\frac{\boldsymbol{h}}{\theta} - \frac{q}{\theta} = \dot{\eta} - \frac{1}{\varrho\,\theta}\operatorname{div}\boldsymbol{h} - \frac{q}{\theta}\\ &\qquad + \frac{1}{\varrho\,\theta^2}\operatorname{grad}\theta\,\boldsymbol{h} \geqq 0\,, \quad \text{in} \quad \boldsymbol{x} \in v \backslash s(\mathscr{K})\,,\\ (\varrho\,U)^{\pm}\,[\dot{\eta}] &+ \left[\frac{h_n}{\theta}\right] = (\varrho\,U)^{\pm}\,[\dot{\eta}] + \boldsymbol{n}^{\mathrm{T}}\left[\frac{\boldsymbol{h}}{\theta}\right] \geqq 0\,.\\ &\qquad \text{in} \quad \boldsymbol{x} \in s\,(\mathscr{K})\,.\end{aligned}$$

Man nennt die Anteile

(1.4.79) $$\begin{aligned}\gamma_{\mathrm{lok}} &:= \dot{\eta} - \frac{1}{\varrho\,\theta}\operatorname{div}\boldsymbol{h} - \frac{1}{\theta}\,q = \dot{\eta} - \frac{1}{\varrho\,\theta}\,h^k_{,k} - \frac{1}{\theta}\,q\,,\\ \gamma_{\mathrm{kon}} &:= \frac{1}{\varrho\,\theta^2}\operatorname{grad}\theta\,\boldsymbol{h} = \frac{1}{\varrho\,\theta^2}\,\theta_{,s}\,h^s\end{aligned}$$

den *lokalen* bzw. den *konvektiven Teil* der Entropieerzeugung γ. Die Forderung $(1.4.78)_1$ nennt man die *Clausius-Duhemsche Ungleichung*. Sie wird aber meistens in der Form

(1.4.80) $$\gamma_{\mathrm{lok}} \geqq 0\,, \qquad \gamma_{\mathrm{kon}} \geqq 0$$

verschärft, wobei man die Bedingung $(1.4.80)_1$ als *Clausius-Plancksche Ungleichung* anspricht. Die Ungleichung $(1.4.80)_2$ entspricht der Erfahrung, daß gemäß $\operatorname{grad}\theta\,\boldsymbol{h} \geqq 0$ Wärme nicht ohne weiteres von kälteren zu wärmeren Teilen eines Körpers fließt (d. h. „Kältestromvektor" und Temperaturgradient bilden einen spitzen Winkel).

---

[1] Allgemeinere Definitionen unter Einschluß zusätzlicher Entropieverlustströme bzw. Entropiesenken sind denkbar, jedoch sind ohne die Angabe weiterer definitiver Zusammenhänge die entsprechenden Folgerungen leer im Sinne der Tautologie allgemeiner Bilanzsätze [s. den (1.4.13) enthaltenden Absatz].

Von COLEMAN[1] wurde noch die *interne Dissipation*

$$\delta := \varrho\,\theta\,\dot{\eta} - \operatorname{div}\boldsymbol{h} - \varrho\,q \tag{1.4.81}$$

eingeführt. Des öfteren wird noch die spezifische Helmholtzsche *freie Energie*

$$\psi = \varepsilon - \theta\,\eta \tag{1.4.82}$$

und die (volumen-) spezifische *innere mechanische Leistung* $\boldsymbol{\nu}$ verwendet, aus der entsprechend (1.4.62) die gesamte innere mechanische Leistung im Körper $\mathscr{K}$ per

$$L - \dot{K} := \int_{v} \varrho\,\nu\,dv \tag{1.4.83}$$

ermittelbar sein soll. Für klassische (d. h. nichtpolare) Medien ist, wie aus (1.4.64) ersichtlich, die innere mechanische Leistung

$$\nu = \operatorname{tr}(\boldsymbol{D}\,\boldsymbol{T})\,. \tag{1.4.84}$$

Mit diesen Begriffen kommt man zu einigen den Beziehungen $(1.4.64)_1$ und $(1.4.78)_1$ äquivalenten Formulierungen:

$$\varrho\,\dot{\varepsilon} = \nu + \operatorname{div}\boldsymbol{h} + \varrho\,q = \nu + \varrho\,\theta\,\dot{\eta} - \delta, \tag{1.4.85}$$

$$\varrho\,\dot{\psi} = \nu - \varrho\,\dot{\theta}\,\eta - \delta,$$

$$\nu + \varrho(\theta\,\dot{\eta} - \dot{\varepsilon}) + \frac{1}{\theta}\operatorname{grad}\Theta\,\boldsymbol{h} = \delta + \frac{1}{\theta}\operatorname{grad}\theta\,\boldsymbol{h} \geqq 0, \tag{1.4.86}$$

so daß die Clausius-Plancksche Ungleichung $(1.4.80)_1$ mit $\delta \geqq 0$ gleichbedeutend ist. Da in (1.4.86) die Energiegleichung [in der Form (1.4.85)] ausgenutzt wurde, nennt man (1.4.86) auch die *reduzierte Clausius-Duhemsche Ungleichung.*

Man nennt einen thermischen Prozeß in einem Körper $\mathscr{K}$ bei

$$\left\{\begin{array}{llll} Q(\mathscr{K}) = 0 & \text{adiabat}, & \dot{H}(\mathscr{K}) = 0 & \text{isentrop}, \\ \Gamma(\mathscr{K}) = 0 & \text{reversibel}, & \Gamma(\mathscr{K}) > 0 & \text{irreversibel}, \\ \dot{\theta} = 0 & \text{isotherm}. & & \end{array}\right. \tag{1.4.87}$$

1.4.5 Andere Prinzipien

Selbstverständlich kann eine Kontinuumsmechanik auch auf andere Weise axiomatisiert werden, als es im Vorstehenden geschah. Zwei *Axiomensysteme* betrachtet man dann als äquivalent, wenn sie bei weiterer Ausarbeitung der jeweiligen auf diese gestützten Theorien zu

[1] Siehe TRUESDELL/NOLL, Sect. 96, TRUESDELL.

identischen Sätzen führen. Allgemeine Ausführungen zu diesem Gegenstand entnehme man beispielsweise BUNGE, während bezüglich der Grundlagen der Kontinuumsmechanik auf NOLL [2], und BEATTY sowie dortige Literaturangaben verwiesen werden soll.

An dieser Stelle sollen nur die *Arbeitsprinzipien der Mechanik* sowie das *Hamiltonsche Prinzip* kurz gestreift werden und deren Zusammenhang mit den Bilanzsätzen der Dynamik von 1.4.3 aufgezeigt werden.

Sind δu_k und $\delta\psi^k$ beliebige stetige Vektorfelder, die ein weiteres Feld

(1.4.91) $$\delta\varphi^k := \tfrac{1}{2}\varepsilon^{kpq}\,\delta u_{[q,p]} + \delta\psi^k$$

definieren, so ist unter der Voraussetzung genügender Stetigkeit in v das folgende *Stationaritätsprinzip* (Orthogonalitätsprinzip) den dynamischen Grundgleichungen (1.4.46) und (1.4.53) gleichwertig:

(1.4.92) $$\int_v [T^{kl}(\delta u_{(k,l)} + \varepsilon_{kls}\,\delta\psi^s) + M^{kl}\,\delta\varphi_{k,l}]\,dv$$

$$\stackrel{!}{=} \oint_{\partial v} [t^k_{\mathrm{n}}\,\delta u_k + m_{\mathrm{n}\,k}\,\delta\varphi^k]\,da + \int_v \varrho[(k^k + \ddot{x}^k)\,\delta u_k + (l_k - \dot{s}_k)\,\delta\varphi^k]\,dv$$

für beliebige δu_k *und* $\delta\psi^k$.

Die bekannte Fassung für klassische (nichtpolare) Medien lautet wegen $M^{kl} = 0$, $m_{\mathrm{n}\,k} = l_k = \dot{s}_k = 0$, $\delta\psi^k \equiv 0$

(1.4.93) $$\int_v T^{kl}\,\delta u_{(k,l)}\,dv = \oint_{\partial v} t^k_n\,\delta u_k\,da + \int_v \varrho\,(k^k - \ddot{x}^k)\,\delta u_k$$

für beliebige δu_k.

Hieraus entstehen nämlich unter Anwendung des Gaußschen Satzes auf die T^{kl} bzw. M^{kl} enthaltenden Integralterme Volumenintegrale über die mit δu_k bzw. $\delta\varphi^k$ multiplizierten Feldgleichungen (1.4.46) und (1.4.53) sowie Oberflächenintegrale über entsprechend multiplizierte Spannungsvektor-Tensor-Beziehungen (1.3.14), wobei der Gesamtausdruck für *beliebige* δu_k bzw. $\delta\psi^k$ verschwinden muß. Das zieht sofort die Gültigkeit der zitierten Feldgleichungen als notwendige Bedingungen nach sich.

Die einzelnen Terme aus (1.4.92) bzw. (1.4.93) werden meist physikalisch als *Arbeiten an virtuellen Verrückungen* interpretiert, und in dieser Auffassung sind die obigen Beziehungen Formulierungen des *d'Alembertschen Prinzips in der Lagrangeschen Fassung* für polare bzw. klassische Kontinua. Dabei werden üblicherweise die (δu_k, $\delta\psi^k$) als (infinitesimale) *virtuelle Verrückungen* (Verformungsvariationen) aus der

Momentankonfiguration in bei festgehaltenen Last- und Beschleunigungszuständen betrachtet, und die Ausdrücke

$$(1.4.94)\quad \begin{cases} \delta A_{(a)} := \oint\limits_{\partial v} (t_n^k\, \delta u_k + m_{nk}\, \delta \varphi^k)\, da + \int\limits_v \varrho (k^k\, \delta u_k + l_k\, \delta \varphi^k)\, dv, \\ \delta A_{(v)} := \delta A_{(a)} - \int\limits_v \varrho (\ddot{x}^k\, \delta u_k + \dot{s}_k\, \delta \varphi^k)\, dv, \\ \delta A_{(i)} := \int\limits_v [T^{kl}\, (\delta u_{(k,l)} + \varepsilon_{kls}\, \delta \psi^s) + M^{kl}\, \delta \varphi_{k,\, l}]\, dv, \end{cases}$$

jeweils als *virtuelle Arbeit der äußeren Lasten*, als *virtuelle Arbeit der verlorenen Lasten* bzw. als *virtuelle innere mechanische Arbeit*[1] (virtuelle Spannungsarbeit) bezeichnet und das entsprechende Prinzip schreibt sich kurz als

$$(1.4.95)\qquad \delta A_{(v)} \overset{!}{=} \delta A_{(i)} \qquad \textit{für beliebige } \delta u_k \textit{ und } \delta \psi^k.$$

Werden die virtuellen Verrückungen $(\delta u_k,\ \delta \varphi^l)$ den kinematischen Randbedingungen (Lagerungsbedingungen) unterworfen, so entfallen in $\delta A_{(a)}$ die Beiträge der entsprechenden Reaktionslasten, und $\delta A_{(a)}$ geht in $\delta A_{(e)}$, die *virtuelle Arbeit der äußeren eingeprägten Lasten* über. Unter diesen Umständen sind die virtuellen Verrückungszustände $(\delta u_k,\ \delta \psi^l)$ als *mögliche Variation* der Momentankonfiguration auffaßbar.

Beim *Hamiltonschen Prinzip* sind im Gegensatz zum Vorstehenden die virtuellen Verrückungen grundsätzlich zeitabhängig. Beschränken wir uns auf nichtpolare Medien und ist $\bar{\boldsymbol{x}}$ eine Nachbarlage zu $\boldsymbol{x}$, so gilt

$$(1.4.96)\quad \begin{aligned} \bar{\boldsymbol{x}} &= \boldsymbol{x} + \delta \boldsymbol{u}, \\ \dot{\bar{\boldsymbol{x}}} &= \dot{\boldsymbol{x}} + (\delta \boldsymbol{u})^{\boldsymbol{\cdot}} = \dot{\boldsymbol{x}} + \delta \dot{\boldsymbol{x}} \Rightarrow \delta \dot{\boldsymbol{x}} = (\delta \boldsymbol{u})^{\boldsymbol{\cdot}}, \end{aligned}$$

und man erreicht unter der Zusatzforderung $d\dot{m} = 0$, $\delta m = 0$ (Masseerhaltung) mit K als kinetischer Energie

$$\begin{aligned} -\int\limits_v \varrho\, \ddot{x}^k\, \delta u_k\, dv &= -\int\limits_v \varrho\, (\dot{x}^k\, \delta u_k)^{\boldsymbol{\cdot}}\, dv + \int\limits_v \varrho\, \dot{x}^k\, (\delta u_k)^{\boldsymbol{\cdot}}\, dv \\ &= -\frac{d}{dt} \int\limits_v \varrho\, \dot{x}^k\, \delta u_k\, dv + \delta \int\limits_v \frac{1}{2} \varrho\, |\dot{\boldsymbol{x}}|^2\, dv \\ &= -\frac{d}{dt} \int\limits_v \varrho\, \dot{x}^k\, \delta u_k\, dv + \delta K. \end{aligned}$$

---

[1] Man vergleiche dazu den Begriff *innere mechanische Leistung* nach (1.4.62a).

Die Forderung des Hamilton-Prinzips über den Bewegungsablauf zwischen zwei festen Zeitpunkten t_1 und t_2 lautet dann

(1.4.97)
$$\delta \int_{t_1}^{t_2} \mathsf{K}\, dt + \int_{t_1}^{t_2} (\delta \mathsf{A}_{(e)} - \delta \mathsf{A}_{(i)})\, dt \overset{!}{=} 0$$

$$\textit{für } \delta u_k(t_1, \boldsymbol{x}) = \delta u_k(t_2, \boldsymbol{x}) = 0, \textit{ sonst } \delta u_k \textit{ beliebig,}$$

wobei die Verrückungsvariationen von vornherein den Lagerungsbedingungen unterliegen. Eine Abschwächung der Bedingungen $(1.4.97)_2$ erfordert weitere Untersuchungen, für die wir auf entsprechende Ausführungen im Rahmen der Theorie der Variationsrechnung, etwa FUNK verweisen.

Unter statischen Verhältnissen $\ddot{x}^k = \dot{s}^k = 0$, d. h. *im Gleichgewichtsfalle*, entnimmt man (1.4.95) das *Prinzip der virtuellen Verrückung*

(1.4.98)
$$\delta \mathsf{A}_{(a)} = \delta \mathsf{A}_{(i)},$$

nach dem in der Gleichgewichtslage die Variation der Arbeit der äußeren Lasten gleich der Variation der Spannungsarbeit ist. Unter Beachtung der Lagerungsbedingungen auch bei $(\delta u_k, \delta \psi^l)$ gilt wieder $\delta \mathsf{A}_{(a)} = \delta \mathsf{A}_{(e)}$. Die Ausdrücke $\delta \mathsf{A}$ entnehme man (1.4.94).

Mit Rücksicht auf die mechanische Leistungsbilanz ist, s. (1.4.62a) folgend,

(1.4.99)
$$\delta \mathsf{K} = \delta \mathsf{A}_{(a)} - \delta \mathsf{A}_{(i)}$$

und somit die Forderung (1.4.98) selbstverständlich der Aussage $\delta \mathsf{K} = 0$ für Gleichgewichtslagen gleichwertig. Da K eine positiv definite Funktion ist, läßt sich aus einer weiteren Variation von (1.4.99) die *Art des Gleichgewichts* beurteilen. Augenscheinlich sind wegen $\delta^2 \mathsf{K} \lesseqgtr 0$ für $\mathsf{K} = 0$ solche mit

(1.4.100)
$$\delta^2 \mathsf{A}_{(a)} - \delta^2 \mathsf{A}_{(i)} = \delta^2 \mathsf{K} \begin{array}{l} < \text{stabil,} \\ = \text{indifferent,} \\ > \text{labil.} \end{array}$$

Formal gesehen ist es nur eine andere Schreibweise der Ausdrücke aus dem Prinzip der virtuellen Verrückung, wenn man statt dessen ein *Prinzip der virtuellen Kräfte (Lasten)*

(1.4.101)
$$\delta \overline{\mathsf{A}_{(a)}} \overset{!}{=} \delta \overline{\mathsf{A}_{(i)}}$$

fordert, in dem die *äußere* und die *innere Ergänzungsarbeitsvariation* vermöge

(1.4.102)
$$\delta \overline{\mathsf{A}_{(a)}} := \oint_{\partial v} (u_k\, \delta t^k_{\mathrm{n}} + \varphi^k\, \delta m_{\mathrm{n}\,k})\, da + \int_v \varrho\, (u_k\, \delta k^k + \varphi^k\, \delta l_k)\, dv,$$
$$\delta \overline{\mathsf{A}_{(i)}} := \int_v [(\tilde{E}_{k\,l} + \varepsilon_{k\,l\,s}\, \psi^s)\, \delta T^{k\,l} + \varphi_{k,\,l}\, \delta M^{k\,l}]\, dv,$$
$$\tilde{E}_{k\,l} := u_{(k,\,l)}$$

erklärt ist und die virtuellen Lasten δt_{n}^{k}, $\delta m_{\text{n}l}$, δk^{k}, δl_{m}, δT^{kl}, δM^{kl} von vornherein den Restriktionen der Gleichgewichtsbedingungen

$$(\delta T^{ij})_{,j} + \varrho\,\delta k^{i} = 0, \qquad (1.4.103)$$
$$\varepsilon_{ijk}\,\delta T^{kj} + (\delta M_{i}^{\ j})_{,j} + \varrho\,\delta l_{i} = 0$$

unterliegen. Virtuelle Lastsysteme, die (1.4.102) und den Randbedingungen (1.3.14)

$$\delta t_{\text{n}}^{i} = \delta T^{ij}\,n_{j}, \qquad \delta m_{\text{n}}^{i} = \delta M^{ij}\,n_{j}$$

genügen, heißen *statisch zulässig*. Die Forderung (1.4.101) sichert dann die Eindeutigkeit und Stetigkeit der Vektorfelder u_k und ψ^l. Sinnvoll wird dieses Prinzip erst allerdings, wenn man es auf die Verrückungsfelder kleiner Verformungen und Verdrehungen unter Benutzung der Materialgleichung des betrachteten Körpers anwendet.

Spezialisierungen der vorstehenden Prinzipien werden zum Teil noch in den folgenden Paragraphen gezeigt, die die Theorien spezieller Körper ausführen.

1.5 Materialgesetze

1.5.1 Allgemeines. Zwängungen

Die bisher niedergeschriebenen Gesetze der Ziffer 1.4 gelten zwar für alle Körper $\mathscr{K}$ unabhängig von spezifischen Eigenschaften, jedoch reichen diese nicht aus, die Bewegungen des betrachteten Körpers festzulegen. So ist beispielsweise im 1. Cauchyschen Bewegungsgesetz (1.4.46) $\varrho\,\ddot{\boldsymbol{x}} = \operatorname{div}\boldsymbol{T} + \varrho\,\boldsymbol{k}$ zwar $\ddot{\boldsymbol{x}}$ aus vorgegebenen $\boldsymbol{T}$ und $\boldsymbol{k}$ bestimmt, umgekehrt ist aber aus $\boldsymbol{k}$ und $\ddot{\boldsymbol{x}}$ nur div $\boldsymbol{T}$ und nicht $\boldsymbol{T}$ selbst ermittelbar. Diese Lücke wird durch *Stoff-* oder *Materialgesetze* geschlossen, die weitere und körperspezifische Verknüpfungen zwischen der Kinematik des sich verformenden Körpers, den Kräften und nötigenfalls den thermomechanischen Größen herstellen. Um uns nicht zu sehr in Details zu verlieren, wollen wir uns in dieser Ziffern auf klassische, d. h. nichtpolare Medien beschränken.

Ein Teil dieser Materialgesetze verknüpft allerdings nur kinematische Größen eines Körpers $\mathscr{K}$ miteinander. Der Körper wird also in seiner inneren Bewegungsfreiheit eingeschränkt. Man spricht hier von *inneren Zwängungen*. Dementsprechend sind für einen Körper $\mathscr{K}$ oder für Elemente $X \in \mathscr{K}$ die durch den Gradienten $\boldsymbol{F}$ charakterisierten Verformungen $\boldsymbol{\chi}(X, t)$ nicht mehr beliebig, sondern durch Nebenbedingungen eingeschränkt, bei einer *einfachen* etwa durch eine skalare Funktion $\gamma(\boldsymbol{F}(\tau)) = 0$ für $-\infty < \tau < \infty$, wobei die Form von $\boldsymbol{\gamma}$ selbstverständlich von der gewählten Referenzkonfiguration $\boldsymbol{\varkappa}$ abhängt. Da eine innere Zwängung per definitionem eine materielle Eigenschaft des Körpers ist, läßt sich aus dem Prinzip der Unabhängigkeit der Materialeigenschaften vom Bezugssystem [s. (1.5.14)] herleiten, daß äquivalent zu $\gamma = 0$ die Zwängung durch

$$\lambda(\boldsymbol{C}(\tau)) = 0, \qquad -\infty < \tau < \infty \tag{1.5.1}$$

unter Verwendung des rechten Cauchy-Green-Tensors $\boldsymbol{C}$ beschrieben werden kann. Die Drehung $\boldsymbol{R}$ des jeweiligen Elements bleibt also ohne Einfluß. Leitet man diese Beziehung nach τ ab, in augenscheinlicher Schreibweise

$$\operatorname{tr}(\partial_{\boldsymbol{C}}\lambda(\boldsymbol{C})\,\dot{\boldsymbol{C}}) = \frac{\partial\lambda}{\partial C_{KL}}\dot{C}^{LK} = 0, \tag{1.5.2}$$

führt $\tau = t$ durch und setzt für $\dot{\boldsymbol{C}}$ die aus $(1.2.85)_3$ fließende Relation

$$\dot{\boldsymbol{C}}(t) = 2\boldsymbol{F}^{\mathrm{T}}(t)\,\boldsymbol{D}(t)\,\boldsymbol{F}(t)$$

ein, so läßt sich anstelle von (1.5.2) die im Streckgeschwindigkeitstensor $\boldsymbol{D}$ lineare Form

$$\operatorname{tr}(\boldsymbol{F}\,\partial_{\boldsymbol{C}}\lambda(\boldsymbol{C})\,\boldsymbol{F}^{\mathrm{T}}\boldsymbol{D}) = \frac{\partial\lambda}{\partial C_{KL}}\,x^p_{,K}\,x^q_{,L}\,D_{pq} = 0 \tag{1.5.3}$$

aufschreiben.

Mit den Zwängungen sind Anteile $\boldsymbol{N}$ an den inneren Spannungsfeldern $\boldsymbol{T}$ des Körpers verbunden, die *Zwängungsreaktionen* oder *Zwängungsspannungen* genannt werden sollen und nicht aus der Kinematik der zulässigen Verformungen determiniert sind. Man kann aber von ihnen verlangen,

(1.5.4) **(Prinzip:)** daß *Zwängungsspannungen* $\boldsymbol{N}$ *bei allen mit den Zwängungen verträglichen Bewegungen des Körpers keine (innere) Arbeit leisten.*

Wegen (1.4.84) als relevanten Ausdruck der inneren Arbeit faßt dies

$$\operatorname{tr}(\boldsymbol{N}\boldsymbol{D}) \overset{!}{=} 0$$

für alle zulässigen Deformationsgeschwindigkeitsfelder $\boldsymbol{D}$.

Ein Vergleich dieser Beziehung mit (1.5.3) zeigt, daß jedes $\boldsymbol{N}$ der Form

$$\boldsymbol{N} = q\,\boldsymbol{F}\,\partial_{\boldsymbol{C}}\lambda(\boldsymbol{C})\,\boldsymbol{F}^{\mathrm{T}}, \qquad N^{kl} = q\frac{\partial\lambda}{\partial C_{PQ}}\,x^k_{,P}\,x^l_{,Q} \tag{1.5.5}$$

mit unbestimmtem Faktor q diesem Prinzip genügt.

Eine Erweiterung der Ausführungen auf mehrere Zwängungsbedingungen (1.5.1) ist leicht möglich. Wir bemerken jedoch nur, daß die Zahl dieser Bedingungen auf 5 für deformable Medien begrenzt ist, da 6 Bedingungen der Form (1.5.1) sämtliche Komponenten von $\boldsymbol{C}$

eindeutig festlegen, der Körper unter diesen Umständen also *starr* ist. Was die Zwängungsspannungen im letzteren Fall betrifft, so enthält der (1.5.5) entsprechende Ansatz 6 unbestimmte Parameter q_a, wodurch die Komponenten von $\boldsymbol{N}$ völlig unbestimmt sind.

Von den Spezialfällen innerer Zwängungen erwähnen wir unter Verwendung obiger Bezeichnungsweisen:

(1.5.6) **Inkompressibilität** (Isochore, d. h. volumentreue Bewegungen):

$$|\det \boldsymbol{F}(\tau)| = J(\tau) = 1 \quad \Leftrightarrow \det \boldsymbol{C}(\tau) = 1,$$
$$\lambda(\boldsymbol{C}) = \det \boldsymbol{C} - 1,$$
$$\boldsymbol{F}\,\partial_{\boldsymbol{C}}\lambda(\boldsymbol{C})\,\boldsymbol{F}^{\mathrm{T}} = \boldsymbol{1}; \qquad \boldsymbol{N} = -p\cdot\boldsymbol{1}, \quad N^{kl} = -p\,g^{kl}.$$

(1.5.7) **Undehnbarkeit** in Richtung $\boldsymbol{e}$ der Bezugskonfiguration an der Stelle $\boldsymbol{X}$:

$$\boldsymbol{e}^{\mathrm{T}}\boldsymbol{e} = 1 = \boldsymbol{e}^{\mathrm{T}}\boldsymbol{C}\,\boldsymbol{e},$$
$$\lambda(\boldsymbol{C}) = \boldsymbol{e}^{\mathrm{T}}\boldsymbol{C}\,\boldsymbol{e} - 1,$$
$$\boldsymbol{F}\,\partial_{\boldsymbol{C}}\lambda(\boldsymbol{C})\,\boldsymbol{F}^{\mathrm{T}} = (\boldsymbol{F}\,\boldsymbol{e}) \otimes (\boldsymbol{F}\,\boldsymbol{e})^{\mathrm{T}},$$
$$\boldsymbol{N} = s(\boldsymbol{F}\,\boldsymbol{e}) \otimes (\boldsymbol{F}\,\boldsymbol{e}), \quad N^{kl} = s\,x^k_{,P}\,x^l_{,Q}\,e^P e^Q.$$

(1.5.8) **Starrheit.**

$$\boldsymbol{F}(\tau) = \boldsymbol{R}(\tau) \Leftrightarrow \boldsymbol{C}(\tau) = \boldsymbol{F}^{\mathrm{T}}\boldsymbol{F} = \boldsymbol{1}$$

mit 6 Zwängungsbedingungen

$$\lambda_{AB}(\boldsymbol{C}) = C_{AB} - g_{AB}, \quad A \leqq B,$$

$\boldsymbol{N}$ 6fach unbestimmt $\Leftrightarrow$ alle Komponenten N^{kl} unbestimmt.

Für Starrkörper sind damit die Möglichkeiten der Kontinuumstheorie erschöpft. Da der Tensor $\boldsymbol{N}$ der Zwängungsspannungen völlig unbestimmt ist, ist es bedeutungslos, ob etwa im Sinne des folgenden Prinzips (1.5.12) ein (additiver) Spannungsanteil $\boldsymbol{T}_{\mathrm{E}}$ auf Grund anderer phänomenologischer Gesetze angegeben werden kann. Der innere Spannungszustand $\boldsymbol{T}$ wird allein durch die Cauchyschen Bewegungsgesetze (1.4.46) und (1.4.57) eingeschränkt, ist aber sonst bis auf den Übergang in die Randwerte beliebig. Weitere Ausführungen zur Starrkörpermechanik finden sich in § 2.

1.5.2 Allgemeine Prinzipien

Als *mechanischen* bzw. als *thermomechanischen Prozeß* eines Teilchens $X \in \mathscr{K}$ wollen wir jedes Paar $\{\boldsymbol{\chi}, \boldsymbol{T}\}$ bzw. 6-Tupel $\{\boldsymbol{\chi}, \boldsymbol{T}, \varepsilon, \theta, \boldsymbol{h}, \eta\}$ von Funktionen für alle $X \in \mathscr{K}$ und $-\infty < t - \infty$ definieren. Ein solcher erfüllt von vornherein bei passender Wahl der Massenkraftfelder $\boldsymbol{k}$ und des Wärmeabsorptionsfeldes q die Grundgesetze (1.4.46) und (1.4.66) und heißt insbesondere *zulässig*, falls er ***außerdem*** den Axiomen (1.4.57), (1.4.74), d. h. $\boldsymbol{T} = \boldsymbol{T}^{\mathrm{T}}$, $\theta > 0$ genügt.

Wird eine Größe Ψ betrachtet, so definieren wir durch

$$\text{(1.5.9)}\qquad \begin{aligned} \Psi^{(t)} &= \Psi^{(t)}(s) := \Psi\,(t-s) \quad \text{mit} \quad 0 \leqq s < \infty, \\ \Psi^{(t)}_{+} &= \Psi^{(t)}_{+}(s) := \Psi\,(t-s) \quad \text{mit} \quad 0 < s < \infty, \end{aligned}$$

die *gesamte Geschichte* von Ψ bis zur Zeit t bzw. die *Vorgeschichte* von Ψ vor der Zeit t.

Wir betrachten *zunächst* Körper $\mathscr{K}$, von deren Verhalten ***allein aus mechanischen Effekten*** erklärt werden kann. Nach dem Vorstehenden ist im Prinzip alles geleistet, wenn man für den speziellen Körper die Spannungsverteilung $\boldsymbol{T}$ aus Informationen über die Bewegung $\boldsymbol{\chi}$ angeben kann. Einen solchen körperspezifischen Zusammenhang nennt man *Stoff-* oder *Materialgesetz.* Den folgenden Prinzipien werden die Materialgesetze von vornherein unterworfen:

(1.5.10) **Prinzip des Determinismus.** *Die Spannung in einem Teilchen $X \in \mathscr{K}$ zum Zeitpunkt t ist durch die gesamte Geschichte der Bewegung $\boldsymbol{\chi}(Z, t)$ aller Teilchen $Z \in \mathscr{K}$ bis zum Zeitpunkt t bestimmt:*

$$\boldsymbol{T}(X, t) = \mathop{\mathfrak{F}}_{s=0}^{\infty}\left(\boldsymbol{\chi}^{(t)}(Z, s)\, X, t\right) = \mathfrak{F}\left(\boldsymbol{\chi}^{(t)}(Z), X, t\right).$$

Dabei soll $\mathfrak{F}$ ein Funktional bedeuten, dessen Wert durch $\boldsymbol{\chi}^{(t)}$ im Bereich $0 \leqq s \leqq \infty$ bestimmt wird. Das Funktional $\mathfrak{F}$ definiert den speziellen Körper. Der Zeitablaufparameter s und seine Variation $0 \leqq s < \infty$ werden, soweit Mißverständnisse nicht zu befürchten sind, meist unterdrückt.

Eine Änderung dieses Prinzips für ***Körper mit inneren Zwängungen*** (s. 1.5.1) ist notwendig. Setzt man die Spannung $\boldsymbol{T}$ aus der *Zwängungsspannung* $\boldsymbol{N}$ und der *Überspannung* $\boldsymbol{T}_{\mathsf{E}}$ zusammen:

$$\text{(1.5.11)}\qquad \boldsymbol{T}_{\mathsf{E}} := -\boldsymbol{N} + \boldsymbol{T}, \qquad \boldsymbol{T} = \boldsymbol{N} + \boldsymbol{T}_{\mathsf{E}},$$

so lautet das

(1.5.12) **Prinzip des Determinismus für Stoffe mit inneren Zwängungen.** *Die Spannung $\boldsymbol{T}$ in einem Teilchen $X \in \mathscr{K}$ zum Zeitpunkt t ist bis auf den Anteil der Zwängungsspannungen $\boldsymbol{N}$ durch die gesamte Geschichte der Bewegung $\boldsymbol{\chi}(Z, \tau)$ aller Teilchen $Z \in \mathscr{K}$ bis zum Zeitpunkt t bestimmt, d. h., letztere bestimmt allein die Überspannung $\boldsymbol{T}_{\mathsf{E}} = \boldsymbol{T} - \boldsymbol{N}$:*

$$\boldsymbol{T}_{\mathsf{E}} = \mathfrak{F}\left(\boldsymbol{\chi}^{(t)}; X, t\right) \quad \text{bzw.} \quad \boldsymbol{T} = \boldsymbol{N} + \mathfrak{F}\left(\boldsymbol{\chi}^{(t)}; X, t\right),$$

(1.5.13) **Prinzip der lokalen Wirkung.** *Der Einfluß der Bewegung* $\boldsymbol{\chi}(Z,\tau)$ *des Körpers* $\mathcal{K}$ *auf die Spannung* $\boldsymbol{T}$ *bzw. bei gezwängten Körpern auf die Überspannung* $\boldsymbol{T}_{\mathsf{E}}$ *beschränkt sich auf die in der unmittelbaren Umgebung* $Z \in \mathcal{U}(X)$ *von* X*:* Ist $\boldsymbol{\chi}$ und $\overline{\boldsymbol{\chi}}$ je eine Bewegung mit

$$\boldsymbol{\chi}(Z,\tau) = \overline{\boldsymbol{\chi}}(Z,t) \quad \text{für alle } Z \in \mathcal{U}(X) \text{ und } \tau \leqq t$$

so gilt für die Spannungsfunktionale $\boldsymbol{T}(X,t) = \mathfrak{F}(\boldsymbol{\chi}^{(t)}; X, t)$ bzw. $\boldsymbol{T}_{\mathsf{E}} = \mathfrak{F}$

$$\mathfrak{F}(\boldsymbol{\chi}^{(t)}; X, t) = \mathfrak{F}(\overline{\boldsymbol{\chi}}^{(t)}; X, t).$$

(1.5.14) **Prinzip der Unabhängigkeit der Materialeigenschaften vom Bezugssystem**[1]. *Materialgleichungen müssen invariant gegenüber einem Wechsel des Bezugssystems sein. Das heißt, eine Materialgleichung, die für einen zulässigen mechanischen Prozeß* $\{\boldsymbol{\chi}, \boldsymbol{T}\} = \boldsymbol{\chi}(X,t), \boldsymbol{T}(X,t)\}$ *und* $\boldsymbol{T} = \boldsymbol{T}^{\mathrm{T}}$ *gilt, muß auch für jeden äquivalenten Prozeß* $\{\boldsymbol{\chi}', \boldsymbol{T}'\}$ *gelten, der im Sinne von* (1.2.6) *und* (1.2.10) *durch*

$$\begin{aligned}
\boldsymbol{x}' &= \boldsymbol{\chi}'(X,t') = \boldsymbol{c}(t) + \boldsymbol{Q}(t)\,\boldsymbol{\chi}(X,t),\\
\boldsymbol{T}' &= \boldsymbol{T}'(X,t') = \boldsymbol{Q}(t)\;\boldsymbol{T}(X,t)\;\boldsymbol{Q}^{\mathrm{T}}(t),\\
t' &= t - a
\end{aligned}$$

gegeben ist. Setzt man für $\boldsymbol{T}$ und $\boldsymbol{T}'$ die entsprechenden Ausdrücke im Funktional $\mathfrak{F}$ ein, so erhält man eine Funktionalgleichung

$$\text{(1.5.15)} \qquad \mathfrak{F}(\boldsymbol{Q}^{(t)}\boldsymbol{\chi}^{(t)} + \boldsymbol{c}^{(t)}; X, t-a) = \boldsymbol{Q}(t)\,\mathfrak{F}(\boldsymbol{\chi}^{(t)}; X, t)\,\boldsymbol{Q}^{\mathrm{T}}(t),$$

die von jeder Materialgleichung identisch in $\boldsymbol{Q}$, $\boldsymbol{\chi}$, $\boldsymbol{c}$ und $\boldsymbol{a}$ erfüllt werden muß. Trifft man einige spezielle Annahmen insbesondere für $\boldsymbol{c}$ und $\boldsymbol{a}$, so erreicht man unter Einbeziehung der Definition

$$\text{(1.5.16)} \qquad \boldsymbol{\chi}_X(Z,t) := \boldsymbol{\chi}(Z,t) - \boldsymbol{\chi}(X,t),$$

der *Lokalisierung einer Bewegung* relativ zu X, für die Spannung

$$\text{(1.5.17)} \qquad \boldsymbol{T}(t) = \mathfrak{F}(\boldsymbol{\chi}_X^{(t)}),$$

wobei das Funktional $\mathfrak{F}$ den Funktionalbeziehungen

$$\text{(1.5.18)}_1 \qquad \boldsymbol{Q}_0\,\mathfrak{F}(\boldsymbol{\chi}_X^{(t)})\,\boldsymbol{Q}_0^{\mathrm{T}} = \mathfrak{F}(\boldsymbol{Q}\,\boldsymbol{\chi}_X^{(t)})$$

mit $\boldsymbol{Q}_0 := \boldsymbol{Q}(0)$ und $\boldsymbol{Q}\,\boldsymbol{\chi}_X^{(t)} = (\boldsymbol{Q}\,\boldsymbol{\chi}_X^{(t)})(Z,s) = \boldsymbol{Q}(s)\,\boldsymbol{\chi}_X^{(t)}(Z,s)$, *und* wegen (1.5.13),

$$\text{(1.5.18)}_2 \qquad \mathfrak{F}(\boldsymbol{\chi}_X^{(t)}) = \mathfrak{F}(\overline{\boldsymbol{\chi}}_X^{(t)})$$

mit $\boldsymbol{\chi}_X^{(t)}(Z,s) = \boldsymbol{\chi}_X^{(t)}(Z,s)$ für alle $Z \in \mathcal{U}(X)$ und $0 \leqq s \leqq \infty$ unterliegt.

Die Beziehung (1.5.17) stellt mit den Nebenbedingungen (1.5.18) die allgemeinste Materialgleichung eines nichtpolaren Materials mit rein

---

[1] Prinzip der stofflichen Indifferenz; Prinzip der Objektivität der Stoffeigenschaften; Prinzip der Objektivität.

mechanischen Effekten dar. $\mathfrak{S}$ wird *Auswirkungsfunktional* genannt. Für Materialien mit inneren Zwängungen gilt wieder alles entsprechend, wenn nur $\boldsymbol{T}$ jeweils durch die Überspannung $\boldsymbol{T}_E$ ersetzt wird.

(1.5.19) **Prinzip des nachlassenden Erinnerungsvermögens.** *Die momentane Auswirkung* (*hier* die momentane Spannung $\boldsymbol{T}$) *hängt im stärkeren Maße von der jüngeren Vorgeschichte der Einflußgrößen* (*hier* der Verformung χ_X) *als von der älteren Vorgeschichte ab.* Eine quantitative Formulierung dieses Prinzips ist auf verschiedene Weisen möglich. Einzelheiten entnehme man z. B. TRUESDELL/NOLL und der dort zitierten Literatur.

Werden nicht allein mechanische Effekte, sondern auch andere, z. B. thermomechanische, in die Betrachtung einbezogen, so verlangt zusätzlich das

(1.5.20) **Prinzip der Äquipräsenz,** *daß eine unabhängige Variable, die in einer der den Vorgang beherrschenden Materialgleichungen auftritt, auch als unabhängige Variable in allen anderen hiermit zusammenhängenden Materialgleichungen vertreten ist, solange diesem nicht allgemeine physikalische Gesetze oder Invarianzforderungen widersprechen.* Das Prinzip beruht auf der Erfahrung, daß in allgemeineren Theorien die klassische Entkopplung der physikalischen Phänomene nicht erwartet werden kann.

So ist es in nichtlinearen Theorien etwa der Thermomechanik keineswegs so, daß die Spannung allein auf die Verformung und der Wärmestrom allein auf den Temperaturgradienten zurückgeführt werden kann. Nimmt man in diesem Falle beispielsweise für die Spannung einen funktionellen Zusammenhang der Form $\boldsymbol{T} = \mathfrak{g}(\boldsymbol{F}, \dot{\boldsymbol{F}}, \varepsilon, \boldsymbol{g})$ mit $\boldsymbol{g} = \operatorname{grad}\theta$ an, so ist nach dem obigen Prinzip zu erwarten, daß die übrigen Materialgleichungen für die Größen θ, $\boldsymbol{h}$, η Funktionen (oder Funktionale) der gleichen Argumentenliste $(\boldsymbol{F}, \dot{\boldsymbol{F}}, \varepsilon, \boldsymbol{g})$ sind.

(1.5.21) **Prinzip der Unabhängigkeit der Materialeigenschaften vom Bezugssystem in** (*beispielsweiser*) **Erweiterung auf thermomechanische Vorgänge.** *Materialgleichungen, die die Größen eines zulässigen thermomechanischen Prozesses* $\{\boldsymbol{\chi}, \boldsymbol{T}, \varepsilon, \theta, \boldsymbol{h}, \eta\}$ *verknüpfen, gelten auch für jeden äquivalenten Prozeß* $\{\boldsymbol{\chi}', \boldsymbol{T}', \varepsilon', \theta', \boldsymbol{h}', \eta'\}$. Das heißt, im Sinne von (1.2.6) und (1.2.10) hat man von diesen Größen zusätzlich zu (1.5.14) die Transformationseigenschaften

$$\varepsilon' = \varepsilon, \quad \theta' = \theta, \quad \boldsymbol{h}' = \boldsymbol{Q}\,\boldsymbol{h}, \quad \eta' = \eta$$

und entsprechend für die sonstigen unabhängigen Variablen zu fordern.

(1.5.22) *Jede Materialgleichung unterliegt dem* **Prinzip der nichtnegativen Entropieerzeugung** (1.4.77) *für alle zulässigen thermodynamischen Prozesse.*

1.5.3 Isomorphie, Homogenität und einfache Materialien

Wir kehren zu dem Problem rein mechanischer Materialgleichungen zurück. Wie in 1.2.2 aufgeführt, erlaubt die Wahl irgendeiner Bezugskonfiguration $\varkappa$ die Abhängigkeit der Beziehungen in 1.5.2 vom abstrakten Teilchen $Z \in \mathscr{U}(X)$ durch eine Abhängigkeit von

$$(1.5.23) \qquad \boldsymbol{Z} = \varkappa_X(Z) = \varkappa(Z) - \varkappa(X),$$

dem Ortsvektor von Z relativ zu X in der Bezugskonfiguration $\varkappa$ zu ersetzen. Insbesondere benutzen wir also anstelle der Lokalisierung $\chi_X(Z, \tau)$ der Bewegung mit Bezug auf X die äquivalente Form

$$(1.5.24) \qquad \boldsymbol{z} = \chi_X(\boldsymbol{Z}, \tau) = \chi_{\varkappa, X}(\boldsymbol{Z}, t),$$

die von $\varkappa$ abhängt.

Diese Substitution sei an allen passenden Stellen in 1.5.2 durchgeführt. Demgemäß ist auch die Form des Auswirkungsfunktionals von $\varkappa$ abhängig: $\mathfrak{H} = \mathfrak{H}_\varkappa$. Sind $\varkappa$ und $\hat{\varkappa}$ zwei verschiedene Bezugskonfigurationen der $\mathscr{U}(X)$ mit $\lambda_X : \varkappa_X \to \hat{\varkappa}_X$, so muß die Funktionalbeziehung

$$(1.5.25) \qquad \mathfrak{H}_\varkappa(\chi_X^{(t)}) = \mathfrak{H}_{\hat{\varkappa}}(\hat{\chi}_X^{(t)}), \quad \hat{\chi}_X^{(t)}(\hat{\boldsymbol{Z}}, s) = \chi_X^{(t)}(\boldsymbol{Z}, s), \quad \hat{\boldsymbol{Z}} = \lambda_X(\boldsymbol{Z})$$

bestehen.

Eine Bezugskonfiguration $\varkappa$ hat konstante Dichte, falls $\varrho_\varkappa(\boldsymbol{X})$ eine Konstante ist, diese also nicht von X abhängt.

(1.5.26) **Definition.** Zwei Teilchen X und $\bar{X}$ eines Körpers $\mathscr{K}$ heißen *materiell isomorph*, falls ein $\varkappa$ der $\mathscr{U}(X)$ und ein $\bar{\varkappa}$ der $\mathscr{U}(\bar{X})$ existiert, daß

$$① \ \varrho_\varkappa = \varrho_{\hat{\varkappa}} \text{ konst.}, \qquad ② \ \mathfrak{H}_\varkappa(\chi) = \mathfrak{H}_{\hat{\varkappa}}(\chi)$$

für alle $\chi(\boldsymbol{Z}, s)$ bei $s \geqq 0$ und $\boldsymbol{Z} \in \mathscr{U}(\boldsymbol{0})$. Zwei Teilchen sind also materiell isomorph dann, wenn ihr mechanisches Verhalten unter

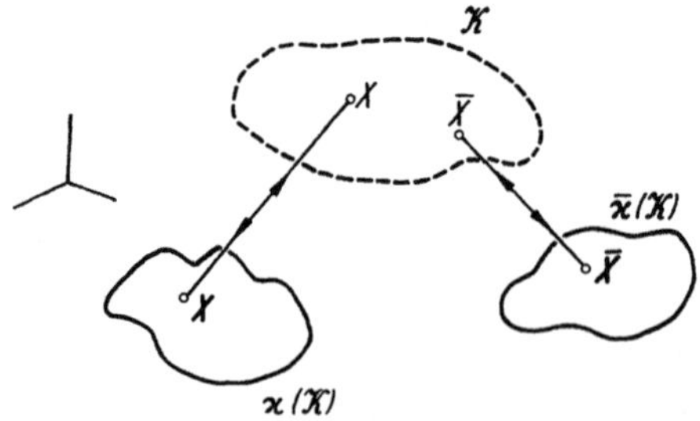

Abb. 1.5.27. Isomorphie von Teilchen

gleichen Verformungsgeschichten (bezüglich jeweils passender Bezugskonfiguration) identisch ist.

(1.5.28) **Definition.** Ein Körper $\mathcal{K}$ heißt *materiell gleichförmig*, wenn *alle* Teilchen $X \in \mathcal{K}$ materiell isomorph zueinander sind. Die Bezugs-

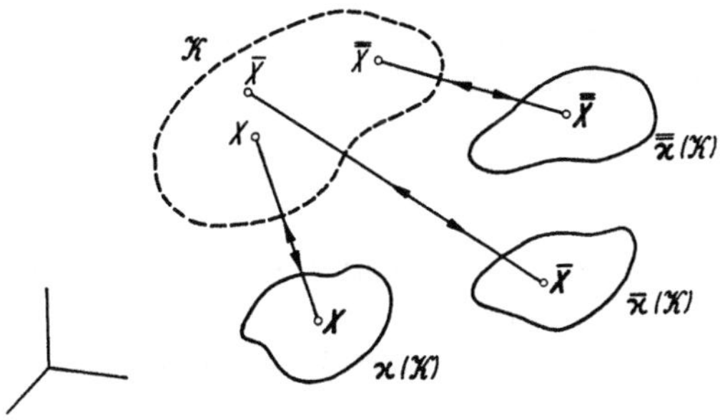

Abb. 1.5.29. Materiell gleichförmiger Körper

konfigurationen $\varkappa$ sind dabei i. allg. von Teilchen zu Teilchen verschieden.

(1.5.30) **Definition.** Ein Körper $\mathcal{K}$ heißt *homogen*, falls in *einer* Bezugskonfiguration für den gesamten Körper alle Teilchen materiell isomorph

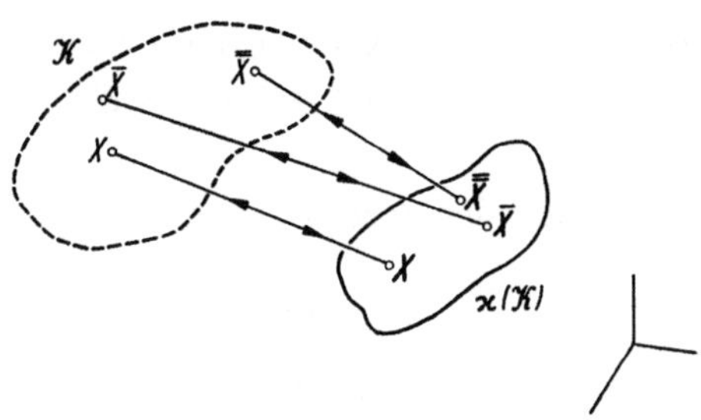

Abb. 1.5.31. Homogener Körper

einander sind. In homogenen Körpern verhält sich also jedes Teilchen unter gleichen Verformungsgeschichten bezogen auf die gleiche Bezugskonfiguration identisch.

Die Bedingung (1.5.18) verlangt, daß der Wert von $\mathfrak{S}(\chi_X^{(t)})$ allein von den Werten $\chi_X^{(t)}(\boldsymbol{Z}, s)$ aus einer beliebig kleinen Umgebung $\boldsymbol{Z} \in \mathcal{U}(\boldsymbol{0})$ abhängt. Für kleines $\boldsymbol{Z}$ gilt aber in 1. Näherung

$$\chi_X^{(t)}(\boldsymbol{Z}, s) \approx [\nabla\, \chi_X^{(t)}(\boldsymbol{0}, s)]\, \boldsymbol{Z} = \boldsymbol{F}^{(t)}(s)\, \boldsymbol{Z}, \tag{1.5.32}$$

wobei $\boldsymbol{F}^{(t)}$ die Geschichte des Deformationsgradienten $\boldsymbol{F}(\boldsymbol{X}, \tau)$ bis zur Zeit t ist, s. auch (1.2.19).

Materialien, deren Auswirkungsfunktional für ein Teilchen $X = \overset{-1}{\boldsymbol{\varkappa}}(\boldsymbol{X})$ allein von der Deformationsgradientengeschichte $\boldsymbol{F}^{(t)}$ an dieser Stelle abhängt

$$(1.5.33) \qquad \boldsymbol{T}(t) = \mathfrak{G}(\boldsymbol{F}^{(t)}),$$

nennt man *einfache Materialien*. Diese Beziehung wird, wenn notwendig, detaillierter notiert

$$(1.5.34) \qquad \boldsymbol{T}(t) = \underset{s=0}{\overset{\infty}{\mathfrak{G}}}\left(\boldsymbol{F}^{(t)}(s)\right) = \underset{s=0}{\overset{\infty}{\mathfrak{G}}}\left(\boldsymbol{F}(t-s)\right),$$

wobei $\mathfrak{G}$ noch zusätzlich von $\boldsymbol{\varkappa}$ und $\boldsymbol{X}$ bzw. X abhängt. Im Falle eines homogenen einfachen Körpers hängt die Form des Funktionals $\mathfrak{G}$ nicht von X selbst ab, falls die passende Bezugskonfiguration verwendet wurde.

Da die Spannung im Teilchen $X = \overset{-1}{\boldsymbol{\varkappa}}(\boldsymbol{X})$ eines einfachen Stoffes ein Funktional der Verformungsgradientengeschichte $\boldsymbol{F}^{(t)}$ allein dieses Teilchen ist, genügt es, sich bei der Untersuchung solcher Körper auf *homogene Deformationsgeschichten* zu beschränken. Homogene Deformationen haben die allgemeine Form

$$(1.5.35) \qquad \boldsymbol{x} = \chi_{\boldsymbol{\varkappa}}(\boldsymbol{X}, t) = \boldsymbol{F}(t)\,\boldsymbol{X} + \boldsymbol{c}(t)$$

mit $\boldsymbol{F}(t)$ und $\boldsymbol{c}(t)$, die nicht von $\boldsymbol{X}$ abhängen. Ist $\boldsymbol{F}(t)$ invertierbar, d. h. $\det(\boldsymbol{F}(t)) \neq 0$, so errechnet sich der Geschwindigkeitsgradient (1.2.112) wie $\boldsymbol{L} = \dot{\boldsymbol{F}}\overset{-1}{\boldsymbol{F}}$.

Da bei einem Wechsel des Bezugssystems der Gradient $\boldsymbol{F}$ sich in $\boldsymbol{F}'$ wie

$$(1.5.36) \qquad \boldsymbol{F}' = \boldsymbol{Q}\,\boldsymbol{F}$$

transformiert, lautet die Funktionalgleichung (1.5.15) bzw. (1.5.18) zur Sicherung der Objektivität der Materialeigenschaften, s. (1. 5.14), bei einfachen Stoffen gemäß (1.5.34)

$$(1.5.37) \qquad \boldsymbol{T}' = \underset{s=0}{\overset{\infty}{\mathfrak{G}}}\left(\boldsymbol{Q}(s)\,\boldsymbol{F}^{(t)}(s)\right) = \boldsymbol{Q}_0\,\underset{s=0}{\overset{\infty}{\mathfrak{G}}}\left(\boldsymbol{F}^{(t)}(s)\right)\boldsymbol{Q}_0^{\mathrm{T}}$$

die identisch in $\boldsymbol{F}$ und $\boldsymbol{Q}$ zu erfüllen ist. Spaltet man $\boldsymbol{F}$ wie in (1.2.57) in die reine Verformung $\boldsymbol{U}$ und die Drehung $\boldsymbol{R}$ auf

$$\boldsymbol{F}^{(t)}(s) = \boldsymbol{R}^{(t)}(s)\,\boldsymbol{U}^{(t)}(s),$$

so erlaubt die spezielle Wahl

$$\boldsymbol{Q}(s) = \left(\boldsymbol{R}^{(t)}(s)\right)^{\mathrm{T}}, \qquad \boldsymbol{Q}_0 = \boldsymbol{Q}(0) = \boldsymbol{R}^{\mathrm{T}}(t)$$

anstelle von (1.5.37)

$$\mathop{\mathfrak{G}}_{s=0}^{\infty}\left(\boldsymbol{U}^{(t)}(s)\right) = \boldsymbol{R}^{\mathrm{T}}(t)\mathop{\mathfrak{G}}_{s=0}^{\infty}\left(\boldsymbol{F}^{(t)}(s)\right)\boldsymbol{R}(t)$$

bzw.

$$\boldsymbol{T}(t) = \boldsymbol{R}(t)\mathop{\mathfrak{G}}_{s=0}^{\infty}\left(\boldsymbol{U}^{(t)}(s)\right)\boldsymbol{R}^{\mathrm{T}}(t) \tag{1.5.38}$$

zu schreiben. Man nennt (1.5.38) die *reduzierte Form der Stoffgleichungen einfacher Materialien.*

Diese erfüllt nach Konstruktion alle hier relevanten Prinzipien (1.5.10), (1.5.13) und insbesondere die Forderungen des Prinzips der stofflichen Indifferenz (1.5.14).

Handelt es sich um einen *inkompressiblen einfachen Stoff*, so ist entsprechend (1.5.12) und (1.5.6) die obige reduzierte Form der Stoffgleichung einfacher Materialien durch

$$\boldsymbol{T} = -p\cdot\mathbf{1} + \boldsymbol{R}^{\mathrm{T}}(t)\mathop{\mathfrak{G}}_{s=0}^{\infty}\left(\boldsymbol{U}^{(t)}(s)\right)\boldsymbol{R}(t) \tag{1.5.39}$$

zu ersetzen, wobei $\mathfrak{G}$ nur für Deformationsgeschichten $\boldsymbol{U}^{(t)}$ mit $\det\boldsymbol{U}^{(t)} = 1$ sinnvoll zu sein braucht.

Es ist bemerkenswert, daß die Spannung $\boldsymbol{T}$ in allen einfachen Materialien in gleicher Weise von der Drehung $\boldsymbol{R}$ abhängt, und daß dieser Einfluß sich auf den momentanen Wert der Drehung $\boldsymbol{R}(t)$ beschränkt, die Drehungsvorgeschichte $\boldsymbol{R}_+^{(t)}$ also ohne Einfluß ist. Für ein einfaches Material genügt es also, das Auswirkungsfunktional für alle homogenen reinen Verformungsgeschichten zu konstruieren.

Selbst bei einem homogenen einfachen Körper ist aber die Realisierung von homogenen Verformungsgeschichten nicht immer möglich. In diesen Fällen gilt nämlich $\operatorname{div}\boldsymbol{T} = 0$, da auch die Spannung $\boldsymbol{T}$ räumlich homogen ist. Ein Blick auf das 1. Cauchysche Gesetz (1.4.46) lehrt aber, daß die homogene Bewegung (1.5.35) sich in diesem Falle durch

$$\ddot{\boldsymbol{x}} = \ddot{\boldsymbol{F}}\boldsymbol{X} + \ddot{\boldsymbol{c}} = \boldsymbol{k} \tag{1.5.40}$$

auszeichnen muß, um mit vorgegebenen Volumenkräften $\boldsymbol{k}$ verträglich zu sein. Ist etwa $\boldsymbol{k} = \boldsymbol{g}$ aus dem Schwerefeld, so sind also nur Bewegungen mit $\ddot{\boldsymbol{F}} = 0$ und $\ddot{\boldsymbol{c}} = \boldsymbol{g}$, d. h. mit

$$\boldsymbol{F}(t) = \boldsymbol{F}_0(1 + t\,\boldsymbol{F}_1), \qquad \boldsymbol{c}(t) = \tfrac{1}{2}\boldsymbol{g}\,t^2 + \boldsymbol{c}_1\,t + \boldsymbol{c}_0 \tag{1.5.41}$$

zulässig, worin $\boldsymbol{F}_0$, $\boldsymbol{F}_1$, $\boldsymbol{c}_0$, $\boldsymbol{c}_1$ konstante Größen sind. Überdies ist nötig, daß die Randbelastungen $\boldsymbol{t}$ des Körpers auf ∂v gerade die Werte $\boldsymbol{t} = \boldsymbol{T}\boldsymbol{n}$ annehmen, die mit dem homogenen Spannungsfeld $\boldsymbol{T}(t)$ verträglich sind. Soweit über die Volumenkräfte $\boldsymbol{k}$ nicht frei verfügt werden kann, können also nur sehr spezielle Verformungsgeschichten verwirklicht werden, d. h., das Spannungsfunktional $\mathfrak{G}$ ist demnach nicht in voller Allgemeinheit bestimmbar. In dem wichtigen Sonderfall der *statischen* homogenen Verformung jedoch entfällt diese Schwierigkeit, da diese einen möglichen Gleichgewichtszustand eines homogenen einfachen Körpers darstellt. Die statische Spannung in einem homogenen einfachen Körper ist also aus seinem Verhalten unter homogener Verformung voll bestimmbar. Solchen Verhaltensanteil faßt man unter dem Begriff *Elastizität* des Körpers zusammen.

In Reflexion des Satzes (1.2.95) und des Zusammenhanges $\boldsymbol{U}^2 = \boldsymbol{C}$ ist verständlich, daß die Beziehung (1.5.38) auf andere Spannungstensoren $\overline{\boldsymbol{T}}$, $\boldsymbol{T}_P$, $\tilde{\boldsymbol{T}}$ und auf andere Argumente umgeschrieben werden kann. Dabei wechseln natürlich auch die Funktionale. Entsprechende Formen finden sich vielfältig bei TRUESDELL/NOLL, etwa

$$\text{(1.5.42)}\quad \begin{aligned} \boldsymbol{T}(t) &= \boldsymbol{R}(t) \mathop{\boldsymbol{J}}_{s=0}^{\infty} \left(\boldsymbol{C}_*^{(t)}(t-s);\ \boldsymbol{C}(t)\right) \boldsymbol{R}^{\mathrm{T}}(t) \\ \text{mit}\quad \boldsymbol{C}_*^{(t)}(\tau) &= \boldsymbol{R}^{\mathrm{T}}(t)\, \boldsymbol{C}_{(t)}(\tau)\, \boldsymbol{R}(t). \end{aligned}$$

1.5.4 Spezielle einfache Stoffe

Bezugnehmend auf die Def. (1.5.26) ist es möglich, daß ein Teilchen X in nichttrivialer Weise *zu sich selbst isomorph* ist. Das heißt, existieren

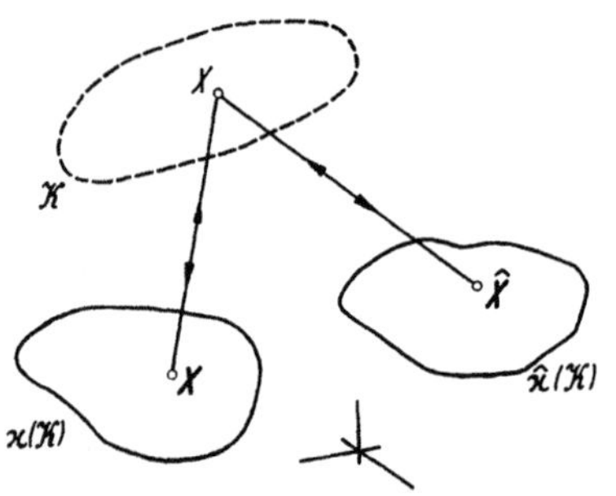

Abb. 1.5.42. **Isomorphie eines Teilchens mit sich selbst**

zwei Bezugskonfigurationen $\varkappa$ und $\hat{\varkappa}$ von $\mathcal{U}(X)$ derart, daß

$$\text{(1.5.43)}\qquad \varrho_{\varkappa}(X) = \varrho_{\hat{\varkappa}}(X), \qquad \mathfrak{H}_{\varkappa}(X) = \mathfrak{H}_{\hat{\varkappa}}(X)$$

für alle $\boldsymbol{\chi}^{(t)}$, dann ist vom Experiment her nicht mehr entscheidbar, ob die Verformung von X von $\varkappa$ oder von $\hat{\varkappa}$ ausging.

Das Auswirkungsfunktional eines einfachen Stoffes transformiert sich nach (1.2.23) und (1.2.24) bei Wechsel der Bezugskonfiguration $\boldsymbol{\lambda}: \varkappa \to \hat{\varkappa}$ mit dem Abbildungsgradienten $\boldsymbol{P} = \nabla \boldsymbol{\lambda}$ wie

$$\text{(1.5.44)}\qquad \mathfrak{G}_{\varkappa}(\boldsymbol{F}_{\varkappa}^{(t)}) = \mathfrak{G}_{\hat{\varkappa}}(\boldsymbol{F}_{\hat{\varkappa}}^{(t)}) = \mathfrak{G}_{\hat{\varkappa}}\left(\boldsymbol{F}_{\varkappa}^{(t)} \overset{-1}{\boldsymbol{P}}\right).$$

Die Forderung (1.5.43) lautet für einfache Stoffe mit gegebenem $\mathfrak{G}_{\varkappa}$ somit

$$(1.5.45)\qquad \mathfrak{G}_{\varkappa}(\boldsymbol{F}^{(t)}) \equiv \mathfrak{G}_{\varkappa}(\boldsymbol{F}^{(t)}\,\boldsymbol{H})$$

identisch für alle $\boldsymbol{F}^{(t)}$, deren Lösungen $\boldsymbol{H}$ wegen $(1.5.43)_1$ aus der Menge u der unitären Tensoren stammen müssen und den jeweiligen Abbildungsgradienten $\boldsymbol{H}^{-1} = \nabla\big(\hat{\varkappa}\,\overset{-1}{\varkappa}\big)$ vermitteln. Alle derartigen $\boldsymbol{H}$ eines einzelnen Teilchens X bilden die *Isotropiegruppe* g des Teilchens. Enthält diese Gruppe ein orthogonales Element $\boldsymbol{Q} \in o$, so gehört ihm auch $\boldsymbol{Q}^{\mathrm{T}} = \overset{-1}{\boldsymbol{Q}}$ an, und die Kombination von (1.5.45) mit dem Prinzip der stofflichen Indifferenz in der Form (1.5.37) bei $\boldsymbol{Q}(s) = \boldsymbol{Q}$ liefert

$$(1.5.46)\qquad \mathfrak{G}_{\varkappa}(\boldsymbol{Q}\,\boldsymbol{F}^{(t)}\,\boldsymbol{Q}^{\mathrm{T}}) = \boldsymbol{Q}\,\mathfrak{G}_{\varkappa}(\boldsymbol{F}^{(t)})\,\boldsymbol{Q}^{\mathrm{T}}$$

als identisch in $\boldsymbol{F}^{(t)}$ zu erfüllende Forderung an alle orthogonalen Elemente aus g.

Unmittelbar aus (1.5.46) ist zu sehen, daß die Gruppe $\{\boldsymbol{1}, -\boldsymbol{1}\}$ aus Einheits- und Inversionstensor in jedem Fall Lösung von (1.5.46) und damit auch von (1.5.45) ist; es ist sogar die kleinstmögliche Gruppe. Demnach gilt

$$(1.5.47)\qquad \{\boldsymbol{1}, -\boldsymbol{1}\} \subset g_{\varkappa} \subset u\,.$$

Das Ergebnis von (1.5.45): $g = g_{\varkappa}$ hängt von $\varkappa$ ab, jedoch gilt bezüglich einer anderen Bezugskonfiguration $\hat{\varkappa}$ das Transformationsgesetz

$$(1.5.48)\qquad g_{\hat{\varkappa}} = \boldsymbol{P}\,g_{\varkappa}\,\overset{-1}{\boldsymbol{P}},$$

wenn $\boldsymbol{P} = \nabla\boldsymbol{\lambda}$ wie oben den Gradienten der Abbildung $\boldsymbol{\lambda}: \varkappa \to \hat{\varkappa}$ bedeutet. Die begrenzenden Gruppen aus (1.5.47) $\{\boldsymbol{1}, -\boldsymbol{1}\}$ bzw. u sind offensichtlich invariant gegenüber (1.5.48). Die Isotropiegruppe g von X kennzeichnet die (mechanischen) Symmetrien des Materials. Man kommt jetzt zu folgenden Definitionen:

(1.5.49) Ein *isotropes Material* besitzt mindestens eine Bezugskonfiguration $\varkappa$, seinen *unverzerrten Zustand*, von dem aus sich seine physikalischen Eigenschaften unter orthogonalen Transformationen nicht ändern:

$$g_{\varkappa} \supset o\,,$$

wenn o die Gruppe aller orthogonalen Transformationen bezeichnet.

(1.5.50) Eine *einfache Flüssigkeit* ist ein Stoff mit maximal möglicher Symmetrie

$$g_{\varkappa} = u\,,$$

unabhängig vom Bezugszustand, er ist wegen $o \subset u$ also stets isotrop. Zudem ist jede Konfiguration unverzerrter Zustand im obigen Sinne.

(1.5.51) Ein *einfacher Festkörper* ist ein Stoff mit mindestens einer Konfiguration $\varkappa$, dem *unverzerrten Zustand*, in dem seine Isotropiegruppe der orthogonalen Gruppe angehört

$$g_{\varkappa} \subset \mathscr{o}.$$

Bei jeder nichtorthogonalen Transformation, einer Gestaltänderung, ändern sich also seine physikalischen Eigenschaften.

Für einen *isotropen Festkörper* gilt $g_{\varkappa} = \mathscr{o}$. Zwischen diesem und dem sog. *triklinischen Festkörper* mit $g_{\varkappa} = g_{\hat{\varkappa}} = \{\mathbf{1}, -\mathbf{1}\} \subset \mathscr{o}$, einem Material ohne jede Symmetrieeigenschaft und ohne ausgezeichnete Bezugskonfiguration, liegt das große Gebiet anisotroper Stoffe, insbesondere das der 32 Kristallklassen. Einzelheiten, insbesondere zu den entsprechenden Isotropiegruppen, entnehme man TRUESDELL/NOLL, Sect. 33, GREEN/ADKINS, Sect. 1.4f.

Es gibt einfache, nicht isotrope Stoffe, die weder Flüssigkeit noch Festkörper im obigen Sinne sind, d. h., zu jeder Bezugskonfiguration $\varkappa$ existiert mindestens eine orthogonale *und* eine nichtorthogonale Transformation, die die physikalischen Eigenschaften des Stoffes invariant läßt.

Für einfache nicht isotrope Festkörper ergeben sich, falls man nicht spezielle Symmetrieeigenschaften heranzieht, keine besonderen Vereinfachungen der Materialgleichungen gegenüber (1.5.38) bzw. (1.5.39), obwohl natürlich ungezählte andere Formen existieren. Von ihnen führen wir nur noch bei

(1.5.52)

$$\boldsymbol{G}^*(s) := \boldsymbol{C}_{(t)}^{*(t)}(s) - \mathbf{1} = \boldsymbol{C}_{(t)}^{*}(t-s) - \mathbf{1} = \boldsymbol{R}^{\mathrm{T}}(t)\, \boldsymbol{C}_{(t)}(t-s)\, \boldsymbol{R}(t) - \mathbf{1}$$

mit der Eigenschaft $\boldsymbol{G}^* \equiv \mathbf{0}$ für die *Ruhevorgeschichte* die Form

(1.5.53) $$\boldsymbol{T} = \boldsymbol{R}\left\{\mathfrak{f}(\boldsymbol{C}) + \mathop{\mathfrak{H}}_{s=0}^{\infty}(\boldsymbol{G}^*(s);\, \boldsymbol{C})\right\}\boldsymbol{R}^{\mathrm{T}}$$

an, in der das Funktional $\mathfrak{H}$ für eine reine Ruhevorgeschichte verschwindet:

(1.5.54) $$\mathop{\mathfrak{H}}_{s=0}^{\infty}(\mathbf{0},\, \boldsymbol{C}) = 0.$$

Die Funktion $\mathfrak{f}$ in (1.5.53) gibt den sog. *Gleichgewichtsanteil* an der Spannung an.

Isotrope Stoffe hingegen zeichnen sich durch einfachere Formen der Stoffgleichung aus, etwa

(1.5.55) $$\boldsymbol{T}(t) = \mathop{\mathfrak{K}}_{s=0}^{\infty}\left(\boldsymbol{U}_{(t)}^{(t)}(s);\, \boldsymbol{V}(t)\right) = \mathop{\mathfrak{K}}_{s=0}^{\infty}\left(\boldsymbol{U}_{(t)}(t-s);\, \boldsymbol{V}(t)\right),$$

(1.5.56) $$\boldsymbol{T}(t) = \mathfrak{f}\left(\boldsymbol{B}(t)\right) + \mathop{\mathfrak{H}}_{s=0}^{\infty}\left(\boldsymbol{G}(s);\, \boldsymbol{B}(t)\right), \qquad \boldsymbol{G}(s) = \boldsymbol{C}_{(t)}(t-s) - \mathbf{1},$$

worin $\boldsymbol{V}(t)$ der linke Streckungstensor und $\boldsymbol{B} = \boldsymbol{B}(t)$ der linke Cauchy-Green-Tensor entsprechend (1.2.57) bzw. (1.2.60) sind.

Bei einfachen und damit isotropen Flüssigkeiten ist nach (1.5.50) jeder Zustand unverzerrter Zustand, was dazu führt, daß die explizite Verknüpfung mit einem früheren Bezugszustand durch $\boldsymbol{V}$ bzw. $\boldsymbol{B}$ in (1.5.55) bzw. (1.5.56) sich auf eine Abhängigkeit allein von $\det \boldsymbol{V}$ bzw. $\det \boldsymbol{B}$ reduziert. Das ist aber nach (1.2.52) und (1.5.54) eine Abhängigkeit von ϱ, so daß *Stoffgleichungen einfacher Flüssigkeiten* etwa

$$(1.5.57) \qquad \boldsymbol{T}(t) = \mathop{\mathfrak{Q}}_{s=0}^{\infty}\left(\boldsymbol{U}_{(t)}(t-s);\, \varrho(t)\right),$$

$$(1.5.58) \qquad \boldsymbol{T}(t) = -p(\varrho)\cdot \boldsymbol{1} + \mathop{\mathfrak{Q}}_{s=0}^{\infty}\left(\boldsymbol{G}(s);\, \varrho\right)$$

auten. Darin ist $p(\varrho)$ eine skalare Funktion und das Funktional $\mathfrak{Q}$ verschwindet für Ruhevorgeschichten $\boldsymbol{G}(s) \equiv 0$. Die Funktionale $\mathfrak{H}$ und $\mathfrak{Q}$ hängen von keiner Bezugskonfiguration ab.

Die hier eingeführten Stoffunktionale $\mathfrak{F}$, $\mathfrak{G}$, $\mathfrak{H}$, $\mathfrak{K}$, $\mathfrak{Q}$ haben nun für konkrete Materialien die verschiedensten Formen. Beispielsweise definiert eine funktionelle Abhängigkeit der Form

$$(1.5.59) \qquad \boldsymbol{T} = \mathfrak{g}(\boldsymbol{F})$$

Cauchy-elastisches Material, die Differentialoperatorform

$$(1.5.60) \qquad \boldsymbol{T} = -p\cdot \boldsymbol{1} + 2\mu\left[\frac{d}{d\tau}\, \boldsymbol{U}_{(t)}(\tau)\right]_{\tau=t} = -p\cdot\boldsymbol{1} + 2\mu\, \boldsymbol{D}$$

die inkompressible *Navier-Stokessche Flüssigkeit* und

$$(1.5.61) \qquad \boldsymbol{T} = -p(\varrho)\cdot\boldsymbol{1} + \int_0^{\infty} \psi(\varrho, s)\, \mathrm{tr}\left(\boldsymbol{G}(s)\right) ds\cdot \boldsymbol{1} + \int_0^{\infty} \zeta(\varrho, s)\, \boldsymbol{G}(s)\, ds$$

eine *einfache kompressible Flüssigkeit vom Integraltyp der Ordnung* 1.

In der letzten Beziehung bedeuten die ψ, ζ stoffspezifische Einflußfunktionen.

Der Zusammenhang (1.5.60) gehört zu einer speziellen Klasse von Materialien mit Stoffgesetzen etwa der Form

$$(1.5.62) \qquad \boldsymbol{T} = \boldsymbol{R}\,\mathfrak{k}\,(\boldsymbol{D}_1^*, \boldsymbol{D}_2^*, \ldots, \boldsymbol{D}_{\mathfrak{r}}^*;\, \boldsymbol{U}), \qquad \boldsymbol{D}_{\mathfrak{k}}^*(t) = \boldsymbol{R}^{\mathrm{T}}(t)\, \boldsymbol{D}_{\mathfrak{k}}(t)\, \boldsymbol{R}(t),$$

die man als Materialien vom Differentialtyp der Komplexität $\mathfrak{r}$ bezeichnet. Dabei bezeichnet $\mathfrak{k}$ eine *Funktion* der Argumente. Dies bedeutet aber, daß der Wert der Auswirkungsfunktion von der Vorgeschichte $\boldsymbol{U}^{(t)}(s)$ nur aus einer kleinen positiven Umgebung von $s = 0$ wesentlich beeinflußt wird, so daß für deren Beschreibung im Sinne einer Taylor-Approximation die Angabe der ersten $\mathfrak{r}$ Ableitungen (approximativ) genügen mag.

Ähnlich liegen Fälle, in denen die Stoffgleichung einfacher Materialien (1.5.33) für alle zulässigen Prozesse einer Differentialgleichung

$$\overset{(\mathfrak{p})}{\boldsymbol{T}} = \mathfrak{g}\left(\boldsymbol{T}, \dot{\boldsymbol{T}}, \ldots, \overset{(\mathfrak{p}-1)}{\boldsymbol{T}}; \boldsymbol{F}, \dot{\boldsymbol{F}}, \ldots \overset{(\mathfrak{r})}{\boldsymbol{F}}\right) \tag{1.5.63}$$

für die Funktionen $\boldsymbol{T}(t)$ und $\boldsymbol{F}(t)$ entspricht. Solche Stoffe nennt man *Materialien mit Spannungsgeschwindigkeitseinfluß*. Natürlich muß man voraussetzen, daß (1.5.63) unter Angabe von Anfangsbedingungen

$$\boldsymbol{T}(t_0),\ \dot{\boldsymbol{T}}(t_0), \ldots, \overset{(\mathfrak{p}-1)}{\boldsymbol{T}}(t_0) \tag{1.5.64}$$

überhaupt eindeutige Lösungen hat. Die Spannung $\boldsymbol{T}(t)$ hängt jedoch dann nicht nur von $\boldsymbol{F}(\tau)$ mit $t_0 \leqq \tau \leqq t$ sondern auch von den Anfangswerten (1.5.64) ab, und es ist umgekehrt vorstellbar, daß einer Differentialgleichung (1.5.63) verschiedene Stoffgleichungen (1.5.33) oder auch überhaupt keine genügen. Zur bezugsinvarianten Formulierung von (1.5.63) ist es nötig, invariante Spannungsgeschwindigkeiten, etwa $\overset{\circ}{\boldsymbol{T}}_{\mathfrak{k}}$ oder $\overset{\triangle}{\boldsymbol{T}}_{\mathfrak{k}}$ nach (1.3.23) und (1.3.25) zu benutzen. Wenn man gesternte Größen analog zu $(1.5.62)_2$ erklärt, so erreicht man anstelle von (1.5.63) etwa die Stoffgleichungen

$$\begin{aligned} \overset{\circ}{\boldsymbol{T}}{}^*_{\mathfrak{p}} &= \mathfrak{k}\left(\boldsymbol{T}^*, \overset{\circ}{\boldsymbol{T}}{}^*, \ldots, \overset{\circ}{\boldsymbol{T}}_{\mathfrak{p}-1}; \boldsymbol{D}^*, \ldots, \boldsymbol{D}^*_{\mathfrak{r}}; \boldsymbol{U}\right), \\ \overset{\triangle}{\boldsymbol{T}}{}^*_{\mathfrak{p}} &= \mathfrak{j}\left(\boldsymbol{T}^*, \overset{\triangle}{\boldsymbol{T}}{}^*, \ldots, \overset{\triangle}{\boldsymbol{T}}_{\mathfrak{p}-1}; \boldsymbol{A}^*_1, \ldots, \boldsymbol{A}^*_{\mathfrak{r}}; \boldsymbol{C}\right), \end{aligned} \tag{1.5.65}$$

wobei sich $\mathfrak{k}$ und $\mathfrak{j}$ nur durch Terme unterscheiden, die für sich invariant im Sinne von (1.2.10) sind [s. auch (1.3.26)]. Vereinfachungen für isotrope Materialien zeichnen sich dadurch aus, daß in (1.5.65) die Sterne entfallen und $\boldsymbol{U}$ durch $\boldsymbol{V}$ bzw. $\boldsymbol{C}$ durch $\boldsymbol{B}$ ersetzt wird.

Zu den Stoffen vom Integraltyp, exemplarisch vertreten durch (1.5.61), soll hier nichts weiter gesagt werden. Verallgemeinerungen auf Ordnungen $\mathfrak{m}$ sind möglich, Hinweise entnehme man etwa Truesdell/Noll, Sect. 37. Allerdings weisen diese Stoffe ein allgemeineres Erinnerungsvermögen an die Vorgeschichte auf als die Stoffe des Differentialtyps. Nur sehr spezielle Materialien, etwa das mit den Namen Boltzmann/Volterra verknüpfte infinitesimal viskoelastische Material wurde bisher untersucht.

Die Verhältnisse werden noch komplizierter, wenn thermodynamische Erscheinungen in die Betrachtung einbezogen werden. Aus diesem Gebiet stammt der Begriff des *vollkommenen Materials*, der einige Einsichten vermitteln mag.

Ein vollkommenes Material besitzt Zustandsgleichungen, die den Zustand des Materials allein aus den momentanen Werten passender Parameter angeben. Zum Beispiel seien für ein solches Material spezifische innere Energie ε, Temperatur θ und der Spannungstensor $\boldsymbol{T}$ durch Stoffgleichungen

$$\text{(1.5.66)} \qquad \begin{aligned} \varepsilon(t) &= \hat{\varepsilon}\,(\boldsymbol{F}(t), \eta(t)), \\ \theta(t) &= \hat{\theta}(\boldsymbol{F}(t), \eta(t)), \\ \boldsymbol{T}(t) &= \hat{\mathfrak{g}}(\boldsymbol{F}(t), \eta(t)) \end{aligned}$$

in Abhängigkeit vom Deformationsgradienten $\boldsymbol{F}$ und der Entropie η gegeben, wobei die Abhängigkeit dieser Ausdrücke von $\varkappa$ bzw. $X \in \mathscr{K}$ unterdrückt wurde. Rechnet man auf Grund von $(1.4.79)_1$, $(1.4.86)$

$$\theta\gamma_{\text{lok}} = \frac{1}{\varrho}\nu + \theta\dot{\eta} - \dot{\varepsilon} = \operatorname{tr}\left(\frac{1}{\varrho}\,\boldsymbol{T}\boldsymbol{D}\right) + \theta\dot{\eta} - \dot{\varepsilon} = \operatorname{tr}\left(\frac{1}{\varrho}\,\boldsymbol{T}\boldsymbol{L}\right) + \theta\dot{\eta} - \dot{\varepsilon}$$

nach, wobei man (1.4.84) und $\boldsymbol{T} = \boldsymbol{T}^{\mathrm{T}} \Rightarrow \operatorname{tr}(\boldsymbol{T}\boldsymbol{D}) = \operatorname{tr}(\boldsymbol{T}\boldsymbol{L})$, $\boldsymbol{L} = \dot{\boldsymbol{F}}\boldsymbol{F}^{-1}$ sowie

$$\dot{\varepsilon} = \operatorname{tr}\left((\partial_{\boldsymbol{F}}\hat{\varepsilon})^{\mathrm{T}}\dot{\boldsymbol{F}}\right) + \partial_\eta\,\hat{\varepsilon}\,\dot{\eta} = \operatorname{tr}\left(\boldsymbol{F}(\partial_{\boldsymbol{F}}\hat{\varepsilon})\,\boldsymbol{L}\right) + \partial_\eta\,\hat{\varepsilon}\,\dot{\eta}$$

zu beachten hat, so erfordert die Clausius-Plancksche Ungleichung $(1.4.80)_1$

$$\theta\gamma_{\text{lok}} = \operatorname{tr}\left(\left\{\frac{1}{\varrho}\,\mathfrak{g}\,(\boldsymbol{F}, \eta) - \boldsymbol{F}\left(\partial_{\boldsymbol{F}}\hat{\varepsilon}\,(\boldsymbol{F}, \eta)\right)^{\mathrm{T}}\right\}\boldsymbol{L}\right) + \\ + \{\theta(\boldsymbol{F}, \eta) - \partial_\eta\hat{\varepsilon}\,(\boldsymbol{F}, \eta)\}\,\dot{\eta} \geqq 0.$$

Die Koeffizienten von $\boldsymbol{L}$ und $\dot{\eta}$ hängen aber allein von $\boldsymbol{F}$ und η, also festen Werten für t fest ab. Indessen können bei passender Wahl von $\boldsymbol{F}$ und η jeweils beliebige Werte von $\boldsymbol{L}$ und $\dot{\eta}$ erreicht werden. Die Ungleichung ist also nur zu sichern, wenn die Koeffizienten von $\boldsymbol{L}$ und $\dot{\eta}$ einzeln verschwinden. Das bedeutet:

(1.5.67) *In vollkommenen Materialien ist Spannung $\boldsymbol{T}$ und Temperatur θ aus der inneren Energie ε auf Grund folgender Beziehungen bestimmt:*

$$\boldsymbol{T} = \hat{\mathfrak{g}}(\boldsymbol{F}, \eta) = \varrho\,\boldsymbol{F}\left(\partial_{\boldsymbol{F}}\hat{\varepsilon}\,(\boldsymbol{F}, \eta)\right)^{\mathrm{T}}, \qquad T^{k\,l} = \varrho\,x^k_{,M}\,\frac{\partial\hat{\varepsilon}}{\partial x^m_{,M}}\,g^{m\,l},$$

$$\theta = \hat{\theta}(\boldsymbol{F}, \eta) = \partial_\eta\hat{\varepsilon}\,(\boldsymbol{F}, \eta), \qquad \theta = \frac{\partial\hat{\varepsilon}}{\partial\eta}.$$

Die lokale Entropieerzeugung γ_{lok} ist für zulässige Prozesse vollkommener Materialien Null.

Auch die Forderung $(1.4.80)_2$ nach Beschränkung des *Wärmeflusses* $\boldsymbol{h}$ auf

$$\text{(1.5.68)} \qquad \operatorname{grad}\theta\;\boldsymbol{h} = \theta_{,s}\,h^s \geqq 0$$

engt die Klasse zulässiger Materialfunktionen ein. In einfachster Weise genügen ihr alle linear im Temperaturgradienten angesetzten Beziehungen (*Fouriersches Wärmeleitungsgesetz*):

$$(1.5.69)_{12} \qquad \boldsymbol{h} = \boldsymbol{\Lambda} \operatorname{grad}^{\mathrm{T}} \theta, \quad h^i = \Lambda^{ij}\,\theta_{,j}, \qquad \boldsymbol{\Lambda} \text{ positiv semidefinit},$$

wobei die letzte Eigenschaft die Einhaltung von (1.5.68) entsprechend $\Lambda^{rs}\,\theta_{,r}\,\theta_{,s}$ als quadratische Form sichert. Stoffe mit einem unsymmetrischen *Wärmeleitungstensor* $\boldsymbol{\Lambda}$ wurden *bisher* nicht bekannt, so daß zusätzlich

$$(1.5.69)_3 \qquad \boldsymbol{\Lambda}^{\mathrm{T}} = \boldsymbol{\Lambda}$$

postuliert werden soll. Mit Ausnahme des Temperaturgradienten darf $\boldsymbol{\Lambda}$ noch in beliebiger Weise von anderen Parametern abhängen, solange $(1.5.69)_2$ gesichert wird.

Spezielle Theorien der Mechanik

§ 2. Der starre Körper

2.1 Folgerungen aus der kinematischen Starrheit

Entsprechend (1.2.86) ist eine Körperbewegung *starr*, wenn für alle $X \in \mathscr{K}$ $\boldsymbol{C} = \boldsymbol{c} = \boldsymbol{1}$ gilt. Dies ist gleichbedeutend mit

$$(2.1.1) \qquad \dot{\boldsymbol{C}} = 2\dot{\boldsymbol{U}}\,\boldsymbol{U} = 0,$$

und somit bleibt von den Anteilen des Geschwindigkeitsgradienten $\boldsymbol{L}$ allein

$$(2.1.2) \qquad \begin{aligned} &\boldsymbol{D} = 0, && D_{kl} = \dot{x}_{(k,\,l)} = 0, \\ &\boldsymbol{W} = \dot{\boldsymbol{R}}\,\boldsymbol{R}^{\mathrm{T}}, \quad \boldsymbol{W}_{\times} = -\operatorname{curl}\dot{\boldsymbol{x}}, && W_{kl} = \dot{x}_{[k,\,l]}. \end{aligned}$$

Da die Geschwindigkeitsvektoren $\dot{x}^k$ in den euklidischen Raum E_3 eingebettet sind, gilt wegen des Verschwindens des Riemannschen Krümmungstensors (s. G II, § 21) für kovariante Ableitungen die Vertauschungsrelation

$$(2.1.3) \qquad \dot{x}_{k,rs} = \dot{x}_{k,sr}.$$

Dies zieht folgenden allgemeinen Zusammenhang zwischen den Gradienten von $\boldsymbol{W}$ und $\boldsymbol{D}$ nach sich:

$$(2.1.4) \qquad W_{kl,s} = D_{ks,l} - D_{ls,k}.$$

Für die Starrkörperbewegung bedeutet dies, daß

$$\text{(2.1.5)} \qquad \operatorname{grad} \boldsymbol{W} \equiv 0, \qquad W_{kl,s} \equiv 0$$

ist, $\boldsymbol{W}$ also räumlich eine Konstante ist. Mit dem $\boldsymbol{W}$ zugeordneten *Drehgeschwindigkeitsvektor*

$$\text{(2.1.6)} \qquad \boldsymbol{\omega} := -\boldsymbol{W}_{\times}, \qquad \omega^i = \tfrac{1}{2}\,\varepsilon^{ipq}\,W_{qp} = \tfrac{1}{2}\,\varepsilon^{ipq}\,\dot{x}_{q,p}$$

bringt eine Integration von $\operatorname{grad} \dot{\boldsymbol{x}} = \boldsymbol{W}(t)$ die *Eulersche Formel der Starrkörperbewegung*

$$\text{(2.1.7)} \qquad \boldsymbol{v} = \dot{\boldsymbol{x}} = \dot{\boldsymbol{x}}_0 + \boldsymbol{W}(\boldsymbol{x} - \boldsymbol{x}_0) = \boldsymbol{v}_0 - \boldsymbol{\omega} \times (\boldsymbol{x} - \boldsymbol{x}_0).$$

Nach dieser ist das Geschwindigkeitsfeld eines Starrkörpers in die Translationsgeschwindigkeit $\boldsymbol{v}_0 = \dot{\boldsymbol{x}}_0$ eines beliebigen Punktes $\boldsymbol{x}_0$ und eine Drehung um eine durch $\boldsymbol{\omega}$ gegebene und durch $\boldsymbol{x}_0$ hindurchgehende Achse zerlegbar.

Der Zusammenhang mit den Beziehungen bei Wechsel des Bezugssystems, insbesondere mit (1.2.9) ist augenscheinlich. Eine weitere Integration führt von (2.1.7) auf einen Zusammenhang der Form (1.2.6)

$$\text{(2.1.8)} \qquad \boldsymbol{x} = \boldsymbol{x}_0 + \boldsymbol{Q}\,\overline{\boldsymbol{x}},$$

der die *allgemeine Starrkörperbewegung* angibt und in dem $\overline{\boldsymbol{x}}$ bis auf weiteres der Ortsvektor in einem passenden, mit dem starren Körper verbundenen Bezugssystem ist. Definitionsgemäß ist also für jedes $X \in \mathscr{K}$ $\overline{\boldsymbol{x}}$ fest, d. h. invariant für alle t:

$$\text{(2.1.9)} \qquad \dot{\overline{\boldsymbol{x}}} \equiv 0.$$

Der orthogonale Tensor $\boldsymbol{Q}$ beschreibt dann die Drehung des körperfesten Bezugssystems gegenüber dem raumfesten, der Vektor $\boldsymbol{c}$ die Translation des Ursprungs des erstgenannten Systems gegenüber dem zweiten. Bei passender Wahl der Bezugspunkte $\boldsymbol{c}$ und $\boldsymbol{x}_0$ erscheinen sowohl die endlichen Bewegungen (2.1.8) wie auch die dem Geschwindigkeitsfeld (2.1.7) entsprechende infinitesimale als *Schraubung* (*Satz von Chasles*), womit gemeint ist, daß die Bewegung durch eine Drehung und eine Translation in Richtung der Drehachse beschrieben wird. Achse $\boldsymbol{x}_d$ und parallele Geschwindigkeit $\boldsymbol{v}_d$ des Feldes (2.1.7) lauten

$$\text{(2.1.10)} \qquad \boldsymbol{x}_d = \boldsymbol{x}_0 + \frac{\boldsymbol{\omega} \times \boldsymbol{v}_0}{|\boldsymbol{\omega}|^2} + \alpha\,\boldsymbol{\omega}, \qquad \boldsymbol{v}_d = \frac{\boldsymbol{\omega}^{\mathrm{T}}\,\boldsymbol{v}_0}{|\boldsymbol{\omega}|^2}\,\boldsymbol{\omega}.$$

Jede *ebene Bewegung* ist demzufolge auf eine reine Drehung zurückführbar.

Die Bewegung eines einzelnen starren Körpers ist nach (2.1.9) durch die Angabe von $\boldsymbol{x}_0$ und $\boldsymbol{Q}$, also durch 6 skalare Größen bestimmt, man spricht demzufolge von *2 Freiheitsgraden*. [Man entnehme der Form

(1.2.99) eines orthogonalen Tensors, daß auch $\boldsymbol{Q}$ durch 3 Größen festgelegt wird.]

Statt durch Drehachse und Drehwinkel wie in (1.2.99) ist es vielfach üblich, die Drehung $\boldsymbol{Q}$ eines Starrkörpers mit Hilfe der *Eulerschen*

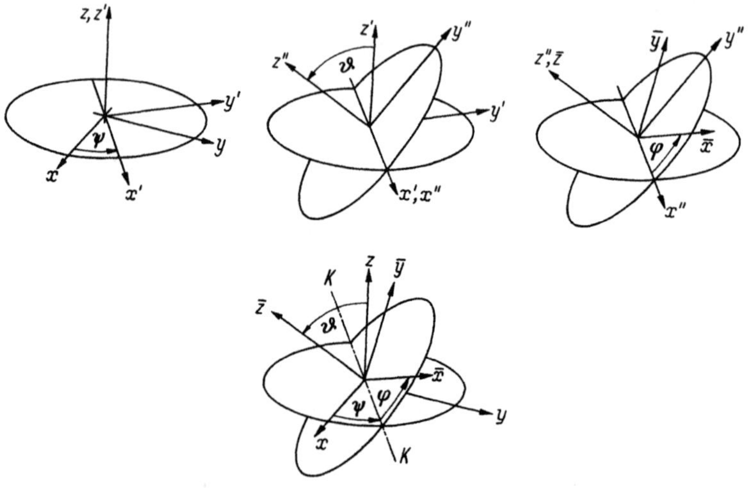

Abb. 2.1.11. Eulersche Winkel

Winkel $(\psi, \vartheta, \varphi)$ festzulegen. Diese definieren, s. Abb. 2.1.11, drei aufeinanderfolgende orthogonale Transformationen, die vom raumfesten auf das körperfeste Bezugssystem führen:

(2.1.12) $$\bar{\boldsymbol{x}} = \boldsymbol{Q}\,\boldsymbol{x} = \boldsymbol{Q}_\varphi\,\boldsymbol{Q}_\vartheta\,\boldsymbol{Q}_\psi\,\boldsymbol{x},$$

$$\boldsymbol{Q}_\psi = \begin{pmatrix} \cos\psi & \sin\psi & 0 \\ -\sin\psi & \cos\psi & 0 \\ 0 & 0 & 1 \end{pmatrix},$$

$$\boldsymbol{Q}_\vartheta = \begin{pmatrix} 1 & 0 & 0 \\ 0 & \cos\vartheta & \sin\vartheta \\ 0 & -\sin\vartheta & \cos\vartheta \end{pmatrix},$$

$$\boldsymbol{Q}_\varphi = \begin{pmatrix} \cos\varphi & \sin\varphi & 0 \\ -\sin\varphi & \cos\varphi & 0 \\ 0 & 0 & 1 \end{pmatrix},$$

$$\boldsymbol{Q} = \begin{pmatrix} \begin{array}{l}\cos\varphi\cos\psi - \\ \quad - \sin\varphi\sin\psi\sin\vartheta\end{array} & \begin{array}{l}\cos\varphi\sin\psi + \\ \quad + \sin\varphi\cos\psi\cos\vartheta\end{array} & \sin\varphi\sin\vartheta \\ \begin{array}{l}-\sin\varphi\cos\psi - \\ - \cos\varphi\sin\psi\cos\vartheta\end{array} & \begin{array}{l}-\sin\varphi\sin\psi + \\ + \cos\varphi\cos\psi\cos\vartheta\end{array} & \cos\varphi\sin\vartheta \\ \sin\psi\sin\vartheta & -\cos\psi\cos\vartheta & \cos\vartheta \end{pmatrix}.$$

Umgekehrt folgen der Ortsvektor $\boldsymbol{x}$ im raumfesten System aus dem Ortsvektor $\overline{\boldsymbol{x}}$ im körperfesten System bei gleichem Ursprung aus

$$\boldsymbol{x} = \boldsymbol{Q}^{-1}\,\overline{\boldsymbol{x}} = \boldsymbol{Q}^{\mathrm{T}}\,\overline{\boldsymbol{x}}. \tag{2.1.13}$$

Aus dieser Beziehung errechnen sich Geschwindigkeiten

$$\dot{\boldsymbol{x}} = \dot{\boldsymbol{Q}}^{\mathrm{T}}\,\overline{\boldsymbol{x}}, \tag{2.1.14}$$

die sich in das körperfeste System übertragen lassen:

$$\overline{\dot{\boldsymbol{x}}} = \boldsymbol{Q}\,\dot{\boldsymbol{x}} = \boldsymbol{Q}\,\dot{\boldsymbol{Q}}^{\mathrm{T}}\,\overline{\boldsymbol{x}} = -\dot{\boldsymbol{Q}}\,\boldsymbol{Q}^{\mathrm{T}}\,\overline{\boldsymbol{x}} = -\boldsymbol{\Omega}\,\overline{\boldsymbol{x}} = \boldsymbol{\Omega}^{\mathrm{T}}\,\overline{\boldsymbol{x}} \tag{2.1.15}$$

mit dem Drehgeschwindigkeitstensor $\boldsymbol{\Omega}$

$$\boldsymbol{\Omega} = \dot{\boldsymbol{Q}}\,\boldsymbol{Q}^{\mathrm{T}} = \begin{pmatrix} 0 & \cos\vartheta & -\cos\varphi\sin\vartheta \\ -\cos\vartheta & 0 & \sin\varphi\sin\vartheta \\ \cos\varphi\sin\vartheta & -\sin\varphi\sin\vartheta & 0 \end{pmatrix}\dot{\psi} + \begin{pmatrix} 0 & 0 & \sin\varphi \\ 0 & 0 & \cos\varphi \\ -\sin\varphi & -\cos\varphi & 0 \end{pmatrix}\dot{\vartheta} + \begin{pmatrix} 0 & 1 & 0 \\ -1 & 0 & 0 \\ 0 & 0 & 0 \end{pmatrix}. \tag{2.1.16}$$

Der Drehgeschwindigkeitsvektor $\overline{\boldsymbol{\omega}}$ des körperfesten Systems gegenüber dem raumfesten ist, im ersten System ausgedrückt,

$$\overline{\boldsymbol{\omega}} = \boldsymbol{\Omega}_{\times} = \begin{pmatrix} \sin\varphi\sin\vartheta\,\dot{\psi} + \cos\varphi\,\dot{\vartheta} \\ \cos\varphi\sin\vartheta\,\dot{\psi} - \sin\varphi\,\dot{\vartheta} \\ \cos\vartheta\,\dot{\psi} + \dot{\varphi} \end{pmatrix}. \tag{2.1.17}$$

2.2 Dynamik der starren Körper, insbesondere die des Schwerpunktes

Wie im Anschluß an (1.5.8) bemerkt, ist die Spannungsverteilung in einem starren Körper unbestimmt. Wegen der kinematischen Starrheit genügen zur Erfassung der Bewegung auch die globalen Sätze der Dynamik aus 1.4.3, die allein die Resultierenden $\mathfrak{K}$ und $\mathfrak{M}$ der äußeren Lasten enthalten, wobei Einzelkräfte $\mathfrak{K}_a$ und Einzelmomente $\mathfrak{M}_a$ beliebig in $\mathfrak{K}$ und $\mathfrak{M}$ enthalten sein können. Wir führen auf [s. (1.4.45), (1.4.50) bzw. (1.4.52)], den *Schwerpunktsatz,*

$$\frac{d}{dt}\mathfrak{J} = m\,\ddot{\boldsymbol{x}}_{\odot} = \mathfrak{K}, \tag{2.2.1}$$

und den *Drallsatz*

$$\frac{d}{dt}\mathfrak{D} = \frac{d}{dt}(\boldsymbol{\Theta}\,\boldsymbol{\omega}) = \mathfrak{M}, \tag{2.2.2}$$

wobei Bezugspunkt für $\boldsymbol{\Theta}$ und $\mathfrak{M}$ entweder ein raumfester Punkt oder der Schwerpunkt zu sein hat. Für bewegte Bezugspunkte $\boldsymbol{x}_0$ mit der

Geschwindigkeit $\boldsymbol{v}_0$ weist man auf Grund von $(1.4.34)_3$ die Beziehung

(2.2.2a) $$\frac{d\mathfrak{D}}{dt} = \frac{d}{dt}(\boldsymbol{\Theta}\,\boldsymbol{\omega}) = -\dot{\boldsymbol{x}}_0 \times \mathfrak{J} + \mathfrak{M} = -\dot{\boldsymbol{x}}_0 \times m\,\dot{\boldsymbol{x}}_0 + \mathfrak{M} = -\dot{\boldsymbol{x}}_\odot \times \mathfrak{K} + \mathfrak{M}$$

nach. Hiernach ist die alte Form (2.2.2) auch dann noch gesichert, falls die Geschwindigkeit des Bezugspunktes $\dot{\boldsymbol{x}}_0$ und $\dot{\boldsymbol{x}}_\odot$ parallel sind: $\boldsymbol{x}_0 \parallel \dot{\boldsymbol{x}}_\odot$. Weitere Einzelheiten zum Drallsatz entnehme man im wesentlichen 2.3.

Für Körper in translatorischer Bewegung oder Körper ohne rotatorische Trägheit (*Massenpunkte*) reicht der Schwerpunktsatz allein zur Bestimmung der Bewegung aus.

Was die ***Energiebilanz*** anbetrifft, so ist bei Beschränkung auf rein mechanische Effekte $\mathsf{Q} \equiv 0$ mit der Fiktion des starren Körpers verträglich, daß keine innere Energie existiert, $\mathsf{E} \equiv 0$, so daß wir anstelle von (1.4.62) zunächst den

Arbeitssatz

(2.2.3) $$\mathsf{K}_2 - \mathsf{K}_1 = \int_{t_1}^{t_2} \mathsf{L}\, dt =: \mathsf{A}_{21}$$

haben, nachdem *die Differenz der kinetischen Energien zu zwei Zeitpunkten gleich der Arbeit* A_{21} *der äußeren Belastungen über den entsprechenden Verschiebungen ist* (*gleich dem Zeitintegral über die Leistung*). Der Arbeitsausdruck ist für verteilte Lasten aus (1.4.59) mit $\dot{\boldsymbol{x}}\,dt = d\boldsymbol{x}$, $\dot{\boldsymbol{\varphi}}\,dt = d\boldsymbol{\varphi}$ auf Grund der Definition (2.2.3) erschließbar, für Einzelbelastungen $\mathfrak{K}_\mathfrak{a}$, $\mathfrak{M}_\mathfrak{a}$ ist er

(2.2.4) $$\mathsf{A}_{21} = \sum_\mathfrak{a} \int_{\boldsymbol{x}_{\mathfrak{a}1}}^{\boldsymbol{x}_{\mathfrak{a}2}} \mathfrak{K}_\mathfrak{a}^\mathrm{T}\, d\boldsymbol{x}_\mathfrak{a} + \sum_\mathfrak{b} \int_{\boldsymbol{\varphi}_{\mathfrak{b}1}}^{\boldsymbol{\varphi}_{\mathfrak{b}2}} \mathfrak{M}_\mathfrak{b}^\mathrm{T}\, d\boldsymbol{\varphi}_\mathfrak{b}.$$

Zu beachten ist, daß es sich bei den $\mathfrak{M}_\mathfrak{b}$ um Einzelmomente, *nicht* um Momente aus Kräften $\mathfrak{K}_\mathfrak{a}$ handelt. Besitzen alle Belastungen ein Potential, z. B. $V_\mathfrak{a}$ mit

(2.2.5) $$\mathfrak{K}_\mathfrak{a} = -\mathrm{grad}_{\boldsymbol{x}_\mathfrak{a}} V_\mathfrak{a},$$

womit für rotorfreie Kraftfelder

(2.2.6) $$\mathrm{curl}_{\boldsymbol{x}_\mathfrak{a}} \mathfrak{K}_\mathfrak{a} = 0$$

gesichert ist, so läßt sich anstelle von (2.2.3) mit

(2.2.7) $$\mathsf{V} := \sum_\mathfrak{a} V_\mathfrak{a}$$

der *Energiesatz* in der Form

(2.2.8) $$\mathsf{K} + \mathsf{V} + \text{konst.}$$

niederlegen, wonach *für konservative Systeme die Summe aus kinetischer und potentieller Energie zeitlich konstant ist.*

Beispiel. Bewegung eines Massenpunktes im zentralen Gravitationsfeld.

Potential bzw. Kraftgesetz des zentralen Gravitationsfeldes (mit feststehender Quelle der Masse M im Ursprung)

$$V = -\Gamma \frac{m M}{r}, \qquad \mathfrak{K} = -\Gamma m M \frac{\boldsymbol{r}}{r^3} \tag{2.2.9}$$

mit der universellen Gravitationskonstanten

$$\Gamma = 6{,}525 \cdot 10^{-10}\ \mathrm{kp}^{-1}\,\mathrm{m}^4\,\mathrm{sec}^{-4}. \tag{2.2.10}$$

Schwerpunktsatz (2.2.1) und Energiesatz (2.2.8) liefern

$$\ddot{\boldsymbol{r}} = -\Gamma M \frac{\boldsymbol{r}}{r^3},$$

$$\Rightarrow \boldsymbol{r} \times \ddot{\boldsymbol{r}} = 0, \quad \boldsymbol{r} \times \dot{\boldsymbol{r}} = \boldsymbol{r} \times \boldsymbol{v} = \hat{\mathfrak{D}}, \quad \hat{\mathfrak{D}} = |\hat{\mathfrak{D}}| = r^2 \dot{\varphi},$$

$$\frac{1}{2} v^2 - \Gamma M \frac{1}{r} = \frac{1}{2} (\dot{r}^2 + r^2 \dot{\varphi}^2) - \Gamma M \frac{1}{r} = \hat{E},$$

eine Bewegung unabhängig von der Masse m des Massenpunktes mit konstantem spezifischem Drall $\hat{\mathfrak{D}}$ und konstanter spezifischer Gesamtenergie $\hat{E}$ in einer zu $\hat{\mathfrak{D}}$ senkrechten Ebene, so daß Polarkoordinaten (r, φ) eingeführt werden können, s. auch Abb. 2.2.11. Das Ergebnis nach entsprechenden Integrationen [s. D 13.5, Beispiel 13.2] sind Bahnen in Gestalt von Kegelschnitten

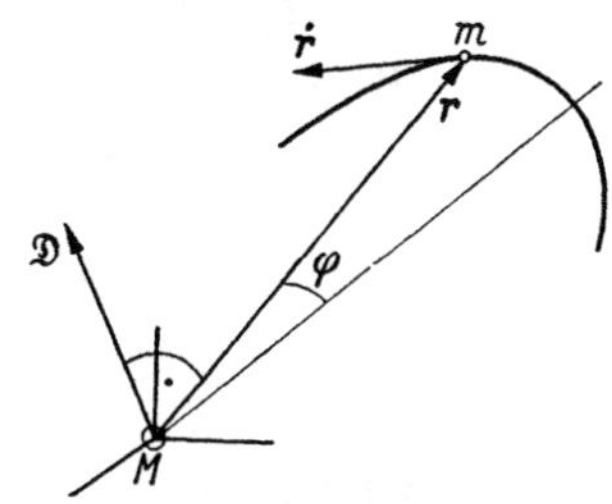

Abb. 2.2.11. Masse im zentralen Gravitationsfeld

$$r = \frac{\varepsilon p}{1 + \varepsilon \cos\varphi} = \frac{a(1 - \varepsilon^2)}{1 + \varepsilon \cos\varphi} \tag{2.2.12}$$

mit dem Ursprung als einem ihrer Brennpunkte, wobei der Typ und die Größe von den Parametern Exzentrizität ε und große Halbachse a abhängen:

$$\varepsilon = \sqrt{1 + \frac{2 \hat{E} \mathfrak{D}^2}{\Gamma^2 M^2}}, \qquad a = -\frac{\Gamma M}{2 \hat{E}},$$

$$\left\{\begin{array}{llll} \text{Kreis} & \varepsilon = 0, & \hat{E} = -\dfrac{1}{2}\left(\dfrac{\Gamma M}{\hat{\mathfrak{D}}}\right)^2, & r \equiv a = \dfrac{\hat{\mathfrak{D}}^2}{\Gamma M} = \dfrac{\Gamma M}{v^2}; \\ \text{Ellipse} & \varepsilon < 1, & \hat{E} < 0; & \\ \text{Parabel} & \varepsilon = 1, & \hat{E} = 0, & p = \dfrac{\hat{\mathfrak{D}}^2}{\Gamma M}; \\ \text{Hyperbel} & \varepsilon > 1, & \hat{E} > 0. & \end{array}\right. \tag{2.2.13}$$

Die obige Beziehung $r^2 \dot{\varphi} = \hat{\mathfrak{D}} =$ konst. ist Ausdruck des für alle Zentralkraftfelder gültigen *Flächensatzes* (2. *Keplersches Gesetz*)

$$\frac{dA}{dt} = \frac{1}{2} r^2 \dot{\varphi} = \frac{1}{2} \hat{\mathfrak{D}}: \tag{2.2.14}$$

Bei Bewegung unter Wirkung einer Zentralkraft überstreicht der Radiusvektor in gleichen Zeitintervallen gleiche Flächen.

Eine Angabe der Bahnpositionen als Funktion der Zeit ist nur für Kreis- und Parabelbahn einfach, sonst empfiehlt sich die Einführung der exzentrischen Anomalie ν, s. unten. Die Ergebnisse lauten

$$
(2.2.15)\quad
\begin{cases}
\varepsilon = 0, & & \Delta t = \sqrt{\dfrac{a^3}{\Gamma M}}\,[\varphi]_{\varphi_1}^{\varphi_2};\\[2ex]
0 < \varepsilon < 1, & r(\varphi) = a(1 - \varepsilon\cos\nu), & \Delta t = \sqrt{\dfrac{a^3}{\Gamma M}}\,[\nu - \varepsilon\sin\nu]_{\nu_1}^{\nu_2};\\[2ex]
\varepsilon = 1, & & \Delta t = \sqrt{\dfrac{a^3}{\Gamma M}}\,\dfrac{1}{2}\left[\tan\dfrac{\varphi}{2} + \right.\\
& & \qquad\left. + \dfrac{1}{3}\tan^3\dfrac{\varphi}{2}\right]_{\varphi_1}^{\varphi_2};\\[2ex]
\varepsilon > 1, & r(\varphi) = -a(\varepsilon\cosh\nu - 1), & \Delta t = \sqrt{\dfrac{a^3}{\Gamma M}}\,[\varepsilon\sinh\nu - \nu]_{\nu_1}^{\nu_2}.
\end{cases}
$$

Jeweils für $\varepsilon > 1$, also elliptische Bahnen, geben die Ergebnisse (2.2.12) und (2.2.15) bei vollem Umlauf $\nu_2 - \nu_1 = 2\pi$, auf die Planeten mit der Zentralmasse M der Sonne angewandt, das *1.* und das *3. Keplersche Gesetz.*

Mit Schwerpunktsatz (2.2.1) und Drallsatz (2.2.2) gleichwertig sind deren Zeitintegrale, der *Impulssatz*

$$(2.2.16)\qquad \Delta\mathfrak{J} = \mathfrak{J}_2 - \mathfrak{J}_1 = m(\boldsymbol{v}_{\odot 2} - \boldsymbol{v}_{\odot 1}) = \int_{t_1}^{t_2} \mathfrak{K}\,dt$$

und der *Drehimpulssatz*

$$(2.2.17)\qquad \Delta\mathfrak{D} = \mathfrak{D}_2 - \mathfrak{D}_1 = \boldsymbol{\Theta}_2\,\boldsymbol{\omega}_2 - \boldsymbol{\Theta}_1\,\boldsymbol{\omega}_1 = \int_{t_1}^{t_2} \mathfrak{M}\,dt,$$

wobei im letzteren Falle Bezugspunkt für $\boldsymbol{\Theta}$ und $\mathfrak{M}$ wieder ein ortsfester Punkt oder der Schwerpunkt des Starrkörpers ist (oder ein Punkt $\boldsymbol{x}_0$ mit einer Geschwindigkeit $\boldsymbol{v}_0$ parallel zur Schwerpunktsgeschwindigkeit). Für alle bewegten Bezugspunkte $\boldsymbol{x}_0$ gilt entsprechend (2.2.2a)

$$
\begin{aligned}
(2.2.18)\quad \Delta\mathfrak{D} = \mathfrak{D}_2 - \mathfrak{D}_1 = \boldsymbol{\Theta}_2\,\boldsymbol{\omega}_2 - \boldsymbol{\Theta}_1\,\boldsymbol{\omega}_1 &= \int_{t_1}^{t_2} \mathfrak{M}\,dt - \int_{t_1}^{t_2} \boldsymbol{v}_0 \times \mathfrak{J}\,dt\\
&= \int_{t_1}^{t_2} \mathfrak{M}\,dt + \int_{t_1}^{t_2} \boldsymbol{x}_0 \times \mathfrak{K}\,dt - [\boldsymbol{x}_0 \times \mathfrak{J}]_{t_1}^{t_2}.
\end{aligned}
$$

Die Beziehungen (2.2.16) bis (2.2.18) werden speziell auf *Stoßvorgänge* zwischen Starrkörpern angewandt, s. Abb. 2.2.19. Darunter versteht man den kurzfristigen Kontakt von Körpern unter Impulsaustausch, d. h. auch bei $\Delta t \to 0$ ist die Impulsänderung

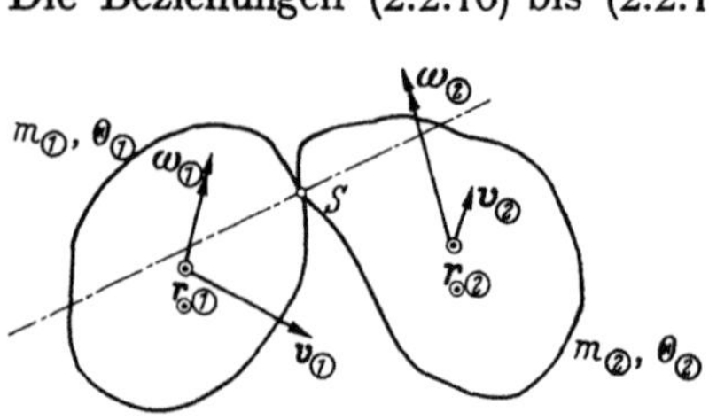

Abb. 2.2.19. Stoß zwischen zwei Körpern

$$(2.2.20)\qquad \Delta\mathfrak{J} = \lim_{\Delta t \to 0} \int_{t}^{t+\Delta t} \mathfrak{K}\,dt$$

durch die Kontaktkraft $\mathfrak{K}$ endlich. Man nimmt zusätzlich an, daß während der Stoßperiode Δt die Körper sich *nicht verschieben*: $\Delta \boldsymbol{x} \to 0$. Das hat bei der Benutzung insbesondere von (2.2.17) und (2.2.18) zur Folge, daß $\boldsymbol{\Theta}$ und $\boldsymbol{x}_0$ während der Stoßzeit konstant bleiben. Somit bleibt, auch bei beliebigem Bezugspunkt,

$$\Delta \mathfrak{D} = \boldsymbol{\Theta}(\boldsymbol{\omega}_2 - \boldsymbol{\omega}_1) = \int_{t_1}^{t_2} \mathfrak{M}\, dt. \tag{2.2.21}$$

Die *Stoßperiode* Δt wird, s. Abb. 2.2.22, in *Kompressions-* und *Restitutionsperiode* unterteilt: $\Delta t = \Delta t_k + \Delta t_r$. Mechanische Verluste werden in die Stoßtheorie durch eine *Stoßziffer* ε hereingenommen, die beispielsweise die Impulsänderung während der Restitutionsperiode zu der während der Kompressionsperiode ins Verhältnis setzt:

$$\varepsilon = \frac{|\Delta \mathfrak{J}_r|}{|\Delta \mathfrak{J}_k|}, \quad 0 \leqq \varepsilon \leqq 1. \tag{2.2.23}$$

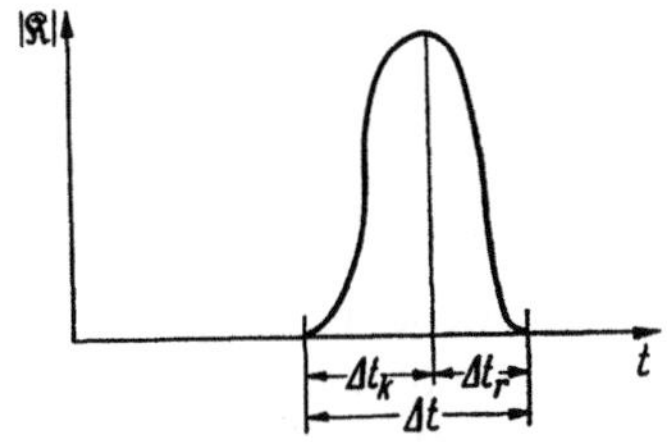

Abb. 2.2.22. Stoßperiode

In jedem Fall sind am Ende der Kompressionsperiode die Normalgeschwindigkeiten der beiden stoßenden Körper im Stoßpunkt identisch, über die entsprechenden Tangentialgeschwindigkeiten müssen weitere Annahmen (Gleiten, Haften usw.) getroffen werden.

Körper bzw. Systeme, deren *Masse nicht konstant* bleibt, wie Raketen, Satelliten usw., lassen sich mit den Gesetzen (2.2.1), (2.2.2) usw. nicht behandeln, da diese die Massenerhaltung voraussetzen. Ist $\boldsymbol{w}$ die Geschwindigkeit des Fahrzeuges, so gilt für die Absolutbewegung

$$\dot{\boldsymbol{x}} = \boldsymbol{w} + \boldsymbol{v}_r, \tag{2.2.24}$$

wenn $\boldsymbol{v}_r$ die Teilchengeschwindigkeit relativ zum Fahrzeug ist. Eine konsequente Anwendung von (1.4.7) auf $\Psi = 1, \dot{\boldsymbol{x}}, (\boldsymbol{x} - \boldsymbol{x}_0) \times \dot{\boldsymbol{x}}$ liefert die folgenden Ergebnisse in bezug auf Masse-, Impuls- und Drehimpulsbilanz

$$\left\{\begin{aligned} \frac{d}{dt} m_{(\boldsymbol{w})} &= \frac{d}{dt} \int_{\boldsymbol{v}(\boldsymbol{w})} \varrho\, dv = -\int_{\partial \boldsymbol{v}} \varrho\, \boldsymbol{v}_r^{\mathrm{T}}\, d\boldsymbol{a}, \\ \frac{d}{dt} \mathfrak{J}_{(\boldsymbol{w})} &= \frac{d}{dt} \int_{\boldsymbol{v}(\boldsymbol{w})} \varrho \dot{\boldsymbol{x}}\, dv = \mathfrak{K} - \int_{\partial \boldsymbol{v}} \varrho\, \dot{\boldsymbol{x}}\, \boldsymbol{v}_r^{\mathrm{T}}\, d\boldsymbol{a} \\ \frac{d}{dt} \mathfrak{D}_{0(\boldsymbol{w})} &= \frac{d}{dt} \int_{\boldsymbol{v}(\boldsymbol{w})} \varrho (\boldsymbol{x} - \boldsymbol{x}_0) \times \dot{\boldsymbol{x}}\, dv \\ &= \mathfrak{M}_0 - \int_{\partial \boldsymbol{v}} \varrho (\boldsymbol{x} - \boldsymbol{x}_0) \times \dot{\boldsymbol{x}}\, \boldsymbol{v}_r^{\mathrm{T}}\, d\boldsymbol{a}. \end{aligned}\right. \tag{2.2.25}$$

Die Oberflächenintegrale erstrecken sich nur über Bereiche ∂v mit $\boldsymbol{v}_r \neq 0$, über die also Masse transportiert wird. Während man das Trägerfahrzeug meist als starr annimmt:

$$\boldsymbol{w} = \boldsymbol{w}_\odot + \boldsymbol{\omega} \times (\boldsymbol{x} - \boldsymbol{x}_\odot), \tag{2.2.26}$$

so können die obigen Beziehungen jedoch nicht weiter ausgewertet werden, solange detaillierte Angaben über das Geschwindigkeitsfeld $\boldsymbol{v}_r$ der Massenbewegung relativ zum Fahrzeug fehlen. Hinweise auf weitere Literatur findet sich bei MAGNUS.

In einfachster Näherung wird z. B. bei einer Rakete impulsartiger Massenausstoß über ∂v angenommen, so daß die primitive *Raketengleichung*

$$\frac{d}{dt}(m\,\boldsymbol{w}) = \frac{dm}{dt}(\boldsymbol{w} + \boldsymbol{v}_r) + \boldsymbol{G} \quad \text{bzw.} \quad m\frac{d\boldsymbol{w}}{dt} = \frac{dm}{dt}\boldsymbol{v}_r + \boldsymbol{G}$$

lautet, wenn $\boldsymbol{G}$ die Resultierende der auf die Rakete wirkenden äußeren Kräfte, beispielsweise der Schwerkraft ist.

Während die obigen Beziehungen für Inertialsysteme gelten, entnimmt man (1.2.6) und (1.2.9) die kinematischen Zusammenhänge für *Relativsysteme* im allgemeinen und speziell für den Fall, daß die momentane Orientierung des Absolutsystems mit der des Relativsystems übereinstimmt: $\boldsymbol{Q} = \boldsymbol{1}$. Hier gilt bei $\boldsymbol{\omega} = -\boldsymbol{\Omega}_\times$ als Drehgeschwindigkeitsvektor des Relativsystems

$$\begin{cases} \boldsymbol{x} = \boldsymbol{c} + \boldsymbol{y}, \\ \dot{\boldsymbol{x}} = \dot{\boldsymbol{c}} + \boldsymbol{\omega} \times \boldsymbol{y} + \dot{\boldsymbol{y}}, \\ \ddot{\boldsymbol{x}} = \ddot{\boldsymbol{c}} + \dot{\boldsymbol{\omega}} \times \boldsymbol{y} + \boldsymbol{\omega} \times (\boldsymbol{\omega} \times \boldsymbol{y}) + 2\boldsymbol{\omega} \times \dot{\boldsymbol{y}} + \ddot{\boldsymbol{y}}. \end{cases} \tag{2.2.27}$$

Die Terme $\boldsymbol{y}$, $\dot{\boldsymbol{y}}$ und $\ddot{\boldsymbol{y}}$ nennt man *relative Bewegung, Geschwindigkeit* bzw. *Beschleunigung*, während $2\boldsymbol{\omega} \times \dot{\boldsymbol{y}}$ die *Coriolis-Beschleunigung* und der Rest *Führungsglieder* darstellen. Umgekehrt folgt der Schwerpunktsatz der Relativbewegung

$$m\,\ddot{\boldsymbol{y}}_\odot = \mathfrak{K} + \mathfrak{K}_F + \mathfrak{K}_C, \tag{2.2.28}$$

auf dessen rechter Seite man die (*Schein-*) *Kräfte*

$$\begin{aligned} \mathfrak{K}_F &= -m\{\ddot{\boldsymbol{c}} + \dot{\boldsymbol{\omega}} \times \boldsymbol{y}_\odot + \boldsymbol{\omega} \times (\boldsymbol{\omega} \times \boldsymbol{y}_0)\}, \\ \mathfrak{K}_C &= -m \cdot 2\boldsymbol{\omega} \times \boldsymbol{y} \end{aligned} \tag{2.2.29}$$

Führungskraft bzw. *Coriolis-Kraft* nennt [man vergleiche (1.4.34) und (2.2.1)]. Eine entsprechende Behandlung des Drallsatzes ist nicht in gleicher Weise ergiebig, für die kinetische Energie K interpretiere man (1.4.39).

Die eben aufgeführten Gleichungen gelten strenggenommen insbesondere bei Bewegungen auf der sich selbst drehenden Erde, jedoch ist in vielen Fällen der Einfluß der Scheinkräfte auf die Relativbewegung klein.

Beispiel. Foucaultsches Pendel.

Die Bewegungsgleichung (2.2.28) lautet in diesem Falle, s. Abb. 2.2.30,

$$m\ddot{\boldsymbol{y}} = \boldsymbol{S} - m\,g\,\boldsymbol{e}_\zeta - 2m\,\boldsymbol{\omega}\times\dot{\boldsymbol{y}} - m\,\boldsymbol{\omega}\times(\boldsymbol{\omega}\times\boldsymbol{y}),$$

worin die Seilkraft $\boldsymbol{S}$, die Drehgeschwindigkeit $\boldsymbol{\omega}$ des Relativsystems und die Bewegung $\boldsymbol{y}$ im $\boldsymbol{e}_\xi\,\boldsymbol{e}_\eta\,\boldsymbol{e}_\zeta$-System

$$\boldsymbol{S} = \left\{-\frac{\xi}{l},\ -\frac{\eta}{l},\ 1-\frac{\zeta}{l}\right\}S,$$

$$\boldsymbol{\omega} = \{0,\ \cos\beta,\ \sin\beta\}\,\omega,$$

$$\boldsymbol{y} = \{\xi,\ \eta,\ R+\zeta\}$$

sind, wenn β den Breitenwinkel bedeutet. Im Komponenten ergibt sich ein System nichtlinearer Gleichungen

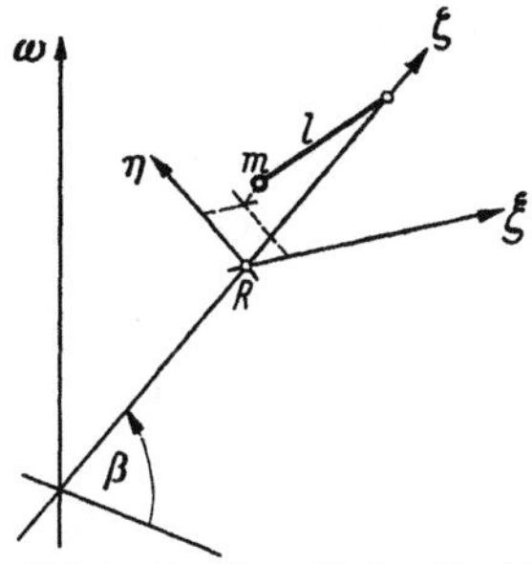

Abb. 2.2.30. Foucaultsches Pendel

$$m\,\ddot\xi = -\frac{\xi}{l}\,S \qquad -2m\,\omega(\cos\beta\,\dot\zeta - \sin\beta\,\dot\eta) + m\,\omega^2\,\xi,$$

$$m\,\ddot\eta = -\frac{\eta}{l}\,S \qquad -2m\,\omega\sin\beta\,\dot\xi - m\,\omega^2(\cos\beta\sin\beta(R+\zeta) - \sin^2\beta\,\eta),$$

$$m\,\ddot\zeta = \left(1-\frac{\zeta}{l}\right)S - m\,g + 2m\,\omega\cos\beta\,\dot\xi + m\,\omega^2(\cos^2\beta(R+\zeta) - \cos\beta\sin\beta\,\eta).$$

Nach einem Abschätzen der Größenordnung einzelner Terme, insbesondere $g \gg R\omega^2$, $\zeta\approx 0$, $\dot\zeta\approx 0$, $\ddot\zeta\approx 0$ und Linearisierung, da nur kleine Ausschläge $\xi^2+\eta^2+\zeta^2\ll 1$ untersucht werden sollen, folgt das lineare System

$$\ddot\xi - 2\omega\sin\beta\,\dot\eta + \frac{g}{l}\,\xi = 0,$$

$$\ddot\eta + 2\omega\sin\beta\,\dot\xi + \frac{g}{l}\,\eta = 0,$$

das komplex mit $z = \xi + i\,\eta$ wie

$$\ddot z + 2\omega\sin\beta\,i\,\dot z + \frac{g}{l}\,z = 0$$

geschrieben werden kann. Mit dem Absatz

$$z = a\,e^{i\nu t}$$

erreicht man die charakteristische Gleichung und erhält daraus Eigenfrequenzen

$$\nu_{1,2} = -\omega\sin\beta \pm \sqrt{\frac{g}{l} + \omega^2\sin^2\beta} \approx -\omega\sin\beta \pm \sqrt{\frac{g}{l}} = -\bar\omega \pm \lambda.$$

Schließlich ist dann die den (komplexen) Anfangswerten angepaßte Lösung

$$z = \frac{1}{\nu_1-\nu_2}\left[-(\nu_2\,z_0 + \dot z_0)\,e^{i\nu_1 t} + (\nu_1\,z_0 + \dot z_0)\,e^{i\nu_2 t}\right]$$

$$= e^{-i\bar\omega t}\left[z_0\cos\lambda\,t - \frac{1}{\lambda}\,(i\,\bar\omega\,z_0 + \dot z_0)\sin\lambda\,t\right].$$

In der eckigen Klammer steht die komplexe Form einer Schwingung der Kreisfrequenz $\lambda = \sqrt{g/l}$, i. allg. eine Bewegung auf einer Ellipsenbahn in der z^* Ebene, der Vorfaktor $e^{-i\bar\omega t}$ bedeutet eine Drehung dieses z^*-Systems mit der Kreisfrequenz $-\bar\omega = -\omega\sin\beta$: Die Erde dreht sich unter dem Pendel weg!

2.3 Drehbewegung des starren Körpers. Kreiseltheorie

Die Drehbewegung des starren Körpers unterliegt dem Drallgesetz (2.2.2).

Der hier auftretende *Trägheitstensor* $\boldsymbol{\Theta}(\mathscr{K}, \boldsymbol{x}_0)$ ist nach (1.4.41) berechenbar, zwei typische Komponenten lauten bei Bezugspunkt $\boldsymbol{x}_0$ in kartesischen xyz-Koordinaten

$$
(2.3.1)\qquad \begin{cases} \theta_{0xx} = \int\limits_{\mathscr{V}} [(y-y_0)^2 + (z-z_0)^2]\, dm \\ \qquad = \theta_{\odot xx} + [(y_\odot - y_0)^2 + (z_\odot - z_0)^2]\, m, \\ \theta_{0yz} = -\int\limits_{\mathscr{V}} (y-y_0)(z-z_0)\, dm \\ \qquad = \theta_{\odot yz} - (y_\odot - y_0)(z_\odot - z_0)\, m. \end{cases}
$$

Dabei weist der Index $\odot$ darauf hin, daß an dieser Stelle der Schwerpunkt Bezugspunkt ist, und die jeweils zweite Zeile ist Ausdruck des *Satzes von Steiner* über die Transformation der Trägheitsmomente bei Wechsel des Bezugspunktes. Die θ_{ij} mit $i \neq j$ nennt man *Deviationsträgheitsmomente.*

Der Trägheitstensor $\boldsymbol{\Theta}(\mathscr{K}, \boldsymbol{x}_0)$ definiert eine positiv definite quadratische Form, so daß eine *Transformation auf Hauptachsen,* d. h. auf eine Diagonalform

$$
(2.3.2)\qquad \boldsymbol{\Theta} = \begin{pmatrix} \theta_1 & 0 & 0 \\ 0 & \theta_2 & 0 \\ 0 & 0 & \theta_3 \end{pmatrix}
$$

mit positiven Diagonalelementen θ_α möglich ist. Hauptachsen von $\boldsymbol{\Theta}(\mathscr{K}, \boldsymbol{x}_\odot)$ sind parallel zu denen von $\boldsymbol{\Theta}(\mathscr{K}, \boldsymbol{x}_0)$.

In raumfesten Koordinaten ist der Trägheitstensor $\boldsymbol{\Theta}$ ein zeitabhängiger Tensor, so daß die Berechnung der Dralländerung

$$
(2.3.3)\qquad \frac{d}{dt}\mathfrak{D} = \frac{d}{dt}(\boldsymbol{\Theta}\,\boldsymbol{\omega}) = \dot{\boldsymbol{\Theta}}\,\boldsymbol{\omega} + \boldsymbol{\Theta}\,\dot{\boldsymbol{\omega}} = \mathfrak{M}
$$

außer im Falle fester Drehachsen komplexe Zusammenhänge ergibt. Geht man auf körperfeste Bezugssysteme über, so liefert $(1.4.34)_2$: $\mathfrak{D}' \equiv 0$ und

$$
(2.3.4)\qquad \overline{\mathfrak{D}} = \boldsymbol{Q}\,\mathfrak{D} = \overline{\boldsymbol{\Theta}}\,\overline{\boldsymbol{\omega}}, \qquad \overline{\boldsymbol{\omega}} = \boldsymbol{\Omega}_\times
$$

den auf körperfeste Koordinaten umgerechneten Drall, so wie alle quergestrichenen Größen die *Umrechnung* auf solche Koordinaten anzeigen. Die umgerechnete Dralländerung ist dann

$$
(2.3.5)\qquad \begin{aligned} \overline{\frac{d}{dt}\mathfrak{D}} &= \boldsymbol{Q}\,\dot{\mathfrak{D}} = \overline{\boldsymbol{\Theta}}\,\dot{\overline{\boldsymbol{\omega}}} + \boldsymbol{Q}\,\dot{\boldsymbol{Q}}^{\mathrm{T}}\,\overline{\boldsymbol{\Theta}}\,\overline{\boldsymbol{\omega}} \\ &= \overline{\boldsymbol{\Theta}}\,\dot{\overline{\boldsymbol{\omega}}} + \overline{\boldsymbol{\omega}} \times \overline{\boldsymbol{\Theta}}\,\overline{\boldsymbol{\omega}} = \overline{\mathfrak{M}} = \boldsymbol{Q}\,\mathfrak{M}. \end{aligned}
$$

Besonders einfache Formen nehmen die entsprechenden Gleichungen an, falls unter den körperfesten Systemen mit einmal gewähltem Bezugspunkt das *körperfeste Hauptachsensystem* gewählt wird. Sie lauten in Komponenten, wenn noch die Querstriche weggelassen werden

(2.3.6)
$$\begin{cases} \theta_1 \dot{\omega}_1 - (\theta_2 - \theta_3)\,\omega_2\,\omega_3 = \mathfrak{M}_1, \\ \theta_2 \dot{\omega}_2 - (\theta_3 - \theta_1)\,\omega_3\,\omega_1 = \mathfrak{M}_2, \\ \theta_3 \dot{\omega}_3 - (\theta_1 - \theta_2)\,\omega_1\,\omega_2 = \mathfrak{M}_3. \end{cases}$$

Im Falle symmetrischer Körper oder Körper mit zwei gleichen Hauptträgheitsmomenten ist es nicht unbedingt notwendig, ein körperfestes Hauptachsensystem zu verwenden, um die einfache Form (2.3.6) der Bewegungsgleichungen zu erreichen. Hier ist nämlich der Trägheitstensor $\boldsymbol{\Theta}$ auch in jedem um die Symmetrieachse drehenden Bezugssystem konstant. Letzteres habe den Drehgeschwindigkeitsvektor $\boldsymbol{\omega}^*$. Dann errechnet sich die hier interessierende Dralländerung zu

(2.3.6a)
$$\dot{\mathfrak{D}} = \boldsymbol{\Theta}\,\dot{\boldsymbol{\omega}} + \boldsymbol{\omega}^* \times \boldsymbol{\Theta}\,\boldsymbol{\omega},$$

oder in Komponenten mit $\boldsymbol{\omega}^* = \{\omega_1, \omega_2, \omega_3^*\}$ bei $\theta_1 = \theta_2$

(2.3.6b)
$$\begin{cases} \theta_1 \dot{\omega}_1 - (\theta_1\,\omega_3^* - \theta_3\,\omega_3)\,\omega_2 = \mathfrak{M}_1, \\ \theta_1 \dot{\omega}_2 - (\theta_3\,\omega_3 - \theta_1\,\omega_3^*)\,\omega_1 = \mathfrak{M}_2, \\ \theta_3 \dot{\omega}_3 \qquad\qquad\qquad\qquad = \mathfrak{M}_3. \end{cases}$$

Beispiel. Der Kardan-Rahmen eines *Kreiselkompasses*, s. Abb. 2.3.7, hat einen Drehvektor $\boldsymbol{\omega}^* = \{-\Omega\cos\beta\sin\vartheta,\ \Omega\sin\beta + \dot{\vartheta},\ \Omega\cos\beta\cos\vartheta\}$ mit Bezug auf das

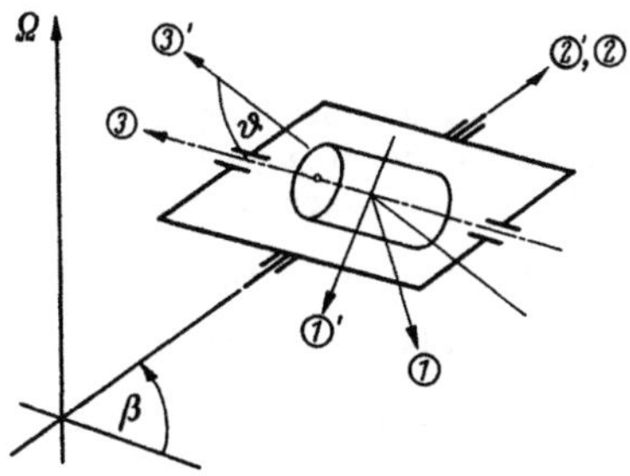

Abb. 2.3.7. Zum Kreiselkompaß

rahmenfeste ①-②-③-System. Alle Glieder bis auf $\dot{\vartheta}$ rühren aus der Erddrehung her. Der entsprechende Drehvektor des Kreisels ist $\boldsymbol{\omega} = \{-\Omega\cos\beta\sin\vartheta, \Omega\sin\beta + \dot{\vartheta}, \dot{\varphi}\}$. Die Bewegungsgleichungen (2.3.6b) lauten

$$\begin{aligned} -\theta_1 \cos\beta\cos\vartheta\,\dot{\vartheta} &+ (\theta_3\,\dot{\varphi} - \theta_1\,\Omega\cos\beta\cos\vartheta)\,(\Omega\sin\beta + \dot{\vartheta}) = \mathfrak{M}_1, \\ \theta_1\,\ddot{\vartheta} &+ (\theta_3\,\dot{\varphi} - \theta_1\,\Omega\cos\beta\cos\vartheta)\,\Omega\cos\beta\sin\vartheta = 0, \\ \theta_3\,\ddot{\varphi} &= 0. \end{aligned}$$

Die erste dieser Gleichungen gibt das Moment $\mathfrak{M}_1$, das die Kreiselbewegung an die horizontale Ebene fesselt. Ansonsten ist $\dot{\varphi} = s =$ konst., und bei $|\theta_3 s| \gg |\Theta_1\,\Omega\cos\beta\cos\vartheta|$ erhält man für kleine Ausschläge $|\vartheta| \ll 1$

$$\ddot{\vartheta} + \frac{1}{\theta_1}\,\theta_3\,s\,\Omega\cos\beta\,\vartheta = 0,$$

also ein Pendeln des Kreisels um die Polrichtung $\vartheta = 0$, solange der Kreisel nicht am Pol $\beta = \pm\pi/2$ selber steht. Man beachte, daß diese Betrachtung nur für Kreisel gilt, deren Schwerpunkt relativ zur Erde ruht. Zur vollständigen Theorie des Kreiselkompasses s. GRAMMEL.

Auf EULER zurückgehende *klassische Bezeichnungsweisen* für $(\theta_1, \theta_2, \theta_3)$ und $(\omega_1, \omega_2, \omega_3)$ sind (A, B, C) bzw. (p, q, r).

Soweit eine Lösung der Bewegungsgleichungen (2.3.6) nur im Hinblick auf die Drehgeschwindigkeit $\boldsymbol{\omega}$ angestrebt wird, reicht die Form (2.3.6) hierfür aus, wenn nicht die Momentenkomponenten von der Lage des Starrkörpers abhängig sind. In allen anderen Fällen müssen die Bewegungsgleichungen in Lagekoordinaten, etwa unter Verwendung der Eulerschen Winkel, aufgestellt werden, wobei deren Zusammenhang mit den Winkelgeschwindigkeiten durch (2.1.17) angezeigt wird. Nur wenige Probleme von allgemeiner Bedeutung sind bisher gelöst.

Der *momentenfreie Kreisel*, $\mathfrak{M} \equiv 0$, hat bei ungleichen Hauptträgheitsmomenten $\theta_\mathfrak{a}$ als *freie Drehachsen* nur die Hauptträgheitsachsen selber, also $\omega_\mathfrak{a} = \omega =$ konst. für $\mathfrak{a} = 1, 2$ oder 3. Betrachtet man die gestörte Bewegung

$$\omega_1 = \omega + v_1, \qquad \omega_2 = v_2, \qquad \omega_3 = v_3,$$

so ist bei ungleichen Hauptträgheitsmomenten die Drehung um die zum mittleren Trägheitsmoment gehörige Hauptachse instabil, wie mit einfacher Störungsrechnung nachzuweisen.

Die Stabilität der Bewegung um die übrigen Hauptachsen nachzuweisen, ist aus den linearisierten Störungsdifferentialgleichungen nicht möglich, statt dessen kann das Problem mit Hilfe einer Ljapunov-Funktion

$$v = (\theta_1 - \theta_2)\,\theta_2\, v_2^2 + (\theta_1 - \theta_3)\,\theta_3\, v_3^2 \;(= 2\theta_1 K - \mathfrak{D}^2)$$

nach den Ausführungen in L §§ 19, 20, positiv entschieden werden.

Aus der Momentenfreiheit folgt weiter, daß Drallvektor

$$\mathfrak{D} = \boldsymbol{\Theta}\,\boldsymbol{\omega} = \{\theta_1\,\omega_1, \theta_2\,\omega_2, \theta_3\,\omega_3\} \tag{2.3.8}$$

und kinetische Energie (bei raumfestem Bezugspunkt)

$$\mathfrak{K} = \tfrac{1}{2}\,\boldsymbol{\omega}^{\mathrm{T}}\,\boldsymbol{\Theta}\,\boldsymbol{\omega} = \tfrac{1}{2}(\theta_1\,\omega_1^2 + \theta_2\,\omega_2^2 + \theta_3\,\omega_3^2) \tag{2.3.9}$$

zeitlich konstant und damit durch die Anfangswerte $\mathfrak{D}_0$, K_0 bestimmt sind. Insbesondere gilt

$$\boldsymbol{\omega}^{\mathrm{T}}\,\mathfrak{D} = 2\,K_0 = \text{konst.} \tag{2.3.10}$$

Auf dieser Formel und auf der in $\boldsymbol{\omega}$ quadratischen Form (2.3.9), in der $\boldsymbol{\omega}$ als Ortsvektor ein *inverses Trägheitsellipsoid* $\mathcal{T}$ bis auf einen Maßstabsfaktor definiert, beruht die *Poinsotsche geometrische Deutung* dieser Kreiselbewegung, s. Abb. 2.3.11. Nach geeigneter Normierung stellt man sich vor, daß das körperfeste $\mathcal{T}$ auf der durch (2.3.10) definierten raumfesten Ebene $\mathcal{E}$ abrollt, und zwar so, daß der Abstand des Mittelpunktes von $\mathcal{T}$ über $\mathcal{E}$ konstant ist, und $\boldsymbol{\omega}$ gerade den Berührungspunkt von $\mathcal{T}$ und $\mathcal{E}$ ausweist. Die Bahn dieser Berührungspunkte auf $\mathcal{T}$ nennt man *Polhodie*, die entsprechende auf $\mathcal{E}$ *Herpolhodie*.

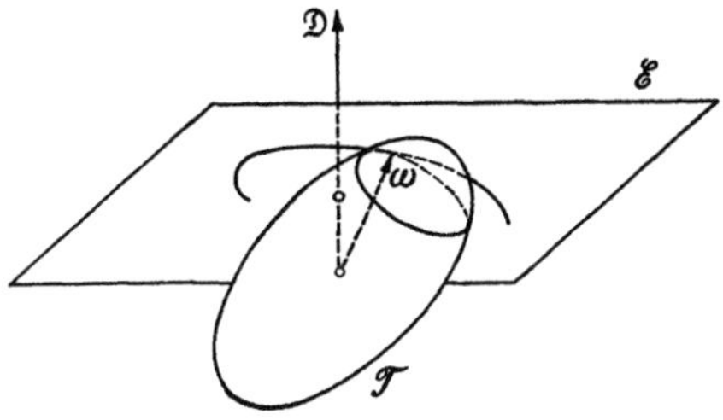

Abb. 2.3.11. Abrollen des Poinsotschen Trägheitsellipsoides $\mathcal{T}$ der festen Ebene $\mathcal{E}$

Die analytische Behandlung dieses Problems beruht auf (2.3.9) mit $K = K_0$, der aus (2.3.8) folgenden Beziehung

$$\mathfrak{D}_0^2 = |\mathfrak{D}_0|^2 = \theta_1^2\,\omega_1^2 + \theta_2^2\,\omega_2^2 + \theta_3^2\,\omega_3^2, \tag{2.3.12}$$

womit zwei der Variablen ω_i aus (2.3.6) eliminiert werden können, etwa ω_1 und ω_3. Es bleibt die nichtlineare Differentialgleichung

$$\frac{d\omega_2}{dt} = \frac{1}{\sqrt{\theta_1\,\theta_3\,\theta_2}} \times \tag{2.3.13}$$

$$\times \sqrt{[\mathfrak{D}_0^2 - 2\theta_3\,K_0 - (\theta_2-\theta_3)\,\theta_2\,\omega_2^2]\,[2\theta_1\,K_0 - \mathfrak{D}_0^2 - (\theta_1-\theta_2)\,\theta_2\,\omega_2^2]},$$

deren Quadratur außer im elementar lösbaren Falle $\mathfrak{D}_0^2 = 2\,\theta_2\,K_0$ auf elliptische Funktionen führt, s. A II, § 4. Abgesehen von hier nicht ausgeschriebenen Konstanten a_i lauten die Lösungen für

(2.3.14) $\mathfrak{D}_0^2 > 2\theta_2\,K_0$:

$$\omega_1 = a_1\,\mathrm{dn}\,p\,(t-t_0),\quad \omega_2 = a_2\,\mathrm{sn}\,p\,(t-t_0),\quad \omega_3 = a_3\,\mathrm{cn}\,p\,(t-t_0),$$

$$p = \sqrt{\frac{(\mathfrak{D}_0^2 - 2\,\theta_3\,K_0)\,(\theta_1-\theta_2)}{\theta_1\,\theta_2\,\theta_3}},\quad k = \sqrt{\frac{(\theta_2-\theta_3)\,(2\,\theta_1\,K_0 - \mathfrak{D}_0^2)}{(\theta_1-\theta_2)\,(\mathfrak{D}_0^2 - 2\,\theta_3 K_0)}};$$

(2.3.15) $\mathfrak{D}_0^2 < 2\theta_2\,K_0$:

$$\omega_1 = a_1\,\mathrm{cn}\,p\,(t-t_0),\quad \omega_2 = a_2\,\mathrm{sn}\,p\,(t-t_0),\quad \omega_3 = a_3\,\mathrm{dn}\,p\,(t-t_0),$$

$$p = \sqrt{\frac{(2\,\theta_1\,K_0 - \mathfrak{D}_0^2)\,(\theta_2-\theta_3)}{\theta_1\,\theta_2\,\theta_3}},\quad k = \sqrt{\frac{(\theta_1-\theta_2)\,(\mathfrak{D}_0^2 - 2\,\theta_3 K_0)}{(\theta_2-\theta_3)\,(2\,\theta_1\,\mathfrak{K}_0 - \mathfrak{D}_0^2)}}.$$

Eine Berechnung der Körperlage kann dann unter Benutzung der Eulerschen Winkel erfolgen. Ist in Abb. 2.1.11 die z-Achse die zeitliche konstante Drallachse, so ist die Drallkomponente in der dazu senkrechten Ebene identisch Null, was insbesondere auch für die Richtung der Knotenlinie K—K gilt. Also

$$\cos\vartheta = \frac{\theta_3\,\omega_3}{\mathfrak{D}_0},\qquad \tan\varphi = \frac{\theta_1\,\omega_1}{\theta_2\,\omega_2}, \tag{2.3.16}$$

und als einzige zu integrierende Gleichung verbleibt auf Grund von (2.1.17)

$$\sin\varphi\,\omega_1 + \cos\varphi\,\omega_2 = \sin\vartheta\,\dot{\psi}. \qquad (2.3.17)$$

Die obigen Ergebnisse fallen anders aus, falls der Kreisel *symmetrisch*, etwa $\theta_1 = \theta_2$ ist. Die dritte, die Symmetrieachse, heißt auch *Figurenachse* $\mathcal{F}$. Das Trägheitsellipsoid der Abb. 2.3.11 geht dann in ein Rotationsellipsoid über und $|\boldsymbol{\omega}|$ stellt sich als Konstante heraus. Polhodie und Herpolhodie werden Kreise. Diese bilden zusammen mit den Vektoren $\boldsymbol{\omega}$ Kegel, und zwar wird der körperfeste $\mathcal{P}$ *Polkegel* und der raumfeste $\mathcal{S}$ *Spurkegel* genannt, siehe Abb. 2.3.18.

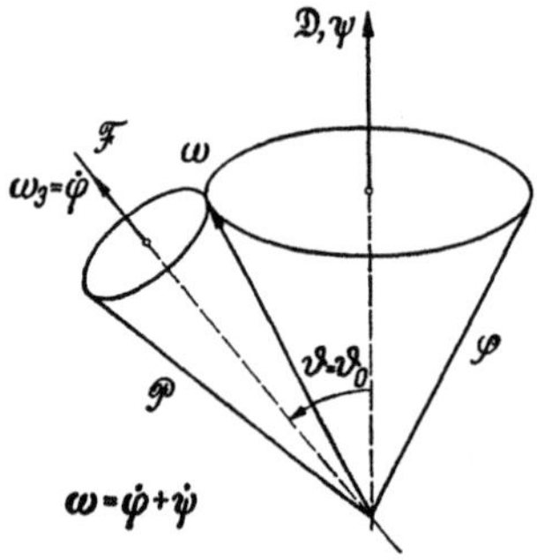

Abb. 2.3.18. Polkegel $\mathcal{P}$, Spurkegel $\mathcal{S}$ eines kräftefreien symmetrischen Kreisels

Die analytische Behandlung ist wesentlich einfacher als im Vorfalle. Man erhält aus (2.3.6) $\omega_2 =$ konst., wegen (2.3.16) somit auch konstanten *Nutationswinkel* ϑ für ω_1 und ω_2 lineare Differentialgleichungen

$$\ddot{\omega}_{1,2} + \frac{(\theta_1-\theta_3)^2\,\omega_3^2}{\theta_1^2}\,\omega_{1,2} = 0$$

mit periodischen Lösungen der Kreisfrequenz

$$\frac{|\Theta_1-\Theta_3|}{\Theta_1}\,\omega_3 = \dot{\varphi}, \qquad (2.3.19)$$

die mit der *Spingeschwindigkeit* $\dot{\varphi}$ identisch ist. Schließlich stellt sich noch heraus, daß auch die *Präzessionsgeschwindigkeit* $\dot{\psi}$ konstant ist. Die Vektoren $\boldsymbol{\omega}$, $\dot{\boldsymbol{\varphi}}$ und $\dot{\boldsymbol{\psi}}$ liegen komplanar mit

$$\boldsymbol{\omega} = \dot{\boldsymbol{\varphi}} + \dot{\boldsymbol{\psi}}. \qquad (2.3.20)$$

Aus den Anfangswerten $\mathfrak{D}_0$ und K_0 lassen sich angeben

$$(2.3.21)\left\{\begin{array}{l}
\omega_1^2+\omega_2^2 = \dfrac{\mathfrak{D}_0^2 - 2_3\,\theta K_0}{\theta_1(\theta_1-\theta_3)}, \qquad \omega_3^2 = \dfrac{2\theta_1 K_0 - \mathfrak{D}_0^2}{\theta_3(\theta_1-\theta_3)},\\[2ex]
\omega^2 = \dfrac{1}{\theta_1\theta_3}\left[2(\theta_1+\theta_3)K_0 - \mathfrak{D}_0^2\right],\\[2ex]
\cos\vartheta = \sqrt{\dfrac{\theta_3}{\theta_1-\theta_3}\left(\dfrac{2\theta_1 K_0}{\mathfrak{D}_0^2}\right) - 1},\\[2ex]
\dot{\varphi} = \sqrt{\dfrac{(\theta_1-\theta_3)(2\theta_1K_0-\mathfrak{D}_0^2)}{\theta_3\,\theta_1^2}}, \qquad \dot{\psi} = \dfrac{1}{\sin\vartheta}\sqrt{\dfrac{\mathfrak{D}_0^2 - 2\theta_3 K_0}{\theta_1(\theta_1-\theta_3)}}
\end{array}\right.$$

Beim *gestützten schweren Kreisel* ist der Stützpunkt 0 raumfester Bezugspunkt $\boldsymbol{x}_0$, s. Abb. 2.3.22. Wir führen nur den symmetrischen Fall $\theta_1 = \theta_2$ aus. Wenn $\boldsymbol{a}$ der Vektor vom Stützpunkt zum Schwerpunkt des Kreisels ist, so ist das entsprechende an $\mathscr{K}$ angreifende Moment aus Gewicht $\mathfrak{M} = \boldsymbol{a} \times \boldsymbol{G}$ vom Betrage $|\mathfrak{M}| = m\,g\,a \sin\vartheta$, und dieses hat die Richtung der Knotenlinie K—K. In körperfesten Hauptachsenkoordinaten gilt also

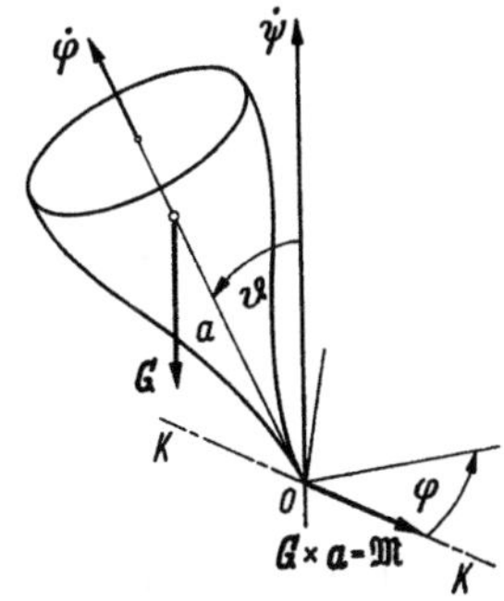

Abb. 2.3.22. Gestützter schwerer Kreisel

(2.3.23) $\mathfrak{M} = m\,g\,a\{\sin\vartheta\cos\varphi,\ -\sin\vartheta\sin\varphi,\ 0\}$

für die rechte Seite von (2.3.6). Weiter ist

(2.3.24) $$\boldsymbol{e}_z^{\mathrm{T}} \frac{d}{dt}\mathfrak{D} = \frac{d}{dt}(\boldsymbol{e}_z^{\mathrm{T}}\mathfrak{D}) = \boldsymbol{e}_z^{\mathrm{T}}\mathfrak{M} = 0$$
$$\Rightarrow\ \boldsymbol{e}_z^{\mathrm{T}}\mathfrak{D} = \mathfrak{D}_\psi = \text{konst.},$$

d. h., bei Benutzung der Eulerschen Winkel (2.1.17)

(2.3.25) $$\mathfrak{D}_\psi = \theta_1 \sin\vartheta(\omega_1\sin\varphi + \omega_2\cos\varphi) + \theta_3\cos\vartheta\,\omega_3$$
$$= \theta_1\sin^2\vartheta\,\dot\psi + \theta_3\cos\vartheta\,\omega_3,$$

und nach Energiesatz (2.2.8) ist

(2.3.26) $$2(K+V) = \theta_1(\sin^2\vartheta\,\dot\psi^2 + \dot\vartheta^2) + \theta_3\,\omega_3^2 + 2m\,g\,a\cos\vartheta$$
$$= 2\,E = \text{konst.}$$

Nach $(2.3.6)_3$ liegt wegen $\theta_1 = \theta_2$ und $\mathfrak{M}_3 = 0$ eine Bewegung mit konstantem Spin $\omega_3 = s = \text{konst.}$ vor. Das gibt eine weitere Konstante

(2.3.27) $$\mathfrak{D}_\varphi = \theta_3\,\omega_3 = \theta_3\,s.$$

Aus (2.3.25) und (2.3.26) folgt nach einer Elimination von $\dot\psi$ eine Differentialgleichung für ϑ, die sich mit der Substitution

(2.3.28) $$\cos\vartheta = x, \qquad -\sin\vartheta\,\dot\vartheta = \dot x$$

wie

(2.3.29)
$$\dot x^2 = f(x) = \frac{1}{\theta_1}\left[\theta_1\left(2\,E - \frac{\mathfrak{D}_\varphi^2}{\theta_3} - 2m\,g\,a\,x\right)(1-x^2) - (\mathfrak{D}_\psi - \mathfrak{D}_\varphi\,x)^2\right]$$

schreibt. Für reale Bewegungen ist das Polynom 3. Grades $f(x) = \dot x^2 > 0$. Da jedoch $f(-1) < 0$ und $f(1) < 0$ muß für die Wurzeln x_a von $f(x)$ die Ungleichung

(2.3.30) $$-1 < x_1 < x_2 < 1 < x_3$$

gelten, mehrfache Wurzeln zunächst außer acht gelassen, s. auch Abb. 2.3.31. Lösung der Differentialgleichung (2.3.29) ist dann die

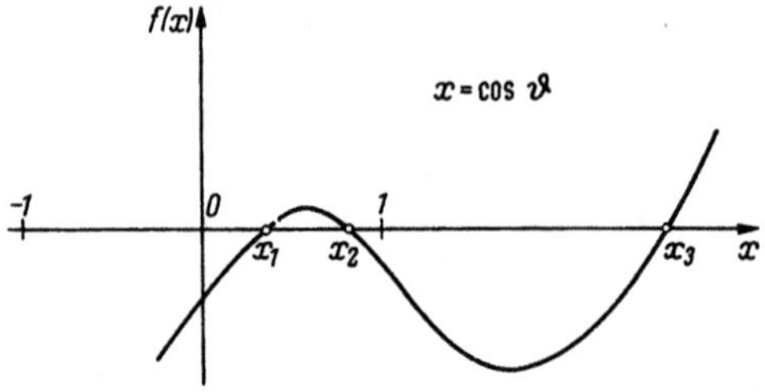

Abb. 2.3.31. Kreiselfunktion $f(x)$ mit Nutationsbereich (x_1, x_2)

(oszillierende) *Nutationsbewegung*

(2.3.32)
$$\cos\vartheta = x = x_1 + (x_2 - x)_1 \operatorname{sn}^2 p\,(t - t_0),$$
$$p = \sqrt{\frac{m\,g\,a\,(x_3 - x_1)}{2\,\theta_1}}, \qquad k = \sqrt{\frac{x_2 - x_1}{x_3 - x_1}},$$

während die *Präzessionsbewegung* aus (2.3.25), d. h. aus

(2.3.33)
$$\dot\psi = \frac{\mathfrak{D}_\psi - \mathfrak{D}_\varphi \cos\vartheta}{\theta_1 \sin^2\vartheta}$$

durch Quadratur zu ermitteln ist. Nach (2.3.34) ist ein Vorzeichenwechsel von $\dot\psi$ möglich, falls

(2.3.34)
$$x_1 < \mathfrak{D}_\psi / \mathfrak{D}_\varphi < x_2$$

besteht. Die daraus fließenden Möglichkeiten der Bewegung der Figurenachse sind in Form des *Locus*, der Spur der Bahn der Figurenachse auf der Einheitskugel skizziert.

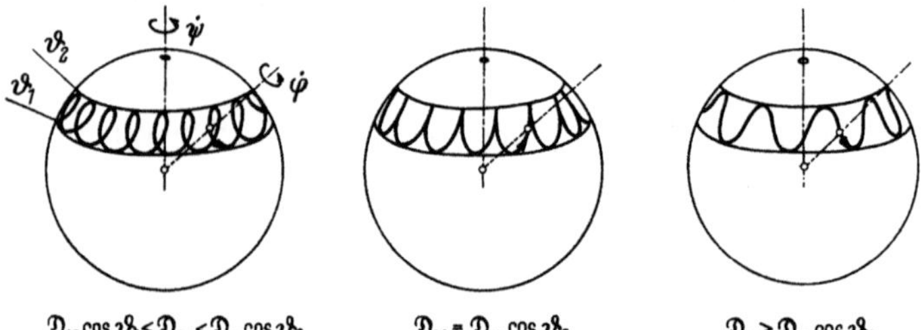

Abb. 2.3.35. Locus der Figurenachse des schweren Kreisels mit Nutationszone $(\vartheta_1, \vartheta_2)$

Man spricht von *regulärer Präzession*, falls die Nutationsbewegung verschwindet $\dot\vartheta = 0$, der Kreisel also mit konstantem ϑ präzessiert: $\dot\psi =$ konst. Schreibt man die Bewegungsgleichungen (2.3.6) entsprechend mit

(2.3.36)
$$\boldsymbol{\omega} = \{\sin\varphi \sin\vartheta\,\dot\psi,\ \cos\varphi \sin\vartheta\,\dot\psi,\ \cos\vartheta\,\dot\psi + \dot\varphi\}$$

aus (2.1.17) und der rechten Seite (2.3.23) auf, so ist für reguläre Präzession

$$m\,g\,a = \theta_1\,\dot\varphi\,\dot\psi - (\theta_1 - \theta_3)(\cos\vartheta\,\dot\psi + \dot\varphi)\,\dot\psi \qquad (2.3.37)$$
$$= \theta_3\,\omega_3\,\dot\psi - \Theta_1\cos\vartheta\,\dot\psi^2$$

notwendig. Mit $s = \omega_3 = \cos\vartheta\,\dot\psi + \dot\varphi = \text{konst.}$ bzw. $\mathfrak{D}_\varphi = \theta_3\,\omega_3$ ist die Präzessionsgeschwindigkeit bei vorgegebenen $\mathfrak{D}_\varphi$, $m\,g\,a$ und $\cos\vartheta$

$$\dot\psi = \frac{1}{2\theta_1\cos\vartheta}\left[\mathfrak{D}_\varphi \pm \sqrt{\mathfrak{D}_\varphi^2 - 4\theta_1\,m\,g\,a\cos\vartheta}\right]. \qquad (2.3.38)$$

Dies ist nur reell bei $s^2 = \mathfrak{D}_\varphi^2/\theta_3^2 \geqq 4\theta_1\,m\,g\,a\cos\vartheta/\theta_3^2$. Hat der Kreisel einen sehr großen Spin, so ergibt sich eine sehr schnelle und eine sehr langsame Präzessionsgeschwindigkeit

$$\begin{aligned}\dot\psi_3 &\approx \frac{\mathfrak{D}_\varphi}{\theta_1\cos\vartheta} = \frac{\theta_3\,s}{\theta_1\cos\vartheta}\\ \dot\psi_3 &\approx \frac{m\,g\,a}{\mathfrak{D}_\varphi} = \frac{m\,g\,a}{\theta_3\,s}\end{aligned} \quad \text{bei} \quad s^2 \gg \frac{4\theta_1\,m\,g\,a\cos\vartheta}{\theta_3^2}. \qquad (2.3.39)$$

Eine Übersicht über den Stand des Wissens in bezug auf Kreisel findet sich bei MAGNUS mit weiterführenden Literaturangaben. Als Standardwerke seien hier KLEIN-SOMMERFELD, GRAMMEL zitiert. Einzelheiten zu Stabilitätsuntersuchungen von Kreiselbewegungen entnehme man LEIPHOLZ [2]. In bezug auf Anwendungen sei schließlich noch SCARBOROUGH erwähnt.

2.4 Starrkörpersysteme und Prinzipien

2.4.1 Systeme starrer Körper

Die Einzelkörper $\mathcal{K}_a$ eines Systems von starren Körpern unterliegen, dem Axiom (1.1.0) entsprechend, jeder für sich den Gesetzen aus 2.2. Zur Integration dieser Gleichungen müssen jedoch die Gesamtheit aller an einem Einzelkörper $\mathcal{K}_a$ angreifenden Kräfte $\mathfrak{K}_a$ und Momente $\mathfrak{M}_a$ bekannt sein. Von einem System kann man nur dann sprechen, falls die Bewegung eines Systemteils oder seine Lage die Bewegung des Restsystems (beispielsweise über die Kraftgesetze) beeinflußt. Eine weitere Komplizierung des Sachverhaltes liegt vor, wenn die Bewegung einzelner Teilkörper (geometrischen) Zwängungen unterliegt, die als Nebenbedingungen bei der Integration der Bewegungsgleichungen (2.2.1) und (2.2.2) für jeden Systemteil betrachtet werden müssen.

Als Beispiel werden wir auf die Verhältnisse bei Systemen von n Massenpunkten hinweisen. Die Einbeziehung der Drehträgheit in die Überlegungen bringt keine neue prinzipielle Schwierigkeit, wohl aber leidet die Übersichtlichkeit der formelmäßigen Beziehungen. Was Kreiselsysteme betrifft, so sei hier auf die Namen MERKIN, ISCHLINSKI und LURJE hingewiesen.

Beim n-Körperproblem der Bewegung von n Massenpunkten unter Einwirkung von Gravitationsanziehung zwischen den Einzelkörpern (als Beispiel von Zentralkräften mit Potential) und frei von Kräften mit Ursprung außerhalb des Systems hat man folgenden Satz von Gleichungen zu lösen:

(2.4.1)
$$m_{\mathfrak{a}} \ddot{\boldsymbol{x}}_{\mathfrak{a}} = \sum_{\substack{\mathfrak{b}=1 \\ \mathfrak{b} \neq \mathfrak{a}}}^{n} \mathfrak{K}_{\mathfrak{a}\mathfrak{b}} + \mathfrak{K}_{\mathfrak{a}}^{*}, \qquad \mathfrak{a} = 1, 2, \ldots, n,$$
$$\mathfrak{K}_{\mathfrak{a}\mathfrak{b}} = -\Gamma m_{\mathfrak{a}} m_{\mathfrak{b}} \frac{\boldsymbol{x}_{\mathfrak{a}} - \boldsymbol{x}_{\mathfrak{b}}}{|\boldsymbol{x}_{\mathfrak{a}} - \boldsymbol{x}_{\mathfrak{b}}|^3} = -\mathfrak{K}_{\mathfrak{a}\mathfrak{b}}, \quad \mathfrak{K}_{\mathfrak{a}}^{*} = 0.$$

Hierin stellen $\mathfrak{K}_{\mathfrak{a}\mathfrak{b}}$ die Gravitationskraft des Körpers $\mathscr{K}_{\mathfrak{b}}$ auf den Körper $\mathscr{K}_{\mathfrak{a}}$ und $\mathfrak{K}_{\mathfrak{a}}^{*}$ die Kräfte auf $\mathscr{K}_{\mathfrak{a}}$ dar, die die Wirkung der Außenwelt auf das System repräsentieren. Gesamtmasse m, Gesamtschwerpunkt $\boldsymbol{x}$, Gesamtimpuls $\mathfrak{J}$, Gesamtdrall $\mathfrak{D}$, gesamte kinetische Energie K und gesamte potentielle Energie V sind die folgenden Größen:

(2.4.2)
$$\begin{cases} m = \sum_{\mathfrak{a}=1}^{n} m_{\mathfrak{a}}, & \boldsymbol{x} = \frac{1}{m} \sum_{\mathfrak{a}=1}^{n} m_{\mathfrak{a}} \boldsymbol{x}_{\mathfrak{a}}, \\ \mathfrak{J} = m \dot{\boldsymbol{x}} = \sum_{\mathfrak{a}=1}^{n} m_{\mathfrak{a}} \dot{\boldsymbol{x}}_{\mathfrak{a}}, & \mathfrak{D}(\boldsymbol{x}_0) = \sum_{\mathfrak{a}=1}^{n} (\boldsymbol{x}_{\mathfrak{a}} - \boldsymbol{x}_0) \times m_{\mathfrak{a}} \dot{\boldsymbol{x}}_{\mathfrak{a}}, \\ K = \frac{1}{2} \sum_{\mathfrak{a}=1}^{n} m_{\mathfrak{a}} |\dot{\boldsymbol{x}}_{\mathfrak{a}}|^2, & V = \Gamma \sum_{\mathfrak{a}=1}^{n-1} \sum_{\mathfrak{b}=\mathfrak{a}+1}^{n} \frac{m_{\mathfrak{a}} m_{\mathfrak{b}}}{|\boldsymbol{x}_{\mathfrak{a}} - \boldsymbol{x}_{\mathfrak{b}}|}. \end{cases}$$

Man folgert aus den obigen Gleichungen

(2.4.3)
$$\begin{cases} \boldsymbol{x} = \boldsymbol{x}(t_0) + \dot{\boldsymbol{x}}(t_0)(t - t_0), \\ \mathfrak{D} = \mathfrak{D}(t_0), \\ K + V = E(t_0), \end{cases}$$

also gleichförmige Bewegung des Gesamtschwerpunktes, konstanten Gesamtdrall, konstante Gesamtenergie. Dies sind 10 Integrale des Systems (2.4.1). Weitere zwei lassen sich nach einer Variablentransformation erledigen. Für die restlichen $6(n-2)$ algebraisch unabhängigen Integrale sind bisher keine allgemeinen Lösungen, auch nicht in transzendenter Form bekannt. Dementsprechend ist das Zweikörperproblem noch allgemein lösbar, während man *beim n-Körperproblem mit $n \geqq 3$ i. allg. auf eine numerische Quadratur angewiesen* ist. Entsprechende numerische Verfahren s. D, § 9.

Für das *Zweikörperproblem* merken wir an, daß man neben den Ergebnissen (2.4.3), speziell für den Gesamtschwerpunkt, leicht für die Relativlage $\boldsymbol{\varrho}_{12} := \boldsymbol{x}_2 - \boldsymbol{x}_1$ von m_1 und m_2 die folgende Differentialgleichung herleitet:

(2.4.4)
$$\ddot{\boldsymbol{\varrho}}_{12} = -\Gamma(m_1 + m_2) \frac{\boldsymbol{\varrho}_{12}}{|\boldsymbol{\varrho}_{12}|^3}.$$

Damit ist das Zweikörperproblem formal auf ein Einkörperproblem mit den Ergebnissen (2.2.9) ff. zurückgeführt.

Beim *eingeschränkten Dreikörperproblem* wird angenommen, daß der dritte Körper von so kleiner Masse m_3 ist: $m_3 \ll m_1$, $m_3 \ll m_2$, daß durch sie die Zweikörperbewegung der Massen m_1 und m_2 nicht beeinflußt wird. Auch dieses Problem ist nicht allgemein lösbar. Jedoch lassen sich Gebiete um m_1 und m_2 abgrenzen, in denen bei vorgegebenen Anfangsbedingungen eine Bewegung von m_3 unmöglich ist. Bei Kenntnis der Lösung des Zweikörperproblems läßt sich die Bewegung von m_3 näherungsweise bestimmen, wobei eine Korrektur der ersteren auf dem Wege der Störungsrechnung möglich ist.

In dieser Weise lassen sich auch *n-Körperprobleme* anpacken, so sie nur eine dominierende Zweikörperbewegung aufweisen. Für letztere ist anstelle von (2.4.4)

$$(2.4.5) \qquad \ddot{\varrho}_{12} + \Gamma(m_1 + m_2)\frac{\varrho_{12}}{|\varrho_{12}|^3} = -\Gamma \sum_{\mathfrak{b}=3}^{n} m_{\mathfrak{b}} \left(\frac{\varrho_{2\mathfrak{b}}}{|\varrho_{2\mathfrak{b}}|^3} - \frac{\varrho_{1\mathfrak{b}}}{|\varrho_{1\mathfrak{b}}|^3}\right)$$

zu lösen, wo die rechte Seite als Störung aufzufassen ist. Einzelheiten hierzu und zu dem Vorstehenden s. etwa BUCCERIUS/SCHNEIDER.

2.4.2 Prinzipien

Während die Aufstellung der Bewegungsgleichungen bei dem vorstehenden Beispiel einfach war, gibt es doch sehr viel kompliziertere Fälle, insbesondere bei Körpersystemen mit Bindungen. Die in 1.4.5 skizzierten Prinzipien sowie das noch zu erwähnende Lagrangesche Prinzip begründen einen Formalismus, der meist auf übersichtlicherem Wege zu Bewegungsgleichungen kommt, die unter Einbeziehung kinematischer Betrachtungen von vornherein eine Einschränkung der Freiheitsgrade durch Bindungen berücksichtigen. Wir können alles 1.4.5 entnehmen, wenn die virtuelle Verzerrung $(\delta u_{(k,l)}, \delta\psi^p)$ und damit auch die virtuelle innere Arbeit $\delta A_{(i)}$ als nicht möglich unterdrückt wird.

Von dem *d'Alembertschen Prinzip in der Lagrangeschen Fassung* (1.4.95) verbleibt allein

$$(2.4.6) \qquad \delta A_{(v)} = \sum_{\mathfrak{a}} \{(\mathfrak{K}_{\mathfrak{a}}^{(e)} - m_{\mathfrak{a}}\ddot{\boldsymbol{x}}_{\mathfrak{a}})^{\mathrm{T}}\,\delta\boldsymbol{x}_{\mathfrak{a}} + (\mathfrak{M}_{\mathfrak{a}}^{(e)} - \Theta_{\mathfrak{a}}\ddot{\boldsymbol{\varphi}}_{\mathfrak{a}})^{\mathrm{T}}\,\delta\boldsymbol{\varphi}\} \overset{!}{=} 0,$$

wenn wir uns von vornherein auf die Arbeit der eingeprägten Lasten und auf Drehungen nur um körperfeste, parallelgeführte Achsen spezialisieren. Dem ersteren entsprechend sind die virtuellen Verrückungen auf mögliche beschränkt, wodurch der aus Reaktionskräften herrührende Anteil entfiel. Nachdem alle kinematischen Beziehungen ausgenutzt sind, bleiben allein unabhängige Verrückungen übrig, und aus Beliebigkeit dieser Größen schließt man auf das Verschwinden des jeweiligen

Koeffizienten. Letztere liefern Differentialgleichungen der Bewegung in der Zahl der verbleibenden Freiheitsgrade.

Beispiel. Schiefe Ebene mit zwei über eine Rolle verknüpften Massen, s. Abb. 2.4.7. Unter Benutzung von (2.4.6) gilt

$$(m_1 g \sin\alpha_1 - m_1 \ddot{s}_1)\,\delta s_1 + (-\Theta\,\ddot{\varphi})\,\delta\varphi + (m_2 g \sin\alpha_2 - m_2 \ddot{s}_2)\,\delta s_2 \overset{!}{=} 0,$$

$$\delta s_1 = a\,\delta\varphi = -\delta s_2, \qquad \ddot{s}_1 = a\,\ddot{\varphi} = -\ddot{s}_2,$$

$$\left([m_1 g \sin\alpha_1 - m_2 g \sin\alpha_2] - \left[m_1 + \frac{\Theta}{a^2} + m_2\right]\ddot{s}_1\right)\delta s_1 \overset{!}{=} 0, \qquad \delta s_1 \neq 0,$$

$$\Rightarrow \qquad \ddot{s}_1 = \frac{m_1 \sin\alpha_1 - m_2 \sin\alpha_2}{m_1 + m_2 + \frac{1}{a^2}\,\Theta}.$$

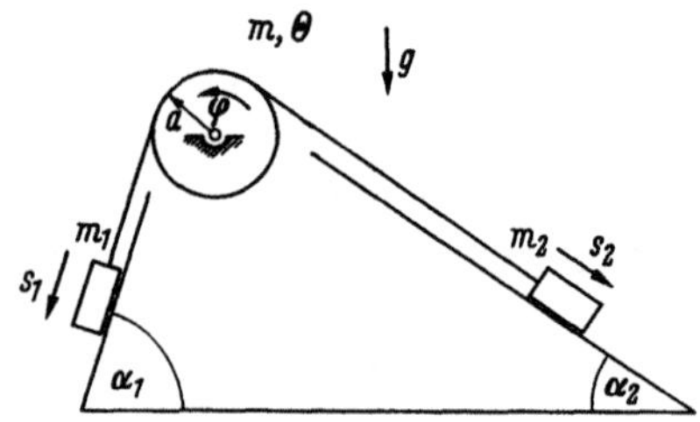

Abb. 2.4.7. Zum Gebrauch der Lagrangeschen Gleichungen

Die Größe s_1 des Beispiels nennt man (eine) verallgemeinerte Koordinate des Systems. Die Bewegung des Systems ist bei Kenntnis von $s_1 = s_1(t)$ vollständig beschreibbar.

Nimmt man von vornherein die Existenz verallgemeinerter Koordinaten $q^\varkappa$ eines Systems entsprechend der Zahl der Freiheitsgrade an, so läßt sich die Bewegung $\boldsymbol{x}_\mathfrak{a} = \boldsymbol{x}_\mathfrak{a}(t)$ bzw. die virtuelle Verrückung in den Formen

$$(2.4.8)\quad \boldsymbol{x}_\mathfrak{a} = \boldsymbol{x}_\mathfrak{a}(t, q^\alpha), \quad \delta\boldsymbol{x}_\mathfrak{a} = \frac{\partial \boldsymbol{x}_\mathfrak{a}}{\partial q^\sigma}\,dq^\sigma, \quad \mathfrak{a} = 1, \ldots, m; \quad \sigma = 1, 2, \ldots, n$$

ausdrücken. Es bestehen die folgenden rein kinematischen Relationen

$$(2.4.9)\qquad \frac{\partial \boldsymbol{x}_\mathfrak{a}}{\partial q^\sigma} = \frac{\partial \dot{\boldsymbol{x}}_\mathfrak{a}}{\partial \dot{q}^\sigma} = \frac{\partial \ddot{\boldsymbol{x}}_\mathfrak{a}}{\partial \ddot{q}^\sigma}, \quad \frac{d}{dt}\frac{\partial \boldsymbol{x}_\mathfrak{a}}{\partial q^\sigma} = \frac{\partial \dot{\boldsymbol{x}}_\mathfrak{a}}{\partial q^\sigma} = \frac{1}{2}\frac{\partial \ddot{\boldsymbol{x}}_\mathfrak{a}}{\partial \dot{q}^\sigma},$$

die zu dem folgenden Zusammenhang führen:

$$(2.4.10)\qquad \sum_{\mathfrak{a}=1}^{m} m_\mathfrak{a}\,\ddot{\boldsymbol{x}}_\mathfrak{a}^{\mathrm{T}}\,\delta\boldsymbol{x}_\mathfrak{a} = \left(\frac{d}{dt}\frac{\partial}{\partial \dot{q}^\alpha} - \frac{\partial}{\partial q^\alpha}\right)\sum_{\mathfrak{a}=1}^{m}\frac{1}{2} m_\mathfrak{a}\,|\dot{\boldsymbol{x}}_\mathfrak{a}|^2\,\delta q_\alpha$$

$$= \left(\frac{d}{dt}\frac{\partial K}{\partial \dot{q}^\sigma} - \frac{\partial K}{\partial q^\sigma}\right)\delta q^\sigma.$$

In diesem ist $K = K(t, q^\alpha, \dot{q}^\alpha)$ die in verallgemeinerten Koordinaten und Geschwindigkeiten ausgedrückte kinetische Energie. Man bezeichnet noch

(2.4.11) $$Q_\sigma := \sum_a \mathfrak{K}_a^T \frac{\partial \boldsymbol{x}_a}{\partial q^\sigma}, \qquad Q_\sigma \, dq^\sigma \equiv \sum_a \mathfrak{K}_a^T \delta \boldsymbol{x}_a$$

als verallgemeinerte Kraft. Mit (2.4.6) und aus der Unabhängigkeit der δq^α folgert man nun Bewegungsgleichungen in der Form der *Lagrangeschen Gleichungen*

(2.4.12) $$\frac{d}{dt}\frac{\partial K}{\partial \dot{q}^\sigma} - \frac{\partial K}{\partial q^\sigma} = Q_\sigma, \qquad \sigma = 1, 2, \ldots, n.$$

Diese erreichen in den Fällen, in denen die eingeprägten Kräfte ein Potential V besitzen,

(2.2.13) $$Q_\sigma = -\frac{\partial V}{\partial q^\sigma},$$

das Aussehen

(2.4.14) $$\frac{d}{dt}\frac{\partial L}{\partial \dot{q}^\sigma} - \frac{\partial L}{\partial q^\sigma} \overset{!}{=} 0, \quad L = K - V, \quad \sigma = 1, 2, \ldots, n,$$

worin man L als Lagrange-Funktion bezeichnet.

Für das Beispiel von Abb. 2.3.22, den gestützten symmetrischen schweren Kreisel, stellen die Eulerschen Winkel $(\varphi, \vartheta, \psi)$ bzw. hier die Kombination $(\vartheta, \psi, \omega_3 = \dot{\varphi} + \cos\vartheta\, \dot{\psi})$ passende verallgemeinerte Koordinaten dar, und die entsprechende Lagrange-Funktion lautet:

$$L = \tfrac{1}{2}[\theta_1(\dot{\vartheta}^2 + \sin^2\vartheta\, \dot{\psi}^2) + \theta_3\,\omega_3^2] - m\,g\,a\cos\vartheta.$$

Die Bewegungsgleichungen erhält man jetzt leicht mittels der Vorschrift (2.4.14).

Der Lagrangesche Formalismus läßt sich auch auf Aufgaben in drehenden Relativsystemen anwenden. Es ist allein nötig, in V zusätzlich das (verallgemeinerte) Scheringsche Potential V_S und das Potential der „Zentrifugalkräfte“ V_Z

(2.4.15) $$V_S = \sum_{a=1}^{m} m_a \boldsymbol{x}_a^T \boldsymbol{\Omega}\, \dot{\boldsymbol{x}}_a, \qquad V_Z = -\tfrac{1}{2}\sum_{a=1}^{m} m_a \boldsymbol{x}_a^T \boldsymbol{\Omega}^2 \boldsymbol{x}_a$$

einzuführen. Selbstverständlich kann (2.4.14) auf der rechten Seite durch entsprechende nicht durch ein Potential darstellbare verallgemeinerte Kräfte ergänzt werden.

Für *konservative Systeme* ist die Lagrange-Funktion gerade der Integrand im *Hamiltonschen Prinzip* (1.4.97) spezialisiert auf Starrkörpersysteme ($\delta A_{(i)} \equiv 0$).

(2.4.16) $$\delta \int_{t_1}^{t_2} L\, dt = \delta \int_{t_1}^{t_2} (K - V)\, dt, \qquad \delta \boldsymbol{x}(t_1, \boldsymbol{x}) = \delta \boldsymbol{x}(t_2, \boldsymbol{x}) = 0, \quad \delta \boldsymbol{x} \text{ sonst beliebig.}$$

Wir brauchen an dieser Stelle keine näheren Ausführungen zu machen, da der Zusammenhang mit der Variationsrechnung sowie die Verknüpfung von L mit der Hamilton-Funktion H, usw. in E, § 19.5 und D, § 13.5 gezeigt wird.

§ 3. Strömungsmechanik

3.1 Allgemeines

3.1.1 Besonderheiten der Flüssigkeiten

Während die Bilanzsätze der Kontinuumstheorie, insbesondere die dynamischen Grundgesetze (1.4.46) und (1.4.53) bzw. (1.4.57) Differentialaussagen über den betrachteten Körper in seiner momentanen Lage darstellen, ist zur Angabe der Materialeigenschaften nach den Ausführungen in 1.5 die Verknüpfung der momentanen Lage mit einer anderen Bezugskonfiguration notwendig. Hierher kommen im Falle endlicher Verformungen des Materials ein großer Teil der Nichtlinearitäten in den Beziehungen, und damit der Schwierigkeiten ihrer Integration. *Flüssigkeiten* jedoch nehmen an dieser Stelle einen speziellen Platz ein. Nach (1.5.50) ist für diese jede momentane Konfiguration als Bezugskonfiguration der Materialgleichungen brauchbar, da diese einen möglichen „unverzerrten" Zustand darstellt.

Ist die Flüssigkeit überdies in seinen Materialeigenschaften noch homogen, so reicht es in den bisher technisch wichtigen Fällen aus, allein das Geschwindigkeitsfeld des strömenden Mediums zu ermitteln, um alle Fragen an die Dynamik beantworten zu können. Auf eine Berechnung der Teilchenbahnen kann dann verzichtet werden.

3.1.2 Impulssatz der Strömungsmechanik

Einige Fragen der Strömungstechnik können ohne Kenntnis spezieller Materialeigenschaften aus den globalen Sätzen (1.4.43) und (1.4.50) beantwortet werden. Allerdings sollen hier klassische, d. h. nichtpolare Medien mit $\boldsymbol{s} = 0$, $\boldsymbol{M} = 0$, $\boldsymbol{l} = 0$ vorausgesetzt werden.

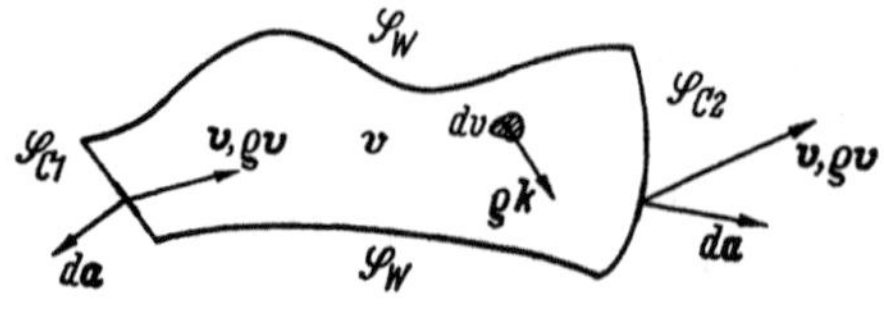

Abb. 3.1.1. Mantellasten eines durchflossenen Gefäßes

So berechnet man die *Kraft-* sowie die *Momentenresultierende* auf die Wände eines stationär gehaltenen Gefäßes, s. Abb. 3.1.1, aus

$$(3.1.2)\quad \begin{cases} \mathfrak{K}_W = -\int\limits_v \frac{\partial}{\partial t}(\varrho\, \boldsymbol{v})\, dv - \int\limits_{\mathscr{S}_K} \varrho\, \boldsymbol{v}\, \boldsymbol{v}^{\mathrm{T}}\, d\boldsymbol{a} + \int\limits_{\mathscr{S}_K} \boldsymbol{t}_{(n)}\, da + \int\limits_v \varrho\, \boldsymbol{k}\, dv, \\ \mathfrak{M}_W = -\int\limits_v \frac{\partial}{\partial t}(\boldsymbol{x} \times \varrho\, \boldsymbol{v})\, dv - \int\limits_{\mathscr{S}_K} \boldsymbol{x} \times \varrho\, \boldsymbol{v}\, \boldsymbol{v}^{\mathrm{T}}\, d\boldsymbol{a} + \int\limits_{\mathscr{S}_K} \boldsymbol{x} \times \boldsymbol{t}_{(n)}\, da + \\ \quad + \int\limits_v \boldsymbol{x} \times \varrho\, \boldsymbol{k}\, dv. \end{cases}$$

Darin bedeuten $\mathscr{S}_K$ die sog. *Kontrollfläche*, auf der der Spannungsvektor $\boldsymbol{t}_{(n)}$, die Geschwindigkeitsverteilung $\boldsymbol{v}$ bzw. der (nach außen gerichtete) Massenstrom $\varrho\, \boldsymbol{v}^{\mathrm{T}}\, d\boldsymbol{a}$ (etwa aus Messungen) bekannt sein müssen; in v ist die Kenntnis der Volumenkraftverteilung $\varrho\, \boldsymbol{k}$ und im instationären Falle zusätzlich die der Felder $\partial(\varrho\, \boldsymbol{v})/\partial t$ bzw. $\partial\, \boldsymbol{x}/\partial t \times \varrho \boldsymbol{v}$ erforderlich. Nach den Bemerkungen in 1.4.3 über Inertialsysteme sind die Beziehungen auch für gleichförmig mit $\boldsymbol{w}$ = konst. bewegte Gefäße gültig. Dabei ist

$$(3.1.3)\qquad \boldsymbol{v} = \boldsymbol{w} + \boldsymbol{v}_{\mathrm{rel}}, \qquad \boldsymbol{x} = \boldsymbol{w}(t - t_0) + \boldsymbol{y}$$

mit $\boldsymbol{v}_{\mathrm{rel}}$ als der Relativgeschwindigkeit im bewegten System in (3.1.2) einzusetzen. Ein solches Vorgehen ist immer dann von Nutzen, wenn die Strömungsverhältnisse in bezug auf ein solches Relativsystem stationär werden. Man entnimmt schließlich (3.1.2), daß stationäre Flüssigkeitsbewegungen in einem stationären, geschlossenen Gefäß ohne Einfluß auf die Resultierenden der Wandungslasten sind.

Für einen ruhenden und volleingetauchten, von einer unendlich ausgedehnten Flüssigkeit umströmten Körper K, s. Abb. 3.1.4, errechnen

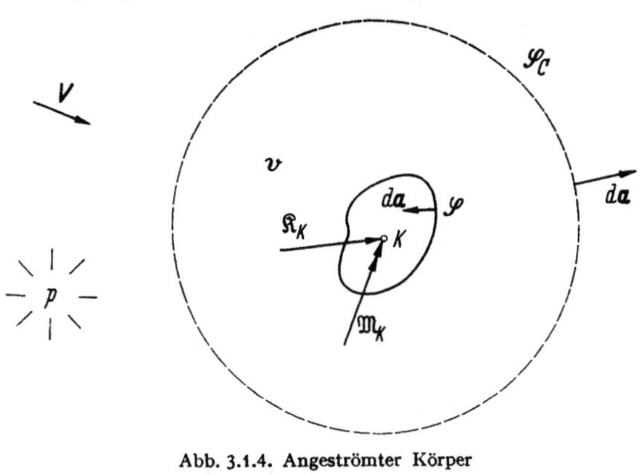

Abb. 3.1.4. Angeströmter Körper

sich die resultierenden Lasten nach den gleichen Formeln (3.1.2), wenn für $\mathscr{S}_C$ eine K ganz einschließende Kontrollfläche genommen wird.

Sieht man von Volumenkräften $\varrho\,\boldsymbol{k}$ ab und führt einen konstanten Vektor $\boldsymbol{V}$ sowie einen konstanten Tensor $-P\cdot\mathbf{1}$ ein, so ist es eine Identität zu (3.1.2) wenn man

$$(3.1.5)\quad \left\{\begin{aligned} \mathfrak{K}_K &= -\int_v \frac{\partial}{\partial t}(\varrho\,\boldsymbol{v})\,dv - \oint_{\mathscr{S}} \varrho(\boldsymbol{v}-\boldsymbol{V})(\boldsymbol{v}-\boldsymbol{V})^{\mathrm{T}}\,d\boldsymbol{a} - \\ &\quad - \oint_{\mathscr{S}_C} \varrho(\boldsymbol{v}-\boldsymbol{V})\,d\boldsymbol{a}^{\mathrm{T}}\,\boldsymbol{V} - \boldsymbol{V}\oint_{\mathscr{S}_C} \varrho(\boldsymbol{v}-\boldsymbol{V})^{\mathrm{T}}\,d\boldsymbol{a} + \\ &\quad + \oint_{\mathscr{S}_C} (\boldsymbol{t}_{(\boldsymbol{n})} + P\,\boldsymbol{n})\,da, \\ \mathfrak{M}_K &= -\int_v \frac{\partial}{\partial t}(\boldsymbol{x}\times\varrho\,\boldsymbol{v})\,dv - \int_{\mathscr{S}_C} [\boldsymbol{x}\times\varrho(\boldsymbol{v}-\boldsymbol{V})](\boldsymbol{v}-\boldsymbol{V})^{\mathrm{T}}\,d\boldsymbol{a} - \\ &\quad - \oint_{\mathscr{S}_C} [\boldsymbol{x}\times\varrho(\boldsymbol{v}-\boldsymbol{V})]\,d\boldsymbol{a}^{\mathrm{T}}\,\boldsymbol{V} - \oint_{\mathscr{S}_C} \boldsymbol{x}\times\varrho\,\boldsymbol{V}(\boldsymbol{v}-\boldsymbol{V})^{\mathrm{T}}\,d\boldsymbol{a} + \\ &\quad + \oint_{\mathscr{S}_C} \boldsymbol{x}\times(\boldsymbol{t}_{(\boldsymbol{n})} + P\,\boldsymbol{n})\,da \end{aligned}\right.$$

schreibt. Gilt nun für den Übergang von $\boldsymbol{v}$ bzw. $\boldsymbol{t}_{(\boldsymbol{n})}$ in die Randwerte im Unendlichen

$$(3.1.6)\qquad \boldsymbol{v}-\boldsymbol{V} = o(r^{-2}),\qquad \varrho = O(1),\qquad \boldsymbol{t}_{(\boldsymbol{n})} + P\,\boldsymbol{n} = o(r^{-2}),$$

für $r = |\boldsymbol{x}| \to \infty$, so ist *im stationären Falle* der Körper *widerstandsfrei* (Euler-d'Alembertsches Paradoxon). Verschärft man die entsprechenden Bedingungen in (3.1.6) auf $o(r^{-3})$, so existiert nicht einmal ein resultierendes Moment. Die Bedingung (3.1.6) ist nun zwar für wirbelfreie Potentialströmungen [s. auch (3.2.43)] auf Grund der Potentialeigenschaften gesichert, bei einer realen Flüssigkeit kann aber von einer solchen Bedingung keine Rede sein, so daß die Integrale über die äußere Kontrollfläche $\mathscr{S}_C$ bestimmt werden müssen.

3.2 Ideale Flüssigkeit

3.2.1 Grundgleichungen und Randbedingungen

Die ideale (Eulersche) Flüssigkeit ist *isotrop*, *zähigkeitslos* und *inkompressibel*. Dementsprechend hat wegen $\varrho = \text{konst.}$ die Kontinuitätsgleichung (1.4.18) hier die spezielle Form

$$(3.2.1)\qquad \operatorname{div}\boldsymbol{v} = \operatorname{div}\dot{\boldsymbol{x}} = v^k_{,k}\;\varphi = 0,$$

und die Stoffgleichung lautet

$$(3.2.2)\qquad \boldsymbol{T} = -p\cdot\mathbf{1}\qquad (=\boldsymbol{T}^{\mathrm{T}}),$$

worin man p als **Druck** bezeichnet. Der Spannungszustand ist somit unabhängig von der Verformung bzw. den Verformungsgeschwindigkeiten und muß allein den dynamischen Grundgleichungen (1.4.46)

$$(3.2.3)\qquad \begin{aligned} \dot{\boldsymbol{v}} &= \partial_t \boldsymbol{v} + (\operatorname{grad}\boldsymbol{v})\,\boldsymbol{v} = -\frac{1}{\varrho}\operatorname{grad}^{\mathrm{T}} p + \boldsymbol{k}, \\ \dot{v}_k &= \frac{\partial v}{\partial t} + v_{k,l}\, v^l \qquad = -\frac{1}{\varrho} p_{,k} + k_k \end{aligned}$$

zusammen mit einer damit verträglichen Druckverteilung auf den Bereichsgrenzen $\partial \mathscr{v}$

$$(3.2.4)\qquad \boldsymbol{t}_{(\boldsymbol{n})} = -p\,\boldsymbol{n}$$

(*dynamische Randbedingung*) genügen. Vom Geschwindigkeitsfeld $\boldsymbol{v}$ fordert man als *kinematische Randbedingung* die Undurchdringlichkeit begrenzender Wände. Dies wird wie

$$(3.2.5)\qquad \boldsymbol{n}^{\mathrm{T}}\boldsymbol{v} = w_{\mathrm{n}}$$

gefaßt, und es bedeuten $\boldsymbol{n}$ die Wandflächennormale und w_{n} die Wandgeschwindigkeit in Richtung dieser Normale. Die Forderung nach Haftung kann an ideale Flüssigkeiten nicht erhoben werden, da diese nach (3.2.2) schubspannungsfrei sind und somit die Bewegung tangential zur Wand unbehindert ist.

Die Identität

$$(3.2.6)\qquad \begin{aligned} (\operatorname{grad}\boldsymbol{v})\,\boldsymbol{v} &= \tfrac{1}{2}\operatorname{grad}|\boldsymbol{v}|^2 + \operatorname{curl}\boldsymbol{v}\times\boldsymbol{v}, \\ v_{i,l}\,v^l &= \tfrac{1}{2}(v^l v_l)_{,i} + \varepsilon_{ipl}\,\varepsilon^{pqr}\, v_{r,q}\, v^l \end{aligned}$$

erlaubt es unter der Voraussetzung, daß die Massenkräfte $\boldsymbol{k}$ ein Potential haben

$$(3.2.7)\qquad \boldsymbol{k} = -\operatorname{grad} v, \qquad k_l = -v_{,l},$$

die Gln. (3.2.3) längs eines *Stromfadens* $d\boldsymbol{x} \parallel \boldsymbol{v}$ zur *Bernoullischen Gleichung der instationären Strömung idealer Flüssigkeiten*

$$(3.2.8)\qquad \int\limits_{s_0}^{s} \frac{\partial \boldsymbol{v}^{\mathrm{T}}}{\partial t}\, d\boldsymbol{x} + \frac{1}{2}|\boldsymbol{v}|^2 + \frac{p}{\varrho} + v = g\,H(t, \boldsymbol{x}_0)$$

zu integrieren. Diese Beziehung gilt längs der durch ein beliebiges Element $\boldsymbol{x}_0$ gekennzeichneten Stromlinie und erlaubt, den Druck an jeder Stelle $\boldsymbol{x}$ dieser Linie anzugeben, wenn die sog. *Energiehöhe* $H(t, \boldsymbol{x}_0)$ in einem ihrer Punkte bekannt ist. Für *stationäre* Strömungen entfällt wegen $\partial \boldsymbol{v}/\partial t \equiv 0$ der Integralterm in (3.2.8) und die Energiehöhe H ist zeitunabhängig: $H = H(\boldsymbol{x}_0)$. Für *rotorfreie* (*wirbelfreie*) Flüssigkeitsbewegungen

$$(3.2.9)\qquad \overline{\boldsymbol{\omega}} = \operatorname{curl}\boldsymbol{v} \equiv 0, \qquad v_{[i,j]} \equiv 0$$

oder solche mit

$$(3.2.10) \qquad \operatorname{curl} \boldsymbol{v} \times \boldsymbol{v} = 0, \quad \text{d. h.} \quad \operatorname{curl} \boldsymbol{v} \parallel \boldsymbol{v} \quad \text{bzw.} \quad \overline{\boldsymbol{\omega}} = k\, \boldsymbol{v}$$

ist das Ergebnis der Integration von (3.2.3) nicht an den einzelnen Stromfaden gebunden; die Energiehöhe H in (3.2.8) ist allein eine Funktion der Zeit: $H = H(t)$ oder für stationäre Strömungen sogar eine Konstante: $H = \text{konst.}$ Der Druck p ist demgemäß im gesamten Flüssigkeitsbereich v bekannt, wenn er an einer Stelle angegeben und die Geschwindigkeitsverteilung $\boldsymbol{v}$ berechnet werden kann.

Ist das Medium entgegen den Voraussetzungen *kompressibel*, so gilt für *barotrope* Strömungen, d. h. Bewegungen für die das *Druckintegral*

$$(3.2.11) \qquad P := \int_{p_0}^{p} \frac{dp}{\varrho}$$

vermöge einer Materialgleichung $\varrho = \varrho(p)$ oder aus Zustandsgleichungen bei speziellen Zustandsänderungen: $p = F(\varrho, \theta) = G(\varrho, \eta)$ für $\theta = \text{konst.}$ bzw. $\eta = \text{konst.}$ direkt auszuwerten ist, die Bernoullische Energiegleichung in der abgewandelten Form

$$(3.2.12) \qquad \int_{s_0}^{s} \frac{\partial \boldsymbol{v}^{\mathrm{T}}}{\partial t}\, d\boldsymbol{x} + \frac{1}{2}|\boldsymbol{v}|^2 + P + v = g\, H(t, \boldsymbol{x}_0)$$

unter jeweils sonst gleichen, oben aufgeführten Bedingungen. Die dynamischen Grundgleichungen (3.2.3) sind damit im wesentlichen ausgeschöpft und es bleibt allein die Aufgabe, für den jeweils betrachteten Spezialfall ein rein kinematisches Problem mit den Beziehungen (3.2.1) und (3.2.5) zu lösen. Dabei ist grundlegend der *Satz von Helmholtz*

$$(3.2.13) \qquad \boldsymbol{v} = \operatorname{grad}^{\mathrm{T}} \varphi + \operatorname{curl} \boldsymbol{\chi}, \qquad v^k = \varphi_{,p}\, g^{pk} + \varepsilon^{kpq} \chi_{q,p},$$

nachdem jedes Vektorfeld $\boldsymbol{v}$ aus dem Gradienten eines (skalaren) Potentialfeldes φ und dem Rotor eines Vektorpotentialfeldes $\boldsymbol{\chi}$ aufgebaut werden kann. Dementsprechend teilt man allgemein die Strömungen unter Einschluß auch kompressibler Flüssigkeiten in *wirbelfreie Potentialströmungen* mit $\operatorname{curl} \boldsymbol{v} = 0$ und *divergenzfreie Wirbelströmungen* mit $\operatorname{div} \boldsymbol{v} = 0$ ein.

Für Flüssigkeitsbewegungen mit Beschleunigungspotential, das hier auf Grund der speziellen dynamischen Grundgleichung (3.2.3) bei Massenkräften mit Potential existiert, allgemeiner auch bei barotropen Strömungen, gilt für die *Zirkulation*

$$(3.2.14) \qquad \Gamma := \oint_c \boldsymbol{v}^{\mathrm{T}}\, d\boldsymbol{x} = \oint_c v_i\, dx^i = \int_a d\boldsymbol{a}^{\mathrm{T}} \operatorname{curl} \boldsymbol{v} = \int_a \varepsilon^{ipq}\, v_{q,p}\, da_i$$

der *Wirbelsatz von Thomson*

$$\frac{d\Gamma}{dt} = 0, \tag{3.2.15}$$

was mit Hilfe der Differentialbeziehung

$$\frac{d}{dt} d\boldsymbol{x} = \overline{d\boldsymbol{x}}^{\boldsymbol{\cdot}} = \operatorname{grad} \boldsymbol{v}\, d\boldsymbol{x}, \quad \frac{d}{dt} dx^i = v^i_{,s}\, dx^s \tag{3.2.16}$$

für die materielle Ableitung von Kurvenelementen nachzuweisen ist. *Der Satz sagt aus,* s. auch Abb. 3.2.17, *daß unter den obigen Voraussetzungen die Zirkulation längs einer geschlossenen materiellen Kurve bzw. der Wirbelfluß durch eine materielle Fläche zeitlich konstant ist.* Die Wirbelstärke bleibt also materiell gebunden und insbesondere bleiben wirbelfreie Teile des Flüssigkeitskörpers $\mathscr{K}$ für alle Zeiten wirbelfrei. Der Satz ist allerdings nur richtig für ganz in $\mathscr{v}(\mathscr{K})$ liegende einfach zusammenhängende Flächen $\mathscr{s}$ und ihre Randkurven $\mathscr{c}$.

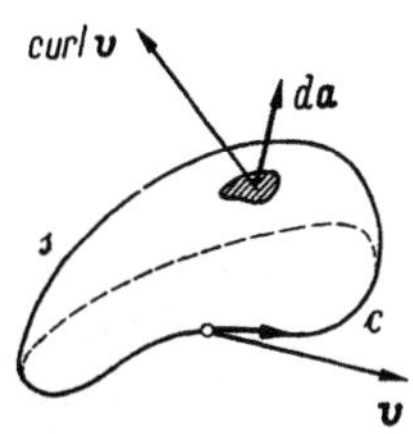

Abb. 3.2.17. Zur Berechnung der Zirkulation

3.2.2 Potential- und Wirbelströmungen im E_3

Das Potential φ der *wirbelfreien* Strömung

$$\boldsymbol{v}^{\mathrm{T}} = \operatorname{grad} \varphi, \quad v_i = \frac{\partial \varphi}{\partial x^i} = \varphi_{,i} \tag{3.2.18}$$

unterliegt wegen (3.2.1) der Differentialgleichung

$$\operatorname{div} \operatorname{grad} \varphi = \Delta \varphi = \varphi^{,s}_{,s} = 0. \tag{3.2.19}$$

Die *kinematische Randbedingung* (3.2.5) für impermeable Wände nimmt hier die Form

$$\partial\varphi/\partial n = \varphi_{,i}\, n^i = w_n \tag{3.2.20}$$

an, während *dynamische Randbedingungen* mit Hilfe des hier im gesamten Bereich $\mathscr{v}$ geltenden Bernoullischen Energieintegrals

$$\begin{aligned} \frac{\partial \varphi}{\partial t} + \frac{1}{2} |\operatorname{grad} \varphi|^2 + \frac{p}{\varrho} + v &= \frac{\partial \varphi}{\partial t} + \\ &+ \frac{1}{2} \varphi_{,s}\, \varphi^{,s} + \frac{p}{\varrho} + v = g H(t) \end{aligned} \tag{3.2.21}$$

zu formulieren sind. Während erstere zusammen mit der Differentialgleichung (3.2.19) ein rein lineares (Neumannsches) Problem formulieren, ist die zweite Form (3.2.21) der Randbedingungen in φ nichtlinear, was für viele Schwierigkeiten bei der Integration solcher Aufgaben, beispielsweise bei freien Flüssigkeitsgrenzen, verantwortlich ist.

Ausführungen zu Lösung von Potentialaufgaben im allgemeinen finden sich im Abschn. E, §§ 11—13. Im Falle des Umströmungsproblems eines vollständig eingetauchten Körpers ist ein sog. äußeres Potentialproblem zu lösen. Hierbei sind die Randbedingungen (3.3.20) durch *Übergangsbedingungen* in die im Unendlichen ungestörte Strömung zu ergänzen:

$$\lim_{|\boldsymbol{x}|\to\infty} (\operatorname{grad}\varphi - \boldsymbol{v}_\infty^{\mathrm{T}}) = 0, \quad \lim_{|\boldsymbol{x}|\to\infty} (\varphi_{,i} - v_{\infty i}) = 0, \quad \lim_{|\boldsymbol{x}|\to\infty} (p - p_\infty) = 0. \tag{3.2.22}$$

Man entnimmt E (12.18)$_4$, daß im dreidimensionalen Falle dabei

$$\operatorname{grad}\varphi - \boldsymbol{v}_\infty^{\mathrm{T}} = o(r^{-2}) \tag{3.2.23}$$

gelten muß, damit das Potentialproblem lösbar ist.

Kompliziertere Potentialströmungen werden im allgemeinen mittels *Superposition* einfacherer Potentiale konstruiert, von denen die Grundformen angegeben seien:

(3.2.24)

Art	Funktion φ	Erläuterung
Parallelströmung	$\boldsymbol{v}_0^{\mathrm{T}} \boldsymbol{x} = v_{0i} x^i$	$\boldsymbol{v}_0$ (konst.) Geschwindigkeit
Quellströmung	$-\dfrac{Q}{4\pi r}$	Q Quellstärke
Dipolströmung	$\dfrac{\boldsymbol{M}^{\mathrm{T}}(\boldsymbol{x}-\boldsymbol{\xi})}{r^3}$	$\boldsymbol{M}$ Dipolmoment

Dabei ist $r = |\boldsymbol{x} - \boldsymbol{\xi}|$ und $\boldsymbol{x}$ Aufpunkt bzw. $\boldsymbol{\xi}$ Quellpunkt.

Bei der *Singularitätenmethode* wird durch Überlagerung der Parallelströmung mit außerhalb des Strömungsbereiches passend angebrachten Singularitäten der Form (3.2.24)$_2$ und (3.2.24)$_3$ die Strömung um eine zu untersuchende Kontur approximiert.

Liegt beispielsweise das Problem der Umströmung einer rotationssymmetrischen geschlossenen Kontur $r = k(z)$, $0 \leqq z \leqq l$ mit der Anströmgeschwindig-

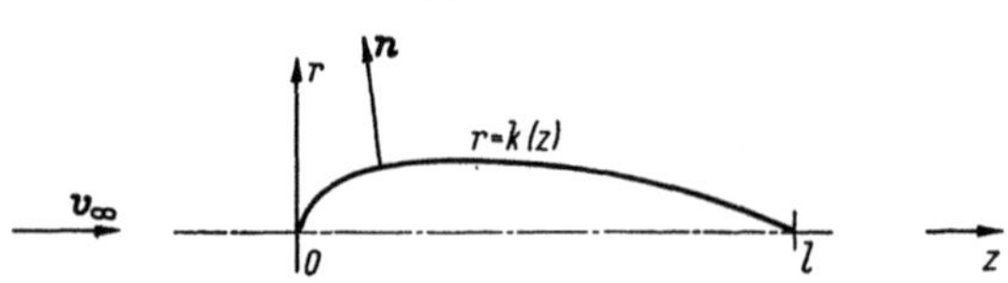

Abb. 3.2.25. Anströmung eines Rotationskörpers

keit v_∞ in Achsenrichtung z vor, so definiert, s. Abb. 3.2.25,

$$\varphi = \varphi(r, z) = v_\infty z - \frac{1}{4\pi} \int_0^l \frac{q(\zeta)\, d\zeta}{\sqrt{r^2 + (z-\zeta)^2}}, \quad r = \sqrt{x^2 + y^2} \tag{3.2.26}$$

ein passendes Potential, das der (Kontur-) *Schließbedingung*

$$\int_0^l q(\zeta)\, d\zeta = 0, \tag{3.2.27}$$

sowie, da $\boldsymbol{n} = \{1, -dk/dz\}$ ein Normalenvektor der Konturfläche ist, der kinematischen Randbedingung $\partial\varphi/\partial n = 0$, also

$$\operatorname{grad}\varphi\, \boldsymbol{n} = \left[\frac{1}{4\pi}\int_0^l \frac{q(\zeta)\, d\zeta}{\sqrt{r^2 + (z-\zeta)^2}}\left(r - z\frac{dk}{dz}\right) - v_\infty \frac{dk}{dz}\right]_{r=k(z)} = 0 \tag{3.2.28}$$

zu unterwerfen ist. Diese Beziehung gibt eine Fredholmsche Integralgleichung 1. Art für die Quellbelegung $q(\zeta)$. Besondere Aufmerksamkeit bei der Bestimmung von $q(\zeta)$ fordert das Verhalten des Kerns von (3.2.28) in der Umgebung der Achsenpunkte $z = 0$ und $z = l$. Einzelheiten entnehme man SCHLICHTING/TRUCKENBRODT, Bd. 2, allgemeine Hinweise finden sich in Abschnitt E, § 3.

Existiert der *Rotor*

$$\overline{\boldsymbol{\omega}} = \operatorname{curl}\boldsymbol{v}, \qquad \bar{\omega}^i = \varepsilon^{ijk} v_{k,j} = \varepsilon^{ijk} v_{[k,j]} \tag{3.2.29}$$

eines Geschwindigkeitsfeldes $\boldsymbol{v}$, so hat dieser die Eigenschaft der Quellenfreiheit

$$\operatorname{div}\overline{\boldsymbol{\omega}} = \operatorname{div}\operatorname{curl}\boldsymbol{v} = 0, \quad (\varepsilon^{mjk} v_{k,j})_{,m}. \tag{3.2.30}$$

Da damit auch der Fluß eines Rotors durch *jede* geschlossene Fläche

$$\begin{aligned} \oint_{\mathscr{S}} \operatorname{curl}\boldsymbol{v}\, d\boldsymbol{a} &= \int_{\mathscr{V}} \operatorname{div}\operatorname{curl}\boldsymbol{v}\, dv \equiv 0, \\ \oint_{\mathscr{S}} \varepsilon^{ijk} v_{k,j}\, da_i &= \int_{\mathscr{V}} \varepsilon^{mjk} v_{k,j\,m}\, dv \equiv 0 \end{aligned} \tag{3.2.31}$$

verschwindet, so

(3.2.32) (*erster Helmholtzscher Satz*) *bleibt die Wirbelstärke längs einer sog. Wirbelröhre konstant,* deren Mantel aus den Wirbelelementen $d\boldsymbol{x} \parallel \operatorname{curl}\boldsymbol{v}$ gebildet wird, s. auch Abb. 3.2.33. *Wirbellinien sind demzufolge entweder geschlossen, oder enden aber auf den Grenzen des Flüssigkeitsbereiches.*

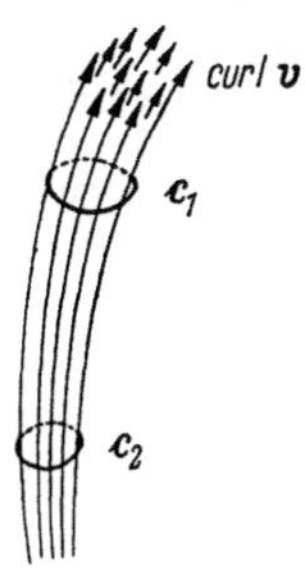

Abb. 3.2.33. Wirbelröhre

Infolgedessen existieren keine so elementar einfachen Lösungen des Wirbelproblems wie vergleichsweise in den Fällen (3.2.24) des Potentials. Vielmehr muß hier auf die *globale Darstellung* der Vektorpotentialanteile *von* $\boldsymbol{v}$ im Sinne der Helmholtzschen Zerlegung (3.2.13) zurückgegriffen werden:

$$\left\{\begin{aligned} &\operatorname{div}\boldsymbol{v} = q, \qquad \operatorname{curl}\boldsymbol{v} = \overline{\boldsymbol{\omega}}, \\ &\varphi = \frac{1}{4\pi}\int \frac{q(\boldsymbol{\xi})}{|\boldsymbol{x}-\boldsymbol{\xi}|}\, dv(\boldsymbol{\xi}), \qquad \boldsymbol{\chi} = \frac{1}{4\pi}\int \frac{\overline{\boldsymbol{\omega}}(\boldsymbol{\xi})}{|\boldsymbol{x}-\boldsymbol{\xi}|}\, dv(\boldsymbol{\xi}), \\ &\boldsymbol{v} = \frac{1}{4\pi}\operatorname{grad}_x \int \frac{q(\boldsymbol{\xi})}{|\boldsymbol{x}-\boldsymbol{\xi}|}\, dv(\boldsymbol{\xi}) + \frac{1}{4\pi}\operatorname{curl}_x \int \frac{\overline{\boldsymbol{\omega}}(\boldsymbol{\xi})}{|\boldsymbol{x}-\boldsymbol{\xi}|}\, dv(\boldsymbol{\xi}). \end{aligned}\right. \tag{3.2.34}$$

Diese quellenmäßige Darstellung nimmt keinerlei Rücksicht auf die Befriedigung irgendwelcher Randbedingungen (3.2.20) oder (3.2.21). Im ersteren linearen Falle jedoch kann die aus (3.2.34) folgende Lösung als partikulares Integral $\boldsymbol{v}_{\mathsf{p}}$ des Problems benutzt werden und die Befriedigung der Randbedingungen der Lösung einer homogenen Aufgabe

(3.2.35)
$$\boldsymbol{v}_{\mathsf{h}} = \operatorname{grad}\varphi, \quad v_{\mathsf{h}\,i} = \varphi_{,i}, \qquad \Delta\varphi = 0, \quad \partial\varphi/\partial n = w_{\mathsf{n}} - \boldsymbol{v}_{\mathsf{p}}^{\mathrm{T}}\boldsymbol{n} = w_n - v_{\mathsf{p}s}\,n^s$$

überlassen bleiben.

Der Darstellung des Rotoranteils aus (3.3.34), dem *von der Wirbelbelegung induzierten Geschwindigkeitsfeld,* ist gleichwertig

(3.2.36)
$$\boldsymbol{v} = -\frac{1}{4\pi}\int \frac{\overline{\boldsymbol{\omega}}(\boldsymbol{\xi}) \times (\boldsymbol{x} - \boldsymbol{\xi})}{|\boldsymbol{x} - \boldsymbol{\xi}|^3}\, dv(\boldsymbol{\xi}).$$

Es hängt von der Definition eines geeigneten Belegungsdifferentials

$$\overline{\boldsymbol{\omega}}(\boldsymbol{\xi})\,dv, \qquad \overline{\boldsymbol{\omega}}_c(\boldsymbol{\xi})\,da, \qquad \overline{\boldsymbol{\omega}}_s(\boldsymbol{\xi})\,ds$$

ab, ob die Wirbelbelegung als räumlich, flächenhaft oder linienhaft verteilt aufzufassen ist und über welchem entsprechenden Bereich das Integral in (3.2.36) auszuwerten ist.

Eine Sonderstellung nimmt an dieser Stelle der *Wirbelfaden* ein. Da nach (3.2.32) auf ihm die Wirbelstärke konstant ist — sie sei γ —, so ist entsprechend (3.2.36) das von ihm induzierte Geschwindigkeitsfeld

(3.2.37)
$$\boldsymbol{v} = \frac{\gamma}{4\pi}\operatorname{curl}\int\limits_c \frac{d\boldsymbol{\xi}}{|\boldsymbol{x} - \boldsymbol{\xi}|} = -\frac{\gamma}{4\pi}\int\limits_c \frac{d\boldsymbol{\xi} \times (\boldsymbol{x} - \boldsymbol{\xi})}{|\boldsymbol{x} - \boldsymbol{\xi}|^3}$$

(*Biot-Savartsches Gesetz*). Im Falle des unendlich ausgedehnten geraden Wirbelfadens entartet dieses zu

(3.2.38)
$$\boldsymbol{v} = \frac{\gamma\,\boldsymbol{e}_f \times \boldsymbol{r}}{2\pi\,r^2}$$

worin $\boldsymbol{e}_f$ der Einheitsvektor des Wirbelfadens ist.

Ein Beispiel für einen geschlossenen Wirbelfaden ist der *Ringwirbel,* siehe Abb. 3.2.39. In Zylinderkoordinaten (r, φ, z) lauten die (physikalischen) Kompo-

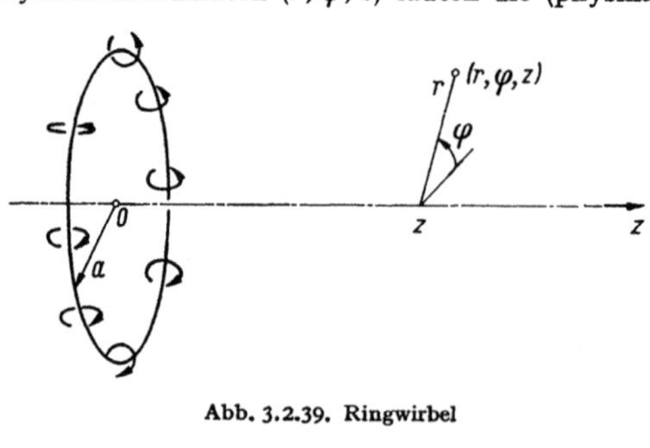

Abb. 3.2.39. Ringwirbel

nenten seines Vektorpotentials χ bei einem Radius a, wenn der Ursprung Ringmittelpunkt ist:

$$
(3.2.40)\qquad \begin{cases} \chi_{\langle r\rangle} = \chi_{\langle z\rangle} = 0, \\[4pt] \chi_{\langle\varphi\rangle} = \dfrac{\gamma}{2\pi}\sqrt{\dfrac{a}{r}}\left[\left(\dfrac{2}{k} - k\right) K(k) - \dfrac{2}{k} E(k)\right], \\[4pt] k = 2\sqrt{\dfrac{a\, r}{(r+a)^2 + z^2}}, \end{cases}
$$

worin K und E die elliptischen Normalintegrale [s. A II (4.17)] des Moduls k sind.

Die Theorie der Strömung mit Wirbelbelegungen ist am stärksten wohl in der *Tragflügeltheorie* verwandt und zu (mindestens zu approximativen) praktischen Berechnungsverfahren ausgebaut worden. Wir verweisen wiederum auf SCHLICHTING/TRUCKENBRODT und TWAITES.

Die Kraftwirkung auf einen vollständig umströmten Körper K errechnet sich, s. Abb. 3.1.4, aus

$$
(3.2.41)\qquad \mathfrak{K}_K = \oint_{\mathscr{S}} p\, d\boldsymbol{a}, \qquad \mathfrak{M}_K = \oint_{\mathscr{S}} \boldsymbol{x} \times p\, d\boldsymbol{a}.
$$

Im Falle reiner Potentialströmung lassen sich die Beziehungen einfacher auswerten. Notieren wir alles kartesisch, so folgt unter Zuhilfenahme der folgenden Identität für materiell abgeleitete Flächenintegrale einer beliebigen Größe

$$
(3.2.42)\qquad \begin{aligned} \frac{d}{dt}\oint_{\mathscr{S}} \Psi\, da_i &= \oint_{\mathscr{S}} \left[\left(\frac{\partial \Psi}{\partial t} + \Psi_{,s} v^s + \Psi v^s_{,s}\right)\delta^r_i - \Psi v^r_{,i}\right] da_r \\ &= \oint_{\mathscr{S}} \left[\frac{\partial \Psi}{\partial t}\delta^r_i + \Psi_{,i} v^r\right] da_r \end{aligned}
$$

vermöge (3.2.21)

$$
(3.2.43)\qquad \begin{cases} \mathfrak{K}_i = \underline{-\varrho \dfrac{d}{dt}\oint_{\mathscr{S}} \varphi\, da_i - \varrho \oint_{\mathscr{S}} v\, da_i} + \varrho \oint_{\mathscr{S}_c} \left[\dfrac{1}{2}\varphi_{,s}\varphi^{,s}\delta^r_i - \varphi_{,i}\varphi^{,r}\right] da_r, \\[6pt] \mathfrak{M}_i = \underline{-\varrho\, \varepsilon_{ijk}\, g^{jk}\left[\dfrac{d}{dt}\oint_{\mathscr{S}} x^j \varphi\, da_l + \oint_{\mathscr{S}} x^j v\, da_l\right.} - \\[6pt] \qquad\qquad \left. - \oint_{\mathscr{S}_e} x^j \left[\dfrac{1}{2}\varphi_{,s}\varphi^{,s}\delta^r_l - \varphi_{,l}\varphi^{,r}\right] da_r \right. . \end{cases}
$$

Hiervon bleiben unter der Voraussetzung (3.2.23) nur die jeweils beiden ersten (unterstrichenen) Terme, wenn die Kontrollfläche $\mathscr{S}_e$ bis ins Unendliche ausgedehnt wird. In anderen Fällen divergenzfreier Außenströmung ergibt sich ein Zusatzterm $4\pi\, \varepsilon_{ijk}\, \varrho\, v^j_\infty\, m^k$ zum resultierenden Moment $\mathfrak{M}_i$, der sich aus der Anströmgeschwindigkeit v^i_∞ im Unendlichen und dem Momentenvektor m^k des dortigen Dipolanteiles $m_i \left(\frac{1}{r}\right)_{,i}$ des Potentials φ bestimmt. Offensichtlich gibt es drei Richtungen der Anströmung v^i_∞, für die $\mathfrak{M}_i$ verschwindet. Resultierende Kräfte jedoch existieren nur in Fällen instationärer Strömung, wenn man das Volumenkraftpotential v nicht beachtet.

3.2.3 Rotationssymmetrische und ebene Probleme

In Fällen der *Rotationssymmetrie* wie in den Fällen ebener Strömungen inkompressibler Medien erlaubt die Kontinuitätsgleichung (3.2.1) den Ansatz geeigneter *Stromfunktionen* ψ, die diese identisch befriedigen. Es ist erwähnenswert, daß Stromfunktionen auch dann existieren, in denen die Strömung nicht wirbelfrei ist.

In Zylinderkoordinaten (r, φ, z) lauten im rotationssymmetrischen Falle die notwendigen Vektoroperationen für physikalische Komponenten: $[v_\varphi \equiv 0]$

$$(3.2.44)\quad \begin{cases} \operatorname{grad}\varphi &= \{v_r, v_z\} = \{\partial\varphi/\partial r, \partial\varphi/\partial z\}, \\ \operatorname{div}\boldsymbol{v} &= \dfrac{1}{r}\dfrac{\partial}{\partial r}(r\, v_r) + \dfrac{\partial}{\partial z} v_z, \\ (\operatorname{curl}\boldsymbol{v})_\varphi &= \bar{\omega}_\psi = \dfrac{\partial}{\partial z} v_r - \dfrac{\partial}{\partial r} v_z. \end{cases}$$

Der $(3.2.44)_2$ zum Verschwinden bringende Ansatz lautet

$$(3.2.45)\qquad \boldsymbol{v} = \{v_r, v_z\} = \left\{\frac{1}{r}\frac{\partial\psi}{\partial z}, -\frac{1}{r}\frac{\partial\psi}{\partial r}\right\},$$

der entsprechend (3.2.44) die Differentialgleichung

$$(3.2.46)\qquad \frac{\partial}{\partial r}\frac{1}{r}\frac{\partial\psi}{\partial r} + \frac{1}{r}\frac{\partial^2\psi}{\partial z^2} = \overline{\omega}_\varphi$$

nach sich zieht. Bei Wirbelfreiheit verschwindet hiervon die rechte Seite identisch: $\bar{\omega}_\varphi = 0$. Der Randbedingung (3.2.20) entspricht im Falle einer rotationssymmetrischen Kontur $\{r(s), z(s)\}$

$$(3.2.47)\qquad \frac{1}{r}\frac{\partial\psi}{\partial z} n_r - \frac{1}{r}\frac{\partial\psi}{\partial r} n_z = \frac{1}{r}\frac{\partial\psi}{\partial s} = w_\mathrm{n},$$

wobei w_n aus Symmetriegründen noch eingeschränkt ist. Für eine ruhende Wand ist $w_\mathrm{n} = 0$ und damit dann $\psi = \text{konst.}$

Als Beispiel eines Falles ohne Wirbelfreiheit lautet die Stromfunktion des Ringwirbels (3.2.40): $\psi = -r\,\chi_\varphi$.

Im *ebenen Falle* gilt für Potential und Stromfunktion

$$(3.2.48)\quad \boldsymbol{v} = \left\{\frac{\partial\varphi}{\partial x}, \frac{\partial\varphi}{\partial y}\right\} = \left\{\frac{\partial\psi}{\partial y}, -\frac{\partial\psi}{\partial x}\right\}, \qquad \Delta\varphi = \Delta\psi = 0,$$

falls man sich auf *wirbelfreie* Probleme beschränkt. Dann bilden φ und ψ entsprechend den Cauchy-Riemannschen Differentialgleichungen (3.2.48) zueinander konjugierte Potentiale, die zu einem *komplexen Potential* F der komplexen Veränderlichen z zusammenfaßbar sind:

$$(3.2.49)\qquad F = F(z) := \varphi + i\,\psi, \qquad z = x + i\,y.$$

Die (konjugiert komplexe) Ableitung

(3.2.50) $$w(z) = \overline{\frac{dF}{dz}} = v_x + i\, v_y$$

ergibt die ***komplexe Geschwindigkeit*** w.

Die (3.2.24) analogen Singularitäten lauten, s. auch Abb. 3.2.52

(3.2.51)

Art	Funktion F	Erläuterung
Parallelströmung	$w_\infty z$	
Quellströmung	$\frac{Q}{2\pi} \ln z$	Q reell
Dipolströmung	$F = -\frac{M}{z}$	M komplex
Potentialwirbel	$\frac{\Gamma}{2\pi i} \ln z$	Γ reell

mit einer (3.2.38) entsprechenden Ergänzung in der letzten Zeile.

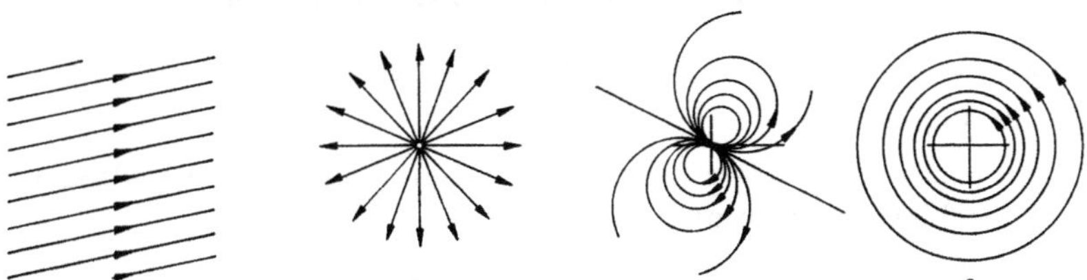

Abb. 3.2.52. Grundlösungen der Potentialströmung (Bilder der Stromlinien)

In n-fach zusammenhängenden Bereichen ist die Bestimmung eines Strömungspotentials nur bis auf $(n-1)$ zyklische Anteile der Form $(3.2.51)_4$ eindeutig möglich.

Daß die Eigenschaft einer Funktion, harmonisch zu sein, eine invariante Eigenschaft gegenüber *konformen Abbildungen* [s. A I, § 4 A III] ist, erleichtert die Behandlung ebener Potentialprobleme mittels analytischer Funktionen beträchtlich. Es gilt der

(3.2.53) *Satz: Ist $F(z)$ die Lösung eines Strömungsproblems in einem Gebiet $\mathfrak{B}(z)$, und $z = g(\zeta)$ die Abbildung des Inneren eines Gebiets $\mathfrak{B}(\zeta)$ auf das innere Gebiet von $\mathfrak{B}(z)$, so löst $G(\zeta) := F(g(\zeta))$ ein entsprechendes Strömungsproblem in $\mathfrak{B}(\zeta)$.*

Beispiel. Da das komplexe Potential

(3.2.54) $$F(z) = v_\infty \left(z + \frac{a}{z}\right) + \frac{\Gamma}{2\pi i} \ln \frac{z}{a}$$

das Problem der ebenen Anströmung eines Kreiszylinders allgemein löst, liefert jede, den unendlich fernen Punkt erhaltende konforme Abbildung $z = g(\zeta)$ des Außenbereichs einer in der ζ-Ebene erklärten geschlossenen Kontur K auf das

Äußere des Kreises $|z| > a$ in der z-Ebene die Lösung des Anströmproblems für K, s. Abb. 3.2.55. Jedes dieser Profile besitzt einen *Widerstand* Null und einen *Auftrieb*

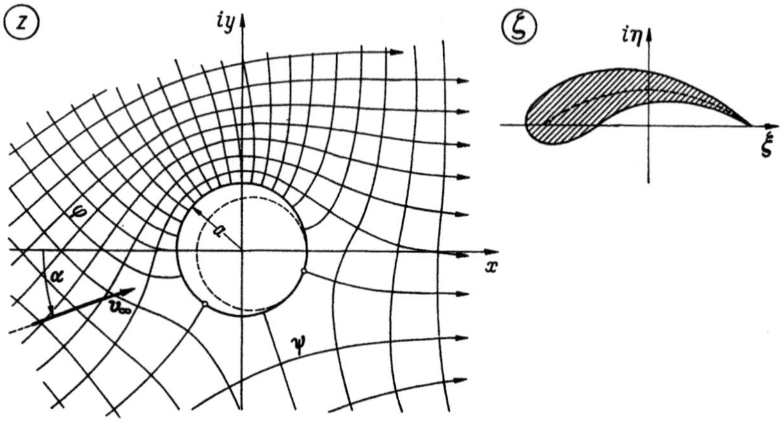

Abb. 3.2.55. Kreisumströmung und konforme Abbildung

(3.2.56) $$P_x - i\,P_y = -i\,\varrho\,v_\infty\,\Gamma;$$

das ist Ergebnis der

Formeln von Blasius über die Kraft- und Momentenresultierenden auf geschlossene Konturen:

(3.2.57) $$P = \frac{1}{2}\varrho\,i\oint\left(\frac{dG}{d\zeta}\right)^2 d\zeta = \frac{1}{2}\varrho\,i\oint\frac{dz}{d\zeta}F'^2\,dz,$$
$$M_0 = -\frac{1}{2}\varrho\,\Re\mathrm{e}\oint\zeta\left(\frac{dG}{d\zeta}\right)^2 d\zeta.$$

Auf ebene Probleme findet auch eine in komplexen Größen formulierte Variante des in 3.2.2 erwähnten *Singularitätenverfahrens* Anwendung, speziell auf Fälle der Schaufelgitterströmung. Entsprechende Literatur schlage man etwa bei Betz [1, 2] und Scholz nach.

3.3 Ideale Gase

3.3.1 Materialgleichungen

Ideale Gase sind nichtpolare kompressible Medien, *reibungsfrei* per Definition, die einer Zustandsgleichung

(3.3.1) $$p = \frac{\mathrm{R}}{\mathrm{M}}\varrho\,\theta$$

unterliegen, die den Druck p, die Dichte ϱ und die Temperatur θ über das Molekulargewicht M und die *universelle Gaskonstante* R

(3.3.2) $\mathrm{R} = 847{,}83$ kp m/Grad kmol $= 1{,}9867$ kcal/Grad kmol verknüpft. Der Reibungsfreiheit entsprechend ist somit das *Materialgesetz für die Spannungen*

$$(3.3.3)\qquad \boldsymbol{T} = -p\cdot\mathbf{1} = -\frac{\mathrm{R}}{\mathrm{M}}\varrho\,\theta\cdot\mathbf{1} = \boldsymbol{T}(\varrho,\theta),\qquad \boldsymbol{T} = \boldsymbol{T}^{\mathrm{T}}.$$

Wie in (1.5.66) weist man über die Form von weiteren, nach dem Äquipräsenzprinzip (1.5.20) angesetzten Stoffgesetzen $\varepsilon = \varepsilon(\varrho,\theta)$, $\eta = \eta(\varrho,\theta)$ nach, der Clausius-Planckschen Ungleichung $(1.4.80)_1\ \gamma_{\mathrm{lok}} \geqq 0$ wird durch die folgende Forderung genügt:

Die *innere Energie* ε des idealen Gases hängt allein von der Temperatur θ

$$(3.3.4)\qquad \varepsilon = \hat{\varepsilon}(\theta)$$

und nicht von der Dichte ϱ ab. Das Gleiche gilt für die *Enthalpie*

$$(3.3.5)\qquad \iota := \varepsilon + \frac{p}{\varrho} = \hat{\iota}\,.$$

Die entsprechende Zustandsgleichung für die Entropie η lautet

$$(3.3.6)\qquad \eta - \eta_0 = -\frac{\mathrm{R}}{\mathrm{M}}\ln\frac{\varrho}{\varrho_0} + \int\limits_{\theta_0}^{\theta}\frac{1}{\theta}\frac{d\hat{\varepsilon}}{d\theta}\,d\theta\,.$$

Dann ist unter stetigen Verhältnissen, wie man mit Hilfe von (1.4.66) nachweist, alleinige Ursache einer materiellen Änderung dieser Größe

$$(3.3.7)\qquad \dot{\eta} = \frac{1}{\theta}\left(\frac{1}{\varrho}\operatorname{div}\boldsymbol{h} + q\right)$$

bei Beschränkung auf thermische Erscheinungen in Senken des Wärmeflußvektors $(-\boldsymbol{h})$ und Wärmestrahlungsabsorption q zu suchen. An Unstetigkeitsflächen σ ist, wie (1.4.78) ausweist, eine Änderung der Entropie η auch möglich, wenn kein Wärmeflußvektor $\boldsymbol{h}$ existiert.

Eine Stoffgleichung für $\boldsymbol{h}$ ist auf Grund von $(1.4.80)_2$ [bzw. (1.5.68)] eingeschränkt. Für das ideale Gas wird diese in der Form der Fourierschen Wärmeleitungsgleichung (1.5.69) angenommen und thermische Isotropie gefordert: $\boldsymbol{\Lambda} = \lambda\cdot\mathbf{1}$

$$(3.3.8)\qquad \boldsymbol{h}^{\mathrm{T}} = \lambda\operatorname{grad}\theta,\qquad h_k = \lambda\,\theta_{,k},\qquad \lambda \geqq 0.$$

Die Änderung der spezifischen inneren Energie aus dem Wärmestrom ist entsprechend (1.4.66)

$$(3.3.9)\qquad \frac{1}{\varrho}\operatorname{div}\boldsymbol{h} = \frac{1}{\varrho}\left(\lambda\,\Delta\theta + \operatorname{grad}\lambda\,(\operatorname{grad}\theta)^{\mathrm{T}}\right)$$

allein aus dem Temperaturfeld θ und dem Feld der Wärmeleitfähigkeit λ anzugeben.

In der Gasdynamik benutzt man i. allg. die Materialgleichungen eines noch spezielleren Materials, und zwar die des *idealen Gases* konstanter spezifischer Wärme

$$(3.3.10)\qquad \begin{aligned} c_p &:= \left(\frac{\partial \iota}{\partial \theta}\right)_{p\,=\,\text{konst.}} = \frac{d\iota}{d\theta}, \qquad c_v := \left(\frac{\partial \varepsilon}{\partial \theta}\right)_{\varrho\,=\,\text{konst.}} = \frac{d\varepsilon}{d\theta}, \\ c_p - c_v &= \frac{\mathrm{R}}{\mathrm{M}}, \qquad c_p/c_v = \varkappa. \end{aligned}$$

Hieraus fließt mit (3.3.6)

$$(3.3.11)\qquad \left\{ \begin{aligned} \varepsilon &= \hat{\varepsilon}(\theta) = c_v(\theta - \theta_0) + \varepsilon_0 = c_v\,\theta, \\ \iota &= \hat{\iota}(\theta) = c_p\,(\theta - \theta_0) + \iota_0 = c_p\,\theta, \\ \eta &= \bar{\eta}(\varrho, \theta) = -(c_p - c_v)\ln\frac{\varrho}{\varrho_0} + c_v \ln\frac{\theta}{\theta_0} + \eta_0, \\ &= \hat{\eta}(\varrho, p) = -c_p \ln\frac{\varrho}{\varrho_0} + c_0 \ln\frac{p}{p_0} + \eta_0, \\ \frac{p/p_0}{(\varrho/\varrho_0)^{\varkappa}} &= \exp\frac{\eta - \eta_0}{c_v}. \end{aligned} \right.$$

Solange keine Unstetigkeiten auftreten, rechnet man bei gasdynamischen Vorgängen adiabat für jedes Teilchen, d. h. ohne Wärmeleitung und -strahlung, womit nach (3.3.7) $\dot{\eta} = 0$ als Kennzeichen der *isentropen* Strömung verbunden ist. Für diese bringt $(3.3.11)_5$

$$(3.3.12)\qquad \frac{p}{p_0}\left(\frac{\varrho_0}{\varrho}\right)^{\varkappa} = 1.$$

Aus (3.3.5) ist $d\iota = d\varepsilon + dp/\varrho - p\,d\varrho/\varrho^2$ und nach Voraussetzung der Adiabatie $\varrho\,\dot{\varepsilon} = -p \operatorname{div} \boldsymbol{v} = p\,\dot{\varrho}/\varrho$, wenn die Kontinuitätsgleichung (1.4.18) beachtet wird. Damit implizieren die angegebenen Voraussetzungen für isentrope Strömungen

$$(3.3.13)\qquad \begin{aligned} d\iota &= \frac{dp}{\varrho}, \\ P = \iota - \iota_0 &= \int \frac{dp}{\varrho} = \frac{\varkappa}{\varkappa - 1}\,\frac{p_0}{\varrho_0}\left[\left(\frac{\varrho}{\varrho_0}\right)^{\varkappa - 1} - 1\right] \\ &= \frac{\varkappa}{\varkappa - 1}\,\frac{p_0}{\varrho_0}\left[\left(\frac{p}{p_0}\right)^{\frac{\varkappa - 1}{\varkappa}} - 1\right] = \frac{\varkappa}{\varkappa - 1}\left(\frac{p}{\varrho} - \frac{p_0}{\varrho_0}\right). \end{aligned}$$

Gl. (3.3.12) ist Beispiel einer *barotropen* Beziehung zwischen Druck p und Dichte ϱ, s. Bemerkungen im Anschluß an (3.2.11).

3.3.2 Energiebilanz. Wirbelsätze

Für die Gasdynamik wird die Kontinuitätsgleichung im vollen Umfang (1.4.18) benötigt:

$$\begin{aligned} &\frac{d\varrho}{dt} + \varrho \operatorname{div} \boldsymbol{v} = \frac{\partial\varrho}{\partial t} + \operatorname{div}(\varrho\,\boldsymbol{v}) = 0, \\ &\frac{d\varrho}{dt} + \varrho\, v^s_{,s} \quad = \frac{\partial\varrho}{\partial t} + (\varrho\, v^s)_{,s} = 0, \end{aligned} \tag{3.3.14}$$

während die Bewegungsgleichungen auch hier wie (3.2.3) lauten. Bei *stationärer Strömung* in einem konservativen Massenkraftfeld lautet das *Energieintegral* eines Stromfadens unter Verwendung der Enthalpie ι nach (3.3.12) und (3.3.13)

$$\tfrac{1}{2}|\boldsymbol{v}|^2 + \iota + v = g\,H(\boldsymbol{x}_0). \tag{3.3.15}$$

Den Anteil

$$\iota_0(\boldsymbol{x}_0) := \frac{1}{2}|\boldsymbol{v}|^2 + \iota = \frac{1}{2}|\boldsymbol{v}|^2 + \varepsilon + \frac{p}{\varrho} \tag{3.3.16}$$

nennt man *Ruhe-* bzw. *Gesamtenthalpie.* Für jede Stromlinie $d\boldsymbol{x} \parallel \boldsymbol{v}$ ist $H(\boldsymbol{x}_0)$ eine spezifische Konstante, d. h., es gilt

$$\frac{d}{dt}(\iota + v) = \frac{d}{dt}(\iota_0 + v_0) = 0. \tag{3.3.17}$$

Strömungen, für die zudem $\iota + v =$ konst. über alle $\boldsymbol{x} \in \boldsymbol{v}$, d. h. unabhängig von der Stromlinie ist, heißen *isoenergetisch.*

Eine Folge von (3.3.1), (3.3.5) und (3.3.6) ist eine Differentialbeziehung

$$dp/\varrho = d\iota - \theta\, d\eta \tag{3.3.18}$$

zwischen Druck, Dichte, Enthalpie, Temperatur und Entropie. Für stationäre Strömungen im konservativen Massenkraftfeld bringen (3.2.6) und (3.2.3) einen *Wirbelsatz von Vazsonyi*

$$\begin{aligned} \boldsymbol{v} \times \operatorname{curl} \boldsymbol{v} &= \operatorname{grad}(\tfrac{1}{2}|\boldsymbol{v}|^2 + \iota + v) - \theta \operatorname{grad} \eta \\ &= \operatorname{grad}(\iota_0 + v_0) - \theta \operatorname{grad} \eta, \end{aligned} \tag{3.3.19}$$

der den *Wirbelsatz von Crocco* für isoenergetische Strömungen

$$\boldsymbol{v} \times \operatorname{curl} \boldsymbol{v} = -\theta \operatorname{grad}^{\mathrm{T}} \eta, \qquad v^j\, v_{[i,j]} = \theta\, p_{,i} \tag{3.3.20}$$

verallgemeinert. *Homentrope isoenergetische Strömungen sind demgemäß entweder wirbelfrei oder aber ihre Wirbellinien fallen überall mit den Stromlinien zusammen.* Letztere bezeichnet man auch als *Beltrami-* oder *Schraubenströmung,* sie kennzeichnet die Bedingung

$$\boldsymbol{v} \times \operatorname{curl} \boldsymbol{v} = 0, \qquad \varepsilon_{ijk}\, \varepsilon^{jpq}\, v^j\, v_{q,p} = v^j\, v_{[j,i]} = 0. \tag{3.3.21}$$

Zur (anfänglichen) Wirbelfreiheit einer Strömung muß bemerkt werden, daß nach einem Durchtritt der Strömung durch *gekrümmte* Stoßfronten [s. 3.3.3] die Entropie i. allg. von Stromfaden zu Stromfaden verschieden ist, womit die Strömung im weiteren zwar noch isentrop verläuft, aber entsprechend (3.3.20) Wirbel aufweist.

Im Strömungsfeld $\boldsymbol{v}$ mit Kontinuität (3.3.14) besteht für eine beliebige (Tensor-) Größe Ψ die *Ertelsche Identität*

$$\begin{aligned}
&\frac{d}{dt}\left(\frac{1}{\varrho}\operatorname{grad}\Psi\operatorname{curl}\boldsymbol{v}\right)-\frac{1}{\varrho}\operatorname{grad}\left(\frac{d\Psi}{dt}\right)\operatorname{curl}\boldsymbol{v}\\
&\qquad=\frac{1}{\varrho}\operatorname{grad}\Psi\operatorname{curl}\frac{d\boldsymbol{v}}{dt},\\
&\frac{d}{dt}\left(\frac{1}{\varrho}\varepsilon^{ijk}v_{k,j}\Psi_{,i}\right)-\frac{1}{\varrho}\varepsilon^{ijk}v_{k,j}\left(\frac{d\Psi}{dt}\right)_{,i}\\
&\qquad=\frac{1}{\varrho}\varepsilon^{ijk}\left(\frac{dv_k}{dt}\right)_{,j}\Psi_{,i}.
\end{aligned}\tag{3.3.22}$$

Im Falle der Gln. (3.2.3) und konservativen Massenkraftfeldern wird aus der rechten Seite von (3.3.22)

$$\frac{1}{\varrho^3}\operatorname{grad}\Psi\,(\operatorname{grad}^{\mathrm{T}}\varrho\times\operatorname{grad}^{\mathrm{T}}p)\quad\text{bzw.}\quad\frac{1}{\varrho^3}\varepsilon^{ijk}\varrho_{,j}\,p_{,k}\,\Psi_{,i},\tag{3.3.23}$$

bzw. unter den Verhältnissen von (3.3.19)

$$\frac{1}{\varrho}\operatorname{grad}\Psi\,(\operatorname{grad}^{\mathrm{T}}\theta\times\operatorname{grad}^{\mathrm{T}}\eta)\quad\text{bzw.}\quad\frac{1}{\varrho}\varepsilon^{ijk}\theta_{,j}\,\eta_{,k}\,\Psi_{,i}.\tag{3.3.24}$$

Ein wichtiger Sonderfall ist $\Psi=\boldsymbol{x}$, $\dot{\Psi}=\boldsymbol{v}$, der

$$\begin{aligned}
&\frac{d}{dt}\frac{\operatorname{curl}\boldsymbol{v}}{\varrho}-\operatorname{grad}\boldsymbol{v}\frac{\operatorname{curl}\boldsymbol{v}}{\varrho}=\frac{1}{\varrho^2}(\operatorname{grad})^{\mathrm{T}}\times(\operatorname{grad}p)^{\mathrm{T}}\\
&\qquad=\frac{1}{\varrho}(\operatorname{grad}\theta)^{\mathrm{T}}\times(\operatorname{grad}\eta)^{\mathrm{T}},\\
&\frac{d}{dt}\left(\frac{1}{\varrho}\varepsilon^{ijk}v_{k,j}\right)-\frac{1}{\varrho}v^i_{,s}\varepsilon^{sjk}v_{k,j}=\frac{1}{\varrho^3}\varepsilon^{ijk}\varrho_{,j}p_{,k}=\frac{1}{\varrho}\varepsilon^{ijk}\theta_{,j}\eta_{,k}
\end{aligned}\tag{3.3.25}$$

liefert (Silberstein bzw. Vazsonyi). Bei *wirbelfreien Strömungen* muß also Dichte- und Druckgradient parallel sein, wenn nicht eine dieser Größen verschwindet, für homogenes Medium dann auch entsprechend der Druck- und Entropiegradient. Die Möglichkeiten anisentroper wirbelfreier Strömung sind damit stark eingeengt, bekannt sind allein: stationäre Strömung im Schwerefeld, stationärer Potentialwirbel mit Entropiegradient, instationäre eindimensionale Strömung.

Von den Ausschöpfungsmöglichkeiten des Satzes (3.3.22) geben wir nur noch den Fall materiell konstanter Entropie η an, der mit $\dot{\eta} = 0$, $\Psi = \eta$ auf

$$\frac{d}{dt}\left(\frac{\operatorname{grad}\eta \operatorname{curl}\boldsymbol{v}}{\varrho}\right) = 0 \tag{3.3.26}$$

führt.

Da die Änderung der *Zirkulation* nach (3.2.14) und (3.2.16)

$$\frac{d\Gamma}{dt} = \frac{d}{dt}\oint \boldsymbol{v}^{\mathrm{T}}\, d\boldsymbol{x} = \oint \left[\frac{d\boldsymbol{v}^{\mathrm{T}}}{dt} + \boldsymbol{v}^{\mathrm{T}} \operatorname{grad}\boldsymbol{v}\right] d\boldsymbol{x} = \oint \frac{d\boldsymbol{v}^{\mathrm{T}}}{dt}\, d\boldsymbol{x} \tag{3.3.27}$$

ist, bedeutet dies für die Strömung kompressibler Medien unter konservativen Massenkräften bei Einschluß der Beziehung (3.3.18)

$$\begin{aligned} \frac{d\Gamma}{dt} &= \oint_c \frac{d\boldsymbol{v}^{\mathrm{T}}}{dt}\, d\boldsymbol{x} = -\oint_c \frac{dp}{\varrho} = \oint_c \theta\, d\eta \\ &= \int_s \frac{\varepsilon^{ijk}\, \varrho_{,j}\, p_{,k}}{\varrho^2}\, da_i = \int_s \varepsilon^{ijk}\, \theta_{,j}\, \eta_{,k}\, da_i . \end{aligned} \tag{3.3.28}$$

Für barotrope Strömungen bleibt die Zirkulation, wie beim Satz von Helmholtz, zeitlich konstant. Man beachte auch die Beziehung zu (3.3.25).

Die Wirbelsätze spielen eine besondere Rolle in der Meteorologie, als deren Spezialliteratur Ertel und Eliassen-Kleinschmidt genannt seien.

3.3.3 Schwache Unstetigkeiten. Schallwellen. Stoßfronten

Aus der Bewegungsgleichung (3.2.3), Kontinuitätsgleichung (3.3.14) und einem barotropen Zusammenhang $p = p(\varrho)$ zwischen Druck und Dichte ist die Existenzmöglichkeit schwacher Störungen nachzuweisen, z. B. für Störungen 1. Ordnung in $\boldsymbol{v}$, ϱ und p bei stetiger Massenkraftverteilung. Hier sind voraussetzungsgemäß $\boldsymbol{v}$, ϱ, p selbst stetig und die angezogenen Beziehungen liefern mit der in (1.4.11) eingeführten Bezeichnung $[\Psi] = \Psi^+ - \Psi^-$ für den Sprung einer Größe Ψ

$$\left\{\begin{aligned} &\left[\frac{\partial v_k}{\partial t}\right] + v^j\,[v_{k,j}] + \frac{1}{\varrho}\,[p_{,k}] && = 0, \\ &\varrho\, g^{jk}\,[v_{k,j}] + \left[\frac{\partial \varrho}{\partial t}\right] + v^j\,[\varrho_{ij}] && = 0, \qquad \boldsymbol{x} \in s, \\ &-\frac{dp}{d\varrho}\left[\frac{\partial \varrho}{\partial t}\right] - \frac{dp}{d\varrho}\, v^j\,[\varrho_{,j}] + \left[\frac{\partial p}{\partial t}\right] + v^j\,[p_{,j}] && = 0. \end{aligned}\right. \tag{3.3.30}$$

Nach (1.4.12d) ist aber für stetiges Ψ, d. h. $[\Psi] = 0$ auf s

$$\left[\frac{\partial \Psi}{\partial t}\right] = -w_{\mathrm{n}}\overline{\Psi}, \quad [\Psi_{,j}] = n_j\,\overline{\Psi} \tag{3.3.31}$$

mit einer *Fortschreitgeschwindigkeit* w_n der Fläche σ sowie einer Flächenbelegung $\overline{\Psi}$. Hieraus fließt ein homogenes lineares Gleichungssystem für die fünf Größen der Flächenbelegung $\bar{v}_k$, $\bar{\varrho}$, $\bar{p}$, dessen Determinante mit der *örtlichen Fortpflanzungsgeschwindigkeit*

(3.3.32) $$U = w_n - \dot{x}_n = w_n - v_n$$

zu $D = -U^3\left(U^2 - \frac{dp}{d\varrho}\right)$ errechnet wird. Nichttriviale Lösungen $\bar{v}_k$, $\bar{\varrho}$, $\bar{p}$ sind demgemäß für $D = 0$ möglich, womit bei $U \neq 0$

(3.3.33) $$U = \sqrt{\frac{dp}{d\varrho}}$$

sein muß. Dieser Ausdruck ist die *Schallgeschwindigkeit* und für die hier betrachteten Materialien gilt mit (3.3.12) und (3.3.13)

(3.3.34)
$$c = \sqrt{\left(\frac{\partial p}{\partial \varrho}\right)_{\eta\,=\,\text{konst.}}} = \sqrt{\frac{dp}{d\varrho}} = \sqrt{\varkappa\,\frac{p}{\varrho}} = \sqrt{(\varkappa - 1)\,\iota} = \sqrt{(\varkappa - 1)\,c_p\,\theta}.$$

Aus der Geschwindigkeit $v = |\boldsymbol{v}|$ und c leitet man die *Machsche Zahl*

(3.3.35) $$\mathrm{Ma} = \frac{v}{c} = \frac{|\boldsymbol{v}|}{c}, \qquad \mathrm{Ma}^* = \frac{v}{c^*}$$

als (eine) Kennzahl der gasdynamischen Strömung her. Im ersten Falle ist die Relativierungsgröße die lokale Schallgeschwindigkeit c, im zweiten die konstante *Schallgeschwindigkeit c^* im kritischen Zustand*, s. (3.3.46). Mit Hilfe der Machschen Zahl beurteilt man, wie schnell sich Teilchen gegenüber der Ausbreitung kleiner Störungen bewegen, s. Abb. 3.3.36.

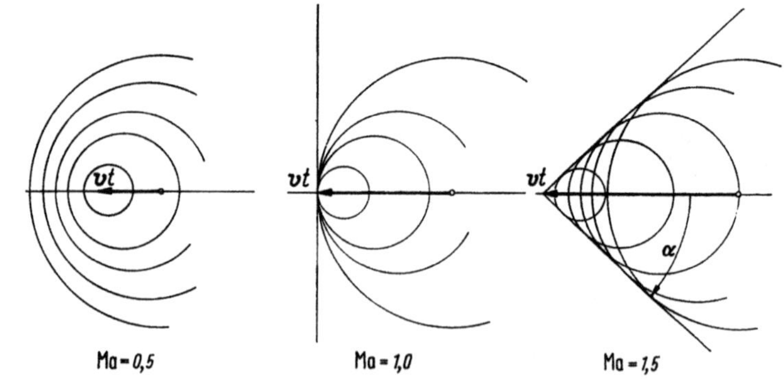

Abb. 3.3.36. Fortpflanzung von Störungen. Machscher Kegel

Qualitativ gilt, bei $\mathrm{Ma} < 1$ beeinflussen die Störungen einer mit $\boldsymbol{v}$ bewegten Störungsquelle das gesamte Strömungsgebiet, während ihr Einfluß bei $\mathrm{Ma} > 1$ auf dem *Machschen Kegel* mit dem Öffnungswinkel

(3.3.37) $$\alpha = \arcsin \mathrm{Ma}^{-1}$$

beschränkt bleibt. Für die Integration der Differentialgleichungen der Strömung ist eine solche Strömungstypenunterscheidung wesentlich, s. D §§ 14, 18.

Überdies ist in Strömungen idealer kompressibler Medien die Existenz von Unstetigkeiten nullter Ordnung, sog. *Stoßfronten* möglich. Für diese bringen (1.4.24), (1.4.25), (1.4.48) bei (1.4.67) und (1.4.78), falls man $\boldsymbol{h} \equiv 0$ und $\varepsilon + p/\varrho = i = \frac{\varkappa p}{(\varkappa - 1)\varrho}$ in Rechnung stellt

$$(3.3.38)\quad \begin{cases} [U] = -[\dot{x}_n], \quad U = w_n - \dot{x}_n = w_n - v_n, \\ [\varrho U] = 0, \quad (\varrho U)^{\pm} = \varrho^+ U^+ = \varrho^- U^-, \\ (\varrho U)^{\pm} [\dot{x}_n] = [p], \quad [\dot{x}_t] = 0, \\ (\varrho U^{\pm})\left[\iota + \frac{1}{2}|\boldsymbol{v}|^2\right] = (\varrho U)^{\pm}\left[\frac{\varkappa}{\varkappa - 1}\frac{p}{\varrho} + \frac{1}{2}|\boldsymbol{v}|^2\right] = w_n [p], \\ (\varrho U)^{\pm} [\eta] \geqq 0. \end{cases}$$

Unter Benutzung der ersten vier dieser Formelzeilen folgen unter anderem

$$(3.3.39)\quad \begin{cases} (U^-)^2 = (w_n - \dot{x}_n)^2 = (c^-)^2 \dfrac{\dfrac{2}{\varkappa - 1}\dfrac{\varrho^+}{\varrho^-}}{\dfrac{\varkappa + 1}{\varkappa - 1} - \dfrac{\varrho^+}{\varrho^-}} \\ \quad = (c^-)^2 \left(1 + \dfrac{\left[\dfrac{\varrho^+}{\varrho^-} - 1\right]}{1 - \dfrac{\varkappa - 1}{\varkappa + 1}\dfrac{\varrho^+}{\varrho^-}}\right), \\ \dfrac{\varrho^+}{\varrho^-} \leqq \dfrac{\varkappa + 1}{\varkappa - 1}, \quad (U^-)^2 > (c^-)^2 \text{ bei } \varrho^+ > \varrho^-, \\ (U^+)^2 = (c^+)^2 \left(1 - \dfrac{\dfrac{\varrho^+}{\varrho^-} - 1}{\dfrac{\varrho^+}{\varrho^-} - \dfrac{\varkappa - 1}{\varkappa + 1}}\right), \\ \dfrac{U^+}{U^-} = \dfrac{\varrho^-}{\varrho^+}, \\ \dfrac{p^+}{p^-} = \dfrac{\dfrac{\varkappa + 1}{\varkappa - 1}\dfrac{\varrho^+}{\varrho^-} - 1}{\dfrac{\varkappa + 1}{\varkappa - 1} - \dfrac{\varrho^+}{\varrho^-}}, \\ \delta := \dfrac{[\varrho]}{\varrho^-} = -\dfrac{[U]}{U^+} = \dfrac{[\dot{x}_n]}{U^+} = \dfrac{1}{\varkappa - 1} \dfrac{(U^-)^2 - \varkappa \dfrac{p^-}{\varrho^-}}{\dfrac{1}{2}(U^-)^2 + \dfrac{1}{\varkappa - 1}\dfrac{p^-}{\varrho^-}}, \\ \dfrac{[p]}{p^-} = -\dfrac{U^-}{p^-/\varrho^-}[U] = \dfrac{2}{(\varkappa + 1)\dfrac{p^-}{\varrho^-}}\left[(U^-)^2 - \varkappa \dfrac{p^-}{\varrho^-}\right]. \end{cases}$$

Die oben eingeführte Größe δ nennt man *Stoßstärke*. Nach $(3.3.38)_5$ sind nur Stoßfronten mit $\delta \geqq 0$ zulässig, was einer *Verdichtung* unter Druckanstieg entspricht. Es gilt jeweils auf der angeströmten Vorderseite bzw. auf der Rückseite der Stoßfront

$$U^- = w_n - \dot{x}_n^- > c^-, \quad U^+ = w_n - \dot{x}_n^+ > c^+,$$

s. auch Abb. 3.3.40. Eine Stoßfront mit $w_n = 0$ ist stationär. Ist $U^+ = U^- = c^+ = c^-$, so sind alle entsprechenden Größen stetig, $[v_n] = [\varrho] = [p] = 0$, d. h., es liegt überhaupt keine Unstetigkeit nullter

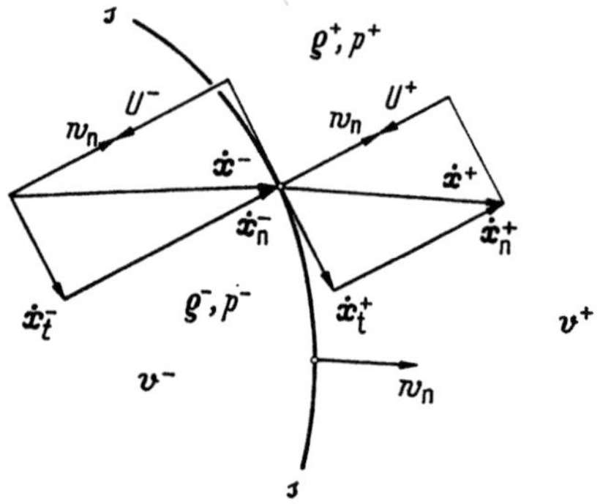

Abb. 3.3.40. Stoßfront

Ordnung vor. Die Beziehung $(3.3.39)_5$ für $p^+/p^- = f(\varrho^+/\varrho^-)$ bezeichnet man als *dynamische Adiabate* oder auch Rankine-Hugoniot-Kurve, s. auch Abb. 3.3.41. Eine Verdünnung des Gases ist nach dem Vorstehenden nur in stetiger Weise möglich.

Beispiel. Bei einem schiefen, von einer Ecke ausgehenden stationären Verdichtungsstoß, s. Abb. 3.3.42, bestehen die folgenden Beziehungen zwischen den Größen vor und hinter der Stoßfront, wobei Ma die Machsche Zahl der Strömung

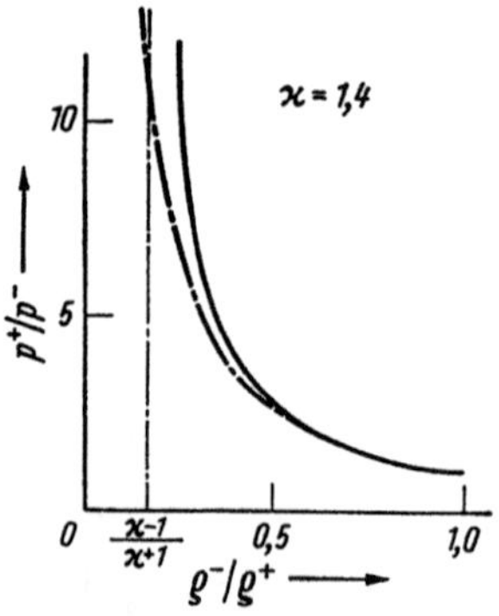

Abb. 3.3.41. Dynamische Adiabate

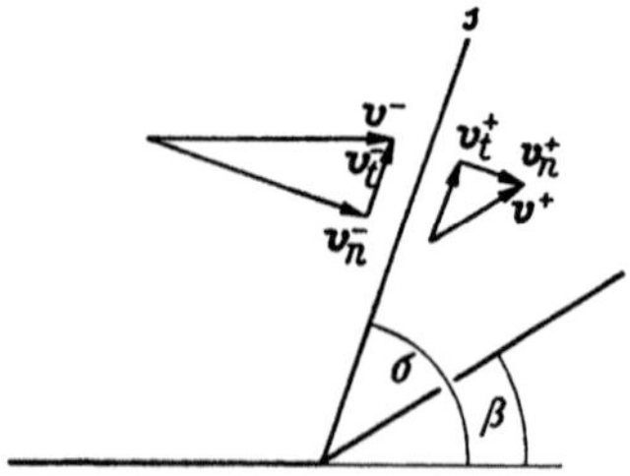

Abb. 3.3.42. Schräger gerader Verdichtungsstoß

vor dem Stoß, β der Eckenwinkel und σ der Winkel der Stoßfront ist:

$$(3.3.43)\quad \begin{cases} \tan\beta = \cot\sigma \dfrac{\sin^2\sigma \,\mathrm{Ma}^2}{1 + \frac{1}{2}(\varkappa + \cos 2\sigma)\,\mathrm{Ma}^2}, \\ \dfrac{\varrho^+}{\varrho^-} = \dfrac{\tan\sigma}{\tan(\sigma - \beta)}, \\ \dfrac{v^+}{v^-} = \dfrac{\cos\sigma}{\cos(\sigma - \beta)}. \end{cases}$$

Die erste Beziehung hat für jeden Winkel β bis zu drei reelle Lösungen für σ. Von diesen interessiert bei $\beta < 0$ nur der betragsmäßig kleinste, bei $\beta > 0$ und 3 bzw. 2 reellen Lösungen die größten 2 bzw. das größte dieser σ, die übrigen Lösungen entsprechen Verdünnungsstößen und damit physikalisch nicht interessant. Existiert für $\beta > 0$ nur eine reelle Lösung σ, so ist eine von der Ecke ausgehende gerade Stoßfront nicht möglich, sondern es bildet sich eine solche vor der Ecke stromabwärts gekrümmt aus. Das entsprechende Gegenstück zu dem schiefen geraden Eckenstoß ist als *zentrierter Prandtl-Meyerscher Expansionsfächer* bekannt. Man informiere sich etwa bei ZIEREP [1].

3.3.4 Stationärer Stromfaden

Für die *stationäre, isentrope* und *isoenergetische Strömung* auch allgemeiner Art sind einige Beziehungen längs eines Stromfadens nützlich, die aus (3.3.13), (3.3.16) und (3.3.34) zu folgern sind. Dabei wird das Massenkraftpotential (etwa $v = g\,z$) außer acht gelassen. Letzteres

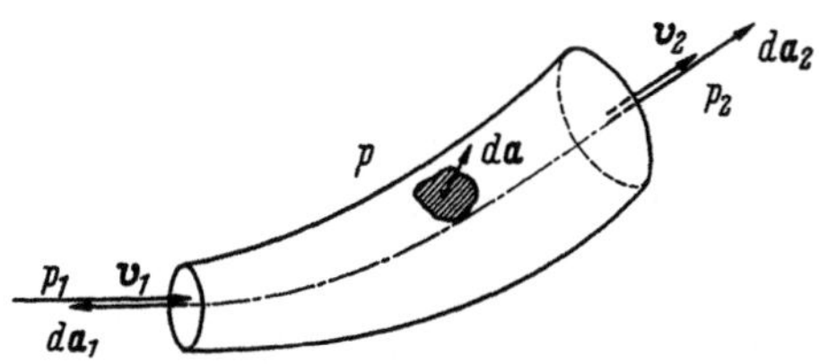

Abb. 3.3.44. Stromröhre

spielt zwar bei Gasströmungen mit großem Höhenunterschied, etwa denen der Meteorologie eine wesentliche Rolle, ist aber bei den meisten technischen Problemen ohne besonderen Einfluß.

Für den letzteren Fall entnimmt man

$$(3.3.45)\qquad \frac{1}{2}v^2 + \frac{1}{\varkappa - 1}c^2 = \iota_0 = c_p\,\theta_0 = \frac{c_0^2}{\varkappa - 1}$$

die durch $v = c =: c^*$ definierte *kritische Schallgeschwindigkeit*

$$(3.3.46)\quad c^{*2} = 2\frac{\varkappa - 1}{\varkappa + 1}\iota_0 = \frac{2\varkappa}{\varkappa + 1}\frac{p_0}{\varrho_0} = 2\frac{\varkappa - 1}{\varkappa + 1}c_p\,\theta = \frac{2}{\varkappa + 2}c_0^2$$

und erreicht mit den angezogenen Gleichungen

$$\frac{v}{c} = \mathrm{Ma} = \sqrt{\frac{2}{\varkappa - 1}\left(\frac{p_0\,\varrho}{p\,\varrho_0} - 1\right)} = \sqrt{\frac{2}{\varkappa - 1}\left[\left(\frac{p_0}{p}\right)^{\frac{\varkappa-1}{\varkappa}} - 1\right]},$$

$$\frac{v}{c^*} = \mathrm{Ma}^* = \sqrt{\frac{\varkappa + 1}{\varkappa - 1}\left(1 - \frac{p\,\varrho_0}{p_0\,\varrho}\right)} = \sqrt{\frac{\varkappa + 1}{\varkappa - 1}\left[1 - \left(\frac{p}{p_0}\right)^{\frac{\varkappa-1}{\varkappa}}\right]},$$

(3.3.47)

$$\mathrm{Ma} = \frac{\mathrm{Ma}^*}{\sqrt{1 - \frac{\varkappa - 1}{2}(\mathrm{Ma}^{*2} - 1)}},$$

$$\mathrm{Ma}^* = \frac{\mathrm{Ma}}{\sqrt{1 + \frac{\varkappa - 1}{\varkappa + 1}(\mathrm{Ma}^2 - 1)}} \leqq \sqrt{\frac{\varkappa + 1}{\varkappa - 1}}$$

Ma	0	1	∞
Ma*	0	1	$\sqrt{\frac{\varkappa + 1}{\varkappa - 1}}$

$$\frac{\varrho}{\varrho_0} = \frac{1}{\left[1 + \frac{\varkappa - 1}{2}\mathrm{Ma}^2\right]^{\frac{1}{\varkappa-1}}} = \left[1 - \frac{\varkappa - 1}{\varkappa + 1}\mathrm{Ma}^{*2}\right]^{\frac{1}{\varkappa-1}},$$

$$\frac{c}{c_0} = \frac{1}{\sqrt{1 + \frac{\varkappa - 1}{2}\mathrm{Ma}^2}} = \sqrt{1 - \frac{\varkappa - 1}{\varkappa + 1}\mathrm{Ma}^{*2}}$$

$$= \sqrt{\frac{\theta}{\theta_0}} = \left(\frac{p}{p_0}\right)^{\frac{\varkappa-1}{2\varkappa}} = \left(\frac{\varrho}{\varrho_0}\right)^{\frac{\varkappa-1}{2}},$$

$$\frac{\varrho^*}{\varrho_0} = \left(\frac{2}{\varkappa + 1}\right)^{\frac{1}{\varkappa-1}}, \qquad \frac{p^*}{p_0} = \left(\frac{2}{\varkappa + 1}\right)^{\frac{\varkappa}{\varkappa-1}}.$$

Zieht man die Kontinuitätsbeziehung der stationären Strömung in einer Stromröhre

(3.3.48) $$\varrho\, v\, F = \text{konst.} \quad \text{bzw.} \quad \frac{\varrho}{\varrho^*}\mathrm{Ma}^*\frac{F}{F^*} = 1$$

hinzu, s. auch Abb. 3.3.44, so läßt sich mit den obigen Ergebnissen jede eindimensional anzunähernde stationäre Kanalströmung, z. B. die der Laval-Düse behandeln. Die *größtmögliche Stromdichte* $\varrho\, v$ ist die des kritischen Zustandes $\varrho^*\, v^*$; sie wird, wenn überhaupt, nur im engsten Querschnitt des Kanals erreicht, siehe Abb. 3.3.49, und nur dort ist ein stetiger Übergang zwischen Unterschall- und Überschallströmung möglich.

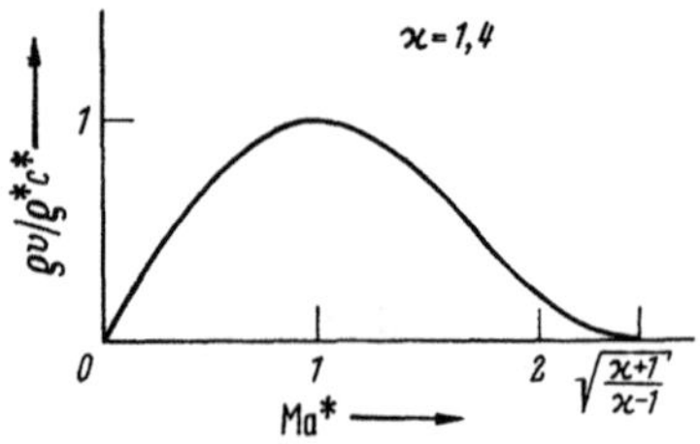

Abb. 3.3.49. Stromdichte als Funktion der Machschen Zahl Ma*

Was das Auftreten von Stoßfronten angeht, so sind hier sinngemäß die Beziehungen (3.3.39) mit

$$w_n = 0, \quad U^- = -v^-, \quad U^+ = -v^+, \tag{3.3.50}$$

anzuwenden.

Was die Laval-Düse betrifft, so sei noch qualitativ erwähnt, daß das Auftreten von Stoßfronten im Kanal vom Gegendruckverhältnis p_a/p_0 an der Austrittsstelle abhängt. Nicht jedes Verhältnis p_a/p_0 entspricht einer stetigen eindimensionalen Strömung oder einer solchen mit gerader Stoßfront, vielmehr müssen dann schiefe Verdichtungsfronten bzw. Verdünnungsfächer außerhalb der Düse in Rechnung gestellt werden, womit die Strömung nicht mehr eindimensional idealisiert werden kann.

Weiteres hierzu entnehme man KOTSCHIN/KIBEL/ROSE, Bd. II, OSWATITSCH, ZIEREP [1], den beiden letzten auch bezüglich anderer Aufgabenstellungen der Stromfadentheorie.

3.3.5 Allgemeine gasdynamische Probleme

Zur Lösung von Problemen mehrdimensionaler Gasströmungen bzw. solcher instationärer Art, die die Behandlung des gesamten Satzes (3.2.3), (3.3.14) an Feldgleichungen für ϱ, $\boldsymbol{v}$ und p unter den idealisierenden Annahmen des idealen Gases konstanter spezifischer Wärme ist vieles auch mit weiterführenden Literaturangaben in Abschn. D, §§ 18 und 19, bei leicht abweichender Bezeichnungsweise[1] ausgeführt.

Dort finden sich beispielsweise die nichtlinearen Gleichungen D (18.10) ff. der *Potentialströmung* mit $\boldsymbol{v}^{\mathrm{T}} = \operatorname{grad}\varphi$, bzw. ihre Linearisierung über Störpotentiale (18.17) ff., mit der etwa die stetige Anströmung eines Körpers (Abb. 3.3.51) zu behandeln wäre. Auch ein ent-

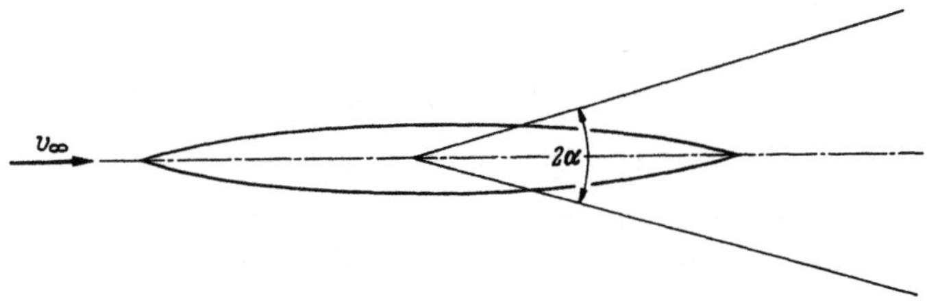

Abb. 3.3.51. Körperumströmung und Einflußbereich von Strömungen (linearisiertes Problem)

sprechendes, nicht durch Potentiale behandelbares Problem ohne Homentropie wird erwähnt [D (17.11) ff.]. Die für die Integrationstheorie wichtige und aus der Mach-Zahl Ma entscheidbare Klassifizierung der

[1] Allerdings wird dort der Begriff *isentrop* so verwendet wie hier *homentrop*, und die dortige *nichtisentrope* Strömung von D 18.3 fällt bei stationärer unter unsere Definition einer *nichthomentropen* Strömung; man sehe D $(18.33)_3$, wo (in unserer Bezeichnung) $\dot{\eta} = 0$ postuliert wurde.

Gleichungen in elliptische Randwertprobleme bei $\mathrm{Ma} < 1$ (*Unterschallströmung*), mit Hilfe der *Charakteristikentheorie* zu behandelnde hyperbolische Anfangswertprobleme bei $\mathrm{Ma} > 1$ (*Überschallströmung*), sowie der Übergang zum parabolischen Typ für den kritischen Zustand $\mathrm{Ma} = 1$ (*transsonische Strömung*) ist dort mit ihren Hilfsmitteln eingehend dargestellt.

Wir wollen zu dem linearisierten Problem der Körperanströmung nur bemerken, daß auch hier ein Vorgehen mittels einer Singularitätenmethode analog zu etwa (3.2.26) möglich ist. Während bei $\mathrm{Ma} < 1$ die Singularitätenbelegung die Bewegung im gesamten Strömungsbereich beeinflußt und überdies eine affine Koordinatentransformation des Störpotentials auf die Gleichung der Potentialströmung der inkompressiblen Flüssigkeit möglich ist und somit dort über alle (Zusatz-) Singularitäten integriert werden muß, ist für Überschallverhältnisse $\mathrm{Ma} > 1$ bei der Festlegung der Integrationsgrenzen zu beachten, daß entsprechend den Ausführungen zu Abb. 3.3.36 der Einfluß einer Störquelle auf den Bereich stromab innerhalb eines Machschen Kegels beschränkt ist, was in Abb. 3.3.51 qualitativ durch den Konus rechts angedeutet sein soll.

In Abschn. D findet sich noch [D 15.6] die Anwendung der Legendre-Transformation zwecks Linearisierung der Potentialgleichung durch Übergang in die Hodographenebene und [(18.36), Beispiel 19.3] die Behandlung eines Problems der instationären eindimensionalen Strömung.

Weitergehende Ausführungen müssen Spezialwerken überlassen bleiben. Wir erwähnen ergänzend zu den Zitaten des Abschn. D HdP, Bde. VIII/1/2, IX; Becker, Kotschin/Kibel/Rose, Bd. 2, Oswatitsch, Zierep [1, 2].

3.4 Zähe Flüssigkeiten

3.4.1 Allgemeines. Viskosimetrie

Die *Materialgleichung einer einfachen isotropen Flüssigkeit* ohne Einschluß thermodynamischer Effekte wurde bereits in (1.5.58) erwähnt:

$$\boldsymbol{T}(t) = -p(\varrho)\cdot\mathbf{1} + \mathop{\mathfrak{Q}}_{s=0}^{\infty}\left(\boldsymbol{G}(s), \varrho\right). \tag{3.4.1}$$

Darin ist $(1.5.56)_2$

$$\boldsymbol{G}(s) = \boldsymbol{C}_{(t)}^{(t)}(s) - \mathbf{1} = \boldsymbol{C}_{(t)}(t-s) - \mathbf{1} \tag{3.4.2}$$

eine speziell gewählte Verformungsgeschichte relativ zur momentanen Konfiguration mit der Eigenschaft, *Ruhegeschichten* durch den Wert Null auszuzeichnen:

$$\boldsymbol{G}(s) \equiv 0. \tag{3.4.3}$$

Von dem Stoffunktional $\mathfrak{Q}$ ist der Aufspaltung (3.4.1) entsprechend ein Verschwinden bei Ruhevorgeschichte zu verlangen, so daß sich der Fall der *Flüssigkeitsstatik* durch ein einfaches Materialgesetz

$$(3.4.4)\qquad \boldsymbol{T} = -p(\varrho)\cdot\mathbf{1}, \quad \underset{s=0}{\overset{\infty}{\mathfrak{Q}}}(0,\varrho) = 0$$

auszeichnet. Über Flüssigkeiten so allgemeiner Art wie (3.4.1) weiß man bisher nur sehr wenig, man schlage bei TRUESDELL/NOLL nach. Selbstverständlich kann auch das Experiment an dieser Stelle nicht direkt weiterhelfen, da jede Messung eine Theorie über den ablaufenden Vorgang erfordert.

Beispielsweise zeichnen sich *viskosimetrische Messungen* durch eine ganz spezielle Kinematik aus: Es läßt sich nämlich immer für jedes Teilchen eine orthonormale Basis finden, bezüglich deren die Deformationsgradientengeschichte die Gestalt

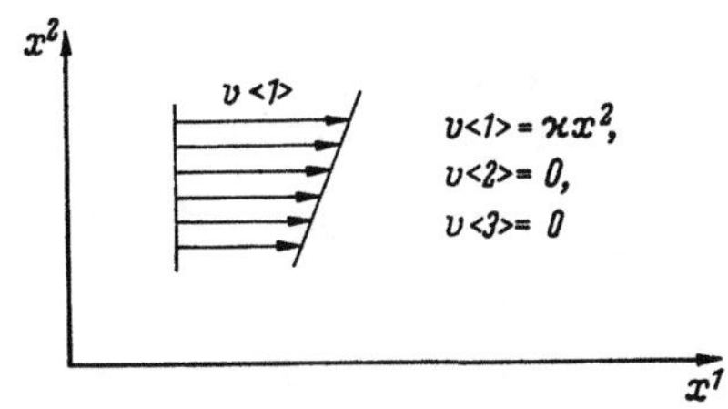

Abb. 3.4.5. Lokale viskosimetrische Strömung

$$(3.4.6)\qquad \boldsymbol{F}_{(0)}(\tau) = \boldsymbol{Q}(\tau)\,(\mathbf{1} + \tau\,\boldsymbol{M}_0), \qquad \boldsymbol{Q}(0) = \mathbf{1}$$

mit

$$(3.4.7)\qquad \boldsymbol{M}_0 = \begin{pmatrix} 0 & \varkappa & 0 \\ 0 & 0 & 0 \\ 0 & 0 & 0 \end{pmatrix}, \quad \begin{matrix} \|\boldsymbol{M}_0\| = \varkappa, \\ \boldsymbol{M}_0^2 = 0 \end{matrix} \qquad \boldsymbol{N}_0 := \begin{pmatrix} 0 & 1 & 0 \\ 0 & 0 & 0 \\ 0 & 0 & 0 \end{pmatrix}$$

annimmt. Dieses $\boldsymbol{M}_0$ entspricht gerade einer einfachen Scherströmung mit der *Schergeschwindigkeit* $\varkappa$ in der Umgebung des betrachteten Teilchens, s. Abb. 3.4.5. Berechnet man über

$$(3.4.8)\qquad \begin{aligned} \boldsymbol{F}_{(0)}(\tau) &\equiv \boldsymbol{Q}(\tau)\,e^{\tau\varkappa\boldsymbol{N}_0} \quad \text{wegen} \quad \|\boldsymbol{N}_0\| = 1, \quad \boldsymbol{N}_0^2 = 0, \\ \boldsymbol{F}_{(t)}(\tau) &= \boldsymbol{F}_{(0)}(\tau)\,\overset{-1}{\boldsymbol{F}}_{(0)}(t) = \boldsymbol{Q}(\tau)\,e^{(\tau-t)\varkappa\boldsymbol{N}_0}\,\boldsymbol{Q}^{\mathrm{T}}(t) \end{aligned}$$

die Verzerrungsgeschichte, s. auch (1.2.29) und (1.2.85),

$$(3.4.9)\qquad \begin{aligned} \boldsymbol{C}_{(0)}(\tau) &= e^{\tau\varkappa\boldsymbol{N}_0^{\mathrm{T}}}\,e^{\tau\varkappa\boldsymbol{N}_0}, \\ \boldsymbol{C}_{(t)}(\tau) &= \boldsymbol{Q}(t)\,e^{(\tau-t)\varkappa\boldsymbol{N}_0^{\mathrm{T}}}\,e^{(\tau-t)\varkappa\boldsymbol{N}_0}\,\boldsymbol{Q}^{\mathrm{T}}(t), \end{aligned}$$

so ist diese bezüglich jedes Zeitpunktes t identisch, wie man aus $(3.4.9)_2$ mit $\tau = t - s$, d. h. aus der Form $\boldsymbol{C}_{(t)}(t-s) = \boldsymbol{C}_{(t)}^{(t)}(s)$ ersieht. Solche Bewegungen nennt man *Bewegungen mit konstanter Streckungsgeschichte.* Wie sich nachweisen läßt, haben sie prinzipiell die Form $(3.4.8)_2$ und

$(3.4.9)_2$, wobei man die letztere mit einer Abkürzung

(3.4.10) $$\boldsymbol{N}(t) := \boldsymbol{Q}(t)\, \boldsymbol{N}_0\, \boldsymbol{Q}^{\mathrm{T}}(t)$$

bequemer wie

(3.4.11) $$\boldsymbol{C}_{(t)}^{(t)}(s) = \boldsymbol{C}_{(t)}(t-s) = e^{-s\varkappa \boldsymbol{N}^{\mathrm{T}}} e^{-s\varkappa \boldsymbol{N}}, \qquad \|\boldsymbol{N}\| = 1$$

schreibt. Die viskosimetrischen Strömungen zeichnet unter diesen, wie schon notiert,

(3.4.12) $$\begin{aligned} &\boldsymbol{N}_0^2 = 0, \quad \Rightarrow \boldsymbol{N}^2 = 0, \\ &\boldsymbol{A}_1 = \varkappa(\boldsymbol{N}^{\mathrm{T}} + \boldsymbol{N}), \quad \boldsymbol{A}_2 = 2\varkappa^2\, \boldsymbol{N}^{\mathrm{T}} \boldsymbol{N}, \quad \boldsymbol{A}_\mathfrak{a} = 0 \quad \text{für} \quad \mathfrak{a} \geqq 3 \end{aligned}$$

aus, wobei die Beziehungen zu den Rivlin-Ericksen-Tensoren angegeben wurden. Eine weitere Klasse von Strömungen mit konstanter Streckungsgeschichte wird wie folgt definiert

(3.4.13) $$\begin{aligned} &\boldsymbol{N}_0^3 = 0 \quad \text{bei} \quad \boldsymbol{N}_0^2 \neq 0 \Rightarrow \boldsymbol{N}^3 = 0 \quad \text{bei} \quad \boldsymbol{N}^2 \neq 0, \\ &\boldsymbol{A}_4 \neq 0, \qquad \boldsymbol{A}_\mathfrak{a} = 0 \quad \text{für} \quad \mathfrak{a} \geqq 5. \end{aligned}$$

Es ist beweisbar, daß umgekehrt die drei ersten Rivlin-Ericksen-Tensoren $\boldsymbol{A}_\mathfrak{a}$ höchstens *eine* konstante relative Streckungsgeschichte festlegen, *i. allg.* kann man ihnen aber eine solche Bewegung *nicht* zuordnen.

Führt man (3.4.11) in (3.4.1) ein, so ist unmittelbar aus der relativen Konstantheit der Geschichte zu schließen, daß für solche Bewegungen das Stoffunktional $\mathfrak{Q}$ in eine Funktion der Strömungsparameter übergeht, so daß das Materialgesetz sich in der Form

(3.4.14) $$\boldsymbol{T} = -p \cdot \mathbf{1} + \mathfrak{g}\,(\varkappa, \boldsymbol{N})$$

manifestiert. Dabei ist $\mathfrak{g}$ eine isotrope Tensorfunktion des auf 1 normierten Tensors $\boldsymbol{N}$, und auch ϱ ist für kompressible Medien Parameter. Für inkompressible Flüssigkeiten entfällt diese Abhängigkeit und wegen $\mathrm{tr}\boldsymbol{D} = \frac{1}{2}\mathrm{tr}\boldsymbol{A}_1 = 0$ ist zusätzlich aus (3.4.12)

(3.4.15) $$\mathrm{tr}\boldsymbol{N} = 0 \quad \text{bzw.} \quad \mathrm{tr}\boldsymbol{N}_0 = 0$$

zu beachten. Für die Bewegungen (3.4.12) und (3.4.13), also insbesondere bei viskosimetrischen Messungen ist das von vornherein erfüllt.

Hat man das Beispiel Abb. 3.4.5 mit (3.4.7) vor Augen, so läßt sich anstelle von (3.4.14) auch

(3.4.16) $$\mathfrak{g}\,(\varkappa, \boldsymbol{N}) = \mathfrak{f}\,(\boldsymbol{A}_1, \boldsymbol{A}_2)$$

schreiben. Infolge des Prinzips (1.5.14) unterliegen diese Stoffunktionen den Forderungen

(3.4.17) $$\begin{aligned} \boldsymbol{Q}\mathfrak{f}\,(\boldsymbol{A}_1, \boldsymbol{A}_2)\, \boldsymbol{Q}^{\mathrm{T}} &= \mathfrak{f}(\boldsymbol{Q}\boldsymbol{A}_1\boldsymbol{Q}^{\mathrm{T}}, \boldsymbol{Q}\boldsymbol{A}_2\boldsymbol{Q}^{\mathrm{T}}) \Rightarrow \boldsymbol{Q}\mathfrak{g}\,(\varkappa, \boldsymbol{N})\, \boldsymbol{Q}^{\mathrm{T}} \\ &= \mathfrak{g}\,(\varkappa, \boldsymbol{Q}\boldsymbol{N}\boldsymbol{Q}^{\mathrm{T}}). \end{aligned}$$

Durch systematisches Abtasten der Möglichkeiten bleiben schließlich drei Stoffunktionen τ, σ_1, σ_2. Ihr Zusammenhang mit den Spannungen ist in dem speziellen Koordinatensystem des Beispiels

$$(3.4.18)\qquad \begin{cases} T\langle 12\rangle = \tau(\varkappa) = -\tau(-\varkappa); \\ T\langle 11\rangle - T\langle 33\rangle = \sigma_1(\varkappa) = \sigma_1(-\varkappa); \\ T\langle 22\rangle - T\langle 33\rangle = \sigma^2(\varkappa) = \sigma_2(-\varkappa) \end{cases}$$

oder invariant notiert:

$$(3.4.19)\qquad \begin{cases} \boldsymbol{T} = -p\cdot\mathbf{1} + \tau(\varkappa)\,(\boldsymbol{N} + \boldsymbol{N}^{\mathrm{T}}) + \sigma_1(\varkappa)\,\boldsymbol{N}^{\mathrm{T}}\,\boldsymbol{N} + \sigma_2(\varkappa)\,\boldsymbol{N}\,\boldsymbol{N}^{\mathrm{T}}, \\ \tau(-\varkappa) = -\tau(\varkappa) \Rightarrow \tau(0) = 0, \\ \sigma_1(-\varkappa) = \sigma_1(\varkappa), \quad \sigma_2(-\varkappa) = \sigma_2(\varkappa). \end{cases}$$

Dabei ist p nicht aus der Verformung bestimmt, wird aber meist so normalisiert, daß $\mathfrak{g}(0, 0) = 0$ gilt, womit

$$(3.4.20)\qquad \sigma_1(0) = 0, \quad \sigma_2(0) = 0$$

sein muß. Man sieht, daß i. allg. zur Realisierung dieser einfachen viskosimetrischen Bewegung mindestens auf einer der Flächen $x^2 = \mathrm{const}$ bzw. $x^3 = \mathrm{const}$ eine Normalspannung aufgebracht werden muß, die Scherspannung $T\langle 12\rangle$ reicht dazu allein nicht aus. Weiteres zur Theorie und zum Experiment der Viskosimetrie entnehme man COLEMAN/MARKOVITZ/NOLL bzw. TRUESDELL/NOLL.

Von den vielen Möglichkeiten, spezielle Flüssigkeiten zu definieren, sollen nur zwei Klassen erwähnt werden. Bei *Reiner-Rivlinschen Flüssigkeiten* wird angenommen, daß der Spannungstensor eine isotrope Tensorfunktion des Deformationsgeschwindigkeitstensors $\boldsymbol{D}$ ist. Es ist dann eine Folgerung aus dem Satz (1.2.72) von CAYLEY/HAMILTON, wenn man eine Abhängigkeit

$$(3.4.21)\qquad \begin{cases} \boldsymbol{T} = (-p + \beta_0)\cdot\mathbf{1} + \beta_1\,\boldsymbol{D} + \beta_2\,\boldsymbol{D}^2, \\ \qquad \beta_\Gamma = \beta_\Gamma(\mathrm{I}_{\boldsymbol{D}}, \mathrm{II}_{\boldsymbol{D}}, \mathrm{III}_{\boldsymbol{D}}), \quad \beta_0(0, 0, 0) = 0; \\ \boldsymbol{T} = -p\cdot\mathbf{1} + \beta_1\,\boldsymbol{D} + \beta_2\,\boldsymbol{D}^2, \\ \qquad \mathrm{I}_{\boldsymbol{D}} = \mathrm{tr}\,\boldsymbol{D} = 0, \quad \beta_\Delta = \beta_\Delta(\mathrm{II}_{\boldsymbol{D}}, \mathrm{III}_{\boldsymbol{D}}) \end{cases}$$

postuliert, die sicher für alle Matrizenpolynome erreichbar ist. Die Koeffizienten sind darin allein von den Invarianten von $\boldsymbol{D}$ abhängig, und bei inkompressiblen Materialien $(3.4.21)_{3,4,5}$ ist die angegebene

Vereinfachung zu beachten. Man spricht jetzt die Formen

$$
(3.4.22)\left\{
\begin{aligned}
&\boldsymbol{T} = -p(\varrho)\cdot\mathbf{1},\\
&\boldsymbol{T} = -p\cdot\mathbf{1} + \lambda\,\mathrm{tr}\boldsymbol{D}\cdot\mathbf{1} + 2\mu\boldsymbol{D} \Rightarrow \mu > 0,\quad \lambda + \frac{2}{3}\mu > 0;\\
&\boldsymbol{T} = -p\cdot\mathbf{1} + (\lambda\,\mathrm{tr}\boldsymbol{D} + \lambda_1\,\mathrm{tr}^2\boldsymbol{D} + \lambda_2\,\mathrm{tr}\boldsymbol{D}^2)\cdot\mathbf{1} +\\
&\qquad + 2(\mu + \mu_1\,\mathrm{tr}\boldsymbol{D})\,\boldsymbol{D} + 4\nu\,\boldsymbol{D}^2,\\
&\qquad \Rightarrow \boldsymbol{T} = -p\cdot\mathbf{1} + (\lambda\,\mathrm{tr}\boldsymbol{D} - 2\mu_1\,\mathrm{tr}\boldsymbol{D}^2)\cdot\mathbf{1} +\\
&\qquad + 2(\mu + \mu_1\,\mathrm{tr}\boldsymbol{D})\boldsymbol{D},\quad \mu > 0,\quad \lambda + \frac{2}{3}\mu > 0
\end{aligned}\right.
$$

usw., als Reiner-Rivlin-Flüssigkeiten 0., 1., 2. Grades usw. an. Ohne weitere thermomechanische Einflüsse zu beachten, bringt eine Diskussion der Forderung nach positiver Dissipation der inneren mechanischen Leistung (1.4.71): $\mathrm{tr}({}_D\boldsymbol{T}\boldsymbol{D}) \geqq 0$ die in (3.4.22) eingetragenen Beschränkungen und insbesondere für die Flüssigkeit 2. Grades die Einschränkung auf die quasilineare Form. Auch die allgemeinere Form (3.4.21) weist bezüglich ihres viskosimetrischen Verhaltens Eigenschaften auf, die von dem oben Gesagten abweichen: Ein Blick auf (3.4.7), (3.4.12), (3.4.19) und (3.4.21) lehrt, daß in einem speziellen lokal orthonormalen Koordinatensystem

$$
\boldsymbol{D} = \tfrac{1}{2}\varkappa(\boldsymbol{N} + \boldsymbol{N}^{\mathrm{T}}) = \tfrac{1}{2}\varkappa\begin{pmatrix}0&1&0\\1&0&0\\0&0&0\end{pmatrix};\qquad \boldsymbol{D}^2 = \tfrac{1}{4}\varkappa^2\begin{pmatrix}1&0&0\\0&1&0\\0&0&0\end{pmatrix};
$$

$$
\mathrm{I}_{\boldsymbol{D}} = \mathrm{tr}\boldsymbol{D} = 0,\qquad \mathrm{II}_{\boldsymbol{D}} = -\tfrac{1}{4}\varkappa^2,\qquad \mathrm{III}_{\boldsymbol{D}} = 0
$$

gilt, so daß die viskosimetrischen Funktionen wie

$$
(3.4.23)\qquad \tau(\varkappa) = \tfrac{1}{2}\varkappa\,\beta_1\left(-\tfrac{1}{4}\varkappa^2, 0\right),\qquad \sigma_1(\varkappa) = \sigma_2(\varkappa) = \tfrac{1}{4}\varkappa^2\,\beta_2\left(-\tfrac{1}{4}\varkappa^2, 0\right)
$$

aussehen. Der Gleichheit der Normalspannungsfunktionen kann auf Grund von Experimenten widersprochen werden, so daß die Reiner-Rivlin-Theorie nicht die allgemeine Bedeutung hat, die man ihr unterstellt.

Eine etwas allgemeinere Klasse von Flüssigkeiten des Differentialtyps stellen *Rivlin-Ericksen-Flüssigkeiten* dar. Für sie wird bei einer Komplexität $\mathfrak{n}$

$$
(3.4.24)\qquad \boldsymbol{T} = -p\cdot\mathbf{1} + \mathfrak{r}\,(\boldsymbol{A}_1, \boldsymbol{A}_2 \ldots \boldsymbol{A}_{\mathfrak{n}})
$$

angesetzt, wenn wir uns gleich auf inkompressible Medien beschränken. Da bei viskosimetrischen Messungen $\boldsymbol{A}_{\mathfrak{a}} = 0$ bei $\mathfrak{a} \geqq 3$ gilt, können experimentell Flüssigkeiten höherer Komplexität nicht von denen mit Komplexität 2: $\boldsymbol{T} = -p\cdot\mathbf{1} + \mathfrak{r}(\boldsymbol{A}_1, \boldsymbol{A}_2)$ unterschieden werden. Läßt

Durch systematisches Abtasten der Möglichkeiten bleiben schließlich drei Stoffunktionen τ, σ_1, σ_2. Ihr Zusammenhang mit den Spannungen ist in dem speziellen Koordinatensystem des Beispiels

$$
(3.4.18) \qquad \begin{cases} T\langle 12\rangle = \tau(\varkappa) = -\tau(-\varkappa); \\ T\langle 11\rangle - T\langle 33\rangle = \sigma_1(\varkappa) = \sigma_1(-\varkappa); \\ T\langle 22\rangle - T\langle 33\rangle = \sigma^2(\varkappa) = \sigma_2(-\varkappa) \end{cases}
$$

oder invariant notiert:

$$
(3.4.19) \qquad \begin{cases} \boldsymbol{T} = -p\cdot\boldsymbol{1} + \tau(\varkappa)\,(\boldsymbol{N}+\boldsymbol{N}^{\mathrm{T}}) + \sigma_1(\varkappa)\,\boldsymbol{N}^{\mathrm{T}}\boldsymbol{N} + \sigma_2(\varkappa)\,\boldsymbol{N}\boldsymbol{N}^{\mathrm{T}}, \\ \tau(-\varkappa) = -\tau(\varkappa) \Rightarrow \tau(0) = 0, \\ \sigma_1(-\varkappa) = \sigma_1(\varkappa), \quad \sigma_2(-\varkappa) = \sigma_2(\varkappa). \end{cases}
$$

Dabei ist p nicht aus der Verformung bestimmt, wird aber meist so normalisiert, daß $\mathfrak{g}(0, 0) = 0$ gilt, womit

$$
(3.4.20) \qquad \sigma_1(0) = 0, \quad \sigma_2(0) = 0
$$

sein muß. Man sieht, daß i. allg. zur Realisierung dieser einfachen viskosimetrischen Bewegung mindestens auf einer der Flächen $x^2 = \mathrm{const}$ bzw. $x^3 = \mathrm{const}$ eine Normalspannung aufgebracht werden muß, die Scherspannung $T\langle 12\rangle$ reicht dazu allein nicht aus. Weiteres zur Theorie und zum Experiment der Viskosimetrie entnehme man COLEMAN/MARKOVITZ/NOLL bzw. TRUESDELL/NOLL.

Von den vielen Möglichkeiten, spezielle Flüssigkeiten zu definieren, sollen nur zwei Klassen erwähnt werden. Bei *Reiner-Rivlinschen Flüssigkeiten* wird angenommen, daß der Spannungstensor eine isotrope Tensorfunktion des Deformationsgeschwindigkeitstensors $\boldsymbol{D}$ ist. Es ist dann eine Folgerung aus dem Satz (1.2.72) von CAYLEY/HAMILTON, wenn man eine Abhängigkeit

$$
(3.4.21) \qquad \begin{cases} \boldsymbol{T} = (-p + \beta_0)\cdot\boldsymbol{1} + \beta_1\,\boldsymbol{D} + \beta_2\,\boldsymbol{D}^2, \\ \qquad \beta_\Gamma = \beta_\Gamma(\mathrm{I}_{\boldsymbol{D}}, \mathrm{II}_{\boldsymbol{D}}, \mathrm{III}_{\boldsymbol{D}}), \quad \beta_0(0, 0, 0) = 0; \\ \boldsymbol{T} = -p\cdot\boldsymbol{1} + \beta_1\,\boldsymbol{D} + \beta_2\,\boldsymbol{D}^2, \\ \qquad \mathrm{I}_{\boldsymbol{D}} = \mathrm{tr}\boldsymbol{D} = 0, \quad \beta_\Delta = \beta_\Delta(\mathrm{II}_{\boldsymbol{D}}, \mathrm{III}_{\boldsymbol{D}}) \end{cases}
$$

postuliert, die sicher für alle Matrizenpolynome erreichbar ist. Die Koeffizienten sind darin allein von den Invarianten von $\boldsymbol{D}$ abhängig, und bei inkompressiblen Materialien $(3.4.21)_{3,4,5}$ ist die angegebene

Wir wollen hier uns auf den Spezialfall konstanter Stoffparameter und insbesondere inkompressibler Flüssigkeiten beschränken:

$$(3.4.29)\begin{cases} \varrho \frac{d\boldsymbol{v}}{dt} = \varrho \left[\frac{\partial \boldsymbol{v}}{\partial t} + \operatorname{grad}\boldsymbol{v}\ \boldsymbol{v}\right] = -\operatorname{grad}^{\mathrm{T}} p + \mu \Delta \boldsymbol{v} + \varrho\, \boldsymbol{k}, \\ \operatorname{div}\boldsymbol{v} = 0, \\ \varrho\, \dot{v}_i = \varrho \left[\frac{\partial v_i}{\partial t} + v_{i,m}\, v^m\right] = -p_i + \mu \Delta v_i + \varrho\, k_i, \qquad v^s_{,s} = 0. \end{cases}$$

Aber auch von dieser Gleichung sind nur wenige strenge Lösungen bekannt. Die Schwierigkeiten sind im wesentlichen in den nichtlinearen Termen auf der Seite der Beschleunigung begründet, die eine Verwendung des Superpositionsprinzips unmöglich machen. Die spärlichen strengen Lösungen zeichnen sich auch meist dadurch aus, daß die quadratischen Terme in (3.4.29) gar nicht erst auftreten. Zu ihnen gehören:

die einfache Scherströmung (Couette-Strömung), s. Abb. 3.4.5,
die ebene Kanalströmung: $\dot{x} = v(y, t)$, $\dot{y} = 0$, $\dot{z} = 0$,
die geradlinige Hagen-Poiseuille-Strömung (Kreisrohr),
die Schraubenströmungen, z. B.
die Strömung zwischen koaxialen Zylindern;

im wesentlichen also viskosimetrische Strömungen, s. 3.4.1. Auch das Problem der ebenen und der rotationssymmetrischen Staupunktsströmung ist lösbar, Einzelheiten s. SCHLICHTING, TRUESDELL/NOLL, KOTSCHIN/KIBEL/ROSE, Bd. II.

Die Potentialströmungen aus 3.2 sind zwar mit den Beziehungen (3.4.29) verträglich — bei ihnen entfallen die Reibungsterme — jedoch verlangt man von einer zähen Flüssigkeit an Rändern *Haften an der Wand*

$$(3.4.30) \qquad \boldsymbol{v}(\partial \boldsymbol{\nu}) = 0,$$

was durch Potentialströmungen nicht geleistet werden kann. Die *Wirbelbewegung* spielt für zähe Flüssigkeiten also eine wesentliche Rolle. Für kompressible Medien mit sonst konstanten Stoffparametern $\boldsymbol{k} = 0$ leitet man aus (3.4.28) [evtl. unter Benutzung von (3.3.22)] die folgende Beziehung für die Änderung der Wirbelstärke $\overline{\boldsymbol{\omega}} = \operatorname{rot}\boldsymbol{v}$ mit $\nu = \mu/\varrho$ ab:

$$(3.4.31) \qquad \frac{d}{dt}\left(\frac{\overline{\omega}}{\varrho}\right) = \operatorname{grad}\boldsymbol{v}\ \boldsymbol{\omega} + \frac{\nu}{\varrho}\,\overline{\boldsymbol{\omega}} + \\ + \frac{1}{\varrho^3}\operatorname{grad}\varrho \times (\operatorname{grad} p - (\lambda + \mu)\operatorname{grad}\operatorname{div}\boldsymbol{v} - \mu\Delta\boldsymbol{v}).$$

Für den geradlinigen Wirbelfaden in unendlich ausgedehnter inkompressibler Flüssigkeit ist eine Lösung dieser Differentialgleichungen bekannt

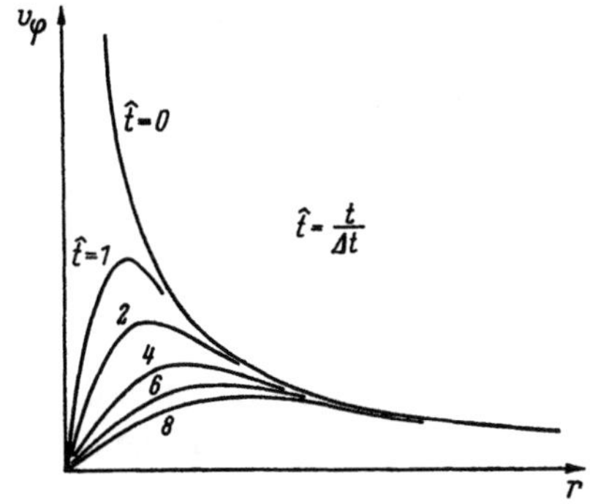

Abb. 3.4.32. Hamel/Oseen-Wirbel

unter dem Namen *Hamel-Oseenscher Wirbel.* In Polarkoordinaten ist

$$(3.4.33) \qquad v_\varphi = \frac{\Gamma}{2\pi r}\left(1 - e^{-\frac{r^2}{4\nu t}}\right), \quad \text{Anfangswert } v_\varphi = \frac{\Gamma}{2\pi r}.$$

Die Diffusion der Wirbelstärke nach außen ist auch aus Abb. 3.4.32 erkennbar.

Führt man Ähnlichkeitsüberlegungen anhand der Differentialgleichung (3.4.29) durch, $\bar{v}^i = v^i/\mathsf{v}$, $\bar{t} = t\,\mathsf{v}/l$, $\bar{x}^i = x^i/l$, $\bar{p} = p/(\varrho\,\mathsf{v}^2)$ so erreicht man bei außer acht lassen der Volumenkräfte und Unterdrückung der Querstriche eine dimensionslose Form dieser Gleichungen

$$(3.4.34) \qquad \varrho\,\dot{v}_i = \varrho\left(\frac{\partial v_i}{\partial t} + v_{i,m}\,v^m\right) = -p_i + \frac{1}{\mathrm{Re}}\Delta v_i,$$

die als einzigen Parameter die *Reynoldssche Zahl*

$$(3.4.55) \qquad \mathrm{Re} := \frac{l\,\mathsf{v}}{\nu},$$

gebildet aus einer charakteristischen Länge l, einer entsprechenden Geschwindigkeit v und der Zähigkeit $\nu = \mu/\varrho$ aufweist. Man kann nun sagen, daß die Lösungsmethoden von allgemeinerer Bedeutung für (3.4.29) bzw. (3.4.34) approximativen Charakter, und zwar entweder für den Fall verschwindender Reynoldsscher Zahl $\mathrm{Re} \to 0$ („starke Zähigkeit") oder für den Fall $\mathrm{Re} \to \infty$ („schwache Zähigkeit") haben.

Im ersten Falle, dem der *schleichenden Bewegung,* billigt man den Gliedern der konvektiven Beschleunigung im Höchstfalle Störungscharakter zu (rechte Seite der folgenden Gleichungen), i. allg. vernachlässigt man sie sogar gegenüber den Reibungstermen völlig:

$$(3.4.36) \qquad \begin{aligned} &\varrho\frac{\partial v_i}{\partial t} + p_{,i} - \mu\Delta v_i = -v_{i,m}\,v^m, \qquad v^s_{,s} = 0 \\ &\Rightarrow \Delta p \approx 0. \end{aligned}$$

Auf diesen Gleichungen beruht die Stokessche Lösung der Translationsströmung um die Kugel vom Radius R bzw. die entsprechende Verbesserung von OSEEN mit den Widerstandsgesetzen

$$(3.4.37)\qquad \begin{cases} W = \dfrac{\varrho}{2} U_\infty^2 \pi R^2 c_W, & \mathrm{Re} = \dfrac{2 U_\infty R}{\nu}: \\[2ex] c_W = \dfrac{24}{\mathrm{Re}}, & \mathrm{Re} < 1, \text{ STOKES}; \\[2ex] c_W = \dfrac{24}{\mathrm{Re}}\left(1 + \dfrac{3}{16}\mathrm{Re}\right), & \mathrm{Re} < 5, \text{ OSEEN} \end{cases}$$

sowie die hydrodynamische Schmierungstheorie. Abgesehen von letzterem Gebiet ist die Bedeutung der Theorie der schleichenden Bewegung nicht sehr groß.

Von stärkerer Wirkung ist die zweite approximierende Lösungsmethode. Bei verschwindender Zähigkeit $\nu \to 0$ bzw. $\mathrm{Re} \to \infty$ macht sich der Reibungseinfluß wesentlich nur in der Nähe von Wänden und Unstetigkeitsflächen bemerkbar, während sich die Flüssigkeit außerhalb solcher Einflußzonen fast ideal verhält. Während man dementsprechend auf diese Außenströmung die Theorie der idealen Flüssigkeiten anwendet, leistet die *Grenzschichttheorie* die Untersuchung dieser bei hohen Reynolds-Zahlen dünnen Schicht, in der sich beispielsweise der Übergang der freien Strömung auf die Haftungsbedingungen an Wänden abspielt, Abb. 3.4.38. Über Größenordnungsabschätzungen der Schichtdicke δ, der Wandkrümmungen und insbesondere der Gradientenanteile der Geschwindigkeit in (3.4.34) führen schließlich auf folgende Differentialgleichung der Strömung innerhalb der Grenzschicht:

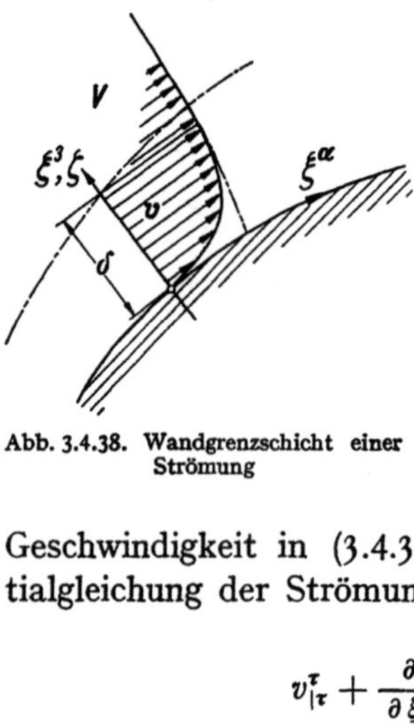

Abb. 3.4.38. Wandgrenzschicht einer Strömung

$$(3.4.39)\qquad \begin{aligned} & v^\tau_{|\tau} + \frac{\partial}{\partial \xi^3} v^3 = 0, \\ & (v_\alpha v^\tau)_{|\tau} + \frac{\partial}{\partial \xi^3}(v_\alpha v^3) = -p_{|\alpha} + \frac{\partial}{\partial \xi^3} T_{\mathrm{E}\alpha}^{3} \\ & \qquad = -p_{|\alpha} + \frac{1}{\mathrm{Re}} \frac{\partial^2}{\partial \xi_3^2} v_\alpha, \end{aligned}$$

in der alle Größen, auch $T_{\mathrm{E}\alpha}^3$ $(\triangleq T_{\mathrm{E}\alpha}^3/(\varrho\, v^2))$ dimensionslos sind. Im übrigen wurden Flächenkoordinaten ξ^α, $\alpha = 1, 2$ und der Steilstrich als Zeichen der (totalen) kovarianten Flächenableitung verwandt, siehe Anhang 2, insbesondere (A.2.8). Die Gln. (3.4.39) sind dann in der Hauptsache durch Umschreiben von (3.4.34) auf diese Koordinaten unter der schon notierten Voraussetzung $\|b^{\alpha}_{\beta}\| \ll 1$ zu erhalten, wobei sich letzteres auf die Größen μ^{α}_{β}, $\overset{-1}{(\mu)}{}^{\sigma}_{\tau}$, μ des Anhangs 2 wie

$$\mu^{\alpha}_{\beta} \approx \delta^{\alpha}_{\beta}, \quad \overset{-1}{(\mu)}{}^{\sigma}_{\tau} \approx \delta^{\sigma}_{\tau}, \quad \mu \approx 1$$

auswirkt. Anstelle von (3.4.39) läßt sich mittels der Variablentransformation

$$(3.4.40) \qquad \xi^3 = \mathrm{Re}^{-1/2}\zeta, \quad v^3 = \mathrm{Re}^{-1/2}\,w, \quad T_{\mathrm{E}\alpha}^{\ 3} = \mathrm{Re}^{-1/2}\,\tau_\alpha$$

eine parameterfreie Form

$$(3.4.41) \qquad \begin{aligned} &v^{\tau}_{|\tau} + \frac{\partial}{\partial\zeta} w = 0, \\ &(v_\alpha v^{\tau})_{|\tau} + \frac{\partial}{\partial\zeta}(v_\alpha w) = -p_{|\alpha} + \frac{\partial}{\partial\zeta}\tau_\alpha = -p_{|\alpha} + \frac{\partial^2}{\partial\zeta^2} v_\alpha \end{aligned}$$

erreichen. Randbedingungen des Systems (3.4.39) bzw. (3.4.41) sind

$$(3.4.42) \qquad \begin{aligned} &(v^\alpha, v^3) = 0 \ \text{für}\ \xi^3 = 0 \ \text{bzw.}\ (v^\alpha, w) \to 0 \ \text{für}\ \zeta = 0, \\ &(v^\alpha, v^3, p) \to (V^\alpha, V^3\, P) \quad \text{für}\ \xi^3 = \mathrm{Re}^{-1/2}\zeta \geqq \delta, \end{aligned}$$

wobei V^α, V^3, P entsprechende dimensionslose Größen der („reibungslosen") Außenströmung sind. Bei der Handhabung von (3.4.39) bzw. (3.4.41) nimmt man die Grenzschichtdicke δ nun so klein an, daß man ohne Änderung der Größenordnung des Fehlers V^α, V^3, P quer zu Grenzschicht als konstant und durch die Werte bei $\xi^3 = \zeta = 0$ gegeben ansieht. Insbesondere ist dadurch die Druckverteilung p innerhalb der Grenzschicht durch die der Außenströmung, P, festgelegt, und bei $V^3 = 0$ für $\xi^3 = 0$ gilt entsprechend (3.2.3) oder (3.2.8)

$$(3.4.43) \qquad -p_{|\alpha} \approx V^\sigma V_{\sigma|\alpha}.$$

Zur Lösung von (3.4.39) bzw. (3.4.41), (3.4.42), (3.4.43) für ein Problem der Körperumströmung muß also zunächst das Umströmungsproblem bei idealer Flüssigkeit behandelt werden, s. 3.2.2. Erst dann kann das angesprochene Grenzschichtproblem endgültig formuliert werden. Entsprechende Gleichungen für ebene Verhältnisse (zweidimensionale Grenzschichten) finden sich bei D § 23.2 und E § 14.6.

Die Behandlung der angezogenen Gleichungen ist aber trotz aller Vereinfachungen noch überaus kompliziert. Überdies ist auch die Festlegung einer Grenzschichtdicke δ mit $v^\alpha \to V^\alpha$ nicht exakt möglich, da dieser Übergang nur asymptotisch erfolgt[1]. Außerdem ist man meist

[1] Ein Vorschlag zur Festlegung von δ lautete deshalb $v^\alpha(\xi^\alpha, \delta) = 0{,}99\, V^\alpha(\xi^\alpha)$.

nicht an der Grenzschichtströmung im Detail, sondern nur etwa an dem Einfluß der Grenzschicht auf die Außenströmung, auf den Widerstand des Körpers usw. interessiert. Entsprechende kennzeichnende Größen bzw. Differentialgleichungen für sie erhält man aus (3.4.39) bzw. (3.4.41) bzw. bei Benutzung des Formelapparates von (A.2.8) direkt aus (3.4.38) bei Integration über die ξ^3- bzw. ζ-Koordinaten unter Beachtung der Randbedingung (3.4.42) mit $V = \| V^\alpha \|$. Zum Beispiel

(3.4.44)
$$[(V)^2 \vartheta^{\alpha\tau}]_{|\tau} + V^\alpha_{|\tau} V \delta^{*\tau} = (T_{\mathsf{E}}{}^{3}_{\alpha})_W = \frac{1}{\mathrm{Re}} \left(\frac{\partial v_\alpha}{\partial \xi^3}\right)_{\xi^3=0}, \qquad [(V)^3 \delta^{**\tau}]_{|\tau} = 2e,$$

worin man die durch

(3.4.45)
$$\begin{cases} V \delta^{*\alpha} := \int\limits_0^\delta (V^\alpha - v^\alpha)\, d\xi^3, \\ V^2 \vartheta^{\alpha\beta} := \int\limits_0^\delta (V^\alpha - v^\alpha)\, v^\beta\, d\xi^3, \\ V^3 \delta^{**\alpha} := \int\limits_0^\delta (V^\sigma V_\sigma - v^\sigma v_\sigma)\, v^\alpha\, d\xi^3, \\ e := \int\limits_0^\delta v_{\tau|3}\, T_{\mathsf{E}}^{\tau 3}\, d\xi^3, \end{cases}$$

bei $\delta \to \infty$ definierten Größen $\delta^{*\alpha}$, $\vartheta^{\alpha\beta}$, $\delta^{**\alpha}$, e nacheinander als *Verdrängungsdicke, Impulsverlustdicke, Energieverlustdicke,* (lokale) *Schubspannungsleistung* bezeichnet und $(T_{\mathsf{E}}{}^{3}_{\alpha})_W$ die Komponenten der Wandschubspannung sind. Nur im Falle zweidimensionaler Grenzschichtströmungen entarten die obigen Tensorgrößen zu Skalaren δ^*, ϑ, δ^{**}, e und die (3.4.44) entsprechenden bekannten Formen der Differentialgleichungen lauten, falls die Bogenlänge s der Körperkontur als unabhängige Koordinate gewählt und die *Formparameter*

(3.4.46)
$$H^* := \delta^*/\vartheta, \qquad H^{**} := \delta^{**}/\vartheta$$

eingeführt werden

(3.4.47)
$$\begin{cases} \dfrac{d\vartheta}{ds} + (2 + H^*) \dfrac{1}{V} \dfrac{dV}{ds} \vartheta = \dfrac{1}{V^2} (T_{\mathsf{E}})_W, \\ \vartheta \dfrac{dH^{**}}{ds} + \left(\dfrac{d\vartheta}{ds} + \dfrac{3}{V} \dfrac{dV}{ds} \vartheta\right) H^{**} = \dfrac{2}{V^3} e \\ \text{bzw.} \\ \dfrac{dH^{**}}{ds} + \left[(1 - H^*) \dfrac{1}{V} \dfrac{dV}{ds} + \dfrac{1}{V^2 \vartheta} (T_{\mathsf{E}})_W\right] H^{**} = \dfrac{2}{V^3 \vartheta} e, \end{cases}$$

wo $(T_E)_W$ die Wandschubspannung bedeutet. Die Systeme (3.4.44) bzw. (3.4.47) sind nur die ersten einer Reihe von Beziehungen, die den Satz partieller Differentialgleichungen (3.4.39) der Dimension 3 bzw. der Dimension 2 bei ebenen Verhältnissen durch ein (unendliches) System von partiellen Differentialgleichungen der Dimension 2 bzw. gewöhnlichen Differentialgleichungen ersetzen. Näheres zu dem Fall der Gln. (3.4.47) entnehme man WALZ. Jede hinzukommende Gleichung enthält, wie schon ein Blick auf (3.4.47) lehrt, gegenüber den Vorgleichungen weitere neu definierte Größen, womit im Prinzip gegenüber den Ausgangsgleichungen nichts gewonnen ist, wenn auch die Frage einer Grenzschichtdicke δ auf diese Weise umgangen werden konnte. Da eine Lösung $v^\varkappa = v^\varkappa(\xi^\sigma, \xi^3)$ der Ausgangsgleichungen (3.4.39) bzw. (3.4.41) solche Größen wie (3.4.45) u. a. eindeutig festlegt, können diese als Parameter des Strömungsprofils betrachtet werden, eine Vergrößerung der Systeme (3.4.44) und (3.4.47) durch weitere Gleichungen entspricht dann einer Erweiterung der Menge der betrachteten Parameter des Profils. Umgekehrt engen die Differentialgleichungssysteme (3.4.44) bzw. (3.4.47) die Klasse der konkurrierenden Strömungsprofile auf die Menge ein, deren Formparameter diesen Differentialgleichungen gehorchen. Diese Menge ist dann eine Menge von Näherungslösungen des Ausgangsproblems (3.4.39) bzw. (3.4.41). Die Hinzunahme weiterer Gleichungen in die Systeme (3.4.44) bzw. (3.4.47) bringt dann eine Präzisierung, d. h. Verbesserung durch eine Verkleinerung der Menge der Näherungslösungen. An dieser Stelle müssen jedoch ernsthafte Bedenken gegen ein derartiges schematisches Verbesserungsverfahren erhoben werden. *Es ist nicht ohne weitere Untersuchungen von der Hand zu weisen, daß die Größenordnung derartiger Verbesserungen alsbald die Größenordnung der bei der Ableitung von* (3.4.39) *bzw.* (3.4.41) *vernachlässigten Glieder,* insbesondere bei gekrümmten Wänden *erreicht.* Damit wird eine Mitnahme einer „größeren" Zahl von Parametern sinnlos. Bei praktischen Rechnungen hat man sich, wenn auch aus anderer Motivation, meist auf die angegebenen Systeme zweier Gleichungen beschränkt.

Was das System (3.4.47) *beispielsweise* betrifft, so verwendet das originäre *Pohlhausen-Verfahren* einen einparametrigen Ansatz für das Geschwindigkeitsprofil in Form eines Polynoms 4. Grades (P 4-Verfahren):

$$v/V = a_0 + a_1\eta + a_2\eta^2 + a_3\eta^3 + a_4\eta^4 \quad \text{für} \quad \eta = \xi^3/\delta \leqq 1,$$
$$= 1 \qquad\qquad > 1,$$

der den Bedingungen

$$\text{(3.4.48)} \qquad \begin{aligned} &\eta = 0: \quad v = 0, \quad \mathrm{Re}^{-1}\,\partial^2 v/\partial(\xi^3)^2 = dP/ds = -V\,dV/ds, \\ &\eta = 1: \quad v = V, \qquad \partial v/\partial\xi^3 = 0, \quad \partial^2 v/\partial(\xi^3)^2 = 0 \end{aligned}$$

unterworfen wird, woraus dann

$$(3.4.49)\quad \begin{cases} v/V = (2\eta - 2\eta^3 + \eta^4) + \dfrac{\Lambda}{6}(\eta - 3\eta + 3\eta^3 - \eta^4) \\ \quad = 1 - (1-\eta)^3\left[(1+\eta) - \dfrac{\Lambda}{6}\Lambda\eta\right], \\ \Lambda := \delta^2 \operatorname{Re}\dfrac{dV}{ds} = -\dfrac{\delta^2}{V}\operatorname{Re}\dfrac{dP}{ds}, \quad (T\mathrm{E})_W = \dfrac{1}{\operatorname{Re}}\dfrac{V}{\delta}\left(2+\dfrac{\Lambda}{6}\right) \\ \delta^*/\delta = \dfrac{1}{120}(36-\Lambda); \quad \vartheta/\delta = \dfrac{1}{63}\left(\dfrac{37}{5} - \dfrac{\Lambda}{15} - \dfrac{\Lambda^2}{144}\right) \\ H^* = \delta^*/\vartheta = \dfrac{63(36-\Lambda)}{120\left(\dfrac{37}{5} - \dfrac{\Lambda}{15} - \dfrac{\Lambda^2}{144}\right)} = \dfrac{378(36-\Lambda)}{5328 - 48\Lambda - 5\Lambda^2} \end{cases}$$

folgt, und Λ einen neuen Parameter darstellt. Mit den angegebenen Beziehungen ist sodann im Einzelfall die Differentialgleichung $(3.4.47)_1$ zu lösen. Andere Versionen des Verfahrens z. B. unter Benutzung von Polynomen 6. Grades (P 6-Verfahren) oder von Hartree-Geschwindigkeitsprofilen wurden ausgearbeitet, man informiere sich bei SCHLICHTING.

Das vorstehend skizzierte Pohlhausen-Verfahren und andere sind der Lösungsmethode von KANTOROWITSCH zuzuordnen, s. E § 22.5. Auch unter den Bedingungen dreidimensionaler Grenzschichten, (3.4.39) und (3.4.44), kann man im Sinne des Pohlhausen-Verfahrens vorgehen: dazu wird angenommen, daß die Strömungsgeschwindigkeit v_α in der Grenzschicht im wesentlichen die Richtung der jeweiligen Außenströmungsgeschwindigkeit V_α hat: $v_\alpha(\xi^\lambda, \xi^3) \approx f(\xi^\lambda, \xi^3)\, V_\alpha(\xi^\lambda)$, Abweichungen hiervon, *Querstromterme, Sekundärströmung*, seien von kleinerer Größenordnung. Danach kann wie im Falle ebener Strömung verfahren werden. Hilfreich ist dabei speziell noch eine Transformation der Grenzschichtgleichungen auf Stromlinienkoordinaten, die ja aus der Lösung der vorweggehenden Potentialströmungsaufgabe bekannt sein müssen. Einzelheiten entnehme man TIMMAN, andere Hinweise SCHLICHTING.

Die obigen Ausführungen betrafen allein *laminare Strömungsverhältnisse*, und die Auswertung des aufgeführten Formelapparates ist allein eine mathematische Aufgabe. Anders verhält es sich in bezug auf *turbulente* Strömungen, wo angenommen wird, daß die Strömungsgrößen $\boldsymbol{v}$ und p stochastische Größen sind, die in einen mittleren Anteil $\tilde{\boldsymbol{v}}$ bzw. $\tilde{p}$ und Schwankungsanteile $\boldsymbol{v}'$, p' zerlegbar sind:

$$(3.4.50)\qquad \boldsymbol{v} = \tilde{\boldsymbol{v}} + \boldsymbol{v}', \qquad p = \tilde{p} + p'.$$

Es ist an dieser Stelle uninteressant, in welcher Weise der Mittelwert bestimmt, d. h. gemessen wird; es kann sich auch um ein gewichtetes

Mittel mit der Gewichtsfunktion $w(\tau)$, etwa

$$\tilde{\boldsymbol{v}} = \int\limits_{t-\Delta t/2}^{t+\Delta t/2} \boldsymbol{v}(\tau, \boldsymbol{x})\, w(t-\tau)\, d\tau$$

handeln, Δt Meßintervall. Wichtig ist allerdings das Verschwinden des Mittelwerts der Schwankungen

$$\tilde{\boldsymbol{v}}' = 0, \quad \tilde{p}' = 0. \tag{3.4.51}$$

Aufspaltung (3.4.50) in (3.4.29) eingeführt und Mittelwerte gebildet bringt

$$\operatorname{div} \tilde{\boldsymbol{v}} = 0, \quad \operatorname{div} \boldsymbol{v}' = 0,$$

$$\varrho\left(\frac{\partial \tilde{\boldsymbol{v}}}{\partial t} + \operatorname{grad} \tilde{\boldsymbol{v}}\, \tilde{\boldsymbol{v}}\right) = -\operatorname{grad} \tilde{p} + \tag{3.4.52}$$
$$+ \left(\mu \Delta \tilde{\boldsymbol{v}} - \varrho\, \widetilde{\frac{\partial \boldsymbol{v}'}{\partial t}} - \varrho\, \widetilde{\operatorname{grad} \boldsymbol{v}'\, \boldsymbol{v}'}\right) + \varrho\, \tilde{\boldsymbol{k}}.$$

Bei stationären Verhältnissen läßt sich wegen $\widetilde{\operatorname{grad} \boldsymbol{v}'\, \boldsymbol{v}'} = \operatorname{div} \widetilde{\boldsymbol{v}' \otimes \boldsymbol{v}'}$

$$\boldsymbol{T}_t = -\varrho\, \widetilde{\boldsymbol{v}' \otimes \boldsymbol{v}'}$$

als turbulente Schubspannung (aus Impulsaustausch) auffassen. Das Problem der funktionellen Verknüpfung dieses Tensors mit dem Feld $\tilde{\boldsymbol{v}}$ der mittleren Strömung wurde bisher nicht zufriedenstellend gelöst. Versuche dazu sind die Mischungsweghypothese von Prandtl, die Wirbeltransporttheorie von Taylor, usw., s. SCHLICHTING.

Die Grenzschichtgleichungen (3.4.41) oder aber (3.4.44), (3.4.47) bleiben auch unter turbulenten Strömungsverhältnissen der Form nach gültig, allerdings enthalten die jeweiligen rechten Seiten Terme, die auf die turbulenten Schwankungsanteile zurückgehen. Für diese bleiben, mangels einer geschlossenen Theorie, nur Ansätze mit Erfahrungswerten aus dem Experiment. Eine Übersicht über entsprechende semiempirische Berechnungsverfahren liefert WIEGHARDT bzw. SCHLICHTING.

Der Übergang einer laminaren in die turbulente Strömungsform spielt sich in einer Reihe von Phasen ab, die sich bisher der Berechnung entziehen. Einige Resultate über Stabilitätseigenschaften der laminaren Strömung liegen allerdings vor. Die Methode ist in jedem Falle die einer Störung des Geschwindigkeits- und des Druckfeldes, und als Stabilitätsgrenze wird der Parameter (oft eine Reynoldssche Zahl Re) angesehen, bei dem die Störungen sich nicht verstärken. Einzelheiten s. SCHLICHTING, eine Einführung in die nichtlineare Stabilitätstheorie findet sich bei SCHADE.

§ 4. Elastische Körper

4.1 Allgemeines

4.1.1. Materialgleichungen

Für elastische Materialien reduziert sich das Funktional $\mathfrak{G}_{\varkappa}$ der Spannungsstoffgleichung auf eine Funktion des Gradienten

$$T = \mathfrak{g}_{\varkappa}(F) \tag{4.1.1}$$

per Definition, d. h., der *Spannungszustand* des Materials *hängt* nicht von der Vorgeschichte $F^{(t)}(X, s)$, sondern *allein von der momentanen Verformung* $F(X)$ *ab*. In diesem Sinne ist das Verhalten eines jeden Stoffes, der sich „seit jeher" im Zustand der Ruhe $\dot{u} = 0$ befindet, elastisch. Bei nachlassendem Erinnerungsvermögen (1.5.19) gilt dies schon nach endlicher Ruhezeit. Das Prinzip der stofflichen Indifferenz (1.5.14) bringt anstelle von (4.1.1) allgemeine Zusammenhänge

$$T = R\,\mathfrak{g}_{\varkappa}(U)\,R^{\mathrm{T}} = R\,\mathfrak{f}_{\varkappa}(C)\,R^{\mathrm{T}} \tag{4.1.2}$$

[s. auch (1.5.38)] und äquivalente bei Benutzung anderer Verzerrungs- und Spannungstensoren hervor, so z. B. für den Piola-Kirchhoffschen Spannungstensor (1.3.16)

$$T_{\mathrm{P}} = \mathfrak{h}(C). \tag{4.1.3}$$

Speziellere Formen dieser auch *Cauchy-elastisch* genannten Materialien ergeben sich noch im Fall der *Inkompressibilität*, wo entsprechend (1.5.6) und (1.5.11) die Überspannung

$$T_{\mathrm{E}} = T = p \cdot 1$$

gleichlautenden Stoffgesetzen gehorcht und der Druck p als Reaktionsgröße aus der Verformung des Teilchens nicht bestimmbar ist, sondern allenfalls aus dem Bewegungszustand des Gesamtkörpers berechnet werden kann.

Als *hyperelastisch* oder *Green-elastisch* bezeichnet man elastische Stoffe, deren Spannungen wie in (1.4.69) gemäß

$$\begin{aligned} T_{\mathrm{P}} &= T_{\varkappa} = \varrho_{K}\,\partial_{F}\,\sigma(F), \quad & T_{\mathrm{P}k}{}^{A} &= \varrho_{\varkappa}\frac{\partial\sigma}{\partial x^{k}_{,A}} \\ T &= \varrho\,\partial_{F}\,\sigma(F)\,F^{\mathrm{T}}, & T_{k}{}^{l} &= \varrho\frac{\partial\sigma}{\partial x^{k}_{,M}}\,x^{l}_{,M}, \end{aligned} \tag{4.1.4}$$

durch eine (spezifische) *Verformungsenergie* $\sigma(F)$ festgelegt sind. Eine von der Teilchendrehung freie Form von σ ist beispielsweise

$$\begin{aligned} T_{\mathrm{P}} &= 2\varrho_{\varkappa}\,F\,\partial_{C}\bar{\sigma}(F), \\ T &= 2\varrho\,F\,\partial_{C}\bar{\sigma}(F)F^{\mathrm{T}} \end{aligned} \tag{4.1.5}$$

mit $\bar{\sigma} = \bar{\sigma}(C)$.

Zu (4.1.1)ff. ist zu bemerken, daß die Beziehungen thermische Effekte nicht ausschließen. Einmal können diese eindeutige Funktionen der Verzerrungen sein, wie z. B. bei adiabaten bzw. isothermen Prozessen der Einzelelemente. Zum anderen können solche Effekte durch Parameter vertreten werden. In letzterem Falle brauchen die Spannungs-Verzerrungs-Beziehungen aber nicht integrabel zu sein. Zudem sind im allgemeinen Fall thermische und mechanische Effekte miteinander verkoppelt und lassen sich nicht, wie es üblicherweise in der linearen Theorie geschieht, isoliert voneinander behandeln. Unabhängig vom Prozeßweg sind die Verhältnisse beim *thermisch-hyperelastischen Stoff*. Ein Vorgehen, wie es in 1.5.4 für vollkommene Materialien angedeutet wurde, führt unter Benutzung der Helmholtzschen freien Energie ψ zu folgenden Beziehungen

$$(4.1.6)\quad \begin{cases} \psi = \varepsilon - \theta\,\eta = \hat{\psi}(\boldsymbol{C}, \theta, \boldsymbol{X}), \\ \boldsymbol{T} = 2\varrho\,\boldsymbol{F}\,\partial_{\boldsymbol{C}}\hat{\psi}\,\boldsymbol{F}^{\mathrm{T}}, \quad T^{kl} = 2\varrho \dfrac{\partial\hat{\psi}}{\partial C_{MN}}\, x^{k}_{,M}\, x^{l}_{,N}, \\ \eta = -\partial_{\theta}\hat{\psi} = -\dfrac{\partial\hat{\psi}}{\partial\theta}, \\ \boldsymbol{g}^{\mathrm{T}}\boldsymbol{h} = \operatorname{grad}\theta\,\boldsymbol{h} \geqq 0. \end{cases}$$

Der Zusammenhang mit (4.1.5) ist augenscheinlich. Weitere Ausführungen hierzu entnehme man TRUESDELL/NOLL. Wir beschränken uns zunächst wieder auf rein mechanische Stoffgleichungen.

Konkreter als im Vorstehenden können die Materialgesetze *isotroper* Stoffe angesetzt werden. Da bei diesen der Zusammenhang von $\boldsymbol{T}$ mit $\boldsymbol{B} = \boldsymbol{R}\,\boldsymbol{C}\,\boldsymbol{R}^{\mathrm{T}}$, dem linken Cauchy-Green-Tensor *koaxial* ist, gilt

$$(4.1.7)\quad \boldsymbol{T} = \mathfrak{f}(\boldsymbol{B}) = b_0 \cdot \mathbf{1} + b_1\,\boldsymbol{B} + b_2\,\boldsymbol{B}^2 = \bar{b}_0 \cdot \mathbf{1} + \bar{b}_1\,\boldsymbol{B} + \bar{b}_{-1}\,\boldsymbol{B}^{-1},$$

wobei die Koeffizienten b_i bzw. $\bar{b}_j$ skalare Funktionen allein der Invarianten $\mathrm{I}_{\boldsymbol{B}}$, $\mathrm{II}_{\boldsymbol{B}}$, $\mathrm{III}_{\boldsymbol{B}}$ sind, wie man etwa (1.2.72)ff. entnehmen mag.

Was die Verformungsenergie $\sigma(\boldsymbol{F})$ *isotroper hyperelastischer* Stoffe betrifft, so müssen ihre Argumente allein die Invarianten geeigneter Verzerrungstensoren, etwa von $\boldsymbol{C}$ oder $\boldsymbol{B}$ sein. Im letzteren Falle hätte man dann und $\bar{\sigma} = \bar{\sigma}(\mathrm{I}_{\boldsymbol{B}}, \mathrm{II}_{\boldsymbol{B}}, \mathrm{III}_{\boldsymbol{B}})$ unter Benutzung der Ableitungsbeziehungen

$$(4.1.8)\quad \begin{gathered} \frac{\partial\,\mathrm{I}_{\boldsymbol{B}}}{\partial\boldsymbol{B}} = \mathbf{1}, \qquad \frac{\partial\,\mathrm{II}_{\boldsymbol{B}}}{\partial\boldsymbol{B}} = I_{\boldsymbol{B}} \cdot \mathbf{1} - \boldsymbol{B}, \\ \frac{\partial\,\mathrm{III}_{\boldsymbol{B}}}{\partial\boldsymbol{B}} = \mathrm{II}_{\boldsymbol{B}} \cdot \mathbf{1} - \mathrm{I}_{\boldsymbol{B}}\,\boldsymbol{B} + \boldsymbol{B}^2 = \mathrm{III}_{\boldsymbol{B}}\,\boldsymbol{B}^{-1} \end{gathered}$$

sowie von $\boldsymbol{T} = 2\varrho\, \boldsymbol{B}\, \partial_{\boldsymbol{B}} \bar{\sigma}(\boldsymbol{B})$

(4.1.9)
$$\boldsymbol{T} = 2\varrho \left[\mathrm{III}_{\boldsymbol{B}} \frac{\partial \bar{\sigma}}{\partial \mathrm{III}_{\boldsymbol{B}}} \mathbf{1} + \left(\frac{\partial \bar{\sigma}}{\partial \mathrm{I}_{\boldsymbol{B}}} + \mathrm{I}_{\boldsymbol{B}} \frac{\partial \bar{\sigma}}{\partial \mathrm{II}_{\boldsymbol{B}}}\right) \boldsymbol{B} - \frac{\partial \bar{\sigma}}{\partial \mathrm{II}_{\boldsymbol{B}}} \boldsymbol{B}^2\right]$$
$$= 2\varrho \left[\left(\mathrm{II}_{\boldsymbol{B}} \frac{\partial \bar{\sigma}}{\partial \mathrm{II}_{\boldsymbol{B}}} + \mathrm{III}_{\boldsymbol{B}} \frac{\partial \bar{\sigma}}{\partial \mathrm{III}_{\boldsymbol{B}}}\right) \mathbf{1} + \right.$$
$$\left. + \frac{\partial \bar{\sigma}}{\partial \mathrm{I}_{\boldsymbol{B}}} \boldsymbol{B} - \mathrm{III}_{\boldsymbol{B}} \frac{\partial \bar{\sigma}}{\partial \mathrm{II}_{\boldsymbol{B}}} \boldsymbol{B}^{-1}\right].$$

Ein besonders einfaches Beispiel hierfür ist der Mooney-Körper, der ein inkompressibles Material definiert, das Gummi in sehr guter Näherung beschreibt. Wegen der Inkompressibilität ist $\mathrm{III}_{\boldsymbol{B}} = 1$ und dementsprechend $\hat{\sigma}$ allein von $\mathrm{I}_{\boldsymbol{B}}$ und $\mathrm{II}_{\boldsymbol{B}}$ abhängig. Der entsprechende Ansatz ist

(4.1.10)
$$\varrho\, \bar{\sigma} = \tfrac{1}{2}\mu[(\tfrac{1}{2} + \beta)(\mathrm{I}_{\boldsymbol{B}} - 3) + (\tfrac{1}{2} - \beta)(\mathrm{II}_{\boldsymbol{B}} - 3)],$$
$$\varrho\, \bar{\sigma} \geqq 0 \quad \text{für} \quad \mu > 0, \quad |\beta| \leqq \tfrac{1}{2},$$

wobei man den Spezialfall $\beta = \frac{1}{2}$ des entsprechenden Spannungs-Verzerrungsgesetzes

(4.1.11)
$$\boldsymbol{T} = -p \cdot \mathbf{1} + \mu(\tfrac{1}{2} + \beta)\, \boldsymbol{B} - \mu(\tfrac{1}{2} - \beta)\, \boldsymbol{B}^{-1}$$

als *Neo-Hookesches Gesetz* bezeichnet.

Die an dieser Stelle auftauchende Schwierigkeit ist die Verknüpfung solcher Ansätze wie oben mit den Ergebnissen von Experimenten. Wir verweisen auf Truesdell/Toupin, wo eine Reihe von universellen statischen Verformungen aufgeführt ist, die mit jedem ursprünglich spannungsfreien homogenen Körper realisiert werden können. Damit ist ein Teil der Koeffizienten entsprechender Materialansätze bestimmbar. Für den Rest ist es unabdingbar, spezielle Lösungen des theoretischen Problems zu konstruieren und mit experimentellen Ergebnissen zu vergleichen.

4.2 Klassische Elastizitätstheorie

4.2.1 Grundgleichungen

Die klassische Elastizitätstheorie setzt infinitesimale Verschiebungsgradienten $\boldsymbol{H} = \nabla \boldsymbol{u}$ entsprechend (1.2.123) voraus. Sie ist eine lineare Theorie und im Sinne dieser Approximation fallen in allen Differentialbeziehungen körperfeste und raumfeste Koordinatensysteme zusammen, so daß auf eine Unterscheidung der beiden Systeme wie bisher durch die Notation verzichtet werden kann. Wir schreiben deshalb hier und im folgenden für den Ortsvektor $\boldsymbol{x}$ bzw. $\boldsymbol{x} + \boldsymbol{u}$ und für die Koordinaten x^k usw., und auftretende Integrale seien i. allg. in kartesischen Koordinaten notiert.

Wie jede Kontinuumstheorie nichtpolarer Medien unterliegt auch diese den dynamischen Grundgleichungen (1.4.46) und (1.4.57)

$$\text{(4.2.1)}\qquad \begin{aligned} \operatorname{div} \boldsymbol{T} + \varrho\, \boldsymbol{k} &= \varrho\, \ddot{\boldsymbol{u}}, & T^{ip}{}_{,p} + \varrho\, k^i &= 0, \\ \boldsymbol{T} &= \boldsymbol{T}^{\mathrm{T}}, & T^{[ij]} &= 0. \end{aligned}$$

Spezifisch für sie ist ein Materialgesetz der Form

$$\text{(4.2.2)}\qquad \boldsymbol{T} = \boldsymbol{C}\langle \tilde{\boldsymbol{E}} - \boldsymbol{A}(\theta - \theta_0)\rangle, \qquad T^{ij} = C^{ijpq}\big(\tilde{E}_{pq} - A_{pq}(\theta - \theta_0)\big).$$

Hierin ist

$$\text{(4.2.3)}\qquad \tilde{\boldsymbol{E}} = \tfrac{1}{2}(\nabla \boldsymbol{u} + (\nabla \boldsymbol{u})^{\mathrm{T}}) = \tfrac{1}{2}(\operatorname{grad} \boldsymbol{u} + (\operatorname{grad} \boldsymbol{u})^{\mathrm{T}}),$$

s. (1.2.91), der in $\boldsymbol{u}$ lineare Lovesche Elongationstensor, $\boldsymbol{A}$ der Tensor der linearen Temperaturdehnung, θ die Temperatur und $\boldsymbol{C}$ der vierstufige Materialtensor mit konstanten Komponenten, die noch von Parametern abhängen können (Cauchy-Elastizität).

Fordert man *Hyperelastizität*, d. h. etwa Unabhängigkeit des Spannungs-Verzerrungs-Zustandes auch von Parameterwegen, so folgert aus energetischen Gründen, auf Grund von $(4.2.2)_{3,4}$ und der Symmetrie von $\tilde{\boldsymbol{E}}$, daß $\boldsymbol{C}$ von vornherein die Symmetrieeigenschaften

$$\text{(4.2.4)}\qquad C^{ijpq} = C^{jipq} = C^{ijqp} = C^{pqij}$$

besitzt. Somit weist er im Höchstfalle 21 verschiedene konstante Komponenten auf.

Es ist üblich, insbesondere die Kristalle entsprechend weiterer Symmetrieeigenschaften in den C^{ijpq} (sowie den A_{pq}) zu klassifizieren. So ist die Zahl der jeweiligen freien Parameter der folgenden Aufstellung zu entnehmen, in der auch die Ordnung der Isotropiegruppe $\mathscr{g}$ des Materials eingeschlossen ist:

(4.2.5)

Kristall	$\boldsymbol{C}$	$\mathscr{g}$	$\boldsymbol{A}$
triklin	21	2	3
monoklin	13	4	3
rhombisch	9	8	3
tetragonal	7 bzw. 6	8 bzw. 16	2
rhomboedrisch	7 bzw. 6		2
hexagonal	5	6, 12 bzw. 24	2
kubisch	3	24 bzw. 48	1

Im *isotropen* Falle hängen die C^{ijpq} wie folgt mit den bekannten *Laméschen Konstanten* λ, μ bzw. dem *Elastizitätsmodul* E, dem *Schubmodul* G, der *Querkontraktionszahl* ν bzw. dem Kompressionsmodul K

zusammen, wobei jeder Modul durch zwei (unabhängige) andere Moduli entsprechend der untenstehenden Tabelle ausgedrückt werden kann:

(4.2.6) $$C^{ijpq} = \lambda g^{ij} g^{pq} + \mu (g^{ip} g^{jq} + g^{iq} g^{jp}),$$

(4.2.7)

aus	errechnet sich				
	E	ν	K	$G=\mu$	λ
E, ν	E	ν	$\frac{E}{3(1-2\nu)}$	$\frac{E}{2(1+\nu)}$	$\frac{E\nu}{(1+\nu)(1-2\nu)}$
E, G	E	$\frac{E-2G}{2G}$	$\frac{EG}{3(3G-E)}$	$G=\mu$	$\frac{G(E-2G)}{3G-E}$
G, ν	$2G(1+\nu)$	ν	$\frac{2G(1+\nu)}{3(1-2\nu)}$	$G=\mu$	$\frac{2G\nu}{1-2\nu}$
λ, μ	$\frac{\mu(3\lambda+2\mu)}{\lambda+\mu}$	$\frac{\lambda}{2\lambda+2\mu}$	$\frac{3\lambda+2\mu}{3}$	μ	λ

Entsprechend ist für den linearen Wärmeausdehnungstensor

(4.2.8) $$\boldsymbol{A} = \alpha \cdot \mathbf{1}, \quad A_{ij} = \alpha g_{ij}$$

zu schreiben, wo α *linearer Wärmeausdehnungskoeffizient* genannt wird.

Explizit lauten dann die entsprechenden als *Hookesches Gesetz isotoper Materialien* mit Einschluß von Termen aus Wärmedehnung bezeichneten Relationen

(4.2.9)
$$\left\{\begin{aligned}
\boldsymbol{T} &= \lambda \operatorname{tr} \tilde{\boldsymbol{E}} + \mu(\tilde{\boldsymbol{E}} + \tilde{\boldsymbol{E}}^{\mathrm{T}}) - (3\lambda + 2\mu)\,\alpha(\theta - \theta_0) \cdot \mathbf{1} \\
&= 2G\left[\tilde{\boldsymbol{E}} + \frac{\nu}{1-2\nu} \operatorname{tr} \tilde{\boldsymbol{E}} \cdot \mathbf{1} - \frac{1+\nu}{1-2\nu}\,\alpha(\theta-\theta_0) \cdot \mathbf{1}\right], \\
T_{ij} &= 2G\left[u_{(i,j)} + \frac{\nu}{1-2\nu} u^{s}_{,s}\, g_{ij} - \frac{1+\nu}{1-2\nu}\,\alpha(\theta-\theta_0)\, g_{ij}\right], \\
\tilde{\boldsymbol{E}} &= \frac{1}{2}\left(\operatorname{grad} \boldsymbol{u} + (\operatorname{grad} \boldsymbol{u})^{\mathrm{T}}\right) = \frac{1}{2G}\left[\boldsymbol{T} - \frac{\nu}{1+\nu} \operatorname{tr} \boldsymbol{T} \cdot \mathbf{1}\right] + \\
&\quad + \alpha(\theta-\theta_0) \cdot \mathbf{1}, \\
E_{ij} &= u_{(i,j)} = \frac{1}{2G}\left[T_{ij} - \frac{\nu}{1+\nu} T^{s}_{s}\, g_{ij}\right] + \alpha(\theta-\theta_0)\, g_{ij}.
\end{aligned}\right.$$

Für mechanisch-inkompressible Materialien, $\nu = \frac{1}{2}$, hat man entsprechend (1.5.6) und (1.5.12) mit einer zusätzlichen skalaren Funktion p

(4.2.10)
$$\begin{aligned}
\boldsymbol{T} &= -p \cdot \mathbf{1} + 2G\,[\tilde{\boldsymbol{E}} - \alpha(\theta-\theta_0) \cdot \mathbf{1}]\,, & \operatorname{tr} \boldsymbol{T} &= -3p, \\
\tilde{\boldsymbol{E}} &= \frac{1}{2G}\,[p \cdot \mathbf{1} + \boldsymbol{T}] + \alpha(\theta-\theta_0) \cdot \mathbf{1}, & \operatorname{tr} \tilde{\boldsymbol{E}} &= 3\alpha(\theta-\theta_0).
\end{aligned}$$

Grundsätzlich ist das Differentialgleichungssystem (4.2.1), (4.2.2), (4.2.3) unter Anpassung an vorgegebene *Randbedingungen* zu lösen. Dieses können sowohl Forderungen an den Randspannungsvektor

(4.2.11) $$\boldsymbol{t} = \boldsymbol{T}\,\boldsymbol{n}, \quad t^k = T^{kp}\,n_p \quad \text{auf} \quad \partial v_1,$$

wie auch an die Randverschiebungen

(4.2.12) $$\boldsymbol{u} = \boldsymbol{u}(\partial v_2)$$

sein. Wo notwendig, lassen sich die Randwerte der Spannungen (4.2.11) mittels (4.2.2) und (4.2.3) durch das Verschiebungsfeld $\boldsymbol{u}$, präziser durch seine erste Ableitung, ausdrücken; aus dem Spannungsfeld $\boldsymbol{T}$ jedoch ist nur nach weiterer Integration auf die Verschiebungen $\boldsymbol{u}$ zu schließen. Selbstverständlich sind auch gemischte Randbedingungen möglich. Sie entstehen meist bei kinematischer Zwängung. Beispielsweise führt eine starre, reibungsfreie Kontaktfläche dazu, daß auf ihr

(4.2.13) $$\boldsymbol{n}^{\mathrm{T}}\,\boldsymbol{u} = 0, \qquad \boldsymbol{t}_{\mathfrak{t}} = \boldsymbol{t} - \boldsymbol{t}_{\mathfrak{n}} = (\boldsymbol{T} - \boldsymbol{n}^{\mathrm{T}}\,\boldsymbol{T}\,\boldsymbol{n}\cdot\boldsymbol{1})\,\boldsymbol{n} = 0$$

ist, was Verschwinden der Bewegung normal zur Kontaktfläche und Schubspannungsfreiheit auf ihr bedeutet. Was die Spannungsrandbedingung (4.2.11) betrifft, so betrachtet die klassische Theorie nur Fälle, in denen der Randspannungszustand nur linear vom Verschiebungsfeld über $\tilde{\boldsymbol{E}}$ abhängt, d. h. das Randflächenelement $d\boldsymbol{a}$ wird in Größe wie in Richtung mit dem des unbelasteten, d. h. unverformten Körpers identifiziert. In anderen Fällen wird die Problemstellung von den Randbedingungen her nichtlinear. Für eine entsprechende Formulierung und Klassifikation solcher verformungsabhängiger Randbelastungen verweisen wir auf SEWELL.

Statt eine simultane Lösung der oben angegebenen Differentialgleichungssysteme anzustreben, geht man üblicherweise so vor, daß man entweder die Spannungen oder die Verschiebungen aus dem Gleichungssystem eliminiert. Während der erste Weg in jedem Falle, d. h. auch in Fällen der Kinetik (wie auch bei nichtlinearen Materialgleichungen) gangbar ist:

$$\begin{aligned}
&\operatorname{div}\{\boldsymbol{C}\langle\tilde{\boldsymbol{E}} - \boldsymbol{A}(\theta - \theta_0)\rangle\} + \varrho\,\boldsymbol{k}\\
&\quad = \operatorname{div}\{\boldsymbol{C}\langle\tfrac{1}{2}(\operatorname{grad}\boldsymbol{u} + (\operatorname{grad}\boldsymbol{u})^{\mathrm{T}}) - \boldsymbol{A}(\theta - \theta_0)\rangle\} +\\
&\quad + \varrho\,\boldsymbol{k} = \varrho\,\ddot{\boldsymbol{u}},
\end{aligned}$$

(4.2.14) $$C^{ijpq}(u_{(p,q),r} - A_{pq}\,\theta_{,r}) + \varrho\,k^i = \varrho\,\ddot{u}^l$$

— die hier aufgeführten Beziehungen gelten für homogene Körper mit ortsunabhängigen konstanten Materialtensoren C^{ijpq} und A_{pq} —, ist der zweite an die Inverse von (4.2.2)

(4.2.15) $$\tilde{\boldsymbol{E}} = \overset{-1}{\boldsymbol{C}}\langle\boldsymbol{T}\rangle + \boldsymbol{A}(\theta - \theta_0), \qquad \tilde{E}_{ij} = \overset{-1}{C}_{ijpq} + A_{ij}(\theta - \theta_0)$$

anzuknüpfende Weg auf Fälle der Statik $\ddot{\boldsymbol{u}} \equiv 0$ beschränkt. Verlangt man von den Spannungsfeldern $\boldsymbol{T}$ von vornherein die Erfüllung der Gleichgewichtsbedingungen, (4.2.1) mit $\ddot{\boldsymbol{u}} = 0$, so sichern die Kompatibilitätsbedingungen (1.2.109)

$$\text{(4.2.16)} \quad \begin{gathered} \operatorname{curl}(\operatorname{curl}\tilde{\boldsymbol{E}})^{\mathrm{T}} = 0 \Rightarrow \operatorname{curl}\left[\operatorname{curl}\left(\overset{-1}{\boldsymbol{C}}\langle\boldsymbol{T}\rangle + \boldsymbol{A}(\theta - \theta_0)\right)\right]^{\mathrm{T}} = 0, \\ \delta^{rp}_{km}\delta^{sq}_{ln}\tilde{E}_{rs,qp} = 0, \qquad \delta^{rp}_{km}\delta^{sq}_{ln}\tilde{E}_{rs,qp} = 0, \end{gathered}$$

die lückenlose Einbettung des Körpers mit dem Verzerrungstensorfeld $\tilde{\boldsymbol{E}}$ in den euklidischen Raum, d. h. die Integrabilität von $\tilde{\boldsymbol{E}}$ zu einem eindeutig bestimmten Verschiebungsfeld. Ein Starrkörperbewegungsanteil bleibt wie in (1.2.110) dabei unbestimmt und für mehrfach zusammenhängende Körper müssen noch weitere Bedingungen befriedigt werden, s. auch 4.2.3.

Im Falle des elastisch-isotropen Körpers entstehen auf Grund der Stoffgesetze (4.2.9) anstelle von (4.2.14) die *Lamé-Navierschen Verschiebungsgleichungen*

$$\text{(4.2.17)} \quad \begin{aligned} &(\lambda + \mu)\operatorname{grad}\operatorname{div}\boldsymbol{u} + \mu\Delta\boldsymbol{u} - (3\lambda + 2\mu)\alpha\operatorname{grad}\theta + \varrho\boldsymbol{k} = \varrho\ddot{\boldsymbol{u}}, \\ &(\lambda + \mu)\, u^{s}_{,si} + \mu\, u_{i,}{}^{s}{}_{s} - (3\lambda + 2\mu)\,\alpha\,\theta_{,i} + \varrho\, k_i \\ &= G\left[\frac{1}{1 - 2\nu} u^{s}_{,si} + u_{i,}{}^{s}{}_{s} - \frac{2(1+\nu)}{1 - 2\nu}\alpha\,\theta_{,i}\right] + \varrho\, k_i = \varrho\,\ddot{u}_i, \end{aligned}$$

die für inkompressible Materialien entsprechend (4.2.10) die Form

$$\text{(4.2.18)} \quad \begin{cases} -\operatorname{grad}^{\mathrm{T}} p + G(\operatorname{grad}^{\mathrm{T}}\operatorname{div}\boldsymbol{u} + \Delta\boldsymbol{u} - 2\alpha\operatorname{grad}^{\mathrm{T}}\theta) + \varrho\boldsymbol{k} = \varrho\ddot{\boldsymbol{u}}, \\ \qquad \operatorname{div}\boldsymbol{u} = 3\alpha(\theta - \theta_0), \\ -p_{,i} + G(u^{s}_{,si} + u^{s}_{i,s} - 2\alpha\theta_{,i}) + \varrho\, k_i = \varrho\,\ddot{u}_i, \quad u^{s}_{,s} = 3\alpha\theta, \end{cases}$$

annehmen. Für den letzteren Fall bringt die Ausnutzung von $(4.2.18)_2$ eine Differentialgleichung für p

$$\text{(4.2.19)} \quad \Delta p = \operatorname{div}(\varrho\,\boldsymbol{k}) + 4G\alpha\Delta\theta - 3\alpha\varrho\ddot{\theta}.$$

Divergenz- bzw. Rotorbildung an (4.2.17) liefert im Falle $\theta =$ konst., $\boldsymbol{k} = 0$ die *Wellengleichungen*

$$\text{(4.2.20)} \quad \begin{aligned} (\lambda + 2\mu)\,\Delta(\operatorname{div}\boldsymbol{u}) &= \varrho(\operatorname{div}\boldsymbol{u})^{\cdot\cdot}, \\ \mu\,\Delta(\operatorname{curl}\boldsymbol{u}) &= \varrho\,(\operatorname{curl}\boldsymbol{u})^{\cdot\cdot}, \end{aligned}$$

wonach für elastisch isotrope Materialien zwei charakteristische Wellengeschwindigkeiten

$$\text{(4.2.21)} \quad c_D = \sqrt{\frac{\lambda + 2\mu}{\varrho}} = \sqrt{\frac{2(1-\nu)}{1 - 2\nu}\,\frac{G}{\varrho}}, \qquad c_R = \sqrt{\frac{\mu}{\varrho}} = \sqrt{\frac{G}{\varrho}}$$

existieren. Nur in Spezialfällen allerdings treten die Kompressionswelle $\operatorname{div} \boldsymbol{u}$ bzw. die Welle der mittleren Drehung $\operatorname{curl} \boldsymbol{u}$ isoliert auf; i. allg. sind sie über die Reflexionen an den Rändern miteinander gekoppelt.

Ähnlich den Ausführungen zu Anfang von 3.3.3 hat man hier aus (4.2.17) und (1.4.12f) bei entsprechender Linearisierung

$$[(\lambda + \mu)\,\delta_p^q\, g^{ri} + \mu\,\delta_p^i\, g^{qr}]\,[u^p_{,qr}] = \varrho[\ddot{u}^i],$$
$$(\lambda + \mu)\, a^s n_s n^i + \mu\, a^i = \varrho\, U^2 a^i$$

mit einer Amplitude a^i der Störungen 2. Ordnung. Man sieht dann sofort, daß die Fortpflanzungsgeschwindigkeit von *Longitudinalwellen* $a_{\mathrm{n}} = a^s n_s$ gleich c_D und von *Transversalwellen* $a^i_{\mathrm{t}} = a^i - a_{\mathrm{n}} n^i = a^i - a^s n_s n^i$ gleich c_R ist, womit der entsprechende Charakter der Divergenz- bzw. Rotorwelle erhellt ist.

Für die statischen Fälle erreicht man mit dem bei (4.2.15) erklärten Verfahren der Elimination der Spannungen anstelle von (4.2.16) die *Beltrami-Michellschen Spannungsgleichungen*

$$\text{(4.2.22)}\quad \left\{\begin{aligned} &(1+\nu)\,\Delta \boldsymbol{T} + \operatorname{grad}(\operatorname{grad} \operatorname{tr} \boldsymbol{T}) \\ &\quad = -(1+\nu)\,\varrho \left[\operatorname{grad} \boldsymbol{k} + (\operatorname{grad} \boldsymbol{k})^{\mathrm{T}} + \frac{\nu}{1-\nu} \operatorname{div} \boldsymbol{k} \cdot \boldsymbol{1}\right] - \\ &\quad\quad - \alpha E \left[\operatorname{grad} \operatorname{grad} \theta + \frac{1+\nu}{1-\nu}\,\Delta\,\theta \cdot \boldsymbol{1}\right], \\ &(1+\nu)\,\Delta T_{ij} + T^s{}_{s,ij} \\ &\quad = -(1+\nu)\,\varrho \left[k_{i,j} + k_{j,i} + \frac{\nu}{1-\nu} k^s{}_{,s} g_{ij}\right] - \\ &\quad\quad - \alpha E \left[\theta_{,ij} + \frac{1+\nu}{1-\nu}\,\Delta\,\theta g_{ij}\right]. \end{aligned}\right.$$

Zur Zwischenrechnung sei nur bemerkt, daß nach Einsetzen von (4.2.15) in (4.2.16) von der Identität

$$\varepsilon^{ipr}\varepsilon^{jqs} = \begin{vmatrix} g^{ij} & g^{iq} & g^{is} \\ g^{pj} & g^{pq} & g^{ps} \\ g^{rj} & g^{rq} & g^{rs} \end{vmatrix} = \left\{\begin{aligned} &g^{ij} g^{pq} g^{rs} + g^{iq} g^{ps} g^{rj} + g^{is} g^{pj} g^{rq} - \\ &- g^{ij} g^{ps} g^{rq} - g^{iq} g^{pj} g^{rs} - g^{is} g^{pq} g^{rj} \end{aligned}\right.$$

Gebrauch gemacht wird, wonach ein Teil der Spannungsterme durch Massenkraftterme $\varrho\,\boldsymbol{k}$ aus den Gleichgewichtsbedingungen, (4.2.1) mit $\ddot{\boldsymbol{u}} = 0$, substituiert werden kann. Entsprechende Beziehungen für inkompressibles Material sind:

$$\text{(4.2.23)}\quad \left\{\begin{aligned} &\Delta p = \operatorname{div}(\varrho\,\boldsymbol{k}) + 4G\,\alpha\,\Delta\,\theta = (\varrho\, k^s)_{,s} + 4G\,\alpha\,\Delta\,\theta, \\ &\operatorname{tr} \boldsymbol{T} = T^s{}_s = -3p, \\ &\Delta \boldsymbol{T} - 2\operatorname{grad}(\operatorname{grad} p) + \operatorname{grad}(\varrho\,\boldsymbol{k}) + \operatorname{grad}^{\mathrm{T}}(\varrho\,\boldsymbol{k}) + \\ &\quad + \operatorname{div}(\varrho\,\boldsymbol{k}) \cdot \boldsymbol{1} + 2G\,\alpha(3\Delta\,\theta \cdot \boldsymbol{1} + \operatorname{grad}(\operatorname{grad} \theta)) \overset{!}{=} 0, \\ &\Delta T_{ij} - 2p_{,ij} + (\varrho\, k_i)_{,j} + (\varrho\, k_j)_{,i} + (\varrho\, k^s)_{,s}\, g_{ij} + \\ &\quad + 2G\,\alpha(3\Delta\,\theta\, g_{ij} + \theta_{,ij}) \overset{!}{=} 0. \end{aligned}\right.$$

4.2.2. Lösungsansätze für die Verschiebungsgleichungen

Eine allgemeine Integrationstheorie der Verschiebungsgleichungen steht noch aus und ist bisher wesentlich nur für den Fall harmonischer Bewegungen sowie für Fälle der Statik ($\ddot{\boldsymbol{u}} = \ddot{\boldsymbol{x}} = 0$) ausgebaut.

Für den Fall harmonischer Schwingungen, die in komplexer Schreibweise

$$(4.2.24)_1 \qquad \boldsymbol{u}(\boldsymbol{x}, t) = \hat{\boldsymbol{u}}(\boldsymbol{x})\, e^{i\omega t}$$

anzusetzen sind, unter einer harmonischen Massenkrafterregung

$$(4.2.24)_2 \qquad \varrho\, \boldsymbol{k}(\boldsymbol{x}, t) = \varrho\, \hat{\boldsymbol{k}}(\boldsymbol{x})\, e^{i\omega t}$$

innerhalb des Körpers, einer entsprechenden auf den Rändern, lautet die Differentialgleichung (4.2.17) bei Nichtbeachtung der Temperaturglieder

$$(4.2.25) \qquad \mu \Delta \boldsymbol{u} + (\lambda + \mu) \operatorname{grad}^{\mathrm{T}} \operatorname{div} \boldsymbol{u} + \varrho\, \omega^2 \boldsymbol{u} = -\varrho\, \boldsymbol{k},$$

wenn das Dach über den (komplexen) Ortsfunktionen $\hat{\boldsymbol{u}}(\boldsymbol{x})$ und $\hat{\boldsymbol{k}}(\boldsymbol{x})$ wieder weggelassen wird.

Für die Behandlung aller dieser Probleme (einschließlich statischer Fälle) ist die Helmholtzsche Darstellung (3.2.13)

$$(4.2.26) \qquad \boldsymbol{u} = \operatorname{grad}^{\mathrm{T}} \varphi + \operatorname{curl} \boldsymbol{\psi}$$

eines (jeden) Vektorfeldes $\boldsymbol{u}$ durch einen Potentialanteil φ und einen Rotoranteil aus $\boldsymbol{\psi}$ grundlegend. Setzt man eine analoge Aufspaltung für $\boldsymbol{k}$ voraus:

$$(4.2.27) \qquad \varrho\, \boldsymbol{k} = \operatorname{grad}^{\mathrm{T}} \Phi + \operatorname{curl} \boldsymbol{\Psi},$$

so ist das System (4.2.25) nach Gradienten- und Rotoranteilen zu ordnen:

$$(4.2.28) \qquad \operatorname{grad}^{\mathrm{T}} \{(\lambda + \mu) \Delta \varphi + \varrho\, \omega^2 \varphi + \Phi\} + \\ + \operatorname{curl} \{\lambda \Delta \boldsymbol{\psi} + \varrho\, \omega^2 \boldsymbol{\psi} + \boldsymbol{\Psi}\} = 0.$$

Dabei stellen die Φ, $\boldsymbol{\Psi}$ die jeweiligen Antriebe der Teilchen dar, und weitere Störungen können in Form von erzwungenen Randverschiebungen bzw. Randspannungsfeldern eingeleitet werden, wodurch sie über die Randbedingungen zu berücksichtigen sind. Die Behandlung dieses Gleichungssystems für φ und $\boldsymbol{\psi}$ unter Befriedigung von Randbedingungen für die Verschiebungen bzw. Spannungen führt i. allg. auf Integralgleichungen für φ und $\boldsymbol{\psi}$. Einzelheiten entnehme man KUPRADZE.

Freie *harmonische Bewegungen* mit der Amplitude $\boldsymbol{u} = \boldsymbol{u}(\boldsymbol{x})$, deren Rotor senkrecht auf einem festen Vektor $\boldsymbol{d}$ steht, lassen sich nach einer *von Noll gegebenen Darstellung einer Verallgemeinerung der Loveschen Verschiebungsfunktion* (s. unten)

$$\text{(4.2.29)} \quad \boldsymbol{u} = -(1-\nu)\,\boldsymbol{d}\left(\Delta + \frac{1-2\nu}{1-\nu}\,\frac{\omega^2 \varrho}{G}\right)\Phi + \left(\operatorname{grad}(\boldsymbol{d}^{\mathrm{T}} \operatorname{grad} \Phi)\right)^{\mathrm{T}}$$

auf die Differentialgleichung eines Skalarfeldes Φ

$$\text{(4.2.30)} \qquad \left(\Delta + \frac{1-2\nu}{1-\nu}\,\frac{\omega^2 \varrho}{G}\right)\left(\Delta + \frac{\omega^2 \varrho}{G}\right)\Phi = 0$$

reduzieren. Zur Klasse dieser Probleme zählen insbesondere achsensymmetrische und ebene Bewegungen.

In den Fällen der *Statik* geht man gewöhnlich so vor, daß man sich zunächst ein partikuläres Integral $\boldsymbol{u}_{\mathrm{P}}$ der Gln. (4.2.17), mit $\ddot{\boldsymbol{u}} = 0$, verschafft, wozu man z. B. bei konservativen Massenkräften

$$\text{(4.2.31)} \qquad \varrho\,\boldsymbol{k} = -\operatorname{grad} v, \qquad \varrho\, k_l = -v_{,l}$$

als *partikuläres Integral* von (4.2.17) mit

$$\text{(4.2.32)} \qquad \boldsymbol{u}_{\mathrm{P}} = \operatorname{grad}^{\mathrm{T}} P$$

ansetzt, und das *thermisch-elastische Verschiebungspotential* P ohne Rücksicht auf die Befriedigung irgendwelcher Randbedingungen aus

$$\text{(4.2.33)} \qquad \Delta P = \frac{1+\nu}{1-\nu}\left[\frac{1-2\nu}{E}\,v + \alpha(\theta - \theta_0)\right]$$

bestimmt. Die zugehörigen Spannungen sind

$$\text{(4.2.34)} \quad T_{ij} = 2G\left(P_{,ij} - \frac{1+\nu}{1-\nu}\left[\alpha(\theta-\theta_0) - \nu\frac{v}{E}\right] g_{ij}\right).$$

Für den Fall mechanisch-inkompressibler Materialien $\nu = \frac{1}{2}$ spezialisiert sich (4.2.33) auf $\Delta P = 3\alpha(\theta - \theta_0)$, und nachdem man eine Lösung von (4.2.19) für p konstruiert hat, sind die der Partikularlösung entsprechenden Spannungen

$$\text{(4.2.35)} \qquad T_{ij} = -p\, g_{ij} + 2G(P_{,ij} - \alpha\,\theta\, g_{ij}).$$

Für das verbleibende homogene Verschiebungsproblem

$$\text{(4.2.36)} \qquad \begin{aligned} &\Delta \boldsymbol{u}_{\mathrm{H}} + \frac{1}{1-2\nu}\operatorname{grad}^{\mathrm{T}} \operatorname{div} \boldsymbol{u}_{\mathrm{H}} = 0, \\ &u_{\mathrm{H}}^{i,s}{}_{s} + \frac{1}{1-2\nu}\, u_{\mathrm{H},s}^{s}{}^{i} = 0 \end{aligned}$$

— bei mechanisch inkompressiblem Material $\nu = \frac{1}{2}$ ist der Term mit $\operatorname{div}\boldsymbol{u}$ Null — wurden auf der Basis der Helmholtzschen Darstellung

(4.2.26) verschiedene Lösungsansätze entwickelt, die den gegebenen Randwerten (RW) abzüglich der von $\boldsymbol{u}_{\mathrm{P}}$ herrührenden Randwerte für Verschiebungen bzw. Spannungen anzupassen sind:

(4.2.37) $$RW\langle \boldsymbol{u}_{\mathrm{H}}\rangle = RW\,\langle \boldsymbol{u}\rangle - RW\,\langle \boldsymbol{u}_{\mathrm{P}}\rangle,$$

wobei $RW\langle \boldsymbol{u}\rangle$ einen entsprechenden linearen Ausdruck in $\boldsymbol{u}$ bzw. seinen Ableitungen darstellen soll. Eine ausführlichere Übersicht über Ansätze für $\boldsymbol{u}_{\mathrm{H}}$ findet sich bei MARGUERRE.

Wir geben gedrängt jeweils $\boldsymbol{u}_{\mathrm{H}}$ in Form von (4.2.26), entsprechende Differentialgleichungen, die Spannungen $\boldsymbol{T}$, sowie an manchen Stellen Querbeziehungen an.

(4.2.38) *Ansatz von Galerkin-Westergaard*

$$2G\,\boldsymbol{u} = -\operatorname{grad}^{\mathrm{T}}\operatorname{div}\boldsymbol{\chi} + 2(1-\nu)\,\Delta\boldsymbol{\chi},$$
$$2G\,u_i = -\chi^{s}_{,si} + 2(1-\nu)\chi_{i,}{}^{s}{}_{s}\,,$$
$$\Delta\Delta\boldsymbol{\chi} = 0,\quad \chi_{i,}{}^{rs}{}_{rs} = 0,$$
$$\boldsymbol{T}:\qquad T_{ij} = -\chi^{s}_{,sij} + \nu\,\chi^{r}_{,r}{}^{s}{}_{s}\,g_{ij} + 2(1-\nu)\,\chi_{i,}{}^{r}{}_{rj}\,.$$

(4.2.39) *Ansatz von Papkovitsch-Neuber* (für die Rechnung bequemer, s. Differentialgleichungen)

$$2G\,\boldsymbol{u} = 4(1-\nu)\,\boldsymbol{\chi} + \operatorname{grad}^{\mathrm{T}}[\varphi + \boldsymbol{x}^{\mathrm{T}}\,\boldsymbol{\chi}],$$
$$\Delta\varphi = 0,\quad \Delta\boldsymbol{\chi} = 0,$$
$$\boldsymbol{T}:\qquad T_{ij} = 4(1-\nu)\,\chi_{(i,j)} - [\varphi + x^{s}\chi_{s}]_{,ij} + \nu[\varphi + x^{s}\chi_{s}]\,g_{ij},$$

Spezialformen für achsensymmetrische Probleme, $\boldsymbol{d}$ Vektor der Rotationsachse:

(4.2.40) *Ansatz von Love*

$$\boldsymbol{u} = \frac{1}{1-2\nu}\,[\operatorname{grad}^{\mathrm{T}}(\boldsymbol{d}L) - 2(1-\nu)\,\boldsymbol{d}\,\Delta L],$$
$$\Delta\Delta L = 0,$$
$$\boldsymbol{T}\ \text{entsprechend (4.2.38) mit}\ \boldsymbol{\chi} = \frac{G}{1-2\nu}L\,\boldsymbol{d}.$$

(4.2.41) *Ansatz von Boussinesq*

$$2G\,\boldsymbol{u} = 4(1-\nu)\,B\boldsymbol{d} - \operatorname{grad}[\varphi + \boldsymbol{x}^{\mathrm{T}}\boldsymbol{d}B],$$
$$\Delta B = \Delta\varphi \overset{!}{=} 0,$$
$$\boldsymbol{T}\ \text{entsprechend (4.2.39) mit}\ \ \boldsymbol{\chi} = B\,\boldsymbol{d}.$$

4.2.3 Lösungsansätze für Spannungsfunktionen

Ausgangsgleichungen dieses Lösungsweges sind die Feldgleichungen (4.2.22), die aus (4.2.16) fließend eine notwendige Bedingung für die lückenlose Einbettung des verzerrten Körpers in E_3, und damit für die *Integrabilität* der den Spannungen $\boldsymbol{T}$ zugeordneten Verzerrungen $\tilde{\boldsymbol{E}}$ zu *eindeutigen* (*mittleren*) *Verdrehungen*

$$\varphi = -\tilde{\boldsymbol{R}}_\times \left(= -\tfrac{1}{2}\operatorname{curl}\boldsymbol{u}\right), \qquad \varphi^i = \tfrac{1}{2}\,\varepsilon^{ipr}\,\tilde{R}_{rp} \left(= \tfrac{1}{2}\varepsilon^{ipr}\,u_{[r,p]}\right)$$

und Verschiebungen $\boldsymbol{u}$ darstellen.

Auf analoge Weise wie bei (2.1.3) und (2.1.4) folgert man hier die Relation

$$\tilde{R}_{ij,s} = \tilde{E}_{is,j} - \tilde{E}_{js,i} = \delta^{pq}_{ij}\,\tilde{E}_{ps,q}, \tag{4.2.42}$$

und dann lassen sich für den Tensor $\tilde{\boldsymbol{R}}$ der mittleren Drehung (bzw. $\boldsymbol{\varphi}$) und die Verschiebung $\boldsymbol{u}$ die folgenden Quadraturformeln längs Kurven c in $\boldsymbol{v}$ angeben:

$$\begin{aligned}\tilde{R}_{ij}(\boldsymbol{x}) &= \tilde{R}_{0ij}(\boldsymbol{x}_0) + \int_{\boldsymbol{x}_0}^{\boldsymbol{x}} \tilde{R}_{ij,s}(\xi)\,d\xi^s \\ &= \tilde{R}_{0ij}(\boldsymbol{x}_0) + \int_{\boldsymbol{x}_0}^{\boldsymbol{x}} \left(\tilde{E}_{is,j}(\xi) - \tilde{E}_{js,i}(\xi)\right) d\xi^s,\end{aligned} \tag{4.2.43}$$

$$\begin{aligned}u_i(\boldsymbol{x}) &= u_{0i}(\boldsymbol{x}_0) + \int_{\boldsymbol{x}_0}^{\boldsymbol{x}} \left(\tilde{E}_{ij}(\xi) + \tilde{R}_{ij}(\xi)\right) d\xi^j \\ &= u_{0i}(\boldsymbol{x}_0) + \tilde{R}_{0ij}(\boldsymbol{x}_0)\,(x^j - x_0^j) + \\ &\quad + \int_{\boldsymbol{x}_0}^{\boldsymbol{x}} \left[\tilde{E}_{is}(\xi) + \left(\tilde{E}_{is,j}(\xi) - \tilde{E}_{js,i}(\xi)\right)(x^j - \xi^j)\right] d\xi^s.\end{aligned}$$

Fordert man nun Eindeutigkeit von $\tilde{\boldsymbol{R}}(\boldsymbol{x})$ bzw. $\boldsymbol{\varphi}(\boldsymbol{x})$ und von $\boldsymbol{u}$, so muß für *jede* ganz in $\boldsymbol{v}$ liegende Kurve c

$$\begin{aligned}&\oint_c \tilde{R}_{ij,s}\,d\xi^s = \oint_c \left(\tilde{E}_{is,j} - \tilde{E}_{js,i}\right) d\xi^s \overset{!}{=} 0, \\ &\oint_c \left[\tilde{E}_{is} + \left(\tilde{E}_{is,j} - \tilde{E}_{js,i}\right)(x^j - \xi^j)\right] d\xi^s \overset{!}{=} 0\end{aligned} \tag{4.2.44}$$

gelten. Umschließen die c einfach zusammenhängende und ganz in $\boldsymbol{v}$ liegende Flächen, so bringt eine Anwendung des Stokesschen Integralsatzes (s. G II, § 18) gerade (1.2.109) bzw. (4.2.16) für jeden inneren Punkt von $\boldsymbol{v}$, womit diese Integrale von selbst verschwinden; für *Fälle mehrfachen* (*n-fachen*) *Zusammenhangs* bleiben hingegen noch $2(n-1)$ zusätzliche Integrale der Form (4.2.44) über *irreduzible Umläufe* $c = \mathcal{U}_j$, $j = 1, 2, \ldots, n-1$ übrig. In Abb. 4.2.45 sind einige Beispiele für Bereiche (mehrfacher Begrenzung und) mit mehrfachem Zusammenhang sowie entsprechende $\mathcal{U}_j$ skizziert. Sie sind topologisch der Vollkugel, dem Hohlzylinder, der Hohlkugel bzw. dem Hohltorus äquivalent. Die Integrale (4.2.44) über die irreduziblen Umläufe sichern, daß Sprünge

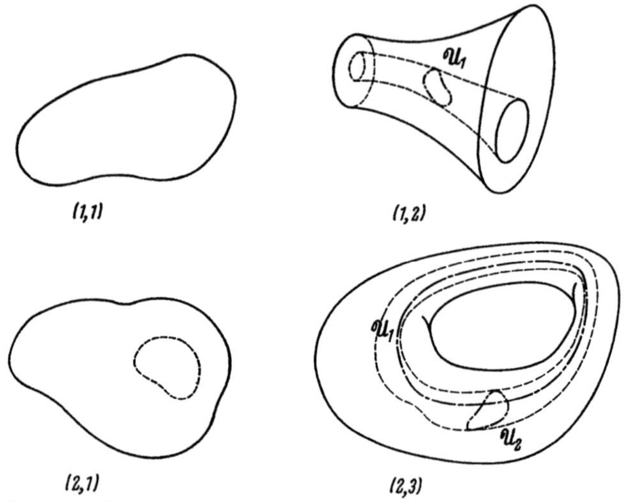

Abb. 4.2.45. **Bereiche m-facher Begrenzung und n-fachen Zusammenhangs: (m, n) sowie irreduzible Umläufe $\mathcal{U}_j$, $j = 1, 2, \ldots, n-1$**

in den Verdrehungen bzw. Verschiebungen (*Volterrasche Versetzungen bzw. Distorsionen*) aus der Lösung ausgeschlossen werden.

Wird (4.2.9) in (4.2.16) eingesetzt und werden zusätzlich die Gleichgewichtsbedingungen

(4.2.46) $$\operatorname{div} \boldsymbol{T} + \varrho\, \boldsymbol{k} = 0, \qquad T^{is}{}_{,s} + \varrho\, k^i = 0$$

ausgenutzt, so folgert man (4.2.22) bzw. (4.2.23) für das Innere von v. Zusätzlich sind in Fällen mehrfachen Zusammenhangs entsprechend (4.2.44) noch Umlaufintegrale der Form

(4.2.47) $$\left\{\begin{aligned} &\oint_{\mathcal{U}_j}[(1+\nu)\,(T_{is,j} - T_{js,i}) - \nu(T^r{}_{r,j}\, g_{is} - T^r{}_{r,i}\, g_{js}) + \\ &\qquad + E\,\alpha(\theta_{,j}\, g_{is} - \theta_{,i}\, g_{js})]\, d\xi^s \overset{!}{=} 0, \\ &\oint_{\mathcal{U}_j}[(1+\nu)\big(T_{is} + (T_{is,j} - T_{js,i})\,(x^j - \xi^j)\big) - \\ &\qquad - \nu\big(T^r{}_r\, g_{is} + (T^r{}_{r,j}\, g_{is} - T^r{}_{r,i}\, g_{js})\,(x^j - \xi^j)\big) + \\ &\qquad + E\,\alpha\big(\theta\, g_{is} + (\theta_{,j}\, g_{is} - \theta_{,i}\, g_{js})\,(x^j - \xi^j)\big)]\, d\xi^s \overset{!}{=} 0, \\ &j = 1, 2, \ldots, n - j \end{aligned}\right.$$

zu beachten. Da nach (4.2.34) mit (4.2.33) ein partikuläres Integral von (4.2.22) und (4.2.46) darstellt, kann auf das homogene Problem

(4.2.48) $$(1+\nu)\,\Delta\, \boldsymbol{T} + \operatorname{grad}(\operatorname{grad} \operatorname{tr} \boldsymbol{T}) = 0, \qquad \operatorname{div} \boldsymbol{T} = 0$$

beschränkt werden. Hierbei hilft ein

(4.2.49) *Zerlegungssatz für symmetrische Tensoren* $\boldsymbol{T} = \boldsymbol{T}^{\mathrm{T}}$

$$\boldsymbol{T} \equiv \operatorname{grad}\boldsymbol{f} + (\operatorname{grad}\boldsymbol{f})^{\mathrm{T}} + \operatorname{curl}(\operatorname{curl}\boldsymbol{F})^{\mathrm{T}},$$

$$\boldsymbol{F} = \boldsymbol{F}^{\mathrm{T}}, \quad \operatorname{div}\boldsymbol{F} \text{ beliebig},$$

$$T_{ij} = T_{ji} \equiv 2f_{(i,j)} + \varepsilon_i^{\ pr}\,\varepsilon_j^{\ qs}\,F_{rs,qp}, \qquad F_{rs} = F_{sr}.$$

Darin ist $\boldsymbol{f}$ ein Vektorfeld und $\boldsymbol{F}$ ein symmetrisches zweistufiges Tensorfeld.

Für die spezielle Aufgabe (4.2.48) ist wegen $\operatorname{div}\operatorname{curl}\Psi \equiv 0$ die zweite der Gln. (4.2.48) schon erfüllt, und an $\boldsymbol{f}$ ist die Forderung

(4.2.50) $$\Delta\boldsymbol{f} + (\operatorname{grad}\operatorname{div}\boldsymbol{f})^{\mathrm{T}} = 0, \qquad \Delta f_i + f^s_{\ ,si} = 0$$

zu stellen.

(4.2.51) *Der Gurtinsche Ansatz*

$$\boldsymbol{T} = \operatorname{curl}(\operatorname{curl}\hat{\boldsymbol{F}})^{\mathrm{T}} + \Delta\big(\operatorname{grad}\hat{\boldsymbol{g}} + (\operatorname{grad}\hat{\boldsymbol{g}})^{\mathrm{T}}\big) - \operatorname{grad}(\operatorname{grad}\operatorname{div}\hat{\boldsymbol{g}}),$$

$$T_{ij} = \varepsilon_i^{\ pr}\,\varepsilon_j^{\ qs}\,\hat{F}_{rs,qp} + 2\hat{g}_{(i,j)} - \hat{g}^s_{\ ,s}\,g_{ij}$$

ist eine Variante von (4.2.49) mit $\boldsymbol{f} = \Delta\hat{\boldsymbol{g}} - \frac{1}{2}(\operatorname{grad}\operatorname{div}\hat{\boldsymbol{g}})^{\mathrm{T}}$ worin wegen (4.2.50) $\hat{\boldsymbol{g}}$ ein vektorielles Bipotentialfeld sein muß:

$$\Delta\Delta\boldsymbol{g} = 0, \qquad \Delta\Delta g_i = 0.$$

Gleichwertig mit diesem Ansatz ist eine reduzierte Form

$$\boldsymbol{T} = \operatorname{curl}(\operatorname{curl}\boldsymbol{F})^{\mathrm{T}} + \operatorname{grad}\boldsymbol{\psi} + (\operatorname{grad}\boldsymbol{\psi})^{\mathrm{T}} - \operatorname{div}\boldsymbol{\psi}\cdot\mathbf{1},$$

$$T_{ij} = \varepsilon_i^{pr}\,\varepsilon_j^{qs}\,F_{rs,qp} + 2\psi_{(i,j)} - \psi^s_{\ ,s}\,g_{ij},$$

in der $\boldsymbol{\psi}$ ein vektorielles Potential ist:

$$\Delta\boldsymbol{\psi} = 0, \qquad \Delta\psi_i = 0.$$

Zwischen beiden Formen besteht die Beziehung

$$\boldsymbol{F} = \hat{\boldsymbol{F}} + \operatorname{div}\hat{\boldsymbol{g}}\cdot\mathbf{1}, \qquad \boldsymbol{\psi} = \Delta\hat{\boldsymbol{g}}.$$

Die Gurtinschen vollständigen Ansätze sind auf jeden Fall bei mehrfach begrenzten Bereichen immer dann notwendig, wenn die Lasten an einzelnen Rändern für sich Resultierende haben, da der klassische Ansatz $\boldsymbol{T} = \operatorname{curl}(\operatorname{curl}\boldsymbol{F})^{\mathrm{T}}$, $\boldsymbol{F} = \boldsymbol{F}^{\mathrm{T}}$ wegen

(4.2.52) $$\oint \operatorname{curl}(\operatorname{curl}\boldsymbol{F})^{\mathrm{T}}\,d\boldsymbol{a} \equiv 0, \qquad \oint \boldsymbol{x}\times\operatorname{curl}(\operatorname{curl}\boldsymbol{F})^{T}\,d\boldsymbol{a} = 0$$

solche Randresultierenden nicht leisten kann. Falls aber jeder Rand für sich im Gleichgewicht ist, also insbesondere für alle einfach begrenzten Bereiche, kann auf

$$\text{(4.2.53)}\quad \begin{array}{lll} \boldsymbol{T} = \operatorname{curl}(\operatorname{curl}\boldsymbol{F})^{\mathrm{T}}, & \boldsymbol{F} = \boldsymbol{F}^{\mathrm{T}}, & \operatorname{div}\boldsymbol{F} \ \text{beliebig}, \\ T_{ij} = \varepsilon_i^{\ pr}\,\varepsilon_j^{\ qs}\,F_{rs,qp}, & F_{[rs]} = 0, & \end{array}$$

spezialisiert werden. In jedem Falle bleibt ein Anteil ${}_0F_{pq}$ an F_{pq} mit $\varepsilon_i^{\ pr}\,\varepsilon_j^{\ qs}\,{}_0F_{rs,qp} = 0$ unbestimmt; er kann benutzt werden, um spezielle Formen von F_{pq} zu erreichen (s. insbesondere die beiden folgenden Ansätze). Für das $\boldsymbol{F}$ aus (4.2.53) sollen einige Formen genannt werden; weitere Ausführungen entnehme man Marguerre, Rieder [2] bzw. Schaefer [1, 2].

(4.2.54) Der *Ansatz von Maxwell* erreicht für $\boldsymbol{F}$ in einem speziellen kartesischen Koordinatensystem für alle $\boldsymbol{x}$ eine Hauptdiagonalform (F_{11}, F_{22}, F_{33}). Dann ist nach (4.2.53)

$$T_{11} = -\left(\frac{\partial^2 F_{22}}{(\partial x^3)^2} + \frac{\partial^2 F_{33}}{(\partial x^2)^2}\right); \qquad T_{23} = \frac{\partial^2 F_{11}}{\partial x^2\,\partial x^3},$$

weitere zyklisch.

(4.2.55) Im *Ansatz von Morera* treten in einem speziellen kartesischen Koordinatensystem für alle $\boldsymbol{x}$ keine Hauptdiagonalglieder auf, so daß von $\boldsymbol{F}$ allein drei Skalarfunktionen (F_{12}, F_{23}, F_{31}) verbleiben. Nach (4.2.53)

$$T_{11} = \frac{2F_{23}}{\partial x^2\,\partial x^3}, \qquad T_{23} = -\frac{\partial}{\partial x^1}\left(-\frac{\partial F_{23}}{\partial x^1} + \frac{\partial F_{31}}{\partial x^2} + \frac{\partial F_{12}}{\partial x^3}\right),$$

weitere zyklisch.

(4.2.56) Der *Kröner-Marguerresche Ansatz*

$$\boldsymbol{F} = \overline{\boldsymbol{F}} + \frac{\nu}{1-\nu}\operatorname{tr}\overline{\boldsymbol{F}}\cdot\boldsymbol{1}$$

bringt für $\overline{\boldsymbol{F}}$ aus zulässiger Nebenbedingung in (4.2.49) und wegen (4.2.48) die Differentialgleichungen

$$\operatorname{div}\boldsymbol{F} = 0, \qquad \Delta\Delta\boldsymbol{F} = 0.$$

(4.2.57) Der *Ansatz von Schaefer* lautet

$$\boldsymbol{F} = \hat{\boldsymbol{F}} - \operatorname{tr}\hat{\boldsymbol{F}} + \Omega\cdot\boldsymbol{1}.$$

Sein Tensor- $\hat{\boldsymbol{F}}$ bzw. Skalaranteil Ω unterliegt, wieder aus (4.2.49) und (4.2.48), den Differentialgleichungen

$$\Delta\hat{\boldsymbol{F}} = 0, \quad \Delta\Omega = \frac{1}{1-\nu}\operatorname{div}(\operatorname{div}\boldsymbol{F}), \quad \Delta\Delta\Omega = 0.$$

Er erlaubt eine einfache Angabe des Verschiebungsfeldes

$$G\,\boldsymbol{u} = \operatorname{div}\hat{\boldsymbol{F}} - \tfrac{1}{2}\operatorname{grad}^{\mathrm{T}}\Omega .$$

4.3 Einige Tragwerke

Die elastischen Körper des Ingenieurs werden nur in wenigen Fällen mit Hilfe des Formelapparates der dreidimensionalen Theorie behandelt, da der entsprechende Rechenaufwand in keinem Verhältnis zu der gewisser Näherungsverfahren mit praktisch ausreichend genauen Ergebnissen steht. Solche technischen Theorien sind u. a. die Tragwerkstheorien, auf die unten noch knapp eingegangen wird. Allerdings gibt es auch Ingenieurprobleme, die mit Hilfe der Verschiebungs- bzw. Spannungsfunktionen aus 4.2 behandelt werden. Als Beispiele erwähnen wir die St. Venantsche Torsion und ebene Probleme.

4.3.1 Reine Torsion zylindrischer Stäbe

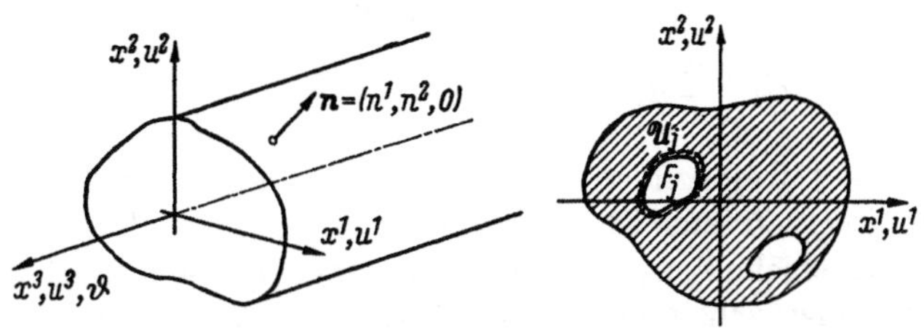

Abb. 4.3.1 Zur St. Venantschen Torsion

Wir notieren physikalische Komponenten. Mit den Bezeichnungen wird das Verschiebungsfeld $\boldsymbol{u}$ in der Form

$$(4.3.2)\quad \begin{pmatrix} u^1 \\ u^2 \end{pmatrix} = \vartheta(x^3)\begin{pmatrix} -x^2 \\ x^1 \end{pmatrix}, \quad u^3 = u^3(x^1, x^2) = \vartheta'(x^3)\,\varphi(x^1, x^2)$$

angesetzt, ohne daß es unter den Voraussetzungen, $M_{\mathrm{T}}(x^3) = \text{konst.}$, zylindrischer Stab, zu Widersprüchen kommt. In (4.3.2) ist ϑ der Verdrehwinkel, $\vartheta' = d\vartheta/dx^3$ ($=$ konst.) die Verdrillung, φ die Verwölbungsfunktion. Die entsprechenden allein verbleibenden Spannungen sind

$$(4.3.3)\quad T_{31} = T_{13} = \vartheta' G\left(\frac{\partial\varphi}{\partial x^1} - x^2\right), \qquad T_{32} = T_{23} = \vartheta' G\left(\frac{\partial\varphi}{\partial x^2} + x^1\right)$$

und die aus (4.2.16) zu folgernde Differentialgleichung für φ lautet

$$(4.3.4)\qquad \Delta\varphi = 0 .$$

Die Spannungsfreiheit des Mantels erfordert, wegen

$$(n^1, n^2) = \lambda(-dx^2, dx^1); \qquad -T_{31}\,dx^2 + T_{32}\,dx^1 = 0$$

d. h. die Randbedingung

(4.3.5) $$\frac{\partial\varphi}{\partial u} \equiv \frac{1}{2}\frac{\partial r^2}{\partial s}, \qquad r^2 = (x^1)^2 + (x^2)^2.$$

Das Spannungsproblem der Torsion ist mit dem Ansatz

(4.3.6) $$T_{31} = T_{13} = -2G\,\vartheta'\frac{\partial\Phi}{\partial x^2}, \qquad T_{32} = T_{23} = 2G\,\vartheta'\frac{\partial\Phi}{\partial x^1},$$

sonstige Komponenten gleich Null, befriedigt, wo die Torsionsfunktion Φ z. B. mit den Funktionen (4.2.55) von Morera in dem Zusammenhang

$$\frac{\partial F_{23}}{\partial x^1} - \frac{\partial F_{13}}{\partial x^2} = \Phi\,(x^1, x^2), \qquad F_{12} = 0$$

steht. Ein Einsetzen von T_{13} und T_{23} in die Verträglichkeitsbedingung (4.2.48) liefert

(4.3.7) $$\Delta\Phi = 1 \quad \text{für} \quad x, \in$$
$$\oint \frac{\partial\Phi}{\partial n}\,ds = 2G\,\vartheta' F_j, \quad j = 1, \ldots, n-1,$$

für die $n-1$ irreduziblen Umläufe eines n-fach zusammenhängenden Querschnitts; letzteres ist Ausdruck einer Stetigkeitsforderung an die Achsinalverschiebung u_3, alle übrigen Bedingungen sind identisch erfüllt. Die Spannungsfreiheit der Mantelfläche(n) verlangt hier

(4.3.8) $$\Phi = \Phi_j = \text{konst.}, j = 1, \ldots, n;$$

o. B. d. A. ist $\Phi_n = 0$ zu setzen.

Es gilt dann

(4.3.9) $$\vartheta' = \frac{M_T}{G\,I_t},$$

worin man das so definierte $G\,I_T$ mit

(4.3.10) $$G\,I_T := -4G\int \Phi\,da$$

als Torsionssteifigkeit bezeichnet.

Das allereinfachste Beispiel zu dieser Theorie ist die Torsion des Kreiszylinders bzw. Hohlkreiszylinders. Allerdings ist dieses ein Sonderfall, bei dem keinerlei Verwölbung u auftritt und der dementsprechend auch schon ohne diese Theorie gelöst wurde.

Zahlreiche Querschnittsfälle wurden mit Hilfe der St. Venantschen Theorie behandelt. Eine Sammlung der Ergebnisse und die Durchführung verschiedener Approximationstheorien findet sich bei Geiger-Scheel Bd. 6, Szabó [2] eine Ausschöpfung der Methode der konformen Abbildung bei Weber-Günther.

4.3.2 Scheiben

Diese sind ebene Gebilde konstanter Stärke, die allein in ihrer Ebene belastet sind. In der formalen Behandlung unterscheiden sich

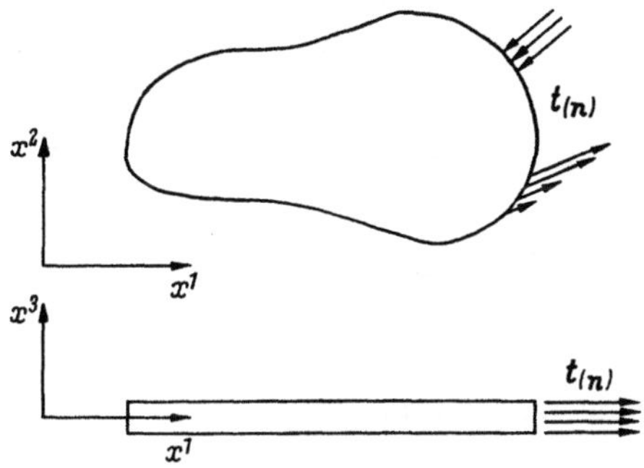

Abb. 4.3.11 Zum Scheibenproblem

ebene Spannungsprobleme: $\boldsymbol{T}\boldsymbol{e}^3 = 0$ nicht von *ebenen Verzerrungsproblemen*: $\tilde{\boldsymbol{E}}\boldsymbol{e}^3 = 0$. Allerdings sind nur für den letzteren Fall die Lösungen exakte Lösungen der dreidimensionalen Theorie.

In beiden Fällen lauten die Gleichungen des (planaren) Verschiebungsvektoranteils $\boldsymbol{u} = (u^1, u^2)$ bei planarer Massenkraftbelastung $\boldsymbol{k} := (k^1, k^2)$, $k^3 \equiv 0$

$$\Delta\,\boldsymbol{u} + \zeta_1 \operatorname{grad} \operatorname{div} \boldsymbol{u} - \zeta_2\, \alpha \operatorname{grad} T + \varrho \frac{\boldsymbol{k}}{G} = 0,$$

(4.3.12) $\zeta_1 = \dfrac{1+\nu}{1-\nu}$, $\zeta_2 = 2\dfrac{1+\nu}{1-\nu}$ für das ebene Spannungsproblem,

$\zeta_1 = \dfrac{1}{1-2\nu}$, $\zeta_2 = 2\dfrac{1+\nu}{1-2\nu}$ für das ebene Verzerrungsproblem.

Die entsprechenden Spannungen sind

$$\boldsymbol{T} = 2G\left[\tilde{\boldsymbol{E}} + \zeta_3 \operatorname{tr}\tilde{\boldsymbol{E}}\cdot\boldsymbol{1} - \frac{\zeta_2}{2}\alpha\,(\theta - \theta_0)\cdot\boldsymbol{1}\right]$$

(4.3.13) $\zeta_3 = \dfrac{\nu}{1-\nu}$ für das ebene Spannungsproblem,

$\zeta_2 = \dfrac{\nu}{1-2\nu}$ für das ebene Verzerrungsproblem.

Das ebene Problem ist auch komplex formulierbar und macht damit diesem die Hilfsmittel der Funktionentheorie zugänglich. Man konsultiere Milne/Thomson [2], Green/Zerna, Babuška/Rektorys/Vyčichlo.

Die Untersuchung solcher Probleme mit Hilfe von Spannungsfunktionen degeneriert bei dem ausreichenden Ansatz

(4.3.14) $\boldsymbol{F} = F\,\boldsymbol{n}\otimes\boldsymbol{n}$, $F^{ij} = F\,n^i n^j$, wo $\boldsymbol{n}$ die Normale zur Ebene des Problems ist, zu einer biharmonischen Randwertaufgabe

$$\Delta\Delta F = 0 \tag{4.3.15}$$

für die Airysche Spannungsfunktion F. Diese ist mit Hilfe von Potentialfunktionen φ_i

$$F = \varphi_1 + r^2 \varphi_2 = \varphi_1' + x_1 \varphi_2' = \varphi_1'' + x_2 \varphi_2'' \tag{4.3.16}$$

konstruierbar und kann im einzelnen mit Hilfe der Funktiontheorie erfolgen. Die aus F fließenden Spannungen lauten

$$T_{11} = F_{,22}, \qquad T_{22} = F_{,11}, \qquad T_{12} = -F_{,12}. \tag{4.3.17}$$

Beispiele entnehme man Girkmann.

4.3.3 Grundsätzliches zu approximativen Tragwerkstheorien

Wie eingangs erwähnt, hat man für einen Teil der Ingenieuraufgaben Näherungstheorien entwickelt, um auf rationelle Weise zu praktisch verwertbaren Ergebnissen zu kommen. Bei den *Tragwerkstheorien* nutzt man dazu die Geometrie des Körpers aus.

Dazu klassifiziert man die *Tragwerke* je nach der Zahl der gegenüber den Querabmessungen dominierenden Längsabmessungen als eindimensionale Tragwerke (Stäbe, Balken) oder zweidimensionale Tragwerke (Schalen, Scheiben, Platten). Im Rahmen der Genauigkeitsansprüche der Ingenieurprobleme begnügt man sich fast immer mit dem ersten Approximationsschritt. Für diesen reicht es dann aus, die Verschiebung $\boldsymbol{u}$ der Mittellinie bzw. -fläche anzugeben, d. h.

$$\left\{\begin{array}{ll} \boldsymbol{u} = \boldsymbol{u}(\lambda) & \text{für Mittellinie des eindimensionalen} \\ & \text{Tragwerks } \boldsymbol{x} = \boldsymbol{x}(\lambda), \\ \boldsymbol{u} = \boldsymbol{u}(\xi) & \text{für Mittelfläche des zweidimensionalen} \\ & \text{Tragwerks } \boldsymbol{x} = \boldsymbol{x}(\xi). \end{array}\right. \tag{4.3.18a}$$

Der Zusammenhang dieser Verformung mit der des Restkörpers (des Körpers $\mathscr{K}$ der dreidimensionalen Theorie) wird mit Hilfe von Verformungshypothesen hergestellt, deren bekannteste die *Bernoullische Hypothese* vom Eben- und Normalbleiben der Querschnitte für das eindimensionale Tragwerk und die *Kirchhoffsche Hypothese* des Normalbleibens von Normalen zur Mittelfläche für zweidimensionale Tragwerke sind. Aus diesen oder anderen Hypothesen fließt die Verformungskinematik des Körpers, so daß diese Körper als Körper mit inneren Zwängungen (s. 1.5.1) angesehen werden müssen und ein entsprechender Teil der inneren Kräfte nicht determiniert ist.

Letzteres führt dazu, daß die Gleichgewichtsbedingungen nur noch summativ über den Querschnitt bzw. über die Mittelflächennormale zu fordern sind, entsprechende aufintegrierte Größen werden dann Schnittlasten genannt, s. unten.

Die Aufgabe jeder Tragwerkstheorie besteht jetzt darin, einen Zusammenhang zwischen den Schnittlasten und den Verformungsgrößen des Feldes $\boldsymbol{u}$ herzustellen. Ist dieser als Materialgleichung postuliert oder aus der dreidimensionalen Theorie hergeleitet, so kann man jeden Zusammenhang mit dem dreidimensionalen Körper vergessen und erhält in Analogie zu den Ausführungen in § 1 Theorien ein- bzw. zweidimensionaler Körper mit Einbettung in E_3, für die

① spezielle kinematische Beziehungen des tragenden geometrischen Gebildes bestehen,

② Gleichgewichtsbedingungen in den Schnittlasten formuliert sind, die an die Stelle der Spannungen treten, und die

③ Materialgleichungen aufweisen, die allein Größen aus ① und ② verknüpfen.

Selbstverständlich sind diese Theorien zu einem höheren Approximationsgrad ausbaufähig. Läßt man beispielsweise den Teil der Hypothesen fallen, der das Erhalten der Normaleneigenschaft der Querschnitte bzw. der Normalen unter Verformung postuliert, s. Abb. 4.3.18b, so

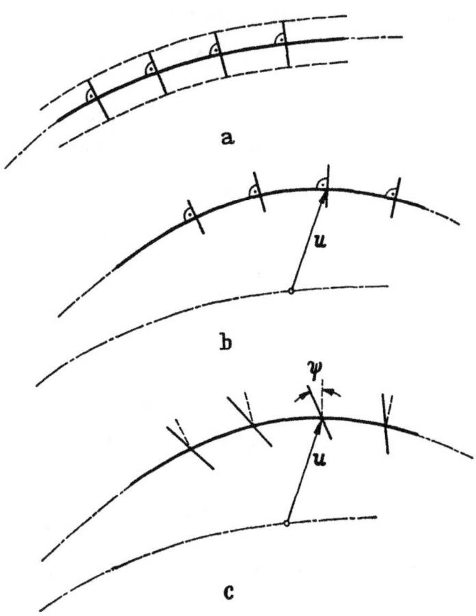

Abb. 4.3.18b Tragwerkstheorien mit (b) Bernoullischer bzw. Kirchhoffscher Hypothese oder (c) mit Freiheitsgraden des Cosserat-Körpers

gelangt man zu einer verfeinerten Theorie. Als zusätzliche, zur Beschreibung der Verformung notwendige Größe führt man neben $\boldsymbol{u}$ die Verdrehwinkel

$$(4.3.19\text{a}) \qquad \psi = \psi(\lambda) \quad \text{bzw.} \quad \boldsymbol{\psi} = \boldsymbol{\psi}(\xi)$$

der Querschnitte bzw. der Flächennormalen ein. Damit ist wiederum eine (Zwangs-) Kinematik des dreidimensionalen Körpers $\mathscr{K}$ erklärt und der Zusammenhang mit der dreidimensionalen Theorie hergestellt, die entsprechenden ein- bzw. zweidimensionalen Körper mit dem zusätzlichen Winkeldrehungsfreiheitsgrad spricht man auch als ein- bzw. zweidimensionale Cosserat-Körper an.

Eine Darlegung der Zusammenhänge der generellen Theorien, d. h. der der gekrümmten Tragwerke auch nur der 1. Approximationsstufe muß hier aus Platzgründen unterbleiben. Wir führen im folgenden nur die Formeln der entsprechenden geraden bzw. ebenen Tragwerke, d. h. des Balkens und der Platte aus. Für die Theorie krummer Stäbe verweisen wir auf TROSTEL, für die der *Schalen* auf NAGHDI, GREEN/ZERNA, mit praktischen Verfahren etwa bei GIRKMANN, FLÜGGE.

Ausführungen zu entsprechenden Cosserat-Körpern finden sich bei TRUESDELL/TOUPIN, GÜNTHER [2].

4.3.4 Gerader Stab bzw. Balken[1]

Tragende Linie des Stabes sei die Schwerpunktlinie der Querschnitte, die entsprechende Längskoordinate x^3, s. Abb. 4.3.19.

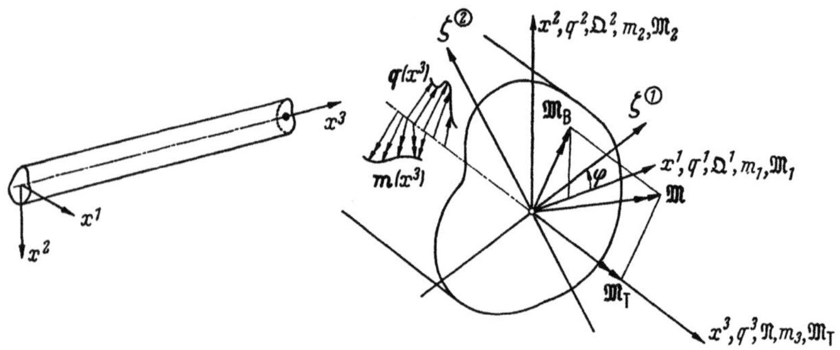

Abb. 4.3.19 b Zur Balkentheorie

Schnittlasten sind definiert als Querschnittsresultierende über die Spannungen

$$(4.3.20) \qquad \begin{aligned} &\mathfrak{N} = \mathfrak{N}^3 = \int T^{33}\,da, \qquad \mathfrak{Q}^\alpha = \int T^{\alpha 3}\,da, \\ &\mathfrak{M}_T = \mathfrak{M}^3 = \int (x^1 T^{23} - x^2 T^{13})\,da, \qquad \mathfrak{M}_\alpha = e_{\alpha\sigma} \int x^\sigma T^{33}\,da. \end{aligned}$$

[1] Physikalische Komponenten ohne spezielle Auszeichnung, griechische Indizes 1 oder 2.

Im einzelnen werden sie als Normalkraft $\mathfrak{N}$, Querkräfte $\mathfrak{Q}^\alpha$, Torsionsmoment $\mathfrak{M}_T$ und Biegemomente $\mathfrak{M}_\alpha$ angesprochen.

Das linienhaft verteilte Lastensystem sei $q^i = (q^\alpha, q^3)$, $m_i = (m_\alpha, m_3)$, dann lauten die *Gleichgewichtsbedingungen*, wenn der Strich die Ableitung nach x^3 ausdrückt:

(4.3.21)
$$\begin{cases} \mathfrak{N}' + q^3 = 0, & \mathfrak{Q}^{\alpha\prime} + q^\alpha = 0, \\ \mathfrak{M}_T' + m^3 = 0, & \mathfrak{M}_\alpha' - e_{\alpha\tau}\,\mathfrak{Q}^\tau + m_\alpha = 0, \\ & \Rightarrow \mathfrak{M}_\alpha'' + e_{\alpha\tau}\, q^\tau + m_\alpha' = 0. \end{cases}$$

Von den Querschnittsparametern sind die folgenden von Bedeutung

(4.3.22)
$$\begin{aligned} &A := \int da, \\ &I_1 := \int (x^2)^2\, da, \quad I_2 := \int (x^1)^2\, da, \quad I_{12} := \int x^1 x^2\, da. \end{aligned}$$

Aus den (Flächen-) Trägheitsmomenten der letzten Zeile folgen die Hauptachsen des Querschnitts und die Hauptträgheitsmomente

(4.3.23)
$$\begin{aligned} \varphi &= \frac{1}{2} \operatorname{arc\,tan} \frac{2 I_{12}}{I_2 - I_1}, \\ I_{①,②} &= \frac{1}{2}(I_1 + I_2) \pm \sqrt{\frac{1}{4}(I_1 - I_2)^2 + I_{12}^2}\,. \end{aligned}$$

Die Lastenverformungsbeziehungen sind dann mit dem Elastizitätsmodul E

(4.3.24) *Längskraftanteil*

$$u^{3\prime} = \frac{1}{EA}\mathfrak{N}.$$

(4.3.25) *Torsion* (s. 4.3.1, hier jedoch nur approximativ richtig)

$$\vartheta' = \frac{1}{G I_T}\mathfrak{M}_T.$$

(4.3.26) *Biegung.* Entsprechender Zusammenhang in einfachster Form, falls die Koordinatenachsen des Querschnitts Hauptachsen sind

$$\begin{pmatrix} u^{①} \\ u^{②} \end{pmatrix}'' = \frac{1}{E}\begin{pmatrix} \mathfrak{M}_{②}/I_{②} \\ -\mathfrak{M}_{①}/I_{①} \end{pmatrix}.$$

Die zweiten Ableitungen $(u^\alpha)''$ sind Näherungen für die Krümmung(sänderung) des Balkens

$$\begin{pmatrix} \varkappa^1 \\ \varkappa^2 \end{pmatrix} = \begin{pmatrix} -(u^2)''/[1+(u^{2\prime})^2]^{3/2} \\ (u^1)''/[1+(u^1)'^2]^{3/2} \end{pmatrix} \approx \begin{pmatrix} -u^2 \\ u^1 \end{pmatrix}'' \quad \text{bei} \quad \begin{matrix} |u^{2\prime}| \ll 1, \\ |u^{1\prime}| \ll 1, \end{matrix}$$

womit *flache Durchbiegung* zusätzliche Voraussetzung ist. Falls dies nicht zutrifft werden die Verformungslastrelationen nichtlinear.

(4.3.27) *Querkraft:* ohne Einfluß

Die übliche Differentialgleichung der Balkenbiegung lautet dann nach $(4.3.21)_5$ und $(4.3.26)_2$, wenn $\mathfrak{M}_{\otimes}$ eliminiert,

$$(4.3.28) \qquad \begin{pmatrix} E\,I_{②}(u^{①})'' \\ E\,I_{①}(u^{②})'' \end{pmatrix}'' = + \begin{pmatrix} q^{①} \\ q^{②} \end{pmatrix} + \begin{pmatrix} -m^{②\prime} \\ m^{①\prime} \end{pmatrix}.$$

Eine entsprechende Theorie der *Kinetik* des Balkens hat man, falls man rechts in (4.3.28) einen Ausdruck

$$(4.3.29) \qquad -\varrho\, A \begin{pmatrix} u^{①} \\ u^{②} \end{pmatrix}^{\cdot\cdot} = -\varrho\, A \frac{\partial^2}{\partial t^2} \begin{pmatrix} u^{①} \\ u^{②} \end{pmatrix}$$

ergänzt und die Ausdrücke $(\ldots)'$ als $\partial(\ldots)/\partial x^3$ interpretiert.

Ausführungen zu Randbedingungen entnehme man Szabó [1], und zu Lösungsmethoden s. ebendort, ein Beispiel findet sich in D 1.3 und allgemeine Ausführungen in E insbesondere über die Behandlung solcher Probleme mittels Greenscher Funktionen bzw. über mit Schwingungen verbundene Eigenwertprobleme.

4.3.5 Plattenbiegung

In der Theorie der ebenen Tragwerke tritt im Gegensatz zur Theorie gekrümmter Tragwerke bei „kleinen" Verformungen keine Kopplung zwischen Normalkraftbeanspruchung bzw. Verformung und denjenigen aus Momenten auf. Der erstere Anteil wurde schon unter 4.3.2 unter dem Stichwort Scheibentheorie erledigt.

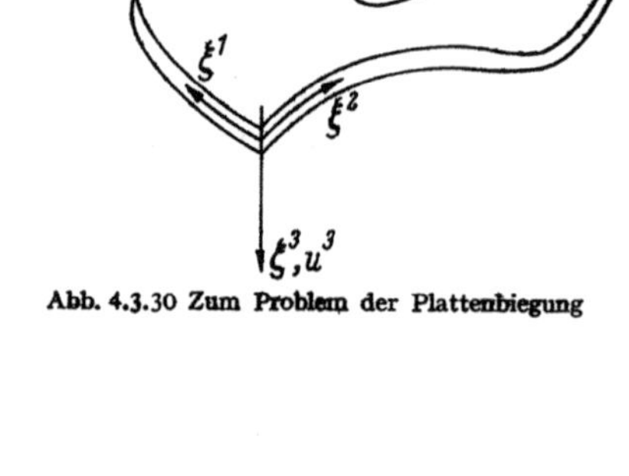

Abb. 4.3.30 Zum Problem der Plattenbiegung

Die *Kirchhoffsche Theorie* setzt wie unter 4.3.3 erwähnt voraus, daß Normalen zur Mittelfläche auch nach einer Verformung $\boldsymbol{u}$ Normalen bleiben und außerdem, daß die Durchbiegung (quer zur Mittelfläche) flach ist, was

$$|u^3_{;1}|^2 + |u^3_{;2}|^2 \ll 1$$

bedeutet. Dementsprechend ist die Verschiebungskinematik durch

$$\begin{pmatrix} u^1 \\ u^2 \end{pmatrix} = -\begin{pmatrix} u^3_{;1} \\ u^3_{;2} \end{pmatrix} \xi^3 \tag{4.3.31}$$

allein aus dem (Quer-) Verschiebungsfeld $u^3 = u^3(\xi^\alpha)$ der Mittelfläche bestimmt. Wir benutzen ebene Flächenkoordinaten, s. Anhang 2.

Auch hier definiert man Schnittlasten als Resultierende entsprechender Integrale über die Normale, und es ist

$$\begin{aligned} &\mathfrak{N}^{\alpha\omega} := \int T^{\alpha\omega}\, d\xi^3, && \mathfrak{N}^{3\omega} := \int T^{3\omega}\, d\xi^3 \\ &\mathfrak{M}_{\alpha\sigma} := \int T^{\varrho\tau}\, \bar{\varepsilon}_{\varrho\alpha}\, \bar{\varepsilon}_{\tau\sigma}\, \xi^3\, d\xi^3, && \mathfrak{M}_{3\sigma} := 0. \end{aligned} \tag{4.3.32}$$

Diese Größen sind sämtlich (kantenlängenspezifische) Tensoren, die man der Reihe nach als Normalkrafttensor $\mathfrak{N}^{\alpha\omega}$, Querkrafttensor $\mathfrak{N}^{3\omega}$, Biegemomententensor $\mathfrak{M}_{\alpha\beta}$ bei $\alpha = \beta$ und Drillmomententensor $\mathfrak{M}_{\alpha\beta}$ bei $\alpha \neq \beta$ bezeichnet. Sie sind über die Gleichgewichtsbedingungen an einem beliebigen Teil der Plattenfläche mit Randkurve c

$$\left\{\begin{aligned} &\oint_c \boldsymbol{a}_\alpha\, \mathfrak{N}^{\alpha\omega}\, \bar{\varepsilon}_{\omega\sigma}\, d\xi^\sigma + \int \boldsymbol{a}_\alpha\, p^\alpha\, da = 0, \\ &\oint_c \mathfrak{N}^{3\omega}\, \bar{\varepsilon}_{\omega\sigma}\, d\xi^\sigma + \int p^3\, da = 0, \\ &\oint_c \boldsymbol{a}^\alpha\, [\bar{\varepsilon}_{\alpha\tau}\, x^\tau\, \mathfrak{N}^{3\omega}\, \bar{\varepsilon}_{\omega\sigma} + \mathfrak{M}_{\alpha\sigma}]\, d\xi^\sigma + \\ &\qquad + \int \boldsymbol{a}^\alpha\, (\bar{\varepsilon}_{\alpha\tau}\, x^\tau\, p^3 + m_\alpha)\, da = 0, \\ &\oint_c [\bar{\varepsilon}_{\tau\varrho}\, x^\tau\, \mathfrak{N}^{\varrho\omega}\, \bar{\varepsilon}_{\omega\sigma}]\, d\xi^\sigma + \int (\bar{\varepsilon}_{\tau\varrho}\, x^\tau\, p^\varrho + m_3)\, da = 0 \end{aligned}\right. \tag{4.3.33}$$

miteinander verknüpft. Die p^i bzw. m_i sind dabei die flächenspezifischen Kraft- bzw. Momentenlasten. Mittels des Stokesschen Satzes folgen die lokalen Gleichgewichtsbedingungen

$$\left\{\begin{aligned} &\mathfrak{N}^{\alpha\omega}{}_{|\omega} + p^\alpha = 0, \qquad \mathfrak{N}^{3\omega}{}_{|\omega} + p^3 = 0, \\ &\bar{\varepsilon}_{\alpha\omega}\, \mathfrak{N}^{3\omega} + \bar{\varepsilon}^{\tau\sigma}\, \mathfrak{M}_{\alpha\sigma|\tau} + m_\alpha = 0, \\ &\bar{\varepsilon}_{\tau\sigma}\, \mathfrak{N}^{\sigma\tau} \qquad\qquad\quad + m_3 = 0. \end{aligned}\right. \tag{4.3.34}$$

Die Größe

$$D = \frac{E h^3}{12(1-\nu^2)} \tag{4.3.35}$$

bezeichnet man als *Plattensteifigkeit.* Mit ihr lauten die Materialgleichungen der isotropen Platte konstanter Stärke h

$$\mathfrak{M}_{\alpha\beta} = -D\,[\tfrac{1}{2}(1-\nu)\,(a^{\lambda\sigma} a^{\mu\tau} + a^{\lambda\tau} a^{\mu\sigma}) + \nu a^{\lambda\mu} a^{\sigma\tau}]\,\bar{\varepsilon}_{\lambda\alpha}\,\bar{\varepsilon}_{\mu\beta}\,u^3_{|\sigma\tau},$$

in kartesischen Komponenten

$$\mathfrak{M}_{\alpha\beta} = \begin{pmatrix} \mathfrak{M}_{11} & \mathfrak{M}_{12} \\ \mathfrak{M}_{21} & \mathfrak{M}_{22} \end{pmatrix} = -D \begin{pmatrix} u_{3,22} + \nu u_{3,11} & -(1-\nu)\,u_{3,12} \\ -(1-\nu)\,u_{3,12} & u_{3,11} + \nu u_{3,22} \end{pmatrix} \tag{4.3.36}$$

woraus entsprechend $(4.3.34)_3$ Verknüpfungen zwischen u_3 und $\mathfrak{N}^{3\omega}$, den Querkräften angegeben werden können. Aus einer Elimination von $\mathfrak{N}^{3\omega}$ und unter Benutzung von (4.3.36) entsteht dann die gewohnte Differentialgleichung der Plattenbiegung

$$\Delta\Delta u^3 = \frac{1}{D}\,p^3. \tag{4.3.37}$$

Da eine partikuläre Lösung des Problems einer Einzellast vom Betrag 1 in ζ

$$u^3(\xi^\alpha) = \frac{1}{8\pi D}\,|\xi - \zeta|^2 \ln|\xi - \zeta| \tag{4.3.38}$$

bekannt ist, läßt sich eine partikuläre Lösung von (4.3.37) in der quellenmäßigen Form

$$u^3(\xi^\alpha) = \frac{1}{4\pi D}\int |\xi - \zeta|^2 \ln|\xi - \zeta|\, p^3(\zeta)\, da_{(\zeta)} \tag{4.3.39}$$

konstruieren. Diese stört zwar die Randbedingungen des Problems (4.3.37), jedoch stehen für das homogene Restproblem alle unter 4.3.2 erwähnten Methoden zur Verfügung.

Übliche Randbedingung von (4.3.37) sind eine Auswahl von zweien aus

$$\begin{gathered} u^3 = 0, \qquad \partial u^3/\partial n = 0; \\ \bar{\varepsilon}_{\sigma\tau}\,\lambda^\tau\,\mathfrak{N}^{3\sigma} - \frac{\partial}{\partial s}\,(a^{\sigma\tau}\,\bar{\varepsilon}_{\tau\omega}\,\lambda^\varrho\,\lambda^\omega\,\mathfrak{M}_{\varrho\sigma}) = 0, \qquad \mathfrak{M}_{\alpha\tau}\,\lambda^\tau = 0. \end{gathered} \tag{4.3.40}$$

Die dritte Bedingung, die Forderung nach Drillfreiheit des Randes, ist Ausdruck der Zwängungen des Körpers, wobei eine Trennung der Randwerte von $\mathfrak{N}^{3\omega}$ und $\mathfrak{M}_{\omega\sigma|\tau}\,\bar{\varepsilon}^{\tau\sigma}$ nicht möglich ist. Zu dieser Beziehung gelangt man allein mittels energetischer Betrachtungen.

Eine Beschreibung von Lösungsmethoden findet sich in E § 15, eine Sammlung entsprechender Gleichungen in diversen Koordinatensystemen bei MANSFIELD.

4.4 Prinzipien der Elastizitätstheorie

4.4.1 Allgemeines

Die für elastische Medien und kleine Verformungen aus den Beziehungen von 1.4.5 ableitbaren Formen des d'Alembertschen, des Hamiltonschen und des Prinzips der virtuellen Verrückungen erreicht man mit $\delta A_{(i)} = \delta W$, wobei für *elastisch isotrope* Medien

$$(4.4.1)\qquad W = G\int\limits_{v}\left[\operatorname{tr}\tilde{\boldsymbol{E}}^2 + \frac{\nu}{1-2\nu}\operatorname{tr}^2\tilde{\boldsymbol{E}} - \frac{2(1+\nu)}{1-2\nu}\alpha(\theta-\theta_0)\operatorname{tr}\tilde{\boldsymbol{E}}\right]dv$$

gilt. Dieses W bezeichnet man für $\theta = \theta_0$ als *isotherme Formänderungsenergie.*

Aus (1.4.98) fließt speziell das Prinzip vom stationären Wert des *elastischen Potentials* π

$$(4.4.2)\qquad \delta\Pi = \delta W - \delta A^{(e)} \overset{!}{=} = 0, \qquad \Pi = W - A^{(e)}.$$

In Analogie hierzu wird (1.4.101) mit $\delta\overline{A_{(i)}} = \delta\overline{W}$ zum *Prinzip vom stationären Wert des elastischen Ergänzungspotentials* verarbeitet:

$$(4.4.3)\qquad \delta\overline{\Pi} = \delta W - \delta\overline{A^{(e)}} \overset{!}{=} 0.$$

Hierin ist

$$(4.4.4)\qquad \overline{W} := \int\limits_{v}\left[\frac{1}{4G}\left(\operatorname{tr}\boldsymbol{T}^2 - \frac{\nu}{1+\nu}\operatorname{tr}^2\boldsymbol{T}\right) + \alpha(\theta-\theta_0)\operatorname{tr}\boldsymbol{T}\right]dv$$

und dieses wird für $\theta = \theta_0$ als *isotherme innere Ergänzungsenergie* bezeichnet.

Verfügt man in (4.4.3) $\delta\overline{A^{(e)}} = 0$, d. h. führt man nur neutrale Spannungs- bzw. Kraftvariationen durch, so bringt dies das Castiglianosche Prinzip

$$(4.4.5)\qquad \delta\overline{W} \overset{!}{=} 0$$

vom stationären Wert der inneren Ergänzungsenergie. Der wirkliche Spannungszustand eines klassisch elastischen Körpers ist also in der Menge aller *statisch zulässigen,* d. h. den Gleichgewichts- und den Oberflächenbedingungen genügenden Spannungszuständen durch einen Extremwert der inneren Ergänzungsenergie gekennzeichnet.

In der *Stabwerksstatik* wird u. a. dieser letztere Sachverhalt ausgenutzt, wenn es sich im Zusammenhang mit der *Kraftgrößenmethode* um die Untersuchung statisch parametrisch unbestimmter Systeme handelt. Hierbei sind *nach* Ausnutzung der Gleichgewichtsbedingungen die Schnittlasten und damit auch die Spannungen $\boldsymbol{T}$ bzw. die innere Ergänzungsenergie $\overline{W}$ lediglich bis auf n Parameter $(X_1, \ldots, X_n)$ unbestimmt. Letztere werden dann aus der Stationaritätsforderung

$$(4.4.6)\qquad \frac{\partial\overline{W}}{\partial X_i} \overset{!}{=} 0, \qquad i = 1, 2, \ldots, n$$

berechnet, die man als *Elastizitätsgleichungen der Kraftgrößenmethode* bezeichnet. Sie sichern die Kontinuität der Verformungen des Tragwerks.

Anhang

A.1 Differentialbezeichnungen in speziellen Koordinatensystemen

(A. 1.1) *Orthogonale krummlinige Koordinaten* q^k (*keine* Summationskonvention). Metrik, Christoffel-Symbole, ε-Tensor [s. auch G II, §§ 10, 12, (8.13)]

$$g_{ij} = \begin{cases} h_i^2 \\ 0 \end{cases} \text{für} \begin{cases} j = i \\ j \neq i \end{cases}, \quad g^{ij} = \begin{cases} \frac{1}{h_i^2} \\ 0 \end{cases} \text{für} \begin{cases} j = i \\ j \neq i \end{cases};$$

$$h := h_1 h_2 h_3 = \sqrt{g}, \qquad g = \det(g_{ij}) = h^2;$$

$$\Gamma^k_{k\,k} = \frac{1}{h_k} \frac{\partial h_k}{\partial q^k}, \qquad \Gamma^k_{ll} = -\frac{h_l}{h_k^2} \frac{\partial h_l}{\partial q^k},$$

$$\Gamma^k_{k\,l} = \Gamma^k_{lk} = \frac{1}{h_k} \frac{\partial h_k}{\partial q^2}, \qquad \Gamma^j_{kl} = 0;$$

$$\varepsilon_{ijk} = h\, e_{ijk}, \qquad \varepsilon^{ijk} = \frac{1}{h} e^{ijk}.$$

Zwischen den *physikalischen*, anholonomen Koordinaten $u_{\langle i \rangle}$ und entsprechenden ko- bzw. kontravarianten Koordinaten u_i bzw. u^i bestehen folgende Beziehungen (s. auch G II, § 10):

$$u_{\langle k \rangle} = \frac{1}{h_k} u_k = h_k u^k,$$

$$u_k = h_k u_{\langle k \rangle}, \quad u^k = \frac{1}{h_k} u_{\langle k \rangle}.$$

Beziehungen bei Tensoren für jede Indexposition analog.

Im folgenden sei ψ ein Skalar, $\boldsymbol{u} = (u_{\langle k \rangle})$ ein Vektor und $\boldsymbol{T} = (T_{\langle k\,l \rangle})$ ein Tensor, $\boldsymbol{v} = \boldsymbol{v}(t, \boldsymbol{x}) = \boldsymbol{v}(t, q^l)$ das Geschwindigkeitsfeld einer materiellen Bewegung, $\boldsymbol{v} = (v_{\langle k \rangle})$. Die Summation erstreckt sich bei einer lateinischen Summationsvariablen von 1 bis 3, bei einer griechischen nur auf zwei dieser Werte.

$$\text{grad}\,\psi: \qquad g_{\langle k \rangle} = \frac{1}{h_k} \frac{\partial \psi}{\partial q^k},$$

$$\Delta \psi \qquad = \sum_s \left\{ \frac{1}{h} \frac{\partial}{\partial q^s} \left(\frac{h}{h_s^2} \frac{d\psi}{d q^s} \right) \right\},$$

$$\frac{\partial \psi}{dt} \qquad = \frac{\partial \psi}{\partial t} + \sum_s \left\{ \frac{v_{\langle s \rangle}}{h_s} \frac{\partial \psi}{\partial q^s} \right\};$$

$\boldsymbol{r} = \operatorname{curl} \boldsymbol{u}$:
$$r_{\langle i \rangle} = \frac{h_i}{h} \sum_{\sigma, \tau \neq i} \left\{ e^{i \sigma \tau} \frac{\partial}{\partial q^\sigma} (h_\tau u_{\langle \tau \rangle}) \right\},$$

$\operatorname{grad} \boldsymbol{u} = \boldsymbol{G}$:
$$u \langle k, k \rangle = \frac{\partial}{\partial q^k} \left(\frac{1}{h_k} u_{\langle k \rangle} \right) + \frac{1}{h_k} \sum_s \left\{ \frac{1}{h_s} u_{\langle s \rangle} \frac{\partial h_k}{\partial q^s} \right\}$$
$$= \frac{1}{h_k} \frac{\partial}{\partial q^k} u_{\langle k \rangle} + \frac{1}{h_k} \sum_{\lambda \neq k} \left\{ \frac{1}{h_\lambda} u_{\langle \lambda \rangle} \frac{\partial h_k}{\partial q^\lambda} \right\},$$
$$u \langle k, l \rangle = \frac{h_k}{h_l} \frac{\partial}{\partial q^l} \left(\frac{1}{h_k} u_{\langle k \rangle} \right) + \frac{1}{h_l h_k} u_{\langle k \rangle} \frac{\partial h_k}{\partial q^l} -$$
$$- \frac{1}{h_l h_k} u_{\langle l \rangle} \frac{\partial h_l}{\partial q^k}$$
$$= \frac{1}{h_l} \frac{\partial}{\partial q^l} u_{\langle k \rangle} - \frac{1}{h_l h_k} u_{\langle l \rangle} \frac{d h_l}{\partial q^k},$$

$\operatorname{def} \boldsymbol{u} = \boldsymbol{D}$:
$$u_{\langle (k,k) \rangle} = \frac{\partial}{\partial q^k} \left(\frac{1}{h_k} u_{\langle k \rangle} \right) + \frac{1}{h_k} \sum_s \frac{1}{h_s} u_{\langle s \rangle} \frac{\partial h_k}{\partial q^s},$$
$$u_{\langle (k,l) \rangle} = \frac{1}{2 h_k h_l} \left[h_k^2 \frac{\partial}{\partial q_l} \left(\frac{1}{h_k} u_{\langle k \rangle} \right) + h_l^2 \frac{\partial}{\partial q^k} \left(\frac{1}{h_l} u_{\langle l \rangle} \right) \right],$$

$\operatorname{div} \boldsymbol{u}$:
$$\sum_s u_{\langle s, s \rangle} = \frac{1}{h} \sum_s \frac{\partial}{\partial q^s} \left(\frac{h}{h_s} u_{\langle s \rangle} \right),$$

$\Delta \boldsymbol{u}$:
$$\Delta u_{\langle k \rangle} = \frac{h_k}{h} \sum_s \left\{ \frac{\partial}{\partial q^s} \left(\frac{h}{h_k^2 h_s^2} \frac{\partial}{\partial q^s} (h_k u_{\langle k \rangle}) \right) \right\} +$$
$$+ h_k \sum_{\sigma \neq k} \left\{ \frac{1}{h_k^2} \frac{\partial}{\partial q^k} \left(\frac{1}{h_\sigma^2} \frac{\partial}{\partial q^\sigma} (h_\sigma u_{\langle \sigma \rangle}) \right) - \right.$$
$$\left. - \frac{1}{h_\sigma^2} \frac{\partial}{\partial q^\sigma} \left(\frac{1}{h_k^2} \frac{\partial}{\partial q^k} (h_\sigma u_{\langle \sigma \rangle}) \right) \right\} +$$
$$+ \frac{1}{h_k} \sum_s \left\{ \frac{\partial}{\partial q^k} \left(\frac{1}{h} \frac{\partial}{\partial q^s} \left(\frac{h}{h_s^2} \right) \right) h_s u_{\langle s \rangle} \right\}$$
$$= \frac{h_k}{h} \sum_s \frac{\partial}{\partial q^s} \left(\frac{h}{h_s^2} \frac{\partial}{\partial q^s} \left(\frac{1}{h_k} u_{\langle k \rangle} \right) \right) +$$
$$+ \frac{h_k}{h} \sum_s \frac{\partial}{\partial q^s} \left(\frac{h}{h_s^2 h_k^2} \frac{\partial}{\partial q^s} (h_k^2) \frac{1}{h_k} u_{\langle k \rangle} \right) +$$
$$+ h_k \sum_{\sigma \neq k} \left\{ \frac{1}{h_k^2} \frac{\partial}{\partial q^k} \left(\frac{1}{h_\sigma^2} \frac{\partial}{\partial q^\sigma} (h_\sigma u_{\langle \sigma \rangle}) \right) - \right.$$
$$\left. - \frac{1}{h_\sigma^2} \frac{\partial}{\partial q^\sigma} \left(\frac{1}{h_k^2} \frac{\partial}{\partial q^k} (h_\sigma u_{\langle \sigma \rangle}) \right) \right\} +$$
$$+ \frac{1}{h_k} \sum \left\{ \frac{\partial}{\partial q^k} \left(\frac{1}{h} \frac{\partial}{\partial q^s} \left(\frac{h}{h_s^2} \right) \right) h_s u_{\langle s \rangle} \right\},$$

$\dfrac{d\boldsymbol{u}}{dt}$:
$$\frac{d u_{\langle k \rangle}}{dt} = \frac{\partial u_{\langle k \rangle}}{\partial t} + \sum_s \left\{ \frac{v_{\langle s \rangle}}{h_s} \frac{\partial}{\partial q^s} u_{\langle s \rangle} \right\} +$$
$$+ \sum_{\sigma \neq k} \left\{ \frac{u_{\langle \sigma \rangle}}{h_k h_\sigma} \left(v_{\langle k \rangle} \frac{\partial h_k}{\partial q^\sigma} - v_{\langle \sigma \rangle} \frac{\partial h_\sigma}{\partial q^k} \right) \right\},$$

div$\boldsymbol{T}$: $$T_{\langle kr,r\rangle} = \frac{1}{h}\sum_s \frac{\partial}{\partial q^s}\left(\frac{h}{h_s} T_{\langle ks\rangle}\right) + $$
$$+ \sum_{\sigma \neq k} \frac{1}{h_k h_\sigma}\left(T_{\langle \sigma k\rangle}\frac{\partial h_k}{\partial q^\sigma} - T_{\langle \sigma\sigma\rangle}\frac{\partial h_\sigma}{\partial q^k}\right),$$
speziell bei $\boldsymbol{T}^{\mathrm{T}} = \boldsymbol{T}$:
$$= \frac{1}{h\,h_k}\sum_s \frac{\partial}{\partial q^s}\left(h\frac{h_k}{h_s} T_{\langle ks\rangle}\right) - \sum_s \frac{1}{h_k h_s} T_{\langle ss\rangle}\frac{\partial h_s}{\partial q^k}.$$

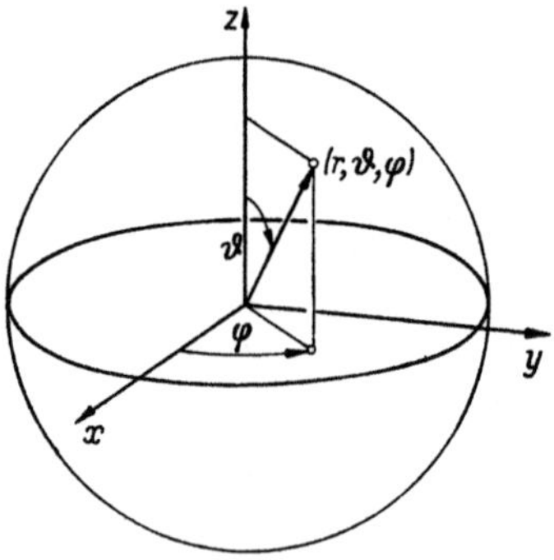

(A.1.2) *Kugelkoordinaten* (r, ϑ, φ)

$$x = r\sin\vartheta\cos\varphi,$$
$$y = r\sin\vartheta\sin\varphi,$$
$$z = r\cos\vartheta,$$
$$h_1 = 1, \quad h_2 = r, \quad h_3 = r\sin\vartheta,$$
$$h = r^2\sin\vartheta,$$

$$\Gamma^1_{22} = -r, \quad \Gamma^1_{33} = -r\sin^2\vartheta, \quad \Gamma^2_{33} = -\cos\vartheta\sin\vartheta,$$
$$\Gamma^2_{12} = \Gamma^2_{21} = \Gamma^3_{13} = \Gamma^3_{31} = \frac{1}{r}, \quad \Gamma^3_{23} = \Gamma^3_{32} = \cot\vartheta,$$
sonstige Null.

$$\operatorname{grad}\psi = \left\{\frac{\partial\psi}{\partial r}, \frac{1}{r}\frac{\partial\psi}{\partial\vartheta}, \frac{1}{\sin\vartheta\, r}\frac{\partial\psi}{\partial\varphi}\right\},$$
$$\Delta\psi = \frac{1}{\sin\vartheta\, r^2}\left[\frac{\partial}{\partial r}\left(r^2\sin\vartheta\frac{\partial\psi}{\partial r}\right) + \frac{\partial}{\partial\vartheta}\left(\sin\vartheta\frac{\partial\psi}{\partial\vartheta}\right) + \frac{\partial}{\partial\varphi}\left(\frac{1}{\sin\vartheta}\frac{\partial\psi}{\partial\vartheta}\right)\right]$$
$$= \frac{\partial^2\psi}{\partial r^2} + \frac{2}{r}\frac{\partial\psi}{\partial r} + \frac{1}{r^2}\frac{\partial^2\psi}{\partial\vartheta^2} + \frac{\cot\vartheta}{r^2}\frac{\partial\psi}{\partial\vartheta} + \frac{1}{\sin^2\vartheta\, r^2}\frac{\partial^2\psi}{\partial\varphi^2},$$
$$\frac{d\psi}{dt} = \frac{\partial\psi}{\partial r} + \frac{\partial\psi}{\partial r}v_{\langle r\rangle} + \frac{1}{r}\frac{\partial\psi}{\partial\vartheta}v_{\langle\vartheta\rangle} + \frac{1}{\sin\vartheta\, r}\frac{\partial\psi}{\partial\varphi}v_{\langle\varphi\rangle},$$
$$\boldsymbol{r} = \operatorname{curl}\boldsymbol{u} = \begin{pmatrix} \frac{1}{r}\frac{\partial}{\partial\vartheta}u_{\langle\varphi\rangle} - \frac{1}{r\sin\vartheta}u_{\langle\vartheta\rangle} + \frac{\cot\vartheta}{r}u_{\langle\varphi\rangle} \\ \frac{1}{r\sin\vartheta}\frac{\partial}{\partial\varphi}u_{\langle r\rangle} - \frac{\partial}{\partial r}u_{\langle\varphi\rangle} - \frac{1}{r}u_{\langle\psi\rangle} \\ \frac{\partial}{\partial r}u_{\langle\vartheta\rangle} - \frac{1}{r}\frac{\partial}{\partial\vartheta}u_{\langle r\rangle} + \frac{1}{r}u_{\langle\vartheta\rangle} \end{pmatrix},$$
$\boldsymbol{G} = \operatorname{grad}\boldsymbol{u} =$
$$\begin{pmatrix} \frac{\partial}{\partial r}u_{\langle r\rangle} & \frac{1}{r}\frac{\partial}{\partial\vartheta}u_{\langle r\rangle} - \frac{1}{r}u_{\langle\vartheta\rangle} & \frac{1}{r\sin\vartheta}\frac{\partial}{\partial\varphi}u_{\langle r\rangle} - \frac{1}{r}u_{\langle\varphi\rangle} \\ \frac{\partial}{\partial r}u_{\langle\vartheta\rangle} & \frac{1}{r}\frac{\partial}{\partial\vartheta}u_{\langle\vartheta\rangle} + \frac{1}{r}u_{\langle r\rangle} & \frac{1}{r\sin\vartheta}\frac{\partial}{\partial\varphi}u_{\langle\vartheta\rangle} - \frac{\cot\vartheta}{r}u_{\langle\varphi\rangle} \\ \frac{\partial}{\partial r}u_{\langle\varphi\rangle} & \frac{1}{r}\frac{\partial}{\partial\vartheta}u_{\langle\varphi\rangle} & \frac{1}{r\sin\vartheta}\frac{\partial}{\partial\varphi}u_{\langle\varphi\rangle} + \frac{1}{r}u_{\langle r\rangle} + \frac{\cot\vartheta}{r}u_{\langle\vartheta\rangle} \end{pmatrix}$$

$$\boldsymbol{D} = \tfrac{1}{2}(\boldsymbol{G} + \boldsymbol{G}^{\mathrm{T}}) = \operatorname{def} \boldsymbol{u},$$

$$\operatorname{div} \boldsymbol{u} = \frac{\partial}{\partial r} u_{\langle r\rangle} + \frac{1}{r}\frac{\partial}{\partial \vartheta} u_{\langle \vartheta\rangle} + \frac{1}{r \sin\vartheta}\frac{\partial}{\partial \varphi} u_{\langle \varphi\rangle} + \frac{2}{r} u_{\langle r\rangle} + \frac{\cot\vartheta}{r} u_{\langle \vartheta\rangle},$$

$$\Delta \boldsymbol{u} = \left\{\begin{array}{l}
\frac{\partial^2}{\partial r^2} u_{\langle r\rangle} + \frac{2}{r}\frac{\partial}{\partial r} u_{\langle r\rangle} + \frac{1}{r^2}\frac{\partial^2}{\partial \vartheta^2} u_{\langle r\rangle} + \frac{\cot\vartheta}{r^2}\frac{\partial}{\partial \vartheta} u_{\langle r\rangle} + \frac{1}{r^2 \sin^2\vartheta}\frac{\partial^2}{\partial \varphi^2} u_{\langle r\rangle} - \\
\qquad - \frac{2}{r^2} v_{\langle r\rangle} - \frac{2}{r^2}\left(\frac{\partial}{\partial \vartheta} v_{\langle \vartheta\rangle} + \cot\vartheta\, v_{\langle \vartheta\rangle}\right) - \frac{2}{r^2 \sin\vartheta}\frac{\partial}{\partial \varphi} v_{\langle \varphi\rangle} \\
\frac{\partial^2}{\partial r^2} u_{\langle \vartheta\rangle} + \frac{2}{r}\frac{\partial}{\partial r} u_{\langle \vartheta\rangle} + \frac{1}{r^2}\frac{\partial^2}{\partial \vartheta^2} u_{\langle \vartheta\rangle} + \frac{\cot\vartheta}{r^2}\frac{\partial}{\partial \vartheta} u_{\langle \vartheta\rangle} + \frac{1}{r^2 \sin^2\partial}\frac{\partial^2}{\partial \varphi^2} u_{\langle r\rangle} + \\
\qquad + \frac{2}{r^2}\frac{\partial}{\partial r} v_{\langle r\rangle} - \frac{1}{r^2 \sin^2\vartheta} v_{\langle \vartheta\rangle} - \frac{2\cot\vartheta}{r^2 \sin\vartheta}\frac{\partial}{\partial \varphi} v_{\langle \varphi\rangle} \\
\frac{\partial^2}{\partial r^2} u_{\langle \varphi\rangle} + \frac{2}{r}\frac{\partial}{\partial r} u_{\langle \varphi\rangle} + \frac{1}{r^2}\frac{\partial^2}{\partial \vartheta^2} u_{\langle \varphi\rangle} + \frac{\cot\vartheta}{r^2}\frac{\partial}{\partial r} u_{\langle \varphi\rangle} + \frac{1}{r^2 \sin^2\vartheta}\frac{\partial^2}{\partial \varphi^2} u_{\langle r\rangle} + \\
\qquad + \frac{2}{r^2 \sin\vartheta}\frac{\partial}{\partial \varphi} v_{\langle r\rangle} + \frac{2\cot\vartheta}{r^2 \sin\vartheta}\frac{\partial}{\partial \varphi} v_{\langle \vartheta\rangle} - \frac{1}{r^2 \sin^2\vartheta} v_{\langle \varphi\rangle}
\end{array}\right\}$$

$$\frac{d\boldsymbol{u}}{dt} = \begin{pmatrix}
\frac{\partial}{\partial t} u_{\langle r\rangle} + v_{\langle r\rangle}\frac{\partial}{\partial r} u_{\langle r\rangle} + \frac{v_{\langle \vartheta\rangle}}{r}\frac{\partial}{\partial \vartheta} u_{\langle r\rangle} + \frac{v_{\langle \varphi\rangle}}{r \sin\vartheta}\frac{\partial}{\partial \varphi} u_{\langle r\rangle} - \frac{v_{\langle \vartheta\rangle} u_{\langle \vartheta\rangle} + v_{\langle \varphi\rangle} u_{\langle \varphi\rangle}}{r} \\
\frac{\partial}{\partial t} u_{\langle \vartheta\rangle} + v_{\langle r\rangle}\frac{\partial}{\partial r} u_{\langle \vartheta\rangle} + \frac{v_{\langle \vartheta\rangle}}{r}\frac{\partial}{\partial \vartheta} u_{\langle \vartheta\rangle} + \frac{v_{\langle \varphi\rangle}}{r \sin\vartheta}\frac{\partial}{\partial \varphi} u_{\langle \vartheta\rangle} + \frac{v_{\langle \vartheta\rangle} u_{\langle r\rangle} - \cot\vartheta\, v_{\langle \varphi\rangle} u_{\langle \varphi\rangle}}{r} \\
\frac{\partial}{\partial t} u_{\langle \varphi\rangle} + v_{\langle r\rangle}\frac{\partial}{\partial r} u_{\langle \varphi\rangle} + \frac{v_{\langle \vartheta\rangle}}{r}\frac{\partial}{\partial \vartheta} u_{\langle \varphi\rangle} + \frac{v_{\langle \varphi\rangle}}{r \sin\vartheta}\frac{\partial}{\partial \varphi} u_{\langle \varphi\rangle} + \frac{v_{\langle \varphi\rangle}(u_{\langle r\rangle} + \cot\vartheta\, u_{\langle \vartheta\rangle})}{r}
\end{pmatrix}$$

$$\operatorname{div} \boldsymbol{T} = \left\{\begin{array}{l}
\frac{\partial}{\partial r} T_{\langle rr\rangle} + \frac{1}{r}\frac{\partial}{\partial \vartheta} T_{\langle r\vartheta\rangle} + \frac{1}{r \sin\vartheta}\frac{\partial}{\partial \varphi} T_{\langle r\varphi\rangle} + \frac{2}{r} T_{\langle rr\rangle} + \frac{\cot\vartheta}{r} T_{\langle r\vartheta\rangle} - \\
\qquad - \frac{1}{r} T_{\langle \vartheta\vartheta\rangle} - \frac{1}{r} T_{\langle \varphi\varphi\rangle} \\
\frac{\partial}{\partial r} T_{\langle \vartheta r\rangle} + \frac{1}{r}\frac{\partial}{\partial \vartheta} T_{\langle \vartheta\vartheta\rangle} + \frac{1}{r \sin\vartheta}\frac{\partial}{\partial \varphi} T_{\langle \vartheta\varphi\rangle} + \frac{2}{r} T_{\langle \vartheta r\rangle} + \frac{\cot\vartheta}{r} T_{\langle \vartheta\vartheta\rangle} + \\
\qquad + \frac{1}{r} T_{\langle r\vartheta\rangle} - \frac{\cot\vartheta}{r} T_{\langle \varphi\varphi\rangle} \\
\frac{\partial}{\partial r} T_{\langle \varphi r\rangle} + \frac{1}{r}\frac{\partial}{\partial \vartheta} T_{\langle \varphi\vartheta\rangle} + \frac{1}{r \sin\vartheta}\frac{\partial}{\partial \varphi} T_{\langle \varphi\varphi\rangle} + \frac{2}{r} T_{\langle \varphi r\rangle} + \frac{\cot\vartheta}{r} T_{\langle \varphi\vartheta\rangle} + \\
\qquad + \frac{1}{r} T_{\langle r\varphi\rangle} + \frac{\cot\vartheta}{r} T_{\langle \vartheta\varphi\rangle}
\end{array}\right\}$$

(A. 1.3) *Zylinderkoordinaten* (r, φ, z)

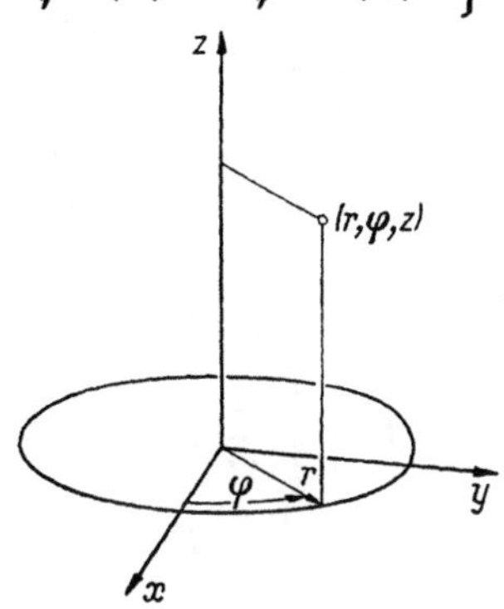

$x = r\cos\varphi,$

$y = r\sin\varphi,$

$z = z,$

$h_1 = 1, \quad h_2 = r, \quad h_3 = 1,$

$h = r,$

$\Gamma^1_{22} = -r, \quad \Gamma^2_{12} = \Gamma^2_{21} = \frac{1}{r},$ sonstige Null.

$$\operatorname{grad}\psi = \left\{\frac{\partial\psi}{\partial r}, \quad \frac{1}{r}\frac{\partial\psi}{\partial\varphi}, \quad \frac{\partial\psi}{\partial z}\right\},$$

$$\begin{aligned}\Delta\psi &= \frac{1}{r}\left[\frac{\partial}{\partial r}\left(r\frac{\partial\psi}{\partial r}\right) + \frac{\partial}{\partial\varphi}\left(\frac{1}{r}\frac{\partial\psi}{\partial\varphi}\right) + \frac{\partial}{\partial z}\left(r\frac{\partial\psi}{\partial z}\right)\right]\\ &= \frac{\partial^2\psi}{\partial r^2} + \frac{1}{r}\frac{\partial\psi}{\partial r} + \frac{1}{r^2}\frac{\partial^2\psi}{\partial\varphi^2} + \frac{\partial^2\psi}{\partial z^2}\end{aligned}$$

$$\frac{d\psi}{dt} = \frac{\partial\psi}{\partial t} + \frac{\partial\psi}{\partial r}v_{\langle r\rangle} + \frac{1}{r}\frac{\partial\psi}{\partial\varphi}v_{\langle\varphi\rangle} + \frac{\partial\psi}{\partial z}v_{\langle z\rangle}$$

$$\boldsymbol{r} = \operatorname{curl}\boldsymbol{u} = \begin{pmatrix} \frac{1}{r}\frac{\partial}{\partial\varphi}u_{\langle z\rangle} - \frac{\partial}{\partial z}u_{\langle\varphi\rangle} \\ \frac{\partial}{\partial z}u_{\langle r\rangle} - \frac{\partial}{\partial r}u_{\langle z\rangle} \\ \frac{\partial}{\partial r}u_{\langle\varphi\rangle} - \frac{1}{r}\frac{\partial}{\partial\varphi}u_{\langle r\rangle} + \frac{1}{r}u_{\langle\varphi\rangle} \end{pmatrix},$$

$$\boldsymbol{G} = \operatorname{grad}\boldsymbol{u} = \begin{pmatrix} \frac{\partial}{\partial r}u_{\langle r\rangle} & \frac{1}{r}\frac{\partial}{\partial\varphi}u_{\langle r\rangle} - \frac{1}{r}u_{\langle\varphi\rangle} & \frac{\partial}{\partial z}u_{\langle r\rangle} \\ \frac{\partial}{\partial r}u_{\langle\varphi\rangle} & \frac{1}{r}\frac{\partial}{\partial\varphi}u_{\langle\varphi\rangle} + \frac{1}{r}u_{\langle r\rangle} & \frac{\partial}{\partial z}u_{\langle\varphi\rangle} \\ \frac{\partial}{\partial r}u_{\langle z\rangle} & \frac{1}{r}\frac{\partial}{\partial\varphi}u_{\langle z\rangle} & \frac{\partial}{\partial z}u_{\langle z\rangle} \end{pmatrix}.$$

$$\boldsymbol{D} = \tfrac{1}{2}(\boldsymbol{G} + \boldsymbol{G}^{\mathrm{T}}) = \operatorname{def}\boldsymbol{u},$$

$$\operatorname{div}\boldsymbol{u} = \frac{\partial}{\partial r}u_{\langle r\rangle} + \frac{1}{r}\frac{\partial}{\partial\varphi}u_{\langle\varphi\rangle} + \frac{\partial}{\partial z}u_{\langle z\rangle} + \frac{1}{r}u_{\langle r\rangle},$$

$$\Delta\boldsymbol{u} = \begin{pmatrix} \frac{\partial^2}{\partial r^2}u_{\langle r\rangle} + \frac{1}{r}\frac{\partial}{\partial r}u_{\langle r\rangle} + \frac{1}{r^2}\frac{\partial^2}{\partial\varphi^2}u_{\langle r\rangle} + \frac{\partial^2}{\partial z^2}u_{\langle r\rangle} - \frac{1}{r^2}u_{\langle r\rangle} - \frac{2}{r^2}\frac{\partial}{\partial\varphi}u_{\langle\varphi\rangle} \\ \frac{\partial^2}{\partial r^2}u_{\langle\varphi\rangle} + \frac{1}{r}\frac{\partial}{\partial r}u_{\langle\varphi\rangle} + \frac{1}{r^2}\frac{\partial^2}{\partial\varphi^2}u_{\langle\varphi\rangle} + \frac{\partial^2}{\partial z^2}u_{\langle\varphi\rangle} + \frac{2}{r^2}\frac{\partial}{\partial\varphi}u_{\langle r\rangle} - \frac{1}{r^2}u_{\langle\varphi\rangle} \\ \frac{\partial^2}{\partial r^2}u_{\langle z\rangle} + \frac{1}{r}\frac{\partial}{\partial r}u_{\langle z\rangle} + \frac{1}{r^2}\frac{\partial^2}{\partial\varphi^2}u_{\langle z\rangle} + \frac{\partial^2}{\partial z^2}u_{\langle z\rangle} \end{pmatrix},$$

$$\frac{d\boldsymbol{u}}{dt} = \begin{pmatrix} \frac{\partial u_{\langle r\rangle}}{\partial t} + v_{\langle r\rangle}\frac{\partial u_{\langle r\rangle}}{\partial r} + \frac{v_{\langle\varphi\rangle}}{r}\frac{\partial u_{\langle r\rangle}}{\partial\varphi} + v_{\langle z\rangle}\frac{\partial u_{\langle r\rangle}}{\partial z} - \frac{v_{\langle\varphi\rangle}u_{\langle\varphi\rangle}}{r} \\ \frac{\partial u_{\langle\varphi\rangle}}{\partial t} + v_{\langle r\rangle}\frac{\partial u_{\langle\varphi\rangle}}{\partial r} + \frac{v_{\langle\varphi\rangle}}{r}\frac{\partial u_{\langle\varphi\rangle}}{\partial\varphi} + v_{\langle z\rangle}\frac{\partial u_{\langle\varphi\rangle}}{\partial z} + \frac{v_{\langle\varphi\rangle}u_{\langle r\rangle}}{r} \\ \frac{\partial u_{\langle z\rangle}}{\partial t} + v_{\langle r\rangle}\frac{\partial u_{\langle z\rangle}}{\partial r} + \frac{v_{\langle\varphi\rangle}}{r}\frac{\partial u_{\langle z\rangle}}{\partial\varphi} + v_{\langle z\rangle}\frac{\partial u_{\langle z\rangle}}{\partial z} \end{pmatrix},$$

$$\operatorname{div}\boldsymbol{T} = \begin{pmatrix} \frac{\partial}{\partial r}T_{\langle rr\rangle} + \frac{1}{r}\frac{\partial}{\partial\varphi}T_{\langle r\varphi\rangle} + \frac{\partial}{\partial z}T_{\langle rz\rangle} + \frac{1}{r}T_{\langle rr\rangle} - \frac{1}{r}T_{\langle\varphi\varphi\rangle} \\ \frac{\partial}{\partial r}T_{\langle\varphi r\rangle} + \frac{1}{r}\frac{\partial}{\partial\varphi}T_{\langle\varphi\varphi\rangle} + \frac{\partial}{\partial z}T_{\langle\varphi z\rangle} + \frac{1}{r}T_{\langle\varphi r\rangle} + \frac{1}{r}T_{\langle r\varphi\rangle} \\ \frac{\partial}{\partial r}T_{\langle zr\rangle} + \frac{1}{r}\frac{\partial}{\partial\varphi}T_{\langle z\varphi\rangle} + \frac{\partial}{\partial z}T_{\langle zz\rangle} + \frac{1}{r}T_{\langle zr\rangle} \end{pmatrix}.$$

A.2 Besondere Formeln aus der Tensorrechnung auf Flächen

Insbesondere Zusammenhänge, die aus der Einbettung von R_2 in E_3 folgen (s. auch G I, § 8, II, § 24).

Übliche Summationskonvention, lateinische Indizes 1, 2, 3, griechische 1, 2. Symbol Steilstrich in $\Psi_{|\sigma}$ bedeutet totale kovariante Ableitung bezüglich der angegebenen Flächenkoordinate, s. (A. 2.6) bzw. (1.2.46).

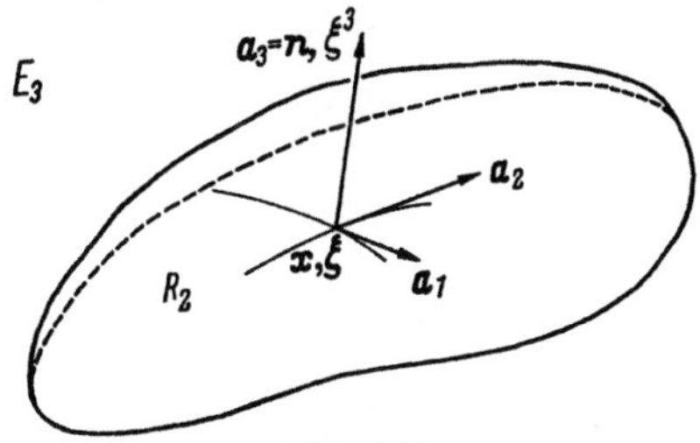

Abb. A.2.1

Gegeben: Fläche R_2 in E_3:

$$\boldsymbol{x} = \boldsymbol{x}(\xi)$$

bzw.

$$x^i = x^i(\xi^\alpha).$$

(A.2.1) Flächentangentialvektoren (Basen): $\lambda^i_\sigma := x^i_{|\sigma} := x^i_{;\sigma} = \frac{\partial x^i}{\partial \xi^\sigma}$,

Flächennormalvektor: n^i bzw. n_i,

$$n_k \lambda^k_\sigma = g_{kl}\, n^k \lambda^l_\sigma = 0, \qquad n_k n^k = 1.$$

(A.2.2) Metrik:

$$a_{\sigma\tau} := g_{kl}\, \lambda^k_\sigma \lambda^l_\tau, \qquad a^{\sigma\omega} a_{\omega\tau} = \delta^\sigma_\tau, \qquad a^{\sigma\tau} = \varepsilon^{\sigma\nu} \varepsilon^{\tau\omega} a_{\nu\omega},$$

$$a^{\sigma\tau} \lambda^k_\sigma \lambda^l_\tau = g^{kl} - n^k n^l, \qquad a := \det(a_{\sigma\tau}).$$

(A.2.3) Linien-, Flächenelement:

$$dx^i = \lambda^i_\sigma\, d\xi^\sigma,$$

$$da_i = n_i\, da = \tfrac{1}{2} \varepsilon_{ijk}\, dx^j\, dx^k = \tfrac{1}{2} \varepsilon_{ijk}\, \lambda^j_\sigma \lambda^k_\tau\, d\xi^\sigma\, d\xi^\tau,$$

$$da = \tfrac{1}{2}\, \varepsilon_{\sigma\tau}\, d\xi^\sigma\, d\xi^\tau.$$

(A.2.4) Epsilon-Tensor:

$$\varepsilon_{\sigma\tau} := a^{1/2} e_{\sigma\tau} = e_{ijk}\, n^i \lambda^j_\sigma \lambda^k_\tau, \quad \varepsilon^{\sigma\tau} = a^{-1/2} e^{\sigma\tau}, \quad \varepsilon^{\sigma\omega} a_{\omega\tau} = a^{\sigma\omega} \varepsilon_{\omega\tau},$$

$$\varepsilon^{\alpha\beta} \varepsilon_{\sigma\tau} = \delta^{\alpha\beta}_{\sigma\tau} := \delta^\alpha_\sigma \delta^\beta_\tau - \delta^\alpha_\tau \delta^\beta_\sigma, \qquad \varepsilon^{\sigma\omega} \varepsilon_{\omega\tau} = -\delta^\sigma_\tau,$$

$$\varepsilon_{ijk}\, \lambda^j_\sigma n^k = g_{il}\, \lambda^l_\nu a^{\nu\omega} \varepsilon_{\omega\sigma} = g_{il}\, \lambda^l_\nu \varepsilon^{\nu\omega} a_{\omega\sigma},$$

$$\varepsilon^{ijk} n_k = \varepsilon^{\sigma\tau} \lambda^i_\sigma \lambda^j_\tau.$$

(A.2.5) partielle bzw. kovariante Ableitung [s. (1.2.46)], $\Gamma^\varrho_{\sigma\tau}$ Christoffel-Symbole aus Flächenmetrik:

$$\Gamma^\varrho_{\sigma\tau} := \frac{1}{2} a^{\varrho\omega} (a_{\tau\omega;\sigma} + a_{\omega\sigma;\tau} - a_{\sigma\tau;\omega}),$$

$$\Psi^{\cdots\alpha\cdots\cdots}_{\cdots\cdots\beta\cdots;\omega} := \frac{\partial}{\partial \xi^\omega} \Psi^{\cdots\alpha\cdots\cdots}_{\cdots\cdots\beta\cdots} + \cdots + \Psi^{\cdots\sigma\cdots}_{\cdots\cdots\beta\cdots} \Gamma^\alpha_{\sigma\omega\cdots} -$$

$$- \Psi^{\cdots\alpha\cdots}_{\cdots\cdots\sigma\cdots} \Gamma^\sigma_{\beta\omega} - \cdots,$$

$$\Psi_{|\omega} := \Psi_{;k}\, \lambda^k_\omega + \Psi_{;\omega},$$

(A.2.6) Differentialbeziehungen, Krümmungstensoren:

$$a_{\sigma\tau:\omega} = a_{\sigma\tau|\omega} = 0, \qquad g_{ij|\omega} = 0,$$
$$\lambda^k_{\sigma|\tau} = \lambda^k_{\tau|\sigma} = n^k\, b_{\sigma\tau}, \quad n^k_{|\omega} = -b^\sigma_\omega\, \lambda^k_\sigma,$$
$$b_{\sigma\tau} = b_{\tau\sigma}, \qquad b_{\alpha\sigma|\tau} = b_{\alpha\tau|\sigma},$$
$$2H := \operatorname{tr}(b^\sigma_\tau) = b^\omega_\omega, \qquad K_i = \det(b^\sigma_\tau) = \tfrac{1}{2}(b^\nu_\nu\, b^\omega_\omega - b^\nu_\omega\, b^\omega_\nu),$$
$$\bar{R}_{\alpha\beta\sigma\tau} := b_{\alpha\sigma}\, b_{\beta\tau} - b_{\alpha\tau}\, b_{\beta\sigma}.$$

(A.2.7) Stokesscher Satz, Flächentensoren Ψ_σ bzw. $\hat{\Psi}^\tau\, \varepsilon_{\tau\sigma}$:

$$\oint_c \Psi_\sigma\, d\xi^\sigma = \int_\sigma \varepsilon^{\tau\sigma}\, \Psi_{\sigma|\tau}\, da, \qquad \oint_c \hat{\Psi}^\tau\, \varepsilon_{\tau\sigma}\, d\xi^\sigma = \int_\sigma \hat{\Psi}^\omega_{|\omega}\, da.$$

(A.2.8) Flächenschicht (Schale), Euklidische Versetzer, Beziehungen zwischen entsprechenden räumlichen und Flächengrößen (Basen, Tensorkomponenten, Metriken, Christoffel-Symbolen):

$$\boldsymbol{r} = \boldsymbol{x}(\xi) + \boldsymbol{n}(\xi)\, \xi^3 \quad \text{bzw.} \quad r^i = x^i(\xi^\alpha) + n^i(\xi^\alpha)\, \xi^3;$$
$$\mu^\sigma_\tau := \delta^\sigma_\tau - b^\sigma_\tau\, \xi^3, \qquad \mu^\sigma_\omega \big(\overset{-1}{\mu}\big)^\omega_\tau = \delta^\sigma_\tau,$$
$$\mu := \det(\mu^\sigma_\tau) = 1 - 2H\,\xi^3 + K\,(\xi^3)^2; \quad \big(\overset{-1}{\mu}\big)^\sigma_\omega = \mu^{-1}[\delta^\sigma_\tau + (b^\sigma_\tau - 2H\,\delta^\sigma_\tau)\,\xi^3],$$
$$\mu^\varrho_{\alpha|\beta} = \mu^\varrho_{\beta|\alpha}, \quad \mu^\alpha_{\beta;3} = -b^\alpha_\beta, \quad \big(\overset{-1}{\mu}\big)^\varrho_{\alpha|\beta} = -\big(\overset{-1}{\mu}\big)^\varrho_\nu\, \mu^\nu_{\omega|\beta}\, \big(\overset{-1}{\mu}\big)^\omega_\alpha;$$
$$\boldsymbol{g}_\alpha = \boldsymbol{r}_{;\alpha} = \mu^\sigma_\alpha\, \boldsymbol{a}_\sigma, \quad \boldsymbol{a}_\alpha = \big(\overset{-1}{\mu}\big)^\sigma_\alpha\, \boldsymbol{g}_\sigma, \quad \boldsymbol{g}_3 = \boldsymbol{n},$$
$$\boldsymbol{g}^\alpha = \big(\overset{-1}{\mu}\big)^\alpha_\nu\, \boldsymbol{a}^\nu, \qquad \boldsymbol{a}^\alpha = \mu^\alpha_\nu\, \boldsymbol{g}^\nu, \qquad \boldsymbol{g}^3 = \boldsymbol{n};$$
$$\boldsymbol{T} = T^\sigma\, \boldsymbol{g}_\sigma + T^3\, \boldsymbol{g}_3 = \bar{T}^\nu\, \boldsymbol{a}_\nu + \bar{T}^3\, \boldsymbol{n} = \cdots,$$
$$T^\alpha = \big(\overset{-1}{\mu}\big)^\alpha_\omega\, \bar{T}^\omega, \qquad \bar{T}^\alpha = \mu^\alpha_\omega\, T^\omega, \qquad T^3 = \bar{T}^3,$$
$$T_\alpha = \mu^\sigma_\alpha\, \bar{T}_\sigma, \qquad \bar{T}_\alpha = \big(\overset{-1}{\mu}\big)^\sigma_\alpha\, T_\sigma, \quad T_3 = \bar{T}_3;$$
$$g_{\alpha\beta} = \mu^\sigma_\alpha\, \mu^\tau_\beta\, a_{\sigma\tau}, \qquad g_{\alpha 3} = g_{3\beta} = 0, \quad g_{33} = 1,$$
$$g^{\alpha\beta} = \big(\overset{-1}{\mu}\big)^\alpha_\nu \big(\overset{-1}{\mu}\big)^\beta_\omega\, a^{\nu\omega}, \; g^{\alpha 3} = g^{3\beta} = 0, \quad g^{33} = 1;$$
$$\Gamma^\varrho_{\alpha\beta} = \bar{\Gamma}^\varrho_{\alpha\beta} + \big(\overset{-1}{\mu}\big)^\varrho_\omega\, \mu^\omega_{\alpha|\beta},$$
$$\Gamma^\varrho_{\alpha 3} = \Gamma^\varrho_{3\alpha} = -\big(\overset{-1}{\mu}\big)^\varrho_\omega\, b^\omega_\alpha, \quad \Gamma^3_{\alpha\beta} = \mu^\omega_\alpha\, b_{\omega\beta} = \mu^\omega_\beta\, b_{\omega\alpha},$$
$$\Gamma^3_{\alpha 3} = \Gamma^\alpha_{33} = \Gamma^3_{33} = 0.$$

Literatur

BABUŠKA, I., K. REKTORYS and F. VYČICHLO: Mathematische Elastizitätstheorie der ebenen Probleme. Berlin: Akademie-Verlag 1960.

BECKER, E.: Gasdynamik. Stuttgart: Teubner 1966.

BETZ, A.: [1] Konforme Abbildungen, 2. Aufl. Berlin/Göttingen/Heidelberg: Springer 1964.

—: [2] Einführung in die Theorie der Strömungsmaschinen. Karlsruhe: Braun 1959.

BEATTY, M. F.: On the foundation principles of general classical mechanics. Arch. Rat. Mech. Anal. **24** (1967) 264—273.

BOWEN, R. M.: Toward a thermodynamics and mechanics of mixtures. Arch. Rat. Mech. Anal. **24** (1967) 370—403.

BUNGE, M.: Foundations of physics. Berlin/Heidelberg/New York: Springer 1967.

BUCERIUS, H., and M. SCHNEIDER: Himmelsmechanik. Mannheim: Bibl. Inst. Bd. 1 1966, Bd. 2 1967.

COLEMAN, B. D., H. MARKOVITZ and W. NOLL: Viscometric flows of non-Newtonian fluids. Theory and experiments. Berlin/Heidelberg/New York: Springer 1966.

DUNWOODY, N. T., and J. MÜLLER: A thermodynamic theory of two chemically reacting ideal gases with different temperatures. Arch. Rat. Mech. Anal. **29** (1968) 344—369.

ELIASSEN, A., and E. KLEINSCHMIDT: Dynamic meteorology. Handb. d. Physik, Bd. 48, 1963, S. 1—154.

ERICKSEN, J. L.: Tensor fields. Appendix to TRUESDELL/TOUPIN: The classical field theories, s. dort.

ERINGEN, A. C.: [1] Nonlinear theory of continuous media. New York/San Francisco/Toronto/London: McGraw-Hill 1962.

—: [2] Mechanics of continua. New York/London/Sydney: Wiley & Sons 1967.

ERINGEN, A. C., and J. D. INGRAM: A continuum theory of chemically reacting media I. Int. J. Engng. Sci. **3** (1965) 197—212.

ERTEL, H.: Methoden und Probleme der dynamischen Meteorologie. Berlin: Springer 1938.

FLÜGGE, W.: Stresses in shells. Berlin/Göttingen/Heidelberg: Springer 1960.

FUNK, P.: Variationsrechnung und ihre Anwendung in Physik und Technik. Berlin/Göttingen/Heidelberg: Springer 1962.

GEIGER, H., u. K. SCHEEL: Handb. d. Physik. Berlin: Springer ab 1926.

GIRKMANN, K.: Flächentragwerke, 4. Aufl. Wien: Springer 1956.

GÖRTLER, H., u. H. WITTING: Theorie der sekundären Instabilität der laminaren Grenzschichten. IUTAM-Symp. Grenzschichtforschung Freiburg/Br. 1957. Berlin/Göttingen/Heidelberg: Springer 1958, S. 110—126.

GRAMMEL, R.: Der Kreisel (2 Bände), 2. Aufl. Berlin/Göttingen/Heidelberg: Springer 1950.

GREEN, A. E., and J. E. ADKINS: Large elastic deformations and nonlinear continuum mechanics. Oxford: Clarendon Press 1960.

GREEN, A. E., and P. M. NAGHDI: [1] A dynamical theory of interacting continua. Int. J. Engng. Sci. **3** (1965) 231—241.

—: [2] A theory of mixtures. Arch. Rat. Mech. Anal. **24** (1967) 243—263.

—: [3] Remarks on a paper by R. M. BOWEN. Arch. Rat. Mech. Anal. **27** (1967/68) 175—180.

GREEN, A. E., and W. ZERNA: Theoretical elasticity. Oxford: Clarendon Press 1954.

GRIOLI, G.: Mathematical theory of elastic equilibrium (Recent results). Berlin/Göttingen/Heidelberg: Springer 1962.

GÜNTHER, W.: [1] Spannungsfunktionen und Verträglichkeitsbedingungen der Kontinuumsmechanik. Abh. Braunschw. Wiss. Ges. **6** (1954) 207—219.

—: [2] Zur Statik und Kinematik des Cosseratschen Kontinuums. Abh. Braunschw. Wiss. Ges. **10** (1958) 195—213.

KELLY, P. D.: A reacting continuum. Int. J. Engng. Sci. **2** (1964) 129/30.

KLEIN, F., u. A. SOMMERFELD: Theorie des Kreisels (4 Bände). Leipzig: Teubner 1897—1910.

KOTSCHIN, N. J., I. A. KIBEL u. N. W. ROSE: Theoretische Hydromechanik. Berlin: Akademie-Verlag Bd. I 1954, Bd. II 195.

KUPRADSE, V. D.: Dynamical problems in elasticity. Progr. Sol. Mech. **3** (1963).

LANCZOS, C.: The variational principles of mechanics, 3. Aufl. Toronto: Univ. Toronto Press 1966.

LANGHAAR, H. L.: Energy methods in applied mechanics. New York/London: J. Wiley 1962.

LEIPHOLZ, H.: [1] Einführung in die Elastizitätstheorie. Karlsruhe: Braun 1968.

—: [2] Stabilitätstheorie — Eine Einführung in die Theorie der Stabilität dynamischer Systeme und fester Körper. Stuttgart: Teubner 1968.

LURJE, A. J.: Räumliche Probleme der Elastizitätstheorie Berlin: Akademie-Verlag 1963.

MAGER, A.: Generalization of boundary layer momentum-integral equations to three-dimensional flows including those of rotating system. NACA Rep. Nr. **1067** (1952).

MAGNUS, K.: Ergebnisse und Probleme der allgemeinen Kreiseltheorie.

MANSFIELD, E. H.: The bending and stretching of plates. Oxford/London: Pergamon Press 1964.

MARGUERRE, K.: Ansätze zur Lösung der Grundgleichungen der Elastizitätstheorie. ZAMM **35** (1955) 242—263.

MARRIS, A. W.: Two definitions of a gradient. Trans. ASME 89E; J. Appl. Mech. **34** (1967) 789—791.

MILNE-THOMSON, L. M.: [1] Antiplane elastic systems. Berlin/Göttingen/Heidelberg: Springer 1962.

—: [2] Plane elastic systems, 2. Aufl. Berlin/Heidelberg/New York: Springer 1968.

MOORE, F. K.: Three-dimensional boundary layer theory. Adv. Appl. Mech. **4** (1956) 160—228.

MÜLLER, I.: A thermodynamic theory of mixtures of fluids. Arch. Rat. Mech. Anal. **28** (1968) 1—39.

MÜLLER, W.: Einführung in die Theorie der zähen Flüssigkeiten. Leipzig: Akad. Verlagsges. 1932.

MUSKHELISHVILI, N. I.: Some basic problems of the mathematical theory of elasticity. Groningen: Noordhoff Ltd. 1963.

NAGHDI, P. M.: Foundations of elastic shell theory. Prog. Sol. Mech. **4** (1963) 1—90.

NICKEL, K.: Die Prandtlschen Grenzschichtgleichungen als asymptotischer Grenzfall der Navier-Stokesschen und der Eulerschen Differentialgleichungen. Arch. Rat. Mech. Anal. **13** (1963) 1—14.

NOLL, W.: [1] Verschiebungsfunktionen für elastische Schwingungsprobleme. ZAMM **37** (1957) 81—87.

—: [2] La mécanique classique, basée sur un axiome d'objectivité. La methode axiomatique dans les mécaniques classiques et nouvelles. Paris: Coll. 1959.

OSWATITSCH, K.: [1] Gasdynamik. Wien: Springer 1952.

—: [2] Die Ablösebedingung von Grenzschichten. IUTAM-Symp. Grenzschichtforschung Freiburg/Br. 1957. Berlin/Göttingen/Heidelberg: Springer 1958, S. 357—367.

REINER, M.: Rheology. Handb. d. Physik, Bd. VI, S. 434—550. Berlin/Göttingen/Heidelberg: Springer 1958.

RIEDER, G.: [1] Topologische Fragen der Spannungsfunktionen. Abh. Braunschw. Wiss. Ges. **12** (1960) 4—65.

—: [2] Die Randbedingungen für den Spannungsfunktionentensor an ebenen und gekrümmten belasteten Oberflächen. Österr. Ing. Arch. **18**, Nr. 3/4 (1964) 208—243.

SCARBOROUGH, J. B.: The gyroscope, theory and applications. New York: Interscience Publ. 1958.

SCHAEFER, H.: [1] Die Spannungsfunktionen des dreidimensionalen Kontinuums und des elastischen Körpers. ZAMM **33** (1953) 356—362.

—: [2] Die Spannungsfunktionen des dreidimensionalen Kontinuums; statische Deutung und Randwerte. Ing.-Arch. **28** (1959) 291—306.

SCHLICHTING, H.: [1] Einige exakte Lösungen für die Temperaturverteilung in einer laminaren Strömung. ZAMM **31** (1951) 78—83.

—: [2] Grenzschicht-Theorie, 3. Aufl. Karlsruhe: Braun 1958.

SCHLICHTING, H., u. E. TRUCKENBRODT: Aerodynamik des Flugzeuges, 2. Aufl. Berlin/Heidelberg/New York: Springer Bd. I 1967, Bd. II 1968.

SCHOLZ, N.: Aerodynamik der Schaufelgitter I. Karlsruhe: Braun 1965.

SEWELL, M. J.: On configuration-dependent loading. Arch. Rat. Mech. Anal. **23** (1966/67) 327—351.

STOKER, J. J.: Water Waves. New York/London: Interscience Publ. 1957.

SZABÓ, I.: [1] Einführung in die Technische Mechanik, 7. Aufl. Berlin/Heidelberg/New York: Springer 1966.

—: [2] Höhere Technische Mechanik, 4. Aufl. Berlin/Heidelberg/New York: Springer 1964.

TAYLOR, TH. D.: Low Reynolds number flows. Basic Development Fluid Dyn. **2** (1968) 183—215.

THOMAS, T. Y.: The general theory of compatibility conditions. Int. J. Engng. Sci. **4** (1966) 207—233.

TIMMAN, R.: Probleme der Theorie der dreidimensionalen Grenzschichten. IUTAM-Symp. Grenzschichtforschung Freiburg/Br. 1957, S. 348—356. Berlin/Göttingen/Heidelberg: Springer 1958.

TRUCKENBRODT, E.: Strömungsmechanik — Grundlagen und Anwendungen. Berlin/Heidelberg/New York: Springer 1968.

TRUESDELL, C.: The elements of continuum mechanics. Berlin/Heidelberg/New York: Springer 1966.

TRUESDELL, C. A., and W. NOLL: The non-linear field theories of mechanics, Handb. d. Physik, Bd. 3/3. Berlin/Heidelberg/New York: Springer 1965.

TRUESDELL, C. A., and R. A. TOUPIN: The classical field theories. Handb. d. Physik, Bd. 3/1, S. 226—849. Berlin/Göttingen/Heidelberg: Springer 1960.

THWAITES, B.: Incompressible aerodynamics. Oxford 1960.

WALZ, A.: Neue Anwendungen des Prinzips der gemittelten Grenzschichtbedingungen nach v. KÁRMÁN und POHLHAUSEN. IUTAM-Symp. Grenzschichtforschung Freiburg/Br. 1957, S. 368—376. Berlin/Göttingen/Heidelberg: Springer 1958.

WANG, C.-C.: [1] On a general representation theorem for constitutive relations. Arch. Rat. Mech. Anal. **33** (1969) 1—25.

—: [2] On representations for isotropic functions. Part II. Isotropic functions of skew-symmetric tensors, symmetric tensors, and vectors. Arch. Rat. Mech. Anal. **33** (1969) 268—287.

WANG, C.-C.: [3] On representations for isotropic functions. Part I. Isotropic functions of symmetric tensors and vectors. Arch. Rat. Mech. Anal. **33** (1969) 249—267.

WASHIZU, K.: Variational methods in elasticity and plasticity. Oxford/London: Pergamon Press 1968.

WEBER, C., u. W. GÜNTHER: Torsionstheorie. Braunschweig: Vieweg 1958.

WEHAUSEN, J. V., and E. V. LAITONE: Surface waves. Handb. d. Physik, Bd. 9, S. 446—778. Berlin/Göttingen/Heidelberg: Springer 1960.

WIEGHARDT, K.: Über Reibungsschichten mit Druckanstieg. Eine Übersicht über Berechnungsmethoden. Schiffstechnik Forsch.-H. **2** (1955) 133—141.

ZIEREP, J.: [1] Vorlesungen über theoretische Gasdynamik. Karlsruhe: Braun 1963.

—: [2] Theorie der schallnahen und der Hyperschallströmungen. Karlsruhe: Braun 1966.

II. Elektrotechnik

Von **Klaus Pöschl**, München

§ 1. Die Grundgleichungen des elektromagnetischen Feldes

1.1 Allgemeine Form der Gleichungen

Die Maxwellschen Gleichungen für ruhende Systeme lauten[1,2]

$$\nabla \times \boldsymbol{E} = -\frac{\partial}{\partial t}(\boldsymbol{\mu}\,\boldsymbol{H}), \tag{1.1}$$

$$\nabla \times \boldsymbol{H} = \frac{\partial}{\partial t}(\boldsymbol{\varepsilon}\,\boldsymbol{E}) + \boldsymbol{j}, \tag{1.2}$$

$$\nabla(\boldsymbol{\mu}\,\boldsymbol{H}) = 0, \tag{1.3}$$

$$\nabla(\boldsymbol{\varepsilon}\,\boldsymbol{E}) = \varrho; \tag{1.4}$$

$\boldsymbol{E}$ ist die elektrische, $\boldsymbol{H}$ die magnetische Feldstärke, $\boldsymbol{j}$ die Ladungsträger-Stromdichte, ϱ die Raumladungsdichte; $\boldsymbol{\varepsilon}$ und $\boldsymbol{\mu}$ sind Dielektrizitäts- und Permeabilitätstensor, bei Isotropie des Mediums gleich der Dielektrizitätskonstanten ε bzw. Permeabilität μ. Alle Größen können Funktionen des Ortes $\boldsymbol{x}$ im R_3 und der Zeit t sein. Aus (1.2) folgt durch Divergenzbildung mit (1.4) die Kontinuitätsgleichung

$$\nabla \boldsymbol{j} = -\partial\varrho/\partial t. \tag{1.5}$$

Die Vektoren

$$\boldsymbol{D} = \boldsymbol{\varepsilon}\,\boldsymbol{E}, \qquad \boldsymbol{B} = \boldsymbol{\mu}\,\boldsymbol{H} \tag{1.6}$$

heißen (dielektrische) Verschiebung und (magnetische) Induktion.

An Trennflächen zwischen Medien mit verschiedenen Materialeigenschaften sind die Tangentialkomponenten von $\boldsymbol{E}$ und die Normal-

[1] In praktischen Einheiten V, A, S, m; d. h. E in V/m, H in A/m, j in A/m^2, ϱ in As/m^3, μ in Vs/(Am), ε in As/(Vm), σ in A/(Vm); im freien Raum ist $\varepsilon = \varepsilon_0 = 8{,}85 \cdot 10^{-12}$ As/(Vm), $\mu = \mu_0 = 1{,}26 \cdot 10^{-6}$ Vs/(Am), $1/\sqrt{\varepsilon_0\,\mu_0} = c$ = Lichtgeschwindigkeit.

[2] $\nabla \times$ = rot, ∇ = grad oder div, je nachdem, ob ein Skalar oder ein Vektor folgt.

komponente von $\boldsymbol{B}$ stetig:

$$(1.7) \qquad \boldsymbol{n} \times (\boldsymbol{E}^{(2)} - \boldsymbol{E}^{(1)}) = \boldsymbol{0}, \quad \boldsymbol{n}(\boldsymbol{B}^{(2)} - \boldsymbol{B}^{(1)}) = 0;$$

$\boldsymbol{n}$ ist der von Medium (1) nach Medium (2) weisende Normaleneinheitsvektor auf die Trennfläche. Für die Tangentialkomponenten von $\boldsymbol{H}$ und die Normalkomponente von $\boldsymbol{D}$ gilt

$$(1.8) \qquad \boldsymbol{n} \times (\boldsymbol{H}^{(2)} - \boldsymbol{H}^{(1)}) = \boldsymbol{J}, \quad \boldsymbol{n}(\boldsymbol{D}^{(2)} - \boldsymbol{D}^{(1)}) = \mathsf{P}$$

mit $\boldsymbol{J}$ gleich dem Flächenstrom je Längeneinheit und P gleich der Flächenladungsdichte in der Trennfläche. Ferner ist (für $\partial \mathsf{P}/\partial t \neq 0$) die Normalkomponente der Stromdichte $\boldsymbol{j}$ unstetig gemäß

$$(1.9) \qquad \boldsymbol{n}(\boldsymbol{j}^{(2)} - \boldsymbol{j}^{(1)}) = -\partial \mathsf{P}/\partial t.$$

Ist das Medium (2) ein vollkommener Leiter ($\boldsymbol{E}^{(2)} = \boldsymbol{0}$, $\boldsymbol{H}^{(2)} = \boldsymbol{0}$), so reduzieren sich die Randbedingungen (1.7), (1.8) auf

$$(1.10) \qquad \boldsymbol{n} \times \boldsymbol{E}^{(1)} = \boldsymbol{0}, \quad \boldsymbol{n}\boldsymbol{B}^{(1)} = 0, \quad \boldsymbol{n} \times \boldsymbol{H}^{(1)} = -\boldsymbol{J}, \quad \boldsymbol{n}\boldsymbol{D}^{(1)} = -\mathsf{P}.$$

Bei Transformation auf ein mit der Geschwindigkeit $\boldsymbol{v}$ bewegtes System geht man nach MINKOWSKI davon aus, daß im neuen System (gestrichene Größen $\boldsymbol{E}'$, $\boldsymbol{H}'$, $\boldsymbol{D}'$, $\boldsymbol{B}'$, $\boldsymbol{j}'$, ϱ') die Maxwellschen Gleichungen der Ruhe gelten, also

$$\nabla \times \boldsymbol{E}' = -\frac{\partial \boldsymbol{B}'}{\partial t}, \quad \nabla \times \boldsymbol{H}' = \frac{\partial \boldsymbol{D}'}{\partial t} + \boldsymbol{j}', \quad \nabla \boldsymbol{B}' = 0, \quad \nabla \boldsymbol{D}' = \varrho'.$$

Zwischen den gestrichenen Größen und den ungestrichenen (ruhendes System) bestehen die Zusammenhänge:

$$\boldsymbol{E}' = \boldsymbol{E}_{\parallel} + \gamma(\boldsymbol{E}_{\perp} + \boldsymbol{v} \times \boldsymbol{B}), \quad \boldsymbol{B}' = \boldsymbol{B}_{\parallel} + \gamma\left(\boldsymbol{B}_{\perp} - \frac{\boldsymbol{v} \times \boldsymbol{E}}{c^2}\right),$$

$$\boldsymbol{H}' = \boldsymbol{H}_{\parallel} + \gamma(\boldsymbol{H}_{\perp} - \boldsymbol{v} \times \boldsymbol{D}), \quad \boldsymbol{D}' = \boldsymbol{D}_{\parallel} + \gamma\left(\boldsymbol{D}_{\perp} + \frac{\boldsymbol{v} \times \boldsymbol{H}}{c^2}\right),$$

$$\boldsymbol{j}' = \gamma(\boldsymbol{j}_{\parallel} - \varrho\,\boldsymbol{v}) + \boldsymbol{j}_{\perp}, \quad \varrho' = \gamma\left(\varrho - \frac{\boldsymbol{v}\boldsymbol{j}}{c^2}\right)$$

mit

$$\gamma = (1 - (|\boldsymbol{v}|/c)^2)^{-1/2};$$

$\boldsymbol{E}_{\parallel}$, $\boldsymbol{E}_{\perp}$ sind die Komponenten von $\boldsymbol{E}$ parallel und senkrecht zu $\boldsymbol{v}$; ebenso für die anderen Vektoren. Für $|\boldsymbol{v}| \ll c$ können die Glieder mit c^2 im Nenner weggelassen und $\gamma = 1$ gesetzt werden.

In vielen leitenden Stoffen besteht zwischen den Vektoren $\boldsymbol{j}$ und $\boldsymbol{E}$ eine Relation (Ohmsches Gesetz)

$$(1.11) \qquad \boldsymbol{j} = \sigma \boldsymbol{E}$$

mit dem Leitfähigkeitstensor $\boldsymbol{\sigma}$ (bei Isotropie der skalaren Leitfähigkeit σ). Gilt für die Geschwindigkeit der Ladungsträger unter der Wirkung von $\boldsymbol{E}$

$$\boldsymbol{v} = \boldsymbol{\mu}_b \boldsymbol{E} \tag{1.12}$$

mit dem Beweglichkeitstensor $\boldsymbol{\mu}_b$, so ist bei einer Anzahl N je Volumeneinheit und Ladung q der Ladungsträger

$$\boldsymbol{\sigma} = N q \boldsymbol{\mu}_b. \tag{1.13}$$

(1.2) und (1.11) lassen sich zu der Beziehung

$$\nabla \times \boldsymbol{H} = \left(\boldsymbol{\sigma} + \frac{\partial}{\partial t}\boldsymbol{\varepsilon}\right)\boldsymbol{E} \tag{1.14}$$

zusammenfassen. Hängen die Elemente der Tensoren $\boldsymbol{\varepsilon}$, $\boldsymbol{\mu}$ und $\boldsymbol{\sigma}$ von $\boldsymbol{E}$ und $\boldsymbol{H}$ nicht ab, so bildet (1.14) mit (1.1) ein lineares System von Differentialgleichungen für $\boldsymbol{E}$ und $\boldsymbol{H}$. Im allgemeinen, und insbesondere wenn Bewegungen der Ladungsträger durch die Kräfte des Feldes beschleunigt sind, sind die Maxwellschen Gleichungen nichtlinear.

In Ferromagnetika ist $\boldsymbol{\mu}$ abhängig von $\boldsymbol{H}$ sowie die Abhängigkeit $\boldsymbol{B}(\boldsymbol{H})$ nicht eindeutig (Hysterese).[1]

Bei Vorhandensein eines konstanten Magnetfeldes der (hinreichend kleinen) Induktion $\boldsymbol{B}_0$ besteht in einem isotropen Leiter statt des einfachen Ohmschen Gesetzes

$$\boldsymbol{j} = \sigma \boldsymbol{E} \tag{1.15}$$

ein Zusammenhang zwischen $\boldsymbol{j}$ und $\boldsymbol{E}$ gemäß

$$\sigma \boldsymbol{E} = \boldsymbol{j} + \sigma R_H(\boldsymbol{B}_0 \times \boldsymbol{j}) \tag{1.16}$$

mit der Hall-Konstanten R_H.

In einem teilweise ionisierten, mit der konstanten Geschwindigkeit $\boldsymbol{v}$ strömenden Gas gilt ebenfalls dieses modifizierte Ohmsche Gesetz, wobei $\sigma R_H = \mu_{b,\mathrm{el}}$ gleich der Elektronenbeweglichkeit ist; nur ist für einen ruhenden Beobachter $\boldsymbol{E}$ durch $\boldsymbol{E} + \boldsymbol{v} \times \boldsymbol{B}_0$ zu ersetzen:

$$\sigma(\boldsymbol{E} + \boldsymbol{v} \times \boldsymbol{B}_0) = \boldsymbol{j} + \mu_{b,\mathrm{el}}(\boldsymbol{B}_0 \times \boldsymbol{j}). \tag{1.17}$$

Aus (1.1), (1.2) folgt

$$-\nabla(\boldsymbol{E} \times \boldsymbol{H}) = \boldsymbol{E}\boldsymbol{j} + \boldsymbol{E}\frac{\partial}{\partial t}(\boldsymbol{\varepsilon}\boldsymbol{E}) + \boldsymbol{H}\frac{\partial}{\partial t}(\boldsymbol{\mu}\boldsymbol{H}) \tag{1.18}$$

---

[1] Das eindimensionale Problem

$$\partial E/\partial z = -\mu(H)\,\partial H/\partial t, \qquad \partial H/\partial z = \varepsilon_0\,\partial E/\partial t$$

mit $\mu(H) = \mu_0\, a/(a + b H^2)$ (eindeutig) wird bei Kolesnikov mittels der Riemannschen Methode (vgl. Abschn. D, § 15.7) gelöst.

bzw. bei Integration über ein von der geschlossenen Fläche S berandetes Gebiet V des R_3 ($\boldsymbol{n}$ = Einheitsvektor der äußeren Normalen)

$$(1.19)\qquad -\iint\limits_S (\boldsymbol{E}\times\boldsymbol{H})\,\boldsymbol{n}\,dS = \iiint\limits_V \boldsymbol{E}\,\boldsymbol{j}\,dV + \iiint\left(\boldsymbol{E}\frac{\partial}{\partial t}(\varepsilon\,\boldsymbol{E}) + \boldsymbol{H}\frac{\partial}{\partial t}(\mu\,\boldsymbol{H})\right)dV.$$

Das zweite Integral rechts wird als zeitliche Änderung $\partial W/\partial t$ der elektromagnetischen Energie in V gedeutet, das erste ist im Falle (1.11) die Verlustleistung; links steht der Fluß des *Poyntingschen Vektors* $\boldsymbol{E}\times\boldsymbol{H}$ durch S.

Für skalare zeitunabhängige Größen ε und μ erhält man die gebräuchliche Form dieses Poyntingschen (Leistungserhaltungs-) Satzes:

$$(1.20)\qquad -\nabla(\boldsymbol{E}\times\boldsymbol{H}) = \boldsymbol{E}\,\boldsymbol{j} + \partial w/\partial t$$

mit der Energiedichte

$$(1.21)\qquad w = \tfrac{1}{2}(\varepsilon\,\boldsymbol{E}^2 + \mu\,\boldsymbol{H}^2)$$

bzw.

$$(1.22)\qquad -\iint\limits_S (\boldsymbol{E}\times\boldsymbol{H})\,\boldsymbol{n}\,dS = \iiint\limits_V \boldsymbol{E}\,\boldsymbol{j}\,dV + \partial W/\partial t$$

mit

$$(1.23)\qquad W = \iiint\limits_V w\,dV = \tfrac{1}{2}\iiint\limits_V (\varepsilon\,\boldsymbol{E}^2 + \mu\,\boldsymbol{H}^2)\,dV.$$

Nach (1.3) ist der Vektor $\boldsymbol{\mu H}$ quellenfrei. Wird durch

$$(1.24)\qquad \boldsymbol{\mu}\,\boldsymbol{H} = \nabla\times\boldsymbol{A}$$

das (magnetische) *Vektorpotential* $\boldsymbol{A}$ eingeführt, so folgt aus (1.1) bei Vertauschbarkeit zeitlicher und räumlicher Ableitungen, daß der Vektor

$$(1.25)\qquad \boldsymbol{E} + \partial\boldsymbol{A}/\partial t = -\nabla\Phi$$

wirbelfrei ist. Das *skalare Potential* Φ ist abhängig von dem [nach (1.24) noch frei wählbaren] wirbelfreien Anteil von $\boldsymbol{A}$.

In Medien mit zeitunabhängigen Größen $\boldsymbol{\varepsilon}$ und $\boldsymbol{\mu}$ trifft man gewöhnlich die Festlegung (Lorentz-Bedingung, s. van Bladel)

$$(1.26)\qquad \frac{1}{\bar{\varepsilon}}\nabla(\boldsymbol{\varepsilon}\,\boldsymbol{A}) + \bar{\varepsilon}\,\bar{\mu}\frac{\partial\Phi}{\partial t} = 0$$

mit skalaren Bezugsgrößen $\bar{\varepsilon}$ und $\bar{\mu}$, z. B. $\bar{\varepsilon} = \varepsilon_0$, $\bar{\mu} = \mu_0$.

Aus (1.1) bis (1.4) und (1.18) bis (1.20) erhält man

$$\text{(1.27)}\qquad \frac{1}{\bar{\varepsilon}^2\,\bar{\mu}}\nabla\nabla(\boldsymbol{\varepsilon}\,\boldsymbol{A}) - \nabla\times(\boldsymbol{\mu}^{-1}\,\nabla\times\boldsymbol{A}) - \boldsymbol{\varepsilon}\frac{\partial^2\boldsymbol{A}}{\partial t^2} = -\boldsymbol{j},$$

$$\text{(1.28)}\qquad \nabla(\boldsymbol{\varepsilon}\,\nabla\Phi) - \bar{\varepsilon}^2\,\bar{\mu}\frac{\partial^2\Phi}{\partial t^2} = -\varrho;$$

$\boldsymbol{\mu}^{-1}$ ist die Inverse der dem Tensor $\boldsymbol{\mu}$ entsprechenden Matrix.

Die 6 Komponenten von E und H sind nach (1.24), (1.25) allgemein durch die *elektromagnetischen Potentiale* $\boldsymbol{A}$ und Φ darstellbar, d. h. durch vier skalare Größen, zwischen denen noch eine Bedingung, z. B. (1.26), gestellt werden kann. Das elektromagnetische Feld enthält demnach bei gegebenen Quellen $\boldsymbol{j}$ und ϱ höchstens drei wesentliche Größen. Das magnetische Feld folgt stets aus dem Vektorpotential $\boldsymbol{A}$; für $\partial\boldsymbol{A}/\partial t = \boldsymbol{0}$ folgt das elektrische Feld aus dem skalaren Potential Φ.

1.2 Homogene isotrope Medien

Die skalaren Größen ε und μ seien orts- und zeitunabhängig. Verwendet man in (1.26) $\bar{\varepsilon} = \varepsilon$ und $\bar{\mu} = \mu$, so reduzieren sich (1.27) wegen

$$\Delta\boldsymbol{A} = -\nabla\times\nabla\times\boldsymbol{A} - \nabla\nabla\boldsymbol{A}$$

und (1.28) auf eine vektorielle und eine skalare Wellengleichung:

$$\text{(1.29)}\qquad \left(\Delta - \varepsilon\,\mu\frac{\partial^2}{\partial t^2}\right)\boldsymbol{A} = -\mu\,\boldsymbol{j},$$

$$\text{(1.30)}\qquad \left(\Delta - \varepsilon\,\mu\frac{\partial^2}{\partial t^2}\right)\Phi = -\frac{\varrho}{\varepsilon}.$$

Sind $\boldsymbol{j}(\boldsymbol{x}, t)$ und $\varrho(\boldsymbol{x}, t)$ bekannte Funktionen mit hinreichenden Integrierbarkeits- bzw. Stetigkeitseigenschaften, so werden diese Gleichungen durch die „retardierten" Lösungen

$$\text{(1.31)}\qquad \boldsymbol{A}(\boldsymbol{x}, t) = \frac{\mu}{4\pi}\iiint\frac{\boldsymbol{j}(\boldsymbol{x}', t - \sqrt{\varepsilon\,\mu}\,|\boldsymbol{x} - \boldsymbol{x}'|)}{|\boldsymbol{x} - \boldsymbol{x}'|}\,dV',$$

$$\text{(1.32)}\qquad \Phi(\boldsymbol{x}, t) = \frac{1}{4\pi\,\varepsilon}\iiint\frac{\varrho(\boldsymbol{x}', t - \sqrt{\varepsilon\,\mu}\,|\boldsymbol{x} - \boldsymbol{x}'|)}{|\boldsymbol{x} - \boldsymbol{x}'|}\,dV'$$

erfüllt; $1/\sqrt{\varepsilon\,\mu}$ ist gleich der Lichtgeschwindigkeit im Medium.

Führt man statt $\boldsymbol{A}$ den elektrischen Hertzschen Vektor $\boldsymbol{\Pi}_e$ ein durch

$$\text{(1.33)}\qquad \boldsymbol{A} = \varepsilon\,\mu\,\partial\boldsymbol{\Pi}_e/\partial t,$$

so tritt an die Stelle von (1.26)

$$\text{(1.34)}\qquad \nabla\boldsymbol{\Pi}_e + \Phi = 0,$$

und neben

$$H = \frac{1}{\mu} \nabla \times A = \varepsilon \nabla \times \frac{\partial \Pi_e}{\partial t} \tag{1.35}$$

gilt

$$E = \nabla \nabla \Pi_e - \varepsilon \mu \frac{\partial^2 \Pi_e}{\partial t^2}; \tag{1.36}$$

$\boldsymbol{H}$ und $\boldsymbol{E}$ sind durch den einen Vektor $\boldsymbol{\Pi}_e$ gegeben. Im Falle $\boldsymbol{j} \equiv \boldsymbol{0}$, $\varrho \equiv 0$ gibt es eine analoge Darstellung

$$E = -\mu \nabla \times \frac{\partial \Pi_h}{\partial t}, \tag{1.37}$$

$$H = \nabla \nabla \Pi_h - \varepsilon \mu \frac{\partial^2 \Pi_h}{\partial t^2} \tag{1.38}$$

mit einem magnetischen Hertzschen Vektor $\boldsymbol{\Pi}_h$; $\boldsymbol{\Pi}_e$ und $\boldsymbol{\Pi}_h$ erfüllen in diesem Fall beide die homogene vektorielle Wellengleichung

$$\left(\Delta - \varepsilon \mu \frac{\partial^2}{\partial t^2}\right) \Pi = 0. \tag{1.39}$$

Auch $\boldsymbol{E}$ und $\boldsymbol{H}$ erfüllen je eine vektorielle Wellengleichung

$$\left(\Delta - \varepsilon \mu \frac{\partial^2}{\partial t^2}\right) E = \mu \frac{\partial j}{\partial t} + \frac{1}{\varepsilon} \nabla \varrho, \tag{1.40}$$

$$\left(\Delta - \varepsilon \mu \frac{\partial^2}{\partial t^2}\right) H = -\nabla \times j, \tag{1.41}$$

wie durch Rotorbildung von (1.1) und (1.2) mit (1.3), (1.4) direkt folgt.

Ist $\boldsymbol{j} = \sigma \boldsymbol{E}$ mit konstantem σ, so folgt aus (1.40), (1.41) und (1.1)

$$\left(\Delta - \varepsilon \mu \frac{\partial^2}{\partial t^2} - \mu \sigma \frac{\partial}{\partial t}\right) E = \frac{1}{\varepsilon} \nabla \varrho, \tag{1.42}$$

$$\left(\Delta - \varepsilon \mu \frac{\partial^2}{\partial t^2} - \mu \sigma \frac{\partial}{\partial t}\right) H = 0. \tag{1.43}$$

Für $\varrho \equiv 0$ werde noch folgender Lösungsansatz dieser Gleichungen nach Bromwich angegeben: Es sei x_1, x_2, x_3 ein orthogonales Koordinatensystem im R_3, für dessen Maßstabsfaktoren (vgl. Abschn. G II, § 10, und G I, § 10) gilt: einer, etwa h_3, ist $= 1$, und h_1/h_2 ist unabhängig von x_3 (Beispiele: Zylinderkoordinaten und, falls $x_3 = R = |\boldsymbol{x}|$ gesetzt wird, Kugelkoordinaten). Dann kann man Lösungen der Feldgleichungen derart, daß nur $\boldsymbol{E}$ bzw. nur $\boldsymbol{H}$ eine x_3- („Längs"-) Komponente hat („transversal-magnetische" bzw. „transversal-elektrische" Felder), aus jeweils einer nach allen Variablen dreimal stetig differenzierbaren Lösung u_e bzw. u_h der skalaren Gleichung

$$(1.44)\qquad \left(\Delta_{\mathrm{tr}} + \frac{\partial^2}{\partial x_3^2} - \varepsilon\mu\frac{\partial^2}{\partial t^2} - \mu\sigma\frac{\partial}{\partial t}\right) u = 0$$

erhalten, worin

$$(1.45)\qquad \Delta_{\mathrm{tr}} = \frac{1}{h_1 h_2}\left(\frac{\partial}{\partial x_1}\frac{h_2}{h_1}\frac{\partial}{\partial x_1} + \frac{\partial}{\partial x_2}\frac{h_1}{h_2}\frac{\partial}{\partial x_2}\right)$$

der transversale Teil des Laplace-Operators ist:

$$(1.46)\qquad \begin{cases} E_1 = \dfrac{1}{h_1}\dfrac{\partial^2 u_e}{\partial x_1\,\partial x_3}, & E_1 = -\dfrac{1}{h_2}\mu\dfrac{\partial^2 u_h}{\partial t\,\partial x_2}, \\ E_2 = \dfrac{1}{h_2}\dfrac{\partial^2 u_e}{\partial x_2\,\partial x_3}, & E_2 = \dfrac{1}{h_1}\mu\dfrac{\partial^2 u_h}{\partial t\,\partial x_1}, \\ E_3 = \left(\dfrac{\partial^2}{\partial x_3^2} - \varepsilon\mu\dfrac{\partial^2}{\partial t^2} - \mu\sigma\dfrac{\partial}{\partial t}\right)u_e, & E_3 = 0, \\ H_1 = \dfrac{1}{h_2}\left(\varepsilon\dfrac{\partial}{\partial t} + \sigma\right)\dfrac{\partial u_e}{\partial x_2}, & H_1 = \dfrac{1}{h_1}\dfrac{\partial^2 u_h}{\partial x_1\,\partial x_3}, \\ H_2 = -\dfrac{1}{h_1}\left(\varepsilon\dfrac{\partial}{\partial t} + \sigma\right)\dfrac{\partial u_e}{\partial x_1}, & H_2 = \dfrac{1}{h_2}\dfrac{\partial^2 u_h}{\partial x_2\,\partial x_3}, \\ H_3 = 0, & H_3 = \left(\dfrac{\partial^2}{\partial x_3^2} - \varepsilon\mu\dfrac{\partial^2}{\partial t^2} - \mu\sigma\dfrac{\partial}{\partial t}\right)u_h. \end{cases}$$

Lösungen mit $E_3 = 0$ und $H_3 = 0$ („transversal-elektromagnetische" Felder) erhält man bei dem Ansatz

$$(1.47)\qquad u(\boldsymbol{x}, t) = \tilde{u}(x_1, x_2)\, f(x_3, t),$$

wenn $\tilde{u}$ und f den Gleichungen

$$(1.48)\qquad \Delta_{\mathrm{tr}}\tilde{u} = 0$$

und

$$(1.49)\qquad \left(\frac{\partial^2}{\partial x_3^2} - \varepsilon\mu\frac{\partial^2}{\partial t^2} - \mu\sigma\frac{\partial}{\partial t}\right) f = 0$$

genügen.

Es ist dann z. B.

$$(1.50)\qquad \boldsymbol{E}_{\mathrm{tr}} = \nabla_{\mathrm{tr}}\tilde{u}\frac{\partial f}{\partial t}$$

und $\boldsymbol{H}_{\mathrm{tr}}$ auf $\boldsymbol{E}_{\mathrm{tr}}$ senkrecht und ähnlich darstellbar.

Geht man in (1.39) mit dem Produktansatz

$$(1.51)\qquad \boldsymbol{\Pi}(\boldsymbol{x}, t) = \boldsymbol{\Psi}(\boldsymbol{x})\, e^{i\omega t}$$

(zeitharmonische Felder, s. § 4) ein, so entsteht für $\boldsymbol{\Psi}(\boldsymbol{x})$ die vektorielle Schwingungsgleichung (reduzierte Wellengleichung)

$$(1.52)\qquad (\Delta + k^2)\,\boldsymbol{\Psi} = \boldsymbol{0},$$

$$(1.53)\qquad k^2 = \omega^2\mu\varepsilon.$$

Auf diese Gleichung wird man auch geführt, wenn man auf $\boldsymbol{\Pi}$ die Fourier-Transformation bezüglich t

$$\boldsymbol{\Psi}(\boldsymbol{x}, \omega) = \int_{-\infty}^{\infty} \boldsymbol{\Pi}(\boldsymbol{x}, t)\, e^{-i\omega t}\, d\omega \tag{1.54}$$

anwendet und Vertauschbarkeit der Differentiationen mit dem Umkehrintegral voraussetzt. Auch in den inhomogenen Gln. (1.29), (1.30) [oder allgemeiner (1.27), (1.28)] bzw. (1.40), (1.41) und (1.42) wird bei Fourier-Transformation $\partial/\partial t$ formal durch $i\omega$ ersetzt; die rechten Seiten sind mitzutransformieren. Gilt (1.37), so genügt die Fourier-Transformierte von $\boldsymbol{H}$ [und bei $\varrho \equiv 0$ auch die von $\boldsymbol{E}$ nach (1.42)] wieder der Gl. (1.52), worin aber jetzt

$$k^2 = \omega^2 \varepsilon \mu - i \omega \mu \sigma \tag{1.55}$$

zu setzen ist. Dieser komplexe Wert von k^2 bedeutet eine räumliche Dämpfung.[1] Entsprechendes gilt für (1.44) und (1.49).

Die Lösungen der bei der Zeitseparation bzw. Fourier-Transformation entstehenden Gleichungen [speziell von (1.52)] sind die elektromagnetischen Wellen und Schwingungen, von denen die §§ 4 bis 5 handeln.

1.3 Kraft des elektromagnetischen Feldes auf bewegte Ladungen

Auf eine Punktladung q, die sich mit der Geschwindigkeit $\boldsymbol{v}$ bewegt, übt das Feld $(\boldsymbol{E}, \boldsymbol{H})$ die Lorentz-Kraft

$$\boldsymbol{F} = q(\boldsymbol{E} + \boldsymbol{v} \times \boldsymbol{B}) \tag{1.56}$$

aus. Auf eine Verteilung bewegter Ladungen, die durch ϱ und $\boldsymbol{j} = \varrho\, \boldsymbol{v}$ = Konvektionsstromdichte beschrieben wird, wirkt eine Kraft mit der räumlichen Dichte

$$\boldsymbol{f} = \varrho\, \boldsymbol{E} + \boldsymbol{j} \times \boldsymbol{B}. \tag{1.57}$$

In homogenen isotropen Medien folgt aus (1.1) bis (1.4) [tensorielle Multiplikation von (1.1) mit $\boldsymbol{E}$ und (1.2) mit $\boldsymbol{H}$ und Addition]

$$\nabla \boldsymbol{T} - \frac{\partial}{\partial t}(\varepsilon \mu\, \boldsymbol{E} \times \boldsymbol{H}) = \boldsymbol{f} \tag{1.58}$$

mit dem symmetrischen Maxwellschen Spannungstensor $\boldsymbol{T}$, dessen Elemente

$$T_{ik} = \varepsilon E_i E_k + \mu H_i H_k - \delta_{ik} w \tag{1.59}$$

sind; w nach (1.21). Da $\varepsilon \mu\, \boldsymbol{E} \times \boldsymbol{H}$ als elektromagnetische Impulsdichte zu deuten ist, hat (1.58) die Form eines Impulserhaltungssatzes.

[1] Ein Ansatz mit zeitlicher Dämpfung führt auf (1.52) mit (1.53), vgl. Abschn. E, § 14.2.

§ 2. Elektrische Potential-Felder[1]

2.1 Elektrostatische Felder in dielektrischen Medien

Mit $\partial/\partial t = 0$, $\boldsymbol{j} \equiv \boldsymbol{0}$ reduzieren sich (1.25), (1.28) auf

$$\boldsymbol{E} = -\nabla \Phi, \tag{2.1}$$

$$\nabla(\boldsymbol{\varepsilon} \nabla \Phi) = -\varrho. \tag{2.2}$$

Im Innern des Dielektrikums ist

$$\boldsymbol{D} = \boldsymbol{\varepsilon} \boldsymbol{E} = \varepsilon_0 \boldsymbol{E} + \boldsymbol{P}, \qquad \boldsymbol{P} = \varepsilon_0 \boldsymbol{\chi} \boldsymbol{E}; \tag{2.3}$$

$\boldsymbol{P}$ ist der Polarisationsvektor, $\boldsymbol{\chi}$ der Suszeptibilitätstensor. Der Anteil $\nabla \boldsymbol{P}$ in $\nabla \boldsymbol{D} = \varrho$ ist die Dichte der Polarisationsladung.

Für isotrope Dielektrika lautet (2.2)

$$\nabla(\varepsilon \nabla \Phi) = -\varrho \tag{2.4}$$

mit (evtl. ortsabhängiger) skalarer Größe ε. An der Trennfläche zweier Dielektrika ist Φ stetig, $\partial \Phi/\partial n$ erfährt (auch für $\mathsf{P} = 0$) einen Sprung entsprechend der zweiten Gl. (1.8). Gl. (2.4) mit diesen Randbedingungen und gegebenenfalls Regularitätsbedingungen im Unendlichen:

$$|\boldsymbol{x}|\, \Phi \quad \text{und} \quad |\boldsymbol{x}|^2\, |\nabla \Phi| \quad \text{beschränkt für große } |\boldsymbol{x}|, \tag{2.5}$$

kennzeichnet die Randwertprobleme der Elektrostatik mit isotropen Dielektrika. In einem homogenen dielektrischen Medium (speziell im Vakuum, $\varepsilon = \varepsilon_0$) gilt die übliche Poissonsche Gleichung

$$\Delta \Phi = -\varrho/\varepsilon \tag{2.6}$$

bzw. in Gebieten mit $\varrho \equiv 0$ die Laplacesche Gleichung

$$\Delta \Phi = 0. \tag{2.7}$$

(2.6) wird durch

$$\Phi(\boldsymbol{x}) = \frac{1}{4\pi\varepsilon} \iiint \frac{\varrho(\boldsymbol{x}')}{|\boldsymbol{x} - \boldsymbol{x}'|}\, dV' \tag{2.8}$$

erfüllt [vgl. (1.32)]. Die Energie des von der Ladungsverteilung ϱ erzeugten Feldes ist

$$W = \tfrac{1}{2} \iiint \varrho\, \Phi\, dV. \tag{2.9}$$

Bezüglich der Lösungen von (2.7), die von flächenhaft oder linienhaft verteilten Ladungen oder Punktladungen, Dipolen oder Doppelschichten im ladungsfreien Raum erzeugt werden, sowie den Eigenschaften des Integrals in (2.8) s. Abschn. E, § 11.

[1] Siehe Weber, Küpfmüller, Buchholz.

Die Kraft des Feldes $\boldsymbol{E}$ auf eine ruhende Punktladung ist

(2.10) $$\boldsymbol{F} = q\,\boldsymbol{E}.$$

Eine ruhende Punktladung q' bei $\boldsymbol{x}'$ übt auf die Punktladung q bei $\boldsymbol{x}$ die Kraft

(2.11) $$\boldsymbol{F} = -\frac{q\,q'}{4\pi\,\varepsilon}\,\frac{\boldsymbol{x}-\boldsymbol{x}'}{|\boldsymbol{x}-\boldsymbol{x}'|^3}$$

aus (Coulombsches Gesetz; $|\boldsymbol{F}|$ proportional $1/|\boldsymbol{x}-\boldsymbol{x}'|^2$).

Die Kraft des Feldes $\boldsymbol{E}$ auf einen ruhenden Dipol $\boldsymbol{m}_e$ ist

(2.12) $$\boldsymbol{F} = (\boldsymbol{m}_e\,\nabla)\,\boldsymbol{E}.$$

2.2 Elektrostatische Felder bei Vorhandensein leitender Körper

Mit $\partial/\partial t = 0$ und $\boldsymbol{j} \equiv \boldsymbol{0}$ ist das Innere eines Leiters feldfrei, ein Leiter also auf konstantem Potential. Auf Trennflächen zwischen einem Leiter und einem Dielektrikum mit der Dielektrizitätskonstanten ε befindet sich eine Flächenladung der Dichte [vgl. (1.10)]

(2.13) $$\mathsf{P} = -\varepsilon\,\partial\Phi/\partial n$$

(Ableitung in Richtung der nach dem Äußeren des Leiters weisenden Normalen). Das Potential Φ im Äußeren eines Leiters wird erhalten als Lösung von (2.3) unter den Bedingungen: $\Phi = U_1 = \text{const}$ auf der Leiteroberfläche S und (2.5).

(2.14) $$Q = -\iint\limits_S \varepsilon\,\frac{\partial\Phi}{\partial n}\,dS$$

ist die Gesamtladung auf S. Mit $\varrho \equiv 0$ und $\varepsilon \equiv \varepsilon_0$ [so daß (2.7) gilt] ist

(2.15) $$C = Q/U_1$$

die Kapazität des Leiters. Auf Grund der Integralgleichung für P (vgl. Abschn. E, § 12.2)

(2.16) $$\frac{1}{4\pi\,\varepsilon_0}\iint\limits_S \frac{\mathsf{P}(\boldsymbol{x}')\,dS'}{|\boldsymbol{x}-\boldsymbol{x}'|} = U_1, \quad \boldsymbol{x}\in S,$$

wird unter der Nebenbedingung

(2.17) $$\iint\limits_S \mathsf{P}(\boldsymbol{x})\,dS = 1$$

der Ausdruck

(2.18) $$\mathfrak{J}\{\mathsf{P}\} = \frac{1}{4\pi\,\varepsilon_0}\iint\limits_S \mathsf{P}(\boldsymbol{x})\,dS \iint\limits_S \frac{\mathsf{P}(\boldsymbol{x}')\,dS'}{|\boldsymbol{x}-\boldsymbol{x}'|}$$

für die wirkliche Flächenladungsdichte-Verteilung P zu einem Minimum; dieses ist $=1/C$. Daher ist $1/\mathfrak{J}\{\mathrm{P}\}$ mit einer abweichenden, (2.17) erfüllenden Funktion P eine (stets zu kleine) Näherung für C (s. VAN BLADEL).

Befindet sich von n Leitern der i-te auf dem Potential U_i, $i=1,\ldots,n$, so gilt bei $\varrho\equiv 0$, $\varepsilon\equiv\varepsilon_0$ für das Potential außerhalb

$$\Phi=\sum_{i=1}^{n} U_i\Phi_i, \tag{2.19}$$

wenn Φ_i die im Unendlichen reguläre Lösung von (2.7) zu den Randbedingungen

$$\Phi_i=1 \quad \text{auf} \quad S_i, \qquad \Phi_i=0 \quad \text{auf} \quad S_k \text{ mit } k\neq i \tag{2.20}$$

(S_i = Oberfläche des i-ten Leiters) ist. Nach (2.14) und (2.19) ist die Ladung auf S_i

$$Q_i=\sum_{k=1}^{n} C_{ik}, \qquad C_{ik}=-\varepsilon_0\iint\limits_{S_i}(\partial\Phi_k/\partial n)\,dS. \tag{2.21}$$

Die Kapazitätsmatrix (C_{ik}) ist symmetrisch, $C_{ik}=C_{ki}$, wie mit Hilfe der 2. Greenschen Formel (Abschn. E, § 11.1) gezeigt werden kann, ferner positiv definit. Denn die Energie des Feldes Φ ist

$$W=\tfrac{1}{2}\sum_{i=1}^{n}Q_iU_i=\tfrac{1}{2}\sum_{i=1}^{n}\sum_{k=1}^{n}C_{ik}U_iU_k. \tag{2.22}$$

Die Diagonalelemente C_{ii} sind >0, die übrigen Elemente $C_{ik}<0$ $(i\neq k)$; $\sum_{k=1}^{n}C_{ik}>0$ für $i=1,\ldots,n$; $\det(C_{ik})>0$.

Sei jetzt S_0 eine geschlossene leitende Fläche S_0 auf dem Potential U_0, deren Inneres einfach-zusammenhängend ist, und weitere n, auf den Potentialen U_i befindliche Leiter enthält (Abb. 2.1). Die Lösung von (2.7) ist, ähnlich wie oben in (2.19),

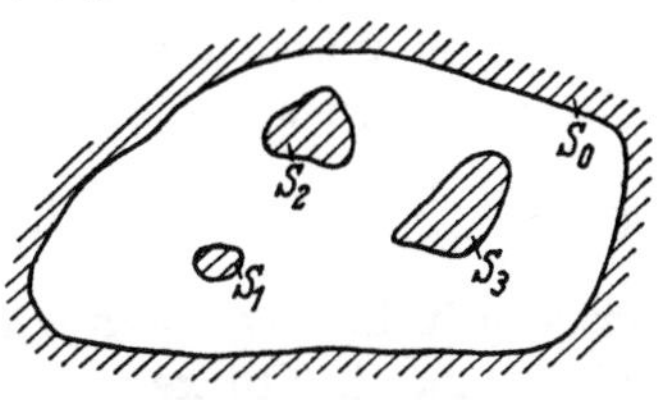

Abb. 2.1. Mehrere Leiter im Inneren der geschlossenen Fläche S_0

$$\Phi=U_0+\sum_{i=1}^{n}(U_i-U_0)\,\Phi_i, \tag{2.23}$$

wenn Φ_i die Lösung des Problems zu den Randbedingungen

$$\Phi_i=1 \quad \text{auf} \quad S_i, \qquad \Phi_i=0 \quad \text{auf} \quad S_0 \text{ und } S_k \text{ mit } k\neq i \tag{2.24}$$

ist. Statt (2.21) gibt es jetzt für die Ladung auf S_i, $i = 1, \ldots, n$, eine Darstellung

$$Q_i = \sum_{k=1}^{n} C'_{ik}(U_k - U_0). \tag{2.25}$$

Im speziellen Fall $n = 1$, wenn also ein Leiter im Inneren von S_0 liegt, tritt nur ein Koeffizient $C'_{11} = C$ auf, gleich der Kapazität einer derartigen Zwei-Leiter-Anordnung. Die Energie des elektrischen Feldes ist bei $U_0 = 0$

$$W = \frac{1}{2} C U_1^2 = \frac{\varepsilon}{2} \iint\limits_{S_0+S_1} \Phi \frac{\partial \Phi}{\partial n} dS = \frac{\varepsilon}{2} \iiint\limits_V (\nabla \Phi)^2 dV, \tag{2.26}$$

erstreckt über den Raum V zwischen S_1 und S_0. Unter allen, die Randbedingungen $\Phi = 0$ auf S_0 und $\Phi = 1$ auf S erfüllenden, hinreichend regulären Funktionen nimmt

$$\mathfrak{J}\{\Phi\} = \varepsilon \iiint\limits_V (\nabla \Phi)^2 dV \tag{2.27}$$

für das Potential Φ einen stationären Wert an; dieser ist gleich C.

2.3 Ebene und achsensymmetrische elektrostatische Felder

Die Separation des skalaren Laplace-Operators Δ in verschiedenen Koordinatensystemen ist in Abschn. B, § 2.2, besprochen (s. auch Abschn. E, § 24.8). Hier sollen nur einige Bemerkungen und einfache Beispiele zu ebenen und achsensymmetrischen Leiteranordnungen folgen. Ebene Potentiale (mit $\varrho \equiv 0$ und $\varepsilon \equiv$ const, z. B. $= \varepsilon_0$, außerhalb der Leiter) sind Lösungen von (2.7) mit $\partial/\partial z = 0$, die auf den die Leiterquerschnitte in der x, y-Ebene berandenden Kurven Γ_i konstante Werte haben. Andererseits sind sie Realteil einer außerhalb der Leiter analytischen Funktion $w(\zeta)$, $\zeta = x + i y$ (vgl. Abschn. A); die Komponenten von $\boldsymbol{E}$ sind aus

$$E_y + i E_x = i\, dw/d\zeta \tag{2.28}$$

erhältlich. Bei der durch $w(\zeta)$ vermittelten konformen Abbildung gehen die Γ_i über in Stücke von Parallelen zur imaginären Achse.

Beispiel. Das Potential zwischen zwei koaxialen Zylindern mit den Radien r_1 und r_0 ($> r_1$) und Potentialen U_1 und U_0 ist

$$\Phi = U_0 + (U_1 - U_0) \frac{\ln (r/r_0)}{\ln (r_1/r_0)}, \tag{2.29}$$

$r^2 = x^2 = y^2$. Durch

$$w = U_0 + (U_1 - U_0) \frac{\ln (\zeta/r_0)}{\ln (r_1/r_0)} \tag{2.30}$$

wird für $U_0 > U_1$ der (von $\zeta = r_1$ nach $\zeta = r_0$ aufgeschnittene) Kreisring $r_1 \leqq |\zeta| = r \leqq r_0$ auf das Rechteck

$$U_1 \leqq \operatorname{Re} w \leqq U_0, \quad 0 \leqq \operatorname{Im} w \leqq 2\pi \frac{U_1 - U_0}{\ln(r_1/r_0)}$$

abgebildet (Abb. 2.2). Auf den beiden Zylindern befindet sich entgegengesetzt gleiche Ladung, und zwar

$$Q = \pm 2\pi\,\varepsilon \frac{U_1 - U_0}{\ln(r_1/r_0)} \tag{2.31}$$

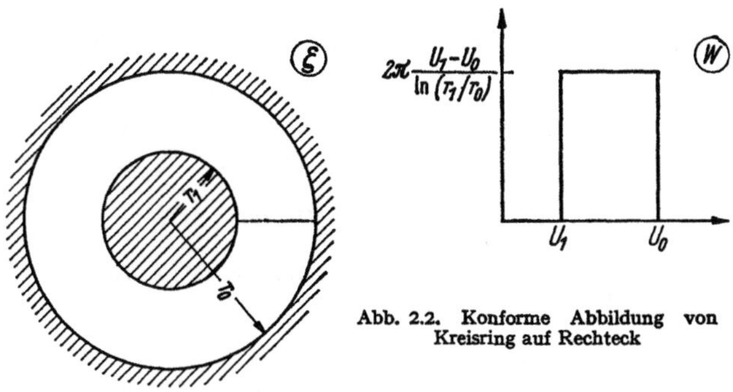

Abb. 2.2. Konforme Abbildung von Kreisring auf Rechteck

je Längeneinheit. Daher hat diese Leiteranordnung (Koaxialkabel, Zylinderkondensator) eine Kapazität

$$C = 2\pi\,\varepsilon/\ln(r_0/r_1) \tag{2.32}$$

je Längeneinheit.

Für geradlinige Berandungen Γ_i ist die Schwarz-Christoffelsche Polygonabbildung (s. Abschn. A III, § 3) von Bedeutung.

Die Abbildungsfunktion

$$w = A \ln \sin(\pi\,\zeta/h) \tag{2.33}$$

ist periodisch mit der reellen Periode $2h$ und singulär für alle $\zeta = n\,\pi\,h$, $n = 0, \pm 1, \pm 2, \ldots$ Für große $|y|$ ist

$$\operatorname{Re} w \sim -A\,\pi\,|y|/h.$$

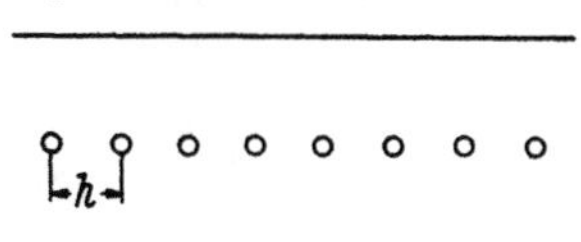

Abb. 2.3. Drahtgitter zwischen zwe Platten

Rew ist daher eine Näherung für das Potential einer Folge von dünnen Drähten (Gitter) zwischen zwei Platten mit Abständen von der Gitterebene, die groß gegen die Gitterkonstante h sind (Abb. 2.3). Durch Überlagerung eines konstanten Feldes lassen sich auf den Platten beliebige Potentiale vorschreiben.

Bei Symmetrie um die Achse z ($\partial/\partial\varphi = 0$ in einem Zylinderkoordinatensystem r, φ, z) lautet (2.7)

$$\left(\frac{1}{r}\frac{\partial}{\partial r} r \frac{\partial}{\partial r} + \frac{\partial^2}{\partial z^2}\right)\Phi = 0 \tag{2.34}$$

und wird z. B. durch die Funktionen

$$\Phi = Z_0(\alpha r)\, e^{-\alpha z} \tag{2.35}$$

erfüllt. Soll Φ in Punkten der Achse ($r = 0$) regulär sein, so kommt für die Zylinderfunktion Z_0 nur die Bessel-Funktion J_0 in Frage.

Die Funktion

$$\Phi(r, z) = \frac{2U_1}{\pi} \int_0^\infty \frac{\sin\alpha}{\alpha} J_0(\alpha r)\, e^{-\alpha|z|}\, d\alpha, \tag{2.36}$$

die für $z \neq 0$ eine Lösung von (2.34) ist, hat für $z = 0$ und $r < a$ den konstanten Wert U_1; sie stellt das Potential einer (unendlich dünnen) leitenden Kreisscheibe vom Radius a dar, die sich auf $\Phi = U_1$ befindet.

Ist Φ für alle Achsenpunkte $r = 0$ bekannt,

$$\Phi(0, z) = \Phi_0(z), \tag{2.37}$$

und läßt sich diese Funktion auf komplexe Argumente erweitern, so wird Φ außerhalb der Achse durch

$$\Phi(r, z) = \frac{1}{\pi} \int_0^\pi \Phi_0(z + i\, r \cos\Theta)\, d\Theta \tag{2.38}$$

dargestellt. Die Aufgabe, $\Phi(r, z)$ für $r \neq 0$ aus dem Achsenpotential (2.37) zu gewinnen, läßt sich auch durch Reihenentwicklung um $r = 0$ angreifen. Ein praktisches Verfahren[1] geht aus von äquidistanten Achsenpunkten z_k und setzt

$$\Phi(r, z_k) = J_0(\alpha r)\, \Phi_0(z_k) \tag{2.39}$$

mit

$$\alpha_k^2 = -\Phi_0''(z_k)/\Phi_0(z_k) \tag{2.40}$$

[$J_0(\alpha_k r) = I_0(|\alpha_k|\, r)$ für $\alpha_k^2 < 0$].

Als Beispiel zur Poisson-Gleichung (2.6) mit $\varepsilon = \varepsilon_0$ diene die (sowohl ebene wie achsensymmetrische) Aufgabe, das Potential einer nur vom Achsenabstand r abhängigen Raumladung $\varrho(r)$ zu bestimmen:

$$\frac{1}{r}\frac{d}{dr} r \frac{d\Phi}{dr} = -\frac{\varrho(r)}{\varepsilon_0} \tag{2.41}$$

läßt sich durch zweimalige Integration nach r direkt lösen. Speziell für $\varrho(r) = \varrho_0 = \text{const}$ für den Zylinder $r \leqq r_1$ und außerhalb $= 0$ ist

$$\Phi(r) - \Phi(0) = -\varrho_0 r^2/(4\varepsilon_0) \quad \text{für} \quad r \leqq r_1. \tag{2.42}$$

Liegt ein umgebender Zylinder vom Radius $r_0 > r_1$ auf dem Potential U_0, so ist für das Zwischengebiet $r_1 \leqq r \leqq r_0$ eine Lösung (2.29) so an-

[1] Siehe GURBANOV, KAS'YANKOV und TAGANOW.

zusetzen, daß Φ und $d\Phi/dr$ bei $r = r_1$ stetig sind:

$$(2.43)\qquad U_1 = \Phi(0) - \frac{\varrho_0 r_1^2}{4\varepsilon_0}, \qquad \frac{U_1 - U_0}{r_1 \ln(r_1/r_0)} = -\frac{\varrho_0 r_1}{2\varepsilon_0}.$$

Dadurch ist dann auch $\Phi(0)$ in (2.42) bestimmt:

$$(2.44)\qquad \Phi(0) = U_1 + \frac{\varrho_0 r_1^2}{4\varepsilon_0} = U_0 + \frac{\varrho_0 r_1^2}{2\varepsilon_0}\left(\frac{1}{4} + \ln\frac{r_0}{r_1}\right).$$

Für ebene Felder mit $\varrho(x, y) \equiv \varrho_0 = \text{const}$ in einem endlichen, einfach-zusammenhängenden Gebiet G der x, y-Ebene ist

$$(2.45)\qquad F(\zeta) = E_y(x, y) + i\,E_x(x, y) + \frac{i}{2}\frac{\varrho_0}{\varepsilon_0}\bar{\zeta}$$

in G analytisch ($\nabla \times \boldsymbol{E} = \boldsymbol{0}$ und $\nabla \boldsymbol{E} = \varrho_0/\varepsilon_0$ reduzieren sich in diesem Fall auf die Cauchy-Riemannschen Differentialgleichungen für $\operatorname{Re} F$ und $\operatorname{Im} F$). Daher läßt sich die Cauchysche Integralformel anwenden[1]:

$$(2.46)\qquad F(\zeta) = \frac{\varrho_0}{4\pi\varepsilon_0}\oint_{\Gamma}\frac{\bar{\eta}\,d\eta}{\eta - \zeta},$$

Γ = Rand von G;

$$(2.47)\qquad E_y + i\,E_x = \begin{cases} F - \dfrac{i}{2}\dfrac{\varrho_0}{\varepsilon_0}\bar{\zeta} & \text{für } \zeta \text{ in } G, \\ F & \text{für } \zeta \text{ außerhalb von } G. \end{cases}$$

2.4 Stationäres Feld in einem homogenen stromdurchflossenen Leiter

Bei $\partial/\partial t$ besagt die Kontinuitätsgleichung (1.5)

$$(2.48)\qquad \nabla \boldsymbol{j} = 0.$$

Liegen in dem Leiterstück V in Abb. 2.4 die Begrenzungsflächen S_1 und S_2 auf dem Potential U_1 bzw. U_2, so erfüllt Φ im Inneren (2.7) mit diesen Randbedingungen und mit $\partial\Phi/\partial n = 0$ auf der seitlichen Berandung. Nach (1.15) und (2.1) ist

$$(2.49)\qquad \boldsymbol{j} = -\sigma\nabla\Phi.$$

Daher fließt z. B. durch S_1 der Strom

$$(2.50)\qquad I = \iint_{S_1} \sigma \frac{\partial\Phi}{\partial n}\,dS,$$

und

$$(2.51)\qquad R = (U_1 - U_2)/I$$

ist der Ohmsche Widerstand des Leiterstücks.

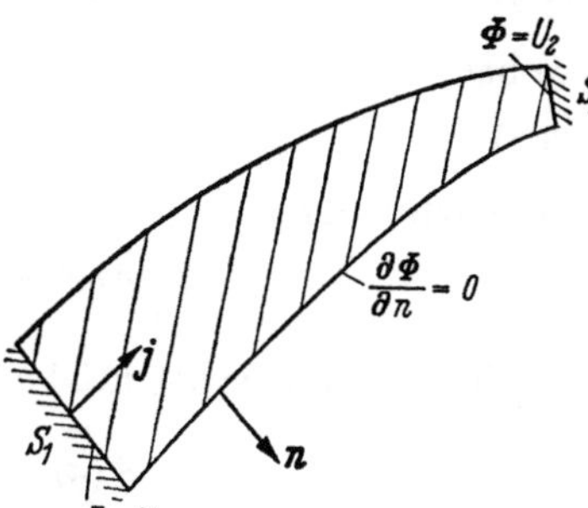

Abb. 2.4. Stromdurchflossenes Leiterstück

[1] Siehe BETH.

Unter allen, die Randbedingungen mit $U_1 = 1$, $U_2 = 0$ erfüllenden Funktionen macht die Potentialverteilung den Ausdruck

$$\mathfrak{J}\{\Phi\} = \sigma \iiint_V (\nabla \Phi)^2 \, dV \tag{2.52}$$

zu einem Extremum, dessen Wert $1/R$ ist.

2.5 Transversal-elektromagnetische Felder in isotropen Medien

Ist in (1.47) $x_3 = z$ eine kartesische Koordinate, so gilt nach (1.48) in den transversalen Ebenen $x_3 = \text{const}$ für $\tilde{u}$ die Potentialgleichung, und $\boldsymbol{E}_{\text{tr}}$ ist proportional zu $\nabla \tilde{u}$. Hat man auf den Randkurven die Bedingung $\tilde{u} = \text{const}$ (Wandquerschnitte von zylindrischen Leitern), so gibt es im Inneren eines beschränkten einfach-zusammenhängenden Gebietes keine nichttrivialen Lösungen von (1.48).

Beispiel für mehrfach-zusammenhängendes Gebiet: Koaxialleiter, Querschnitt wie in Abb. 2.3, $\tilde{u}$ wie Φ in (2.29), $\boldsymbol{E}_{\text{tr}}$ in r-Richtung, $\boldsymbol{H}_{\text{tr}}$ in φ-Richtung.

Beispiel für nichtbeschränktes Gebiet: Zwei-Platten-Leiter.

§ 3. Stationäre magnetische Felder

3.1 Magnetische Felder im Vakuum

Außerhalb von magnetischen Medien lauten die Feldgleichungen (1.2), (1.3) bzw. (1.29) mit $\partial/\partial t = 0$

$$\nabla \times \boldsymbol{B} = \mu_0 \boldsymbol{j}, \quad \nabla \boldsymbol{B} = 0 \tag{3.1}$$

bzw.

$$\Delta \boldsymbol{A} = -\mu_0 \boldsymbol{j}, \tag{3.2}$$

wobei

$$\nabla \times \boldsymbol{A} = \boldsymbol{B} = \mu_0 \boldsymbol{H}, \quad \nabla \boldsymbol{A} = 0. \tag{3.3}$$

(3.2) wird durch

$$\boldsymbol{A}(\boldsymbol{x}) = \frac{\mu_0}{4\pi} \iiint \frac{\boldsymbol{j}(\boldsymbol{x}')\, dV'}{|\boldsymbol{x} - \boldsymbol{x}'|} \tag{3.4}$$

erfüllt. Das Vektorpotential eines Flächenstromes $\boldsymbol{J}$ je Längeneinheit ist

$$\boldsymbol{A}(\boldsymbol{x}) = \frac{\mu_0}{4\pi} \iint \frac{\boldsymbol{J}(\boldsymbol{x}')\, dS'}{|\boldsymbol{x} - \boldsymbol{x}'|}, \tag{3.5}$$

das eines Linienstromes ($d\boldsymbol{s}$ = Linienelement)

$$\boldsymbol{A}(\boldsymbol{x}) = \frac{\mu_0}{4\pi} I \int \frac{d\boldsymbol{s}'}{|\boldsymbol{x} - \boldsymbol{x}'|}. \tag{3.6}$$

Hat $\boldsymbol{j}$ in einem Zylinderkoordinatensystem r, φ, z nur eine azimutale Komponente j_φ, so gilt dasselbe von $\boldsymbol{A}$; A_φ ist unabhängig von φ, und

(3.7) $$B_r = -\partial A_\varphi/\partial z, \quad B_\varphi = 0, \quad B_z = (1/r)\,\partial(r A_\varphi)/\partial r.$$

Für einen Kreislinienstrom (Radius a) ist

(3.8) $$A_\varphi(r, z) = \frac{\mu_0}{4\pi} I \int\limits_0^{2\pi} \frac{a \cos\varphi'\, d\varphi'}{[a^2 + r^2 + z^2 - 2 a r \cos\varphi']^{1/2}}$$
$$= \frac{\mu_0}{\pi} \frac{I}{k} \sqrt{\frac{a}{r}} \left[\left(1 - \frac{k^2}{2}\right) K - E\right]$$

mit den vollständigen elliptischen Integralen K und E [s. Abschn. A II, § 4.2, vgl. auch Abschn. N I (3.2.40)] zum Modul

(3.9) $$k = [4 a r/((a + r)^2 + z^2)]^{1/2}.$$

Ebene (nur von x und y abhängige) Magnetfelder, die von Strömen in z-Richtung erzeugt werden (nur $j_z \neq 0$), folgen aus einem Vektorpotential mit der einzigen Komponente $A_z(x, y)$:

(3.10) $$A_z(x, y) = \frac{\mu_0}{2\pi} \iint i_z(x', y') \ln\left((x' - x)^2 + (y' - y)^2\right) dx'\, dy',$$

(3.11) $$B_x = \partial A_z/\partial y, \quad B_y = -\partial A_z/\partial x.$$

Zu zwei parallelen geraden Linien im Abstand d mit entgegengesetzt gleichen Strömen $\pm I$ (Abb. 3.1) gehört

(3.12) $$A_z = \frac{\mu_0}{2\pi} I \ln \frac{r_-}{r_+}.$$

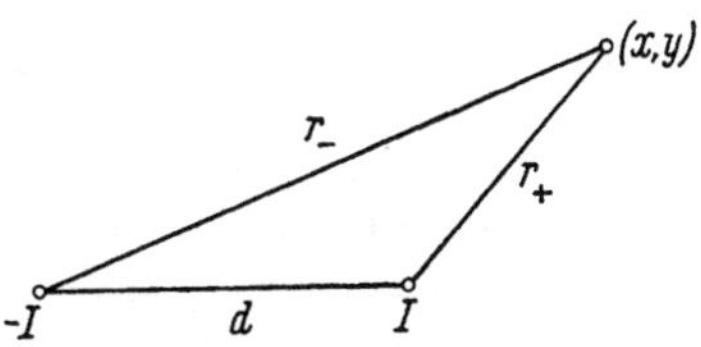

Abb. 3.1. Zwei parallele gerade Linienströme

Für konstante Stromdichte $j_z \equiv j_0$ durch den einfach-zusammenhängenden Leiterquerschnitt G gibt es eine entsprechende Darstellung[1] wie (2.43) bis (2.45):

Mit $\zeta = x + i y$ und Γ = Rand von G ist

(3.13) $$F(\zeta) = B_y + i B_x - \frac{\mu_0 j_0}{2} \bar{\zeta} = \frac{i}{4\pi} j_0 \oint\limits_\Gamma \frac{\bar{\eta}\, d\eta}{\eta - \zeta},$$

(3.14) $$B_y + i B_x = \begin{cases} F + \frac{\mu_0 j_0}{2} \bar{\zeta} & \text{für } \zeta \text{ in } G, \\ F & \text{für } \zeta \text{ außerhalb von } G. \end{cases}$$

---

[1] Siehe BETH, wo sie auf den Fall eines elliptischen Zylinders angewendet wird.

Das Vektorpotential eines bei $\boldsymbol{x} = \boldsymbol{0}$ befindlichen magnetischen Dipols mit magnetischem Moment $\boldsymbol{m}_h$ ist

(3.15) $$\boldsymbol{A}(\boldsymbol{x}) = \frac{\mu_0}{4\pi}\left(\nabla \frac{1}{|\boldsymbol{x}|}\right) \times \boldsymbol{m}_h .$$

Für große Entfernung von allen (im Endlichen gelegenen) Quellen (Punkten $\boldsymbol{x}'$) gilt zu (3.4), (3.5), (3.6) diese Formel (3.15) asymptotisch, wobei

(3.16) $$\boldsymbol{m}_h = \tfrac{1}{2}\iiint \boldsymbol{x}' \times \boldsymbol{j}\, dV'$$

bzw.

(3.17) $$\boldsymbol{m}_h = \tfrac{1}{2}\iint \boldsymbol{x}' \times \boldsymbol{J}\, dS'$$

bzw.

(3.18) $$\boldsymbol{m}_h = \tfrac{1}{2} I \int \boldsymbol{x}' \times d\boldsymbol{s}'$$

das magnetische Moment der jeweiligen Stromverteilung ist. Für einen ebenen geschlossenen Linienstrom in der x, y-Ebene hat $\boldsymbol{m}_h$ die Richtung z und den Betrag $|\boldsymbol{m}_h| = |I|\, S$ mit $S =$ eingeschlossener Fläche, z. B. für den Kreisstrom

(3.19) $$|\boldsymbol{m}_h| = \frac{|I|}{2}\int_0^{2\pi} a^2\, d\varphi' = \pi\, a^2\, |I| .$$

In stromdichtefreien Gebieten ist $\boldsymbol{B}$ nach (3.1) wirbelfrei und in der Form

(3.20) $$\boldsymbol{B} = -\mu_0 \nabla \psi$$

darstellbar; das skalare Potential ψ ist aber i. allg. nicht eindeutig, sondern ändert sich bei Umlauf längs eines, einen Ringstrom I erfassenden geschlossenen Weges um I.

Die Energie der Verteilung $\boldsymbol{j}$ ist

(3.21) $$W = \tfrac{1}{2}\iiint \boldsymbol{A}\,\boldsymbol{j}\, dV;$$

entsprechende Ausdrücke gelten für Flächen- und Linienströme. Sind n geschlossene Linienströme vorhanden, so ist

(3.22) $$\boldsymbol{A} = \frac{\mu_0}{4\pi}\sum_{i=1}^{n} I_i \oint \frac{d\boldsymbol{s}_i'}{|\boldsymbol{x} - \boldsymbol{x}'|}$$

und

(3.23) $$W = \tfrac{1}{2}\sum_{i=1}^{n} I_i \oint \boldsymbol{A}\, d\boldsymbol{s}_i = \tfrac{1}{2}\sum_{i=1}^{n}\sum_{k=1}^{n} I_i\, I_k\, L_{ik}$$

mit den Induktivitäten

(3.24) $$L_{ik} = \frac{\mu_0}{4\pi}\oint\oint \frac{d\boldsymbol{s}_i\, d\boldsymbol{s}_k'}{|\boldsymbol{x} - \boldsymbol{x}'|} .$$

Für die zwei Kreislinienströme in Abb. 3.2 gilt

$$(3.25)\quad L_{12} = \frac{\mu_0}{4\pi} a\,b \int_0^{2\pi}\int_0^{2\pi} \frac{\cos(\varphi - \varphi')\,d\varphi\,d\varphi'}{[h^2 + a^2 + b^2 - 2a\,b\cos(\varphi - \varphi')]^{1/2}}$$

$$= \mu_0 \frac{\sqrt{a\,b}}{k}\left[\left(1 - \frac{k^2}{2}\right)K - E\right]$$

[vgl. (3.8)], wo jetzt

$$(3.26)\qquad k = [4a\,b/((a+b)^2 + h^2)]^{1/2}.$$

Zur Berechnung der Selbstinduktivitäten L_{ii} ist (3.24) nicht brauchbar; die Annahme von Linienströmen ist dafür nicht zulässig.

Das Feld $\boldsymbol{H}$ übt auf ein Stromelement $\boldsymbol{j}\,dV$ die Kraft

$$d\boldsymbol{F} = \boldsymbol{j} \times \boldsymbol{B}\,dV = \mu_0 \boldsymbol{j} \times \boldsymbol{H}\,dV$$

aus. Das zugehörige Drehmoment um den Nullpunkt ist $\boldsymbol{x} \times d\boldsymbol{F}$. Auf einen geschlossenen Linienstrom wirkt daher das Drehmoment

$$\boldsymbol{M}_d = I \oint \boldsymbol{x} \times (d\boldsymbol{s} \times \boldsymbol{B}).$$

Für örtlich konstantes (homogenes) Magnetfeld ist dies gleich

$$\boldsymbol{M}_d = \tfrac{1}{2} I \oint (\boldsymbol{x} \times d\boldsymbol{s}) \times \boldsymbol{B}.$$

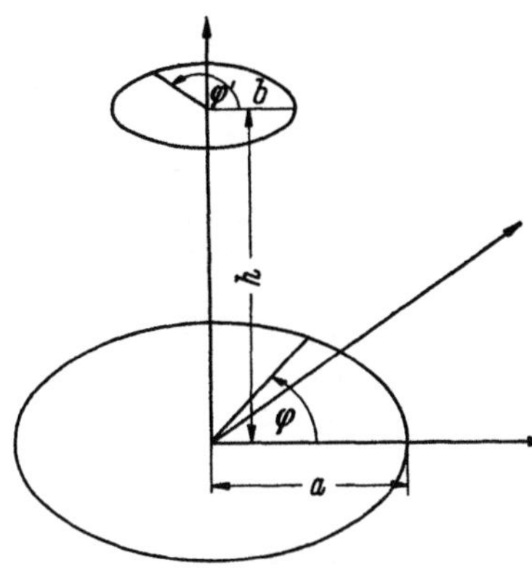

Abb. 3.2. Zwei koaxiale Kreislinienströme

Für ebenen geschlossenen Linienstrom wird daraus

$$\boldsymbol{M}_d = \boldsymbol{m}_h \times \boldsymbol{B}$$

entsprechend dem Drehmoment auf einen magnetischen Dipol vom Moment $\boldsymbol{m}_h$. Die Energie des Dipols im Feld $\boldsymbol{H}$ ist gleich $\boldsymbol{m}_h\,\boldsymbol{B}$.

3.2 Magnetische Medien

Für $\mu \neq \mu_0$ oder tensorielles $\boldsymbol{\mu}$ ist

$$(3.27)\qquad \boldsymbol{B} = \boldsymbol{\mu}\,\boldsymbol{H} = \mu_0(\boldsymbol{H} + \boldsymbol{M})$$

mit $\boldsymbol{M}$ gleich der Magnetisierung des Stoffes. Vergleich mit (3.1) zeigt, daß $\nabla \times \boldsymbol{M}$ wie eine Stromdichte wirkt:

$$(3.28)\qquad \nabla \times \boldsymbol{B} = \mu_0 \boldsymbol{j} + \mu_0 \nabla \times \boldsymbol{M}.$$

Für $\boldsymbol{j} \equiv \mathbf{0}$ (z. B. Permanentmagnete) ist $\boldsymbol{H}$ wirbelfrei, so daß man durch

(3.29) $$\boldsymbol{H} = -\nabla \psi$$

ein skalares magnetisches Potential ψ einführen kann. Wegen $\nabla \boldsymbol{B} = 0$, $\nabla \boldsymbol{H} = -\nabla \boldsymbol{M}$ ist in einem isotropen homogenen Medium

(3.30) $$\Delta \psi = \nabla \boldsymbol{M}.$$

An Begrenzungsflächen eines solchen Mediums (1) gegen das Vakuum (2) ist ψ stetig, hingegen

(3.31) $$\partial \psi^{(2)}/\partial n - \partial \psi^{(1)}/\partial n = -\boldsymbol{n}\boldsymbol{M}.$$

Daraus (mit Regularität im Unendlichen) folgt ψ im Äußeren eines Permanentmagneten mit Berandung S als

(3.32) $$\psi = -\frac{1}{4\pi}\iiint\limits_V \frac{\nabla' \boldsymbol{M}(\boldsymbol{x}')\,dV'}{|\boldsymbol{x} - \boldsymbol{x}'|} + \frac{1}{4\pi}\iint\limits_S \frac{\boldsymbol{n}\boldsymbol{M}(\boldsymbol{x}')\,dS'}{|\boldsymbol{x} - \boldsymbol{x}'|}$$
$$= -\frac{1}{4\pi}\iiint\limits_V \left(\nabla \frac{1}{|\boldsymbol{x} - \boldsymbol{x}'|}\right)\boldsymbol{M}(\boldsymbol{x}')\,dV'$$

(Potential einer Dipolverteilung); auf S ist i. allg. ψ nicht konstant.

Für skalares $\mu \gg \mu_0$ ist, wegen der Stetigkeit von $\boldsymbol{n}\,\boldsymbol{B}$, auf der Mediumsseite von S

(3.33) $$\boldsymbol{n}\boldsymbol{H}^{(1)} = \partial \psi^{(1)}/\partial n = 0.$$

Fließt im Inneren des Mediums kein Strom, so ist dort

(3.34) $$\Delta \psi = 0.$$

Hat (3.34) mit (3.33) eine eindeutige Lösung (z. B. bei einfach-zusammenhängendem magnetischem Körper V), so gilt $\boldsymbol{H} \equiv \mathbf{0}$ in V. Bei Abwesenheit von Oberflächenströmen ist auf der Seite des Vakuums $\boldsymbol{H}$ normal auf S und auf S daher ψ nahezu konstant. Die Verhältnisse entsprechen dann weitgehend denen beim elektrostatischen Feld eines Leiters.

§ 4. Elektromagnetische Felder mit harmonischer Zeitabhängigkeit

4.1 Allgemeines

Für den zeitvariablen Anteil von $\boldsymbol{E}, \boldsymbol{H}, \boldsymbol{A}, \boldsymbol{\Phi}, \boldsymbol{j}, \varrho$ (und daraus abgeleiteten Größen) werde ein Ansatz gemacht nach (1.51). Der nach Abspaltung des Faktors $e^{i\omega t}$ verbleibende komplexwertige Vektor bzw. Skalar (komplexe Amplitude) wird wie zuvor bezeichnet, ein evtl. vorhandener zeitlich konstanter Anteil mit dem Index 0 gekennzeichnet; also z. B.

$$\boldsymbol{j}(\boldsymbol{x}, t) = \boldsymbol{j}_0(\boldsymbol{x}) + \boldsymbol{j}(\boldsymbol{x})\, e^{i\omega t}$$

usf. Die Materialgrößen ε und μ seien zeitlich konstant. Die Feldgleichungen (1.1) bis (1.5) zerfallen in je ein System für die stationären (Gleichstrom-) Größen und die Amplituden der zeitabhängigen (Wechselstrom-) Größen:

$$(4.1)\quad \begin{cases} \nabla \times \boldsymbol{E}_0 = \boldsymbol{0}, \\ \nabla \times \boldsymbol{H}_0 = \boldsymbol{j}_0, \\ \nabla(\mu \boldsymbol{H}_0) = 0, \\ \nabla(\varepsilon \boldsymbol{E}_0) = \varrho_0, \\ \nabla \boldsymbol{j}_0 = 0, \end{cases} \qquad (4.2)\quad \begin{cases} \nabla \times \boldsymbol{E} = -i\omega\mu \boldsymbol{H}, \\ \nabla \times \boldsymbol{H} = i\omega\varepsilon \boldsymbol{E} + \boldsymbol{j}, \\ \nabla(\mu \boldsymbol{H}) = 0, \\ \nabla(\varepsilon \boldsymbol{E}) = \varrho, \\ \nabla \boldsymbol{j} = i\omega\varrho. \end{cases}$$

Aus den ersten beiden Gln. (4.2) erhält man

$$(4.3)\qquad -\nabla \times (\mu^{-1} \nabla \times \boldsymbol{E}) + \omega^2 \varepsilon \boldsymbol{E} = i\omega \boldsymbol{j},$$

$$(4.4)\qquad -\nabla \times (\varepsilon^{-1} \nabla \times \boldsymbol{H}) + \omega^2 \mu \boldsymbol{H} = \nabla \times (\varepsilon^{-1} \boldsymbol{j}).$$

Gilt (1.11) mit zeitlich konstantem σ, so lautet in (4.2) die zweite Gleichung

$$(4.5)\qquad \nabla \times \boldsymbol{H} = i\omega\varkappa \boldsymbol{E},$$

$$(4.6)\qquad \varkappa = \varepsilon + \frac{1}{i\omega}\sigma,$$

und die beiden letzten Gln. (4.2) lassen sich zu

$$(4.7)\qquad \nabla(\varkappa \boldsymbol{E}) = 0$$

zusammenfassen.

Das Oberflächenintegral

$$(4.8)\qquad N = -\iint_S (\boldsymbol{E} \times \overline{\boldsymbol{H}})\, \boldsymbol{n}\, dS = -\iiint_V \nabla(\boldsymbol{E} \times \overline{\boldsymbol{H}})\, dV$$

[Fluß des (komplexen) Poyntingschen Vektors $\boldsymbol{E} \times \overline{\boldsymbol{H}}$ durch eine geschlossene Fläche S] wird dann[1]

$$(4.9)\qquad N = i\omega \iiint_V [\overline{\boldsymbol{H}}(\mu \boldsymbol{H}) - \boldsymbol{E}(\overline{\varkappa}\, \overline{\boldsymbol{E}})]\, dV;$$

$$(4.10)\qquad \operatorname{Re} N = \frac{i\omega}{2} \iiint_V [\overline{\boldsymbol{H}}((\mu - \mu^+) \boldsymbol{H}) + \overline{\boldsymbol{E}}((\varkappa - \varkappa^+) \boldsymbol{E})]\, dV,$$

$$(4.11)\qquad \operatorname{Im} N = \frac{\omega}{2} \iiint_V [\overline{\boldsymbol{H}}((\mu + \mu^+) \boldsymbol{H}) - \overline{\boldsymbol{E}}((\varkappa + \varkappa^+) \boldsymbol{E})]\, dV$$

---

[1] Siehe SMITH.

($\boldsymbol{\mu}^+ = \overline{\boldsymbol{\mu}}^T$ = konjugierter, $\boldsymbol{\mu}^T$ = transponierter Tensor zu $\boldsymbol{\mu}$; für hermiteschen Tensor $\boldsymbol{\mu}$ ist $\boldsymbol{\mu}^+ = \boldsymbol{\mu}$). Re$N$ ist die in V verbrauchte Wirkleistung; sie ist $= 0$, wenn $\boldsymbol{\mu}$ und $\boldsymbol{\varkappa}$ hermitesch sind. Sind die Tensoren $\boldsymbol{\mu}$, $\boldsymbol{\varepsilon}$ und $\boldsymbol{\sigma}$ reell und symmetrisch, so gilt

(4.12) $$\operatorname{Re} N = \iiint_V \overline{\boldsymbol{E}}(\boldsymbol{\sigma}\,\boldsymbol{E})\,dV = \iiint_V \overline{\boldsymbol{E}}\,\boldsymbol{j}\,dV$$

(Ohmsche Verluste, Joulesche Wärme) und

(4.13) $$\operatorname{Im} N = \omega \iiint_V [\overline{\boldsymbol{H}}(\boldsymbol{\mu}\,\boldsymbol{H}) - \overline{\boldsymbol{E}}(\boldsymbol{\varepsilon}\,\boldsymbol{E})]\,dV.$$

Dies ist, falls $\boldsymbol{\mu}$ und $\boldsymbol{\varepsilon}$ noch frequenzunabhängig sind, gleich (4ω)-mal der Differenz von mittlerer magnetischer und elektrischer Energie W_h und W_e. Der Poyntingsche Satz lautet (Leistungsbilanz, Faktor $\frac{1}{2}$ nach zeitlicher Mittelung)

(4.14) $$-\tfrac{1}{2}\iint_S (\boldsymbol{E}\times\overline{\boldsymbol{H}})\,\boldsymbol{n}\,dS = \tfrac{1}{2}\iiint_V \overline{\boldsymbol{E}}\,\boldsymbol{j}\,dV + \boldsymbol{i}\cdot 2\omega(W_h - W_e)_{\text{mittel}}.$$

Zu einem anisotropen Medium werde allgemein als „transponiertes Medium" dasjenige mit den transponierten Tensoren $\boldsymbol{\varepsilon}^T$ und $\boldsymbol{\mu}^T$ an Stelle von $\boldsymbol{\varepsilon}$ und $\boldsymbol{\mu}$ verstanden. Ist dann $(\boldsymbol{E}, \boldsymbol{H})$ ein von Quellen $\boldsymbol{j}$ im ursprünglichen Medium und $(\tilde{\boldsymbol{E}}, \tilde{\boldsymbol{H}})$ ein von Quellen $\tilde{\boldsymbol{j}}$ im transponierten Medium erzeugtes Feld, d. h.

(4.15) $$\nabla\times\tilde{\boldsymbol{E}} = -\boldsymbol{i}\,\omega\,\boldsymbol{\mu}^T\tilde{\boldsymbol{H}}, \quad \nabla\times\tilde{\boldsymbol{H}} = \boldsymbol{i}\,\omega\,\boldsymbol{\varepsilon}^T\tilde{\boldsymbol{E}} + \tilde{\boldsymbol{j}},$$

so gilt das Reziprozitätsgesetz

(4.16) $$\iiint (\boldsymbol{E}\,\tilde{\boldsymbol{j}} - \tilde{\boldsymbol{E}}\,\boldsymbol{j})\,dV = 0$$

bei Integration über den ganzen Raum.

Medien, bei denen die Tensoren $\boldsymbol{\varepsilon}$ und $\boldsymbol{\mu}$ unabhängig von den Amplituden des zeitharmonischen Feldes sind und bei Richtungsumkehr des magnetischen Gleichfeldes in die transponierten Tensoren übergehen, werden als *gyrotrop* bezeichnet. Ist $\boldsymbol{\varepsilon}$ (bzw. $\boldsymbol{\mu}$) skalar, so spricht man von gyromagnetischen (bzw. gyroelektrischen) Medien. Beispiele: Ferrite (s. § 5.1.2) bzw. Plasmen (s. § 6.3).

4.2 Homogene isotrope Medien

In quellenfreien Gebieten eines solchen Mediums (z. B. Vakuum) sind $\boldsymbol{E}$, $\boldsymbol{H}$ und $\boldsymbol{A}$ Lösungen von (1.52), Φ Lösung der skalaren Schwingungsgleichung

(4.17) $$(\Delta + k^2)\,\Phi = 0$$

mit der Wellenzahl k nach (1.53). Statt (1.26) hat man

(4.18) $$\nabla\boldsymbol{A} = -\boldsymbol{i}\,\omega\,\varepsilon\,\mu\,\Phi.$$

(4.17) wird für $\boldsymbol{x} \neq \boldsymbol{x}'$ durch

$$\frac{1}{4\pi} \frac{e^{\overset{-}{(+)} i k |\boldsymbol{x}-\boldsymbol{x}'|}}{|\boldsymbol{x}-\boldsymbol{x}'|} = h(\boldsymbol{x}, \boldsymbol{x}') \tag{4.19}$$

erfüllt (s. Abschn. E, § 14.1), für das obere Vorzeichen eine von $\boldsymbol{x}'$ ausgehende Kugelwelle. Das untere Vorzeichen (eine auf $\boldsymbol{x}'$ zulaufende Kugelwelle) wird ausgeschlossen durch die Randbedingung im Unendlichen

$$\left(\frac{\partial}{\partial R} + i k\right) \Phi = o\left(\frac{1}{R}\right) \tag{4.20}$$

[(Sommerfeldsche) Ausstrahlungsbedingung] bzw. auch durch die abgeschwächte Bedingung

$$\lim_{R \to \infty} \iint_{|\boldsymbol{x}| = R} \left|\left(\frac{\partial}{\partial R} + i k\right) \Phi\right|^2 dS = 0. \tag{4.21}$$

Fordert man für große R, d. h. auch in großer Entfernung von allen Quellen, entsprechend zu (4.20)

$$\left(\frac{\partial}{\partial R} + i k\right) \boldsymbol{\Psi} = o\left(\frac{1}{R}\right) \tag{4.22}$$

für $\boldsymbol{\Psi} = \boldsymbol{E}$ und $\boldsymbol{H}$, so gilt, mit dem Einheitsvektor $\boldsymbol{e}_R$ in radialer Richtung

$$\boldsymbol{e}_R \times \nabla \times \boldsymbol{\Psi} - i k \boldsymbol{\Psi} = o\left(\frac{1}{R}\right), \tag{4.23}$$

$$\boldsymbol{e}_R \times \boldsymbol{H} + \sqrt{\frac{\varepsilon}{\mu}} \boldsymbol{E} = o\left(\frac{1}{R}\right), \quad \boldsymbol{e}_R \times \boldsymbol{E} - \sqrt{\frac{\mu}{\varepsilon}} \boldsymbol{H} = o\left(\frac{1}{R}\right). \tag{4.24}$$

Für das Vektorpotential $\boldsymbol{A}$ wird ebenfalls (4.22) gefordert. $\boldsymbol{E}$ und $\boldsymbol{H}$ lassen sich durch $\boldsymbol{A}$ ausdrücken:

$$\boldsymbol{H} = \frac{1}{\mu} \nabla \times \boldsymbol{A}, \quad \boldsymbol{E} = -\frac{i\omega}{k^2} (\Delta + k^2) \boldsymbol{A}. \tag{4.25}$$

In Kugelkoordinaten R, ϑ, φ erhält man Lösungen $(\boldsymbol{E}, \boldsymbol{H})$ von (1.52) mit $H_R = 0$ bzw. $E_R = 0$ (sphärische E- bzw. H-Wellen) nach (1.44), (1.46) mit $x_1 = \vartheta$, $x_2 = \varphi$, $x_3 = R$, $\partial/\partial t = i\omega$; es ist dann $h_1 = R$, $h_2 = R \sin\vartheta$. Lösungen u der betreffenden Gl. (1.44) mit $\sigma = 0$ und (4.22) sind

$$u = A P_n^m(\cos\vartheta) \sqrt{R}\, H_{n+\frac{1}{2}}^{(2)}(k R)\, e^{i m \varphi}, \quad m \leqq n. \tag{4.26}$$

Die zugehörigen Felder $(\boldsymbol{E}, \boldsymbol{H})$ sind die der von Multipolen ausgestrahlten Wellen; $m = 0$, $n = 1$ führt auf das Feld eines Dipols im Nullpunkt $R = 0$, s. auch (4.30).

Die den Gln. (1.31), (1.32) entsprechenden, von räumlichen Quellen $\boldsymbol{j}$, ϱ erzeugten Lösungen sind

$$\text{(4.27)}\qquad \begin{aligned} \boldsymbol{A}(\boldsymbol{x}) &= \mu \iint \boldsymbol{j}(\boldsymbol{x}')\, h(\boldsymbol{x}, \boldsymbol{x}')\, dV'; \\ \Phi(\boldsymbol{x}) &= \frac{1}{\varepsilon} \iiint \varrho(\boldsymbol{x}')\, h(\boldsymbol{x}, \boldsymbol{x}')\, dV'. \end{aligned}$$

Für große $R \gg R'$ gilt asymptotisch wegen

$$|\boldsymbol{x} - \boldsymbol{x}'| = R - R' \cos\Theta + O(1/R),$$

$$\cos\Theta = \cos\vartheta \cos\vartheta' + \sin\vartheta \sin\vartheta' \cos(\varphi - \varphi')$$

(Abb. 4.1),

$$\text{(4.28)}\qquad \left\{ \begin{aligned} \boldsymbol{A}(\boldsymbol{x}) &= \frac{e^{-ikR}}{R} \boldsymbol{C}(\boldsymbol{x}) + O\left(\frac{1}{R^2}\right), \\ \boldsymbol{E}(\boldsymbol{x}) &= i\omega \frac{e^{-ikR}}{R} (\boldsymbol{e}_R \times (\boldsymbol{e}_R \times \boldsymbol{C}(\boldsymbol{x})) + O\left(\frac{1}{R}\right), \\ \boldsymbol{H}(\boldsymbol{x}) &= -i\omega \sqrt{\frac{\varepsilon}{\mu}} \frac{e^{-ikR}}{R} (\boldsymbol{e}_R \times \boldsymbol{C}(\boldsymbol{x})) + O\left(\frac{1}{R}\right) \end{aligned} \right.$$

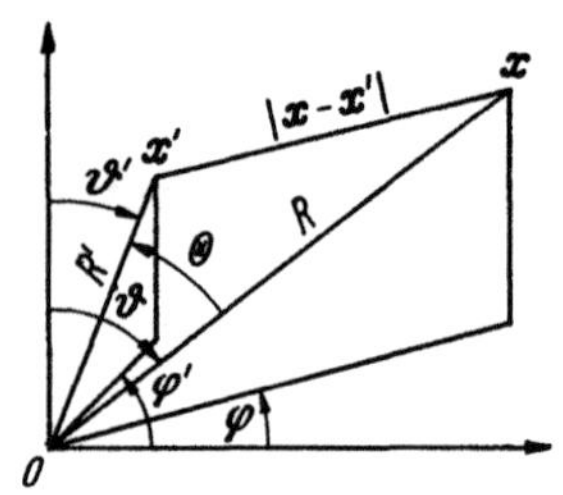

Abb. 4.1. Beziehungen zwischen den Ortsvektoren $\boldsymbol{x}$ und $\boldsymbol{x}'$

mit

$$\text{(4.29)}\qquad \boldsymbol{C}(\boldsymbol{x}) = \frac{\mu}{4\pi} \iiint \boldsymbol{j}(\boldsymbol{x}')\, e^{-ikR'\cos\Theta}\, dV'.$$

Die ersten Glieder rechts in den Gln. (4.28) sind das Fernfeld. Ein kleines Stromelement $I\,\boldsymbol{s}$ bei $\boldsymbol{x}'$ erzeugt

$$\text{(4.30)}\qquad \boldsymbol{A}(\boldsymbol{x}) = \frac{\mu}{4\pi} \frac{e^{-ik|\boldsymbol{x}-\boldsymbol{x}'|}}{|\boldsymbol{x} - \boldsymbol{x}'|} I\,\boldsymbol{s} = \frac{e^{-ikR}}{R} \frac{\mu I}{4\pi} e^{-ikR'\cos\Theta}\, \boldsymbol{s} + O\left(\frac{1}{R}\right).$$

Für eine gerade Linearantenne (Abb. 4.2) mit der Stromverteilung $I(z)$ hat $\boldsymbol{A}(\boldsymbol{x})$ nur eine z-Komponente

$$\text{(4.31)}\qquad A_z(r, z) = \frac{\mu}{4\pi} \int_{-l}^{l} I(z') \frac{e^{-ik|\boldsymbol{x}-\boldsymbol{x}'|}}{|\boldsymbol{x} - \boldsymbol{x}'|} dz',$$

$$|\boldsymbol{x} - \boldsymbol{x}'|^2 = (z - z')^2 + r^2;$$

ebenso für eine dünnwandige idealleitende Kreiszylinderantenne (Radius a, Abb. 4.3)

$$A_z(r, z) = \frac{\mu}{4\pi} \int_{-l}^{l} I(z')\, K(z, z)\, dz', \tag{4.32}$$

$$K(z, z') = \int_0^{2\pi} \frac{e^{-ik|x-x'|}}{|x - x'|}\, d\varphi', \tag{4.33}$$

$$|x - x'|^2 = (z - z')^2 + r^2 + a^2 - 2a\, r \cos\varphi'.$$

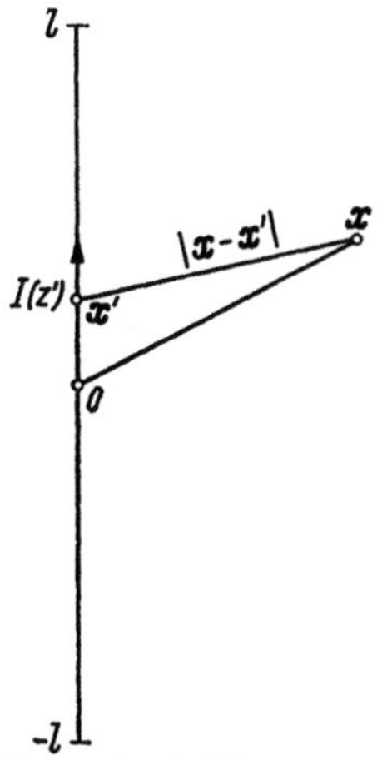

Abb. 4.2. Gerade Linearantenne

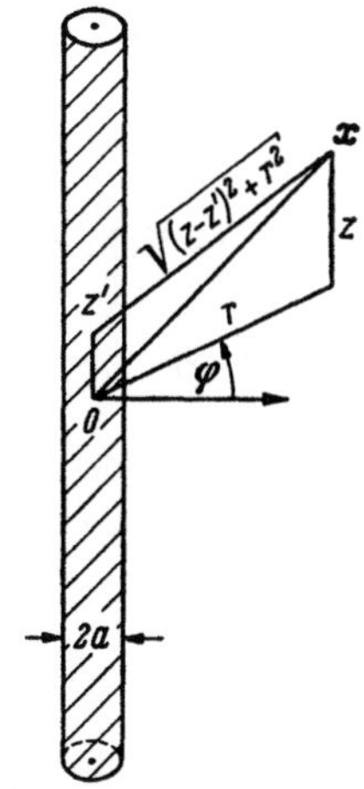

Abb. 4.3. Kreiszylinderantenne

Für solches $A = A_z(r, z)\, e_z$ sind die Feldkomponenten in Zylinderkoordinaten

$$E_z = -\frac{i\omega}{k^2}\left(\frac{\partial^2}{\partial z^2} + k^2\right) A_z, \quad E_r = \frac{i\omega}{k^2} \frac{\partial^2 A_z}{\partial z\, \partial r}, \quad \mu H_\varphi = -\frac{\partial A_z}{\partial r}. \tag{4.34}$$

Für eine Kreislinienantenne (Radius a, Abb. 4.4) ist $ds = a\, d\varphi\, e_\varphi$, $|x - x'|^2 = R^2 + a - 2a\, R \sin\vartheta \cos(\varphi - \varphi')$, und A hat nur eine

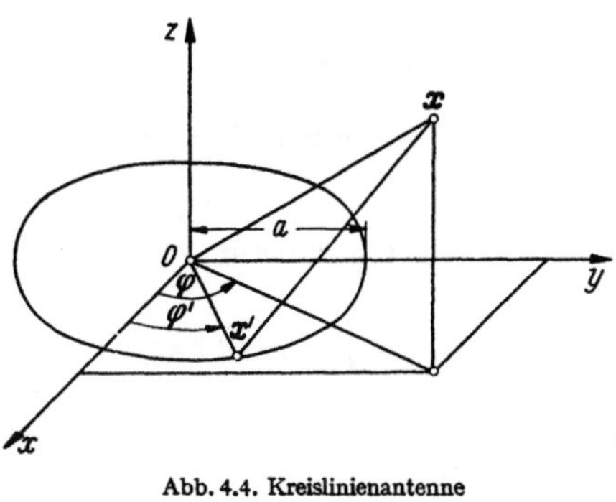

Abb. 4.4. Kreislinienantenne

φ-Komponente A_φ, für die bei $|\boldsymbol{x}| \gg a$ (Fernfeld) gilt

$$A_\varphi \approx \frac{e^{-ikR}}{R} \frac{\mu k a^2 \sin\vartheta}{4} I. \tag{4.35}$$

Bei ebenen Feldern ($\partial/\partial z = 0$) tritt an die Stelle der Kugelwelle (4.20) die von der Linie $\boldsymbol{r}'$ ausgehende Zylinderwelle

$$g(\boldsymbol{r}, \boldsymbol{r}') = \frac{i}{4} H_0^{(2)}(k|\boldsymbol{r} - \boldsymbol{r}'|) \tag{4.36}$$

mit der Ausstrahlungsbedingung

$$\left(\frac{\partial}{\partial r} + i k\right) \Phi = o\left(\frac{1}{r^{1/2}}\right). \tag{4.37}$$

Wird ein solches Feld von Strömen $\boldsymbol{j} = j_z \boldsymbol{e}_z$ erzeugt, so gilt

$$E_z(x, y) = -\frac{\omega \mu}{4} \iint j_z(\boldsymbol{r}') H_0^{(2)}(k|\boldsymbol{r} - \boldsymbol{r}'|)\, dx'\, dy'. \tag{4.38}$$

Für $\boldsymbol{j} = \sigma \boldsymbol{E}$ im Medium bestehen weitgehend die gleichen Beziehungen wie oben in quellenfreien Gebieten, wenn ε durch

$$\varkappa = \varepsilon + \sigma/(i\omega) \tag{4.39}$$

ersetzt und k^2 nach (1.55) genommen wird; k selbst hat einen nichtpositiven Imaginärteil.

4.3 Skineffekt

Für $\sigma \gg \omega\varepsilon$ (d. h. $\varepsilon|\partial \boldsymbol{E}/\partial t| \ll |\boldsymbol{j}|$, „quasistationäre Vorgänge") ist

$$k \approx (1 + i)\sqrt{\omega \mu \sigma/2} = (1 + i)/\delta \tag{4.40}$$

mit der „Skintiefe"

$$\delta = \sqrt{2/(\omega \mu \sigma)}. \tag{4.41}$$

Innerhalb eines solchen Leiters gilt

$$(\Delta - i\omega\mu\sigma)\boldsymbol{\Psi} = 0 \tag{4.42}$$

für $\boldsymbol{\Psi} = \boldsymbol{E}, \boldsymbol{H}, \boldsymbol{A}$ oder $\boldsymbol{j}$.

Hat der Leiter eine ebene Begrenzung, etwa $z = 0$, so gilt im Leiter $z > 0$

$$\boldsymbol{j}(z) = \boldsymbol{j}(0)\, e^{-(1+i)z/\delta}. \tag{4.43}$$

Stromdichte und Felder fallen in ihrer Amplitude im senkrechten Abstand δ von der Oberfläche auf $(1/e)$-tel ab; $\boldsymbol{H}$ steht senkrecht auf $\boldsymbol{j}$

und $\boldsymbol{E}$. In den Leiter fließt Verlustleistung mit einer zeitlich gemittelten Flächendichte

(4.44) $$\frac{1}{2}\operatorname{Re}(\boldsymbol{E}\times\overline{\boldsymbol{H}})\,\boldsymbol{e}_z = \sqrt{\frac{\omega\mu}{8\sigma}}\left|\int_0^\infty \boldsymbol{j}(z)\,dz\right|^2.$$

An der Oberfläche ist näherungsweise

(4.45) $$\boldsymbol{E}_{\tan} = -(1+i)\sqrt{\frac{\omega\mu}{2\sigma}}\,\boldsymbol{H}_{\tan}\times\boldsymbol{n}.$$

In einem geraden runden Draht (Achse z, Radius a) folgt $\boldsymbol{j} = j_z(r)\,\boldsymbol{e}_z$ aus

(4.46) $$\left(\frac{1}{r}\frac{d}{dr}r\frac{d}{dr} - i\,\omega\,\mu\,\sigma\right)j_z = 0$$

zu

(4.47) $$j_z(r) = j_z(0)\,J_0\left(\frac{1-i}{\delta}r\right) = j_z(0)\left[\operatorname{ber}_0\left(\frac{\sqrt{2}}{\delta}r\right) + i\operatorname{bei}_0\left(\frac{\sqrt{2}}{\delta}r\right)\right]$$

(vgl. Abschn. B, § 3.15). Zwischen $j_z(0)$ und dem Gesamtstrom I durch den Draht besteht der Zusammenhang

(4.48) $$I = -i\,j_z(0)\,\sqrt{2}\pi\,a\,\delta\left[\operatorname{ber}_0'\left(\frac{\sqrt{2}}{\delta}r\right) + i\operatorname{bei}_0'\left(\frac{\sqrt{2}}{\delta}r\right)\right].$$

Für $a \gg \delta$ kann $j_z(r)$ durch $j_z(a)\,e^{-(1+i)(a-r)/\delta}$ approximiert werden. Bei hohen Frequenzen sind in metallischen Leitern zusätzliche Effekte zu berücksichtigen (siehe z. B. Casimir und Ubbink); so ist auf Grund von Relaxationseffekten $\boldsymbol{j} = \sigma\boldsymbol{E}$ durch

(4.49) $$\boldsymbol{j} = [\sigma/(1 + i\,\omega\,\tau)]\,\boldsymbol{E}$$

zu ersetzen (τ = Relaxationszeit).

§ 5. Elektromagnetische Wellen und Schwingungen in Medien ohne freie Ladungen

5.1 Ebene Wellen in homogenen Medien

5.1.1 Isotrope Medien

(1.52) wird durch

(5.1) $$\boldsymbol{\Psi}(\boldsymbol{x}) = \boldsymbol{\Psi}(0)\,e^{-i\boldsymbol{k}\boldsymbol{x}}$$

erfüllt, das ist mit (1.51) eine in Richtung von $\boldsymbol{k}$ sich ausbreitende ebene Welle. Mit k^2 nach (1.53) ist $|\boldsymbol{k}| = k$ und

(5.2) $$\omega/k = 1/\sqrt{\varepsilon\,\mu} = v_{\text{ph}}$$

gleich der Phasengeschwindigkeit; mit k^2 nach (1.55) ist $\boldsymbol{k}$ ein komplexwertiger Vektor, $|\boldsymbol{k}|^2 = |k^2|$, und

(5.3) $$\omega/\mathrm{Re}\,k = v_{\mathrm{ph}}$$

die Phasengeschwindigkeit. Bei Abhängigkeit der Größen ε, μ, σ von ω ist i. allg. auch v_{ph} frequenzabhängig (Dispersion);

(5.4) $$\left(\frac{d\,\mathrm{Re}\,k}{d\omega}\right)^{-1} = \left(\frac{1}{v_{\mathrm{ph}}} - \frac{\omega}{v_{\mathrm{ph}}^2}\frac{d v_{\mathrm{ph}}}{d\omega}\right)^{-1} = v_{\mathrm{gr}}$$

ist die Gruppengeschwindigkeit.

In jeder Ebene senkrecht zu $\boldsymbol{k}$ ist $\boldsymbol{\Psi}$ konstant. Aus

(5.5) $$\nabla \times \boldsymbol{E} = -i\,\omega\,\mu\,\boldsymbol{H}, \qquad \nabla \times \boldsymbol{H} = i\,\omega\,\varkappa\,\boldsymbol{E}$$

[$\varkappa$ nach (4.39)] folgt, daß $\boldsymbol{E}$ und $\boldsymbol{H}$ keine longitudinale Komponente (in Richtung von $\boldsymbol{k}$) haben, und

(5.6) $$\boldsymbol{H}_{\mathrm{tr}} = \sqrt{\frac{\varepsilon}{\mu}}\,\frac{1}{|\boldsymbol{k}|}\,(\boldsymbol{k} \times \boldsymbol{E}_{\mathrm{tr}}).$$

Der komplexe Poynting-Vektor $\boldsymbol{E} \times \overline{\boldsymbol{H}}$ hat die Richtung von $\boldsymbol{k}$. Für *verlustfreies* Medium [k^2 nach (1.53)] ist er reellwertig, und die mittlere Leistungsflußdichte hat den Betrag

(5.7) $$p_{\mathrm{mittel}} = \frac{1}{2}\left|\boldsymbol{E} \times \overline{\boldsymbol{H}}\right| = \frac{1}{2}\sqrt{\frac{\varepsilon}{\mu}}\,\boldsymbol{E}\,\overline{\boldsymbol{E}} = \frac{1}{2}\sqrt{\frac{\mu}{\varepsilon}}\,\boldsymbol{H}\,\overline{\boldsymbol{H}}.$$

Das Zeitmittel der Energiedichte ist andererseits für frequenzabhängige Größen[1] ε und μ

(5.8) $$w_{\mathrm{mittel}} = \frac{1}{4}\left[\frac{d(\omega\,\varepsilon)}{d\omega}\boldsymbol{E}\,\overline{\boldsymbol{E}} + \frac{d(\omega\,\mu)}{d\omega}\boldsymbol{H}\,\overline{\boldsymbol{H}}\right] = \frac{1}{2}\sqrt{\frac{\varepsilon}{\mu}}\,\frac{dk}{d\omega}\,\boldsymbol{E}\,\overline{\boldsymbol{E}}.$$

Definiert man die Energiegeschwindigkeit v_{en} durch

(5.9) $$v_{\mathrm{en}} = p_{\mathrm{mittel}}/w_{\mathrm{mittel}},$$

so folgt aus (5.7), (5.8) und (5.4)

(5.10) $$v_{\mathrm{en}} = v_{\mathrm{gr}}.$$

5.1.2 Gyromagnetische Medien

Für skalares ε und $\boldsymbol{j} \equiv \boldsymbol{0}$ lautet (4.4)

(5.11) $$(\Delta + \omega^2\,\varepsilon\,\boldsymbol{\mu})\,\boldsymbol{H} = \boldsymbol{0}.$$

Ein Ansatz (5.1) mit noch zu bestimmendem $\boldsymbol{k}$ führt auf

(5.12) $$(-|\boldsymbol{k}|^2\,\boldsymbol{I} + \omega^2\,\varepsilon\,\boldsymbol{\mu})\,\boldsymbol{H} = \boldsymbol{0}$$

[1] Siehe z. B. Sivukhin.

($\boldsymbol{I}$ = Einheitstensor). Im kartesischen (x, y, z)-System habe $\boldsymbol{\mu}$ die Form[1]

$$\boldsymbol{\mu} = \begin{pmatrix} \mu_1 & i\nu & 0 \\ -i\nu & \mu_1 & 0 \\ 0 & 0 & \mu_3 \end{pmatrix} \tag{5.13}$$

(z. B. Ferrit mit magnetischem Gleichfeld $\boldsymbol{H}_0$ in z-Richtung).

Bei beliebigem Winkel zwischen $\boldsymbol{k}$ und $\boldsymbol{H}_0$ führen die Feldgleichungen auf eine Gleichung 3. Grades für $k^2 = |\boldsymbol{k}|^2$. Wir beschränken uns auf die Fälle mit Winkel 0° und 90°, d. h. Wellenausbreitung parallel bzw. senkrecht zu $\boldsymbol{H}_0$, in denen man eine Gleichung 2. Grades für k^2 erhält.

a) $\boldsymbol{k}$ parallel zu $\boldsymbol{H}_0$:

$$\left(k^2 - \omega^2\,\varepsilon(\mu_1 + \nu)\right)\left(k^2 - \omega^2\,\varepsilon(\mu_1 - \nu)\right) = 0 \tag{5.14}$$

mit den Lösungen

$$k_\pm^2 = \omega^2\,\varepsilon(\mu_1 \pm \nu). \tag{5.15}$$

Es ist $H_z = 0$ und

$$(H_y)_\pm = \mp i\,H_x \tag{5.16}$$

[d. h., wenn $\mathrm{Re} H_x = H \cos\omega t$, so gilt $\mathrm{Re}(H_y)_\mp = \pm H \sin\omega t$]. Zum oberen bzw. unteren Vorzeichen gehört ein Vektor $\boldsymbol{H}$, der, in Richtung von $\boldsymbol{H}_0$ gesehen, im Uhrzeiger- bzw. Gegenuhrzeigersinn rotiert (positiv bzw. negativ zirkular polarisierte Welle). Bei Richtungsumkehr von $\boldsymbol{H}_0$ vertauschen sich die Rollen dieser beiden, in der Phasengeschwindigkeit verschiedenen Wellen (Faraday-Effekt).

b) $\boldsymbol{k}$ senkrecht zu $\boldsymbol{H}_0$:

$$(k^2 - \omega^2\,\varepsilon\,\mu_3)\left(k^2 - \omega^2\,\varepsilon\,\frac{\mu_1^2 - \nu^2}{\mu_1}\right) = 0. \tag{5.17}$$

Für die zu den Nullstellen des zweiten Faktors gehörigen Wellen ist die longitudinale Komponente von $\boldsymbol{H}$ ungleich 0.

5.2 Wellenleiter

5.2.1 Allgemeines

Als Wellenleiter sollen Gebiete des R_3 verstanden werden, die in Richtung einer Koordinate x_3 eines (hier als orthogonal vorausgesetzten) Koordinatensystems sich ins Unendliche erstrecken und in denen unter transversalen Randbedingungen sich Wellen in dieser Richtung ausbreiten können.

[1] Bezüglich (5.11) bzw. der aus (4.3) für skalares ε und $\boldsymbol{j} \equiv \boldsymbol{0}$ hervorgehenden Gleichung für $\boldsymbol{E}$ mit (5.13) ohne den Ansatz für ebene Wellen s. VAN BLADEL.

Gebräuchlichstes Beispiel: Homogene zylindrische Wellenleiter, $x_3 = z$. „Homogen" bedeutet dabei: gleiche Geometrie in allen Querschnittsebenen $z = \text{const}$ (evtl. transversal geschichtet oder auch anisotrope Medien). Für eine in $(+z)$-Richtung laufende Welle kann von $\boldsymbol{E}$ und $\boldsymbol{H}$ die z-Abhängigkeit als ein Faktor $e^{-ihz} = e^{(\alpha - i\beta)z}$ abgespalten werden;

$$h = \beta - i\,\alpha \tag{5.18}$$

hängt von den Randbedingungen ab.

Bei „radialen" Wellenleitern ist $x_3 = r$ in Zylinderkoordinaten r, φ, z. Beispiel für einen Wellenleiter mit $x_3 = R$ in Kugelkoordinaten ist der Raum zwischen zwei Kegeln mit gemeinsamer Spitze. Inhomogene Wellenleiter sind z. B. solche mit sich mit x_3 ändernden Randbedingungen in den Flächen $x_3 = \text{const}$ oder mit Medien, deren Eigenschaften von x_3 abhängen.

In einem homogenen Wellenleiter mit homogenem isotropem Dielektrikum, in dem (1.15) gilt, folgt in einem Koordinatensystem mit den in § 1.2 vor (1.44) genannten Eigenschaften, aus den dortigen Beziehungen die Aufteilung in transversal-magnetische (TM- oder E-) und transversal-elektrische (TE- oder H-) Wellen [man setze $\partial/\partial t = i\,\omega$ in (1.44), (1.46)]; ferner in manchen Fällen (nicht bei einfach-zusammenhängendem Querschnitt eines zylindrischen Wellenleiters mit Metallwand, vgl. § 2.5) die Möglichkeit transversal-elektromagnetischer (TEM- oder L-) Wellen. Mit dem Ansatz

$$u(\boldsymbol{x}) = \tilde{u}(x_1, x_2)\, e^{-ihx_3} \tag{5.19}$$

wird aus (1.44), wenn wir für $\tilde{u}$ wieder u schreiben,

$$(\Delta_{\text{tr}} + \Gamma^2)\, u = 0, \qquad \Gamma^2 = k^2 - h^2 \quad \text{(E- und H-Wellen)}; \tag{5.20}$$

k^2 nach (1.55) bzw., bei $\sigma = 0$, nach (1.53). Bei $\sigma = 0$ ist i. allg. $\Gamma^2 > 0$; ω-Intervalle, in denen $h^2 > 0$, also $h = \beta$, heißen Durchlaßbereiche, ω-Intervalle, in denen $h^2 < 0$, also $h = -i\,\alpha$, Sperrbereiche; Endpunkte von Durchlaßbereichen $(h = 0)$ heißen Grenzfrequenzen. In einem Durchlaßbereich ist wieder

$$\omega/\beta = v_{\text{ph}}, \qquad (d\omega/d\beta)^{-1} = v_{\text{gr}}. \tag{5.21}$$

Bei homogenem zylindrischem Wellenleiter ist die Energiegeschwindigkeit v_{en}, hier definiert durch

$$v_{\text{en}} = \tfrac{1}{2} \iint\limits_{z=\text{const}} (\boldsymbol{E} \times \overline{\boldsymbol{H}})\, \boldsymbol{e}_z\, dS \Big/ \iint\limits_{z=\text{const}} w_{\text{mittel}}\, dS \tag{5.22}$$

[w_{mittel} nach (5.8)], gleich v_{gr}.

Für evtl. vorhandene L-Wellen ist $h^2 = k^2$, $\Delta_{\text{tr}} u = 0$.

5.2.2 Homogene zylindrische Wellenleiter mit Metallwänden

a) Isotrope Medien. Auf den Querschnitten der Metallwände gilt für E- bzw. H-Wellen

(5.23) $$u_e = \text{const} \quad \text{bzw.} \quad \partial u_h/\partial n = \text{const}.$$

Die E- und H-Wellen werden daher aus den Lösungen von (5.20) unter diesen Randbedingungen gefunden. Für einfach-zusammenhängenden endlichen Querschnitt G (Hohlleiter, Abb. 5.1), berandet von der Kurve C, auf der (5.23) zu erfüllen ist (die Konstante kann dann $= 0$ gesetzt werden) lauten diese Dirichletschen bzw. Neumannschen Randwertprobleme:

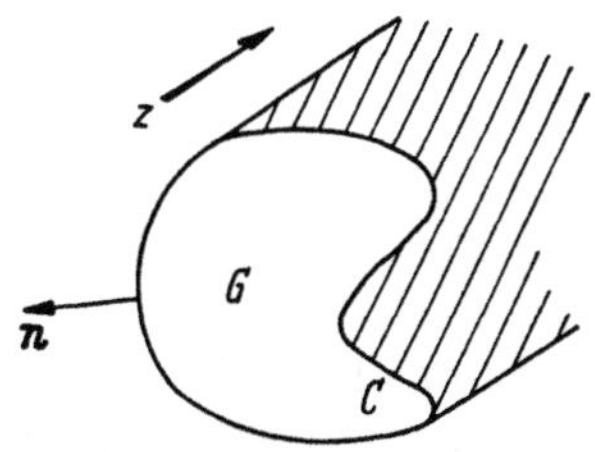

Abb. 5.1. Zylindrischer Hohlleiter

(5.24) $$(\Delta_{\text{tr}} + \Gamma^2)\, u_e = 0, \qquad u_e = 0 \quad \text{auf } C \quad \text{(E-Wellen)}$$

bzw.

(5.25) $$(\Delta_{\text{tr}} + \Gamma^2)\, u_h = 0, \qquad \partial u_h/\partial n = 0 \quad \text{auf } C \quad \text{(H-Wellen)}.$$

Durchlaßbereich für eine E- oder H-Welle mit Eigenwert Γ_ν^2 ist $k^2 > \Gamma_\nu^2$ (bei $\sigma = 0$), d. h. $v_{\text{ph}} > 1/\sqrt{\varepsilon\mu}$. Jedes der beiden Systeme von Eigenfunktionen $u_{e,\nu}(x_1, x_2)$ und $u_{h,\nu}(x_1, x_2)$ ist in G vollständig (im Raum der in G quadratisch integrierbaren Funktionen). Zum Eigenwert $\Gamma_\nu^2 = 0$ von (5.25) mit der Eigenfunktion $u_{h,\nu} \equiv \text{const}$ in G gehört keine Welle. Ansonsten gehört zu jeder Eigenfunktion $u_{e,\nu}$ eine E-Welle mit $E_{z,\nu} \sim u_{e,\nu}$

(5.26) $$\boldsymbol{E}_{\text{tr},\nu} = -\frac{i\,h_\nu}{\Gamma_\nu^2} \nabla_{\text{tr}} E_{z,\nu}, \qquad \boldsymbol{H}_{\text{tr},\nu} = -\frac{i\,\omega\,\varkappa}{\Gamma_\nu^2} e_z \times \nabla_{\text{tr}} E_{z,\nu},$$

zu jeder Eigenfunktion $u_{h,\nu}$ eine H-Welle mit $H_{z,\nu} \sim u_{h,\nu}$

(5.27) $$\boldsymbol{E}_{\text{tr},\nu} = \frac{i\,\omega\,\mu}{\Gamma_\nu^2} e_z \times \nabla_{\text{tr}} H_{z,\nu}, \qquad \boldsymbol{H}_{\text{tr},\nu} = -\frac{i\,h_\nu}{\Gamma_\nu^2} \nabla_{\text{tr}} H_{z,\nu}.$$

Diese Vektoren erfüllen gewisse Orthogonalitätsbeziehungen.[1]

Ein beliebiges Feld $\boldsymbol{E}, \boldsymbol{H}$ im Hohlleiter kann nach den Eigenvektoren entwickelt werden.[2] Setzt man für den einzelnen E- oder H-Wellentyp in (5.26), (5.27)

(5.28) $$\boldsymbol{E}_{\text{tr},\nu} = A\, \boldsymbol{f}_\nu(x_1, x_2)\, e^{-i h_\nu z}$$

---

[1] Siehe z. B. Borgnis und Papas [*2*], Butterweck [*1*].

[2] Für einen Vollständigkeitsbeweis s. Heyn. Entsprechendes gilt für zweifach-zusammenhängendes Gebiet bei Hinzunahme der L-Welle. Mit Hilfe solcher Entwicklungen können auch Hohlleiter mit Quellen behandelt werden, siehe z. B. van Bladel, Butterweck [*1*], ferner Blenden und Querschnittssprünge in Hohlleitern.

mit normierten $\boldsymbol{f}_\nu$,

(5.29) $$\iint\limits_G |\boldsymbol{f}_\nu|^2\, dS = 1,$$

so kann man diese Entwicklungen für die Transversalkomponenten von $\boldsymbol{E}, \boldsymbol{H}$ in der Form

(5.30) $$\begin{aligned} \boldsymbol{E}_{\text{tr}}(\boldsymbol{x}) &= \sum_\nu U_\nu(z)\, \boldsymbol{f}_\nu(x_1, x_2), \\ \boldsymbol{H}_{\text{tr}}(\boldsymbol{x}) &= \sum_\nu I_\nu(z)\, \boldsymbol{e}_z \times \boldsymbol{f}_\nu(x_1, x_2) \end{aligned}$$

anschreiben, wobei

(5.31) $$\begin{aligned} U_\nu(z) &= \iint\limits_{z=\text{const}} \boldsymbol{E}_{\text{tr}}(\boldsymbol{x})\, \boldsymbol{f}_\nu(x_1, x_2)\, dS, \\ I_\nu(z) &= \iint\limits_{z=\text{const}} \boldsymbol{H}_{\text{tr}}(\boldsymbol{x})\, \big(\boldsymbol{e}_z \times \boldsymbol{f}_\nu(x_1, x_2)\big)\, dS. \end{aligned}$$

Kommt in $\boldsymbol{E}, \boldsymbol{H}$ nur der ν-te Wellentyp vor (mit Anteilen evtl. in beiden Richtungen $\pm z$), so reduzieren sich die Summen in (5.30) auf ein Glied. Für $U_\nu(z)$, $I_\nu(z)$ gilt das Paar von Leitungsgleichungen (bei $\sigma = 0$)

(5.32) $$\frac{dU_\nu}{dz} = -i\, h_\nu Z_\nu I_\nu, \qquad \frac{dI_\nu}{dz} = -i \frac{h_\nu}{Z_\nu} U_\nu$$

mit

(5.33) $$Z_\nu = \begin{cases} \sqrt{\mu/\varepsilon}\,(h_\nu/k) & \text{(E-Wellen)} \\ \sqrt{\mu/\varepsilon}\,(k/h_\nu) & \text{(H-Wellen)}. \end{cases}$$

Durch Separation von u in der (x_1, x_2)-Ebene lassen sich Wellenleiter mit rechteckigem, Kreis-, Ring-, elliptischem u. a. Querschnitten behandeln.

Beispiele. 1. Kreiszylindrischer Hohlleiter, Radius a:

$$u = C J_n(\Gamma r) \cos(n\varphi + \varphi_0);$$

für E-Wellen $J_n(\Gamma a) = 0$; für H-Wellen $J_n'(\Gamma a) = [dJ_n(x)/dx]_{x=\Gamma a} = 0$.

2. Koaxialer Wellenleiter (Querschnitt in Abb. 2.3; für die L-Welle s. § 2.5).

$$u = [C_1 J_n(\Gamma r) + C_2 N_n(\Gamma r)] \cos(n\varphi + \varphi_0);$$

für E-Wellen: $C_2/C_1 = -J_n(\Gamma r_1)/N_n(\Gamma r_1)$,

(5.34) $$J_n(\Gamma r_2)\, N_n(\Gamma r_1) - N_n(\Gamma r_2)\, J_n(\Gamma r_1) = 0;$$

für H-Wellen: $C_2/C_1 = -J_n'(\Gamma r_1)/N_n'(\Gamma r_1)$,

(5.35) $$J_n'(\Gamma r_2)\, N_n'(\Gamma r_1) - N_n'(\Gamma r_2)\, J_n'(\Gamma r_1) = 0.$$

Tabellen der Nullstellen von (5.34) und (5.35) sind zu finden bei Weil, Murty und Rao bzw. H. F. Bauer.

Der kleinste Eigenwert Γ^2 für E-Wellen ist das Minimum des Funktionals

$$\mathfrak{J}\{u\} = -\frac{\iint\limits_G u\,\Delta_{\text{tr}} u\,dS}{\iint\limits_G u^2\,dS} = \frac{\iint\limits_G (\nabla_{\text{tr}}\,u)^2\,dS}{\iint\limits_G u^2\,dS} \tag{5.36}$$

für alle die Randbedingungen erfüllenden Funktionen $u(x_1, x_2)$; es wird für die zugehörige Eigenfunktion $u = u_e$ erreicht.

Für $\sigma = 0$ und frequenzunabhängiges Produkt $\varepsilon\,\mu$ gilt wegen $\beta_\nu^2 = k^2 - \Gamma_\nu^2$

$$v_{\text{gr}} = \sqrt{\frac{1 - (\Gamma/k)^2}{\varepsilon\,\mu}} = \frac{1}{\varepsilon\,\mu}\,\frac{1}{v_{\text{ph}}} \tag{5.37}$$

oberhalb der Grenzfrequenz

$$\omega_{c,\nu} = \Gamma_\nu/\sqrt{\varepsilon\,\mu}. \tag{5.38}$$

Sind $\Gamma_{e,\nu}^2$ und $\Gamma_{h,\nu}^2$ die Eigenwerte von (5.24) bzw. (5.25), jeweils der Größe nach geordnet,

$$0 < \Gamma_{e,0}^2 < \Gamma_{e,1}^2 \leqq \Gamma_{e,2}^2 \leqq \cdots,$$
$$0 = \Gamma_{h,0}^2 < \Gamma_{h,1}^2 \leqq \Gamma_{h,2}^2 \leqq \cdots,$$

so ist $\Gamma_{h,\nu}^2 \leqq \Gamma_{e,\nu}^2$ sowie $\Gamma_{h,1}^2 \leqq \Gamma_{e,0}^2$, d. h., die Welle mit kleinster Grenzfrequenz ist eine H-Welle. Bei gegebener Fläche des Querschnitts G ist $\Gamma_{e,0}^2$ am kleinsten und $\Gamma_{h,1}^2$ am größten für Kreisquerschnitt.

b) Anisotrope Medien. Wellenleiter mit anisotropen Medien haben i. allg. keine E- und H-Wellen sowie in Richtung $+z$ und $-z$ verschiedene Ausbreitungseigenschaften (nichtreziproke Wellenleiter). Wir beschränken uns auf das Beispiel der Wellenausbreitung in einem longitudinal magnetisierten Ferrit [Tensor $\boldsymbol{\mu}$ nach (5.13)].

Bei der Aufspaltung

$$\boldsymbol{E} = \boldsymbol{E}_{\text{tr}} + \boldsymbol{e}_z E_z, \quad \boldsymbol{H} = \boldsymbol{H}_{\text{tr}} + \boldsymbol{e}_z H_z \tag{5.39}$$

erhält man aus den ersten beiden Gln. (4.2)

$$\begin{aligned} &\nabla(\boldsymbol{e}_z \times \boldsymbol{E}_{\text{tr}}) = -i\,\omega\,\mu_3\,H_z, \quad \nabla(\boldsymbol{e}_z \times \boldsymbol{H}_{\text{tr}}) = i\,\omega\,\varepsilon\,E_z,\\ &\nabla_{\text{tr}} \times (E_z\,\boldsymbol{e}_z) - i\,h\,\boldsymbol{e}_z \times \boldsymbol{E}_{\text{tr}} = -i\,\omega\,\mu_1\,\boldsymbol{H}_{\text{tr}} - \omega\,\nu\,\boldsymbol{e}_z \times \boldsymbol{H}_{\text{tr}},\\ &\nabla_{\text{tr}} \times (H_z\,\boldsymbol{e}_z) - i\,h\,\boldsymbol{e}_z \times \boldsymbol{H}_{\text{tr}} = i\,\omega\,\varepsilon\,\boldsymbol{H}_{\text{tr}} \end{aligned} \tag{5.40}$$

und durch Elimination von $\boldsymbol{H}_{\text{tr}}, \boldsymbol{E}_{\text{tr}}$ daraus und aus $\nabla(\boldsymbol{\mu}\,\boldsymbol{H}) = 0$, $\nabla\boldsymbol{E} = 0$,

$$\begin{aligned} &(\nabla_{\text{tr}} + k_1^2)\,E_z - i\,\omega\,h\,\mu_3\,H_z = 0,\\ &(\nabla_{\text{tr}} + k_2^2)\,H_z + i\,\omega\,h\,\varepsilon\,\frac{\nu}{\mu_1}\,E_z = 0, \end{aligned} \tag{5.41}$$

$$k_1^2 = \frac{\omega^2\,\varepsilon}{\mu_1}\,(\mu_1^2 - \nu^2) - h^2, \quad k_2^2 = \omega^2\,\varepsilon\,\mu_3 - h^2\,\frac{\mu_3}{\mu_1}. \tag{5.42}$$

Diese Gleichungen lassen sich entkoppeln und führen[1] auf Felder innerhalb des Ferrits von der Form

(5.43) $$E_z = C_1 u_1 + C_2 u_2$$

ebenso für H_z, wo

(5.44) $$(\Delta_{tr} + \Gamma_i^2)\, u_i = 0, \quad i = 1, 2,$$

(5.45) $$\Gamma_1^2 + \Gamma_2^2 = k_1^2 + k_2^2,$$
$$\Gamma_1^2 \Gamma_2^2 = \omega^4 \varepsilon^2 \mu_1 \mu_3 \left(1 - \frac{\nu^2}{\mu_1^2}\right) - 2\omega^2 h^2 \varepsilon \mu_3 + h^4 \frac{\mu_3}{\mu_1}.$$

Bei Rotationssymmetrie des Wellenleiters um die Achse z ist

(5.46) $$u_i = J_n(\Gamma_i r)\, e^{-in\varphi}, \quad i = 1, 2;$$

$n = \pm 1$ sind positiv bzw. negativ zirkular polarisierte Wellen. In einem mit Ferrit gefüllten kreiszylindrischen Wellenleiter führen die Randbedingungen an der Metallwand $r = a$ auf folgende Bestimmungsgleichungen für h:

(5.47) $$\mu_1 \left[\left(1 - \frac{k_1^2}{\Gamma_1^2}\right) \frac{\Gamma_1 a J_n'(\Gamma_1 a)}{J_n(\Gamma_1 a)} - \left(1 - \frac{k_2^2}{\Gamma_2^2}\right) \frac{\Gamma_2 a J_n'(\Gamma_2 a)}{J_n(\Gamma_2 a)}\right] + {}$$
$$+ \nu h^2 \left(\frac{1}{\Gamma_1^2} - \frac{1}{\Gamma_2^2}\right) = 0.$$

5.2.3 Hohlleiter mit veränderlichem Querschnitt

a) Verallgemeinerte Leitungsgleichungen.[2] Ist durch $r = a = a(\varphi, z)$ die Metallwand eines von homogenem isotropem Medium erfüllten Hohlleiters gegeben, so sei $\partial a / \partial z$ beschränkt. Bei Aufspaltung der Felder wie in (5.39) erhält man (5.40) mit μ statt μ_3 und

$$\nabla_{tr} \times (E_z \boldsymbol{e}_z) + \boldsymbol{e}_z \times (\partial \boldsymbol{E}_{tr} / \partial z) = -i \omega \mu \boldsymbol{H}_{tr},$$
$$\nabla_{tr} \times (H_z \boldsymbol{e}_z) + \boldsymbol{e}_z \times (\partial \boldsymbol{H}_{tr} / \partial z) = i \omega \varepsilon \boldsymbol{E}_{tr}.$$

Nach Elimination von H_z, E_z bleibt das System für $\boldsymbol{E}_{tr}, \boldsymbol{H}_{tr}$

$$-\frac{\partial \boldsymbol{E}_{tr}}{\partial z} = i \omega \mu \boldsymbol{H}_{tr} \times \boldsymbol{e}_z - \frac{1}{i \omega \varepsilon} (\nabla_{tr} \nabla \boldsymbol{H}_{tr}) \times \boldsymbol{e}_z,$$
$$-\frac{\partial \boldsymbol{H}_{tr}}{\partial z} = -i \omega \varepsilon \boldsymbol{E}_{tr} \times \boldsymbol{e}_z + \frac{1}{i \omega \mu} (\nabla_{tr} \nabla \boldsymbol{E}_{tr}) \times \boldsymbol{e}_z.$$

Mit gegenüber (5.30) verallgemeinerten Entwicklungen

(5.48) $$\boldsymbol{E}_{tr} = \sum_\nu U_\nu(z) \boldsymbol{f}_\nu(x_1, x_2, z), \qquad \boldsymbol{H}_{tr} = \sum_\nu I_\nu(z)\, \boldsymbol{g}_\nu(x_1, x_2, z)$$

---

[1] Siehe van Bladel; Schott, Tao und Freiburn.

[2] Siehe Unger.

(f_ν und g_ν sind die zum jeweiligen Querschnitt gehörigen normierten Eigenfunktionen) erhält man ein System der Form

$$\frac{dU_\nu}{dz} = -iX'_\nu I_\nu + \sum_\mu C'_{\nu\mu} U_\mu \qquad (5.49)$$
$$\frac{dI_\nu}{dz} = -iB'_\nu U_\nu + \sum_\mu C'_{\nu\mu} I_\mu$$

mit den von z abhängigen Koeffizienten

$$X'_\nu = \begin{cases} \omega\,\mu\left(1-(\omega_c(z)/\omega)^2\right) & \text{für H-Wellen} \\ \omega\,\mu & \text{für E-Wellen,} \end{cases} \qquad (5.50)$$

$$B'_\nu = \begin{cases} \omega\,\varepsilon & \text{für H-Wellen} \\ \omega\,\varepsilon\left(1-(\omega_c(z)/\omega)^2\right) & \text{für E-Wellen,} \end{cases} \qquad (5.51)$$

$$C'_{\nu\mu} = \iint\limits_{z=\text{const}} f_\nu \frac{\partial f_\mu}{\partial z}\, dS; \qquad (5.52)$$

$\omega_c(z)$ ist die Grenzfrequenz des Hohlleiters vom jeweiligen Querschnitt.

b) Anwendung konformer Abbildung. Ein Hohlleiter sei von den zwei parallelen Ebenen $y=0$ und $y=b$ sowie von zwei Zylindern $F_1(x,z)=0$ und $F_2(x,z)=0$ begrenzt (Abb. 5.2); in jeder Ebene $z=$ const ist sein Querschnitt also ein Rechteck; das eine Seitenpaar variiert mit z. Wird das Gebiet der (x,z)-Ebene zwischen den Kurven $F_1=0$ und $F_2=0$ konform auf einen Streifen der (ξ,η)-Ebene abgebildet, so wird dadurch dem ursprünglichen Hohlleiter ein Rechteckhohlleiter (mit konstantem Querschnitt), der mit einem ortsveränderlichen Medium gefüllt ist, zugeordnet. Dies beruht auf der Eigenschaft

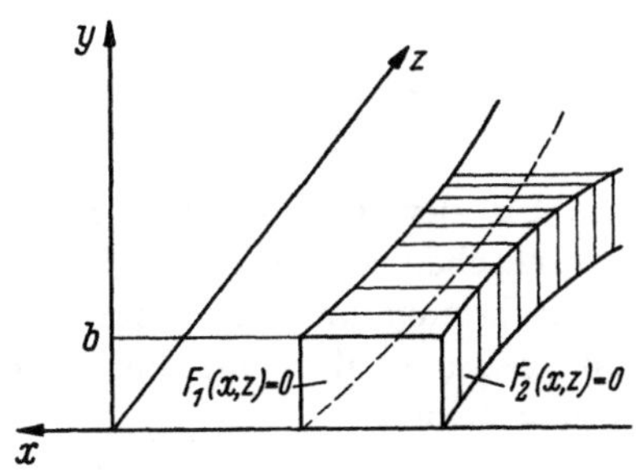

Abb. 5.2. Hohlleiter mit veränderlichem Rechteckquerschnitt

$$\frac{\partial^2}{\partial\xi^2}+\frac{\partial^2}{\partial\eta^2} = \left|\frac{dw}{d\zeta}\right|^2\left[\frac{\partial^2}{\partial x^2}+\frac{\partial^2}{\partial z^2}\right]$$

des Laplace-Operators bei der konformen Abbildung

$$\zeta = x + iz \to w = \xi + i\eta.$$

Das Feld $\boldsymbol{E}, \boldsymbol{H}$ kann wieder auf zwei skalaren Funktionen u_e, u_h zurückgeführt [z. B. indem jetzt $x_3 = y$ gesetzt wird in (1.46)] und die y-Abhängigkeit durch einen Faktor $\sin(m\pi y/b)$ bzw. $\cos(m\pi y/b)$ abgespalten werden.

Es bleibt eine Differentialgleichung für $u(x, z)$

$$\left[\frac{\partial^2}{\partial x^2} + \frac{\partial^2}{\partial z^2} + k^2 - \left(\frac{m\pi}{b}\right)^2\right] u = 0 \tag{5.53}$$

bzw. für $u(\xi, \eta)$

$$\left[\frac{\partial^2}{\partial \xi^2} + \frac{\partial^2}{\partial \eta^2} + \left|\frac{dw}{d\zeta}\right|^2 \left(k^2 - \left(\frac{m\pi}{b}\right)^2\right)\right] u = 0. \tag{5.54}$$

Näheres siehe z. B. Borgnis und Papas [2].

5.2.4 Periodische Wellenleiter

Darunter versteht man Wellenleiter, deren Eigenschaften sich in Ausbreitungsrichtung z periodisch ändern, speziell Wellenleiter, bei denen die transversalen Randbedingungen in z periodisch sind, so daß bei einer Translation $z \to z + p$ der Wellenleiter in sich übergeht (Beispiel s. Abb. 5.3). Ein Ansatz (5.19) ist i. allg. nicht möglich, wohl aber

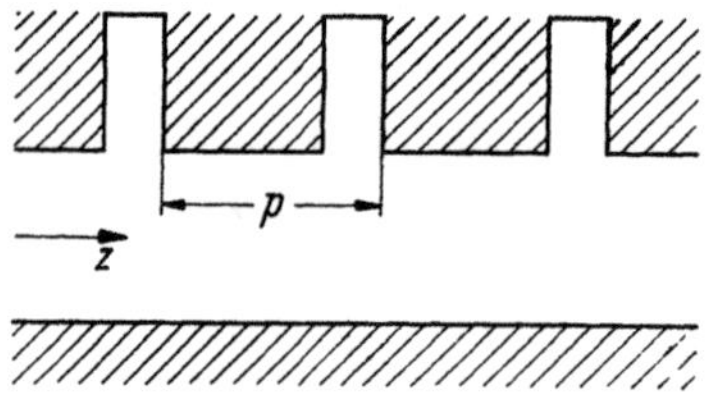

Abb. 5.3. Periodischer Wellenleiter

$$u(\boldsymbol{x}) = \tilde{u}(x_1, x_2, z)\, e^{-ihz} \tag{5.55}$$

mit periodischer Funktion $\tilde{u}$,

$$\tilde{u}(x_1, x_2, z + p) = \tilde{u}(x_1, x_2, z), \tag{5.56}$$

so daß

$$u(x_1, x_2, z + p) = u(x_1, x_2, z)\, e^{-i\psi} \tag{5.57}$$

wie bei den Floquetschen Lösungen einer Differentialgleichung mit periodischen Koeffizienten. Die Felder einer solchen Welle erfahren bei Fortschreiten um eine Periode eine Änderung um den Faktor $e^{-i\psi}$, für reelles ψ also eine Phasenänderung von ψ. Fourier-Entwicklung von $\tilde{u}$ nach z,

$$\tilde{u}(\boldsymbol{x}) = \sum_n \tilde{u}_n(x_1, x_2)\, e^{-i\cdot 2\pi n z/p} \tag{5.58}$$

läßt

$$u(\boldsymbol{x}) = \sum_n \tilde{u}_n(x_1, x_2)\, e^{-ih_n z}, \tag{5.59}$$

$$h_n = (\psi + 2\pi n)/p, \tag{5.60}$$

als Überlagerung von „Raumharmonischen" oder „Teilwellen" erscheinen. Diese haben für reelles ψ die Phasengeschwindigkeiten

$$v_{\mathrm{ph},n} = \omega p/(\psi + 2\pi n). \tag{5.61}$$

Legt man ψ durch $-\pi < \psi \leqq \pi$ fest, so ist $|v_{\mathrm{ph},n}|$ für die Teilwelle $n = 0$ am größten, ist positiv für $n > 0$ und negativ für $n < 0$. Die

Gruppengeschwindigkeit

(5.62) $$v_{gr} = p\,(d\,\psi/d\omega)^{-1}$$

ist für alle Teilwellen gleich (s. Abb. 5.4) und bei verlustfreier Leitung gleich der Energiegeschwindigkeit, die aus (5.22) hervorgeht bei Ersatz des Integrals $\iint\limits_{z=\text{const}} w_{\text{mittel}}\, dS$ durch seinen Mittelwert über eine z-Periode. Durchlaßbereiche enthalten solche ω-Werte, für die $\psi = \beta_0\, p$ reell ist.

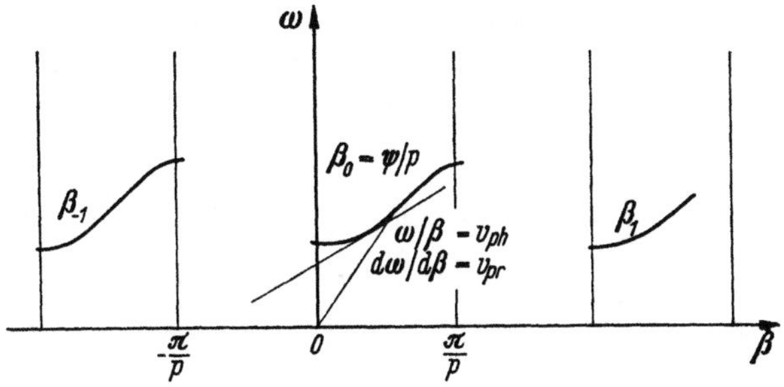

Abb. 5.4. Dispersionskurve für periodischen Wellenleiter

Auch $|v_{\text{ph},0}|$ für die schnellste Teilwelle $n = 0$ ist bei den periodischen Wellenleitern meist kleiner als die Lichtgeschwindigkeit im Medium, d. h. bei reellem ψ, $h_n = \beta_n$,

(5.63) $$|\beta_n| \geqq |\beta_0| = |\psi|/p > k, \quad \Gamma_n^2 = k^2 - \beta_n^2 = -\gamma_n^2 < 0.$$

Soll u nach (5.59) gliedweise die Wellengleichung erfüllen, so gilt

(5.64) $$(\Delta_{\text{tr}} - \gamma_n^2)\, \tilde{u}_n(x_1, x_2) = 0;$$

bei Achsensymmetrie des Wellenleiters wird diese Gleichung durch

(5.65) $$\tilde{u}_n = Z_m(i\,\gamma_n\, r)\, e^{-im\varphi}, \qquad m = 0, 1, 2, \ldots,$$

erfüllt. Es treten also modifizierte Zylinderfunktionen (Abschn. B, § 3.15) auf, in der Umgebung von $r = 0$ die Funktion $I_m(\gamma_n r) = (-i)^m J_m(i\,\gamma_n\, r)$.

Zur Kenntnis von Durchlaßbereichen und Ausbreitungseigenschaften (Dispersion) benötigt man ψ als Funktion von ω. Der periodische Wellenleiter habe Metallwände S_W mit

(5.66) $$\boldsymbol{n} \times \boldsymbol{E} = \boldsymbol{0} \quad \text{auf} \quad S_W,$$

und das von S_W und zwei Ebenen $z = z_1$ und $z = z_1 + p$ eingeschlossene Volumen V einer Periode sei endlich. Dann kann man umgekehrt, ausgehend von einem Floquetschen Ansatz

(5.67) $$\boldsymbol{E}(x_1, x_2, z + p) = \boldsymbol{E}(x_1, x_2, z)\, e^{-i\psi}$$

(ebenso für $\boldsymbol{H}$), bei vorgegebenem $\psi = \beta_0 p$ folgenden stationären Ausdruck für $k^2 = \omega^2 \varepsilon \mu$ benutzen[1]:

$$k^2 = \text{Min}\left[\iiint_V |\nabla \times \boldsymbol{E}|^2 \, dV \Big/ \iiint_V |\boldsymbol{E}^2| \, dV\right], \tag{5.68}$$

wo $\boldsymbol{E}$ (5.66) und (5.67) erfüllt.

5.3 Innenraumproblem; Resonatoren

a) Homogene isotrope Medien. Im Inneren eines endlichen, von der Fläche S berandeten „regulären" Gebietes[2] V des R_3 läßt sich jedes Feld $(\boldsymbol{E}, \boldsymbol{H})$, das dem Gleichungspaar (5.5) genügt, durch die Randwerte auf S wie folgt darstellen:

$$\begin{aligned} \boldsymbol{E}(\boldsymbol{x}) &= \frac{1}{4\pi} \iint_S [-i\omega\mu(\boldsymbol{n}\times\boldsymbol{H})h - (\boldsymbol{n}\times\boldsymbol{E})\times\nabla' h - (\boldsymbol{E}\boldsymbol{n})'\nabla h]\, dS', \\ \boldsymbol{H}(\boldsymbol{x}) &= \frac{1}{4\pi} \iint_S [i\omega\varkappa(\boldsymbol{n}\times\boldsymbol{E})h - (\boldsymbol{n}\times\boldsymbol{H})\times\nabla' h - (\boldsymbol{H}\boldsymbol{n})\nabla' h]\, dS' \end{aligned} \tag{5.69}$$

mit $h = h(\boldsymbol{x}, \boldsymbol{x}')$ nach Gl. (4.19); ∇' bezieht sich auf $\boldsymbol{x}'$; in den Integralen ist $\boldsymbol{E} = \boldsymbol{E}(\boldsymbol{x}')$, $\boldsymbol{H} = \boldsymbol{H}(\boldsymbol{x}')$.

Sei nun $\sigma = 0$, $\varkappa = \varepsilon$ in V. Eine beliebige quadratisch integrierbare Vektorfunktion in V kann nach einem der beiden vollständigen Orthogonalsysteme[3] $\boldsymbol{f}_\nu$ und $\boldsymbol{g}_\mu$ entwickelt werden, die aus den Eigenlösungen der folgenden Probleme aufgebaut sind:

$$\begin{aligned} (\Delta + k_\nu^2)\boldsymbol{f}_\nu &= \boldsymbol{0} \quad \text{in } V, \\ \boldsymbol{n}\times\boldsymbol{f}_\nu &= \boldsymbol{0} \quad \text{und} \quad \nabla\boldsymbol{f}_\nu = 0 \quad \text{auf } S \end{aligned} \tag{5.70}$$

bzw.

$$\begin{aligned} (\Delta + \bar{k}_\mu^2)\,\boldsymbol{g}_\mu &= \boldsymbol{0} \quad \text{in } V, \\ \boldsymbol{n}\times\nabla\times\boldsymbol{g}_\mu &= \boldsymbol{0} \quad \text{und} \quad \boldsymbol{n}\,\boldsymbol{g}_\mu = 0 \quad \text{auf } S. \end{aligned} \tag{5.71}$$

Für $k_\nu = \bar{k}_\mu$ besteht zwischen $\boldsymbol{f}_\nu$ und $\boldsymbol{g}_\mu$ (wir nennen sie dann $\boldsymbol{E}_\nu$ und $\boldsymbol{H}_\nu$) der Zusammenhang

$$k_\nu \boldsymbol{E}_\nu = \nabla\times\boldsymbol{H}_\nu, \qquad k_\nu \boldsymbol{H}_\nu = \nabla\times\boldsymbol{E}_\nu, \tag{5.72}$$

und

$$\boldsymbol{E} = c_\nu \boldsymbol{E}_\nu, \qquad \boldsymbol{H} = c_\nu \sqrt{\varepsilon/\mu}\,\boldsymbol{H}_\nu$$

(c_ν eine beliebige Konstante) sind Lösungen der Feldgleichungen in V, wenn S idealleitend ist; ein solches

$$\omega_\nu = k_\nu/\sqrt{\varepsilon\mu} \tag{5.73}$$

---

[1] Siehe ZIMRING.

[2] Zu dieser Definition und zum Beweis der Integraldarstellung (5.69) s. MÜLLER.

[3] $\boldsymbol{f}_\nu$, $\boldsymbol{g}_\mu$ haben hier eine andere Bedeutung als in § 5.2.

heißt Eigenfrequenz des Resonators V. Besteht S aus mindestens zwei punktfremden Flächen, so gehört zum System $\boldsymbol{f}_\nu$ die Lösung(en) $\boldsymbol{f}_0$ zu $k_0^2 = 0$ mit $\nabla\times\boldsymbol{f}_0 = \boldsymbol{0}$, $\nabla\boldsymbol{f}_0 = 0$ in V, $\boldsymbol{n}\times\boldsymbol{f}_0 = \boldsymbol{0}$ auf S. Ist V mehrfach-zusammenhängend, so gibt es i. allg. eine oder mehrere Lösungen $\boldsymbol{g}_0$ zu $\bar{k}_0^2 = 0$ mit $\nabla\times\boldsymbol{g}_0 = \boldsymbol{0}$, $\nabla\,\boldsymbol{g}_0 = 0$ in V, $\boldsymbol{n}\,\boldsymbol{g}_0 = 0$ auf S. Die Vektoren $\boldsymbol{E}_\nu$ und $\boldsymbol{H}_\nu$ sind quellenfrei ($\nabla\boldsymbol{E}_\nu = 0$, $\nabla\boldsymbol{H}_\nu = 0$). Alle anderen $\boldsymbol{f}_\nu$ und $\boldsymbol{g}_\mu$ (wir bezeichnen diese mit $\boldsymbol{F}_\nu$ und $\boldsymbol{G}_\mu$) sind wirbelfrei ($\nabla\times\boldsymbol{F}_\nu = \boldsymbol{0}$, $\nabla\times\boldsymbol{G}_\mu = \boldsymbol{0}$) und für $k_\nu^2 \neq 0$ bzw. $\bar{k}_\mu^2 \neq 0$ in der Form

$$k_\nu \boldsymbol{F}_\nu = \nabla u_\nu, \qquad \bar{k}_\mu \boldsymbol{G}_\mu = \nabla v_\mu \tag{5.74}$$

darstellbar, wo

$$\begin{aligned} (\Delta + k_\nu^2)\, u_\nu &= 0 \quad \text{in } V, \qquad u_\nu = 0 \quad \text{auf } S,\\ (\Delta + \bar{k}_\mu^2)\, v_\mu &= 0 \quad \text{in } V, \qquad \partial v_\mu/\partial n = 0 \quad \text{auf } S. \end{aligned} \tag{5.75}$$

Für ein beliebiges Feld in V wird dann vorteilhaft $\boldsymbol{E}$ nach den $\boldsymbol{E}_\nu$ und $\boldsymbol{F}_\nu$ und $\boldsymbol{H}$ nach den $\boldsymbol{H}_\nu$ und $\boldsymbol{G}_\nu$ entwickelt[1]:

$$\begin{aligned} \boldsymbol{E} &= \sum_\nu \boldsymbol{E}_\nu \iiint \boldsymbol{E}\,\boldsymbol{E}_\nu\, dV + \sum_\nu \boldsymbol{F}_\nu \iiint \boldsymbol{E}\,\boldsymbol{F}_\nu\, dV,\\ \boldsymbol{H} &= \sum_\nu \boldsymbol{H}_\nu \iiint \boldsymbol{H}\,\boldsymbol{H}_\nu\, dV + \sum_\nu \boldsymbol{G}_\nu \iiint \boldsymbol{H}\,\boldsymbol{G}_\nu\, dV, \end{aligned} \tag{5.76}$$

ferner eine evtl. in V verteilte Stromdichte $\boldsymbol{j}$ nach $\boldsymbol{E}_\nu$ und $\boldsymbol{F}_\nu$. Haben $\boldsymbol{E}$ und $\boldsymbol{H}$ die Frequenz $\omega \neq \omega_\nu$ für alle ν, so können die Entwicklungskoeffizienten z. T. durch Oberflächenintegrale ausgedrückt werden:

$$\left\{\begin{aligned} k_\nu \iiint_V \boldsymbol{E}\,\boldsymbol{E}_\nu\, dV + i\,\omega\,\mu \iiint_V \boldsymbol{H}\,\boldsymbol{H}_\nu\, dV &= -\iint_S (\boldsymbol{n}\times\boldsymbol{E})\,\boldsymbol{H}_\nu\, dS,\\ i\,\omega\,\mu \iiint_V \boldsymbol{H}\,\boldsymbol{G}_\nu\, dV &= -\iint_S (\boldsymbol{n}\times\boldsymbol{E})\,\boldsymbol{G}_\nu\, dS,\\ k_\nu \iiint \boldsymbol{H}\,\boldsymbol{H}_\nu\, dV - i\,\omega\,\varepsilon \iiint_V \boldsymbol{E}\,\boldsymbol{E}_\nu\, dV &= \iiint_V \boldsymbol{j}\,\boldsymbol{E}_\nu\, dV,\\ - i\,\omega\,\varepsilon \iiint \boldsymbol{E}\,\boldsymbol{F}_\nu\, dV &= \iiint_V \boldsymbol{j}\,\boldsymbol{F}_\nu\, dV. \end{aligned}\right. \tag{5.77}$$

Die Gln. (5.76), (5.77) stellen eine formale Lösung des Innenraumproblems dar mit räumlich verteilten Quellen $\boldsymbol{j}$ und Öffnungen (Teilen von S), durch die Leistung zugeführt oder entnommen wird.

Verluste auf Grund endlicher Leitfähigkeit der Wände können unter Verwendung von (4.45) in den Oberflächenintegralen näherungsweise erfaßt werden.

---

[1] Siehe Kurokawa [1], van Bladel.

Die Felder $(\boldsymbol{E}_\nu, \sqrt{\varepsilon/\mu}\,\boldsymbol{H}_\nu)$ sind im wesentlichen die der Eigenschwingungen des idealen Resonators ($\boldsymbol{E} \times \boldsymbol{n} = \boldsymbol{0}$ und $\boldsymbol{H}\,\boldsymbol{n} = 0$ auf S).

Beispiel. Kreiszylindrischer Hohlraumresonator (Abb. 5.5)

$$u = J_m(\Gamma r)\, e^{i m \varphi} \left(A_1 \cos\frac{n \pi z}{L} + A_2 \sin\frac{n \pi z}{L}\right), \tag{5.78}$$

$$k^2 = \omega^2 \varepsilon \mu = \Gamma^2 + \left(\frac{n \pi}{L}\right)^2;$$

$u = u_e$ oder u_h, je nachdem ob eine Schwingung vom E-Typ oder H-Typ vorliegt ($H_z = 0$ bzw. $E_z = 0$). Für erstere ist $A_2 = 0$ mit $J_m(\Gamma a) = 0$, für letztere $A_1 = 0$ mit $J'_m(\Gamma a) = 0$. Die kleinste Eigenfrequenz ω tritt für $a/L < 0{,}49\ldots$ bei einer Schwingung vom H-Typ mit $m = n = 1$, für $a/L > 0{,}49\ldots$ bei einer Schwingung vom E-Typ mit $m = n = 0$ auf.

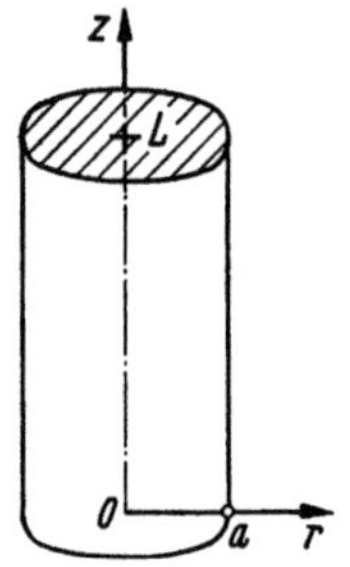

Abb. 5.5. Kreiszylindrischer Hohlraumresonator

Als stationärer Ausdruck für k^2 kann wieder (5.68) dienen, wenn die zur Konkurrenz zugelassenen Vektoren $\boldsymbol{E} \times \boldsymbol{n} = \boldsymbol{0}$ auf S erfüllen.

Für die durch kleine Deformationen der Oberfläche verursachte Störung der Eigenfrequenz ω läßt sich, ausgehend von (4.14), folgende Näherung herleiten:

$$-\frac{\Delta \omega}{\omega_\nu} \approx \frac{\iiint\limits_{\Delta V} (\bar{\boldsymbol{H}}_\nu (\boldsymbol{\mu} \boldsymbol{H}_\nu) - \bar{\boldsymbol{E}}_\nu (\boldsymbol{\varepsilon} \boldsymbol{E}_\nu))\, dV}{\iiint\limits_{V} (\bar{\boldsymbol{H}}_\nu (\boldsymbol{\mu} \boldsymbol{H}_\nu) + \bar{\boldsymbol{E}}_\nu (\boldsymbol{\varepsilon} \boldsymbol{E}_\nu))\, dV} \tag{5.79}$$

$\Delta V =$ zusätzliches Volumen, $\boldsymbol{\mu} = \mu \boldsymbol{I}$, $\boldsymbol{\varepsilon} = \varepsilon \boldsymbol{I}$, $\boldsymbol{I} =$ Einheitstensor. Ähnlich gilt für die durch einen kleinen, evtl. anisotropen Störkörper (Volumen V_1, Tensoren $\boldsymbol{\varepsilon}_1, \boldsymbol{\mu}_1$) verursachte Änderung der Eigenfrequenz[1]

$$-\frac{\Delta \omega}{\omega_\nu} \approx \frac{\iiint\limits_{V_1} [\bar{\boldsymbol{H}}_\nu ((\boldsymbol{\mu}_1 - \boldsymbol{\mu})\, \boldsymbol{H}_\nu) + \bar{\boldsymbol{E}}_\nu ((\boldsymbol{\varepsilon}_1 - \boldsymbol{\varepsilon})\, \boldsymbol{E}_\nu)]\, dV}{\iiint\limits_{V} (\bar{\boldsymbol{H}}_\nu (\boldsymbol{\mu} \boldsymbol{H}_\nu) + \bar{\boldsymbol{E}}_\nu (\boldsymbol{\varepsilon} \boldsymbol{E}_\nu))\, dV}. \tag{5.80}$$

b) Anisotrope Medien. Die obige Theorie der Eigenvektoren läßt sich weitgehend verallgemeinern auf inhomogene isotrope sowie auf anisotrope Medien, wenn — wie hier vorausgesetzt wird — die Tensoren $\boldsymbol{\varepsilon}$ und $\boldsymbol{\mu}$ hermitesch und positiv definit [d. h. $\bar{\boldsymbol{v}}(\boldsymbol{\varepsilon}\, \boldsymbol{v}) > 0$ und $\bar{\boldsymbol{v}}(\boldsymbol{\mu}\, \boldsymbol{v}) > 0$ für alle Vektoren $\boldsymbol{v}$] sind (s. VAN BLADEL).

[1] Siehe BERK.

Für einen kreiszylindrischen Resonator, der einen koaxialen, in z-Richtung magnetischen Ferritstab enthält [$\boldsymbol{\mu}$ nach (5.13)], findet man verschiedene Eigenfrequenzen, je nachdem ob die φ-Abhängigkeit entsprechend $e^{-im\varphi}$ oder $e^{+im\varphi}$ ist.

Ein stationärer Ausdruck für ω bei einem mit anisotropem Medium gefüllten Resonator V mit idealer Metallwand ($\boldsymbol{E}\times\boldsymbol{n}=\boldsymbol{0}$ auf S) ist [statt (5.68)]

$$\omega^2 = \operatorname{Min}\frac{\iiint\limits_V (\nabla\times\overline{\boldsymbol{E}})\,(\boldsymbol{\mu}^{-1}(\nabla\times\boldsymbol{E}))\,dV}{\iiint\limits_V \overline{\boldsymbol{E}}\,(\boldsymbol{\varepsilon}\,\boldsymbol{E})\,dV}. \tag{5.81}$$

(5.79) und (5.80) können direkt verwendet werden.

5.4 Außenraumprobleme; Strahlungsfelder

Ist das Äußere V_a des regulären Gebietes V zusammenhängend, gelten darin (5.5) mit $\sigma=0$ und die Ausstrahlungsbedingungen (4.24) gleichmäßig bezüglich aller Richtungen im R_3, ferner $\boldsymbol{E}=O(1/r)$, $\boldsymbol{H}=O(1/r)$; dann ist für alle $\boldsymbol{x}$ in V_a (5.69) erfüllt, wenn $\boldsymbol{n}$ ins Innere von V weist. Bei vorgeschriebenen Werten von $\boldsymbol{n}\times\boldsymbol{E}$ auf S ist das Feld $(\boldsymbol{E},\boldsymbol{H})$ in V_a eindeutig bestimmt.

Bei der dünnwandigen Kreiszylinderantenne von Abb. 4.3 mit Einspeisung in der Mitte, bei $z=0$, stellt man die Randbedingung

$$E_z = -V_0\,\delta(z) \tag{5.82}$$

für $r=a$ und $-l\leqq z\leqq l$. Aus (4.32) und der ersten Gl. (4.34) erhält man die Integralgleichung 1. Art für den Strom $I(z)$

$$\int\limits_{-l}^{l} I(z')\,K(z,z') = \frac{4\pi i}{\omega\,\mu}\left[C_1\cos k z + \frac{V_0}{2}\sin k\,|z|\right], \tag{5.83}$$

K nach (4.33) mit $r=a$; die Konstante C_1 wird durch die Forderung $I(\pm l)=0$ festgelegt. Bezüglich einer Iterationsmethode zur Lösung von (5.83) s. KING.

Der Eingangswiderstand $Z_e=V_0/I(0)=V_0 I(0)/I^2(0)$ der Antenne in der Form

$$Z_e = -\int\limits_{-l}^{l} E_z(z')\,I(z')\,dz'/I^2(0) \tag{5.84}$$

ist stationär[1] bezüglich Abweichungen des Stromes $I(z)$ von der exakten Lösung [für eine Näherung $I(z)$ wird E_z nach (4.32) und der ersten Gl. (4.34) berechnet].

[1] Siehe BORGNIS und PAPAS [*1*], GALEJS.

Bei einer Anordnung von N parallelen Kreiszylinderantennen, auf deren Oberfläche jeweils eine Randbedingung (5.82) mit V_{0j} statt V_0 ($j = 1, \ldots, N$) gefordert wird, erhält man statt (5.83) ein System[1] von N Integralgleichungen für die Ströme $I_i(z) = I(z_i)$

(5.85) $$\sum_{i=1}^{N} \int_{-l}^{l} I(z_i') \, K(z_j, z_i') \, dz_i' = \frac{4\pi i}{\omega \mu} \left[C_j \cos k z_j + \frac{V_{0j}}{2} \sin k |z_j| \right],$$

$j = 1, \ldots, N$; $K(z_j, z_i')$ wird nach (4.33) gebildet, worin aber statt r der Abstand der parallelen Achsen des i-ten und k-ten Strahlers einzusetzen ist.

Für das Fernfeld einer Antenne (R groß gegen ihre Abmessungen) kann man (4.28), (4.29) verwenden. Der Poyntingsche Vektor $\frac{1}{2}(\boldsymbol{E} \times \overline{\boldsymbol{H}})$ hat im Fernfeld vorwiegend eine R-Komponente;

(5.86) $$\tfrac{1}{2} R^2 \left| (\boldsymbol{E} \times \overline{\boldsymbol{H}}) \boldsymbol{e}_R \right| = \varkappa_P(\vartheta, \varphi)$$

ist die „Leistungscharakteristik“ und

(5.87) $$P = \int_0^{2\pi} d\varphi \int_0^{\pi} d\vartheta \, \varkappa_P(\vartheta, \varphi) \sin\vartheta$$

ist die gesamte ausgestrahlte Leistung. Durch

(5.88) $$R_s = 2P/|I|^2$$

wird der Strahlungswiderstand definiert, wobei I der Strom im Speisepunkt oder ein Maximalwert des Stromes ist.

Für $\boldsymbol{A} = A_z \boldsymbol{e}_z$ ist mit $\boldsymbol{C}$ nach (4.29)

(5.89) $$\varkappa_P = \frac{\omega^2}{2} \sqrt{\frac{\varepsilon}{\mu}} \, |C_z|^2.$$

Zum Fernfeld $\boldsymbol{E}_F$ einer Anordnung von N parallelen Strahlern, in denen der Strom in z-Richtung fließt, tragen die Strahler mit Anteilen in gleicher ($\boldsymbol{e}_\vartheta$-) Richtung bei. Daher ist mit (4.28), (4.29)

(5.90) $$E_{F,\vartheta} = -i\omega \frac{e^{-ikR}}{R} \sin\vartheta \sum_{j=1}^{N} C_{z,j}, \qquad C_{z,j} = \frac{\mu}{4\pi} \int I_j(z') \, e^{-ikR_j' \cos\Theta} \, dz'.$$

Handelt es sich um N gleiche Strahler, für deren Ströme in entsprechenden Punkten

(5.91) $$I_j(z_j) = a_j \, I_1(z_1)$$

[1] Siehe KING.

gilt mit komplexen Konstanten a_j, so ist

$$C_{z,j} = a_j\, C_{z,1}\, e^{i k (R_j' - R_1') \cos\Theta}; \tag{5.92}$$

$(R_j' - R_1') \cos\Theta$ ist für je zwei entsprechende Punkte des ersten und j-ten Strahlers gleich. Daher ist

$$\varkappa_P = \varkappa_{P1} \left| \sum_1^N a_j\, e^{i k (R_j' - R_1') \cos\Theta} \right|^2 = \varkappa_{P1} \left| G_P \right|^2 \tag{5.93}$$

mit $\varkappa_{P1}$ gleich der Leistungscharakteristik eines der Strahler und $|G_P|^2$ gleich der „Gruppencharakteristik". Liegen die Mittelpunkte in gleichem

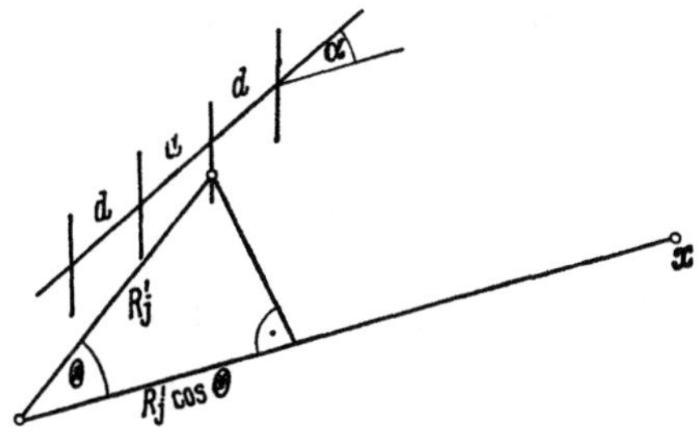

Abb. 5.6. Parallele Linearantennen mit Mittelpunkten auf einer Geraden

Abstand d auf einer Geraden, die mit x den Winkel α bildet, so ist $(R_j' - R_1') \cos\theta = (j-1)\, d \cos\alpha$ (Abb. 5.6) und

$$G_P = \sum_{j=1}^{n} a_j \left(e^{i k d \cos\alpha}\right)^{j-1}. \tag{5.94}$$

Durch die Größen a_j läßt sich G_P in seiner Abhängigkeit von α beeinflussen. Sind speziell alle I_j in Phase (alle a_j reell) und ihre Amplituden symmetrisch zur Mitte der Anordnung verteilt (bei ungeradem N ist dort ein Strahler), so wird mit neuen Konstanten b_j

$$G_P(\alpha) = \begin{cases} \sum\limits_0^M b_j \cos(j\, k\, d \cos\alpha) & \text{für} \quad N = 2M+1 \\ \sum\limits_1^M b_j \cos\left(\frac{2j-1}{2} k\, d \cos\alpha\right) & \text{für} \quad N = 2M. \end{cases} \tag{5.95}$$

Werden nun die b_j so bestimmt,[1] daß

$$G_P(\alpha) = T_{N-1}\left(z_0 \cos\left(\frac{k\, d}{2} \cos\alpha\right)\right). \tag{5.96}$$

T_{N-1} = Tschebyscheff-Polynom vom Grad $N-1$, s. Abschn. B, § 8.5.4 (dies ist mit zunächst noch freiem z_0 stets möglich), so sind diese Dolph-Tschebyscheff-Anordnungen hinsichtlich $G_P(\alpha)$ optimal in folgendem

[1] Siehe Dolph.

Sinn: a) Bei vorgeschriebenem Verhältnis $1/q$ der Nebenmaxima von $G_P(\alpha)$ zum Hauptmaximum $G_P(\pi/2)$ liegt die erste Nullstelle α_0 von G am nächsten bei $\pi/2$ [kleinste Breite des „Hauptzipfels"; dazu wird z_0 durch $T_{N-1}(z_0) = q$ festgelegt]. b) Bei vorgeschriebener erster Nullstelle α_0, d. h. vorgeschriebener Breite des Hauptzipfels, ist die relative Höhe der Nebenmaxima am kleinsten; dazu wird $z_0 = \cos[\pi/(2(N-1))]/\cos(k\,d\cos\alpha_0/2)$ gesetzt.

§ 6. Bewegungen geladener Teilchen in elektromagnetischen Feldern

6.1 Bewegungsgleichungen für Elektronen

Im folgenden wird stets $|\dot{\boldsymbol{x}}| = |\boldsymbol{v}| \ll c$ vorausgesetzt. Bei Abwesenheit anderer Kräfte als der des Feldes $(\boldsymbol{E}, \boldsymbol{H})$ lautet die Bewegungsgleichung für Elektronen, $q = -e$, nach (1.56)

(6.1) $$m\,\dot{\boldsymbol{v}} = -e(\boldsymbol{E} + \boldsymbol{v} \times \boldsymbol{B});$$

m = Elektronenmasse, e = Betrag der Elektronenladung. Führt man den verallgemeinerten Impuls

(6.2) $$\boldsymbol{p} = m\,\dot{\boldsymbol{x}} - e\boldsymbol{A}$$

und die Lagrange-Funktion

(6.3) $$L = \frac{m\,\dot{\boldsymbol{x}}^2}{2} + e(\Phi - \dot{\boldsymbol{x}}\boldsymbol{A})$$

ein, so ist (6.1) auf Grund von (1.24), (1.25) gleichbedeutend mit

(6.4) $$\dot{\boldsymbol{p}} = \nabla_x L = e(\nabla\Phi - \nabla_x(\dot{\boldsymbol{x}}\boldsymbol{A})).$$

(∇_x soll bedeuten, daß die Komponenten von $\dot{\boldsymbol{x}}$ als konstant angesehen werden.) Der „Wirbelvektor"

(6.5) $$\boldsymbol{w} = \nabla \times \boldsymbol{p} = m(\nabla \times \dot{\boldsymbol{x}}) - e\boldsymbol{B}$$

erfüllt längs der Bahn die Gleichung

(6.6) $$\frac{\partial \boldsymbol{w}}{\partial t} + \nabla \times (\boldsymbol{w} \times \dot{\boldsymbol{x}}) = \boldsymbol{0}.$$

Für $\partial\Phi/\partial t = 0$ gilt der Energiesatz

(6.7) $$\frac{m\,\dot{\boldsymbol{x}}^2}{2} - e\,\Phi = \text{const} \quad (= 0, \quad \text{wenn} \quad \Phi = 0 \quad \text{für} \quad |\dot{\boldsymbol{x}}| = 0).$$

Bei stationären Verhältnissen ($\partial \boldsymbol{p}/\partial t = \mathbf{0}$) ist ferner

$$\boldsymbol{w} \times \dot{\boldsymbol{x}} = \mathbf{0}. \tag{6.8}$$

Für gekreuzte homogene Felder $\boldsymbol{E} = E_0\, \boldsymbol{e}_y$, $\boldsymbol{B} = B_0\, \boldsymbol{e}_z$ ist

$$\boldsymbol{A} = -B_0\, y\, \boldsymbol{e}_x, \quad \dot{p}_x = \dot{p}_z = 0, \quad \dot{p}_y = -e(E_0 - B_0\, \dot{x}),$$

$$\dot{x} = c_1 - \omega_Z\, y,$$

$$\dot{y} = c_2 + \omega_Z\, x - (e/m)\, E_0\, t,$$

$$\dot{z} = c_3$$

mit der Zyklotronfrequenz

$$\omega_Z = (e/m)\, B_0. \tag{6.9}$$

Für $E_0 = 0$ ist die Projektion der Bahn auf die (x, y)-Ebene stets ein mit der Winkelgeschwindigkeit ω_Z durchlaufener Kreis (Zyklotronbewegung um die Richtung der magnetischen Feldlinien); Radius und Mittelpunkt hängen von Anfangsbedingungen ab. Für $E_0 \neq 0$ gilt mit $\xi = x - (E_0/B_0)\, t$

$$\dot{\xi} = -\omega_Z\, y + c_1 - \frac{E_0}{B_0}, \quad \dot{y} = \omega_Z\, \xi + c_2,$$

d. h. dieselbe Aussage in der (ξ, y)-Ebene. In der (x, y)-Ebene sind die Projektionen der Bahnen Zykloiden (Bahnen im planparallelen Magnetron ohne Berücksichtigung der Raumladung). Sonderfall: $\dot{x} = E_0/B_0$, $\dot{y} = 0$ („Leitbahn").

Rotationssymmetrische zeitunabhängige Magnetfelder sind aus einem Vektorpotential $\boldsymbol{A} = \boldsymbol{e}_\varphi A_\varphi(r, z)$ ableitbar, s. (3.7);

$$\psi(r, z) = 2\pi \int_0^r B_z(s, z)\, s\, ds = 2\pi\, r\, A_\varphi(r, z) \tag{6.10}$$

ist der Induktionsfluß durch einen Kreis vom Radius r um die Achse bei z. Falls $E_\varphi = 0$, gilt

$$\dot{p}_\varphi = 0, \quad m\, r\, \dot{\varphi} - e A_\varphi = \text{const} \tag{6.11}$$

längs der Bahn, d. h. nach (6.9) auch

$$r^2\, \dot{\varphi} - \frac{e}{2\pi\, m}\, \psi = \text{const.} \tag{6.12}$$

Für $\dot{\varphi} = 0$, $r = r_0$ bei $z = z_0$ besagt das

$$r^2\, \dot{\varphi} = \frac{e}{2\pi\, m}\, [\psi(r, z) - \psi(r_0, z_0)], \tag{6.13}$$

d. h., der Drehimpuls um die Achse ist $e/(2\pi)$ mal dem durchquerten Induktionsfluß (Buschsches Theorem). Die Bewegungsgleichungen in der Meridianebene lauten in diesem Falle

$$(6.14)\quad \begin{aligned} m\ddot{r} &= -e\left[E_r + \frac{e}{m}\left(\frac{r_0}{r}A_\varphi(r_0, z_0) - A_\varphi\right)\left(\frac{\partial A_\varphi}{\partial r} + \frac{r_0}{r^2}A_\varphi(r_0, z_0)\right)\right],\\ m\ddot{z} &= -e\left[E_z + \frac{e}{m}\left(\frac{r_0}{r}A_\varphi(r_0, z_0) - A_\varphi\right)\frac{\partial A_\varphi}{\partial z}\right].\end{aligned}$$

Im homogenen Magnetfeld $\boldsymbol{B} = B_0\,\boldsymbol{e}_z$ ist

$$\psi(r, z) = \pi r^2 B_0, \qquad A_\varphi = r B_0/2,$$

und (6.13) lautet, falls auch (r_0, z_0) im homogenen Magnetfeld,

$$(6.15)\quad \dot{\varphi} = \frac{\omega_z}{2}\left(1 - \frac{r_0^2}{r^2}\right).$$

Das folgende Integrationsverfahren[1] ist auch für zeit- (aber nicht orts-) veränderliche Felder $\boldsymbol{E}(t)$, $\boldsymbol{B}(t)$ anwendbar. Man schreibt (6.1) in der Form

$$(6.16)\quad m\dot{\boldsymbol{v}} = -e(\boldsymbol{E} + \tilde{\boldsymbol{B}}\boldsymbol{v})$$

mit dem schiefsymmetrischen Tensor

$$(6.17)\quad \tilde{\boldsymbol{B}} = \begin{pmatrix} 0 & B_z & -B_y \\ -B_z & 0 & B_x \\ B_y & -B_x & 0 \end{pmatrix}.$$

Durch die unitäre Transformation

$$(6.18)\quad \boldsymbol{U}^{-1}\tilde{\boldsymbol{B}}\boldsymbol{U} = \hat{\boldsymbol{B}}$$

$(\boldsymbol{U}^{-1} = \boldsymbol{U}^{+})$ werde $\tilde{\boldsymbol{B}}$ auf Diagonalform gebracht; ferner sei

$$(6.19)\quad \hat{\boldsymbol{E}} = \boldsymbol{U}^{-1}\boldsymbol{E}, \qquad \hat{\boldsymbol{v}} = \boldsymbol{U}^{-1}\boldsymbol{v}.$$

In den neuen Koordinaten sind die entstehenden Gleichungen

$$(6.20)\quad m\dot{\hat{\boldsymbol{v}}} + e\hat{\boldsymbol{B}}\hat{\boldsymbol{v}} = -e\hat{\boldsymbol{E}}$$

für die Komponenten entkoppelt. Die Lösung von (6.16) erhält man in der Form

$$(6.21)\quad \left\{\begin{aligned} \boldsymbol{v} &= \boldsymbol{U}\hat{\boldsymbol{v}} = \boldsymbol{Q}(t, 0)\,\boldsymbol{v}(0) - \frac{e}{m}\int_0^t \boldsymbol{Q}(t, \tau)\,\boldsymbol{E}(\tau)\,d\tau,\\ \boldsymbol{Q}(t, \tau) &= \boldsymbol{I} - \frac{\sin\Theta(t, \tau)}{|\boldsymbol{B}(\tau)|}\tilde{\boldsymbol{B}}(\tau) + \frac{1 - \cos\Theta(t, \tau)}{|\boldsymbol{B}(\tau)|^2}\tilde{\boldsymbol{B}}(\tau)\,\tilde{\boldsymbol{B}}(\tau),\\ \Theta(t, \tau) &= \frac{e}{m}\int_\tau^t \sqrt{|\boldsymbol{B}(s)|^2}\,ds.\end{aligned}\right.$$

---

[1] Siehe Chang, Audeh und Wu.

Beispiel: $\boldsymbol{E} = \boldsymbol{e}_y E_1 \cos\omega t$, $\boldsymbol{B} = \boldsymbol{e}_z B_1 \cos\omega t$

$$v_x = v_x(0)\cos\Theta - v_y(0)\sin\Theta - \frac{e E_1}{m\,\omega_{z1}}(1-\cos\Theta),$$

$$v_y = v_x(0)\sin\Theta + v_y(0)\cos\Theta - \frac{e E_1}{m\,\omega_{z1}}\sin\Theta,$$

$$v_z = v_z(0),$$

$$\Theta = \Theta(t, 0) = (\omega_{Z1}/\omega)\sin\omega t, \qquad \omega_{Z1} = (e/m)\,B_{z1}.$$

6.2 Stationäre Elektronenströmungen im Vakuum

In Raumladungsströmungen ist $\boldsymbol{E}$ in (6.1) durch die Ladungsverteilung, d. h. die Bewegung, selbst bestimmt[1], im stationären Falle $\partial/\partial t = 0$ gemäß der Poisson-Gleichung (2.6). Dabei denkt man sich die Ladung der Elektronen kontinuierlich über das von der Strömung eingenommene Gebiet verteilt. An seinem Rande ist ϱ i. allg. unstetig; Φ und $\boldsymbol{E}$ sind stetig. Durch (6.1) [bzw. in achsensymmetrischen Feldern (6.14)], (2.6) und Anfangsbedingungen für die Bahnen und Randbedingungen für Φ ist die Strömung in Lagrangescher Weise beschrieben. Die Lösung ist unter verschiedenen vereinfachenden Annahmen (z. B. hinsichtlich Geometrie) numerisch nach geeigneten Iterationsverfahren in Angriff genommen worden. Zur Führung räumlich ausgedehnter Strömungen (Gegenwirkung gegen die auseinandertreibende Raumladung) dienen u. a. homogene oder räumlich periodische Magnetfelder. Hier sollen nur laminare Strömungen behandelt werden, die im homogenen Feld $\boldsymbol{B} = B_0\,\boldsymbol{e}_z$ einen Halbzylinder (etwa für $z \geqq z_1$) in z-Richtung einnehmen. Dazu gehören insbesondere achsensymmetrische Strömungen

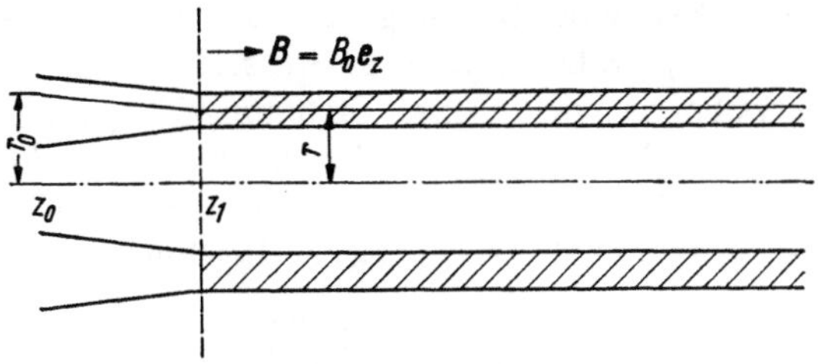

Abb. 6.1. Achsensymmetrische Elektronenströmung

in radialem Gleichgewicht, d. h. mit (von z unabhängigen) kreis- oder ringförmigem Querschnitt (Abb. 6.1); $\dot r = \ddot r = 0$, damit auch $\ddot\varphi = 0$ für $z \geqq z_1$. Ein Integral der Bewegungsgleichung ist (6.13), wo $\dot\varphi = 0$ am Startpunkt (r_0, z_0), $z_0 < z_1$. Gilt für $z \geqq z_1$ noch $E_z = 0$, also $\ddot z = 0$,

[1] Das vom Elektronenstrom erzeugte Magnetfeld kann wegen der Voraussetzung $|\boldsymbol{v}|/c \ll 1$ vernachlässigt werden.

so lautet (6.7)

$$r^2\dot{\varphi}^2 + \dot{z}^2 = (2e/m)\,\Phi(r) \tag{6.22}$$

und die Poisson-Gleichung wie in (2.41). Diese Gleichungen sind zusammen mit $\dot{r} = 0$ zu erfüllen. Dies ist noch auf viele Weisen möglich und führt zu einer entsprechenden Mannigfaltigkeit von Strömungstypen: Ist bei (r_0, z_0) auch $\dot{r} = \dot{z} = 0$ und $\Phi = 0$ (Äquipotentialkathode ohne Austrittsgeschwindigkeit), so dient zur Kennzeichnung die Größe

$$\psi_0(r) = \psi(r_0, z_0) \tag{6.23}$$

(Induktionsfluß, der zu dem bei r befindlichen Elektron an seinem Startpunkt gehört). In der Gleichgewichtsströmung folgt aus (6.13), (6.22) und (2.41)

$$\frac{r^2}{2}\frac{d\dot{z}^2}{dr} + \left(\frac{e}{2\pi m}\psi_0 - \frac{\omega_z}{2}r^2\right)\frac{e}{2\pi m}\frac{d\psi_0}{dr} = 0 \tag{6.24}$$

und

$$\frac{d\Phi}{dr} = -\frac{m}{e}\frac{1}{r^3}\left[\left(\frac{e}{2\pi m}\psi_0\right)^2 - \left(\frac{\omega_z}{2}r^2\right)^2\right]. \tag{6.25}$$

Wirbelfreie Strömungen[1], d. h. solche mit $\boldsymbol{w} \equiv \boldsymbol{0}$, gibt es nur für $d\dot{z}/dr \equiv 0$, d. h., wenn für alle Elektronen der Strömung der Start-Induktionsfluß derselbe ist (Magnetfeld tangential zur Kathode). Da ferner nach (6.13)

$$\dot{\varphi} = \frac{\omega_z}{2} - \frac{e}{2\pi m}\frac{1}{r^2}\psi_0, \tag{6.26}$$

kann die Achse $r = 0$ nur zur Strömung gehören, wenn $\psi_0(r) \equiv 0$. Es gibt daher nur einen wirbelfreien Strömungstyp mit Kreisquerschnitt, die sog. Brillouin-Strömung. Dafür gilt $\dot{\varphi} \equiv \omega_z/2$, $\varrho \equiv \text{const}$ und (2.42) bis (2.44), wobei $\Phi(0) = m\,\dot{z}^2/(2e)$.

Ferner erwähnen wir ebene Strömungen $(\partial/\partial x = \partial/\partial y = 0)$, $\Phi = \Phi(z)$, die von der Äquipotentialkathode $z = z_0$, $\Phi(z_0) = 0$, ausgehen; $\boldsymbol{j} = j_z\boldsymbol{e}_z$, $j_z \equiv \text{const}$. Ist $\varrho = \varrho(\Phi)$ eine beliebige bekannte Funktion von Φ, so hat die Poissonsche Gleichung

$$\frac{d^2\Phi}{dz^2} = -\frac{\varrho(\Phi)}{\varepsilon_0} \tag{6.27}$$

das erste Integral

$$\left(\frac{d\Phi}{dz}\right)^2 - \left(\frac{d\Phi}{dz}\right)^2_{z=0} = -\frac{2}{\varepsilon_0}\int\limits_{\Phi(0)}^{\Phi}\varrho(\Phi')\,d\Phi'. \tag{6.28}$$

Die Anwendung auf Strömungen, die mit einer nach Maxwell verteilten Anfangsgeschwindigkeit eine Äquipotentialkathode verlassen,

[1] Siehe z. B. König.

führt auf das Raumladungsgesetz von Langmuir[1]; vor der Kathode bildet sich auf Grund der Raumladung ein Potentialminimum $d\Phi/dz = 0$ aus. Bei einheitlicher Anfangsgeschwindigkeit, d. h. eindeutigem Zusammenhang

$$\dot{z}^2(\Phi) = \dot{z}^2(0) + (2e/m)\,\Phi$$

ist $\varrho(\Phi) = j_z/\dot{z}$. Für $\dot{z} = 0$ bei $z = 0$ (Kathode, $\Phi = 0$) erhält man als Lösung von

$$\frac{d^2\Phi}{dz^2} = \frac{|j_z|}{\varepsilon_0 (2e\,\Phi/m)^{1/2}} \tag{6.29}$$

die Funktion

$$\Phi = \left(\frac{m}{2e}\right)^{1/3} \left(\frac{9|j_z|}{4\varepsilon_0}\right)^{2/3} z^{4/3}. \tag{6.30}$$

(Childsches Raumladungsgesetz, $j_z = \text{const}\,\Phi^{3/2}/z^2$). Das Potentialminimum fällt in die Kathode $z = 0$; dort verhält sich ϱ wie $z^{-2/3}$.

6.3 Elektronenströmung und Plasma als elektromagnetisches Medium

6.3.1 Allgemeines

Im Vakuum ist die Stromdichte $\boldsymbol{j}$ allein durch die Elektronenbewegung gegeben (Konvektionsstromdichte). Zerlegt man alle Größen in zeitkonstante (zeitlich gemittelte) und zeitveränderliche Anteile, z. B.

$$\boldsymbol{j}(x, t) = \boldsymbol{j}_0(x) + \boldsymbol{j}_1(x, t),$$

so zerfallen die Feldgleichungen in ein zeitunabhängiges und ein zeitabhängiges System. Ersteres sind die Gln. (4.1) mit ε_0 und μ_0 statt ε und μ und

$$\boldsymbol{j}_0 = \varrho_0 \boldsymbol{v}_0. \tag{6.31}$$

Die zeitabhängigen Anteile (Index 1) erfüllen

$$\begin{gathered} \nabla \times \boldsymbol{E}_1 = -\mu_0\, \partial \boldsymbol{H}_1/\partial t, \quad \nabla \times \boldsymbol{H}_1 = \boldsymbol{j}_1 + \varepsilon_0\, \partial \boldsymbol{E}_1/\partial t, \\ \nabla \boldsymbol{E}_1 = \varrho_1/\varepsilon_0, \quad \nabla \boldsymbol{H}_1 = 0. \end{gathered} \tag{6.32}$$

Ferner gilt für die Geschwindigkeit der Teilchen (6.1), wobei die Zeitableitung längs der Bahn zu verstehen ist. Werden hingegen alle Größen, also auch $\boldsymbol{j}$, ϱ, $\boldsymbol{v}$, als Funktionen des Ortes $\boldsymbol{x}$ in der Strömung und der Zeit t aufgefaßt, so wird die Strömung in Eulerscher Weise beschrieben. In

$$\frac{d}{dt} = \frac{\partial}{\partial t} + (\boldsymbol{v}\,\nabla)$$

[1] Siehe z. B. Rothe und Kleen.

gilt $\partial/\partial t$ bei festem $\boldsymbol{x}$, und in

$$\boldsymbol{v}(\boldsymbol{x}, t) = \boldsymbol{v}_0(\boldsymbol{x}) + \boldsymbol{v}_1(\boldsymbol{x}, t)$$

ist $\boldsymbol{v}_0$ die Geschwindigkeit am Ort $\boldsymbol{x}$ bei Abwesenheit eines zeitveränderlichen Vorganges, $\boldsymbol{v}_0 + \boldsymbol{v}_1$ die Geschwindigkeit am gleichen Ort zur Zeit t bei Zeitabhängigkeit.

Eine dritte Beschreibung[1] bedient sich der sog. Polarisationsvariablen. Hierbei sind die Größen in der stationären Strömung ($\partial/\partial t = 0$) wie ϱ_0 unabhängige Variable. Wird ein Volumenelement dV bei $\boldsymbol{x}$ im zeitunabhängigen Vorgang in die neue Lage $\tilde{\boldsymbol{x}}$ verschoben —

$$\tilde{\boldsymbol{x}}(\boldsymbol{x}, t) - \boldsymbol{x} = \boldsymbol{s}(\boldsymbol{x}, t) \tag{6.33}$$

ist dann der Verrückungsvektor —, so gilt

$$\begin{aligned} &\varrho(\tilde{\boldsymbol{x}}, t)\, d\tilde{V} = \varrho_0(\boldsymbol{x})\, dV, \\ &\boldsymbol{j}(\tilde{\boldsymbol{x}}, t)\, d\tilde{V} = \boldsymbol{v}(\tilde{\boldsymbol{x}}, t)\, \varrho(\tilde{\boldsymbol{x}}, t)\, d\tilde{V} = \boldsymbol{v}(\tilde{\boldsymbol{x}}, t)\, \varrho_0(\boldsymbol{x})\, dV. \end{aligned} \tag{6.34}$$

Für zeitabhängige Vorgänge in Elektronenströmungen ist die Beschreibung mit Eulerschen oder mit Polarisationsvariablen vielfach vorteilhafter gegenüber der Lagrangeschen. In erster Ordnung in zeitabhängigen Anteilen („Klein-Signal"-Theorie) ist die Elektronenströmung äquivalent einem Medium mit der elektrischen Polarisation

$$\boldsymbol{P} = \varrho_0\, \boldsymbol{s} \tag{6.35}$$

und der Magnetisierung

$$\boldsymbol{M} = \varrho_0\, \boldsymbol{s} \times \boldsymbol{v}_0 = \boldsymbol{P} \times \boldsymbol{v}_0; \tag{6.36}$$

ferner gilt für die Eulerschen Größen ϱ_1 und $\boldsymbol{j}_1$

$$\varrho_1 = -\nabla(\varrho_0\, \boldsymbol{s}) = -\nabla \boldsymbol{P}, \quad \boldsymbol{j}_1 = \varrho_0\, \boldsymbol{v}_1 + \varrho_1\, \boldsymbol{v}_0 \tag{6.37}$$

(die linearisierende Vernachlässigung des Gliedes $\varrho_1\, \boldsymbol{v}_1$ in $\boldsymbol{j}_1$ ist ersichtlich), sowie

$$\partial \boldsymbol{s}/\partial t + (\boldsymbol{v}_0 \nabla)\, \boldsymbol{s} - (\boldsymbol{s} \nabla)\, \boldsymbol{v}_0 = \boldsymbol{v}_1. \tag{6.38}$$

Im homogenen Magnetfeld

$$\boldsymbol{H}_0 = \frac{1}{\mu_0} B_0\, \boldsymbol{e}_z = \frac{m}{\mu_0\, e}\, \omega_Z\, \boldsymbol{e}_z$$

lautet in Eulerschen Variablen die Bewegungsgleichung für kleine Signale[2]

$$\begin{aligned} \partial \boldsymbol{v}_1/\partial t + (\boldsymbol{v}_0 \nabla)\, \boldsymbol{v}_1 + (\boldsymbol{v}_1 \nabla)\, \boldsymbol{v}_0 + \boldsymbol{v}_1 \times \omega_Z\, \boldsymbol{e}_z \\ = -(e/m)\, (\boldsymbol{E}_1 + \boldsymbol{v}_0 \times \mu_0\, \boldsymbol{H}_1) \end{aligned} \tag{6.39}$$

[1] Siehe Bobroff.

[2] Einfluß von Elektronenstößen ist hier durchweg vernachlässigt.

neben

$$(\boldsymbol{v}_0 \nabla)\, \boldsymbol{v}_0 + \boldsymbol{v}_0 \times \omega_Z\, \boldsymbol{e}_z = -(e/m)\, \boldsymbol{E}_0. \tag{6.40}$$

Für $\varrho_0 \equiv 0$ (Ladung der Elektronen kompensiert durch gleichviel ruhende Ionen, neutrales Plasma) und $\boldsymbol{E}_0 = E_0\, \boldsymbol{e}_y$ wird (6.41) durch die einheitliche Geschwindigkeit

$$\boldsymbol{v}_0 = (E_0/B_0)\, \boldsymbol{e}_x + v_{0z}\, \boldsymbol{e}_z \tag{6.41}$$

erfüllt (v_{0z} beliebig). Das linearisierte Differentialgleichungssystem für die zeitabhängigen Größen ist von der Ordnung 12 entsprechend den 12 Unbekannten: je 3 Komponenten von $\boldsymbol{E}_1$, $\boldsymbol{H}_1$, $\boldsymbol{v}_1$ und $\boldsymbol{s}$ (oder $\boldsymbol{P}$).

6.3.2 Wellen im unbegrenzten Medium[1]

Sucht man Lösungen dieses Systems in Form ebener Wellen,

$$\boldsymbol{E}_1(\boldsymbol{x}, t) = \hat{\boldsymbol{E}}\, e^{i(\omega t - \boldsymbol{\beta x})} \tag{6.42}$$

usf., so zeigt sich, daß das Medium sich verhält wie ein anisotropes mit

$$\hat{\boldsymbol{D}} = \varepsilon_0 \hat{\boldsymbol{E}} + \hat{\boldsymbol{P}}, \qquad \hat{\boldsymbol{P}} = \varepsilon_0\, \boldsymbol{\chi} (\hat{\boldsymbol{E}} + \mu_0\, \boldsymbol{v}_0 \times \hat{\boldsymbol{H}}), \tag{6.43}$$

$$\hat{\boldsymbol{B}} = \mu_0 (\hat{\boldsymbol{H}} + \hat{\boldsymbol{M}}), \qquad \hat{\boldsymbol{M}} = \hat{\boldsymbol{P}} \times \boldsymbol{v}_0, \tag{6.44}$$

wo $\boldsymbol{\chi}$ der Suszeptibilitätstensor

$$\boldsymbol{\chi} = -\begin{pmatrix} \dfrac{\omega_p^2}{\omega_+\,\omega_-} & i\,\dfrac{\omega_Z\,\omega_p^2}{\omega_+\,\omega_-\,\omega_d} & 0 \\ -i\,\dfrac{\omega_Z\,\omega_p^2}{\omega_+\,\omega_-\,\omega_d} & \dfrac{\omega_p^2}{\omega_+\,\omega_-} & 0 \\ 0 & 0 & \dfrac{\omega_p^2}{\omega_d^2} \end{pmatrix}, \tag{6.45}$$

$$\omega_\pm = \omega_d \mp \omega_Z, \qquad \omega_d = \omega - \boldsymbol{v}_0\, \boldsymbol{\beta} \tag{6.46}$$

und

$$\omega_p = (e\, \varrho_0 / m\, \varepsilon_0)^{1/2} \tag{6.47}$$

die „Plasma(kreis)frequenz" ist ($\omega_+ \neq 0$, $\omega_- \neq 0$, $\omega_d \neq 0$).

Bei Lorentz-Transformation[2] auf ein mit $\boldsymbol{v}_0$ bewegtes Koordinatensystem sind die neuen Größen ω', $\boldsymbol{\beta}'$ mit ω, $\boldsymbol{\beta}$ durch

$$\omega = \omega' + \boldsymbol{v}_0\, \boldsymbol{\beta}', \qquad \boldsymbol{\beta} = \boldsymbol{\beta}' + \boldsymbol{v}_0\, \omega'/c^2 \tag{6.48}$$

verknüpft, und $\hat{\boldsymbol{P}} = \varepsilon_0\, \boldsymbol{\chi} \hat{\boldsymbol{E}}'$ im neuen System. Führt man in der Ebene transversal zu $\boldsymbol{H}_0$ statt E'_x, E'_y positiv- und negativ-zirkular-polarisierte

---

[1] Siehe WESSEL-BERG.

[2] Trotz der Annahme $|\boldsymbol{v}|/c \ll 1$ ist hier Galilei-Transformation nicht zulässig, da i. allg. nicht $|v_{\mathrm{ph}}|/c \ll 1$ für die Wellen gilt.

Komponenten $(\hat{E}'_x \pm i\,\hat{E}'_y)/\sqrt{2}$ ein, so wird dadurch $\boldsymbol{\chi}$ in (6.45) und $\boldsymbol{\varepsilon} = \varepsilon_0(\boldsymbol{I} + \boldsymbol{\chi})$ auf Diagonalform gebracht:

(6.49)
$$\boldsymbol{\varepsilon}_{\text{diag}} = \begin{pmatrix} \varepsilon_+ & 0 & 0 \\ 0 & \varepsilon_- & 0 \\ 0 & 0 & \varepsilon_z \end{pmatrix},$$
$$\varepsilon_\pm = \varepsilon_0\left(1 - \frac{\omega_p^2}{(\omega'_\mp \omega_g)\,\omega'}\right), \qquad \varepsilon_z = \varepsilon_0\left(1 - \frac{\omega_p^2}{\omega'^2}\right).$$

Im gestrichenen System führt der Wellenansatz für $\boldsymbol{E}'_1$ usf. zu der Dispersionsgleichung

(6.50)
$$\omega'^4\left\{(\omega' - \omega_Z)\left(\frac{\varepsilon_+}{\varepsilon_0}\,\frac{\omega'^2}{c^2} - \beta'^2\right)\right\}\left\{(\omega' + \omega_Z)\left(\frac{\varepsilon_-}{\varepsilon_0}\,\frac{\omega'^2}{c^2} - \beta'^2\right)\right\}\cdot$$
$$\cdot\left\{\omega'^2\frac{\varepsilon_z}{\varepsilon_0}\right\} = 0.$$

Bei Ausbreitung in Richtung z des Feldes $\boldsymbol{H}_0$ ergeben die ersten beiden geschweiften Klammern, gleich Null gesetzt, positiv bzw. negativ polarisierte Zyklotronwellen; die dritte Klammer

(6.51)
$$\omega' = \pm\omega_p, \qquad \boldsymbol{v}_0\,\boldsymbol{\beta} = \omega \pm \omega_p$$

gehört zu (longitudinalen) Raumladungswellen. Für $\boldsymbol{E}_0 = \boldsymbol{0}$, $\boldsymbol{v}_0 = v_{0z}\,\boldsymbol{e}_z$ insbesondere wird dafür $\boldsymbol{\beta} = \beta\,\boldsymbol{e}_z$,

(6.52)
$$\beta = (\omega \pm \omega_p)/v_{0z}.$$

Für eingehendere Diskussion der Wellen sei auf WESSEL-BERG verwiesen.

6.3.3 Wellen in einer kreiszylindrischen Elektronenströmung

Unter den Annahmen $\varrho_0 \equiv \text{const}$, $\boldsymbol{v} = v_z\,\boldsymbol{e}_z$, $v_{0z} \equiv \text{const}$ in einer kreiszylindrischen Strömung $r \leqq a$ und $\partial/\partial t = i\,\omega$ erhält man für die zeitabhängigen Anteile E_{z1}, H_{z1}, j_{z1}, v_{z1} und ϱ_1 das linearisierte System

(6.53)
$$\begin{cases} (\varDelta + \omega^2\,\varepsilon_0\,\mu_0)\,E_{z1} = i\,\omega\,\mu_0\,j_{z1} + \dfrac{1}{\varepsilon_0}\,\dfrac{\partial\varrho_1}{\partial z}, \\ (\varDelta + \omega^2\,\varepsilon_0\,\mu_0)\,H_{z1} = 0, \\ \dfrac{\partial j_{z1}}{\partial z} = -i\,\omega\,\varrho_1, \\ j_{z1} = \varrho_0\,v_{z1} + v_{0z}\,\varrho_1, \\ \left(i\,\omega + v_{0z}\dfrac{\partial}{\partial z}\right)v_{z1} = -\dfrac{e}{m}\,E_{z1}. \end{cases}$$

Außerhalb der Strömung steht auf der rechten Seite der ersten Gleichung 0. Mit $\partial/\partial z = -i\,\beta$, $E_{z1} = \hat{E}_z\,e^{i(\omega t - \beta z)}$ wird aus dieser Gleichung in der Strömung, $r \leqq a$, unter Verwendung der letzten drei Gleichungen,

(6.54)
$$(\varDelta_{\text{tr}} + \Gamma^2)\,\hat{E}_z = 0, \qquad \Gamma^2 = (k^2 - \beta^2)\left(1 - (\omega_p/(\omega - \beta\,v_0))^2\right)$$

mit den Lösungen

$$\hat{E}_z(r, \varphi) = C\, J_n(\Gamma r)\, e^{in\varphi}. \tag{6.55}$$

Füllt die Strömung einen Metallzylinder $r = a$ aus, so folgt aus $J_n(\Gamma a) = 0$ zu jeder Nullstelle Γa von J_n und jedem ω eine Gleichung 4. Grades für β. Abb. 6.2 zeigt den Charakter der zugehörigen Dispersionskurven[1] in der Form: ω als Funktion von β. Zwei der β-Werte gehören zu (durch die Strömung schwach beeinflußten) Hohlleiterwellen, die anderen beiden (beiderseits der Geraden $\beta = \omega/v_{0z}$) wieder zu longitudinalen Raumladungswellen.

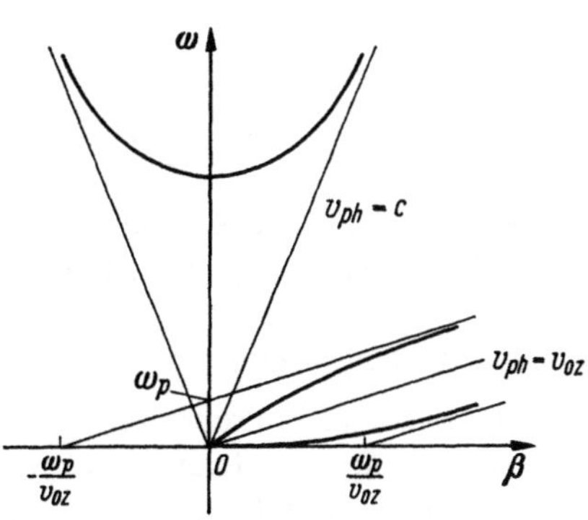

Abb. 6.2. Dispersionskurven der Wellen in einer kreiszylindrischen Elektronenströmung

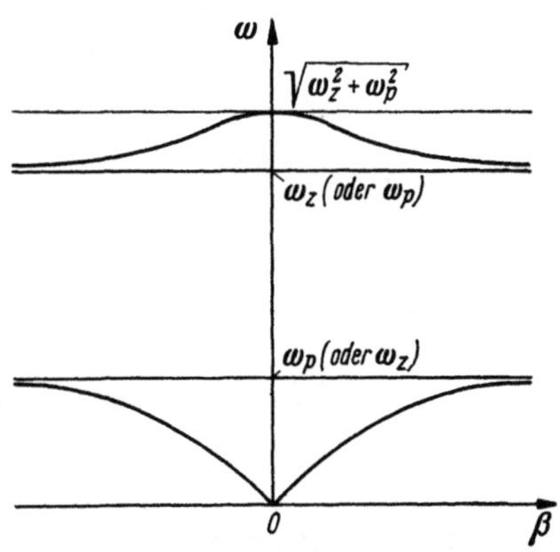

Abb. 6.3. Dispersionskurven der Wellen in einer kreiszylindrischen Plasmasäule

6.3.4 Wellen in einer kreiszylindrischen Plasmasäule

Für ein neutrales Plasma mit $\boldsymbol{v}_0 \equiv \boldsymbol{0}$ und ruhenden Ionen lautet der Dielektrizitätstensor [vgl. (6.44), (6.45)]

$$\varepsilon = \begin{pmatrix} \varepsilon_1 & i\,\varepsilon_2 & 0 \\ -i\,\varepsilon_2 & \varepsilon_1 & 0 \\ 0 & 0 & \varepsilon_3 \end{pmatrix}, \tag{6.56}$$

$$\varepsilon_1 = \varepsilon_0\left(1 - \frac{\omega_p^2}{\omega^2 - \omega_z^2}\right), \quad \varepsilon_2 = \varepsilon_0 \frac{-\omega_p^2\,\omega_z}{\omega(\omega^2 - \omega_z^2)}, \quad \varepsilon_3 = \varepsilon_0\left(1 - \frac{\omega_p^2}{\omega^2}\right),$$

[gyroelektrisches Medium, vgl. (5.13)]. Für langsame Wellen, $|\beta| \ll \omega/c$, findet man[2]

$$\Gamma^2 = -\beta^2\, \varepsilon_3/\varepsilon_1, \tag{6.57}$$

wo wieder $J_n(\Gamma a) = 0$, falls die Plasmasäule einen Metallzylinder $r = a$ ausfüllt. Zugehörige Dispersionskurven zeigt Abb. 6.3.

---

[1] Siehe z. B. Johnson.

[2] Siehe Trivelpiece und Gould; allgemein verläuft die Rechnung wie in § 5.2.2b, s. auch Weinhardt.

6.3.5 Leitungsgleichungen für Elektronenströmungen

Für $\partial/\partial x = 0$, $\partial/\partial y = 0$ (ebene Strömung), $\boldsymbol{v} = v_z \boldsymbol{e}_z$, jedoch $v_{0z}(z)$ abhängig von z, gelten, wenn keine äußere Stromquelle vorhanden ist, für kleine Signale die Gleichungen

$$(6.58)\qquad j_{z1} + i\,\omega\,\varepsilon_0 E_{z1} = 0, \quad i\,\omega\,v_{z1} + \frac{\partial}{\partial z}(v_{0z} v_{z1}) = -\frac{e}{m} E_{z1},$$

dazu die dritte und vierte der Gln. (6.53). Nach Elimination von E_{z1} und ϱ_1 und Einführung des „kinetischen Potentials"

$$(6.59)\qquad u_1 = (m/e)\, v_{0z} v_{z1}$$

erhält man das Gleichungspaar

$$(6.60)\qquad \left(\frac{\partial}{\partial z} + \frac{i\,\omega}{v_{0z}}\right) u_1 = \frac{i}{\omega\,\varepsilon_0} j_{z1}, \quad \left(\frac{\partial}{\partial z} + \frac{i\,\omega}{v_{0z}}\right) j_{z1} = \frac{i\,\omega\,e\,j_0}{m\,v_{0z}^3} u_1.$$

Für $v_{0z} \equiv \text{const}$ und $\partial/\partial z = -i\,\beta$ werden diese Gleichungen wieder durch die longitudinalen Raumladungswellen nach (6.52) befriedigt.

6.3.6 Eindimensionale Elektronenbündelung

Als Beispiel für Probleme, bei denen die Einschränkung auf kleine Signale nicht gemacht wird, diene die Bewegung einer transversal unendlichen Elektronenströmung, $\boldsymbol{v} = v_z \boldsymbol{e}_z$, $v_{0z} \equiv \text{const}$, mit den Anfangsbedingungen

$$(6.61)\qquad v_z = \sqrt{2\eta V_0}\,\sqrt{1 + \eta \sin\omega\, t_0} \quad \text{bei} \quad z = 0$$

(Modulation durch eine Wechselspannung; t_0 = Startzeit bei $z = 0$). Befindet sich das bei t_0 startende Elektron bei t am Ort z, so folgt aus der Ladungserhaltung

$$(6.62)\qquad j_z(z) = j_0(\partial t_0/\partial t) = j_0/\big(1 + (\partial G/\partial \Theta)\big),$$

wenn

$$(6.63)\qquad \omega(t - t_0) = \frac{\omega\, z}{v_{0z}} + G(\zeta, \Theta), \quad \Theta = \omega\, t_0, \quad \zeta = \frac{\omega_p\, z}{v_{0z}}$$

eingeführt wird. Das (nichtlinearisierte) System von Feld- und Bewegungsgleichungen lautet in diesem Fall

$$(6.64)\qquad j_z = \varrho\, v_z = j_0 - \varepsilon_0 \frac{\partial E_z}{\partial t}, \quad \varrho = \varrho_0 + \varepsilon_0 \frac{\partial E_z}{\partial z},$$

$$(6.65)\qquad \left(\frac{\partial}{\partial t} + v_z \frac{\partial}{\partial z}\right) v_z = -\frac{e}{m} E_z.$$

Aus (6.64) geht die Differentialgleichung

$$(6.66)\qquad \left(\frac{\partial}{\partial t} + v_z \frac{\partial}{\partial z}\right) E_z + \varrho_0 v_z + j_0 = 0$$

hervor, die zusammen mit (6.65) ein System quasilinearer partieller Differentialgleichungen erster Ordnung bildet. Zwischen G in (6.63) und E_z besteht nach (6.62) und der ersten Gl. (6.64) der Zusammenhang

$$G(\zeta, \Theta) = \frac{\omega\,\varepsilon_0}{\varrho_0\, v_{0z}} E_z(z, t). \tag{6.67}$$

Aus (6.65), (6.66), (6.67) folgt[1] nach Elimination von v_z die nichtlineare Differentialgleichung für G

$$\frac{\partial^2 G}{\partial \zeta^2} + G\left(1 + \frac{\omega_p}{\omega}\frac{\partial G}{\partial \zeta}\right)^3 = 0 \tag{6.68}$$

[ω_p nach (6.46)]. Die gemäß (6.61), (6.63) zugehörigen Randbedingungen bei $\zeta = 0$ sind:

$$G = 0, \quad \frac{\partial G}{\partial \Theta} = 0, \quad \frac{\partial G}{\partial \zeta} = \frac{\omega_p}{\omega}\,\frac{v_{0z} - v_z(0, t_0)}{v_z(0, t_0)}. \tag{6.69}$$

Die Lösung lautet in impliziter Form

$$\begin{gathered} G = \frac{\omega_p}{\omega} A(\Theta) \sin\left(\zeta + \frac{\omega_p}{\omega} G\right), \\ A(\Theta) = \frac{v_{0z} - v_z(0, t_0)}{v_{0z}} = 1 - \frac{\sqrt{1 + \eta \sin\Theta}}{\frac{1}{2\pi}\int\limits_0^{2\pi} \sqrt{1 + \eta \sin\Theta'}\, d\Theta'}. \end{gathered} \tag{6.70}$$

Daraus können die Amplituden der in j_z enthaltenen Harmonischen (Frequenz $n\,\omega$, $n = 1, 2, \ldots$) ermittelt werden.

6.4 Magnetohydrodynamische Vorgänge

In einer strömenden leitenden Flüssigkeit oder einem strömenden, teilweise ionisierten Gas kann der Konvektionsstrom $\varrho\, \boldsymbol{v}$ i. allg. gegen den Leitungsstrom vernachlässigt werden. Für $\boldsymbol{j}$, das dann die Dichte des letzteren ist, gilt Gl. (1.17) (allgemeiner $\boldsymbol{B}$ statt $\boldsymbol{B}_0$ bei nichthomogenem äußerem Feld). Ferner ist in den meisten Anwendungen (Generatoren, kleine Frequenzen) die quasistationäre Näherung

$$\nabla \times \boldsymbol{H} = \boldsymbol{j} \tag{6.71}$$

zulässig und in (1.53) $|\varrho\, \boldsymbol{E}| \ll |\boldsymbol{j} \times \boldsymbol{B}|$. Dann ist

$$\left\{\begin{aligned} \boldsymbol{j} &= \sigma(\boldsymbol{E} + \boldsymbol{v} \times \boldsymbol{B}) - \mu_b(\boldsymbol{j} \times \boldsymbol{B}), \\ \boldsymbol{f} &= \boldsymbol{j} \times \boldsymbol{B}, \\ \varrho &= -\varepsilon\, \nabla(\boldsymbol{v} \times \boldsymbol{B}); \end{aligned}\right. \tag{6.72}$$

[1] Siehe SOLYMAR.

die letzte dieser Gleichungen folgt aus $\nabla \boldsymbol{j} = 0$ und $\varepsilon \nabla \boldsymbol{E} = \varrho$; ε und μ werden als skalar und konstant angenommen. Wird die Kompressibilität vernachlässigt ($\nabla \boldsymbol{v} = 0$), so ist

$$\varrho_M \left(\frac{\partial}{\partial t} + (\boldsymbol{v}\nabla)\right)\boldsymbol{v} = \boldsymbol{f} + \boldsymbol{f}_a \tag{6.73}$$

mit der konstanten Massendichte ϱ_M und $\boldsymbol{f}_a$ gleich der Raumdichte äußerer Kräfte. Sind diese gegeben, so sind (1.1), (6.71), (6.72), (6.73) 13 Gleichungen für die 13 Größen $\boldsymbol{E}$, $\boldsymbol{H}$, $\boldsymbol{j}$, $\boldsymbol{v}$ und ϱ. Bei Berücksichtigung der Kompressibilität (veränderliches ϱ_M) sind noch die hydrodynamischen Größen ϱ_M und der Druck p (und evtl. die Temperatur) als Variable hinzuzunehmen. Es gilt dann[1]

$$\partial \varrho_M/\partial t + \nabla(\varrho_M \boldsymbol{v}) = 0, \tag{6.74}$$

$$\varrho_M \left(\frac{\partial}{\partial t} + (\boldsymbol{v}\nabla)\right)\boldsymbol{v} = \nabla(\boldsymbol{T}_s + \boldsymbol{T}_h) + \boldsymbol{f}_a \tag{6.75}$$

mit dem mechanischen Spannungstensor $\boldsymbol{T}_s$ und dem magnetischen Teil $\boldsymbol{T}_h$ des Maxwellschen Spannungstensors (1.59):

$$T_{h,ik} = \mu(H_i H_k - \tfrac{1}{2}\delta_{ik}\boldsymbol{H}^2). \tag{6.76}$$

Bezüglich $\boldsymbol{T}_s$ für zähe Flüssigkeiten s. Abschn. NI § 3.4. (6.75) sind die Navier-Stokesschen Gleichungen der Magnetohydrodynamik. Dazu kommt noch ein thermodynamisches Gesetz, z. B. ein Zustandsgesetz $p = f(\varrho_M)$.

Bei magnetohydrodynamischen Induktionsgeneratoren wird gewöhnlich der Hall-Term in der ersten Gl. (6.72) vernachlässigt ($\mu_b = 0$). Die letzte Gl. (6.72) und (6.71) ergeben

$$\boldsymbol{E} = -(\boldsymbol{v} \times \boldsymbol{B}) + \frac{1}{\sigma\mu}\nabla \times \boldsymbol{B} \tag{6.77}$$

und damit für $\boldsymbol{B}$ die Differentialgleichung

$$\frac{\partial \boldsymbol{B}}{\partial t} = \nabla \times (\boldsymbol{v} \times \boldsymbol{B}) + \frac{1}{\sigma\mu}\Delta \boldsymbol{B}. \tag{6.78}$$

Nach Einführung der magnetischen Reynoldsschen Zahl

$$R_h = \sigma\mu\, v_{\text{ch}}\, l_{\text{ch}}$$

[1] Siehe z. B. ROBERTS.

mit einer (für das jeweilige Problem) charakteristischen Geschwindigkeit v_{ch} bzw. Länge l_{ch} hat man die beiden Grenzfälle:

$$R_h \ll 1: \quad \frac{\partial \boldsymbol{B}}{\partial t} = \frac{1}{\sigma \mu} \Delta \boldsymbol{B}, \qquad \boldsymbol{E} = \frac{1}{\sigma \mu} \nabla \times \boldsymbol{B}$$

und

$$R_h \gg 1: \quad \frac{\partial \boldsymbol{B}}{\partial t} = \nabla \times (\boldsymbol{v} \times \boldsymbol{B}), \qquad \boldsymbol{E} = -\boldsymbol{v} \times \boldsymbol{B}.$$

Für $\sigma \mu \to \infty$, kinematische Zähigkeit $\to 0$,

$$\boldsymbol{B} = \boldsymbol{B}_0 + \boldsymbol{B}_1, \qquad \nabla \left(p + \frac{1}{2\mu} \boldsymbol{B}^2\right) = \nabla \left(p_0 + \frac{1}{2\mu} \boldsymbol{B}_0^2\right),$$

wo $p_0 + \frac{1}{2\mu} \boldsymbol{B}_0^2$ gleich dem gesamten Druck in der im homogenen Feld $\boldsymbol{B}_0$ ruhenden Flüssigkeit ist (∇p_0 enthält $\boldsymbol{f}_a$), erhält man für $\boldsymbol{v}$ und $\boldsymbol{B}_1$, die durch die Bewegung induzierte Änderung der Induktion,

$$\text{(6.79)} \qquad \begin{aligned} \mu \varrho_M \left(\frac{\partial}{\partial t} + (\boldsymbol{v} \nabla)\right) \boldsymbol{v} &= ((\boldsymbol{B}_0 \nabla) + (\boldsymbol{B}_1 \nabla)) \boldsymbol{B}_1, \\ \left(\frac{\partial}{\partial t} + (\boldsymbol{v} \nabla)\right) \boldsymbol{B}_1 &= ((\boldsymbol{B}_0 \nabla) + (\boldsymbol{B}_1 \nabla)) \boldsymbol{v}. \end{aligned}$$

Diese Gleichungen werden für $\boldsymbol{B}_0 = B_0 \boldsymbol{e}_z$ durch

$$\text{(6.80)} \qquad \boldsymbol{v} = \pm \frac{\boldsymbol{B}_1}{\sqrt{\mu \varrho_M}} \quad \text{mit} \quad \frac{\partial \boldsymbol{B}_1}{\partial t} = \pm v_A \frac{\partial \boldsymbol{B}_1}{\partial z}$$

befriedigt (Alfvén-Wellen);

$$\text{(6.81)} \qquad v_A = B_0 / \sqrt{\mu \varrho_M}$$

ist die Alfvén-Geschwindigkeit.

6.5 Wellen in Halbleitern

6.5.1 Ladungsträgerwellen

In Halbleitern treten Bewegungen zweier Arten von Ladungsträgern auf, der Elektronen und der Defektelektronen. Für beide legt man meist eine Relation

$$\text{(6.82)} \qquad \boldsymbol{v} = \boldsymbol{\mu}_b \boldsymbol{E} - \boldsymbol{D}_d (\nabla \varrho / \varrho)$$

zugrunde mit dem Diffusionstensor $\boldsymbol{D}_d$. Skalare Größen μ_b und D_d sind durch die Einsteinsche Relation

$$\text{(6.83)} \qquad D_d = (k_B T_a / q) \mu_b$$

verknüpft (k_B = Boltzmann-Konstante, T_a = absolute Temperatur). Das erste Glied rechts in (6.82) liefert gemäß (1.11), (1.13) die Leitungsstromdichten (hier gleich Konvektionsstromdichten) beider Trägerarten. Das zweite, thermische Geschwindigkeiten erfassende Glied gibt

Anlaß zu Diffusionsströmen; in den Bewegungsgleichungen entspricht es einem hydrodynamischen Druckterm. Die Beschleunigung wird vielfach durch ein Glied $\boldsymbol{v}/\tau$ mit der Relaxationszeit τ ergänzt, das Stoßprozesse berücksichtigt; im folgenden ist dieses nicht enthalten. Wir beschränken uns im wesentlichen auf den Fall, daß Bewegungen nur einer Trägerart auftreten (die andere also viel kleinere Beweglichkeit hat), ein äußeres Magnetfeld nicht vorhanden ist und von einer äußeren Gleichfeldstärke $\boldsymbol{E}_0 = E_0\,\boldsymbol{e}_z$ eine Triftgeschwindigkeit

$$\boldsymbol{v}_0 = v_0\,\boldsymbol{e}_z = \mu_b(v_0)\,\boldsymbol{E}_0 \tag{6.84}$$

herrührt [in (6.82) ist also $\nabla\varrho_0 = 0$ gesetzt]; $\boldsymbol{\mu}_b$ ist i. allg. abhängig von $|\boldsymbol{v}|$. In dem unbegrenzten halbleitenden Medium mit skalaren ε und $\mu = \mu_0$ hat man, wieder bei Aufteilung in zeitunabhängige Anteile (Index 0) und zeitabhängige Anteile (Index 1), als Ausgangsgleichungen: die Gln. (6.32) mit ε statt ε_0 und, nach Linearisierung,

$$\boldsymbol{j}_1 = \varrho_1\,\boldsymbol{v}_0 + \varrho_0\,\boldsymbol{v}_1; \tag{6.85}$$

ferner nach Entwicklung von $\mu_b(|\boldsymbol{v}|)$ bei $\mu_b(v_0)$

$$\boldsymbol{v}_1 = \left(\frac{d\mu_b}{dv_0}\right) v_{1z}\,\boldsymbol{E}_0 + \mu_b(v_0)\left(\boldsymbol{E}_1 - \frac{kT_a}{q}\,\frac{\nabla\varrho_1}{\varrho_0}\right). \tag{6.86}$$

Daher wird der Beweglichkeitstensor für Klein-Signal-Vorgänge[1]

$$\boldsymbol{\mu}_b = \begin{pmatrix} \mu_b(v_0) & 0 & 0 \\ 0 & \mu_b(v_0) & 0 \\ 0 & 0 & \mu_{b,z} \end{pmatrix}, \quad \mu_{b,z} = \frac{dv_0}{dE_0}, \tag{6.87}$$

und mit $\boldsymbol{\sigma} = \varrho_0\,\boldsymbol{\mu}_b$ und $\boldsymbol{D}_d = (k_B T_a/q)\,\boldsymbol{\mu}_b$ geht aus (6.85)

$$\boldsymbol{j}_1 = \varrho_1\,\boldsymbol{v}_0 + \boldsymbol{\sigma}\,\boldsymbol{E}_1 - \boldsymbol{D}_d\,\nabla\varrho_1 \tag{6.88}$$

hervor. In die Wellengleichung (1.40) (mit $\mu = \mu_0$) wird (6.88) und $\varrho_1 = \varepsilon\,\nabla\boldsymbol{E}_1$ eingesetzt. Ein Ansatz ebener Wellen (6.42) liefert dann

$$\left[|\boldsymbol{\beta}|^2 - k^2\left(\boldsymbol{I} - \frac{i\,\sigma_0}{\varepsilon\,\omega\,\mu_b(v_0)}\,\boldsymbol{\mu}_b\right)\right]\hat{\boldsymbol{E}}_1 = (\boldsymbol{\beta}\,\hat{\boldsymbol{E}}_1)\left[\left(\boldsymbol{I} - \frac{i\,k^2 D_{d0}}{\omega\,\mu_b(v_0)}\,\boldsymbol{\mu}_b\right)\boldsymbol{\beta} - \frac{k^2\,\boldsymbol{v}_0}{\omega}\right], \tag{6.89}$$

k^2 nach (1.53), $\sigma_0 = \varrho_0\,\mu_b(v_0)$, $D_{d0} = (k_B T_a/q)\,\mu_b(v_0)$. Für Ladungsträgerwellen ist $\boldsymbol{\beta}\hat{\boldsymbol{E}}_1 = i\,\nabla\hat{\boldsymbol{E}}_1 = i\,\hat{\varrho}_1/\varepsilon \neq 0$, und (6.89) gibt nach skalarer Multiplikation mit $\boldsymbol{\beta}$ die Dispersionsgleichung für solche ebenen Wellen.

---

[1] Siehe Kuvås.

6.5.2. Wellen in Halbleiterplasmen

Bei Bewegungen beider Trägerarten setzt sich $\boldsymbol{j}$ aus zwei Beiträgen zusammen; mit den Raumladungsdichten $\varrho_- < 0$ und $\varrho_+ > 0$ für Elektronen bzw. Defektelektronen wird

$$(6.90)\quad \begin{aligned} \varrho &= \varrho_- + \varrho_+, \\ \boldsymbol{j} &= \boldsymbol{j}_- + \boldsymbol{j}_+ = \varrho_- \boldsymbol{v}_- + \varrho_+ \boldsymbol{v}_+ - D_{d_-} \frac{\nabla \varrho_-}{\varrho_-} - D_{d_+} \frac{\nabla \varrho_+}{\varrho_+}. \end{aligned}$$

Ferner gelten, wenn man noch einen Rekombinationsfaktor

$$(6.91)\qquad R = \frac{e}{(-\varrho_- + \varrho_+)\,\tau_L}$$

einführt (τ_L = Lebensdauer der Ladungsträger), die Kontinuitätsgleichungen

$$(6.92)\quad \begin{aligned} \partial \varrho_-/\partial t + \nabla \boldsymbol{j}_- &= R(-\varrho_- \varrho_+ + \varrho_{-,0}\, \varrho_{+,0})/e, \\ \partial \varrho_+/\partial t + \nabla \boldsymbol{j}_+ &= -R(-\varrho_- \varrho_+ + \varrho_{-,0}\, \varrho_{+,0})/e. \end{aligned}$$

Bezüglich der Wellenlösungen dieser Gleichungen und der Bewegungsgleichungen (mit Stoßtermen $\boldsymbol{v}_-/\tau_-$ und $\boldsymbol{v}_+/\tau_+$) siehe z. B. GROSCHWITZ, KÖCHNER.

In einem äußeren Magnetfeld treten auch in Halbleiterplasmen Zyklotronwellen (mit Ausbreitung in dieser Richtung) auf. Werden wieder nur Bewegungen einer Trägerart berücksichtigt, aber mit Stoßterm $\boldsymbol{v}/\tau$, so gilt für ebene derartige Wellen[1] bei $\boldsymbol{v}_0 = \boldsymbol{0}$ [vgl. (6.49), (6.50)]

$$(6.93)\qquad \beta^2 = \omega^2 \varepsilon \mu - \frac{\omega_p^2\, \omega\, \varepsilon_0\, \mu_0}{\omega - i(1/\tau) \mp \omega_z}.$$

(Für $\omega_Z \gg 1/\tau$ und $\omega/\omega_p \ll 1$ werden diese Wellen auch „*Helicon*-Wellen" genannt.)

6.5.3 Akustische Wellen in piezoelektrischen Halbleitern

In derartigen Medien findet eine Kopplung zwischen akustischen und Ladungsträger-Wellen statt, die gegebenenfalls zu Verstärkungseffekten führt[2]. Betrachtet man eindimensionale Vorgänge (Wellenausbreitung, Auslenkung $\boldsymbol{\zeta} = \zeta\, \boldsymbol{e}_z$ im Kristallgitter und Feldstärke $\boldsymbol{E} = E_z\, \boldsymbol{e}_z$ nur in z-Richtung) und lineare Spannungs-Dehnungs-Beziehung, $\boldsymbol{T} = \alpha\, \boldsymbol{S}$, für $\boldsymbol{E} = \boldsymbol{0}$, so ist mit $T = \boldsymbol{e}_z(\boldsymbol{T}\boldsymbol{e}_z)$, $S = \boldsymbol{e}_z(\boldsymbol{S}\,\boldsymbol{e}_z)$ und $v = \partial\zeta/\partial t$

$$(6.94)\qquad \partial T/\partial z = \varrho_M\, \partial v/\partial t, \qquad \partial v/\partial z = (1/\alpha)\, \partial T/\partial t,$$

die Geschwindigkeit akustischer Wellen daher $\sqrt{\alpha/\varrho_M}$.

---

[1] Siehe NIEUWLAND und VLAARDINGERBROEK.

[2] Siehe WHITE; BLÖTEKJAER und QUATE.

Für $E_z \neq 0$ setzt man

$$T = \alpha S - e_p E_z, \quad D_z = e_p S + \varepsilon E_z \tag{6.95}$$

mit der piezoelektrischen Konstanten e_p. Für die Trägerbewegungen (eine Träg^rart) gilt

$$\frac{\partial D_z}{\partial z} = \varrho_1, \quad \frac{\partial j_z}{\partial z} = -\frac{\partial \varrho_1}{\partial t}, \quad j_z = \mu_b \varrho E_z - D_d \frac{\partial \varrho}{\partial x} \tag{6.96}$$

mit[1] $\varrho = \varrho_0 + \varrho_1$; ϱ_0/e ist die Trägerdichte bei Abwesenheit einer akustischen Welle. Dies führt auf die Differentialgleichung für D_z

$$-\frac{\partial^2 D_z}{\partial z\, \partial t} = \mu_b \frac{\partial}{\partial z}\left[\left(\varrho_0 + \frac{\partial D_z}{\partial z}\right) E_z\right] - D_d \frac{\partial^3 D_z}{\partial x^3}. \tag{6.97}$$

Für kleine Signale führt der Wellenansatz

$$E_z = E_0 + E_1 e^{i(\omega t - \beta z)}, \quad \zeta = \zeta_1 e^{i(\omega t - \beta z)}$$

mit (6.95) auf eine Dispersionsgleichung 4. Grades mit komplexen Koeffizienten für β bei gegebener Frequenz ω.

§ 7. Elektrisches Rauschen

7.1 Rauschen als stochastischer Prozeß

Die Störungen von Nachrichten auf dem Übertragungswege und die in elektrischen Bauelementen auf Grund thermischer Bewegung oder Emission von Ladungsträgern auftretenden Spannungen und Ströme lassen sich als Zufallsprozesse X_t mit der Zeit als kontinuierlichem Index auffassen; s. dazu Abschn. M, § 15. Meist sind es Gaußsche Prozesse, bedingt durch die Tatsache, daß X_t durch Überlagerung einer großen Zahl von Einzelvorgängen zustande kommt (Grenzwertsätze). Für das Rauschen X_t [das einem Signal $s(t)$ oder einer Nutzspannung $u(t)$ oder einem Nutzstrom $i(t)$ meist additiv überlagert auftritt] kann man $\mathscr{E} X_t = 0$ für alle t annehmen ($\mathscr{E}$ = Erwartungswert). Die wesentliche statistische Größe ist dann die Autokovarianz

$$R(t, \vartheta) = \mathscr{E}(X_t \bar{X}_\vartheta). \tag{7.1}$$

$R(t, \vartheta)$ ist eine positiv-definite Funktion, und in einem endlichen Intervall $[t_1, t_2]$ gilt der Satz[2] von Karhunen-Loève: Für $t \in [t_1, t_2]$

---

[1] Falls keine Haftstellen vorhanden sind; anderenfalls ersetzt man hier ϱ_1 durch den Bruchteil, der zur Leitfähigkeit beiträgt.

[2] Siehe z. B. Ash.

läßt sich X_t in der Form

(7.2) $$X_t = \sum_n c_n g_n(t)$$

entwickeln, wo die g_n Eigenfunktionen des Integraloperators L mit

(7.3) $$L\{g\} = \int_{t_1}^{t_2} R(t, \vartheta)\, g(\vartheta)\, d\vartheta$$

mit Eigenwert $\neq 0$ sind ($L\{g_n\} = \lambda_n g_n$, $\lambda_n \neq 0$) und eine orthonormale Basis für den von diesen Eigenfunktionen aufgespannten Raum bilden. Die

(7.4) $$c_n = \int_{t_1}^{t_2} X_t\, g_n(t)\, dt$$

sind orthogonale Zufallsvariable [$\mathscr{E}(c_n \bar{c}_m) = 0$ für $n \neq m$] mit $\mathscr{E}\, c_n = 0$ und Streuung $\mathscr{E}(|c_n|^2) = \lambda_n$. Die Reihe (7.2) konvergiert gleichmäßig in $t \in [t_1, t_2]$ im quadratischen Mittel gegen X_t. Ist X_t ein Gaußscher Prozeß, so sind die c_n unabhängige Gaußsche Zufallsvariable; für festes t konvergiert (7.2) mit Wahrscheinlichkeit 1 gegen X_t.

Beispiel. Brown-Wienerscher Prozeß (Abschn. M, § 15.3) in $[0, 1]$;

$$R(t, \vartheta) = \operatorname{Min}(t, \vartheta), \qquad \lambda_n = 4/((2n-1)\,\pi)^2, \qquad g_n = \sqrt{2}\sin(n - \tfrac{1}{2})\,\pi\, t,$$

$$X_t = \sqrt{2} \sum c_n \sin(n - \tfrac{1}{2})\,\pi\, t.$$

Für (von zweiter Ordnung) stationäre Prozesse gilt mit $t - \vartheta = \tau$

(7.5) $$R(\tau) = \mathscr{E}(X_t \bar{X}_{t+\tau})$$

unabhängig von t, und der Darstellungssatz von Bochner (Abschn. M, § 15.4) liefert das nach Wiener und Khintchine benannte Gleichungspaar

(7.6) $$R(\tau) = \int_{-\infty}^{\infty} e^{2\pi i \nu \tau}\, dF(\nu),$$

$$\frac{F(\nu + 0) + F(\nu - 0)}{2} = \int_{-\infty}^{\infty} \frac{\sin 2\pi\nu\tau}{\tau} R(\tau)\, d\tau$$

bzw., falls $F(\nu)$ absolut stetig, $F'(\nu) = 2w(\nu)$, und X_t reell ist,

(7.7) $$R(\tau) = \int_0^{\infty} w(\nu) \cos 2\pi\nu\tau\, d\nu, \qquad w(\nu) = 4\int_0^{\infty} R(\tau) \cos 2\pi\nu\tau\, d\tau.$$

Beispiel.

(7.8) $$R(\tau) = R(0)\, e^{-|\tau|/\tau_0}, \qquad w(\nu) = \frac{4\tau_0 R(0)}{1 + (2\pi\tau_0\nu)^2}.$$

Für ergodischen Prozeß (s. Abschn. M, § 15.5) gilt mit Wahrscheinlichkeit 1

$$(7.9)\qquad R(\tau) = \mathscr{E}(X_t \bar{X}_{t+\vartheta}) = \lim_{T\to\infty} \frac{1}{2T} \int_{-T}^{T} X_t \bar{X}_{t+\tau}\, dt;$$

$$R(0) = \lim_{T\to\infty} \frac{1}{2T} \int_{-T}^{T} |X_t|^2\, dt$$

ist für Rauschspannungen und -ströme X_t proportional der mittleren Leistung, nach (7.6) $F(\nu)$ die spektrale Verteilungsfunktion von $R(0)$. Im reellen Fall und wenn (7.7) anwendbar ist, wird meist $w(\nu)$ als (spektrale) Leistungsdichte bezeichnet.

Rauschen mit konstanter Leistungsdichte $w(\nu) \equiv w_0$ in einem Frequenzintervall wird als „weißes Rauschen" bezeichnet. Für $\tau_0\, \nu \ll 1$ hat das Beispiel (7.8) näherungsweise diese Eigenschaft. Der Grenzfall $\tau_0 \to 0$, $4\tau_0 R(0) \to w_0$, $R(\tau) \to (w_0/2)\, \delta(\tau)$ („weißes Rauschen für alle Frequenzen") ist physikalisch wegen unendlicher mittlerer Leistung nicht möglich.

Ein stationärer Gaußscher Prozeß X_t mit $w(\nu) = 0$ außerhalb des Frequenzbandes $[\nu_0 - (\Delta\nu/2), \nu_0 + (\Delta\nu/2)]$, $\Delta\nu/2 < \nu_0$, ist darstellbar in der Form

$$(7.10)\qquad X_t = A_t \cos(2\pi\, \nu_0\, t) + B_t \sin(2\pi\, \nu_0\, t),$$

wo A_t, B_t ebenfalls stationäre Gaußsche Prozesse sind, deren Leistungsdichte für $|\nu| > \Delta\nu/2$ verschwindet. Ist $w(\nu)$ symmetrisch zu ν_0, so sind A_t, B_t unabhängig, und die Einhüllende $Z = \sqrt{A_t^2 + B_t^2}$ genügt für jedes t einer Rayleigh-Verteilung mit der Dichte

$$p(Z) = \left(Z/\mathscr{E}(X_t^2)\right) e^{-Z^2/(2\mathscr{E}(X_t^2))}, \qquad Z > 0.$$

Für eine mit solchem Rauschen überlagerte Trägerschwingung, d. h.

$$A \cos(2\pi\, \nu_0\, t) + X_t = (A + A_t) \cos(2\pi\, \nu_0\, t) + B_t \sin(2\pi\, \nu_0\, t)$$

(A konstant), hat $Z = \sqrt{(A + A_t)^2 + B_t^2}$ die Dichte

$$p(Z) = \left(Z/\mathscr{E}(X_t^2)\right) I_0\left(A\, Z/\mathscr{E}(X_t^2)\right) e^{-(Z^2+A^2)/(2\mathscr{E}(X_t^2))}, \qquad Z > 0.$$

Sind X_t, Y_t zwei stationäre stochastische Prozesse, die in stationärer Weise voneinander abhängen, d. h. die Kreuzkovarianz

$$(7.11)\qquad \mathscr{E}(X_t \bar{Y}_{t+\tau}) = R_{xy}(\tau) = \bar{R}_{yx}(-\tau)$$

ist nur abhängig von τ, und gibt es eine entsprechende Darstellung wie (7.7),

$$(7.12)\quad R_{xy}(\tau) = \tfrac{1}{2}\int_{-\infty}^{\infty} w_{xy}(\nu)\, e^{2\pi i \nu \tau}\, d\nu, \quad w_{xy}(\nu) = 2\int_{-\infty}^{\infty} R_{xy}(\tau)\, e^{-2\pi i \nu \tau}\, d\tau,$$

so heißt die (i. allg. komplexwertige) Funktion $w_{xy}(\nu)$ die Kreuzleistungsdichte von X_t und Y_t.

7.2 Thermisches Rauschen

An den Klemmen eines auf der absoluten Temperatur T_a befindlichen Widerstandes R (in VA^{-1}) entsteht auf Grund der thermischen Ladungsträgerbewegung eine Rauschspannung U_t mit der Leistungsdichte

$$(7.13)\quad w_U(\nu) = \frac{4h\,\nu\,R}{e^{(h\nu/k_B T_a)} - 1},$$

h = Plancksche Konstante. Für $h\,\nu/k_B T_a \ll 1$ ist die Annahme weißen Rauschens mit

$$(7.14)\quad w_U(\nu) = 4k_B T_a R$$

berechtigt. Zu (7.13) gehört gemäß (7.7)

$$(7.15)\quad R_U(\tau) = \frac{2(\pi k_B T_a)^3 R}{3h}\left(\frac{3}{(b\,\tau)^2} - \frac{3}{\sinh^2(b\,\tau)}\right), \quad b = \frac{2\pi^2 k_B T_a}{h}.$$

Äquivalent zu U_t ist die Beschreibung durch einen Rauschstrom I_t mit (für $h\,\nu/k_B T_a \ll 1$)

$$(7.16)\quad w_I(\nu) = 4k_B T_a (1/R).$$

7.3 Pulsprozesse; Schrotrauschen

In den Anwendungen treten „Pulsprozesse“ von der Form[1]

$$(7.17)\quad Y_t = \sum_i a_i\, f(t - t_i)$$

auf, wo $f(t)$ in $(-\infty, \infty)$ Lebesgue- (d. h. auch absolut-) integrierbar ist, die Amplituden a_i und die Zeitpunkte t_i $(i = 0, \pm 1, \ldots)$ reelle zufällige Variable sind; a_i und t_j seien voneinander unabhängig für alle i und j; $\mathcal{E}\, Y_t \equiv 0$ wird hier *nicht* gefordert. Die t_i sollen einen stationären Punktprozeß[2] bilden, d. h. ein Ensemble von Folgen von

[1] Siehe LENEMAN, auch bezüglich allgemeiner Prozesse mit $f_i(t - t_i)$ an Stelle von $a_i f(t - t_i)$, d. h. Form des Pulses abhängig von i. Als „Impulsprozesse“ werden Prozesse (7.17) mit $f(t - t_i) = \delta(t - t_i)$ bezeichnet.

[2] Siehe BEUTLER und LENEMAN.

Zeitpunkten, bei denen die gemeinsame Verteilung der Anzahlen der Zeitpunkte in (hinsichtlich Lage und Länge gegebenen) Intervallen gegen Verschiebungen der Zeitachse invariant ist. Es sei λ die mittlere Anzahl der t_i in einer Sekunde. Die a_i seien nach dem gleichen Gesetz verteilt, und es gelte

$$\mathscr{E}\, a_i = a, \quad \mathscr{E}\,(a_{i+j}\, a_i) = \varrho_j \tag{7.18}$$

unabhängig von i. Ferner bedeute $p_l(\vartheta)$ die Dichte der Gesamtlänge von l aufeinanderfolgenden Zeitintervallen im Punktprozeß ($\vartheta > 0$). Dann ist

$$\mathscr{E}\, Y_t = a\,\lambda \int_{-\infty}^{\infty} f(u)\, du, \tag{7.19}$$

$$\mathscr{E}\,(Y_t Y_{t+\tau}) = \lambda\, \varrho_0 \int_{-\infty}^{\infty} f(u+\tau)\, f(u)\, du + \lambda \int_{-\infty}^{\infty} \int_{-\infty}^{\infty} f(v+\tau)\, f(u) \cdot \cdot \sum_{l=1}^{\infty} \varrho_l\, p_l(|u-v|)\, du\, dv. \tag{7.20}$$

Das gebräuchlichste Beispiel für einen stationären Punktprozeß beruht auf den Annahmen: a) die Anzahlen der t_i in punktfremden Zeitintervallen sind unabhängig voneinander, und b) die Wahrscheinlichkeit, daß in einem Zeitintervall der Länge Δt mehr als ein t_i vorkommt, ist $o(\Delta t)$: Dann genügt die Anzahl n der t_i in einem gegebenen Zeitintervall (T_1, T_2) einer Poisson-Verteilung. Das heißt, mit $\mathscr{E}\, n = \lambda (T_2 - T_1)$ ist

$$P\{n = k\} = e^{-\lambda(T_2 - T_1)} (\lambda (T_2 - T_1))^k / k! \quad (k = 0, 1, 2, \ldots); \tag{7.21}$$

die Streuung von n ist

$$\sigma_n^2 = \lambda (T_2 - T_1) = \mathscr{E}\, n. \tag{7.22}$$

Den Pulsprozeß (7.17) nennt man dann einen Poisson-Prozeß. Es ist hierfür

$$p_l(\vartheta) = \lambda^l\, \vartheta^{l-1}\, e^{-\lambda\vartheta} / (l-1)! \quad (\vartheta > 0), \tag{7.23}$$

insbesondere also die Länge der Intervalle zwischen zwei aufeinanderfolgenden t_i gemäß der Dichte

$$p_1(\vartheta) = \lambda\, e^{-\lambda\vartheta} \quad (\vartheta > 0) \tag{7.24}$$

verteilt.

Im Sonderfall $a_i = 1$ für alle i ist für den Poisson-Prozeß

$$\begin{aligned} \mathscr{E}\, Y_t &= \lambda \int_{-\infty}^{\infty} f(u)\, du, \\ \mathscr{E}\,(Y_t Y_{t+\tau}) &= \lambda \int_{-\infty}^{\infty} f(u+\tau)\, f(u)\, du + \lambda^2 \left[\int_{-\infty}^{\infty} f(u)\, du \right]^2 \end{aligned} \tag{7.25}$$

(Campbellsches Theorem); für $X_t = Y_t - \mathscr{E} Y_t$ gilt

$$R(\tau) = \mathscr{E}(X_t X_{t+\tau}) = \lambda \int_{-\infty}^{\infty} f(u+\tau)\, f(u)\, du \tag{7.26}$$

und

$$w(\nu) = \lambda \left| \int_{-\infty}^{\infty} f(t)\, e^{-i\cdot 2\pi\nu t}\, dt \right|^2. \tag{7.27}$$

(Carsonsches Theorem). Die statistischen Größen erster und zweiter Ordnung sind also allein durch λ und die Funktion $f(t)$ bestimmt. In den Anwendungen ist $f(t)$ nur in einem endlichen Zeitintervall von 0 verschieden.

Beispiel. Rechteckimpulse der Höhe a und Breite T,

$$f(t) = \begin{cases} a & \text{für} \quad 0 \leqq t \leqq T \\ 0 & \text{sonst,} \end{cases}$$

$$\mathscr{E} Y_t = \lambda a T, \qquad R(\tau) = \begin{cases} \lambda a^2 (T - |\tau|) & \text{für} \quad |\tau| \leqq T \\ 0 & \text{sonst} \end{cases}$$

$$w(\nu) = \lambda \left(\frac{a}{2\pi\nu}\right)^2 \sin^2(\pi\nu T).$$

Die Prozesse $(Y_t - \mathscr{E} Y_t)/(\sqrt{\lambda}\, a)$ haben (unabhängig von λ) die Leistungsdichte $(1/(2\pi\nu))^2 \sin^2(\pi\nu T)$. Für $\lambda \ll 1/T$ kommt es sehr selten vor, daß mehrere Impulse sich überlappen. Läßt man λ bei festem T wachsen, so nimmt die Zahl der von 0 verschiedenen Glieder in (7.17) zu, und Y_t nähert sich immer mehr einem Gaußschen Prozeß[1].

Schroteffekt in einer planparallelen Diode: Für die Zeitpunkte der Emission von Elektronen aus der Kathode ($z = 0$) kann (7.21) zugrunde gelegt werden. Ist die Raumladung vernachlässigbar, so tritt bei jedem Elektronenübergang an der Anode ein Strompuls $f(t - t_i)$ auf mit

$$f(t) = \begin{cases} 2e\,t/T^2 & \text{für} \quad 0 \leqq t \leqq T, \\ 0 & \text{sonst,} \end{cases} \qquad \int_0^T f(t)\, dt = e \tag{7.28}$$

(T = Laufzeit durch die Diode). Werden je s und je cm² der ebenen Kathodenfläche λ Elektronen emittiert, so ist $j_0 = \lambda e = \mathscr{E} j$ die Gleichstromdichte, und für die Rauschstromdichte $j - j_0$ folgt aus (7.26), (7.27)

$$R(\tau) = \frac{4e\,|j_0|}{3T}\left(1 - \frac{3}{2}\frac{|\tau|}{T} + \frac{1}{2}\left(\frac{|\tau|}{T}\right)^3\right) \tag{7.29}$$

für $|\tau| \leqq T$; $R(\tau) = 0$ für $|\tau| \geqq T$;

$$w(\nu) = 2e\,|j_0|\,[4(\omega T)^2 + 8(1 - \cos\omega T - \omega T \sin\omega T)]/(\omega T)^4. \tag{7.30}$$

---

[1] Siehe SILVERMAN.

Bei $\omega T \ll \pi$ gilt die Schottkysche Formel

$$w(\nu) = 2e\,|j_0|\,. \tag{7.31}$$

Dabei ist vorausgesetzt, daß die Austrittsgeschwindigkeit $v_z = 0$ ist. Ist $v_z \neq 0$, so wird statt (7.28) bei einer Anodenspannung U_A und Abstand d

$$f(t, v_z) = \begin{cases} \frac{e}{d}\left(v_z + \frac{e U_A}{m d}\, t\right) & \text{für} \quad 0 \leqq t \leqq T(v_z) \\ 0 & \text{sonst,} \end{cases} \tag{7.32}$$

und die Laufzeit $T(v_z)$ folgt aus

$$v_z T(v_z) + \frac{e U_A}{2m\,d}\, T^2(v_z) = d\,. \tag{7.33}$$

Bei einer absoluten Temperatur T_a der Kathode ist v_z selbst statistisch verteilt gemäß der Dichte

$$p(v_z) = \frac{m}{k_B T_a}\, v_z\, e^{-(m v_z^2/k_B T_a)} \tag{7.34}$$

(Maxwell-Verteilung) mit

$$\mathscr{E}\, v_z = \sqrt{\pi\, k_B T_a/2m}\,, \qquad \mathscr{E}(v_z^2) = 2k_B T_a/m\,. \tag{7.35}$$

Bei Berücksichtigung dieser Verteilung gilt statt (7.30)

$$w(\nu) = [w(\nu)]_{v_z=0} + \\ + \frac{2\,|j_0|}{e} \int\limits_0^\infty d v_z\, e^{-m v_z^2/2k_B T_a}\, \frac{d}{d v_z} \left| \int\limits_0^{T(v_z)} f(t, v_z)\, e^{-2\pi i \nu t}\, dt \right|^2. \tag{7.36}$$

Durch Raumladung wird die Leistungsdichte des Rauschstroms an der Anode i. allg. vermindert (Raumladungsschwächung des Schroteffekts). Folgt das Potential in der Diode dem Raumladungsgesetz (s. § 6.2), so hat man an Stelle von (7.31) für $\omega T \ll \pi$

$$w(\nu) = \frac{9(1 - (\pi/4))\, k_B T_a}{e(U_A + U_M)}\, 2e\,|j_0| \tag{7.37}$$

[j_0 = Anodengleichstrom; $U_M (\leqq 0)$ ist das Potentialminimum in Kathodennähe]. Die Gln. (7.30), (7.31), (7.36), (7.37) beziehen sich auf Stromdichten.

In Halbleiterdioden (p—n-Übergängen, Gleichspannung U_0) kann das Stromrauschen unter gewissen Annahmen[1] durch

$$w_I(\nu) = 4kT\,G - 2e(-I_{0s}) \tag{7.38}$$

beschrieben werden, wo

$$I_0(U_0) = I_{0s}(e^{e U_0/k_B T_a} - 1) \tag{7.39}$$

[1] Siehe z. B. Scott.

die Kennlinie der Diode und

(7.40) $$G = -dI_0/dU_0 = -\frac{e}{k_B T_a}(I_0 + I_{0s})$$

der daraus für kleine Signale abgeleitete Wirkleitwert ist.

Photonen in dem Licht der meisten Strahlen (nicht der Laser) gehorchen einer Bose-Einstein-Verteilung: Bei einer mittleren Anzahl $\mathscr{E}\,n$ ist für die Anzahl n

(7.41) $$P\{n = k\} = (1 + \mathscr{E}\,n)^{-1}\,(1 + \mathscr{E}\,n)^{-k}$$

und damit die Streuung von n

(7.42) $$\sigma_n^2 = \mathscr{E}\,n + [\mathscr{E}\,n]^2.$$

In Photoemissionsströmen, ausgelöst von solchem Licht mit Quantenwirkungsgrad η (d. h. je einfallendes Photon im Mittel η Elektronen) folgt[1] für nicht zu großes ν

(7.43) $$w_I(\nu) = 2e\,I_0(1 + \eta\,\mathscr{E}\,n),$$

wobei n die Photonenzahl in einem Modus des Strahlungsfeldes ist.

7.4 Rauschen in Elektronenströmungen

Die longitudinale Modulation ebener Elektronenströmungen ist für jedes z durch zwei (komplexe) Amplituden gekennzeichnet, z. B. die von j_1 und u_1 in (6.60); für $v_{0z} \equiv$ const auch durch zwei zu den beiden Raumladungswellen [s. (6.52)] gehörigen Amplituden. Entsprechendes gilt für das Rauschen in einer solchen Elektronenströmung mit $v_{0z}^2 \gg k_B T_a/m$ (d. h. v_{0z} groß gegen die Breite der Geschwindigkeitsverteilung); das Rauschen, d. h. $j_z - j_0$ und u, sind durch die Stromschwankungen und die Geschwindigkeitsverteilung bei der Emission sowie durch die Potentialverteilung bei der Beschleunigung bestimmt. Beschränkt man sich auf das Rauschen in einem schmalen Frequenzband $\Delta\nu$ bei $\omega/2\pi = \nu$, so kann das Gleichungspaar (6.60) auch für $j_z - j_0$ und u verwendet werden, wobei aber für die stochastischen Prozesse $j_z - j_0$ und u nur die Erwartungswerte

(7.44) $$\mathscr{E}(|j_z - j_0|^2) \approx w_j(\nu)\,\Delta\nu, \quad \mathscr{E}(|u|^2) \approx w_u(\nu)\,\Delta\nu,$$
$$\mathscr{E}\big((j_z - j_0)\,\bar{u}\big) \approx w_{ju}(\nu)\,\Delta\nu$$

Bedeutung haben. Aus (6.60) folgert man[2], daß die beiden Größen

(7.45) $$\mathrm{Re}\,w_{ju} = 4\pi\,\Pi \quad \text{und} \quad \sqrt{w_j\,w_u - (\mathrm{Im}\,w_{ju})^2} = 4\pi\,S$$

Invarianten der Strömung (d.h. unabhängig von z) sind. Für $v_{0z} \equiv$ const sind ferner $\mathscr{E}\,|j_z - j_0|^2$ und $\mathscr{E}\,|u|^2$ von der Form $a + b\sin\big((2\omega_p\,z/v_{0z}) + \alpha\big)$

[1] Siehe Grau.

[2] Siehe Haus.

mit konstanten a, b $(b \leqq a)$ und α, d. h. periodisch in z mit Periode $\pi v_{0z}/\omega_p$, und zwar gilt

(7.46)
$$\sqrt{\mathscr{E}\,|\dot{j}_z - \dot{j}_0|^2_{\max}\,\mathscr{E}\,|\dot{j}_z - \dot{j}_0|^2_{\min}} = \frac{\varepsilon\,\omega\,\omega_p}{v_{0z}} \cdot 4\pi\,S\,\Delta\nu,$$
$$\sqrt{\mathscr{E}\,|u|^2_{\max}\,\mathscr{E}\,|u|^2_{\min}} = \frac{v_{0z}}{\varepsilon\,\omega\,\omega_p} \cdot 4\pi\,S\,\Delta\nu.$$

§ 8. Netzwerke und Übertragungssysteme

8.1 Topologische Betrachtungen; Zustandsgleichungen

Zunächst sei auf Abschn. C III, § 20 verwiesen, wo, ausgehend vom Netzwerk als Streckenkomplex (gerichteter Graph), Knoten, Bäume, (Baum-) Zweige, Verbindungszweige und Maschen definiert sind und die Aufstellung der Impedanzmatrix $\boldsymbol{Z}$ (bzw. Admittanzmatrix $\boldsymbol{Y}$) eines linearen Netzwerks erläutert ist. Im folgenden wird eine allgemeine Formulierung verwendet, die für große Klassen von Netzwerken (auch nichtlinearen) möglich ist und auch nicht auf elektrische Netze bzw. auf Zusammenhänge zwischen elektrischen Größen beschränkt ist: die Beschreibung durch Zustandsvariablen. Das Zeitverhalten wird dabei durch ein System von Differentialgleichungen erster Ordnung

(8.1)
$$\dot{\boldsymbol{x}}(t) = \boldsymbol{f}(\boldsymbol{x}(t), \boldsymbol{u}(t); t)$$

beschrieben, worin $\boldsymbol{x}$ der Vektor (die Spaltenmatrix) der Zustandsvariablen (z. B. der wesentlichen Spannungen und Ströme im Netzwerk) und $\boldsymbol{u}$ die Erregungen (der „Eingangsvektor", von kleinerer oder gleicher Dimension wie $\boldsymbol{x}$) sind. Der Ausgangsvektor

(8.2)
$$\boldsymbol{y}(t) = \boldsymbol{g}(\boldsymbol{x}(t), \boldsymbol{u}(t); t)$$

ist ebenfalls von kleinerer oder gleicher Dimension wie $\boldsymbol{x}$ (häufig eine skalare Größe)[1]. Für $\boldsymbol{u} \equiv \boldsymbol{0}$ sind $\boldsymbol{x}$ und $\boldsymbol{y}$ nur durch den Anfangszustand $\boldsymbol{x}(t_0)$ bestimmt. Die Aufstellung der Zustandsgleichungen erfordert die Ermittlung der wesentlichen Variablen (ihre Zahl ist die Gesamtordnung des Systems) und Elimination der übrigen.

Ausgangspunkt bei Netzwerken bilden die beiden *Kirchhoffschen Gesetze:*

1. Die Summe aller einem Knoten zufließenden Ströme ist Null.
2. Die Summe aller Spannungen bei vollständigem Umlauf um eine Masche — die Summanden, falls Umlaufrichtung gleich Zählrichtung, positiv, anderenfalls negativ gerechnet — ist Null.

[1] Vgl. dazu auch Abschn. L im Zusammenhang mit Regelungen.

Das Netzwerk sei als zusammenhängend vorausgesetzt. Eine *Schnittmenge* ist eine Menge von Zweigen derart, daß der Graph (das Netzwerk) dann und nur dann in zwei Teilgraphen zerfällt, wenn jeder Zweig der Menge zerschnitten wird. Ebenso wie durch jeden Verbindungszweig eine Masche, so ist durch jeden Baumzweig eines vollständigen Baumes eine Schnittmenge bestimmt, bestehend aus dem Baumzweig und allen jenen Verbindungszweigen, die von einer geschlossenen Schnittkurve geschnitten werden, die außer dem Baumzweig nur Verbindungszweige schneidet. In Abb. 8.1 ist das Beispiel von Abschn. C III, Abb. 20.2b, wiedergegeben samt Schnittkurven; man liest folgende Schnittmengen ab:

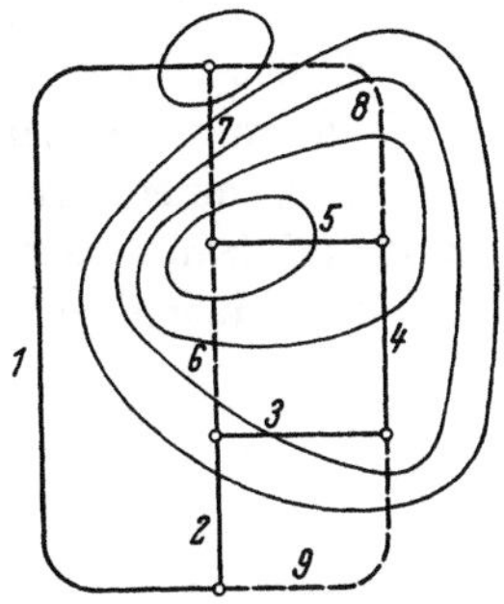

Abb. 8.1. Netzwerk mit Baum und Schnittmengen

Baumzweig:	1	2	3	4	5
zugehörige Verbindungszweige:	7, 8	7, 8, 9	6, 7, 8, 9	6, 7, 8	6, 7

In einem Netzwerk, das aus konzentrierten Widerständen, Kapazitäten und Induktivitäten aufgebaut ist (RLC-Netzwerk), tragen die Widerstände zur Gesamtordnung nicht bei und von den Kapazitäten und Induktivitäten nicht notwendig alle: Enthält eine Masche eines linearen zeitinvarianten solchen Netzwerks nur Kapazitäten, so ist die Spannung an einer davon eine unwesentliche Variable, und entsprechend: Enthält eine Schnittmenge nur Induktivitäten, so ist der Strom durch eine davon eine unwesentliche Variable. Daher besteht für ein solches Netzwerk die Menge der Zustandsvariablen aus allen Kapazitätsspannungen, vermindert um eine Teilmenge, deren Zahl gleich der Zahl der Kapazitätsmaschen, und aus allen Induktivitätsströmen, vermindert um eine Teilmenge, deren Zahl gleich der Zahl der Induktivitätsschnittmengen ist. Das Beispiel[1] der Abb. 8.2a enthält 6 Reaktanzen,

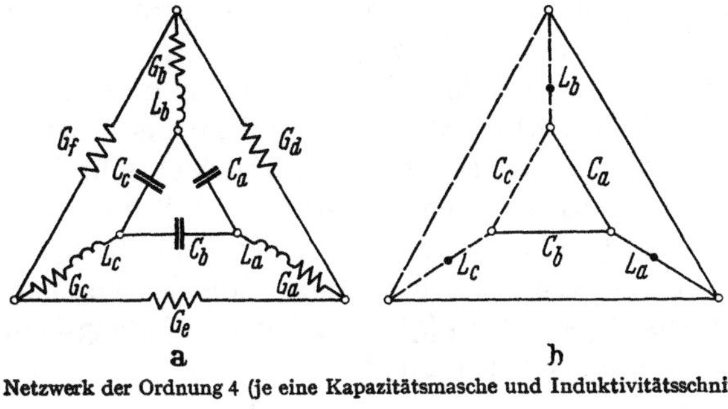

a b

Abb. 8.2 Netzwerk der Ordnung 4 (je eine Kapazitätsmasche und Induktivitätsschnittmenge)

[1] Siehe Kuh und Rohrer.

ist aber, da die Kapazitäten C_a, C_b, C_c eine Masche und die Induktivitäten L_a, L_b, L_c eine Schnittmenge bilden, von der Ordnung 4. Ein Baum, der die größtmögliche Zahl von Kapazitäten und die kleinstmögliche Zahl von Induktivitäten enthält, heißt ein *normaler* Baum. Abb. 8.2b zeigt einen normalen Baum für das Netzwerk der Abb. 8.2a.

Es seien k die Zahl der Knoten und m die Zahl der Verbindungszweige in einem linearen zeitinvarianten Netzwerk, und ein (z. B. normaler) Baum festgelegt. Die Spannungen und Ströme werden aufgeteilt in diejenigen, $\boldsymbol{v}_V$ und $\boldsymbol{i}_V$, in den Verbindungszweigen und diejenigen, $\boldsymbol{v}_B$ und $\boldsymbol{i}_B$, in den (Baum-) Zweigen (Anzahl $k-1$):

$$(8.3) \qquad \boldsymbol{v} = \begin{pmatrix} \boldsymbol{v}_V \\ \boldsymbol{v}_B \end{pmatrix}, \quad \boldsymbol{i} = \begin{pmatrix} \boldsymbol{i}_V \\ \boldsymbol{i}_B \end{pmatrix}.$$

Die Kirchhoffschen Gesetze lauten dann auch

$$(8.4) \qquad \boldsymbol{v}_V + \boldsymbol{F}\,\boldsymbol{v}_B = \boldsymbol{e}; \qquad -\boldsymbol{F}^T\,\boldsymbol{i}_V + \boldsymbol{i}_B = \boldsymbol{s};$$

die Matrix $\boldsymbol{F}$ mit m Zeilen und $k-1$ Spalten (bzw. ihre Transponierte $\boldsymbol{F}^T$ mit $k-1$ Zeilen und m Spalten) beschreibt den topologischen Zusammenhang zwischen den Verbindungszweigen und den Zweigen (Elemente 1, -1 oder 0); $\boldsymbol{e}$ und $\boldsymbol{s}$ sind Vektoren mit m bzw. $k-1$ Komponenten, die gleich der Summe der Quellenspannungen in der betreffenden Masche bzw. gleich der Summe der Quellenströme in der betreffenden Schnittmenge sind.

Ein (sowohl bezüglich der Erregungen als auch bezüglich des Anfangszustandes) lineares Netzwerk hat die Zustandsgleichungen

$$(8.5) \qquad \begin{aligned} \dot{\boldsymbol{x}} &= \boldsymbol{A}\,\boldsymbol{x} + \boldsymbol{B}\,\boldsymbol{u}, \\ \boldsymbol{y} &= \boldsymbol{C}\,\boldsymbol{x} + \boldsymbol{D}\,\boldsymbol{u}; \end{aligned}$$

$\boldsymbol{A}$ ist eine quadratische, $\boldsymbol{B}$, $\boldsymbol{C}$ und $\boldsymbol{D}$ sind i. allg. rechteckige Matrizen; für zeitinvariante Netzwerke sind alle ihre Elemente konstant.

Bei Regelungsproblemen ist häufig ein (Kontroll-) Vektor $\boldsymbol{u}$ gesucht, mit dem das System vom Anfangszustand $\boldsymbol{x}(t_0)$ in einen gewünschten Endzustand $\boldsymbol{x}(t_1)$ übergeführt oder mit dem ein gewünschter Ausgangsvektor $\boldsymbol{y}(t_1)$ erhalten wird. Ein (evtl. zeitabhängiges) System (8.5) heißt vollständig *zustands-steuerbar* (state-controllable), falls für jedes t_0 jeder Anfangszustand $\boldsymbol{x}(t_0)$ in jeden Endzustand $\boldsymbol{x}(t_1)$ in einer endlichen Zeit $t_1 - t_0 \geqq 0$ übergeführt werden kann; es heißt in $[t_0, t_1]$ vollständig *ausgangs-steuerbar* (output-controllable), falls bei gegebenen t_0 und t_1 jeder End-Ausgangsvektor $\boldsymbol{y}(t_1)$ bei beliebigen Anfangsbedingungen zur Zeit $t = t_0$ erhalten werden kann[1].

---

[1] Siehe Kreindler und Sarachik.

Für $\boldsymbol{u} \equiv \boldsymbol{0}$ in (8.5) beschreibt $\dot{\boldsymbol{x}} = \boldsymbol{A}(t)\,\boldsymbol{x}$ das Zeitverhalten des Systems; seine Stabilität hängt von den Eigenschaften der Matrix $\boldsymbol{A}$ ab. Das (unerregte) System heißt in $[t_0, t_1]$ vollständig *beobachtbar* (observable), wenn jeder Anfangszustand $\boldsymbol{x}(t_0)$ aus der Kenntnis von $\boldsymbol{y}(t) = \boldsymbol{C}(t)\boldsymbol{x}(t)$ in $[t_0, t_1]$ bestimmt werden kann[1].

Bei zeitinvarianten RLC-Netzwerken mit

$$\boldsymbol{x} = \begin{pmatrix} \boldsymbol{v}_C \\ \boldsymbol{i}_L \end{pmatrix}$$

kann, von Ausnahmefällen, in denen $\boldsymbol{L}^{-1}$ nicht gebildet werden kann, abgesehen, die Matrix $\boldsymbol{A}$ in (8.5) in die Form gebracht werden[2]:

(8.6)
$$\boldsymbol{A} = \begin{pmatrix} \boldsymbol{\Gamma}^{-1} & \boldsymbol{0} \\ \boldsymbol{0} & \boldsymbol{L}^{-1} \end{pmatrix} \begin{pmatrix} -\boldsymbol{G} & \boldsymbol{H} \\ -\boldsymbol{H}^T & -\boldsymbol{R} \end{pmatrix}$$

$\boldsymbol{\Gamma}^{-1}, \boldsymbol{L}^{-1}$, $\boldsymbol{G}$ und $\boldsymbol{R}$ sind symmetrische quadratische Matrizen; in die positiv-definite bzw. semidefinite Matrix $\boldsymbol{\Gamma}$ bzw. $\boldsymbol{L}$ gehen die Kapazitäten bzw. Induktivitäten ein, in die positiv-definiten Matrizen $\boldsymbol{G}$ und $\boldsymbol{R}$ und die i. allg. rechteckige Matrix $\boldsymbol{H}$ die Widerstände.

Im Beispiel des Netzwerks der Abb. 8.3 ist mit $\boldsymbol{x} = \begin{pmatrix} v \\ i \end{pmatrix}$, $u = i_q$ und $y = v_l$

$$\boldsymbol{A} = \begin{pmatrix} -G_1/C & -1/C \\ 1/L & -R_2/L \end{pmatrix}, \quad \boldsymbol{B} = \begin{pmatrix} 1/C \\ 0 \end{pmatrix}, \quad \boldsymbol{C} = (0, R_2), \quad D = 0.$$

Für allgemeine lineare zeitinvariante Netzwerke, die auch Übertrager, Gyratoren und andere Koppelelemente enthalten, sind bei Auswahl des

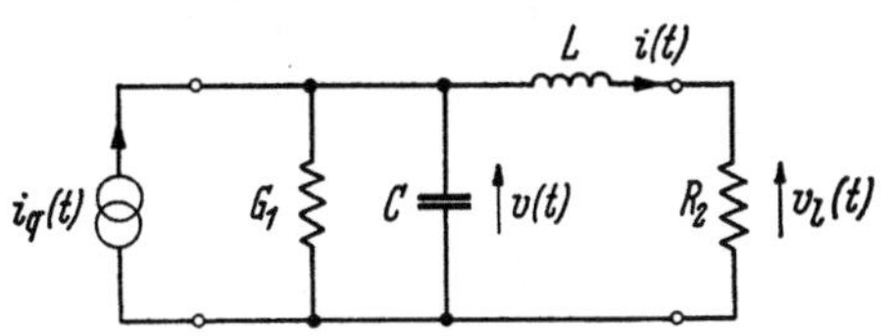

Abb. 8.3. Netzwerk der Ordnung 2 mit einer Strom- und einer Spannungsquelle

Baumes zusätzliche Vorschriften einzuhalten[2]; die Form der Matrix $\boldsymbol{A}$, falls vorhanden, unterscheidet sich von (8.6) darin, daß $\boldsymbol{G}$ und $\boldsymbol{R}$ i. allg. nicht symmetrisch sind und daß an der Stelle von $-\boldsymbol{H}^T$ eine Matrix steht, die nicht die negative Transponierte von $\boldsymbol{H}$ ist.

Bei Linearität und Zeitinvarianz erhält man für das Zeitverhalten und den Ausgang des unerregten Netzwerks ($\boldsymbol{u} \equiv \boldsymbol{0}$)

(8.7)
$$\boldsymbol{x} = e^{\boldsymbol{A}\cdot(t-t_0)}\,\boldsymbol{x}(t_0), \qquad \boldsymbol{y} = \boldsymbol{C}\,e^{\boldsymbol{A}\cdot(t-t_0)}\,\boldsymbol{x}(t_0)$$

---

[1] Siehe KREINDLER und SARACHIK.

[2] Siehe KUH und ROHRER.

und bei Anfangszustand $\boldsymbol{x}(t_0) = \boldsymbol{0}$ und beliebigem $\boldsymbol{u}(t)$

$$(8.8) \qquad \boldsymbol{x} = \int_{t_0}^{t} e^{\boldsymbol{A}\cdot(t-\tau)} \boldsymbol{B}\, \boldsymbol{u}(\tau)\, d\tau, \qquad \boldsymbol{y} = \int_{t_0}^{t} \boldsymbol{C}\, e^{\boldsymbol{A}\cdot(t-\tau)} \boldsymbol{B}\, \boldsymbol{u}(\tau)\, d\tau + \boldsymbol{D}\, \boldsymbol{u}(t).$$

Bei $\boldsymbol{x}(t_0) \neq \boldsymbol{0}$ und $\boldsymbol{u} \neq \boldsymbol{0}$ ist die Lösung die Überlagerung von (8.7) und (8.8). Für

$$(8.9) \qquad \boldsymbol{u}(t) = \boldsymbol{u}_0 \sin(\omega_0 t + \alpha_0)$$

mit einem festen Vektor $\boldsymbol{u}_0$ und Konstanten ω_0 und α_0 ist[1] mit $t_0 = 0$, sofern $\det(\boldsymbol{A}^2 + \omega_0^2 \boldsymbol{I}) \neq 0$,

$$(8.10) \qquad \begin{aligned} \boldsymbol{x} = e^{\boldsymbol{A}t} \boldsymbol{x}(0) + (\boldsymbol{A}^2 + \omega_0^2 \boldsymbol{I})^{-1} \{(\boldsymbol{A} \sin\alpha_0 + \omega_0 \boldsymbol{I} \cos\alpha_0)\, e^{\boldsymbol{A}t} - \\ - [\boldsymbol{A} \sin(\omega_0 t + \alpha_0) + \omega_0 \boldsymbol{I} \cos(\omega_0 t + \alpha_0)]\}\, \boldsymbol{B}\, \boldsymbol{u}_0. \end{aligned}$$

Haben alle Eigenwerte von $\boldsymbol{A}$ negativen Realteil (alle Eigenschwingungen sind gedämpft), so erhält man zu einer periodischen Erregung $\boldsymbol{u}(t)$ mit Periode T den eingeschwungenen Zustand, falls

$$(8.11) \qquad \boldsymbol{x}(0) = (e^{-\boldsymbol{A}t} - \boldsymbol{I})^{-1} \int_0^T e^{-\boldsymbol{A}\tau} \boldsymbol{B}\, \boldsymbol{u}(\tau)\, d\tau$$

gewählt wird; für (8.9), $T = 2\pi/\omega_0$,

$$(8.12) \qquad \boldsymbol{x}(0) = -(\boldsymbol{A}^2 + \omega_0^2 \boldsymbol{I})^{-1} (\boldsymbol{A} \sin\alpha_0 + \omega_0 \boldsymbol{I} \cos\alpha_0)\, \boldsymbol{u}_0.$$

Damit bleibt von (8.10) nur der Bestandteil mit der eckigen Klammer.

Bei einem linearen RLC-Netzwerk mit zeitveränderlichen Elementen kann man statt der Kapazitätsspannungen $\boldsymbol{v}_c$ und Induktivitätsströme $\boldsymbol{i}_L$ die Kapazitätsladungen $\boldsymbol{q}_C = \boldsymbol{C}\boldsymbol{v}_C$, $(\boldsymbol{C} = \boldsymbol{C}(t))$, und Induktivitätsflüsse $\boldsymbol{\Phi}_L = \boldsymbol{L}\, \boldsymbol{i}_L$, $(\boldsymbol{L} = \boldsymbol{L}(t))$, als Zustandsvariable einführen.

An Stelle von (8.6) gilt mit diesen Variablen, $\boldsymbol{x} = \begin{pmatrix} \boldsymbol{q}_C \\ \boldsymbol{\Phi}_L \end{pmatrix}$,

$$\boldsymbol{A} = \boldsymbol{A}(t) = \begin{pmatrix} -\boldsymbol{G} & \boldsymbol{H} \\ -\boldsymbol{H}^T & -\boldsymbol{R} \end{pmatrix} \begin{pmatrix} \boldsymbol{\Gamma}^{-1} & \boldsymbol{0} \\ \boldsymbol{0} & \boldsymbol{L}^{-1} \end{pmatrix}.$$

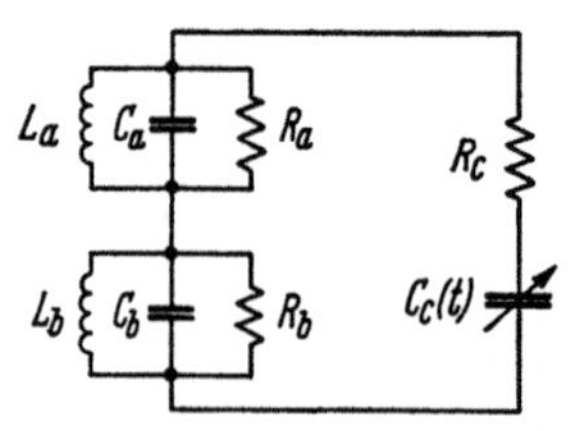

Abb. 8.4. Netzwerk mit einer zeitveränderlichen Kapazität

Ein solches Netzwerk mit positiven Induktivitäten und Kapazitäten ist stabil (asymptotisch stabil) im Sinne von Liapunov, falls die Matrizen $\boldsymbol{G} + \frac{1}{2}\dot{\boldsymbol{\Gamma}}$ und $\boldsymbol{R} + \frac{1}{2}\dot{\boldsymbol{L}}$ positiv-semidefinit (-definit) sind[2].

Beispiel: Das Netzwerk der Abb. 8.4, in dem C_c das einzige zeitveränderliche Element ist, ist asymptotisch stabil, falls

$$\dot{C}_c + (2/(R_a + R_b + R_c)) < 0.$$

[1] Siehe Liou und Broyles.

[2] Siehe Kuh.

Bei linearen Netzwerken mit zeitperiodischen Elementen (gemeinsame Periode $T = 2\pi/\omega_p$, ω_p = „Pumpfrequenz") ist für $\boldsymbol{u} \equiv \boldsymbol{0}$

$$\dot{\boldsymbol{x}} = \boldsymbol{A}(t)\,\boldsymbol{x}, \qquad \boldsymbol{A}\big(t + (2\pi/\omega_p)\big) = \boldsymbol{A}(t)$$

(s. dazu Abschn. L, § 10). Bei Abwesenheit von Verlusten gibt es i. allg. Stabilitäts- und Instabilitätsintervalle von ω_p. Gilt im Netzwerk der Abb. 8.4 $R_a = R_b = R_c = 0$ und

$$C_c(t) = C_0(1 + \eta \cos\omega_p t),$$

$|\eta| < 1$, so liegen Instabilitätsintervalle (deren Breite von η abhängt) in der Nähe von $\omega_p = 2\omega_a$, $2\omega_b$ und $\omega_a + \omega_b$; $\omega_a = 1/\sqrt{L_a C_a}$, $\omega_b = 1/\sqrt{L_b C_b}$ (zweikreisiges parametrisches Netzwerk).

8.2 *n*-Tore

8.2.1 Allgemeines; Passivität

Haben $\boldsymbol{u}$ und $\boldsymbol{y}$ in (8.1), (8.2) beide n Komponenten, so werden durch diese Gleichungen auch Netzwerke mit n Klemmenpaaren — $(2n)$-Pole oder n-Tore (englisch: n-ports) — beschrieben; und zwar heißt diese Beschreibung eine hybride Basiszustandsgleichung, falls

entweder a) $\boldsymbol{u} = \boldsymbol{v}$, $\boldsymbol{y} = \boldsymbol{i}$,

oder b) $\boldsymbol{u} = \boldsymbol{i}$, $\boldsymbol{y} = \boldsymbol{v}$,

ist; $\boldsymbol{v}(t)$ und $\boldsymbol{i}(t)$ sind die Vektoren der Spannungen und Ströme an den n Toren (Klemmenpaaren). Der Augenblickswert der vom Netzwerk an seinen n Toren aufgenommenen Leistung ist

$$P(t) = \boldsymbol{v}^T(t)\,\boldsymbol{i}(t) = \boldsymbol{u}^T(t)\,\boldsymbol{y}(t) = \boldsymbol{u}^T(t)\,\boldsymbol{g}\big(\boldsymbol{x}(t), \boldsymbol{u}(t); t\big). \tag{8.13}$$

Ein reelles n-Tor wird als *passiv* bezeichnet, wenn für alle, an seinen Toren möglichen Paare $\boldsymbol{v}(t)$, $\boldsymbol{i}(t)$, alle $t_0 \in (-\infty, \infty)$ alle $t \in [t_0, \infty)$, und jede endliche, zur Zeit t_0 im Netzwerk gespeicherte Energie $W(t_0)$

$$\int_{t_0}^{t} \boldsymbol{v}^T(\tau)\,\boldsymbol{i}(\tau)\,d\tau + W(t_0) \geqq 0 \tag{8.14}$$

ist[1]. Ein hinreichendes Kriterium für die Passivität ist: Zu jedem Vektor $\boldsymbol{u}$ existiert eine in beiden Argumenten zweimal stetig differenzierbare Funktion $V\big(\boldsymbol{x}(t), t\big)$ mit $\dot{V} \leqq P(t)$, $V\big(\boldsymbol{x}(t_0), t_0\big) \leqq W(t_0)$ und $V\big(\boldsymbol{x}(t), t\big) \geqq 0$ für alle $t \in [t_0, \infty)$.

Ein reelles, lineares zeitveränderliches n-Tor mit konzentrierten Schaltelementen, dargestellt durch (8.5) mit zeitabhängigen Matrizen

[1] Siehe Rohrer; dort wird ein Zusammenhang mit optimaler Regelung hergestellt und werden Kriterien für die Passivität an Hand von Liapunov-Funktionen angegeben.

$\boldsymbol{A}, \boldsymbol{B}, \boldsymbol{C}, \boldsymbol{D}$, wobei $\boldsymbol{D} + \boldsymbol{D}^T$ nichtsingulär sei für alle t, ist passiv, wenn $\boldsymbol{D} + \boldsymbol{D}^T$ positiv-definit ist und eine positiv-definite n-reihige symmetrische Lösung $\boldsymbol{K}(t)$ der Matrix-Riccati-Differentialgleichung[1]

$$\dot{\boldsymbol{K}} + \boldsymbol{K}\boldsymbol{A} + \boldsymbol{A}^T\boldsymbol{K} + (\boldsymbol{K}\boldsymbol{B} - \boldsymbol{C}^T)(\boldsymbol{D} + \boldsymbol{D}^T)^{-1}(\boldsymbol{K}\boldsymbol{B} - \boldsymbol{C}^T) = \boldsymbol{0}$$

existiert mit

$$\boldsymbol{x}^T(t_0)\,\boldsymbol{K}(t_0)\,\boldsymbol{x}(t_0) = W(t_0) \quad \text{und} \quad \lim_{t\to\infty} \boldsymbol{K}\,\boldsymbol{x} = \boldsymbol{0}.$$

8.2.2 Lineare zeitinvariante n-Tore

Den eingeschwungenen Zustand eines solchen Netzwerks mit $\boldsymbol{u}$ nach (8.9), oder in komplexer Schreibweise

$$\boldsymbol{u} = \hat{\boldsymbol{u}}\, e^{i\omega t} \tag{8.15}$$

kann man, von Ausnahmefällen abgesehen, durch eine lineare Transformation

$$\hat{\boldsymbol{v}} = \boldsymbol{Z}\,\hat{\boldsymbol{i}} \quad \text{oder} \quad \hat{\boldsymbol{i}} = \boldsymbol{Y}\,\hat{\boldsymbol{v}} \tag{8.16}$$

beschreiben mit der Impedanzmatrix $\boldsymbol{Z}$ oder der Admittanzmatrix $\boldsymbol{Y}$ $(= \boldsymbol{Z}^{-1}$, falls $\boldsymbol{Z}$ nichtsingulär); $\boldsymbol{v}(t) = \hat{\boldsymbol{v}}\, e^{i\omega t}$, $\boldsymbol{i}(t) = \hat{\boldsymbol{i}}\, e^{i\omega t}$. Das n-Tor heißt *reziprok*, wenn $\boldsymbol{Z}$ (oder $\boldsymbol{Y}$) symmetrisch ist (wenn also $\boldsymbol{Z}^T = \boldsymbol{Z}$ bzw. $\boldsymbol{Y}^T = \boldsymbol{Y}$); es ist *passiv*, falls $\mathrm{Re}(\hat{\boldsymbol{i}}^+ \hat{\boldsymbol{v}}) \geqq 0$ für alle Paare $\hat{\boldsymbol{v}}, \hat{\boldsymbol{i}}$, d. h. falls $\boldsymbol{Z} + \boldsymbol{Z}^+$ (oder $\boldsymbol{Y} + \boldsymbol{Y}^+$) positiv-semidefinit ist; dazu muß u. a. $\mathrm{Re} Z_{jj} \geqq 0$ erfüllt sein. Es ist verlustlos, wenn $\boldsymbol{Z} + \boldsymbol{Z}^+ = \boldsymbol{0}$.

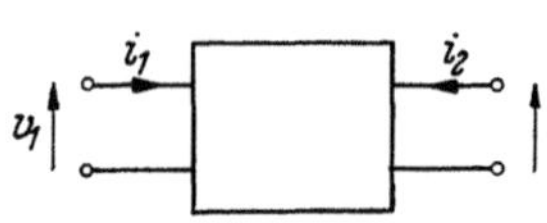

Abb. 8.5. Zweitor

Ein Zweitor ($n = 2$, Vierpol, s. Abb. 8.5) ist passiv, wenn

$$\mathrm{Re} Z_{11} \geqq 0, \quad \mathrm{Re} Z_{22} \geqq 0 \quad \text{und} \quad \mathrm{Re} Z_{11}\, \mathrm{Re} Z_{22} \geqq |Z_{12} + Z_{21}|^2/4. \tag{8.17}$$

Bei Reziprozität gilt für zwei Paare $(\hat{\boldsymbol{v}}, \hat{\boldsymbol{i}})$ und $(\tilde{\hat{\boldsymbol{v}}}, \tilde{\hat{\boldsymbol{i}}})$

$$\hat{i}_1\, \tilde{\hat{v}}_1 - \hat{i}_2\, \tilde{\hat{v}}_2 = \tilde{\hat{i}}_1\, \hat{v}_1 - \tilde{\hat{i}}_2\, \hat{v}_2. \tag{8.18}$$

Bei Zweitoren werden neben (8.16), d. h.

$$\begin{pmatrix} \hat{v}_1 \\ \hat{v}_2 \end{pmatrix} = \begin{pmatrix} Z_{11} & Z_{12} \\ Z_{21} & Z_{22} \end{pmatrix} \begin{pmatrix} \hat{i}_1 \\ \hat{i}_2 \end{pmatrix} \quad \text{bzw.} \quad \begin{pmatrix} \hat{i}_1 \\ \hat{i}_2 \end{pmatrix} = \begin{pmatrix} Y_{11} & Y_{12} \\ Y_{21} & Y_{22} \end{pmatrix} \begin{pmatrix} \hat{v}_1 \\ \hat{v}_2 \end{pmatrix}, \tag{8.19}$$

auch die vier anderen linearen Transformationen zweier der Größen $\hat{v}_1, \hat{v}_2, \hat{i}_1, \hat{i}_2$ in die beiden anderen benützt:

$$\begin{pmatrix} \hat{v}_1 \\ \hat{i}_1 \end{pmatrix} = \begin{pmatrix} a_{11} & a_{12} \\ a_{21} & a_{22} \end{pmatrix} \begin{pmatrix} \hat{v}_2 \\ -\hat{i}_2 \end{pmatrix} \quad \text{bzw.} \quad \begin{pmatrix} \hat{v}_2 \\ \hat{i}_2 \end{pmatrix} = \begin{pmatrix} b_{11} & b_{12} \\ b_{21} & b_{22} \end{pmatrix} \begin{pmatrix} \hat{v}_1 \\ -\hat{i}_1 \end{pmatrix} \tag{8.20}$$

---

[1] Siehe ROHRER; $\boldsymbol{x}^T \boldsymbol{K}\, \boldsymbol{x}$ spielt die Rolle der Liapunov-Funktion $V(\boldsymbol{x}(t), t)$.

(Kettenmatrix bzw. Kettenmatrix rückwärts) und

(8.21) $$\begin{pmatrix}\hat{v}_1\\ \hat{i}_2\end{pmatrix}=\begin{pmatrix}h_{11} & h_{12}\\ h_{21} & h_{22}\end{pmatrix}\begin{pmatrix}\hat{i}_1\\ \hat{v}_2\end{pmatrix} \quad \text{bzw.} \quad \begin{pmatrix}\hat{i}_1\\ \hat{v}_2\end{pmatrix}=\begin{pmatrix}k_{11} & k_{12}\\ k_{21} & k_{22}\end{pmatrix}\begin{pmatrix}\hat{v}_1\\ \hat{i}_2\end{pmatrix}$$

(Hybridmatrix bzw. inverse Hybridmatrix). Nach (8.20) ist mit $Z_e = \hat{v}_1/\hat{i}_1$, $Z_a = \hat{v}_2/(-\hat{i}_2)$

(8.22) $$Z_e = \frac{a_{11} Z_a + a_{12}}{a_{21} Z_a + a_{22}},$$

das ist eine lineare Funktion (s. Abschn. A II, § 1). Bei Reziprozität ist

(8.23) $$a_{11} a_{22} - a_{12} a_{21} = 1.$$

Beispiel für ein nichtreziprokes Zweitor ist der (ideale) Gyrator

(8.24) $$\begin{pmatrix}\hat{i}_1\\ \hat{i}_2\end{pmatrix}=\begin{pmatrix}0 & -g\\ g & 0\end{pmatrix}\begin{pmatrix}\hat{v}_1\\ \hat{v}_2\end{pmatrix}.$$

Hier ist $\boldsymbol{Y}$ schiefsymmetrisch ($\boldsymbol{Y}^T = -\boldsymbol{Y}$).

Statt der Vektoren $\hat{\boldsymbol{v}}, \hat{\boldsymbol{i}}$ werden bei n-Toren häufig auch Linearkombinationen von ihnen verwendet, und zwar

(8.25) $$\begin{aligned} \boldsymbol{a} &= \mathbf{diag}\left(\frac{1}{2\sqrt{|\mathrm{Re}\, Z_j|}}\right)(\hat{\boldsymbol{v}} + \mathbf{diag}(Z_j)\, \hat{\boldsymbol{i}}), \\ \boldsymbol{b} &= \mathbf{diag}\left(\frac{1}{2\sqrt{|\mathrm{Re}\, Z_j|}}\right)(\hat{\boldsymbol{v}} - \mathbf{diag}(Z_j^*)\, \hat{\boldsymbol{i}}), \end{aligned}$$

wo $\mathbf{diag}(c_j)$ die Diagonalmatrix mit den Elementen $c_j\,\delta_{jk}$ bedeutet; Z_j sind komplexe Bezugswiderstände mit $\mathrm{Re}\, Z_j \neq 0$, a_j und b_j werden einfallende und reflektierte Leistungswellen[1] genannt. Am j-ten Tor wird die Wirkleistung

(8.26) $$\mathrm{Re}(\hat{i}_j^*\, \hat{v}_j) = p_j(|a_j|^2 - |b_j|^2)$$

aufgenommen, wo

(8.27) $$p_j = \begin{cases} 1 & \text{für } \mathrm{Re}\, Z_j < 0 \\ -1 & \text{für } \mathrm{Re}\, Z_j > 0; \end{cases}$$

$|b_j/a_j|^2$ ist der Leistungsreflexionskoeffizient am j-ten Tor. Bei einer Lastimpedanz Z_l, ($\hat{v}_j = Z_l\, \hat{i}_j$), ist

(8.28) $$b_j/a_j = (Z_l - Z_j^*)/(Z_l + Z_j).$$

Die lineare Transformation zwischen den Vektoren $\boldsymbol{a}$ und $\boldsymbol{b}$ wird durch die *Streumatrix* $\boldsymbol{S}$ vermittelt:

(8.29) $$\boldsymbol{b} = \boldsymbol{S}\,\boldsymbol{a}.$$

---

[1] Siehe Kurokawa [2].

Zwischen $\boldsymbol{S}$ und $\boldsymbol{Z}$ besteht der Zusammenhang

$$(8.30)\qquad \boldsymbol{S} = \mathbf{diag}\left(\frac{1}{2\sqrt{|\mathrm{Re}\, Z_j|}}\right)(\boldsymbol{Z} - \mathbf{diag}(Z_j))\,(\boldsymbol{Z} + \mathbf{diag}(Z_j))^{-1} \cdot$$

$$\cdot\, \mathbf{diag}\left(2\sqrt{|\mathrm{Re}\, Z_j|}\right).$$

Das n-Tor ist reziprok ($\boldsymbol{Z}^T = \boldsymbol{Z}$), wenn

$$(8.31)\qquad \boldsymbol{S}^T = \mathbf{diag}(p_j)\; \boldsymbol{S}\; \mathbf{diag}(p_j);$$

es ist passiv, wenn $\mathbf{diag}(p_j) - \boldsymbol{S}^+ \mathbf{diag}(p_j)\, \boldsymbol{S}$ positiv-semidefinit ist. Denn die gesamte vom n-Tor aufgenommene Wirkleistung ist

$$\sum p_j (|a_j|^2 - |b_j|^2) = \boldsymbol{a}^+ \left(\mathbf{diag}(p_j) - \boldsymbol{S}^+ \mathbf{diag}(p_j)\; \boldsymbol{S}\right) \boldsymbol{a}.$$

8.3 Lineare zeitinvariante n-Tore mit Rauschquellen[1]

Das n-Tor sei durch die Impedanzmatrix $\boldsymbol{Z}$ gegeben, seine inneren Rauschquellen durch n stochastische Leerlaufspannungen $e_{t,j}$ (s. Abb. 8.6). Im schmalen Frequenzband $\Delta\nu$ um ν ist dann

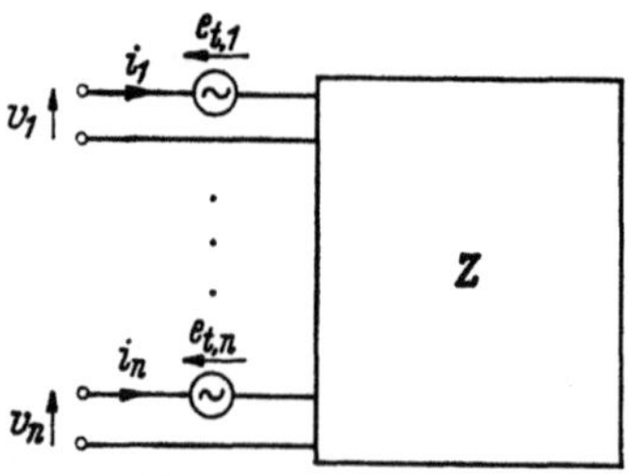

Abb. 8.6. Lineares n-Tor mit Rauschquellen

$$(8.32)\qquad e_{t,j} = \hat{e}_j\, e^{2\pi i \nu t},$$

und

$$(8.33)\qquad \begin{aligned} \mathscr{E}(\hat{e}_j\, \bar{\hat{e}}_j)/\Delta\nu &= w_{jj}(\nu), \\ \mathscr{E}(\hat{e}_j\, \bar{\hat{e}}_k)/\Delta\nu &= w_{jk}(\nu) \end{aligned}$$

sind Leistungsdichte von $e_{t,j}$ und Kreuzleistungsdichte von $e_{t,j}$ und $e_{t,k}$. Die Leistungsdichtematrix $\boldsymbol{W} = (w_{jk})$ ist hermitesch und, wegen

$$\sum_j \sum_k f_k\, \mathscr{E}(\hat{e}_j\, \bar{\hat{e}}_k)\, \bar{f}_j = \mathscr{E}\left|\sum_j \hat{e}_j\, \bar{f}_j\right|^2 \underset{(=)}{>} 0$$

für beliebigen Vektor $\boldsymbol{f}$, positiv-definit (oder -semidefinit, was aber im folgenden ausgeschlossen sei). Aus

$$(8.34)\qquad \hat{\boldsymbol{v}} = \boldsymbol{Z}\,\hat{\boldsymbol{i}} + \hat{\boldsymbol{e}}$$

folgt jetzt für die aufgenommene Wirkleistung

$$(8.35)\qquad \begin{aligned} \mathrm{Re}\,\mathscr{E}(\hat{\boldsymbol{i}}^+ \hat{\boldsymbol{v}}) &= \tfrac{1}{2}\mathscr{E}\left[\hat{\boldsymbol{i}}^+ (\boldsymbol{Z} + \boldsymbol{Z}^+)\, \boldsymbol{i} + \hat{\boldsymbol{i}}^+ \hat{\boldsymbol{e}} + \hat{\boldsymbol{e}}^+ \hat{\boldsymbol{i}}\right] \\ &= \tfrac{1}{2}\mathscr{E}\left[(\hat{\boldsymbol{i}} + (\boldsymbol{Z} + \boldsymbol{Z}^+)^{-1} \hat{\boldsymbol{e}})^+ (\boldsymbol{Z} + \boldsymbol{Z}^+)\, (\hat{\boldsymbol{i}} + (\boldsymbol{Z} + \boldsymbol{Z}^+)^{-1} \hat{\boldsymbol{e}}) - \right. \\ &\quad \left. - \,\hat{\boldsymbol{e}}^+ (\boldsymbol{Z} + \boldsymbol{Z}^+)^{-1} \hat{\boldsymbol{e}}\right], \end{aligned}$$

[1] Siehe Haus und Adler.

letzteres, falls $\boldsymbol{Z} + \boldsymbol{Z}^{+}$ nichtsingulär ist. Als „austauschbare Leistung" P_a des n-Tors wird definiert der stationäre Wert von $-\operatorname{Re}\mathscr{E}(\hat{\boldsymbol{i}}^{+}\hat{\boldsymbol{v}})$ bei Variation von $\hat{\boldsymbol{i}}$. Ist $\boldsymbol{Z} + \boldsymbol{Z}^{+}$ definit, so ist

$$P_a = \tfrac{1}{2}\mathscr{E}[\hat{\boldsymbol{e}}^{+}(\boldsymbol{Z} + \boldsymbol{Z}^{+})^{-1}\hat{\boldsymbol{e}}]. \tag{8.36}$$

Die austauschbare Leistung am j-ten Tor ist

$$P_{a,j} = \frac{\Delta\nu}{2}\,\frac{w_{jj}}{Z_{jj} + \bar{Z}_{jj}} = \frac{\Delta\nu}{2}\,\frac{\boldsymbol{\xi}_j^T \boldsymbol{W} \boldsymbol{\xi}_j}{\boldsymbol{\xi}_j^T(\boldsymbol{Z} + \boldsymbol{Z}^{+})\,\boldsymbol{\xi}_j} \tag{8.37}$$

mit $\boldsymbol{\xi}_j$ gleich dem Vektor mit den Komponenten δ_{jk}, $k = 1, \ldots, n$. Wird das n-Tor $\boldsymbol{Z}$ mittels eines verlustlosen $(2n)$-Tors $\boldsymbol{Z}_T$ „eingebettet"

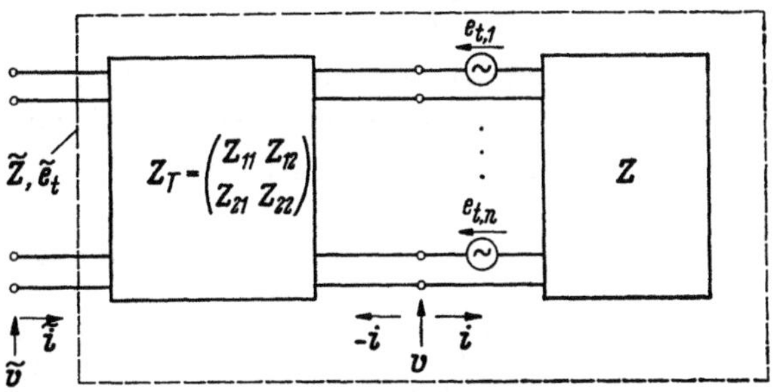

Abb. 8.7. Einbettung eines rauschenden n-Tors

(s. Abb. 8.7), so folgt nach der Aufteilung von $\boldsymbol{Z}_T$ in vier $(2n)$-reihige quadratische Untermatrizen aus $\boldsymbol{Z}_T + \boldsymbol{Z}_T^{+} = \boldsymbol{0}$

$$\boldsymbol{Z}_{11} + \boldsymbol{Z}_{11}^{+} = \boldsymbol{Z}_{22} + \boldsymbol{Z}_{22}^{+} = \boldsymbol{0}, \qquad \boldsymbol{Z}_{12} = -\boldsymbol{Z}_{21}^{+}, \tag{8.38}$$

und

$$\begin{pmatrix} \hat{\boldsymbol{v}} \\ \hat{\tilde{\boldsymbol{v}}} \end{pmatrix} = \begin{pmatrix} \boldsymbol{Z}_{11} & \boldsymbol{Z}_{12} \\ \boldsymbol{Z}_{21} & \boldsymbol{Z}_{22} \end{pmatrix} \begin{pmatrix} -\hat{\boldsymbol{i}} \\ \hat{\tilde{\boldsymbol{i}}} \end{pmatrix} \tag{8.39}$$

für die neuen Klemmenströme $\hat{\tilde{\boldsymbol{i}}}$ und -spannungen $\hat{\tilde{\boldsymbol{v}}}$

$$\hat{\tilde{\boldsymbol{v}}} = \tilde{\boldsymbol{Z}}\,\hat{\tilde{\boldsymbol{i}}} + \hat{\tilde{\boldsymbol{e}}} \tag{8.40}$$

mit

$$\begin{aligned} \tilde{\boldsymbol{Z}} &= -\boldsymbol{\tau}^{+}\boldsymbol{Z}_{12} + \boldsymbol{Z}_{22}, \quad \hat{\tilde{\boldsymbol{e}}} = \boldsymbol{\tau}^{+}\hat{\boldsymbol{e}}, \quad \boldsymbol{\tau}^{+} = \boldsymbol{Z}_{21}(\boldsymbol{Z} + \boldsymbol{Z}_{11})^{-1}, \\ \tilde{\boldsymbol{W}} &= (\tilde{w}_{jk}) = \boldsymbol{\tau}^{+}\boldsymbol{W}\boldsymbol{\tau}, \quad \tilde{\boldsymbol{Z}} + \tilde{\boldsymbol{Z}}^{+} = \boldsymbol{\tau}^{+}(\boldsymbol{Z} + \boldsymbol{Z}^{+})\,\boldsymbol{\tau}. \end{aligned} \tag{8.41}$$

Die Matrizen $\boldsymbol{W}$ und $\boldsymbol{Z} + \boldsymbol{Z}^{+}$ werden daher in gleicher Weise transformiert; die Matrix $\boldsymbol{\tau}$ variiert mit der Einbettung $\boldsymbol{Z}_T$. Am neuen j-ten Tor ist

$$\tilde{P}_{a,j} = \frac{\Delta\nu}{2}\,\frac{\boldsymbol{\xi}_j^T \tilde{\boldsymbol{W}} \boldsymbol{\xi}_j}{\boldsymbol{\xi}_j^T(\tilde{\boldsymbol{Z}} + \tilde{\boldsymbol{Z}}^T)\,\boldsymbol{\xi}_j} = \frac{\Delta\nu}{2}\,\frac{\boldsymbol{f}^{+}\boldsymbol{W}\boldsymbol{f}}{\boldsymbol{f}^{+}(\boldsymbol{Z} + \boldsymbol{Z}^{+})\,\boldsymbol{f}}, \tag{8.42}$$

$\boldsymbol{f} = \boldsymbol{\tau}\,\boldsymbol{\xi}_j$. Da $\boldsymbol{W}$ positiv-definit ist, bestimmt der Nenner das Vorzeichen von $\tilde{P}_{a,j}$: Ist $(\boldsymbol{Z} + \boldsymbol{Z}^+)$ positiv- (bzw. negativ-) definit, so ist $\tilde{P}_{a,j} > 0$ (bzw. < 0) für alle $\boldsymbol{f}$, d. h. alle Einbettungen. Für indefinites $(\boldsymbol{Z} + \boldsymbol{Z}^+)$ ist $\tilde{P}_{a,j} > 0$ oder < 0 je nach $\boldsymbol{f}$. Die stationären Werte von $\tilde{P}_a$ (die vom gewählten Tor, d. h. von j, nicht abhängen) sind jene Zahlen λ, für die das Gleichungssystem

$$\left(\frac{\Delta\nu}{2}\boldsymbol{W} + \lambda(\boldsymbol{Z} + \boldsymbol{Z}^+)\right)\boldsymbol{f} = \boldsymbol{0} \tag{8.43}$$

lösbar ist; für nichtsinguläres $(\boldsymbol{Z} + \boldsymbol{Z}^+)$ sind dies die Eigenwerte der Matrix

$$\boldsymbol{N} = -\frac{\Delta\nu}{2}(\boldsymbol{Z} + \boldsymbol{Z}^+)^{-1}\,\boldsymbol{W}. \tag{8.44}$$

Wegen $\tilde{\boldsymbol{N}} = \boldsymbol{\tau}^{-1}\boldsymbol{N}\boldsymbol{\tau}$ sind sie gegenüber verlustlosen Einbettungen invariant. Abb. 8.8 zeigt den möglichen Wertebereich von $\tilde{P} = -\tilde{P}_a$.

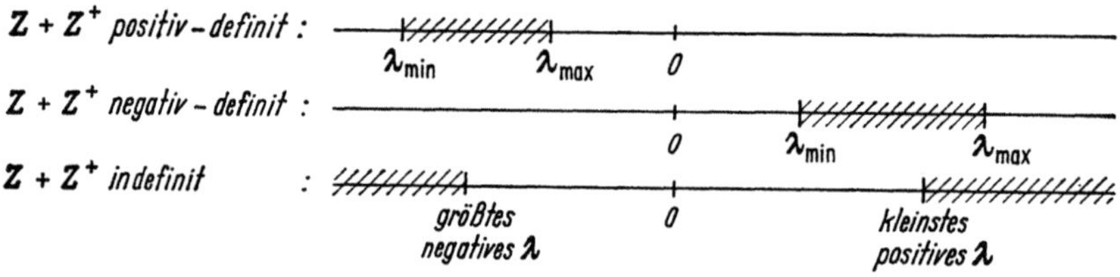

Abb. 8.8. Wertebereich von $-\tilde{P}_a$ mit $\tilde{P}_a$ gleich der austauschbaren Leistung der Rauschquellen bei Einbettung

Bezüglich Darstellungen mit anderen Vektoren und Matrizen (z. B. Streumatrix) und Optimalbedingungen hinsichtlich Rauschen s. Haus und Adler, Bosma.

8.4 Leitungen

8.4.1 Leitungsgleichungen

Für eine inhomogene Doppelleitung mit Widerstandsbelag $R'(z)$, Induktivitätsbelag $L'(z)$, Ableitungsbelag $G'(z)$ und Kapazitätsbelag $C'(z)$ lautet das Paar der Leitungsgleichungen

$$\frac{\partial v}{\partial z} = \left(-R' - L'\frac{\partial}{\partial t}\right)i, \quad \frac{\partial i}{\partial z} = \left(-G' - C'\frac{\partial}{\partial t}\right)v; \tag{8.45}$$

die vier Funktionen R', L', G', C' seien für die betrachteten z positiv und stetig differenzierbar. Mit konstanten Größen R', L', G', C' (homogene Leitung) geht aus (8.45) die übliche Telegraphengleichung hervor (s. Abschn. C III, § 25)[1].

Für verlustfreie inhomogene Leitung ($R' \equiv 0$, $G' \equiv 0$) lassen sich die Gln. (8.45) zu

$$\left(\frac{\partial^2}{\partial z^2} - \frac{1}{L'}\frac{dL'}{dz}\frac{\partial}{\partial z} - L'C'\frac{\partial^2}{\partial t^2}\right)v = 0 \tag{8.46}$$

[1] Zur Behandlung des Systems (8.45) mit der Charakteristikenmethode s. Liu.

zusammenfassen. Bei zeitharmonischen Vorgängen

(8.47) $$v(z,t) = V(z)\, e^{i\omega t}, \qquad i(z,t) = I(z)\, e^{i\omega t}$$

wird aus (8.45)

(8.48) $$\frac{dV}{dz} = -Z' I', \qquad \frac{dI}{dz} = -Y' V$$

mit

(8.49) $$Z' = R' + i\omega L', \qquad Y' = G' + i\omega C',$$

oder

(8.50) $$\left(\frac{d^2}{dz^2} - \frac{1}{Z'}\frac{dZ'}{dz}\frac{d}{dz} - Z'Y'\right) V = 0.$$

Diese lineare Differentialgleichung zweiter Ordnung mit veränderlichen Koeffizienten wird für geeignete $Z'(z)$ und $Y'(z)$ durch gebräuchliche spezielle Funktionen erfüllt[1].

Beispiel. Für inhomogene RC-Leitungen ($G' \equiv 0$, $L' \equiv 0$) mit

$$R' = R_0' f(z)\, e^{\alpha\left[\int\limits_0^z f(\xi)\, d\xi\right]^2}, \qquad C' = C_0' f(z)\, e^{-\alpha\left[\int\limits_0^z f(\xi)\, d\xi\right]^2}$$

läßt sich (8.50) in die Hermitesche Differentialgleichung überführen.

Für verlustlose Leitungen ($R' \equiv 0$, $G' \equiv 0$) geht (8.50), das ist

(8.51) $$\left(\frac{d^2}{dz^2} - \frac{1}{L'}\frac{dL'}{dz}\frac{d}{dz} + \omega^2 L'C'\right) V(z) = 0,$$

mit

(8.52) $$\zeta = \int\limits_0^z d\xi \sqrt{L'(\xi)\, C'(\xi)}, \qquad P(\zeta) = \frac{1}{2}\frac{d}{d\zeta}\ln\sqrt{\frac{L'}{C'}}$$

über in

(8.53) $$\left(\frac{d^2}{d\zeta^2} - 2P(\zeta)\frac{d}{d\zeta} + \omega^2\right) V(\zeta) = 0.$$

Sind bei $\zeta = 0$ ($z = 0$) und $\zeta = \zeta_l$ ($z = l$) Randbedingungen vorgeschrieben, so ist in $0 \leqq \zeta \leqq \zeta_l$ dieser Gleichung die Integrodifferentialgleichung vom Volterra-Typ

(8.54) $$V(\zeta) = A\, e^{i\omega(\zeta - \zeta_l)} + B\, e^{-i\omega(\zeta - \zeta_l)} - \frac{2}{\omega}\int\limits_\zeta^{\zeta_l} \sin(\omega(\zeta - \eta))\, P(\eta)\, \frac{dV}{d\eta}\, d\eta$$

äquivalent[2]; A und B hängen von den Randbedingungen ab.

---

[1] Siehe HOLT und BOWRON.

[2] Siehe YOULA.

Für homogene Leitungen kann man statt V und I die in $(+z)$- und $(-z)$-Richtung laufenden Leistungswellen

$$(8.55)\qquad a(z)=\frac{V+Z_0 I}{\sqrt{\operatorname{Re} Z_0}},\quad b(z)=\frac{V-Z_0 I}{\sqrt{\operatorname{Re} Z_0}},\quad Z_0=\sqrt{\frac{Z'}{Y'}}$$

[vgl. (8.25)] einführen; dabei geht (8.48) in

$$(8.56)\qquad \left(\frac{d}{dz}+i\beta\right)a=0,\quad \left(\frac{d}{dz}-i\beta\right)b=0,\quad \beta=\sqrt{-Z'Y'}$$

über mit den einfachen Wellenlösungen $a=a_0\,e^{-i\beta z}$, $b=b_0\,e^{i\beta z}$.

8.4.2 Gekoppelte Wellen

Für n gekoppelte Leitungen genügen die zu Vektoren $\boldsymbol{V}$ und $\boldsymbol{I}$ zusammengefaßten je n Spannungen und Ströme V_j und I_j dem System von $2n$ Gleichungen

$$(8.57)\qquad \frac{d\boldsymbol{V}}{dz}=-\boldsymbol{Z}'\boldsymbol{I},\quad \frac{d\boldsymbol{I}}{dz}=-\boldsymbol{Y}'\boldsymbol{V};$$

$\boldsymbol{Z}'$ und $\boldsymbol{Y}'$ sind n-reihige quadratische Matrizen, deren Elemente außerhalb der Hauptdiagonalen für die Kopplung maßgebend sind. Bei konstanten Matrizen $\boldsymbol{Z}'$ und $\boldsymbol{Y}'$ (gleichmäßig gekoppelten homogenen Leitungen) kann man wieder wie in (8.25) Leistungswellen einführen. Bei Beschränkung auf solche Wellen, die merklich miteinander gekoppelt sind (d. h. unter anderem bei fehlender Kopplung nur wenig verschiedene Phasengeschwindigkeiten haben) läßt sich das System (8.57) auf die Form

$$(8.58)\qquad \frac{d\boldsymbol{a}}{dz}+i\boldsymbol{K}\boldsymbol{a}=0$$

bringen. (8.58) hat Lösungen

$$(8.59)\qquad \boldsymbol{a}=\boldsymbol{a}_0\,e^{-i\beta z},$$

wo β Eigenwert der Matrix $\boldsymbol{K}$ ist. Für zwei gekoppelte Wellen sind die beiden β-Werte

$$(8.60)\qquad \beta_{1,2}=\tfrac{1}{2}\left[K_{11}+K_{22}\pm\sqrt{(K_{11}-K_{22})^2+4K_{12}K_{21}}\right].$$

Die K_{jj} seien reell (keine Dämpfung der Wellen bei fehlender Kopplung), und die von der Welle a_j geführte Leistung sei gleich $P_j=p_j\,|a_j|^2$, $p_j=\pm 1$. Aus der Erhaltung der Gesamtleistung

$$\sum_j P_j=\sum p_j\,|a_j|^2=\boldsymbol{a}^+\,\mathbf{diag}(p_j)\,\boldsymbol{a}$$

folgt dann

$$(8.61)\qquad \mathbf{diag}(p_j)\,\mathbf{K}=\mathbf{K}^+\,\mathbf{diag}(p_j)\quad\text{oder}\quad K_{jk}=\pm\bar{K}_{kj}.$$

Für zwei Wellen ist in diesem Fall $dP_1/dz = -dP_2/dz$, und die $\beta_{1,2}$ nach (8.60) sind bei $K_{12}K_{21} > 0$ stets reell (passive Kopplung), bei $K_{12}K_{21} < 0$ und hinreichend großem $|K_{12}K_{21}|$ konjugiert komplex (aktive Kopplung).

8.5 Übertragungssysteme

8.5.1 Allgemeines; Linearität

Ein Übertragungssystem soll als eine eindeutige Abbildung $\mathfrak{T}$ von reellen Eingangs-Zeitfunktionen $f(t)$ aus einem linearen Raum R [z. B. dem Raum $L_2(-\infty, \infty)$] auf reelle Ausgangs-Zeitfunktionen $y(t)$ aus dem gleichen oder einem anderen linearen Raum S verstanden werden:

(8.62) $$y(t) = \mathfrak{T}\{f(t)\} \quad \text{oder kurz} \quad y = \mathfrak{T}\{f\}.$$

Für y wird auch „Antwort" verwendet. Sowohl f als auch y können Vektorfunktionen (gleicher oder verschiedener Dimension) sein; die folgende Formulierung bezieht sich auf skalaren Eingang und Antwort. Mit $f(t)$ soll $f(t - t_0)$ für jedes t_0 zu den zulässigen Eingängen gehören. Gl. (8.62) repräsentiert z. B. eine lineare oder nichtlineare Differentialgleichung für $y(t)$, in der die gegebene Funktion $f(t)$ vorkommt[1].

Das Übertragungssystem (der Operator $\mathfrak{T}$) ist *zeitinvariant*, wenn mit (8.62) auch für alle t_0 zu $f(t - t_0)$ die Antwort $y(t - t_0)$ gehört. Ein zeitinvariantes Übertragungssystem ist durch ein Funktional μ gekennzeichnet, das allen zulässigen Eingängen die Antwort an *einem* festen Zeitpunkt t_1 zuordnet:

(8.63) $$y(t_1) = \mu\{f(t)\}.$$

Dann ist zu jeder anderen Zeit t_2

$$y(t_2) = \mu\{f(t + t_2 - t_1)\}.$$

Der Operator $\mathfrak{T}$ heißt *kausal*, wenn für alle $t_0 > -\infty$ gilt: $\mathfrak{T}\{f_1\} = \mathfrak{T}\{f_2\}$ für $(-\infty, t_0)$, wenn f_1 und f_2 zulässige Eingänge sind, die in $(-\infty, t_0)$ übereinstimmen.

Bei kausalen Übertragungssystemen hängt $y(t_1)$ nur von den Werten von $f(t)$ für $t \leqq t_1$ ab. Hängt es auch von der Vergangenheit von $f(t)$ nicht ab, ist also $y(t_1)$ eine Funktion nur von $f(t_1)$ und t_1, so spricht man von einem Übertragungssystem *ohne Gedächtnis*.

Das Übertragungssystem ist *linear*, wenn für alle zulässigen f_1 und f_2 und alle Paare von Zahlen c_1, c_2 gilt

(8.64) $$\mathfrak{T}\{c_1 f_1 + c_2 f_2\} = c_1 \mathfrak{T}\{f_1\} + c_2 \mathfrak{T}\{f_2\}.$$

---

[1] In der Beschreibung durch Zustandsgleichungen (8.1), (8.2) spielt jetzt $f(t)$ die Rolle von $\boldsymbol{u}(t)$.

Sind die Räume R und S metrisch bzw. normiert, so heißt das Übertragungssystem *stetig*, wenn aus $f_n \to f$ (mit f_n und f aus dem Definitionsbereich von $\mathfrak{T}$ im Raum R) folgt $\mathfrak{T}\{f_n\} \to \mathfrak{T}\{f\}$ (Konvergenz im Sinne der jeweiligen Metrik bzw. Norm). Zu einem stetigen linearen System mit der Eigenschaft, daß für jedes t und jeden stetigen zeitbegrenzten Eingang $f(t)$ gilt

(8.65) $$|\mathfrak{T}\{f\}| \leqq m_t \sup_\tau |f(\tau)|$$

mit einer endlichen, nur von t abhängigen positiven Zahl m_t, gibt es für jedes t eine beschränkte Funktion $\gamma_t(\tau)$ von beschränkter Variation, so daß für jeden zulässigen Eingang $f(t)$

(8.66) $$y(t) = \int_{-\infty}^{\infty} f(\tau)\, d\gamma_t(\tau);$$

von diesem Satz gilt auch die Umkehrung[1]. Bei Zeitinvarianz ist mit $d\gamma_t(\tau) = d\gamma(t-\tau)$

(8.67) $$y(t) = \int_{-\infty}^{\infty} f(\tau)\, d\gamma(t-\tau).$$

Ist $\gamma_t(\tau)$ für jedes t bzw. $\gamma(t)$ absolut stetig, und setzt man

$$\frac{d\gamma_t(\tau)}{d\tau} = h(t,\tau) \quad \text{bzw.} \quad \frac{d\gamma(t)}{dt} = h(t),$$

so wird aus (8.66)

(8.68) $$y(t) = \int_{-\infty}^{\infty} f(\tau)\, h(t,\tau)\, d\tau$$

bzw. bei Zeitinvarianz aus (8.67) die Faltung

(8.69) $$y(t) = \int_{-\infty}^{\infty} f(\tau)\, h(t-\tau)\, d\tau = \int_{-\infty}^{\infty} f(t-\tau)\, h(\tau)\, d\tau;$$

$h(t,\tau)$ bzw. $h(t)$ bezeichnet man als Gewichtsfunktion des Übertragungssystems. Da formal, d. h. wenn die Darstellung (8.68) bzw. (8.69) auch für temperierte Distributionen als Eingang verwendet wird, die Antwort auf $f(t) = \delta(t-t_1)$ durch $h(t,t_1)$ bzw. $h(t-t_1)$ gegeben ist, werden $h(t,\tau)$ und $h(t)$ auch Impulsantwort genannt. [Bei vektoriellem Eingang und Antwort treten an die Stelle der Funktionen $h(t,\tau)$ und $h(t)$ Matrixfunktionen.]

Kausalität verlangt

(8.70) $$h(t,\tau) = 0 \quad \text{für} \quad t < \tau$$

bzw. bei Zeitinvarianz

(8.71) $$h(t) = 0 \quad \text{für} \quad t < 0.$$

Entsprechend kann in (8.68) und im ersten Integral in (8.69) die obere Grenze durch t, im zweiten Integral in (8.69) die untere Grenze durch 0 ersetzt werden.

Für allgemeine lineare Übertragungssysteme, wie z. B. Differentiatoren ($y = df/dt$), ist $\mathfrak{T}$ kein stetiger Operator, und eine Integraldarstellung (8.66) existiert dazu nicht. Für jedes $t = t_0$ kann in vielen Fällen $\mathfrak{T}$ als ein durch eine Distribution vermitteltes Funktional[1] aufgefaßt werden [im Beispiel des Differentiators die Distribution $D\delta(t - t_0)$, vgl. Abschn. C, Anhang].

Bei Übertragungssystemen ist der folgende Stabilitätsbegriff gebräuchlich: Ein Übertragungssystem ist *stabil*, wenn zu jedem beschränkten zulässigen Eingang eine beschränkte Antwort gehört. Für zeitinvariante lineare Übertragungssysteme nach (8.69), (8.71) ist dafür notwendig und hinreichend

$$\int_0^\infty |h(t)|\, dt < \infty. \tag{8.72}$$

Der oben erwähnte Differentiator ist nicht stabil.

Wirkt $f(t)$ erst von $t = 0$ an, so gilt für ein zeitinvariantes lineares Übertragungssystem nach (8.69), (8.71)

$$y(t) - y(0) = \int_0^t h(t - \tau)\, f(\tau)\, d\tau = h * f. \tag{8.73}$$

Bei Laplace-Transformation geht diese Gleichung über in

$$Y(s) - \big(y(0)/s\big) = G(s)\, F(s) \tag{8.74}$$

mit $Y = \mathfrak{L}\{y\}$, $F = \mathfrak{L}\{f\}$ und der Übertragungsfunktion $G(s)$ (vgl. Abschn. C III, § 10 bis 23). Ist G in der rechten s-Halbebene singularitätenfrei, so ist $G(i\omega)$ der Frequenzgang und $G(i\omega)\, e^{i\omega t}$ die Antwort auf $e^{i\omega t}$, wirkend von $t = -\infty$ bis $t = +\infty$ und falls bei $t = -\infty$ das Übertragungssystem in Ruhe ist (s. auch Abschn. C II, § 15).

Definiert man entsprechend für zeitveränderliche lineare Übertragungssysteme[2] nach (8.68) $G(i\omega, t)\, e^{i\omega t}$ als Antwort auf $e^{i\omega t}$, $(-\infty < t < \infty)$, so erhält man bei $\int_0^\infty |f|\, dt < \infty$ eine Darstellung

$$y(t) = \frac{1}{2\pi} \int_{-\infty}^{\infty} G(i\omega, t)\, F(i\omega)\, e^{i\omega t}\, d\omega. \tag{8.75}$$

---

[1] Siehe HOSKINS.

[2] Bezüglich einer Methode zur Aufstellung von $G(i\omega, t)$ (bzw. der entsprechenden Matrixfunktion bei vektoriellem Ein- und Ausgang) für periodisch zeitveränderliche Netzwerke s. VENKATESH.

8.5.2 Volterrasche Funktionalreihen für zeitinvariante nichtlineare Übertragungssysteme

Ist das Funktional $\mu(f)$ in (8.63) analytisch bei $f \equiv 0$, so gibt es nach VOLTERRA für hinreichend kleine $K = \mathrm{Max}\,|f|$ eine Reihenentwicklung

$$(8.76)\qquad \begin{aligned} y(t) &= \sum_{n=1}^{\infty} y_n(t), \\ y_n(t) &= \int_{-\infty}^{\infty} \cdots \int_{-\infty}^{\infty} h_n(\tau_1, \ldots, \tau_n)\, f(t-\tau_1) \ldots f(t-\tau_n)\, d\tau_1 \ldots d\tau_n. \end{aligned}$$

Aus Kausalitätsgründen ist $h_n(\tau_1, \ldots, \tau_n)$ nur $\neq 0$, wenn alle Argumente $\tau_1, \ldots, \tau_n$ nichtnegativ sind; daher können die unteren Integrationsgrenzen durch 0 ersetzt werden. Ist $f(t) = 0$ für $t < 0$, so gilt auch[1]

$$(8.77)\qquad \begin{aligned} y(t) - y(0) = &\int_0^{\infty} h_1(\tau_1)\, f(t-\tau_1)\, d\tau_1 + \\ &+ \int_0^t \int_0^t h_2(\tau_1, \tau_2)\, f(t-\tau_1)\, f(t-\tau_2)\, d\tau_1\, d\tau_2 + \cdots. \end{aligned}$$

Das erste Glied rechts ist der lineare Teil $h_1 * f$ der Antwort, wie in (8.73). Das n-te Glied, $y_n(t)$ bzw. die Funktion $h_n(\tau_1, \ldots, \tau_n)$ repräsentiert ein Übertragungssystem „der Ordnung n". Das gegebene nicht-

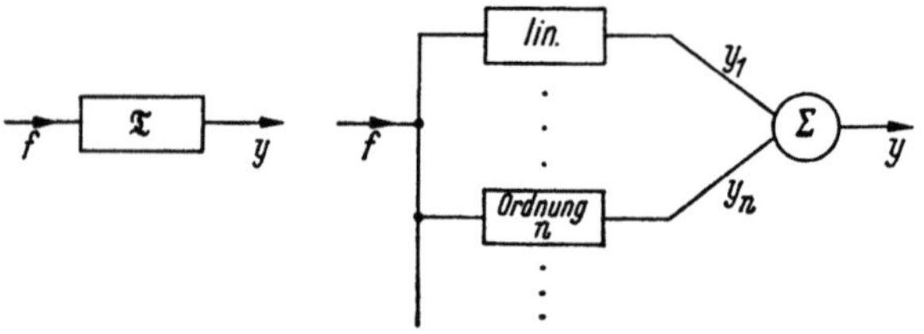

Abb. 8.9. Schematische Darstellung der Funktionalreihe für nichtlineare Übertragungssysteme

lineare Übertragungssystem $\mathfrak{T}\{f\}$ ist äquivalent einer Parallelschaltung solcher Übertragungssysteme der Ordnung n, $n = 1, 2, \ldots$ (s. Abb. 8.9).

Für ein „rein quadratisches" Übertragungssystem (der Ordnung 2) ist[2]

$$\int_0^{\infty} \int_0^{\infty} |h_2(\tau_1, \tau_2)|\, d\tau_1\, d\tau_2 < \infty$$

eine hinreichende Bedingung für Stabilität im Sinne der Definition von 8.5.1.

[1] Siehe KU und WOLF.

[2] Siehe BUTTERWECK [2].

Folgt ein lineares Übertragungssystem mit der Übertragungsfunktion $G(s)$ auf ein Übertragungssystem der Ordnung n und ist $H_n(s_1, \ldots, s_n)$ die n-dimensionale Laplace-Transformierte von $h_n(\tau_1, \ldots, \tau_n)$, so hat diese Reihenschaltung [d. h. h_n mit nachgeschaltetem $G(s)$, ebenfalls von der Ordnung n] die Transformierte $H_n(s_1, \ldots, s_n)\, G(s_1) \ldots G(s_n)$.

Die Funktionalreihe (8.76) ist verwendbar für manche Übertragungssysteme, die durch eine nichtlineare Differentialgleichung

$$\Phi(y, \dot{y}, \ldots) = f(t)$$

gegeben sind[1].

8.5.3 Ein Stabilitätskriterium für nichtlineare rückgekoppelte Übertragungssysteme[2]

In dem Übertragungssystem der Abb. 8.10 seien f, f_1, z und y reelle, für $t \geqq 0$ definierte Funktionen. Das nichtlineare Teilsystem

(8.78) $$z(t) = \mathfrak{T}_1\{f_1(t)\} = \psi(f_1(t), t)$$

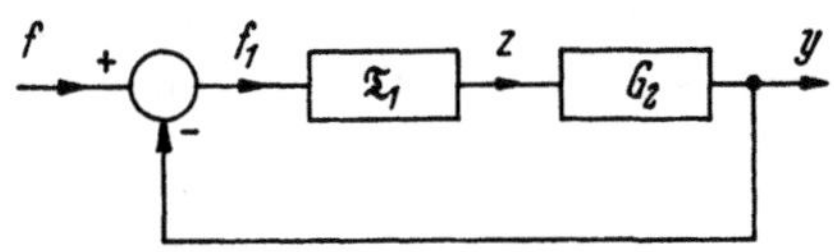

Abb. 8.10. Rückgekoppeltes Übertragungssystem

habe die Eigenschaften: $\psi(0, t) = 0$ für $t \geqq 0$, und es gibt ein reelles α und ein $\beta > 0$, so daß für $t \geqq 0$ und alle $x \neq 0$

(8.79) $$\alpha \leqq \psi(x, t)/x \leqq \beta.$$

Neben

(8.80) $$f_1(t) = f(t) - y(t)$$

gelte ferner

(8.81) $$y(t) = \int_0^t h(t - \tau)\, z(\tau)\, d\tau - f_0(t),$$

wobei

$$\int_0^\infty |h(t)\, t^p|^q\, dt < \infty \quad \text{für} \quad q = 1, 2 \quad \text{und} \quad p = 0, 1, 2$$

und die den Anfangszustand berücksichtigende Funktion $f_0(t)$ für alle $t \geqq 0$ beschränkt sei und $f_0(t) \to 0$ für $t \to \infty$ und $\int_0^\infty |f_0|^2\, dt < \infty$ erfülle. Dann besteht für f_1 die Integralgleichung

(8.82) $$g(t) = f_1(t) + \int_0^t h(t - \tau)\, \psi(f_1(\tau), \tau)\, d\tau, \qquad t \geqq 0$$

---

[1] Siehe Ku und Wolf.

[2] Siehe Sandberg.

mit $g(t) = f(t) + f_0(t)$. Gehört $g(t)$ zur Menge $\mathfrak{M}$ der Funktionen $x(t)$, die $\int_0^t |x|^2\,dt < \infty$ für alle endlichen $t \geqq 0$ erfüllen, und genügt $\psi(f_1, t)$ einer Lipschitz-Bedingung

$$|\psi(x_1, t) - \psi(x_2, t)| \leqq \gamma\,|x_1 - x_2|$$

für alle $t \geqq 0$, γ reell, so hat (8.82) eine eindeutige Lösung $f_1(t)$ in $\mathfrak{M}$.

Unter den genannten Voraussetzungen und einer der folgenden Bedingungen („Kreis-Kriterium") für $G(s) = \mathfrak{L}\{h(t)\}$:

(1) $\alpha > 0$ und die Ortskurve von $G(i\,\omega)$, $-\infty < \omega < \infty$, liegt außerhalb des Kreises C_1 vom Radius $(\alpha^{-1} - \beta^{-1})/2$ um den reellen Mittelpunkt $\left(-(\alpha^{-1} + \beta^{-1})/2, 0\right)$ und umschließt den Kreis C_1 nicht (Abb. 8.11a; für $\alpha = \beta$ degeneriert C_1 in einen Punkt und man erhält das Nyquist-Kriterium, s. Abschn. L, § 4);

(2) $\alpha = 0$ und $\operatorname{Re} G(i\,\omega) > -\beta^{-1}$;

(3) $\alpha < 0$ und die Ortskurve von $G(i\,\omega)$, $-\infty < \omega < \infty$, ist im Kreis C_2 vom Radius $(\beta^{-1} - \alpha^{-1})/2$ um den reellen Mittelpunkt $\left(-(\alpha^{-1} + \beta^{-1})/2, 0\right)$ enthalten (Abb. 8.11b);

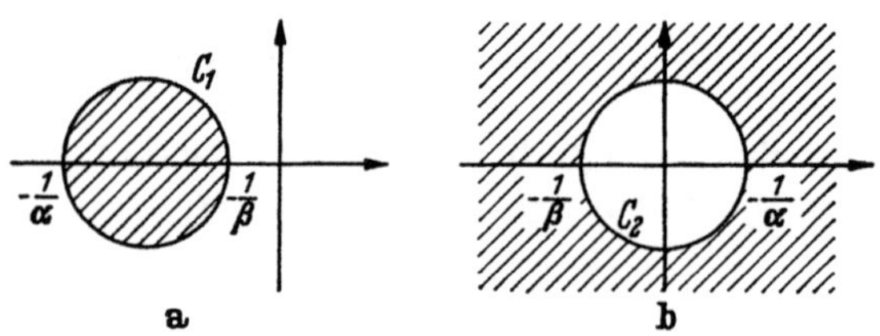

Abb. 8.11. Kritische Stabilitätskreise

ist das Übertragungssystem stabil in dem Sinne, daß zu beschränktem Eingang f mit $f(t) \to 0$ für $t \to \infty$ beschränkter Ausgang y gehört mit $y(t) \to 0$ für $t \to \infty$ und daß aus $\int_0^\infty |f|^2\,dt < \infty$ folgt $\int_0^\infty |y|^2\,dt < \infty$.

8.5.4 Die Manley-Roweschen Energiebeziehungen für eine nichtlineare Reaktanz

Eine verlustlose nichtlineare Kapazität (entsprechend auch Induktivität) sei durch die umkehrbar eindeutige Kennlinie (also als spezielles nichtlineares Übertragungssystem ohne Gedächtnis)

$$q = q(v)$$

gegeben; auf die Kapazität wirke je eine Spannung der (Pump-) Frequenz ω_p und einer weiteren Frequenz ω_1, wobei ω_p und ω_1 inkommensurabel sind[1]. Kann man $i = \dot{q}$ und v als absolut-konvergente Doppelsummen

$$(8.83)\quad i = \sum_{m=-\infty}^{\infty} \sum_{n=-\infty}^{\infty} i_{mn}\, e^{i(m\omega_p + n\omega_1)t}, \quad v = \sum_{m=-\infty}^{\infty} \sum_{n=-\infty}^{\infty} v_{mn}\, e^{i(m\omega_p + n\omega_1)t}$$

über alle Kombinationen $m\,\omega_p + n\,\omega_1$ darstellen, so gelten für die bei den Frequenzen $|m\,\omega_p + n\,\omega_1|$ von der Kapazität aufgenommenen Wirkleistungen

$$(8.84)\qquad P_{mn} = 2\,\mathrm{Re}\,(v_{mn}\,\bar{i}_{mn})$$

mit $\sum_{m=-\infty}^{\infty} \sum_{n=-\infty}^{\infty} P_{mn} = 0$ (Verlustlosigkeit) die Gleichungen von Manley und Rowe

$$(8.85)\quad \sum_{n=-\infty}^{\infty} \sum_{m=0}^{\infty} \frac{m P_{mn}}{m\,\omega_p + n\,\omega_1} = 0, \qquad \sum_{m=-\infty}^{\infty} \sum_{n=\infty}^{\infty} \frac{n P_{mn}}{m\,\omega_p + n\,\omega_1} = 0.$$

8.5.5 Übertragung von Rauschen durch zeitinvariante Übertragungssysteme

a) Lineares Übertragungssystem. Die Gewichtsfunktion $h(t)$ sei sowohl aus $L_1(0, \infty)$ als auch aus $L_2(0, \infty)$. Auf stationäres Rauschen X_t [mit Autokovarianzfunktion $R_x(\tau)$, Leistungsdichte w_x] als Eingang antwortet das Übertragungssystem wieder mit stationärem Rauschen Y_t, dessen Leistungsdichte

$$(8.86)\qquad w_y(\nu) = |G(2\pi\, i\, \nu)|^2\, w_x(\nu)$$

ist (s. Abschn. M, § 15.4). Gaußsches Rauschen geht wieder in Gaußsches Rauschen über.

Beispiel. Ist in Abb. 8.12 Y_t die Spannung an der Kapazität C, so folgt zu „weißer" Eingangsrauschspannung X_t wegen

$$G(i\,\omega) = 1/(1 + i\,\omega\, C R)$$

aus (8.86) und (7.8)

$$R_y(\tau)/R_y(0) = e^{-|\tau|/\tau_0}, \qquad \tau_0 = CR.$$

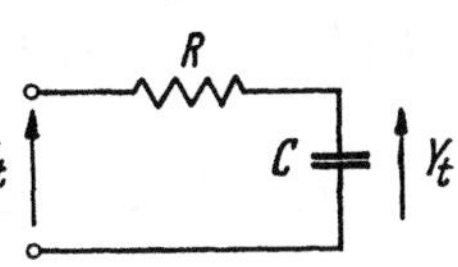

Abb. 8.12. *RC*-Schaltung

b) Nichtlineares Übertragungssystem ohne Gedächtnis[2]. Ein solches Übertragungssystem ist durch seine Kennlinie

$$(8.87)\qquad y = k(f)$$

gekennzeichnet; die Funktion k sei eindeutig.

---

[1] Auf diese Voraussetzung kann in vielen praktischen Fällen verzichtet werden, s. Longo und Someda.

[2] Siehe Bonnet.

Beispiele.

Beispiele: $a > 0$, $\lambda > 0$

$$(8.88) \qquad 1) \quad y = a\,|f|^{\lambda},$$

$$(8.89) \qquad 2) \quad y = \begin{cases} a\,f^{\lambda} & \text{für } f > 0 \\ 0 & \text{für } f < 0 \end{cases}$$

(Doppelweg- bzw. Einweg-Gleichrichter mit Potenzkennlinie). Ist der Eingang wieder stationäre Rauschen X_t mit $\mathscr{E}X_t = 0$, so ist i. allg. $\mathscr{E}Y_t \neq 0$, d. h., Y_t enthält einen „Gleichstrom"-Anteil, und, nach Abzug dieses, ist

$$(8.90) \qquad R_y(\tau) = \mathscr{E}(Y_t Y_{t+\tau}) - (\mathscr{E}Y_t)^2.$$

Wir erwähnen drei Verfahren zur Ermittlung dieser Größe.

Nach dem sog. direkten Verfahren berechnet man $\mathscr{E}Y_t$ aus der Dichte $p(\xi)$ von $\xi = X_t$ und $\mathscr{E}(Y_t Y_{t+\tau})$ aus der gemeinsamen Dichte $p(\xi_1, \xi_2; \tau)$ von $\xi_1 = X_t$ und $\xi_2 = X_{t+\tau}$:

$$(8.91) \qquad \mathscr{E}Y_t = \int k(\xi)\, p(\xi)\, d\xi,$$

$$\mathscr{E}(Y_t Y_{t+\tau}) = \iint k(\xi_1)\, k(\xi_2)\, p(\xi_1, \xi_2; \tau)\, d\xi_1\, d\xi_2.$$

Beispiel. Mit Gaußschem Rauschen am Eingang:

$$(8.92) \qquad p(\xi) = \frac{1}{\sqrt{2\pi}\,\sigma}\, e^{-\xi^2/2\sigma^2}, \qquad \sigma^2 = \mathscr{E}(X_t^2);$$

$$(8.93) \qquad p(\xi_1, \xi_2; \tau) = \frac{1}{2\pi\Delta}\, e^{-[\sigma^4(\xi_1^2 + \xi_2^2) - 2R_x(\tau)\xi_1\xi_2]/2\Delta^2}, \quad \Delta = \sqrt{\sigma^4 - R_x^2(\tau)}$$

ist bei einem

a) quadratischen Doppelweg-Gleichrichter (8.88) mit $\lambda = 2$:

$$(8.94) \qquad \mathscr{E}Y_t = a\,\sigma^2, \qquad \mathscr{E}(Y_t Y_{t+\tau}) = a^2[\sigma^4 + 2R_x^2(\tau)];$$

b) „linearen" Einweg-Gleichrichter (8.89) mit $\lambda = 1$ (einem nichtlinearen Übertragungssystem):

$$(8.95) \qquad \mathscr{E}Y_t = \frac{a\,\sigma}{\sqrt{2\pi}},$$

$$\mathscr{E}(Y_t Y_{t+\tau}) = \frac{a^2}{2\pi}\left[\Delta + R_x(\tau) \arccos\left(-\frac{R_x(\tau)}{\sigma^2}\right)\right].$$

Das zweite Verfahren, das sog. Transformationsverfahren, setzt voraus, daß $k(f)$ als ein Integral

$$(8.96) \qquad k(f) = \frac{1}{2\pi} \int K(\eta)\, e^{i\eta f}\, d\eta$$

darstellbar ist mit einem geeigneten Integrationsweg in der η-Ebene.

Es sei

$$|k(f)| \begin{cases} \leqq e^{\alpha f} & \text{für } f \to +\infty \\ \leqq e^{-\beta f} & \text{für } f \to -\infty, \end{cases}$$

$\alpha, \beta > 0$. Mit

$$K_+(\eta) = \int_0^\infty e^{-i\eta f} k(f)\, df, \qquad K_-(\eta) = \int_{-\infty}^0 e^{-i\eta f} k(f)\, df \tag{8.97}$$

für $\operatorname{Im}\eta < -\alpha$ bzw. $\operatorname{Im}\eta > \beta$ ist für $\gamma > \operatorname{Max}(\alpha, \beta)$

$$k(f) = \frac{1}{2\pi} \int_{\operatorname{Im}\eta = \gamma} [e^{i\eta f} K_+(\eta) + e^{-i\eta f} K_-(\eta)]\, d\eta \tag{8.98}$$

(s. Abb. 8.13). Ist $k(f) = 0$ für $f < 0$ wie bei den Einweg-Gleichrichtern (8.89), so fällt der Anteil K_- fort. Aus (8.96) folgt

$$\mathscr{E} Y_t = \frac{1}{2\pi} \int d\eta\, K(\eta)\, \Phi(\eta), \tag{8.99}$$

$$\mathscr{E}(Y_t Y_{t+\tau}) = \frac{1}{4\pi^2} \iint d\eta_1\, d\eta_2\, K(\eta_1)\, K(\eta_2)\, \Phi(\eta_1, \eta_2; \tau),$$

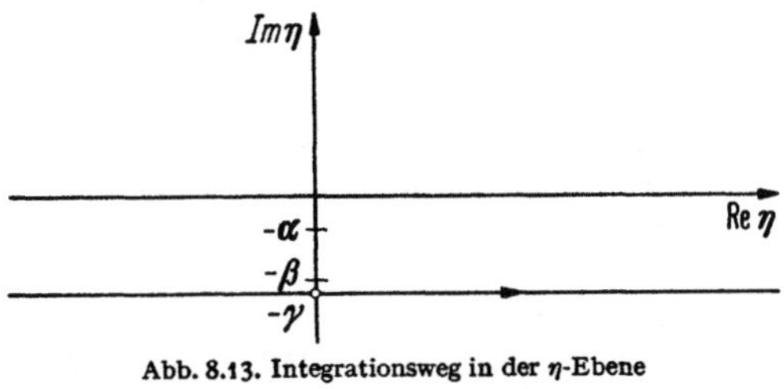

Abb. 8.13. Integrationsweg in der η-Ebene

wo $\Phi(\eta)$ bzw. $\Phi(\eta_1, \eta_2; \tau)$ die charakteristische Funktion der Verteilung $p(\xi)$ bzw. $p(\xi_1, \xi_2; \tau)$ ist:

$$\Phi(\eta) = \mathscr{E}(e^{i\eta X_t}), \qquad \Phi(\eta_1, \eta_2; \tau) = \mathscr{E}\left(e^{i(\eta_1 X_t + \eta_2 X_{t+\tau})}\right). \tag{8.100}$$

Bei den Einweg-Gleichrichtern (8.89) ist

$$K(\eta) = K_+(\eta) = a/(i\eta)^{\lambda+1},$$

und für Gaußsches Rauschen X_t ist mit $\varrho = R_x(\tau)/\sigma^2$

$$\mathscr{E}(Y_t Y_{t+\tau}) = \frac{a^2 \cdot 2^\lambda \sigma^{2\lambda}}{4\pi} \left[\Gamma^2\left(\frac{\lambda+1}{2}\right) F\left(-\frac{\lambda}{2}, -\frac{\lambda}{2}, \frac{1}{2}; \varrho^2\right) + \right. \tag{8.101}$$

$$\left. + 2\varrho\, \Gamma^2\left(\lambda + \frac{1}{2}\right) F\left(\frac{1-\lambda}{2}, \frac{1-\lambda}{2}, \frac{3}{2}; \varrho^2\right)\right].$$

Die hier auftretenden hypergeometrischen Funktionen können[1] durch Legendre-Funktionen, bei ganzzahligen λ durch ϱ, $\sqrt{1-\varrho^2}$ und $\arccos(-\varrho)$ ausgedrückt werden. Für $\lambda = 1$ kommt man auf (8.95) zurück.

[1] Siehe Fukada und Rauch, s. auch Abschn. B, § 4 und 5.

Das dritte Verfahren geht bei Gaußschem Rauschen X_t von einer Entwicklung

$$(8.102)\quad k(f) = \sum k_n \mathrm{He}_n(f), \quad k_n = \frac{1}{\sqrt{2\pi}\, n!\, \sigma^{2n}} \int_{-\infty}^{\infty} e^{-f^2/2\sigma^2} \mathrm{He}_n(f)\, k(f)\, df$$

der Kennlinie nach Hermiteschen Polynomen aus[1]. Man erhält

$$(8.103)\quad \mathscr{E}(Y_t Y_{t+\tau}) = \sum_{n=0}^{\infty} k_n^2\, n!\, \sigma^{2n} R_x^n(\tau).$$

8.5.6 Das angepaßte Filter

Die bekannte Signalfunktion $s(t)$ sei in $f(t)$ additiv mit Rauschen r_t gemischt:

$$(8.104)\quad f(t) = s(t) + r_t$$

Autokovarianzfunktion $R(\tau)$ [und damit Leistungsdichte $w(\nu)$] des Rauschens sei bekannt. Es soll jenes lineare zeitinvariante Übertragungssystem $h(t)$ gefunden werden, für das das Verhältnis

$$(8.105)\quad \frac{P_{s,\max}}{P_r} = \frac{\left|\int_{-\infty}^{t} h(t-\tau)\, s(\tau)\, d\tau\right|^2_{\max}}{\int_0^{\infty} |G(2\pi i \nu)|^2\, w(\nu)\, d\nu} = \frac{\left|\int_{-\infty}^{\infty} G(i\omega)\, S(\omega)\, e^{i\omega t}\, d\omega\right|^2_{\max}}{\int_0^{\infty} |G(i\omega)|^2\, w\!\left(\frac{\omega}{2\pi}\right) d\omega}$$

von maximaler Signalleistung zu gesamter Rauschleistung am Ausgang möglichst groß wird; $S(\omega) = \mathfrak{F}\{s(t)\}$. Die Gewichtsfunktion $h(t)$ dieses optimalen, des „angepaßten" Filters, ist die Lösung der Integralgleichung

$$(8.106)\quad s(t_1 - t) = A \int_0^{t_1} h(\vartheta)\, R(t-\vartheta)\, d\vartheta,$$

wenn das Maximum des Zählers in (8.105) bei $t = t_1$ erreicht wird; die Konstante A ist beliebig. Für „weißes" Rauschen folgt, mit einer anderen Konstanten C,

$$(8.107)\quad h(t) = \begin{cases} C\, s(t_1 - t) & \text{für } t \leqq t_1 \\ 0 & \text{für } t > t_1. \end{cases}$$

Der Ausgang zu (8.104) ist dann

$$(8.108)\quad y(t) = C \int_{-\infty}^{t} f(\vartheta)\, s(t_1 - t + \vartheta)\, d\vartheta;$$

das angepaßte Filter bildet im wesentlichen die Kreuzkorrelation zwischen Eingang f und Signal s.

---

[1] Siehe KETTEL.

8.5.7 Übertragung von Signal und Rauschen durch nichtlineare Übertragungssysteme ohne Gedächtnis

Ist in (8.104) $s(t)$ ein stationäres stochastisches Signal und r_t davon unabhängig und kann das Transformationsverfahren (s. 8.5.5) bei der Übertragung der Summe $f(t)$ angewendet werden, so kann man ausnutzen, daß die charakteristischen Funktionen (8.100) für $X_t = f(t)$ in die Produkte der charakteristischen Funktionen von $s(t)$ und r_t zerfallen: $\Phi_f = \Phi_s \Phi_r$. Für

(8.109) $$s(t) = A_0 \cos(\omega_0 t + \varphi),$$

wo φ eine zwischen 0 und 2π mit konstanter Dichte $1/2\pi$ verteilte zufällige Variable ist, wird

(8.110) $$\Phi_s(\eta_1, \eta_2; \tau) = J_0\left(A_0 \sqrt{\eta_1^2 + \eta_2^2 + 2\eta_1 \eta_2 \cos\tau}\right).$$

Ist r_t Gaußsches Rauschen mit $\mathscr{E}(r_t^2) = \sigma^2$, so wird am Ausgang eines Einweg-Gleichrichters (8.89)

(8.111) $$\mathscr{E} y = \frac{a\,\Gamma(1+\lambda)}{2\Gamma\left(1+\frac{\lambda}{2}\right)} \left(\frac{\sigma}{\sqrt{2}}\right)^{\lambda} {}_1F_1\left(-\frac{\lambda}{2}; 1; -\frac{A_0^2}{2\sigma^2}\right)$$

speziell für $\lambda = 1$ (linearer Einweg-Gleichrichter)

(8.112) $$\mathscr{E} y = \frac{a\,\sigma}{\sqrt{2\pi}} {}_1F_1\left(-\frac{1}{2}; 1; \frac{-A_0^2}{2\sigma^2}\right),$$

wobei

(8.113) $${}_1F_1\left(-\frac{1}{2}; 1; -z\right) = \left[(1+z)\, I_0\left(\frac{z}{2}\right) + z\, I_1\left(\frac{z}{2}\right)\right] e^{-z/2}.$$

8.6 Lineare Filterung

Der m-dimensionale Zustandsvektor $\boldsymbol{s}(t)$ erfülle die Differentialgleichung

(8.114) $$\dot{\boldsymbol{s}}(t) = \boldsymbol{A}(t)\, \boldsymbol{s}(t)$$

mit einer n-reihigen quadratischen Matrix $\boldsymbol{A}(t)$. In

(8.115) $$\boldsymbol{y}(t) = \boldsymbol{C}(t)\, \boldsymbol{s}(t) + \boldsymbol{r}_t$$

seien $\boldsymbol{y}(t)$ und $\boldsymbol{r}_t$, beide m-dimensional, der beobachtbare Ausgangsvektor bzw. der Rauschvektor und $\boldsymbol{C}(t)$ eine Matrix mit m Zeilen und n Spalten;

(8.116) $$\boldsymbol{R}(t, \vartheta) = \left(R_{jk}(t, \vartheta)\right), \quad R_{jk}(t, \vartheta) = \mathscr{E}(r_{t,j}\, r_{\vartheta,k})$$

sei die Autokovarianzmatrix von $\boldsymbol{r}_t$. Auf Grund des Verlaufs von $\boldsymbol{y}(t)$ für $t < t_1$ soll eine lineare Schätzung $\tilde{\boldsymbol{s}}(t_1)$ von $\boldsymbol{s}(t_1)$ [d. h. in Form einer linearen auf $\boldsymbol{y}(t)$ angewendeten Operation = „Filterung"] angegeben werden, bei der der mittlere quadratische Fehler

(8.117) $$\varepsilon^2(t_1) = \mathscr{E}\,|\tilde{\boldsymbol{s}}(t_1) - \boldsymbol{s}(t_1)|^2$$

ein Minimum wird. Bei bekanntem $\boldsymbol{s}(0)$ ist zufolge (8.114)

(8.118) $$\boldsymbol{s}(t) = \boldsymbol{M}(t)\,\boldsymbol{s}(0)$$

mit der Fundamentalmatrix $\boldsymbol{M}(t)$; $\boldsymbol{M}(0) = \boldsymbol{I}$. Ist daher $\tilde{\boldsymbol{s}}(0)$ eine Schätzung für $\boldsymbol{s}(0)$, so ist auch $\boldsymbol{M}(t_1)\,\tilde{\boldsymbol{s}}(0)$ eine Schätzung für $\boldsymbol{s}(t_1)$.

Die Lösung des Optimumproblems nach Kalman und Bucy ist[1] (mit t allgemein statt t_1)

(8.119) $$\tilde{\boldsymbol{s}}(t) = \boldsymbol{M}(t)\,\boldsymbol{Q}^{-1}(t)\int_0^t \boldsymbol{H}(t,\tau)\,\boldsymbol{y}(\tau)\,d\tau,$$

wo für die Matrix $\boldsymbol{H}$ mit n Zeilen und m Spalten und die n-reihige quadratische Matrix $\boldsymbol{Q}$

(8.120) $$\int_0^t \boldsymbol{H}(t,\tau)\,\boldsymbol{R}(\tau,\vartheta)\,d\tau = \boldsymbol{M}^T(\vartheta)\,\boldsymbol{C}^T(\vartheta), \qquad 0 \leqq \vartheta \leqq t,$$

(8.121) $$\boldsymbol{Q}(t) = \boldsymbol{\Lambda}^{-1} + \int_0^t \boldsymbol{H}(t,\tau)\,\boldsymbol{C}(\tau)\,\boldsymbol{M}(\tau)\,d\tau$$

gelten mit

(8.122) $$\Lambda_{jk} = \mathscr{E}\big(s_j(0)\,s_k(0)\big).$$

Das kleinste $\varepsilon^2(t)$ ist

(8.123) $$\varepsilon^2_{\min}(t) = \operatorname{sp}\boldsymbol{P}(t) \quad \text{mit} \quad \boldsymbol{P}(t) = \boldsymbol{M}(t)\,\boldsymbol{Q}^{-1}(t)\,\boldsymbol{M}^T(t).$$

Im Spezialfall weißen Rauschens,

(8.124) $$\boldsymbol{R}(t,\vartheta) = \boldsymbol{\Sigma}(t)\,\delta(t-\vartheta)$$

mit stetiger nichtsingulärer Matrix $\boldsymbol{\Sigma}(t)$ ist für die optimale Schätzung

(8.125) $$\boldsymbol{H}(t,\tau) = \boldsymbol{M}^T(\tau)\,\boldsymbol{C}^T(\tau)\,\boldsymbol{\Sigma}^{-1}(\tau),$$

(8.126) $$\dot{\tilde{\boldsymbol{s}}}(t) = \boldsymbol{A}(t)\,\tilde{\boldsymbol{s}}(t) + \boldsymbol{P}(t)\,\boldsymbol{C}^T(t)\,\boldsymbol{\Sigma}^{-1}(t)\,[\boldsymbol{y}(t) - \boldsymbol{C}(t)\,\tilde{\boldsymbol{s}}(t)],$$

und $\boldsymbol{P}(t)$ in (8.123) genügt der Matrix-Riccati-Differentialgleichung

(8.127) $$\dot{\boldsymbol{P}} = \boldsymbol{A}\boldsymbol{P} + \boldsymbol{P}\boldsymbol{A}^T - \boldsymbol{P}\,\boldsymbol{C}^T\,\boldsymbol{\Sigma}^{-1}\,\boldsymbol{C}\boldsymbol{P}$$

mit $\boldsymbol{P}(0) = \boldsymbol{\Lambda}$.

[1] Siehe Balakrishnan; s. auch Athans und Tse.

Ist (8.115) gegeben und statt der Differentialgleichung (8.114) die Kovarianzmatrizen $\boldsymbol{R}_y(t,\vartheta)$ und $\boldsymbol{R}_s(t,\vartheta)$ von $\boldsymbol{y}$ und $\boldsymbol{s}$ und die Kreuzkovarianzmatrix $\boldsymbol{R}_{sy}(t,\vartheta)$ mit den Elementen $\mathscr{E}(s_j(t)\,y_k(\vartheta))$, so ist die optimale Schätzung $\tilde{\boldsymbol{s}}(0)$ von $\boldsymbol{s}(0)$ auf Grund von $\boldsymbol{y}(t)$, $-T_0 < t < 0$, gleich

(8.128) $$\hat{\boldsymbol{s}}(0) = \int_{-T_0}^{0} \boldsymbol{H}(t)\,\boldsymbol{y}(t)\,dt,$$

wo die Matrix $\boldsymbol{H}(t)$ Lösung der Wiener-Hopfschen Integralgleichung

(8.129) $$\int_{-T_0}^{t} \boldsymbol{H}(\tau)\,\boldsymbol{R}_y(\tau,t)\,d\tau = \boldsymbol{R}_{sy}(0,t), \qquad -T < t < 0,$$

ist. Bei Unabhängigkeit von $\boldsymbol{s}(t)$ und $\boldsymbol{r}_t$ und weißem Rauschen $\boldsymbol{r}_t$ nach (8.124) lautet (8.129)

(8.130) $$\int_{-T_0}^{0} \boldsymbol{H}(\tau)\,\boldsymbol{C}(\tau)\,\boldsymbol{R}_s(\tau,t)\,\boldsymbol{C}^T(t)\,d\tau + \boldsymbol{\Sigma}(t)\,\boldsymbol{H}(t) = \boldsymbol{R}_s(0,t)\,\boldsymbol{C}^T(t),$$

und

(8.131) $$\varepsilon^2_{\min} = \mathscr{E}(|\boldsymbol{s}(0) - \tilde{\boldsymbol{s}}(0)|^2) = \operatorname{sp}\boldsymbol{P}(T)$$

mit $\boldsymbol{P}(T)\,\boldsymbol{C}^T(0) = \boldsymbol{H}(0)$.

8.7 Das Maximumprinzip von Pontrjagin bei optimaler Regelung[1]

In (8.1) sei der m-dimensionale Vektor $\boldsymbol{u}(t)$, der „Kontrollvektor", für alle t aus $[t_0, t_1]$ in einer Menge Ω zulässiger Vektoren. Die Funktion $\boldsymbol{u}$ sei in der Klasse F der stückweise stetigen Vektorfunktionen, deren Wert $\boldsymbol{u}(t)$ für jedes t aus $[t_0, t_1]$ in Ω liegt. Es sei $\boldsymbol{x}(t;\boldsymbol{u})$ die Trajektorie zu $\boldsymbol{u}$, die

(8.132) $$\dot{\boldsymbol{x}}(t;\boldsymbol{u}) = \boldsymbol{f}(\boldsymbol{x}(t;\boldsymbol{u}), \boldsymbol{u}(t); t)$$

für fast alle t aus $[t_0, t_1]$ erfüllt mit

(8.133) $$\boldsymbol{x}(t_0;\boldsymbol{u}) = \boldsymbol{0}.$$

Nun betrachte man folgendes Optimierungsproblem: Es sind $z_1, \ldots, z_l$, $0 \leqq l \leqq n-1$ als vorgeschriebene Endwerte (bei $t = t_1$) der ersten l Koordinaten des Zustandsvektors $\boldsymbol{x}$ gegeben. Gesucht ist eine solche Kontrollfunktion $\tilde{\boldsymbol{u}}$ aus F, mit der x_n bei t_1 möglichst groß wird, d. h., so daß für alle $\boldsymbol{u}$ aus F

(8.134) $$x_n(t_1;\tilde{\boldsymbol{u}}) \geqq x_n(t_1;\boldsymbol{u})$$

gilt; $\tilde{\boldsymbol{u}}$ heißt die optimale Kontrollfunktion. Mit beliebigem n-dimensionalem Vektor $\boldsymbol{p}$ wird die Hamilton-Funktion durch

(8.135) $$H(\boldsymbol{x}, \boldsymbol{u}, t, \boldsymbol{p}) = \boldsymbol{f}(\boldsymbol{x}, \boldsymbol{u}; t)\,\boldsymbol{p}$$

[1] Siehe PONTRJAGIN.

definiert. Dann besagt das Maximumprinzip von Pontrjagin: Eine notwendige Bedingung, der eine optimale Kontrollfunktion $\tilde{\boldsymbol{u}}$ genügen muß, ist die Existenz eines stetigen Vektors $\boldsymbol{p}(t) \not\equiv \boldsymbol{0}$, so daß gilt:

1. $H(\boldsymbol{x}(t; \tilde{\boldsymbol{u}}), \tilde{\boldsymbol{u}}(t), t, \boldsymbol{p}(t)) \geqq H(\boldsymbol{x}(t; \boldsymbol{u}), \boldsymbol{u}(t), t, \boldsymbol{p}(t))$

für fast alle t aus $[t_0, t_1]$ und alle $\boldsymbol{u}(t)$ aus Ω;

2. $\dot{\boldsymbol{p}} = -(\partial \boldsymbol{f}(\boldsymbol{x}, \tilde{\boldsymbol{u}}(t); t)/\partial \boldsymbol{x})^T_{\boldsymbol{x}=\boldsymbol{x}(t;\tilde{\boldsymbol{u}})} \boldsymbol{p}$,

d. h.,

$$\dot{p}_j = -\sum_{k=1}^{n} (\partial f_k(\boldsymbol{x}, \tilde{\boldsymbol{u}}(t); t)/\partial x_j)_{\boldsymbol{x}=\boldsymbol{x}(t;\tilde{\boldsymbol{u}})} p_k, \quad j = 1, \ldots, n;$$

3. $p_j(t_1) = 0$ für $j = l+1, \ldots, n-1$;

4. $p_n(t_1) \geqq 0$.

Beispiel.[1] Bei dem Empfänger gemäß Abb. 8.14, weißem Rauschen r_t der Leistungsdichte w, $t_0 = 0$ und

$$h(t) = \alpha\, e^{-\alpha t} \quad \text{für} \quad t > 0$$

soll unter den Nebenbedingungen

$$\int_0^{t_1} s^2(t)\, dt = E$$

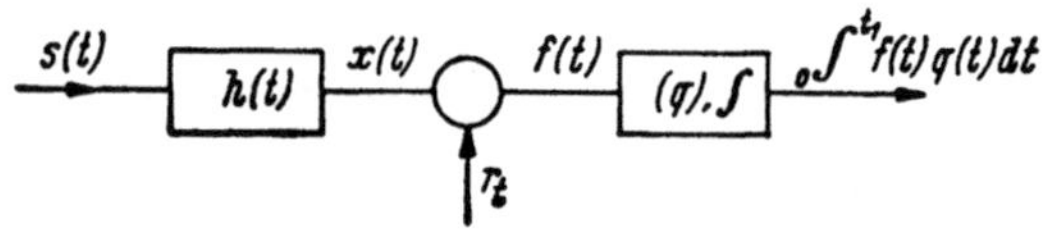

Abb. 8.14. Übertragungssystem mit integrierendem Empfänger

und $|s(t)| \leqq s_{\max}$ $(s_{\max} \geqq \sqrt{E/t_1})$ durch geeignete Wahl von $s(t)$ und $q(t)$ das Signal-Rausch-Verhältnis am Empfängerausgang

$$\left[\int_0^{t_1} q\, x\, dt\right]^2 \Big/ \left(w \int_0^{t_1} q^2\, dt\right)$$

maximal werden. Mit $x_3(t) = x(t)$ bildet man das Differentialgleichungssystem

$$\dot{x}_1 = s^2, \quad \dot{x}_2 = w\, q^2, \quad \dot{x}_3 = -\alpha\, x_3 + \alpha\, s, \quad \dot{x}_4 = x_3\, q, \quad \dot{x}_5 = 2x_4\, x_3\, q,$$

wobei $x_1(t_1) = E$, die Hamilton-Funktion

$$H = p_1 s^2 + p_2\, w\, q^2 + p_3(-\alpha\, x_3 + \alpha\, s) + p_4\, x_3\, q + p_5\, 2x_4\, x_3\, q$$

und

$$\dot{p}_1 = \dot{p}_2 = \dot{p}_5 = 0, \quad \dot{p}_3 = \alpha\, p_3 - q\, p_4 - 2x_4\, q, \quad \dot{p}_4 = -2x_1\, q$$

[1] Siehe Holtzmann.

mit $p_3(t_1) = p_4(t_1) = 0$; $p_5 \equiv 1$. Das Maximum von H liefert

$$q = -x_3(p_4 + 2x_4)/2p_2 w, \qquad s = \begin{cases} s^* & \text{für } |s^*| \leqq s_{\max}, \\ s_{\max} s^*/|s^*| & \text{für } |s^*| > s_{\max}, \end{cases}$$

$$s^* = -\alpha\, p_3/2p_1.$$

§ 9. Signale und Signalerkennung

9.1 Signale und Spektren

9.1.1 Unschärferelation

Für ein Signal $s(t)$ aus $L_2(-\infty, \infty)$ ist auch sein Spektrum

$$S(\omega) = \int_{-\infty}^{\infty} e^{-i\omega t}\, s(t)\, dt \tag{9.1}$$

aus $L_2(-\infty, \infty)$ und

$$\|s\|^2 = \int_{-\infty}^{\infty} |s(t)|^2\, dt = \frac{1}{2\pi} \int_{-\infty}^{\infty} |S(\omega)|^2\, d\omega \tag{9.2}$$

gleich der Gesamtenergie. Bei reellem $s(t)$ ist $S(-\omega) = \bar{S}(\omega)$. Sind auch $t\, s(t)$ und $\omega\, S(\omega)$ aus $L_2(-\infty, \infty)$, so definiert man eine Zeitdauer Δ_t und eine Bandbreite Δ_ω („Unschärfe“ der Zeit bzw. Frequenz) durch

$$\begin{aligned} \Delta_t^2 &= \frac{1}{\|s\|^2} \int_{-\infty}^{\infty} (t - \langle t\rangle)^2\, |s(t)|^2\, dt, \qquad \langle t\rangle = \frac{1}{\|s\|^2} \int_{-\infty}^{\infty} t\, |s|^2\, dt, \\ \Delta_\omega^2 &= \frac{1}{2\pi \|s\|^2} \int_{-\infty}^{\infty} \omega^2\, |S(\omega)|^2\, d\omega. \end{aligned} \tag{9.3}$$

Dann gilt die Unschärferelation

$$\Delta_\omega \Delta_t \geqq 1/2. \tag{9.4}$$

Das Gleichheitszeichen wird für

$$s(t) = A_0\, e^{-(t-\langle t\rangle)^2/4\tau_0^2} \tag{9.5}$$

erreicht; $\Delta_t = \tau_0 = 1/(2\Delta_\omega)$.

Bei einem „monochromatischen“ Signal der Frequenz ω_0 (Energie gleich $N h\omega_0/2\pi$, h = Plancksche Konstante) gilt für die Anzahl N der Quanten und die Phase $\omega_0 t$ eine entsprechende Unschärferelation

$$\Delta_N \Delta_\varphi \geqq 1/2. \tag{9.6}$$

9.1.2 Bandbegrenzte Signale

Ein Signal $s(t)$ mit endlicher Gesamtenergie $\|s\|^2$, dessen Spektrum $S(\omega)$ für $|\omega| > \Omega$ verschwindet („Tiefpaß"-Spektrum) und aus $L_2(-\Omega, \Omega)$ ist, läßt sich (vgl. Abschn. C II, § 6) durch

$$s(t) = \sum_{n=-\infty}^{\infty} s\left(\frac{n\pi}{\Omega}\right) a_n(t), \quad a_n(t) = \frac{\sin(\Omega t - n\pi)}{\Omega t - n\pi} \tag{9.7}$$

darstellen; die Zahl der Abtastwerte $s(t_n)$ je Sekunde bei äquidistanter Abtastung ist (mindestens) 2Ω. Ferner

$$\|s\|^2 = \int_{-\infty}^{\infty} |s|^2 \, dt = \frac{\pi}{\Omega} \sum_{n=-\infty}^{\infty} \left|s\left(\frac{n\pi}{\Omega}\right)\right|^2. \tag{9.8}$$

Es ist

$$\mathfrak{F}\{a_n(t)\} = \begin{cases} (\pi/\Omega)\, e^{-i n\pi\omega/\Omega} & \text{für } |\omega| < \Omega \\ 0 & \text{für } |\omega| > \Omega. \end{cases} \tag{9.9}$$

Die Funktionen $a_n(t)$ bilden eine orthogonale Basis für die Funktionen $s(t)$ aus $L_2(-\infty, \infty)$ mit auf das Band $[-\Omega, \Omega]$ begrenztem Spektrum aus $L_2(-\Omega, \Omega)$, d. h. für die durch (9.7) gegebenen Funktionen.

Es gilt ferner

$$s(t) = \int_{-\infty}^{\infty} s(\tau) \frac{\sin\Omega(t-\tau)}{\pi(t-\tau)} \, d\tau \tag{9.10}$$

und

$$|s(t)| \leqq \sqrt{\Omega/\pi}\, \|s\|; \tag{9.11}$$

Gleichheitszeichen nur für $s(t) = A_0\, a_0(t - t_0)$ bei $t = t_0$.

Ist $S(\omega) \neq 0$ nur in $\omega_0 - \Omega \leqq |\omega| \leqq \omega_0 + \Omega$ ($\Omega < \omega_0$, „Bandpaß"-Spektrum), so gilt

$$s(t) = e^{i\omega_0 t} s_+(t) + e^{-i\omega_0 t} s_-(t) = 2\,\mathrm{Re}\left(e^{i\omega_0 t} s_+(t)\right), \tag{9.12}$$

wo die Funktionen

$$\begin{aligned} s_+(t) &= \frac{1}{2\pi} \int_{-\Omega}^{\Omega} e^{i\omega t} S(\omega + \omega_0)\, d\omega, \\ s_-(t) &= \frac{1}{2\pi} \int_{-\Omega}^{\Omega} e^{i\omega t} S(\omega - \omega_0)\, d\omega = \overline{s_+(t)} \end{aligned} \tag{9.13}$$

ein auf $[-\Omega, \Omega]$ beschränktes Spektrum haben. Es werden doppelt so viel Abtastwerte $s(t_n)$ benötigt wie für Signale nach (9.7): Definiert man die reellen Funktionen

$$s_1 = s_+ + \bar{s}_+, \quad s_2 = i(s_+ - \bar{s}_+), \tag{9.14}$$

so folgt für s nach (9.12)

$$s(t) = \cos(\omega_0 t) \sum_{-\infty}^{\infty} s_1\left(\frac{n\pi}{\Omega}\right) a_n(t) + \sin(\omega_0 t) \sum_{-\infty}^{\infty} s_2\left(\frac{n\pi}{\Omega}\right) a_n(t). \tag{9.15}$$

9.1.3 Zeitbegrenzte Signale

Soll das Signal

$$s(t) \equiv 0 \quad \text{für} \quad |t| > T/2 \tag{9.16}$$

erfüllen, so kann es kein bandbegrenztes Spektrum haben. Man kann dann z. B. nur fordern, daß möglichst viel der Energie in das Frequenzintervall $[-\Omega, \Omega]$ fällt. Es sei

$$\frac{1}{2\pi} \int_{-\infty}^{\infty} |S(\omega)|^2 d\omega = 1 \quad \text{und} \quad \frac{1}{2\pi} \int_{-\Omega}^{\Omega} |S(\omega)|^2 d\omega \geqq 1 - \eta_\Omega^2, \tag{9.17}$$

d. h. die Gesamtenergie gleich 1 und der Anteil der Energie außerhalb $[-\Omega, \Omega]$ kleiner als η_Ω^2. Dann gibt es eine Menge orthogonaler Funktionen $\psi_j(t)$ mit $\psi_j(t) \equiv 0$ für $|t| > T/2$, so daß für jedes (9.16) und (9.17) erfüllende $s(t)$ und $N = [T\Omega/\pi]$ gilt

$$\int_{-T/2}^{T/2} |s(t) - \sum_{j=0}^{N} c_j \psi_j(t)|^2 dt < 12\eta_\Omega^2, \quad c_j = \int_{-T/2}^{T/2} s\, \psi_j\, dt. \tag{9.18}$$

Die $\psi_j(t)$ sind die Eigenfunktionen des selbstadjungierten, positiv-definiten Integraloperators über $L_2(-T/2, T/2)$

$$L\{f\} = \int_{-T/2}^{T/2} f(\tau) \frac{\sin\Omega(t-\tau)}{\pi(t-\tau)} d\tau \tag{9.19}$$

und bis auf einen Normierungsfaktor im Intervall $|t| < T/2$ gleich gewissen Sphäroidfunktionen[1], außerhalb $\equiv 0$.

Die Eigenwerte von L hängen nur vom Produkt ΩT ab. Der größtmögliche Anteil der Energie in $[-\Omega, \Omega]$ ist gleich dem größten Eigenwert von L und $\approx 0{,}31$ für $\Omega T = 1$, $\approx 0{,}57$ für $\Omega T = 2$; für $T \to \infty$ strebt er gegen 1 [vgl. (9.10)].

9.1.4 Analytische Signale

Zu $s(t)$ bedeute $f(t)$ die komplexwertige Zeitfunktion

$$f(t) = \frac{1}{2\pi} \int_0^{\infty} 2S(\omega)\, e^{i\omega t} d\omega, \tag{9.20}$$

[1] Siehe SLEPIAN, POLLAK und LANDAU, BALAKRISHNAN; es handelt sich um die Funktionen $\mathrm{ps}_0^n(2t/T; (\Omega T/2)^2)$ in Abschn. B, § 10.6 nach geeigneter Normierung.

deren Spektrum also nur nichtnegative Frequenzen enthält und für $\omega \geqq 0$ gleich $2S(\omega)$ ist. Das „analytische Signal“ zu $s(t)$ ist eine in der oberen komplexen t-Halbebene einschließlich der reellen Achse analytische Funktion, deren Werte auf der reellen Achse durch (9.20) gegeben sind. Für reelle t ist $\operatorname{Re} f(t) = s(t)$ und

$$f(t) = s(t) + i\,\tilde{s}(t) \tag{9.21}$$

mit $-\tilde{s}$ gleich der Hilbert-Transformierten von s (s. Abschn. C II, § 21).

Für

$$f(t) = \mu(t)\, e^{i\omega_0 t} \tag{9.22}$$

[vgl. (9.12) mit $\mu(t) = 2s_+(t)$] wird als „Ambiguity-Funktion“ $\chi(\tau, \nu)$ definiert der Ausdruck

$$\begin{aligned} \chi(\tau, \nu) &= \frac{1}{\|\mu\|^2} \int_{-\infty}^{\infty} \bar{\mu}(t-\tau)\, \mu(\tau)\, e^{i 2\pi \nu t}\, dt \\ &= \frac{1}{2\pi \|\mu\|^2} \int_{-\infty}^{\infty} \bar{M}(\eta)\, M(\eta - 2\pi\nu)\, e^{i\eta\tau}\, d\eta \end{aligned} \tag{9.23}$$

mit $M(\omega)$ gleich dem Spektrum von $\mu(t)$. Es ist $|\chi(\tau, \nu)| \leqq \chi(0, 0) = 1$.
Das komplexe Signal[1]

$$f(t) = a(t)\, e^{i(\omega_0 t + \varphi(t))}, \tag{9.24}$$

a und φ reellwertig, ist nur analytisch [d. h. $\tilde{s}(t) = a(t)\sin(\omega_0 t + \varphi(t))$ bis auf Vorzeichen gleich der Hilbert-Transformierten von $s(t) = a(t) \times \times \cos(\omega_0 t + \varphi(t))$], wenn die Funktionen $a(t)$ und $\varphi(t)$ bandbegrenzt mit punktfremden Spektren sind.

9.1.5 Phasenmodulierte Signale

Für ein Signal

$$s(t) = A_0 \sin(\omega_0 t + \varphi_0 + \varphi(t)) \tag{9.25}$$

kann die Phase $\omega_0 t + \varphi_0 + \varphi(t)$ nur dann für jedes t eindeutig nach t aufgelöst werden, wenn

$$|d\varphi(t)/dt| < \omega_0 \tag{9.26}$$

für alle t; d. h.: Der maximale Frequenzhub muß kleiner als die Trägerfrequenz sein.

Für

$$\varphi(t) = m \sin \omega_m t \tag{9.27}$$

[1] Siehe Rihaczek.

m = Phasenhub, muß also gelten: $m\,\omega_m \leqq \omega_0$. Es ist dann (vgl. Abschn. B, § 3.1)

$$(9.28)\qquad s(t) = A_0 \sum_{n=-\infty}^{\infty} J_n(m)\sin\big((\omega_0 + n\,\omega_m)\,t + \varphi_0\big)$$

mit Spektrallinien bei $|\omega_0 + n\,\omega_m|$, $n = 0, \pm 1, \pm 2, \ldots$ Dabei gilt $J_{-n}(m) = (-1)^n J_n(m)$. Ähnlich ist für

$$(9.29)\qquad \varphi(t) = \sum_{\nu=1}^{N} m_\nu \sin\omega_{m,\nu}\,t,$$

$$(9.30)\qquad s(t) = \sum_{n_1=-\infty}^{\infty}\cdots\sum_{n_N=-\infty}^{\infty} J_{n_1}(m_1)\ldots J_{n_N}(m_N)\times$$

$$\times \sin\big((\omega_0 + n_1\,\omega_{m,1} + \cdots + n_N\,\omega_{m,N})\,t + \varphi_0\big).$$

Wegen $\sum_{n=-\infty}^{\infty} J_n^2(m) = 1$ ist die mittlere Leistung von $s(t)$

$$(9.31)\qquad P = \lim_{T\to\infty} \frac{1}{2T}\int_{-T}^{T} s^2(t)\,dt = \frac{A_0^2}{2}.$$

9.2 Erkennung eines periodischen Signals durch Korrelation

Wie in (8.104) sei $f(t)$ additiv aus dem Signal $s(t)$ und davon unabhängigem stationärem Rauschen r_t zusammengesetzt. $s(t)$ sei jetzt periodisch mit Periode t und werde ebenfalls als ein stationärer und ergodischer Prozeß aufgefaßt. [Beispiel: $s(t)$ nach (8.109)].

Da die Autokovarianzfunktion $R(\tau)$ des Rauschens bei $\tau \to \infty$ gegen Null geht, ist

$$(9.32)\qquad R_f(\tau) = R_s(\tau) + R(\tau)$$

für große τ durch die (ebenfalls periodische) Funktion $R_s(\tau)$ gegeben. Für $s(t)$ nach (8.109) ist

$$(9.33)\qquad R_s(\tau) = (A_0^2/2)\cos\omega_0\,\tau.$$

Praktisch kann $R_f(\tau)$ durch die Meßgröße

$$(9.34)\qquad \tilde{R}_f(\tau) = \frac{1}{N}\sum_{j=1}^{N} f(t_j)\,f(t_j+\tau)$$

approximiert werden, wo für festes τ die (sonst beliebigen) t_j, $j = 1, \ldots, N$, so gewählt sind, daß die Intervalle $(t_j, t_j + \tau)$ punktfremd sind.

Ist der Verlauf oder auch nur die Periode t_0 des Signals $s(t)$ bekannt, so kann auch das gestörte Signal $f(t)$ mit einem Kontrollsignal $u(t)$ der gleichen Periode t_0 verglichen werden durch Bildung der Kreuzkovarianzfunktion $R_{fu}(\tau) = R_{su}(\tau)$ [zwischen $u(t)$ und r_t besteht keine

Korrelation]; R_{fu} wird durch

(9.35) $$\tilde{R}_{fu}(\tau) = \frac{1}{N} \sum_{j=1}^{N} f(t_j)\, u(t_j + \tau)$$

approximiert.

9.3 Likelihood-Test bei bekanntem Signalverlauf

Die Signalfunktion $s(t)$ sei bekannt, die Funktion $f(t)$ durch Beobachtung zu erhalten. Es soll zwischen den beiden Hypothesen
H_s: $f(t) = s(t) + r_t$, d. h., f enthält das Signal, und
H_r: $f(t) = r_t$, d. h., f enthält das Signal nicht,
entschieden werden. Die a-priori-Wahrscheinlichkeiten für die Ereignisse H_s und H_r seien P_s und $P_r = 1 - P_s$.

Kann man bedingte Wahrscheinlichkeitsdichten $p(f \mid s)$ und $p(f \mid r)$ dafür angeben (s. unten), daß f unter der Hypothese H_s bzw. H_r auftritt, so heißt eine Entscheidung auf Grund des Wertes des Likelihood-Verhältnisses

(9.36) $$\Lambda = p(f \mid s)/p(f \mid r)$$

ein Likelihood-Test. Das einfachste Entscheidungskriterium dieser Art ist:

(9.37) $$\begin{aligned} &\text{für } \Lambda \geqq \Lambda_1\text{:} && \text{Signal vorhanden,} \\ &\text{für } \Lambda < \Lambda_1\text{:} && \text{kein Signal vorhanden.} \end{aligned}$$

Bezeichnet bei einem speziellen Test P_F die Wahrscheinlichkeit für falschen Alarm (für Entscheidung zugunsten H_s, obwohl H_r richtig ist) und P_A die Wahrscheinlichkeit für Auslassung (für Entscheidung zugunsten H_r, obwohl H_s richtig ist), so ist

(9.38) $$P(e) = P_r P_F + P_s P_A$$

die Fehlerwahrscheinlichkeit des Tests.

Soll $P(e)$ möglichst klein werden („ideal observer"), so ist

(9.39) $$\Lambda_1 = P_r / P_s$$

zu setzen. Dabei werden die beiden Fehlerarten gleich bewertet. Demgegenüber wird beim Neyman-Pearson-Test („Neyman-Pearson-observer") Λ_1 in (9.37) so gewählt, daß P_A bei vorgegebenem P_F möglichst klein wird.

Ein allgemeineres Entscheidungskriterium als (9.37) ist das folgende:

(9.40) $$\left\{ \begin{aligned} &\text{für } \Lambda \geqq \Lambda_1\text{:} && \text{Signal vorhanden,} \\ &\text{für } \Lambda_0 < \Lambda < \Lambda_1\text{:} && \text{keine Entscheidung,} \\ &\text{für } \Lambda \leqq \Lambda_0\text{:} && \text{Signal nicht vorhanden,} \end{aligned} \right.$$

mit, z. B., $\Lambda_1 = (1 - P_A)/P_F$ und $\Lambda_0 = P_A/(1 - P_F)$. In den Sequentialtests werden für den Zwischenbereich $\Lambda_0 < \Lambda < \Lambda_1$ zusätzliche Entscheidungskriteria angewandt (z. B. mit verlängerter Beobachtungszeit, vgl. auch Abschn. M, § 11.4).

Die Größen $p(f \mid s)$ und $p(f \mid r)$ können in einem Zeitintervall $t_1 \leqq t \leqq t_2$ bei stationärem Gaußschen Rauschen mit Autokovarianzfunktion $R(\tau)$ z. B. mit Hilfe der Darstellung nach Karhunen-Loève (s. § 7.1) erhalten werden[1]: Es seien $g_n(t)$ die orthonormierten Eigenfunktionen von (7.3) und $\lambda_n \neq 0$ die zugehörigen Eigenwerte, ferner

$$f_n = \int_{t_1}^{t_2} f(t)\, g_n(t)\, dt, \qquad s_n = \int_{t_1}^{t_2} s(t)\, g_n(t)\, dt \tag{9.41}$$

die Entwicklungskoeffizienten von f und s bezüglich der g_n; die f_n sind unabhängige Gaußsche Zufallsvariable. Unter der Voraussetzung

$$\sum s_n^2/\lambda_n < \infty \tag{9.42}$$

erhält man Λ nach (9.36) mit Wahrscheinlichkeit 1 gemäß

$$\Lambda = \lim_{N\to\infty} \frac{p(f_1, \ldots, f_N \mid s)}{p(f_1, \ldots, f_N \mid r)}, \tag{9.43}$$

wo $p(f_1, \ldots, f_N \mid s)$ und $p(f_1, \ldots, f_N \mid r)$ die gemeinsame (Gaußsche) Dichte für die ersten N der Koeffizienten f_n unter der Hypothese H_s bzw. H_r sind.

Praktisch kann man $p(f \mid s)$ und $p(f \mid r)$ aus beobachteten Abtastwerten $f(t_j)$ an z. B. äquidistanten Zeitpunkten $t_j = t_0 + j\,\Delta t$ näherungsweise ermitteln. Für stationäres weißes Rauschen mit $\mathscr{E}(r_t^2) = \sigma^2$ ist

$$\Lambda \approx e^{(\Sigma f(t_j)\, s(t_j) - \frac{1}{2}\Sigma s^2(t_j))/\sigma^2}; \tag{9.44}$$

P_F ist im wesentlichen durch ein Fehlerintegral gegeben.

Die Überlegungen laufen weitgehend analog bei Entscheidung zwischen zwei Signalen, d. h. zwischen den Hypothesen $f(t) = s_1(t) + r_t$ und $f(t) = s_2(t) + r_t$, wobei (9.42) für $s(t) = s_1(t)$ und $s(t) = s_2(t)$ erfüllt sein soll.

Ist $s = s(t, \alpha)$ abhängig von einem Parameter α (aber für jeden Wert von α bekannt) und soll wieder zwischen H_s und H_r entschieden werden, so ist Λ durch den Mittel- oder Erwartungswert bezüglich α zu ersetzen. Für s nach (8.109), mit der zufälligen Phase φ als Parameter α und weißes Rauschen ist

$$\Lambda \approx \frac{1}{2\pi} \int_0^{2\pi} e^{D \cos\varphi' - (A_0^2/2\sigma^2)}\, d\varphi' = e^{-A_0^2/2\sigma^2} I_0(D), \tag{9.45}$$

[1] Siehe BALAKRISHNAN.

wo

(9.46) $$D^2 = \frac{A_0^2}{\sigma^4}\left[\left(\sum_j f(t_j)\cos(\omega_0 t_j)\right)^2 + \left(\sum_j f(t_j)\sin(\omega_0 t_j)\right)^2\right].$$

Das Kriterium (9.37) kann dann durch die Regel ersetzt werden:

(9.47)
für $D \geqq D_1$: Signal vorhanden,
für $D < D_1$: kein Signal vorhanden,

und es wird

(9.48) $$P_F = e^{-D_1^2\sigma^2/2A_0^2}.$$

9.4 Entscheidung zwischen *M* Signalen bei Gaußschem Rauschen

Ein Sender habe M Signale $s_i(t)$ zur Verfügung, die, bezogen auf eine Basis von Funktionen $\Phi_k(t)$, $k = 1, \ldots, n$, $n \leqq M$, gegeben sind als

(9.49) $$s_i(t) = \sum_{k=1}^{n} s_{ik}\,\Phi_k(t), \quad i = 1, \ldots, M,$$

also auch als n-dimensionale Vektoren mit den Komponenten s_{ik}, $k = 1, \ldots, n$. Durch additiv hinzukommendes Gaußsches Rauschen r_t wird vom Empfänger statt $s_i(t)$ ein gestörtes Signal $f(t) = s_i(t) + r_t$ beobachtet. Auf Grund eines Entscheidungsschemas wird von $f(t)$ auf eines der $s_i(t)$, etwa $s_l(t)$ geschlossen. Auch $f(t)$ denke man sich durch seine Entwicklungskoeffizienten f_k nach den Φ_k dargestellt. Das Entscheidungsschema bedeutet eine Aufteilung des (von den Φ_k aufgespannten) n-dimensionalen Raumes in M punktfremde Gebiete V_i, $i = 1, \ldots, M$, die den $s_i(t)$ zugeordnet sind: Ist der $f(t)$ entsprechende Punkt in V_l, so wird zugunsten $s_l(t)$ entschieden. Punkte auf Berandungen mehrerer V_i können irgendeinem der angrenzenden zugerechnet werden.

Die (a priori-) Wahrscheinlichkeit für $s = s_i$ seien P_i. Ferner seien die bedingten Dichten $p(f \mid s_i)$, $i = 1, \ldots, M$, bekannt. Die Fehlerwahrscheinlichkeit $P(e)$ beim Empfang hängt von der Wahl der Funktionen $s_i(t)$ (von den s_{ik}) und vom Entscheidungsschema (von den V_i) ab.

Das „optimale Entscheidungsschema" („optimal observer") ist jenes, nach dem jeweils für größte a-posteriori-Wahrscheinlichkeit, also für $s_l(t)$ entschieden wird, wenn

(9.50) $$P(s_l \mid f) > P(s_i \mid f), \quad i \neq l,$$

ist. Diese Wahrscheinlichkeiten sind nicht als bekannt vorausgesetzt.

Das Schema, nach dem für s_l entschieden wird, falls

(9.51) $$p(f \mid s_l) > p(f \mid s_i), \quad i \neq l,$$

(„maximum likelihood-observer") fällt mit dem optimalen Entscheidungsschema in dem Sonderfall

$$(9.52) \qquad P_i = 1/M, \quad i = 1, \ldots, M,$$

zusammen, wenn also alle $s_i(t)$ a priori gleich wahrscheinlich sind.

Bei festem Zeitintervall $-T/2 \leqq t \leqq T/2$ und gleicher Energie

$$(9.53) \qquad \int_{-T/2}^{T/2} |s_i|^2 \, dt = PT$$

für alle Signale liegen die Endpunkte der M den $s_i(t)$ entsprechenden Vektoren $\boldsymbol{s}_i$ im n-dimensionalen Raum auf der Hyperkugel vom Radius $\sqrt{PT}$, und die Bedingung (9.51) lautet bei weißem Rauschen r_t auch

$$(9.54) \qquad \boldsymbol{f}\boldsymbol{s}_l > \boldsymbol{f}\boldsymbol{s}_i, \quad i \neq l.$$

Gilt noch (9.52) und hat r_t die Leistungsdichte w, so ist die Fehlerwahrscheinlichkeit[1]

$$(9.55) \qquad P(e) = 1 - \frac{1}{M} e^{-PT/2w} \, \mathscr{E}\left(e^{\operatorname{Max}_i \xi_i/\sqrt{w}}\right),$$

wo ξ_i, $i = 1, \ldots, M$, Gaußsche Variable sind, deren Kovarianzmatrix $\boldsymbol{R}_\xi$ die Elemente

$$(9.56) \qquad \mathscr{E}(\xi_i \xi_j) = \boldsymbol{s}_i \boldsymbol{s}_j$$

hat. Die Aufgabe, die Signale $s_i(t)$ innerhalb einer gegebenen Funktionenmenge so zu wählen, daß $P(e)$ möglichst klein wird, ist damit zurückgeführt darauf, die in dieser Hinsicht optimale Matrix $\boldsymbol{R}_\xi$ mit einem Rang $\leqq n$ zu finden.

Bei $n = M - 1$ ist die Lösung dadurch gegeben, daß die Endpunkte der Vektoren $\boldsymbol{s}_i$ die Ecken eines regulären Simplex bilden (für $M = 4$, $n = 3$ eines regulären Tetraeders); dann gilt

$$(9.57) \qquad \boldsymbol{s}_i \boldsymbol{s}_j = -PT/(M-1) \quad \text{für} \quad i \neq j.$$

9.5 Gaußscher Kanal

Werden in äquidistanten Zeitpunkten t_j Signalwerte $s(t_j)$ gesendet, wobei die Leistungsbeschränkung

$$(9.58) \qquad \frac{1}{N} \sum_{j=1}^{N} s^2(t_j) \leqq P$$

für alle N erfüllt ist, und wird $f_{t_j} = s(t_j) + r_{t_j}$ empfangen, wo r_t weißes Gaußsches Rauschen $\left(\mathscr{E}(r_t^2) = \sigma^2\right)$ ist, so spricht man von einem

[1] Siehe Balakrishnan.

Gaußschen Kanal. Die Transinformation zwischen Sender X und Empfänger Y bei einem festen N ist nach Abschn. M, Gl. (16.2.4), gegeben durch[1]

$$I(X, Y) = \iint \xi(s)\, p(f \mid s)\, \mathrm{ld} \frac{p(f \mid s)}{\eta(f)}\, ds\, df, \tag{9.59}$$

wo $\xi(s)$ und $\eta(f) = \int p(f \mid s)\, \xi(s)\, ds$ die Dichten auf der Sende- bzw. Empfangsseite für die betreffenden N-dimensionalen Variablen sind; die bedingte Dichte $p(f \mid s)$ ist Gaußisch. Eine Auswahl von M Vektoren $\boldsymbol{s}_i$, $i = 1, \ldots, M$, mit den Komponenten $s_i(t_j)$, $j = 1, \ldots, N$, mit $|\boldsymbol{s}_i|^2 \leqq NP$ und ein zugehöriges Entscheidungsschema (V_i, $i = 1, \ldots, M$) heißt ein (M, N-Code). Ist die Wahrscheinlichkeit für fehlerhafte Übertragung von $\boldsymbol{s}_i$ (d. h. die Wahrscheinlichkeit, daß bei Sendung von $\boldsymbol{s}_i$ für ein $\boldsymbol{s}_l$, $l \neq i$, entschieden wird) $\leqq \varepsilon$ für alle i [dann ist erst recht $P(e) \leqq \varepsilon$], so heißt der Code ein (M, N, ε)-Code. Es gilt das *Codierungstheorem für den Gaußschen Kanal*[2]: Für jedes

$$R \equiv I(X, Y) < \frac{1}{2}\, \mathrm{ld}\left(1 + \frac{P}{\sigma^2}\right) = C_0 \tag{9.60}$$

gibt es eine Folge von ($[2^{NR}], N, \varepsilon_N$)-Codes mit $\varepsilon_N \to 0$ für $N \to \infty$. Für $R > C_0$ gibt es keine solche Folge.

---

[1] $\mathrm{ld}\, z = {}^2\log z$.

[2] Siehe Ash.

Literatur

Bemerkung. Das Literaturverzeichnis enthält nur eine sehr begrenzte Auswahl; bei vielen Formeln ist auch nicht die Originalarbeit genannt, sondern eine neuere oder auch zusammenfassende Darstellung.

Ash, R. B.: Information theory. New York/London/Sidney: Interscience Publishers 1965.

Athans, M., u. E. Tse: A direct derivation of the optimal linear filter using the maximum principle. Trans. Inst. Electr. Electronic Engrs. **AC-12,** 690—698 (1967).

Balakrishnan, A. V.: Communication theory. New York/St. Louis/San Francisco/Toronto/London/Sidney: McGraw-Hill 1968.

Bauer, H. F.: Tables of zeros of cross product Bessel functions $I_p'(\xi)\, Y_p'(k\, \xi) - I_p'(k\, \xi)\, Y_p'(\xi)$. Math. of Comp. **18,** 128—135 (1964).

Berk, A. D.: Variational principles for electromagnetic resonators and waveguides. Trans. Inst. Radio Engrs. **AP-4,** 104—110 (1956).

Beth, R. A.: An integral formula for two-dimensional fields. J. Appl. Phys. **38,** 4689—4692 (1967).

Beutler, F., u. O. A. Z. Leneman: The theory of stationary point processes. Acta Math. **116,** 159—197 (1966).

BLADEL, J. VAN: Electromagnetic fields. New York/San Francisco/Toronto/London: McGraw Hill 1964.

BLÖTEKJAER, K., u. C. F. QUATE: The coupled modes of acoustic waves and drifting carriers in piezoelectric crystals. Proc. Inst. Electr. Electronic Engrs. **52**, 360—377 (1964).

BOBROFF, D. L.: Independent space variables for small-signal electron beam analyses. Trans. Inst. Radio Engrs. **ED-6**, 68—78 (1959).

BONNET, G.: Transformation des signanx aléatoires à travers les systèmes non linéaires sans mémoire. Ann. Télécomm. **19**, 203—220 (1964).

BORGNIS, F. E., u. C. H. PAPAS: [1] Randwertprobleme der Mikrowellenphysik. Berlin/Göttingen/Heidelberg: Springer 1955.

— : [2] Electromagnetic waveguides and resonators. In: Handbuch der Physik, Bd. XVI. Berlin/Göttingen/Heidelberg: Springer 1958.

BOSMA, H.: On the theory of linear noisy systems. Philips Res. Repts. Suppl. (1967) No. 10.

BUCHHOLZ, H.: Elektrische und magnetische Potentialfelder. Berlin/Göttingen/Heidelberg: Springer 1957.

BUTTERWECK, H. J.: [1] Über die Anregung elektromagnetischer Wellenleiter. Arch. elektr. Übertr. **16**, 498—514 u. 543—552 (1962).

— : [2] Frequenzabhängige nichtlineare Übertragungssysteme. Arch. elektr. Übertr. **21**, 239—254 (1967).

CASIMIR, H. B. G., u. J. UBBINK: Der Skineffekt bei hohen Frequenzen. Philips techn. Rundsch. **28**, 204—219 (1967).

CHANG, F. C., N. F. AUDEH u. S. T. WU: Exact solution for the diffusion of a charged particle in a time-varying electromagnetic field. Electronics Letters **4**, 441—442 (1968).

DOLPH, C. L.: A current distribution for broadside arrays which optimizes the relationship between width and sidelobe level. Proc. Inst. Radio Engrs. **34**, 335—348 (1946).

FUKADA, M., u. S. RAUCH: On the closed-form output correlation function of power-law devices. Proc. Inst. Electr. Electronic Engrs. **54**, 1625—1626 (1966).

GALEJS, J.: Variationally computed antenna impedances and accuracy of resulting current distributions. Electronics Letters **3**, 111—114 und 371 (1967).

GRAU, G.: Noise in photoemission currents. Appl. Optics **4**, 755—756 (1965).

GROSCHWITZ, E.: Verstärkung von Raumladungswellen in elektronischen Halbleitern. Z. f. Naturforschg. **12a**, 529—532 (1957).

GURBANOV, G. G., P. P. KAS'YANKOV u. I. N. TAGANOV: Räumliche Verteilung des Potentials eines rotationssymmetrischen Systems bei gegebenem Feldverlauf in der Achse (russ.). Radiotechn. Elektronika **12**, 658—661 (1967).

HAUS, H. A.: Noise in one-dimensional electron beams. J. Appl. Phys. **26**, 560—571 (1955).

HAUS, H. A., u. R. B. ADLER: Circuit theory of linear noisy networks. Cambridge, Mass.: Technology Press of the Massachusetts Institute of Technology 1959.

HEYN, E.: Beweis der Vollständigkeitsrelation für die charakteristischen Vektorfelder der Hohlleitertheorie. Math. Nachr. **13**, 25—56 (1955).

HOLT, A. G. J., u. P. BOWRON: Transformed hypergeometric transmission lines. Proc. Instn. Electr. Engrs. **116**, 59—64 (1969).

HOLTZMANN, J. M.: Signal-noise maximalization using the Pontryagin maximum principle. Bell System Techn. J. **45**, 473—489 (1966).

HOSKINS, R. F.: The theory of linear continuous systems II. Int. J. Control **7**, 333—347 (1968).

Johnson, C. C.: Field and wave electrodynamics. New York/St. Louis/San Francisco/Toronto/London/Sidney: McGraw Hill 1965.

Kettel, E.: Die nichtlineare Verzerrung eines normalverteilten Rauschsignals. Arch. elektr. Übertr. **22**, 165—170 (1968).

King, R. W. P.: The linear antenna—eighty years of progress. Proc. Inst. Electr. Electron. Engrs. **55**, 2—16 (1967).

Köchner, W.: Untersuchung der Zweistrom-Instabilität in driftenden Halbleiterplasmen. Arch. elektr. Übertr. **19**, 445—452 (1965).

König, H. W.: Elektrokinetische Wirbelströmungen. Arch. elektr. Übertr. **16**, 271—282 (1962).

Kolesnikov, P. M.: Analytic solutions of boundary problems in the non-linear electrodynamics of ferromagnetic media. Soviet Phys.-Techn. Phys. **12**, 12—15 u. 323—326 (1967).

Kreindler, E., u. P. E. Sarachik: On the concepts of controllability and observability of linear systems. Trans. Inst. Electr. Electronic Engrs. **AC-9**, 129—136 (1964).

Ku, Y. H., u. A. A. Wolf: Volterra-Wiener functionals for the analysis of nonlinear systems. J. Franklin Inst. **281**, 9—26 (1966).

Küpfmüller, K.: Einführung in die theoretische Elektrotechnik, 9. Aufl. Berlin/Heidelberg/New York: Springer 1968.

Kuh, E. S.: Stability of linear time-varying networks—the state space approach. Trans. Inst. Electr. Electronic Engrs. **CT-12**, 150—157 (1965).

Kuh, E. S., u. R. A. Rohrer: The state-variable approach to network analysis. Proc. Inst. Electr. Electronic Engrs. **53**, 672—686 (1965).

Kurokawa, K.: [*1*] The expansions of electromagnetic fields in cavities. Trans. Inst. Radio Engrs. **MTT-6**, 178—187 (1958).

—: [*2*] Power waves and the scattering matrix. Trans. Inst. Electr. Electronic Engrs. **MTT-13**, 194—202 (1965).

Kuvås, R.: Wave propagation in semiconductors with drifting carriers. Scient. Rep. No. 2, Div. of Phys. Electronics, Norwegian Inst. of Technology, Trondheim 1967.

Leneman, O. A. Z.: Correlation function and power spectrum of randomly shaped pulse trains. Trans. Inst. Electr. Electronic Engrs. **AES-3**, 774—778 (1967).

Liou, M. I., u. W. R. Broyles: Closed-form solution of linear stationary state equations. Proc. Inst. Electr. Electronic Engrs. **55**, 1244—1245 (1967).

Liu, Y. K.: Transient analysis of TEM transmission lines. Proc. Inst. Electr. Electronic Engrs. **56**, 1090—1092 (1968).

Longo, G., u. C. G. Someda: On the scope of validity of the Manley-Rowe relations. Electronics Letters **3**, 179—180 (1967).

Müller, C.: Grundprobleme der mathematischen Theorie elektromagnetischer Schwingungen (Grundlehren der math. Wiss. Bd. 88). Berlin/Göttingen/Heidelberg: Springer 1957.

Nieuwland, J. M. van, u. M. T. Vlaardingerbroek: Cyclotron waves in InSb. Trans. Inst. Electr. Electronic Engrs. **ED-14**, 596—599 (1967).

Pontrjagin, L. S. u. a.: Mathematische Theorie optimaler Prozesse. 2. Aufl. Münschen: Oldenbourg (1967).

Rihaczek, A.: Delay Doppler ambiguity function for wideband signals. Trans. Inst. Electr. Electronic Engrs. **AES-3**, 705—711 (1967).

Roberts, P. H.: An introduction to magnetohydrodynamics. London: Longmans 1967.

Rohrer, R. A.: Lumped network passivity criteria. Trans. Inst. Electr. Electronic Engrs. **CT-15**, 24—30 (1968).

ROTHE, H., u. W. KLEEN: Hochvakuum-Elektronenröhren, Band 1: Physikalische Grundlagen. Frankfurt a. M.: Akadem. Verlagsges. 1955.

SANDBERG, I. W.: A frequency-domain condition for the stability of feedback systems containing a single time-varying nonlinear element. Bell System Techn. J. **43**, 1601—1608 (1964).

SCHOTT, W. J., T. F. TAO u. R. FREIBURN: Electromagnetic waves in longitudinally magnetized ferrite rods. J. Appl. Phys. **38**, 3015—3022 (1967).

SCOTT, L.: New derivation of the equivalent noise generators of ideal p—n-junctions and vacuum diodes. Electronics Letters **1**, 292—293 (1965).

SILVERMAN, R. A.: An isospectral family of random processes. Trans. Inst. Radio Engrs. **IT-6**, 485—490 (1960).

SIVUKHIN, D. V.: On the mean velocity of propagation of electromagnetic energy in waveguides. Radio Engrg. and Electronics **3**, Nr. 6, 23—31 (1958).

SLEPIAN, D., H. O. POLLAK u. H. J. LANDAU: Prolate spheroidal wave functions, Fourier analysis and uncertainty principle, I, II, III. Bell System Techn. J. **40**, 43—84 (1961) und **41**, 1295—1336 (1962).

SMITH, W. E.: Electric- and magnetic-energy storage in passive nonreciprocal networks. Electronics Letters **3**, 389—391 (1967).

SOLYMAR, L.: Exact solution of the one-dimensional bunching problem. J. Electronics and Control **10**, 165—180 (1961).

TRIVELPIECE, A. W., u. R. W. GOULD: Space charge waves in cylindrical plasma columns. J. Appl. Phys. **30**, 1784—1793 (1959).

UNGER, H. G.: Elektromagnetische Wellen I u. II. Braunschweig: Vieweg 1967.

VENKATESH, Y. V.: On the analysis of linear time varying systems. Arch. elektr. Übertr. **22**, 36—38 (1968).

WEBER, E.: Electromagnetic fields. Vol. I: Mapping of Fields. New York: J. Wiley & Sons 1950.

WEIL, J., T. S. MURTY u. D. B. RAO: Zeros of $I_n(\lambda)\, Y_n(\eta\,\lambda) - I_n(\eta\,\lambda)\, Y_n(\lambda)$. Math. of Comp. **21**, 722—727 (1967).

WEINHARDT, K.: Untersuchung über die Ausbreitung von elektromagnetischen Wellen in einem zylindrischen Plasma mit Magnetfeld. Z. Naturforschg. **22a**, 1592—1599 (1967).

WESSEL-BERG, T.: The electron beam as an electromagnetic medium. ML-Report No. 1378, Stanford Univ. 1966.

WHITE, D. L.: Amplification of ultrasonic waves in piezoelectric semiconductors. J. Appl. Phys. **33**, 2547—2554 (1962).

YOULA, D. C.: Analysis and synthesis of arbitrarily terminated lossless nonuniform lines. Trans. Inst. Electr. Electronic Engrs. **CT-11**, 363—372 (1964).

ZIMRING, S. E.: Variationsmethode zur Berechnung von Wellenleitern mit periodischen Ungleichmäßigkeiten (russ.). Radiotechn. Elektronika **2**, 3—14 (1957).

Sachverzeichnis

Gesamt-Sachverzeichnis

(Für alle 4 Teilbände)

Die römischen Ziffern vor den Seitenzahlen geben die einzelnen Teilbände dieses Werkes an.

Die Grundlehren der mathematischen Wissenschaften in Einzeldarstellungen mit besonderer Berücksichtigung der Anwendungsgebiete

Die Grundlehren der mathematischen Wissenschaften

111. Lions: Equations différentielles opérationnelles et problèmes aux limites. DM 64,—; US $ 17.60
112. Morgenstern/Szabó: Vorlesungen über theoretische Mechanik. DM 69,—; US $ 19.00
113. Meschkowski: Hilbertsche Räume mit Kernfunktion. DM 58,—; US $ 16.00
114. MacLane: Homology. DM 62,—; US $ 15.50
115. Hewitt/Ross: Abstract Harmonic Analysis, Vol. 1: Structure of Topological Groups, Integration Theory, Group Representations. DM 76,—; US $ 20.90
116. Hörmander: Linear Partial Differential Operators. DM 42,—; US $ 10.50
117. O'Meara: Introduction to Quadratic Forms. DM 48,—; US $ 13.20
118. Schäfke: Einführung in die Theorie der speziellen Funktionen der mathematischen Physik. DM 49,40; US $ 13.60
119. Harris: The Theory of Branching Processes. DM 36,—; US $ 9.90
120. Collatz: Funktionalanalysis und numerische Mathematik. DM 58,—; US $ 16.00
121. 122. Dynkin: Markov Processes. DM 96,—; US $ 26.40
123. Yosida: Functional Analysis. DM 66,—; US $ 16.50
124. Morgenstern: Einführung in die Wahrscheinlichkeitsrechnung und mathematische Statistik. DM 38,—; US $ 10.50
125. Itô/McKean: Diffusion Processes and Their Sample Paths. DM 58,—; US $ 16.00
126. Lehto/Virtanen: Quasikonforme Abbildungen. DM 38,—; US $ 10.50
127. Hermes: Enumerability, Decidability, Computability. DM 39,—; US $ 10.80
128. Braun/Koecher: Jordan-Algebren. DM 48,—; US $ 13.20
129. Nikodým: The Mathematical Apparatus for Quantum-Theories. DM 144,—; US $ 36.00
130. Morrey: Multiple Integrals in the Calculus of Variations. DM 78,—; US $ 19.50
131. Hirzebruch: Topological Methods in Algebraic Geometry. DM 38,—; US $ 9.50
132. Kato: Perturbation Theory for Linear Operators. DM 79,20; US $ 19.80
133. Haupt/Künneth: Geometrische Ordnungen. DM 68,—; US $ 18.70
134. Huppert: Endliche Gruppen I. DM 156,—; US $ 42.90
135. Handbook for Automatic Computation. Vol. 1/Part a: Rutishauser: Description of ALGOL 60. DM 58,—; US $ 14.50
136. Greub: Multilinear Algebra. DM 32,—; US $ 8.00
137. Handbook for Automatic Computation. Vol. 1/Part b: Grau/Hill/Langmaack: Translation of ALGOL 60. DM 64,—; US $ 16.00
138. Hahn: Stability of Motion. DM 72,—; US $ 19.80
139. Mathematische Hilfsmittel des Ingenieurs. Herausgeber: Sauer/Szabó. I. Teil. DM 88,—; US $ 24.20
140. Mathematische Hilfsmittel des Ingenieurs. Herausgeber: Sauer/Szabó. II. Teil. DM 136,—; US $ 37.40
141. Mathematische Hilfsmittel des Ingenieurs. Herausgeber: Sauer/Szabó. III. Teil. DM 98,—; US $ 27.00
142. Mathematische Hilfsmittel des Ingenieurs. Herausgeber: Sauer/Szabó. IV. Teil. DM 124,—; US $ 34.10
143. Schur/Grunsky: Vorlesungen über Invariantentheorie. DM 32,—; US $ 8.80
144. Weil: Basic Number Theory. DM 48,—; US $ 12.00
145. Butzer/Berens: Semi-Groups of Operators and Approximation DM 56,—; US $ 14.00
146. Treves: Locally Convex Spaces and Linear Partial Differential Equations. DM 36,—; US $ 9.90

Die Grundlehren der mathematischen Wissenschaften

147. Lamotke: Semisimpliziale algebraische Topologie. DM 48,—; US $ 13.20
148. Chandrasekharan: Introduction to Analytic Number Theory. DM 28,—; US $ 7.00
149. Sario/Oikawa: Capacity Functions. DM 96,—; US $ 24.00
150. Iosifescu/Theodorescu: Random Processes and Learning. DM 68,—; US $ 18.70
151. Mandl: Analytical Treatment of One-dimensional Markov Processes. DM 36,—; US $ 9.80
152. Hewitt/Ross: Abstract Harmonic Analysis. Vol. II. Structure and Analysis for Compact Groups. Analysis on Locally Compact Abelian Groups. DM 140,—; US $ 38.50
153. Federer: Geometric Measure Theory. DM 118,—; US $ 29.50
154. Singer: Bases in Banach Spaces I. DM 112,—; US $ 30.80
155. Müller: Foundations of the Mathematical Theory of Electromagnetic Waves. DM 58,—; US $ 16.00
156. van der Waerden: Mathematical Statistics. DM 68,—; US $ 18.70
157. Prohorov/Rozanov: Probability Theory. DM 68,—; US $ 18.70
159. Köthe: Topological Vector Spaces I. DM 78,—; US $ 21.50
160. Agrest/Maksimov: Theory of Incomplete Cylindrical Functions and their Applications. In preparation
161. Bhatia/Szegö: Stability Theory of Dynamical Systems. In preparation.
162. Nevanlinna: Analytic Functions. DM 76,—; US $ 20.90
163. Stoer/Witzgall: Convexity and Optimization in Finite Dimensions I. DM 54,—; US $ 14.90
164. Sario/Nakai: Classification Theory of Riemann Surfaces. DM 98,—; US $ 27.00
165. Mitrinović: Analytic Inequalities. DM 88,—; US $ 26.00
166. Grothendieck/Dieudonné: Eléments de Géometric Algébrique I.
167. Chandrasekharan: Arithmetical Functions. DM 58,—; US $ 16.00
168. Palamodov: Linear Differential Operators with Constant Coefficients. DM 98.—; US $ 27.00
169. Rademacher: Topics in Analytic Number Theory. In preparation
170. Lions: Optimal Control Systems Governed by Partial Differential Equations DM 78,—; US $ 21.50
171. Singer: Best Approximation in Normed Linear Spaces by Elements of Linear Subspaces. DM 60,—; US $ 16.50
172. Bühlmann, Mathematical Methods in Risk Theory. In preparation.
173. Maeda, Theory of Symmetric Lattices. In preparation.

721/18/67 — III/13/203

GPSR Compliance

The European Union's (EU) General Product Safety Regulation (GPSR) is a set of rules that requires consumer products to be safe and our obligations to ensure this.

If you have any concerns about our products, you can contact us on ProductSafety@springernature.com

In case Publisher is established outside the EU, the EU authorized representative is:

Springer Nature Customer Service Center GmbH
Europaplatz 3
69115 Heidelberg, Germany

Batch number: 10704711

Printed by Printforce, the Netherlands